Burkhard Meißner

Die technologische Fachliteratur der Antike

Burkhard Meißner

Die technologische Fachliteratur der Antike

Struktur, Überlieferung und Wirkung technischen Wissens in der Antike (ca. 400 v. Chr.–ca. 500 n. Chr.)

Akademie Verlag

Die Deutsche Bibliothek – CIP-Einheitsaufnahme

Meißner, Burkhard:
Die technologische Fachliteratur der Antike : Struktur,
Überlieferung und Wirkung technischen Wissens
in der Antike ; (ca. 400 v. Chr.–ca. 500 n. Chr.) / Burkhard Meißner. –
Berlin : Akad. Verl. 1999
Zugl.: Halle, Univ., Habil.-Schr., 1996
ISBN 3-05-003194-8

Gedruckt auf chlorfrei gebleichtem Papier.
Das eingesetzte Papier ist alterungsbeständig nach DIN/ISO 9706.

Druck: GAM Media, Berlin
Bindung: Druckhaus „Thomas Müntzer", Bad Langensalza

Printed in the Federal Republic of Germany

Inhalt

Vorwort

Die vorliegende Arbeit ist im Dezember 1996 von der Philosophischen Fakultät (Fachbereich Kunst- und Altertumswissenschaften) der Martin-Luther-Universität Halle-Wittenberg als Habilitationsschrift angenommen worden. Sie trug den Titel *"Tradition und Technik: Studien zur Anwendung, Bewahrung und Erweiterung technischen Wissens in der Antike"* und erscheint in leicht veränderter und gekürzter Fassung.

Viel verdanken die Modifikationen und Verbesserungen am Text den Gutachtern im Habilitationsverfahren: Prof. Dr. J.Ebert, Prof. Dr. A.Mehl (Halle) und Prof. Dr. D.Timpe (Würzburg). Nützliche und hilfreiche Hinweise gaben Prof. Dr. R.Jakobi und Dr. M.Nenninger (Halle), Prof. Dr. K.D.Fischer (Mainz), Dr. W.C.Schneider (Darmstadt) und Prof. Dr. J.Malitz (Eichstätt). Hilfreich war der Gedankenaustausch mit Prof. Dr. A.Winterling und Dr. T.Schmitt (Bielefeld), Prof. Dr. L.-M.Günther und Dr. W.Günther (München), sowie die Diskussion im Kolloquium von Prof. Dr. W.Nippel (Berlin). Auch den intensiven Gesprächen mit Prof. Dr. K.-E.Petzold (Tübingen) und Prof. Dr. F.Gschnitzer (Heidelberg) verdankt die Arbeit viel.

Die Anfertigung des vorliegenden Buches profitierte von einem einjährigen Lehr- und Forschungsaufenthalt an der Universität Rom I "La Sapienza", den Prof. Dr. D.Musti und Prof. Dr. A.Giardina ermöglichten; fruchtbar war die Arbeit in den Bibliotheken des Deutschen Archäologischen Institutes Rom und vor allem der École française de Rome. Zu danken ist auch der Fondation Hardt (Vandœuvres-Genève) für die Möglichkeit zu ungestörter Arbeit an dem Manuskript und Dr. H.Beck (Köln), der manchen nützlichen Hinweis gab und mir die Möglichkeit eröffnete, zeitweise die Universitätsbibliothek Cambridge zu nutzen. Meine Frau, Dr. A.Meißner, half immer mit Zuspruch und Inspiration.

Halle, Juni 1999

Einleitung

Die Geschichte des Altertums behandelt die Technikgeschichte als einen ihrer Gegenstände, um die Entwicklung der antiken Technik zu erklären. Die Altertumswissenschaften verwunderte dabei das Spannungsverhältnis zwischen scheinbarer Modernität geistiger, literarischer und technischer Leistungen der Antike und der Einfachheit und Ineffizienz vieler ihrer Verfahrensweisen; erklärungsbedürftig erschienen entweder die außerordentlichen Kulturleistungen oder die Primitivität der Antike. Technische Höchstleistungen der Antike wurden dabei oft besonderen Umständen der Mobilisierung griechischen Geistes im Hellenismus zugeschrieben; spätere Epochen, die Spätantike zumal, galten als konservativ. Die vermeintliche Primitivität antiker Technik wurde erklärt mit dem vermeintlich agrarischen Charakter antiker Gesellschaften, dem Angebot an Sklavenarbeitskräften und einer fortschrittsfeindlichen Einstellung und Geringschätzung ökonomischer Effizienzüberlegungen. Auch wenn eine Reihe dieser Vorstellungen und Erklärungsansätze durch die Forschung inzwischen verworfen ist, fehlt es an einer Untersuchung, die die antike technische Entwicklung nicht in ihrer Frühzeit, sondern in hellenistischer und römischer Zeit sowie in der Spätantike von den Quellen her beurteilt. Eine solche Untersuchung wird hier vorgelegt.

Technik ist ein Sammelbegriff: Er bezeichnet Disziplinen, die handlungsorientiertes Regelwissen vermitteln, insbesondere diejenigen, die an technischen Hochschulen gelehrt werden, außerdem die Gestaltungen dieser Disziplinen. Technische Hochschulen gab es in der Antike nicht, wohl aber einen geordneten, wenn auch nicht staatlich geregelten Ausbildungsbetrieb in Medizin, Mechanik und Architektur. Diese Techniken wie auch Strategie und landwirtschaftliche Betriebsführung wurden nicht allein durch persönlichen Kontakt, sondern auch als literarischer Stoff tradiert: Was die Antike als *τέχναι* lehrte, war wie moderne *Techniken* grundsätzlich literarisierbar und ablösbar von persönlicher Erfahrung und Nachahmung. Um das Verhältnis der antiken Techniken zu Fortschritt und Veränderung zu bestimmen, liegt es daher nahe, diese anhand ihrer Fachliteraturen zu studieren.

Die Moderne verdankt wesentliche Aspekte des Begriffes der *Technik* wie das Wort *Technik* der Antike, auch wenn seine Verwendung durch neuzeitliche Deutungen bestimmt und nur indirekt von der antiken *τέχνη* abgeleitet ist; **τεχνική τέχνη* (*künstliche Kunst*) wäre, anders als *μηχανική τέχνη* (*Mechanik*), ein Pleonasmus[1]. Das Wort *Technik* wurde im späten 18. Jahrhundert aus dem Französischen übernommen, zur gleichen Zeit wie *Metaphysik*, *Ästhetik*, *Psychologie* und *Technologie*[2]. Es wurde in ähnlicher Weise zum Kollektivsingular wie *l'histoire/Geschichte* (aus *les histoires/Geschichten*)[3]: Während man im 16. und 17. Jahrhundert *Mechanica* schrieb, mechanische Gegenstände und Probleme also noch so be-

1 Feminine Form des substantivierten Adjektivs (*τεχνική*) als Personenname: Teos ehrt nach 170 n.Chr. *Aur(elia) Technica*, Tochter einer gleichnamigen Mutter [CIG 3094 = Le Bas - Waddington II 2,1559].

2 MACKENSEN (1977) 133f. *Technologie*: BECKMANN (1780).

3 Vgl. KOSELLECK (1979); KOSELLECK u. MEIER u. ENGELS u. GÜNTHER (1975). Noch Condorcet sprach im Plural von *Techniken* und *Wissenschaften* wie im Singular von *Wissenschaft und Technik*, CONDORCET (1976) 207f. In der zweiten Hälfte des 17. Jahrhunderts entstehen mit entsprechenden begrifflichen Singularisierungen Geschichtsphilosophie, philosophische Anthropologie und Ästhetik; MARQUARD (1981) 40-42 schreibt diese Erscheinungen einer philosophischen Neubestimmung des Menschseins der Tendenz zur Kompensation für einen *"Lebensweltverlust des Menschen"* zu.

zeichnete wie die Schule des Aristoteles[4], tendierte das 18. Jahrhundert zu Sammelbegriffen im Singular, weil es eine neue Einheit der Methode und neue Institutionen der Lehre und Forschung bezeichnen wollte wie die 1795 gegründete *École polytechnique*[5]. *Technik* wurde zum Wort für eine übergeordnete Disziplin einer Vielzahl praktischer Lehren[6]. Was in der ersten Hälfte des 18. Jahrhunderts noch unter dem Titel *Architectura Hydraulica* behandelt wurde[7], traktierte in der zweiten JOHANN ESAIAS SILBERSCHLAG als *Ausführlichere Abhandlung der Hydrotechnik oder des Wasserbaues*[8]: Die einzelne Technik im Singular bezeichnet nun einen systematisch geordneten Lehrstoff[9], der seine eigene Grundlegung sichert, indem er sich in den Kontext einer mechanischen Oberdisziplin einordnet statt sich anderen praktischen Künsten an die Seite zu stellen, - dies markiert der Übergang von der *Architektur* zur *Technik*.

In Antike und früher Neuzeit wird im Lateinischen das Femininum und im Griechischen der Neutrum plural verwendet[10]; das weibliche Eigenschaftswort bezeichnet in der Antike eine Kunstfertigkeit der Natur oder einer wissenschaftlichen Methode[11], das Neutrum im Singular die Technizität einer Methode, das Technische an ihr[12]. Wie heute, bezeichnet der Sammelbegriff im Singular die Einheit einer technischen Lehre[13]; *τεχνικὴ παιδεία* ist bei Aristoteles jede professionelle Berufsausbildung - z.B. des Musikers - *τεχνικὴ πραγματεία* bei Platon die systematische Erforschung und Gestaltung einer Sache[14]. Man spricht von

4 Vgl. MONTE,GUIDOBALDO DEL (1577); BUCHHEIM u. SONNEMANN (1990) 96; [Arist.], *Προβλήματα μηχανικά*.

5 BUCHHEIM u. SONNEMANN (1990) 148.

6 Fabrikwesen als literarischer Gegenstand in Wörterbüchern und enzyklopädischen Darstellungen in Frankreich: RÉAUMUR et al. (1761-89); JAUBERT (1766).

7 Vgl. BÉLIDOR (1729), u. BÉLIDOR (1740). Noch 1790 verfaßte M.R.DE PRONY, Mitgründer der *école polytechnique*, seine *Nouvelle Architecture Hydraulique*, PRONY (1790).

8 SILBERSCHLAG (1772-1773). Abb. in HUFELD (1990) 50f. Etwa gleichzeitige Wasserbauschrift: BRAHMS (1767-1773). Ende des 18. Jahrhunderts ist *Technik* als Allgemeinbegriff etabliert, vgl. v.BOEHMER (1791).

9 Der Prozeß der Singularisierung strebt nach Reduktion der Zahl der Axiome für den Aufbau der Disziplinen, vgl. z.B. d'ALEMBERT (1743). Gesichtspunkt allumfassender Lehre: LEUPOLD (1724); ZEISING (1612-13). Das Paradigma des Theaters blieb maßgeblich, wenn die Disziplin des Begriffes methodischen Einheit ermangelte, vgl. LEUPOLD (1726).

10 *μηχανικά*, *Mechanica*; *τεχνικά Technica*.

11 Galen., *De usu partium* IV 349: ... *ἥ τε ... φύσις οὐ πάντη τεχνική, ... τεχνικὴν δ' ἐνδείκνυται τὴν φύσιν*; Galen., *De crisibus libri iii* IX 581: *καὶ γὰρ καὶ τεχνικὴ τῆσδε τῆς ἀρχῆς ἡ διάγνωσίς ἐστιν καὶ μεγάλα δηλοῦν πέφυκεν*; Hippocr., *De decente habitu* 2: ... *μέθοδός τις ἐοῦσα τεχνικὴ ἐργάζεται·*

12 Arist., *Rhet.* 1355b31-34: *ἡ δὲ ῥητορικὴ περὶ τοῦ δοθέντος ὡς εἰπεῖν δοκεῖ δύνασθαι θεωρεῖν τὸ πιθανόν, διὸ καί φαμεν αὐτὴν οὐ περί τι γένος ἴδιον ἀφωρισμένον ἔχειν τὸ τεχνικόν.*

13 Galen., *De naturalibus facultatibus* II 46 (von der Medizin): *οὐ γὰρ δι' ἄλλο τί γ' ἦν αὐτῇ τὸ τεχνικῇ τ' εἶναι καὶ τοῦ ζῴου διασωστικῇ καὶ τῶν νοσημάτων κριτικῇ παρὰ τὸ προσίεσθαι μὲν καὶ φυλάττειν τὸ οἰκεῖον, ἀποκρίνειν δὲ τὸ ἀλλότριον.* *De usu partium* IV 349 (s.o. Anm. 11); Sext. Empir., *Adv. mathematicos* pr. 32-33: *καὶ γὰρ ὁ ἄτεχνος πρὸς τὰ τεχνικὰ τῶν θεωρημάτων πεπηρωμένος οὐκ ἂν δύναιτό τινα διδάσκειν ἃ μηδὲ τὴν ἀρχὴν οἶδεν, καὶ ὁ τεχνίτης διαβλέπων ἐν τοῖς τεχνικοῖς θεωρήμασι καὶ γνῶσιν αὐτῶν ἐσχηκὼς οὐ δεήσεται τοῦ διδάξοντος. λείπεται οὖν τὸν τεχνίτην τοῦ ἀτέχνου διδάσκαλον εἶναι λέγειν.*

14 Arist., *Pol.* 1341b8-32, bes. 9-10; Plat., *Gorg.* 501b: ... *τινες ... περὶ ψυχὴν τοιαῦται ἄλλαι πραγματεῖαι, αἱ μὲν τεχνικαί, ... προμήθειάν τινα ἔχουσαι τοῦ βελτίστου περὶ τὴν ψυχήν, αἱ δὲ τούτου μὲν ὀλιγωροῦσαι κτλ.*

den *τεχνικά* als Produkten fachlicher Raffinesse[15], zusammenfassend für alle Gestaltungen menschlicher Zweckmäßigkeit im Gegensatz zu Zufall oder Natur[16]. Diogenes Laertius nennt in seinen Schriftenlisten genau die Kategorie technischer Lehrschriften, die wir hier als Schriften zur *Technik* untersuchen, *τεχνικά*: Bücher über Medizin, Landwirtschaft, Vermessungswesen, Zeichnen, Kriegswesen und Verwandtes[17]. Stellt man die aufklärerische Singularisierung in Rechnung, die nicht ohne Ausnahme griff, denn man spricht von *Technik* wie von *Techniken* und verbindet mit dem Singular nicht immer die Idee einer alles umfassenden Methode[18], zeigt sich, daß in der Antike Begriff und Sache der *Technik* mit dem griechischen *τέχνη* und dem daraus abgeleiteten Adjektiv im Neutrum Plural (*τεχνικά*) bezeichnet, und Name, Begriff und Sache der *Technik* mit *τέχνη*, *ars* und *technicus* verwandt sind und als von der Praxis ablösbares handlungsleitendes Wissen bezeichnen[19].

Zunächst verdecken aber eigentümliche moderne Homonymien im Gebrauch des Wortes *Technik* den Zugang zu dem damit in der Antike Gemeinten. Es scheint charakteristisch für den modernen Gebrauch des Wortes *Technik* zu sein, daß er zum einen eine bestimmte Vorgehensweise oder ein durch diese Vorgehensweise erzeugtes Produkt bezeichnen kann[20]. Der Begriff der *Technik* hat einen ausgezeichneten Bezug auf das Tun der Menschen, aber er bezeichnet auch eine Kategorie verdinglichter Praxis. Zum anderen zeichnet es *Technik* aus, daß man dem Tun selbst eine *Technik* zuschreiben kann, aber auch ein bestimmtes Tun überhaupt als *Technik* auffaßt; wir sprechen von der *Technik* eines Vorgehens wie von der

15 Plut., *Arat.* 12,6; Philo, *Leg. alleg. lib. i-iii* II 75 (*κατὰ τέχνας τεχνικὰ δημιουργήματα*); *De gigant.* I 2: ... *καὶ τὰ τεχνικὰ μέντοι καὶ ἐπιστημονικὰ καὶ ἀγαθὰ καὶ καλὰ ὄντα ὀλίγα τὴν τῶν ἀτέχνων καὶ ἀνεπιστημόνων καὶ ἀδίκων καὶ συνόλως φαύλων*...

16 Platon, *Leges* 889a: *῎Εοικε, φασίν, τὰ μὲν μέγιστα αὐτῶν καὶ κάλλιστα ἀπεργάζεσθαι φύσιν καὶ τύχην, τὰ δὲ σμικρότερα τέχνην, ἣν δὴ παρὰ φύσεως λαμβάνουσαν τὴν τῶν μεγάλων καὶ πρώτων γένεσιν ἔργων, πλάττειν καὶ τεκταίνεσθαι πάντα τὰ σμικρότερα, ἃ δὴ τεχνικὰ πάντες προσαγορεύομεν*; Albinus, *Epitome doctrinae Platonicae sive διδασκαλικός* IX 2: *Οὔτε γὰρ τοῖς πλείστοις τῶν ἀπὸ Πλάτωνος ἀρέσκει τῶν τεχνικῶν εἶναι ἰδέας, οἷον ἀσπίδος ἢ λύρας, κτλ.*; Simplic., *In Aristotelis categorias commentarium* VIII 327-328: ... *ἔτι δὲ τὰ μέν ἐστι φυσικά, ὡς τὸ θερμαίνειν, ψύχειν, τὰ δὲ τεχνικά, οἷον ἰατρεύειν, τεκταίνειν, καὶ τὰ μὲν πεπερασμένα, ὡς τὰ ἐν ταῖς τέχναις, τὰ δὲ ἄπειρα καὶ ἀκατάπαυστα, ὡς ἐπὶ τῶν θείων ποιήσεων καὶ τῶν οὐρανίων, εἴπερ ἀΐδιος ὁ κόσμος ἐστίν*. Simplic., *In Aristotelis physicorum libros commentaria* IX 260; IX 314 (*τὰ δὲ τεχνικὰ δεῖσθαι τοῦ παραδείγματός φησι*). Artefakte als *τεχνικά*: Themist., *In Aristotelis physica paraphrasis* V 2,36; Themist., *In Aristotelis libros de anima paraphrasis* V 3,39: ... *τούτων τὰ φυσικά, οἷον γῆ πῦρ ὕδωρ ἀήρ ... ταῦτα γὰρ τῶν ἄλλων ἀρχαί... ὅλως τὰ τεχνικὰ συμβεβηκότος χώραν ἔχει πρὸς τὰ τῆς φύσεως*. Vgl. V 3,95-96. Natürliche in Analogie zu technischer Zweckmäßigkeit: Arist., *Historia animalium* 620b10-11: *ἔστι δὲ καὶ ἐν τοῖς θαλαττίοις ζῴοις πολλὰ τεχνικὰ θεωρῆσαι πρὸς τοὺς ἑκάστων βίους*.

17 Diog. Laert., IX 48,16-24 ≈ Demokr. (D. u. K.) 68 A 33 ll. 39-34: *Τεχνικὰ δὲ τάδε· Πρόγνωσις, Περὶ διαίτης ἢ διαιτητικόν,* [῞Η] *᾿Ιητρικὴ γνώμη, Αἰτίαι περὶ ἀκαιριῶν καὶ ἐπικαιριῶν, Περὶ γεωργίης ἢ Γεωμετρικόν, Περὶ ζωγραφίης, Τακτικὸν καὶ ᾿Οπλομαχικόν. τοσαῦτα καὶ τάδε.*

18 Singuläre *artes* im 17. Jahrhundert: WELPER (3. Aufl. 1708); DOPPELMAYR (1719); Singularisierung hier begründet durch methodische Einheit. Plural im Titel der *Encyclopédie*: DIDEROT U. D'ALEMBERT (Hsgg.) (1751-1772).

19 Cn. Naevius ap. Varr., *De Ling. Lat.* VII 107: ... *ut apud N<a>evium ... in T[h]echnico ...*; Quint., *Inst. Orat.* II 13,15: ... *interim nolo se iuuenes satis instructos si quem ex iis qui breues plerumque circumferuntur artis libellum edidicerint et uelut decretis technicorum tutos putent. Multo labore, adsiduo studio, uaria exercitatione, plurimis experimentis, altissima prudentia, praesentissimo consilio constat ars dicendi.* *τέχνη* als vom Tun verschiedenes Wissen: LÖBL (1997) 210-212.

20 SCHMUTZER (1994) 1-25.

Technik als Vorgehen. Ein Musiker hat eine *Technik*, bestimmte berufliche Spezialisten beschäftigen sich mit *Technik*. Im Singular bezeichnet *Technologie* oft die Lehre von der Gesamtheit aller Verfahren zur Verwandlung von Rohmaterialien in Endprodukte; in diesem Sinne fällt *Technik* mit dem Begriff für die materielle Zivilisation zusammen, *Technologie* mit der Wissenschaft davon. Als ausgezeichneter Zweig der Technik, als *high-tech*, gelten so heterogene Dinge wie Elektronik, Laser- und Informationstechnologie sowie Gentechnik[21]. Man verwendet *Technik* als Allgemeinbegriff wie als Spezifikum offenbar deswegen, weil man voraussetzt, daß zweckgerichtetes Tun irgendwie technisierbar, durch Regelmitteilung und Übung anleitbar ist, andererseits solche Handlungsanleitung zu beruflicher Spezialisierung führt oder von dieser begleitet ist; man verwendet Technik als Begriff für ein Handeln wie für Produkte deswegen, weil man annimmt, daß diese Produkte zwar ihrerseits Werkzeuge und Ausgangsstoffe weiterer Arbeit sein können, aber auch unabhängig davon gehandelt und ausgetauscht werden können. Abstrakt kann es daher scheinen, als sei *Technik* ein Begriff für Zweckrationalität schlechthin[22], insbesondere für eine durch ökonomische Zwecksetzungen finalisierte instrumentelle Vernunft. Mit deren Zwecken und gemessen an den Kosten verliert *Technik* so zugleich oft ihre Legitimität, wird als Methode widernatürlicher Bedürfnisbefriedigung und -durchsetzung betrachtet, der es entgegenzutreten gilt.

Technik und *Technologie* bezeichnen also Verschiedenes. Diese Vieldeutigkeit teilen die Begriffe aber mit ihren griechischen Wurzeln: *τέχνη* heißt sowohl ein geübtes, regelgerechtes, kunstmäßiges Vorgehen, wie auch dessen Produkt; *τέχνη* bezeichnet einen zweckmäßig eingesetzten Trick, in vielen Verträgen verbotene Versuche ihrer Übertretung. Deutlich tritt im Griechischen aber der versachlichte Gebrauch des Wortes *τέχνη* gegenüber dem auf Handlungen bezogenen zurück[23]. Darin verhält sich die Moderne anders: Eines ihrer Kennzeichen ist der rapide Ersatz handlungsbezogener Anleitung durch in Gegenständen sich objektivierendes Wissen, das Herausfallen der Rhetorik aus dem höheren Wissenskanon und die Teilung ihrer auf die Herstellung und Sicherung von Zustimmung gerichteten Funktion in spezialisierte, produktionsorientiert arbeitende Wissenschaftsdisziplinen (z.B. Betriebswirtschaft, Didaktik)[24].

Technik und *Technologie* lassen sich daher nicht einfach durch eine Liste antiker Termini als Gegenstand bezeichnen. Die Technikgeschichte der Antike beschreibt als *Technik* in der Regel die materiellen Mittel zur Befriedigung materieller und immaterieller Bedürfnisse (Ernährung, Kleidung, Behausung, Gesundheit, Unterhaltung) sowie die Methoden zur Herstellung solcher Mittel[25]. Die mit diesen Methoden verbundenen Einstellungen, Haltungen,

21 Vgl. WAHRIG (1985) s.vv. *Technik, Techniker, technisch, Technologie*; G.DROSDOWSKI u.a. ([20]1991) 708.

22 WEBER (1922, 1985) 32f.

23 Vergegenständlicht: z.B. Soph., *Oedip. Col.* 472f.: Κρατῆρές εἰσιν, ἀνδρὸς εὔχειρος τέχνη... Illegitimer Weg der Interessendurchsetzung (IG I[3] 40): *κατὰ τάδε Χαλκιδέας ὀμόσαι· οὐκ ἀπο[σ]τέσομαι ἀπὸ τõ [δ]έμο τõ 'Ἀθεναίον οὔτε τέ[χ]νει οὔτε μεχανε̃ι οὐδεμιᾶι οὐδ' ἔπει οὐδὲ ἔργοι οὐδὲ τõι ἀφισταμένοι πείσομαι, κτλ.* Vgl. LIDDELL U. SCOTT U. JONES U. MCKENZIE ([9]1940 erw. ND 1996) 1784-1786. *πάσῃ τέχνῃ καὶ μηχανῇ* als *mit allen erdenklichen Mitteln* in adhortativem oder dissuasivem Kontext (Xenoph. *Anab.* IV 5,16; VII 2,8; vgl. Thuc. V 18,4: *μήτε τέχνῃ μήτε μηχανῇ μηδεμιᾷ*).

24 SCHMUTZER (1994) 10. Vgl. HABERMAS ([5]1979).

25 SCHNEIDER (1992) 1-30, insbes. 3. ROPOHL (1976), (1979), (1988) folgend zählt Schneider zur Technik künstliche Gegenstände, deren Herstellung und deren Verwendung, ebda.

Verhaltensweisen und Anschauungen werden ebenfalls im Rahmen der Technikgeschichte beschrieben[26].

Eines der Motive für die Beschäftigung mit den technischen Zivilisationen der Antike und mit antiken Einstellungen zur technischen Zivilisation ist das Interesse an einem Urteil über die technische Innovativität der antiken Gesellschaften. Nachdem seit der Renaissance antike Erfindungen und Entwicklungen noch zu ganz unmittelbar praktischen Zwecken studiert wurden, also als Leitfaden zu eigener Fertigung, distanzierte sich das 18. Jahrhundert von der Antike als Vorbild: Der Ökonom J.Beckmann stellte in der Moderne Erfindungen erstmals geschichtlich dar, formulierte aber zugleich auch einen ersten *Entwurf der allgemeinen Technologie*[27]; in dem Moment, in dem sich das moderne Bewußtsein der großen Entfernung seiner technischen Zivilisation von der als Vorbild abhanden kommenden Antike bewußt wird, beginnt es, sich kompensatorisch der Kontinuität zwischen antiker, moderner und künftiger Technik als Geschichte zu vergewissern[28].

Die Einheit in allen diese Fortschrittsgeschichte durchziehenden zivilisatorischen Brüchen konnte in der sich akkumulierenden Erfahrung und dem sich verbessernden Wissen des Menschengeschlechts als eines Kollektivsubjektes gesehen werden, sofern Erfindungen als Betätigungen subjektiver Spontaneität und Kreativität angesehen wurden[29]. Eine materialistische Soziologie der Technik, die die erfinderische Spontaneität des kreativen Geistes bestreitet, mußte dagegen die unendliche Rückständigkeit der Antike gegenüber der modernen Maschinenwelt betonen, die mit einem zuvor ungekannten Maß an Arbeitsteilung auch ein zuvor ungekanntes Maß an Unmenschlichkeit und Ausbeutung in den Arbeitsprozeß gebracht habe; die marxistische Interpretation des Verhältnisses zwischen der modernen Welt der Industrie und der antiken Technik betont den Unterschied, die Distanz, die zwischen einer durch Kapitalakkumulation, Arbeitsteilung und Ersatz menschlicher Arbeit durch Maschinen geprägten Welt der Moderne und allen früheren Epochen bestehe[30].

Die lang dauernde wissenschaftliche *querelle* über die Frage, ob die Antike technischen Fortschritt erlebte; ob sie sich, wenn sie ihn erlebte, seiner bewußt war; ob sie ihn, wenn sie sich seiner bewußt war, positiv oder negativ bewertete und warum sie ggf. durch einen solchen Fortschritt nicht gekennzeichnet war, hängt also eng damit zusammen, in welchem

26 SCHNEIDER (1989); GARA (1994); TRAINA (1994).

27 LENK (1982) 14f.; SCHNEIDER (1989) 17. BECKMANN verfaßte seine *Anleitung zur Technologie* nicht für Mechaniker, sondern künftige Staatsbeamte zur Orientierung, TROITZSCH U. WOHLAUF (1980) 45-56.

28 CONDORCET (1976) 207-222 [voll. 1793, hsg. 1795] behandelt die Geschichte der Menschengattung als Geschichte ihrer moralischen, wissenschaftlichen und zivilisatorischen Vervollkommnung; darin eingebettet ist die Entwicklung der Techniken, von denen künftig eine immer höhere Produktivität erwartet wird. Vgl. auch FERRARI (1984) 296.

29 Charakteristisch für eine idealistische Interpretation der Technikgeschichte: HEGEL (1961 ND 1980) 342-361. Hegel schreibt in seinen geschichtsphilosophischen Vorlesungen aus den 20er Jahren des 19. Jhdt.s den Griechen die Erfindung technischer Naturbeherrschung zu. Diese tritt in die Welt als *"Gestaltung der schönen Individualität"*, also als Wirkung geistiger Kreativität. Zum Rückbezug auf die Antike in Wissenschaft und Technik während der Renaissance ders., ebda. 549-552. HEGEL muß, um die Geschichte von Wissenschaft und Technik als notwendiges Kontinuum zu erzählen, dem Geist die Fähigkeit zuschreiben, technische Erfindungen genau dann zu machen, wenn er sie braucht: *"... das Technische findet sich ein, wenn das Bedürfnis vorhanden ist"* (ebda. 552).

30 Vgl. MARX (1978) 120-137. Industrielle Maschinerie als Ursache rapider Arbeitsteilung: MARX (1971) 402-406; nach MARX besteht eine Dialektik von Produktivkräften und Produktionsverhältnissen, nicht eine eindeutige Determination der gesellschaftlichen Verhältnisse durch die technische Entwicklung.

Maße und in welcher Weise materialisiert man *Technik* versteht. Die Fassung des Problems der Fortschrittlichkeit oder Rückständigkeit antiker Gesellschaften und Zivilisationen ist dabei mit den Antinomien und Paralogismen verbunden, die die Kontroverse zwischen Materialismus und Idealismus begleiten: Der Idealist muß annehmen, daß dem erfindenden Geist alles möglich sei, doch er kann nicht erklären, warum dieser Zeit dafür braucht und unter bestimmten - auch materiellen - Umständen bestimmte Technologien realisiert; der Materialist muß dagegen voraussetzen, daß Entwicklungen, Erfindungen und Entdeckungen nicht spontan, sondern als Wirkungen politisch-ökonomischer Verhältnisse in die Tat umgesetzt werden, doch er kann nicht erklären, warum unter ähnlichen Verhältnissen verschiedene und unter verschiedenen Verhältnissen ähnliche Techniken erfunden, entwickelt und verwendet werden[31].

Die Technikgeschichtsschreibung tendiert, um den angedeuteten Ausweglosigkeiten zu entgehen, seit etwa 25 Jahren zu einer Sicht der technischen Entwicklung, die weniger die einzelne originäre Erfindung als ihren wirtschaftssystematischen Zusammenhang als Ursache technischer Veränderung ansieht; manche Veränderungen im Produktionsprozeß werden gar nicht in die Tat umgesetzt auf dem Wege der Planung von der Idee über Projekt und Plan zur Umsetzung, sondern durch unmerkliche, allenfalls nachträglich bewußte Modifikationen handwerklicher Methoden[32]. Zwar erschöpft sich die Geschichte technischer Innovationen nicht in Erfindungsgeschichte, doch abstrahiert andererseits der ökonomische oder soziologische Determinismus von einem Charakteristikum der *Technik*: Nach allgemeinem Sprachge-

31 GILLE und PAULINYI folgend, vgl. SCHNEIDER (1992) 12-16, bedient man sich zuweilen des Begriffes des *technischen Systems*; man setzt voraus, daß die Techniken einzelner Produktionsbereiche voneinander abhängig und als Wechselwirkungssystem miteinander verbunden sind; Technikgeschichte erscheint dann als Abfolge technischer Systeme. Ein solches Modell stellt Epochen der Zivilisationsgeschichte dar und erklärt technische Entwicklungen, indem es sie auf andere Entwicklungen und schließlich die Abfolge technischer Systeme zurückführt, kann aber so nur schwer beispielsweise das Nebeneinander hochentwickelter nuklearen Waffentechnik, einer weniger entwickelten zivilen Nukleartechnik, eines leistungsschwachen Transportwesens und einer wenig mechanisierten Landwirtschaft in der ehemaligen Sowjetunion erklären. Darüber hinaus wird der Begriff des *technischen Systems* mehrdeutig gebraucht. Als Grundbegriff der Zivilisationsgeschichte bezeichnet er Wissen, Können und Tun zu bestimmten Zeiten in bestimmten Bereichen; daneben aber untersucht man als sog. *große technische Systeme*, BRAUN U. JOERGES (1994), großräumige dauerhafte Infrastrukturgebilde (Telephon- und Eisenbahnnetz, Weltraumprogramme), die mit einer Technologie auch bestimmte Organisationsformen bedingen, und deren fehlerloses Funktionieren für die Gesellschaft vitale Bedeutung hat. Solche Systeme stehen zwar möglicherweise in Wechselwirkung untereinander, doch werden derartige Systeme gerade nicht fortlaufend abgelöst und ersetzt durch funktionale Äquivalente: Es gab Versorgungssnetze, für die es in späterer Zeit kein Äquivalent gab (römisches Straßennetz, Wasserversorgung). *System* meint in diesem Zusammenhang ein langlebiges Aggregat aus Geräten, Handlungs- und Sachwissen sowie Organisationsstrukturen, die in der Regel bestimmter politischer Voraussetzungen bedürfen (amerikanisches Weltraumprogramm - amerikanisch-sowjetische Bipolarität). Während der zivilisationsgeschichtliche Begriff des *technischen Systems* alle Techniken jeweils auf fundamentale Produktionsstrukturen bezieht, verwendet die Theorie technischer Netzwerke einen Begriff des technischen Systems, der auch einzelne große Institutionen unabhängig von ihrem Verhältnis zu fundamentalen Produktionsstrukturen bezeichnet.

32 Vgl. SCHNEIDER (1992) 3-5: Nachzeichnung der Kritik an einer am Leitfaden der Erfindungsgeschichte orientierten Geschichte der Technik. Schneider verweist auf das Phänomen der Mehrfacherfindung als Beleg für den Einfluß sozialer Faktoren und des Standes der Technik auf deren Neuerungen (ders., ebda. 5). Es war bezeichnenderweise ein Text zum Wert einer Technik, der in der deutschen Geistesgeschichte besonderen Einfluß auf die literarische Ausbildung des Geniegedankens gespielt hat: GOETHES *Von deutscher Baukunst*, SCHMIDT (1985) 193ff.

brauch besteht Technik nicht in erster Linie in handwerklichen Herstellungsweisen. Von technischen Verfahren erwartet man im Unterschied zu handwerklichem Vorgehen vielmehr, daß sie sich prinzipiell als von den Herstellungspraktiken abgelöstes Wissen formulieren lassen. Die Kritik der Sokratiker Aristoteles und Platon am sophistischen Unterricht betonte zwar gegen die Lehre der Sophistik, daß jede praktische Lehre praktischer Erfahrung und Urteilsfähigkeit bedürfe, bestreitet den Sophisten jedoch nicht, daß *τέχνη* prinzipiell als Regelwissen, also theoretisch formuliert und mitgeteilt werden könne. Das Vermögen zur Angabe von Gründen und Ursachen zeichnet vielmehr den, der es besitzt, vor dem weniger bewußt sein Metier Praktizierenden aus, weil jener besser dazu in der Lage sei, sein Fach zu lehren, weil seine Lehre nicht allein auf Imitation, auf der Einsicht in Gründe und Ursachen, also Regelwissen, beruhe[33]. *Technik* meint etwas anderes, wenn als *Technik* jede Form der Produktion beschrieben wird, einschließlich des Handwerks; im allgemeinen bedient man sich aber des Kriteriums der als Regel- und ggf. Herrschaftswissen von der unmittelbaren Praxis ablösbarer Gehalte, um *Technik* zu bestimmen. Zunächst ist festzuhalten, daß der Sprachgebrauch der modernen Technikgeschichte dem Gebrauch der Wörter *τέχνη* im Griechischen und *ars* im Lateinischen entspricht, nicht immer jedoch dem Begriff, den die antike philosophische Tradition sich von technischem Vorgehen machte[34]. Zu diesem Begriff gehört, daß den Techniker gegenüber dem Handwerker sein Wissen auszeichne, und daß es eine soziale bzw. funktionale Überordnung des Technikers über den Handwerker gibt, daß also unter den Produzenten horizontale und vertikale Differenzierungen im Sinne der Arbeitsteilung bestehen, wobei den vertikalen auch Unterschiede nach dem Grad der Abstraktion und der Literarisierung der Disziplinen entsprechen[35].

33 Aristoteles definiert *τέχνη* als Vermögen der Hervorbringung und als rationale Betätigung; mißlingender Technik spricht er nicht Rationalität, sondern Richtigkeit ab, Arist., *EN* 1140a20-23. Zusammenhang von *Technik* und Erfahrung, Erfahrungsmangel bedingt Heteronomie (*τύχη*): *Metaph.* 981a3-b10. Kraft des Erfahrungswissens bemächtigt sich der Mensch seines Schicksals: *τέχνη* bedarf des Vergleiches vieler Erfahrungen und ihrer Subsumption unter eine Regel. Praktische Urteilsfähigkeit ist erfahrungsabhängig: Theoriekenntnis ohne Erfahrung ist atheoretischer Erfahrung unterlegen. Die Leistung der Theorie besteht in Ursachenkenntnis. Ursachenkenntnis und Fähigkeit zur Mitteilung praktischer Regeln und damit zu Lehre und Organisation der Arbeit unterscheidet nach Aristoteles den leitenden Techniker vom ausführenden Handwerker: Paradigma des Architekten (981a30-b6). Den *Techniker* unterscheidet nach Aristoteles also vom Handwerker eine höhere Bewußtseinsstufe und größere Befähigung zur Lehre (981b7-10). Ähnlich Platon, der den bildenden Künsten im *Gorgias* Sprachlichkeit und Theoriefähigkeit aber noch abspricht (450a-451a); Plat., *Phaedr.* 260e4-5 und 270b5-6 unterscheidet *τέχνη* und auf unbegrifflicher Erfahrung beruhende *ἄτεχνος τριβή*. Wie Aristoteles bestreitet Platon die Möglichkeit rein buchmäßiger praktischer Lehre: Es komme nicht allein auf die Erlernung von Methoden an, sondern auch auf die Beurteilung der Umstände ihrer Anwendung, die jedoch nicht theoretisch zu vermitteln sei (*Phaedr.* 268a-d). Platon wie Aristoteles betrachten als *Technik* also nur, was sein Vorgehen als praktische Erfahrung wie als Regelwissen lehren kann; dieses muß abstrakt mitteilbar sein. Als Paradigma für *Technik* gelten Architektur und Medizin. Vgl. Lenk (1982) 16.

34 Erfindungsreichtum und Intellektualität als Eigenschaften des Handwerkers im griechischen Mythos: Frontisi-Ducroux (1992/93) 93-105; (1975).

35 Arist., *EN* 1094a1-16; vgl. Bestimmung des höchsten Gutes durch Eudoxos von Knidos, Arist. *EN* 1172b12-15. Die sokratische Präzisierung des Begriffes der *τέχνη* erfolgte auch zu Zwecken der Sophistenkritik: Der Sophist gibt vor, *εὐδαιμονία* und *ἀρετή* durch Mitteilung der Technik wirkungsvollen Redens zu vermitteln. Er kann aber nicht sagen, ob seine Begriffe für Geltungsansprüche, Normen und Werte mehr sind als Funktionen eines Partikularinteresses, und ob es das Produkt, für das seine Schüler zahlen, überhaupt gibt. Wenn das gute Leben, so die Sokratiker, als Technik lehrbar ist, dann nicht durch Vor-

Aristoteles' Betrachtung über Hierarchien von Zwecken und Mitteln legt den Grund zu einer Ethik als Güterlehre. Zu den Formen, in denen menschliches Verhalten nach Gütern strebt, und die Aristoteles daher wiederholt als Muster heranzieht, gehört ihre Produktion, die *ποίησις*; Güter können materielle Gegenstände sein oder flüchtige Erlebnisse. *τέχνη* ist Produktion, Produktion ist die Schaffung von Gegenständen, und zwar so, daß deren Entstehung nicht ohne die willentliche Tätigkeit des Produzenten erklärt werden kann[36]; Technik erlaubt, was ohne sie gemäß der Natur der Dinge nicht geht, sie bildet gleichsam eine zweite Natur analog zur ersten, die den Zwecken des Menschen, nicht natürlicher Teleologie, zur Verwirklichung verhilft. Ihre Produkte werden ausgetauscht bzw. auf dem Markt verkauft, wobei sich im Verhältnis der verschiedenen Preise das Verhältnis der Bedürfnisse (*χρεία*) ausdrückt[37]. Die Regeln, nach denen Technik Zwecke mit Mitteln verbindet, sind Regeln der Zweckmäßigkeit; handwerkliches Vorgehen besitzt Rationalität, seine *ratio* kann mitgeteilt und gelehrt werden[38]. Techniken entwickeln sich darum[39], Akkumulation von

lesungen und Mitteilung von Regelwissen, denn auch im Handwerk gilt: Das Urteil darüber, ob eine Regel in einer Situation anzuwenden sei, ist nicht wiederum Sache der Anwendung einer weiteren Regel, sondern einer durch Erfahrung gebildeten Urteilskraft.

36 Vgl. Arist., *EN* 1140a1-23. Das Gegenteil der Herstellung, den Naturprozeß, bestimmt Aristoteles als Prozeß, der das Prinzip der Veränderung in sich selbst statt einem externen Handwerker trägt, in *Phys.* 192b8-194b15.

37 Arist., *EN* 1132b21-1133b28.

38 Arist., *EN* 1140a1-18; *Metaph.* 981a20-981b10.

39 Arist., *Pol.* 1268b22-1269b19. Dazu EDELSTEIN (1967b) 118-122: Fortschritt werde in den Techniken oft als Positivum, in der Politik als weder grundsätzlich negativ noch positiv bewertet. Edelsteins posthumes Werk ist unabgeschlossen; es betrachtet die klassische und frühhellenistische Zeit. EDELSTEIN (1967a) 402-408 kritisiert eine rein statische Sicht der wissenschaftlich-technischen Zivilisation der Antike; antiker Naturwissenschaft sei experimentelles Vorgehen nicht abzusprechen. Edelstein bestreitet die These einer grundsätzlichen Trennung theoretischer und praktischer Disziplinen in der Antike und weist nach, daß die antiken theoretischen Wissenschaften den Kontakt zur technischen Zivilisation nicht abreißen ließen, ebda. 408-414. Er urteilt aber, nach einer produktiven Phase griechischer Forschung habe die literarische Kanonisierung des Wissens zu seiner Erstarrung und Unfruchtbarkeit geführt. Ohne den Kontakt zwischen Wissenschaft und Handwerk zu leugnen bestreitet EDELSTEIN dem Handwerk einen entscheidenden Einfluß auf die Herausbildung der griechischen Wissenschaft, gegen FARRINGTON (1949 ND 1963), FARRINGTON (1939), FARRINGTON (1947). Vgl. COHEN u. DRABKIN (1958). Die Urteile über das Verhältnis antiker Wissenschaft zur Praxis beruhen auf nicht algemein geteilten Voraussetzungen über Wissenschaft und Technik der Moderne. Während EDELSTEIN und FARRINGTON eine Praxisorientierung antiker Wissenschaft als Stärke anerkennen, sieht HEIBERG (1925) 67-73 im Überwiegen des Praktischen in der antiken Mechanik - außer bei Hipparchos - eine Schwäche. Zur These der Sterilisierung antiker Wissenschaft durch literarische Tradition vgl. DIHLE (1980): Plinius vermengt originäre Beobachtungsdaten und tradierte falsche geographische Anschauungen. DIHLE (1989) 295ff.; 510ff.: Blüte der antiken Wissenschaften in hellenistischer Zeit durch königliche Förderung, Rückgang des Forschungs- und Innovationsdranges in der römischen Kaiserzeit gegenüber der Bewahrung des Tradierten. Zum Fortschrittsgedanken: EDELSTEIN (1965): Edelstein unterscheidet die theoretischen und technische Disziplinen nach ihrer Fortschrittlichkeit. EDELSTEIN (1967b) schreibt den Technikern im Unterschied zu den Theoretikern besondere Orientierung am Fortschrittsgedanken zu, vgl. auch EDELSTEIN (1963): Frühe griechische Wissenschaft sei isolierte theoretische Ursachenforschung; Vorgänger in der Forschung wurden nur als Vertreter falscher Meinung behandelt; PLATO und ARISTOTELES kennen den kollegialen, gemeinsamer Fortschritte bewußten Forscher, der - auch praktisches - Regelwissen formuliert (nach Arist., *Metaph.* 981a7ff.). Die Stoiker bemerkten die Kreativität der Forschung (Begriff der *altera natura*, Cic., *De nat. deorum* II 60,152). Theoretische Möglichkeiten wurden jedoch technisch in der Antike nicht völlig ausgeschöpft, vgl. REHM 135ff.). Ursachen

Wissen schließt Lücken und verwirklicht Verbesserungen. Aristoteles entwickelt eine eminent literarische Vorstellung vom Fortschritt: Die Gliederung liegt vor, der Fortschritt führt sie aus[40].

Diese Vorstellung von einem durch die Möglichkeit literarischer Wissensakkumulation natürlich bewegten Fortschritt durchzieht die antike Techniktheorie bis in die schulmäßigen Definitionen der *Technik*: *τέχνη* ist ein System von Regeln[41], deren Anwendung eingeübt wird und die sich auf ein für das Leben nützliches Ziel richten; im engeren Sinne praktische Techniken sind die produzierenden Gewerbe im Unterschied zu den Handwerken des Wortes (Grammatik, Philosophie, Rhetorik)[42]. Vorausgesetzt wird, daß Technik grundsätzlich ei-

dafür nach EDELSTEIN (1965) u. (1963): (1) Der antike Empirismus (Empirikerschule) beschränkte die Möglichkeit rationaler Naturerkenntnis; (2) antike Wissenschaft habe vor allem theoretische, nicht angewandte Forschung betrieben, sie hätte sich nicht von der Philosophie emanzipiert, während die Technik in der Hand konservativer Handwerker geblieben sei; (3) die antike Mentalität habe natürliche Grenzen menschlichen Handelns anerkannt; dem amtiken Forscherethos (vgl. Erasistratos über Übung und Training, Galen, *De consuet.* 1 p. 2; 1 p. 12-14) sei Anerkennung nur ausnahmsweise zuteil geworden.

40 *Es scheint in der Macht jedes beliebigen zu liegen, das fortzuführen und im Detail auszufüllen, dessen Grundgliederung gut gemacht ist, und die Zeit selbst wirkt darin als Erfinder oder guter Helfer; so kommen auch die Fortschritte der Techniken zustande; jeder kann nämlich das im einzelnen Fehlende nachtragen*, Arist., *EN* 1098a21-26. Ähnlich Philon über den Fortschritt der Geschützbaukunst: Philon, *Belop.* 1ff. (50-51 W). Mit den aufgeführten Elementen des Begriffes der *Technik* - Innovativität, Produktion nach Regeln der Zweckmäßigkeit, Methodizität, Kommunikation, Vermarktung, Erfahrung, kontinuierliche Verbesserung - wurde bestimmt, was gemeinhin im Altertum als Kennzeichen technischen Vorgehens in Medizin, Architektur, Weberei, Gesang, Tanz, Militärtechnik, Rhetorik usw. angesehen wurde: im Diktum über Neuheiten in den *τέχναι*, den Korinthern auf der Versammlung von Sparta 432/431 durch Thukydides zugeschrieben (Thuc. I 71,3), in den Romanen von Achilleus Tatios und Longos, die sexuelles Handeln als technisches Vorgehen begreifen [TESKE (1991); dazu MEISSNER (1993b)] und in der Persiflage Lukians über Schmarotzen als *τέχνη* [Lucian., *De parasito*, dazu NESSELRATH (1985)].

41 Die Deutung technischen Wissens als Regelsystem führt zu einem ambivalenten Verhältnis zum Phänomen der Veränderung, das dem modernen Betrachter als Fortschrittsfeindlichkeit erscheinen kann. Ein Beispiel dafür ist die Isokrates' Kritik an der technischen Methode (Isocr., *In Soph.* XIII 12-13), die nicht eine antitechnische Einstellung, sondern eine bestimmte Form der rhetorischen Ausbildung begründen will; Isokrates setzt voraus, daß die Technik ein Regelsystem für produktive Tätigkeit sei. Von einem System erwartet er, daß es unveränderlich sei. Dann stellt sich das Applikationsdilemma: Wenn Regeln unveränderlich in der Zeit sind, die Situationen ihrer Anwendung aber je verschiedene sind, kann die Anwendung der Regeln selbst nicht nach Regeln geschehen. Isokrates kritisiert, daß nach einer solchen Auffassung der Technik als abgeschlossenes Regelsystem kein Raum für für neue Erfindung (*εὑρίσκειν*) bestehe. Er beharrt aber auf einer handwerklichen Deutung des *πρᾶγμα ποιητικόν*: Der bestmögliche Rhetor ist der *τεχνικώτατος*. *τέχνη* kann als Paradigma für die Bildungsleistung der Rhetorik nach Isokrates' Auffassung nicht allein als Applikation von Regeln verstanden werden, weil sie der Kreativität bedarf. Vgl. FUHRMANN (1960); KNELL ([2]1991). Methodenbegriff der *τέχνη* als systematische Lehre: WILMS (1995).

42 Charakteristisch [*Supplementa artis Dionysianae vetusta* ed. G.Uhlig, *Grammatici Graeci* I 1, Leipzig (1883) ND Hildesheim (1965) 115-117]: *Τέχνη ἐστὶ σύστημα ἐκ καταλήψεων ἐγγεγυμνασμένων πρός τι τέλος εὔχρηστον τῶν ἐν τῷ βίῳ. τῶν δὲ τεχνῶν διαφοραί εἰσι δύο. αἱ μὲν γὰρ αὐτῶν εἰσι λογικαί, αἱ δὲ πρακτικαί. καὶ λογικαὶ μέν εἰσιν οἷον γραμματική, ῥητορική, φιλοσοφική· πρακτικαὶ δὲ οἷον τεκτονική, χαλκευτικὴ καὶ αἱ τούτοις παραπλήσιοι.* Feiner differenziert der Sophist Troilos von Side, um in Abgrenzung von überflüssigen Scheintechniken die Aufgaben der Redekunst zu bestimmen: Troilus Soph., *Proleg. in Hermog. art. rhet.* ed. C.Walz, *Rhetores Graeci* VI, Stuttgart (1834) ND Osnabrück (1968) 42-55, bes. 43-48. Ähnliche schulmäßige *τέχνη*-Definitionen: [Galen.], *Defin. med.* XIX 350f.: *η'. Τέχνη ἐστὶ σύστημα ἐγκαταλήψεων συγγεγυμνασμένων πρός τι τέλος εὔχρηστον τῶν ἐν τῷ βίῳ. ἢ οὕτως. τέχνη ἐστὶ σύστημα ἐγκαταλήψεων συγγεγυμνασμένων ἐφ' ἓν τέλος τὴν ἀναφορὰν ἐχόντων*; anschließend abweichende hippo-

nen Nutzen für das Leben abwerfen müsse[43]; dies zeichnet also nicht die mechanische Technik vor anderen aus[44]. Nutzen, Lehrbarkeit und Fortschrittlichkeit gelten als Eigenschaften von *Techniken*, die die *τέχνη* zum methodischen Modell für Wissenschaften überhaupt werden ließen[45]. Man erwartete also im 5. und 4. Jhdt. v.Chr. von einer Reihe von Wissen kontinuierlich akkumulierenden Disziplinen eine fortschrittliche Entwicklung. Daher ist es erstaunlich, daß moderne Darstellungen der antiken Technik dieser teilweise die Fortschrittlichkeit absprachen[46].

In der Moderne ist ein wichtiges Kennzeichen der Industrietechnik der Ersatz menschlicher - manueller oder geistiger - Arbeitskraft als Produktionsfaktor durch Kapital, Energie und Maschinen, um einen knappen teuren Produktionsfaktor durch billigere zu ersetzen. Da dies in gleicher Weise in der Antike nicht geschah, haben moderne Analytiker den Schluß gezogen, daß einsparbare Produktionsfaktoren wie Arbeit in der Antike nicht knapp und teuer gewesen sind, oder daß der Wunsch nach einer Verbilligung der Produktion gar nicht bestand. Im ersten Fall betrachtete man die Verfügbarkeit von Sklaven oder freien Arbeitskräften als Ursache einer Stagnation, im zweiten grundsätzliche Grenzen der antiken Wirtschaftsmentalität, die die Rationalisierung der Produktion nicht als Anliegen privaten oder staatlichen Handelns begriffen habe[47].

Diejenigen modernen Arbeiten, die mit Marx die Antike als geprägt durch die Produktionsverhältnisse der Sklaverei ansahen, nahm in der Regel an, eine unbegrenzte Verfügbarkeit menschlicher Arbeitskraft habe den Bedarf nach Mechanisierung und Automatisierung gar nicht entstehen lassen. Aristoteles' Äußerung, nur wenn materielle Werkzeuge intelligent genug würden, ihre Arbeit selbsttätig zu verrichten, brauche man keine Sklaven mehr[48] deutete man als Ausdruck eines Sklaverei erfordernden und komplexe Maschinen

kratische Definitionen; schulmäßig wurde die *τέχνη*-Definition daher erst später. Vgl. auch Syrian., Sopat. u. Marcellin., *Schol. ad Hermog. Stat.* ed. C.Walz, *Rhetores graeci* IV, Stuttgart (1834) ND Osnabrück (1968) 53; Lucian., *De paras.* 4. *τέχνη*-Definition als *κοινὸς λόγος*: Sext. Empir., *Adv. mathem.* VII 109. Schulmäßige *τέχνη*-Definition wohl auf die Erkenntnislehre Chrysipps (3. Jhdt. v.Chr.) und Zenons von Kition (4. Jhdt. v.Chr.) zurückgehend, *SVF* II frr. 93-98; Olympiod., *In Plat. Gorg. Comment.* 12,1.

43 [Galen.], *De remed. parab.* XIV 311-313; *Introd. seu medic.* XIV 685 *τέχνη γάρ ἐστι σύστημα ἐγκαταλήψεων καὶ διανοιῶν, ποιόν τε καὶ ποσὸν συγγεγυμνασμένον, πρός τι τέλος νευουσῶν χρήσιμον τῷ βίῳ*; *De opt. secta ad Thrasyb.* I 107 (*καθ' ὅσον δὲ πρός τι τέλος συντείνει εἰς τὸν βίον φέρον, δεῖ ἕκαστον τῶν θεωρημάτων χρήσιμον εἶναι καὶ ἀναγκαῖον*).

44 So aber SCHÜRMANN (1991) pass. Vgl. Heron, *Pneum.* I pr.; *Diopt.* 2: *Ὅτι δὲ πολλὰς παρέχεται τῷ βίῳ χρείας ἡ πραγματεία, δι' ὀλίγων ἐστὶν ἐμφανίσαι.* Vgl. *Geom.* 1,1 über den Nutzen der Geometrie.

45 Zur Rolle der Technik als Modell in der Geschichte der antiken Philosophie ISNARDI PARENTE (1966).

46 Literaturbericht: OLESON (1986).

47 Vgl. HODGES (1970 ND 1996) 177f.: Außer in der Glasindustrie sei in hellenistisch-römischer Zeit kein neuer Rohstoff der Bearbeitung zugeführt worden; fehlende Innovativität habe drei Ursachen gehabt, die Sklaverei, die Verfügbarkeit freier Arbeitskraft in der Kaiserzeit, die durch Mechanisierung verelendet wäre, und inkompetente Besitzer und Manager, die keine innovativen Organisations- und Produktionsmethoden anwandten; die antike Philosophie habe für die Ausprägung einer Mentalität konservativer Bürokraten gesorgt. Skepsis gegenüber Fortschrittlichkeit und Leistungskraft antiker Technik auch z.B.: REECE (1969); MAZZA (1970); KOYRÉ (1967). DESCARTES (1637) 10 setzt voraus, daß es Zweck mathematisch angeleiteter *arts* sei, *diminuer le travail des hommes*; über wiss.-techn. Fortschritt durch Herstellung von Öffentlichkeit und Kooperation ebda. 98-106.

48 Arist., *Pol.* 1253b33-1254a1; Krates ap. Athen. VI 267e-268a.

ausschließenden Standes der Entwicklung der Produktivkräfte. Auch solche marxistischen Arbeiten, die statt der Sklaverei die Ausbeutung des unabhängigen Kleinproduzenten durch eine landbesitzende Oberschicht in den Vordergrund stellen, halten daran fest, daß ein bestimmter technischer Stand der Produktion die Entwicklung der antiken Gesellschaften begrenzte[49]: Technikgeschichte hat in diesem historisch-materialistischen Kontext den Entwicklungsstand der Produktivkräfte als einen notwendig eingetretenen zu erklären.

Kritiker solcher Auffassungen bestritten mindestens eine der vorausgesetzten Annahmen, die Verfügbarkeit von Sklavenarbeit oder die mangelnde Innovativität. KIECHLE zeigte, daß technische Entwicklungen zur Einsparung von Arbeitskraft in der Antike (Manufakturorganisation in der Kaiserzeit, Mechanik der Brotteigbereitung) eintraten, obwohl Sklavenarbeitskraft günstig verfügbar war: Zwischen Mechanisierung und Knappheit der Arbeitskraft besteht kein notwendiger Zusammenhang[50]. Die Frage der technischen Entwicklungshöhe antiker Zivilisationen wurde nicht allein unter technischen Aspekten und historisch-materialistischen Voraussetzungen debattiert. In der ersten Hälfte dieses Jahrhunderts war umstritten, inwiefern es in der Antike Volkswirtschaften gab, oder ob nicht der Gegenstand moderner Volkswirtschaftslehre selbst historisch entstanden gedacht werden müsse. MEYER, BELOCH und ROSTOVTZEFF setzten voraus, wirtschaftliches und politisches Handeln und Institutionen der Antike ließen sich beschreiben wie modernes Wirtschaften, HEICHELHEIM, BÜCHER, POLANYI, HASEBROEK und FINLEY dagegen sahen die antike Wirtschaft auf einer zu primitiven Entwicklungsstufe als daß volkswirtschaftliche Perspektiven auf sie anzuwenden wären. Ein Argument gegen die Modernität antiken Wirtschaftens liegt im Fehlen einer volkswirtschaftlichen Gesamtrechnung und in der Beschränkung antiker Wirtschaftsliteratur auf Hauswirtschaft[51]; dadurch sei auch der Grad der Rationalität wirtschaftlichen Handelns und Planens beschränkt gewesen. Man erklärt dies als theoretische Folge einer vermeintlichen ökonomischen Tatsache, der geringen Bedeutung über den Einzelhaushalt hinausgehender Austauschbeziehungen. Näher läge es, in dieser Beschränkung der antiken Wirtschaftsliteratur auf die Betriebswirtschaft eine Folge dessen zu sehen, daß die heidnische Antike die Denkfigur einer *List der Vernunft* (Hegel) oder *invisible hand* (Adam Smith), notwendige Ingredienzien politischer Ökonomie, nicht systematisch ausgebildet hat, sondern

49 STE.CROIX (1981). WHITE (1970) bestreitet, daß Knappheit oder Ineffizienz der Sklavenarbeit Anreiz zu technischer Entwicklung geboten hätten.

50 KIECHLE (1969) vermutet in der Mentalität liegende Sperren gegen technischen Fortschritt in der Antike; KIECHLE richtet sich gegen Auffassungen wie die von KOLENDO (1968); Kolendo vermutet, vom 1. zum 2. Jhdt. n.Chr. habe eine Verknappung von Sklaven zur Entwicklung produktiverer Verfahren in der italischen Landwirtschaft geführt. Die Annahme einer rein konservativen Mentalität der Antike bezweifelt von GILLE (1980).

51 Vgl. FINLEY (1979); (1974); ROSTOVTZEFF (1972); (1929); POLANYI (1957); (1977); HASEBROEK (1928); SCHUMPETER (1954) 60ff.; MEYER (^{2}1924); SCHEFOLD (1994) 111ff.; AUSTIN u. VIDAL-NAQUET (1977); HUMPHREYS (1978); BRAUNERT (1967). FINLEY's These, daß Aristoteles' Wirtschaftslehre das methodische Niveau moderner Wirtschaftstheorie nicht erreiche, tritt entgegen MEIKLE (1979); (1991a); (1991b): FINLEY könne nur zeigen, daß Aristoteles SCHUMPETERsche Kriterien einer gültigen Wirtschaftsanalyse (s.o.) nicht erfülle, nicht aber, daß diese Kriterien allgemeingültig seien; methodisch ähnele Aristoteles' politische Ökonomie (*EN* V 5,1132b21ff.; *Pol.* 1253b1ff.; 1259a37ff.; 1261a30f.) der von Marx. Gegen die These beschränkter betriebswirtschaftlicher Rationalität sprechen Beispiele investiver Landwirtschaft und rationaler Betriebsorganisation, vgl. KEHOE (1988b); (1988b); (1989); (1993); (1994) über Verstetigung, nicht unbedingt riskante Maximierung der Erträge als ökonomisches Motiv römischer Grundbesitzer; RATHBONE (1991); ROSTOVTZEFF (1987); (1936); (1922).

Kompensationsphänomene als unberechenbare Größen, als kontingenter Neid der Götter o.ä., dachte. Da in dieser Debatte um die Modernität antiken Wirtschaftens als Begründung der Entwicklungsstand der antiken Produktionsverhältnisse auf einer objektiv gedachten Entwicklungsachse erscheint, nennen wir auch die ihr zugrundegelegte Vorstellung antiken Wirtschaftens materialistisch: Modern erscheint es unter der Voraussetzung, Wirtschaften erfolge in Antike wie Moderne auf der Grundlage identischer anthropologischer Gegebenheiten und gleicher materieller Elementarverhältnisse, vormodern dagegen, wenn diese Voraussetzung bestritten und die Wirtschaftsgeschichte als umfassende Veränderung interpretiert wird, die die Voraussetzungen ihrer modernen Deutung selbst schuf.

Für die Auseinandersetzung nach dem Zweiten Weltkrieg um Modernität oder Primitivität der antiken Zivilisation ist kennzeichnend, daß sie mit Argumenten geführt wird, die mehr auf Anschauungen, Verhaltensformen, Denken und Mentalität als auf die materiellen Relikte antiken Wirtschaftens Bezug nimmt[52]. Nicht unbedingt gültig erscheint eine der Voraussetzungen dieser Debatte, die Annahme nämlich, eine rasche und nachhaltig sich technisch entwickelnde Gesellschaft sei grundsätzlich durch Zukunftsoptimismus gekennzeichnet, eine Gesellschaft der Stagnation durch Pessimismus[53]; es ist darüber hinaus nicht ausgemacht, ob tatsächlich Konservatismus die antiken Einstellungen zu technischen Vorgehensweisen prägte.

Die Einschätzung von Technik und Technologie der Antike hängt offenbar mit grundsätzlichen Dilemmata des historischen Bewußtseins zusammen; von empirischen Beschreibungen antiker Techniken allein ist keine Entscheidung in der Frage ihrer Beurteilung zu erwarten. Zwar ist die Geschichte der Erforschung der antiker Technik in den letzten hundert Jahren eine Geschichte sicher zunehmenden Detailwissens, doch grundsätzlich lassen sich die Urteile über die Fortschrittlichkeit antiker Technik selbst nicht in eine Geschichte wissenschaftlichen Fortschrittes im Verständnis der antiken Technik[54] einordnen, sondern bleiben gegensätzlich. Die Umkehrung der Fragestellung - die Antike sei eine Agrargesell-

52 Eines der Argumente FINLEY's für die technische Rückständigkeit antiker Zivilisationen besteht darin, daß kein antiker Text einen grenzenlosen Fortschritt als möglich oder wünschbar bezeichnet, FINLEY (1965). Negation der Fortschrittsidee auch: BURY (1932) 7; PLEKET (1967). Anders: EDELSTEIN (1967b); ROMILLY (1966). Intensivste Bejahung des zivilisatorischen Fortschrittes findet sich im 18. Jahrhundert; während sich der tatsächliche Fortschritt im 19. und 20. Jhdt. noch beschleunigte, verlor sich seine positive Bewertung zunehmend. In der Gegenwart beweist die technikskeptische Debatte im Anschluß an den Report des *Club of Rome* über *Grenzen des Wachstums* nicht das Ende des Zivilisationsfortschrittes, sondern die Verbreitung der Bemühung um seine angemessene Beurteilung. Energieintensive Massenmotorisierung, Entwicklung und Verbreitung elektrischer Haushaltsgeräte und halbautomatische Massenfertigung in den 60er und 70er Jahren dieses Jahrhunderts - ohne Massenarbeitslosigkeit - waren von ökologisch begründeten Zweifeln am Wert technischen Fortschritts begleitet, ähnlich energieintensive Büro- und Produktionsautomatisierung, die in den 80er und 90er Jahren zu Massenarbeitslosigkeit führten, begegnen kaum entsprechender Skepsis gegenüber dem technischen Fortschritt. Finley setzt voraus, Fortschritt sei vom Bewußtsein seiner Notwendigkeit oder Wünschbarkeit begleitet; Fortschrittsbewußtsein dürfte zwar ein Indiz für Fortschritt sein, ein notwendiger Zusammenhang, der den Schluß *ex negativo* rechtfertigte, besteht nicht. Als Ursache vermeintlich begrenzter Fortschrittsorientierung der griechischen Zivilisation betrachtet man deren religiöse Scheu vor einer Ausbeutung der göttlichen Natur; erst der christliche Monotheismus habe die Natur entgöttert, neuzeitliche Säkularisation zu ihrer Ausbeutung befreit, WHITE jr. (1967); RAPP (1978); LÄMMLI (1968). Antike Beispiele der Bejahung einer Ausbeutung der Natur: SCHNEIDER (1993).

53 Diese Voraussetzung bei DODDS (1973); FINLEY (1979).

54 SCHNEIDER beschreibt den Wandel in der Einschätzung antiker Technik als Meinungswechsel von Mehrheiten und Modephänomen, vgl. SCHNEIDER (1992) 25-29.

schaft und daher *a priori* so rückständig, daß nicht ihre Rückständigkeit, sondern ihre beobachtbaren Fortschritte der Erklärung bedürften[55] - umgeht zwar die Aporie, weil sie nicht erklären muß, warum ein zu erwartendes Ereignis nicht eingetreten sei, setzt sich aber mit der Vorstellung einer rückständigen Agrargesellschaft in Widerspruch zum Selbstverständnis der literarischen Eliten der Antike, die sich auch durch andere als bäuerliche Erwerbsformen und durch eine gegenüber anderen Zivilisationen raffiniertere Kultur und fortschrittliche Techniken geprägt sahen.

Die Erforschung der antiken Technik konzentrierte sich bis in die 30er Jahre dieses Jahrhunderts auf die Rekonstruktion der Produktionsmethoden des antiken Gewerbes, so in den Spezialdarstellungen von BLÜMNER und FORBES[56]. Eine Einschätzung der Modernität antiker Technik war dabei meist nicht Zweck, sondern Voraussetzung der Arbeit[57]. Die Distanzierung der modernen Natur- und Ingenieurwissenschaften von ihren antiken Vorläufern überließ die antike Technik den Altertumswissenschaften, während die antike Technik für die wissenschaftlich-technische Zivilisation der Moderne ihre Bedeutung als Vorbild und Maßstab verlor. Im Unterschied zu den modernen Ingenieurwissenschaften konnte von den Altertumswissenschaften, ohne eine praktische Vorbildwirkung geltend zu machen, eine Nähe der antiken zur modernen Technik behauptet werden[58]; DIELS verbindet die Auffassung, die antike Technik sei mit der modernen in ihren Problemstellungen und -lösungen grundsätzlich kompatibel, mit der Überzeugung von ihren nur begrenzten Entwicklungsmöglichkeiten. Technik und Technikern sei in der Antike die seit der Renaissance übliche Breitenwirkung versagt geblieben; ein aristokatisches Ethos habe ihr Ansehen begrenzt, Sklavenarbeit keinen Anreiz zur Maschinisierung geboten[59]; durch humanistische Werthaltungen beeinflußt ist DIELS' negatives Urteil über die Technik des Mittelalters als vermeintlicher Zwischenzeit, die tatsächlich zahlreiche gegenüber der Antike fortschrittliche Lösungen entwickelte[60]. Mit einem strukturellen Arbeitskräfteüberangebot und dem theoretischen Charakter der antiken Technik wurde, anders als durch DIELS, auch ein grundsätzlicher Abstand zwischen antiker und moderner Technik begründet; man erklärte diesen Abstand auch mit den begrenzten Möglichkeiten der Antike zur Erschließung von Kapital, Energie und Rohstoffen[61]. SAMBURSKY (1965) meint, die handfesten und unpräzisen antiken Kraft-, Raum-, Orts- und Bewegungsbegriffe hätten das Scheitern der technischen Me-

55 SCHNEIDER (1992) 29.

56 BLÜMNER (1874-1887); FORBES (^{2}1964-1971); ähnlich MERCKEL (1899).

57 Vgl. NEUBURGER (1919); FELDHAUS (1914); (1930). FELDHAUS setzt eine kontinuierliche Entwicklung der Handwerkstechnik voraus; in der Maschinentechnik habe es nur Gelegenheitsarbeiten gegeben, in der höfischen Großtechnik, einem Phänomen des ideologischen Überbaus, keine Kontinuität; erst seit 1600 gab es eine systematisch gelehrte Großtechnik (ebda., 424-425).

58 Vgl. Diels (^{2}1920). Das Vorwort der ersten Auflage (1914) V-VI betont die Kontinuität zwischen antiker und moderner technischer Zivilisation (V-VI). Im 12. Jhdt. habe man an die technischen Leistungen der Griechen erneut angeknüpft, ders. ebda. 107.

59 DIELS (^{2}1920) 29-33; 40-41.

60 GIES U. GIES (1995) 37.

61 LOMBROSO FERRERO (1920). ROSTOVTZEFF (1929) bestreitet strukturelle Grenzen der antiken Entwicklungsmöglichkeiten; die Verelendung breiter Bevölkerungskreise und das Fehlen von Massenmärkten habe Massenproduktion und Industrialisierung verhindert. REHM (1938) behauptet, die Antike habe menschliche und tierische Arbeitskraft nie effektiv substituieren können.

chanik bedingt. Verweigerung technischer Innovation[62], Geringschätzung angewandter gegenüber theoretischen Kenntnissen[63], die antiken Agrargesellschaften und die Landbesitzermentalität ihrer Führungsschichten[64] wurden geltend gemacht, um die Grenzen antiker technischer Entwicklungsmöglichkeiten abzustecken. Prononciert führte VERNANT eine technische Stagnation der Antike, SCHUHL folgend, auf eine *"blocage de la pensée technique des Grecs"* zurück[65]. Gleichzeitig wurde die vermeintliche Stagnation der Antike in der westlichen Welt auch damit erklärt, daß es an einer liberalen Wirtschaftsverfassung gefehlt habe, einer vermeintlich notwendigen Voraussetzung technischen Progresses[66].

Eine Variante der These einer grundsätzlichen oder in nachhellenistischer Zeit sich herausbildenden Konservativität der antiken Kultur und Zivilisation besagt, daß erst die christliche Eschatologie zur Formulierung einer Fortschrittsidee in der Antike in der Lage gewesen wäre. Diese These hat zuletzt KINZIG entwickelt[67]: Die heidnische Antike habe weder Begriff noch Terminus eines universellen Fortschrittes gebildet; zwar werde auch der moderne Fortschrittsbegriff nicht einheitlich verwendet[68], doch könne man einige generelle Charakteristika des modernen Fortschrittsbegriffes namhaft machen: Zustandsfolge, Zeitlichkeit, Neuheit der Zustände, Wertsteigerung, Reflexivität bzw. Bewußtheit und teleologische Ori-

62 AYMARD (1948); AYMARD in: PARIAS (1959-1960) I 371ff.

63 Vgl. FARRINGTON (1949) meint, in Griechenland folge die Entstehung der Wissenschaften der der praktischen Disziplinen; die spätere Entwicklung der griechischen Wissenschaft kennzeichne Abneigung gegenüber der technischen Praxis und Stagnation (ebda. 13-41). Ähnlich WHITE (1959); (1984) 27-48; 172f. (modifiziert, beschreibt verschiedene technische Fortschritte); (1980).

64 FINLEY (1965): Die Antike habe Arbeitsteilung als Voraussetzung qualitativer, nicht quantitativer Verbesserungen angesehen. Vgl. PLEKET (1973-74): Die Antike habe wenig in Produktivitätssteigerung investiert, weil antikes Wirtschaften nicht am Ertrags-, sondern am Geltungsnutzen interessiert gewesen sei; vgl. auch PLEKET (1967). Für den Leser römischer Agrarschriftsteller dürfte diese Feststellung überraschend sein. Die Unsicherheit des Urteils über die Leistungen der antiken Zivilisation liegt auch begründet in widersprüchlichen Auffassungen von den Leistungen der modernen Zivilisation. TRAINA (1994) 11 meint, technischer Fortschritt habe sich in der Antike eher quantitativ als qualitativ manifestiert, seine Maßstäbe widersprechen also denen Finley's.

65 VERNANT (1985) 39; SCHUHL ([2]1947) XIII. VERNANT (1985) 53-57: Methodische, persönliche und soziale Trennung zwischen Praktikern und Theoretikern, Sinken der Dynamik technischen Denkens; Platons Begriff des Werkes als Abbild einer Idee interpretiert VERNANT als Illustration eines rein reproduktiven Begriffes handwerklichen Vorgehens; die Bewußtwerdung der Methodik der Produktion durch Sophistik und Philosophie habe zu einer Abschließung der als Regelsystem begriffenen *τέχνη* von ihrer Erfahrungsgrundlage geführt. Nach FARRINGTON ([2]1962) 133ff. ist neben der Sklaverei Platons Idealismus Ursache angeblicher technischer Stagnation. Deutlich werden hier moderne Thesen über Ursachen technischen Fortschrittes vorausgesetzt: (1) Idealismus hemme technischen Fortschritt, (2) persönliche bürgerliche Freiheit fördere Fortschritt.

66 HODGES (1970 ND 1996): Reichtum und Varietät verfügbarer Rohstoffe bestimmen und begrenzen Entwicklungsmöglichkeiten; die Antike habe nie einen stetigen Fortschritt gekannt, sondern nur kurze Phasen rapider Entwicklung: Begrenzend wirke auch die Kommunikation: Die politisch-sozialen Verhältnisse der Antike hätten Statik und autoritäre Regierungen erzwungen, und Bürokraten zu intensive Kontrollen ausgeübt; man habe viel Kapital großräumig zentral investiert, sodaß Technologien nicht leicht zu wechseln waren. Der politische Wille habe auf eine Erhaltung des *status quo* gezielt. Fortschritt sei daher nur unter dem Druck von außen eingetreten; weniger entwickelte Außenvölker hätten sich als lernfähigere und innovativere erwiesen, ebda. 241-242.

67 KINZIG (1994).

68 KINZIG (1994) 66-71 gegen MEIER (1978).

entierung; erst christliches Denken habe in diesem Sinne die Geschichte als Fortschritt begreifen können[69]. Dies heißt nicht, die Vorstellung von Fortschritten im einzelnen habe in der Antike nicht existiert; dort, wo das Chistentum besondere zivilisatorische Leistungen positiv wertet, verdanke dies sich im allgemeinen einer Rezeption heidnischer Vorstellungen[70]. Was der Antike gefehlt habe, sei nicht die Idee technischer Fortschritte, sondern eine auf dem Begriff des Fortschrittes beruhende Geschichtsmetaphysik[71]. Die Studie von KINZIG behauptet also, daß die Zivilisation der heidnischen Antike technische Fortschritte erfuhr, doch daraus nicht den Schluß auf eine permanente, allumfassende Verbesserung der Lebensverhältnisse zog, und daß dagegen die christliche Spätantike dieser grundsätzlichen Fortschrittserwartung huldigte, obwohl sie technisch stagniert habe[72]. Diese Annahme einer technischen Stagnation der Spätantike trifft allerdings nicht zu[73]. Vielmehr scheint es, als sei die Antike durch fortschrittliche Technologien gekennzeichnet, doch der eindeutige Zusammenhang zwischen technischem Fortschritt und der Idee oder Erwartung eines allgemeinen Progresses sei nicht gegeben.

In der durch den historischen Materialismus bestimmten Forschung ersetzte die Kritik des Einflusses von Herrschaftsverhältnissen auf die technische Entwicklung zunehmend den zuvor vorherrschenden Determinismus der Produktionsverhältnisse: Auch der Marxismus beurteilt die antike Technik zunehmend als Teil einer durch Verhaltensformen und Gewohnheiten bestimmten Lebensform. MIGLIO kritisiert die Vorstellung, Innovationsunfähigkeit oder -unwilligkeit habe den Untergang Roms bewirkt: Die antike Geistesgeschichte habe sowohl den Gedanken des technischen Fortschrittes wie den zivilisatorischen Dekadenz gekannt[74]; allein eine verbreitete Einstellung zu Fortschritt und Innovation kann daher nicht den Roms Untergang bewirkt haben; Miglio sieht dessen Ursache vielmehr in der Herrschaft einer müßiggängerischen Elite und der Durchsetzung ihrer Einstellungsmuster gegenüber denen der produzierenden Schichten[75]; weitere Studien des *Tecnologia, economia e società*-Projektes behandeln ebenfalls in erster Linie die Einstellungen gegenüber technischer Innovation: In der römischen Kaiserzeit habe technologischer Konservatismus geherrscht[76].

69 KINZIG (1994) 73-78.

70 KINZIG (1994) 376-441.

71 Technischer und zivilisatorischer Fortschritt sei nicht Gegenstand spätantiker Geschichtsmetaphysik, KINZIG (1994) 571-574.

72 KINZIG (1994) 572.

73 SCHNEIDER (1992) 34f.; 111f.; 158; 199; 221 zählt spätantike technische Verbesserungen auf (Wassermühlen, Glasherstellung, insbesondere Fensterglas, Kuppelbau, Codex). Vgl. auch JAMES u. THORPE (1995).

74 Vgl. DELVAILLE (1910); AGAZZI (1976); DENBOER (1977); EDELSTEIN (1967b); DODDS (1973); GATZ (1967).

75 MIGLIO (1980) bes. 19.

76 LANA (1980): Die technische und philosophische Literatur der Kaiserzeit betreibe nicht Erneuerung und Erweiterung, sondern Erhaltung und Wiedergewinn von Wissen, dessen Sicherung und Gewinnung Aufgabe niedrig stehender Schichten gewesen sei; das Bildungsideal der Herrschenden sei praxisfeindlich und durch Dekadenzvorstellungen geprägt gewesen. Die Wissenschaft habe sich der herrschenden Moral unterworfen, Autonomie und Förderung hätten dieser gefehlt. Ähnlich über die Fremdheit von Technik und Führungsschichten CRACCO RUGGINI (1980): Ökonomische seien von technischen Verbesserungen nicht erwartet worden, der Zusammenbruch des römischen Reiches habe zum Ende der Herrschaft seiner Elite und zur Freisetzung neuer Innovationspotentiale geführt. WHITE (1980) betont darüber hinaus die Ein-

Genaue Untersuchungen einzelner Technikbereiche haben tatsächlich Fortschritte beim Ersatz menschlicher und tierischer Arbeitskraft gezeigt und damit Erklärungen fehlender Innovativität widerlegt[77], die in der Abkehr vom Idealismus und in bestimmten ökonomischen Institutionen (Abkehr von Sklaverei bzw. Märkte) Voraussetzungen zivilisatorischen Fortschrittes sehen und in der Antike vermissen. So wurde BLOCH folgend die Geschichte als Prozeß des Fortschrittes der Produktivität gesehen und die Wassermühle als Technik des Mittelalters, nicht der Antike, betrachtet[78]; Wasserräder aber waren seit dem zweiten Jahrhundert n.Chr. im Römischen Reich sehr verbreitet[79]. Die antiken Zivilisationen waren für ihr Bestehen und für die luxuriöse Gestaltung des Lebens außerdem auf die Herausbildung und Entwicklung großtechnischer Systeme angewiesen (Wasserver- und -entsorgung, Bäder)[80]. Ihrer Abhängigkeit von der Funktionsfähigkeit dieser Systeme war die Antike sich bewußt, und sie entwickelte diese weiter, auch mit dem Blick auf einen ökonomischen Einsatz der Ressourcen.

Man hat daher in den zusammenfassenden Arbeiten der letzten etwa 30 Jahre solche Fortschritte beschrieben und die Bedingungen zu bestimmen versucht, unter denen sie zustande kamen; nicht das Fehlen selbständiger Ingenieure und Projektentwickler, sondern der Mangel an staatlicher Förderung technischer Innovation wurde als Kennzeichen antiker Technik identifiziert[81], obwohl griechische und römische Architekten sehr wohl als Selbständige um staatliche Aufträge konkurrierten und die Förderung der Kriegstechnik durch hellenistische Herrscher geradezu die Form von Projektförderungen innerhalb eines Rüstungswettlaufes annehmen konnte[82]. Als Innovationsmoment wird oft die gesellschaftliche

fachheit römischer Technik; Unterhaltungsautomaten und Spielzeugtechnik hätten in erster Linie politische Stabilität erzeugt. Vgl. auch MÜLLER (1989).

77 Bergbau: ROSUMEK (1982).

78 BLOCH (1935). Ähnlich: GILLE (1954); WHITE JR. (1962) 80ff.; FINLEY (1965); BLAINE (1976); REYNOLDS (1983) 48-54.

79 WIKANDER (1990); WIKANDER (1991); (1989); (1984); (1981); (1979); GÄHWILER u. SPECK (1991); HODGE (1991).

80 FRONTINUS-GESELLSCHAFT ([4]1989); ([2]1991-1994); TÖLLE-KASTENBEIN (1994); CROUCH (1993); JEANCOLAS (1986); BRÖDNER (1983).

81 DAUMAS (1969) 256-258 (Fortschritte antiker Techniken, Rom): Perfektionierung des Zementbaus (Bogen, Kuppel, Treppenhaus, Brücke, Aqaedukt usw.), Dachziegel, Heizung, Straßenbau, Hafenbau, Landvermessung, Steuerruder, Mosaiken, Massenkeramik, Glas, Fibeln, Wassermühle, Militärmaschinen, Baumpflanzung, Weinbau, Austernzucht, Naturdüngung, Einsatz der Brache; Übernahme von Techniken: Fahrzeuge, Segel, Pflug, Erntemaschine, Fässer, Nähkleidung, Seife, Emaille, Damaszenerwaffen, Armsessel; Erfindungen: Bogenkuppel, Fensterglas, Meilenstein, Brückenaqaedukt, Laufgewichtswaage, Schraubenpresse, Werkzeuge (Schere, Hobel, Rahmensäge, Dorn, Bohrer, Bohrkurbel, Schlüssel, Weberkamm), archimedische Schraube, Blasebalg, Dünger, Wachskerze, metallene Bettgestellfeder, Theatervorhang, Sonnenzelt, Kodex, Stenographie. Fehlen administrativer Forschungsförderung, Tradierung technischen Wissens durch gildeähnliche Vereinigungen. Fehlen mechanisierter Industrie, wissenschaftlich geplanter Maschinen und wissenschaftlicher Agrarproduktion. Griechen: Begraben des Wissens vom Maschinenwesen in Büchern. Sklavenverfügbarkeit erkläre geringe Mechanisierung. Fortschritt im Agrarwesen beschränke sich auf Baumfruchtpflege; wissenschaftliche Ertragssteigerung habe es nicht gegeben. Zu Innovationen auch WHITE (1984).

82 MARSDEN (1969); (1971). Marsden beschreibt den Rüstungs- und Forschungswettlauf zwischen Ptolemäern und Attaliden um eine Kalibrierungsformel für Torsionsgeschütze, die die den Ptolemäern finanzierten Entwickler fanden; sie erlaubt, die Baugrößen eines Geschützes in ein Verhältnis zu einer

Anerkennung für ideenreiche Techniker betrachtet: In der Antike habe diesen die Anerkennung gefehlt, und daher habe es Innovation nur ausnahmsweise gegeben[83].

Naheliegend wäre es, die Rückständigkeit der antiken wissenschaftlich-technischen Zivilisation gegenüber der unserer Gegenwart nicht als erklärungsbedürftig anzusehen, fehlte ihr doch das Aggregat anderthalbtausendjähriger Erfahrung, von Wissen, Können, Reflexion, Einsicht, von materiellen und immateriellen Gütern, die die Menschheit erst in der Folge akkumulierte. Wer nämlich die antike Zivilisation in einen Kontext der menschlichen Zivilisationsgeschichte einordnet, setzt voraus, das Subjekt dieser Geschichte sei die - sich ihrer selbst zunehmend bewußt werdende - Menschheit als Gattung; deren Geschichte sei Fortschritt; dieser brauche Zeit (CONDORCET, HEGEL, MARX). Unter dieser Voraussetzung erwiese sich die Erklärung der Grenzen der antiken Entwicklungsmöglichkeiten als Scheinproblem, das nach dem Verweis auf die Position antiker Zivilisationen im Zusammenhang der Menschheitsgeschichte gegenstandslos wäre, unabhängig davon, ob diese als Bildungsgeschichte der Menschengattung, als Entfaltungsgeschichte des Geistes oder Revolutionsgeschichte der Produktivkräfte begriffen wird. Die Voraussetzungen der skizzierten Auffassungen, Fortschrittsidee und Deutung der Menschheit als Gattungssubjekt, stellen aber einen metaphysischen Preis dar, den empirische Geschichtsforschung, anders als geschichtsphilosophische Reflexion, kaum zu zahlen bereit ist; die Einheit des Bewußtseins der Menschheit als Gattungssubjekt ist ein Postulat gegen alle Erfahrung, und es bleibt in der Regel offen, inwiefern ein beobachtbarer Wandel auch als Fortschritt gewertet werden darf.

Jene geschichtswissenschaftliche Diskussion um die Ursachen antiker Rückständigkeit stellt ein Beispiel dar für die Trennung historischer Forschung von philosophischer Reflexion, die, um den Preis ungeklärter oder umstrittener Grundlagen, in den empirischen Altertumswissenschaften zum verbesserten Verständnis auch der Details der antiken Technik geführt hat. Paradoxerweise sind die dabei erzielten Ergebnisse wesentlich negativ: Die angenommenen Ursachen für Rückständigkeit oder Stillstand der Antike sind duch die Diskussion relativiert oder widerlegt worden; antike Technik machte erhebliche Fortschritte[84],

Grundgröße zu setzen und so das je neue empirische Ermitteln der Schußeigenschaften von Geschützen einer Größenklasse einzusparen. Dadurch wurde es möglich, nach einheitlichen Baumustern Geschütze in verschiedenen Größen manufakturmäßig anzufertigen. Überblick über ptolemäische Förderung der Mechanik: SCHÜRMANN (1991): Erklärung der technischen Entwicklung durch politisch-wirtschaftliche Konkurrenz im Mittelmeerraum; die im Wettbewerb stehenden hellenistischen Monarchen hätten die mechanischen Techniken als Mittel im Konkurrenzkampf gefördert; Mechanik sei darum innovativ gewesen beim Bau von Kriegsmaschinen und in der Agrartechnik, die Autonomie- und Autarkiebestrebungen unterstützten; seit der Etablierung der römischen Herrschaft habe aber konkurrenzlos eine Führungsschicht das Geschehen bestimmt, militärtechnische Innovationen zum Ende gebracht; einzig der Bau automatischer Spielgeräte zu Unterhaltung und Selbstdarstellung dieser Schicht sei noch gefördert worden. Gegen eine Konzentration der Mechanik auf Unterhaltung und die Abwendung von Militärtechnik sprechen die Fortentwicklung v.a. mobiler Torsionsgeschütze in der römischen Kaiserzeit und die Tatsache, daß Vitruv den Geschützbau, nicht jedoch den Bau von Unterhaltungsautomaten als Teil der Architektur behandelt, vgl. MEISSNER (1993a). GABBA (1984) beurteilt die hellenistischen Monarchien als Fremdherrschaften mit inneren Konflikten und Widersprüchen; mit diesen erklärt er, daß neben dem Gewinn an Rationalität auch literarische Formen der Abwendung von der Realität (Utopien, Romane etc.) die hellenistische Zeit prägten.

83 OLESON (1984) nennt nur Wasserversorgung, Bau- und Kriegstechnik.

84 Zur Ingenieurtechnik vgl. LANDELS ([4]1989). SCHNEIDER (1989) 293f. erklärt technische Leistungen der Antike mit dem bereits im frühgriechischen Epos beobachtbaren Interesse an der Tätigkeit des Handwerkers und mit einer bejahenden Einstellung zu Technik und Handwerk, einem *"Klima..., das technische*

aber in einer Weise, die sich von der Moderne unterschied. Der Verweis auf Fortschritte und auf Mentalitäten, die solchen Fortschritten gegenüber nicht abgeneigt waren, erklärt aber noch nicht genau die Unterschiede der Entwicklung in Antike und Moderne, denn vollständig korrespondieren Fortschrittlichkeit und Fortschrittsbewertung nicht[85]. Es gibt Situationen, in denen das Verhältnis zwischen technischer Entwicklung und ihrer Bewertung das einfacher Korrespondenz ist, es gibt jedoch auch ein konträres Verhältnis, abhängig von Interessen und Perspektiven. Während Computer und Digitaltechnik trotz manifester wirtschaftlicher Nebenfolgen bewundert und für gesellschaftlich elementare Transaktionen verwendet werden (Brief- und Geldverkehr), trifft die Verwirklichung großtechnischer Systeme (Atomkraftwerke) und neuer Produktionsmethoden (Gentechnik) auf Widerstände. Diese Widerstände hängen weniger von der Technizität oder Fortschrittlichkeit der Technologien ab als von der Erwartung mit ihnen verbundener Risiken und Spätfolgen[86], die bedingt sind nicht nur durch das Erlebnis des Fortschrittes, sondern vor allem durch die Bedingungen der Kommunikation zwischen Technikern, Investoren und Entscheidern und durch das gegenseitige Verhältnis der technischen und der gesellschaftlich-politischen Eliten.

Für die technische Entwicklung ausschlaggebend sind neben Mentalitäten die Rechtsverhältnisse, in denen sich Einstellungen und Techniken herausbilden. Die Gentechnik entwickelt sich unter hohen Investitionskosten rascher in den Vereinigten Staaten, obwohl die Skepsis gegenüber ihren noch unkalkulierbaren Nebenfolgen dort ähnlich groß ist wie in Europa; in den USA werden aber nicht nur technisch veränderte Lebewesen und neue Verfahren, sondern auch nicht veränderte Erbanlagen patentiert[87]. Unterschiede der gewerblichen Schutzrechte betreffen auch die *software*-Industrie: Programme für Datenverarbeitungsanlagen sind nach dem deutschen Patentrecht nicht patentfähig, sondern unterstehen als Texte dem Urheberrecht - nur Algorithmen, die zu ihrer Ausführung eine Rechenmaschine notwendig voraussetzen, sind patentfähig[88]; in Amerika werden Patente für *software* freizügiger erteilt und Schutzrechte nachdrücklicher durchgesetzt, man kann dort daher Erwartungen in eine ökonomische Nutzung computertechnischen Wissens leichter zur Finanzierung von Entwicklungen verpfänden. Voraussetzung der Patentierbarkeit ist in Deutschland eine über den Stand der Technik hinausführende Erfindungshandlung, in angelsächsischen Län-

Leistungen eher begünstigte als verhinderte"; eine Besonderheit der griechischen Geistesgeschichte sei es, daß sie zu der Einsicht gekommen sei, daß im Lauf des Zivilisationsprozesses die Abhängigkeit von den Techniken wachse (ebda. 131).

85 S.o. Anm. 52.

86 Atomare Energiegewinnung: lang erprobte, wenig innovative Technik mit hohen Folgelasten (Brennelemententsorgung) und geringer Störungswahrscheinlichkeit bei allerdings ggf. großer Schadenshöhe. Massencomputerisierung analog zur automobilen Massenmotorisierung: hohe Störanfälligkeit der Systeme bei begrenzter Schadenshöhe. Gentechnik: Beide Szenarios (hohe Störungswahrscheinlichkeit bei begrenter Schadenshöhe oder geringe Störungswahrscheinlichkeit bei großer Schadenshöhe) erscheinen möglich.

87 WINNACKER (1997) 341.

88 ILZHÖFER (^{2}1996) 20-29; 134f. Das Urheberrecht ist ein Monopolrecht, dessen Laufzeit nicht durch die Geschwindigkeit der technischen Entwicklung, sondern die Wirkungszeit der Schöpferpersönlichkeit bestimmt ist. Inzwischen unterliegt nach europäischem Recht auch *software* dem Urheberrecht; die Urheberrechtsnovelle erwartet, daß die Funktionsmechanismen der Programme, anders als bei einer Patentierung, geheim bleiben; ihre Disassemblierung ist verboten. Das Patent setzt dagegen die Publizität der Methoden voraus. Das Urheberrecht führt also nicht zur Publizität der Verfahren.

dern werden Patente auch zum Gebrauchsmusterschutz für neue Produkte erteilt[89]. Rechtliche Bedingungen für die Aneigung technischer Kenntnisse und Entwicklungen entscheiden in hohem Maße über die Fortschrittlichkeit der Entwicklung: Während in den USA Entscheidung über gentechnische Investitionen oder Programmentwicklungen Techniker und Finanzmärkte autonom fällen, weil die Frage der Eigentumsrechte am Produkt geklärt ist und Nachahmer wirksam ausgeschlossen werden können, bedingt in Europa die Neigung zu einer Einschätzung der Ergebnisse von Genetik und Informatik als freie wissenschaftliche Erkenntnisse schwerer kalkulierbare Risiken für Investoren.

Patentrecht und ähnliche gewerbliche Schutzrechte sind Monopolrechte[90], die für den technischen Aufschwung der Moderne von entscheidender Bedeutung geworden sind: Dieser hat erst eingesetzt, seitdem technisches Wissen leicht reproduzier- und transferierbar wurde und gleichzeitig Rechtsinstitutionen erlaubten, aus dem Transfer technischen Wissens einen ökonomischen Gewinn zu ziehen. Wesentliches Moment war der staatliche Schutz von Erfindungen durch Sicherung zeitlich limitierter Monopole ihrer ökonomischen Ausbeutung. Mit *Technologietransfer* meint man nur ausnahmsweise Bemühungen um eine faktische Übertragung von Wissen und Fertigkeiten, sondern in der Regel die Übertragung von Rechten zur Ausbeutung von Wissen und Können, denn einer Beschaffung technischen Wissens auf legalem oder illegalem Wege stehen kaum praktische Hindernisse im Wege. Das erste technische Patent erhielt Brunelleschi 1421 für ein Schiff zum Marmortransport, befristet auf drei Jahre und ausdrücklich mit dem Wunsch, er möge durch das Monopol motiviert werden zu weiteren Erfindungen zum Nutzen der Allgemeinheit: Das Prinzip, das auch das erste bekannte Patentgesetz (Venedig 1474[91]) bestimmt, ist, den Eigennutz des Erfinders dem Nutzen der Allgemeinheit zur Verfügung zu stellen. Die Halbwertszeit des Wissens koinzidiert etwa mit der zeitlichen Schranke des Patrentmonopols: Die Kugelkopfschreibmaschine, für IBM 1960 patentiert[92], wird 30 Jahre später nicht mehr hergestellt.

Patente vergeben Vertriebsmonopole gegen eine Veröffentlichung der Herstellungsmethoden: Innovatoren in Handwerk und Industrie verlieren ihr Wissensmonopol gegenüber dem Staat, der ihr Vermarktungsmonopol schützt; Patentschriften sind öffentlich einsehbar[93]. Patentiert und monopolisiert wird ein Produkt, sofern es sich um ein neues Produkt oder um das Ergebnis einer Erfindungstätigkeit handelt; dieses Vorgehen läßt bestehende Monopole unangetastet, sodaß Märkte und Wirtschaft durch die neuen Monopole expandieren. Heute patentiert man DNS-Sequenzen und erhofft sich die Entstehung neuer Märkte. Eine geldschöpferische Tätigkeit der Banken besteht darin, Geld gegen künftige Zahlungsverpflichtungen auszuteilen. Die Verfügung über als Patente vergebene Monopole erleichtert Technikern wie Banken die Kalkulation: Man kann Patente zur Finanzierung der Produktion verpfänden und verkaufen; das Patentrecht macht Wissen in ähnlicher Weise handelbar wie das Wechselrecht Zahlungsverpflichtungen handelbar macht.

89 *Monopoly*-Spiel: 1936 Patenterteilung an Parker Broths. Inc. [BAKER (1976) 88f.], ohne daß dafür eine neue Brettspieltechnologie entwickelt worden wäre.

90 ILZHÖFER (^{2}1996) 3.

91 Dazu BAKER, (1976) 7-10. Die für die moderne Industriegesellschaft bestimmenden Patente sind die nach 1691 erteilten (Taucherglocke, ebda. 154ff.). Moderne Patentlaufzeiten sind länger, in England in der Regel 16 Jahre, ebda., in Deutschland bis zu 20 Jahre, ILZHÖFER (^{2}1996) 38.

92 BAKER (1976) 136.

93 BAKER (1976) 10; ILZHÖFER (1996); BMBF (1996) 15f. Vgl. FERGUSON (1968) und zur wachsenden Erfindungsliteratur WYATT (1992); (1993).

Moderne Technik ist darum inventiv, expansiv und begleitet von einer Zunahme öffentlich zugänglichen technischen Wissens. Auf Messen und Ausstellungen wird industriell-handwerkliches Wissen verglichen und publiziert, patentierte Produkte vermarktet und Märkte vergrößert[94]. Techniken entwickeln sich in der Moderne also unter Protektion des Staates[95] so, daß ihre Transferierbarkeit gesichert ist, weil ihre Verfahren publik werden und neben den Produkten selbst gehandelt werden können (Lizenzverträge). Dadurch wird Neues, insofern es Neues ist, verkaufbar, sodaß es als Neues einen Wert haben und als Handelsgut verbreitet werden kann. Von einer *Technik* sprechen wir heute eigentlich erst, wenn diese abstrakte Transferierbarkeit technischen Wissens gegeben ist. Neben persönlichem Kontakt entscheiden in hohem Maße Lektüre und Informationsauswahl zwischen Laie und Fachmann bei einem hohem Niveau allgemeiner Verfügbarkeit und Tauschbarkeit technischen Wissens.

TRAINA meint, die Scheidung zwischen Fachmann und Laien habe in der Antike eine geringere Rolle gespielt als in der Moderne: Ingenieur und Architekt der Renaissance hätten sich literarisch an ihresgleichen als neuen Typus des literarisch gebildeten Technikers gewandt, der an die Stelle handwerklicher Wurzeln des Könnens literarisch vermitteltes Wissen setzte; Vitruv habe sich an ein gemischtes, Laien, künftige und tätige Architekten umfassendes Publikum gerichtet; der Antike habe ein Begriff gefehlt für den Techniker als solchen[96]. Anders als TRAINA voraussetzt, spielt heute bei Modifikation, Diffusion und Transfer technischen Wissens solche Literatur eine wichtige Rolle, die sich gleichermaßen an Fachleute wie an Laien richtet, so die kurzlebige Literatur zur elektronischen Datenver-

94 Vgl. TAYLOR (1976).

95 Die Unterordnung der Techniken unter staatliche Zwecksetzungen unterscheidet nicht Antike und Moderne, sie wird auch von antiken Autoren vorausgesetzt, so Arist., *EN* 1094a1-1095a13. Plat., *Politic.* 298a-299e formuliert ein Gedankenexperiment: Wozu führte es, wenn eine Gemeinde ein Gesetz erließe, das *τέχναι* nur so zu praktizieren erlaubte, wie sie gegenwärtig praktiziert werden, und das jedes Suchen nach neuen technischen Lösungen unter Strafe stellte? Platon betont, daß ein solches Verbot der Entwicklung der *τέχναι* diese als Mittel zur Erleichterung des menschlichen Lebens ruiniere. Unter Verweis auf EDELSTEIN (1967b) 102ff. deutet SCHNEIDER (1989) 121 den Gedanken als Beleg für die Annahme einer Autonomie des technischen Fortschrittes: Platon sehe im Suchen die Voraussetzung technischen Wandels; dieser Wandel vollziehe sich eigengesetzlich und sei politisch nicht beherrschbar. Platon setzt tatsächlich aber voraus, daß die Entwicklung der Techniken durch politische Normen vollständig beendet werden könnte, bestreitet allerdings, daß dies wünschbar wäre. Platon sieht im Gegensatz zu SCHNEIDERS durch die Annahme eines historischen Materialismus bestimmter Deutung die Entwicklung der Techniken politischer Regelung unterstellt; EDELSTEINS Interpretation entspricht der SCHNEIDERS nicht. Auch Hippodamos, der Gesetze über eine Förderung nützlicher Erfindungen vorschlug (Arist., *Pol.* 1268a6-14), setzt nicht die Autonomie des technischen Fortschrittes, sondern seine politische Pflegebedürftigkeit voraus.

96 Es habe kein der Berufsbezeichnung *"tecnico"* entsprechendes Wort, sondern nur Begriffe für spezialisierte *artes* und *τέχναι* gegeben, TRAINA (1994) 8f.; 19; die Antike habe Neuheit und Fortschritt als solche nicht positiv beurteilt; Fortschritt sich eher quantitativ als qualitativ manifestiert; Wissen sei v.a. mündlich tradiert worden (ebda. 10-22). Anders als TRAINA voraussetzt, ist *tecnico* so wenig eine Berufsbezeichnung wie *artifex* oder *τεχνίτης*; *tecnico* kann man nicht lernen. *tecnico* (*Techniker*, *tecnician*, *technicien*) ist ein Sammelbegriff für einen Fachmann, dessen Fachgebiet nicht ausgesagt werden kann oder soll, verwendet aus sachlicher oder persönlicher Distanz. Die Existenz des modernen Sammelbegriffes belegt, daß die Moderne ähnliche Formen der Distanzierung von beruflicher Tätigkeit kennt wie die antiken. Zu den Adressaten Vitruvs vgl. GEERTMANN (1994) 9ff. Fortschritt und Professionalismus in der hellenistischen Mechanik: FERRARI (1984).

arbeitung[97]; eine schwach ausgeprägte Trennung zwischen Fachleuten und Laien ist also nicht grundsätzlich ein Indiz mangelnder Innovativität, sondern oft Begleiterscheinung rascher technischer Entwicklung, die in den Anfängen einer Spezialdisziplin oft rasch verläuft, doch noch von Nichtspezialisten getragen wird (Luftfahrt, Microcomputer.). Für entwickelte Disziplinen ist die Existenz von Fachleuten wie die einer Fachliteratur ein Indiz.

Die Antike, oft vergröbernd als *Agrargesellschaft* begriffen, hat für verschiedene Techniken Literaturformen für Transfer und Vergegenständlichung von Wissen entwickelt, die sie von anderen Agrargesellschaften abheben. Nicht die Tatsache, daß die Antike als Agrargesellschaft beschrieben werden kann, erklärt ihre technische Entwicklung, sondern ihr besonderer Umgang mit technischem Wissen charakterisiert sie und hebt sie von anderen Agrargesellschaften ab. Die These, die Führungsschichten der Antike hätten Handwerk und Technik schlechthin ablehnend gegenübergestanden, trifft nicht zu, weil sie technische Gegenstände auch in praktischen Details in ihre Literatur integrierten (Plinius), weil Techniker zur Führungsschicht gehören konnten (Galen, Vitruv) und weil die landbesitzenden Oberschichten literarisch ihre eigenen Betätigungen als Techniken behandelten (Aneignung karthagischer Landwirtschaft; Cato[98]).

In der Zeit seit dem 2. Weltkrieg verglich man die antiken mittelmeerischen Zivilisationen mit außereuropäischen und nachantiken Zivilisationen und bestritt ihnen den Ausnahmerang, den sie in der abendländischen Geschichte beansprucht hatten[99]. Die technische Lernfähigkeit v.a. der römischen Zivilisation und Ausstrahlung auf Nachbarvölker sind erforscht und als Prozesse des *Technologietransfers* beschrieben worden[100]. Dabei wurde technisches Wissen meist nicht als von unmittelbarer Praxis ablösbarer Gegenstand, sondern als Herstellungsverfahren verstanden, dessen Wanderung archäologisch belegbar ist. Gerade die Literarisierung und der hohe Abstraktionsgrad, den ein Teil des technischen Wissens der Antike erreichte, unterscheidet aber die antiken Zivilisationen von anderen.

In Indien wurden Details handwerklicher Ausführung nur teilweise literarischer Gegenstand; es gibt vedische Texte, die der Priesterkaste die Errichtung bestimmter Kultbauten vorschreiben, ohne Angaben über Ausführungsdetails. Die Verfügbarkeit dieses Wissens und seiner handwerklichen Träger wird ohne weiteres vorausgesetzt. Nur ausnahmsweise werden solche Details, dann ohne Bezug auf den kultischen Kontext, mitgeteilt: Priester- und Praktikerliteratur richteten sich an getrennte soziale Welten. Die handwerkliche Lehre vollzog sich in Indien, indem der Lehrling im Haus des Meisters lebte, der von des Lehrlings Arbeit profitierte, sofern er schnell und nachhaltig ausbildete. Die Handwerkslehre war also, ähnlich der mittelmeerischen antiken, nach dem Muster der Familienstruktur organisiert, und wie in dieser hatte das Handwerk tatsächlich die Grenzen der Familie überschritten: Handwerkliches Können wurde getauscht, indem Personen getauscht wurden.

97 Z.B.: SILLESCU (1992). Es geht um die Wissensvermittlung an Anfänger wie um die Lösung spezieller Detailprobleme; diese Literatur unterwirft sich kurzen Produktzyklen und hoher Innovationsgeschwindigkeit der Branche und erscheint inzwischen auch in den Klassischen Altertumswissenschaften (z.B. die Reihe *Computer und Antike*).

98 Mobilisierung karthagischen Landbauwissens für römische Latifundienwirtschaft: MAHAFFY (1890); LUNDSTRÖM (1897); ENSSLIN (1943) 283ff.; WHITE (1970) 17f.; HEURGON (1976).

99 Vgl. SINGER u. HOLMYARD u. HALL u. WILIAMS (1954-56): technische Weltzivilisationsgeschichte vom 7. Jhdt. v.Chr. bis 1500; erst in der Neuzeit habe der Westen den Erfindungsreichtum des Fernen Ostens überholt, II 753-776, insbes. 770f.

100 DUŠEK (1988); (1991); (1992). Marginalien dazu: STOLL (1993); vgl. STOLL (1992).

Literarisierung der Techniken scheint aber in engeren Grenzen stattgefunden zu haben als in den antiken Kulturen des Mittelmeerraumes, obwohl die indischen Handwerksgilden ein wichtiger Machtfaktor im monarchischen Staat der Maurya waren. Kautilyas Lehre der Staatskunst (*Artaśāstra*) gibt Anweisungen für die Anlage, Einteilung und Befestigung von Königsstädten und für den Hausbau, doch scheint, als habe in Indien Technik in geringerem Maße als in der klassischen Antike das Interesse der Führungsschichten gefunden[101].

Während FORBES postulierte, komplexe Aggregate aus Einzelerfindungen würden durch die Mobilität der Einzelobjekte oder der sie herstellenden Personen angeregt, dürfte für die Verbreitung des Eisengebrauches im Vorderen Orient auch der abstrakte Austausch von Wissen und Ideen maßgeblich gewesen sein[102]; Hochschätzung handwerklicher Kenntnisse belegt die religiöse Verehrung von Handwerkergöttern, und aus dem Reich Juda mußten Schmiede und Zimmerleute als Arbeitskräfte und Mitglieder der Mittelschichten mit ins babylonische Exil gehen: Dem Transfer von Wissen in nichtpersonaler Form waren Grenzen gesetzt[103]. Das Buch Jesus Sirach entwirft das Bild einer funktional gegliederten Gesellschaft, in der zwar Heilkundige eine besondere soziale Stellung beanspruchen können, Handwerker aber, von deren Arbeit das Wohlergehen aller abhängt, in politischen, juristischen und religiösen Fragen keine Führungs- und Entscheidungskompetenzen besitzen[104]: Die literarische Elite Palästinas suchte, anders als die der klassischen Antike, die Distanz zu den mentalen und physischen Belastungen handwerklicher Tätigkeit. Andererseits belegt ihre Vorstellung von Gottes Schöpfungstätigkeit eine besondere Nähe zur Sphäre technischer Produktion[105], die in ihrer Zweck- und Modellorientierung durchdacht, doch nicht zum Inhalt literarischer Bildung wird.

Ähnlich wie die klassisch-antiken Kulturen aber traktierte die nachantike arabische Kultur auch praktische Metiers in der Literatur ihrer Führungsschicht und verlieh jenen eine Dignität, die auf fortgeschrittene handwerklich-technische Entwicklung verweist; es ist daher angebracht, die Gruppe der Agrargesellschaften danach zu unterscheiden, wie diese mit ihrem technischen Wissen umgegangen sind. Die weiträumige Einigung heterogener Kulturen durch Religion und Sprache, weiträumige Handelskontakte und eine gezielte Förderung von Wissenschaft und Technik durch die politische Führung, die seit dem 9. Jahrhundert Akademien gründete und literarische und praktische Studien finanzierte, schufen günstige Voraussetzungen der technischen Entwicklung in der arabischen Welt, die auch ein Bewußtsein des Fortschrittes als eine stetigen Verbesserungs- und Korrekturprozesses entwickelte. Fortgesetzt wurde der Ersatz von Arbeitskraft durch Wasser und Wind betrieben, der auch zu einem literarischen Gegenstand wurde. Technologie und angewandte Wissenschaft waren in Arabien anerkannte Teile der Gelehrsamkeit: al-'Amiri (10. Jhdt.) postulierte die prinzipielle Einheit aller Wissenschaften; Ingenieurwesen und Architektur wurden als Einheit aus

101 CHATTOPADHYAYA (1986) 146-222; JAGGI (1981) 143-152; 175-187; RAHMAN (1982) 810; MAJUMDAR (1951) 398ff.

102 MCNUTT (1990) 104f. Zum Eisengebrauch in Anatolien: FORBES (1964-1971) VIII 11; IX 213; 226-228.

103 Handwerkergötter: MCNUTT (1990) 228-234). Schmiede und Zimmerleute in Babylon: 2 Kg. 24,14-16; Jer. 24,1; 29,2.

104 Sir. 38,1ff.; 38,25ff.

105 MCNUTT (1990) 228-249. Schöpfungstätigkeit: Begabung der Handwerker mit göttlichem Geist zur Anfertigung kultischen Geräts (2. Mose 31); Hiram, Sohn eines Kupferschmiedes von Tyros, von König Hiram von Tyros zum Tempelbau entsandt (1 Kg. 7,13-14; 2 Chron. 2,13-14).

Bauwesen, Optik, Brennspiegelkunde, Gleichgewichtslehre, Landvermessung, Wasserbau, Brückenbau, Wasserversorgung, Flaschenzügen, Militärmaschinen, Schiffbau und Seefahrt, Uhrmacherei, Maß- und Gewichtswesen, Wunder- und Unterhaltungsmaschinen gelehrt, seit Ibn Khaldun (14. Jhdt.) als Teil der Mathematik. Die hierarchische Unterscheidung von planendem und ausführendem Techniker war nicht absolut; Baumeister planten teilweise die von ihnen errichteten Bauten. Ansätze zu einer Kontrolle von Handwerk und Gewerbe durch Beauftragte des *qadi* gab es, weil sich die islamische Welt so wenig wie die antike der Kompetenz wie Loyalität ihrer Handwerker sicher war. Nach einer Phase der Rezeption und einer solchen rascher Innovation erlebte sie ab dem 11. Jhdt. eine Phase besonderer Bemühung um die Diffusion des Wissens, die nur scheinbar als Epoche der Stagnation erscheinen mag, tatsächlich von kontinuierlichem technischem Fortschritt gekennzeichnet war[106].

Die antiken Kulturen scheinen also, ähnlich den Arabern, aber in höherem Maße als der alte Orient und die Inder, Praxiswissen in literarisch transferierbarer Form vergegenständlicht zu haben. Die intellektuellen, literarischen und politischen Eliten der Antike mögen manueller Erwerbstätigkeit gegenüber abgeneigt gewesen sein, doch liegt darin kaum ein Spezifikum gegenüber anderen Epochen, einschließlich der Gegenwart. Entscheidend ist, daß die Antike Formen der literarischen Darstellung und des Transfers praktischen Wissens entwickelte. Dokumentation und Verbreitung technischen Wissens geschahen weniger effizient als in der Moderne, doch konnte die mediterrane Antike im Unterschied zu anderen Agrargesellschaften einer mehr als nur eingeschränkten Öffentlichkeit, prinzipiell allen Angehörigen der literarisch-politischen Führungsschichten, erfolgreich Spezialistenwissen vermitteln. Für einige antike Disziplinen (Medizin, Architektur) wurde ihre Literarisierung zu einer Bedingung ihres Bestehens; ihre Literatur erlaubt den Einblick in Zwecke und Erwartungen, denen sich die antiken Techniken gegenüber sahen. Der antike Architekt war Sachverständiger und oberster Bauhandwerker, und er vermittelte zwischen Handwerkern und literarisch gebildeten Eliten, die über die Ausführung von Bauten entschieden; es gab in der Antike literarisch gebildete und aktive Techniker, die eine Schnittstelle bildeten zwischen Eliten der Laien und Handwerkern[107].

Ein systematisches Studium antiker technischer Schriften im Zusammenhang, das alle produktiven Techniken betrachtet, ist ein Desiderat. *"Es fehlt bislang eine zusammenfassende Darstellung der technologischen Fachliteratur der Antike"*[108]. SCHNEIDERS Studie über das griechische Technikverständnis behandelt griechische Kulturentstehungs- und -entwicklungslehren[109] und endet mit der Entstehung der mechanischen Literatur, bearbeitet also die Frühzeit der antiken Technologie, nicht ihr Funktionieren in der Zeit ihrer Reife. Formen bildlicher Veranschaulichung technischen und weltkundlichen Wissens hat STÜCKELBERGER dargestellt: Nicht nur das Wort, sondern in bisher vernachlässigtem Maße auch Bild und Diagramm wurden zur Vermittlung von Wissen im Altertum eingesetzt; STÜCKELBERGERS Arbeit behandelt aber nicht die Innovativität antiker Disziplinen und ihren Umgang

106 AL-HASSAN u. HILL (1986) 1-19; 69-71; 263-283. Zu Invention, Diffusion und Verlust in Prozessen kultureller Veränderung vgl. COTTERELL u. KAMMINGA (1990) 1-9.

107 GROS (1983). Beispiel gegenwärtiger technischer Literatur zum Erwerb von Sachwissen und Urteilsfähigkeit durch künftige politische, administrative und akademische Eliten in Frankreich: DAGOGNET (1997).

108 SCHNEIDER (1992) 217f.

109 SCHNEIDER (1989). Vgl. GATZ (1967); SPOERRI (1959); DIERAUER (1977); LOVEJOY u. BOAS (1935); DIHLE (1988).

mit den Wandlungen des Wissens[110]. Bauzeichnungen untersucht HEISEL[111], doch darf die Bedeutung zeichnerischer Pläne für die bautechnische Kommunikation in Griechenland nicht überschätzt werden: Viele bauliche Details waren durch Konventionen vorgegeben; aber der Wissenstransfer zu den Römern schuf einen Darstellungsbedarf[112], der jedoch einer Beschreibung harrt. Die Abschnitte über *Technisches Denken* in der *Geschichte des wissenschaftlichen Denkens im Altertum* behandeln weltanschauliche Möglichkeiten und Grenzen technischen Vorgehens, nicht das Verhältnis zwischen technischer Praxis, Tradition und Innovation[113].

Ein Grund für das ungenügendes Verständnis antiker Technik trotz des Wissens um sachliche Details liegt darin, daß bislang nicht systematisch untersucht wurde, was die Techniker und ihre Literatur in der Antike unter technischem Vorgehen verstanden, wie sich dieses organisierte und mit welchen Erwartungen an die Technik jene rechneten. Man darf voraussetzen, daß das technische Vorgehen über die Antike hin Wandlungen unterworfen war, und erwarten, daß wir, wenn wir verstehen lernen, wie technisches Vorgehen in der Antike zu deuten ist, auch die Entwicklungsmöglichkeiten antiker Technik besser verstanden werden. Dabei setzen wir nicht voraus, diese Entwicklungsmöglichkeiten seien durch ein objektives Geschick, etwa die Entwicklung der Produktivkräfte, vorherbestimmt, oder sie seien allein Funktionen von Veränderungen im mittelmeerischen Markt- oder Machtgeschehen. Eine Beschreibung der Erwartungen, die die Literatur zur antiken Technik von der Entwicklung der Techniken erwartete, füllt eine Lücke der Forschung: EDELSTEINS (1967b) unvollendete Schrift über die Idee des Fortschritts blieb beschränkt auf die klassische und hellenistische Zeit und behandelt die Fortschrittsvorstellung der politischen und gesellschaftlichen Institutionen, weniger von Technik und Produktion. SCHNEIDERS (1989) Arbeit über das griechische Technikverständnis endet da, wo ein Zusammenhang zwischen Technikverständnis, Erwartungen an die Technik und dem, was diese realisierte, in den Blick hätte kommen können, nämlich vor der Herausbildung einer Fachliteratur zur Ingenieurtechnik. GILLE (1980), der wie KIECHLE (1969) der Frage nachging, inwiefern Sklavenarbeit, Verachtung der Handarbeit oder konservative Mentalität technischen Fortschritt in der Antike verhinderten, analysierte die großen Schriften zur Mechanik von Heron und Philon und das Wirken von Archimedes. Es fehlt eine Untersuchung dazu, wie Technik als Vorgehen und Verhalten begriffen wurde, was vor dem Hintergrund dieses Verständnisses von der Technik und ihrer Entwicklung überhaupt erwartet werden konnte; es fehlt eine Studie, die römische Kaiserzeit und Spätantike miteinbezieht; es fehlt eine Studie, die die Untersuchung nicht auf die Mechanik beschränkt, sondern die materiellen Techniken insgesamt behandelt. Zu diesen gehören beispielsweise Medizin, Pharmakologie, Mechanik, Architektur und Landwirtschaft, nicht jedoch Rhetorik, Dichtkunst und Mantik. Ein wesentlicher Teil einer solchen Studie wird in der Interpretation der technologischen Fachliteratur nach systematischen Gesichtspunkten liegen, die die Innovativität antiker Techniken und die Einstellungen zu dieser betreffen.

110 STÜCKELBERGER (1994). Für Abbildungen antiker Geschütze in Schriften und antiken Kunstwerken vgl. SCHNEIDER (1905); (1907); (1908); (1912).

111 HEISEL (1993).

112 COULTON (1983); (1977); OTTO (1989) 204.

113 JÜRSS (1982).

Es gibt sachliche Gründe für die Zusammenordnung der hier betrachteten Disziplinen, auch wenn wir nicht voraussetzen, alle technischen Gestaltungen einer Epoche stünden untereinander in systematischer Abhängigkeit. Es war in der Antike selbst nicht unüblich, die hier betrachteten Techniken der Sicherung der Lebensgrundlagen zusammenzuordnen. So unterschied der platonische Protagoras zwei Technikssphären, die (geringerwertige) *περὶ τὸν βίον σοφία* und die *πολιτικὴ σοφία*, politisch-moralisches Orientierungswissen; beiden Sphären mußte er dafür jeweils eine sachliche Einheit zusprechen[114]. Plinius behandelt diese produktiven Techniken nebst kunsthandwerklichem Vorgehen in seiner *Naturgeschichte*. Auch zwischen scheinbar so heterogenen Gegenständen wie der Torsionsartillerie und chirurgischer Kunst besteht ein Zusammenhang, der antiken Medizinern auch bewußt war: Torsionsgeschütze verletzen Menschen, Chirurgie heilt sie möglicherweise wieder. Galen führt diesen Zusammenhang als eine Begründung unter anderen dafür an, daß er genauer als alle Vorgänger die Anatomie des Bewegungsapparates und der Extremitäten behandele: Diese sei nützlich für die Versorgung von Kriegsverwundungen, beim Herausschneiden von Geschossen und bei Amputationen[115]; die gestiegene Bedeutung der Torsionsgeschütze in nachhellenistischer Zeit machte eine bessere Anatomie der Nerven, der Gefäße und der Extremitäten notwendig. Bereits bereits in der hippokratischen Schrift *Über das Einrenken der Gliedmaßen*[116] waren ärztliche Kunst und mechanisches Können für den Bau von Apparaten zur Gelenkrelokation eine Verbindung eingegangen. Es ist sachlich gerechtfertigt, die in dieser Arbeit als behandelten technischen Disziplinen als Einheit zu verstehen.

Die skizzierten Thesen über die vermeintlichen Schranken, die die Mentalitäten der Antike der technischen Entwicklung gesetzt haben sollen, lassen sich, sofern man mit den verbreiteten antiken Technikphilosophien annimmt, *Technik* sei ein von der es verwirklichenden Praxis ablösbares und gesondert mitteilbares Wissen, auf zwei Grundthesen über dessen Weitergabe und Entwicklung zurückführen: (1) These von den beschränkten bzw. ungünstig gewählten Zwecken antiker Technik; die These besagt, daß antike Technik weniger diverse Zwecke verfolgte als moderne Technik, und daß insbesondere ökonomische Motive der Einsparung von Aufwendungen oder der Maximierung von Erträgen ihren Einsatz nicht bestimmten; im Gegensatz zur Befriedigung ökonomischer Bedürfnisse durch die moderne Technik seien in der Antike nur Durchsetzungs- (Krieg), Geltungs- (Großtechnik) und Unterhaltungsinteressen (Automaten) verfolgt worden; technisches Wissen habe sich den feststehenden, beschränkten und beschränkenden Zwecken untergeordnet und nie eine wirkliche Dynamik entfalten können. (2) These von der beschränkten Kumulativität des technischen Wissens; danach verlief die Entwicklung der antiken Techniken nicht als kontinuierliche Fortschrittsgeschichte, die sich kontinuierlicher Wissensakkumulation verdankte, sondern als kurze Blüte in hellenistischer Zeit, der eine lange Phase intellektueller Agonie folgte; technisches Wissen sei tradiert, nicht erweitert worden, das Interesse an technischem Fortschritt gering geblieben. Die erste These behauptet, nur wenige großenteils ephemere Zwecke kämen in der Liste der von antiken Technikern verfolgten Zwecke vor, die zweite

114 Plat., *Protag.* 321d. Aristoteles sieht die Techniken untereinander in hierarchischen Beziehungen (z.B.: Zaumzeugherstellung, Pferdezucht, Kavalleriewesen, Militär) (Arist., *EN* 1094a10-15).

115 Galen, *De anatom. admin.* II 280-291, bes. 283.

116 Hippocr., *De artic.*; Apoll. Cit., *In Hippocr. de artic. comm.* (1. Jhdt. v.Chr.): Kommentar mit Illustrationen von Einrenkungsgestellen und -apparaten.

besitzt eine zeitliche Dimension: Antike Techniken hätten danach nicht kontinuierlich Veränderung und Verbesserung erstrebt und verwirklicht.

Diese Arbeit unternimmt es, jene zwei Thesen zu prüfen: Beschränkte sich die antike Technik tatsächlich auf die Verfolgung ephemerer Zwecke ohne Absicht ökonomischer Rationalisierung? Ist wirklich nur der Hellenismus eine Zeit technologischer Innovation? Die Arbeit prüft diese Fragen in zwei Teilen, einem systematischen und einem chronologischen. Der systematische Teil besteht in einer Liste der Zwecke und maßstabsetzenden Gesichtspunkte, die antike Technikschriftsteller ihren Disziplinen zuschrieben, oder deren Geltung sie voraussetzten. Der zweite Teil beschreibt, orientiert an den Großepochen der allgemeinen Geschichte und nach Disziplinen, das Verhältnis der Techniker zur Anwendung und Tradierung ihres Wissens und zu dessen Veränderung durch Erweiterung und Kritik. Da er vornehmlich literarische Zeugnisse zur antiken Technologie beschreibt, gliedert er sich nach den Epochen der griechischen und römischen Literaturgeschichte. Dieser Teil widmet sich zunächst der Vermittlung handwerklicher Fertigkeiten in der Antike, also des nicht allein oder in erster Linie literarisch vermittelten Praxiswissens. Dieser Abschnitt über die Berufsausbildung erlaubt die Abschätzung, inwieweit die durch antike Quellen nahegelegte Voraussetzung zutrifft, *Technik* sei ein von ihrer Anwendung ablösbares Regelwissen. Darauf folgt eine Darstellung der Entwicklung der antiken Technikliteratur; dabei wird dem Wandel der Zwecke und Voraussetzungen der Techniken im Laufe etwa eine Jahrtausends (ca. 400 v.Chr. bis ca. 600 n.Chr.) nachgegangen, dem Status der Vertreter technischen Wissens und dem Zweck seiner Mitteilung. Die Arbeit behandelt nicht die Geltungsansprüche erhebenden oder bewertenden Techniken der Kommunikation, sondern einzig Techniken materieller Erhaltung, Unterhaltung und Produktion: Medizin, Landwirtschaft, Kriegstechnik und Architektur bilden den Kern dieser Disziplinen in der Antike; Magie wird nur in ihrem Verhältnis zu diesen Kerndisziplinen behandelt. Eingehend analysiert werden für die Arbeit ergiebige Fachschriften; Apicius' Rezeptsammlung z.B. ist eher unergiebig, die Landwirtschaftsschriftsteller, ebenfalls voller Koch- und Einmachrezepte, sind dagegen wichtige Quellen. Weiterhin war für diese Arbeit nur verwendbar, was gedruckt vorlag, um den Preis möglicher Unvollständigkeit im Einzelnen. Überlieferung und Editionen der Texte zur antiken Technik sind von unterschiedlicher Qualität. Während für wichtigere Zeugnisse antiken medizinischen Denkens sowie für gebräuchlichere philosophische und mechanische Schriften gute Ausgaben vorliegen, muß eine Reihe v.a. spätantiker Schriften in Ausgaben studiert werden, die wissenschaftlichen Anforderungen nicht mehr genügen. Die Interpretation wird versuchen, diesem Umstand Rechung zu tragen, indem sie weniger dem Sprachgebrauch im einzelnen als dem technisch-praktischen Anliegen im allgemeinen nachforscht, für das auch unzulängliche Textzeugen brauchbar sein können, sofern sie techniktheoretische Aussagen enthalten.

Die Arbeit formuliert auf die zwei Fragen zwei formal negative Antworten: (1) Die These eingeschränkter Zwecksetzungen und des Fehlens ökonomischer Motive für antike Techniken trifft nicht zu; sowohl als Prinzip der Sparsamkeit wie als Postulat der Ertragsmaximierung begegnet das ökonomische Prinzip als Maßstab für technische Leistungen, und die Diversität technisch verfolgter Ziele war hoch. Grundsätzlich betrachtete man einige Techniken als notwendige Mittel zu Sicherung und Erhalt von Zivilisationsniveau und Lebensform. Mit dem Erlernen und Praktizieren von Techniken verband sich die Hoffnung auf die Befriedigung nicht nur partikularer, sondern auch gemeinschaftlicher Bedürfnisse (Wohnen, Wasserversorgung, Unterhaltung, Gesundheit) und auf eine Befreiung von Grenzen, die der Menschheit gesetzt sind. Mit den Leistungen der Techniken blieb ein Moment des Wunderbaren und Paradoxen verbunden: Technische Methoden wurden in der Antike in geringerem Maße als in der Moderne publik und waren daher vergleichsweise schwerer transferierbar. (2) Wie frühere Untersuchungen bereits gezeigt hatten, kam die technische Entwicklung der Antike nicht nach einer Phase beschleunigter Innovation zum Stillstand; unsere Untersuchung zeigt, daß auch die *Fachliteratur* keinen Anlaß bietet, einen solchen Stillstand und eine ihn begleitende konserative Mentalität vorauszusetzen. Es ist vielmehr die stetige Entwicklung des technischen Wissens selbst, die überhaupt erst eine konservierende und transferierende Funktion technischer Literatur erforderte. Grundsätzlich beschrieben die technischen Fachliteraturen der Antike die Entwicklung ihrer Disziplinen als Prozeß des Wissenszuwachses. Für technisches Wissen bildeten sich Öffentlichkeiten Interessierter; technisches Wissen wurde bis zu einem gewissen Grade von den Angehörigen der Führungsschichten erwartet, und sie hatten es sich durch Erfahrung oder Lektüre zu erwerben. Technische Literatur wurde für die Römer ein Mittel zur Aneignung technischen Wissens von Karthagern und Griechen; sie machte das Bemühen um technische Verbesserung sowie Erhöhung betriebswirtschaftlicher Rationalität zum Prinzip und die Anpassung an sich verändernde Vermarktungsbedingungen zur Maxime. Daß andererseits das ökonomische Prinzip in der technologischen Literatur der Antike scheinbar eine geringe Rolle spielt, liegt daran, daß sie in großem Umfang Techniken behandelt, die existentielle Grundbedürfnisse sichern und darum auch in der Moderne oft in vergleichsweise geringem Maße ökonomischen Schranken unterliegen (Wasserversorgung, Gesundheit, militärische Sicherheit).

1. Zweck und Ziel technischen Vorgehens

1.1. Technik und Bedürfnisse

1.1.1. Technik als Teil der Zivilisation und Lebensform

In ihrer Auseinandersetzung mit der Sophistik hat die sokratische Philosophie die Redekunst als technisches Verhalten analysiert: Wer technisch vorgeht, verfolgt einen Zweck und wählt die Mittel zu seiner Verwirklichung nach Regeln der Zweckmäßigkeit; diese sind mitteilbar und ihre Anwendung lehrbar. Jene Zwecke können Mittel zu weiteren Zwecken sein: Techniken stehen zueinander hierarchisch im Verhältnis von Zwecken und Mitteln. Technisches Vorgehen zeichnet neben seiner Lehrbarkeit die Austauschbarkeit seiner Produkte aus[1]. Bei aller Variation in Terminologie und Systematik galten folgende Elemente als kennzeichnend für jede Technik: (1) Orientierung auf Zweck, Ziel oder Produkt; (2) lebenspraktischer Nutzen, (3) Lehrbarkeit, (4) eigentümliche Struktur und Systematik der literarischen Vermittlung; (5) Verbesserbarkeit durch Erfahrung, also die Möglichkeit zu Fortschritt im einzelnen und im allgemeinen. Von jeder Technik wurde erwartet, daß sie, um Technik zu sein, einen Nutzen für das Leben der Menschen abwerfen müsse[2]; dieser wurde geltend gemacht, um die Dignität einer Disziplin zu unterstreichen[3]: Der Mathematiker Eutokios lobt, daß Archimedes' Approximation von π in der *Kreismessung* *ἐν τῷ βίῳ χρείας* biete; den Anspruch auf besondere Anerkennung des technischen Schriftstellers begründet Vitruv damit, daß seine Wirkung ***utiliter hominibus ad vitam*** sei; Simplikios behauptet den Nutzen der Physiologie für die Techniken und damit für das Leben[4]. Die Künste des Wortes befaßten sich mit der Zumessung von Geltungsansprüchen, die mechanischen mit materieller Produktion und Eingriffen in physische Verhältnisse[5], doch auch die Techniken

1 Arist., *EN* 1094a1-19; 1095a14ff.; 1133a6-1134a16.

2 Z.B.: [Galen.], *De remed. parabil.* XIV 311-313; *Introd. sive medic.* XIV 685; *De opt. secta ad Thrasyb. lib.* I 107. Der späte Autor von Hippocr., *De decente habitu* 1 betont den Nutzen recht verstandener *σοφίη* für die *τέχνη*, vor allem aber *ἐν τῷ βίῳ*.

3 Vgl. Heron, *Pneum.* I pr. Weil Lebensnutzen von allen Techniken erwartet wurde, konnte er nicht, wie SCHÜRMANN (1991) 57-59 vermutet, besondere Geltungsansprüche der hellenistischen Mechaniker begründen, vgl. MEISSNER (1993a).

4 Eutoc., *Comm. in Archim. De cycl. metr.* III 258,16-22. Vitr., *Arch.* IX pr. 3; vgl. IX pr. 13. Simplic., *In Arist. phys. lib. comm.* IX 4,18ff. Vgl. Eratosthen. bei Eutoc., *In Archim. Sph. et Cyl.* 65ff. über den Nutzen des Theorems der zwei Mittelproportionalen für die Artilleriekonstruktion. Die Nutzlosigkeit der Theorie für die Praxis behauptet der Gynäkologe Soranos (*Gynaec.* I 1,2): Naturwissenschaft (*τὸ φυσικὸν*) sei nutzlos für das *τέλος* der Medizin, habe jedoch die Funktion eines Schmuckes in medizinischen Darstellungen. Der Autor des unter Dioscorides' Pedanius' Werken überlieferten *Περὶ ἁπλῶν φαρμάκων* betont den Nutzen des Werkes für seinen Adressaten, M.Wellmann, *Pedanii Dioscuridis Anazarbei de materia medica libri quinque* III, Berlin (1914) I pr. 1. Dazu RIDDLE (1985); WELLMANN (1914).

5 Def.: *Suppl. art. Dion. vet.*, G.Uhlig, *Grammatici Graeci* I 1, Leipzig (1883) 115-117: *Τέχνη ἐστὶ σύστημα ἐκ καταλήψεων ἐγγεγυμνασμένων πρός τι τέλος εὔχρηστον τῶν ἐν τῷ βίῳ. τῶν δὲ τεχνῶν διαφοραί εἰσι δύο. αἱ μὲν γὰρ αὐτῶν εἰσι λογικαί, αἱ δὲ πρακτικαί. καὶ λογικαὶ μέν εἰσιν οἷον γραμματική, ῥητορική, φιλοσοφική· πρακτικαὶ δὲ οἷον τεκτονική, χαλκευτικὴ καὶ αἱ τούτοις παραπλήσιοι.*

im mechanischen Sinne beanspruchten unter Umständen, Maßstäbe für das Leben des Einzelnen oder der Gemeinschaft zu setzen. Der Aristotelismus differenzierte die Begriffe zum Verständnis der Ziele zweckgerichteten Verhaltens besonders fein; wesentlich wurde die Unterscheidung zwischen *τέλος* und *σκοπός*. Areios Didymos unterschied zwischen Fern- und Nahzielen der technischen Disziplinen, die in der Regel mehr als eine Hierarchieebene von Zwecken und Mitteln behandeln; Galen sah in der tätigen Verwirklichung des Zieles das *τέλος*, im abstrakten Begriff den *σκοπός*; er berücksichtigte, daß die Ziele technischer Disziplinen eine Doppelfunktion als Zweck wie als Mittel zu weiteren Zwecken haben, und daß das jeweils letzte Ziel der Disziplin zugleich als Kriterium und Maßstab ihrer Leistungen fungiert[6]. Methodisch muß also unsere Betrachtung der Ziele antiker Techniken deren Unterziele berücksichtigen und zugleich Maßstäbe technischer Beurteilungen als Ausdrücke von Zielen werten.

Die Sophisten bestimmten als Ziel der Techniken ganz allgemein die Befriedigung von Lebensbedürfnissen, auch die Existenzsicherung. Die Sokratiker postulierten dagegen eine Werthierarchie zwischen zweckorientierten Betätigungen, die der Existenzsicherung dienten und solchen, die politische Organisation und Kultivierung menschlicher Existenz zum Ziel haben. Aristoteles konstruierte diese Hierarchie als geschichtliche Entwicklung: Überlebenstechniken galten ihm als historisch älteste, die ohne unmittelbaren Daseinszweck als jüngste[7]. Entstehung, Entwicklung und Weckbarkeit technisch zu befriedigender neuer Bedürfnisse waren demnach der Antike geläufige Vorstellungen. Als Gegenstandsbereich aller Techniken wurde menschliches Handeln angesehen, in dem Wandel immer möglich und apodiktische Gewißheit unmöglich sei[8]; Kultur- und Naturtechniken behielten so einen grundsätzlichen Bezug zur Kontingenz, der Unvorhersehbarkeit des Ausganges menschlichen Handelns.

Die hippokratische Schrift *De diaeta salubri* (1,1) formuliert diätetische Lebensregeln für den Privatmann, der Mediziner beansprucht Regelungskompetenz für die Lebensführung mit dem Ziel der Gesundheit; Theodorus Priscianus[9], christlich beeinflußter Arzt des fünften nachchristlichen Jahrhunderts und Schüler Vindicians, übernimmt selbstverständlich das hippokratische Verbot der Abtreibung; er fordert jedoch, Nachteile einer Übertretung eines solchen Verbotes jeweils gegen andere mögliche Nachteile aufzurechnen. Um dann, wenn eine Abtreibung lohnend und geboten ist, diese durchführen zu können, teilt er Methoden dfür mit: Der Arzt (Techniker) beansprucht nicht nur Nützlichkeit für Leben und Gesell-

[Galen.], *Def. med.* XIX 350: *η'. Τέχνη ἐστὶ σύστημα ἐγκαταλήψεων συγγεγυμνασμένων πρός τι τέλος εὔχρηστον τῶν ἐν τῷ βίῳ. ἢ οὕτως. τέχνη ἐστὶ σύστημα ἐγκαταλήψεων συγγεγυμνασμένων ἐφ' ἓν τέλος τὴν ἀναφορὰν ἐχόντων.* Lebensnutzen als Kennzeichen der Techniken: Demokrit bei Diod. I 8,7; der politischen Technik: Demokrit bei Plut., *Adv. Colot.* 1126A; 1100C. Zu den Werten, die es zu bewahren gilt, gehören nach den Sprüchen des Pittakos von Mytilene auch *οἰκονομία* und *τέχνη* (Stob. III 1,172). Vgl. Arist., *EN* 1094a1-19. Fortschritt in den Techniken: Thuc. I 71,2-4.

6 MORAUX (1973-85) I 360f.

7 MORAUX (1973-85) II 89-121 (Areios Didymos, Aristokles von Messene); 270-272 (Aspasios). Vgl. Arist., *Metaph.* 981b13-25; Asclep., *In Arist. Metaph.* 10,28-11,36; Iamblich., *De comm. math. sc.* 26; Plat., *Epin.* 974D-E; Aspasios, *In Ethica Nicom. Comment.* 1,1-12. Vgl. Dikaiarch, Βίος 'Ελλάδος.

8 Arist., *EN* 1094b11ff.; 1098b1ff.; 1140a1-23; 1138b35ff.; 1139b21; 1140a31-b4; 1140b31-1141b8; *EE* 1248b13; *Anal. Post.* 71b9-16; Galen., *De animi cuiuslibet peccatorum dignotione et curatione* V 58-103.

9 Theod. Prisc., *Euporiston* III 6 (23-24).

schaft, sondern auch Geltung des eigenen moralischen Kalküls und Kompetenz zu Regelung und Entscheidung[10].

Griechische und römische Technikschriftsteller behandeln als eine ihrer wichtigsten Aufgaben die Bewahrung der städtischen Zivilisation und Lebensweise. Der früheste griechische Schriftsteller über Belagerungstechnik, Aineias Taktikos, unterstreicht die Bedeutung der Verteidigung belagerter Städte: Die Verteidiger kämpften um die Existenz[11], die nur als Leben in einer befestigten Stadt denkbar war. Philon von Byzanz, Schüler des Ktesibios, integrierte die Poliorketik als Lehre von der Städteverteidigung in ein umfassendes Lehrsystem der Architektur und Mechanik (*μηχανικὴ σύνταξις*). Dabei behandelt er die Städteverteidigung nicht nur als bau- oder maschinentechnisches Problem; Organisation von Nachschub und Verteidigung, medizinische Vorsorge und Kriegswirtschaft bilden, obwohl in einen mechanischen Lehrzusammenhang eingeordnet, neben dem rein Baulichen gleichrangige Gegenstände; politisch-rechtliche Fragen wie die Behandlung von Verrätern werden berücksichtigt: Philon gliedert die Poliorketik als umfassende Handlungslehre für die Verteidigung der Existenz der Stadt in seine *Syntaxis* ein. Philon behandelt jedoch nicht nur die Verteidigung, sondern auch die offensive Belagerung[12]. Für eine Disziplin, die sich der Bewahrung städtischer Existenz verpflichtet sah, stellte sich das Problem der Rechtfertigung der Offensive. Das Werk des Athenaeus Mechanicus, an einen Römer gerichtet und wohl aus hadrianischer Zeit stammend[13], rechtfertigt das Anliegen der Poliorketik. Angriff und Verteidigung gelten nicht mehr als gleichwertig. Die Poliorketik hatte sich zu ihrer Blüte an den hellenistischen Herrscherhöfen entwickelt und bildete daher eine Lehre der Bedrohung städtischer Existenz. Gegen den naheliegenden Verdacht, die Poliorketik sei demnach eine illegitime Bemühung, verteidigt sie Athenaeus: Der Leser solle nicht glauben, daß er nur aus Grausamkeit Methoden zur Einnahme von Städten zusammenstelle; es gehe vielmehr um die Sicherheit der Städte, die mit der Kenntnis der Angriffsmittel zugleich die der Verteidigung gewönnen[14]. Bei diesem Argument handelt es sich um eine möglicherweise be-

10 Dieser Anspruch der Mediziner auf Regelungskompetenz in Fragen der Lebensführung blieb nicht unbestritten. Beispielsweise schrieb ein Mitglied der aus Lemnos stammenden Sophistenfamilie der Philostratoi des 2. oder 3. nachchristlichen Jahrhunderts ein Werk über sportliches Training, in dem er die gesundheitsfördernde Funktion der Gymnastik zum Anlaß nimmt, diese der Medizin zuzugeellen, andererseits jedoch die medizinische Diätetik als Dekadenzphänomen behandelt (Philostr., *De gymn.* 144,22-146,11; 168,18-172,24; es ist unklar, welchem gleichnamigen Schriftsteller das Werk gehört, vgl. Suda Φ 421-423 s.v. *Φιλόστρατος*). Vor der durch medizinische Diätetik bewirkten Verweichlichung solle Gymnastik als den anderen gleichwertige *τέχνη* (ebda. 134,13.) bewahren. Vgl. die gegen ähnliche Argumente sich richtende Schrift Galens *Thrasybulus sive utrum medicinae sit an gymnasticae hygieine* V 806-898; darin sucht Galen, wie Aristoteles, die Techniken aus ihren Zwecken zu bestimmen, um die Medizin als der Gymnastik übergeordnete Disziplin darzustellen. Dazu vgl. ENGLERT (1929). Diaetetik und Gymnastik waren bei Herodikos von Selymbria, einem Lehrer des Hippokrates, vereint, Plat., *Phaedr.* 227d; *Prot.* 316e; *Gorg.* 448b; *Rep.* 406a; Hippocr., *Epidem.* VI 3,18.

11 Aen. Tact., *Poliorc.* pr. Geräte und Ausrüstungen hatte Aineias in einem nicht erhaltenen *Παρασκευαστικόν* beschrieben, Muster für Reden des Befehlshabers an die Verteidiger in *᾿Ακούσματα*; er schrieb auch über *ναυτικὴ τάξις* (Aen. Tact., *Poliorc.* XXI; VII 3; XL 5; Polyb. X 44,1-13). WINTERLING (1991) beschreibt die Lebensform der Stadt und ihre Bedrohungen, die Aineias voraussetzt.

12 Philon Byz., *Poliorc.* A-C (79-96). D (96-104). Das Ziel der Disziplin der Belagerungskunst bestimmt er daher doppelt als Erobern ohne erobert zu werden, D (104).

13 Vgl. DIELS (1893).

14 Athen. Mechan. 39,1-6.

reits aus der Literatur der Vorgänger geschöpfte[15] Rechtfertigung der Disziplin an den Maßstäben der städtische Lebensform: Athenaeus behandelt, anders als Philon, nur die offensive Poliorketik. Athenaeus setzt sein Argument fort: Er habe sein Werk hauptsächlich gegen jene gerichtet, die sich nicht den Gesetzen des Reiches unterordneten[16]. Die offensive Poliorketik des Athenaeus stellt sich in den Dienst der Durchsetzung kaiserlicher Macht; die Inanspruchnahme eines Nutzens für die Verteidigung befestigter Städte dient nur als Vorwand zur Rechtfertigung ihres Anliegens gegenüber städtischem Mißtrauen. Die Akzentuierung der Ziele der Belagerungstechnik wandelt sich mit politischen Verhältnissen: Während Aineias in der frühhellenistischen Zeit sich ausbreitender Königsherrschaft in Griechenland die Verteidigung der Städte behandelt, beschreibt Philon Methoden, um sowohl Angriff und Verteidigung in einer antagonistischen Welt zu bestehen. Bei Athenaeus dagegen geht es nur um Angriffe auf befestigte Siedlungen; das Existenzinteresse der Stadt wird nur zur Rechtfertigung geltend gemacht, weil Athenaeus voraussetzen kann, daß dem städtischen Leben höherer Rang zukommt als den Interessen eines Angreifers.

Vegetius' *Epitoma rei militaris* zeigt erneut ein anderes Verhältnis zur städtischen Lebensform: Sie beschreibt offensive und defensive Maßnahmen und betont den engen Zusammenhang zwischen städtischer Lebensform und Zivilisiertheit. Erst die Gemeinschaftssiedlung in Städten habe den Menschen zum Menschen gemacht, Roms und der Kaiser Herrschaft hätten den Ausbau der Städte zu Großfestungen und ein sicheres Leben in ihnen erst möglich gemacht[17]: In der Zeit des Theodosius erscheint die militärische Sicherung des Reiches als Bemühung um die Wahrung der städtischen Lebensform.

Die Lehrliteratur zur Land- und Hauswirtschaft bestimmt im allgemeinen dagegen eine distanzierte Stellung zur städtischen Lebensform. Bereits für Hesiod ist das Treiben des Marktes stadttypisches Kennzeichen eines arbeitsscheuen Daseins, demgegenüber er das Ethos des armen, körperlich hart arbeitenden Bergbauern verkündet[18]. Xenophons *Oeconomicus* dagegen behandelt das Leben des *καλὸς κἀγαθός* in allen seinen auch städtischen Bezügen: Thema ist ein komplexer Lebensentwurf, zu dem Fragen der ehelichen Arbeitsteilung ebenso gehören wie die politische Betätigung des Hausvorstandes in der Stadt[19]. Die Schrift vermittelt nicht praktische Belehrung, sondern zeigt, daß das philosophische Fragen des Laien und Städters (Sokrates) ein reflektiertes Verständnis des Vorgehens des Praktikers (Ischomachos) gewinnt, das zur Belehrung anderer Laien erst befähigt: Der *Oeconomicus* behält die Perspektive der städtischen Literatur und Kultur; diese eignet sich das Praxiswissen des Landwirtes durch theoretische, kausale Durchdringung und Systematisierung an[20], aus der Distanz zum ländlichen leben. Suchte Hesiod, die eigene ländliche Lebensform literarisch zu umreißen und von der städtischen abzusetzen, ist es Programm

15 Athenaeus schreibt, anders als Aineias, auf Grundlage einer bereits ausgebildeten Fachtradition. Er nennt als Vorgänger Daimachos, Diades, Charias und Pyrrhos und bezieht sich auf Agesistratos (3,9-7,12). Agesistratos hatte auch Grundsätze der Ausbildung des Kriegstechnikers aufgestellt; bei ihrer Wiedergabe erklärt Athenaeus noch sowohl das *μηχανήσεσθαι* als auch das *ἀντιμηχανήσεσθαι* zu Aufgaben des Kriegstechnikers (7,8-12); während Agesistratos möglicherweise die Verteidigung in seine Lehre einschloß, behandelt Athenaeus sie so, als ergebe sie sich aus der Art des Angriffes von selbst.

16 39,1-6.

17 Veget., *Epit. rei milit.* IV pr.

18 Hes., *Op. et dies* 27-36; 633-645.

19 Xenoph., *Oec.* 7-10; 11,22-25.

20 STRAUSS (1970).

philosophisch reflektierter Behandlung praktischer Disziplinen, diese als Teil der städtischen Lebensform darzustellen.

Die römischen Ackerbauschriftsteller beziehen gegenüber dem städtischen Leben eine distanziertere Position. Cato (234-149 v.Chr.) propagiert die Landwirtschaft als angemessenste Erwerbsform; Handel und Geldverleih seien profitabler, Landbau aber sei weniger riskant als der Seehandel und errege weniger Neid als das Bankgewerbe[21]: Cato erwartet von der politischen Führungsschicht als Inbegriff für Sicherheit, Konstanz und Ansehen in ihrer Lebensführung die Beschäftigung mit Landwirtschaft. Varro bezieht[22] eine geradezu kritische Haltung gegenüber dem Stadtleben (37 v.Chr.): Zunehmend lebten Landwirte in der Stadt, ohne selbst auf ihren Gütern tätig zu sein; das Ergebnis sei ein Rückgang der Erträge und der Selbstversorgungsquote; das Leben in der Stadt erscheint als widernatürliches Ergebnis menschlicher *ars*, das Landleben als natürlichere und ursprünglichere, scheinbar weniger durch Technik geprägte und dennoch technisch belehrte Lebensform. Auch Columella sieht in der Bewirtschaftung der Güter aus der Ferne die Ursache für Fehlentwicklungen der römischen Landwirtschaft und für Dekadenzerscheinungen; Urteilsunfähigkeit habe einen Beratungsbedarf in der Landwirtschaft entstehen lassen, die Columella wie Varro für die angemessenste Erwerbstätigkeit hält[23]. Technische Belehrung ist auch hier Teil des Versuches, eine Lebensweise, von der man annimmt, sie verliere sich zunehmend oder sei permanent gefährdet, mit Mitteln der Literatur zu stabilisieren. Einerseits ordnet Columella den moralischen Wert städtischen Lebens dem des Landlebens unter und beschreibt den Wechsel von der Süßwasser- zur aufwendigeren Salzwasserhaltung von Speisefischen als Phänomen eines zunehmenden durch die Bedürfnisse der Stadt geprägten Luxus; andererseits will er nicht als Verurteiler von Zeiten und Sitten auftreten und beschreibt diese Fischzucht als Erwerbszweig[24]: Trotz der verbalen Distanzierung von Verstädterung und Urbanität behandelt der Landwirtschaftsschriftsteller den Wandel und die zunehmende Raffinesse städtischer Eßkultur als Chance agrarischen Gelderwerbs. Technisch angeleitete Landwirtschaft orientiert sich auf die Stadt als Abnehmer; die Kritik an Verstädterung und Dekadenz stützen die Absicht, als Teil der Anleitung zu profitabler Landwirtschaft zugleich eine von der städtischen scheinbar verschiedene, aber auf diese hingeordnete Lebensform zu vermitteln. Auch Frontin, der in seiner Schrift über die Wasserversorgung Roms zunächst für praktische Verwaltungszwecke schreibt, stellt diese Bemühung in den Kontext einer Sicherung einer Lebensordnung: Ausreichend fließendes Wasser in der Stadt sichert gesundes Leben; Aquädukte und Wasserleitungen sind ein Kennzeichen der Größe und Lebensweise Roms: Es geht um die Wahrung der Besonderheiten der gelebten Lebensweise, von denen man voraussetzt, daß sie - im Falle der Wasserleitungen durch Manipulationen der Wasserbautechniker - bedroht seien[25]. Die technischen Literaten setzen voraus, daß sie gegenüber Zivilisation und Kultur eine konservative bzw. restaurative Funktion ausüben, weil diese von Techniken abhängig sind bzw. geworden sind, damit zwar

21 Cato, *agr.* I pr.

22 Varro, *RR* II pr.; III pr.; III 1,1-4.

23 I pr. 1-20. Columella bewertet Geldverleih und Seehandel wie Cato, vergleicht außerdem mit illegitimen und abhängigen Formen des Gelderwerbs: Beutemachen, Auftritt vor Gericht, Existenz als Klient bzw. Parasit eines Reichen.

24 Colum., *RR* VIII 16ff. Vgl. I pr. 1-20; I 1,19; XII pr. 1-10.

25 Front., *De Aqu.* 1; 16; 88; 119. Vgl. 34; 66; 74; 87; 91.

raffiniert, aber zugleich auch gefährdet erscheinen durch einen Verlust des technischen Wissens und seiner Tradition.

1.1.2. Technik als Autonomiegewinn: Meisterung des Schicksals

Fundamental ist eine zweite Funktion, die technischer Belehrung und technischem Vorgehen zugeschrieben wurde: die einer Bemächtigung des Schicksals und des Gewinnes von Vertrauen in seine Bewältigung. Technisches Handeln, das dieses Zutrauen rechtfertigt, gilt als gelungen. Die sich auf Hippokrates berufende Medizin sah daher von früh an dauernd in der Fähigkeit zur Voraussage von Krankheitsverläufen das Kennzeichen ärztlicher Kompetenz: Der Arzt erhöhe durch aus der Kenntnis der Sache geschöpfte Ergänzungen der Anamnese wie durch zutreffende Voraussagen seine Glaubwürdigkeit und gewinne durch seine gestiegene Autorität Patienten; die Planung einer Therapie sei am besten möglich, wenn der zu erwartende Krankheitsverlauf im voraus abzusehen sei[26]. Die sophistische Interpretation der Medizin bestimmt anhand des Autonomiegewinns, was *τέχνη* sei: Technik ist, was die Selbsttätigkeit des Subjekts vergrößert[27]. Darüber, ob eine Disziplin beanspruchen kann, Technik zu sein, entscheidet, ob sie über ursächliches Wissen verfügt, das menschliche Eingriffsmöglichkeiten und deren zu erwartende Resultate umfaßt; die Vertreter der Traumdeutung verfügten nicht über solches Wissen und könnten den Erfolg ihrer Voraussagen nicht garantieren[28]: Selbsttätigkeit des Menschen, seine Fähigkeit, Gesundheit und Krankheit seiner Entscheidung zu unterwerfen, ist das Ziel der technischen Regelung seines Verhaltens[29]. Galen begründet in seinem *Προτρεπτικός* den Wert der Techniken, insbesondere der Medizin: Sich nicht um *τέχναι* zu bemühen heißt sich der *τύχη*, dem zufälligen Schicksal, auszuliefern[30]. Für alle Techniken gilt danach: Sie sind nützlich und ermöglichen dem Menschen ein höheres Maß an Kontrolle über sein Leben. Ihr Nutzen manifestiert sich im therapeutischen Einzelfall; der Arzt solle sich nicht nur Wissen an-

26 Hippocr., *Progn.* 1. Die späten *Praecept.* betonen die Überwindung der *ἀπιστίη*, des Mißtrauens in die Meisterbarkeit der Lage, durch Prognosen, Hippocr., *Praecept.* 3f.; 8ff. Der Arzt Aretaeus von Kappadokien erklärt Vertrauensschaffung zur wichtigsten Sache *(De curat. diut. morb.* I 1,2): *πίστις δὲ τουτέων κεφαλαίη, ἧς ἀμφὶ πρότερον φράσω.* Dazu EDELSTEIN (1967c).

27 *De arte* wendet sich gegen sophistische Kritik an der Medizin, die mit Spontanheilungen (*τὸ αὐτόματον*) und dem Phänomen medizinischen Mißerfolges gegen die Technizität der Medizin argumentiert hatte. Den Mediziner rechtfertige sein prognostisches Wissen, das das Zutrauen des um die Zukunft fürchtenden Patienten rechtfertige. Zu dem die Technik als Mittel der Schicksalsbewältigung konstituierenden Wissen des Arztes gehört auch das über die Grenzen seiner Kunst: Zum Bereich der Technik gehört nur, was dem menschlichen Eingriff unterliegt. (Hippocr., *De arte* 4-8). Entscheidend ist die Gelingenserwartbarkeit: Der Autor von *De diaeta* III beansprucht, eine Methode zur Bestimmung der jeweils geeigneten Ernährung gefunden zu haben, die nur dann fehlgehe, wenn man Fehler bei der Anwendung mache (Hippocr., *De diaeta* § 67), also eine methodische Diätetik entwickelt zu haben.

28 Hippocr., *De diaeta* 87.

29 Nachgalenisch: Sev. Iatros., *De instr. infus. seu clyst. ad Timotheum* 6,23-27. Vgl. Kind, RE II A 2,2010f. s.v. *Severus (48).*

30 Galen, *Adh. ad artes addisc.* 1-2 (I 3K.); 9 (I 20f.K.): Keine *τέχνη* sei, was kein *τέλος βιωφελές* besitze: Die Vermittlung eines Lebensnutzens gilt als Merkmal aller Techniken.

eignen, sondern auch dessen Anwendung im Einzelfall üben[31]. Sowohl das Finden einzelner Lösungen als auch das allgemeiner Regeln gehört zur technisch angeleiteten Praxis: Finden ist der Erfolg methodischen Suchens, für das es einer Methode des Findens (*στοχαστικὴ ὁδός*) bedürfe; die Technik ist dabei Träger einer Problemlösungshoffnung (*στοχαστικὴ ἐλπίς*)[32]; man erwartet sich von ihr eine Kompensation der Schwächen der menschlichen Natur[33].

Auch die Landwirtschaftsschriftsteller rechtfertigen ihre Technik mit einem Autonomieinteresse des Menschen. Vegetius sieht in der Tiermedizin ein Mittel der Kontingenzbewältigung; eigene Fehler auf das Schicksal oder die Götter abzuwälzen sei nur Ausdruck von Verantwortungslosigkeit. Vegetius verweist auf medizinische Mißerfolge und Spontanheilungen, die skeptisch gegen den technischen Charakter der Medizin ins Feld geführt wurden, betont jedoch, daß bei aller *diligentia*, allem *studium* und der *potestas* der Pflanzen nur die *curandi scientia* wirklich den Erfolg bringe[34]: Vegetius chreibt also der Tierheilkunde im Vergleich mit der Medizin eine gewisse Wissenschaftlichkeit zu. Columella hatte ähnlich argumentiert: Nicht äußere Umstände des Klimas, sondern eigene Fehler bei der Landwirtschaft führten zu Mißerfolgen; vorausgesetzt wird, daß die Regeln der landwirtschaftlichen Technik Unzulänglichkeiten von Klima und Boden ausgleichen[35], also natürliche und persönliche Schwächen kompensieren. Dieselbe Erwartung, daß Technik dem Menschen zu Verantwortlichkeit, Autonomie und zur Emanzipation von Zufälligkeiten verhelfe, äußern die Militärschriftsteller. Onasander bestreitet, daß die römische Herrschaft zufälliges Ergebnis des Waltens der *τύχη* sei; es sei verrückt, Erfolg und Mißerfolg dem Zufall zuzuschreiben statt der Nachlässigkeit oder Fähigkeit der Militärführer. Diese Interpretation der Technik wird gestützt durch das Faktum praktischer Beurteilung: Technik gilt als möglich und wirksam, weil das praktische Postulat der Verantwortlichkeit erhoben und über Erfolg geurteilt wird[36]. Nach Frontin und Polyaen gewinnt, wer auf *Strategemata*, also ähnliche Erfahrungen zurückgreifen kann, Zuversicht in der jeweiligen Lage; das Wissen über erfolgreiche *exempla* verschaffe die Möglichkeit zur Überwindung von Gefah-

31 Galen, *De comp. medic. per gen.* XIII 887,13ff.

32 Galen, *De comp. medic. per gen.* XIII 886,17-390. Galen, *De exper. med.* 7,7 (XV) beschreibt, inwiefern der Gewinn technischer Zuversicht ein Prinzip der medizinischen Erkenntnistheorie sein könne: Ein einziger beobachteter Fall reiche zum Gewinn dieser Zuversicht nicht aus; die empiristische Position, die Galen hier referiert, interpretiert die technische Regel statistisch; diese begründet einen Grad der Sicherheit in der Erwartung des Eintretens bestimmter Ereignisse (immer, meistens, *ἀμφιδόξως*, selten).

33 Vgl. Julian., *Lex de medicis*: *τὸ γὰρ ἀσθενὲς τῆς ἡμετέρας φύσεως, καὶ τὰ τῶν ἐπισυμβαινόντων ἀρρωστημάτων ἐπανορθοῦται διὰ ταύτης*. Dioscorides Pedanius spricht von Pharmakologie als Mitkämpferin gegen Krankheiten (*De materia medica* I pr. 5): Dies setzt grundsätzliche Schwäche und Hilfsbedürftigkeit des kranken Menschen voraus, der sich im Kampf gegen einen Gegner (Krankheit) befindet und eines Bundesgesnossen bedarf.

34 Veget., *mulom.* III pr. 1-2; 7. Vgl. S. 42.

35 Colum., *R.R.* I pr. 3; I 4,4. Palladius meint Ähnliches, wenn er neben den drei natürlichen Produktionsfaktoren Luft, Wasser und Erde, die der Mensch nicht verändern, sondern nur beurteilen könne, auch die *industria* herausstellt, die seiner *facultas* und *voluntas* unterliege und "geheilt" werden könne (*Agr.* I 3-6).

36 Onasand. pr. 5-6. 10,25-28: Onasander vertritt einen Psychologismus der Religion: Die Zuversicht der Soldaten hänge von der Einholung der Omina vor wichtigen Unternehmungen ab, damit jene erwarten könnten, mit den Göttern zu kämpfen.

ren durch Einsicht[37]; Kriegskunst, eine Technik, erlaubt nach Vegetius dem Schwächeren, seine Schwäche zu kompensieren und erfolgreich zu sein[38].

Auch die Schriftsteller über Mechanik und Architektur setzen voraus, daß Technik die Funktion habe, die Abhängigkeit des Menschen von Kontingenzerfahrungen zu verringern. Philon beurteilt die Entwicklung der Geschützbautechnik und beschreibt, wie sehr die Ergebnisse beim Nachbau bestimmter Geschütztypen im Einzelnen differierten, bevor man lernte, Geschütze in immer ähnlichen Proportionen nach Verhältnisgleichungen zu konstruieren; die Entwicklung dieser Fertigkeit sei zielgerichtet verlaufen auf ein *προκείμενον* bzw. einen *ὅρος* hin: Von der Technik wird Kalkulier- und Vorhersagbarkeit ihrer Ergebnisse erwartet[39]. Heron bringt eine ähnliche Auffassung von der Technik als Mittel zur Steigerung von Selbsttätigkeit und Erfolgsgewißheit zum Ausdruck: Essenz philosophischer Bemühung sei das Streben nach Selbstgenügsamkeit und Ruhe (*ἀταραξία*); während die Philosophie diese Bemühung mittels vernünftigen Argumentierens (*διὰ τῶν λόγων*) unendlich fortsetze, habe die *μηχανική* den Bereich der *λόγοι* in der Wirklichkeit bereits transzendiert. Es geht der Mechanik nicht allein um die Gestaltung bestimmter Produktionsprozesse[40], sondern um die Verwirklichung verschiedener Ziele[41] mit Erfolgsaussicht. Zweck der Technik des Baus von Unterhaltungsautomaten ist die Erregung von Staunen (*τὸ ἐκπληκτικόν*); Automaten sind paradoxe Geräte, vollführen ihre Bewegungen wider die Erwartung, darin liegt ihr Unterhaltungswert. Ihre Effekte sollen berechenbar sein, und Herons Versprechen (*ἐπαγγελία, ὑπόσχεσις*) ist, seine Methode für Bau und Antrieb solcher Maschinen erlaube eine *sicherere* und *gefahrlosere* Bewegung der Automaten als frühere[42]: Die scheinbare Paradoxie soll sicher und vorhersehbar realisiert werden. Die Fragmente der *Mechanik* Herons stellen die Befreiung des Menschen von natürlichen Begrenzungen in den Vordergrund. Erste Aufgabe ist das Heben einer gegebenen (großen) Last mittels einer gegebenen (kleinen) Kraft durch ein Zahnradgetriebe[43]. Aufbau und Funktionsprinzip der

37 Front., *Strateg.* I pr. 1; Polyaen., *Strateg.* I pr. 4.

38 Veget., *Epit. rei milit.* III 10-14; 20: die Kriegswissenschaft werde als einzige von allen Völkern praktiziert. Dieses Argument zugunsten inventiver Militärtechnik findet sich bei dem wohl etwas früheren Anonymus, *De reb. bellic.* pr. 7; 4; vgl. GIARDINA (1989) XXXVII-LII. Der Anonymus beschreibt die Gefahren, die von den Einfällen den natürlichen Schutz unwegsamer Gebiete (Wälder, Berge, Eis, Wüsten, Sümpfe, Flüsse) ausnutzender Völker ausgehen, und verlangt, daß diese mit "verschiedenen neuen waffentechnischen Methoden" *(diversis et novis armorum ... machinis)* zu bekämpfen seien (6,4; vgl. pr. 4): Die technische *inventio* vermittelt eine *utilitas*, die den natürlichen Gegebenheiten der jeweiligen Lage fehlt. Zur Technik gehört die Erwartung, daß sie dazu verhelfe, mit einer geringeren Zahl von Kämpfern eine größere Zahl von Feinden zu besiegen (pr. 6-9), also die natürlichen Kräfteverhältnisse umzukehren.

39 Philon, *Belop.* 3-4 (50f.), bes. 3 (50): *ταύτην δ' ἔδει μὴ ἀπὸ τύχης εἰκῇ λαμβάνεσθαι, μεθόδῳ δέ τινι ἑστηκυίᾳ καὶ ἐπὶ πάντων τῶν μεγεθῶν δυναμένῃ τὸ ἀνάλογον ὁμοίως ποιεῖν.* Athenaeus Mechanicus kritisiert Skepsis gegenüber der Möglichkeit praktischer *ἐπίγνωσις* als Resultat bloßer Trägheit (39,12-40,2): Technische Lehre erspart das Lernen aus eigener Kontingenzerfahrung.

40 Heron kritisiert, daß seine literarischen Vorgänger für Geschütze Konstruktionsanweisungen gegeben hätten ohne Hinweis auf Ausführung und Anwendung der Geräte, Heron, *Belop.* 1-2, 71-73 W.

41 Heron, *Dioptr.* 1.

42 Heron, *De autom.* I 1-8. Heron will einen weniger aufwendigeren und sichereren *μέθοδος* als seine Vorgänger mituteilen, der flexiblere Möglichkeiten der Darstellung des Figurenspiels biete (V 1-2).

43 Heron, *Mech.* I 1. Heron bezieht sich auf Archimedes als Archegeten der Disziplin; dieser und seine Schüler hätten das physikalische Schwerpunktprinzip auf die Mechanik spezialisiert (I 24). Belege für einen direkten Einfluß der unter Aristoteles' Werken überlieferten *Mechanik* auf Heron gibt es nicht, DRACH-

fünf einfachen Maschinen (Welle und Rad, Hebel, Flaschenzug, Keil, Schraube) und *wie man damit arbeitet*[44] werden geschildert. Im Anschluß an eine theoretische Klärung ihrer Grundlagen, die Heron ausführlicher zu behandeln beansprucht als seine Vorgänger[45], beschreibt er diese Maschinen im einzelnen, wobei verschiedene Zwecke, nicht Wirkungsprinzipien den Stoff gliedern[46]. Die Mechanik ist bei Heron nicht allein wissenschaftliche Erklärung existierender technischer Praktiken, sondern sie formuliert Anweisungen für diese Praxis[47], die erwarten dürfen soll, sich von natürlichen Beschränkungen befreien zu können. Technik verschafft über das Normale hinaus neue Möglichkeiten. Deutlicher äußert Heron diese Funktion der Technik, natürliche Grenzen zu überschreiten, in den *Catoptrica:* Die Lehre der Spiegelgeometrie habe die Aufgabe, das Natürliche anders zu zeigen als mittels üblicher Spiegel, und dabei überraschende Effekte zu erzielen[48].

Damit erschließt sich die Bedeutung der Zwecklehre, die die im *Corpus Aristotelicum* überlieferte *Mechanik* für die Disziplin formuliert: Es gebe Dinge, über die man sich wundere; bei den Objekten κατὰ φύσιν seien dies die, deren Ursache unbekannt sei, bei denen παρὰ φύσιν diejenigen, die *durch* τέχνη *zum Nutzen für die Menschen geschähen*; häufig nämlich verhalte sich die Natur gegensätzlich zu menschlichen Zwecken[49]. Der

MANN (1963) 9-13.

44 II 1-3 (Vermehrung der Zahl der Rollen im Flaschenzug).

45 Vgl. Archim., *De plan. aequil.* 132,13-138,8 prop. 6-7. Heron beruft sich auf Archimedes bei der Behandlung der mathematischen Konstruktion des Schwerpunktes und den Folgerungen für die Lastgeometrie ebener Vielecke (Heron, *Mech.* II 35-41). Wärend Philon, *Belop.* 68-70 Th. in der Mechanik der Hebelbewegung der Torsionsgeschütze der peripatetischen Bewegungsmechanik folgt - Betrachtung der Umfangsgeschwindigkeiten ([Arist.], *Mech.* 847a28-850a2; *Phys.* 249b30ff.; 261b26ff.) -, beruhen Herons Überlegungen auf der von Krafft statisch genannten Betrachtungsweise, KRAFFT (1970); so auch SCHÜRMANN (1991) 48-57.

46 Geräte zum horizontalen Ziehen - solche zum vertikalen Heben von Lasten (III 1-2); die Mittel werden nach Gebrauchszwecken geschieden - so Hebezeuge mit 1, 2, 3 oder 4 Stützen (III 2-5). Auch Überlegungen zur handwerklichen Ausführung bestimmen das dritte Buch; so schreibt Heron vor, die Teile der Hebezeuge nicht durch Nägel, sondern mittels Seilen zu verbinden (III 5), wohl weil derartige Konstruktionen elastischer und mobiler sind.

47 Ähnlich der doppelten Zielsetzung der Mechanik geben Herons *Metrica* zugleich Rechenanweisungen in praktischer Absicht, wie auch wissenschaftliche Beweise der Korrektheit der Verfahren: Das Rechenverfahren (μέθοδος) wird als Vorschrift formuliert (ποίησον ... λαβέ), eine geometrische Herleitung (γεωμετρικὴ ... ἀπόδειξις) schließt sich an, Heron, *Metr.* I 8.

48 Es geht um das *mirabile*; die Konstruktionsaufgaben, die Heron vorführt, spielen mit der natürlichen Erwartungshaltung an die Perspektive, um diese zu provozieren, vgl. Heron, *Catoptr.* I. Vgl. auch XII in der Übersetzung Wilhelms von Moerbecke: *Speculum construere quod dicitur polytheoron, id est multividum. facit autem dextra dextra apparere, adhuc autem et motum facit apparere, attestatur quia Pallas genita fuit ex vertice Iovis, multas facies manifestat, unum digitum facit multos, deinde disfreta boum capita manifestat.* Zur Theorie der Reflexion an gekrümmten Spiegelflächen vgl.: Plat., *Tim.* 46a-e; Lucr., *De rer. nat.* IV 292ff.; Olympiod., *Comment. in Arist. Meteor.* 211,2ff.; 264,16ff.

49 [Arist.], *Mech.* 847a11-b14. Die Authentizität dieser Schrift ist umstritten. SCHNEIDER (1989) 234ff. interpretiert das Werk als Theorie der einfachen Maschinen, die nicht unmittelbar praktischen Zwecken diene; damit entfalle ein Grund, das Werk dem vermeintlichen Theoretiker Aristoteles abzusprechen. So argumentierte bereits FARRINGTON (1949) ND (1963) 185-188, der auf Ähnlichkeiten zu Arist., *Meteor.* verwies. Dem physikalisch unreifen Denken des Aristoteles schrieben die Schrift zu GOHLKE (1957) 5-9; KRAFFT (1970). Es ist problematisch, von der Echtheit der Vorlesungsschriften aus dem Schulbetrieb des Peripatos zu sprechen; einiges spricht gegen eine Verfasserschaft des Aristoteles. KNORR (1986) verweist

Peripatetiker knüpft an eine alltägliche Erfahrung an: Technisches Vorgehen wird interpretiert als natürlicher Zwecksetzung formal analoges, ihr sachlich zuwiderlaufendes Geschehen; vorausgesetzt wird, daß Menschen sich wandelnde Zwecke setzen. Das Paradigma ist: Gegenstände fallen; sollen sie steigen, bedarf es entweder einer größeren Gewalt, also menschlicher Kraft, oder, wenn diese nicht reichen sollte, der Technik. Technik macht also möglich, was dem natürlichen, üblichen Lauf der Dinge widerspricht, und zwar auch dort, wo dies menschliche Kraft normalerweise übersteigt. In erster Linie wird nicht an einen ökonomischeren Einsatz der menschlichen Kräfte gedacht, sondern an einen ansonsten unmöglichen. Im Fall der Naturphänomene steht die Regel in Frage, nach welcher verschiedene Phänomene als Ursachen (im aristotelischen Sinne auch Zweckursachen) und Wirkungen verknüpft sind, bei der *τέχνη* die Regel für die Verbindung von Zwecken mit Mitteln zu ihrer Verwirklichung. Ein Zusatz erläutert, warum der Bereich der *τέχνη* als *παρὰ φύσιν* bezeichnet wird: Als *φύσις* erklärbar sind nur diejenigen Prozesse, deren Ursachen Teile der betrachteten Systeme selbst sind; das Wirkprinzip technischen Vorgehens dagegen ist immer gegenüber dem Vorgang selbst ein externes, und Produkte der Techniken besitzen ihre Eigenschaften, sofern sie aufgrund eines externen Formmomentes bearbeitet sind. So tritt in der Technik neben Naturprozesse und -ursachen eine andere Klasse, die nur aufgrund technischen Eingriffes denkbar sind[50]. Wo Natur menschliche Bedürfnisse befriedigt, ist *τέχνη* nicht nötig; wo *τέχνη* nötig ist, leistet die Natur ohne menschlichen Eingriff Bedürfnisbefriedigung nicht oder nicht in ausreichendem Maße. Daß Technik *παρὰ φύσιν* vorgehe, besagt, daß die Ursache der von ihr initiierten Prozesse der menschliche Techniker mit seinen Zwecken ist, nicht die Natur mit ihrer Entelechie. Technik tritt neben Natur, kompensiert diese, ahmt sie nach und ist ihr funktional äquivalent. Technik ist nicht zufällig, sondern rechtfertigt sich durch die Gewißheit ihrer Erfolge. Deshalb kann Archimedes mechanischen Einsichten einen heuristischen Wert für die Mathematik zuschreiben[51]. Wenn als auszeichnende Fähigkeit des Menschen seine Vernunft gilt, erscheint Technik als Autonomiegarant zugleich als Manifestation eines höheren Grades des Menschseins; nicht

auf arabische und lateinische Schriften des 9.-12. Jahrhunderts, die den Inhalt von vor der Einführung der statischen Geometrie (Schwerpunktprinzip) in die Gleichgewichtstheorie verfaßten Schriften zu rekonstruieren erlauben; sicher aristotelische Werke (z.B. *Physik*, Schrift über den Himmel) kennen keine Verbindung der Bewegungsmechanik einer Vielzahl von Phänomenen durch eine einzige Bewegung, wie die *Mechanik*; in der *Physik* dagegen setzt Aristoteles den Körpern inhärente Bewegungsmomente voraus (Arist., *Phys.* 248a10-250b7; 261b27-265a12; 266a10-167b26). Straton von Lampsakos schrieb über Schwere und Körper sowie über Maschinen (frr. 50-83 Wehrli), und Herons *Pneumatik* beziehe die Diskussion über Materie und Vakuum von Straton. KNORR vermutet einen unter Stratons Einfluß stehenden zweitrangigen Peripatetiker als Autor der *Mechanik* (aaO. 100f. m. Anm. 27). SCHNEIDER (aaO. 293; 255f.) sieht in der *Mechanik* die methodische Grundlage für die Entstehung einer *"technologischen Fachliteratur"* und einen *"Rahmen für die Kommunikation der Techniker"*, den Vitruv schöpferisch weiterentwickelte; er verweist auf Vitruvs Liste griechischer Autoren über *machinationes* (Vitruv., *De arch.* VII pr. 14). Dieser nennt Aristoteles nicht und schreibt ein Werk einer anderen Gattung als die peripatetische *Mechanik*. Die Schriften von Architekten über eigene Leistungen stellten voraristotelische Ansätze zu einer Fachliteratur dar. Pytheos und Satyros schrieben über ihr Mausoleum von Halikarnaß (Vitruv. VII pr. 12); Pytheos hatte Grundsätze für die Ausbildung des Architekten formuliert (Vitruv. I 1,12). Iktinos, der Erbauer des Parthenontempels, hatte zusammen mit Karpion eine Schrift über den Bau verfaßt (Vitruv. VII pr. 12).

50 Arist., *Phys.* 192b8-194b15; 197b32-37; 215a1-8; *Metaph.* 982a10ff.; 983a24ff.; 1014b15ff.; 1032a13ff.; *Rhet.* 1369a32-b9; 1361b39-1362a12; *EE* 1227a26-30; *De gen. anim.* 745b9-12.

51 Archim., *Meth.* praef. 426,2-430,26.

allein in der sparsameren Ressourcenverwendung wird der Wert der Technik gesehen, sondern in der Erschließung neuer Handlungsmöglichkeiten. Mechanik und Technik sind Träger von Sicherheitserwartungen und von Hoffnungen auf eine Überwindung natürlicher Schranken.

Einen Eindruck von den Deutungsproblemen, die diese Auffassung der Technik in der christlichen Spätantike schuf, vermittelt die Auseinandersetzung zwischen Proklos und dem ihm nahestehenden Mechaniker Theodoros. Theodoros hatte eine Schrift verfaßt, in der er die Freiheit des menschlichen Willens leugnete und dadurch Proklos' Widerspruch provozierte[52]. Proklos bringt Theodoros' These in einen Zusammenhang mit Theodoros' Mechanik, die den menschlichen Intellekt als Teil einer als Mechanismus interpretierten Welt[53] betrachte, jedoch als Ausweis menschlicher Freiheit die Fähigkeit, eigene Intentionen zu realisieren, erwarte[54]. Theodoros vernachlässige Ereignisse, die nicht Ergebnis menschlicher Intention sind, und ignoriere, daß Mißerfolge nicht die universelle Herrschaft von *fatum* und *providentia* beweisen; er reservierte allein dem Schicksal Spontaneität (*αὐτεξούσιον*), vertrat also den Determinismus. Interpretierte die spätklassische Philosophie die Mechanik als Mittel der Autonomie, sieht sich der spätantike Mechaniker eingebunden in eine Welt der Heteronomie als Konsequenz ihrer Deutung als - mechanischer - Funktionszusammenhang. Das Beispiel des Theodoros zeigt, daß die Erfolge der Mechanik eine Provokation für das Postulat der Freiheit des Willens darstellen konnten. Während die frühhellenistische Philosophie von der Erfahrung der Vielfalt menschlicher Zwecke ausging und es als der Deutung bedürftig erachtete, daß einige dieser Zwecke sich mittels der Technik auch gegen die Natur verwirklichen ließen, ist die Erfahrung, die Theodoros voraussetzt, die gegenteilige: Zwecke werden verwirklicht; das Vorliegen von Zwecken, für deren Verwirklichung kein mechanischer Zusammenhang angegeben werden kann, gilt offenbar als unwahrscheinlich, weil menschliche Intentionalität selbst bedingt und begrenzt gesehen wird.

Die eigentümliche Stellung der spätantiken Mechanik zu Intentionalität und Determinismus ist begründet in der wissenschaftlichen Doppelrolle der Disziplin. In der *Mechanik* des *Corpus Aristotelicum* wird sie als Lehre von den fünf Instrumenten beschrieben, mittels derer der Mensch seine Zwecke *contra naturam* verwirklichen könne; hier ist die Mechanik aufgebaut nach einem Paradigma, das die *τέχναι* auf bestimmte Zwecke hin orientiert, wie es Platon und Aristoteles als Regel voraussetzen. Die Mechanik erklärt die Funktion der fünf einfachen Maschinen, mittels derer *παρὰ φύσιν* geschehende Bewegungen bewerkstelligt werden; Bewegungen *κατὰ φύσιν*, die das Prinzip der Bewegung im Naturgegenstand selbst bsitzen, fallen dagegen in den Bereich der *Physik*. Die Mechanik wird in der Spätantike jedoch universalistischer betrieben. Pappos beispielsweise beschreibt eine Mechanik, die sowohl natürliche Bewegungen als auch erzwungene widernatürliche Bewegungen erklärt: Mechanik in diesem Sinne ist universelle Bewegungslehre, die zur Untersuchung der Bewegungen diese ggf. experimentell erst darstellt[55] und dann ursächlich erklärt. Die spätantike

52 *De providentia et fato et quo in nobis*; lat. Übers. v. Willem von Moerbecke, ed. Cousin. Frr.: Procl. ed. Boese 117-137; 141-155; 159-163; 169-171.

53 Prokl. ed. Cousin 2 p. 10-11.

54 Prokl. ed. Cous. 49 p. 70. Proklos brachte gegen Theodorus' mechanistischen Determinismus das Phänomen geistiger Spontaneität vor und erhob das Postulat der Willensfreiheit, weil Menschen praktische Urteile fällen, Procl., *De providentia et fato* ed. Boese, pass., vgl. K.Ziegler, RE V A 1860ff.

55 Vgl. Pappos, *Coll.* VIII pr. 1-3 ed. Hultsch 1022,3-1028,3: *στάσεως γὰρ καὶ φορᾶς σωμάτων καὶ τῆς κατὰ τόπον κινήσεως ἐν τοῖς ὅλοις θεωρηματικὴ τυγχάνουσα τὰ μὲν κινούμενα κατὰ φύσιν αἰτιολογεῖ,*

Mechanik liefert daher einerseits das Bild einer determinierten Welt, andererseits ein Wissen, das Einwirkungen auf diese Welt zu je wechselnden praktischen Zwecken ermöglichen soll. Es scheint, als lasse diese spätantike mathematische Mechanik die aristotelische Unterscheidung von Technik und Theorie hinter sich.

Bei den natürlichen Bewegungen als Gegenstand der Mechanik denkt Pappos insbesondere an einen von fünf Teilbereichen der Disziplin, nämlich die Darstellung der Himmelsbewegungen mittels Modellen (*σφαιροποιΐα*); das Gebiet der Herstellung von Tellurien und anderen Himmelsmodellen war schon im 3. Jhdt. v.Chr. von Archimedes, den Pappos in diesem Zusammenhang als Universalmechaniker erwähnt, literarisch behandelt worden[56]. Insofern hatte Archimedes den methodischen und thematischen Rahmen einer Disziplin gesteckt, die in der Spätantike neben Weltbewältigung auch Weltdeutung unternahm. Pappos: Mechanik sei nützlich zur Verwirklichung vieler großer Güter im Leben, und sie werde außerdem von den Mathematikern studiert, weil sie sich mit Materie und Natur der Elemente beschäftige[57]. Die theoretische und praktische Doppelfunktion der Mechanik deutet Pappos im Anschluß an Heron[58]: Heron habe sie in einen theoretischen und einen handwerklichen Teil gegliedert. Er konzipierte die Mechanik also als Lehre für Techniker, die als ersten Teil handwerkliches Vermögen, die *τέχνη* im engeren Sinne, voraussetzt, und die als Voraussetzung produktiver und schöpferischer Betätigung auch mathematisch-naturwissenschaftliche Schulung und Bildung umfaßte. Die Bewertung ihrer Teildisziplinen richtet sich nach deren lebenspraktischer Nützlichkeit: Als *ἀναγκαιόταται τέχναι ... πρὸς τὴν τοῦ βίου χρείαν* gelten 5 Gebiete: Konstruktion von Hebezeugen, Kriegsmaschinenbau, Konstruktion von Wasserschöpfanlagen, Bau von Unterhaltungs- und Überraschungsgeräten, Anfertigung von Modellen zur Veranschaulichung der Bewegung der Himmelskörper[59]. Die Bedürfnisse, die diese Teiltechniken befriedigen, erschöpfen sich nicht in Lebenssicherung, sondern dienen der Gestaltung einer Lebensform: Neben Produktion und Krieg bestimmen Freizeit, Bildung und Deutung der Welt die Zwecke der Technik.

Die für diese maßgebliche Unterordnung der praktischen unter die theoretischen Kenntnisse folgt aus der Überzeugung, manuelle, ausführende Techniken seien vom Standpunkt der übergeordneten Mechanik in ihren Prinzipien zu erfassen: Archimedes soll, so beschreibt Pappos den Idealfall, Ursachen und Prinzipien aller Teildisziplinen erfaßt und seine Erfindungsgabe auf alle Erfordernisse des Lebens gerichtet haben[60].

Techniken werden nicht nur als Mittel zur Befriedigung existentieller Bedürfnisse und Interessen verstanden, sondern als Mittel zur Erhöhung der Autonomie des Menschen gegenüber seinem Lebensschicksal und als Mittel zur Konstituierung und Deutung einer Welt. Aristoteles dachte sich das hierarchische Verhältnis zwischen manuellen und theoretischen technischen Disziplinen und die Tatsache, daß die Unabhängigkeit vom Zwang zur Befriedigung elementarer Bedürfnisse die Entwicklung raffinierterer Bedürfnisse begünstigt,

τὰ δ' ἀναγκάζουσα παρὰ φύσιν ἔξω τῶν οἰκείων τόπων εἰς ἐναντίας κινήσεις μεθίστησιν ἐπιμηχανουμένη διὰ τῶν ἐξ αὐτῆς τῆς ὕλης ὑποπιπτόντων αὐτῇ θεωρημάτων.

56 Vgl.: Ptol., *Hyp.* I 1; Gem., *Cal.* XII 23.

57 Pappos, *Coll.* VIII pr 1-3 ed. Hultsch 1022,3-102,3. Pappos' Interpretation der Mechanik beruht auf der aristotelischen Physik der Bewegung.

58 Vgl. Procl., *In Eucl.* I ed. Friedlein p. 429,13: *οἱ περὶ Ἥρωνα καὶ Πάππον.*

59 Pappos, *Coll.* VIII pr 1-3 ed. Hultsch 1022,3-1028,3.

60 Ebda. nach Geminus, *Περὶ τῆς τῶν μαθημάτων τάξεως.*

in der Vorstellung von einem Aufstieg der Techniken zusammen: Dieser führt von Techniken zur Sicherung der Lebensnotwendigkeiten zu den wertvolleren Techniken für eine gehobene, der ἡδονή verpflichtete Lebensführung; erst die Befreiung von der Sicherung des Lebensunterhalts habe die mathematischen Wissenschaften entstehen lassen[61]. Den Prozeß der Zivilisation denkt man sich als Prozeß zunehmender Selbständigkeit und zugleich Einsicht in leitende und ordnende Prinzipien des Wissens.

Das Autonomideal bestimmt nicht nur die Auffassung von den Leistungen der Techniker, sondern auch deren Ethos: Unabhängigkeit gilt bei den antiken Technikschriftstellern als Wert und Aufgabe des Technikers auch als Person. Galen argumentiert, nur die nichtkörperlichen technischen Tätigkeiten seien achtenswert, weil sich die Befähigung zu ihrer Ausführung nicht mit dem Alter verliere, und ihre Ausübung daher spätere persönlicher Abhängigkeit vermeide[62]. εὐεργεσία, Bildung und Unabhängigkeit seien die Lebensziele des guten Arztes[63]. Oreibasios setzt guten und unabhängigen Arzt gleich: Es gebe schlechte Ärzte, die allein in abhängigen, also untergeordneten, Tätigkeiten geübt seien. Als Entscheider verträten diese die gesamte τέχνη, obwohl ihnen die Voraussetzungen für selbständige Entscheidungen fehlten[64].

1.1.3. Erhaltung von Leben und Gesundheit als Ziel der Techniken

Gut Leben und Überleben galten als Ziele der Techniken. Im *Corpus Hippocraticum* heißt es, Aufgabe der Medizin seien passende Therapie und Gesundung des Kranken, also ὑγιεία[65]: Unter bestimmten Bedingungen betrachten die medizinischen Autoren Gesundheit als höchstes Gut; dies sei sie nur für den πλῆθος, der in Abhängigkeit, also unter Bedingungen der ἀνάγκη, sein Dasein friste, und daher Gesundheit und Arbeitsfähigkeit nicht mit anderen Zielen verrechnen könne. Der Autor von *De diaeta* bestreitet nicht die Berechtigung dieser Lebensform; er beansprucht, erstmals für den πλῆθος eine Ernährungsweise gefunden zu haben, die einer "wahren" Ernährung nahe komme[66]. Der Mediziner erkennt als elementares Ziel seiner Kunst die Lebenssicherung an, ist sich aber dessen bewußt, im Unterschied zu einem Teil seiner Patienten ein Leben zu führen, das die Verwirklichung weiterer Ziele als allein des Überlebens erlaubt. Celsus sieht sogar in der Chirurgie das Paradigma für die ganze Medizin[67]: Wiederherstellung akut gestörter Gesundheit erscheint als zentrales Ziel,

61 Vgl. Arist., *Metaph.* 981b9-982a3.

62 Galen, *Adhort. ad artes addisc.* 14 (I 37-39K.).

63 Galen, *Quod opt. med.* I 57ff. Dazu vgl. DILLER (1933) 177ff.; ISNARDI (1961); LIEBER (1972); (1979); WENKEBACH (1933).

64 Oribas., *Libr. ad Eunap.* I pr. 1,2.

65 Hippocr., *De prisca medic.* 24; *De art.* 7; *De diaeta* I § 1.

66 Hippocr., *De diaeta* III § 68-69. Frage nach der Gesundheit als Gut an sich: Hippocr., *De diaeta salubri* 9; *De flatibus* 1-6. Empirische Ärzte haben dann in stoischer Tradition die Medizin den Zwecken des Lebens untergeordnet und ihre Funktionen als *signativa, sanativa, curativa* bestimmt, DEICHGRÄBER (1930) 280 m. fr. 10b = Galen, *Subfiguratio empirica*; SVF I 21,5; II 30,25-29.

67 Celsus, *De med.* VII pr. 1-2. Apollonios von Kition stellt in den Vordergrund ärztlicher Tätigkeit die akute Nothilfe; Hippokrates habe εἰς ἀνθρώπων βοήθειαν sein Werk verfaßt, Apoll. Cit. 1 S.; Hippo-

obwohl die Medizin auch chronische Erkrankungen behandelte. Die zeit-räumliche Nähe zwischen Eingriffen und Resultaten bei akuten Erkrankungen schafft das Bewußtsein eines ursächlichen Zusammenhangs und prägt die Auffassung von der Funktion der Medizin, auch bei Galen: Medizin sei eine Technik, die einen verlorenen Zustand - Gesundheit - wiedergewinne[68]. Oribasius bemüht sich um eine Selektion der medizinischen Lehrtradition nach dem Kriterium ihrer therapeutischen Brauchbarkeit[69]. Medizinisches Handeln kompensiert nach dieser Vorstellung von den Zwecken des Faches in erster Linie einen bereits eingetretenen Verlust[70], obwohl auch die Prophylaxe als Aufgabe des Arztes galt[71]. Gesunderhaltung bestimmte als Ziel auch die Architektur: Vitruv und M. Cetius Faventinus schließen baumedizinische Betrachtungen in ihre Darlegungen ein[72].

1.1.4. Technik und Paratechnik: Die Technik innerhalb und außerhalb der Grenzen instrumenteller Vernunft

Technik als Befreiung von der Heteronomie des Schicksals muß sich auf berechen- und abschätzbare Bereiche des Handelns beschränken, sonst würde die Paradoxie zum Kennzeichen auch technischen Handelns. Technik muß daher angeben können, was technisch gemacht werden kann und was außerhalb ihrer Eingriffsmöglichkeiten und der auf Gelingen[73] liegt; sie muß also Kriterien für die Unterscheidung zwischen behandelbaren und unbehandelbaren Fällen angeben und Regeln formulieren für das Verhalten des Technikers beim Umgang mit Fällen, die außerhalb seiner Kompetenz liegen. Die *Praeceptiones*, ein spätes Werk des hippokratischen Corpus, weisen den Arzt, der mit einem Fall nicht weiterkommt,

krates' Theorie sei οὐκ ἀνωφέλητον, 17 S.

68 Galen, *De sect. ad eos qui introd.* I 64; *De constit. art. medic. ad Patroph.* I 262; I 303; *De praenot. libell.* XIX 510; *De elem. ex Hippocr.* I 414; *De temperamentis libri iii* I 534; *Thrasyb. sive utr. medic. sit an gymnast. hygieine* V 854; *De sanitate tuenda libri vi* VI 1. Ähnlich Pseudo-Galen, *In Hippocr. libr. de alimento comment. IV* XV 270f.

69 Er wolle nur das zusammentragen, was dem Ziel der ἰατρική nützlich, für prakische καιροί geeignet und dem Gesundheitsgewinn dienlich sei (Oribas., *Coll.* I pr. 2). Vgl. *Synops. ad Eustath. fil.* I pr. 1. Wiederherstellung der Gesundheit als Ziel der Medizin, Pflicht zur Feststellung der Heilbarkeit der vorliegenden Erkrankung vor jedem Eingriff: Paulus Aegin., *Epit. med. lib. sept.* II 1-2.

70 Steph. Athen., *Schol. in Hippocr. de fract.* p. 17,22ff.: medizinische Ursachenforschung hat ihr Ziel in der Therapie. Ähnlich: Palladius Med., *Schol. in Hippocr. de fract.* p. 16. Im 9. Jhdt. n.Chr. baut Leo den *Conspectus Medicinae* dreigegliedert auf nach Definition - Diagnose - Therapie der Krankheiten.

71 Galen, *De sanit. tuenda lib. vi* VI 437; *In Hippocr. aphorism. comment. vii* XVII B 504; Diosc. Ped., *De mat. med.* II 47,1; Paul. Aegin., *Epit. med. lib. sept.* pr. 1,1; Aët. Amid., *Iatric.* VI 58; V arg. (Rezeptionszeugnis zur nichttheoretisch ausgerichteten Medizin des Aëtius: Photios, *Bibl.* 221 p. 181a,19-32); Oribas., *Synops. ad Eustath. fil.* I pr. 1; Stephan. Athen., *Schol. in Hippocr. progn.* 1,1; Pallad. Med., *Comment. in Hippocr. lib. sext. de morb. popular.* II p.121; Theoph. Protospath. et Damasc. et Stephan. Athen., *Comment. in Hippocr. aphorism.* II p. 247; Alex. Trall., *Therap.* I p. 549.

72 Vitr., *De arch.* I 1,10. Vgl. I 4; V 9,5ff.; VI 1ff.; VI 4,1ff. M. Cetius Faventinus, *De div. fabr. arch.* Pr. p.40; II p.42; VI p.50-52.

73 Vitr., *De archit.* IX 6,2-3 unterscheidet *astrologia* von *res naturales*.

an, einen Kollegen hinzuzuziehen und nicht um des Verdienstes willen weiterzubehandeln[74]. Das Προγνωστικόν hatte es zur Aufgabe des Arztes gemacht, vorauszusagen, wer die jeweilige Krankheit überleben wird; *De morbo sacro* wendet sich gegen die Vorstellung von einem göttlichen Ursprung der Epilepsie; der Autor setzt aber voraus, daß der Techniker einen Bereich anerkennen müsse, der außerhalb seines Eingriffes liege[75]. Ohne Erfolgsaussicht zu behandelnde Fälle waren zunächst nicht zu tangieren, weil ein Aspekt praktischer Rationalität ist, sich um Unmögliches nicht zu bemühen[76]. Hier kam es in Kaiserzeit und Spätantike zu Akzentverschiebungen. Die Abgrenzung zwischen behandelbaren und nicht behandelbaren Fällen verlor die skizzierte Eindeutigkeit. Neben der Wiederherstellung der Gesundheit wurde die Milderung des Leides von den Medizinern als wesentliche Aufgabe erwartet. Ein universeller verstandenes Humanitätsideal verlangte die Pflege auch desjenigen, für den außer Leidensminderung nichts getan werden konnte. Nach Ansicht des Pharmakologen Scribonius Largus (1. Jhdt. n.Chr.) verlange das *sacramentum* vom Arzt die Hilfe für alle und die Bemühung darum, Leid und Schmerz, die unabwendbar sind, erträglich zu machen[77]; Rufus von Ephesos betont neben der Heilung als Ziel der Medizin die Hilfe beim Ertragen von Leid[78]. Galen dagegen hält wiederholt an der fundamentalen Unterscheidung zwischen heilbaren und unheilbaren Fällen fest[79] und trennt technisch Behandelbares vom Unbehandelbaren wie noch der Arzt Paulus von Aigina im 7. Jhdt. nach Christus[80].

In der nachgalenischen Medizin[81] aber kommt es zunehmend zu einer Änderung der Haltung gegenüber dem im technischen Sinne hoffnungslosen Fall. Im ersten Drittel des dritten Jahrhunderts schrieb Julius Africanus die Alexander Severus gewidmete Sammelschrift Κεστοί *(Stickereien)*. Darin stellte er allerlei nützliche, auch zufällig als wirksam erfahrene, Methoden zusammen. Die Κεστοί geben sich als Anti-Technik, die ohne Bezugnahme auf Methodenvorbilder praktisches Erfahrungswissen vermitteln wollen. Magie, Medizin und Heimtücke werden als selbstverständliche Mittel der Kriegführung erörtert.

74 Hippocr., *Praeceptiones* 8-9.

75 Hippocrat., *Prognosticon* 25; *De morbo sacro* 1. Die wohl von einem Nichtmediziner verfaßte Schrift *De arte* verbietet es dem Arzt, unheilbare Fälle anzunehmen (4; 8). *De natura muliebri* 1 und *De decente habitu* 6 sprechen vom Wirken der Götter im Krankheitsgeschehen.

76 Cels., *De med.* V 26,1c: *In his autem ante omnia scire medicus debet, quae insanabilia sint, quae difficilem curationem habeant, quae promptiorem. Est enim prudentis hominis primum eum, qui seruari non potest, non adtingere...*

77 Scrib. Larg., *Compos.* Ep. 1-5 u. 270f.

78 Ruf. Eph., *Synops. de puls.* pr. 2 (p. 219Da.); *Quaest. med.* III (15f.); *De renum et vesicae morb.* pr. 1 (p. 86ff.).

79 Galen unterscheidet die nur *ceteris paribus* erfolgende Prognose des Arztes von der Tätigkeit des Wahrsagers. Galen., *De constit. art. medic. ad Patroph.* I 228; 292; *In Hippocr. Epid. VI Comm.* XVII A 967K.; *De crisibus* IX 610. Unterscheidung von systemimmannten und externen Faktoren als Unterschied von φύσις und τύχη: *Adv. ea quae a Jul. in Hippocr. aphor. enunt. sunt lib.* 1,11-14 (XVIII A 249f.K.).

80 Paul. *Aegin. Epit. medic. lib. sept.* II p 1 α-γ; 2,1-3; das erste Erfordernis bei der Behandlung fiebriger Erkrankungen sei die Feststellung, ob die Krankheit heilbar oder unheilbar sei. Im Rahmen der Chirurgie (VI 88) erwähnt Paulus Geschosse, wie sie sich παρ' Αἰγυπτίοις finden, bezieht sich also auf die alexandrinische Tradition. Vgl. zum epitomatorischen Charakter pr. 1,1.

81 Oribas., *Lib. ad Eunap.* § 2 (4. Jhdt. n.Chr.) kritisiert noch Ärzte, die die Heilung schwer oder nicht heilbarer Krankheiten versuchen.

Magie kompensiert dabei Defizite der Technik, indem sie einen direkten Zugriff auf die Natur auch dort versucht, wo er in den Grenzen der Technik nicht aussichtsreich wäre. Julius Africanus, der im Auftrag des Kaisers eine Bibliothek in Rom baute und zunächst wohl im militärischen Dienst gestanden hatte[82], versuchte, magischen Mitteln in der militärischen Praxis zu höherer Geltung zu verhelfen. Seine hermetische Technik beanspruchte Kompetenz auch in solchen Dingen, die sie nicht mechanisch zu interpretieren vermochte[83]. Julius Africanus lehrte beispielsweise, daß durch magische Mittel technisch kontrolliert Konzeption oder Kontrazeption möglich seien; die Vorstellung natürlicher Sympathie und Antipathie erlaubte, Fruchtbarkeitszauber als technisches Mittel zu behandeln[84]: Das Bedürfnis, auch besondere Lagen technisch zu kontrollieren, führt dazu, daß der Unterschied zwischen Technik und Paratechnik verschwimmt, Technik die Magie integriert.

Als Kennzeichen medizinischer, tiermedizinischer und militärischer Technik wurde nicht mehr generell angesehen, daß sie einen Bereich des Unverfügbaren vom Machbaren abgrenzten, sondern es bildete sich daneben die Erwartung heraus, mittels verborgener Zusammenhänge erfolgreiche technische Zugriffe auf die Lebenswirklichkeit durchzuführen. Diese Entwicklung geht einher mit einer literarischen Popularisierung technischer Rezepte: Nicht der Inhalt einer technischen Fachtradition wird mitgeteilt, sondern die Erwartung zu befriedigen versucht, es ließe sich nahezu jede Lebenssituation technisch meistern, sofern der Bereich des Technischen angemessen ausgeweitet wird.

Ein Motiv für diese Entwicklung zeigt sich bei Marcellus Empiricus (um 400 n.Chr.), Verfasser von *De medicamentis* und angeblich *magister officiorum* des Theodosius: Marcellus stand der *institutio medicinae* fern, beansprucht jedoch, Erfahrungsrezepte zu Prophylaxe und Therapie mitteilen zu können; das Material sei von anderen übernommen oder selbst erprobt. Ohne Eingriff eines Arztes - *absque medici intercessione* - sollten diese Rezepte Hei-

82 Vgl. P.Oxy. 412,65-68.

83 BJÖRCK (1944) 22; 54 (Satire auf die Buchgelehrsamkeit); VIEILLEFOND (1970) 16-64; LAMMERT (1951); zu militärischen Exzerpten auch DAIN (1937); (1939). Thema nach I pr. 1-2: *κατὰ λόγον ἢ νόμον ἢ εἱμαρμένην ἢ τύχην αἱ τῶν πραγμάτων ἐκβάσεις, ἐπιγοναὶ καὶ φθοραί, ἀλλοιώσεις καὶ ἰάματ<α>·* Vgl. I pr. 2-6; I 1-2 (nicht die *τύχη* sei verantwortlich zu machen, sondern zu verdecktem und paradoxem Vorgehen zu greifen, so zu verzaubertem Brot). I 3: Talismane aus Mägen von Hähnen zum Schutz in der Schlacht. I 4-5: Amputation Verletzter, Magie zur Behandlung postoperativer Schmerzen. I 6: Magie als Mittel der Pferdedressur; Schläge, Ernährung und *τέχνη* seien vielfach machtlos: *κακία φύσεως τέχνη φύσεως διορθούσθω*. Jenseits der Grenzen menschlicher *τέχνη* wird Magie als Natur-*τέχνη* praktiziert. Magische Mittel zur Verhinderung lüsternen Wieherns bei Pferden gilt als *τέχνημα* und Strategem (I 7). Magie wird in einen technischen Lehrzusammenhang integriert- Vgl. I 8 über wahrsagerische Qualität des Pferdeverhaltens. Versuch der Einfügung der Magie in die Technik: Wolfszahnamulette zu geschlechtlicher Enthaltsamkeit und Geschwindigkeitssteigerung bei Pferden mit ästhetischem wie utilitärem Wert (I 10); magisches *φάρμακον* für Schlachten (I 11); tiermedizinische Rezepte (I 12) etc. Kriegerische Übungen und Militärmathematik werden im gleichen Zusammenhang behandelt (I 14f.). *Γεωργίας παράδοξα* (I 19): Sicherstellung der Alkohol- und Ölversorgung eines außerhalb der Wein- und Ölbauzonen operierenden Heeres.

84 Mich. Psell., Π. *παραδ. ἀναγν.*, *Paradox. graec.* ed. Westermann 143-146: Africanus behaupte, *ὅτι καὶ τεχνική τίς ἐστι γέννησις, καὶ γεννηθήσεται τεχνικῶς εἰ ὁ ἀνὴρ μέλλων εἰς συνουσίαν ἐλθεῖν ἐπίχρισοι τὸ μόριον αἵματι λαγωοῦ ἢ χηνείῳ στέατι· ... Κατάγει δὲ ὁ ἀνὴρ οὗτος καὶ γάλα ἐκ μαστῶν τεχνικῇ μεθόδῳ καὶ σπαργῶντας μετὰ τὸν τοκετὸν σβεννύει κηρωτῇ κυπρίνῃ. Ποιεῖται δὲ καὶ ἄτοκον γυναῖκα ἀτόκιον αὐτῇ περιάπτων· τοῦτο δέ ἐστι βατράχου ἐγκέφαλος ῥάκει περιειλημμένος λινῷ.* VIEILLEFOND (1970) fr. IX, 34f.

lung ermöglichen: Die Sammlung ist von einem Laien für Laien geschrieben[85], die sich in Situationen befinden, in denen ein Arzt nicht verfügbar ist. Die Adressaten - die eigenen Söhne des Autors - sollen die *beneficia* dieser *scientia* im Sinne der *caritas humana* mit allen Kranken teilen, da die *misericordia* anderen gegenüber vor Gott akzeptabler und vor den Menschen besonders lobenswert sei. Die Sammlung dient also nicht allein der Selbsthilfe, sondern stellt sich auch in den Dienst tätiger Verwirklichung christlicher Kardinaltugenden[86]: Die Grenzen zwischen Technik und Zauberei verschwinden auch bei Marcellus, weil christliche Laien von sich wie von den Fachleuten universale Bereitschaft und Fähigkeit zur Hilfe erwarten. Um sowohl das technische Autarkieideal wie die Forderung der *misericordia*[87] erfüllbar zu denken, greift man auch zu okkulten Praktiken; die hybride Erwartung an die Technik und die Erweiterung der Technik um Zauberpraktiken gewinnt auch durch die christliche Vorstellung einer grundsätzlichen Hilfsbedürftigkeit und Hilfsfähigkeit des Menschen ihr Motiv.

Diese die Grenzen technischen Handelns universal erweiternde Idee grenzenloser Hilfe kennzeichnet besonders die Medizin der christlichen Spätantike. Avianus Vindicianus, ein Freund Augustins[88], stellt die ärztliche Technik in den Dienst eines christlich interpretierten Humanitätsideals, traditionelle Zweck-Mittel-Kalküle verschieben sich. Der Arzt sieht die Natur selbst von göttlicher Heilkraft beseelt und wünscht die Wirksamkeit die Kreatur wenig verletzender Heilmethoden; selbst nach deren Tod gilt das Prinzip ihrer Unantastbarkeit: Die Forderungen der *humanitas* verböten das früher erlaubte Sezieren und verstopften damit eine Erkenntnisquelle[89]. Während so der anatomischen Forschung durch die neue Humanität enge Grenzen gezogen werden, erweitert sich das Spektrum therapeutischer Zwecke und Mittel in einer durchgöttlichten Welt. Diese Amalgamierung der durch das Christentum geprägten Erwartungen mit der medizinischen Fachtradition zeigt sich auch bei Vindicians Schüler Theodorus Priscianus. In der hippokratischen Tradition weist er einerseits jede übernatürliche Deutung der Epilepsie zurück, andererseits beginnen seine *Euporista*, eine Sammlung

85 Marc. Empir., *De medic.* pr. 1-3.

86 pr. 4-5. Daß es nicht um die Ersetzung des Fachmannes durch den Laien geht, zeigt pr. 5: Der Autor mahnt seine Leser, bei Abwesenheit eines *medicus* - die als Ausnahmefall gelten soll - die Heilmittel nicht *incuriosius* zusammenzustellen oder *indiligenter* anzuwenden. Der Autor gibt Hinweise zur Führung einer Hausapotheke, die nicht ohne fachkundige Beratung durch den Arzt geschehen soll. Vgl. auch XXXVI v. 12-18: Man solle *medici* hinzuziehen, je nach *tempus*, *labor* oder *aetas*, die *summa ratio* haben, wenn man durch Heilmittel oder ein (Zauber)-*carmen* Heilung bewirken möchte; über einen Zauberspruch heißt es: *ab occultis tribuens miracula verbis*.

87 Im Anschluß an ein metrologisches Kapitel stehen in der Sammlung eine Reihe falscher Medizinerbriefe, in denen die univerale *misericordia* der Medizin angesprochen wird (V p.38). Inbegriff des Gelingens: Gesundheit, Lebenskraft, langes Leben, kein Aufbegehren gegen das Alter, kein Zwang zur Konsultation eines Arztes, kein Unfall, keine Krankheit (XXXVI v. 72-76).

88 Vgl. ENSSLIN u. DEICHGRÄBER, RE IX A 1,29-36 s.v. *Vindicianus (2)*.

89 Vgl. Theod. Prisc., *Eup.* V c p. 428-431. Der Brief Vindicians, des *comes archiatrorum*, an Kaiser Valentinian II (Marc. Empir., VIII-X p. 46-53) bezeugt die Verbindung traditioneller medizinischer Lehre mit christlichem Ethos und mit Theologie und Physik. Die *divina providentia* habe warme Heilquellen mit richtiger Mischung in Stoff und Temperatur ausgestattet. An zwei Fallbeispielen exemplifiziert der Autor sein - gegen die vorherrschende Haltung der Kollegen und Vorgänger gerichtetes - Prinzip, daß der Arzt den Kranken mit der am wenigsten unannehmlichen, verletzenden und schmerzhaften Therapie behandeln solle (II-X). Vgl. Vindician., *Act. Iust. de mul. genech.* p. 464; *Epist. ad Pent.* p. 485f. Vgl. SCHIPPER (1921).

auch auf Reisen leicht herstellbarer Heilmittel, mit zweifelhaften Rezepten gegen den Haarausfall; gegenüber dem Bedürfnis zu helfen tritt die Erforschung der Ursachen ausdrücklich zurück[90]. Das christliche Humanitätsideal ersetzt nicht traditionelle Kalküle über konkurrierende Zwecke und Mittel durch moralischen Rigorismus. Theodorus bemerkt, sein Eid verbiete dem Arzt zwar, eine Abtreibung durchzuführen, weil er sein Gewissen *(conscientia)* nicht mit einem solchen Verbrechen beflecken dürfe. Andererseits sei es bei Gefahr gesundheitlicher Schädigungen der Mutter oder im Falle ihres hohen Alters notwendig, *salutem mercari* und wie eines kranken Astes oder gefährlicher Lasten bei rauher See sich des Fötus zu entledigen, um größeren Schaden zu verhindern: Zwischen konkurrierenden Hilfsverpflichtungen entscheidet ein ökonomisches Kalkül; mit diesem rechtfertigt der Autor die Mitteilung von Abtreibungsmethoden[91]. Eine wesentliche Voraussetzung für die Erfüllbarkeit der universalen Therapieverpflichtung spricht Theodorus deutlicher als Marcellus Empiricus und Vindician aus: Prinzipiell ist alles ein therapeutisches Mittel, einschließlich dessen, was in seiner Wirkung unbekannt oder unverstanden ist. Wie im Denken der hippokratischen Tradition und Galens wird die Natur selbst als Ursache des Heilprozesses angesehen, jedoch unabhängig davon, ob die Hoffung auf den Heilprozeß begründet und dieser verstanden ist. Die Paradoxie wird so zum Träger einer therapeutischen Hoffnung[92].

Deutlich bedingt auch im Werk Alexanders von Tralleis, des im sechsten Jahrhundert in Rom wirkenden Arztes aus einer Intellektuellenfamilie[93], die erweiterte Hilfsverpflichtung des Christen eine Erweiterung der Medizin um Wundermittel (*φυσικά*) und unverstandene Therapieformen[94]. Alexander bezeugt zugleich eine steigende Nachfrage und zunehmendes

90 Theod. Prisc., I pr.1-2. Über den Zusammenhang von Hydrophobie und Tollwut: *sed has origines sollicite nos scrutari superfluum est. occupatos etenim hoc morbo molesto nil iuvat originem didicisse* [II 8 (26)]. Zur Epilepsie vgl. II 15 (47). Vgl. MEYER (1909).

91 III 6 [24].

92 Die Natur sorge sich um die *animantia* und verweigere ihnen nicht die *substantia vivendi* und *valendi*; auf verborgene Zusammenhänge richtet sich therapeutische Hoffnung: *est enim in omni mundo natura quae operetur grande secretum. sed illud non mirari desino cur irrationabilia et vagae aves et aegrestes ferae ad beneficia natura propius accederent*, Theod. Prisc., *Phys.* pr. 2. Momente der Wundermedizin werden in das medizinische Lehrsystem integriert: Theodorus referiert pythagoreische Spekulationen über die Wirkungen von Gegensatz und Ähnlichkeit in der Natur, stellt die demokriteische Befleckungstheorie des Fiebers dar und erwähnt Demokrits magische Methoden zur Heilung der Epilepsie: Demokrit habe wirkmächtige Mittel einer Erforschung der Ursachen vorgezogen, *Phys.* pr. 3.

93 Vater: Stephanus (Arzt), Brüder: Metrodoros (Grammatiker), Anthemius (Architekt, Wiedererrichter der Hagia Sophia), Olympius (Jurist), Dioskoros (Arzt), PUSCHMANN (1878-79) I 75-86. In *De febribus* empfiehlt Alexander als Stärkungsmittel Hahnhoden (p. 366f). Humanitätsideal des christlichen Arztes: Vgl. Krankheit des *Marasmus* (Austrocknung); diese sei unheilbar, dennoch gelte die Hilfsverpflichtung des Arztes (*δμως δεῖ φιλονεικεῖν διὰ φιλάνθρωπον τῆς τέχνης βοήθειαν καὶ μὴ ἐγκαταλιμπάνειν*, p. 369). Diese christliche Hilfsverpflichtung macht aber das hippokratische Prinzip nicht ungültig, daß man Unheilbare nicht behandeln solle (*τοῖσι γὰρ κεκρατημένοισιν οὐ δεῖ ἐγχειρεῖν*, p. 369, vgl. Hippocr., *De arte* 3; 8). Weitgehend wird Wundermedizin in die Schulmedizin integriert: Mistkäferamulett gegen Fieberleiden, zusammen mit Haaren, Fingernägeln und dem Bart eines Bockes, Fieberbehandlung durch weibliches Monatsblut (*De febr.* p. 436f.).

94 *θαυμαστῶς* sei durch *ἀντιπαθείά τινί* und *λόγῳ ἀρρήτῳ* das Quartansfieber verschwunden, *De febr.* p. 436 f. Rezepte gegen Haarausfall und zum Haarfärben als Teil der *Therapeutica*: I 2-3 p. 454-457. *De febr.* p. 369,25: *δμως δεῖ φιλονεικεῖν διὰ φιλάνθρωπον τῆς τέχνης βοήθειαν καὶ μὴ ἐγκαταλιμπάνειν.*

Zutrauen in Wundermittel[95]. Alexander besitzt grundsätzlich noch ein Bewußtsein für den Unterschied zwischen einer auf humoralpathologischen Kausalvorstellungen beruhenden schulmäßigen Therapie und Naturheilverfahren ohne Begründung durch ursächliche Erklärungen; doch rechnet er damit, daß die Hoffnung auf eine Möglichkeit unerklärlicher Heilung ein Interesse an Hilfe auch jenseits der Grenzen der Theorie befriedigt[96]. Wundermedizin ist Volks- wie Geheimmedizin: Alexander erwähnt Wunderrezepte von Bauern und Geheimrezepte, die der Leser nicht weitergeben solle; die Pointe der Wundermedizin liegt in der Unerklärbarkeit ihrer Wirkung und darin, daß sie auch gegen offenbare Erwartung geheime Hoffnung zu hegen erlaubt; darum wird diese Wirkung als verborgene erhofft[97]. Man glaubt an einen verborgenen natürlichen Wirkungszusammenhang, der, weil man den Objekten in der verwendeten Form normalerweise nicht begegnet, nicht gewußt wird und daher verborgen ist oder verborgen werden kann - Amulette werden eingepackt. Nicht die Wundermedizin ist das Neue dieser christlichen Medizin der Spätantike, sondern der Glaube an eine auch jenseits des Beobachtbaren existente Wirkungseinheit der Natur, die es erlaubt, der Wundermedizin einen ähnlichen Grad an Technizität und Methodizität zuzusprechen wie der Schulmedizin[98] und sie als deren Teil zu behandeln. Wundermedizin komplettiert die Medizin in einer als verborgene Einheit aufgefaßten Welt, sie ist ihre Fortsetzung mit anderen Mitteln. Asketische Übungen, rein kurative Bemühung und Wundermittel gelten alle als *φυσίκα*, weil sie in ihrer pathologischen Unerklärbarkeit ein gemeinsames Merkmal haben. Die Fremdheit der Wundermedizin im Lehrbestand technisch-wissenschaftlicher Medizin wird aber noch empfunden, zwischen *φυσικά* und der Anwendung technischer Methoden ein Unterschied gemacht[99]; es gilt jedoch als Ausdruck von Bildung

95 Nach der Darstellung schulmäßiger Behandlungsmethoden der Epilepsie bespricht Alexander *φυσικὰ πρὸς ἐπιληπτικούς*; er erwartet, daß es Leute gebe, die Wundermittel und Amulette nachfragten und erfolgreich einsetzten. Von magischen Mitteln erwartet er, daß sie den Arzt in die Lage versetzten, überall den Kranken zu helfen. Es gebe Menschen, die weder Diät halten noch *φάρμακα* vertragen könnten und den Arzt nötigten, Wunderheilmittel einzusetzen. Der gute Arzt solle auf jede Weise helfen (II p. 578f.).

96 p. 556-563: Darstellung der Behandlung von Anfallskranken durch Fixierung (ohne Wundermittel), Verabreichung von Eigenblut als *φυσικά*. Diagnose und Heilbarkeitsprüfung bei Epilepsie durch Gottesurteil (Prüfung der Schwimmfähigkeit des in Ziegenhaut eingenähten Patienten, Thymian). *θαυμαστῶς* gegen Epilepsie hülfen sezierte Schwalben und Chamäleon-Amulette (vgl. auch Plin., *NH* XXX 27-30). Dreckmedizin (Hundekot, Urin); Blut eines Gladiators oder eines Hingerichteten gegen Epilepsie: p. 564f., vgl. auch Celsus, *De med.* III 23. Wundermedizin verwendete auch zuvor Überreste von Hingerichteten als Heilsbringer: Der Pneumatiker Archigenes aus trajanischer Zeit, den Alexander zitiert, berief sich auf den Pharmakologen Asklepiades (vor Galen, vgl. Galen., *De comp. medic. sec. loc.* XIII 178; *De comp. medic. per gen.* XIII 441; 463), der als Abwehrmittel gegen Krankheiten einen Nagel von einem Hinrichtungskreuz empfahl (Alex. Trall., *Therap.* p. 566f.). Integration des Staunenerregenden: *καὶ θαυμάσεις* (I p. 570f.). Kinderharn gegen Ohrengeschwüre (II p. 88f.). Wundermittel gegen Schluckauf wie das (tatsächlich hilfreiche) Gurgeln bei zugehaltenen Ohren zählen zu den von der antiken Pathologie nicht erklärbaren *φυσικά*. Integration des Aberglaubens zum Zwecke der Vollständigkeit (II 318f.): *πολλὰ δὲ μὴ καταφρονεῖν, ἀλλὰ πάντα προσάγειν μετὰ καὶ τῆς ἄλλης θεραπείας, ἣν ἡ τέχνη παρακελεύεται πράττειν*). Sympathie/Antipathie, Geheimlehre: II p. 376f.

97 I p. 562-565. Halbedelsteinpulver besitze *φυσικῶς* Heilkraft (nach Autorität der *παλαιοί*): I p. 570f.

98 Alexander beansprucht, daß seine Darlegungen über die Wundermedizin methodisch seien; es wird vorausgesetzt, daß sich eine geheime Bewegungswirkung der Zaubermittel auf die Krankheit bewerkstelligen lasse, Alex. Trall., *Therap.* I p. 571-573. Zur Interpretation der Medizin als Technik vgl. PUSCHMANN (1879) 4f.

99 Aufgrund der Unbildung der Masse in der Gegenwart würden die *φυσικά* getadelt; Alexander habe

und Aufklärung, jenseits begriffener Wirkungszusammenhänge mit einer unverstandenen, aber möglicherweise heilsamen, Natur zu rechnen[100]: Das Vertrauen auf Wundermedizin kennzeichnet eine bewußte Elite.

Früher als die griechische hatte die lateinische medizinische, tiermedizinische und agrartechnische Literatur die Wundermedizin integriert, sich jedoch das Bewußtsein für die Fremdheit derartigen Vorgehens bewahrt. Plinius' Kompilation aus der naturkundlichen Literatur dokumentiert dies: Sie polemisiert gegen den praktischen Wert der Magie und die Wahrheit der ihr zugrundeliegenden Annahmen, gibt jedoch im medizinischen und tiermedizinischen Bereich magische Rezepte wieder und übernimmt die Vorstellung natürlicher Sympathie und Antipathie zur Erklärung mechanisch nicht vorstellbarer, also wunderbarer, Vorgänge. In reflektierendem Zusammenhang kritisiert Plinius die Magie, die nicht vorhersagbare praktische Resultate herbeiführe[101]. Bei Plinius ist es also nur das Bedürfnis nach vollständiger Wiedergabe der literarischen Tradition, das die Behandlung auch magischer Praktiken bedingt. Der Unterschied zwischen Medizin und Paramedizin konnte sich schließlich einebnen, weil unerklärliche Phänomene und Spontanheilungen vorkommen.

Die im wesentlichen aus Plinius' *Naturkunde* zusammengetragene sogenannte *Medicina Plinii* aus dem vierten Jahrhundert, ein Werk, das Laien Hilfe bei der Selbstmedikation bieten sollte, kannte noch die Regel, daß der Arzt nur Fälle übernehmen solle, die er auch heilen könne. Dieses Prinzip bringt die Schrift jedoch zum Zweck der Spezialistenkritik zur Geltung, nicht zur Ausgrenzung eines nicht technisch zu bewältigenden Gegenstandsbereiches[102]. Die heidnische lateinische populärmedizinische Literatur behandelte also bereits in der frühen Kaiserzeit Rezepte der Zaubermedizin und vermittelte zu Zwecken der Selbstmedikation diese Rezepte in einer Form, die das Eindringen von Lehren begünstigte, die nicht Wirkungsmechanismen formulierten. Frühe literarische Wurzeln in Rom besaß die Zaubermedizin in Landwirtschaft und Tierheilkunde. Auch hier war das Motiv der Wunsch nach Hilfe in allen Lagen, selbst beim Fehlen einer Ursache und Wirkung verbindenden Regel; darüber hinaus tendierten aus Gründen der Sparsamkeit Tiermedizin und Landwirtschaft

daher in seiner Praxis diese Mittel nicht kontinuierlich eingesetzt, sondern τεχνικῇ μεθόδῳ die Krankheiten zu überwinden versucht, I p. 572f.

100 Ein gefälschtes Werk wird bemüht, um zu belegen, daß Galen, der die Zaubermedizin ablehnte, sich schließlich zu ihr bekehrt habe; es sei angebracht, νικᾶν καὶ πάσῃ μηχανῇ βοηθεῖν (II p. 474f.). Mittel aus Tierteilen (Zitterrochen, Maulwurfblut), von Paulus Aegineta als Wundermittel angesehen, zur Behandlung von Gelenkentzündungen (II p. 575; vgl. Paul. Aegin., *Epit. med.* VII 17,77).

101 Vgl. Plin., *NH* XX 1-2. Magische Rezepte aus pythagoreischer und demokriteischer Tradition: XXIV 156; vgl. 157-188. Beschreibung der Pharmaka, die aus Produkten von Lebewesen gewonnen sind, durchsetzt mit Magie, gipfelnd in tierischen *mira*, XXVIII, bes. 263-267. Kritik: Magie sei unkalkulierbar und hätte sich bei Katastrophen als Hilfe beweisen müssen. Magie habe ihre Lehre an die Medizin angeschlossen und sie mit religiösem Gehalt und mathematischer Interpretation verbunden. Plinius will die Leere der Magie aufdecken: Ihr Wert bestehe nur darin, daß sie vielfach literarisch traktiert werde und daher als betrügerischste aller *artes* zu Unrecht Ansehen genieße (Plin., *NH* XXVI 18-20; XXX 1-2).

102 Der Autor kritisiert die *fraudes medicorum*, die schlechte Medikamente zu hohen Preisen verkaufen, Fälle übernehmen, die sie nicht zu kurieren wüßten und Patienten lange an sich binden, [Plin.], *De Medicina*, pass. Ähnliche Fachmannkritik: [Apul.], *Herbarius* pr. 1. 7-10. Das anonyme zaubermedizinische Werk *De taxone* beglaubigt seinen Gehalt durch eine göttliche Quelle des Wissens. Auch aus der *Naturalis Historia* schöpft Sext. Plac., *Lib. Med.*, bes. XVIII, der zaubermedizinische Rezepte - u.a. unter Verwendung von Katzenteilen - verzeichnet, ohne deren Wirkung mechanistisch zu erklären. Zur med. Zauberei vgl. das anonyme *Antidotarium Bruxellense*, v.a. 368; 393.

zum Einsatz von Methoden, die nicht durch teure *professionals*, sondern die Volksmedizin vermittelt wurden. Cato teilt ein magisches *bubus medicamentum* mit, für dessen Anwendung allein Furcht vor einer Erkrankung die Indikation darstellte[103]. Varro schreibt, die beiden Sasernae (1. Jhdt. v.Chr.), deren landwirtschaftliches Lehrbuch sich relativ eng an das catonische Vorbild anschloß, hätten magische Rezepte *(miracula)* mitgeteilt. Varro dagegen schied Magie aus der landwirtschaftliuchen Lehre aus, weil er an der Differenz zwischen Machbarem und Unbeeinflußbarem festhielt. So sei die *salubritas* des Landes nicht in des Menschen, sondern in der Natur Hand; die magische Überlieferung wurde von Varro als Fremdkörper in der technische Fachtradition betrachtet, weil er voraussetzte, daß *scientia* sich der Grenzen des Technisierbaren bewußt zu sein habe[104]. Bereits Columella, der sich wohl näher an die von Varro abgelehnten Sasernae anschloß, befaßte sich aber im 1. Jhdt. n.Chr. wieder mit Magie als Teil der Landbautechnik, v.a. zu tiermedizinischer Therapie und zur Vermeidung unvorhersehbarer Gefahren[105]; auch bei Palladius (5. Jhdt.) werden magische Mittel gegen nicht absehbare Gefahren empfohlen[106]. Unabhängig davon, inwieweit die Autoren überzeugt waren von der Wirkung der Magie, hielten sie am Unterschied zwischen magischen und technischen Verfahren fest, motivierten die Lehre der Magie aber mit dem Wunsch nach Vollständigkeit[107]. Magische Rezepte überwinden Ohmachtser-

103 Cato, *agr.* LXX (alle Mengen- und Gewichtsangaben lauten auf "3", krankes Tier und behandelnder Mensch müssen bei der Therapie stehen und der Mensch fasten). Ebenfalls magisch: LXXI (Anwendung unspezifisch bei Erkrankung eines Rindes). Aberglauben wird abgelehnt (V 4), Magie aber berücksichtigt (CLX).

104 Varro, *RR* I 2,25-28; 4,3-5: Die Quellen magischer Rezepte (Cn. Tremelius Scrofa, C. Licinius Stolo) scheidet Varro aus der *agri cultura* aus; er behauptet, bei Cato finde sich keine Magie, außer in den Beschreibungen von *placenta*, *libum* und *perna*. Vgl. REITZENSTEIN (1884) 3ff.; 52f.

105 Colum., *R.R.* VI 28f. (Geschlechtsbeeinflussung); VIII 5,8-9 (ungerade Zahl zu bebrütender Eier); X 337ff. (Magie zum Schutz einer Pflanzung); XII 31 (damit Wein, in den Tiere gefallen sind, nicht verdirbt, helfe die Asche dieser Tiere), vgl. XI 2ff.; [Colum.], *De Arb.* 15 (Magie gegen Rebenverbiß). Theoretisch lehnt Columella Magie ab, behandelt sie jedoch aus Gründen der Vollständigkeit (Colum., *R.R.* I 8,6; XI 3,62; 3,64; VI 7,1).

106 Pallad., *Agr.* I 35. Die *Geoponica*, die Cassianus Bassus aus älteren Sammelschriften zusammenstellte, mischen rationale und magische Methoden. Letztere entstammen den Werken des jüngeren Didymos von Alexandreia und des Africanus. Aus Didymos werden Methoden zur astrologischen Wettervorhersage mitgeteilt (I 5; II 15 angebl. von Zoroaster), aus Africanus magische Rezepte (Blitz: I 16). Wunderrezepte werden mit schulmäßigen vermengt, vgl. V 50; XIII 1,5-6; 3,2; 4,6; 10,13; 15,9; XIV 7,11 (Eisennagel *πρὸς πᾶσαν κακίαν*); 7,13-14. Zu Bolos v. Mende und ps.-demokriteischen Schriften JACOBY, FGrHist. III a (Komm.) 24-26.

107 Vgl. Kommentar des Exzerptors der *Geoponica* zu einem magischen Schreckmittel: Obwohl der Autor selbst nicht überzeugt von solchen Mitteln sei, teile er es mit, damit er nicht etwas auszulassen scheine I 14,11; XIII 5,5-6). Sympathie- und Antipathiemittel (XV 1,1-5) wurden teilweise von Plutarch als nicht ernst zu nehmend mitgeteilt (Plut., *Quaest. conv.* 641B7-C8). Bewußtsein für Unverstandenheit des magischen Wirkungszusammenhanges: Eine Hyäne, die auf den Mondschatten eines Hundes trete, ziehe den Mond wie an einem Seil *φυσιῷ τινι λόγῳ* zu sich herab, (XV 1,10). Über Sympathie- und Antipathie vgl. WELLMANN (1928); STEMPLINGER (1919); (1948); RÖHR (1924); KRAUS (1986) 113-115. Vgl. ODER, RE VII 1 (1910) 1221-1225 s.v. *Geoponika*: Unterscheidung rationaler (Diophanes, Florentinus, Tarentinus, Leo) und abergläubischer Quellenautoren (Iulius Africanus, Apuleius, Pamphilos); erstere im 4. Jhdt. durch Vindanios Anatolios, letztere durch Didymos d.J. zusammengeführt worden; Vereinigung des Materials durch Cassianus Bassus im 6./7. Jhdt.; endgültige Zusammenstellung unter Konstantin VII Porphyrogenetos. Zur Datierung des Cassianus Bassus vgl. auch GEORGOUDI (1990) 20-27.

fahrungen, indem sie Grenzen aufzuheben scheinen, die technischem Eingreifen gesetzt sind. Die Konjunktur der Magie als Teil der Technik selbst in der Landwirtschaft und weiter ausgreifend in der Spätantike bezeugt den Erfolgs- und Erwartungsdruck, unter dem das wirtschaftliche und zunehmend auch das medizinische Handeln stand. Technik und Magie unterscheiden zunächst der hohe Aufwand an Zeit, Kompetenz und Sachmitteln für erstere und die geringeren Erfolgsaussichten letzterer. Ökonomische Rationalität konnte gebieten, Zauber als Teil einer auf Vollständigkeit bedachten praktischen Handlungslehre zu vermitteln, da sie psychische Nebenlasten zu bewältigen half, wenn fachgerechte Lösungen mit zu hohem Aufwand verbunden waren. Magie als Teil technischer Belehrung wird daher zumeist mit dem Bedürfnis nach vollständiger Belehrung und der Entscheidung über Handlungsalternativen gerechtfertigt: aufwendige Lösung mit hohen Erfolgsaussichten, durch Fachleute angewandt oder die Aneignung umfänglicher Kenntnisse voraussetzend, bzw. weniger aufwendige magische oder populäre Methoden. Antike Technik, die Magie und Zauber zum Teil ihrer Lehrtradition macht, bleibt so dennoch in der Regel einem Autonomiegewinn verpflichtet. In der Spätantike lebt die technische Hoffnung umfassender Daseinsbeherrschung auch in Feldern, die vordem magischen und kultischen Praktiken vorbehalten waren. Der Unterschied zwischen Technik und Nichttechnik verschwimmt zunehmend, und Technik wird in der Spätantike zur praktischen Belehrung überhaupt, die ganz disparate Methoden der Daseinsbewältigung umfaßt. Diese Entwicklung dürfte nicht allein einem zunehmenden Pluralismus der Wirklichkeitsdeutungen zuzuschreiben sein, sondern auch der Zusammenführung früher heterogener Gehalte in der technischen Literatur selbst. Mit zunehmendem Umfang der Fachliteratur stieg der Bedarf nach Übersicht. Diesen befriedigten Sammelschrift, Kompendium, Epitome. Als literarische Leistung galt nicht nur die Minimierung der Textlänge bei gegebenem Umfang und Inhalt, sondern auch die Ausweitung von Umfang und Inhalt bei gegebener Textlänge. Die Literatur tendierte dazu, breite Wissensgebiete zu umfassen, und stützte sich dafür auf Vorbilder der römischen Literatur, auf die Landwirtschaftsschriften wie auf die Aneignung griechischen Sachwissens. Man erwartete, daß es für jede Form praktischer Betätigung eine auf Erfahrung sich stützende und mitteilbare Regel geben müsse[108].

1.1.5. Technik als Verstellung und Verdeckung

Unterhaltung kann Zweck einer Technik sein[109], diese der Unterhaltung dienende Werke herstellen. Das Besondere des technischen Fachmannes macht aus, daß seine Vorgehensweisen nicht allgemein bekannt sind. Wie jedes Scheitern ein Erlebnis der Paradoxie vermittelt, bereitet auch technisches Gelingen dem natürlichen Bewußtsein Überraschungen. Überraschung kann selbst das Ziel technischer Bemühung sein, die die Unkenntnis des Betrachters bewußt fördert und ausnutzt, um Unterhaltungszwecke zu verfolgen. Aristoteles' Bemerkung

108 Marcellus Empiricus von Bordeaux (um 400 n.Chr.): Mitteilung von Zauberrezepten im medizinischen Werk, die Frauen davon abhalten sollten, mit fremden Männern sexuellen Kontakt zu pflegen, Marc., *De medicam.* XXXIII 64; magische Mittel zur Senkung der sexuellen Potenz anderer: XXXIII 65; 68-70.

109 Plat., Leg. 656c-659c (Vergnügen als unmittelbare, Erziehung als mittelbare Wirkung von Rhythmus und Melodie, Freude an Tanz und Fest).

über das Staunen als Anfang der Philosophie geht aus von der Verwunderung des Betrachters über die Funktion von Unterhaltungsautomaten als Paradeigma philosophischen Fragens[110] nach unbekannten Ursachen: Die Automaten vermittelten dem Betrachter ein überraschendes Erlebnis, der kleinen Gruppe von Experten jedoch den Anstoß zur Überwindung der Überraschung. Das Staunen soll diese kleine Gruppe zur Reflexion anregen, das der dem Beobachter verborgene Wirkungsmechanismus provoziert. Als Teil der Mechanik widmete sich der Automatenbau der Konstruktion unterhaltsamer Geräte für private und öffentliche Feste, doch stellten sich auch Pneumatik und Katoptrik (Spiegellehre) der Aufgabe, solch divertierende Objekte herzustellen.

Ktesibios (3. Jhdt. v.Chr.) widmete sich systematisch dem Bau derartiger theatralischer Automaten. Beschreibungen seiner Konstruktionen sind nur noch in Partien verfügbar, die sein Schüler Philon von Byzanz verfaßt hat, sowie in den Schriften Herons von Alexandria. Ktesibios und mit ihm Philon scheint der Mechanik als ganzer ein Moment der Erregung von Staunen zugeschrieben zu haben und mechanische Konstruktionen nach ihrem Überraschungspotential wirkungsästhetisch bewertet zu haben[111]. Heron schreibt über das thaumaturgische Motiv in der Schrift über automatische Kleintheater: Die Disziplin sei beliebt wegen des Variantenreichtums ihrer Konstrukte und wegen der Verblüffung der Betrachter über sie (*τὸ ἐκπληκτὸν τῆς θεωρίας*); Automatentechnik vermittelt Verwunderung[112]. Die Automatenaufführung tritt der natürlichen Erwartung und Deutung des Gezeigten als von Menschen Gesteuertem entgegen. Der Mechanismus bleibt den Zuschauern verborgen; er ist bei allen Figurentheatern identisch: Die den Zuschauern gebotene verblüffende Schau variiert, und nur für die Gestaltung des äußeren unterhaltenden Effektes gilt die Forderung des Autors nach Innovation[113]. Szenenplanungen älterer Aufführungen müsse man vermeiden: Überraschung, Variation im Detail, ist entscheidend. Der Bau von Unterhaltungsautomaten unterwirft sich der Ästhetik des Spielzeuges und der Logik der Überraschung: Die Dimensionen des Automaten müßten klein gehalten werden, damit nicht der Verdacht gegen das *δραμα* aufkomme, in ihm wirke ein Mensch[114]; Verbergung des Mechanismus und eine gefällige Gestaltung der Szenerie sind Teil des unterhaltenden Arrangements.

110 Arist., *Metaph.* 983a12-17; 982b12-17. Technik bedient sich besonderer Wirkungszusammenhänge, um normalerweise nicht realisierbare Ziele zu verwirklichen; sie bemüht sich um kontinuierliche Verbesserung, [Arist.], *Mech.* 847a11-848a37; Arist., *EE* 1247a13-17; *EN* 1094a1-1095a13; 1098a22 31; 1140a5-17.

111 Philon beschreibt Ktesibios' Metallfedergeschütz als Objekt, das wegen seines fremdartigen Aufbaus eine literarische Behandlung rechtfertige, Philon, *Belop.* 14 (56). Philon schrieb u.a. über Pneumatik und Unterhaltungsautomaten; Charakteristikum der Wunderkonstruktionen ist, daß sie den zugrundeliegenden Mechanismus verbergen und eine scheinbare Natur gegen die Erwartung des Betrachters konstruieren, vgl. Philon, *Lib. de ing. spir.*: Doppeltes Wasserrad zum Schöpfen als Wundergerät (204 f.); Eimerkettenrad zum Wasserheben als "elegante" Konstruktion (209-212, vgl Vitr., *Arch.* X 5); "elegante" Pumpenkonstruktionen (215-218); "wunderbare" Gefäße (XVI p. 135 ff.; XXX p. 159-161); pneumatisch bewegte Arrangements von Tieren und Helden des Mythos (XXXIII-XXXV; XL ff.; XLVIII ff.).

112 Heron, *De autom.* I 1; I 7.

113 II 12. Bewegungsprinzip: durch ausfließende Hirse oder Sand im Fall gehemmtes Gewicht (II 6-7; I 2-7).

114 Heron, *De autom.* I 1 - II 12; IV 4; V 1-2. Verbergung der Antriebsschnüre (XVII 1); Zierlichkeit (XXI 2); Verdeckung des Mechanismus (XXVIII 2). Heron, *Mechan.* II 32f.: Mechanik als Einsicht in scheinbare Paradoxien durch Ursachenerklärung.

Verpackung und Verbergung[115] des Wirkungszusammenhanges kennzeichnen auch Herons Pneumatik. Die Paradoxien haben den doppelten Zweck der Etablierung und Begründung einer bestimmten Interpretation des Vakuums, also Erkenntnisvermittlung, einerseits, sowie die Konstruktion überraschender Wasserspiele für Spiel- und Unterhaltungszwecke[116]. Pneumatik erklärt das Funktionsprinzip[117], das ansonsten verdeckt bleibt und anhand des Augenscheines nicht erklärt werden kann. Zunehmend kompliziertere Aggregate aus immer gleichen pneumatischen Elementen werden durch Kombination (*συμπλοκή*) zusammengestellt, die zum Narren der Leute gedacht sind[118]. Die Entwicklung elementarer Konstruktionen und Versuche klärt physikalische Grundfragen; die Verknüpfung einer endlichen Zahl derartiger Elementarkonstruktionen schafft eine Mannigfaltigkeit neuer überraschender Konstrukte: Neben der Klärung der *Elemente* ist es Aufgabe der technischen Disziplin, durch Rekombination Neues zu erfinden.

Daß dabei die praktische Anwendungen über die Klärung wissenschaftlicher Grundfragen überwiegt, zeigt Herons Bemerkung, er beschreibe die Grundtheoreme wegen ihrer Rolle als Elementen der Disziplin, die verschiedenen Formen gebogener Heber dagegen, weil diese zu vielen pneumatischen Konstruktionen nützlich seien[119]. Während im Falle Alltagsnutzen abwerfender Geräte die Verbergung des Mechanismus nur akzessorisch ist, bildet sie ein für Überraschungsgeräte wesentliches Moment[120]. Die Disziplin wird, wie die Geometrie Euklids, elementar aufgebaut. Auch die Lehre von der Reflexion an verschieden geformten Spiegeloberflächen wird gerechtfertigt mit überraschenden Effekten, die mit der natürlichen Erwartungshaltung des Beobachters spielen, um sie theatralisch zu provozieren[121].

Alexander von Aphrodisias wurde fälschlich eine Schrift zugeschrieben, die ähnlich den aristotelischen *Problemata* in *διὰ τί*-Gliederung Ursachenprobleme behandelt; bei der

115 Heron, *Pneum.* II 16: ... *κεκρυμμένους ἐν τῇ γάστρᾳ...*

116 Heron, *Pneum.* I pr. 12-17: ... *αἱ μὲν ἀναγκαιοτάτας τῷ βίῳ τούτῳ χρείας παρέχουσαι, αἱ δὲ ἐκπληκτικόν τινα θαυμασμὸν ἐπιδεικνύμεναι*. Vgl. I 7. Überraschungseffekte: Ein Heber oder eine Kanne schenken Wein, Wasser oder beides zugleich aus, wobei *diejenigen, über die wir uns lustig machen wollen, nur Wasser erhalten* (I 8, p. 64,10-12; I 9, p. 64,14-70,6, *οἷς δὲ βουλόμεθα ἐμπαίζειν*). *Παρὰ φύσιν* verspritzt eine Hohlkugel Wasser (I 10, p.70,11.). Vgl.: Libationen spendende Figuren (I 12). Nützlich: Kanne, die immer dieselbe Menge ausströmen läßt (*δικαιόμετρον*, II 1), Schröpfkopf und Eiterzieher (II 17-18).

117 I 16: Αἱ *μὲν οὖν φωναὶ γίνονται διὰ τῶν συρίγγων·*

118 Heron, *Pneum.* I 7: *Τῶν δὲ εἰς ἐνέργειαν κατασκευαζομένων νῦν ἀρξώμεθα κατασκευὰς ποιεῖσθαι ἀπὸ τῶν μικροτέρων ἀρξάμενοι στοιχείου χάριν*. Die *συμπλοκή* (Verwebung) der pneumatischen Elemente erlaube es, *εὑρίσκειν ... ποικιλας καὶ θαυμασίας κινήσεις*, I pr. p. 2-28, bes. 28. Vgl. I 20. Es werden nicht grundsätzlich neue Grundkonstruktionen vorgeschlagen, sondern die Funktionen üblicher Konstruktionen für die eigene Arbeit erklärt (I 15, p. 88,1-2; I 16 p. 90,4, Αἱ *μὲν οὖν φωναὶ γίνονται διὰ τῶν συρίγγων*). Feuerspritzen: I 28, p. 130,11-12. Vgl. I 26. Die Arrangements werden zunehmend komplizierter, ihre Funktion ist aufgrund des täuschenden Augenscheins nicht zu erklären. Weihwasserspender: I 32, p. 148,1-150,12; Gefäß zum Schöpfen verschiedener Sorten Weins: I 33, p. 152,1-162,3; durch Altarfeuer sich öffnende Tempeltüren: I 35, p. 174,10-178,25.

119 I 1 p. 28,18f.

120 Heron, *Pneum.* II 16, p. 246,10-11. Erklärung: ebda. II 18, p. 252,16-17: *Καὶ ὁ καλούμενος δὲ πυοῦλκος διὰ ταύτην τὴν αἰτίαν ἐνεργεῖ.*

121 Heron, *Catoptr.* I (Spiegellehre erlaubt, das Natürliche überraschend zu zeigen); XII (s.o. Anm. 48). Neben Spaßeffekten das *opportunum*: Türspione (XVI); *theatralische* Spiegel, um Götterfiguren einzublenden (XVIII); es komme darauf an, letztere durch passende Verzierung etc. zu verdecken.

Klärung des Problems, was eine Ursachenfrage als solche sei, bedient sich der Autor des Beispiels des Mechanikers: Der Mechaniker, der ein Gerät konstruiere, kenne die Ursachen seines Funktionierens; dem Privatmann dagegen seien diese verborgen. Daß dem Nichtfachmann die mechanische Technik als hermetische Kunst erscheint, ist normal; für Gott gibt es jedoch keine Ursachenprobleme. Vorausgesetzt wird, daß Ursachenwissen nicht durch Generalisierung oder Abstraktion gewonnen werde, sondern der Erfahrung entstamme, die nicht beliebig vermehrbar sei[122], sondern Fachmann vom Laien unterscheide. Insofern kann technisches Wissen nur partiell Teil der Allgemeinbildung sein, und die Paradoxie der Technik für den Laien erscheint aufgrund des Erfahrungsvorsprunges des Fachmannes unaufhebbar. Noch der Mathematiker Anthemius von Tralleis, der die 532 n.Chr. zerstörte Hagia Sophia wiedererbaute, betrieb mechanische Technik auch zur Vermittlung von Paradoxieerfahrungen: Er schrieb über Brennspiegel unter dem Titel *Περὶ παραδόξων μηχανημάτων*, und beim Bau der Hagia Sophia suchte er überraschende und überwältigende Eindrücke zu vermitteln[123]. Die Vermittlung unterhaltender oder belehrender Paradoxieerfahrungen, war noch bei Pappos wesentlicher Teil der Mechanik[124], ohne daß sie aber in römischer Zeit zum hervorragenden oder einzigen Zweig der Mechanik geworden wäre[125]: Dies zeigt Vitruvs Rechtfertigung, sich mit der Illusionskunst im Rahmen der Architektur nicht zu befassen. Vitruv kennt Ktesibios' pneumatische Figurentheater, doch betont er, daß er nicht Konstruktionen behandle, *quae non sunt ad necessitatem sed ad deliciarum voluntatem*[126]. Unterhaltungsautomaten dienten Bedürfnissen, die mit Freizeit entstehen, aber von dem römischen Militäringenieur der Prinzipatszeit, anders als von den griechischen Vorgängern, nicht als notwendig für die Kultur empfunden werden; Vitruv verweist die daran Interessierten auf die griechischen Schriften und auf Ktesibios als ihren Erfinder: Die Unterhaltung durch Automaten wird hier offenbar Teil einer griechischen und fremden Lebensform empfunden, obwohl die römische Oberschicht der frühen Prinzipatszeit tatsächlich Gefallen an der Instrumentalisierung von Paradoxien für wirkungsvolle Gestaltung von Fest- und Gastmählern fand. Nicht nur mechanische Überraschungen wie Neros rotierender Eßsaal in der *domus aurea*, sondern auch die Paradoxie des Essens selbst wurden kultiviert: Neben sparsamer Haushaltsführung und Vorratswirtschaft, einer Domäne der landwirtschaftlichen Literatur, etablierte sich eine raffinierte Kochkunst, der es um die Gestaltung außergewöhnlicher Erlebnisse ging. Das überlieferte Kochbuch des Apicius, ein Kompilat wohl des 4. Jahrhunderts n.Chr., gibt Anweisungen zu sparsamem Wirtschaften

122 [Alex. Aphrod.], *Probl.* I pr.

123 Prokop., *De aedif.* I 24-65: Anthemius als *ἐπὶ σοφίᾳ τῇ καλουμένῃ μηχανικῇ λογιώτατος*; betont werden die unglaublichen optischen und akustischen Eigenschaften des Baus, vor allem der Eindruck seiner Übergröße und die große Kuppel. Gefühl physischer Überwältigung durch das Werk (I 49). Die Standsicherheit des als Paradoxon geschilderten Baus erklärt der Autor mit der Verwendung geheimer Mittel. Zum Fragment der Schrift des Anthemius vgl. HUXLEY (1959). 3ff. Das Paradoxe liegt in der aufgrund herrschender Lehre nicht lösbaren Aufgabe (ebda. 47ff). *Fragmentum Mathematicum Bobiense* von Anthemios (ebda. 27-30): Betrachtungen zur Mechanik. Anthemios hat, wie Heron, die mechanische Technik als Produktion paradoxer Effekte betrieben. Daher gilt er bei Tzetzes als Paradoxograph *(Chil.* II 35,151; XII 427,975).

124 Pappos, *Collect.* VIII pr. 1-3 ed. Hultsch 1022,3-1028,3, bes.: *καλοῦσι δὲ μηχανικοὺς οἱ παλαιοὶ καὶ τοὺς θαυμασιουργοὺς κτλ.*

125 So SCHÜRMANN (1991) 295.

126 Vitr., *Arch.* X 7,4-5.

wie für kulinarische Überraschungen; es beginnt mit der Herstellung eines paradox schmeckenden Gewürzweines (*conditum paradoxum*)[127].

1.2. Technik und Bildung

1.2.1. Bildungswirkung der Techniken

Wenn antike Technikschriftsteller ihren Disziplinen eine Funktion für die Wahrung und Entwicklung einer Lebensform zugeschrieben, so ordneten sie ihre Techniken Zielen unter, die diese Lebensform vorgab. Umgekehrt beeinflußten Techniken Lebensweisen: Ein Kranker brauche, so die hippokratische Schrift *Über die alte Medizin*, eine andere Lebensführung als der Gesunde. Auch dem Gesunden gibt diese Medizin Empfehlungen zur Lebensführung und erwartet, daß ihre Erkenntnisse zunehmend auch die allgemeine Lebensweise modifizieren[128]. So schrieben sich Techniken schon im 4. Jhdt. v.Chr. sozialpädagogische Funktionen zu: Die sophistischen Autoren der hippokratischen Schriften Π. *τέχνης* und Π. *φυσῶν* sprechen von der Belehrung der Allgemeinheit und beabsichtigen, die Medizin zum Teil der Allgemeinbildung zu machen[129]. Im 1. Jhdt. n.Chr. kann man neuerliche Anstrengungen der Medizin beobachten, als Teil allgemeiner Bildung Anerkennung zu finden. Erotian schrieb ein Lexikon hippokratischer Begriffe, das er Andromachos, Neros *ἀρχιατρός*, widmete: Hippokrateskenntnisse seien nützlich für alle literarisch Gebildeten, besonders für die Ärzte[130]. Als Bildungsinhalt verstand die Technik der Pharmakologe Dioskurides Pedanius[131]. Galen bringt den Anspruch des Arztes auf Teilhabe an der kulturellen Bildung deutlich zum Ausdruck: Die im Gegensatz zu den Helden des Epos nicht kämpfenden, fahrenden und schreienden Techniker zeichne ihre besondere Nähe zu den Göttern aus; *τέχνη* werde gelehrt, und die Medizin ordnet sich in ein allgemeines Erziehungskonzept[132]. Anatomische Sektionen mit öffentlichen Lehrvorträgen sollen auch beim Gewinn wissenschaftli-

127 Apic. I 1. Paradoxierezepte: Absinth (I 3); Rosen- und Veilchenwein (I 4); Pseudo-Liburnisches Öl (I 5); Verwandlung von rotem in weißen Wein (I 6). Rezepte zum Einlegen, Haltbarmachen oder Verbessern überlagerter Lebensmittel: Honigsuppe für Reisende (I 2), vgl. I 7-26. I 28ff.: extravagante Würzsaucen, Vermengung von Sparsamkeitszielen und Paradoxiezwecken. Haltbarmachung durch durch Einlegen, Pökeln usw.: Cato, *agr.* LXXIV-LXXXVIII; XCIX; CXVIIf. Vgl. GIARRATANO (1912); VOLLMER (1920); BRANDT (1927); ANDRÉ (1961).

128 Hippocr., *De prisca med.* 3; *De diaeta salubri* 1 (Τοὺς ἰδιώτας ὧδε χρὴ διαιτᾶσθαι·); 3 (Καὶ *ὁδοιπορέειν τοῦ μὲν χειμῶνος ταχέως χρὴ, τοῦ δὲ θέρεος ἡσυχῇ, ἣν μὴ διὰ καύματος ὁδοιπορέῃ· δεῖ δὲ καὶ* ...).

129 Hippocr., *De arte* 13; *De flatibus* 14.

130 Erotian., *Voc. Hippocr. coll.* p. 29f. Klein; fr. 60.

131 Bezeichnung des Adressaten seiner pharmakologishen Schrift als von Natur vertraut mit allen, die sich um die *παιδεία* bemühen, besonders mit den *ὁμότεχνοι* und Dioskurides, Diosc. Ped., *De mat. med.* I pr. 4.

132 Anthropologisch charakterisiere es den Menschen, daß er eine *τέχνη* erlernen könne, Galen., *Adhort. ad art. addisc.* 1-14. Dementsprechend argumentiert er in *De opt. doctr.* (I 43-44; 48ff.), daß Skeptizismus gegen die Erfahrung die *διδασκαλία* auflöse.

cher Orientierung helfen[133]; medizinische Gesundheitslehre vermitteln Regeln gesunder Lebensführung, zu deren Realisierung es bereits eines bestimmten Ethos auf Seiten der Patienten bedarf[134]. Mit einer zunehmenden Skepsis gegenüber dem Fachmann und mit dem steigenden Interesse an einer Selbstmedikation einher geht die Erwartung einer wichtigen Rolle des Faches als Moment der Bildung: Julians Leibarzt Oreibasios bemerkt im 4. Jhdt. n.Chr., der Adressat seiner *Libri ad Eunapium*, ein Amateur, betreibe die Medizin als Gegenstand seiner *παίδευσις*[135]. Anthimus, der als byzantinischer Arzt am Hofe des Frankenkönigs Theuderich I. (511-533) wirkte, legte das Wissen der Griechen für die nur der lateinischen Sprache mächtigen neuen Herren in einer lateinischen *Diaitetik* nieder, in der er die Aufgaben des Faches beschreibt: Anders als Jäger und Sammler lebten die Adressaten im Überfluß und könnten ohne Rücksicht auf jahreszeitliche Wechsel Speisen und Getränken wählen; sie bedürften daher des *gubernare* beim Essen[136]. Die Diaitektik kompensiert die durch zivilisatorischen Fortschritt bedingte Entfremdung von der Natur; sie ist notwendig, weil die Lebensregelung durch natürliche Bedürfnisse allein unmöglich geworden ist. Die Technik beanspruchte damit einen bestimmenden Einfluß auf, nicht nur eine untergeordnete Funktion für die allgemeinen Lebensweise. So sah die antike Medizin in der erzieherischen Beeinflussung der Lebensführung und Ernährung ein Betätigungsfeld[137].

Zunehmend beanspruchten auch andere Disziplinen, Teil der allgemeinen Bildung zu sein. Indem sie sich in den Kanon der literarischen Disziplinen einordneten, hoben sie sich ab von der Mehrheit untergeordneter Tätigkeiten. So rechnet der Sophist Flavius Philostratos im 2./3. Jhdt. n.Chr. die Gymnastik zu den der *σοφία* verpflichteten Betätigungen. Zwar schreibt er auch rein instrumentellen Tätigkeiten den Charakter einer *τέχνη* zu, jedoch, mit Ausnahme der Seefahrt, keinen Bildungswert. Damit wird der Rang der traditionellen griechischen Sporterziehung in Zweifel gezogen, andererseits aber der Bildungswert einer Technik nach dem Grad ihrer Literarisierung bestimmt[138]. Auch für Vegetius entscheiden Art und Umfang ihrer literarischen Fachtradition über die Dignität technischer Disziplinen. Vegetius will die Tiermedizin in einer neuen, übersichtlichen Form als Lektüre und Bildungsgut der Landleute etablieren, damit der Landwirt als Laie Urteilskompetenz erwerbe, nicht die Fähigkeit zu größeren eigenen Eingriffen[139]. Mit einer allgemeineren Begründung

133 *De anat. admin.* II 215ff.; 286f.; 291. Galen sieht die philosophischen Konsequenzen einer Untersuchung der Möglichkeit der Existenz des Begehrungsvermögens (*De plac. Hippocr. et Plat.* III 1,1ff.).

134 Galen., *De sanit. tuenda* VI 415f.

135 Oribas., *Libri ad Eunap.* I pr. 1,3. Auch Marc. Emp., *De medicam.* pr. 4 ist ein Werk der Laienmedizin, das die Medizin zum Teil der Allgemeinbildung auch für Laien machen will, damit diese ohne Einschaltung von Ärzten sich therapieren können.

136 Anthimus, *Epist.* 3,14.

137 Aus christlicher/byzantinischer Zeit stammende anonyme Ἀσκληπιαδῶν ὑγιεινὰ παραγγέλματα: Nahrungsaufnahme als ethisches Problem (v.1: Εὐεξίας τράπεζαν, εἰ θέλεις, μάθε). Die anonymen *Dynamidia* beschreiben Lebensmittel zur Nahrungsplanung. Vgl. Hippocr., *De diaeta salubri* und *De diaeta*.

138 Philostr., *De gymn.* 134,1-13.

139 Im Prolog der *Mulomedicina* begründet er den Wert der Tierheilkunde: Sie sei von weniger angesehenen Leuten ausgeübt und von rhetorisch weniger Gebildeten dargestellt worden als andere Fächer (Humanmedizin); Pelagonius und Columella hätten Redefertigkeit besessen, danach jedoch sei ein stilistischer Verfall der Fachtradition eingetreten, sodaß die Schriften unübersichtlich geworden seien, Veget., *mulom.* I pr. 1-5; 12-15.

des Wertes der Disziplin beginnt das zweite Buch: Die *mulomedicinae ars* sei durch Habgier, *exeguitas mercedis* und das Negativbeispiel der Hunnen, die ihre Tiere ohne medizinische Betreuung ließen, geschädigt, der *usus* der *ars* aus Scheu vor dem Aufwand zusammengebrochen. Die Notwendigkeit medizinischer Betreuung der Tiere wird zivilisationstheoretisch begründet: Die Tiere der Barbaren seien hartes Leben gewöhnt und bedürften nicht der Medizin; römische Tiere seien dagegen abhängig von der Medizin[140]. Medizinische Kunst kompensiert verweichlichende Effekte des zivilisatorischen Fortschrittes. Mit demselben Gedanken wie Anthimus zwei Jahrhunderte später die Diätetik, rechtfertigte Vegetius die Tiermedizin: Der Technik kommt eine stabilisierende Rolle für die Lebensform zu, vorausgesetzt, man bemüht sich fortwährend um sie. Diese Bindung der Lebensform an Technik wird ökonomisch begründet: Es ist unökonomisch, die *ars* nicht zu pflegen. Vegetius erwartet nicht, daß seine Literatur eine professionelle Ausbildung ersetze, sondern daß sie Urteilsfähigkeit vermittle[141]; es geht nicht allein und in erster Linie um eine professionelle Tierheilkunde, sondern um die landwirtschaftliche Pflege der Tiere als Investitionsgüter.

Medizin und Tiermedizin erwarten also, Teil der gelebten Lebensform zu sein, deren Abhängigkeit von den Techniken stetig steige. Die Techniken beanspruchten darum Raum innerhalb der allgemeinen Bildung, nicht allein einer professionellen Fachausbildung. Auch die mathematische Mechanik formulierte diesen Anspuch, allgemeines Bildungsgut zu besitzen. Das *Fragmentum mathematicum Bobiense*, ein vielleicht auf Anthemius von Tralleis zurückgehender Text, erwartet, daß sich die Gebildeten der Hebetechnik befleißigen[142]. Mit der Denkfigur der zunehmenden Abhängigkeit der Zivilisation von der Kompensationsleistung der Techniken beschrieben die antiken Techniker die Erfahrung, daß immer mehr technische Disziplinen für das allgemeine Bildungsbewußtsein zugänglich wurden. In besonderem Maße beanspruchte die Landwirtschaft, Teil dieser Bildung zu sein. Mago, der karthagische Verfasser eines die lateinische Landwirtschaftsschriften inspirierenden Werkes, empfahl, wie die lateinischen Autoren nach ihm, daß der Landwirt selbst ein Landleben führen müsse, und formulierte Mindeststandards für Fachkenntnisse und Bildungsgrad auch der Landarbeiter. Zusammen mit Rezepten zur Haltbarmachung von Nahrungsmitteln behandelte er auch kultische Reinheitsgebote[143]; Cato behandelte die Feldarbeit begleitende

140 Ebda. II pr. 1-3 (man solle Aufwendungen für tiermedizinische Betreuung gegen die Kosten aus Todesfällen aufrechnen).

141 Ebda. IV pr 1; 6 (Konflikt zwischen Sachverstand und rhetorischer Gestaltung; Wiederherstellung seiner Gesundheit als Ziel der Tiermedizin des Großviehs). Zur Spannung zwischen literarischer Form und sachlicher Darstellung vgl. Apsyrtos in *Corp. Hipp. Graec.* I 1-8 (Bd. I p. 1-3)) u. Hierokles ebda. I 3-8, Bd. I p. 3,23 ff.: Vermittlung von Fachwissen an bereits urteilsfähige Adressaten; literarische Behandlung der Pferdeheilkunde im Auftrag des Adressaten vergleichbar mit Übernahme der Funktion als Rechtsvertreter vor Gericht: Tiermedizin konkurriert mit juristischer, rhetorischer und politischer Bildung: Zu *Hippiatrika* vgl. BJÖRCK (1932); SCHÄFFER (1981); AMANN (1983); KÄMPF (1984); GÖBEL (1984); REITER (1981); RUPP (1984); ZELLWECKER (1981); APPEL (1983).

142 Anthem. Trall. 56,21-23 (*τῶν γὰρ τοιούτων ζήτησις οἰκεία καὶ παντελῶς, ὡς ἔφην, τῷ δικαίως ἂν κληθέντι Μουσῶν υἱῷ προσήκουσα*) über Überlegungen zum Schwerpunkt und zur Erleichterung des Hebens durch Ansetzen des Hebels im Schwerpunkt (56,24-57,3). HEATH (1921) II 194 hält das Fragment aufgrund seiner antiquierten Terminologie für älter.

143 Mago fr. 1 = Colum. I 1,18; fr. 6 = Varro, *RR* I 17,3ff.; fr. 7 = Colum. I 3,8f.; fr. 58 ≈ Colum. XII 4,3.

Opferriten[144]: Landwirtschaft fügt sich dabei zu einer eine Lebensweise prägenden Lehre der Lebensplanung[145] und wirkt für die Verwirklichung einer als lebenswert geltenden Lebensform[146]. Ähnlich Varros Landwirtschaftsschrift: Er richtet das Werk an seine Frau, damit diese auch nach seinem Tod Rat für die Bewirtschaftung eines neu erworbenen Landgutes habe. Technische Literatur vertritt die Stelle des persönlichen Ratgebers, der mitteilt, was zu tun sei. Die literarische Form ist hier die des Dialoges, und für nicht behandelte Themen wird auf die Fachliteratur verwiesen. Das Werk will also Urteils- und Handlungsfähigkeit des Landbesitzers herstellen und insofern Bildungsliteratur sein, es strebt jedoch keine vollständige Darstellung der Disziplin an[147]. Columellas Kritik an der Verstädterung besitzt eine ähnliche Stoßrichtung: Das Ergebnis seien Verfall und Verlust der Urteilsfähigkeit in Agrardingen. Das technische Lehrwerk soll auch hier ein Defizit kompensieren, das durch den zivilisatorischen Fortschritt eingetreten ist, ohne daß dieser prinzipiell abgelehnt oder verurteilt würde[148]. Die lateinische Landwirtschaftsliteratur behandelt die Landwirtschaft also als Regelsystem für die Führung eines Betriebes und zugleich als Normen für die Lebensführung. Im 5. Jhdt. fordert Palladius die Präsenz des *dominus* auf dem Gut; in seinem *Opus agriculturae* werden Regeln erfolgreichen Erwerbsstrebens als absolute Imperative aufgestellt und das Ethos des Bauerntums formuliert. Die Regeln sind in Merksatzform gebracht und umfassen Verhaltensregeln wie Grundsätze der Beurteilung von Produktionsfaktoren und Betriebsmitteln[149].

Medizinische wie landwirtschaftliche Literatur erwarten also, daß Techniken durch ihr Wirken dazu beitragen, daß die Abhängigkeit von ihnen zunimmt, der Bedarf der Zivilisati-

144 Cato, *agr.* CXXXIXff.

145 Altersstufen für bestimmte Tätigkeiten: Der *pater familias* solle in seiner Jugend das *agrum conserere* erlernen, lange über das *aedificare* nachdenken, mit 36, mit eigenem Acker, ein Haus bauen: Cato, *agr.* III 1ff. Vgl. IV: Regeln für gutnachbarliches Zusammenleben als Voraussetzungen einträglichen und auskömmlichen Wirtschaftens. Vgl. Hes., *Op. et dies.*

146 Cato, *agr.* pr. 1-4 vergleicht Landwirtschaft mit Handel und Bankwesen; Charakteristikum des Handels: hohes Risiko; Geldverleih: schändlich; Landwirtschaft: einträglich, sicher und angesehen.

147 Varro, *RR* I 1,1-7. Bäuerliche Hausbücher dürften die Schriften des Zeitgenossen C.Licinius Stolo gewesen sein; einer seiner Vorfahren erwirkte ein Gesetz über Höchstgrößen für den Landbesitz, ein anderer eines über Ackerverteilung; die Familie befaßte sich demnach mit der Versorgung der Situation der Klein- und Mittelagrarier, in denen die Adressaten des C.Licinius zu suchen sein dürften (vgl. Varro, *RR* I 2,9).

148 Colum., *R.R.* I pr. 1-20; XII pr. 1-9. Landbesitzer bearbeiten in der Regel nicht mehr selbst ihr Land; Columella registriert Stadtflucht als nicht zu revidierende Veränderung, die dies bedinge; ein Urteil über die Gegenwart aussprechen will er nicht (vgl.: XII pr. 10; I 1,19). IX 1,5-7: Niedergang landwirtschaftlicher Kenntnisse. Wechsel von der Haltung von Süßwasserfischen zur Seefischzucht zur Befriedigung städtischer Luxusbedürfnisse beschrieben, nicht verurteilt (VIII 16ff.). Aberglauben IX 1ff.

149 Pallad., *Agr.* beginnt mit einem techniktheoretischem Abschnitt: Wichtig sei, die Lehre am Adressaten auszurichten, falsch, die Rhetorik nachzuahmen. Behandelt werde, was der Landwirt um *voluptas* oder *fructus* willen betreiben müsse (I 1,1-2). Beurteilungskriterien für natürliche Produktionsfaktoren: I 3ff. I 6ff.: praktische Maximen für Leben und Tätigkeit des Landwirts, Grundsatz antizyklischer Kompensationsmoral (I 6,4: *post bonam vindemiam strictius, post exiguam largius puta)*. Regel kontrollierter Innovation: Nicht alles auf unerprobte Fruchtarten setzen, stetig Neues erproben (I 6,2; vgl. 6,12). Über Columella hinausgehende Präzision in der Ökonomie der Arbeitszeit: Dauer der Arbeiten nicht nach Tagen, sondern auch Stunden angegeben (vgl. I 6,15). Die auf Mago zurückgehende Norm der Anwesenheit des Grundherrn auf dem Land formulieren auch die *Geoponica* des Cassianus Bassus, II 1.

on nach Technik steigt, und die Bedeutung der Kenntnis technischer Regeln für die Bildung zunimmt. Zur Stabilisierung der Lebensweise hielt man daher kontinuierliches Bemühen um ein hohes technisches Niveau für erforderlich, mit dessen Verfall oder Verlust man ebenso rechnete wie mit der Möglichkeit seines Wiedergewinns. Es charakterisiert die in der Antike ablaufenden Spezialisierungsprozesse, daß ein solcher Wiedergewinn in der Regel durch eine Gruppe beruflicher Spezialisten erfolgt. Eine Praxis, die nicht mehr Inhalt der Bildung aller ist, wird zur Beschäftigung von Experten. Ehemalige Inhalte der Allgemeinbildung werden durch Spezialisierung zum Gegenstand einer Spezialausbildung; die Inhalte wandeln sich dabei, die Ausbildung intensiviert und diversifiziert sich. Sie muß dafür allerdings neu angeeignet und in ihrer Gestalt verändert werden. Vegetius' militärtechnischer *Epitoma rei militaris* versucht einen solchen Versuch des Widergewinns einer abgelegten Praxis, der infanteristischen Disziplin der Legionen-Miliz, durch fortgesetzte Übung[150]. Vegetius' Ziel ist die Grundlegung einer infanteristischen Ausbildungsordnung; die pädagogische Voraussetzung ist: Wesentlich für den militärischen Erfolg sind Ausbildung und Übung; diese hätten Roms Größe bewirkt[151]. Übung ist ein labiler, dynamischer Zustand, der sich verlieren kann: Langer Frieden habe die Menschen sich *ad delectationem otii* und *ad civilia* wenden lassen und Militärisches zum Metier von Berufssoldaten gemacht; die *cura exercitii* werde vernachlässigt, wie dies auch in der luxuriösen Epoche nach dem ersten Punischen Krieg geschehen sei (I 28): Die Technik kompensiert ein Defizit, das durch Wohlstand und Zivilisierung erst eingetreten ist; sie richtet sich unmittelbar auf Institutionen, Verhalten und Konventionen, die es zu erneuern gilt. Der hermeneutischen Probleme eines solchen Versuches der Wiedergewinnung alter Übung ist sich Vegetius bewußt: Die *historiae* beschreiben nicht die tägliche Übepraxis, sondern *res gestas* und *eventus*; sie behandeln das, *quae nunc quaerimus, tamquam nota* (I 8).

Vegetius' Vorhaben einer Wiederbelebung der Legionstaktik liegt zugrunde, daß der Mensch sein affektives und reflexives Verhalten durch Konditionierung und Habitualisierung steuern kann: Regelmäßige Praxis und Übung bewirkt automatisches Handeln und Zusammenwirkeder Kräfte im Ernstfall; Bewaffnung und Synergetik erlauben es, zahlenmäßig überlegene Feinde zu besiegen. Der scheinbar moralische Duktus seiner Argumentation zeigt: Die Technik des Krieges besteht nicht in erster Linie in einer Mechanik des Kriegsgerätes und seiner Bedienung, sondern sie besteht vor allem in einer zweckmäßigen Organisation, Regelung und Konditionierung des Verhaltens[152]. Vegetius' Werk soll einer Re-

150 Veg., *Ep. rei milit.* I 8: *De historiis ergo vel libris nobis antiqua consuetudo repetenda est.* Nicht *verborum concinnitas*, nicht *acumen ingenii*, sondern *utilitas Romana* sei das Ziel. Vgl. I pr. Wie Anon., *De reb. bell.* (pr.), betont Vegetius, daß die Sachverhalte selbst dem Kaiser bekannt seien; der Herrscher solle erkennen, daß durch von ihm angeordnete Reformmaßnahmen Verhältnisse, die bereits von den *conditores* des Römischen Reiches eingerichtet worden seien, hergestellt werden; ein Beweisziel ist also die Gültigkeit institutioneller Geltungsansprüche.

151 *armorum exercitio, disciplina castrorum usuque militiae*; das pädagogische Prinzip auch personalökonomisch begründet: Eine ausgebildete kleine Truppe könne eine große Zahl ungebildeter Kämpfer besiegen (I 1). Auswahlkriterien für die Rekruten: I 2-7. Wiedergewinn verlorener *virtus* (I 8) durch Ausbildung: *per cotidiana exercitia armorum est demonstranda doctrina. Sed huius rei usum dissimulatio longae securitatis abolevit.*

152 Ausbildung von Schwerbewaffneten noch gebräuchlich (I 13). Technische Handlung gelingt nur, wenn sie einübbare Qualitäten besitzt; Prinzip der Übung mehrfach ausgesprochen (I 19: *nec hoc credatur esse difficile, si usus accesserit; nihil enim est, quod non adsidua meditatio facillimum reddat*; vgl. Polyb. X 49; ähnlich Veget. II 24: Wie die Vertreter weniger angesehener Künste müsse der Soldat sich ständig üben;

form der militärischen Ausbildung dienen und Rang und Bedeutung der militärischen Kunst für das allgemeine Bewußtsein unterstreichen. Er setzt voraus, daß, was einmal möglich war, jederzeit wieder möglich sein müsse, geht also von der exemplarischen Geltung der Vorbilder aus (III 10). Dadurch wird das Neue als Altes markiert, einer Neuerung in der Praxis entspricht die literarische Bemühung um Konservierung, auch im besonders innovativen Bereich militärischer Praxis. Konservierung oder Restitution technischer Praktiken lassen daher nicht schon auf die grundsätzliche Konservativität der technischen Praxis schließen.

Vegetius macht vor allem zwei Voraussetzungen: Das Prinzip der Habitualisierung und des Übens einerseits und das Schema exemplarischer Geltung und der Nachahmung von Vorbildern. Ein Moment, das außer diesen beiden die Taktik als Bildungsliteratur bestimmte, ist das der Systematisierung des Lehrstoffes durch philosophische Durchdringung und Reflexion: Militärwissenschaftliche Technik wurde Teil der philosophischen Bildungskonzeption. Arrians Schrift über Taktik beispielsweise orientiert sich einerseits am praktischen Nutzen und Belehrungszweck, beginnt jedoch mit systematischen Distinktionen zwischen Land- und Seekrieg, Kampf- und Kampfunterstützungstruppen, die um der Klarheit der Terminologie willen auch anachronistische Gegenstände wie den Wagenkampf des Epos dem Unterscheidungsbemühen unterwirft. Die Bewegungsformen des Heeres werden definiert[153]; der Aufbau beansprucht die Systematik, die als Charakteristikum technischer Belehrung betrachtet wird: *ὥσπερ ἐν τέχνῃ* habe Arrian die Taktik behandelt und dabei hinreichend mit knappen Worten die alte Taktik von Griechen und Makedonen verdeutlicht[154]. Dem Werk geht es um Klarheit und Komplexitätsreduktion; Aktualität spielt, trotz des Nutzenanspruches, bei der Behandlung der Fußtruppen eine sekundäre Rolle: Die römische Legion wird als griechische Phalanx betrachtet, im wesentlichen bereits vergangene Wirklichkeiten. In seinem ersten Teil schult das Werk Sprach- und Sachverständnis. Mit Verständlichkeit, Systematik und Reflexion sind Gesichtspunkte literarischer Bildung aber zunächst wichtiger als praktische Nutzanwendung. Der Aufbau des Werkes folgt militärischen Lehrbüchern, die nicht von Praktikern, sondern Literaten und Philosophen (Poseidonios, Ailian, Asklepiodotos) verfaßt wurden, und deren Ziel Systematisierung zu Bildungszwecken war[155]. Literaturverständnis, nicht Praxisanleitung, war unmittelbarer Zweck dieser Werke.

Arrians Wirken fällt in die Regierungszeit Hadrians; die inhaltlich mit dem ersten Teil seines Werkes parallele *Τακτικὴ θεωρία* Ailians richtet sich an dessen Vorgänger Trajan. Ihre Vorrede bringt zum Ausdruck, daß der Autor seine Aufgabe darin sieht, Verständnis für Sachverhalte der Vergangenheit zu vermitteln; aus dem Werk sei die Taktik Alexanders

III 10: *Omnes artes omniaque opera cotidiano usu iugi exercitatione proficiunt*; vgl. II 12; wieder zu belebende Übung: Aufbau des Lagers mit Wall und Graben, I 21). Beabsichtigt ist also der Wiedergewinn der Fähigkeit zu mobiler Kriegführung; Vegetius bezieht sich auf Exerzierreglements von Augustus und Hadrian (I 27) und bemüht sich, ähnlich Vitruv, die übergeordnete Stellung seiner Kunst hervorzuheben, von der die Möglichkeit zum Praktizieren anderer Disziplinen abhänge (III pr.; 10).

153 Arrian., *Tact.* 2,1-2; 3,1; 20,1-2: *νυνὶ δὲ τὰ ὀνόματα ἐπέξιμεν τῶν κινήσεων κατ' ἰδέαν ἄλλου καὶ ἄλλου στρατοπέδου, καὶ τὸν νοῦν ἑκάστου τοῦ ὀνόματος*. Begriffseinführungen durch *καλεῖται δὲ* (20,2); *περισπασμὸς δέ τι ὠνομάζετο* (20,2); *κλίσις μὲν δή ἐστιν* (21,1); *ἐπιστροφὴ δέ ἐστιν* (21,3); *περισπασμὸς δὲ καλεῖται* (21,4); *στοιχεῖν δὲ λέγεται* (22,1); *ἐξελιγμῶν δὲ διτταὶ ἰδέαι* (23,1); etc.

154 32,2.

155 STADTER (1978) 118; 127; KIECHLE (1965b): 134 n.Chr.; FÖRSTER (1877).

des Großen zu lernen. Gegenüber Vorgängerautoren behauptet Ailian größere Kompetenz *ἐν τοῖς μαθήμασιν*; sein Ziel ist Systematik und Vollständigkeit, das *συντάξαι τὴν θεωρίαν*. In Klarheit (*σαφήνεια*) und Ordnung (*κατὰ τάξιν*) will er die literarischen Vorgänger übertreffen: Nicht von praktischer Anwendung spricht Ailian, wenn er die intendierte Wirkung seines Werkes auf die Leser beschreibt, sondern davon, daß diese es den Werken der Vorgänger vorziehen. Von *δύναμις* und *ἐμπειρία* der Römer in der Kriegskunst in ihren praktischen Details (*περὶ τὸ μέρος*) besitze Ailian keine Kenntnis; seine Darlegungen könnten daher veraltet (*ἀπημαυρόμενον*) wirken und nicht *χρήσιμον τῷ βίῳ* erscheinen, vor allem aufgrund der von Trajan selbst eingeführten Neuerungen (*διδασκαλία*). Das Interesse an der in der Praxis bereits obsolet erscheinenden griechischen Taktik rechtfertigt er mit dem Vorbild Frontins, der sich ebenfalls um die Lehren griechischer Taktiker bemüht habe. Das Alexander-Vorbild werde auf den Leser *ψυχαγωγία* ausüben: Neben Übersicht und Verständnis erwartet der Autor eine das Verhalten prägende Wirkung von seinem Werk[156]. Er beschreibt die Überlieferung und Verständisprobleme, die er bei der Lektüre hatte, und die er seinen Lesern ersparen will; sein Werk soll als hermeneutische Klammer zwischen dem Leser und der ihn durch Umfang, Unordnung und Unverständlichkeit überfordernden Literatur eintreten[157].

Um eine Integration der Taktik in den Kosmos philosophischer, literarischer Bildung bemühte sich bereits die Taktikschrift des Philosophen Asklepiodotos: Sie beschreibt die hellenistische Hoplitentaktik in systematischer Absicht und bemüht sich um die begrifflich saubere Unterscheidung zwischen den verschiedenen Gegenständen, die sie, ähnlich Arrian, detailliert erläutert. Asklepiodotos will Ordnung in überlieferte taktische Lehren bringen[158]; von einer praktischen Bedeutung des Mitgeteilten ist eher beiläufig die Rede[159]: Es geht um die Handhabbarkeit taktischer Lehre und darum, sie der Struktur philosophischer Bildung anzugleichen.

Ein solcher Versuch verdankt sich wohl dem Lehrer des Asklepiodotos, Poseidonios (135-51/50 v.Chr.), der eine Schrift über Taktik verfaßte, die Arrian und Aelian erwähnen. Asklepiodotos hat diese Taktik seines Lehrers wohl überliefert, möglicherweise auch weiterentwickelt[160]. Poseidonios, Asklepiodotos und Aelian behandelten als Nichtfachleute die

156 Ael., *Tact.* pr. 1-7. Übersichtlichkeit: Ailian schickt dem Werk ein Verzeichnis der Kapitelinhalte voraus, um eine selektive Lektüre der Schrift zu ermöglichen; Auftrag zur Abfassung durch den Kaiser gegeben.

157 I 1-6.

158 Asclep., *Tact.* I 1-2: Scheidung in Landheer und Flotte, des Landheeres in Kampftruppen und Kampfunterstützungstruppen, der Kampftruppen in Fußvolk und aufgesessen Kämpfende, des Fußvolks in Schwerbewaffnete, Peltasten und Psiloi etc. Inhaltsübersicht macht klassifikatorisches Interesse deutlich: *α'. περὶ τῆς φαλάγγων διαφορᾶς. β'. περὶ τοῦ ἀριθμοῦ καὶ τῆς ὀνομασίας τῶν μερῶν τῆς φάλαγγος τῶν ὁπλιτῶν*.... Behandlung widersprechender Dogmen: (VII 6) *Τοῖς μέντοι ζυγεῖν ἅμα καὶ στοιχεῖν αὐτὸ προελομένοις τέτακται τὸ μέγιστον ζυγὸν κατὰ μέσον ἐκ περιττοῦ ἀριθμοῦ οἷον δέκα καὶ ἑνός. κτλ.*; (VII 7) *῞Οσοις δ' ἤρησε τὴν εἴλην ζυγεῖν μέν, οὐκέτι δὲ καὶ στοιχεῖν, τὸ μέγιστον καὶ μέσον ζυγὸν ἐκ περιττῶν ἀνδρῶν ὥσπερ καὶ τὸ πρότερον πεποιηκότες, κτλ.*

159 Schlußbemerkung (XII 11): *Αὗται διὰ βραχέων αἱ τοῦ τακτικοῦ καθηγήσεις, τοῖς μὲν χρωμένοις σωτηρίαν πορίζουσαι, τοῖς δ' ἐναντίοις κινδύνους ἐπάγουσαι.*

160 Sen., *Nat. Quaest.* II 26,6; VI 17,3. Vgl. II 30,1; V 15,1; VI 22,2. Aelian., *Tact.* I 2; Arrian., *Tact.* 1,2. Vgl. Anon., *Syll. tact.* 3,3, ed. A. Dain, Paris (1938) = fr. 203 Ed.-Kidd = fr. 469 Th. Nach Sen., *Epist. Mor.* 88,21f. unterschied Poseidonios *artes vulgares*, *sordidae, ludicrae*, *pueriles*, und *liberales*: nur letztere seien studierenswert; er muß die Taktik zu ihnen gerechnet haben. Vgl. EDELSTEIN u. KIDD (1972)

Taktik als τέχνη, um sie philosophischer Bildung zugänglich zu machen; Arrian konnte diese ausgearbeitete Systematik bei seiner Darstellung der Fußtruppentaktik benutzen und sie um eine Darstellung der römischen Reitertaktik ergänzen. Durch die Systematisierung wandelt sich die literarische Form, in der die Disziplin gelehrt wird: Aelian erwähnt Einführungsschriften und Spezialmonographien; das eigene Werk soll ein besseres Verständnis als diese vermitteln und sie verdrängen. Poseidonios und Asklepiodotos arbeiten die vorhandene Fachtradition um, wobei sie voraussetzen, daß das Ergebnis ihrer Systematisierungsbemühungen dem Inhalt der Fachtradition für Lehrzwecke überlegen sei. Das Bemühen um philosophische Durchdringung der taktischen Lehre kennzeichnet auch das Werk Onasanders aus dem ersten nachchristlichen Jahrhundert: Für die inhaltlichen Details beanspruchte er keine Originalität; wesentlich sei nicht die Kompilation von Regeln der Feldherrenkunst, sondern die Herausarbeitung der eigentümlichen στρατηγικὴ ... φρόνησις, also der Form der Urteilskraft, sofern sie sich militärisch betätigt[161].

Die Philosophisierung der Disziplin änderte deren Gestalt: Aineias Taktikos, nach Ailians und Arrians Zeugnis am Anfang der taktischen Fachtradition, behandelte die Militärlehre als Lehre von den Aufgaben des Befehlshabers. Der einzig erhaltene Teil behandelt die Kriegführung als lehrbares, nach Regeln der Zweckmäßigkeit organisierbares Handeln. Im Gegensatz zu den späteren Taktikern fehlt bei Aineias das Bewußtsein für die Geschichte der Disziplin: Auf Vorgängerarbeiten bezieht er sich nicht, weil ihm solche nicht vorlagen; für die Folgenden begann er die Tradition der Disziplin. Er systematisiert kaum, sondern argumentiert praktisch, sein Text erörtert das Für und Wider von Lehrsätzen, die begründet werden durch Beispiele. Die Stadt erscheint als auf Verteidigung angelegter Organismus und Kriege als Teil städtischen Lebens[162]. Die Lehre richtet sich an den, der Belagerungssituationen wird kommandieren müssen, nicht an ein philosophisch gebildetes Publikum. Aus der griechischen Taktik als einer praktischen Lehre für Spezialisten wurde durch Poseidonios und seine Nachfolger eine philosophische Teildisiplin, als sich die römische Öffentlichkeit dafür zu interessieren begann und ein Vermittlungsproblem schuf: Die Lehre war systematisch zusammenzufassen, gleichsam zu übersetzen. Diese Aufgabe löste man durch philosophische Systematisierung, weil so die praktische Lehre in kompakter theoretischer Form und in den Denkformen der Adressaten mitgeteilt werden konnte: Während bei Polybios noch wie bei Aineias Taktikos die technische bzw. praktische Literatur durch Erfahrungsvermittlung belehrt, geschieht dies bei Aelian durch die Entfaltung eines strengen Systems[163]. Der Anspruch des Philosophen, eine auf das Allgemeine und an eine Allgemeinheit gerichtete Bildung zu vermitteln, wird übertragen auf technische Disziplinen.

II 333f. ad T 41.

161 Der philosophischen Durchdringung der praktischen Disziplin entspricht, daß die Suda als sein Werk auch einen Kommentar zum platonischen *Staat* verzeichnet, Onasand. pr. 3; Suda O 386 s.v. Ονόσανδρος; Plat., *Rep.* 209a; Arist., *EN* 1140a24ff.; 1141b23ff. zur φρόνησις.

162 Vgl. WINTERLING (1991).

163 Michael Psellos über die durch Poseidonios begründete Tradition systematischer Taktik als Teil philosophischer Bildung: φιλόσοφῳ δὲ οὐδὲν πολεμητέον μὲν, ἐπιστατέον δὲ καὶ πολέμοις καὶ στρατοπέδοις; Psellos' Taktikschrift bietet Anweisungen, was der Philosoph zu wissen habe; abschließend heißt es, der Philosoph betreibe die Taktik als einer, der die Wissenschaft aller Wissenschaften und Techniken betreibe. Taktik gehört daher zum Bildungskanon. Taktik wurde durch Sophisten rein theoretisch, ohne Rekurs auf praktische Erfahrenheit, gelehrt, vgl. Xenoph., *Mem.* III 1,5.

Ein solcher Anspruch, daß die technische Fachdisziplin Teil der allgemeinen Bildung sei bzw. sein sollte, wurde in umgekehrter Richtung auch von den alexandrinischen Mechanikern formuliert. Heron (wohl 1. Jhdt. n.Chr.[164]) bewahrt einiges von der Emphase, mit der die alexandrinische Mechanik des Hellenismus ins allgemeine Bildungsbewußtsein drängte. Er bearbeitete Ktesibios' Schrift über den Geschützbau aus dem 3. Jhdt. v.Chr. Wie der Taktiker Aelian kritisiert er die Unverständlichkeit der vorliegenden literarischen Tradition und ihre mangelnde Eignung als Einführungslektüre für ein allgemeines Publikum. Fast ironisch veranschlagt er den praktischen Bildungswert der Mechanik höher als den der Philosophie: Der Philosophie gehe es um *ἀταραξία*, Abwesenheit von Erschütterungen; durch Argumentieren, Sprache und Literatur (*διὰ λόγων*), werde sie ihr Ziel nie erreichen. Die Mechanik aber habe den Bereich bloßer *λόγοι*, der Theorie, hinter sich gelassen und lehre durch den Kriegsmaschinenbau ein praktisch erschütterungsfreies Leben: Gegen die Furcht vor feindlichen Angriffen helfe die *φιλοσοφία* des Geschützbaus. Herons will eine Teildisziplin der Mechanik mit politischer Bedeutung einem breiteren öffentlichen Bewußtsein gegenüber als Teil philosophischer Bildung darstellen[165].

Die Verständlichkeit, die Heron wie die Militärtheoretiker erwartet, zielt auf die Vorstellbarkeit der technischen Verrichtungen, also darauf, daß die praktische Anwendung der Lehre möglich ist. Die Vorgänger hätten Maße und Formen der Bauteile und Geräte angegeben, nicht aber deren Anfertigung und Gebrauch: *ὥσπερ γιγνώσκουσι*, wie für Eingeweihte, hätten sie geschrieben[166]; Heron werde dagegen Anfertigung, Gebrauch und Bezeichnungen behandeln. Er sah sich also einer technischen Fachliteratur von und für Spezialisten gegenüber, die Daten und Größen mitteilte, damit deren Reproduktion überprüft, nicht notwendig aber angeleitet, durchgeführt werden konnte: Diese Literatur vermittelte weder, wie nach den gegebenen Daten zu bauen, noch wie das Gefertigte zu verwenden sei. Einen davon bietet der unter Herons Namen überlieferte Bauplan für die *χειροβαλλίστρα*, ein verbessertes kleines Torsionsgeschütz, der nur in knapper, geometrisch konstruierender Sprache mitgeteilt wird ohne genaue Bauanleitung. Herons Werk über Geschützbau richtete sich dagegen ebenso sehr an eine Öffentlichkeit unerfahrener Laien wie an Spezialisten, und sie beginnt, wie Asklepiodotos' Taktik, mit begrifflichen Distinktionen, Definitionen und terminologischen Präzisierungen[167], also Systematik. Dies charakterisiert Herons Schrift ähnlich der Taktik Arrians: Literarische technische Anleitung muß, um eine Disziplin voraussetzungslos und vollständig zu bieten, philosophischen Charakters sein; nicht die zusammenhanglose Mitteilung von Details, sondern die systematische Darstellung ihrer Prinzipien waren gefordert, sobald man erwartete, daß Literatur eine technische Disziplin einführend behandle. Systematisierung und Umarbeitung älterer Literatur ließen einen umso höheren didaktischen Gewinn erwarten, je weniger man voraussetzte, daß das Publikum neben Lektüre über außerliterarische praktische Belehrung verfügte. Heron nimmt um der prinzipiellen Klarheit der Darstellung willen ausdrücklich in Kauf, daß er Traditionsgut mitteilt, also alte Konstruktionen, die verstehbar, aber nicht aus sich selbst verständlich sind[168]. Literarisierung, Popularisierung und philosophisch wie didaktisch motivierte Syste-

164 NEUGEBAUER (1957) 178; SCHNEIDER (1992) 212ff.

165 Heron, *Belop.* 1.

166 Heron, *Belop.* 2. Vgl. Ael., *Tact.* I 3 (ὡς πρὸς εἰδότας); Arrian., *Tact.* 1,3 (ὡς εἰδόσι).

167 Heron, *Belop.* 3.

168 Heron, *Belop.* 2,4.

matisierung der technischen Lehre als Einführungsliteratur treten in Taktik wie Geschützbau etwa zur gleichen Zeit auf.

Auch Herons Pneumatik richtet sich an ein öffentliche Bewußtsein wie an Spezialisten; ausdrücklich bezieht sie sich auf Theoretiker der Pneumatik, die die Frage der Existenz eines ausgedehnten Vakuums debattiert hatten, wie auch auf die praktische Probleme: Er will die überlieferten Lehren ordnen (*εἰς τάξιν ἀγαγεῖν*) und von ihm Erfundenes hinzusetzen, um dem Wissensfortschritt zu dienen. Rekombinationen von vier Elementarkonstruktionen böten teilweise *ἀναγκαιότατας τῷ βίῳ χρείας* (Nutzenaspekt), andere riefen *θαυμασμός* (Überraschung) hervor[169]. In Herons Vermessungslehre wird der Anspruch, daß die technische Disziplin allgemein studiert und betrieben werden solle, besonders deutlich: Die Fähigkeit zur verhältnisgleichen Zumessung von Land sei nicht nur nützlich, sondern sogar notwendig; dazu bedürfe es allein der Geometrie; diese sei immer in gleicher Weise anwendbar, in der geometrischen Verhältnisgleichung liege das Prinzip der Gerechtigkeit, geometrische Beweise seien unumstößlich. Das Versprechen einer solchen Sicherheit könne keine andere *τέχνη* machen[170].

Besonders nachhaltig versuchte Vitruv, seine Disziplin (Architektur, Kriegsmaschinenbau) dem allgemeinen Bildungsbewußtsein zu öffnen: *De architectura* beabsichtigt, *omnes disciplinae rationes* offenzulegen[171]. Der Architekt müsse theoretische wie praktische Urteilsfähigkeit in verschiedenen Fachgebieten besitzen: Arithmetik, Geometrie, Musiktheorie, Astronomie, Optik, Medizin, Jurisprudenz, Geschichte und Philosophie; er müsse literarisch gebildet sein, zeichnen und seine Instrumente benutzen können. Ohne sich ausdrücklich auf sie zu beziehen, fordert Vitruv vom Architekten also Bildung in den *artes liberales*[172]. Den Charakter der *ars* nicht als bloßes Agregat, sondern als systematischen Zusammenhang, erklärt Vitruv zur Voraussetzung dafür, daß die Disziplin überschaut, als ganze beherrscht, dargestellt und gelehrt werden könne; *encyclios enim disciplina uti corpus unum ex his membris est composita*[173]: Systematik ist Voraussetzung der Lehrbarkeit. Architektur gehört zur *humanitas*[174], zu den verhaltensbestimmenden Bildungsgütern, die nicht dem zufälligen Wandel des Lebensschicksals unterworfen sind, nicht zum Gelderwerb in Abhängigkeit unterrichtet werden und literarische Bildung wie praktische Erfahrung erfordern[175]. Bewahrung, Akkumulation und systematische Darstellung der Technik durch Literatur läßt diese erst eine Kultur und Zivilisation bestimmende Rolle spielen[176]. Technik wird daher als Institution und Praxis aufgefaßt, als Teil eines Handlungs- und Lebenszusammenhanges. Verteidigung geschieht nicht so sehr durch *machinae* als *consilia*; als Technik

169 Heron, *Pneum.* I pr. p. 2,4-20. Vgl. auch *Metr.* I pr.

170 Heron, *Metr.* III pr.; vgl. Arist., *EN* 1131b25-1132a12; Plat., *Rep.* 524d-527c.

171 Vitr, *De arch.* I pr.

172 Vitr., *De arch.* I 1,1-6. Philosophie wird teilweise als moralische Erziehung verstanden (sie erziehe zu Großgesinntheit, Bescheidenheit, etc., I 1,7); dabei geht es um die persönliche Unabhängigkeit des Architekten. Andererseits besteht Philosophie in der Naturwissenschaft, der Klärung von Ursachenfragen für Naturphänomene (I 1,7). Lange Erziehung und Ausbildung sind die Voraussetzung dafür, daß der Architekt seine Disziplin wirklich beherrscht, I 1,11.

173 Vitr. I 1,12-18, bes. 12.

174 Vitr., *De arch.* II pr. 5.

175 Vitr., *De arch.* VI pr. 1-7.

176 Vitr., *De arch.* IX pr. 17-18.

gelten in erster Linie nicht Dinge, sondern die Praxis *(sollertia)* des Architekten und das in den Kanon literarischer Bildung integriert gedachte Lehrsystem[177].

Das Paradigma einer solchen Systematisierung der Disziplin als Teil der allgemeinen Bildung gab die Mathematik ab; der Neuplatoniker Proklos beschreibt im Kommentar zum Ersten Buch der *Elemente* Euklids, daß die Geometrie in Ägyptens Flußoase entstanden sei zur Befriedigung praktischer Bedürfnisse, sich in Griechenland weiterentwickelte und durch Pythagoras *in die Gestalt einer freien Erziehung verwandelt* worden sei. Diese Verwandlung erscheint als Prozeß der Perfektionierung, wobei der imperfekte Ausgang aller Wissenschaft von praktischen Bedürfnissen natürlich und der Wandel ein Strukturwandel der Formen des Wissens ist, von der *αἴσθησις* über den *λογισμός* zum *νοῦς*[178]. Eine Debatte um die allgemein erzieherische Bedeutung und Funktion der *τέχναι* wurde geführt, als die lateinische Literatur sich des Bestandes der technischen Überlieferung der Griechen bemächtigte, in den Jahrhunderten um Christi Geburt. Wir können diese Debatten in Texten fassen, die ältere griechische Argumente aufnehmen. Cicero bemüht die Medizin, um zu demonstrieren, wie und in welchem Maße Moral lehr- und praktizierbar sei: *sapientia* sei nicht wie die Kunst des Schiffsführers oder des Arztes zu denken, die in der Herstellung eines Zustandes ihr Ziel hätten, sondern eher der Kunst des Tänzers ähnlich, die ihr Ziel im Tanz selbst habe. Während die Richtigkeit einer Handlung sich in produzierenden Techniken danach bemesse, ob konsequent nach Regeln der Zweckmäßigkeit vorgegangen werde, nenne man *sapienter* ein Handeln unabhängig von seiner Zweckmäßigkeit[179]. Auch Seneca hält nur Inhalte für studierenswert, die nicht Zweckmäßigkeitserwägungen und dem Gelderwerb untergeordnet sind; nur was befreit, vermittle Bildung. Geometrie, die der Landvermessung dient, lehre *avaritia* und nicht Bescheidung. Nur stoische Genügsamkeit lehrende Bildungsinhalte gelten als *liberalia studia*, nach Poseidonios' Unterscheidung von *artes vulgares*, *sordidae*, *ludicrae*, *pueriles*, und *liberales*[180]. Den Fachdisziplinen sprach diese extreme Position den Bildungswert deshalb ab, weil sie auf Erwerb hin orientiert sind. Techniker und Fachschriftsteller beanspruchten demgegenüber teilweise eine umfassendere Rolle in der enzyklopädischen Bildung.

Darin, daß technische Disziplinen über Fachliteratur zur Kommunikation oder zum Memorieren unter Spezialisten hinaus Literaturen entwickeln, die sie der philosophisch-literarischen Bildung zugänglich machen, sah man einen Fortschritt der Disziplinen: Erst die Disziplinen, die diesen Schritt vollziehen, entfalten Wirkung über den Kreis der Spezialisten hinaus. Einen ersten Schwerpunkt einer derartigen Popularisierung, eines Trends zu enzyklopädischer Durchdringung technischer Disziplinen, bildet die Zeit der Sophistik und der Auseinandersetzung der sokratischen Philosophie mit den Sophisten, in der die Medizin literarisiert wird und so einen Wandel ihrer Kommunikation und der Struktur ihrer Öffentlich-

177 Vitr., *De arch.* X pr. 8-12.

178 Procl., *In Eucl. I* p. 64,16-70,18, bes. 65,2; 65,15-19: *ἐπὶ δὲ τούτοις Πυθαγόρας τὴν περὶ αὐτὴν φιλοσοφίαν εἰς σχῆμα παιδείας ἐλευθέρου μετέστησεν, ἄνωθεν τὰς ἀρχὰς αὐτῆς ἐπισκοπούμενος καὶ ἀΰλως καὶ νοερῶς τὰ θεωρήματα διερευνώμενος κτλ.* So schon Herodot: Mathematik bei den Ägyptern zur Bewältigung der periodischen Nilschwemmen entstanden (Herod. II 109). Platon läßt Sokrates den Mythos vom göttlichen Ursprung der Mathematik bei den Ägyptern erzählen (*Phaedr.* 274c-d). Aristoteles erklärte ihre Entstehung soziologisch mit dem Vorhandensein eines müßigen Priesterstandes in Ägypten (*Metaph.* 981b23-25), meinte also nicht, daß erst in Griechenland das zweckfreie Studium entstanden sei.

179 Cic., *De fin.* III 24-25; 32.

180 Sen., *Epist. mor.* 88, bes. 21-23; 90; Diog. Laert., VII 129; GIUSTA (1967) II 70ff.

keit erfährt. Nicht die allein an Spezialisten sich richtende Fachschrift, sondern die Veröffentlichung der Disziplin für ein literarisch gebildetes Publikum macht aus der hermetisch abgeschlossenen, durch Familientradition bestimmten ärztlichen *τέχνη* eine, die prinzipiell jeder lernen kann. Der sog. hippokratische Eid enthält die typischen Bestimmungen eines Ausbildungsvertrages und zeigt so, welche verändernden Rückwirkungen die größere Publizität der Technik auf deren zuvor allein familienzentrierte Ausbildung besaß[181]. Einen zweiten Schwerpunkt des Bestrebens nach enzyklopädischer Organisation technischen Wissens bildete die Aneignung der literarischen Bildung Griechenlands in Alexandreia mit der Förderung von Technik und Medizin durch die hellenistischen Herrscher; in der Zeit der Übernahme griechischer Bildung durch Rom bestand ebenfalls ein hoher Bedarf an enzyklopädischer Literatur über Techniken.

Für Celsus ist es selbstverständlich, daß die Medizin Teil enzyklopädischer Bildung sei. Medizin gebe es auch bei unzivilisierten Nationen. Celsus zeichnet ihre Entstehung nach und ihren Status als noch *rudis* und *vulgaris scientia*. Medizin ist zugleich Ergebnis und Erfordernis des Zivilisationsprozesses: Unnötig, solange die *mores* noch nicht durch *luxuria* korrumpiert waren, wird die *multiplex medicina* zum literarischen Phänomen, zu einem dem *animus* notwendigen, dem Körper jedoch abträglichen Phänomen. Die schwächlichen Naturen der Städter mit ihrem hohen Bildungseifer seien zur Kompensation des naturfernen Stadtlebens auf Medizin angewiesen[182]. Technik und Techniker sahen sich demnach nicht als soziales System, abgegrenzt von anderen gesellschaftlichen Funktionszusammenhängen. Die Techniker betrachteten es vielmehr im Altertum als Leistung und Fortschritt, sich möglichst bruchlos in einen allgemeinen Verständigungszusammenhang einzuordnen. Bedeutung und Wichtigkeit von Zielen, Zwecken und Funktionen technischer Disziplinen wurden nicht Veränderungswirkungen zugeschrieben, die die Techniken für die Gesellschaft erfüllten, sondern damit gerechtfertigt, daß die Techniken für ein kultiviertes und zivilisiertes Leben notwendig seien[183]. Die Schwerpunktzeiten der literarischen Leistungen einzelner Techniken müssen daher nicht unbedingt zugleich Zeiten ihres beschleunigten Fortschrittes oder eines besonderen Einflusses auf die Entwicklung der Gesellschaft dargestellt haben: Einführende oder zusammenfassende technische Literatur zog ggf. um des didaktischen Zweckes willen eine das Wirkungsprinzip verdeutlichende ältere der komplizierteren neueren Konstruktion in der Darstellung vor vor; umgekehrt dürfen Zeiten, aus denen technische Fachliteratur in geringerer Zahl überliefert ist, nicht schon darum als Zeiten techischer Stagnation gelten. Die überragende Bedeutung, die dem Aspekt der Lehrbarkeit der Tech-

181 S.u. S. 117.

182 Cels., *De med.* I pr. 1-6. Als erste Stufe der Entwicklung gilt Celsus die Medizin als Teil der Philosophie, betrieben wegen des Bedarfes des Philosophen aufgrund seiner ungesunden Lebensweise (pr. 6-8). Vgl. I 2,1-2. Vgl. bereits Hippocr., *De prisca med.* 3: Kranke und gesunde Menschen bedürften verschiedener Lebensführung; wenn gesunde Menschen wie Tiere mit natürlichen Nahrungsmitteln zufrieden wären, wären technische Nahrung und Lebensregelung (*διαιτήματα εὑρημένα καὶ τετεχνημένα*) nicht nötig; tierische Ernährungsweise mache den Menschen krank; dieser sei mithin in der Gegenwart auf Technik angewiesen. Der Autor setzt voraus, daß dies früher nicht so war; die stärksten Naturen vertrügen tiergleiche Nahrung: Der Zivilisationprozeß erweist sich unter diätetischem Gesichtspunkt als Denaturierung des Menschen und Zuwachs seiner Abhängigkeit von einem technischen Zubereiten der Nahrung, die er seiner schwächer gewordenen *φύσις* anpaßt. Der Prozeß der Zivilisation bedingt danach die Notwendigkeit ärztlicher Kunst.

183 Anders: SCHÜRMANN (1991) 57ff.

niken und ihrer Zugehörigkeit zu einem möglichen Bildungsgut zukam, bedingte an sich bereits eine konservative, weniger eine innovative Attitüde der die Lehre bewahrenden Literatur.

1.2.2. Allgemeine Bildung des Technikers

Es bestand also die Tendenz, immer umfangreichere Lehrinhalte technischer Spezialdisziplinen einer, wenn auch beschränkten, literarischen Öffentlichkeit als Lektüre und Bildungsinhalt zu empfehlen. Dies richtete sich nicht in erster Linie auf die Erfüllung spezieller beruflicher Funktionen, sondern auf den Erwerb literarischer Kompetenz und die Fähigkeit zur Übernahme bürgerlicher Aufgaben bzw. von Führungsfunktionen. In demselben Maße, in dem diese Funktionen nicht einer bürgerlichen Öffentlichkeit, sondern einer beruflichen bzw. gesellschaftlichen Elite zufielen, erhielten die antiken Techniken zusätzlichen Spielraum für Spezialisierungen; im selben Maße aber machte sich andererseits der Anspruch der Techniker geltend, daß ihr spezielles Wissen würdiger Inhalt nicht nur einer spezialisierten Ausbildung sei, weil ein Prozeß der Differenzierung unter den Technikern selbst einigen von ihnen die Möglichkeit der Zugehörigkeit zu den literarischen und politischen Führungsschichten ermöglichte. Damit mußte der Techniker aber zur Rechtfertigung seiner Position den Nachweis erbringen, im Sinne dieser Führungsschichten gebildet zu sein, er mußte sein Wissen also in den Rahmen dieser Bildung einordnen. Den Anfang mit dieser Entwicklung machte die Medizin.

Die hippokratische Schrift *Über die alte Medizin* hielt noch an einer strikten Trennung zwischen ärztlicher Fachausbildung und sophistisch-philosophischer Reflexion fest. Eine Klärung ihrer Grundlagen durch Reflexion habe die ärztliche Kunst nicht nötig; sie bedürfe allein kontinuierlichen Forschens auf der Grundlage von und im Anschluß an bisher gemachte Entdeckungen; demnach garantiert die innerwissenschaftliche Forschung allein den Fortschritt des Faches. Damit ist nur ein negatives Kriterium der Gültigkeit wissenschaftlicher Erkenntnisse ausgesprochen: Was nicht Ergebnis der Schulmedizin ist, gilt nicht. Ansatzpunkt legitimer, therapieorientierter Medizin ist das Alltagswissen des gemeinen Mannes über seine Erkrankungen. Dieser bedarf des Arztes als eines Partners, der aus Vergleichen ein Wissen über den Normalverlauf von Krankheiten und mithin die Kompetenz zur Prognose geschöpft hat. Medizin hat zunächst die Aufgabe der Speicherung und des Vergleichs, nicht der Formulierung hypothetischer Voraussetzungen als Ergebnis philosophischer Reflexion[184]. Medizinisches Wissen ist hier also noch Besitz des handwerklichen Fachmannes.

Eine bereits andere Stellung gegenüber literarischer, rhetorischer und philosophischer Bildung nimmt die spätere hippokratische Schrift *De morbis* ein. Ihr Autor bemerkt, wer

184 Hippokr., *De prisca med.* 1-3. Damit ist Schriftlichkeit, das Speichern von Erfahrungsdaten, konstitutiv für die Medizin. Medizin und Seefahrt bildeten früh eine Erfahrungsliteratur als Voraussetzung ihrer Lehrbarkeit heraus, beide Techniken werden regelmäßig von Platon herangezogen zum Vergleich, um die Prinzipen technischer Belehrung zu demonstrieren. Vgl. LONIE (1983); SCHNEIDER (1989) 132-150. Platon will zeigen, daß die Lektüre aus der Erfahrung geschöpfter Rezepte nicht schon zum sachgerechten Urteil über die Anwendbarkeit von Rezepten befähige, vgl. *Phaedr.* 268a-269a; 274b-277a; *Politic.* 299b-c; *Phileb.* 55c-57b; *Symp.* 186b-e.

über Fragen der Heilkunst richtig fragen, antworten oder widersprechen wolle, müsse eine Reihe von Gesichtspunkten erwägen, die er im folgenden ausführt. Das Werk orientiert sich also nicht an der beratenden Funktion des Mediziners als eines Fachmannes, sondern an einer rhetorisch geprägten Vorstellung von der Durchsetzung medizinischer Geltungsansprüche, des Gewinns von Anerkennung mit sprachlichen Mitteln[185]. Das Ziel der Schrift ist, den Leser kompetent zu machen für die Teilnahme an medizinischen Diskussionen, ihm rhetorisch-literarische Bildungsinhalte zu vermitteln, derer er zur Teilhabe an der fachwissenschaftlichen Kommunikation und zur Durchsetzung seiner Vorstellungen in Debatten bedarf. Der Mediziner nimmt teil an der rhetorischen Bildung, derer er nicht mehr entbehren kann, um mit Kollegen und Öffentlichkeit zu kommunizieren. Damit werden Gesichtspunkte kategorialer Reflexion und der rhetorischen Topik zu Konstituenten der medizinische Ausbildung selbst. Struktur- und Reflexionswissen kommt zum aus der Erfahrung geschöpften Fachwissen hinzu.

Spätestens in der Kaiserzeit wird die philosophische Bildung des Arztes nicht mehr nur aus kognitiven Gründen erwartet, sondern weil von ihr erwartet wird, das Verhalten günstig zu prägen. Von der Zugehörigkeit ihrer Disziplin zu einem Kanon studierenswerter Fächer überzeugt, fordern die Mediziner vom Arzt, daß er sich am Leitbild persönlicher Unabhängigkeit orientiere, schreiben ihrer Kunst die Möglichkeit zu, diese Unabhängigkeit zu vermitteln, und erwarten von philosophischer Schulung entsprechende Sinne. Galen kritisiert, daß bei Ärzten aber tatsächlich der *πλοῦτος* höher geschätzt werde als die *ἀρετή*. Gelderwerb und *εὐεργεσία ἀνθρώπων* aber schlössen einander aus. Der Arzt müsse Philosoph sein, hinsichtlich seiner wissenschaftlichen Ausbildung wie seines Strebens nach Unabhängigkeit von sinnlichen Genüssen[186]. Philosophische Bildung wird als Inbegriff wissenschaftlicher Schulung und als Garant einer angemessenen Lebensführung und -regelung zum Bestandteil des Leitbildes der ärztlichen Kunst. Galens Auffassung von der Legitimität medizinischer Geltungsansprüche machen aus der Medizin eine der freien Künste, verpflichten sie auf philosophische Reflexion und betrachten sie als Herrschaft ausübende Institution: Er rechnet sie zu den *artes liberales*, und er sieht die Medizin als unter philosophischen Gesichtspunkten hinsichtlich ihrer Geltungs- und Herrschaftsansprüche gerechtfertigt. Dabei nimmt er Motive der sokratischen Philosophie auf, die die Techniken auf die Berechtigung der durch sie erhobenen Herrschaftsansprüche hin betrachtete[187]. Seine philosophische Bildung garantiert nach GalensAuffassung, daß die Lebensform des Technikers kompatibel sei zu der der gebildeten Oberschichten.

Die Forderung nach Kompetenz und persönlicher Unabhängigkeit des Arztes als Voraussetzung der Legitimität der von ihm erhobenen Geltungsansprüche vertraten ähnlich auch

185 Hippocr., *De morb.* I 1. Dazu WITTERN (1974).

186 Galen, *Quod opt. med.* I 57ff. Dazu DILLER (1933); ISNARDI (1961); LIEBER (1972); (1979).

187 Vgl. *De meth. med.* X 1,1-4: Geld, politische Macht und Genuß seien die Lebensziele der Mehrheit; wer sich dagegen um *σοφία* bemühe, gelte als verrückt. Dazu gehöre als wichtigster Teil die *ἐπιστήμη … θείων τε καὶ ἀνθρωπίνων πραγμάτων*. Für *τέχναι* halte man zwar *ἰατρική*, Geometrie, Rhetorik, Arithmetik und Musik, bestreite aber, daß diese ihr Unabhängigkeitsziel auch verwirklichten. Dagegen hätten sich die Ärzte von alters her gewandt und Kranke wie Feldherren die Soldaten oder Könige die Untertanen zu beherrschen beansprucht, ohne sachunangemessene Despotie oder Schmeichelei. Vgl. Plat., *Politic.* 293a-c; 297e-299e (Untergang von Medizin und Seefahrt bei völliger Unterwerfung unter die Kontrolle der Politik, Teilautonomie der Techniken); *Euthyd.* 291e-292a (Gesundheit als Ergebnis ärztlichen Herrschens); Arist., *Pol.* 1287a32ff.

nachgalenische Mediziner. Oreibasios beklagt die Exitenz von Pseudo-Ärzten, die lenken (*κυβερνᾶν*) wollten, obwohl sie außer der instrumentellen Kenntnis ärztlicher Verfahren (*τῆς ὑπερητικῆς ἐμπειρίας*) medizinische Urteilsfähigkeit nicht besäßen[188]. Sie übten Führung aus und verträten die ganze Kunst ohne Voraussetzungen, und sie versuchten die Heilung schwer oder nicht heilbarer Krankheiten. Legitimer als das Handeln dieser Unwürdigen erscheinen dem Autor Bemühungen gebildeter Laien um Selbstmedikation, zu deren Nutzen seine Schrift verfaßt ist: Oreibasios lobt den Amateur, der sich mit der Medizin als seiner *παιδεία* angemessene Sache befaßt. Den Fachmann unterscheidet vom Amateur die theoretische Schulung und praktische Erfahrung als Voraussetzungen seiner Urteilsfähigkeit, den Laien legitimiert seine literarische Bildung, Freiheit und Unabhängigkeit[189]. Unabhängigkeit und Urteilsvermögen sind Momente technischer Autorität. Eine konsequente Variante dieser Position setzt voraus: Da technische Disziplinen praktische Disziplinen sind, sind für sie kognitive Fähigkeiten und die Verfügung über eine zutreffende Doktrin gegenüber moralischen Qualitäten zweitrangig[190].

Der in der Kaiserzeit anwachsende Bestand an technischer Fachliteratur forderte von den Schriftstellern die Selektion des Tradierten. Sie bedurften der Kriterien für die Gültigkeit der Tradition. Ein naheliegendes Kriterium war, als gültig anzusehen, was als Ausdruck technischer Exzellenz der Autoren und Überlieferer galt, die Fortgeltung des Wissens also von literarischer Autorität abhängig zu machen. Eine solche Abhängigkeit technisch-praktischer Geltung vom Gesichtspunkt literarischer Geltung liegt bereits vor, wenn Hippokrates als dem Arzt schlechthin Schriften zugeschrieben werden, um sie in der Schultradition zu etablieren: Durch die Zuschreibung medizinischer Lehrschriften unbekannter Autoren an Hippokrates geht es darum, die gültige Tradition zu vermehren und ihren Umfang zu erweitern; ein Lehrinhalt soll durch die Autorität des großen Arztes zum Teil des medizinischen Schulwissens werden. In der späten Kaiserzeit und der Spätantike sah man dagegen den Umfang der Lehrtradition als zu groß an, als daß sie in der Praxis handhabbar gewesen wäre, und man empfand stärker den Zwang zur Selektion. Das Kriterium technischer Exzellenz und literarischer Autorität diente hier nicht der Erweiterung, sondern der Einschränkung und Selektion des Wissens. Die Mediziner sehen sich gezwungen, die Tradition auf Wesentliches zu beschränken. Oreibasios epitomiert im 4. Jahrhundert Werke der medizinischen Überlieferung, macht sie überschaubar, handhabbar. Den Auftrag zunächst

188 Oribas., *Libr. ad Eunap.* I pr. 2-5.

189 Vgl.: Oribas., *Libr. ad Eunap.* I pr. 1,3. Der Adressat besäße außergewöhnliche Kenntnisse der *θεωρία*, die ihn zum *κρίνειν* befähigten (pr. 1,4).

190 Ps.-Soranos, *Introductio ad medicinam*, p. 244: *mores* ohne *doctrina* seien wichtiger als umgekehrt. Näher zu den *mores*: Der Arzt sei *ergo moribus clemens et modestus ... nec desit ei sanctitas*; er solle Arm und Reich gleichermaßen kurieren (245); festgehalten wird an der Unterscheidung heilbarer und unheilbaren Krankheiten (246). Der Autor will das behandeln, was ein medizinischer Anfänger im Alter von etwa 15 Jahren benötigt, um Arzt zu werden; die medizinische Pädagogik geht davon aus, daß der Jugendliche in diesem Alter *circa mores* bereits größere Fortschritte gemacht habe als in den anderen *disciplinae*, also Grammatik, Rhetorik, Geometrie und Astronomie. Der Autor behandelt die Tradition der Medizin in erster Linie als Lehrtradition mit den Charakteristiken eines Systems, also Vollständigkeit, Abgeschlossenheit und Zusammenhang (244-245), in Form eines seine Systematik betonenden Frage-Antwort-Spieles. Wenn der anonyme Autor von einer frühen Abgeschlossenheit der Medizin spricht - *Medicinam quidem invenit Apollo, amplificavit Aesculapius, perfecit Hippocrates* (243), so ist dies durch die didaktische Perspektive der Schrift bedingt: Sie setzt den zu belehrenden Medizinlehrling voraus und beschreibt, was ihm beigebracht werden müsse (244).

zur Epitomierung von Spezialschriften Galens und dann zur Exzerpierung und Qualitätsselektion aus der gesamten maßgeblichen medizinischen Überlieferung erhält er von Kaiser Julian. Seine Selektionskriterien sind dreifacher Natur: Ausgewählt werden soll dasjenige Wissen, das von den besten Ärzten stammt, das für die Anwendung in einzelnen Situationen besonders geeignet ist, und das der Verwirklichung des Zieles der medizinischen Kunst in besonderer Weise nützt[191]. Das dritte Geltungskriterium mißt die Güte technischer Regeln als solcher, das zweite die Anwendbarkeit des Regelwissens auf Anwendungsfälle, das erste beurteilt Qualitäten, die in den Personen der literarischen Autoritäten liegen. Die Geltung medizinischen Wissens ist also auch abhängig von einer persönlichen, moralischen und technischen Qualität seiner Träger. Wie Galen, so beurteilt auch Oreibasios die Ärzte anhand ihrer Lebensführung, insbesondere der Bemühung um persönliche Unabhängigkeit, weil diese ihren Anspruch auf Führung und Geltung in Angelegenheiten der Gesundheit erst rechtfertigt.

Die kognitiven wie moralischen Forderungen richten sich an den Mediziner als Mitglied einer Elite mit Anspruch auf Führungskompetenzen. Die medizinische Literatur orientiert sich bei der Bestimmung ihrer Ausbildungszwecke und ihrer intendierten Leserschaft an einer solchen Elite, doch macht ein Zeugnis des Scribonius Largus deutlich, daß die Mediziner des ersten nachchristlichen Jahrhunderts Erhalt und Entwicklung eines hohen technischen Niveaus nicht von den Selbstregelungsmechanismen der Disziplin meinten erwarten zu dürfen: Wenn nicht eine Auswahl *(dilectus)* nach den Personen erfolge, sondern Gut und Schlecht auf der Zahlenskala gleich eingeschätzt würden, verlören sich das technische Niveau und seine Tradition, weil man dann offensichtlich mit gleicher Anstrengung dieselbe *dignitas* und *utilitas* erreichen könne; tatsächlich mache jeder Medizin wie er wolle, und viele, die nur einen Teil der Medizin beherrschten, träten mit dem Anspruch auf, Allgemeinarzt zu sein[192]. Konkurrenz unter Fachvertretern und die Zumessung von Anerkennung und Vorteilen sichern das Niveau durch Motivationsdruck; weil dieser in der Wirklichkeit fehle, trete Niedergang ein. Der Autor setzt voraus, daß die *ipsius artis scientia*[193] nicht als Selbstzweck verfolgt werde, sondern durch äußere Anreize motiviert werden müsse, und beobachtet, daß dies in der Praxis mißlingt. Ohne daß durch äußere Anreize die Bemühung um medizinische Exzellenz lohnend gestaltet würde, läßt sich die Disziplin nicht erhalten.

Der Arzt bringt dabei eine scheinbar paradoxe medizinische Ethik zur Geltung. Die Bemühung um Erhaltung und Ausbau eines hohen technischen Niveaus gilt als Ziel; dieses

191 Oribas., *Coll.* I pr. 1-4, bes. 2. Ähnlich: *Libr. ad Eunap.*, pass.: Vergleich von Ärzten mit Kapitänen; die Beherrschung elementarer medizinischer Verrichtungen genüge zur Ausübung der Kunst nicht, nötig sei Urteilsvermögen. In Abhängigkeit ausgeübte Tätigkeiten disqualifizieren den Arzt von seiner Führungsfunktion. Die ethische Disposition (προαίρεσις) des gebildeten Laien ist solchen Ärzten vorzuziehen, pr. 1,2-3. Oreibasios hält an dem Prinzip fest, daß der Arzt unheilbare Fälle nicht übernehmen solle (vgl. Hippokr., *De arte* 8).

192 Scrib. Larg., *Compos.* Ep. 10: *ubi enim delectus non est personarum, sed eodem numero malus bonusque habetur, disciplinae ac sectae observatio perit, quodque sine labore potest contingere idemque dignitatis utilitatisque praestare videtur posse, unus quisque id magis sequitur. sic ut quisque volet, faciet medicinam. quosdam enim a perverso proposito nemo potest movere et sane omnibus permisit liberum arbitrium magnitudo professionis. multos itaque animadvertimus unius partis sanandi scientia medici plenum nomen consecutos.*

193 Scrib. Larg., *Comp.* Ep. 11.

ist jedoch nicht als Selbstzweck Motiv ärztlichen Handelns; daher muß eine geregelte Zumessung erstrebenswerter Güter die Funktion dieses Motivs ersetzen. Das Gelingen dieses Mechanismus setzt jedoch voraus, daß nicht die Erlangung der äußeren Güter, Ansehen oder Reichtum, als Ziel angesehen werde, weil anderenfalls nicht garantiert würde, daß die Mittel, die zu ihrer Erlangung führen, nicht nur scheinbarer Ausdruck technischer Exzellenz sind; weil die Durchsetzung in der Konkurrenz zunächst nur die Durchsetzungsfähigkeit belegt, sind zwei Voraussetzungen nötig für das Funktionieren einer solchen Stabilisierung und Verbesserung der Technik durch motivierende Konkurrenz: (1) Die Motivation der Beteiligten darf nicht unmittelbar auf Geld und Ansehen gerichtet sein; (2) die Zumessung von Geld und Ansehen muß nach Einsicht in die Sache erfolgen, damit nicht technikfremde Maßstäbe die Selektion bestimmen[194]. Scribonius Largus beschreibt nicht eine freie Konkurrenz aller Beteiligten auf Märkten um Geld und knappe Güter; er verlangt vielmehr bereits ein gewisses technisches Ethos auf Seiten der Mediziner und sachliche Einsicht der Sanktionen zumessenden Instanz. Damit die Konkurrenz ihren Zweck der Niveausicherung erfüllt, darf, anders als auf Märkten mit prästabilisierter Harmonie, nicht jeder Beliebige an der Konkurrenz teilnehmen.

Für Galen stellt die Entwicklung der technischen Fähigkeiten des Menschen die Entwicklung des Göttlichen in seiner Natur dar. Auch er verlangt ein nicht primär an materiellen Zielen orientiertes Ethos des Arztes als Voraussetzung dafür, daß dieser eine technische Lebensform entwickle und durch diese anderen nützen könne[195]. Die Ausbildung des Arztes solle diesen zu einem Habitus ständigen Forschens und Lernens führen und zu einem solchen Ethos, das alle üblichen Lebensziele gegenüber dem Streben nach Wahrheit hintantreten läßt[196]: Auch Galen betrachtet es als Aufgabe der Ausbildung des Arztes, daß er die Bemühung um Perfektion in der ärztliche Kunst zum Selbstzweck mache[197]. Er beschreibt es als Konsequenz des Wirkens der wahren Mediziner, daß die Geschichte der Disziplin eine Geschichte ihres kontinuierlichen methodischen Fortschrittes sei[198].

Für die spätantike Medizin des Westens schuf das Sprachproblem besondere Bildungsvoraussetzungen an den Arzt, zu dem die Forderungen eines christlich überhöhten Humanitätsideals hinzutraten. Vindicianus, der Freund Augustins, spricht von den Schwierigkeiten des Übersetzens und Interpretierens und behandelt Griechischkenntnisse als Voraussetzung für

194 Scribonius Largus skizziert den *rechten Weg:* Er selbst habe sich weniger um *pecunia* und *gloria* als um die *ipsius artis scientia* bemüht, Scrib. Larg., *Comp.* Ep. 11.

195 Galen, *Adhort. ad artes addisc.* 9 (I 20f.K.).

196 Galen, *De constit. art. medic. ad Patroph.* I 244-245.

197 Galen, *De meth. med.* X 1,1-4: Galen lebe allein der ἀλήθεια, wolle Liebe und Achtung für die τέχναι entfalten und weder am politischen Leben teilnehmen noch sich dem Betrieb der Bäder oder körperlichen Begierden hingeben. Er unterscheidet zwischen wahrer Medizin, die gerechtfertigte Geltungs- und Herrschaftsansprüche gegenüber den Patienten erhebt, und nur scheinbarer Kunst. Die Ausbildung des Arztes muß danach Kompetenz vermitteln sowie ein berufliches Ethos. Zur Rolle der Übung in der Ausbildung vgl.: Galen betont seine sowohl gegenüber einem extremen Empirismus wie dem reinen Rationalismus Distanz wahrende These, erfolgreiche Therapieverfahren würden teilweise durch den λόγος, teilweise durch die πεῖρα und teilweise durch ein Zusammenwirken beider gefunden. In Angelegenheiten der τέχναι müsse man nicht nur die vielen Fällen gemeinsamen Merkmale und allgemein gültige Theorien zu erlernen, sondern auch oft Details üben; Übung sei der Weg zum Erfolg; wesentlich sei der Gewinn der Fähigkeit zum urteilenden Unterscheiden (διακρινεῖν), Galen, *De comp. medic. per gen.* XIII 886-890.

198 Galen, *De meth. med.* X 1,63.

das Studium der Medizin[199], sieht in ihr also eine griechische Disziplin, der seine lateinische Gegenwart entfremdet ist. Die Gebildetheit des Arztes besteht hier sprachlich in der Fähigkeit zur Aneignung einer fremd gewordenen Kultur und in der moralischen Kompetenz, entsprechend christlichen Humanitätsforderungen die ärztliche Kunst auszuüben. Allerdings verliert die philosophische und rhetorische Bildung bei den Ärzten der christlichen Spätantike die selbstverständliche Geltung als Bildungsmaßstab. Zwar hat die Proömientopik naturkundlich-technischer Werke deren Inhalt immer schon von der Formalität rhetorischen Schmucks abzuheben versucht[200], doch verneint Theodorus' Priscianus' über diese rhetorische Anspruchslosigkeit der Techniker hinaus die Geltung der gelehrten Tradition, über die er die lebendige Erfahrung erfahrener Menschen ohne philosophische Bildung stellt. Er lehnt philosophisch-rhetorische Bildung als Voraussetzung des Heilens ab: Um Heilmittel zu finden, sollten weniger gebildete Menschen sich mit der *natura ... conscia*, nicht *philosophia*, befassen. Nicht rhetorische Rechtfertigung von Ansprüchen, sondern Urteilsvermögen stehe einer Medizin an, die Theodorus eher aus Erfahrungen des Kräutergebrauches als aus literarischen Studien geschöpft wissen will[201].

Auch Kriegswissenschaft setzte, sobald philosophische Reflexion ihre Struktur bestimmte, literarische und philosophische Bildung auf seiten des Lesers voraus, das heißt: als Römer die intendierten Leser dieser Schriften waren. Von ihnen erwartete man die für die Lektüre notwendige Bildung, Erfahrenheit und Urteilsfähigkeit[202]. Von einer unmittelbareren Konfrontation mit fremder militärischer Erfahrung erhoffte man sich einen auch das Urteilsvermögen und Verhalten bildenden Einfluß auf den Leser. Die jüngeren *Strategemata* Frontins ähneln im Aufbau dem Werk Onasanders[203]; seine Systematik (vor der Schlacht, Gefechtsführung und Schlachtausgang, Belagerungskriegführung) reproduziert ein Gliederungsmuster der griechischer kriegswissenschaftlichen Literatur, ohne es streng durchzuhalten. Das vierte Buch enthält Material, das sich nicht als *στρατηγήματα* subsumieren ließ. Frontin unterscheidet im Vorwort zwischen ethischen Tugenden des Feldherrn und bestimmten Vorge-

199 Vind., *Gynaec.* 428-431; *Epist. ad Valent.* c. 8-10; *Act. Iust. de mul. genech.* 464; *Epist. ad Pent.* 485f.: Der Adressat, Vindicianus' Neffe, solle erkennen, *quanta fuerit generis nostri sapientia*; das Wissen, dessen Umfang abzuschätzen ist, gilt als vergangenes Phänomen und nachträglich anzueignender Gehalt, nicht als Sache der Gegenwart. Vgl. SCHIPPER (1921).

200 Vgl. z.B. Plin., *NH* I pr. 12ff.

201 Theod. Prisc., *Eupor.* ed. Rose I pr.; I 1; II pr. (1); III 8 (31).

202 Vgl. Onasand. pr. 1: *διά τε παιδείαν, ἧς οὐκ ἐπ' ὀλίγον ἔχουσιν ἐμπειρίαν, καὶ προγόνων ἀξίωσιν*); pr. 2 (das Werk an römische Senatoren gerichet *οὐχ ὡς ἀπείροις στρατηγίας*, sondern wegen ihrer durch die Praxis erworbenen Urteilsfähigkeit). Die Bildungserwartung richtet sich also auf militärischer Erfahrung. Onasander fordert *ἀρετή* vom Feldherren einer Unternehmung (Onasand. 2,1-2.); dessen Aufgabe ist eine leitende; er hat Prognosen zu stellen, sowie Lob und Tadel auszuteilen (Onasand. 33,1-2; 34: *προορᾶσθαι τὸν καιρόν, τὴν ὥραν, τὸ μέλλον*).

203 I pr. 2. Vgl.: KROMAYER u. VEITH (1928); SCHANZ u. HOSIUS (1935) II 795ff.; BENDZ (1938); (1943); KAPPELMACHER, RE 10,1 (1917) 591ff.; LAMMERT, RE 4 A 1 (1931) 174ff. s.v. *Strategemata*; SCHENK (1930) 39ff.; WÖLFFLIN (1975) 72ff. Am Anfang der Strategemata erwähnt Frontin wohl ein nicht erhaltenes Werk *De re militari* (I pr. 1). Vegetius meint wohl dieses, wenn er Frontin als Quelle nennt (Veget., *Epit. rei milit.* I 8,1; II 3,1. Vegetius' Kapiteleinteilung ähnelt der von Frontins *Strategemata*, sodaß deren Gliederung wohl auch mit der von *De re militari* übereinstimmte, BENDZ (1963) 2. Abfassungszeit der *Strategemata* Frontins während Domitians Regierung, ebda. 5. Onasander widmete sein Werk einem Quintus Veranius, der wahrscheinlich identisch ist mit dem Konsul von 49 n.Chr., der in Britannien als Militärkommandeur 59 n.Chr. starb (PIR III 399f.).

hensweisen (*στρατηγήματα*), doch war er zunächst davon ausgegangen, daß beides, Beispiele für kluges Vorgehen wie besonderer persönlicher Eigenschaften, zusammen darzustellen seien; im Vorwort zum vierten Buch kündigt er aber an, Fälle ethischer Exzellenz des Feldheren gesondert zusammenzustellen[204]: Der Nutzen einer *exempla*-Sammlung entfaltet sich nicht ohne Vermittlung moralischer Kompetenzen an den Adressaten, diese aber gelingt nicht schon mittels Beispielen zweckmäßigen Vorgehens allein. Frontin betrachtet die Sammlung von Kriegslisten als integralen zweiten Bestandteil einer auf die Anleitung von Praxis gerichteten Lehre der Kriegswissenschaft[205]. Wesentlich für diese Sammlung ist ihre Transportabilität (vgl.: *expeditis)*, also die Handhabbarkeit des militärischen Wissens in der Situation seiner Anwendung. *Exempla* des *consilium* und der *providentia* sollen dem Feldherren an die Hand gegeben werden. Der Autor erwartet dabei, daß bereits diese Konfrontation mit akkumulierter und geordneter Erfahrung die Fähigkeit vermittelt, ähnliches zu erfinden[206]. Technische Lehre bietet, sofern sie gelingt, Problemlösungskompetenz in konkreten Situationen, die der Urteilsfähigkeit genau so wie moralischer Dispositionen bedarf. Technische Qualifikation wird als moralische Kompetenz gedacht. Technische Belehrung bedient sich daher des Schemas des *exemplum*: Vorausgesetzt werden die prinzipielle Begrenztheit der Erfindungsgabe der Menschen und die Diversität der zu lösenden Problemlagen. Zwischen dem Inhalt vergangener Erfahrung und dem Inhalt der Erfindung besteht ein Verhältnis der Ähnlichkeit, das es einerseits ausschließt, daß gänzlich andere Lagen durch die exemplarische Form der Handlungsanleitung nicht belehrt werden könnten, andererseits jedoch mit einer Differenz der jeweiligen zu früheren Lagen rechnet, die aus der der Problemlösung einen kreativen und innovativen Akt machen. Dazu aber setzt eine militärisch-technische Form der Belehrung, die das vergangene Beispiel neben der abstrakten Regel mit der Dignität der Kompetenz zu direkter Handlungsanleitung auszeichnet, voraus, daß der über die Lage urteilende Feldherr neben der Fähigkeit zu diesem Urteil eine Reihe kardinaler praktischer Tugenden besitze, die ihn zum Handeln befähigten. Thema des vierten Buches sind Beispiele, die diese Fähigkeiten und ihre Wirkungen demonstrieren. Zur Lehre vom Handeln des Feldherrn gehören neben kognitiven auch ethische Tugenden[207].

204 Front., *Strateg.* IV pr. 1; I pr. 4.

205 I pr. 1.

206 *unde illis excogitandi generandique similia facultas nutriatur* (I pr. 1).

207 IV pr.: *disciplina...*, *continentia...*, *iustitia...*, *constantia...*, *affectu*(s) *et moderatio*(ne). Die *substantia* dieses Gebietes sei verschieden von der der Kriegslisten; es gehöre allerdings zu den Gegenständen, derer man zur praktischen Orientierung bedürfe und werde um der Vollständigkeit willen mitgeteilt. Die Tradition der *στρατηγήματα* bot für diese Anleitung keinen Raum, war also für das unter dem Gesichtspunkt einer Ratschläge erteilenden Feldherrenkunst (I pr. 2: *praeparavi opportuna exemplorum veluti consilia*) exzerpierte Material zu eng. Der letzte Abschnitt des vierten Buches (*DE VARIIS CONSILIIS*) stellt seinerseits einen Nachtrag dar, der *στρατηγήματα*, nicht *στρατηγικά* bietet, und nochmals übrig gebliebenes Material verarbeitet: Die Struktur dieser *exempla* entspricht der der ersten beiden Bücher; das Kapitel enthält Dubletten, BENDZ (1963) 5f.: IV 7,6 ≅ I 10,1; IV 7,36 ≅ III 16,1; IV 7,40 ≅ II 4,15; IV 7,41 ≅ II 4,16; die Unterschiede im Wortlaut sind minimal, IV 7,40 f. und II 4,15 f. sind wörtliche Dubletten, hier scheint eher eine neue *exempla*-Sammlung als Quelle vorzuliegen mit anderer Gliederung. Die *exempla* dieses Abschnittes sind eher anekdotischen Charakters als daß sie den Akzent auf das Ethos des Feldherrn legten (IV 1,9: *Lysander Lacedaemonius egressum via quendam castigabat. cui dicenti ad nullius rei rapinam se ab agmine recessisse respondit: "ne speciem quidem rapturi praebeas volo."*) Vgl. BENDZ, aaO. 234f. verweist auf Ähnlichkeiten des Buches IV mit Kapiteleinteilungen im Werk des Valerius Maximus (II 7: *DE DISCIPLINA MILITARI*; IV 3: *DE ABSTINENTIA ET CONTINENTIA*; VI 5: *DE IVSTI-*

Polyaens *Strategemata* machen in ähnlichem Sinne die beiden bei Frontin entscheidenden Aspekte zum Prinzip, nämlich Zweckrationalität und Ethos, stellen die Beispiele aber in anderer Reihenfolge dar. Nicht die Mittel zur Verwirklichung bestimmter Absichten diktieren die Gliederung, sondern die geographische Herkunft des Beispiels. Dennoch erhofft sich Polyaen, der sein Werk wahrscheinlich für die Vorbereitungen der Partherkriege Mark Aurels (161-166) schrieb, daß dieses den militärischen Unterführern als Lektüre zur Belehrung tatsächlich in die Hand gegeben werde. Beibringen soll es ihnen die Einsicht in Ursachen militärischen Erfolges, die Polyaen scheidet in ethische *ἀρεταί* und Befolgung von Zweckmäßigkeitsregeln (*τέχναι*)[208]. Das Werk bietet *ἐφόδια* der Strategiewissenschaft im doppelten Sinne: Es soll wie das Frontins Wissen transportabel machen, zu militärischen Expeditionen mitgenommen und dort gebraucht werden, und es vermittelt einen Einstieg in diese Wissenschaft, das empirische Ausgangsmaterial systematischer Strategielehre. Gewidmet hat Polyaen es Mark Aurel (161-198) und Verus (161-169). Alte Strategeme, erfolgreiche Aktionen, setzt Polyaen voraus, lehrten unmittelbar die alten Tugenden und Tricks. Die Mitteilung beispielhafter Kriegslisten ist also bereits eine Lehre; diese entfaltet sich nicht ohne die Vorbildwirkung von *exempla*. Ein zweites Moment der Rechtfertigung der *exempla*-Sammlung entspringt einer besonderen Theorie technischen Vorgehens: Es sei Sache der *ἀνδρεία*, den Feind mit Stärke zu besiegen, der *εὐβουλία* jedoch, ihn ohne Kampf durch *τέχνη* und List zu überwinden. Der Vorteil läge in der Gefahrlosigkeit solchen Siegens, im Ersatz der Gefahr durch *γνώμη*[209]. Neben kognitiver Belehrung steht gleichrangig die moralische[210]: Das *exemplum* zeigt nicht allein eine Fähigkeit oder das Gelten einer Regel der Zweckmäßigkeit, sondern auch eine Handlungsdisposition bzw. Tugend, die es nachzuahmen gilt. Belehrung in der Feldherrenkunst geschieht durch *exempla* also dadurch, daß sich am einzelnen Handeln die es auszeichnende *ἀρετή* zeigt und nachahmbar wird: Theoretische Wissenschaften bildeten das Studium derer, die Muße hätten; der Heerführer und Praktiker jedoch studiere Taten und Vorbilder. Die *exempla* drängen dabei die Lehre, die aus ihnen zu ziehen ist, von selbst auf[211]; ihre tatsächliche Wirksamkeit wird als mit ihrer Struktur gegeben vorausgesetzt. Bildung der Urteilsfähigkeit ist das moralische und intellektuelle Aspekte dieser Belehrung umklammernde Ziel. Die *exempla*-Sammlung beansprucht, Bedingungen der Anwendbarkeit der durch sie vermittelten Erkenntnisse mit zu vermitteln: Die Hoffnung auf Belehrung durch *exempla* muß voraussetzen, daß sie auf Leser trifft, die sie zu dechiffrieren wissen, und die das Wesentliche vom Unwesent-

TIA; III 8: *DE CONSTANTIA*; IV 1: *DE MODERATIONE*)).

208 Polyaen., *Strateg.* I pr. 2-3. Gliederung: geographisch, grob chronologisch und nach Personen; Struktur der exempla: stereotyp wie die exempla Frontins, doch nicht streng durchgehalten; Zusatzinformationen über Lage, Strategem und Erfolg hinaus; mythische Helden, Weise und klassische Große sind im ersten Buch unterschiedslos gemeinsam behandelt, IV pr. Vgl. V pr.: Kenntnis der siegreichen Mittel früherer Feldherren ist selbst siegbringende Kriegslist; Souveräne widmeten sich bei der Kriegsvorbereitung dem Studium vergangener Kriege.

209 I pr. 3. *τέχναι* und *στρατηγήματα* sind Mittel zum Ersatz bloßer Kraft (I pr. 4); Homer habe es bereits gelobt, andere durch List zu besiegen (I pr. 7); beispielhaft ist Odysseus (I pr. 8-12); auch die Tragiker gelten als Autoritäten listenreicher Kriegführung (I pr. 12); vgl. III pr. Vgl. Polyaen., *Strateg.* VIII pr.: *ἐν μὲν γὰρ πολέμῳ ταῦτά ἐστι νίκης γυμνάσματα, ἐν δὲ εἰρήνῃ γνώμης παιδεύματα κτλ.*

210 IV pr.: Polyaen bemerkt, das vierte Buch habe er lieber verfaßt als die übrigen, da es die *ἀρεταί* seiner Vorfahren enthalte.

211 Polyaen., *Strateg.* V pr.

lichen zu scheiden gelernt haben. Das heißt: Die Leser müssen so weit die dargestellten Verhältnisse als die eigenen, die ihrer Zeit, erkennen, daß nicht eine hermeneutische Barriere ihre Lebenswirklichkeit von der beschriebenen trennt[212].

Zu den Bildungsvoraussetzungen des Technikers gehören insbesondere in der mechanischen Technik formale Fertigkeiten, die die Mechaniker schon früh zu bestimmen versuchten. Philon von Byzanz verfaßte eine *μηχανικὴ σύνταξις*, die enzyklopädisch alle Gebiete der Mechanik abdecken sollte; sie enthielt neben systematischen Darstellungen mechanischer Grundwissenschaften, zu denen auch *Strategemata* gehörten, eine die mathematischen Grundlagen behandelnde Einleitung, die in knapper Form den Stoff enthielt, der den Einzeldisziplinen zugrundegelegt wurde[213]: Die frühen alexandrinischen Mechaniker um Ktesibios, Philon und Heron begründeten die Mechanik als Ausbildungsdisziplin[214]. Diese war eine Ausbildung von Spezialisten; Philon betont, daß der Geschützbau für die Allgemeinheit schwer zu verstehen sei, und daß Laien beim Nachbau von Geschützen oft fehlerhafte Ergebnisse erzielten[215]: Die mathematische Einsicht in das Phänomen des Maßstabes sowie Sorgfalt bei maßstäblicher Arbeit werden auf als Voraussetzungen behandelt, aus der Lektüre der Schrift über die Kriegsmaschinen Gewinn zu ziehen[216]. Mathematische wie handwerkliche Fähigkeiten, einen Teil höherer Allgemeinbildung der literarischen Elite zuzüglich einer spezialisierten praktischen Ausbildung, muß bereits besit-

212 Daß der Vorteil der eigenen technischen Lehre im Fehlen einer solchen Distanz besteht, die das Beschriebene als Gegenwartstechnik rezipier- und damit reproduzierbar macht, betont ein anonymer byzantinischer Schriftsteller über Belagerungskunst, Anonym. Byz., *Poliorc.*: Die beschriebenen Geräte bedürften, im Gegensatz zur alten und vergangenen *τεχνολογία*, keiner zusätzlichen *διδασκαλία* und *ἑρμηνεία*, und könnten von jedem Beliebigen gebaut werden; durch Verwendung üblicher Bezeichnungen habe der Autor die Verständnishürde gering gehalten). Nicht alte, das Prinzip verdeutlichende, sondern vertraute Konstruktionen sollen dargestellt werden: Der Autor setzt einen großen Abstand zwischen klassischer und hellenistischer Zeit und seiner Gegenwart voraus, die darum neuer Muster bedarf.

213 Plan des Gesamtwerkes: (1) Einleitung (mathematische Grundlagen), (2) *μοχλικά* (Hebel), (3) *λιμενοποιικά* (Hafenbau), (4) *βελοποιικά* (Geschützbau), (5) *πνευματικά* (Pneumatik), (6) *αὐτοματοποιικά* (Bau von Automatentheatern), (7) *παρασκευαστικά* (Vorbereitungen auf Belagerungen), (8) *πολιορκητικά* (Belagerungskriegführung), (9) (Strategeme), vgl. ORINSKY u. NEUGEBAUER u. DRACHMANN, RE s.v. *Philon (48)*; GILLE (1980) 104f. (teilw. abweichende Rekonstruktion).

214 Umfangreichere Teile haben sich vom Werk Herons erhalten. Philons *μηχανικὴ σύνταξις* dürfte strukturell dem verlorenen Werk des Ktesibios ähnlich gewesen sein, GILLE, (1980) 83-102.

215 Philon, *Belop.* 1-2 (49ff). Das Fachmannprinzip äußerte Philon auch in seiner Pneumatik, wie die lateinische Übersetzung der arabischen Übertragung des Werkes erkennen läßt (Philon von Byzanz, *Lib. de ing. spir.*, pass., insb. I 122.

216 Philon, *Belop.* 2 p. 50 Th.

zen, wer von Herons Lehre der Mechanik profitiere will[217]. Die praktische ist hier der literarisch-theoretischen Ausbildung untergeordnet, jene die Voraussetzung dieser.

Auch Vitruv formuliert am Anfang von *De architectura* Bildungsvoraussetzungen des künftigen Architekten. Diese unterstreichen die besondere Dignität der Architektur und behandeln die Disziplin, obwohl eine angewandte, wie eine der *artes liberales*. Ähnlich Heron unterscheidet Vitruv theoretische und praktisch-handwerkliche Fächer, die der Architektur untergeordnet und die Voraussetzungen architektonischer Kreativität ausmachen *(fabrica - ratiocinatio)*. *Fabrica*, das handwerkliche Moment, bezeichnet dabei die durch Ausbildung qua Nachahmung und Einübung, also durch wiederholte Erfahrung, erworbene Fähigkeit, einen Gegenstand nach einem vorher gefaßten Plan anzufertigen. Der *ratiocinatio*, der theoretischen Tätigkeit, wird die Aufgabe zugewiesen, die Regeln der Geschicklichkeit und die Berechnungen, die der Herstellung des Gegenstandes zugrundeliegen, zu erläutern und herzuleiten. Wenn nicht beide Momente vorlägen, die Verfügung über die sprachlichen und mathematischen wie über die handwerklichen Fähigkeiten, sei die *res* der Architektur nicht zu erreichen, Bauen nach Plan also nicht möglich. Vitruv leitet diese Gleichrangigkeit theoretischer und praktischer Kompetenz aus einer zeichentheoretischen Beschreibung des Verhältnisses des Planes zum Werk als Verhältnis von Zeichen und Bezeichnetem ab[218].

In der Folge umreißt Vitruv den Kanon der Disziplinen, der die Bildung des Architekten ausmache: Schriftstellerei, Zeichnen, Arithmetik und Geometrie, Geschichte, Philosophie, Musik, Medizin, Recht und Astronomie. Vitruv fordert Bildung in einer Reihe freier Künste, weil er dazu neigt, die Architektur den freien Künsten zuzurechnen; er begründet sie als Tätigkeit, die gerade nicht zu persönlicher Abhängigkeit führt. Deutlich macht dies die Forderung nach philosophischer Schulung des Architekten. Ethische Schulung soll das Verhalten des Architekten so formen, daß nicht Erwerbsstreben, sondern Bemühung um persönliches Ansehen auch vor der Nachwelt es bestimmt[219]. Nicht als untergeordnete praktischen Disziplin sieht er sein Metier, sondern als Gipfel, zu langer Schulung. Architektur erfordere und vermittle ἐγκύκλιος παιδεία, Allgemeinbildung, die einen Zusammenhang scheinbar disparater Fächer deutlich werden lasse. Der Architekten beansprucht eine hierarchisch übergeordnete Funktion; nicht mit den Spezialisten der Einzeldisziplinen solle er sich messen, sondern allgemeine Kenntnis der wichtigen Hilfs- und Grundwissenschaften besitzen. Die Begründung liefert wiederum ein Prinzip des Zusammenwirkens von

217 Papp., *Coll.* VIII pr. 1-3 p. 1022,3ff. Herons Mechanik wird charakterisiert durch die Verbindung mathematisch-konstruktiven und handwerklichen Vorgehens; so werden die Anfertigung eines Reproduktionsgerätes und die Technik der Herstellung einer Zahnscheibe detailliert beschrieben, weil darauf spätere Konstruktionen aufbauen (Heron, *Mech.* I 15; 19). Die Einteilung ihres Faches in praktisch-chirurgische und theoretische Teile (μέρη) stellte auch für die Mediziner ein Problem dar, das sie unter dem Aspekt diskutierten, in welchem Verhältnis praktische Tätigkeit und medizinisches Urteilen stehen, vgl. Galen., *In Hippocr. De offic. med. Comment.* XVIII B 667; *Thrasyb. sive utr. medic. sit an gymn. hyg.* V 849-850 (der χειρουργὸς sei nach seinem τέλος ein Arzt, seine Besonderheit liege in der besonderen ἐνέργεια, also seiner manuellen Tätigkeit); Pallad., *Comm. in Hippocr. lib. sext. de morb. pop.* II p. 128 (Unterordnung der Chirurgie unter die Medizin als bloßes Hilfsmittel, nicht als besondere ärztliche Tätigkeit); Theoph. Prot., Damasc. et Steph. Ath., *Comm. in Hippocr. aphorism.* 246-247 (Einteilung der Medizin in θεωρητικὸν und πρακτικὸν μέρος, des πρακτικόν wiederum in ὑγιεινόν und θεραπευτικόν, und des θεραπευτικόν in διαιτητικόν, φαρμακευτικόν und χειρουργικόν).

218 Vitr. *De arch.* I 1,1-3.

219 I 1,3-10. Literarisches Werk als den Autor überlebende Schöpfung: KESSIOGLU (1993) 134.

praktischer Erfahrung und theoretischer Konstruktion: Während die *ratiocinatio* fächerübergreifend gültig und verstehbar ist, binden Forderungen der Praxis den Fertigungsprozeß an die Erfahrungen einer bestimmten *ars*[220]. Das *proprium*, das Besondere, der jeweiligen Technik liegt nicht in den allgemeingültigen Prinzipien der Mathematik, sondern in den Erfahrungsinhalten des Metiers. Was dabei manuell gemacht werden muß, bedarf spezieller Schulung[221]. Wie Heron sieht also auch Vitruv das grundlegende Moment technischer Ausbildung, orientiert am Vorbild der Medizin, in Erfahrung und Nachahmung. Arithmetik, Geometrie, Philosophie und die theoretischen Disziplinen dienen der Sicherung der Verständigung über die eigene Tätigkeit, nicht der Durchführung der Tätigkeit selbst. Theorie erlaubt, Urteile auch über Werke der Technik zu begründen, jene herzustellen lernt man durch die Praxis.

Damit wird die Rolle der allgemeinen Bildung für den Techniker deutlich: Sie dient der Kommunikationsfähigkeit, nicht der Fähigkeit zum Bauen und nur teilweise dem Konstruieren[222]; außerdem garantiert sie die Geltung der Unabhängigkeits- und Autarkieideale der gesellschaftlichen Führungsschichten auch für den Architekten und Techniker. Die Öffnung der Disziplin für eine Öffentlichkeit, die Kommunizierbarkeit von Plänen, Urteilen, Absichten und Aufwendungen, bedarf der Allgemeinbildung des Technikers, nicht jedoch sein produzierendes Tun, das durch Nachahmung vom Meister an die Schüler weitergegeben wird. Es sind die Erfordernisse sozialer Kontrolle und das Bedürfnis, das Fach und dessen Dignität der Öffentlichkeit einer literarisch gebildeten Führungsschicht nahezubringen, die die Forderung nach einer Allgemeinbildung des Fachmannes begründen. Wesentlich für innerfachliche Kompetenz ist aber Erfahrung[223].

Vitruv erwartet von der Erfahrung, daß sie die Erfindungsfähigkeit des Architekten schule, während theoretische Einsicht Rechtfertigungen und Begründungen lieferr. Diese Deutung der Erfahrung als Voraussetzung der Ingeniösität hatte bereits Archimedes dazu motiviert, den heuristischen Wert der Mechanik in der Mathematik zu betonen: Ohne einen Beweis der Richtigkeit zu ermöglichen, böten mechanische Betrachtungen (über Gleichgewicht und Schwerpunkt) einen Anfang mathematischer Theoriebildung, weil sie der Beweissuche eine heuristische Richtung geben, und weil sie die ἔμφασις vermittelten, der zu beweisende Schluß sei tatsächlich gültig. Neben der Konzentration der Suche vermittelt mechanische Betrachtung dem Mathematiker Sicherheit bei Suche[224]. Erfahrung liefert also nicht nur Kenntnis der Spezifität der Gegenstände einer Disziplin, während mathematische Theorie allgemeingültigen Prinzipien formuliert, sondern sie ist allererst Voraussetzung kreativen Umganges mit Traditionen, Materialien und Elementen des Faches. Erfindungsgabe in bestimmten Lagen wie als originelle Neuschöpfung wird nicht an die enzyklopädische, theoretische, mathematische oder sprachliche Bildung gebunden, sondern an Erfahrung. Diese Auffassung von der kreativen Funktion der Erfahrung bestimmt noch den

220 Vgl. Vitr., *De arch.* I 1,12-15.

221 Vitr., *De arch.* I 1,16-17.

222 Vgl. die Bescheidenheitsformel, mit der Vitruv um Nachsicht für die Grenzen des Werkes bittet: Er sei mittelmäßig als Philosoph, Rhetor und Grammatiker und daher nicht fähig, das Buch nach Regeln der *ars grammatica* zu verfassen; Architektonisches sei jedoch *cum maxima auctoritate* beschrieben für Baufachleute wie für allgemein Interessierte (I 1,18).

223 Vgl.: Der Arzt Marcellinus I Med., *De puls.*, (2. Jhdt. n.Chr.) 1. 1ff. über die Notwendigkeit der Kenntnis qualitativ verschiedener Pulsformen, die durch Erfahrung trainiert werde.

224 Archim., *Meth.* praef. ed. Heiberg II 426,3-430,22; 434,14-438,21; 262,2-266,4.

spätantiken Anonymus, der im vierten Jahrhundert eine Reihe fiskalischer und militärtechnischer Vorschläge an die kaiserliche Kanzlei richtete[225]: *nobilitas*, Reichtum und rhetorische Fähigkeiten, vor Gericht oder im Literaturstudium erworben, sind nicht die Momente, die den Nutzen der *artes* bestimmen. Übliche soziale Auswahlkriterien und die allgemeine, kommunikative Fähigkeiten entwickelnde, rhetorische Bildung, denen die führenden Schichten ihre Rolle verdanken, werden in den wichtigen *artes* in ihrer Rolle gerade nicht bestätigt, sondern das *ingenium* als Gabe der Natur. Kreativität, so wird vorausgesetzt, ist kein Ergebnis formaler Bildung, sondern von Begabung und Erfahrung, die sogar Barbaren zukommen kann[226]. Die Techniken bringen demnach teilweise den üblichen gesellschaftlichen Selektionskriterien widersprechende Maßstäbe zur Geltung und heben sich von diesen ab. Technik bestreitet insofern, trotz ihres Anspruches auf Bedeutsamkeit für den herrschenden Bildungskanon, bewußt einige der vorherrschenden kulturellen und politischen Wertmaßstäbe, bzw.: die Bestreitung dieser Maßstäbe beruft sich darauf, im Namen technischer Rationalität zu erfolgen.

1.2.3. Rhetorik und Poetik der Technik

Der Gegenstand ist scheinbar paradox: Wir sprechen von dichterischer oder rednerischer Technik, nicht jedoch von technischer Rede oder Dichtung. Auffälligerweise jedoch häufen sich Lehrgedichte über technische Disziplinen vor allem in der römischen Kaiserzeit. Bereits Columella schloß in seine Landwirtschaftsschrift ein Kapitel über den Gartenbau ein, dem er die Form eines Lehrgedichts gab. Das Vorwort zu diesem Buch beschreibt, daß der Adressat des Gesamtwerkes, Publius Silvinus, Nachbar Columellas in Caere, sowie ein Freund (Gallio) diese Behandlung der Gartenbearbeitung in Versform gewünscht hatten, während der ursprüngliche Plan des Gesamtwerkes nur zehn Bücher vorgesehen hatte[227]. Inhaltlich findet das Buch seine Rechtfertigung durch die Veränderungen, denen der Gartenbau durch Verstädterung und Luxuskonsum unterlag, formal dadurch, daß Vergil das Thema Späteren zur Bearbeitung überlassen hatte[228]: Inhaltliche und formale Defizite der literarischen Tradition darüber bestimmen die Behandlung. Die formale Anknüpfung an Vergil wird gesucht, obwohl dessen *Georgica* weniger landwirtschaftliches Lehrgedicht sind als daß sie das menschliche Dasein im Spiegel der Existenz des Landwirtes deuten; Hesiods *Opera et dies* hatten dagegen Anweisungen und Regeln für Arbeit und Leben des Landwirts im Hochland formuliert. Columella nutzt die dichterische Form zur Vermittlung fachlicher Kenntnisse[229]; ggf. lasse er der Darstellung in Versform eine solche in Prosa folgen: Das

225 Zur Datierung GIARDINA (1989) XXXVII-LII m.Lit.

226 Anon., *De reb. bellic.* pr. 1-7.

227 Col., *R.R.* IX 16,2 - X pr. 1. Vgl.: MARTIN (1971); WHITE (1974); (1970) 18-41; FUHRMANN (1974); REITZENSTEIN (1884); SPERANZA (^{2}1974).

228 Vgl. Verg., *Georg.* IV 147f.; Colum., *R.R.* X pr.3.

229 Diese betreffen auch ökonomische Rationalität; Gartenbau sei früher von geringerer Bedeutung gewesen, Luxuskonsum und steigende Lebensmittelpreise hätten seine Bedeutung als Erwerbszweig wie als Instrument der Selbstversorgung steigen lassen, Colum., *R.R.* X pr. 1-3; vgl. ANDRÉ (1961) 226f. Columella denkt an Blumenzucht für städtische Märkte (X 306-310); gegen Sturmschäden empfiehlt er

Ziel der Vermittlung von Kenntnissen überwiegt die literarische Gestaltungsabsicht[230]. Palladius schrieb im fünften Jahrhundert über Landwirtschaft und Tiermedizin und verfaßte ein Buch in Versform über das Pfropfen, das ausdrücklich *pro usura temporis* gedacht ist[231].

Diese Belehrung richtet sich nicht an ein Fachpublikum, sondern an literarisch gebildete Laien. Die Verbreiterung und Vulgarisierung von Fachkenntnissen der Landwirtschaft mußte nicht so große Schranken der Erfahrung und Vorkenntnis überwinden wie in der Medizin; diese aber stellt die meisten und umfänglichsten Schriften belehrenden Charakters, die sich an Laien richten und neben deren fachlichen Interessen auch ihre Unterhaltungsbedürfnisse befriedigen wollten. So schrieb Andromachos von Kreta, Neros Leibarzt, in dichterischer Form über Gifte und Gegengifte; er selbst hatte ein Gegengift aus der Klasse der Zauber- und Dreckmedikamente erfunden (es enthielt unter anderem getrocknete Vipern) und mit diesem ein von Mithridates erfundenes Mittel verdrängt[232]. Markellos von Side schrieb 42 Bücher Ἰατρικά in Hexametern, die Hadrian und Antoninus Pius öffentlich aufstellen ließen. Das Werk will Fachtraditionen wiedergeben, wobei vorausgesetzt wird, daß diese den Adressaten zunächst verschlossen sind, und ihre Einkleidung in Dichtung hermetisches Wissen mitteilt, es durch einen gleichsam magischen Akt bezeichnet und verfügbar macht[233]: Weder wird hierdurch ein innerfachliches Kommunikationsdefizit behoben, noch die Vulgarisierung fachmedizinischer Kenntnisse befördert. Die Form, in der technische Informationen mitgeteilt werden, begründet den Zweck des Werkes, nicht dessen Inhalt. Teilte Andromachos für die reiche Oberschicht nützliche Informationen mit[234], so liefert für Markellos die ganze Pharmakologie, Thema des Lehrgedichts, das Material für eine gelehrte Unterhaltung, deren Nebensinn in einer vollständigen Abbildung eines Teils der erfahrbaren Welt zu suchen ist[235]. Häufiger richtet sich solche Dichtung an Orientierungsbedürfnisse der Leser, auch der Fachleute. Galen nennt dafür einen Grund: Rezepte in Versform (ἔμμετροι) lassen sich leichter merken[236]. Auch bei Galen tritt neben den mnemotechnischen Nutzen ein mit der Sache selbst verbundener Grund: In Versform lasse sich die Struktur der Sache, des

etruskische Magie als *neue Methoden* (vgl. *novas*): X 337ff. EFFE (1977) 97-103: Sachlicher, nicht ästhetischer Zweck der Dichtung Columellas.

230 Colum., *R.R.* XI 1,1.

231 Pallad., *De ins.* 1-2. Vgl. EFFE (1977) 103-106: Anders als Columella faßt Palladius bereits Behandeltes in Versen zusammen; seine Dichtung kennzeichnet besondere Sachlichkeit.

232 Androm., Θηρ. Vgl. Galen, *De antid.* XIV 2-3; 24. Vgl. HEITSCH (1963); WELLMANN, RE I 2,2153f. s.v. *Andromachos (17)*. EFFE (1977) 195f.: Andromachos' Dichtung zielt auf praktische Anwendung, nicht Ästhetisierung des Gegenstandes.

233 Markellos von Side, pass. Vgl. *Anthol. Gr.* VII 158; IDELER (1841-42) 134-137; HEITSCH (1964) 16-22. Dazu WELLMANN (1934) ll. 1-4. *Εὖ δὲ καὶ εἰναλίων ἐδάην φύσιν ἰητρείαν | <σχ>ήμασι παντοίοισιν ἐμὸν νόον ἐξερεείνων, | ὡς αὐτός τ' ἐνόησα καὶ ἄλλων μῦθον ἄκουσα· | ὧν τοι ἐγὼ πληθὺν ἠδ' οὔνομα πᾶν ἀγορεύσω.*

234 Vgl. Galen, *De antid.* XIV 24. Zu Markellos von Side vgl. EFFE (1977) 196-199: Im Vordergrund steht ein sachliches Belehrungsinteresse; EFFE vermutet, daß die medizinische Lehrdirchtung der professionellen Ärzte (Andromachos, Markellos) einen popularisierenden Zweck gehabt habe.

235 Des Anonymus, *Carmen de viribus herbarum* ist einerseits praktisch gemeint: Es werden praktische und magische Rezepte gegeben und pharmakologisch-botanisches Wissen vermittelt. Dazu vgl. RE s.v. *Anonymus (6)*; s.v. *Dioskurides (12)*. Andererseits tritt ein ästhetisches Interesse stärker in den Vordergrund, EFFE (1977) 198f.

236 Galen, *De comp. medic. per gen.* XIII 820,15-17. Dazu FABRICIUS (1972) 54f.

Stoffgemisches, bildhaft, in seiner Symmetrie, wiedergeben. Zwischen dem Gegenstand und der sprachlichen Gestalt gibt es, sofern diese Versform hat, ein Verhältnis der Ähnlichkeit und Verhältnisgleichheit, das diese sprachliche Gestalt zum Abbild der Struktur der Sache selbst macht. Diese Abbildbeziehung wurde früh zur Voraussetzung der Formulierung einer Mnemotechnik: Plutarch schreibt die Theorie von der Strukturähnlichkeit zwischen Dichtkunst und Malerei dem Simonides von Keos zu[237]. Mnemonische und abbildende Funktionen rhythmisierter Rezepte stehen in Beziehung: Diese Auffassung Galens von der Strukturähnlichkeit zwischen dem literarischen Werk, auch dem technischen, und der Sache führt im vierten Jahrhundert Marcellus Empiricus aus, um zu begründen, warum er eigene Verse an den Schluß seiner medizinischen Kompilation setzt: Diese Verse, ein Spiel, Aufzählung von *migmata* und *species*, sollen den Leser und *scrutator* des Werkes anlocken, ihm gegenüber geneigter machen; sie wiederholen die Idee einer Strukturähnlichkeit zwischen literarischer Form und gemeinter Realität. Das literarische Werk beansprucht dabei, wie das des Markellos von Side, eine Summe des seinerzeitigen praktisch-medizinischen Wissens zu bieten[238]. Diese medizinischen Lehrgedichte bieten keine Einführung in die Medizin für Laien, sie bilden jedoch auch nicht allein auf unterhaltsame Weise die Kunst für sie Ausübende in ein Gedicht ab; sie beanspruchen vielmehr, für die Anwendung medizinischen Wissens eine Hilfsfunktion auszuüben und die Aktualisierung medizinischen Könnens zu unterstützen. So richtet sich Quintus Serenus, der Autor eines *Liber medicinalis* in Versen, an einen Adressaten, den er *potens artis* nennt, der also potentiell über die Kunst verfügt, der aber einer Unterstützung zur Aktualisierung dieses Vermögens bedarf[239]. Dabei denkt er jedoch gerade nicht an einen professionellen Fachmann, sondern jedermann: Gegen die vermeintlichen Anmaßungen berufsmäßiger Heilkundiger richtet sich die Lehrdichtung des Quintus Serenus an breitere Kreise medizinischer Laien[240], denen aber offenbar hinreichender Sachverstand zugeschrieben wird. Damit ebnet der Autor das technische Fachmannprizip ein. Die dichterische Behandlung technischen Wissens hat offenbar nicht allein in einer Unterhaltungsabsicht ihren Zweck; es geht auch darum, den Inhalt einer als übermäßig empfundenen Tradition verfügbar zu machen, indem selektiert wird, indem die Struktur ihres Inhalts abbildhaft wiedergegeben wird und indem sie aktuell bewußt gemacht wird. Selten wird dem literarischen Werk über technische Gegenstände ein Unterhaltungswert im engeren Sinne zuerkannt; dieser soll paradoxerweise einem Prosawerk zukommen: Theodo-

237 Vgl. Plut., *De glor. Athen.* 346F; YATES (1990) 34ff.; EFFE (1977) 231-233.

238 Die Verse bilden den Schluß des Buches, damit die Kompilation mit eigenen Worten ende, diese jedoch durch viele *folia* bedeckt würden, Marc. Emp., *De medicam.* pr. 7. Daß *folia* die am Ende des Werkes stehenden Verse des Autors bedecken, setzt voraus, daß er an einen Codex als Veröffentlichungsform denkt. *Namque salutiferas disponit pagina curas* (XXXVI 8): Zwischen räumlicher Anordnung und Heilnutzen besteht ein Zusammenhang, die Ordnung der Literatur ist die Ordnung der intendierten Praxis; gegeben werden *species* und *pondera mensurarum congrua* (XXXVI 9-11). Abschließend appelliert der Autor an die Urteilsfähigkeit seines Lesers, die Rezepte anzuerkennen oder zu verwerfen, dem Autoren gegenüber aber Nachsicht walten zu lassen (XXXVI 68-71). Darin, nicht einen einen Arzt konsultieren zu müssen, liege das Ziel (XXXVI 72-76). Vgl. XXXVI 78: *Quotque hic sunt versus, tot agant tua tempora Ianos.*

239 Quint. Ser., *Lib. med.* pr. 3-4.

240 Quint. Ser., *Lib. med.* 392-394; 518-521; EFFE (1977) 199-204.

rus Priscianus verfaßte *Physica*, die er an seinen Sohn Eusebius richtete, und denen er die Aufgabe des *delectare* zuschrieb[241].

1.3. Technik, Brillanz und schöner Schein

Der hellenistische Mechaniker Philon betrachtete technische Brillanz als Selbstzweck: Ein Geschütz, das sich halbautomatisch nachlädt, bezeichnet er als *besondere und komplexe Konstruktion*[242]; technische Brillanz ist der einzige Grund für die Beschreibung dieses Gerätes, denn Philon bemängelt, daß es in der Praxis keinen Nutzen abwerfe, weil es die Schußfrequenz auf Kosten der Schußweite und der Durchschlagskraft erhöhe[243]. Auch wenn Philon eine von der Wasserbewegung selbst angetriebene Eimerkette für Bewässserungszwecke als *elegante* Lösung bezeichnet, liegt dieses Kriterium technischer Brillianz zugrunde[244]. Heron bemerkt über Philons Schrift zum Automatenbau: Diese behandle *viele komplexe* Konstruktionen, lasse aber Blitz- und Donnereffekte aus[245]. Er bewertet die Konstruktionen positiv trotz ihrer Mängel im akustischen Bereich. Zwischen Nutzeffekt technischer Raffinesse einer Konstruktion unterscheiden die hellenistischen Mechaniker also; der Wert technischer Konstrukte erschöpft sich nicht in ihrem Nutzen. Es gibt einen Maßstab technischer Leistung auch außerhalb der Funktion, die die Produkte der Technik erfüllen. Dieses Beurteilungskriterium bestimmt auch die Überlieferung über das Hodometer, ein Gerät zur Bestimmung der mittels eines Wagens oder eines Schiffes zurückgelegten Wegstrecke durch ein vom Wagenrad oder einem Schaufelrad bewegtes Zahnradgetriebe. Vitruv schreibt dieser literarisch überlieferten Konstruktion neben Nützlichkeit *(utilitas)* und Unterhaltungswert *(delectatio)* besondere technische Brillianz *(sollertia)* zu; der Nutzen wird jedoch nicht angegeben. Der spielerische, kuriose Effekt, während der Fahrt permanent die zurückgelegte Wegstrecke mitgeteilt zu bekommen, bestimmt mehr als ein Nutzeffekt die Beschreibung des Gerätes[246]: Technische Brillianz ist neben Zweckmäßigkeit und Unterhaltsamkeit ein Kriterium zur Beurteilung technischer Leistungen[247]. Die hellenistische und römische Mechanik

241 Theod. Prisc., *Phys*. pr. 1.

242 *ἰδίαν τινὰ καὶ πάνυ ποικιλην ἔχοντα κατασκευήν*, Philon, *Belop*. 51 (73). MARSDEN identifiziert den Konstrukteur des Gerätes, Dionysios von Alexandria, mit dem Überwacher des Transportes des Kolosses von Sinope als Sarapis nach Ägypten, MARSDEN (1969) 146 u. Anm. 106; Plut., *De Is. et Osir*. 361F; *De soll. anim*. 984A-B).

243 Philon, *Belop*. 59 (76), vgl. 60 (77).

244 Philon, *Lib de ing. spir*. 209-212. Vgl. auch Vit., *Arch*. X 5.

245 Heron, *De automat*. XX 1-3.

246 Vitr., *Arch*. X 9,1-5. Hist. Aug. (Iul. Cap.), *Pert*. 8,6-7 erwähnt unter den nachgelassenen Besitztümern des Commodus Wagen, die Zeit und Weg anzeigen. Vgl. Heron, *Dioptr*. 34; DRACHMANN (1963) 159.

247 Vitruv beschreibt den Gebrauch der Maschine nur knapp, und dabei ist nicht die Messung von Entfernungen, sondern die Bestimmung der in einer bestimmten Zeit zurückgelegten Wegstrecke das Ziel: Vitr., *Arch*. X 9,4. Sofern dieses Gerät einen praktischen Zweck verfolgte, dürfte er darin bestanden haben, tägliche Marschleistung zu messen, um zu bestimmen, ob eine Reisezeit eingehalten wird. Insofern konnte das Gerät u.U. (im Besitz des Commodus) die Zeitplanung der Reisen der Kaiser unterstützen. Die Objekte aus Commodus' Besitz in der *Historia Augusta* werden als Ausdruck der falschen Lebensweise des Kaisers

hat den Wert ihres Faches nicht allein in seinem funktionalen Nutzen gesehen, sondern Maßstäbe technischer Exzellenz auch dann zur Geltung gebracht, wenn sich überhaupt kein Nutzen daraus ergab.

1.4. Ansehen des Technikers und seiner Arbeit

Persönliches Ansehen bestimmte nicht allein die Geltung technischer und literarischer Leistungen vor der Nachwelt; auch seiner Mitwelt gegenüber sollte sich, so meinte man, der Techniker eines Ansehens als kompetente, persönliche unabhängige Persönlichkeit befleißigen. Athenaeus Mechanicus bemerkt, daß der Konstrukteur eines gut gebauten Belagerungsgerätes *εὐδοξία* ernte und ein folgerichtig aufgebautes literarisches Werk über Kriegstechnik dem Autor Nachruhm eintrage[248]. In dem späten hippokratischen Werk *De decente habitu* gilt die Sorge für das eigene Ansehen als Teil des ärztlichen Ethos: Statt um Gelderwerb, soll sich der Arzt um Ruhm und Ansehen kümmern. Ehrenwert sei die Form der *σοφία*, die sich auf ein weiteres Ziel (*πρὸς ἕτερόν τι*) richte und eine *τέχνη* darstelle, vorausgesetzt sie erstrebe *εὐσχημοσύνη* und *δόξα*; *εὐδοξίη* und *εὐσχημοσύνη* hätten die Bemühung um Weisheit, Medizin und *τέχναι* zu bestimmen[249]. In nach Galens Ansicht illegitimer Weise hat der Empiriker Menodotos Ruhm und Gewinn als Ziel ärztlicher Tätigkeit betrachtet[250]: Es gibt legitime und illegitime Formen der Bemühungen um Anerkennung. Ruhm und Ansehen ärztlicher Tätigkeit sind ambivalent: Ruhm, um dessentwillen man den Arztberuf ausübt, gilt als illegitimes partikuläres Ziel, Ruhm als nicht unmittelbar intendierte Folge heilenden Handelns als legitim. Diese Ambivalenz gegenüber dem Ruhm als Zweck beruflicher Tätigkeit ist bei den antiken Medizinern bis in die Spätantike hinein zu beobachten, doch tritt der persönliche Ruhm als Motiv ärztlicher und technischer Betätigung in der christlichen Spätantike hinter andere Motive zurück: Scribonius Largus, Pharmakologe des ersten nachchristlichen Jahrhunderts, beansprucht, *gloria* erworben zu haben[251]; Theodorus Priscianus schreibt um 400 n.Chr., er strebe mit seinem Werk über leicht zu beschaffende Heilmittel nicht nach *gloria*, wobei er voraussetzt, daß solche *gloria* das Ergebnis literarischer Tätigkeit und der Anwendung von *eloquentia* wäre, während sein eigenes Werk das Ergebnis von *labor* sein möchte[252].

dargestellt. Heron, *Dioptr.* 34 bezieht die Beschreibung des Hodometers aus literarischen Vorlagen, nicht einer geübten Praxis; man könne, außer langsam mit Bändern und Ketten, Distanzen mittels der Umdrehung von Rädern vermessen; dabei denkt auch Heron an die Bestimmung von Tagesmarschleistungen als Zweck.

248 Athen. Mech. 15,3ff.; 28,7ff. Der Nachruhm, den Polyaens *Strategica* stiften, soll seinen Adressaten, den Kaisern Antoninus und Verus, zugute kommen. Die Zitate aus Ilias und Odyssee in der Vorrede zu dem Werk machen deutlich, daß es als Schrift zu technischer Anleitung verstanden sein will (Polyaen., *Strateg.* I pr. 6). Der Ruhm der Kaiser gründet auf des Schriftstellers künftigen Bericht kriegerischer Taten (VI pr.).

249 Hippocr., *De dec. hab.*, pass. *De medico* 1 beginnt den Überblick über das Können des Arztes mit einer Ethik des Ansehensgewinns.

250 Galen, *De placit. Hippocr. et Plat.* IX 5,3-7.

251 Scrib. Larg., *Compos.* Ep. 1-2.

252 Theod. Prisc., *Eupor.* I pr.

In Konkurrenzsituationen unter Ärzten, ihre Therapien betreffend, richtet sich ihr Streben auf das Geltendmachen der eigenen Position: Sie konkurrieren vor dem Patienten darum, eigene Empfehlungen durchzusetzen. Die *Krankengeschichten* des Rufus von Ephesos aus der Zeit um 100 n.Chr. beschreiben solche Fälle, in denen Rufus sich mit Prognosen, Diagnosen und Anweisungen durchgesetzt haben will[253]: Es stehen oft mehrere Ärzte zur Konsultation zur Verfügung, die den Verlauf einer Krankheit verschieden einschätzen. Zutreffende Verlaufsprognosen erhöhen die Autorität des Arztes in der Auseinandersetzung mit den Fachkollegen. Konkurrenz von Ärzten im Einzelfall, die Konsultation mehrerer Kollegen, wird auch in der Spätantike beschrieben. Auch hier hing die entscheidende Autorität des Arztes von seiner Autorität ab, die jedoch nicht so sehr nur durch die prognostische Fähigkeit, sondern auch von einer moralischen Qualität der von ihm vorgeschlagenen therapeutischen Maßnahmen abhing. Vindicianus beschreibt in einem Brief an Kaiser Valentinian das Scheitern mit ihm konkurrierender Ärzte. Ein Fieberkranker sei, von *multi et magni medici* mittels Einläufen behandelt, dem Tode nahe gewesen; Vindicianus habe in der Situation *pudor* und *reverentia* gewahrt, auf den *tempus* geachtet, keine schimpfliche Behandlung zugelassen, habe die *fysis* des Patienten gesehen und kaltes Wasser verordnet, von dem die *auctores medicinae magni* den Tod des Patienten erwartet hätten[254]. Nicht nur eine Deutung bestimmter Erkrankungen bringt der Therapeut durch seinen Erfolg zur Geltung - Vindicianus postuliert einen Zusammenhang zwischen Verdauungsstörungen und Fiebererkrankungen -, sondern auch moralische Maßstäbe: Scham und Hochachtung gegenüber dem Patienten wahrt der christliche Arzt, der statt des Einlaufes eine diätetische Behandlung vorschreibt. Kriterien der Scham differenzieren zwischen konkurrierenden Therapievorschriften. Eine Behandlung, von der sich zeigt, daß sie wider Erwarten nicht den Tod des Patienten zur Folge hat, und die Schamgrenzen nicht verletzt, ist besser, als eine Therapie, die entsprechend der Lehrmeinung ebenfalls heilt, doch unter Verletzung dieser Schamgrenzen. Mit dem Respekt gegenüber Schamgefühlen wird ein zusätzliches Ziel medizinischen Handelns verwirklicht und gegen die Schulmedizin zur Geltung gebracht. In dieser Angleichung medizinischer Praktiken an neue moralische Standards sieht die durch das Christentum geprägte Medizin einen technischen Fortschritt: Mit der gleichen Entschiedenheit erzählt Vindicianus den Fall eines Augenleidenden, dem die versammelten Ärzte eine chirurgische Brachialbehandlung (Lidschnitte, Ausbrennen, Aderlaß) verordnet hätten; Vindician habe dagegen gefordert, daß der Arzt *peritus* sein solle; er kritisierte das mangelnde Urteilsvermögens der Kollegen, verhinderte den Aderlaß und hielt eine Rede an die *auctores nostri*, in der er die *causa* für die *curatio* anzugeben forderte und die Gefahren betonte, die sich aus der Behandlungsmethode ergäben. An den Kaiser richtet er die Aufforderung: Man solle, wenn man *nostris auctoribus* die *fides* gebe, nicht jeder beliebigen *medicina* vertrauen und glauben, den Kranken müßten Wunden zugefügt werden, sondern fordern, daß den Kranken unter Inkaufnahme möglichst geringer Unannehmlichkeiten geholfen werde. Vindicianus teile dem Kaiser und seinen Nachkommen vieles Wichtige aus der

253 Ruf. Eph., *Journ.* VI p. 76-79: Ein Arzt habe den Aderlaß bei einem Patienten unterlassen; Konkurrenten hätten Rufus zunächst nicht zu diesem gelassen, die Angehörigen den Aderlaß jedoch, nachdem Rufus anderenfalls das Ableben des Patienten vorausgesagt habe, angeordnet. Rufus berichtet mehrfach, daß er, nachdem er zu einer laufenden Behandlung hinzugezogen worden war, diese veränderte, weil er eine korrektere Einsicht in das Wesen der behandelten Krankheit hatte (X p. 90; XII p. 96; XVI p. 102-105; XVI p. 108; XVIII p. 110; XIX p. 112; XX p. 112-115).

254 Vindic. *Epist. ad Valent.* 2-6.

medizinischen Fachtradition mit und bitte darum, es anzunehmen und *ad memoriam ceteris* weiterzugeben[255]: Kommunikationskanal für technische Informationen ist der Kaiser; er organisiert die Verbreitung und Bewahrung des Wissens. Daher richten sich an ihn Ansprüche auf Geltung medizinischer Prinzipien, die die herrschende Praxis korrigieren und gegen ihre Autorität eine neue Autorität gewinnen wollen. Kommunikation und Fortschritt der Medizin finden dadurch statt, daß - in Rede und Schrift - neue oder den bisherigen widersprechende Grundsätze geltend gemacht werden und durch die politische Autorität zur Geltung gebracht werden. Im Falle des Vindicianus ist es das Prinzip geringstmöglichen Eingriffes in die natürliche Ausstattung des menschlichen Körpers und die Überzeugung, daß die Welt des Alltages, als geeignetes Mittel zu den Zwecken des Menschen eingerichtet, durch göttliche Vorsehung alle Heilmittel bereithalte, daß es aber darauf ankomme, diese als solche auch zu erkennen.

Persönliche Anerkennung und fachliche Geltung sind aufs engste verbunden: Die Gültigkeit technischen Wissens ist nicht zu trennen von der Autorität, die seine Vermittler beanspruchen können, und diese wiederum ist nicht nur eine Funktion technischer Kompetenz, sondern auch des moralischen Ansehens, auch bei den Trägern politischer Entscheidungen. Daher sind neben sachlichen moralische und ästhetische Kriterien wirksam bei der Beurteilung technischer Verfahren.

1.5. Schein und Gestaltung

Der äußere, in erster Linie optische, Eindruck der Produkte der Technik hat einen Einfluß darauf, in welcher Form sie aufgenommen werden, und wieviel ihre Konstrukteure gelten. Den Architekten war die Sorge um den Anschein selbstverständlich. Optische Erscheinung, so der Eindruck stürzender Linien in der Monumentalarchitektur, erschien als korrekturbedürftig durch besondere Maßnahmen (Kurvatur): Das Auge vermittelt einen natürlichen, aber unbefriedigenden Eindruck des Werkes, den es zu korrigieren galt, weil er als unwahr erschien: *Non enim veros videtur habere visus effectus, sed fallitur saepius iudicio ab eo mens*[256]. Im Horizont ästhetischer Wahrheit ist der Augeneindruck korrekturbedürftig durch technische Mittel; dabei entscheidet über die Gültigkeit der ästhetischen Standards eine gebildete Urteilskraft. Neben funktionaler Konstruktion gehörte also die regelgerechte Kompensation ihrer ästhetischen Konsequenzen zu den Aufgaben der Architektur. Diese Aufgabe erwächst aus der Rolle der Architektur für die Bewahrung und Entwicklung einer urbanen Lebensform: Nur insofern in ländlichen Siedlungen eine diesen ansonsten fremde

255 ebda. 10.

256 Vitr., *Arch.* VI 2,2. III 3,11-13: Regeln der *symmetriae* kompensieren im Tempelbau stürzende Linien und korrigieren den *schwülstigen und ungefälligen Anblick.* Ecksäulen erscheinen dünner als die übrigen und müssen daher dicker sein. *Ergo quod oculus fallit, ratiocinatione est exaequandum.* Die Korrekturfaktoren werden als Verhältnisgrößen bestimmt. Der Blick suche *venustates*, und wenn diesem Bedürfnis nicht *proportione* und durch partielle Vergrößerung Genüge getan wird, dann erscheint der Bau ungenügend. Vgl. III 5,9ff. Auch beim Bau von Privathäusern wird nicht allein funktional konstruiert, sondern so korrigiert, daß ein bestimmter optischer Eindruck entsteht, im Hinblick jeweils auf die Verhältnisse des Einzelfalles (VI 2,1). Die geometrischen Proportionen werden nach dem gebildeten Urteilsvermögen korrigiert *(... in quibus magni iudicii est opera ...*, VI 2,2).

Urbanität angestrebt wird, unterwirft der Architekt auch Landhäuser den Gestaltungskriterien einer urbanen Ästhetik; der Architekt paßt seine Konstruktionen also ein in eine Vorstellung eines gesunden[257] und zugleich ästhetisch schönen Lebens.

Daß die Konstruktionen des Ingenieurs neben funktionalen auch ästhetische Kriterien erfüllen sollen, setzen auch Philon und Heron als selbstverständlich voraus. Heron definiert das konstruktive dreidimensionale Zeichnen als eine Teilwissenschaft der Optik, die untersucht, wie man Darstellungen von Gebäuden anfertigen müsse; sie richte sich als Lehre an den *ἀρχιτέκτων*. Der Zweck ihrer Lehre sei, die Tatsache zu kompensieren, daß die Dinge so, wie sie seien, nicht erschienen. Da der Architekt eine harmonische Erscheinung anstrebe und dazu optische Täuschungen kompensieren müsse, bediene er sich der Skenographie: Ihr λόγος erlaube es dem *κολοσσοποιός*, eine *φαινομένη συμμετρία* zu wahren, sodaß das Werk für die ὄψις ein *εὔρυθμος* werde[258]. Bereits die Konstruktion bezweckt die Herbeiführung einer bestimmten Erscheinung; der Bau selbst ist Mittel zum ästhetischen Zweck. Sowenig wie Heron schränkt Philon ausdrücklich die Gültigkeit des ästhetischen Zieles der Baukunst auf das urbane Bauen ein: Eine Bauweise, die sich noch nicht um die bewußte Korrektur optischer Eindrücke bemühe, heißt bei ihm *untechnisch*, und das Erzielen des Scheins der Wohlproportioniertheit für den Betrachter sei das aller Baukunst und ihrer Entwicklung vorauszusetzende Ziel[259]. Dies gilt auch für den Bau von Kriegsmaschinen: Eine bestimmte ὄψις sei einer der Gründe gewesen, die Philon selbst zur Entwicklung einer neuen Konstruktion in der Torsionsartillerie motiviert habe; ein Bauteil seiner Maschine dient allein der Verdeckung der Funktionsteile vor dem Blick des Beobachters, und die Schönheit der Rahmenkonstruktion des Gerätes hebt Philon eigens hervor[260]. Bei der Beschreibung des von Ktesibios angeblich konstruierten Druckluftgeschützes bemerkt Philon, Ktesibios habe die Luftfedern in einen metallbeschlagenen Holzrahmen eingesetzt, nicht allein um der Festigkeit willen, *ἀλλὰ καὶ τῆς ὄψεως στοχαζόμενος*, damit die Konstruktion aussehe wie eine Kriegsmaschine[261]: Das, was sie ist, muß die Konstruktion durch ihren äußeren Eindruck nachweisen.

Die optischen Täuschungen, die es zu korrigieren gilt, betreffen die Möglichkeiten, die Konstruktion als das, was sie ist, überhaupt zu identifizieren. Philon beschreibt, daß ohne eine Korrektur gleich starke Bauteile nicht als gleich stark, senkrechte nicht als senkrecht erschienen[262] - das Phänomen stürzender Linien bei Großbauten. Ktesibios wird beschrieben, wie er sich darum bemüht, eine ganz neue Waffenkonstruktion durch optische Korrektur an die alte anzugleichen, damit sie als solche erkennbar wird: Die technische Ästhetik

257 Vitr., *Arch.* VI 6,5: *si quid delicatius in villis faciundum fuerit, ex symmetriis, quae in urbanis supra scriptis sunt constitutae, ita struantur, uti sine inpeditione rusticae utilitatis aedificentur*. Vgl. I 6,1-13. Im dritten Jahrhundert macht M.Cetius Faventinus dieselbe Voraussetzung: Sein Traktat wolle beschreiben, wie ein Bau ausgerichtet werden müsse, um gesundes Leben zu ermöglichen, gefährliche Winde abzuwehren und leicht zugänglich zu sein; welche Maßverhältnisse einzuhalten seien und wie Wasser zu finden sei: M.Cetius Faventinus, *De div. fabr. arch.* pr. p. 40; II p. 42. Vgl.: Alles werde mit *pulcher decor* und *venusta utilitas* gemacht, wenn zuvor *huius artis peritus ordo discatur* (I p. 40).

258 Heron., *Def.* 135,14,1-7.

259 Philon, *Belop.* 4 p. 50f.

260 Philon, *Belop.* 28 (61-62). Vgl. 22 (59). Das Teil, das zum Schutze der Spannfedern gedacht ist, dient zugleich optischer Verschönerung: 36 (66-67).

261 Philon, *Belop.* 62 (78).

262 Philon, *Belop.* 4 (50-51).

dient dem Zweck, Verständlichkeit herzustellen, Identifizierbarkeit zu sichern, indem die Produkte der Technik sich auf andere als natürliche Weise zeigen. Die Korrektur erfolgt durch Verfremdung, die den wahren Sachverhaltes (parallele Linien bzw. Geschützform) erst zum Vorschein bringt. Damianos von Larissa schrieb im vierten nachchristlichen Jahrhundert, Herons *Katoptrik* aufnehmend, die Skenographia untersuche, wie man Bauten darstellen solle. Zwischen *εἶναι* und *φανεῖν* bestehe eine fundamentale Differenz; gestalten solle man auf eine bestimmte Erscheinung hin, nicht nach den *ὑποκειμένοι ῥύθμοι*. *τέλος* für den Architekten sei es, seinen Bau *πρὸς φαντασίαν εὔρυθμον* zu gestalten und Heilmittel für Sinnestäuschungen zu finden. Er strebe nicht nach einer *κατ' ἀλήθειαν ἰσότης ἢ εὐρυθμία*, sondern *πρὸς ὄψιν*[263]: Aufgabe der Technik ist die Erzeugung eines künstlichen Scheins, dessen Gültigkeit höher eingeschätzt wird als die natürlicher Erscheinung.

Eines der Motive für die Sorge für den Eindruck liegt in einem thaumatopoietischen Zweck antiker Technik: Wie unterhaltende Automaten nicht sofort verstanden werden, sondern das Staunen anregen sollten[264], so dienten zahlreiche technische Produkte nicht zuletzt der Erregung einer staunenden oder bewundernden Reaktion von Zuschauern. Gerade die Großtechnik hatte darin ein Ziel, wie die Großschiffe, von denen Athenaios berichtet[265]. Für die baulichen Details eines großen Transportschiffes Hierons II. von Syrakus beruft er sich auf die Schrift eines gewissen Moschion; der Beginn des Zitates bringt den Wundercharakter des Bauwerkes wie seiner literarischen Widerspiegelung zum Ausdruck: Autoren, die technische Großleistungen beschrieben, würden selbst für ihre Beschreibungen bewundert; Moschion beansprucht damit Bewunderung auch für seine Beschreibung von Hierons Großschiff. Die Pracht, die schiere Größe dieses Schiffes, der Wert der darin verbauten Bauteile und das Raffinement seiner Erbauer sollen Bewunderung für das Schiff und in abgeleiteter Form auch für die Beschreibung des "Moschion" erregen[266].

Daß die Sorge für den optischen Eindruck zu den Regeln der Disziplin gehört, und daß diese dem Zweck dient, die Ergebnisse des eigenen Tuns als solche erkennbar zu machen, gilt mit deutlich utilitären Absichten auch für die Strategie: Der Feldherr habe sich um eine martialische optische Wirkung seiner Truppen zu sorgen. Onasander begründet die Regel: Es ist nützlich, die eigene Stärke gegenüber dem Gegner überzubetonen; blitzende Waffen erschienen *δεινότεροι*, daher sei auf eine blitzsaubere Bewaffnung bei den Truppen zu achten; Kampfgeschrei wirke erschreckend und sei daher nützlich[267]. Wenn Arrian in dem die Reiterei betreffenden Teil seiner Taktikschrift vorsieht, daß Angriffe erfolgen sollten nicht nur auf römische, sondern auch auf skythische Feldzeichen hin, was diese Angriffe schrecklicher mache, und wenn er für die Wirkung der Feldzeichen geradezu eine kriegerische Wirkungsästhetik formuliert, so muß daher dieser Gedanke nicht auf gallische Vor-

263 Damian., *Opt*. p. 28; Hultsch, RE IV 2 (1901) 2054f. s.v. *Damianos (2)*.

264 AMEDICK (1998)

265 Athen., *Deipnos*. V 203e-209b.

266 Athen., *Deinos*. V 206d-209b. "Moschion" bemerkt, Diokleides von Abdera werde bewundert für seine Beschreibung der Belagerungsmaschine des Demetrios gegen Rhodos, Timaios für die des Scheiterhaufens für Dionysios, Hieronymos von Kardia für die Beschreibung des Leichenwagens für Alexander und Polykleitos für die Darstellung eines Leuchters des Perserkönigs. Es folgt dann eine Darstellung nicht der technischen Details, sondern des prächtigen Aufwandes des Baus. Vgl. SUSEMIHL (1891-1892) I 882f. Der von Athenaios angeführte Text belegt als Rezeptionszeugnis die Darstellung und Wahrnehmung technischer Leistungen als Wunderwerke.

267 Onasand., *Strateg*. 10,14-15; 28f.

bilder zurückgehen[268], sondern liegt in der Tradition der technischen Ästhetik griechischer Militärschriftsteller: Die zweckmäßige Gestaltung des äußeren Eindruckes gehört zum Gegenstand der technischen Lehre, da dieser über die Wahrnehmung durch Freund und Feind entscheidet und damit über die Chancen des Erfolges.

Das Bemühen um das äußere Erscheinungsbild kennt auch die Landwirtschaft: Der vorcatonische Ackerbauschriftsteller Caesonius empfahl, einen zum Verkauf anstehenden Acker durch verstärkte Neueinsähung besser aussehen zu lassen[269], um einen hohen Preis zu erzielen. Varro widmete sich ausführlich dem Verhältnis von Ästhetik und Nutzenabsicht. *utilitas* habe als Ergebnis den *fructus*, den Gewinn, *voluptas* die *delectatio*; das Moment der *utilitas* sei dem der *voluptas* übergeordnet, doch gelte: Selbst wenn zwei Äcker gleich ertragreich seien, werde jeder für den ästhetisch schöneren und geordneteren mehr Geld zahlen[270]. Die Ästhetik ist ein Mittel zur Steigerung des Vermögenswertes und daher Teil wissenschaftlicher Landwirtschaft. Mit ähnlicher Argumentation plädiert Varro dafür, sich neben der Ertragsmaximierung und der Schönheit des Anwesens um andere, scheinbar ganz disparate Ziele zu kümmern, wie die Förderlichkeit der Umgebung für die Gesundheit[271]. Daß das Moment der *delectatio* und der Pflege des Aussehens des Anwesens zwar mit seiner vermeintlichen Utilität gerechtfertigt, keineswegs jedoch landwirtschaftliche Betätigung auf das Ziel der Nützlichkeit allein eingeschränkt wird, belegt Varros Beschreibung eines Vogelhauses, das allein *animi causa* errichtet wurde nach Vorstellungen, die M.Laenius Strabo entwickelt und Varro verbessert hatte: Man bemühte sich auch um Fortschritt in der ästhetischen Gestaltung des Anwesens[272].

Zum Gegenstand der Medizin wird die Bemühung um das Aussehen in der Spätantike bei Alexander von Tralleis, der Gegenstände der Kosmetik als Teil der Medizin behandelt und Rezepte zum Färben der Haare mitteilt[273]. Offenbar empfanden Alexander und seine Zeit eine als unpassende Haarfarbe als Krankheit. Die Sorge für eine ästhetische Gestaltung des eigenen Äußeren wird zur Frage von Gesundheit und Heilung, weil eine erweiterte Vorstellung von Hilfe das heilende Handeln leitet: Man hofft, auch den ästhetischen Mangel beheben zu können. Julius Africanus propagierte in seinen *Κέστοι* auch den ästhetischen wie utilitären Wert eines Wolfszahnamuletts[274]. Der Autor empfiehlt dem Kaiser statt bloßer Gebete an Poseidon Magie; diese besitze zusätzlich ästhetischen Wert. Die technische Beratungsliteratur für politisch-militärische Entscheidungsträger behandelte ästhetische Zwecke und magische Praktiken zusammen mit mechanischen Lösungen praktischer Probleme.

268 Arrian., *Tact.* 35,2-3; 35,5-7. Gallische Vorbilder vermutet KIECHLE (1965b) 115. Daß die alten Autoren dem Elephantenkrieg großen Nutzen beimaßen, erklärt Iulius Africanus (Κεστοί VII 1,18) mit dem schrecklichen Anblick der Kriegselephanten.

269 Vgl. Colum., *R.R.* I 4,1.

270 Varro, *RR* I 4,1-2.

271 Varro, *RR* I 4,3-5: Dort, wo die Rechnung mit dem *orcus* gemacht werden müsse, berge die Landwirtschaft unkalkulierbare Risiken; diese Risiken lassen sich als naturgegebene nicht verringern, aber abschätzen.

272 Varro, *RR* III 5,8-14.

273 Alexander teilt Verfahren mit für helle wie dunkle Färbungen der Haare: Alex. Trall., *Therap.* I 3 (I p. 453-455), obwohl er meint, die Haarfarbe sei ein diagnostisches Indiz für *ἀλωπεκία*, I 1 (I p. 441-443).

274 Iul. Afric., Κέστοι I 10-11: Das Amulett stelle eine *βοήθεια* wie einen *φαλάρων κόσμος* dar.

1.6. Technik und Kampf: Ausbreitung und Expansion

Die griechische militärwissenschaftliche Tradition sah Aineias Taktikos als ersten Vertreter des Faches und den, der seine methodische Form und literarische Gestalt begründete[275]. Von seinen Schriften hat sich allein eine defensive über die Verteidigung belagerter Städte erhalten. Die Entscheidung über Frieden, Krieg und Kriegsziele setzt Aineias' Lehre voraus; er definierte die *τακτική* als *ἐπιστήμη ... πολεμικῶν κινήσεων*, als Lehre von der Ordnung der Bewegungen im Krieg[276]: Unmittelbarer Zweck, an dem sich die taktische Lehre des Aineias orientiert, ist der Sieg in einer militärischen Auseinandersetzung. Die weiteren Zwecke, um derentwillen gekämpft wird, bleiben außerhalb der Betrachtung und werden vorausgesetzt. Dies gilt für die ganze griechische Kriegswissenschaft der klassischen und hellenistischen Zeit: Sie erwartet, daß über Kriegsziele politisch, nicht technisch, entschieden werde. Xenophon formuliert Regeln für das Verhalten des Kavalleriebefehlshabers und für die Ausbildung der Reitertruppen. Er betrachtet die weiteren Zwecke der Kriegführung nicht, und auch für die Führung des Gefechtes selbst gibt er nur allgemeine Regeln, da unter den Bedingungen antagonistischen Handelns das Geschehen nicht zu berechnen sei. Weitergehende Empfehlungen betreffen nur Verbesserungsvorschläge für die Ausbildung der Truppen; der letzte Teil der Schrift wird beherrscht vom Gedanken, daß angesichts der Unberechenbarkeit kriegerischer Entwicklungen es darauf ankomme, nach Regeln zu üben, um in Entscheidungssituationen das Richtige zu tun. Darüber, worin dies bestehe, wird nichts ausgesagt[277]. Bezeichnenderweise ist der einzige präzise ausgeführte Zweck, um den sich der Reiterkommandant bemühen müsse, ein ästhetischer: Er soll dafür sorgen, daß bei öffentlichen Prozessionen die Kavallerie sich auf der Agora beim Salut für die Götterbilder mit angemessenem Auftreten zeigt: Bei dieser in der Gegenwart ungewohnten Übung sollten die Götter geehrt und den Zuschauern ein schönes Schauspiel geboten werden[278].

Philons Schrift über Belagerungstechnik gehört als Teil der *μηχανική σύνταξις* zur Ingenieurtechnik; sie behandelt sowohl defensive wie offensive Maßnahmen[279], ordnet sich also nicht einem aggressiven, sondern sachlich-systematischen Zweck unter und beschreibt

275 Ael., *Tact.* I 2.

276 Ael., *Tact.* III 4. Aineias begründet den Wert der Lehre von der Verteidigung gegen Belagerungen: Wer um die Heimat kämpfe, kämpfe um die Existenz; wer Eroberungskriege ausfechte, verliere ggf. nicht alles (Aen. Tact., *Poliorc.* pr. 1). In dem Werk gibt Aineias Gründe für mitgeteilte zweckrationale Regeln, vgl. XVI 5: *Διὰ οὖν τὰ πρότερον εἰρημένα λυσιτελεῖ ποτε ἀφεῖναι καὶ ἐᾶσαι τοὺς πολεμίους ὡς πλείστην κατασῦραι τῆς χώρας, ἵνα δὴ κτλ.*

277 Xenoph., *Hipparch.* I 1 - V 8 behandelt die Ausbildung der Reitertruppen. Die einzige Empfehlung an die politische Autorität ist die, künftig erhöhte Anforderungen an Pferde und Reiterübungen zu stellen (I 13). Hauptgegenstand dieses ersten Teiles sind Auswahl der Pferde und Training der Reiter (I 17), Operationen (II 1ff.), Aufgaben des Reiterführers (III 1ff.) und der Marsch der Kavallerie (IV 1ff.). Der zweite Teil beschreibt Regeln für das Verhalten im Kampf (vgl. V 8-9). Zum Aufbau der Schrift **Nickel** (1979) 63. Den Schlußabschnitt bestimmt der Gedanke der Situationsabhängigkeit militärischen Handelns (V 9-10; IX 1).

278 Xenoph., *Hipparch.* III 2-5.

279 Philon, *Poliorc.*: Verteidigung [A-C (79-96)], Belagerung [D (96-104)].

die Verwirklichung gegensätzlicher Absichten. Die Entscheidung über diese setzt die Belagerungstechnik voraus. Auch Vitruv behandelt Defensive wie Offensive. Sein Werk belegt jedoch einen Wandel der Erwartungshaltung: Offensive und defensive Belagerungsmaßnahmen können nur dann zugleich Teile einer Handlungslehre sein, wenn Zahl und Varietät der Angriffsmethoden ein gewisses Maß nicht übersteigt. Einzelmaßnahmen oder Verhaltensregeln zur Belehrung der Abwehr mitzuteilen muß umso zweckloser erscheinen, je unerwarteter Angriffsmaßnahmen sein können. Philon hatte offenbar mit einer überschaubaren Zahl von Angriffsoperationen rechnen können. Bei Vitruv scheint dieses Verhältnis umgekehrt: Ausführlich beschreibt er die Funktion verschiedener Geräte zur Durchführung einer Belagerung; wer diese nur jeweils zweckmäßig kombiniere und variiere, werde für jede denkbare Belagerungsaufgabe die richtige Lösung finden können. Es sei dagegen unmöglich, allgemeine Regeln für die Verteidigung gegen solche Maßnahmen zu formulieren, weil die von den Belagerern ergriffenen Maßnahmen unvorhersehbar seien[280]. Vitruv folgt der Tradition der Disziplin also darin, die Behandlung der Verteidigung als Gegenstand architektonisch-technischer Literatur anzusehen; anders als Philon ist er jedoch skeptisch gegenüber der Möglichkeit defensiver Lehre. Seine Skepsis illustriert der römische Architekt mit dem Beispiel des Kallias, der auf Rhodos bei der Konstruktion einer Maschine zur Abwehr der Belagerung des Demetrios an den Tücken des Werkstoffes gescheitert sei; der Fall belege, daß es Grenzen maßstäblicher Übertragbarkeit gebe; was im kleinen Maßstab funktioniere, müsse nicht auch im großen gelingen. Vitruvs These ist, daß die Verteidigung gegen Belagerungsmaschinen kein Teil der Ingenieurtechnik sei, sondern strategischer Ingeniosität: *Ita in repugnatoriis rebus non tantum machinae, sed etiam maxime consilia sunt comparanda*[281]. Die Entwicklung der offensiven Poliorketik hat nach der Überzeugung Vitruvs also bereits denjenigen Teil, der bei Philon und Aineias noch ihren Hauptteil gebildet hatte, die Defension, aus der mechanischen Poliorketik verdrängt. Der Angreifer war in einem prinzipiellen Vorteil.

Onasander legt seiner Schrift über die Strategie als Gliederungsprinzip die Chronologie eines gelingenden Kriegszuges zugrunde; es legt den Schwerpunkt auf die Beschreibung des Ethos des Militärkommandeurs und auf die besondere Urteilsfähigkeit (*φρόνησις*) in militärischen Dingen. Gerichtet an die militärische Elite der Prinzipatszeit, beschreibt es die Auswahl des geeigneten Kommandeurs für eine bestimmte Unternehmung, die persönlichen Anforderungen an den Feldherrn und seine Berater, die geschickte Auswahl eines rechtlichen Kriegsgrundes und endet mit Vorschriften für das Verhalten des Feldherrn nach dem Sieg; die Gesichtspunkte für die Behandlung des Materials sind in allen Fällen Begriffe für Haltungen und allgemeines Verhalten des Generals. Vorausgesetzter Zweck ist der Sieg; weitere Zwecksetzungen bleiben außerhalb der Betrachtung. Die Schrift Onasanders denkt dabei an eine Kriegführung auf fremdem Territorium also ebenfalls an offensive, expansive Unternehmungen[282]. Frontins *Strategemata* liegt dasselbe Gliederungsprinzip zugrunde wie dem *Strategikos* des Onasander, die gedachte Chronologie eines gelingenden Feldzuges. An ihrem Anfang erwähnt Frontin ein systematisches Werk über Strategie, das sich nicht erhal-

280 Vitr., *Arch.* X 16,2.

281 Vitr., *Arch.* X 16,3-8. Vitruv setzt voraus, Maschinenbau nach Regeln erfordere einheitliche Baumuster und Maßverhältnisse.

282 Onasand., *Strat.* pr. 1-4. 6,10-14: Plünderungen feindlichen Territoriums zur Versorgung der vorrückenden Armee; 32,9-10: Grenzen der Planbarkeit militärischen Geschehens.

ten hat, aber von Vegetius noch unter seinen Quellen genannt wird[283]. Die Beispiele, die Frontin in seiner Schrift gibt, sind weitgehend als positive Vorbilder aus der Perspektive des erfolgreichen Feldherrn dargestellt. Auch hier bleiben die gegensätzlichen Zwecke vorausgesetz: Belagerung wie Abwehr einer Belagerung werden gelehrt[284].

Anders als diese Werke der strategischen Literatur scheinen die *Strategemata* Polyaens zunächst auf einen bestimmten kriegerischen Zweck hin gerichtet: Polyaen widmete es Marc Aurel und Verus, wohl zur Vorbereitung der Partherkriege unter Marc Aurel 161-166 n.Chr.[285]. Doch soll der Nutzen des Werkes über diesen unmittelbaren Anlaß hinauswirken[286]. Die Gliederung der *exempla* erfolgt nach Nationen und Zeiten geordnet, nicht am Leitfaden der Planung eines Feldzuges[287], ist also weniger an Erfordernissen der Praxis als der Lektüre orientiert. Offensives und defensives Vorgehen, *μηχανήσεσθαι* und *ἀντιμηχανήσεσθαι*, sind auch nach Athenaeus Mechanicus die gegensätzlichen Aufgaben der mechanischen Poliorketik[288]: Die Kriegstechnik unterscheidet als antagonistische Wissenschaft prinzipiell von Techniken wie der Medizin, daß die Regeln der Kriegswissenschaften sich gegensätzlichen Zwecken unterordnen. Athenaeus Mechanicus fügt seinem Werk eine ausdrückliche Rechtfertigung der Poliorketik an, denn als Lehre vom Angriff auch auf Städte hatte sie sich an den hellenistischen Herrscherhöfen zu ihrer Blüte entwickelt, wo sie als Bedrohung städtischer Kultur und Zivilisation und daher von prekärer Legitimität erschien. Dem zunehmenden sachlichen Übergewicht des Angriffes entsprach ein ideologisches Übergewicht der Verteidigung: Defensive Ziele strichen Strategie, Taktik und Kriegsmaschinenbau zur Rechtfertigung als ihre Zwecke heraus: Rettung ist nach der Taktik des Philosophen Asklepiodotos (1. Jhdt. v.Chr.) die Aufgabe der Disziplin, Biton (3. Jhdt. v.Chr.) bestimmt die Verteidigung gegen Attacken des Gegners als Zweck und will Informationen für künftige Rüstungsplanung bieten[289], obwohl sich die Ingenieure und Militärtechniker der Tatsache bewußt wurden, daß allgemeine Rezepte für Verteidungungsanstrengungen umso weniger gegeben werden konnten, je mehr sich die Angriffstechnik diversifizierte[290]. So ist es zunächst paradox,wenn sich Athenaeus gegen den Vorwurf wehrt, Vertreter einer aggressiven Lehre zu sein, indem er behauptet, die Kenntnis der Angriffsmittel umfasse zugleich die Kenntnis der Verteidigungsmittel[291]: Sein Argument richtet

283 Veget., *Epit. rei milit.* I 8; II 3. Front., *Strateg.* I pr. 2. Vegetius' Gliederung ähnelt der der *Strategemata* Frontins, die also Onasanders Vorbild folgte: BENDZ (1938) 2. Buch II enthält vor Kapitel 9 eine sachliche Zäsur: Es beginnen die *exempla* für das Verhalten nach einem Erfolg in der Schlacht, mit dem zehnten Kapitel die für das Verhalten nach einem Mißerfolg. Der Schlachtausgang wird aufgefaßt als *καιρός*, als Situation einer *κρίσις*. Die Beispiele betreffen Entscheidungen zu denjenigen Zeitpunkten, die als wirksame Eingriffspunkte in den Lauf des Geschehens gedeutet werden.

284 III 1-11: Belagerung; 12-18: Abwehr.

285 I pr. 1: *οὐκ ἀσύμβολος ὑμῖν ἐν τῷ παρόντι καιρῷ γενέσθαι βοῦλομαι.*

286 VIII pr.: *ἐν μὲν γὰρ πολέμῳ ταῦτά ἐστι νίκης γυμνάσματα, ἐν δὲ εἰρήνῃ γνώμης παιδεύματα.*

287 Vgl. IV pr.

288 Athen. Mech. 7,8-12.

289 Asclep., *Tact.* II 11; Biton p. 66-68 Marsden. Vgl. Vitruv., *Arch.* X 10,1: ... *ad praesidia periculi et necessitatem salutis ... inventa*; I 3: Verteidigungsanlagen als öffentliche Bauten. Der byzantinische Taktiker Urbikios formuliert: *τοσαῦτα ἡ τακτικὴ διδάσκει σωτηρίαν μὲν τοῖς χρωμένοις παρέχουσα, ἧτταν δὲ τοῖς τούτων ἀπείροις*, FÖRSTER (1877) 471.

290 Vitruv., *Arch.* X 16,2.

291 Athen. Mech. 39,1-6.

sich gegen einen Einwand, der im Interesse der Städte gegen den Poliorketiker geltend macht, es komme darauf an, diese zu erhalten statt sie zu zerstören. Daß dieses eine bloße Rechtfertigung gegen einen Vorwurf darstellt, der wahrscheinlich der städtischen Perspektive des Hellenismus entstammt, zeigt sich daran, daß der Autor tatsächlich gar keine Verteidigungsmittel beschreibt, obwohl solche Beschreibungen aus dem Traditionsbestand der Poliorketik hätten geschöpft werden können. Athenaeus macht deutlich, welchen Zwekken seine Belagerungskunst dient: Intendierter Gegner poliorketischer Maßnahmen seien diejenigen, die sich nicht den Gesetzen des Reiches unterordnen. Die Disziplin dient der Durchsetzung kaiserlicher Macht[292]. Tatsächlich beschränkt Athenaeus die Poliorketik also auf aggressive Maßnahmen der der kaiserlichen Militärführung. Die militärtechnische Literatur seit augusteischer Zeit setzt also, anders als die der hellenistischen Zeit, voraus, daß methodisch der Angreifer im Vorteil ist: Sein Handeln läßt sich durch Mitteilung von Regeln anleiten, während die Reaktion des Verteidigers weniger Sache technischer Belehrung ist. Dem Zuwachs an methodischer Strenge in der Kriegsmechanik steht die zunehmende Beschränkung auf die offensive entgegen, während die Strategielehre die Orientierung an den gegensätzlichen Zwecken der Kriegführung bewahrt.

Der christliche Chronograph und Buntschriftsteller S.Iulius Africanus beschrieb im dritten Jahrhundert in seinen *Κεστοί* unter anderem Methoden der Kriegführung gegen Parther bzw. Sassaniden; seine vor der Abfassung dieser Sammelschrift fertiggestellte Chronographie war Severus Alexander gewidmet, der 231 eine Expedition gegen die Sassaniden unternahm. Der 7. *Κεστός* enthält Vorschläge zur Veränderung der Bewaffnung, deren argumentative Stoßrichtung mit der des anderthalb Jahrhunderte später schreibenden Anonymus, *De rebus bellicis* Gemeinsamkeiten aufweist: Das erste Kapitel des Hauptabschnittes *Περὶ ὁπλίσεως* bemerkt die *αἰτία* für den noch fehlenden Sieg der Römer über die Perser liege nicht in der *πλεονεξία στρατηγημάτων* oder *στρατιωτικὴ ... ἰσχύς*, also nicht in Ethos und Mannschaftsstärke, sondern in der Art (*εἶδος*) der Bewaffnung. Iulius beschreibt Schwere und Schutzwirkung der persönlichen Ausrüstung von Griechen, Makedonen und Römern. Die Römer, die die Griechen besiegt hätten, siegten selbst nicht über die von den Griechen besiegten Perser. Unter Anspielung auf die Schlacht von Marathon heißt es: Das *αἴτιον πρῶτον* liege im Verzicht auf den Angriff mit Beschleunigung (*δρόμῳ*). Iulius unterbreitet den am zurückliegenden makedonischen Erfolg sich orientierenden Reformvorschlag, griechische Panzerung und den makedonischen ähnliche längere Lanzen einzusetzen[293]. Als Kontrapunkt gegen diese These von der Bedeutung der Bewaffnung vertritt er die Überzeugung von der Irrationalität kriegerischen Geschehens; mit ihr begründet er die Notwendigkeit strategischen und verdeckten Vorgehens, die Notwendigkeit, über den Kriegsgegner historische Nachrichten einzuholen und die Barbaren durch Aushungern und Vergiften, also Vernichtungskriegführung, zu bekämpfen. Man dürfe nicht allein in offener Feldschlacht, sondern müsse auch mit geheimen Mitteln, *λανθανούσαι τέχναι*, kämpfen[294]: Behauptet wird der Nutzen hermetischen Wissens. Iulius reiht an die Mitteilung

292 39,7-40,1. Nur, wenn die Verteidigung sich aus der Angriffsmethode von selbst ergäbe, wäre das Argument gültig. Athenaeus hatte offenbar zunächst nur einige der von ihm beschriebenen Geräte gezeichnet; er bemerkt: Sofern seine unvollständig ausgearbeiteten Darlegungen auf Interesse stießen, könne er den Gegenstand weiter behandeln und eine Schrift über Verteidigungsmaßnahmen vorlegen. Athenaeus Erwartung eines solchen Auftrages entwertet das Rechtfertigungsargument.

293 Iul. Afric., *Κεστ.* VII 1,1; vgl. Herod. VI 112.

294 VII 1,2-3.

von Strategemen die Behandlung von Talismanen und magischen Praktiken für den Abwehrzauber in der Schlacht, die Beschreibung der kriegschirurgischen Amputation und der Behandlung postoperativer Schmerzen sowie Fragen von Auswahl, Training und medizinischer Behandlung von Pferden[295]. Der Gesichtspunkt des Zweckes dominiert über den einer Kausalitätsvorstellung. Übergangslos werden Lehrgegenstände aus heterogenen Gebieten dem Oberzweck untergeordnet[296]. Die Behandlung militärischer Fragen durch den Autor ist dazu gedacht, Leitlinien für die Durchführung eines Expeditionskrieges auf feindlichem Territorium zu bieten: In einer paradoxen Ernährungslehre beschreibt Iulius Mittel, die Versorgung des Heeres mit Fett und Alkohol während der Kriegführung in Gebieten ohne Wein- und Ölanbau sicherzustellen, wenn die Stützen der mediterranen Diät bei der Kriegführung in Gebieten außerhalb der Mittelmeerzivilisation fehlen[297].

Die Begründungen, die der spätantike anonyme Autor von *De rebus bellicis* für seine militärischen und finanziellen Vorschläge gibt, ordnen sich in diese offensive methodische Entwicklung der Kriegstechnik ein: Er sieht Steuererleichterungen als eine Voraussetzung für das Erstarken der provinziellen Wirtschaftskraft und beschreibt Konstruktionen für siegreiche Kriegführung[298]; aufblasbare Brückenelemente belegen, daß er dabei an mobile und offensive Kriegführung dachte[299].

1.7. Technik und ökonomische Rationalität

Das Prinzip ökonomischer Rationalität läßt sich in zweifacher Weise formulieren, als Prinzip der Sparsamkeit und als Prinzip der Ertragsmaximierung. Als Minimalprinzip oder Prinzip der Sparsamkeit fordert es, einen gegebenen Effekt mit minimalem materiellem Aufwand zu erzielen; als Prinzip der Ertragsmaximierung besagt es, daß man mit gegebenen materiellen Mitteln maximalen Effekt erstreben solle. Technologie beschreibt die Regeln für die Umwandlung von Rohstoffen und Vorprodukten in Endprodukte durch Arbeit. Deren ökonomische Rationalität bestimmt sich nicht allein nach dem Minimalprinzip, also danach, inwiefern Technik menschliche Arbeitskraft durch Maschinisierung ersetzt, sondern auch danach, wie weit sie mit vorhandenen Mitteln Möglichkeiten zu neuen und größeren Erträgen

295 VII 1,3 (Talismane); 1,4 (Amputation); 1,5 (Schmerzbehandlung); 1,6-7 (Pferde). Für Operation und Schmerzbehandlung werden auch Amulette empfohlen. Wundbehandlung sei Sache der Medizinerlehrlinge (*ἰατρῶν παῖδες*). Der Traktat über Pferde folgt dem Gliederungsschema der hippologischen Literatur (Auswahl und Beurteilung, Zähmung und Training, Behandlung von Fehlern) und macht starken Gebrauch von magischen Praktiken.

296 Der Darlegung über Pferde folgt die über eine Löwenjagd als *γυμνασία* des Heeres, dann die praktische Geometrie (VII 1,14-15). Die Maßnahmen werden nur lose mit dem Zweck verbunden und unter Beifügung magischer Rezepte, in dem Darstellungszusammenhang der jeweiligen Disziplin belassen. Vgl.: Vermessung und Berechnung der Breite eines Flusses oder der Höhe einer Mauer (VII 1,15): *ποταμοῦ πλάτος εὑρεῖν καὶ τείχους* <*ὕψος*>.

297 *Γεωργίας παράδοξα* (VII 1,19).

298 Anon., *De reb. bell.* pr. 11.

299 pr. 14; 16,1-5; 12,1-4 beschreibt der Autor einen Sichelwagen mit beweglicher Sichel, von dem gelte: *repperit Parthicae pugnae necessitas*. Der Anonymus denkt an Kriegführung im Osten, für die er Sichelwagen in einer neuen Verwendung zur Verfolgung fliehender Truppen vorsieht, vgl. GIARDINA (1989) 87-89.

eröffnet. Die Annahme, der Ersatz menschlicher Arbeitskraft durch Maschinen sei ein Prozeß ökonomischer Rationalisierung, gilt darüber hinaus nur dann, wenn die Kosten menschlicher Arbeitskraft die des Maschineneinsatzes übersteigen; dort, wo dies nicht der Fall ist, ist der Einsatz von Maschinen unzweckmäßig[300]. Als Zeugnisse ökonomischer Motive in den antiken Techniken haben wir nicht nur diejenigen zu betrachten, die belegen, daß Techniker Einspareffekte verwirklichten, sondern auch solche, die nach der Erschließung neuer Anwendungsgebiete vorhandener Techniken suchten, um neue Bedürfnisse zu befriedigen, denn eine solche Ausweitung ist ggf. ebenso ein Rationalisierungsgewinn wie der Ersatz einer Technologie durch eine sparsamere. Dieses ökonomische Motiv wird im wesentlichen in zwei Gattungen der technischen Literatur geltend gemacht, in den Handbüchern zu Landwirtschaft und Hausverwaltung einerseits und in den Schriften zur Mechanik andererseits.

Die Techniken der Antike veränderten sich tatsächlich, besonders nachhaltig die Kriegs- und Belagerungstechnik der hellenistischen Zeit und die Agrartechnik der römischen Kaiserzeit[301]. Als Moment von Fortschrittsprozessen, von Veränderungen der Lebensbedingungen, die als kollektive Lernprozesse die Bedingungen ihres eigenen Verlaufes unumkehrbar bestimmen, indem das Gelernte akkumuliert, mitgeteilt und zur Voraussetzung weiteren kollektiven Lernens wird[302], läßt sich die Tätigkeit der antiken Techniker nur deuten, wenn sie sich bewußt auf ein solches Ziel hin ausrichtete, wenn also ökonomische Rationalitätsgewinne nicht unbeabsichtigte Nebenfolgen, sondern intendierte Resultate ihres Tuns waren. Nicht allein daß Techniken und Techniker auf die Lebensverhältnisse Einfluß nehmen, zeichnet sie aus und charakterisiert ihre gesellschaftliche Rolle, sondern vor allem, inwiefern jener Einfluß mit dem Ziel eines kontinuierlichen ökonomischen Rationalitätsgewinnes, der Maßstab technischer Leistungen war, und dem sich die Techniker verpflichtet sahen[303]. Das eigene Bewußtsein der Geschichtlichkeit technischer Disziplinen belegt weder ihre Fort-

300 Die industrielle Technik der Moderne entlastet den Menschen, droht ihn aber aus dem Arbeitsprozeß zu verdrängen: Dem Sparsamkeitsgewinn durch Maschinen und Automatisierung entspricht eine Verringerung der Nachfrage nach menschlicher Arbeitskraft, die sich auf diejenigen konzentriert, die die Fertigkeit zur Steuerung von Automaten besitzen. Dieser Prozeß findet statt, während Knappheit und Preise der Maschinen sinken, im Unterschied zum Preis menschlicher Arbeit; verbunden damit ist eine Steigerung der Produktivität, gemessen am eingesetzten Kapital wie an aufgewendeter Arbeitskraft: In der Moderne eröffnet die Technik nicht nur neue Bedürfnisfelder, sondern steigert auch die Produktivität zur Befriedigung bestehender Bedürfnisse. In beiden Momenten liegt ihre Fortschrittlichkeit: Technik entwickelt sich, indem sie kontinuierlich sparsamere oder neue Verfahren entwickelt. Auf dieses Ziel hin sind Ausbildung und Organisation der Techniker in der Moderne ausgelegt, vgl. LENK (1982) bes. 228ff.; 11ff.

301 Vgl. SCHNEIDER (1991) 208ff.; 187ff.

302 Klassische Bestimmung des Fortschrittgedankens bei CONDORCET (1976) 30ff.

303 SCHÜRMANN (1991) 57ff. schließt daraus, daß Heron, *Diopt.* 2 formuliert, πολλὰς παρέχεται τῷ βίῳ χρείας, daß die antiken Mechaniker ihre Hauptaufgabe darin gesehen hätten, die *"Arbeitsbedingungen ihrer Mitmenschen in wesentlichen Teilbereichen des täglichen Lebens effektiver und einfacher zu gestalten"*, und daß sich ihr *"Selbstbewußtsein ... und möglicherweise auch der Stellenwert der mechanike techne für die antike Gesellschaft und ihre Entwicklung aus der Leistung für die Verbesserung der Existenzbedingungen ihrer Mitmenschen ableitete"*, vgl. MEISSNER (1993a). Heron sagt etwas anderes: Er spricht *(Diopt.* 1-2) von der vorliegenden πραγματεία und betont den Wert ihres Studiums. Solch unspezifische Begründungen des praktischen Wertes der Disziplin bilden die übliche Protreptik in den Einleitungen systematischer Werke, kein Zeugnis für gesellschaftlichen Stellenwert, oder Selbstbewußtsein. Auch die von Schürmann angeführten Zitate von Pappos *(Coll.* VIII 1-3 p.1022,3-1028,3 Hultsch) und Vitruv, *Arch.* X 9,7 sind allgemein protreptischen Charakters; auch sie lassen nicht erkennen, ob und inwiefern ökonomischer Rationalitätsgewinn den Maßstab technischer Urteile abgab.

schrittlichkeit noch ihre Orientierung auf ökonomische Rationalität. SCHNEIDER aber meint, daß ein *"historisches Verständnis der Technik"* eine notwendige oder hinreichende Bedingung dafür war, daß sich technologische Fachliteratur herausbilden konnte[304]. Dies verhält sich jedoch umgekehrt: Ohne ein kollektives oder kulturelles Gedächtnis[305] und Aufzeichnungen über technische Verfahren wird man kaum in der Lage sein, deren Veränderungen im Laufe der Zeit überhaupt wahrzunehmen. Nicht das historische Verständnis der Techniken ist die Voraussetzung der Entstehung einer Fachliteratur, sondern literarische und subliterarische Aufzeichnungen über technisches Vorgehen sind die Voraussetzung für die Erkennbarkeit der Veränderungen, wie sie die Techniken durchmachten. Andererseits ist das, was MEIER das *"Könnensbewußtsein"* des ausgehenden 5. Jahrhunderts genannt hat, eine Hoffnung auf die Bewältigung des Lebensschicksals, nicht unbedingt aber auch mit kontinuierlich zunehmender ökonomischer Rationalität[306]. Ein Bewußtsein dafür, daß handwerklich-technische Verbesserungen sich regelmäßig an einem Gewinn ökonomischer Rationalität messen lassen, zeigt sich aber möglicherweise schon in der angeblichen Äußerung der Korinther auf dem Kongreß in Sparta zu Beginn des Peloponnesischen Krieges: Sie charakterisieren die Spartaner als konservativ, die Athener dagegen als permanente Neuerer; wie in einer *τέχνη*, so sei es in der Politik notwendig, Neues zu beherrschen bzw. damit zu rechnen, daß dieses sich durchsetze[307].

Das Beispiel Philons von Byzanz belegt die Bemühungen der hellenistischen Mechaniker aus der Schule des Ktesibios um sparsame Konstruktionen; Philon maß seine und seiner Vorgänger Lösungen wiederholt am Sparsamkeitsprinzip. So pries er einen Typus des Torsionsgeschützes, den er selbst erfunden hatte, und dessen Spannung durch eine Keilkonstruktion angeblich auf einfache Weise erhöht werden konnte. Diese Konstruktion sei mit geringeren Kosten vor allem für metallische Verstärkungen verbunden als andere[308]: Die

304 SCHNEIDER (1989) 52-131 bes. 52; Zeugnisse für ein Verständnis der Entwicklung der Techniken bis zu Dikaiarchs Βίος ᾽Ελλάδος; zwischen 5. und 4. Jahrhundert habe sich die Vorstellung von einer durch Techniken geprägten Veränderung der Lebensverhältnisse gebildet. Was Schneider beschreibt, ist nicht das griechische Bewußtsein von Technikentwicklungen, sondern die Deutung verschiedener Lebens- und Erwerbsformen (Jäger/Sammler, Nomaden, Ackerbauern) als Stufen einer zivilisatorischen Entwicklung.

305 Zur Vorstellung ASSMANN ([2]1997).

306 Antiker Fortschrittsgedanke: MEIER (1978) 265-316; DODDS (1973/1977) 7ff.; EDELSTEIN (1967).

307 Thuc. I 70-71, bes. 71,3 (ἀνάγκη δὲ ὥσπερ τέχνης αἰεὶ τὰ ἐπιγιγνόμενα κρατεῖν). *Notwendigerweise aber behalten, wie im Handwerk, immer die neuen Gestaltungen die Oberhand*, oder: *Es ist aber nötig, wie in einer Technik, immer das neu Hinzukommende zu beherrschen*. Im ersten Sinne wäre der Gedanke eines autonomen Fortschrittes ausgedrückt, im zweiten wäre er vorausgesetzt und eine praktische Maxime daraus als Konsequenz gezogen; in jedem Falle käme der ökonomische Erfolg durch Neuerungen bzw. deren Beherrschung als Maßstab des Handelns zum Ausdruck. MEHL (1991) 45 deutet den Satz im ersten Sinne eines objektiv gedachten Fortschrittes; dies paßt nicht zu seinem Argumentationszusammenhang: Die Korinther behaupten, das Verhalten der Spartaner sei geprägt durch alte Gewohnheiten, die zu einer friedlichen Strategie der Risikovermeidung passe; in komplizierten Konfrontationslagen bedürfe ein Staat über die Bewahrung der Institutionen hinaus jedoch einer neuen Strategie (ἐπιτέχνησις); Sparta solle seine Langsamkeit beenden. Die Korinther argumentieren, Sparta solle sich schnell zum Krieg entscheiden, weil schnelles Entscheiden modernes Entscheiden sei; sie argumentieren nicht, die Spartaner sollten ihr Verhalten grundsätzlich ändern und in Zukunft unter allen Umständen so vorgehen, weil es möglicherweise erfolgreicher sei, sondern nur im gegenwärtigen Beistandsfall eine ihnen bislang fern liegenden moderne Verhaltensweise an den Tag legen (dankenswerter Hinweis von Prof. Dr. J.Ebert, Halle).

308 Philon, *Belop*. 15-16 (56; 57; 62): Pro Gerät spare die Konstruktion ca. 80 Drachmen für metallische

Fortschrittlichkeit dieser Konstruktion läge in ihren Kostenvorteilen. Der Sparsamkeitsgesichtspunkt bestimmt auch die unzutreffende Beurteilung von Ktesibios' durch Metallfedern angetriebenem Geschütz als Einsparung: Philon betrachtet das Sehnenbündel eines Geschützes als Torsionsfeder in Blattform, die zu beiden Seiten vom Drehpunkt des Geschützarmes auf diesen entgegengesetze Drehmomente ausübt. Aufgrund der aristotelischen Vorstellung von einem den Gegenständen inhärenten natürlichen Bewegungsmoment hält er eines dieser Drehmomente für überflüssig; sie addierten sich nicht. Die zwei Sehnenbündelhälften dienten allein der Fixierung des Armes, in der Praxis brächen an diesen Stellen die Arme auseinander, und dies vermeide die Neukonstruktion[309]. Dem Sparsamkeitspostulat unterwirft sich der Mechaniker in der *μηχανικὴ σύνταξις* auch im Werk über Belagerungstechnik: Im Abschnitt über offensive Poliorketik wie in dem über die Stadtverteidigung macht er das Prinzip der Sparsamkeit bei der Beurteilung von Konstruktionen geltend[310]. Grundsätzlich schreibt Philon der Mechanik ein ökonomisches Motiv zu, wenn er sie nach ihrer Fähigkeit zur Komplexitätsreduktion, zur Bewältigung verschiedener Lagen mit je gleichen Mitteln, beurteilt: Als ein Ziel beim Bau von Kriegsmaschinen behandelt er die Serienfertigung nach einheitlichen Plänen und Modellen. Ausführlich diskutiert er das Problem des maßstäblichen Nachbaus: Es müsse ein Verfahren geben, das es erlaube, die Torsionsgeschütze maßstäblich größer oder kleiner anzufertigen[311]. Philon beschreibt, wie die alexandrinischen Mechaniker in einem Wettlauf mit den Geschützbauern von Pergamon eine praktikable Formel fanden, die es erlaubte, statt beim Bau und Einschießen von Geschützen einer bestimmten Größenklasse auf Versuch und Irrtum angewiesen zu sein eine Methode zur Ableitung der Größenverhältnisse anzuwenden[312]. Diesen methodischen Fortschritt der Disziplin erklärt Philon mit der Akkumulation von Versuchsergebnissen zum Vergleich im Laufe der Zeit: Die Erkenntnis krönt ein Kontinuum kollektiven Suchens nach dem Prinzip der Geschützberechnung und der Akkumulation von Wissen. Der ökonomische Vorteil, den die Verfügung über diese Regel vermittelt, besteht darin, daß sie die Ursachen fehlerhafter Konstruktionen zu erkennen und Fehler zu vermeiden erlaubt[313]. Diese Bewertung des eingetretenen methodischen Fortschrittes der Disziplin als Ersparen zeitraubender Fehlversuche verdeutlicht, daß Philon eine Aufgabe seines Faches grundsätzlich ökonomisch deutete. Seine Schrift über Pneumatik zeigt die Bemühung um die Erschließung einer Vielzahl von Anwendungen für prinzipiell immer gleiche Verfahren[314]: Neue, überraschende Konstruktionen werden gewonnen aus der meist verborgen gehaltenen Anwendung immer gleicher Prinzipien[315]; dabei spielt bei seinen Überlegungen die Einsparung von Ar-

Lochträger und Buchsen.

309 Philon, *Belop.* 36-51 (66-73); vgl. Crombie ([2]1961) 134f.; Marsden (1971) 175; (1969) 5-7.

310 Garlan (1974) 291-327. Philon, *Poliorc.*: *οὕτω δὲ καὶ οἰκοδομηθέντων τό τε ἀνάλωμα ἔλαττον ἔσται*, A 19 [80]; es sei zweckmäßiger, an der Höhe der Türme zu sparen und statt dessen in dickere Mauern zu investieren, A 28 [81]; der Verteidiger solle weitestmöglich Personal sparen: *φειδεσθαι τῶν στρατιωτῶν καὶ τῶν πολιτῶν ὡς μάλιστα κατὰ τοὺς γινομένους κινδύνους*, C 1 [90].

311 Philon, *Belop.* 2-3 (50); 13-14 (55-56).

312 Vgl. ebda. 1-3 (49-50).

313 Ebda. 2-3 (49-50).

314 Philon, *Lib. de ing. spir.*

315 Gerät 11 beschreibt den Heber als Grundkonstruktion (im lateinischen Text: *elementum*, Übersetzung von *στοιχεῖον*), die folgenden Konstruktionen variieren dieses Prinzip. Wie Herons Schrift zum gleichen Thema (s.u.) behandelt die Pneumatik Philons zwei Fragen und zerfällt demnach in zwei Teile: Sie unter-

beitszeit und Material für die Anfertigung der Maschinen eine größere Rolle als die Einsparung von Arbeitskräften bei ihrer Bedienung, beispielsweise im Gefecht, denn einem halbautomatischen Mehrlader versagt Philon nicht die Anerkennung als ingeniöse Leistung, doch sieht er in der dadurch erreichten höheren Schußfreuenz bei gleicher Bedienmannschaft keinen Vorteil[316]. Die Voraussetzungen über die Knappheit von Kriegern und Kriegsmaschinen kehrten sich in der Spätantike dann um.

Der Gesichtspunkt sparsamen Umganges mit immer ähnlichen, durch je andere Kombination variierten Konstruktionsprinzipien zeichnet auch Herons *Pneumatik* aus: Zunächst etabliert er gegen Aristoteles und mit Straton, daß es als Ergebnis menschlicher Eingriffe, also *παρὰ φύσιν*, einen leeren Raum gebe, und er faßt die aus dieser Annahme hergeleiteten Lehrsätze als Elementarsätze auf. Durch die Verknüpfung der elementaren Prinzipien würden die anschließend beschriebenen paradoxen Konstruktionen verwirklicht[317]: Darin, daß er Variationen eines gleichen Grundprinzips konstruiert, orientiert sich dieser Zweig der Mechanik am Maximalprinzip ökonomischer Rationalität. Allerdings sind die zusätzlichen Zwecke, die mit den vorhandenen Mitteln, dem Prinzip des Hebers, verwirklicht werden sollen, aus einem engen Bereich vorgegeben: die Vermittlung von Paradoxieerfahrungen. Eine ähnliche Tendenz, mittels eines Mechanismus alle verschiedenen in einem Problembereich anfallenden Aufgaben zu bewältigen, zeigt sich in der Schrift über das von Heron verbesserte Vermessungsgerät, die *Dioptra*. Der besondere Vorteil seines Gerätes liege darin, daß es verschiedene, auch künftig sich erst ergebende Vermessungsaufgaben erfüllen könne; nur ein Gerät sei daher nötig für verschiedenste Tätigkeiten, statt, wie bisher, mehrerer[318]. Ähnlich wie die Pneumatik, stellt sich auch der Bau von Automaten die Aufgabe, paradoxe Unterhaltungsgeräte zu fertigen. Auch dabei werden wenige Grundprinzipien der Bewegung der Geräte und der Animation der Figuren nur variiert. Der Bau der Automaten macht teilweise Gebrauch von pneumatisch wirkenden Konstrukten und ist insofern die vielseitigere Disziplin: *πᾶν μέρος τῆς μηχανικῆς* komme in der *αὐτοματοποιητική* zur Anwendung[319]. Auch für diese Disziplin macht Heron das ökonomische Maximumprinzip geltend. Der Bau stehender Automaten, also von Automatentheatern, auf denen animierte Figuren agieren, die sich als ganze jedoch nicht fahrend fortbewegen, habe dieses Prinzip be-

sucht das naturphilosophische Problem, ob es einen leeren Raum gebe und ob das Vakuum als leerer Raum zu deuten sei, und sie bietet verschiedene paradoxe, zu Überraschungszwecken gedachte, Gefäßarrangements, im wesentlichen Variationen des Hebers.

316 Repetiergeschütz des Dionysios von Alexandria: Philon, *Belop.* 51-60 (73f.). Es besitze eine *κατασκευή*, die *ἰδία* und *ποικίλη* sei. Die Funktion des halbautomatisch schießenden Gerätes wird genau beschrieben, um abschließend zu urteilen, es sei trotz aller technischer Raffinesse praktisch unbrauchbar, Philon, *Belop.* 60 (76). Philon erkennt nur *μακροβολεῖν* (Erhöhung von Schußweite und/oder Durchschlagskraft) als systematisches Ziel artilleristischer Entwicklung an; Erhöhung der Schußfrequenz ist für ihn Ausdruck der Unbrauchbarkeit (*δυσχρηστία*) des Systems, denn eine hohe Schußfrequenz führe gegen bewegliche Ziele zur Verschwendung von Geschossen, und auch gegen massierte Ziele sei eine Vielzahl gering streuender Geschosse wirkungslos und liefere nur dem Gegner Material, 59-60 (76f.). Es ist deutlich, daß Philon militärische Lagen voraussetzt, in denen nicht Personaleinsparung, sondern der sparsame Umgang mit Material, Geschützen und Geschossen wesentlich ist. Der spätantike Anonymus rechnet mit einer genau entgegengesetzten Lage.

317 Heron, *Pneum.* I pr. - I 1.

318 Heron, *Dioptra* 1. Scharfe Kritik an schwieriger Handhabung und geringer Präzision der römischen *groma*: 33.

319 Heron, *De automat.* I 1-4.

reits realisiert: Jede *διάθεσις*, jede Szenenfolge, könne sicher realisiert werden[320]: Mittels desselben Mechanismus werden verschiedene Zwecke realisiert. Für die fahrenden Automaten beansprucht Heron, diese Möglichkeit, mittels immer derselben Mechanik je neue Vorführungen bieten zu können[321], als erster geschaffen und beschrieben zu haben[322]. Sein eigener *μέθοδος* sei weniger mühselig und unsicher und biete größere Vielfalt: Für die Methode, mittels derer Automatentheater gebaut werden sollen, gilt das ökonomische Prinzip in beiden Formen. Diese Methode soll mittels einer begrenzten Zahl von Bauelementen eine unbegrenzte Zahl verschiedener Unterhaltungsszenen bieten. Auch hier, wie im Falle der Geschütze, liegt der Zweck der mechanischen Disziplin in der Anleitung zur manufakturmäßigen Serienfertigung nach ähnlichen Mustern.

Das Moment der Ökonomie liegt bereits im Vorgehen der Technik selbst, in der Anwendung einer begrenzten Zahl von Regeln auf eine Vielzahl von Situationen. Die Mechanik im Sinne Herons stellt aber nicht nur übliche Konstruktionen zusammen und erklärt diese als effiziente Lösungen, sondern sie beurteilt auch, unter ökonomischem Aspekt, die Effizienz der Verfahren. Herons *Mechanik*, fragmentarisch in Übersetzung überliefert, beginnt, wie *Pneumatik* und *Automatenbau*, mit der Darstellung elementarer Konstruktionen, der fünf einfachen Maschinen (Potenzen). Mit dem dritten Buch geht der Autor zu einer Materie über, die nicht mehr nur als Einführung für Studierende gedacht, sondern der praktischen Anwendung gewidmet ist, Geräte zur Bewegung schwerer Lasten und Pressen. Der Aufbau des Werkes ändert sich: Klassen praktischer Zwecke werden abgegrenzt und Konstruktionen zu ihrer Verwirklichung vorgestellt. Nicht mehr, wie in den einführenden Büchern, die erklärenden Prinzipien, sondern die Zwecke gliedern den Stoff[323]. Neben denjenigen Pressen, die er beschreibt, gebe es noch andere, deren Beschreibung nicht angebracht erscheint, *weil ihr Gebrauch beim Volke häufig und gewöhnlich ist, obschon sie in der Leistung den von uns erwähnten nachstehen*[324]: Der Techniker hebt seine Konstruktionen als besonders effiziente kritisch von der üblichen Praxis ab. Ökonomische Gesichtspunkte beherrschen schließlich auch Herons Behandlung der Torsionsartillerie. Wie Philon beschreibt er die Fortschrittsgeschichte dieser Disziplin, wobei er die Einführung des Prinzips verdrehter Sehnenbündel und die folgenden Verbesserungen der Führung der Sehnen als kontinuierliche Versuche erklärt, die Schußleistungen der Geräte zu heben, insbesondere über das Maß hinaus, das der Kompositbogen erlaubte. Deutlich ist, daß Heron auf der Grundlage älterer Schriften sein Werk verfaßt, und daß er auch praktisch obsolet gewordene Techniken um systematischer Vollständigkeit und didaktischer Klarheit willen behandelt[325]. Zu den Maß-

320 Heron, *De automat.* I 7.

321 Das *κοινόν* fahrender Automaten liegt im Prinzip ihrer Bewegung, einem in seinem Fall durch Sand o.ä. gehemmten Gewicht (II 6-7). Gegenüber den einzelnen Vorführungen selbst gilt eine Innovationsforderung: Die Szenenplanungen früherer Automatentheatervorführungen sind zu vermeiden, um den Eindruck des Neuen zu erwecken, während die verwendete Methode immer dieselbe ist (II 12).

322 Heron, *De automat.* V 1-2.

323 Heron, *Mechanik* III 1; III 8.

324 III 20.

325 Heron, *Belopoiika*, pass. Vorgänger hätten allein *μετρὰ καὶ διαθέσεις* angegeben, also Bauanleitungen verfaßt, während Heron auch die Funktion der Geräte beschreibe; er entnehme aus älteren Schriften Darstellungen der Geschütze, auch wenn diese nicht mehr gebräuchlich seien, um die Sache für alle zu erklären, 2 (73-74); er habe es daher teilweise mit einer bereits veralteten Terminologie zu tun [vgl. 6 (77-78): 'Εκάλουν *δὲ τὸν μὲν* ΕΖΗΘ *κανόνα σύριγγα, διώστραν δὲ τὸν ἐπικείμενον αὐτῷ κανόνα* ... Ταύτης

stäben, an denen Heron die Geschützkonstruktionen messen will, gehören ökonomische: Sie seien für härteste Beanspruchung zu bauen, müßten für den Transport leicht zu demontieren und zusammenzusetzen sein, geringes Gewicht besitzen und nicht teuer sein[326].

Der Architekt Apollodoros aus der Zeit Trajans sandte dem Kaiser Beschreibungen von Geschützkonstruktionen, Belagerungsmaschinen und anderen militärtechnischen Geräten[327]. Seine Gesichtspunkte für die Beurteilung der Konstruktionen ähneln denen Herons: leichte Beschaffbarkeit der Bauteile, Zuverlässigkeit, Herstellbarkeit durch beliebige, nicht eigens auszubildende Personen[328], Variabilität der Form nach Zweck, Maß- und Gewichtsökonomie, unkomplizierte Reproduzierbarkeit, Schutz vor Beschädigungen, Transportabilität und Standfestigkeit. Apollodoros entwirft Muster für militärtechnische Geräte aus dem Anlaß einer unmittelbar bevorstehenden militärischen Unternehmung und sorgt für die Reproduzierbarkeit seiner Entwürfe, für die das Sparsamkeitspostulat gilt. Im Falle des Athenaeus Mechanicus bedingt die andere Gattung seiner Schrift und ihrer Hauptquellen, eines Lehrbuches, keiner Denkschrift, daß der Autor[329] weniger innovationsfreudig erscheint. Im Gegensatz zu Apollodoros behandelt er sehr ausführlich Entstehung und Entwicklung der Typen belagerungstechnischer Geräte, und er rechtfertigt dies damit, daß er eine Einführungsschrift verfasse: Wer sachgerecht die Disziplin kennenlernen wolle, müsse die Vorgängerleistungen zur Kenntnis nehmen; dieses Prinzip war wohl bereits in seiner Hauptquelle, Agesistratos, ausgesprochen; Athenaeus widmet die Schrift einem Römer, an den er sich mit den Worten *ὦ σεμνότατε Μαρκέλλε* richtet[330]. Die Bemühung um die Geschichte der Probleme und Lösungen des Faches wird aber nicht nur didaktisch, sondern auch ökonomisch begründet: In vielen praktischen Lagen sei es nicht nötig, aufwendig neue Entwicklungen zu unternehmen, sondern man könne auf vorhandene Lösungen zurückgreifen[331]. Diese Lösungen sind denen, die ihrer bedürfen, nicht bekannt, können aber aus Fachschriften geschöpft werden. Es gibt jedoch keinen Markt, auf dem sich diese Lösungen permanent anböten. Innovation und Originalität sind kein Zweck an sich, Ziel ist die Meisterung bestimmter praktischer Lagen. Dabei kann der Rückgriff auf eine bereits erprobte Methode eine sparsame Verhaltensweise darstellen. Das Sparsamkeitspostulat galt also für

δὲ τῆς κατασκευῆς γενηθείσης, εἰ ἠβούλοντο ἐντεῖναι τὸ τόξον, ἀνῆγον κτλ.]. Grenzen des Kompositbogens, kontinuierliche Verbesserung der Führung der Sehnenbündel und der Methode des Spannens: 8-24 (81-101). Die besondere Bedeutung des neueren Wissens gegenüber dem der Vorgänger begründet Heron mit der Akkumulation von Erfahrungen, die den neueren Konstruktionsprinzipien zugrundeliegen, 31 (112-113). Die Bauanleitungen der Vorgänger stellten keine Einführungsliteratur dar, sondern seien für fachkundige Leser geschrieben [2 (73)]. Die unter Herons Werken überlieferte Schrift über die *Cheiroballistra* [MARSDEN (1971) 227-232] gibt einen Eindruck von solcher Literatur. Heron beansprucht, als einer der ersten den Geschützbau in einem einführenden Lehrbuch zu behandeln.

326 25 (102).

327 Apollod. 137,1ff. Vgl. Prokop., *De aedif.* IV 6,13; Cass. Dio LXIX 4,1; Hist. Aug., *Hadr.* 19,13.

328 Vgl. auch 139,1ff.

329 Hadrianische Zeit: DIELS (1893).

330 Der Autor schreibe, *ὅσαπερ ἀνεγνώκαμεν τοῦ μηχανικοῦ Ἀγεσιστράτου* (Athen. Mechan. 7,6-8). Der Autor formuliert Grundsätze der Ausbildung des Mechanikers: Es sei nötig, daß der Kriegstechniker zu zeichnen gelernt habe, um offensive oder defensive Geräte entwickeln zu können; dies könne jedoch nur derjenige, der *καλῶς* die *τέχνη* und ihre Nachbardisziplinen gelernt habe. Der Kriegstechniker habe die Leistungen seiner Vorgänger nicht nur zufälligerweise zur Kenntnis zu nehmen (7,12). Widmung: 3,2.

331 8,1.

die konkreten Lagen, für die Geräte gebaut wurden. Es forderte die Herstellung ähnlich proportionierter Serien und möglichst den Verzicht auf neue, unerprobte Konstruktionen. Andererseits sind sich alle Autoren der prinzipiellen Fortschrittlichkeit ihrer Disziplin so sicher, daß sie die Lösungen der Alten als alte, für Einführungszwecke interessante, als Muster möglicherweise brauchbare, aber nicht unbedingt vorbildliche behandeln. Die Auffassung von der Fortschrittlichkeit der Poliorketik und den ökonomischen Kriterien für die Beurteilung ihrer Leistungen hielt sich offenbar kontinuierlich bis in die byzantinische Zeit hinein. Ein anonymer byzantinischer Poliorketiker[332] bezieht sich unter anderen auf die Schriften des Apollodoros und des Athenaios. Er betont, daß Wort und Bild der poliorketischen Darlegungen dem allgemeinen Verständnis nur schwer zugänglich seien, und äußert ein Bewußtsein für die Veränderungen der Technik: Das Vorgehen nach der alten *τεχνολογία* sei nicht zweckmäßig, da sie sachlich und sprachlich der Gegenwart unverständlich sei; die Schrift des Apollodoros sei dagegen durchgehend kommentiert, und die Lehrsätze der anderen herangezogenen Schriftsteller seien nach einem *dictum* des Anthemius von Tralleis deutlich und selbstverständlich. Die beschriebenen und dargestellten Geräte könnten daher von jedem nachgebaut werden, ohne daß er besonderer Belehrung (*διδασκαλία*) oder Verständnishilfen (*ἑρμηνεία*) bedürfte[333]. Ausdrücklich wird auf die üblichen ökonomischen Gesichtspunkte zur Beurteilung poliorketischer Konstruktionen Bezug genommen: leichte Beschaffbarkeit der Materialien, Veränderbarkeit der *σχήματα*, Schutz gegen Zerstörung, Transportabilität, Standfestigkeit, Zerlegbarkeit, leichte Zusammensetzbarkeit, geringe Maße, geringes Gewicht und schnelle Anfertigbarkeit ohne besondere Ausbildung (*ὑπὸ τυχόντων τεχνιτῶν*)[334]. Die Poliorketik wurde also als mit solcher Geschwindigkeit fortschreitend erlebt, daß ältere Darstellungen der Disziplin, wenn sie nicht praktisch für gänzlich unerheblich erklärt wurden, der Erklärung und Neuaneignung bedurften, um als Einführungen oder Beispiele weiterhin brauchbar zu sein. Konstant galt, daß die Geräte nach dem Prinzip der Sparsamkeit bewertet wurden.

Die anonyme Schrift *De rebus bellicis* verliert in diesem Kontext etwas von ihrer scheinbaren Einzigartigkeit. Die Vorschläge ihres Autors zu organisatorischen Veränderungen sind in ähnlicher Weise wie die kriegstechnische Schrift des Apollodoros an den Herrscher gerichtet, um von diesem umgesetzt zu werden. Anders als die Schrift jenes Technikers, sind sie jedoch nicht allein mechanischen Charakters und daher wohl nicht die Schrift eines Ingenieurs, sondern eines Verwaltungsfachmannes, der auch Vorschläge zur Truppeneinführung einiger Prototypen kriegstechnischer Konstruktionen macht. Für diese Vorschläge beansprucht er, bezogen auf die Situation, in der er schreibt, Neuheit: Zu den nützlichen

332 Anonym. Byz, *Poliorc.*, pass. Vgl. SCHNEIDER (1907).

333 198,8ff.

334 200,2ff. Im Bereich der Taktik beobachten wir etwas änliches: Nikephoros, *Περὶ παραδρομῆς* begründet das eigene Unternehmen: Er wolle den *μέθοδος* der *παραδρομή* wiedergeben, obwohl in der gegenwärtigen Lage dazu gar kein Bedarf bestehe; damit jedoch nicht der Lauf der Zeit ihn dem Vergessen anheimfallen lasse, sodaß er keinen Nutzen mehr abwerfen könne, halte es der Autor für angemessen, ihn schriftlich niederzulegen. Der Vorteil des *μέθοδος* der *παραδρομή* liege darin, daß auch mit wenigen Truppen große Erfolge zu erzielen seien, also im sparsamen Umgang mit menschlicher Arbeitskraft. Die Änderung der Lage und der Zeit führt, wie wir sehen, dazu, daß bestimmte Methoden als obsolet empfunden werden. Dennoch rechnet man prinzipiell damit, daß sie in bestimmten Situationen wieder angezeigt sein können. Nur wenn sie dem schriftlichen kollektiven Gedächtnis zur Verfügung stehen, können sie dann genutzt werden.

artes, denen sich sein Werk beigesellt, gehört die *armorum inventio*, zu deren Inspirationsquelle der Autor sich einen direkteren Zugang zumißt als seinen Adressaten[335]. Zu den administrativen Maßnahmen zur Stärkung des Steuerbürgers treten solche zugunsten siegreicher Kriegführung. Für die Konstruktionen, die diese sicherstellen sollen, spricht nach Auffassung des Autors die Ökonomie der Arbeitskraft: Eine *liburna*, die von einem durch Ochsen bewegten Schaufelrad angetrieben werde, bewege sich *sine auxilio cuiusquam turbae*, ohne große Crew; durch die Bewegung eines Sichelwagens automatisch angetriebene Peitschen könnten verwendet werden, um den von Pferden gezogenen Wagen mit geringem Personalaufwand in die feindlichen Linien zu treiben; eine *novi pontis inventio* erlaube es, bewegliche Brücken zu konstruieren, die von wenigen Menschen mit 500 Lasttieren transportiert werden könnten[336]. Das ökonomische Prinzip motiviert mit den hohen Kosten und fiskalischen Nachteilen der gegenwärtigen Militärorganisation und -ausrüstung den Übergang zum zweiten Teil der Schrift über die Kriegstechnik. Sparsamkeit bei Ausgaben für militärische Zwecke[337] und beim Einsatz militärischen Personals ist ein wesentlicher Gesichtspunkt für die militärtechnischen Konstruktionen[338] des anonymen Autors, die menschliche Arbeitskraft durch Maschinen vermehren[339] wollen.

Die Ökonomie der Kriegsmaschinen und der menschlichen Arbeit beim Kampf hatte sich im ersten nachchristlichen Jahrhundert noch anders dargestellt, denn der Kriegstheoretiker Onasander setzt, anders als der spätere Anonymus, nicht die Knappheit der Arbeitskraft, sondern die Knappheit der Maschinen voraus. Er schreibt[340], er werde den Einsatz von Kriegsmaschinen (Rammböcke, Belagerungstürme, Sambyken, Schildkröten, Katapulte) zu Belagerungszwecken nicht anraten; ihre Verwendung unterliege der Beurteilung der jeweiligen Situation. Gesichtspunkte für diese Beurteilung seien Zufälle (τύχη), die zur Verfügung stehenden materiellen Mittel (πλοῦτος), die militärischen Stärkeverhältnisse und das planerische Können der das Heer begleitenden Architekten; Onasander glaubt also noch nicht, daß es Regeln gebe, denen zufolge der Einsatz von Kriegsmaschinen ökonomisch zweckmäßig

335 Anon., *De reb. bellic.* pr. 6-9.

336 Anon., *De reb. bellic.* pr. 12 *(liburna)*; pr. 13 (das Pferd, das *sine cuiusquam magisterio efficiat magnas hostium strages*); pr. 14 (Brücke). Sichelwagen: 19,7. Die Ankündigung des von einem unbemannten Pferd gezogenen Sichelwagens stellt eine Übertreibung dar gegenüber dem in 14,1-5 über diese Konstruktion Gesagten: *habet novitatis aliquid.* Anders als der in 12,1-4 beschriebene, mit zwei Reitern betriebene Sichelwagen werde dieser von nur einem Reiter gelenkt, anders als der in 13 beschriebene aber von zwei Pferden statt einem gezogen. Diese Übertreibung im Vorwort macht deutlich, wie sehr es dem Autor darauf ankam, Personaleinsparungen zu bewirken oder jedenfalls zu beanspruchen.

337 5,1-8: Verringerung der Militärausgaben, v.a. der Personalkosten; Hebung der Schlagkraft der Truppe (Dienstzeitverkürzung, Versetzungen, Ansiedlung Entlassener in grenznahen Regionen, Aushebung und Ausbildung von Reserven); von Investitionen in Kriegsmaschinen erwartet der Autor eine Verringerung öffentlicher Ausgaben.

338 Bei der Beschreibung der *ballista fulminalis* (18,1-6) macht er den geringen Personalbedarf des Geschützes beim Spannen (18,2), Richten (18,3) und Schießen (18,4) geltend: *si hominum turba huius ministerio inserviret, minueretur artis inventio* (18,4). *Erit praeterea fulminalis ballista felicium limitum custos, quae quanto minus ad armandam se virorum ministerium quaerit, tanto est ingenii virtute praestantior; quicquid enim opis in ea numeriosior manus afferre potuisset, id sibi artis ingenio dotata largitur* (18,11): Wirkung der Maschine beschrieben als Vermehrung der Arbeitskräfte.

339 *machinarum quoque inventionibus communitam potentiam invicti duplicabis exercitus, hostium incursibus non vi solum et viribus obviando, sed etiam artis ingenio* (18,7).

340 Onasand., *Strateg.* 42,3-6.

sei. Die eigentliche Aufgabe des Strategen sei es, wenn er diese Mittel einsetzen wolle, sie konzentriert zum Einsatz zu bringen, sonst aber die Stadt mit konventionelleren Mitteln (Leitern) anzugreifen, um die Kräfte der Verteidiger zu zersplittern: Onasander setzt voraus, daß Belagerungsgeräte grundsätzlich knapp sind, Leitern besteigende Menschen jedoch nicht. Zwar setzt der spätere Anonymus eine defensive Kriegführung voraus, doch wird deutlich, daß bei Onasander der Einsatz der Maschinen, bei dem Anonymus der der Menschen sparsam gehandhabt werden soll; auch Philons Artillerietechnik hatte sich sparsam gegenüber materiellen Ressourcen verhalten. Auch Vitruvs Maßstäbe bei der Beurteilung seiner Vorgänger wurden durch das Sparsamkeitspostulat bestimmt. So lobt er die Entwicklung des *Pseudodipteros* durch Hermogenes, der bei gleichem äußerem Eindruck wie beim *Dipteros* Geld und Arbeitsaufwand spare. Vitruv betont auch die Arbeitskräfteersparnis durch Wasserhebewerke, die durch Wasserräder, nicht durch menschliche Arbeitskraft, angetrieben werden[341].

Die sparsamere Lösung gilt jedoch nicht unter allen Umständen als anzuwendende. Vitruv stellt die geringeren Gesundheitsgefahren und Kosten für Bau und Reparatur der Wasserleitungen aus Ton gegenüber solchen aus Blei heraus, verzichtet jedoch nicht auf eine Beschreibung der Bleiwasserleitungen[342]. Er ruft auf zum Vergleich der Kosten verschiedener Mauerbauverfahren und der zu erwartenden Kosten für Instandsetzung und Erhaltung[343]; unter Verweis auf ein milesisches Gesetz, das das Risiko für eine Überschreitung der bei Auftragserteilung veranschlagten Baukosten dem Architekten aufbürdete, verlangt Vitruv Kompetenz in der Kostenrechnung[344]. Auch M.Cetius Faventinus, Bauschriftsteller wohl des 3. Jhdt. n.Chr., richtet seine Beurteilungen von Bauverfahren am Sparsamkeitskriterien aus: Weil der übliche Mörtel aufgrund seiner geringeren Festigkeit hohe Folgekosten verursache, empfiehlt Faventinus Mörtel mit höherem Kalkanteil; keramische Wasserleitungen seien billiger und gesünder als solche aus Metall[345].

Sparsamkeit und Gewinnmaximierung als Gesichtspunkte technischer Tätigkeit spielen eine besondere Rolle in der Landwirtschaftsliteratur und den Schriften zur Hausverwaltung. Xenophons Οἰκονομικός diskutiert Begriff und Methode der Hauswirtschaft als *τέχνη*, als lehrbare Fertigkeit, die in dem Sinne selbständige Existenz hat, daß, wer sie gelernt hat, sie professionell im Dienste anderer ausüben könne und zwar sorgfältig oder falsch, mit Gewinn oder Verlust[346]. Der Hauswirtschaft als Erwerbs- und Verwaltungslehre werden Tätig-

341 Vitr. III 3,8-9; der Pseudodipteros hat nur auf einer Schauseite Säulen. X 5,1-2.

342 Vitr. VIII 6,5-11, bes. 8-10.

343 Vitr. II 8,8-9: Unterschiedlicher Wertverlust von Bruchstein- und Ziegelmauerwerk; unterschiedliche Haltbarkeitsdauern der Mauerwerke müßten bei der Wertberechnung berücksichtigt werden. Bausachverständige zögen 1/80 der Herstellungskosten pro Jahr als Wertverlust von Bruchsteinmauerwerk ab, würden also eine Lebensdauer von 80 Jahren voraussetzen; Ziegelmauerwerk werde dagegen zum Neupreis in die Wertberechnung einbezogen.

344 Vitr., *De Arch.* X pr. 1-2.

345 M. Cet. Fav., *De div. fabr. arch.* IV p. 48-52.

346 Xen., *Oec.* 1,1-4; 2,16-18; 3,14-16; 6,13-14: Die Betätigung des *καλὸς κἀγαθός* wird als lehrbare Technik begriffen, um sie mit den Tätigkeiten der Schmiede, Maler und Bildhauer vergleichen zu können. Vgl. *De vect.* 1,1-4,42: Xenophon entwickelt die hauswirtschaftliche Vorstellung einer Erhöhung der Einnahmen des Staates mit dem Ziel, auf die Ausbeutung Abhängiger zu verzichten. Autarkie soll bei gleichbleibend hohem Bedarf für den Lebensunterhalt der Armen verwirklicht werden durch eine Begünstigung und Intensivierung des Handels und der Ausbeutung der Edelmetallvorkommen.

keiten wie der Landbau funktional untergeordnet[347]. Ziel der Technik der Hauswirtschaft sei Zugewinn, die Vergrößerung des Besitzes[348]. Zugleich führt die intensive Betrachtung der Disziplin der Hauswirtschaft zu der Einsicht, daß nicht Kenntnis oder Unkenntnis, Beherrschung oder Nichtbeherrschung der Regeln landwirtschaftlicher Produktion über Erfolg oder Mißerfolg in der Landwirtschaft entscheiden, sondern Konsequenz bei ihrer Anwendung: Die Sache selbst sei jedem bekannt, nicht die Konsequenz und Mühe (ἐπιμέλεια) der Anwendung[349]. Mehr als die Kenntnis der Regeln entscheidet über den Erfolg der τέχνη die Lösung des Problems ihrer Applikation[350]. Die Schrift Xenophons erfüllt eine mehrfache Funktion: Sie vermittelt Kenntnis der Sache, und sie kritisiert Formen literarischer Belehrung in Dingen der Landwirtschaft, die von wesentlichen Momenten agrarischen Erfolges um der theoretischen Belehrung willen absehen, nämlich davon, daß das erfolgreiche Praktizieren der Landwirtschaft eine Aufgabe darstellt, die zunächst Organisations- und Führungsqualitäten erfordert, die ihrerseits nicht als Regeln gelernt werden können[351]: Für den ökonomischen Erfolg bildet technisches Regelwissen nur einen Teil. Um dies zu zeigen, wird die methodische Analogie zwischen Landwirtschaft und Gewerbe gesucht, obwohl an einer prinzipiellen Wertdifferenz beider festgehalten wird. Xenophon zufolge ist der Gelderwerb durch Landwirtschaft nicht so sehr ein kognitives Problem als vielmehr eines der Erziehung von Urteilskraft und Habitus.

M.Porcius Cato unterzieht den Landbau einem ökonomischen Rationalitätsvergleich mit Handel und Bankgewerbe. Handel verbinde ein großes Verlustrisiko mit hohen Gewinnaussichten; Geldverleih sei dagegen, zumindest auf Seiten der Gläubiger, weniger angesehen. Die Landwirtschaft zeichne ein hohes Maß an Kalkulierbarkeit aus, und Landwirten werde, im Gegensatz zu Bankiers, kein Neid entgegengebracht[352]. Er propagiert nicht die Beschaulichkeit des Landlebens, sondern die Pflicht zu einem Leben mit berechenbaren Risiken als Voraussetzungen für die Funktionsfähigkeit der politischen Klasse in Rom: Die von ihr zu tragenden ökonomische Risiken durften Grenzen der Berechenbarkeit nicht überschreiten. Das schloß hohe Verschuldung oder gewagte landwirtschaftliche Investitionen nicht aus, sondern riskante Engagements in Unternehmungen, die zum Untergang von Ware, Transportmittel oder Unternehmer führen konnten[353]. Cato setzt einen funktionierenden Markt für Immobilien und Produkte zu Investitionen in der Landwirtschaft voraus; sein

347 Dabei werden die τέχναι βαναυσικαί ausgeschlossen. Diese zwängen die sie Ausübenden dazu, ihr Leben in Werkstätten zu verbringen, wodurch ihr Körper einseitig beansprucht und ihre Lebensform einerseits verweichlicht, andererseits ganz und gar durch die Berufstätigkeit bestimmt werde. γεωργία und πολεμική τέχνη hätten diese Nachteile nicht (Xen., *Oec.* 4,2-5; 4,25).

348 Xen., *Oec.* 6,4-5. Der Landbau sei die für kriegerische Betätigung am besten vorbereitende und zugleich eine relativ einfach zu lernende und auszuübende Tätigkeit (6,8-9). Vgl. 11,9; 15,2-3. Der Dialog karikiert systematische Handbücher zum Thema, die in der Regel mit Fragen der Beurteilung des Bodens beginnen (15,13-16,5).

349 Xen., *Oec.* 20,1-16.

350 Xen., *Oec.* 20,21. Investition in heruntergekommene Farmen: 20,23-26.

351 Xen., *Oec.* 21,2-12; 4,19; 7,43.

352 Cato, *agr.* I pr.

353 Zur Verschuldung der senatorischen Landbesitzer zur Zeit von Caesar und Tiberius vgl. Tac., *Ann.* VI 16-17; Cass. Dio LVIII 21,1-5; Suet., *Tib.* 48,1; RODEWALD (1976); FREDERIKSEN (1966); SUTHERLAND (1976). Es ist nicht sicher, ob Catos Traktat über Landwirtschaft sich direkt an eine senatorische Adressatenschicht richtete, vgl. PURCELL (1985).

Werk beginnt so, wie Xenophon kritisiert hatte, mit Gesichtspunkten für die Bodenbeurteilung durch denjenigen, der einen landwirtschaftlichen Betrieb kaufen möchte[354]. Der Grundsatz der Sparsamkeit wird für Aufwendungen in Arbeitskräfte, Tiere, Geräte und andere Betriebsmittel aufgestellt[355], dem Landwirt geraten, eine Abrechnung über den Bedarf an Arbeitszeit und Arbeitskräften zu erhalten, um den Verwalter des Betriebes dazu Stellung nehmen zu lassen, sowie eine spezifizierte Gesamtabrechnung des Betriebsergebnisses zu machen[356]: Das Ziel ist gewinnbringende Vermarktung[357]. Catos intendierter Adressat weilt nur zeitweise auf dem Landgut und gibt seine Anweisungen an den Verwalter ansonsten schriftlich[358]. Zur Kalkulation gibt Cato Durchschnittswerte für Ausrüstung und Arbeitskräftebedarf in der Wein- und Olivenproduktion an[359]: Das Handeln, das durch seine Schrift angeleitet werden soll, ist die Investition in einen Ertrag abwerfenden Betrieb, ähnlich dem Ziel, das Xenophon im *Oeconomicus* dem *Ischomachos* zuschreibt.

Bei Varro wird die Gewinnerwartung als leitender Gesichtspunkt noch deutlicher. Der Rahmen des Werkes - nach Xenophons Vorbild ein Dialog über Landwirtschaft - verdeutlicht dies: Die Schrift will an Catos Frau gerichtet sein, die einen *fundus* gekauft habe, aus dem sie Gewinn erhofft[360]; das Buch beansprucht, ein praktisches Beratungsdefizit zu kompensieren, die Frage zu beantworten, *quid faciendum sit*[361]. Varro fragt, ganz platonisch, ob und in welchem Sinne die Landwirtschaft als *ars* gelehrt werden könne, und welches Ziel ihr vorauszusetzen sei: Sie sei eine *ars*, die nach langfristig möglichst hohem *fructus* strebe; diesem Ziel sei die Befriedigung anderer, kurzfristiger Bedürfnisse *(voluptas* und *delectatio)* untergeordnet[362]. Sowohl das Ziel der Kostenminimierung wie das der Ertragsmaximierung formuliert Varro[363]. Veränderungen der Lebensgewohnheiten werden

354 Cato, *agr.* I 1.

355 Cato, *agr.* I 6: *scito idem agrum quod hominem, quamuis quaestuosus siet, si sumptuosus erit, relinqui non multum.* Xff. gibt standardisierte Listen für den Bedarf an Arbeitskräften, Tieren und Gerät für landwirtschaftliche Produktionseinheiten. LVI behandelt Cato die Bemessung der Verpflegungsrationen nach der Schwere der körperlichen Arbeit; der *vilicus* erhält weniger als die Arbeiter. LVII-LX werden Aufwendungen für Ernährung, Kleidung etc. angegeben mit Jahressummen: Cato erwartete also, daß der Landwirt eine Jahresabrechnung des Betriebsergebnisses und der Betriebsaufwendungen aufstellte.

356 Cato, *agr.* II 2-5.

357 Cato, *agr.* II 7: *patrem familias uendacem, non emacem esse oportet.* vgl. Plin., *NH* XVIII 31. Regel später bei Turranius Niger, nach Diomedes 368,24ff.

358 II 1; II 6.

359 Cato, *agr.* X-XI.

360 Varro, *RR* I 1,2. Gewinnerzielungsabsicht wird bei allen Italikern als Motiv landwirtschaftlicher Tätigkeit vorausgesetzt, I 2,8: *duo in primis spectasse videntur Italici homines colendo, possentne fructus pro impensa ac labore redire et utrum saluber locus esset an non.*

361 Varro, *RR* I 1,3-4.

362 Varro, *RR* I 4,1. Diskussion über Verhältnis von Geldwert und ästhetischem Wert (I 4,2). Das Prinzip der Ordnung und geometrischen Regelmäßigkeit wird ökonomisch begründet: Gleichmäßig gesäte Kulturen würden besser gedeihen und der Ertrag ein höheres *pretium* erzielen (I 7,2-3). Landwirtschaft als *ars*: I 3,1ff.; II 9,2; III 1,4; 16,4-5; I c. 1.

363 Beim Bau der Gebäude gehe um einen Kompromiß (Bestimmung eines mittleren Maßes); größere *tecta* verursachten in Bau und Unterhaltung größere Kosten, kleinere böten weniger Lagerkapazität (I 11,1). Vgl. Cato, *agr.* III 19; Vitr., *Arch.* VI 6,1; Colum., *R.R.* I 4,8; Pallad., *Agr.* I 8,1; Plin., *N.H.* XVIII 32; FLACH (1990) 194. Varr., *RR* I 18,6ff.: Formen der Arbeitsorganisation und ihre Rationalität. Varro läßt

als Chance zu neuen Gewinnaussichten aufgefaßt, und die Anpassung der eigenen Investitionen an wechselnde Marktlagen gilt als zweckmäßige Verhaltensweise: Die Kleinviehhaltung in der Nähe der Stadt Rom, insbesondere die Vogelzucht, habe größeren Gewinn gebracht als Getreideanbau auf großen Flächen. Der Sprecher erklärt die Voraussetzungen für einen solchen *großen Wurf (bolus)*: Öffentliche Speisungen, Triumphe oder die Gemeinschaftsmahle der immer zahlreicheren Vereine hätten zugenommen, man erwarte immer raffiniertere Speisen, vor allem Geflügel, bei öffentlichen Essen. Daher könne man auch in der unmittelbaren Zukunft mit einem guten Geschäft rechnen, wenn man sich auf die Befriedigung dieses Bedarfs, die veränderten *mores*, die gestiegene *luxuria* einstelle; *luxuria* bezeichnet das neue Marktvchance eröffnende Verhalten. Nicht statistische Verfahren, sondern Urteile über Gepflogenheiten begründen die ökonomische Voraussage[364]. Auch die beiden Sasernae hatten in ihren Ackerbauschriften Probleme der Ertragsmaximierung und der Ökonomie der Arbeitskraft behandelt, und bestätigen dadurch das Bild einer Landwirtschaftsliteratur, die ökonomische Rationalität in beiderlei Gestalt[365] erstrebt; die Sasernae hatten, ähnlich Cato, standardisierte Sätze für den Arbeitskräftebedarf aufstellt, die Varro kritisierte[366]. Varro unterwirft Sasernas und Catos Arbeitskräfteberechnungen der Kritik: Cato habe den Arbeitskräftebedarf angegeben in Abhängigkeit von der jeweiligen Kultur und Flächengröße; er gebe *duas formulas*, womit seine Standardausstattungen für die Olivenproduktion auf 240 bzw. den Weinanbau auf 100 *iugera* gemeint sind. Saserna rechnete nicht mit Standardgrößen, sondern mit Manntagen; eine Sklavenarbeitskraft sei angemessen für 8 *iugera*, die sie in 45 Tagen umgraben könne. Varro kritisiert diese Form der Arbeitsökonomie als für die Praxis zu unpräzise[367]. Er fordert die methodische Klarheit von Verhältnisgleichungen: Cato hätte nicht Standardgrößen, sondern Proportionen angeben sollen, und er hätte die dafür die mit verschiedenen Funktionen beauftragten Sklaven gesondert angeben müssen, weil die Zahl der Aufseher sich, im Gegensatz zu der der Feldarbeiter, nicht nach der Betriebsgröße richte. Sasernas Vorgehensweise erlaube es dagegen, proportional zur Betriebsgröße Aussagen über den Arbeitskräftebedarf zu machen, doch Varro wendet gegen die Rechnungen ein, sie abstrahierten unzulässig von geographischen Unterschieden. Varro erweitert die Liste der Variablen, die in die Kalkulation des Geräte- und Arbeitskräftebedarfes eingehen: Art und Größe benachbarter Betriebe, die Zahl ihrer Arbeitskräfte, Zahl der Arbeitskräfte, die benötigt werden, um den eigenen Anbau besser oder schlechter zu organisieren[368]. Varro verlangt also die Berücksichtigung nicht allein quantitativer, sondern auch qualitativer Gesichtspunkte. Seine Methode der Bestimmung des Arbeitskräftebedarfes kommt einem Kompromiß zwischen der Aufstellung von Verhältnisgrößen und der Beschreibung von Musterbetrieben, den beiden Methodenmodellen Catos

(Tremelius) Scrofa eine Definition der Lehre der Viehzucht geben; danach ist Aufgabe der Viehzucht die Maximierung des Ertrages (II 1,11): ... *scientia pastorali ... est scientia pecoris parandi ac pascendi, ut fructus quam possint maximi capiantur ex eo.*

364 Varro, *RR* III 2,3-17.

365 Celsus betrachtet als Ziel landwirtschaftlicher Betätigung, daß der Betrieb Gewinn abwerfe: Der Gutsverwalter solle öfter Geld als Rechnungsbücher abliefern (Colum., *R.R.* I 8,4); Empfehlung, für italische Böden einen billigen Ochsen zu kaufen, der aber weniger tief pflüge (II 2,21).

366 F.Speranza, *Scriptorum Romanorum De Re Rustica Reliquiae* I, Roma (²1974) Saserna fr. 3 = Varro, *RR* I 18,2; fr. 4 = Colum. II 12,7; fr. 4a = Varro, *RR* I 19,1.

367 Varr., *RR* I 18,3.

368 Varro, *RR* I 18,1-7.

und der Sasernae, gleich: Varro lehrt, die jeweiligen Nachbarbetriebe als Musterbetriebe zu betrachten, um die Unterschiede in Bodenqualität, Bearbeitungsbedingungen, Lage zum Markt etc. zu berücksichtigen; andererseits soll der qualitative, auch Werturteile einschließende Vergleich mit den Nachbarbetrieben dazu verhelfen, den zusätzlichen Arbeitskräftebedarf in Verhältnisaussagen festzustellen. Beide Methoden, Standards und Proportionen, sind Varro zu statisch: Es gebe zwei Wege zur erfolgreichen Landwirtschaft, *experientia* und *imitatio*; die Regeln der Landwirtschaft seien in älterer Zeit durch Erfahrung gefunden, dann jedoch nur nachgeahmt worden. Es sei aber notwendig, über die bloße Nachahmung hinaus neue Vorgehensweisen zu wagen, und dabei nicht dem Zufall, sondern einer *ratio* zu folgen, beispielsweise, indem man mehr als üblich oder tiefer pflügt und das Ergebnis bewertet[369]. Mathematische Kalkulation soll also nicht als Methode zur Festlegung der Kennziffern der Betriebsführung dienen, sondern der Abschätzung der Folgen unüblichen und insofern innovativen Vorgehens. Das Arbeitskräftekalkül dient dazu, Versuche der Veränderung und Verbesserung planmäßig durchzuführen, also als Methode zur Beherrschung der Risiken, die fortschrittliches, neues Vorgehen mit sich bringt. Die Anwendung der von den Sasernae vertretenen Methode der Messung von Arbeit wird eingeschränkt auf das, was verändert wird am üblichen Vorgehen. Varros Ökonomie der Arbeitskraft enthält so zughleich eine Methode zur systematischen Verbesserung der ökonomischen Rationalität der Landwirtschaft; für deren Entwicklung ist ökonomischer Einsatz von Arbeitskräften ein wesentliches Kriterium.

Auch Columella bestimmt die Mehrung des Vermögens als Aufgabe landwirtschaftlicher Hauswirtschaftslehre; er fordert Sachkenntnis, Betriebsmittel und *voluntas agendi*. Die Vorstellung der Technizität bestimmt Columellas Verständnis dieser Lehre wie seine Erklärung wirtschaftlichen Scheiterns: Nicht äußere Umstände, sondern *imprudenter facta*, also menschliches Handeln, werde betrachtet, insofern es technisch angeleitet werden kann[370]. Columella kehrt bei der Arbeitskräfteberechnung methodisch zu Saserna zurück: Er gibt zunächst eine detaillierte Liste von Tagwerken bzw. Manntagen pro Menge Saatgutes bzw. für bestimmte Tätigkeiten[371]. Bei seiner beispielhaften Berechnung des Bedarfes an Arbeitskräften für einen Acker von 200 *iugera*, also in Abhängigkeit von der Bodengröße, setzt Columella standardisierte Saatgutmengen pro Fläche voraus[372]; in die Berechnung gehen Schätzwerte über die Abhängigkeit des Arbeitsanfalles von besonderen Umständen (Baumbestand) ein[373]. Columella orientiert sich an der methodischen Strenge von Saserna. Nicht nur verändernde Eingriffe in den Arbeitsaufwand, sondern dieser selbst wird streng durchkalkuliert und minimiert. Columella behandelt die Frage, ob sich der Weinbau ökonomisch lohne: Aufgrund der Orientierung an schnellem Gewinn werde nicht realisert, daß Wein in der Regel höheren Gewinn abwerfe als andere Formen der Landbewirtschaftung. Als Grund gibt Columella die *fama* bestimmter Weinsorten an: Auch hier sind zeitabhängige Momente des konjunkturellen Wandels aufgrund veränderter Konsumgewohnheiten der Horizont, innerhalb dessen der literarische Berater der Landwirtschaft argumentiert[374]. Neben dem

369 Varro, *RR* I 18,7-8.

370 Colum., *R.R.* I 1,1-2; I pr. 3.

371 Colum., *R.R.* II 12.

372 II 9,1ff.

373 II 12.

374 Colum., *R.R.* III 2,1-3,7. Columella kalkuliert Kosten der Weinkultur gegen zu erwartende Erträge. Standardgröße: 7 *iugera*; Kosten: 7000 Sest., dazu 8000 Sest. für eine Arbeitskraft kämen, pro *iugerum*

Prinzip der Ertragsmaximierung formuliert Columella auch das der Minimierung des Aufwandes[375]. Versuche, neue Verfahren und Produkte zu erproben, zahlen sich angesichts des Wandels der Randbedingungen langfristig grundsätzlich aus[376]: Columella formuliert das Prinzip, daß in den Techniken Veränderungen *à la longue* ökonomisch vorteilhafte Verbesserungen, also Fortschritte, darstellen. Wie Varro erklärt er seine Betrachtung eines in der bisherigen landwirtschaftlichen Literatur weniger behandelten Erwerbszweiges mit neuen Marktchancen durch luxuriöse Lebensführung: Aufgrund früherer *frugalitas* hätten sich Reich und Arm in den Nahrungsgewohnheiten kaum unterschieden, später aber seien Lebensmittel zu Gütern eines Geltungskonsums geworden. Die Nachfrage nach raffinierten Nahrungsmitteln steige bis zu einem gewissen Grade bei steigenden Preisen gerade: Die Nahrungsgewohnheiten von Reich und Arm hätten sich unterschiedlich entwikkelt. Bei der Behandlung des Gartenbaus denkt Columella an die Belieferung städtischer Märkte mit Blumen etc.[377].

In allen diesen römischen Schriften zwischen Cato (234-149 v.Chr.) und Columella (1. Jhdt. n.Chr.) wird als, bei Variationen im Detail, dieselbe *ars* der Bereicherung gelehrt. Ertragssteigerung und Kostensenkung, zusammen mit aus der Erfahrung gewonnen Handreichungen und Gesichtspunkten der Beurteilung der Lage nebst allgemeinen Grundsätzen wirtschaftlicher Betriebsführung bilden den Kernbestand dieser betriebswirtschaftlichen Schriften. Dies gilt auch für das Werk des Palladius (5. Jhdt. n.Chr.). Neben natürlichen Produktionsfaktoren, die beurteilt, aber nicht hergestellt werden können, gibt es die menschliche Arbeit. Deren Regeln formuliert der Autor als praktische Maximen, die notwendig eingehalten werden müssen, um Erfolg in der Landwirtschaft zu erreichen. Palladius ist skeptisch gegenüber allen Berechnungen oder Schätzungen des Arbeitsaufwandes: Es komme auf die Umstände des Einzelfalles an[378]. Ziel der Betätigung ist die Befriedigung von Bedürfnissen

2000 Sest. Materialkosten, also 29000 Sest. Investitionskosten plus 6% Zinsen pro Jahr für die ersten beiden fruchtlosen Jahre, also 32480 Sest. Pro *iugerum* sei mehr als 1 *culleus* (in der Regel: 3) Wein zu erwarten, 7 *cullei* brächten mindestens 2100 Sest., diese lägen über dem Zins des eingesetzten Kapitals; die in der Regel dreifach so hohen Erträge machten das Ganze zum guten Geschäft (III 3,8-15). Viehzucht wird aufgrund großen Gewinns empfohlen (VI pr. 1-5), die Haltung von Haushühnern wegen ihres *reditus* (VIII 2,3).

375 Die Haltung von Gänsen empfiehlt Columella (Colum., *R.R.* VIII 13,3) *non quia magni sit fructus, sed quia minimi oneris*; über Enten heißt es (VIII 15,1): *cura similis, sed maior inpensa est*. Prinzip der Ertragsmaximierung bei Verg., *Georg*. II 34-37. Landwirtschaft als *ars*: Colum., *R.R.* I pr. 32-33; 1,1-3; 1,16; II 2,2; IV 11,2; V 1,2; X 1,1.

376 Colum., *R.R.* I 4,4-6.

377 Colum., *R.R.* X pr. 1-3; X 306-310.

378 Pallad., *Agr.* I 2; I 6,1-3. Der berechnende Zugriff auf die Arbeit bleibt beschränkt: *Omne opus rusticum, cum fieri praecipitur, neque cito est si ante quindecim dies, neque tarde si post quindecim fiat* (I 6,15). Palladius kündigt an, nicht nur über Monate und Tage, sondern auch über Stunden des Arbeitens *(operandi)* zu schreiben. Damit beansprucht er nicht eine neue Präzision der Arbeitszeitberechnung, sondern verweist auf II 23 *(De horis)*, eine Auseinandersetzung mit den im Jahreslauf wechselnden Stundenlängen, da die unterschiedlich lange Zeit zwischen Sonnenauf- und -untergang in jeweils gleich viele Stunden geteilt wurde. Die *Geoponica* des Cassianus Bassus Scholasticus, eine Überarbeitung älterer landwirtschaftlicher Sammelschriften aus dem sechsten Jahrhundert, macht die Messung der Arbeit nur allgemein zur Pflicht des Landwirtes: Man müsse *πρὸς τὴν ποιότητα τῶν ἔργων τὰ σώματα τῶν ἐργαζομένων ἐπιλέγεσθαι* [Cass. Bass. Schol., *Geopon*. II 2. Vgl. GEORGOUDI (1990) 20ff.; ODER, RE VII 1,1221-1225 s.v. *Geoponika*. Die Berechnung hat prognostische Funktion].

(voluptas, fructus)[379]. Weniger abstrakt formulierend und dadurch den im Eingang des Werkes versprochenen Versuch machend, auf die praktischen Bedürfnisse seiner Leser einzugehen, stellt Palladius die Regeln bäuerlichen Erwerbsstrebens als Maximen in Merksatzform auf; demnach sei beispielsweise in der Intensivierung der Landwirtschaft, nicht in der Expansion, ein Entwicklungsziel zu sehen[380]. Im Anschluß an diese Maximen bäuerlichen Wirtschaftens behandelt der Autor systematisch Einzelprobleme, darunter wiederum Kostenrahmen für das Farmhaus und den Bau der Wirtschaftsgebäude[381]. Palladius setzt voraus, daß ein ganz wesentliches Problem des Bauern die Durchsetzung seiner Verfügungsrechte über den Boden und dessen Erträge ist; die Entfernung des bewirtschafteten Bodens und von Außengebäuden von der zentralen *villa* solle daher nicht zu groß sein, um Transportprobleme zu vermeiden und die Möglichkeiten für *fraus* zu verringern[382]. Auch die *Geoponica* des Cassianus Bassus aus dem 6. Jhdt. raten, Varro folgend, daß man zur Quantität der Arbeit die Zahl der verfügbaren Arbeitskräfte in ein vernünftiges Verhältnis setzen müsse, und die Taubenhaltung wird dem Bauern empfohlen als lukrative Einnahmequelle (*πρόσοδον*)[383]. Die Ackerbauliteratur befriedigt also einen Beratungsbedarf mit dem Ziel, zu ökonomischer Rationalität in seiner doppelten Bedeutung beizutragen, als Sparsamkeit und Ertragsmaximierung. In der Bestimmung des Arbeitskräftebedarfes oszilliert die römische Landwirtschaftslehre zwischen zwei Methoden, der Orientierung am typischen Vorbild und der Analyse der Arbeitsleistung einer Person, um den Bedarf an Arbeitskräften in Abhängigkeit von Fruchtkultur und Bodengröße verhältnismäßig zu bestimmen; die Minimierung des Arbeitskräftebedarfes gehört zu den Regeln ökonomischer Betriebsführung. Ein Zusammenhang zwischen Erhöhung oder Veränderung des Einsatzes mechanischer Werkzeuge und Arbeitskräftebedarf wird jedoch nicht hergestellt: Vor allem von organisatorischen Maßnahmen erwartete man Einspareffekte.

Vegetius rechtfertigt tiermedizinische Bemühungen ökonomisch. Er will, ähnlich Heron und Vitruv, die Dignität seines Gegenstandes begründen, der so vor ihm noch nicht behan-

379 Pallad., *Agr.* I 1,2. *fructuum spes* (I 6,4) als Ziel des Weinbaus, Empfehlung antizyklischen Verhaltens: *Post bonam vindemiam strictius, post exiguam largius puta.*

380 *Fecundior est culta exiguitas quam magnitudo neglecta* (I 6,8). Vgl. I 6,9-10; 6,2 (man solle nicht ausschließlich in unerprobte Fruchtsorten investieren); 6,5-7; 6,12 (Regel der Risikostreuung). Buch II beginnt eine neue Disposition: Ähnlich einem Bauernkalender werden die bäuerlichen Arbeiten dem Verlauf des Jahres folgend monatsweise dargestellt, II pr.). Grundsätze der Einschätzung des Arbeitskräftebedarfes: im Gegensatz zu Columella Oreintierung nicht an Verhältnisgleichungen, sondern am typischen Beispiel als methodischem Paradigma; ähnliche Argumentation wie bei Varro: Die *operarum ratio* sei nicht auf ein und dieselbe Weise *in tanta diversitate terrarum* aufzustellen, Erfahrungen zeigten den notwendigen Arbeitskräfteaufwand; *quae florent constat non esse tangenda* (Pallad., *Agr.* I 6,3). Palladius führt die Regel des technologischen Konservatismus fort: *In rebus agrestibus* komme der Befehl den Älteren, die Ausführung den Jüngeren zu.

381 Die *magnitudo* soll so bestimmt sein, daß man im Falle seiner Zerstörung die Reparatur aus den Erträgen von höchstens zwei Jahren des betreffenden *ager* bestreiten könne (Pallad., *Agr.* I 8,1). Palladius rechnet mit der Notwendigkeit kurzfristiger Finanzierung von Reparaturmaßnahmen anch Zerstörungen. Während Palladius' Liste der Maximen bäuerlichen Wirtschaftens bei Columella kein Pendant hat, entspricht die Behandlung des Problems der Beurteilung von Lage und Bodenqualität des Betriebes der Tradition der Ackerbauliteratur (II 7). Vgl. I 14-34.

382 Pallad., *Agr.* I 36.

383 Cass. Bass., *Geopon.* II 2 (*πρὸς τὴν ποιότητα τῶν ἔργων τὰ σώματα τῶν ἐργαζομένων ἐπιλέγεσθαι*); XIV 1,2.

delt worden sei. Vegetius betrachtet die bisherige Literatur zu tiermedizinischen Fragen als verbesserungsbedürftig und als ungeeignet zur Anleitung prektischer Tierbehandlung. Diese wird streng ökonomischer Rationalität folgenden *rationes* unterworfen: Tierheilmittel, deren Preis den Zeitwert des kranken Tieres übersteigen, lohnen nicht; Bücher, die solche Heilmittel empfehlen, sind von geringem praktischem Wert[384]. Umgekehrt hätten Tiererkrankungen ihren Preis, verursache der Tod von Tieren Nachteile, und Sklavenarbeitskräfte seien immer teurer als Arbeitstiere: Daß der *dominus* sich um die Tierheilkunde bemühen solle, wird ökonomisch begründet[385]. Vegetius verfaßt eine Krankheitslehre nach Art eines Kataloges, der Symptome den Krankheitsbildern und Krankheitsbilder bestimmten Therapien zuordnet. Die methodische Strenge, die die Humanmedizin bereits besitze, will er der Tiermedizin geben[386]. Wie Vitruv die Architektur, möchte Vegetius die Tiermedizin als Teil eines allgemeinen Bildungskanons etablieren, der Bildung des Land- und Tierbesitzers. Es geht nicht um den selbsttätigen Eingriff des Landbesitzers, sondern um den Gewinn seiner Urteilskompetenz für Vorsorge und Anordnung. Tiermedizin soll nicht Teil seiner Kenntnisse werden, weil er selbst tiermedizinische Behandlungen durchzuführen hätte, sondern weil er im eigenen ökonomischen Interesse Weisungen geben muß. Insofern richtet sich das Werk an Laien, nicht an Tierärzte, die als Untergeordnete konsultiert werden. Die Tiermedizin wird aus dem Sparsamkeitspostulat begründet: Man müsse auf mit großen Ausgaben *(dispendia)* verbundene Dinge besondere Sorgfalt verwenden; Infektionskrankheiten könnten zum Verlust ganzer Herden und daher zu großem Schaden führen; also müsse man sich um die Prognose daraufhin besonders bemühen, ob bestimmte Krankheiten von Tieren zu Ansteckungen durch ungeregelten Kontakt führten[387].

In der antiken Humanmedizin spielt das ökonomische Prinzip eine nur untergeordnete Rolle: Der Aufwand der Menschen für ihre Gesundheit war hoch. Allerdings bestimmte eine Form ökonomischer Kosten-Nutzen-Kalküle die spätantike Medizin: Sie beurteilte Therapieverfahren deutlicher als es bis dahin der Fall gewesen war, hinsichtlich unerwünschter Nebenwirkungen. Das mit weniger Aufwand, Schmerz oder Leid verbundene Verfahren wurde bevorzugt[388]. Dioskorides schrieb ein Werk über *Εὐπόριστα*, auch auf Reisen zu beschaffende Heilmittel; die Materie sei, verglichen mit den zusammengesetzten Heilmitteln, leichter zu verstehen, und die Materialien mit geringerem Aufwand beschaffbar[389]. Als

384 Veget. *Dig. art. mulom.* I pr. 4-6.

385 I pr. 9-11. Es sei *inanis persuasio*, die Tiermedizin für wertlos zu halten; Erfahrungswissenschaft, die Nachteile verhindere, sei nicht unehrenwert. *Nec inmerito voluptati natum animal salutis gratiam meretur ab homine*. Die *opera ipsa mulomedicorum* erscheinen uninteressanter *(abiectior)*, die *notitia ... curationis* aber gehöre sich für *honestissimi* und *disertissimi*, weil durch kluge *provisio* und *ordinatio* die Tiere gesund, Schäden verringert und *voluptates* voll genossen würden, I pr. 12-13.

386 I pr. 6-9.

387 I pr. 14-15.

388 Vindicianus im Brief an Valentinian: Man solle bei allem Vertrauen in die Autoritäten des Faches nicht jeder *medicina* folgen und glauben, den Kranken müßten Wunden zugefügt werden; es komme darauf an, sie unter Inkaufnahme geringer Unannehmlichkeiten zu heilen, Vindic., *Epist ad Valent*. c. 9-10. Alexander von Tralleis kritisiert Ärzte, die Patienten unnötig quälen, Alex. Trall., *Therap*. I 13 p. 523. Das fälschlich dem Antonius Musa, dem Arzt des Augustus, zugeschriebene Werk *De herba vettonica* lobt die Heilpflanze, die Heilkraft ohne Magenbeschwerden und schlechten Geschmack biete.

389 Diosc., *De simpl. med.* I pr. Erleichterung bei der Anwendung: Maßsystem für Trankrezepte mit drei Gewichtsstufen (II pr. p. 242).

Absage an den Aufwand, den die rhetorische Bildung mit den Gegenständen der Medizin treibt, begründet Theodorus Priscianus den praktischen Einspareffekt, den seine Εὐπόριστα erzielten[390].

Auf grundsätzlichere Weise noch hatte Galen die Pharmakologie als Versuch eines sparsamen Umganges mit Krankheiten erklärt, der sich einem Fortschritt der Disziplin verdanke: Die Pharmakologie seiner Zeit beruhe nicht mehr nur auf ἐμπειρία, sondern auch auf λόγος, sie lehre durch ihre Schriften eine Methode (μέθοδος), der die Richtigkeit der Anwendung der Heilmittel garantiere; sie formuliere eine Lehre (διδασκαλία), deren Inhalt eingeübt werde und ohne direkten Rückgriff auf Lehrbücher (γραφαί) angewandt werden könne. Die Pharmakologie lehrt also eine allgemeine (καθόλου) Methode und deren Anwendung und reduziert so Vielfalt und Komplexität verschiedener Lagen auf eine begrenzte Zahl von Lehrsätzen, die gewußt bzw. eingeübt werden können[391]. Galen beurteilt eine medizinische Teildisziplin als Versuch ökonomischen Umganges mit der Wirklichkeit; er betreibt dabei Ökonomie des Wissens. Daß eine effizientere Technik eine weniger effiziente ablöse oder verdränge, ist für den Techniktheoretiker Galen schwer vorstellbar. Die ökonomischere, effizientere Technik gehört zu derselben Disziplin wie die ineffizientere. Unterscheidungsmerkmal zwischen Techniken und Verfahren ist nicht die unterschiedlich produktive Vorgehensweise, sondern das gleiche, aber möglicherweise mittels verschieden effizienter Methoden erstrebte Ziel[392]. Effizienzverbesserungen stellen akzessorische Umstände des Einzelfalles dar, nicht Veränderungen der Prinzipien einer Technik selbst. Eine solche Auffassung vom Wesen ökonomischer Verbesserungen dürfte, auch wenn Galen sich auf eines der wichtigsten Gewerbe, das Weben, als Beispiel beruft, dadurch beeinflußt worden sein, daß für Mediziner ökonomische Überlegungen gegenüber der Verwirklichung des therapeutischen Zieles nur akzessorische Bedeutung haben. In der ärztlichen Praxis waren diese nicht bedeutungslos: Apollonios von Kition, der Verfasser eines Kommentars zur hippokratischen Schrift über Gelenkeinrenkungen, bemerkt, daß es sich für einen Arzt, der in einer einwohnerreichen Stadt praktiziere, lohnen könnte, sich eine hölzerne Streckbank als Einrenkungsinstrument anfertigen zu lassen, wie es die hippokratische Schrift beschreibe[393]. Die Kalkulation des Mediziners betrifft die Frage, inwiefern es sich für ihn lohne, manuelle, beim Einrenken der Gelenke unter Umständen sehr harte, Arbeit, durch Instrumentengebrauch zu vereinfachen, und wie häufig derartige Fälle auftreten, um die Investitionen zu amortisieren.

Die Legitimität des Erwerbsstrebens als Ziel technischen Handelns wurde selten diskutiert und unproblematisch vorausgesetzt. Nur wenn der Techniker an seine Unabhängigkeit oder Menschenfreundlichkeit besondere Ansprüche stellte, wurde die Frage zum Thema gemacht, in welchem Maße Gelderwerb das Ziel der Technik sei. Vitruv bestritt dies, weil er die Architektur als Disziplin der allgemeinen Bildung darstellen wollte und daher vom Architekten die persönliche Unabhängigkeit erwartete, die dieser als Konkurrent um Bauaufträge verlieren müßte; wer sich um Aufträge und Verdienst anstrenge, müsse sich übermäßig

390 Theod. Prisc., *Euporist.* I pr. u. I 1: Der Autor wendet sich gegen rhetorischen Aufwand, er beansprucht, eine *simplex curationis via* aufzuzeigen.

391 Galen, *Comp. sec. loc.* XII 379,1-4; XIII 116,3-117,1; *Comp. per gen.* XIII 365,15-18; 458f.; 463,8-14; 886,17-887,6. Vgl. FABRICIUS (1972) 36-38.

392 Galen, *Thrasyb. sive utr. medicin. sit an gymnast. hyg.* V 851.

393 Apoll. Cit., *In Hippocr. de artic. comm.* CMG XI 1,1 21,25ff.

um den Schein eigener Kompetenz und die Gunst anderer bemühen[394]. Der Techniker bringt ein Ethos der Technik zur Geltung, das zu bestimmen beansprucht, welche der mit seiner Technik erreichbaren Zwecke legitim sind.

Ein solches Berufsethos, das Ansprüche und Verhaltensweisen der Angehörigen des Berufsstandes begrenzte, formulierte früh schon die Medizin. Die hippokratischen *Praeceptiones* machen beim ärztlichen Gewinnstreben und der Honorarfestsetzung Grundsätze der Menschenfreundlichkeit (*φιλανθρωπίη*) dem Arzt, der aus *φιλοτεχνίη* handelt, zur Pflicht; dieser solle auf die soziale und materielle Situation des Patienten Rücksicht nehmen und sich um das Wohlergehen Kranker wie Gesunder bemühen. Die Regeln des ärztlichen Ethos werden formuliert als Anweisungen zur Verwirklichung ärztlicher Tugenden (*εὐχαριστίη*, *εὐδοκίη*, *φιλανθρωπίη*, *φιλοτεχνίη*, *εὐσχημοσύνη*) bzw. zur Vermeidung von Untugenden (*ἀπανθρωπίη*) und mit einer ärztlichen Führungsaufgabe begründet; von ihnen werde erwartet, daß sie mit ihrer Technik das Vertrauen in die Bewältigbarkeit der Irrationalität des Schicksals vermitteln[395]: Führung bedarf eines nicht allein an partikularen Interessen orientierten Verhaltens; Ärzte üben Führung aus, daher sollen sie sich nicht allein um den Gelderwerb und den Erfolg in der Konkurrenz bemühen. In einer späten hippokratischen Schrift wird der Inhalt der ärztlichen *εὐσχημοσύνη* bestimmt: Für die meisten *σοφίαι* gelte, daß sie im Leben nutzlos seien; ehrenwert sei nur diejenige *σοφία*, die sich an andere richte, auf eine *τέχνη* gegründet sei und sich um *εὐσχημοσύνη* und *δόξα* bemühe. Daraus folge: Jede *τεχνική*, die nicht auf Habsucht (*αἰσχροκερδείη*) und Ansehensverlust (*ἀδοξίη*) aus sei, und die einen *μέθοδος* verwende, sei ehrenwert. Unbeschränkt sich um den materiellen Vorteil bemühtes Verhalten der Spezialisten gilt als Kennzeichen jugendlicher Unreife; gegen die Konsequenzen derartigen Verhaltens erließen reifere Menschen Gesetze[396]: Der Autor richtet sich polemisch gegen Rhetoren, Sophisten und Philosophen, die man am besonderen Äußeren und der auffälligen Lebensweise erkennen könne. Derartige Bemühungen um Erscheinungsbild und persönlichen Erfolg lehnt er ab[397]. Der sog. *Hippokratische Eid* erlegt

394 Vitr. *Arch.* VI pr. 5-6. Vitruv zieht gebildete und durch die Lektüre von Architekturlehrbüchern urteilsfähig gewordene Laien als Bauleiter in eigener Sache den angemaßten Architekten vor: Man zieht es vor, ohne Architekten auszukommen. In der Bildung des Urteilsvermögens von Laien liegt ein Zweck des Vitruvschen Werkes.

395 Hippocr., *Praecept.* 6-9. Der Unterschied zwischen einem Kollegen (*ὁμότεχνος*) und einem Quacksalber bestehe darin, daß die Quacksalber nicht heilen und die Grenzen ihres Könnens nicht kennen, sie belasten nur den Patienten, der Geld an die Quacksalber verliert und zugleich, weil er als Kranker seinen landwirtschaftlichen oder handwerklichen Betrieb nicht führen kann. Regeln für das Konkurrenzverhalten: Der Arzt solle bereit sein, Kollegen beizuziehen, wenn er selbst in der Therapie nicht weiterkommt; das Verhalten der sich über einen Fall beratenden Ärzte solle frei sein von *φιλονεικεῖν*; die Ärzte sollten kein Gewerbe ausüben, dessen Produkte in Konkurrenz auf dem Markt gegeneinander antreten (*ἀγοραίη ἐργασίη*). Hier wird das Ethos des guten Arztes von dem des Kaufmannes geschieden und ein Verhalten zur Pflicht, das die Wirkungen der Konkurrenz mildert. Die Ärzte sollen sich untereinander kollegial verhalten, weil sie in Fragen der Gesundheit Führung ausüben (*ἡγεύμεθα γὰρ ἃ χρὴ ἐς τὴν ὑγιείην*, 9). Der Arzt "zeige" die *τῆς τέχνης ἐξευρήματα* und vertreibe dadurch die *ἀπιστίη* des Augenblicks (9).

396 Hippocr., *De decente habitu* 1-2.

397 3-4. Die Schrift gehört offenbar in einen rhetorischen Meinungsstreit über die richtige Form medizinischer Belehrung, innerhalb derer der Autor auf zwei Vertreter einer Gegenposition antwortet: Bloße Meinung, ohne daß diese sich in der Praxis bewährte, sei ein Zeichen von technischer Unbildung (*ἀμαθίη*, *ἀτεχνίη*). Nachdem er den Gegnern bezüglich des grundsätzlichen Nutzens der *σοφίη* Recht gegeben hat, bestreitet er, daß medizinische Belehrung allein theoretischer Natur sein könne (4; 1.). Es kommt nach Mei-

dem künftigen Mediziner neben Pflichten des ärztlichen Ethos im engeren Sinne wie dem Verbot der Mitwirkung an Tötungen oder Abtreibungen und der Führung eines bestimmten Lebensstils Pflichten finanzieller Art gegenüber seinem Lehrer auf: Mit ihm hat er den Lebensunterhalt zu teilen, ihn also im Alter zu unterstützen, dessen Kinder hat er unentgeltlich zu erziehen und sich dazu zu verpflichten, medizinische Kenntnisse nicht an Außenstehende weiterzugeben[398]. Die Medizin vermittelte als Teil ihrer Lehre ein das Streben der Mediziner nach Gewinn beschränkendes - aber nicht ausschließendes - ärztliches Ethos.

Der empirische Arzt Menodotos lehrte im zweiten Jahrhundert nach Christus in der Frage des Erwerbsstreben das Gegenteil: Ruhm und finanzieller Gewinn seien das *τέλος* ärztlicher Tätigkeit[399], und Thessalos von Tralleis, Neubegründer der Schule der Methodiker, veranstaltete ärztliche Schnellkurse nach Art der Sophisten, mit denen er jeden beliebigen in sechs Monaten zum Arzt ausbilden zu können beanspruchte, sofern er dafür zahlte[400]. Galen bestreitet die Haltbarkeit einer solchen Position: Reichtumserwerb könne nicht als einziges oder oberstes Ziel einer *τέχνη* gelten, auch wenn es Menschen gebe, die in der Technik *πάντα πρὸς τὸν πλοῦτον* blickten[401]. Er sieht die technische Ausbildung als Teil der allgemeinen *παιδεία*, die die Aufgabe habe, das im Menschen zu entwickeln, was dieser mit den Göttern gemeinsam habe, ihre Vernünftigkeit, also das, was Erkenntnis und Handeln der Zufälligkeit wechselnder Lagen entheben. Daher verlangt nach Ansicht Galens eine an sicherem Gelderwerb und Ansehen orientierte Ausübung der Technik ihrerseits, daß Übung und Ausübung der *τέχνη* die ganze Lebensweise bestimmten[402], die Lebensführung des Arztes sich also nicht dem Gelderwerb unterordne, auch wenn die Berufsausübung in erster Linie der Sicherung des Lebensunterhaltes diente. Die medizinische Ausbildung und das medizinische Ethos orientierten sich also an Unabhängigkeitsforderungen, die die Philosophie in der Auseinandersetzung mit der Sophistik formuliert hatte, und Galen ordnet bewußt die Medizin in den Zusammenhang einer philosophisch reflektierten Bildung der Lebensführung ein: Wer um des Gelderwerbes und nicht der *εὐεργεσία* willen die *τέχνη* erlernen wolle, werde dieses Ziel nicht wirklich erreichen. Der Arzt solle Philosoph sein auch in seiner Unabhängigkeit von materiellen und körperlichen Bedürfnissen[403]. Die

nung des Autors darauf an, allgemeine Bildung (*σοφίη*) mit der Medizin zu verbinden, praktische und theoretische Belehrung zu verknüpfen sowie *εὐδοξίη* und *εὐσχημοσύνη* im ärztlichen Handeln zu verwirklichen (5-7; 18.).

398 Hippocr., *Jusjur.*

399 Galen, *De placit. Hippocr. et Plat.* IX 5,3-6; DEICHGRÄBER (1930) 265, fr. 293.

400 Galen, *De meth. med.* X 4-6.

401 Galen, *Adh. ad art. addisc.* 6.

402 Galen, *Adh. ad art. addisc.* 14

403 Galen, *Quod opt. med.* I 57-62. Vgl. *De methodo med.* X 561. Galen bestreitet nicht die Bedeutung ökonomischer Gesichtspunkte bei der medizinischen Tätigkeit, er beansprucht, daß seine Anatomie im Vergleich zu der des Lykos ökonomischer sei, detailreicher und kürzer (Galen, *De anatom. admin.* II 227-228). Vollständigkeit, Knappheit und Transportabilität sind ökonomische Kriterien für die Beurteilung medizinischer Literatur. Fälschlich als Werk des Soranos von Ephesos firmiert eine lateinische Bearbeitung der pseudogalenischen Ὅροι. Das Werk formuliert Grundsätze für die Ausbildung der Ärzte auch in den freien Künsten (Grammatik, Rhetorik, Geometrie, Astronomie) und Eigenschaften des guten *medicus*: *moribus clemens et modestus*, mit gewisser *sanctitas*. Wesentlich sei, Arm und Reich, Sklaven und Freie gleichermaßen zu kurieren. Sein Honorar solle er nicht im Streit einfordern, Soran., *Introd. ad med.* p. 245.

Ablehnung von Geld oder Ruhm zugunsten der *ipsius artis scientia* hatte bereits im ersten Jahrhundert Scribonius Largus als *recta via* verkündet[404]. Als philosophische Disziplin mit durch philosophische Autarkie- und Unabhängigkeitsideale bestimmten berufsethischen Grundsätzen sah Galen die Medizin.

Die Medizin vermittelte also, ähnlich der Philosophie, ein Berufsethos, das es den Ärzten zur Pflicht machte, den Gelderwerb nicht als Selbstzweck zu betrachten und ggf. auf wirtschaftliche Vorteile, die aus ihrem Können zu ziehen wären, zu verzichten. Die Medizin formuliert dieses Ethos bereits früh, entwickelt dies jedoch in Auseinandersetzung mit Bestrebungen, den Arztberuf zu kommerzialisieren, und zwar in ähnlicher Weise, wie die Philosophie, die, um sich von den Bestrebungen der Sophistik abzusetzen, bestritt, daß Bildung überhaupt als Gut gehandelt werden könne. Die Medizin macht die Bedürfnislosigkeit und die Unabhängigkeit der Philosophie in dem Moment geltend, als sie dadurch zugleich ihren kulturellen Rang geltend machen konnte. Schon die hippokratischen Schriften formulierten Maximen, die dem Streben der Mediziner Grenzen setzten; in der Kaiserzeit wurden die Möglichkeiten einzelner Ärzte, mit ihrer Kunst persönlichen Erfolg zu haben, besonders groß; die philosophische Unterfütterung des Unabhängigkeitsideals des ärztlichen Standesethos erfolgt also in einer Zeit, in der seine Verwirklichung gerade nicht selbstverständlich war, Galen selbst war ökonomisch sehr erfolgreich[405], wurde Leibarzt von Marc Aurel und Verus und trat in Konkurrenz und Polemik mit Kollegen ein. In dieser Lage hatte das ärztliche Standesethos die Kohärenz der immer inhomogeneren Ärzteschaft zu sichern, der Öffentlichkeit gegenüber die besondere Stellung der Mediziner zu rechtfertigen.

Die Mechaniker machen zwar Kriterien der Ökonomie bei der Beurteilung ihrer Konstruktionen geltend, setzen sich aber nicht intensiv mit dem Problem auseinander, inwiefern der Mechaniker an der Erhöhung seines persönlichen Einkommens interessiert sein sollte. Die Möglichkeit zu einem solchen Verhalten bot sich den ihnen offenbar in geringerem Maße als den Medizinern. Zwar konnten Architekten und Baumeister freiberuflich tätig sein und konkurrieren um öffentliche oder private Aufträge, doch die inventiv und innovativ arbeitenden, literarisch tätigen Mechaniker betrieben ein Metier, das in der Regel direkt der politischen Macht diente: Trotz der Ansprüche auf einen Nutzen für die Menschen, den die Mechaniker wie die Vertreter aller Techniken erhoben, blieb die antike Mechanik eine Disziplin im Dienst von Herrschenden, also mit geringem Grad persönlicher Unabhängigkeit. Heron bemüht sich, ähnlich Vitruv und Galen, die Mechanik den Disziplinen der philosophischen Bildung als gleichberechtigt an die Seite zu stellen, ohne aber das materielle Streben der Mechaniker begrenzende Regeln zu formulieren[406]. Vitruv dagegen, für die Architektur eine Ausbildungsgrundlage formulierend[407], setzt sich mit berufsethischen Fragen, die den persönlichen Erfolg betreffen, auseinander. Er richtet sich an den Herrscher; das Gut, das anbietet, soll anderer Art sein als die Prahlerei eines Deinokrates, der gegen-

404 Scrib. Larg., *Compos*. Ep. 11.

405 Galen wurde in Rom gefördert durch Angehörige eines Kreises von Aristotelikern um Flavius Boethus, Galen, *De praenot. ad Posth.* XIV 611-613; 625-630.

406 Heron, *Belop*. 1-3 (71-74). Aufgabe der Mechanik: Heron, *Mechan*. I 1ff.: Τῇ δοθείσῃ δυνάμει τὸ δοθὲν βάρος κινῆσαι διὰ τυμπάνων ὀδοντωτῶν παραθέσεως; ähnlich Archimedes (Plut., *Marc*. 14,7: Ἀρχιμήδης ... ἔγραψεν ὡς τῇ δοθείσῃ δυνάμει τὸ δοθὲν βάρος κινῆσαι δυνατόν ἐστι). Automatenbau: Bestimmung durch dessen ἐπαγγελία (Heron, *De autom*. II) bestimmt, nicht als Mittel zum Gelderwerb; Vermessungslehre wird abstrakt durch den Nutzen gerechtfertigt, *Dioptra* 1-2.

407 KNELL ([2]1991) 1-8.

über Alexander versprach, den Athos in eine Alexanderstatue mit einer Stadt in der Hand zu verwandeln. Nicht die Durchsetzung von Projekten oder Personen als solche, sondern ihre Auswahl aufgrund von Einsicht, Urteilsfähigkeit und Kompetenz will Vitruv zum Kriterium des Erfolges machen[408]. Philosophische Beherrschung materieller Bedürfnisse gehört zu dem Ethos, das Vitruv vom Architekten als Ergebnis seiner Bildung verlangt: Reich ist, wer keine materiellen Güter mehr begehrt. Gegnüber geistigen Besitztümern als sicherem und von kontingenten Wandlungen unverletzbarem Besitz solle man sich beim Streben nach Materiellem bescheiden[409]. Zur Ausbildung des Architekten gehört die Erziehung zu einem das Streben nach Materiellem beschränkenden Verhalten. Wo Techniker mit literarischen Mitteln die Ausbildung in ihrer Disziplin zu ordnen suchen (Galen, Vitruv), widmen sie dem Problem der persönlichen Integrität des Technikers besonderes Augenmerk.

Vitruv zieht mit seiner Position die Konsequenz aus einer älteren Vorstellung, die bereits Demokrit zum Ausdruck gebracht und Aristoteles vertreten hatte: Demokrit unterschied zwei Phasen der Entwicklung der Techniken, deren primitivere und frühere Techniken der Bedürfnisbefriedigung (*χρεῖα, ἀναγκαῖον*) hervorbrachte, während in einer zweiten Techniken entstanden, die einen gewissen Überfluß voraussetzen und weniger dem Überleben als der Gestaltung des Lebens dienen[410]. Der Versuch, das Ethos der Technik über die Befriedigung unmittelbarer materieller Bedürfnisse hinauszuheben bedeutet, daß man ihr einen über die elementare Zivilisation hinausgehenden kulturellen Wert zumaß.

Dort, wo die Techniker in wirtschaftlicher Selbständigkeit arbeiteten und eine literarische Bildung genossen haben mußten, um ihr Fach zu betreiben, wie im Falle der Medizin oder der Architektur, reflektierten sie ihr Berufsethos, insbesondere dann, wenn die Verhältnisse, unter denen sie arbeiteten, sich änderten. Dort dagegen, wo die Autonomie der Techniker geringer war, wo sie mit Produkten, Plänen, Vorhaben und Ausbildung von politisch-militärischen Entscheidungen abhängig blieben, wie im Falle der Kriegstechnik, gab es wenig Anlaß, das eigene Verhalten und dessen berufsethische Normen literarisch zu reflektieren. Solche Reflektionen betreffen neben Fragen der Ausbildung das Problem, inwiefern die Befriedigung allein der partikularen, insbesondere materiellen, Bedürfnisse der Techniker ein legitimes Ziel sein könne. Bis auf Ausnahmen war die Antwort auf diese Frage einschränkend. Bei der Bestimmung des letzten Zieles ihrer Disziplin enthalten sich die Kriegstechniker weitgehend des Urteils über die Verwendung ihrer Produkte. Herons Anspruch, die Geschützbaukunst verwirkliche die *ἀταραξία*, derer sich die Philosophie erfolglos theoretisch befleißige[411], abstrahiert vom Gebrauch der Geschütze. Herons und Philons Definition des Zieles der Geschützbaukunst ist noch stärker entkoppelt von Vorstellungen über den Gebrauchszweck der Disziplin[412]. Zur Geschützbaukunst gehört nur,

408 Vitr., *Arch.* I pr. 2; II pr. 1-4; III pr.; KNELL (²1991) 11f.

409 Vitr., *Arch.* VI pr. 2-5. KNELL (²1991) 15-19.

410 F.d.V. 68 B 154; 144; Lucr., *De rer. nat.* V 1360ff.; 1379ff.; Plat., *Rep.* 373a-b; Galen, *De experientia medica* 9,5. WALZER (1932) 463. Arist., *Metaph.* 981b15-25.

411 Heron, *Belop.* 1-3 (71-74); s. Anm. ?.

412 *Ὅρος δὲ τῆς βελοποιικῆς ἐστι τὸ μακρὰν ἀποστέλλειν τὸ βέλος ἐπὶ τὸν δοθέντα σκόπον, εὔτονον τὴν πληγὴν ἔχον, περὶ οὗ δεῖ πᾶσαν τὴν φροντίδα ποιῆσαι <ἐπὶ> τοῖς εἰρημένοις ὀργάνοις*, Heron, *Belop.* 2 (74). Geschoßdefinition: *Βέλος δὲ καλεῖται πᾶν τὸ ἐξαποστελλόμενον ὑπὸ τῶν ὀργάνων ἢ ὑπὸ ἄλλης τινὸς δυνάμεως, οἷον τόξου, σφενδόνης ἢ ἄλλου τινός* [3 (74)]. Philon: *τῆς δὲ βελοποιικῆς ὅρος ἐστὶν τὸ μακρὰν ἀποστέλλειν τὸ βέλος εὔτονον τὴν πληγὴν ἔχον, περὶ οὗ καὶ τὴν πεῖραν συνέβαινε γίνεσθαι καὶ τὴν πλείστην ζήτησιν* [Philon, *Belop.* 5 (51)].

was sich darauf richtet, mit einem schweren Geschoß mit Wucht ein gegebenes Ziel zu treffen, ohne daß die Entscheidung über den Zweck dieser Übung Teil der Disziplin wäre. Staunen und Lebensnutzen bleiben auch als Zwecke und Ergebnisse der Pneumatik und des Automatenbaus inhaltlich unbestimmt[413]. Sowohl bei der Entwicklung von Geschützen im einzelnen als auch bei ihrer Fortentwicklung im allgemeinen, verfolgt die Geschützbaukunst Heron und Philon zufolge das ihr inhärente Ziel.

Eine konstitutive Rolle für die Lebensweise der Menschen spielen die angewandten mathematischen Disziplinen nach Einschätzung Herons auch im Rechtsleben: Hatte Aristoteles die dem unmittelbaren Lebensbedürfnis dienenden Wissenschaften einer ersten, primitiveren Entwicklungsstufe zugeschrieben und die rein theoretischen als später und höherwertig angesehen, so kehrt Heron dieses Verhältnis um. Ohne Vermessungslehre seien die Zuweisung von Land und Entscheidungen über Ansprüche nicht möglich; das Zumessen von Land *κατὰ τὴν ἀναλογίαν*, im Verhältnis des Verdienstes, sei nützlich und notwendig. Die *φύσις* selbst habe die Erde im Großen so verteilt, alles Land grob in eine *ἀναλογία* gebracht; wenn es aber im Einzelnen aufgeteilt werden sollte, bedürfe man der Geometrie. Diese verwirkliche Gerechtigkeit durch *ἀναλογία*. Die Gewißheit ihrer Beweise sei unbestreitbar, ein Versprechen, das keine andere Technik oder Wissenschaft halten könne[414]: Die Beweisform der Geometrie bildet das Paradigma zwingender Schlüssigkeit, die Verhältnisgleichung[415] das Paradigma der Gerechtigkeit in der Güterverteilung. Praktische Geometrie gilt als *τέχνη* schlechthin, weil sie die grobe Ordnung der Verhältnisse einer angemessenen Fein- und Detailsteuerung unterwirft. Gerechtigkeit als Kulturleistung ist Leistung der Technik.

Die hellenistischen Mechaniker sahen sich bei der Verwirklichung oder Verwendung ihrer Konstruktionen abhängig von Entscheidungen übergeordneter politischer Instanzen, doch beanspruchten sie, für die Funktionsfähigkeit und Legitimität der politischen und gesellschaftlichen Ordnung Notwendiges zu leisten. Der Geltungsanspruch, den der Techniker gegenüber dem politischen Gemeinwesen erhob, war abhängig von der Unmittelbarkeit, in der seine Leistung durch den Staat genutzt wurde, und konnte sehr hoch sein: Der Strategieschriftsteller Polyaen widmete sein Werk Mark Aurel und Verus, denen er Rat für Auseinandersetzungen mit den Parthern vermittel. In der Vorrede zum dritten Buch der *Strategemata* begründet er, welches Interesse seine Wissenschaft auch in Friedenszeiten finden sollte: Alle politischen Amtsträger bedürften einer politischen Strategie, mit deren Hilfe sie die Gemeinwesen dazu bringen, das zu tun, was nötig ist; die Kaiser nähmen immer schon strategische Kompetenz in Anspruch. Polyaen schließt daraus, daß man auch im Frieden strategisches Denken üben müsse[416]: Der Techniker bietet eine Form der Belehrung, die nicht allein instrumentelle Bedeutung für den Herrscher hat. Sie ist konstitutiv für das Beste-

413 Heron, *Pneum.* I pr. 10-20: Die Verbindung der vier Elemente führe zu verschiedenen *διαθέσεις*, von denen einige *ἀναγκαιότατας τῷ βίῳ χρείας* böten, andere aber *θαυμασμός* hervorriefen; *De autom.* I 1. Bei einzelnen Konstruktionen Hinweis auf konkrete Anwendungen, z.B.: Hohlkugelvermessung *εὔχρηστον* für Gewölbebau (*Metr.* II 15).

414 Heron, *Metr.* III pr. Gerechtigkeit als *ἀναλογία*: Arist., *EN* 1131a5ff.

415 Zunächst werden Flächen *ἀριθμοῖς* geteilt; nichtganzzahlige Teilungen werden geometrisch demonstriert: Heron., *Metr.* III 10. Vermessungslehre führt auf Berechnung; wo Berechnung unmöglich ist, wird Meßkunst als anschaulich Geometrie betrieben.

416 Polyaen., *Strateg.* III pr.

hen seiner Herrschaft, und der Techniker hält sich für berechtigt, sie dem Herrscher geradezu aufzudrängen.

Das Sparsamkeitsprinzip, so haben wir gesehen, spielt in den antiken Techniken eine wichtige Rolle, doch in der Form des Mechanisierungspostulates, das den Ersatz von Arbeitskraft durch Maschinen fordert, ist seine Rolle beschränkt. Seine Geltung wird vorausgesetzt, das heißt: man bemüht sich, sofern möglich, um die sparsamste Lösung, man beurteilt technische Verfahren nach ihrer Sparsamkeit und hält sparsamere Verfahren in der Regel für besser als weniger sparsame. Die Landwirtschaft bemüht sich um Entwicklung und Durchsetzung sparsamer Verfahren durch Mitteilung entsprechend instruktiver Erfahrungen. Einen größeren Raum nehmen demgegenüber Innovationen ein, die auf die Erzielung eines besonders hohen Profites durch Anpassung an wechselnde Marktlagen etc. aus sind. Von der Erschließung neuer Zwecke wurden offenbar eher Verbessungen erwartet als von einer kontinuierlichen Verringerung des Aufwandes. Mit Marktsättigung und dadurch bedingtem permanentem Preiswettbewerb scheint die landwirtschaftliche Literatur weniger gerechnet zu haben als mit der Möglichkeit, durch Bedienung spezialisierter Bedürfnisse zusätzliche Profite zu erschließen. Ein regelmäßiges Motiv der Ackerbauliteratur war die Sanierung schlecht geführter Betriebe; dabei war an die Behebung von Organisationsmängeln und Unkorrektheiten des Personals gedacht, weniger an den hohen Arbeitskräfteaufwand. Sparsamkeit war in noch geringerem Maße ein Gesichtspunkt der Medizin. Die mechanische Technik bemühte sich um sparsame Lösungen, selektierte nach diesem Kriterium die von ihr tradierten Konstruktionen, verstand Sparsamkeit allerdings nicht als Ziel an sich.

2. Die Mitteilung technischen Wissens

2.1. Berufsausbildung in der Antike

2.1.1. Bildung und Ausbildung bei Homer und Hesiod

In der Welt Homers garantieren Grundbesitz und kriegerische Tüchtigkeit die Unabhängigkeit der Protagonisten. In dem Leben, das Homer schildert, spielt Lernen eine untergeordnete Rolle[1], doch müssen seine Helden Fähigkeiten und Kenntnisse erwerben, um sich auch in der Fremde ggf. nützlich zu machen: durch kriegerische Kompetenz oder landwirtschaftliche Arbeit[2]. Homers Helden machen eine Lehre durch in der Landwirtschaft und in zwei Tätigkeiten: im Kriegführen und im Reden vor der Versammlung. Peleus läßt Achill von Phoinix erziehen und schickt beide zu Agamemnon, damit Achill im Kriegführen und im Reden unterwiesen werde[3]. Die jungen Helden lernen von Älteren, also imitativ. Sie sind stolz auf ihre Fähigkeiten als Landwirte: Eurymachos bietet Odysseus an, sich bei ihm als Landarbeiter zu verdingen, und Odysseus äußert seinen Stolz über das eigene Können; er fordert Eurymachos zum Wettstreit im Mähen, Pflügen und Kämpfen[4]. Die Frauen des Adels beherrschen Verrichtungen der Hauswirtschaft[5].

Die zumeist reisend lebenden Handwerker zeichnen sich durch ihr besonderes, von dem der Landwirte verschiedenes Wissen aus und durch ihre Geschicklichkeit bei der Herstellung und Zusammenfügung von Bauteilen[6]. Die Genese ihres Vermögens bleibt im Dunkeln: Aus der Perspektive der Gesellschaft der Krieger und Landwirte erklärt der Mythos göttlicher Herkunft den Besitz handwerklicher Fähigkeiten[7]. Handwerkliche Berufe, von Generation zu Generation weitergegeben, gelten als Kennzeichen der Abhängigkeit: Wer sie ausübt,

1 Hom., *Od.* XVII 358-359; IX 252-255. Zum Folgenden ausf. MEISSNER (1997).

2 MEISSNER (1997) 55 m. Anm. 3.

3 Hom., *Il.* IX 438-443. Weil die Wundärzte verhindert sind, ruft Eurypylos den Patroklos auf, einen Pfeil aus seiner Wunde zu schneiden und diese zu versorgen, wie es ihn Achill, *wie es heißt,* gelehrt habe, der es wiederum vom Kentauren Cheiron gelernt habe, XI 828-836. Wer wie Telemach reden kann, ohne es gelernt zu haben, muß es von den Göttern gelernt haben: *Od.* I 384-390. Euphorbos beginnt als *Lehrling des Krieges, Il.* XVI 811. Art und Weise der Vermittlung technischen Vermögens bleiben außerhalb der Betrachtung, *Od.* VIII 481; VIII 488.

4 Hom., *Od.* XVIII 356-386 (Aufstellen von Zäunen, Pflanzen von Bäumen). Außer μισθός bietet er Odysseus Nahrung, Kleidung und Schuhe, Standardleistungen des Arbeitgebers nach dem griechischen Arbeitsvertrag. Arbeit auf dem Feld ist weniger ehrenrührig als Betteln.

5 Webkunst (Penelope): Hom., *Od.* XXII 394-425; II 93ff.; XIX 137ff.

6 τέχνη als manuelle Geschicklichkeit: SCHNEIDER (1989) 14f.

7 Wenn Helden technische Kunstfertigkeit besitzen, erscheint dies als Göttergabe. Gabe der Athene: Hom., *Od.* II 116-118; VII 110-111. Göttliche Lehre als Befehl oder Rat (ὑποθημοσύνη), also punktuelle Mitteilung (Hom., *Il.* XV 410-412). Die Götter *geben* den Menschen technische Fertigkeiten, sie *lehren* sie, *Od.* VI 232-235; VIII 479-481; VIII 487-488; *Il.* XXIII 306-310). Aspekte des Übens bleiben außerhalb der Betrachtung; Odysseus macht sich an den Bau eine Floßes *wie einer, der das Bauen versteht*, nachdem er Werkzeug und Material von der Nymphe Kalypso erhalten hatte, Hom., *Od.* V 228-264. Vermittlung der Jagd durch Götter: Hom., *Il.* V 51.

muß sich nach dem Bedarf an seiner Kunst taxieren lassen. Der Arbeitsteilung und den gesellschaftlichen Unterschieden entsprechen verschiedene Bildungsideale: Die einen üben sich in Kriegshandwerk und Auftreten, Handwerker in einer Technik. Krieger beherrschen die Techniker[8]; die Techniken nur, wenn die Handlungslogik des Epos sie dazu zwingt. Auch unfreie Sklavinnen und Sklaven werden handwerklich ausgebildet[9]; Göttinnen und Götter, das gegenteilige Extrem, müssen handwerkliche Fähigkeiten nicht erst erwerben[10]. Können wird imitativ erworben im familialen Rahmen (Familie als Wirtschaftseinheit) und bei Angehörigen der eigenen Gesellschaftsschicht: Vom Landwirt im elterlichen Haus, vom Krieger bei Kriegern; Heilen lernt der Arzt bei Ärzten. Sklaven werden durch die Besitzer ausgebildet, Handwerker geben ihr Wissen an die Söhne weiter. Ausbildung ist kein Mittel zu sozialer Mobilität oder zum Erwerb von Unabhängigkeit; die Vermittlung beruflicher Kenntnisse geschieht dabei selbstverständlich, und das Epos beschreibt nicht, wie sie im Einzelnen geschieht.

Ähnlich wird die Rolle praktischer Ausbildung bei Hesiod beschrieben: Seine Familie hatte Mobilität und Wandel erlebt, weil sich sein Vater, Seehändler aus dem aiolischen Kyme, im boiotischen Askra als Landwirt angesiedelt hatte. Hesiod, der Dichter, schreibt den Erwerb seiner kreativen Fähigkeit göttlicher Inspiration zu, nicht einem Ausbildungsprozeß. Auch er setzt voraus, daß handwerklich-technische Fertigkeiten innerhalb familialer Strukturen erworben werden, und er macht dies nicht zum Gegenstand seiner Dichtung[11].

In Mythos und Epos bleibt *τέχνη* eine List, Verstellung und ein verborgenes Wissen[12], zu dem Zugang erwirbt, wer lernt. Handwerkliches Wissen bleibt Berufsgeheimnis, von Göttern gestiftet und zwischen den Generationen weitergegeben. Der Mensch hat für die Kontinuität dieser Lehrtradition[13] zu sorgen; die Notwendigkeit zu Lernen unterscheidet Menschen von Göttern und markiert den Schritt vom Goldenen zum Silbernen Zeitalter, von göttlicher zu menschlicher Existenz. Lernen wird nicht Gegenstand des öffentlichen Lebens, bleibt Teil familialer Prägung und wird nicht Feld persönlicher Bewährung[14].

8 Handwerker als abhängige: *Epeios*, der *Kleinen Ilias* zufolge Erbauer des Trojanischen Pferdes, ist abhängig und subaltern; als Krieger und im Diskuswerfen versagt er, vgl. MEISSNER (1997) 56 Anm. 10.

9 Hom., *Od.* XXII 421-423. Über *di-da-ka-re* und die Ausbildung von Sklavinnen in Knossos vgl. VENTRIS u. CHADWICK (^{2}1973) 162-164.

10 Hom., *Il.* XIV 178-180.

11 Hes., *Theog.* 22-24; *Op. et dies* 659-662.

12 VERNANT (1987) 170ff.; SCHNEIDER (1989) 39ff.

13 Hesiod über den kreativen Erfinder: Die *Daktyloi Idaioi* (Schmiedekobolde) von Kreta als Erfinder des Eisengebrauchs, Plin., *NH* VII 197; vgl. Clem. Alex., *Strom.* I 16 (75); Diod. V 64,2-6; Strab. X 3,7-22 (473ff.).

14 MEISSNER (1997) 56. Handwerksvergleiche: MÜLLER (1974) 334-336.

2.1.2. Bildung und Ausbildung bei den Medizinern[15]

Zu den zeitweise wandernden Handwerkern gehörte in klassischer Zeit der Arzt; seine Kunst erlernte er in der Praxis des Vaters[16]. In der gesamten Antike wurde dies als Normalfall angesehen, und der im *Corpus Hippocraticum* überlieferte Medizinereid faßt die Pflichten eines Arztlehrlings bei Beginn seiner Ausbildung ähnlich den Pflichten eines Sohnes gegen Vater und Brüder: Der fremde Lehrling war zunächst Ausnahme und wurde durch rechtliche Analogiebildung in das durch Familie und Verwandtschaft bestimmte Ausbildungsverhältnis eingepaßt[17]. Der Eid erfüllte neben der Funktion einer berufsethischen Selbstverpflichtung die eines Ausbildungsvertrages[18] und steht unter dem Primat familialer Strukturen für die Vermittlung beruflicher Kompetenz: Die Asklepiaden von Kos und Knidos bildeten noch in der Mitte des 4. Jhdt. v.Chr. einen Familienverband, zu dem auch Hippokrates gehört hatte[19]. Die Entstehung einer medizinischen Literatur steht im Zusammenhang mit Durchbrechungen und Auflösungen der familialen Strukturen in spätklassischer und frühhellenistischer Zeit, mit der inneren sozialen Differenzierung des ärztlichen Berufes, der zunehmenden Komplexität seiner Tätigkeit und dem Wachsen geographischer und sozialer Mobilität mit dem Zwang, auch das medizinische Wissen selbst zu mobilisieren. Prinzipiell blieb der Rahmen ärztlicher Ausbildung das *Haus*, die Familie des

15 KUDLIEN (1970); KOLLESCH (1979); TEMKIN (1953); COHN-HAFT (1956) 15-17.

16 Vgl. MEISSNER (1997) 57 m. Anm. 19: Hippokrates (~460-~370 v.Chr.) entstammte wahrscheinlich einer Medizinerfamilie; ebenso Ktesias von Knidos (405 - >398 v.Chr.). Galen (129-199 n.Chr.) war nicht Sohn eines Arztes; sein Vater Nikon aus Pergamon war Mathematiker und Architekt, er entstammte einer Familie, die verschiedene Formen höherer Ausbildung vereinte. Oreibasios epitomierte eine eigene medizinische Kompilation für seinen Sohn Eustathius, damit dieser sie während der Wanderschaft als junger Arzt verwende; Oreibasios (4. Jhdt. n.Chr.) war Leibarzt Julian Apostatas. Avianus Vindicianus, Freund Augustins, *vir clarissimus* und Arzt, schrieb in einem Lehrbrief an seinen Enkel, daß er diesem die Bücher seines Vaters und die von dessen Vater übergebe: Mit der Kunst werden die Handbücher, die zu ihrer Erlernung und Ausübung nützlich sind, in der Familie weitervererbt. Cassius Felix richtete im 5. Jahrhundert an den eigenen Sohn ein enzyklopädisches medizinisches Werk, das den Ertrag der Medizin der griechischen Dogmatikerschule lateinisch für ein des Griechischen nicht mehr mächtiges Publikum zusammenfaßte. Alexander von Tralleis (6. Jhdt. n.Chr.) entstammte einer Wissenschaftler- und Technikerfamilie: Sein Vater Stephanos war Arzt, zu seinen Brüdern gehörten Anthemius, der Wiedererbauer der 532 zerstörten Hagia Sophia, der Grammatiker und Lehrer Metrodoros, der Jurist Olympius und Dioskoros, Arzt. Alexanders Lehrer war sein Vater, zu seinen Vertrauten zählte der Kaufmann, Reisende und Mönch Kosmas Indikopleustes, dem er ein Werk über Fieber widmete. Tausend Jahre blieb es also ein Regelfall, daß Söhne von Ärzten Ärzte wurden.

17 Der Vertrag sieht die Unterhaltspflicht des Lehrlings für den Meister ähnlich der des Sohnes für den Vater vor; er versetzt den Lehrling gegenüber minderjährigen Kindern des Meisters in die Rolle des großen Bruders, der für deren weitere kostenlose Ausbildung sorgt (*ἀνεὺ ξυγγραφῆς*), am Ausbildungsbetrieb in der Praxis des Vaters mitwirkt und das Berufsgeheimnis wahrt. Auch Galen interpretierte den Eid wahrscheinlich in diesem Sinne, als er die Entstehung einer anatomischen Fachliteratur mit dem Aufkommen der Ausbildung von Kindern auch aus Nichtmedizinerfamilien erklärte, s.u. Anm. 25. Als *ξυγγραφή* bezeichnet der Schwörende den Eid selbst: Dieser hat die Funktion eines schriftlichen Vertrages und dürfte ggf. selbst als Vertrag geschlossen worden sein, Hippocr., *Jusjur.* 1, ll. 1-12. Teilabschrift eines ärztlichen Ausbildungsvertrages aus ptolemäischer Zeit: P.Heid. III 226, 215-213 v.Chr.

18 LICHTENTHAELER (1984) 265. EDELSTEIN (1943) hatte an eine Selbstverpflichtung nach Abschluß der Ausbildung gedacht. Vgl. MEISSNER (1997) 57; MATTHÄUS (1987) 7f.

19 KUDLIEN (1979) 93. PHILLIPS (1973) 31.

Arztes[20]. An mehreren Stellen setzen sich die Schriften des hippokratischen Corpus mit dem Phänomen beginnender Literarisierung, Popularisierung und Theoretisierung der Medizin auseinander, mit einem Austausch medizinischen Wissens, der die berufliche Geheimhaltung und die familiale Ausbildung an der Schwelle vom 5. zum 4. Jhdt. v.Chr. sprengte[21]; handwerklich ihr Können weitergebende Mediziner lehnten die Systematisierung und Literarisierung ihrer Disziplin durch Literaten ab, die ohne praktische Erfahrung das Handwerk theoretisch zu lehren beanspruchten. Diese Lehre wurde nur als der Erfahrung nachgeordnete sekundäre Reflexion toleriert. Zwar bezeugen Krankengeschichten (*Epidemien*) im *Corpus Hippocraticum* einen früh einsetzenden Schriftgebrauch der Schulmediziner, doch erwartete man von der ärztlichen Ausbildung, daß sie durch praktische Mitarbeit und nicht zuerst theoretisch-literarisch geschah: Die familiäre Ausbildung blieb ideale Norm, auch wenn sie im Medizinbetrieb des vierten vorchristlichen Jahrhunderts nicht mehr ohne Ausnahmen war.

Die hippokratischen Schriften lassen die Mediziner als Gruppe von Spezialisten erkennen, die weiß, daß ihre Funktion und Anerkennung davon abhängen, inwieweit sie ihr berufliches Wissen an die nächste Generation weiterzugeben vermag. Außer dem Bewußtsein für die Gefahr eines Verlustes ihrer Rolle als medizinische Elite und für die Bedeutung des Ausbildungsbetriebes gab es jedoch keine äußeren Sanktionen, die das Niveau der medizinischen Ausbildung garantierten und verhinderten, daß auch inkompetente Mediziner praktizierten. Zu den Topoi der antiken Medizinliteratur gehört daher die Gefahr des Verfalls der Kunst, des Traditionsabbruches und die Abgrenzung von der Schein- und Paramedizin[22]; die Selbstdisziplinierung der Mediziner durch Ausbildung wurde von ihnen auch deshalb als dringende Aufgabe empfunden, weil sie normalerweise über längere Zeit ein ambulantes Gewerbe ausübten, und daher manchen sozialen Kontrollen, die mit dauerhaftem städtischem Leben verbunden sind, nicht unterlagen. Selbst für die Bestallung als öffentlicher Arzt einer Gemeinde war im klassischen und hellenistischen Griechenland wie in der römischen Kaiserzeit keine fachliche Prüfung die Voraussetzung; man mußte, wie jeder öffentliche Amtsträger, eine Prüfung der Rechtsvoraussetzungen (Dokimasie) für die Bekleidung des Amtes ablegen, also Rechtsstatus und bürgerliche Unbescholtenheit beweisen, nicht bestimmte Fachkenntnisse durch Bestehen einer Prüfung und Beherrschen eines Wissenskanons. Um die Rolle von Fachkenntnissen zu illustrieren, bedienen sich Xenophon und Platon der Verfahren bei der Bestallung öffentlicher Ärzte; sie setzen voraus, daß man von diesen erwartete, bei einem bekannten Arzt gelernt und ihre Befähigung durch Erfahrung belegt zu haben[23]: Als Indizien der Erfahrenheit werden der eigene Gesundheitszustand und erzielte therapeutische Erfolge gewertet. Erlernen des Berufes geschah also durch Ausübung; die Qualifikation bestand in der erworbenen Erfahrung. Eine prinzipiell der Berufsausübung vorgeschaltete Prüfung gab es nicht. Fortkommen war gebunden an ein Kon-

20 Die Schüler des Anatomen Herophilos werden in der Überlieferung als Leute von seinem *Haus* bezeichnet, V.STADEN (1989) 28; 478f.; MEISSNER (1997) Galen, *In Hippocr. Epid. VI Comm.* XVII B 154,10K.

21 Hippocr., *Praecept.* (spät) 7-12, bes. 12; *De flatibus*; *De diaet. in morb. acut.* 5-6.

22 Hippocr., *Lex* 1-3; *De medico* 2. In der römischen Kaiserzeit genossen nur Schulmediziner Steuer-und Abgabenfreiheiten (*Cod. Iust. (Dig.)* L 13,1,1-7); diese Privilegien waren nach Ulpians Rechtsauffasssung mit der Literarisierung der Medizin verknüpft: Nur diejenigen Handwerker, die innerhalb literarisierter Disziplinen arbeiten, dürfen steuerliche Privilegien genießen.

23 Xenoph., *Mem.* IV 2,4-5; Plat., *Gorg.* 514d-e. Vgl. KUDLIEN (1979) 54f.

tinuum des Erfahrungserwerbs und das darauf sich gründende Ansehen. Darin liegt der Grund für die überragende Bedeutung des Lehrers: Aufgrund des Fehlens eines Prüfungswesens und der Gleichsetzung von Erfahrung und Ansehen mit Qualifikation mußte vorausgesetzt werden, daß ein als bewährt geltender Arzt seinen Schülern das Richtige vermittelte; die Kontrolle des Lehrers über die Möglichkeit zum Erwerb von Erfahrung und Ansehen machte dessen Person zu einer entscheidenden Größe für den beruflichen Erfolg.

Ein persönliches Zerwürfnis mit dem Lehrer, der oft zugleich der Vater war, ruinierte möglicherweise die beruflichen Aussichten des Arztlehrlings. Ein solches Zerwürfnis, das umso außergewöhnlicher war, als es dennoch zu einer glänzenden Arztkarriere führte, berichtet Herodot über den Arzt und Pythagoreer Demokedes von Kroton[24]: Demokedes war der Sohn des Arztes und knidischen Asklepiaden Kalliphon. Mit seinem Vater, der ihn ausgebildet hatte, überwarf er sich und ging nach Aegina. Dort erwarb er durch privates Praktizieren ein Ansehen, das das anderer ansässiger Ärzte übertraf; so erhielt er die begehrte Ehrenstellung eines öffentlichen Arztes, die den damit ausgezeichneten Arzt für ein Jahr an die Stadt band. Im Jahr darauf erhielt er die entsprechende Position für eine höhere Prämie in Athen, bevor nach Ablauf seiner Residenzpflicht ein weiteres Jahr später der Tyrann Polykrates von Samos ihn an seinen Hof holte. Von dort gelangte er, ohne als Arzt erkannt zu werden, als Kriegsgefangener des Oroites und dann des Perserkönigs an dessen Hof. Dareios hörte von den ärztlichen Fähigkeiten des Demokedes, die dieser verbergen wollte, um nicht auf Dauer an den Perserhof gefesselt zu werden. Als man ihn zwang, eine Verrenkung des Großkönigs zu behandeln, erklärte er zunächst, daß er durch Mitarbeit bei einem Arzt nur eine gewisse Vertrautheit mit der Medizin erworben habe: Der Arzt begann seine Tätigkeit und erwarb erst in ihr Erfahrung; seine Patienten mußten damit rechnen, Objekte seines Erfahrungserwerbes zu sein. Jeder Fall war von einer gewissen Kontingenz, und Ärzte wie Patienten sicherten sich dagegen, indem oft mehrere Ärzte sich über einen vorliegenden Fall austauschten. Normalerweise erwarb der Arzt also auch als "selbständig" praktizierender durch dauernde Rücksprache und Orientierung im Gespräch Erfahrung und Autorität, und die Ausnahmestellung des Demokedes liegt darin, daß er in kurzer Zeit als selbständige Persönlichkeit Erfolg und Reichtum erlangte.

Damit, daß sich die medizinische Ausbildung schließlich nicht auf Sprößlinge aus Medizinerfamilien beschränkte, erklärte Galen die Entstehung einer anatomischen Fachliteratur; er bezog sein Bild der Entwicklung wohl aus den genannten Bestimmungen des hippokratischen Eides: Die frühen Ärzte hätten keine anatomischen Aufzeichnungen gebraucht, weil man den Verlust anatomischer Kenntnisse nicht habe befürchten müssen, denn die Ärzte hätten von klein auf in der Familie Anatomie geübt. Als jedoch auch Kinder aus anderen Familien an der Ärzteausbildung teilnehmen konnten, habe diesen solche Übung von Kindesbeinen an gefehlt; die Medizin sei degeneriert; dadurch sei ein Kompensationsbedürfnis geweckt worden. Literarische *ὑπομνήματα* müßten nunmehr die *θεωρία* der *τέχνη* bewahren[25]: Fachliteratur hat danach die Funktion, eine gefährdete Üblichkeit der Ausbildung zu stabilisieren und Verluste der Selbstregelung der Praxis zu kompensieren. Sie ist nicht zunächst Kom-

24 Herod. III 125-138; WELLMANN, RE V 1 (1903) 132 s.v. *Demokedes*; KRUG (1985) 29f.

25 Galen, *De anat. admin.* II 280-283. Anatomische Lehrdemonstrationen: II 217-218). Eine solche Demonstration ist bildlich dargestellt auf einem Wandbild der Katakombe an der Via Latina in Rom, MATTHÄUS (1987) Abb. 4.

munikationsmittel, sondern Bewahrungsinstanz[26]. Wo solche Bewahrung ohne Literatur möglich war, entstand kein Bedürfnis nach dieser. Für die Medizin aber wurde die in klassischer Zeit noch teilweise skeptisch betrachtete systematische Literatur nicht zum Ort theoretischer Selbstvergewisserung und zum Mittel der Ausbildung; eine abgeschlossene Schulausbildung und literarisches Interesse wurden Voraussetzungen für die medizinische Lehre[27]. Die medizinische Ausbildung band sich an Theorie und Literatur so sehr wie an den Erwerb praktischer Erfahrung[28], und die Geschichte der antiken Medizin ist eine Geschichte ihrer zunehmenden Literarisierung und Theoretisierung. In der Spätantike behebt die Kompensationsleistung der medizinischen Literatur Nebenfolgen der Literarisierung selbst: Handbücher, Kompendien, Epitomierungen, Übersichtswerke für Studienanfänger und lateinische Übersetzungen griechischer Werke für die nicht mehr selbstverständlich des Griechischen mächtigen Ärzte sollten die unüberschaubar gewordene Fülle der Information handhabbar machen[29]. In diesem Sinne hatte Literatur Defizite auszugleichen, die eine nicht mehr funktionsfähige Selbstregelung der Praxis verursachte.

Mit der Literarisierung und Theoretisierung ihrer Ausbildung stellte sich der antiken Medizin das berufsdidaktische Problem des Verhältnisses zwischen Erfahrung und theoretisch-literarischer Belehrung. Motive der sokratischen Sophistikkritik aufnehmend, behauptet Galen für den Arzt einen Herrschafts- bzw. Geltungsanspruch gegenüber dem Patienten, der allein aus Einsicht in die Sache und Urteilskraft zu begründen sei; diese erfordere wesentlich auch praktischer Erfahrung[30]. Galen legte seine technische Didaktik im *Protreptikos*, einem Aufruf zum Studium der Medizin, dar: Der Mensch könne als einziges Wesen willkürlich Techniken erlernen und durch die damit ermöglichte Kontrolle über sein Dasein den Göttern ähnlicher werden[31]; technische Fertigkeiten werden nicht in erster Linie als Mittel zur Befriedigung von Bedürfnissen betrachtet, sondern als Voraussetzung zur Verwirklichung der Natur des Menschen[32]. Gelingende medizinische Ausbildung bestand in Nachahmung,

26 Galen, *De anat. admin.* II 282-283: Wenn die Menschen in der Lage wären, einen Gegenstand über Generationen zu erhalten, wäre es überflüssig, über ihn zu schreiben.

27 Ein in Reliefsarkophag des 4. Jhdt. n.Chr. aus Ostia zeigt einen Arzt im Philosophenmantel mit Chirurgenbesteck beim Lesen: Lektüre wurde zur den Beruf kennzeichnenden Tätigkeit, MATTHÄUS (1987) Abb. 19+20; KRUG (1985) 45. Rufus von Ephesos begann um 100 n.Chr. sein medizinisches Lehrwerk über den Puls mit der Bemerkung, man müsse es genau durcharbeiten, weil ohne dies Therapie nicht möglich sei, Ruf. Eph., *Synops. de puls.* pr 1. Soranos von Ephesos forderte von einer Hebamme literarische Bildung und Lektürefleiß, Soran., *Gyn.* I 2-5. Anrede der Ärzte als Philosophen, Grammatiker, Ärzte und Mechaniker mit umfangreichen literarischen Kenntnissen bei Mich. Ital., *Epist. ad medic. Lips.* = VON STADEN (1989) 441 fr. 274.

28 Celsus beschrieb in Tiberius' Zeit den Fortschritt von Kultur und Medizin als Entfremdung von der Natur, de durch Literarisierung noch gesteigert worden sei: Cels., *De med.* I pr. 2-6.

29 MEISSNER (1997) 58 m. Anm. 28.

30 Galen, *De natural. facult.* II 179-189K. Vgl. MEISSNER (1997) 58 m. Anm. 29.

31 Galen, *Adhort. ad art. adisc.* 1-9 Wenkebach (I 2-21 K). Galen meint nicht, nur Nachkommen der medizinischen Elite dürften Ärzte werden, 14 (I 39 K); Medizin, Malerei und Plastik möchte Galen zu den *artes liberales* rechnen. Zu Galens Ziel, die Bedeutung der Medizin als Bildungsdisziplin zu unterstreichen, vgl. LLOYD (1988a) 42.

32 Unterschied zwischen τέχνη als Lebensform oder Gelderwerb: 14 (I 39 K); Ablehnung des Betreibens der Medizin primär zum Gelderwerb (*Quod opt. med.* I 53-63).

darin, daß der Lehrling so wurde wie der Meister[33]; demgegenüber erscheint eine rein theoretische Ausbildung als unangemessene Reduktion: Eine solche rein theoretische Ausbildung bot die zeitweise erfolgreiche Methodikerschule zur Befriedigung des in Rom hohen Ärztebedarfes, in der Kaiserzeit auch zur Ausnutzung steuerrechtlicher Vorteile sowie wohl auch aufgrund des Mißtrauens der Laien gegenüber den medizinischen Fachleuten[34]. Sie erschienen als Vertreter eines abgeschlossenen Kreises mit besonderem Wissen[35]; in der römischen Kaiserzeit mißtraute man daher diesen Experten[36] zunehmend. Ein weiterer Grund der Skepsis gegenüber Medizinern lag im Ausbildungssystem: Weil kein Prüfungswesen Standards beruflichen Könnens bestimmte, konnte niemand bei einem ihm nicht persönlich oder durch Empfehlung bekannten Vertreter des Faches ein bestimmtes Können voraussetzen; der Patient mußte vielmehr aufgrund von Mitteilungen anderer etc. das Können des Arztes bzw. Technikers einschätzen. Daraus konnten Orientierungs- und Beurteilungsdefizite erwachsen und Mißtrauen in die Leistungen fremder Ärzte[37]; populärmedizinische Werke zur Selbstmedikation auf Reisen, wenn kein Arzt verfügbar ist, werden gelegentlich gerechtfertigt auch mit dem Mißtrauen gegenüber dem fremden von dem man zunächst mangelnde Kompetenz erwartete[38] und die Tendenz, den Patienten hohe Honorare ohne entsprechende Heilungsfortschritte abzuverlangen[39]. Eine Form, das Bedürfnis nach Unabhängigkeit von den Fachleuten zu befriedigen, bildeten Anleitungen zur Selbstmedikation, die Popularisierung der Disziplin. Darüber hinaus mußte die Schulmedizin, da sie sich mit konkurrierenden Ansprüchen der Paramedizin auseinanderzusetzen hatte, an einer

33 Galen, *De natural. facult.* I 14 (52-53K); *Adv. ea quae a Jul. in Hippocr. aphor. enunt. sunt* 1,11-14 (XVIII A 250f.K); MEISSNER (1997) 59 m. Anm. 32.

34 Thessalos, neben Themison Begründer der Methodikerschule (Plin., *NH* XXIX 6-11), hatte außer konsequentem *marketing* eine raikale Reduktion des Lehrinhaltes vorgenommen; Vereinfachung, Verbilligung und Verkürzung der Ausbildung war also sein Ziel. Er schrieb einen Brief an Nero, um Unterstützung zu erhalten (Galen, *De meth. med.* X 7-8). Soranos (um 100 n.Chr.) forderte bereits wieder Kenntnis der von den Methodikern für obsolet erklärten Anatomie (Soran., *Gyn.* I 5,1). Erwerbsmotiv für ärztliche Tätigkeit nach Angaben Galens: Menodotos von Nikomedien (Empiriker, um 125 n.Chr.), Galen, *De plac. Hippocr. et Plat.* IX 5,3-7. Zur Ausbildung Unwürdiger zu steuerbefreiten Medizinern vgl. Reskript Domitians über Mediziner, 93-94 n.Chr., RICCOBONO (1941) 427,77; das Reskript richtet sich gegen die Ausbildung von Sklaven und Freigelassenen in der Medizin, um sie gewinnbringend freizulassen, zu vermieten oder zu veräußern (*Cod. Iust. (Dig.)* XXXVIII 1,25).

35 Vgl. [Plin.], *De medicina*, pr.: *in peregrinationibus* habe der Autor oft *varias fraudes medicorum* erlebt und daher *auxilia* für die Gesundheit gesammelt, um auf Reisen von Ärzten unabhängig zu sein. [Apul.], *Herbarius*, pr.: Der Autor hält die Fachleute der literarisch tradierten Disziplin für unfähig; der Wortreichtum der in der Überlieferung erstickenden Disziplin offenbart eher *medicorum venditationes quam curas*; demgegenüber propagiert der Autor Laienmedizin und Selbstmedikation.

36 Dieses ist keine Skpesis gegen den Fortschritt, den noch im 6. Jahrhundert Alexander von Tralleis feiert (Alex. Trall., *De ocul.* 138), sondern gegen Integrität und Können der Vertreter der Kunst, vgl. Plin., *NH* XXIX 17-28.

37 Oribas., *Libr. ad Eunap.* pr. 1,2-3, dem Freund Eunapios von Sardeis (345/346 - >420 n.Chr.) gewidmet.

38 Theod. Prisc., *Eupor.* I pr. 1 (um 400 n.Chr.): Skepsis gegenüber der Medizin und ihren Vertretern.

39 So Quint. Ser., *Lib. med.* 518-521: *multos praeterea medici componere sucos | adsuerunt; pretiosa tamen cum ueneris emptum, | falleris frustraque immensa nomismata fundes. | quin age et in tenui certam cognosce salutem.*

gewissen Popularisierung ihrer Kenntnisse interessiert sein[40]: Da die Entscheidung über die Berufsausübung der Selbstregulierung[41] von Märkten überlassen blieb, bedurften die Nachfrager für ihre Konsumentscheidungen fachlicher Urteilsfähigkeit. Zwar fehlten inhaltliche Prüfungen, doch gab es Foren öffentlichen Leistungsvergleichs: Wie in Sport, Dichtung und Kunsthandwerk gab es für Mediziner Wettbewerbe[42].

2.1.3. Die Ausbildung im Handwerk

Medizin galt als besonderes Handwerk, und so kennzeichnet die Situation der Medizin weitgehend auch die des Handwerks im allgemeinen, wenn auch das hohe Maß sozialer Differenzierung innerhalb des Medizinerberufes und die große Nachfrage nach fähigen Ärzten die Medizin von anderen Handwerksberufen unterschied. Stellung und Ansehen eines Arztes variierten in einem Maße, das für die handwerklichen Berufe erst in der römischen Kaiserzeit möglich wurde, und dementsprechend unterschiedlich waren die Lebensumstände[43]. Die praktische Ausbildung zum Arzt ähnelte prinzipiell der in den gewerblichen

40 Vgl. MEISSNER (1997) 59 m. Anm. 40. Marcellus von Burdigala (4. Jhdt.), möglicherweise selbst Laie, schrieb *De medicamentis*; vorausgesetzt wird darin eine antimedizinische Haltung bei den Adressaten, den eigenen Söhnen; Ziel sei die Befähigung zur Selbstmedikation *absque medici intercessione*, Marc. Emp., *De medic.* ed. E.Lichtenhan, M.Niedermann, Berlin (^{2}1968) pr. 2-3. Marcellus war Chef der Hofhaltung unter Theodosios, vgl. KIND, RE XIV 2 (1930) 1498-1503 s.v. *Marcellus (58)*.

41 Julian Apostata bestimmte Voraussetzungen für die Besetzung einer verwaisten Oberarztstelle: Notwendig waren die Befolgung einer Rangliste und sieben positive Gutachten, nicht die Erfüllung fachlicher Mindestsandards (*Cod. Theod.* XIII 3,9).

42 Wettkampf der Ärzte des Musenheiligtums in Ephesos (Zeit des Antoninus Pius) in Chirurgie, der Lösung wissenschaftlicher Fragen, medizinischem Gerätebau und der Abfassung einer schriftlichen Abhandlung. Wiederholt gewannen der Archiatros *Publius Aelius Menandrus* und Angehörige seiner Familie. KEIL (1905) 128-133 (a; d-i); MERKELBACH et al., (1979-1981) *IEph* Nr. 1162 und Add. S. 24.; 1163-1169; AnnEpig. (1905) 150; MERKELBACH (1978); SEG 28, 860. Wettkampf von Kunsthandwerkern: Syll.^{3} 80 = LOEWY (1885) 49 (Aufschrift des Bildhauers Paionios von Mende auf der Weihung der Messenier und Naupaktier in Olympia 426/425 v.Chr.): *Paionios von Mende hat dies angefertigt, der auch die Akrotere auf dem Tempel angefertigt und damit gesiegt hat*. Vgl. Plin., *NH* XXXIV 53; XXXV 57-58; 71-72. Stiftung des C. Iulius Demosthenes von Oinoanda (Kaiserzeit): Wettkämpfe produzierender (Dichter, Enkomiasten) und reproduzierender Künstler (Oboisten, Komöden, Tragöden, Kitharöden), Sonderpreis für beste Gesamtleistung, WÖRRLE (1988) 8,38-46. Schüler- und Schulwettbewerbe: NILSSON (1955) 42-49. Umstritten war, ob der Tendenz des Wettkampfwesens zu zunehmender Professionalisierung der Disziplinen nachzugeben sei; die sokratischen Philosophen sehen in ihnen Elemente der *παιδεία*, nicht der Beruflichkeit: Plat., *Protag.* 312b; Arist., *Pol.* 1339a31-41; 1341a9-32). Agonistik und Professionalisierung der Bildungsdiziplinen: REISCH, RE I 1 (1893) 836-866 s.v. *Agones*.

43 Über Ansehen und Stellung der Ärzte KUDLIEN (1979) 52-64; (1986). KUDLIEN verweist auf die Unterscheidung zwischen Ärzten und Lehrern einerseits und Händlern und Handwerkern andererseits im ptolemäischen Verfassungsgesetz für Kyrene (SEG IX 1-4 §§ 7-8) als Beweis für das gegenüber Handwerkern höhere Sozialprestige öffentlicher Ärzte. Es geht in dem Gesetz weniger um das Sozialprestige als um die Reservierung aktiver und passiver politischer Rechte für die materiell unabhängig Gestellten: Wer als *βάν*[*αυ*<*σος*>] tätig ist, hat in der Zeit seiner Tätigkeit weder aktives noch passives Wahlrecht, auch der öffentliche Arzt verliert für die Zeit seiner Tätigkeit das passive Wahlrecht. Ärzte gehören nicht zu den wegen *banausischer* Tätigkeit politisch Nichtberechtigten, ihre Berufstätigkeit disqualifiziert sie jedoch von

Tätigkeiten, auch wenn der Prozeß der sozialen Differenzierung eine deutliche Unterscheidung zwischen literarisch zumeist gebildeten erfolgreichen und angesehenen Ärzten und weniger erfolgreichen Ärzten bewirkte[44].

Maßnahmen zur staatlichen Förderung beruflicher Ausbildung ergriffen erstmals Constantin, Constantius und Constans (337 n.Chr. und Folgejahre). Sie erweiterten die Steuerfreiheit, die die Lehrer in den *artes liberales* seit Augustus genossen hatten, auf Architekten und Mechaniker in ihrer Eigenschaft als Ausbilder, schließlich wird die Ausbildung von Architekten, Mechanikern, Landvermessern und Malern und endlich die in knapp 40 Handwerkszweigen staatlich gefördert. Seit dem Beginn der römischen Kaiserzeit hatte es steuerliche Privilegien für einige Handwerkszweige gegeben, sofern ihre Tätigkeit im besonderen öffentlichen Interesse lag oder besonderes Ansehen genoß[45]. Dieses waren in erster Linie Vermittler der eines Freien für würdig erachteten Bildung, also Literaten[46], und Beauftragte im kaiserlichen Dienst und Gesundheitswesen. Im 4. Jhdt. n.Chr. wird erstmals die Ausbildung im Handwerk staatlich gefördert[47]; neu ist die größere Gruppe auch hand-

aktiver Politik; neben dem Zeitfaktor dürfte dabei auch an mögliche Interessenkollisionen zwischen Amtsträger und öffentlich bestalltem Arzt gedacht sein.

44 KUDLIEN (1979) 35; 93. Arist., *Pol.* 1282a3 unterscheidet als *Arzt* den δημιουργός vom übergeordneten (*architektonischen*) Mediziner; daneben werde als *Arzt* auch der πεπαιδευμένος περὶ τὴν τέχνην bezeichnet, der Urteilsfähigkeit in medizinischen Dingen besitze. Hier geht es nicht, wie Kudlien meint, um soziales Ansehen, sondern um den Zusammenhang von Erfahrenheit und Urteilskompetenz, nicht nur in der Medizin, sondern in allen τέχναι. Aristoteles' Bemerkung besagt, daß es in der Medizin große Kompetenzdifferenzen gebe, die ähnliche hierarchische Binnendifferenzierungen zur Folge haben müßten wie die zwischen dem Bauleiter (Architekt) und den die einzelnen Gewerke ausführenden Handwerkern.

45 Soldaten, Staatsdiener; daneben Handwerke, die für Truppen oder kaiserlichen Hof arbeiteten, *Cod. Iust. (Dig.)* L 6,7,pr.: Vermessungstechniker, Oberpfleger, Ärzte, *capsarii*, Grabenbauer, Tierärzte, Architekten, Steuerleute, Schiffbauer, Geschützbauer, Spiegelschleifer, Zimmerleute, Schützen, Erzarbeiter, *bucularum structores*, Wagner, Dachdecker, Gladiatoren, Wassersucher, Trompetenmacher, Hörnerhersteller, Bogenmacher, Bleiarbeiter, Eisenarbeiter, Steinbrecher, Kalkbrenner, Holzfäller für das Bahnen von Wegen durch Wälder, Köhler, Schlachter, Jäger, Opferhelfer, Werkstattvorsteher, Krankenpfleger, zur Lehre befähigte Bibliothekare, Verwalter von Getreidelagern, Kassenverwalter, Verwalter der Gefallenenlisten, Assistenten der Adjutanten, Offiziersburschen, Polierer, Waffenwarte, Auktionatoren, Trompeter). MILLAR (1977 ^{2}1992) 500.

46 Lehrern bzw. Professoren der *artes liberales* und diesen in mancher Hinsicht gleich gestellte Ärzte und Landvermesser; Streitigkeiten über ihr Honorar entschied der Statthalter selbst; außerdem: Hebammen, Fachärzte, Elementarlehrer, Schreiber, Notare, Buchhalter, nicht Wunderheiler, nach Ulpians Meinung auch nicht Philosophen und Rechtskundige. Nicht literarisch tätige Handwerker sind ausgenommen (*Cod. Iust. (Dig.)* L 13; Literaturbedürftigkeit und Literaturfähigkeit verleiht Techniken die Dignität einer freien Kunst, vgl. VISKY (1977).

47 Der Gesetzgeber setzt noch die Ausbildung in der Familie voraus: Stipendium und Lastenfreiheit für die Eltern werden frei geborenen Architekturstudenten nach Abschluß der Schulbildung in der Provinz Africa 337 n.Chr. zugesagt, *Cod. Theod.* XIII 4,1 [nach Constantins Tod, MILLAR (1977, ^{2}1992) 500]. Vgl. XIII 4,2 = *Cod. Iust.* X 66(64),1,1-2 (337 n.Chr., Liste der Berufe). Vgl. XIII 4,3-4 ≈ *Cod. Iust.* X 66,2 (344 n.Chr.). FRASCA (1994) 77ff. Unter Constantin und Nachfolgern steuerbefreite Handwerker: Architekten, Mechaniker, Vermessungstechniker, Wasserbautechniker, Maler, sodann Architekten, Ärzte, Tierärzte, Kunstmaler, Steinbildhauer, Marmorbildhauer, Bettenbauer, Zisternenbauer, Schlüsselmacher, Wagenlenker, Steinmetze, Baumeister, Holzbildhauer, Mosaizisten, Vergolder, Stuckarbeiter, Silberschmiede; Goldwirker, Diatretglashersteller, Kupfergießer, Bildhauer, Hosenmacher, Nivellierer, Keramiker, Goldarbeiter, Glashersteller, Bleiarbeiter, Spiegelhersteller, Elfenbeinschnitzer, Kürschner, Gerber, Maurer, Bildhauer, Maler, Münzarbeiter, Leineweber, Zimmerleute, Purpurfärber, Blattgoldhersteller. Die Liste

werklicher Berufe, die in den Genuß von Lastenfreiheiten kommt. Diese Politik markiert eine Veränderung in der Einschätzung der Arbeit und der handwerklichen Tradition in der christlichen Spätantike: Der Staat sieht den Nutzen handwerklicher Lehre, eine veränderte Sicht handwerklicher Tätigkeit gestand dieser die Bedeutung zu, die Voraussetzung einer Steuerbefreiung war[48].

Die bei den Medizinern beobachtbare Vorstellung, man lerne sein Handwerk normalerweise vom Vater, und außerfamiliär organisierte Ausbildung sei Resultat eines Entfremdungsverlustes, findet sich auch bei dem Landwirtschaftsschriftsteller Columella (1. Jhdt. n.Chr.)[49]. Gelingende Ausbildung hieß zunächst: Die Kinder lernen die Sache so wie die

beginnt mit den angesehendsten Handwerkern. Die steuer- und abgabenfreie Überlassung von Ateliers an Maler war durch *sacrosanctitas* geschützt. Steuerbefreit unter Constans: Lehrlinge des Vermessungs- und Wasserbauwesens, Eltern von Architekturlehrlingen; unter Valentinian und Valens: Maler und deren Familien. Immunität von öffentlichen Lasten war 32 v.Chr. (IEph 4101) und unter Vespasian 74 n.Chr. *FIRA* I 420,73, *Cod. Iust. (Dig.)* L 4,18,30 Lehrern der *artes liberales* und Medizinern aufgrund öffentlichen Interesses an ihrer Tätigkeit gewährt worden; vgl. XXVII 1,6-12: Je nach Gemeindegröße ist seit Antoninus Pius eine Höchstzahl von Grammatikern, Sophisten, Rhetoren und Medizinern von Abgaben befreit, sofern sie in ihrer Heimatgemeinde wirkten; in Rom waren sie grundsätzlich steuerbefreit, um die Attraktivität der Hauptstadt und ihre Versorgung zu sichern. Einzelne Lehrer erhielten eine Besoldung, vgl. P.Oxy. XLVII 3366 = P.Coll.Youtie II 66 (253-260 n.Chr.). Constantin legte fest, daß ἀρχιατροί und *professores litterarum* mit ihren Familien eine Besoldung erhielten, *Cod. Theod.* XIII 3,1-3. Fortgeltung der Privilegien unter Julian Apostata: XIII 3,4-5. Allgemeine Erlaubnis zur Schuleröffnung durch Valentinian und Valens (XIII 3,6). Zugang zum Amt des Oberarztes, XIII 3,8ff. Zu berufsständischen Privilegien MILLAR (1977, ²1992) 491ff. Vespasian zahlte Besoldungen für Lehrer der Rhetorik, Marc Aurel entwickelte das System besoldeter Lehrer der vier großen Philosophenschulen; Besoldung und Steuerbefreiung von *professores* des Museums (*Hist. Aug.*, *Hadr.* 20,2) durch Kaiser weitergeführt, ausgedehnt und zweckentfremdet MILLAR (1977, ²1992) 502-504.

48 Weiterer Grund der Steuerbefreiung von Lehrern und Ärzten: ambulante Tätigkeit, *Cod. Iust. (Dig.)* XXVII 1,6,1-2. Vgl. FRASCA (1994) 21f. Der spätantike Staat sucht zunächst Bedarfslenkung durch berufliche Mobilisierung: Kinder sollen für von den Eltern nicht vorgesehene Berufe gewonnen werden; sein Interesse an der produktiven Tätigkeit der Ausgebildeten in Bedarfsberufen wirkt dann im Sinne einer beruflichen Immobilisierung: Entscheidung des *iuridicus Aegypti*, 4. Jhdt. n.Chr. (P.Ryl. IV 654, s. Anm. 83). Noch Themistios zeichnet die Worthandwerker vor den Handwerkern im engeren Sinne aus: (*Ad Constant.* 60 a 2-6): καὶ ἐργάζονται ὑμῖν ταῦτα τὰ ἔργα οὐ χαλκεῖς καὶ τέκτονες καὶ λιθολόγοι, ἀλλ' οἱ τῆς Κάδμου καὶ Παλαμήδους τέχνης δημιουργοί, οἳ ἱκανοί εἰσι τὸν νοῦν μετοικίζειν ἐκ παλαιοῦ σκήνους ἐκτετηκότος εἰς ἀρτιπαγές τε καὶ νεουργόν. (*Und dies erarbeiten uns nicht die Kupferschmiede, Bauhandwerker oder Steinmetze, sondern die Handwerker der Kunst eines Kadmos und Palamedes, die dazu in der Lage sind, den Geist umzusiedeln aus einem alten, vollkommen verrotteten Zelt in ein neu gemachtes und aufgestelltes.*) Die Rolle der Worthandwerker bei der Verwaltung des kollektiven Gedächtnisses, das, anders als das traditional aufgefaßte Handwerk, zugleich Repositorium möglicher Innovation ist, begründet ihre Sonderstellung; allein den Worthandwerkern kommt demnach Innovativität zu, während Routine und Bewahrung des verfallenden Alten das Handwerk im engeren Sinne präge.

49 Entfremdungsgeschehen und landwirtschaftliche Orientierungs- und Ausbildungsdefizite: Zu Xenophons und Catos Zeiten hätte jeder die Landwirtschaft beherrscht und in ihr ausbilden können, in der Gegenwart habe die Entfremdung des Stadtmenschen vom Landleben den Landwirt zum Lehrberuf gemacht; einen Lehrling müsse man zu Bauern in die Lehre geben und könne ihn nicht selbst ausbilden, Colum., *R.R.* XI 1,4-5; I pr. 13-17. Xenoph., *Oecon.* 12,3ff. landwirtschaftliches Wissen prinzipiell allen zugänglich. Wie Galen setzt nimmt Columella einen beruflichen Differenzierungsprozeß voraus, der die familale Berufsprägung zerstörte.

Eltern[50]; wo sich dies änderte, wurde die Veränderung als Orientierungsverlust bemerkt. Den hochdifferenzierten Bedürfnissen des spätantiken Staates konnten die rein familialen Strukturen der Weitergabe beruflicher Kenntnisse nicht mehr genügen, die noch Platon voraussetzt[51]: Kinder wuchsen zumeist in den väterlichen Beruf hinein[52]. Architekten, Bildhauer, Steinmetze, Töpfer und Vasenmaler signieren ihre Werke oft unter Angabe des Namens ihres Vaters, und man kann in den Zentren handwerklicher Produktion durch viele Generationen aktive Handwerker- und Ärztedynastien ausmachen[53]. Die Ausbildung eigener Kinder stellte eine Alterssicherung dar[54]; in Athen hatte seit Solon auf Unterhalt durch seine Kinder nur Anspruch, wer ihnen eine Ausbildung in einer *τέχνη* hatte zukommen lassen[55]. Wenn Kinder fehlten, die das Handwerk fortsetzen wollten oder konnten, bestand die Möglichkeit der Adoption[56] und Ausbildung fremder Kinder oder in der Ausbildung von Sklaven.

Die Lehrlinge erbrachten zunächst untergeordnete Zuarbeiten[57], die Ausbildung war reproduktiv und imitativ und geschah durch praktische Mitarbeit beim Meister[58]; bildliche Darstellungen antiker Handwerker umgeben diese oft mit mehreren Lehrlingen. Originalität und persönliche Innovativität wurden erst in der Moderne zu Zielen der Berufsausbildung; das antike Handwerk erscheint dagegen als sich bei aller Veränderung im mimetischen Tra-

50 Normalfall: die Weitergabe handwerklicher Kenntnisse von den Vätern auf die Söhne, nur in zweiter Linie unter Einschluß fremder Lehrlinge, Plat., *Rep.* 421d-e; *Prot.* 323a-328d; vgl. BURFORD (1985) 100. Selbstverständliches Muster der Belehrung ist im *Protagoras* die Weitergabe des Handwerks von den Vätern auf die Söhne; die Bestimmung des Lehrzieles (so, wie die Väter und deren Kollegen das Handwerk beherrschen) spielt an auf das Ausbildungsverträgen formulierte Kriterien gelingender Ausbildung: Angleichung des Könnens des Lehrlings an das des Meisters.

51 Handwerker würden sich schon als Kinder mit Spielwerkzeugen beschäftigen, um die Grundtechniken der Zunft zu lernen: Plat., *Leg.* 643b-d. Auch ältere Lehrlinge trainierten mit besonderem Übewerkzeug gefährliche Handgriffe (Petron., *Sat.* 94,14-15: Barbierlehrlinge mit stumpfen Klingen); die Beschäftigung der Kinder stellt daher eine planmäßige Hinführung auf den späteren Beruf dar.

52 Zwischen dem 13. und 17 Lebensjahr gestorbene Lehrlinge wurden auf Grabmälern als ausgebildete Handwerker gerühmt; damit kommt nicht notwendigerweise zum Ausdruck, daß sie tatsächlich ausgelernt hatten, sondern das, was für die Hinterbliebenen die Idee eines erfüllten Lebens ausmachte: Die Frage der Wahl von Beruf und Ausbildung war in diesem Alter bereits entschieden, Nachweise BURFORD (1985) 216-219. Platon bemerkt, daß Ausbildungsmöglichkeiten nicht allen in gleicher Weise oder nach der jeweiligen Begabung zukommen, sondern daß *τέχναι* in der Regel in Familien weitergegeben und anderen vorenthalten werden, Plat., *Prot.* 327a-d.

53 BURFORD (1985) 100-103; RAUBITSCHEK u. JEFFERY (1949) 51; 97; LOEWY (1885) 222-227; 242; 276f.; 405f.; 573; DOW (1941) 351-360. Künstlersignaturen, vgl. Paus. VI 10,5; Weitergabe der Kenntnis der Torsionsartillerie von Vätern auf Söhne: MARSDEN (1969) 72f.

54 Xenoph., *Oecon.* 7,12.

55 Die Regelung (594/3 v.Chr.) wurde als vorbildliches Beispiel für die Förderung nützlicher Kenntnisse zitiert, vgl. Galen, *Adhort. ad art. addisc.* 7-8 (I 15K); Vitruv., *Arch.* VI pr 3; Aly, RE III A 1 (1927) 965 f. s.v. *Solon*. Es gab eine Bestimmung, die die Verleihung des Bürgerrechtes auf solche Personen beschränkte, die entweder verbannt, also ihrer Beziehungen zur bisherigen Heimatstadt beraubt waren oder ein Handwerk ausüben wollten, GSCHNITZER (1981) 78.

56 FRASCA (1994) 88.

57 Plin., *NH* XXXV 145: Erigonos begann als Farbenmischer des Nealkes und wurde dann Maler und Malereilehrer. FRASCA, (1994) 83ff.; 92; 115ff.

58 Xenoph., *Mem.* I 6,3; Cic., *De leg.* I 26; Arist., *Meteor.* 381b6; *Phys.* 194a21-25; *Protr.* fr. 14.

ditionsbezug konstant durchhaltendes, von Generation zu Generation weitergegebenes Vorgehen. Bedeutung und Intensität berufspädagogischer Prägung belegen die kaiserzeitlichen Handwerkergrabsteine mit Abbildungen von Werkstätten und Werkzeugen: Der Verstorbene identifizierte sein Leben mit der beruflichen Rolle als Handwerker[59], nicht so sehr mit deren Veränderung bzw. Revolutionierung.

Die Ausbildung fand statt in der Werkstatt des Vaters oder Lehrherren, in der Kaiserzeit auch in einem *paedagogium* zur Ausbildung für den Hofdienst[60]; diese Werkstatt mußte der Meister nicht selbst besitzen; sie konnte einem Dritten gehören, und auch Militärhandwerker bildeten in Militäreinrichtungen Handwerker aus[61]. Die Werkstatt wurde zum Raum, für den man Sorge trug und in der christlichen Zeit auch betete[62]: Das Christentum, zunächst nicht in erster Linie unter den sich Muße und theoretischer Bildung hingebenden Schichten verbreitet, kultivierte nicht deren Abneigung gegen manuelle Arbeit, sondern provozierte besondere Anstrengungen des Staates zur Förderung beruflicher Bildung[63].

59 Dokumentation: SCHULZ-FALKENTHAL (1972) 202f.; MEISSNER (1997) 60 m. Anm. 56. Weibliche Lehrlinge: FRASCA (1994) 89ff. Römische Handwerkerreliefs: Außer der Hauptperson werden Mitarbeiter, auch Kinder, dargestellt, Zuarbeit leistend, eigene Werkstücke bearbeitend oder zuschauend: ZIMMER (1982) 69f.; Nr. 3; 18f; 42; 121f.; 147. Kunsthandwerker signieren zuweilen zusammen mit mitwirkenden Lehrlingen, BURFORD (1985) 109.

60 FRASCA (1994) 115f.

61 Architekten: Inschrift der *leg. I Minervia* von Iversheim Anfang 3. Jhdt. n.Chr. (CIL XIII 7945). Im Heer dienten Architekten, Handwerker, Tierärzte und Ärzte. Es werden militärische und handwerkliche Sonderqualifikationen erwähnt, *medici*, *architecti*, *optiones valetudinarii*, *pecuarii*, V.DOMASZEWSKI u. DOBSON ([2]1967) XV; 15; 26f.; 45f.; 52; 55; 58; 76, Lehrlinge (*discens aquiliferum*; *discens signiferum*; *discentes capsariorum*; *discens armaturae*; *discens bucinatorem*; *discens epibeta*; *discens equitem*; *discens mensorem*; *discens officii rationum*), ebda., X; XVf.; 25; 40; 45; 49 und Lehrer (*doctor fabrum*; *doctor sagittariorum*; *doctor*), ebda. 26f.; 46; 52. Handwerker und Ärzte der Truppen wurden durch Mitarbeit bei Truppenärzten und -handwerkern ausgebildet, so wie auch die militärische Ausbildung durch Militärpraxis geschah. Für militärische Exerzitien sahen die Dienstvorschriften nicht Qualifikationsstandards oder Lehrziele, sondern Tätigkeiten vor, KROMAYER u. VEITH (1928) 549f.; dies entsprach antiker berufspädagogischer Praxis. Dienstgrade der Mediziner und Techniker nimmt an SANDER (1959). Der Pharmakologe Dioskurides Pedanius war Militärarzt (Diosc., *De mat. med.* I pr. 4). Militärmedizin: MATTHÄUS (1987) 19-24.

62 ANTONIADES (1907-1909) II 209: *Κύ(ρι)ε βοήϑι τῷ ἐργαστηριῷ*. Kirche als Betreiberin von Werkstätten, Heiligung von Arbeit und Werkstatt: SEG XVIII 720 (Aegypten, 5.-7. Jhdt.): *εἷς ϑεὸς ὁ β[ο]|ηϑῶ(ν) ἄππᾳ | 'Ιωσηφίῳ ἐπισκ(όπῳ) | τῷ οἰκοδομή|σαντι τοῦτον | τὸν χαλκευτικὸν | ἐργαστήριον | εἰς τὴν ἁγίαν ἐκ|κλησίαν* ... IThrace 100r,b2-3 = IK Sestos 16 (Kallipolis, 365 n.Chr.?): ... *κτήτωρ καὶ ἀπὸ ἐργαστηρι[α]|κῶν τῆς φιλοχρ(ίστου) Πα{πα}νιτῶν πόλ(εως)*... *Werkstatt* in der christlichen Spätantike als Metapher für eine Institution, die alles vermag: Maria als *Werkstatt der Einheit der Welten*, ActConcOec I 1,1:103,13 (Ephesos 431 n.Chr.). *Werkstatt* der Geltungsansprüche von Häretikern: ebda. III:86,16 (Konstantinopel u. Jerusalem 536 n.Chr.); vgl. auch 96,2. Die Metapher bereits bei Xenoph., *Hell.* III 4,17 (Ephesos als Agesilaos' *πολέμου ἐργαστήριον*).

63 Das Christentum entwickelte neue Formen der Integration handwerklicher, literarischer und spiritueller Betätigung (vgl. Regel des Benedikt). GAITZSCH (1985) Abb. 17 gibt eine Goldglasschale (Saturninus-Katakombe um 300 n.Chr.) wieder, die neben einer Darstellung des Daedalus Szenen aus einer Tischlerwerkstatt zeigen, in der verschiedene Generationen zusammen arbeiten. Ein neues Selbstbewußtsein v.a. freigelassener Handwerker bezeugen Grabreliefs mit Darstellungen der Handwerker in Arbeitskleidung bei der Arbeit seit dem 1./2. Jhdt. n.Chr.: ZIMMER (1985).

2.1.4. Ausbildungsverträge

Auf ägyptischen Papyri sind zahlreiche Lehrverträge aus der Zeit von 215 v.Chr. bis 554 n.Chr überliefert; die meisten stammen aus dem ersten nachchristlichen Jahrhundert und beziehen sich auf das Weberhandwerk. Die Verträge bestätigen, daß Väter normalerweise Kinder und Verwandte selbst ausbildeten[64], denn vergleichsweise selten gaben sie sie anderen Meistern zur Ausbildung, um etwas zu lernen, was der Vater ihnen nicht beibringen konnte. Sofern überhaupt ein vertragliches Ausbildungsverhältnis begründet wurde, schlossen es der Lehrherr einerseits und die Eltern. bzw. Besitzer des Lehrlings andererseits, wenn die Lehre mit etwa 10-12 Jahren aufgenommen wurde[65]. Die jeweiligen Vertragspartner waren frei wählbar. Handwerkslehren begannen früher als heute, auf niedrigerem Niveau beendeten künftige Handwerker daher ihre Schulbildung, und in einem früheren Stadium der Entwicklung begann die berufliche Prägung.

Die Ausbildungsverträge variieren im einzelnen, berühren aber, ähnliche modernen Ausbildungsverträgen, eine Reihe wesentlicher Punkte: Vertragspartner, Handwerkszweig, Dauer der Lehre, Vergütung für den Lehrling bzw. Lehrgeld an den Ausbilder, Urlaubsregelung, jährliche und tägliche Arbeitszeit. In der Regel erhielten die Lehrlinge vertraglich festgelegten bezahlten Urlaub; sie bekamen Kleidung und Nahrung vom Lehrherren und bezogen im produzierenden und verarbeitenden Gewerbe von ihm eine mit der Zeit steigende Vergütung für ihre Arbeit, sodaß sich die Unterhaltskosten für ihre Familien verringerten[66]. Auch zahlte der Lehrherr in der Regel die Steuern für den Lehrling oder ersetzte den Eltern oder Besitzern, wenn diese die Steuern zahlten, ihre Auslagen[67]. Nicht immer

64 Nur in einem bekannten Fall läßt ein Weber seinen Sohn eine Ausbildung bei einem Kollegen machen; die Dauer, für die dieser Vertrag abgeschlossen wird, ist mit einem Jahr relativ kurz, der Lehrling wohnt bei seinen Eltern, denn der Vater trägt die Kosten für Nahrung, Kleidung und Besteuerung und läßt sich dafür vom Lehrherren entschädigen, P.Oxy. II 275 (66 n.Chr.). Der Lehrling entstammt wahrscheinlich einer Weberdynastie: Sein Vater ist Weber (P.Oxy. II 267; II 288); seine Mutter ist Tochter eines Onophris; ein Gleichnamiger begann 30 Jahre früher die Weberlehre (SB X 10236). Väter und Söhne in der selben *ars* tätig: Dokumentation MEISSNER (1997) 61 m. Anm. 62; FRASCA (1994) 86f. Die *collegia* waren Organisationen von Berufstätigen, besaßen jedoch keine berufsfachliche Mitgliederstruktur und konnten daher kaum, wie FRASCA 138ff. annimmt, eine Rolle in der berufsfachlichen Ausbildung spielen. In den kaiserzeitlichen *collegia* trat, im Gegensatz zu mittelalterlichen Zünften, der wirtschaftliche Vereinszweck gegenüber kultischen und geselligen Zwecken und ihrer Rolle als Begräbnisvereine, Fürsorgegemeinschaften und Vermittler von Privilegien zurück; sie vertraten nicht berufsständische Interessen, AUSBÜTTEL (1982) 99ff.; CRACCO RUGGINI (1971) gegen SCHULZ-FALCKENTHAL (1965).

65 Dokumentation über Alter der Lehrlinge und Dauer der Lehre: FRASCA (1994) 86f.; MEISSNER (1997) 61 m. Anm. 63.

66 In Dienstleistungsberufen konnte der Lehrherr wenig materiellen Gewinn aus der Arbeit des Auszubildenden ziehen, in diesen Fällen wurde dem Lehrherren ein Lehrgeld gezahlt, HENGSTL (1978) 250-253; MEISSNER (1997) 61 m. Anm. 64. Die meisten Ausbildungsverträge sind Ausbildungs- und Arbeitsverträge mit gestaffeltem Lohn; aus ihnen zieht der Ausbilder um so höheren Gewinn, je erfolgreicher er ausbildet und aus dem Lehrling eine vollwertige Arbeitskraft macht, HENGSTL (1972) 83ff. Man unterscheidet mit BERGER (1911) 168ff. *Lehrlingsverträge* (Verträge, denen zufolge der Lehrling kein Lehrgeld zahlt, aber dem Meister seine Arbeitsleistung zugute kommt) und *Lehrverträge* (Verträge, denen zufolge dem Meister ein Lehrgeld gezahlt wird), vgl. SCHULZ-FALKENTHAL (1972) 208; HENGSTL nennt sie *Lehrverträge* bzw. *Unterrichtsverträge*, HENGSTL (1972) 85.

67 P.Oxy. XLI 2971 (66 n.Chr.): Der Lehrherr, ein Weber, verpflichtet sich, den Lehrling mit einem Gewand zu 12 Dr. Wert einzukleiden oder Geldzahlung zu leisten, ihn zu beköstigen oder 5 Dr. monatlich

wurde für die Arbeit des Lehrlings ein Lohn gezahlt; Umstände von Angebot und Nachfrage regelten auch dieses Detail, und berühmte Lehrer im Kunsthandwerk verlangten Lehrgeld von ihren Schülern[68].

Erfolgreich auszubilden lag im Interesse des Lehrherrn; in einigen Fällen wurden in den Lehrverträgen Sanktionen bei mangelnder Ausbildung festgelegt: Verlust von Lehrgeld; Konventionalstrafen, Nachholung der Ausbildung auf des Meisters Kosten[69]. In Fragen der Ausbildung hatte der Lehrling den Anordnungen des Ausbilders Folge zu leisten; diese Pflicht wurde auch mit Gewalt durchgesetzt, und Fragen der Erzwingung der Arbeitsdisziplin wurden in der römischen Kaiserzeit wiederholt zum Gegenstand von Rechtsstreitigkeiten. Lehrlinge und ihre Vormünder konnten gegen die Lehrherren oder deren Vertreter - zuweilen selbst fortgeschrittene Lehrlinge - klagen[70].

Wegen seiner rechtlichen Folgen bringen einige Lehrverträge ein Kriterium für den Erfolg der versprochenen Ausbildung[71] zum Ausdruck, doch in einer inhaltlich unbestimmten Weise, die das Bild vom mimetischen Charakter antiker Berufsausbildung bestätigt: Die *τέχνη* solle, so heißt die Standardbestimmung, in allen Teilen gelehrt werden, und zwar so, wie der Lehrende selbst sie beherrsche[72]. Maßstab des Könnens war das der ausbildenden Handwerker[73], nicht ein von Innungen oder dem Staat festgelegter Kanon von Ausbildungs-

Essensgeld an die Eltern zu zahlen; außerdem trägt der Lehrherr Webersteuer, Kopfsteuer, Deichsteuer, Schweinesteuer und alle ggf. anfallenden Strafen. Auch für eine Sklavin, die 140 n.Chr. in Soknopaion Nesos das Weberhandwerk erlernt, trägt der Lehrherr diese Lasten (Stud.Pal. XXII 40); vgl. P.Tebt. 384, 10 n.Chr.; P.Mich. II 121,r,2 viii,1, 42 n.Chr.

68 Vgl. MEISSNER (1997) 62 m. Anm. 66.

69 P.Mich. V 346 (13 n.Chr.): Ein Weber hat eine junge Sklavin auszubilden; wenn das Urteil gefällt wird, daß die Auszubildende ihr Handwerk nicht beherrscht, muß der Lehrherr eine eventuell notwendige Nachausbildung bezahlen; wie dieses Urteil zustande kommt, bleibt unbestimmt. Konventionalstrafen gegen den Lehrherren bei Nichtausbildung und den Gewalthaber des Auszubildenden bei dessen Entziehung von der Arbeit: BGU IV 1125 (13 v.Chr.) 50 Dr.; P.Wisc. I 4 (53 n.Chr.) 100 Dr. + 100 Dr. für den *fiscus*. Ähnlich: P.Oxy. XLI 2971 (66 n.Chr.); P.Oxy. II 275 (66 n.Chr.); Stud.Pal. XXII 40; P.Oxy. IV 725 (182 n.Chr.); XLI 2977 (239 n.Chr.). Doppelte Beträge: BGU XI 2041 (201 n.Chr.).

70 MEISSNER (1997) 62 m. Anm. 68-70. *Cod. Iust. (Dig.)* XLVII 2,83,pr.-3; XIV 3,1-20; SCHULZ-FALKENTHAL (1972) 205f. Anm. 33-34. Zu den *institores*, den Vorgesetzten der Lehrlinge und Rechtvertretern der Werkstattbesitzer AUBERT (1994).

71 Gründliche Ausbildung (ἐκδιδάσκω): P.Fouad 37^r,1 (Oxyrhynchos, ca. 48 n.Chr.); P.Mich. V 346; SB X 10236; P.Oxy.Hels. 29; P.Oxy XLI 2971 (Oxy., 66 n.Chr.); P.Oxy. IV 725 (Oxyrhynchos, 182 n.Chr.). Platon läßt Sokrates sich auf ein Ausbildungsversprechen beziehen, wenn er ihn sagen läßt: *Und ob nun jemand von diesen besser wird oder nicht, dafür bin ich gar nicht verantwortlich, da ich einen Unterricht darin weder jemals irgendjemandem versprochen noch erteilt habe* (Plat., *Apol.* 33b; vgl. *Men.* 90e). Heron behandelt bei der Darlegung der Lehrinhalte mechanischer Teildisziplinen diese als *Versprechungen* (*De autom.* I 2; *Metr.* III pr.; *Dioptr.* 32).

72 P.Tebt. II 442 descr. = KEENAN u. SHELTON (1971) ll. 9-12 (113 n.Chr.); P.Tebt. 385, ll. 9-11 (117 n.Chr.). Entsprechend wird regelmäßig das Ziel Ausbildung bestimmt, Dokumentation MEISSNER (1997) 62 m. Anm. 72. P.Oxy. XXXI 2586 (253 n.Chr.): Vollendete Ausbildung bestehe darin, das Handwerk so zu beherrschen wie der Ausbilder. Darüber hinaus wird nur die Dauer bestimmt P.Oslo III 141 (50 n.Chr.); P.Oxy. XLI 2977 (239 n.Chr.). Nur im Falle der Kurzschrift wird der Erfolg funktional durch Lehrziele bestimmt und an stufenweise geordnete Lehrkanones bzw. -bücher gebunden, obwohl das Lehrziel auch hier durch das Können des Lehrers definiert wird: P.Oxy. XLI 2988 (2. Jhdt. n.Chr.); P.Oxy. IV 724 (155 n.Chr.).

73 Nur ausnahmsweise werden externe Überprüfungen des Ausbildungserfolges erwähnt: P.Mich. V 346

zielen[74]; von solchen inhaltlichen Festlegungen handwerklicher Lehrziele erwartete man wenig Vorteile, sondern technische Stagnation[75]. Handwerksprüfungen fanden nicht statt; die Ausbildung organisierte sich, wie in der Medizin, frei von inhaltlichen Kontrollen, ohne durch den Staat oder Zünfte garantierte Kompetenzstandards. Ausbildungsverträge setzen voraus, daß der Vergleich der Arbeit von Meister und Schüler möglich sei und als Maßstab des Könnens ausreiche; das römische Recht bezieht sich für die Beurteilung handwerklich ausgebildeter Sklaven ganz allgemein auf einen Vergleichsmaßstab üblicher handwerklicher Fähigkeit[76]. Die Beherrschung des Handwerks wird weder in einem objektiven Resultat manifestiert gesehen, noch in der Bewältigung eines Prüfungskanons, sondern in der konkreten Tätigkeit bestimmter Personen. Dem liegt nicht nur das Fehlen eines Prüfungskanons zugrunde und die deshalb offenbar tatsächlich großen Unterschiede im persönlichen Leistungsvermögen, sondern auch die Tatsache, daß in vielen Fällen antike Handwerker nicht auf eigene Rechnung ein Endprodukt erstellten, sondern auf Rechnung Dritter an fremdem Material mit fremdem Werkzeug Arbeit verrichteten, auch als rechtlich Freie[77]. Diesen Verhältnissen entsprechen die Haftungsregeln des römischen Rechts für handwerkliche Fehler: Handwerker haften für Schäden an den von ihnen bearbeiteten Rohprodukten, die aus *imperitia* entstehen, nicht für Mängel aufgrund von Schäden des Rohproduktes[78]. Nicht

(13 n.Chr.) verpflichtet sich ein Weber sein Handwerk lehren, wie er es selbst verstehe; *wenn ich aber nicht ausbilden werde, oder wenn über die Ausgebildete geurteilt wird, sie verstehe ihr Handwerk nicht...* Einmal heißt es, der Ausbilder habe den Lehrling zurückzugeben in Gegenwart von drei Kollegen als einen, der die Technik so wie der Ausbilder beherrscht (P.Fouad 37, 48 n.Chr.: Kollegen des Ausbilders hatten den Eltern oder Besitzern des Lehrlings die erfolgreiche Ausbildung zu bescheinigen). *collegia*, deren Mitglied man aufgrund handwerklicher Fähigkeit wurde, waren von Abgaben befreit (*Cod. Iust. (Dig.)* L 6,6,12). Dies bedeutet nicht, daß es an bestimmten Standards orientierte Aufnahmeprüfungen gegeben hat; das Kriterium, welches der *iuridicus* in P.Ryl. IV 654 (s. Anm. 83) dafür angibt, daß ein Arbeitnehmer sein Handwerk ausgelernt habe, ist, daß er in ihm tätig ist: Ein anderes Kriterium gab es nicht.

74 HENGSTL (1978) 245f. meint, der Vertrag P.Oxy. IV 724 über Kurzschriftunterricht lege das Können des Ausbilders (des Sohnes des Vertragspartners) darum als Maßstab einer gelingenden Ausbildung zugrunde, weil die griechische Tachygraphie noch jung und ohne *"einheitliches Berufsbild"* gewesen sei. Dieses Kriterium des Ausbildungserfolges findet sich jedoch nicht allein im Falle der Schnellschrift, sondern in verschiedenen Handwerkszweigen (Weberei, Flachsverarbeitung, Leineweberei). Daher ist es Grundsatz und erfolgt nicht nur aufgrund eines noch fehlenden Berufsbildes; Berufsbilder im modernen Sinne gab es nicht.

75 Platon unternimmt das Gedankenexperiment einer politischen Kontrolle über Techniker und Handwerker; dazu müßte die autonome Entwicklung der Techniken unterbunden werden, weil die Gesetze bestimmte Techniken tolerieren, andere verbieten müßten. *κατὰ συγγράμματα* und *κατὰ τέχνην* bilden Gegensätze, das Handwerk werde untergehen, und das Leben ärmer sein (Plat., *Polit.* 298e-299e).

76 Verkäufer ausgebildeter Sklaven haften für zugesicherte Eigenschaften der Ware, also ggf. handwerkliches Können, *Cod. Iust. (Dig.)* XVIII 1,43; XXI 1,17,19-20; 1,18,1-2. Durchschnittliches Können als Maßstab: XXI 1,19,4. Bei der Steuereinschätzung von Sklaven war deren Ausbildung mit anzugeben (L 15,4,5).

77 Das römische Recht kannte einen Anspruch auf handwerkliche Leistung durch eine bestimmte Person; diesen Anspruch begründete es mit der Tatsache unterschiedlicher handwerklicher Befähigung: *Cod. Iust. (Dig.)* XLVI 3,31; es setzte also die Inkompatibilität der *τέχνη* bzw. *ars* verschiedener Handwerker voraus, ähnlich dem modernen Recht des Dienstvertrages (§613 BGB). Ausbildungsverhältnisse der Antike konnten Vertrauen nur in das Können einer bestimmten Person garantieren, während von einem unbekannten Handwerker möglicherweise insuffizientes Können erwartet werden mußte.

78 *Cod. Iust. (Dig.)* IX 2,72,27; XIX 2,9,5.

ein Sachmangel des Endproduktes begründet den Ersatzanspruch, sondern ein Mangel im Tun des Handwerkers.

Hellenistischer wie römischer Staat kümmerten sich nicht um Inhalte der beruflichen Lehre, sondern nur um Rechtsfolgen des Lehrverhältnisses; sie beschränkten sich darauf, die Tätigkeit der Handwerker und die Ausbildung von Lehrlingen[79] zu besteuern, wie es im zweiten nachchristlichen Jahrhundert geschah, bzw. solche Steuern zu erlassen, wie es die spätantiken Kaiser zur Förderung von Handwerk und Gewerbe taten. Lehrverträge wurden registriert; die Eltern meldeten die Aufnahme einer Lehre bei Ortsbehörden und Steuerpächtern an, ggf. auch einen mit der Lehre verbundenen Wohnsitzwechsel[80]. Es konnte also jeder ausbilden, der ein Gewerbe ausübte, ohne daß dafür besondere Berufsbilder festgelegt gewesen wären. Der Spezialisierungsgrad des antiken Gewerbes und seiner Ausbildung war dementsprechend hoch und erhöhte sich vor allem in der römischen Kaiserzeit[81]: Spezialisierung, Ausdifferenzierung der Berufe, die Erhöhung ihrer Zahl bei Verringerung ihres Umfanges, nicht so sehr, wie in der industrialisierten Moderne, auch Automatisierung und Mechanisierung, war der herrschende Weg zur Erhöhung der Produktivität, und diese zunehmende Spezialisierung sorgte für einen Veränderungs- und Anpassungsdruck, der auf dem Berufsausbildungssystem lastete[82]. Der bürokratische Staat der Spätantike unternahm zur Sicherung der Versorgung Versuche zur Förderung der Ausbildung, zur Abgrenzung der Berufe und zur Beschränkung des Berufswechsels[83].

Durch das Fehlen von Normierungen der Lehre seitens Staat oder Berufsstand fehlte andererseits ein Moment der Verknappung des Lehrangebotes und des Berufszuganges; ohne Festlegungen über Umfang der Lehre, Qualifikation der Ausbilder und Berechtigung zur Berufsausübung ähnelte die antike gewerbliche Ausbildung einem Volontariat bzw. *trainee*-Programm. Der Lehrling befriedigte sein Interesse an einer Ausbildung durch praktische Arbeit, der Meister seines an einer billigen Arbeitskraft durch effektive Ausbildung und das Versprechen eines Lohnes, der den Lehrling zu einer längerfristigen Bindung an den Betrieb

79 SCHULZ-FALKENTHAL (1972); MEISSNER (1997) 62 m. Anm. 79.

80 MEISSNER (1997) 63 m. Anm. 80f.

81 Hochdifferenzierte Tätigkeiten: MEISSNER (1997) 63 Anm. 82. Kooperation von Spezialisten: FRASCA (1994) 106. Spezialisierung: V.PETRIKOVITS (1981). Differenzierte Werkzeuge: GAITZSCH (1985).

82 Plin., *NH* XXXII 139-140: Modewechsel bei Glasgefäßen als Ursachen für Konjunkturschwankungen der Werkstätten. Die Landwirtschaftsschriftsteller betrachten Differenzierung und Spezialisierung als historisches Phänomen und Zeichen zivilisatorischen Fortschritts; die raffinierter gewordenen Bedürfnisse bei Festessen sichern zuvor unbekannten Formen hochspezialisierter Landwirtschaft die Existenz (Speisevogelzucht; Salzwasserfische; Zierpflanzenproduktion), Varro, *RR* III 1,6-7; 2,13-18; 3,7-10; 5,5-8; 17,2-9; Colum., *R.R.* VIII 16,1-6; X pr. 1-3.

83 P.Ryl. IV 654 (4. Jhdt. n.Chr.): Der *iuridicus* entscheidet zwischen Leinewebern und Bauhandwerkern; diese bringen vor, die Leineweber versuchten, einen Lehrling widerrechtlich seiner τέχνη zu entfremden, ihn dadurch nutzlos und untätig sein zu lassen und ihn eine andere als die von ihm ausgeübte Tätigkeit des Hausbaus zu lehren. Der *iuridicus* entscheidet: Wenn der Lehrling sein Handwerk ausgelernt habe und bereits in ihm tätig sei, dürfe er nicht mehr in eine andere τέχνη wechseln. Verwaltungserfordernisse und das Interesse an der Arbeitskraft erzwingen berufliche Immobilität. Im vierten Jahrhundert wurde die Rechtsstellung eines Händlers (*navicularius*) so erblich wie die eines *curialis* (*Cod. Theod.* XIII 5,12; 5,19). Wer eine Bäckerstochter ehelichte, übernahm die von Bäckern verlangten Versorgungspflichten (XIV 3,2; 3,14): Die versorgungswirtschaftliche Organisation bedingte Beschränkungen der beruflichen Mobilität. Die dadurch bedingten Lasten beklagt Liban., *Or.* XXIX 27. Zur Tendenz des spätantiken Staates zur Immobilisierung der Gesellschaft KRAUSE (1987).

motivierte. Verträge, die eine Ausbildungszeit von mehr als den üblichen etwa 2-2½ Jahren vorsahen, waren daher zugleich Ausbildungs- und Arbeitsverträge.

2.1.5. Schriftlichkeit und Mündlichkeit

Eine literarisch-theoretische Ausbildung wie in der Medizin gab es im Handwerk nicht, mit Ausnahme einiger Bereiche des Kunsthandwerks: Viele Handwerker waren Analphabeten und ließen sich daher auch oft Ausbildungsverträge von Dritten aufsetzen[84]. Des Lesens und Schreibens Kundige und Unkundige arbeiteten als Meister und Lehrlinge zusammen, und die Lehre wird sich daher nicht wesentlich auf schriftliches Material gestützt haben können[85]. Es gab allerdings eine reichhaltige Literatur zur praktischen Mathematik, die Zwecken des Geschäftslebens diente, Rechenbücher mit Tabellen, die zu benutzen Lesefähigkeit voraussetzte, und die anzulegen man in der Schule lernte[86]; Anwendungsorientierte Aufgaben spielten eine prominente Rolle in Rechenbüchern hellenistischer und römischer Zeit, doch richteten sich diese vor allem an Architekten, Bauingenieure und Landwirte, weniger an Handwerker im engeren Sinne. Von Baumeistern und Steinmetzen wissen wir, daß ihre Arbeit davon abhing, daß sie selbst die Detailzeichnungen der Architekten lesen und die schriftlichen Ausschreibungen einzelner Gewerke verstehen konnten[87], doch beschränkte sich dies auf subliterarischen Schriftgebrauch. Obwohl ein Teil der Handwerker lesen und schreiben können mußte, so spielte dies für die handwerkliche Ausbildung eine sekundäre Rolle.

84 MEISSNER (1997) 63 m. Anm. 86.

85 Anders: Kurzschriftausbildung; für die Ausbildung wird 155 n.Chr. ein Lehrgeld vereinbart, dessen zweite Rate fällig sein soll, sobald der Lehrling *das gesamte Elementarlehrbuch bearbeitet hat*, P.Oxy. IV 724.

86 Heron, *Metrika*. Als *Geometrica* ist unter Herons Werken eine Kompilation, u.a. aus heronischem Material (vgl. XXI 3; XXI 26ff.), überliefert, die noch deutlicher den Charakter eines praktischen Rechenbuches trägt. Bei den pseudoheronischen Εἰσαγωγαὶ τῶν στερεομετρουμένων handelt es sich um ein praktisches Rechenbuch zur Stereometrie für Architekten und Ingenieure, vgl. XLIII 2; XLIV; XLV; L. Zu Rechenbüchern SCHILBACH (1970) 43-144; HUNGER (1978) II 231; 245-247; 257. Popularmathematik: Epiphanios v. Kypros, *De mensuribus et ponderibus*. Aufstellung und Gebrauch von Umrechnungs- und Zahlentabellen: ZIEBARTH (^{2}1913) Nr. 48 (Zahlen- und Additionstafeln); HARRAUER u. SIJPESTEIJN (1985) Nr. 143-149 (Zahlentafeln); 150f. (Additionstafeln); 152-157 (Multiplikationstafeln); Bruchzahlen- und Divisionstabellen (158-171a); GUÉRAUD u. JOUGUET (1938) 5 (ll. 21-26: Zahlenreihen); BRASHEAR (1994) Nr. 2 (Multiplikationstabellen). Weitere Tafelwerke: Additionstafeln (SB III 6215); Multiplikationstafeln (P.Mich. XV 686; PSI VII 763; VIII 958; SB III 6215; 6219). Vgl. ZALATEO (1961). Flächenberechnungen mit $\pi \approx 3$ statt $\pi \approx 22/7$: HARRAUER u. SIJPESTEIJN (1985) Nr. 178 Problem II; III; V. Zum Rechenunterricht: Galen, *De plac. Hippocr. et Plat.* II 3,14. Währungstabelle: BOYAVAL (1971); Hohlmaßumrechnungen: BOYAVAL (1974); Fraktionstafel: YOUTIE (1975) 283f.; Zinsberechnungen: BOYAVAL (1977); (1979); BOYAVAL (1978); Flächenberechnung: SHELTON (1981). Kompliziertere geometrische Übungen nach Eukl., *El.* XIII 6: MPER N.S. I [GERSTINGER u. OELLACHER u. VOGEL (1932)] 11. Liste bei HARRAUER u. SIJPESTEIJN (1985) 14-17.

87 HEISEL (1993) 166; 180f. Leistungsverzeichnis: IG II^2 1666 für das Prostoon von Eleusis (3. Jhdt. v.Chr.).

Disziplinen dagegen, die bereits in hellenistischer Zeit eine besondere Dignität im Rahmen des Bildungs- und Ausbildungsbetriebes reklamierten, unterschieden sich vom Handwerk im engeren Sinne durch ihren Schrift- und Literaturgebrauch bereits während der Ausbildung. Dieser war allerdings in klassischer Zeit auch in der Medizin zunächst subliterarisch: Die künftigen Ärzte erwarben durch Lektüre während ihrer Lehre Wissen, das sie zugleich durch Abschreiben und Exzerpieren in eine für ihren persönlichen Gebrauch bestimmte Form gossen, sich also ihre schriftlichen Unterlagen weitgehend selbst abschrieben. Hierokles, ein Tiermediziner, den das *Corpus Hippocraticorum Graecorum* zitiert, schreibt von den Lehrlingen der Humanmedizin, deren Tätigkeit darin bestehe, Therapierezepte genauestens zusammenzuschreiben[88]. Medizin, Bildhauerei, Militärtechnik und Architektur haben früh systematische Lehrschriften hervorgebracht und literarische Werke, die die Disziplinen allgemeinverständlich darstellten und deren Fortschrittlichkeit ablesbar machten. Architekten hinterließen mit ihren Bauwerken Beschreibungen; in späthellenistischer Zeit faßten systematische Lehrbücher den Ertrag dieser Schriften zusammen und wurden in der Architektenausbildung verwendet[89]. Befördert durch die raffinierten militärischen und zivilisatorischen Bedürfnisse der monarchischen Regierungen, vollzog sich in der Ausbildung dieser Disziplinen in Hellenismus und Kaiserzeit ein Prozeß der Verschriftlichung und Verwissenschaftlichung. Vitruv, der sich auf diese Schriften stützt, beschreibt das Ideal des Architekten als eines leitenden, planenden und mathematisch-geometrischer Ausbildung bedürftigen Handwerkers[90], dessen Kunst *fabrica* und *ratiocinatio*, praktisch-konstruktiver Erfahrung und mathematisch-theoretischer wie historisch-literarischer Bildung bedürfe[91]. Gefordert wird eine fundierte Schulung in den *artes liberales*, zu denen die Architektur Zugehörigkeit beansprucht.

Eine gleichartige, theoretische Schulung und praktische Nachahmung umfassende Ausbildungskonzeption für Mechaniker, Architekten und Ingenieure konzipierte der Mathematiker und Mechaniker Heron (1. Jhdt. n.Chr.), deren Grundzüge wohl auf die hellenistischen Mechaniker Ktesibios und Philon zurückgehen. Am alexandrinischen Museion hatte sich unter den ersten Ptolemäern eine Schule der Mechanik mit eigenem Ausbildungsgang[92] entwickelt. Ktesibios' Schüler Philon brachte die diversen Disziplinen der Mechanik erstmals

88 *Corp. Hippiatr. Graec.* I 12.

89 Vitruv, *Arch.* VII pr. 11-14.

90 Entsprechend hellenistischer Wirklichkeit: Der *Architekt* Kleon und sein Nachfolger Theodoros hatten im 3. Jhdt. v.Chr. im Auftrag des ptolemäischen Königs für Ausbau und Erhaltung des Bewässerungssystems im Arsinoites zu sorgen. Kleon erhielt eine regelmäßige Besoldung mit Funktionszulagen, hatte direkten Zugang zum Herrscher und besaß somit eine hohe Stellung in der Verwaltungshierarchie; ihm unterstanden mehrere hundert Funktionäre und Arbeiter für seine Aufgaben, SCHÜRMANN (1991) 115-127. Im ptolemäischen Ägypten entschied, wie im römischen Reich, über die Realisierung technischer Verfahren der Herrscher vgl. SB VI 9302 = P.Edfou III 8, Edfou 3. Jhdt. v.Chr.

91 Vitr., *Arch.* I 1; Wissenserwerb und Habitualisierung durch Übung werden als die beiden Momente gesehen, die existentielle Sicherheit durch technische Kompetenz garantieren, vgl. Galen, *Adhort. ad art. adisc.* 14 (I 1-39 K); Petr., *Sat.* 46,7-8.

92 GILLE (1978) 54ff.; 83-93; Ktesibios, etwa Zeitgenosse des Archimedes (3. Jhdt. v.Chr.), gab der Lehre der Mechanik besondere Anstöße. Spätere Ingenieure nennen ihn für pneumatische und kriegstechnische Konstruktionen als ersten in der Reihe der zu konsultierenden Vorgänger, vgl. Vitr., *De arch.* I 7; VII pr. 14; IX 8,2-7; X 7,1-5; Athen. Mech. 20. Saug- und Druckpumpe, Wasserorgel sowie verschiedene Unterhaltungsautomaten, wurden erstmals von ihm beschrieben, dem Philon, Heron und Vitruv folgten.

literarisch in eine systematische, zusammenhängende Form. Von Herons darauf aufbauender Didaktik der Mechanik besitzen wir eine Paraphrase durch Pappos von Alexandria (4. Jhdt. n.Chr.)[93]: Heron betrieb in Alexandreia, wie vielleicht bereits seine Vorläufer, Ingenieurausbildung als Fortbildung für Handwerker. Man unterschied dort zwischen theoretischem und praktisch-handwerklichem Teil des Faches. Den theoretischen Teil bildeten die mathematischen Grunddisziplinen nebst Physik, während *der praktisch-handwerkliche Teil* bestehen sollte aus *Metallhandwerk, Hausbau, Zimmermannshandwerk* und praktischen Aspekten des *Zeichnens*, wobei eine praktische Ausbildung nur in einer der handwerklichen Disziplinen vorausgesetzt wurde. An dieser Ausbildung von Ingenieuren und Architekten konnte also, analog zu theoretischen Kursen für Mediziner, nur teilnehmen, wer eine fundierte Schulbildung genossen und eine praktische Lehre absolviert hatte[94]. Der künftige Architekt sollte zum *μηχανικῶν ἔργων εὑρετής*, zum kreativen Konstrukteur mechanischer Geräte, werden; man erwartete, daß die dafür notwendigen Eigenschaften sich durch ein sich an Schule und Berufsausbildung anschließendes Studium der Mechanik entwickeln ließen. Diese Ausbildungskonzeption verfolgte ausdrücklich andere Absichten als die philosophische und rhetorische Bildung der hellenistischen Führungsschicht. Ging es dort neben dem Erwerb elementarer Kulturtechniken wie Lesen, Schreiben, Rechnen, Kämpfen, Sport um die Fähigkeit zu politischer Partizipation und zum Geltendmachen eigener Positionen in Interessenauseinandersetzungen (Philosophie, Rhetorik), so erhob Heron für die Mechanikausbildung den Anspruch auf einen höheren Bildungswert als den der Philosophie; ähnlich argumentierte Vitruv[95], ohne bereits, wie Heron, die Überwindung der Philosophie durch Ingenieurtechnik zu feiern.

93 Papp., *Coll.* VIII pr. 1-3 ed. Hultsch 1022,3-1028,3; *die Mechaniker aus Herons Kreis* (οἱ περὶ τὸν Ἥρωνα μηχανικοί).

94 Herons Schrift über stehende und fahrende Automaten ist für diese Lehre geschrieben; Heron setzt voraus, daß auch Philons Schrift über den Automatenbau bereits denselben Zweck verfolgte, Heron, *De autom.* 20,1-2. Zur Ausbildung gehörte auch eine Schulung an den *Elementen* Euklids, Heron, *Def.* pr. 1. Vgl. [Heron.], *Geom.* I,1.

95 Herons Bildungsanspruch: Mechanik verwirkliche in der Praxis, worum Philosophie sich allein theoretisch bemühe, ἀταραξία; während philosophische Suche nie zum Ende komme, transzendiere Mechanik die bloße Theorie, indem der Kriegsmaschinenbau lehre, gefahrlos und und Erschütterungen zu leben (Heron, *Belop.* 1.); Kriegsmaschinenbau ist ei funktionales Äquivalent der Philosophie, sie ist διὰ τῶν ὀργάνων φιλοσοφία, Philosophie durch Werkzeuge. Vitr., *Arch.* I 1: Leitende Stellung des Architekten, Kompetenz zum Urteil über die andere Techniken; praktische Arbeit als Formung vorliegender *materia*, *ratiocinatio* als Bestimmung der Regeln, nach denen diese erfolgt; daß geistige wie handwerkliche Elemente gleichnotwendig seien, begründet Vitruv mit der Unterscheidung von Zeichen und Bezeichnetem; bezeichneter Gegenstand architektonischer Kommunikation sei der zu verwirklichende Bau (I 1,2-3); Erfahrung als Voraussetzung praktischen Verwirklichung bringt Vitruv im Vorwort seines Werkes knapper zur Sprache; er betont v.a. (I 1,4-16) die theoretischen Kenntnisse, derer der Architekt bedürfe, um Ansprüche als *encyclios ... disciplina* zu rechtfertigen. Der Architekt unterwirft sich dem herrschenden universalen Bildungsideal, räumt aber ein, ihm nicht genügen zu können (I 1,17-18). Auch der Bescheidenheitsformel liegt das Bewußtsein eines Unterschiedes zwischen manueller Schulung des Architekten und dem herrschenden rhetorisch-philosophischen Bildungsideal zugrunde. Vitruv polemisiert gegen den Perfektionismus der theoretischen Bildung, den der frühhellenistische Architekt Pytheos vertreten hatte, ebenfalls, um der Architektur besonderen Bildungswert zu sichern (I 1,12). Zu Vitruvs Bildungskonzeption KNELL (^{2}1991) 20-30. Galen traute den technischen Disziplinen nicht das Überflüssig-Machen der Philosophie zu (Galen., *De anatom. admin.* II 286,16-287,3). Martial spottete über Architekten, Musiker und Ausrufer als Berufe, die Geld brächten, aber nur geringe Bildung (Mart., *Epigr.* V 56).

2.1.6. Sophistische Ausbildung und sokratische Kritik

Galens Auffassung, handwerkliche Fähigkeit bedürfe praktischer Übung, beruht auf der auch der sokratischen Kritik an der Sophistik zugrundeliegenden Auffassung, praktische Kompetenz erweise sich nicht im allgemeinen, sondern im Einzelfall[96]. Neben der rhetorischen Wende, der Einsicht, daß im Bereich praktischen Geltens Ansprüche durch Reden erhoben werden, mithin derjenige die höchsten Durchsetzungschancen hat, der am wirkungsvollsten redet, sind es zwei Erkenntnisse gewesen, um welche die Sophisten im 5. und 4. vorchristlichen Jahrhundert das antike Bildungswesen bereicherten: (1) Die meisten Formen praktischen Handelns stellen nur Mittel zur Verwirklichung weiterer Zwecke dar; die Beziehungen zwischen Zwecken und geeigneten Mitteln lassen sich als Regeln der Zweckrationalität formulieren und systematisch darstellen; (2) durch die Mitteilung solcher Regeln läßt sich zu entsprechendem Handeln anleiten, durch theoretische Unterweisung mithin Praxis schulen[97]. Gegenüber einer theoretischen Belehrung der Praxis entwickelte sich die Skepsis der sokratischen Philosophie, ohne doch zu bestreiten, daß praktische Ausbildung möglich und wirksam sei. Ausbildung in Kunst und Handwerk fungierte in dieser Debatte als Beispiel und Vorbild[98]. Die Didaktik der Berufsausbildung, Zweckrationalität und praktische Übung, wurde wesentliches Moment der Kritik an den moralisch-politischen Belehrungsansprüchen der Sophistik und ein Motiv der Herausbildung einer Bildungsidee. Ausbildungsbedarf wurde nicht bestritten, doch auch als Nachahmungsbedarf gedeutet[99]. Mit den Sophisten betrachteten die Sokratiker handwerkliche Ausbildung als alltägliches Phänomen; Ausbildung geschieht nach ihrer Interpretation jedoch nicht allein durch Mitteilung von Lehrsätzen[100], sondern bedarf praktischer Mimese: Was der Meister vormacht, machen die Lehrlinge nach. Eine Lehre versprechen und lehren dürfe und könne nur, wer, anders als die Sophisten, das, was er lehrt, auch selbst ausübt[101].

96 Galen, *De anatom. admin.* II 281-282. Praktische Philosophie als Formulierung allgemeiner Lebensregeln: Sen., *Epist. Mor.* 95,12. Vgl. Arist., *EN* 1103b26ff.

97 MEISSNER (1997) 65 m. Anm. 101.

98 Prinzipien: Entwicklung der Urteilsfähigkeit, Lösung des Applikationsdilemmas, Anwendbarkeit einer Regel in einem vorliegenden Einzelfall; Anleitung zur Kreativität, Nachahmung, MEISSNER (1997) 65 m. Anm. 102.

99 Xen., *Mem.* IV 2,2-5. Aristoteles bestimmt Kompetenz als ἕξις, als durch Habitualisierung ausgeprägt Haltung; Handwerker verfügten nicht allein über Regelwissen, sondern Übung und ein affektives Verhältnis zu ihrem Produkt, Arist., *EN* 1167b34-1168a4; 1139b14-1140a24. Er stellt eine Hierarchie der Handwerkszweige anhand der Frage auf, wer die Ausgangsprodukte für daher übergeordnete Techniken liefert: 1094a1-19. Begrifflich differenzierte man zwischen Tätigkeiten, die selbst nachgefragt werden (Instrumentalkünstler, Tänzer, Sänger) und solchen, deren Produkt nachgefragt wird (Baumeister, Schuster), z.B. Arist., *EN* 1194a3-6; *MM* 1211b27ff.

100 Spott über sophistischen Taktikunterricht: Xen., *Mem.* III 1,1-11.

101 Plat., *Men.* 90b-91c (Medizin, Aulosspiel).

2.1.7. Mobilisierung beruflichen Wissens: Grenzen und Formen

In den griechischen Staaten wie im Rom der republikanischen Zeit war die Berufsausbildung in Handwerk und Manufaktur eine Angelegenheit handwerklicher Selbstregelung. Besondere Förderung haben die Stadtstaaten der Berufsausbildung nur begrenzt zukommen lassen, aber das Bedürfnis nach Anerkennung der Angehörigen dieser Berufszweige, wie in der Kaiserzeit auch, befriedigt (Wettbewerbe, öffentliche Ehrungen). Die monarchischen Mächte des Hellenismus und die römischen Kaiser empfanden den Bedarf an handwerklich-technischer Kompetenz aber deutlicher und förderten speziellere berufliche Qualifikationen in besonderen Institutionen[102]: die ptolemäischen Herrscher Ägyptens die Entwicklung von Medizin und Ingenieurtechnik im Museion, die römischen Kaiser v.a. der Spätantike neben Ärzten und Ingenieuren auch die Ausbildung des Handwerks. Eine gewisse Unsicherheit blieb mit den Ergebnissen beruflicher Bildung in der Antike immer verbunden. Inhaltlich von staatlichen bzw. öffentlichen Regelungen frei, blieben Qualität und Kompetenz der Spezialisten für Kunden, Auftraggeber, Patienten schwer kalkulierbar. Das staatsfrei sich selbst regelnde Ausbildungssystem prägten Orientierungsdefizite. Spezialisierung war unter diesen Umständen verbunden mit Übersichtsverlust. Sach- und Fachliteratur der Kaiserzeit und Spätantike brachten literarische Genera hervor, die dem Gewinn von Übersicht dienten. Heute so genannte technische Fachliteratur übernahm neben der Aufgabe, die Ansprüche technischer Spezialisten auf Geltung im Kanon der allgemeinen Bildung vorzubringen[103], auch die Funktion, die Urteilsfähigkeit potentieller Klienten, von Laien also, zu entwickeln, war also nur teilweise Literatur von Fachleuten für Fachleute. Ein großer Teil vermittelte vielmehr dem künftigen Investor Überblickswissen als Voraussetzung seiner Investitionsentscheidung (e.d.: Landwirtschaftsschriften) bzw. Überblickwissen an die politische Führung.

Grundsätzlich blieb das persönliche Können des Meisters Maßstab und Ziel jeder Ausbildung. Vergleiche des Könnens wurden durch die in antiken wie mittelalterlichen Städten übliche räumliche Zusammenordnung gleichartiger Werkstätten und Geschäfte und durch die Spezialisierung von Städten und Regionen auf bestimmte Produkte ermöglicht. Auch Rechtsstreitigkeiten um handwerkliche Leistungen konnten sich jenseits der Vorstellung des allgemein Üblichen auf keinen Maßstab beruflichen Könnens beziehen. Während literarisierte Disziplinen wie die Medizin mit ihren Grundlagen gewisse Maßstäbe ihrer Beurteilung dem allgemeinen Bewußtsein öffneten, blieb das Handwerk im engeren Sinne bestimmt durch Abgeschlossenheit, Nachahmung und die Tradition vom Meister auf den Schüler und nur subliterarischen Schriftgebrauch: Sein Ausbildungssystem bewahrte im Altertum einen konservativen Zug, der Innovationen nicht verhinderte[104], doch wurden diese nicht von

102 181/182 n.Chr. formuliert ein Asklepiades, man solle Handwerke lernen und Unausgebildetheit als Bedingung der Armut meiden, P.Mich. IX 532.

103 Die Legitimität der Techniken mit der umfangreichsten Literatur (Medizin, Architektur, Landwirtschaft) stand außer Frage (Cic., *De off.* I 151). Daß Cicero dem Handwerk Dignität abspricht (I 150), gründet in der Vorstellung geringer Rationalität und technischer Raffinesse handwerklicher Tätigkeit; als *ars* anzusprechenden Tätigkeiten und solchen, die über *prudentia* (Voraussicht) und über eine Erfolgsprognosen erlaubende literarische Fachtradition verfügen, spricht Cicero diese Dignität zu. Literarisierung ist wesentlich für die gesellschaftliche Anerkennung einer Disziplin. Cicero denkt bei den *opifices* an manuelle Arbeitsleistung auf Anweisung und Rechnung Dritter und nicht nach den Regeln einer *ars*; diese Form der Arbeitsorganisation bestimmt die negative Einschätzung des Handwerkers als eines Abhängigen.

104 Keramik und Glas: SCHNEIDER (1992) 108-119.

außen erregt, nicht durch literarisch vermittelte Transferleistungen begünstigt und nicht von den Jungen erwartet. In der Moderne veraltet auch handwerkliches Können während eines Lebensalters, man erwartet, daß Lehrlinge ihre Meister übertreffen, und daß die Ausbildung Ausgang für dauernde Weiterbildung sei. In der Antike veralteten berufliches Wissen und Können nicht während einer Generation[105]; etwas Können hieß, es zu tun.

Weniger die Entwicklung als vielmehr die Bewahrung erschien in der Antike als Problem der Ausbildung. Literarisch wurde Praxiswissen nur niedergelegt, wo es durch Imitation und Vergleich allein nicht ausreichend mitgeteilt und überprüft werden konnte, wo die Menge des Wissens die Möglichkeiten der Weitergabe vom Vater auf den Sohn überstieg, wo also die Gefahr eines Traditionsverlustes empfunden wurde; unter diesen Bedingungen bildeten Techniken, denen ein besonderes öffentliches Interesse oder Ansehen zukam, Fachliteraturen heraus (Landbau, Musik, Strategie, Taktik, Mechanik, Architektur, Medizin, Tiermedizin, Pharmazie, Kriegsgerätebau etc.), die stabilisierend, teilweise auch kritisch gegenüber der geübten Praxis wirkten, deren Veränderungen ablesbar machten und das Bewußtsein eines Fortschrittes formulieren konnten, und damit als Bewahrungs- und Reflexionsinstanz für die berufliche Praxis dienten. Der hohe soziale Rang und das Ansehen, das die Vertreter literarisierter Disziplinen beanspruchen konnten, ergab sich aus der Tatsache, daß sie für die Gesellschaft besonders vitale und zugleich gefährdete Funktionen versahen; bestimmte Angehörige dieser Disziplinen gehörten zu den höchsten gesellschaftlichen Schichten und empfanden das Bedürfnis, ihre Position auch literarisch zu legitimieren; entsprechende Literatur las man nicht in erster Linie zu Zwecken einer geregelten Ausbildung, sondern als Angehöriger der literarischen Eliten, die in Ämtern und Funktionen zu entscheiden, dafür jedoch keine Ausbildung zu durchlaufen hatten[106]. Die gesellschaftliche Anerkennung der beruflichen Tätigkeit war in der nichtchristlichen Antike abhängig davon, in welchem Maße sie zum Erwerb persönlicher Unabhängigkeit und eines persönlichen Nachlebens in Werk oder Schrift führte; das Christentum der Spätantike band dieses Nachleben weniger ans Werk des Menschen und ebnete auch daher Unterschiede in der Einschätzung der Tätigkeiten stärker ein.

Das Verhältnis von Innovation und Bewahrung regelte sich berufsintern; man bemerkte technischen Wandel, sofern er literarisch dokumentiert oder anderweitig im kollektiven Gedächtnis ablesbar war[107]. Eine ausnehmend hohe Innovationsgeschwindigkeit trat ein, wenn der Staat zu seinen Zwecken sich um Entwicklung und Lehre technischer Verfahren kümmerte[108], doch im allgemeinen sorgte er nicht für eine Verbreitung von Innovationen

105 FRASCA (1994) 94-97 deutet Plin., *NH* XXXV 162 und XXXIV 83 als Belege für einen *spirito competitivo tra maestri e discepoli*. Dagegen MEISSNER (1997) 67 Anm. 110.

106 CAMPBELL (1987).

107 Vgl. über soziale Differenzierung und die Entstehung luxuriöser Nahrungsbedürfnisse und raffinierter Verfahren in Wein- und Gartenbau, Geflügel- und Fischzucht: Colum., *R.R.* X pr. 1-3. Varro über *collegia*-Essen und Reichtum als Ursache für den Ausbau der Vogelhaltung in Mittelitalien: Varr., *RR* III 2,16. Über Haltung von Wildtieren und Seewasserfischen: III 3,7-10. Weinbau: PURCELL (1985).

108 Ptolemäer: Förderung der Anatomie. Ptolemäer, Attaliden: Wettrüsten um Methoden zu maßstäblicher Reproduktion von Torsionsgeschützen, MARSDEN (1969); (1971). Raffinierte Technik entwickelte sich in städtischen Zentren, v.a. der hellenistischen Reiche und der römischen Kaiserzeit. Dem entsprach ein Wandel der Vorstellung von der primären Funktion der Stadt von einer politischen Lebenseinheit (Arist., *Pol.* 1280b16ff.) zum Zentrum von Gewerbe und Handel (Paus. X 4,1); TRAINA (1994) 116ff. Plinius präsentiert seine *Naturalis historia* als Stoff für Praktiker (Landwirte und Handwerker); paradox ist, daß er es

oder Mindeststandards in der Ausbildung, sondern überließ diese der Selbstregelung durch Angebot und Nachfrage. Ausbildung war Arbeit; sie war nicht als Lebenszeit mit besonderem Ziel von Kindheit, Schulzeit und Arbeitsleben abgegrenzt, und sie führte nicht zu einer die Berufsmobilität erhöhenden Abschlußprüfung.

Für Ausbildungs- und Produktionssystem blieben Familie und Generationenfolge die wesentlichen Bezugsgrößen. In der Familie wurde die berufliche Prägung früh festgelegt; handwerklich-berufliches Wissen wurde von Generation zu Generation weitergegeben, jedoch weniger innerhalb einer Generation ausgetauscht; Innovationsschübe geschahen als Veränderung einer übernommenen Praxis, weniger durch Vergleich und Veränderung gleichzeitig geübter Praktiken. Auch solche beruflichen Qualifikationen, mit denen öffentliche Interessen und Positionen sich verbanden (Gemeindeärzte, Militärwesen) blieben frei von inhaltlichen Bestimmungen durch den Staat. Sie waren es allerdings, in denen sich als erstes ein Bedürfnis nach literarischer Bewahrung des Wissens entfaltete. Dies führte auch zu einer Mobilisierung des beruflichen Wissens, zum Herausfall immer weiterer Berufsfelder aus rein familialer Prägung der Berufe. Dieser Prozeß des Heraustretens von Berufen aus Familienstrukturen führte im klassischen Griechenland zur Entstehung eines Bewußtseins für das Phänomen Bildung und Ausbildung.

Entstehung und Funktion praxisorientierter Fachliteratur waren ebenfalls verbunden mit Durchbrechungen des familialen Prinzips der Berufsausbildung; die Entstehung einer hauswirtschaftlichen und landwirtschaftlichen Literatur in klassischer Zeit zeigt, daß auch die Landwirtschaft aus dem Bereich selbstverständlicher familiärer Prägung herausfiel und ein neuer Typus landwirtschaftlicher Investoren bzw. Verwalter mit der Mobilisierung von Kapital und Person auch einer neuen Mobilisierung von Wissen bedurfte. In hellenistischer Zeit erfaßte dieser Prozeß Kunsthandwerk, Architektur und Mechanik. Zusätzlichen Antrieb erhielt er von Rezeptionsprozessen: von der Aneignung des Wissens der griechischen Stadtstaaten durch die hellenistischen Höfe, von der Aneignung griechischen Wissens durch die Römer[109], von der Herausbildung einer kaiserlichen Verwaltung mit neuem Bedarf an Kenntnissen und vom Zerfall der kulturellen Einheit der Mittelmeerwelt in der Spätantike und der Bildung germanischer Staaten auf weströmischem Boden ohne direkten Zugang zur griechischen Kultur. In diesen Fällen ging es um die Mobilisierung des Wissens, seine Sammlung und seinen Umschlag, die zu einem je besonderen Niveau der Systematik in der Darstellung der Disziplinen führten, um einer Reduktion der Komplexität des Rezipierten und größtmöglicher Ökonomie des Wissens willen.

Als Entwicklung des Ausbildungssystems geschah unter solchen Bedingungen eine Ausdifferenzierung der Ausbildungsberufe, eine Erhöhung ihrer Zahl bei Verringerung ihres Umfanges; sie führte in der römischen Kaiserzeit zu einem hohen Spezialisierungsgrad. Eine weitere Entwicklungsmöglichkeit bestand in der Schaffung und Verbesserung der Rahmenbedingungen für Verbreitung und Bewahrung handwerklich-technischer Fertigkeiten: Für den Staat der christlichen Spätantike erwies sich dafür die staatsfreie Selbstorganisation der handwerklichen Lehre als ebenso unzureichend wie die strikte Trennung zwischen der Öffentlichkeit der literarischen Oberschichten und der Welt der Werkstätten. Der Staat der

dem Kaiser widmet: Der Orientierung in Fragen handwerklicher Arbeit bedürfen zunächst nicht die Handwerker selbst, sondern die Vertreter des Staates, um entscheidungsfähig zu sein (Plin., *NH* I pr. 6).

109 Diese ist nicht als unproduktive Aneignung aufzufassen; die römische Landwirtschaft war gegenüber der griechischen innovativ und sich ihrer Innovativität bewußt, vgl. Varro über Saserna als ersten Arbeitsökonomen in der Geschichte der Landwirtschaft, Varr., *RR* I 16,5; 18,2.

Kaiserzeit entwickelte v.a. in der Spätantike ein zunehmendes Interesse an der Mobilisierung beruflicher Kompetenzen, die er durch Anreize förderte, der er andererseits durch Zwänge zur Ausübung bestimmter Tätigkeiten Schranken auferlegte. Berufliches Wissen wurde aufgrund der Anforderungen einer immer differenzierteren Zivilisation zunehmend außerfamiliär mobilisiert.

2.2. Literarische Tradierung technischen Wissens

2.2.1. Klassische Zeit

2.2.1.1. Fachliteratur

Ein Charakteristikum für die Entwicklungsmöglichkeiten der Techniken in einer Gesellschaft ist die Rolle, die dem technischen Spezialisten in ihr eingeräumt wird, und ein Charakteristikum dieser Rolle ist seine eigene Einschätzung dieser Rolle. Die Formen, in denen er sein Wissen mitteilt, die Adressaten der Mitteilung, die Realisierungschancen seiner Vorhaben und der Wert, der seiner Funktion zugeschrieben wird, bestimmen Form und Inhalt seiner Betätigung als Techniker. Die Betrachtung der Aneignung und Vermittlung technischen Wissens durch Nichtfachleute erlaubt einen Einblick in das Verhältnis von Spezialisten und Laien. Die Methode der Tradierung des Wissens charakterisiert zugleich die Entwicklungsmöglichkeiten technischer Zivilisationen.

Auch in modernen Industriegesellschaften variiert die Selbsteinschätzung der technischen Intelligenz stark und beeinflußt Entwicklung und Bewahrung technischer Kompetenz[110]; es ist anzunehmen, daß neben fachlichen Prägungen solche politischer, ökonomischer und moralischer Art auch die antiken Spezialisten und Fachschriftsteller in sich wandelnder Weise beeinflußten und Möglichkeiten und Grenzen technischer Entwicklung mitbestimmten; auch ist damit zu rechnen, daß sich die Einschätzung bestimmter Wissensinhalte als Spezial- oder Allgemeinwissen wandelte.

Antike Gesellschaften waren in hohem Maße literarische Gesellschaften und verfügten über effektive Mittel zur Bewahrung von Wissen. Sie waren andererseits Gesellschaften, die zur Verbreitung des so Niedergelegten auf manuelle Arbeit angewiesen waren, dies begrenzte Verbreitungs- und Bewahrungschancen des Wissens. Der Besitz technischer Kompetenz war stark abhängig von persönlichem Kontakt und von der Verfügung über Personen. Die antiken Techniken entwickelten sich also zwischen zwei Polen: Einerseits bildeten sie literarische Traditionen heraus, lösten sich also als Regelwissen von unmittelbarer Praxis, andererseits blieb die Theoretisierung und Literarisierung auf wenige Praxisfelder beschränkt. Die tatsächlich verbreitetste Form der Mitteilung praktischer Fähigkeiten war nicht die theoretisch-technischer Belehrung, sondern die handwerkliche Berufsausbildung. Das Verhältnis der einzelnen Techniken zum manuellen Anteil ihres Tuns war je nach Praxisfeld unterschiedlich: Literarische und manuelle Tradierung des Wissens wurden in den einzelnen Diszplinen in unterschiedlichem Maße realisiert. Die technischen Literaturen selbst reflektieren die Unterschiede der Bedeutung der technischen Literatur für die Kontinuität der

110 Lenk (1982) 145-197.

Technik. Aussagen und Voraussetzungen der Fachliteraturen über die Bedingungen der Weitergabe und praktischen Anwendung von Wissen stehen im Mittelpunkt der folgenden Darstellung, die mit den Traditions- und Verwirklichungsbedingungen von Spezialwissen das Verhältnis zwischen den Vertretern des Spezialwissens und der jeweiligen Öffentlichkeit beschreibt.

Die Funktionen der technischen Literatur für die Praxis der Technik und für die Gesellschaft zeigen sich am deutlichsten daran, welches Verhältnis diese Literatur zu ihren eigenen Adressaten voraussetzt. Literarische wie politische und wirtschaftliche Öffentlichkeit waren andere in einer Polis der klassischen Zeit, einer hellenistischen Monarchie, der römischen Republik, der kaiserzeitlichen Großmonarchie. Dennoch werden die Epochen in dieser Darstellung feiner und nicht allein nach konstitutionellen Gesichtspunkten abgegrenzt: Nachdem Rom bis zum Ausgang der Republik technisch unter dem Bann der hellenistischen Staaten stand, stellen die Zeit der ausgehende Republik und des frühen Prinzipats Phasen eines intensiven, bewußten Technologietransfers dar, die als eigene Epochen beschrieben werden. Von der hohen Kaiserzeit des zweiten und dritten Jahrhunderts unterscheidet sich die christliche Spätantike wiederum durch eine ganz neue Intensität der Bemühung um die Verbreitung und Tradierung beruflicher Kenntnisse und speziellen Wissens, die zugleich empfunden wurde als Aneignung heidnisch-antiker Kenntnis, also beschreibbar ist als Transfer von Technologien in einen neuen weltanschaulichen Zusammenhang.

So wenig wie die Scheidung literarischer Genera kennt die frühe Epik die Trennung zwischen dem Spezialisten und seinem Publikum. Hesiods *Opera* machen Perses, dem Bruder und Adressaten Hesiods, Vorschriften, die Inhalt des allgemeinen Bewußtseins sind oder sein sollten, und die Perses aufgrund persönlicher Unzulänglichkeit nicht befolgt. Inhaltlich betrifft die Mitteilung des Dichters nicht ein besonderes Wissen, sondern eine allgemein einsehbare Wahrheit; sie richtet sich an den Bruder des Dichters an Stelle einer Vielzahl von möglichen Hörern, weil das Arbeitsethos des Bauern und Seehändlers, das sie zum Ausdruck bringt[111], eine allgemeine geteilte, nicht eine spezielle Lebensform darstellt. Diese Literatur beschreibt eine Lebensform als Norm, weil diese bereits Gegenstand persönlicher Wahl geworden ist. Diese Wahl ist aber nicht abhängig von einer Ausbildung, die man erwerben muß: Die Fähigkeit zur Umsetzung des Mitgeteilten wird selbstverständlich vorausgesetzt, nicht aber die Neigung dazu. Diese Literatur teilt ihren Lesern kein neues Wissen mit, sondern ordnet, was sie als Praxiswissen bereits beherrschen müssen. Sie dient nicht der Vermittlung beruflicher Kenntnisse, sondern der unterstützenden Bewahrung eines nicht mehr selbstverständlichen und als gefährdet betrachteten Habitus.

2.2.1.2. Land- und Hauswirtschaft

Auch Xenophon richtet seine technischen Schriften noch nicht an Spezialisten, macht aber in seinen militärischen Schriften besondere Erfahrungen als Söldnerführer und Kriegsberater für seine Lehren geltend, Voraussetzungen also eines beginnenden militärischen Spezialistentums. Er wertet einerseits den technisch-handwerklichen Spezialisten gegenüber dem um-

111 Hes., *Op. et dies* 1-53; 213ff.; 265ff.; 286-341; 342ff.; 383ff.; 405 ff.; Zurückhaltung im Seehandel, Sicherheitsaspekt: 618-694.

fassend militärisch-politisch tätigen Bürger ab, teilt andererseits aber seine besonderen Erfahrungen als Kavallerist und Militär mit, damit sie den jüngeren Freunden als Muster zur Verfügung stehen[112]. Xenophon setzt voraus, daß die in seiner Zeit neuen lang anhaltenden Kriege mit Söldnern neuer Verhaltensmuster bedürfen, die den bürgerlichen Führungsschichten der Poleis, nicht beruflichen Spezialisten, vermittelt werden sollten, denn Tätigkeiten - handwerklicher - Berufsspezialisten (*αἱ ... βαναυσικαί*) gelten als unziemlich, da sie, anders als Landwirtschaft und Kriegführung, eine einseitige, auf die Berufstätigkeit beschränkte Lebensführung bedingen[113]. Auch landwirtschaftliches Wissen erweist sich im Fortgang des Dialogs über Landbau und Hauswirtschaft als eines, das im Grundsatz jeder hat und haben soll; Jagd wird als erzieherische Betätigung den Mitgliedern der gesellschaftlichen Schicht empfohlen, der Xenophon selbst angehört[114]. Diese Schriften richten sich nicht an berufliche Spezialisten, sondern an eine bestimmte Schicht von Landwirten bzw. Bürgern; sie vermitteln nicht Spezialkenntnisse, sondern praktische Urteilskompetenz, die ohne literarisch vermitteltes technisches Wissen nicht oder nicht mehr möglich ist[115], weil die Diversifikation der Wissenszweige fortgeschritten ist, und die Lehre von Krieg und Landwirtschaft ihrer vermeintlichen Selbstverständlichkeit beraubt hat.

2.2.1.3. Kriegswissenschaft

Einen ähnlichen Sachverhalt beobachten wir auch im Falle des Aineias Taktikos, des Verfassers einer Schrift über die Verteidigung von Städten gegen Belagerungen, eine im östlichen Mittelmeerraum außergewöhnlichere Form des Krieges als im Westen, wo Dionysios I. und die Karthager in lang dauernden, technisch aufwendigen Kämpfen die Belagerungskriegführung weit entwickelten. Aineias' Adressat ist prinzipiell jeder Beliebige, der in einer Stadt politische und militärische Kommandogewalt ausübt, noch nicht ein beruflicher Spezialist. Aineias begründet nur knapp die Bedeutung seines Themas mit der Situation, in der sich befindet, wer um seine Existenz kämpft[116]; er setzt voraus, daß es von selbst verständlich sei, für wen in welchen Lagen seine Lehre ihren Nutzen entfaltet. Diese militärische - wie die land- und hauswirtschaftliche - Literatur richtet sich an eine Öffentlichkeit, deren Teil der Autor selbst ist. Wissen über Belagerungen wird nicht einer beschränkten Gruppe beruflicher Spezialisten vermittelt, sondern den potentiell betroffenen Bürgern, die jedoch über die eigene Erfahrung hinaus der Hilfe der der Literatur bedürfen, um drohende Lagen überschauen und bewältigen zu können.

112 Xenoph., *Hipparch.*; *De re equ.* I 1. Die Schrift über den Kavalleriekommandeur richten sich an jeden beliebigen Leser; diejenige zur Pferdehaltung ist gewidmet *τοῖς νεωτέροις τῶν φίλων* zur Mitteilung von Erfahrungen. Vgl. ANDERSON (1970) 10f.; 67-70: Fehlen militärischer Spezialausbildung für Führungspositionen; rudimentäre Verwaltungstechniken bei militärischen Unternehmen und nur einfache medizinische Kenntnisse bei den Ärzten des Kyreerheeres; 84ff.; 94ff.: Entstehung und Ausbreitung von Fecht- und Taktiklehrern, Auseinandersetzung der Sokratik mit diesem Phänomen. Vgl. Xenoph., *Anab.* III 4,30.

113 Xenoph., *Oecon.* 4,1-14.

114 Xenoph., *Cyneg.* I 18.

115 Genannte Disziplinen als *τέχναι*: Xenoph., *Oecon.* 1,2; 4,1; 5,3; *Hipparch.* IV 20; *De re equ.* II 2; *Cyneg.* I 14.

116 Aen. Tact., *Poliorc.* pr. 1. Dazu WINTERLING (1991).

2.2.1.4. Medizin

Ein anderes Verhältnis zwischen dem technischen Autor, dem von ihm behandelten Gegenstand und dem Publikum, an das er sich richtet, können wir in klassischer und frühhellenistischer Zeit in mathematischen und medizinischen Disziplinen beobachten. Landwirtschaft und Kriegstechnik teilen keine paradoxen, gegen die natürliche Erwartung funktionierenden Rezepte mit, die das Alltagswissen durchschnittlicher Bürger überraschen, entwerten oder umstürzen und diesem Wissen überlegene Kenntnisse erfahrener Spezialisten entgegensetzen würden, sondern stellen Lebensregeln, Maximen der Klugheit zusammen, die den Umfang verfügbarer Erfahrung erweitern. Die kriegstechnische Lehre verficht noch nicht die Emphase wissenschaftlicher Entbergung, die den Erwartungen des natürlichen Bewußtseins Zuwiderlaufendes und es Provozierendes erklärt und das Überraschende mit dem gemeinen Menschenverstand versöhnt[117]. Dem entspricht, daß der Adressatenkreis von Aineias' Werk größer ist als der mathematisch-mechanischer Fachschriften[118]. Während das tyrannische Syrakus im Falle des Archimedes und die Nähe zur makedonischen Monarchie im Falle des Aristoteles, Sohn eines makedonischen Hofarztes, für die Arbeit wissenschaftlich-technischer Spezialistenirkel eine Basis bildeten, richten sich die Erkenntnisse, die Aineias formuliert, als Zusammenfassung des Üblichen und Wohlbekannten an jeden Beliebigen. Diese Form technischer Literatur hat, im Gegensatz zur Literatur einer kleinen technischen Spezialistengruppe, die Aufgabe, einer prinzipiell nicht abgeschlossenen Öffentlichkeit politisch-militärisch sich Betätigender das Erfahrungswissen zu vermitteln, das sie zu ihrer Tätigkeit braucht.

Ausgeprägter war das Bewußtsein der eigenen Spezialistenrolle und der besonderen Bedingungen der Kommunikation unter Spezialisten schon früh bei den Medizinern. Wir können es in den früheren hippokratischen Schriften aus der Zeit der Wende vom 5. zum 4. Jhdt. beobachten, deutlicher dann in den Schriften des vierten Jahrhunderts. *Über Luft, Wasser, Orte* richtet sich an Ärzte während ihrer Wanderschaft, die als Fremde in unbekannte Städte kommen und Kriterien für die Beurteilung der jeweiligen Patienten und ihrer je verschiedenen Krankheiten benötigen. Der Arzt verfügt über besonderes Regelwissen; seine Anerkennung hängt davon ab, inwiefern er in der Lage ist, dieses auf die Umstände der Situation anzuwenden und zutreffende Voraussagen über die Krankheitsverläufe zu machen[119]. Er ist in der bürgerlichen Gesellschaft ein Fremder, wie wandernde Handwerker auch. Nach den Kategorien der an Umwelt und Meteorologie orientierten Medizin angefer-

117 Vgl. dem Einleitungssatz der unter Aristoteles' Werken überlieferten Mechanik, der behauptet, daß die Leistungen der Mechanik natürlicher Erwartung zuwiderlaufen, [Arist.], *Mech.* 847a-b; das Werk erklärt diese Leistungen sodann. Aristoteles will sagen, daß der Funktionszusammenhang nützlicher mechanischer Konstruktionen zunächst oft verborgen bleibt und zu Verwunderung Anlaß gibt.

118 Vgl.: Archimedes sandte mathematische Schriften an den Freund Dositheos; er berief sich darin auf den gemeinsamen Lehrer Konon; diese Schriften waren nur für den mathematisch gebildeten Leser aus dem Freundeskreis des Autors und für künftige kritische Mitforher der Geometrie, also Spezialisten, gedacht, Archim., *De sph. et cyl.* I pr.; *De con. et. sphaer.* pr. Vgl. Archim., *Method.* pr.: Mitteilung über den heuristischen Wert mechanischer Methoden für die Mathematik.

119 Hippocr., *De aer. aqu. et loc.*

tigte Niederschriften über Krankheitsverläufe setzen die *Epidemien* voraus[120], offenbar auf der Grundlage von auf Reisen behandelten Fällen. Besondere Aufmerksamkeit widmen die späten und unter praktisch-philosophischem Einfluß verfaßten *Praeceptiones* dem Verhältnis zwischen Arzt und Patient: Der medizinische Spezialist erscheint als Lehrer des Patienten, der einen Autoritätsanspruch ihm gegenüber durchzusetzen und zu rechtfertigen hat. Zu den Aufgaben des Arztes gehört es daher nicht allein, Methoden zum Erwerb gültigen Wissens anzuwenden, sondern sein Verhalten dem Patienten gegenüber unterliegt besonderen Regeln: Der Arzt solle nicht frühzeitig über das Honorar verhandeln, um nicht sein Ansehen oder in dringenden Fällen Zeit zu verlieren; er solle, anders als Quacksalber, die Grenzen seiner Fähigkeiten anerkennen und ggf. Kollegen zu Rate ziehen. Vor dem Patienten solle das Verhalten der Ärzte frei sein von Konkurrenz: Dem Arzt wird die Sorge für seine Autorität dem Patienten gegenüber zur Pflicht gemacht; er hat Zutrauen in die Bewältigbarkeit der Krankheit zu vermitteln. Um auch das Zutrauen in seine Person zu gewinnen, soll er Extravaganzen im Auftreten meiden, keine Lehrvorträge halten, weil dies als Ersatzbemühung angesehen werden könnte, um von praktischer Inkompetenz abzulenken; Fachgeschichte und theoretische Reflexion seien von sekundärer methodischer Bedeutung. Laien würden aufgrund ihrer nur begrenzten Urteilskraft v.a. theoretische Verlautbarungen bewundern[121]; die Schriften bringen das Bewußtsein für die besondere Rolle des ärztlichen Spezialisten gegenüber der Öffentlichkeit aus Laien und Patienten zum Ausdruck: Das Wissen des Arztes um die Bedingungen möglicher Heilung macht die Patienten von ihm abhängig; der Arzt wiederum ist abhängig von Ansehen und Autorität bei den Laien. Mediziner sind den Laien gegenüber Fachleute mit einer *τέχνη*, die, anders als landwirtschaftliches, kriegerisches oder rhetorisches Können, nicht im Prinzip von jedem beherrscht werden kann, sondern besonderer Schulung und Ausbildung bedarf und als Beruf ausgeübt wird.

Die besondere Rolle der Spezialisten den Laien gegenüber bedingt ein besonderes Verhältnis der Spezialisten untereinander: Im Umgang mit den Patienten wird Kollegialität zur Pflicht gemacht[122]. Ziel ärztlicher Standesethik wie der Prognose über den Krankheitsverlauf ist die Erhaltung ärztlicher Autorität, der Differenz zwischen Arzt und Patient, Fachmann und Laie. Im Hinblick auf die Erweiterung des ärztlichen Wissens in der Literatur für gegenwärtige und künftige Spezialisten wird Kritik an fremden Lehrmeinungen geäußert; vorausgesetzt wird dabei, daß sein besonderes Wissen den medizinischen Spezialisten vor dem Laien auszeichne und auszeichnen solle; zwischen der Kommunikation mit Fachkollegen und Laien wird deutlich unterschieden[123]. Es gibt Auseinandersetzungen

120 *Epidemien* III enthalten bereits literarisch vermitelte Krankengeschichten; diese beginnen mit einem Zeichen (Ⱶ) für die Glaubwürdigkeit des Berichteten und enden mit einer Sigle für den Abschluß des Krankheitsverlaufes, Gesundung (Y) oder Tod (Θ); zusammengestellt sind ausgewertete Krankengeschichten.

121 Hippocr., *Praecept.* 4-8; 10-12. *De diaeta in morb. acut.* 2 spricht Laien die Fähigkeit ab, Arzt und Quacksalber zu unterscheiden, weil sie nach äußerem Aufwand urteilten. Ähnlich *De morbo sacro*: Die Annahme besonderer Göttlichkeit der Epilepsie sei Resultat von Erfahrungsmangel (*ἀπειρίη*, 1); entscheidend sei die prinzipielle Heilbarkeit (4-5).

122 Auch das *Prognosticon* widmet besondere Aufmerksamkeit der Wahrung der Autorität des Arztes gegenüber dem Patienten: Zutreffende Prognosen des Arztes sind ein Mittel zur Erhöhung seiner Glaubwürdigkeit (c. 1). Urteilsunfähigkeit der Laien: *De diaeta in morb. acut.* 6.

123 *De diaeta in morb. acut.* 1 kritisiert, daß *Κνιδίαι γνῶμαι* kein Wissen vermittelten, daß nicht auch Laien zur Verügung stünde. Rolle schriftlicher Kommunikation für die Entwicklung des medizinischen

zwischen den Ärzten auch um die Behandlung einzelner, gerade reicher Patienten, zu der ggf. mehrere Ärzte hinzugezogen werden; der sich unter ihnen durchsetzende Mediziner erwähnt stolz diesen Sachverhalt. In ähnlicher Weise werden herrschende Meinungen auch literarisch kritisiert: Die zur Mitteilung an Fachkollegen gedachte Literatur dient auch der Korrektur solcher Meinungen unter Rückgriff auf anerkannte Standards der Beurteilung der Gültigkeit medizinischen Wissens. Solche Korrektur des Falschen wie die Ergänzung des Fehlenden und die Tradierung des Richtigen kennzeichnen das Spezialistenwissen der Fachleute, im Gegensatz zu den Meinungen der Öffentlichkeit, als fortschrittlich[124].

Zwar richten sich die Geltungsansprüche ärztlichen Wissens an die Lebensführung der Laien als ihrer Patienten, doch ziehen die Autoren der hippokratischen Schriften deutliche Grenzen zwischen technischen Spezialisten und Laien[125], und auch den Laien selbst sind die Fachleute fremd. Die Mediziner des hippokratischen Korpus sehen sich konfrontiert mit einer Patientenschaft, die nicht selbstverständlich vom besonderen Wert ärztlicher Kunst und den lauteren Absichten des Arztes ausgeht. Vielmehr müssen die Ärzte ein Verhältnis als Fachleute zu ihren Patienten immer wieder neu aufbauen, weil sie zumindest einen Teil ihres Lebens von Stadt zu Stadt reisend verbringen. Sie sehen sich daher genötigt, für das Verhältnis zwischen technischem Fachmann und medizinischem Laien Regeln zu formulie-

Wissens ebda. 3. Abgrenzung des medizinischen Lehrbetriebes vom sophistischen: *De nat. homin.* 1-5 will Erwartungen an einen philosophisch-sophistischen Vortrag zur Anthropologie nicht erfüllen, den Menschen nicht mit Elementen identifizieren oder etwas, das nicht offensichtlich (*φανερός*) sei, weil solches kein kein Wissen darstelle; statt dessen wird an der Humorallehre festgehalten.

124 Hippocr., *De artic.* 1; 14 (Auseinandersetzung mit Methoden der Gelenkeinrenkung); 78 (Kriterien zur Beurteilung von Therapieformen; wenn Heilung verschieden gelinge, solle die am wenigsten brutale Methode gewählt werden). *De diaeta*: Der Autor verfaßt sein Werk gegen die seiner literarischen Vorgänger, die er für insuffizient hält; er setzt das Phänomen des fachwissenschaftlichen Fortschrittes voraus, der durch Übernahme, Korrektur und Ergänzung von Literatur zustande komme; der Autor setzt sich ab von der Meinung, zu bestimmten Themen sei Abschließendes zu erkennen; die Entwicklungen des Wissens seien zur Kenntnis zu nehmen (I 1). Den medizinischen Spezialisten unterscheidet vom Laien also, daß er mit einer literarisch sich dokumentierenden Entwicklung des Wissens rechnet, selbst Richtiges tradieret, Falsches berichtigt und Fehlendes ergänzt. Die wissenschaftliche Funktion der Technik beurteilt der Autor an anderer Stelle skeptisch (I 11-24): Alle Techniken (offenbar incl. der Magie) versuchten, von Sichtbarem auf Unsichtbares zu schließen, um es zu beeinflussen; dies gelinge nicht unbedingt. Die handwerklichen Techniken mit einem mimetischen Verhältnis zur *φύσις* unterscheidet der Autor von denjenigen Techniken, die nicht zur *φύσις*, sondern zum *νόμος*, zur Normenordnung, ein bestimmtes Verhältnis herstellten, um eigene Ziele durchzusetzen; dazu rechne auch der Sport. Den *πλῆθος* medizinischer Laien kennzeichne, daß er aufgrund von *ἀνάγκη*, also berufstätig, sein Leben führen müsse und daher nicht um der Gesundheit willen andere Ziele opfern könne. Für diejenigen, die der Gesundheit andere Güter opfern wollten und könnten, beansprucht der Autor eine ideale Diät gefunden zu haben, richtet sich also an eine gesellschaftliche Elite als Patientenkreis (II 68-69). Gesundheit als höchstes Gut auch in *De diaeta salubri*: Vorschriften zur Lebensführung an den Laien (*ἰδιώτης*); der medizinische Fachmann erhebt kraft seines Sonderwissens Geltungsanspruch für seine Lebensregeln (1); vom vernünftigen Laien wird ein Minimum an Einsicht und medizinischer Kompetenz zur Selbsthilfe erwartet (9).

125 Besondere Kommunikationsformen der Mediziner untereinander setzt voraus *De morbis*, eine spätere Schrift; WITTERN (1974), LXXI-LXXVI; die Schrift entwirft eine Topik, Argumentations- und Kategorienlehre für medizinische Debatten innerhalb von Ärztegruppen; WITTERN, aaO. CII datiert die Schrift auf das letzte Drittel des 5. Jdt. v.Chr. Deutliche Grenze zwischen Fachleuten und Laien: *De flatibus* 1, indem sie von der Behauptung ausgeht, der Arzt selbst erleide überwiegend Nachteile durch die Ausübung seiner Kunst, die Patienten Vorteile.

ren, die die Anerkennung der Ärzte durch die Patienten garantieren sollen, die auch ihre Literatur unterstreicht.

Hippokrates wurde von der antiken Medizingeschichtsschreibung als derjenige betrachtet, der die Herauslösung der Medizin als Spezialdisziplin aus einer einheitlichen literarischen, philosophischen Bildung bewirkt habe[126]. Tatsächlich dürfte der Prozeß umgekehrt verlaufen sein: Die frühen Hippokratiker versuchten, sich der Integration medizinischen Wissens in philosophische Lehren zu erwehren. Hippokrates, aus alter Asklepiadenfamilie, kam in Kontakt mit den neuen philosophischen Strömungen seiner Zeit (Demokrit) und begann, über einen subliterarischen Schriftgebrauch hinaus die Praktiken handwerklich heilender Ärzte, also Brennen, Schneiden, Abführen, Provokation von Brechreiz usw., literarisch zu beschreiben und zu interpretieren; mit der Zeit begann die so entstandene Literatur langsam, auch diese teilweise auf magischen Vorstellungen beruhenden und bei zahlreichen auch außereuropäischen Völkern nachweisbaren Praktiken zu modifizieren und teilweise zu überwinden[127]. Die therapeutischen Praktiken waren das Primäre, die Leistung des Hippokrates und der sich in seine Nachfolge stellenden Autoren bestand darin, neben diesen Praktiken eine sie begründende und begrenzende Dogmatik und eine diese tradierende von anderen abgegrenzte Literatur zu schaffen, deren Dynamik die Medizin erfaßte, Fortschritte in ihr möglich und an ihr ablesbar machte. *De prisca medicina*, eine der älteren Schriften des hippokratischen Corpus, setzt sich summarisch mit Versuchen auseinander, die Medizin in Vorträgen oder mit literarischen Mitteln zu lehren: Diejenigen, die sich darauf verlegten, über Medizin zu reden oder zu schreiben, und dabei Wärme, Kälte, Trockenheit, Feuchtigkeit oder anderes als *Hypothese* verwenden, um die Komplexität des ursächlichen Anfangs (*ἀρχὴ τῆς αἰτίης*) von Krankheit und Tod zu reduzieren, formulierten falsche Ausagen, die umso tadelnswerter seien, weil sie das Feld einer weithin erfolgreich praktizierten *τέχνη* beträfen: Der Autor setzt das Faktum handwerklich praktizierter Medizin voraus, dem gegenüber Literatur, Reflexion und hypothetische Prinzipien kausaler Erklärung sekundär sind. Innerhalb der Medizin sei nicht nur die *ἀρχή* längst gefunden, sondern auch der Weg (*ὁδός*), auf dem gültige medizinische Erkenntnisse gefunden werden, und auf dem auch die noch fehlenden Erkenntnisse gewonnen würden, vorausgesetzt, diejenigen, die sie suchten, brächten persönliche Eignung mit, kennten alle bisher gewonnenen Einsichten und machten diese zum Ausgangspunkt ihrer Suche[128]. Der Autor konzipiert hier Medizin als aufgrund ihres literarischen Charakters in ihrer Erkenntnis fortschreitende Disziplin, und er versucht, das Eindringen von Lehr- und Denkweisen spekulativer Naturbetrachtung in eine Medizinpraxis zu verhindern, die bekannt ist, über die Mittel zu Gewinn und Bewahrung des Wissens verfügt, und von der künftig die gleiche fortschrittliche Entwicklung wie bisher zu erwarten ist. Dafür, so argumentiert der Autor, bedürfe sie nicht der Reduzierung der Komplexität ihres Gegenstandes auf wenige Prinzipien und der Ordnungsleistung (vgl.: *ὑπόθεσις*) einer neuen Abstraktion. Abstrakte Hypothesen seien überflüssig, weil unentscheidbar[129] und Ausdruck nur scheinbarer Erkenntnis. Zum Faktum der Medizin als Handwerk

126 Cels., *De med.* I pr. 7-8.

127 LORENZ (1990) 18ff.; 41ff.; 125ff.; 149ff.; 313f.; 325ff. Heilungsberichte des Asklepiosheiligtums: Plin., *NH* XXIX 2-4. Vgl. KRUG (1985) 41.

128 Hippocr., *De prisca medicina* 1-2. Vgl. PHILLIPS (1973) 28ff.; TEMKIN (1971).

129 Hippocr., *De prisca medic.* 1. SCHNEIDER (1989) 132-150 meint, daß die *"formalen Merkmale technischen Handelns"* durch die *"Fachliteratur"* und die Philosophie des 5./4. Jhdt.s geklärt worden seien;

(*τέχνη*) gehört das unterschiedliche Können der Ärzte; die Erfahrbarkeit dieses Unterschiedes beweise die Wirklichkeit der Technik. Der Autor nimmt Stellung zugunsten der handwerklichen Medizinerausbildung gegen eine Theoretisierung der Medizin, die an die Stelle des lang dauernden Erfahrungserwerbs die schnell vermittelte Einsicht in Grundprinzipien setzt, ein Weg, den später die methodische Schule auf radikale Weise beschreiten sollte. Die medizinische Fachliteratur erfüllt nicht nur eine konservative Funktion, sondern gegenüber Meinungen und Praktiken eine kritische und innovative; solche Innovation soll jedoch innerdisziplinär erfolgen[130]. Die besondere Kompetenz des Arztes als Fachmann beruht demnach auf seinem speziellen Erfahrungswissen, dessen Gegenstand aber ein alltäglicher ist: Lebensführung, Ernährung und Gesundheit. Den Arzt unterscheide von den Laien (*δημοτεῖς*) sein über deren begrenzte Einsicht in ihre Krankheiten und deren Ursachen hinausgehendes Wissen[131]. Sein Wissen macht ihn zum Berater des Patienten, dessen Leiden er korrekt identifiziert. Er verfügt über die Möglichkeit zu Vergleiches und Speicherung des Wissens über Krankheitsverläufe. Er muß aber mit dem Laien, der seinerseits eine Gedächtnis- und Wiedererkennungsleistung zu verrichten hat, kommunizieren können. Die Wirklichkeit des Arztes besteht in dem, was die Patienten als ihr Leiden zum Ausdruck bringen; wenn dieses nicht verstanden und geheilt wird, scheitert Medizin. Ihr Gelingen bedürfe nicht der *ὑπόθεσις*, von der man sich Förderung oder Sicherung der Kommunikation zwischen Arzt und Patient erwartet hatte[132].

Gegenüber dem Laien beansprucht der Mediziner also nicht ein besonders strukturiertes Wissen, sondern Erfahrung in einem besonderen Gegenstandsbereich und Kompetenz zu Vergleich, Erinnerung und Hilfe. Die Funktion des medizinischen Spezialisten erklärt der Autor zivilisationstheoretisch: Der Arzt gibt Anweisungen für die Regelung der Lebensweise, der Diät, derer die Kranken nur bedürfen, weil sich im Laufe des Zivilisationsprozesses der Mensch durch die Nahrung von den Tieren zu unterscheiden lernte. Erst dieser Prozeß nahrungstechnischen Fortschrittes (*διαιτήματα εὑρημένα καὶ τετεχνημένα ἐν πολλῷ*

den Hintergrund bilde ein Prozeß der *"Professionalisierung"* und *"Literarisierung"*, in dessen Verlauf philosophische Kritik den Technik-Charakter von Medizin und Rhetorik bestritten habe; das Corpus Hippocraticum formuliere gegen diese Kritik eine vorplatonische Techniktheorie. Literarisierung und Theoretisierung dürften tatsächlich das professionelle Selbstverständnis geprägt haben; doch belegt der hippokratische Autor gerade nicht einen Prozeß der Professionalisierung der Medizin, denn er setzt die Existenz von Berufsmedizinern bereits voraus, auf deren öffentliche Ehrungen er anspielt. Der Text belegt, daß Mediziner schon früher subliterarische und literarische Formen der Kenntnisspeicherung praktizierten, vgl. LONIE (1983). Dies taten auch Seefahrer, deren *Periploi* Angaben über Fahrtbedingungen und -dauern enthielten, die alt gewesen sein dürften, weil auch die *Odyssee* solche Angaben enthält, vgl. GISINGER, RE XIX 1 (1937) 841-850 s.v.*Periplus (2)*. Plat., *Phaedr.* 268a-269a erwähnt Bücher, die die Wirkungen von Pharmaka beschreiben, nicht aber die Umstände, unter denen sie angezeigt seien; pharmakologische Kenntnisse kann man sich danach aus Büchern aneignen, nicht aber Kompetenz als Arzt, weil das Urteil über die Umstände des Einzelfalles praktischer Erfahrung bedarf.

130 Der Autor von *De fract.* schreibt, er fühle sich zu seiner Aufgabe aufgerufen, weil es Ärzte gebe, die bei der Behandlung von Knochenbrüchen Fehlern begehen (Hippocr., *De fract.* 1; 25). Er will durch seine Beschreibung eine fehlerhafte Therapieform künftig vermeiden helfen (vgl. 7).

131 Der hippokratische Autor verwendet den Terminus der *πρόφασις* für die Ursache, den auch Thukydides benutzt; Einsicht in Krankheitsgeschehen nennt er *καταμανθάνω*; der Arzt hat dem Patienten gegenüber das Wissen über den normalen Krankheitsverlauf voraus (Hippocr., *De prisc. medic.* II 3; vgl. Thuc. I 23,6; 118,1.

132 Hippocr., *De prisc. med.* 2.

χρόνῳ) machte aus dem Tier einen Menschen: Zunächst natürlicher Selektion durch die *Stärke* roher Nahrungsmittel unterworfen, gelang es ihm, eine Diät zu entwickeln, die mit seiner φύσις im Einklang steht und die Wirkung des natürlichen Selektionsprozesses nach Körperkraft mit den Mitteln des Mischens und Kochens ausgleicht. Medizin ist hier der Inbegriff für die im Laufe der Zivilisierung fortschrittlich sich verbessernde technische Anpassung des Menschen an die Schwäche seiner Natur. Diese Fortschrittlichkeit durch Versuch und Irrtum ist ein wesentliches Argument dafür, daß die als Handwerk tradierte Medizin eine τέχνη sei. Technik umfaßt also Wissen von den Regeln für das Verhalten nebst einem Weg für die fortschreitende Verbesserung dieser Regeln selbst[133], d.h. für die Akkumulation und Korrektur des Wissens.

Diese Deutung der Existenz beruflicher Spezialisten ist in unserem Zusammenhang zunächst paradox: Wenn Medizin Ernährungslehre ist und jeder Mensch sich ernährt, ist nicht einzusehen, warum es dafür bezahlte berufliche Spezialisten geben sollte. Solchen sophistischen Überlegungen tritt der Autor entgegen mit dem Hinweis auf die geübte Praxis: Es gibt Ärzte als berufliche Spezialisten, also gibt es auch einen guten Grund dafür. Sein Argument verbindet die Zivilisationstheorie mit Aspekten pythagoreisch beeinflußter Askese: Wo es keine Medizin gibt, unterscheidet sich die Diät von Gesunden und Kranken nicht; die Kranken leben dann wie die gesunden πρὸς ἡδονήν, also für ihre unmittelbaren Bedürfnisse. Die Verdünnung der als Träger zu großer Kraft angesehenen Nahrung ist die primäre asketische Leistung des durch den Arzt beratenen Patienten zur Wiederherstellung der angegriffenen Gesundheit[134]. Was unterscheidet das Wissen des als Handwerker anerkannten Arztes (ὁ καλεύμενος ἰητρὸς καὶ ὁμολογουμένως χειροτέχνης) von normaler Ernährungslehre? Der Arzt hat es mit dem von den alltäglichen Üblichkeiten der Lebensführung verschiedenen Ausnahmefall der Krankheit zu tun, der besonderer Erfahrung bedarf[135]. Die Leistung des Spezialisten liegt nicht in der Applikation von Regelwissen auf die Einzelfälle der Krankheitsklassen, sondern in der Bewältigung von Ausnahmelagen; Präzision ist kein notwendiges Merkmal medizinischen Wissens, trotz seiner tatsächlichen Präzisierbarkeit. Exaktheit des Vorgehens (ἀκρίβεια) unterscheide alte von neuer Technik, nicht aber ungültige von gültiger; der Autor erwartet weiteren Fortschritt auch im Grad der Exaktheit der Medizin[136]. Präzision ist also eine erwünschte und im Verlauf der Technikentwicklung

133 Hippocr., *De prisc. med.* 3,1-5; 4.

134 Ebda. 4-6. Kranke litten an der Diät für Gesunde so wie Gesunde an der Nahrung von Tieren; der Autor sieht eine kontinuierliche Proportion: (Kranker:Gesunder) = (Gesunder:Tier); Krankheit ist demnach Zivilisationsphänomen; gegenüber natürlich-tierischer Lebensweise sind auch gesunde Menschen krank. Aufgrund des Überflusses an zivilisatorischen Gütern ist der Mensch ein Bedürfniswesen. Medizin und Diätetik haben die Aufgabe der Bestimmung des für den Kranken richtigen Maßes; dies lasse sich nicht durch die Angabe eines ἀριθμος oder σταθμός leisten; wichtig sei τοῦ σώματος ... αἴσθησις: Das Urteilsvermögen des guten Arztes wird in Wahrnehmungsbegriffen gedeutet. Für häufige Situationen gebe es Regeln, der gute Arzt beweise sich aber wie der Kapitän in Ausnahmesituationen. Maßstäbe seien Ordnung (τάξις) und praktische Nützlichkeit (συμφέρον) (9-10). Hier wird vom ärztlichen Wissen behauptet, es sei nicht durch eine Methode zu ersetzen, sondern bleibe gebunden an die in der Erfahrung erworbene Fähigkeit zum Bestehen von Ausnahmelagen, in denen sich nicht die Befolgung einer Regel, sondern die Erfahrenheit des Spezialisten bewährt.

135 ποικιλώτερον καὶ πλείονος πρηγματίης, ebda. 7. In der Folge beschreibt der Autor Extremformen menschlicher Reaktion auf die Diät als Unterschiede der Geschwindigkeit, mit der der jeweilige Organismus die stoffliche Verwertung der Nahrung leistet (10-12).

136 Fortschritt sei nicht Werk der τύχη, sondern zielgerichteter Forschung, 12. Dem Vertreter einer

erreichte Eigenschaft technischen Wissens, das es aber gundsätzlich mit der Bewältigung von durch die Nichtfachleute als Ausnahmen wahrgenommenen Lagen zu tun hat. Die Rolle des medizinischen Spezialisten besteht darin, die den Laien durch ihre Außergewöhnlichkeit und scheinbare Kontingenz verunsichernden Lagen auf Regelmäßigkeiten zurückführen und bewältigen zu können.

Der Autor besteht auf der Autarkie der medizinischen Ausbildung, deren Fundierung durch theoretische Anthropologie überflüssig sei; medizinisches Wissen müsse das Verhältnis des Menschen zu Speise und Trank umfassen. Die Skizze dieses Wissens macht deutlich, daß es zwar als allgemeine Lehrsätzen formuliert werden soll, doch handwerkliches Wissen bleibt: Die Lehre von den vier Säften dient der Erfassung des Einzelfalles; die individuellen Naturen seien verschieden, und so seien auch die krankhaften Reaktionen auf Nahrung je verschiedene[137]: Anstelle einer Berufsdidaktik, die mit postulierten Prinzipien ursächlich erklärt, besteht der Autor auf einer anschaulichen Mechanik, die dem Arztlehrling *gezeigt* bzw. die qua Analogie zu demonstrierbaren Vorgängen verstanden werden kann. Wesentliches Kriterium ist die Beobachtbarkeit des behaupteten Wirkungsmechanismus[138]. Der Autor gibt Kriterien dafür an, was als medizinisches Wissen gelten soll, und er bestimmt die angemessene berufliche Didaktik, die mit Anschauung, Nachahmung, Analogie und Vorstellungen von Maßverhältnissen arbeitet.

Um sein Vorstellung von der Fortschrittlichkeit der Medizin zu entwickeln und gegnerische Doktrinen bestreiten zu können, muß der Autor der Schrift bereits auf einen sich literarischen Schriftgebrauch in der Disziplin und ihrer geistigen Umgebung zurückgreifen können. Er kennt naturphilosophische Schriften, nennt Empedokles (20). Die Literarisierung der Medizin machte ihre Lehren vergleichbar und führte zur Entstehung von Schulen mit sich unterscheidender Dogmatik; Dogmen konnten aus der Literatur gesammelt, dargestellt und kritisiert werden. In der Darstellung und Kritik konkurrierender Geltungsansprüche medizinischer Dogmatiken ergab sich aus der Literarisierung der Disziplin eine philosophische Aufgabe, sobald die Medizinerausbildung neben handwerklicher Lehre und dem subliterarischen Nachschlagewerk systematische Formen der Darstellung entwickelte[139].

Theorie, die Grundqualitäten zum Prinzip ärztlichen Handelns erklärt, hält der Autor entgegen, daß er die diätetische Praxis nicht zulänglich beschreibe (13; 18-19) und die Diversitäten der Nahrungsmittel nicht erkenne: Der Autor bestreitet die Methodisierbarkeit der Diätetik durch Reduktion auf eine begrenzte Zahl von Grundqualitäten und behauptet, daß ärztliches Wissen sich im Einzelfall bewähre (14-17).

137 20; es gebe Ärzte und Sophisten, die forderten, in der Medizin die anthropologische Frage *τί ἐστιν ἄνθρωπος* zu beantworten; Anthropologie sei jedoch eine Frage *περὶ φύσιος* und Sache der *φιλοσοφίη* im Sinne des Empedokles, nicht der Medizin. Innerhalb der Medizin werde alles notwendige Wissen *περὶ φύσιος* vermittelt, allerdings ohne definitorische Exaktheit (*ἀκρίβεια*). Den Zusammenhang zwischen *δυνάμεις* der Körpersäfte und Körperkonfigurationen (*σχήματα*) stellt der Autor durch ein ein klassifikatorisches System her (21-22). Die physiologischen Wirkungszusammenhänge im Körper sollten sich die Medizinlehrlinge durch Analogien zu beobachtbaren Vorgängen vergegenwärtigen, nicht durch theoretische Postulate; wesentlich sind für die Humorallehre Fließ- unud Saugvorgänge (22). Ähnlich mit der Bedeutung des Einzelfalles argumentiert Diokles von Karystos im Methodenfragment, JAEGER (1938) 25-30. Gegenüber der Zuordnung des Diokles zum Peripatos und JAEGERS Chronologie ist man heute skeptisch, vgl. VON STADEN (1989) 44-47.

138 Hippocr., *De prisc. med.* 24: *εἴ τις δύναιτο ζητέων ἔξωθεν ἐπιτυγχάνειν, δύναιτ' ἂν πάντων ἐκλέγεσθαι αἰεὶ τὸ βέλτιστον· βέλτιστον δέ ἐστι τὸ προσωτάτω τοῦ ἀνεπιτηδείου ἀπέχον.*

139 Darstellung und Kritik medizinischer Lehrgebäude: Hippocr., *Coa praes.*; Menons Problemgeschichte der Medizin, JONES (1947), die Galen., *In Hippocr. De nat. homin. comm.* XV 25ff.K. mit Theophrasts

Der hippokratische Arzt ist Leser: Seine Zeit ist nicht nur durch steigenden Literaturgebrauch, sondern durch einen fachlich sich ausdifferenzierenden Gebrauch von der Literatur gekennzeichnet. Neben Nachschlagewerke, Rezeptsammlungen und Kräuterbücher tritt das einzelne Phänomene im komplexen Zusammenhang beschreibende und erklärende Buch, dessen Erklärung mit der anderer Bücher verglichen und beurteilt werden kann. Angemessener Literaturgebrauch wird zum medizinischen Ausbildungsziel, weil die medizinische Praxis des literarisch gebildeten Arztes bedarf[140]. Mit dieser Literarisierung verbunden ist eine Tendenz zur Systematisierung. In der Mitte des vierten Jahrhunderts bereits schrieb Mnesitheos medizinische Werke, die sich am platonischen Leitbild einer elementar aufgebauten, deduktiv vorgehenden Darstellung orientierten. Es haben sich nur Auszüge seiner Schriften bei späteren Autoren erhalten, die aber erkennen lassen, daß für ihn Literarisierung, Systematisierung und philosophische Durchdringung des medizinischen Wissens eines waren: Methodisch richtiges Vorgehen der Technik erfordere, daß es auf der Grundlage einer durchgebildeten Begrifflichkeit geschehe, die dihäretisch aufgebaut ist, also als System von sich auf je derselben begrifflichen Ebene ausschließenden Gegensätzen[141]; die Begriffe sollen durch Angabe von *genus proximum* und *differentia specifica* voneinander abgegrenzt, also wohldefiniert sein. Postuliert wird die Zergliederbarkeit des Wissens in elementare Bestandteile. Im medizinhistorischen Bewußtsein der Antike war Mnesitheos präsent als derjenige, der nach Hippokrates erstmals der Medizin ein methodisches Fundament gab, also die Medizin und ihr Wissen philosophischer Reflexion öffnete. Damit verbunden ist die Formulierung eines Kanons des Gesunden als eines Systems meßbarer Größen: Die Vorstellung einer natürlichen Symmetrie der Körperteile, der Möglichkeit, diese in ein festes Größenverhältnis zueinander zu setzen, wird zum Leitbild der Körpervorstellung[142].

Φυσικῶν δόξαι vergleicht, die also eine systematisierende Dogmen- und Problemgeschichte der Medizin war.

140 Hippokr., *Epid.* III 16 ≃ *De dieb. iudic.* 1: *Μέγα δὲ μέρος ἡγεῦμαι τῆς τέχνης εἶναι τὸ δύνασθαι κατασκοπέεσθαι περὶ τῶν γεγραμμένων ὀρθῶς. ᾿Ο γὰρ γνοὺς καὶ χρεόμενος τούτοισιν, οὐκ ἄν μοι δοκέῃ μέγα σφάλλεσθαι ἐν τῇ τέχνῃ.*

141 Vgl. Stephan. Athen., *Comment. in prior. Galeni libr. therap. ad Glauconem* 238-239: ... *ἀλλὰ πόθεν αὐτῷ ἡ διάγνωσις ἔσται; ἢ δηλονότι ἐκ τοῦ εὐμεθόδως τῇ τέχνῃ χρήσασθαι. τὸ δὲ εὐμεθόδως οὐδ' ἕτερόν ἐστιν ἢ κατὰ διαίρεσιν ὀρθὴν, ὥστε τὰ γένη λαβόντα καὶ τῶν οἰκείων διαφορῶν εἰς εἴδη τέμνοντα, οὕτως εἴς τι καταντᾷ ἄτομον, ὃ μηκέτι τομὴν ἐπιδέχεται. τοῦτο καὶ Μνησίθεος πεποίηκε... οὗτος πρώτως ἐπεχείρησε μεθ' ᾿Ιπποκράτην μεθόδῳ τὴν ἰατρικὴν συστήσασθαι, τοιαύτῃ διαιρέσει χρώμενος.* Anschließend illustriert der Exzerptor die Methode der Darstellung des Mnesitheos anhand seiner Definition der Tätigkeit des Arztes: Dieser erhalte die Gesundheit der Patienten durch Diätunterstützung, mittels einer der normalen Diät ähnlichen, homöopathischen, und er heile die Kranken mittels einer der Krankheit entgegenwirkenden, ihr unähnlichen, allopathischen, Diät. Zu Mnesitheos vgl. K.DEICHGRÄBER, RE XV 2,2281-2284 s.v. *Mnesitheos (3)*. Fr.: Mnesitheos ed. Berthier fr. 11. Galen über Mnesitheos' Methode der *Zerschneidung* der Begriffe nach platonischem Vorbild: Galen., *Ad Glaucon. de med. meth. libri ii* XI 3-4 = fr. 10 Bertier.

142 Symmetrische Repräsentation des Körpers in ganzzahligen Verhältnissen: vgl. Polyklets *Kanon*. Zu Polyklet ARIAS (1964); HILLER (1965); V.STEUBEN (1973); PHILIPP (1975); (1990); STEWART (1978); KAISER (1990); BERGER (1990); Deutung als anthropologische Schrift: SONNTAGBAUER (1995). Zeugnisse: Plat., *Prot.* 311c; Plin., *NH* XXXIV 55; Galen., *De temper.* I 9 p.566-567K.; *De plac. Hipp. et Plat.* V 3,15-18; Plut., *De profect. virt.* 17 p. 86A; Philon, *Belop.* 1 (49,20ff.). Mnesitheos: fr. 17 = Oribas., *Collect medic., libr. inc.* 8: *Κατανοῆσαι δεῖ τὰς συμμετρίας τῶν σωμάτων· διὰ γὰρ τούτων πρὸς ποῖα εὐφυῶς ἢ τοὐναντίον διακείμενοι τυγχάνομεν, εἰδέναι δυνατόν.* Weitere Zitate: 7; 32; 37; *Collect. medic.* II 67; IV 4; VIII 9; 38.

Während die Medizin in klassischer Zeit als erste Technik eine Spezialistenliteratur hervorbringt und dem Versuch unterworfen wird, die Absonderung ihres spezialistischen Wissens zu verhindern und in Auseinandersetzung mit Versuchen abstrakter Philosophisierung den Begriff ihres Tuns als den einer Technik schärft, beginnt sich die Militärtechnik erst zu einer technischen Disziplin mit literarischen Formen des Wissenstransfers zu entwikkeln. In geringerem Maße als die Medizin entwickeln sich die militärwissenschaftlichen Disziplinen Strategie, Taktik, Belagerungskunst und militärisches Maschinenwesen zu Disziplinen beruflicher Spezialisten: In klassischer Zeit blieb der Bürgersoldat Normgröße, und erst in spätklassischer und hellenistischer Zeit unterliegen die militärischen Disziplinen dem beruflichen Differenzierungsprozeß, der auch eine spezialisierte militärtechnische Literatur entstehen läßt. Vorher bildete die Militärwissenschaft keine mit der Medizin vergleichbare Gebrauchsliteratur heraus, konnte sich daher in geringerem Maße externer Kritik als Spezialdisziplin stellen und konstituiert sich erst später als die Medizin als τέχνη. Ihre früheste Literatur richtet sich an Bürgersoldaten und deren städtische Führung, nicht an militärtechnische Spezialisten: Während die Gesundheit als individuelles Bedürfnis besorgt wird, verbleibt das Militärische noch im Verband dessen, was im Rahmen der politischen Öffentlichkeit verhandelt wird.

Sowohl berufsmäßig praktizierte (Medizin) wie auch von Bürgersoldaten ausgeübte (Kriegswesen) Techniken bilden Literaturen heraus, die das Bewußtsein der Innovativität dieser Techniken erst entstehen lassen. Die Bedingungen, unter denen sich gemeinschaftsorierientierte Poliorketik und auf Probleme des Individuums gerichtete Medizin zu technischen Disziplinen entwickeln, sind verschiedene: Der persönliche Erfolg des medizinischen Spezialisten ist abhängig von Entscheidungen der Patienten, also Nichtspezialisten; militärische Rüstungen bilden Gegenstände politischer Entscheidungen; der Poliorketiker gibt Ratschläge zur effizienten Organisation des Gemeinwesens mit dem Zweck erfolgreichen Bestehens von Belagerungen; im Gegensatz zum Arzt kann sein Bemühen nicht darin zum Erfolg kommen, daß er persönlich mit der Lösung eines speziellen Problems betraut wird, sondern durch tätige Organisation des Handelns der Nichtspezialisten. Die Poliorketik ist insofern, im Gegensatz zur Medizin, noch keine Spezialistendisziplin. Mediziner dagegen bieten ihr Spezialwissen Nichtspezialisten an, die Autorität und Geltung der schulmäßigen Medizin nicht selbstverständlich anerkennen. Anders als der Poliorketiker sieht sich der Mediziner daher vor allem zur Sorge um seine Autorität genötigt. Entscheidungen über Vorgehen und Projekte treffen in beiden Fällen nicht nur bzw. nicht in erster Linie technische Spezialisten, sondern Nichttechniker, und eine wesentliche Aufgabe der entstehenden technischen Literatur ist, die für Entscheidungen über militärisches bzw. medizinisches Vorgehen nötige Kommunikation zwischen Laien und Experten sicherzustellen.

2.2.1.5. Musik und Unterhaltung

Während die Medizin eine Technik ist, die, außer im Fall der Kriegsmedizin, ein individuell empfundenes existentielles Bedürfnis befriedigt, unternimmt es die Kriegstechnik, ein kollektives existentielles Bedürfnis zu sichern. Nicht allein die zunehmend Spezialisten überantwortene Sicherung der Existenz provoziert die Herausbildung technischer Disziplinen und Lehrtraditionen, auch die Befriedigung von Bedürfnissen nach Kultivierung des Lebensvollzuges geschieht in zunehmend professioneller Weise, erlebt mit ihrer Professionalisierung einen Prozeß der Literarisierung und entfaltet und dokumentiert mit dieser das Bewußtsein eigener Fortschrittlichkeit. Die Musik bietet ein Beispiel für den Zusammenhang zwischen Professionalität und Neigung zu bewußter Innovativität: Timotheos verkündet Ende des fünften Jahrhunderts, er singe nicht die alten Lieder, seine neuen seien besser, und die neue Zeit brauche eine neue Muse[143]. Unterhaltungskunst kann, im Gegensatz zu existenzsichernden Techniken, auf das Neue qua Neues zielen, weil nicht unbedingt dem Überraschungsmoment übergeordnete Zwecke überwiegen. Langeweile durch Bekanntes zu vermeiden kann zum Selbstzweck werden, während um der Bewahrung der Existenz oder Freiheit Erprobtes zu praktizieren zweckmäßig sein kann. Insofern tendiert unterhaltende Kunst deutlich zur Invention, zu ständiger Entwicklung von Neuem. Virtuosen und Komponisten sind ökonomisch davon abhängig, durch neue Effekte Interesse zu wecken und zu wahren. Berufsmäßigkeit provoziert in Metiers, die nicht Grundbedürfnissen, sondern der Kultivierung dienen, Wandel; andererseits gibt es jenseits der Neuheit keinen Grund, Invention im einzelnen und Wandel in den Stilen als Fortschritt zu werten, wenn man von solchem Wandel absieht, der neue Darstellungs- Klang- oder Wirkungsmöglichkeiten erst eröffnet. Mit dem neuen mobilen Berufsmusiker streiten konservativer Amateur und theoretisierender Kritiker. Die Auseinandersetzung rankt sich weniger um die musikalichen Leistungen und Innovationen als um pädagogische Erwartungen, die an die Musik gelegt werden: Während unter der Voraussetzung, unterhaltende musikalische oder poetische Unterhaltung sei Zweck der Technik, jede Neuheit ein Wert ist, kann unter pädagogischen und wirkungsästhetischen, also ethischen Gesichtspunkten eine Innovation als Verschlechterung oder Verfall gedeutet werden. Professionalisierung und Spezialisierung geraten unter pädagogischen Aspekten ins Kreuzfeuer der Kritik: Aristophanes beschwört die Welt vor dem Aufkommen sophistischer Erziehung, Theorie und Reflexion; die Kinder gingen zum Kitharisten, der ihnen elementare Fertigkeiten, Benehmen und Geschmack nahebrachte. Diese Erziehung war praktisch, frei von kategorialer Reflexion und Theorie. Die Raffinessen der Professionals, Skordaturen und außergewöhnliche Tonarten, wurden nicht geübt[144]. Das Ziel war, die Schüler zur Teilhabe an Festen mit gemeinsamem Laiengesang und zu passendem Auftreten zu befähigen. Während der Zwang des Professionalismus zur Novität von den Bühnen auf die Zuschauer zurückwirkte, behielt die musikalische Erziehung ihre praktische Einfachheit und ihren dilettantischen Charakter; Aristoteles begründet deren Wert als Erziehung von Geschmack und Urteil[145] im Gegensatz zur Übung des Berufsvirtuosen. Pythagoreische Musiktheorie, sophistische Unterrichtspraxis und die Klassifizierung von Harmonien und Rhythmen nach ihrer Wirkung auf die Affekte, die Aristoteles zur Grundlage seiner Bestimmung ihres erzieherischen Wertes macht, gaben der Laienmusik eine pädagogische Begründung[146]. Die Theorie der Musik als Erziehungsmittel war, im Gegensatz

143 Timotheos fr. 20 (*οὐκ ἀειδω τὰ παλαιά, | καινὰ γὰρ ἀμὰ κρείσσω· | νέος ὁ Ζεὺς βασιλεύει, | τὸ πάλαι δ' ἦν Κρόνος ἄρχων· | ἀπίτω Μοῦσα παλαιά.*); fr. 15. Vgl. BARKER (1984) 93ff.: Professionalisierung und Virtuosität in der Musik des späten fünften Jahrhunderts.

144 Aristoph., *Nub.* 635-692; 961ff.; *Equ.* 985ff.

145 Arist., *Pol.* 1337b23ff.; 1338a9ff.; 1339a11-1342b34.

146 Gegen die pädagogische Musiktheorie wendet sich der anonyme Musiktraktat P.Hibeh I 13 1,1-2,15; der Harmonielehre wird vorgeworfen, ihre Vertreter beherrschten das Metier nicht; ihre Urteile fielen zufällig und unbegründet aus, weil sie ohne Berücksichtigung der Details musikalischer Praxis Musik gefällt würden und daher selbst theoretisch falsch seien. Bestimmten Tonarten und Rhythmen werde eine eindeutige Wirkung auf die Affekte zuschrieben, obwohl zwischen Affekten und musikalischen Reizen keine

zur fortschreitenden Technik der Berufsmusiker, konservativ: Der Musiktheoretiker Aristoxenos führt das Beispiel eines Thebaners an, der im Rahmen seiner Erziehung die musikalischen Fähigkeiten eines umfassend gebildeten Laien erworben habe, dann jedoch selbst die effektvollen und innovativen musikalischen Schaustücke von Timotheos und Philoxenos nachzuahmen suchte. Mit eigenen Kompositionen in deren neuem Stil sei er jedoch gescheitert. Für Aristoxenos belegt dieses Beispiel die erzieherische Wirksamkeit der alten Musik auch gegen den Willen des Einzelnen: Die gute alte Musik habe letztlich prägender gewirkt als die schlechte neue, sodaß es jenem Thebaner unmöglich gewesen sei, in der neuen selbständig zu sein. Ausdrücklich verlangt Aristoxenos von der Musikausbildung im Rahmen der Allgemeinbildung Orientierung am Alten, eine umfassende philosophische Bildung und reflektierte Kenntnis der Musiktheorie. Musikausbildung sei zunächst Habitualisierung und Übung. Auch für diese Laienausbildung wird ein Fortschritt postuliert und für möglich gehalten, nicht der musikalischen, sondern der didaktischen Raffinesse. Man lehrte die Laien beliebig und ohne System ausgewählte musikalische Praktiken oder Lieder; eine reflektierte Auswahl dessen, was der Laie zu lernen habe, bedürfe der Theorie von Tonarten und Tropen[147]. Theoretische Systematik begründet die Einheit der Allgemeinbildung dort, wo sie durch die Dynamik des Professionalismus gefährdet erscheint. Der Konservatismus der Theorie liegt somit in der Konsequenz der Fortschrittlichkeit der beruflichen Praxis, und ihr Versuch, Auswirkungen dieser Dynamik auf die allgemeine Bildung und Erziehung abzuwehren, belegt die destabilisierende Wirkung der Fortschritte der professionellen Techniken auf das politisch-erzieherische System. Reichtum und Feste zogen Spezialisten an, deren Konzentration zu einer neuen Dynamik der beruflichen Praxis führte. Dagegen suchte philosophische Theorie einen Damm zu errichten. Sie bringt damit nicht die Statik technischer Praxis zum Ausdruck als vielmehr den Wunsch, das Entgleiten der Kontrolle über diese zu verhindern, das als gefährliche Wirkung von Professionalisierung und dadurch bedingtem Wandel empfunden wurde. Der Prozeß der Professionalisierung der Medizin, fortgeschrittener als der der Musik, wurde in ähnlichem Maße begleitet von Versuchen, das dem allgemeinen Bewußtsein fremder werdende medizinische Wissen der Spezialisten an Formen der Allgemeinbildung zurückzubinden, gegen die sich die Mediziner zu verwahren suchten; im Falle der Militärtechnik dagegen erhielt dieser Prozeß der Professionalisierung erst in hellenistischer Zeit den Anstoß, der militärisches und allgemein bürgerliches Praxiswissen voneinander zu entfremden begannen.

2.2.1.6. Zusammenfassung

In frühklassischer und klassischer Zeit teilt der Literat nur unter besonderen Bedingungen praktische Maximen als besonderes Erfahrungswissen beruflicher Spezialisten mit. Wissensmitteilung ruft vielmehr dazu auf, eine Lebensform zu wählen bzw. zu erhalten, deren Beherrschbarkeit vorausgesetzt wird. Noch Xenophon, der die neue Situation lang dauernder

eindeutige Beziehung bestehe. Die musikalischen Fertigkeiten der Theoretiker seien im Elementaren schlechter als die der Berufsmusiker. Der theoretische Kritiker der Theorie nimmt den Standpunkt berufsmäßiger Musiker, Redner und Sophisten ein, um die Erziehungstheorie der Laienhaftigkeit zu zeihen.

147 Aristox. bei [Plut.], *De mus.* 31-32 (1142B-F).

Kriege mit Söldnern aus einer neuen Perspektive beschreiben konnte, vermittelte die in dieser Lage nötigen praktischen Kenntnisse nicht einer Leserschicht von Berufskriegern, sondern den bürgerlichen Führungsschichten der Poleis. Umfassende Breite eines Politik und Kriegswesen umspannenden Lebensvollzuges blieb Norm für diese auch in der Zeit beginnender militärischer Professionalisierung, und Xenophon präsentiert seine militärische Spezialkompetenz literarisch als Versuch der Erweiterung bürgerlicher militärischer Orientierungen, nicht dagegen mit dem Ziel einer Ausdifferenzierung und Spezialisierung militärischen Wissens. Vom Problem der Einordnung des entstehenden Spezialwissens in die Bildung des Normalbürgers hatte sokratisches Philosophieren seinen Ausgang genommen. Es herrschte ein Spezialisierungsdruck, den in die sophistischen Lehrer mit ihren theoretischen Unterweisungen verkörpern, und dessen Desintegrationsgefahren die sokratische Philosophie durch die Bestimmung der den Einzelbetätigungen eignenden Rationalität zu bewältigen sucht.

Diese Versuche einer Umgrenzung dessen, welches technische Wissen Teil einer bürgerlichen Allgemeinbildung zu sein hat, geschehen unter dem Eindruck zunehmender Spezialisierung und Differenzierung beruflicher Tätigkeiten und des bürgerlichen Lebensvollzuges selbst, als dessen Teil Kriegswesen, Landwirschaft und die Kunst wirkungsvollen Auftretens eigens gelernt werden müssen. Erfahrungen, die bislang selbstverständlich erworben wurden, reichen nicht mehr hin und werden um literarisch vermittelte und theoretisch reflektierte Fremderfahrungen ergänzt. Das Handwerk wird so zum Modell für Bildung, wie Krieg und Politik, Betätigungen des Bürgers, zu Handwerkszweigen werden. Die technische Literatur für Bürger der klassischen Zeit darüber versucht nicht, berufliches Spezialwissen zu vermitteln; sie ist Literatur für Laien, ggf. auch von Laien, und bietet nur im metaphorischen Sinne eine handwerkliche Lehre. Militärwissenschaft, Land- und Hauswirtschaft werden nicht als Spezialistentechniken betrieben; einen kontinuierlichen Fortschritt beanspruchen diese noch nicht. Das Handwerk im engeren Sinne wird nicht literaturfähig, weil sich an seiner Familiengebundenheit nichts ändert, während die quasi-technische Literatur über Landwirtschaft, Krieg, Jagd und Pferde die gefährdete Einheit bürgerlichen Lebensvollzuges literarisch zu erhalten sucht. Sie ist nicht Ausdruck oder Mittel beruflicher Spezialisierung.

Die Medizin an der Schwelle vom 5. zum 4. Jahrhundert charakterisiert ein gemeinsames Wissen, das Ärzte wie Laien umgreift: Regeln der Lebensführung, Ernährung, usw.; hier besteht eine, wenn auch gegenüber den Spezialisten beschränkte, Urteilsfähigkeit auch der Laien. Es differenziert sich jedoch eine Spezialliteratur und ein Spezialwissen medizinischer Fachleute heraus. Deren Wissen wird verstanden als gerichtet auf die Bewältigung je einzelner Lagen, das aus der Perspektive der Patienten Ausnahmen behandelt und ein den Laien unmögliches Maß an Einsicht in die regelmäßigen Ursachen der Erkrankungen auszeichnet. Der wissenschaftliche Literaturgebrauch differenziert sich: Neben das allgemein orientierende Werk treten das Lehrbuch für den Anfänger und die Spezialmonographie. Im Vergleich zur entstehenden militärischen Fachliteratur ist die mediziniische zwar professioneller, doch prägt ein Merkmal beide Literaturen: Weil über Einsatz, Anwendung und Realisierung technischer Methoden und Projekte nicht der kleine Kreis von Spezialisten allein entscheidet, sondern wesentlich Laien, liegt in der Sicherstellung ihrer Urteilsfähigkeit und im Einfluß auf ihr Urteil ein Zweck der entstehenden Fachliteratur, die von Anbeginn nicht nur Literatur beruflicher Spezialisten ist. Die Musik in klassischer Zeit zeigt die Dynamik der Professionalisierung und zugleich die Entfremdung eines der Spezialisierung und Professionalisierung unterliegenden Kulturbereiches von der Allgemeinbildung. Dieser

Prozeß erschüttert in der Medizin der klassischen Zeit nicht die Legitimität des Spezialisten; vielmehr widersetzen sich die medizinischen Spezialisten einer Integration ihres Faches als theoretische Disziplin in die rhetorisch geprägte Bildung.

2.2.2. Hellenismus

2.2.2.1. Herrscher und technischer Spezialist

Die hellenistischen Monarchien entwickelten einen besonderen Bedarf an den Kompetenzen von Belagerungstechnikern und Mechanikern. Die Entscheidungsinstanzen und Eliten, an welche sich der hellenistische Techniker richten mußte, waren andere als die Fachöffentlichkeit der medizinischen Literatur in klassischer Zeit oder die städtischen Eliten, an die sich militärische und landwirtschaftliche Schriften richteten: Über Pläne und Erfolg des militärischen Technikers entschieden in den hellenistischen Monarchien Könige und ihre Funktionäre; mit diesen hatte er Kontakt zu halten. Neben der Darstellung einer Disziplin zur Ausbildung künftiger Spezialisten bestimmt die Selbstdarstellung des Spezialisten und seines Faches für Herrscher und Berater den technischen Diskurs der hellenistischen Zeit in militärischen Angelegenheiten und Fragen der Wirtschaftsverwaltung. Die Situation, in der sich der Spezialist dem Herrscher gegenüber sieht, verdeutlicht ein ägyptischer Brief aus dem 3. vorchristlichen Jahrhundert[148]. Darin wendet sich der Kleruche Philotas an die königliche Verwaltung: Da Wassermangel herrsche, wolle er dem Herrscher eine Apparatur zur Kenntnis bringen (*βουλομαί σοι βασιλεῦ μηχανὴν προσαγγεῖλαι*), die ohne finanzielle Risiken das Land retten werde. Der Schreiber bittet, ihm auf die Eingabe hin für 30 Tage Mittel für eine Reise zum König zu gewähren. Der Kleruche, der seine Lösung in dem Brief noch nicht mitteilt, sieht sich bei der Realisierung ganz von des Königs Entscheidung abhängig, und an ihn richtet er daher sein Projekt.

2.2.2.2. Militärtechnik und Mechanik

Analog stellt sich das Verhältnis zwischen Biton und dem Adressaten seiner Schrift über Kriegsmaschinen, Attalos I., dar; Biton hatte allerdings wohl bereits den königlichen Auftrag zur Beschreibung einer Steinschleuder erhalten, schloß in sein Werk aber auch andere Kriegsmaschinen ein. Zweck seiner Bauanleitungen (*μέϑοδοι*) ist der Seriennachbau der beschriebenen Maschinen für den Herrscher zu defensiven Zwecken. Der Techniker liefert dem Herrscher Hinweise, Zeichnungen und Bauplänen, damit er durch Militärhandwerker die Geräte bauen lassen kann; der Spezialist wirkt beim Bau der von ihm projektierten bzw. nur mitgeteilten Konstruktionen nicht unbedingt mit. Um den Serienbau nach seinen Mustern zu ermöglichen, muß er daher Kriterien für die Beurteilung der Serienbauten mitteilen: Absolutmaße und relative Maßverhältnisse seien einzuhalten; das Material habe so gewählt zu

148 SB VI 9302 ≈ P.Edfou III 8 (Edfou).

werden, daß es härtesten Beanspruchungen standhalte[149]. Alle Bauanleitungen werden aus einer bereits vorhandenen literarischen Überlieferung geschöpft und mitgeteilt unter Angabe ihre Konstrukteure: Der Spezialist teilt dem Herrscher nicht bzw. nicht nur eigene Muster mit, sondern auch von anderen beschriebene oder realisierte[150]. Im Anschluß an die Beschreibung der sechs Geräte spezifiziert Biton seine Vorstellungen von einer Verwirklichung der Konstruktionen: Zweck sei nicht der direkte Nachbau der Geräte, sondern die Anregung zum Bau ähnlicher Konstruktionen. Zwischen den mitgeteilten Größen und denjenigen der zu bauenden Geräte soll nicht Identität, sondern Verhältnisgleichheit bestehen, also Ähnlichkeit. Wesentlich sei die Bewahrung der Proportionen[151]. Der Spezialist hat die Aufgabe, aus der Fachliteratur zur Poliorketik als einem Repositorium möglicher Konstruktionen solche zusammenzustellen, die eine Vielzahl von Anwendungsfällen abdecken. Der Adressat, Attalos, entscheidet darüber, was zu tun und zu bauen sei, nicht der Techniker. Der Techniker kommuniziert mit dem Entscheidungsträger schriftlich, um ihm Optionen für Kriegsplanungen mitzuteilen. Er fungiert als Berater, nicht Funktionär oder Beauftragter des Herrschers; zu seinen Aufgaben gehören Kenntnis und Erschließung einer bestehenden literarischen Fachtraditon. Praktische Ausführung und literarisch vermittelte Planung der Kriegsmaschinen treten auseinander: Während der Sachverständige eine verstreut vorliegende Tradition von Lösungsmöglichkeiten systematisch erschließt, bleibt es die Aufgabe vom Herrscher beauftragter Handwerker, diese oder ähnliche zu realisieren, wenn der Monarch und seine Funktionäre sich entsprechend entscheiden.

Ein anderes Anliegen als Biton verfolgten die systematischen Lehrschriften Philons von Byzanz. Der Form nach Lehrbriefe, an einen gewissen Ariston, umfassen sie das gesamte Gebiet von Mechanik und Kriegstechnik[152], sind also weniger zu direkter Praxisanleitung als zur systematischen Einführung und Lehre für Anfänger gedacht. Dementsprechend

149 *Λιθοβόλου ὀργάνου κατασκευὴν ἐπιβέβλημαι γράψαι, ὦ Ἄτταλε βασιλεῦ, καὶ μὴ σκώψῃς εἴ τινα ἑτέραν αὐτοῦ εἰς ὑπόθεσιν πίπτοντα τυγχάνει ὄργανα* (66-68 Marsden). In dem Adressaten der Schrift sah DRACHMANN (1963) 11 Attalos II. oder III. aufgrund der Identifikation von bei Biton erwähnten Konstrukteuren (Damis von Kolophon = Damios, Nauarch des Eumenes II, Liv. XLIV 28,4-5; Isidorus von Abydos = Isidorus, Nauarch unter Antiochos III., Liv. XXXVI 20,5; 33,7). Diese Identifikationen und Konjekturen unsicher. Daher kehrt MARSDEN (1971) 78 zu der Auffassung zurück, das Werk richte sich an Attalos I. (241-197 v.Chr.).

150 (1) Steinschleuder des Charon von Magnesia (66-68 Marsden); Aufforderung, die Größenangaben anhand einer Dimensionierungsliste zu überprüfen: Die vom Konstrukteur hinterlassenen Angaben werden trotz Reserve überliefert, der Architekt entnimmt die Konstruktionen einer fachliterarischen Tradition, deren Inhalt im Zeitverlauf verfälscht werden kann. (2) Steinschleuder von Isidor von Abydos (68 Marsden): (*εἶχε δὲ καταβολὴν τῆς ἀρχιτεκτονίας τοιαύτην*); das Produkt der Disziplin ist ein architektonisches. (3) Helepolis des Makedonen Poseidonios für Alexander den Großen (70-72 Marsden). (4) Sambuca des Damis von Kolophon (72-74 Marsden). (5) Pfeilgeschütz des Zopyros von Tarent (74-76 Marsden) und (6) dessen transportabler Gastraphetes (76 Marsden). Diels hat den Tarentiner mit einem Pythagoreer identifiziert und die These vertreten, die Pythagoreer hätten erstmals Mechanik als angewandte Mathematik in ihren Ausbildungsgang eingefügt, vgl. DIELS ([2]1920) 22f; MARSDEN (1971) 75 m. Anm. 52.

151 *Ὅσα μὲν οὖν μάλιστα ἐνομιζομέν σοι ἁρμόζειν ἀνεγράψαμεν. πεπείσμεθα γὰρ ὅτι σὺ διὰ τούτων τὰ ὁμοειδῆ ἐξευρήσεις. μὴ παραταραχθῇς δὲ ὅτι ἱστάμενοις μέτροις κεχρήμεθα, μήποτε καὶ σὲ δεήσῃ τοῖς αὐτοῖς μέτροις κεχρῆσθαι. ἐάν δὲ γὰρ βούλῃ μείζονα κατασκευάζειν, ἐπιτέλει, ἐάν τε ἐλάσσονα· μόνον πειρῶ τὴν ἀναλογίαν φυλάττειν* (76 Marsden).

152 *Μηχανικὴ σύνταξις*: Einleitung, je ein Buch über Hebel, Hafenbau, Kriegsmaschinenbau und wohl Pneumatik, ein Buch über Automatenbau, Städteverteidigung, Belagerungstechnik und Kriegslisten.

richtet sich das Werk des indirekten, kaum persönlichen, Ktesibiosschülers wohl aus dem ausgehenden dritten Jahrhundert, anders als das etwas ältere Bitons, nicht an politisch-militärische Entscheidungsträger. Der Abschnitt über Städteverteidigung formuliert die Anweisungen abstrakt, ohne Bezug auf einen konkreten Adressaten, spricht also, wie Aineias Taktikos, alle möglichen Bewohner befestigter Siedlungen an[153]. Regeln der Belagerungsabwehr richten sich an ein Kollektiv, weil über Maßnahmen zur Abwehr einer Belagerung die bedrohte Gemeinschaft entscheidet. Bei diesen Adressaten setzt der Autor Bekanntschaft mit elementaren geometrischen Operationen voraus[154]. Vermittelt wird Wissen mit Geltungsanspruch für zukünftige Fälle, gewonnen aus gegenwärtiger und vergangener Erfahrung[155]: Die Adressaten sollen durch die Lektüre Urteilsfähigkeit erwerben, nicht die Befähigung zur tatsächlichen Konstruktion der Gebäude, denn Einzelheiten der Bauplanung und -ausführung werden nur ausnahmsweise erläutert. Statt dessen gibt der Autor Alternativen an und Gesichtspunkte für die Beurteilung der Verteidigungsplanungen (Ökonomieprinzip; Regel, eher in die Dicke der Mauern als die Höhe der Türme zu investieren). Die Beschreibungen schildern übliche Bauweisen oder besondere Beispiele, auch ältere und abgelegene Vorgehensweisen[156], um einen Rahmen verschiedener Möglichkeiten abzustecken. Dabei werden ältere Praktiken nicht einer Kritik ihrer Zweckmäßigkeit für gegenwärtige Lagen unterzogen: Die Absicht der Schrift Philons ist eine einführende; ältere Techniken können in didaktischem Zusammenhang den Vorteil prinzipieller Klarheit beanspruchen. Nicht direkte Anleitung, sondern Vermittlung von Verständnis und Orientierungswissen ist Philons Ziel. Der Antiquiertheit und Obsoletheit mancher der von ihm beschriebenen Praktiken ist er sich bewußt.

Zu den Üblichkeiten der Abwehr einer Belagerung gehört eine zweckmäßige Vorratswirtschaft und die Anwendung von Konservierungstechniken für Lebensmittel und Medikamente; Adressaten der Überlegungen dazu sind Stadtbewohner[157], während der Adressat der

153 Philon, *Poliorc.* A 1-2 (79 Th): *Πρῶτον μὲν δεῖ τοὺς οἰκοδομοῦντας πύργους ὀρύξαντας... δεύτερον δὲ τοὺς πύργους οἰκοδομεῖν κατὰ τοὺς ἁρμόττοντας τόπους...*

154 Mauertürme erschienen von der Außenseite her rund (als Vollzylinder), von der Innenseite her als Halbzylinder, A 2 (79 Th).

155 *'Αρμόσει δέ πως τοὺς περιφερεῖς καὶ τοὺς τετραγώνους ὥσπερ νῦν οἰκοδομοῦνται τίθεσθαι· Es wird irgendwie passen, sowohl runde Türme die als auch rechteckige zu machen, wie man sie heute baut*, A 5 (79 Th).

156 A 17-38 (80-82 Th). *Καὶ κάτωθεν τῶν τειχῶν καὶ τῶν προτειχισμάτων ὡς μεγίστοις καὶ πλείστοις βέλεσιν αἱ βελοστάσεις κατασκοιάζονται*, 23 (82 Th). Andere das Fortifikationssysteme: *'Ετέρα δέ τίς ἐστιν πυργοποιία ταύτης οὐθὲν χείρων ἐκ τῶν ἡμικυκλίων συνισταμένη, ὡς τὰ κοῖλα πρὸς τοὺς πολεμίους φαίνεσθαι*, A 39 (82 Th); Fortifikationssystem des Polyeidos von Megalopolis, A 44 (83 Th); einfacheres System: *Εὐχερεστάτη δέ ἐστι τειχοποιία καὶ ἀσφάλειαν ἱκανὴν ἔχουσα, ἐν ᾗ τὰ μεταπύργια λοξὰ οἰκοδομεῖται*, A 55 (83 Th). Ältere Praktiken als Anregung zitiert, ohne Kritik ihrer Effektivität: *ἐν δὲ ταῖς ἀρχαίαις τειχοποιίαις δεῖ τοὺς πύργους προεκτιθέναι κατὰ μίαν γωνίαν, τὰ δὲ μεσοπύργια οἰκοδομεῖν καθάπερ ἐν 'Ρόδῳ κατεσκεύασται*, A 59 (84 Th).

157 B 1ff. (86ff. Th). Die Regeln richten sich an eine generellen Adressaten; es werden verschiedene Vorgehensalternativen mitgeteilt, B 10 (87 Th). Grundsatz: *Τίθεσθαι δὲ προσήκει μὴ ἔλαττον εἰς ἐνιαυτὸν τὸν σῖτον τὴν πόλιν· ἀγοράζειν δὲ δεῖ ὅταν εὐωνότατος ᾖ καὶ διελθόντος τοῦ χρόνου τὸν μὲν παλαιὸν ἀναλίσκειν, νέον δὲ ἄλλον τίθεσθαι πρὸς τὰς γινομένας πολιορκίας καὶ τὰς συμβαινούσας σιτοδείας.* Vorbereitung und Prüfung der Maßnahmen in Friedenszeiten, B 50 (90 Th). Wie bei Aineias Taktikos spielt die Vorsorge gegen Verrat eine wesentliche Rolle, vgl. C 34 (93 Th).

entgegengesetzten Regeln für den erfolgreichen Angriff auf eine Stadt ganz abstrakt bleibt[158]. Während Biton die technische Anleitung generalisiert, indem er verschiedene Lösungen der Vergangenheit zu analoger Übertragung auf künftige Situationen durch Attalos aufbereitet, ist der Generalisierungsgrad der mechanischen Lehrsätze Philons höher: Philon richtet sich an jeden möglichen Belagerer oder Verteidiger, ähnlich Aineias. Er arbeitet, anders als noch Aineias, bereits auf der Basis einer literarischen Fachtradition, und ist sich des Wandels bewußt, dem das Kriegswesen seiner Gegenwart unterworfen war. Dieser Wandel bewirkte Orientierungsbedürfnisse der militärisch-technischen Praxis, die der Autor befriedigt. Ohne das Phänomen sich wandelnder Verteidigungs- und Angriffspraktiken, auf die Philon wiederholt verweist, wären diese Orientierungsbedürfnisse so wenig hervorgebrochen wie der Versuch, sie literarisch zu befriedigen. In der Literatur bleibt älteres, praktisch möglicherweise obsolet gewordenes und durch neue Methoden überwundenes Wissen präsent; angesichts beschleunigten Wandels garantiert das Wissen um ältere Praktiken die Einsicht in Prinzipien und Grundsätze der Technik und liefert Handlungsalternativen, garantiert also Souveränität gegenüber dem technischen Wandel.

Einen besonderen Orientierungs- und Wissensbedarf der politisch-militärischen Elite als Motiv für Philons literarische Arbeit bezeugen auch die anderen Teile seiner *μηχανικὴ σύνταξις*. Die Schrift über den Kriegsmaschinenbau ordnet sich ausdrücklich in eine systematische Disposition ein[159]. Zwei Momente erfordern nach Auffassung des Autors erst die literarische Arbeit des technischen Spezialisten: Es existiert eine Fachliteratur zum Thema, deren Aussagen jedoch widersprüchlich sind und nicht unmittelbar die Praxis leiten können; es ist eine zeitliche Entwicklung der Disziplin zu beobachten mit dem Ergebnis, daß die Aussagen jüngerer Autoren die der älteren entwerten, und die Aufgabe des Fachliteraten ist es, gültige von ungültigen zu scheiden, also eine Kritik des Inhalts der Überlieferung zu leisten. Der erreichte Komplexitätsgrad der Disziplin stellt die meisten, also Laien, vor Verständnis- und Beurteilungsprobleme; der Nachbau von Geschützmustern gelingt oft nicht mit kalkulierbarem Ergebnis, die Unterschiede der einzelner Geschütze bleiben kontingent und unerklärt[160]. Der technische Spezialist als Literat übernimmt also die Aufgabe einer kritischen Durchmusterung der Literatur daraufhin, was als Anleitung der Praxis geeignet ist, und die Vermittlung der Kenntnisse, die zur Reproduktion der Musterkonstruktionen notwendig sind. Er führt auch hier die Produktion der Geschütze nicht selbst durch; diese liegt in der Hand der Adressaten der Schriften, deren Fachkunde dann ausreichend ist, wenn sie die Muster kennen und mit kalkulierbarem Ergebnis reproduzieren können, also deren maßstäblicher Serienfertigung einleiten[161] und die Geräte anwenden können. Daher ist für Philon die primäre mathematische Methode, derer sich die Mechanik bedient, die Auflösung

158 D 1-2 (96 Th): Πρὸς *μὲν οὖν πολιορκίαν οὕτω δεῖ παρασκευάζεσθαι. Τὸν μέλλοντα λήψεσθαι τὰς πόλεις, ἐὰν προέληται, δεῖ μάλιστα μὲν ἑορτῆς οὔσης ἣν ἄγουσιν ἔξω τῶν πυλῶν, εἰ δὲ μή, ἀμητοῦ* <*ἢ*> *τρυγητοῦ ὄντος τὴν ἐπίθεσιν ποιεῖσθαι.*

159 Philon, *Belop.*, Überleitungs- und Anschlußformel, 1 (49): *νῦν δὲ καδήκει λέγειν, καθότι τὴν ἐξ ἀρχῆς διάταξιν ἐποιησάμεθα πρὸς σέ, περὶ τῶν βελοποιικῶν.*

160 Philon, *Belop.* 1-2 (49-50): *ὅτι μὲν οὖν συμβαίνει δυσθεώρητόν τι τοῖς πολλοῖς καὶ ἀτέκμαρτον ἔχειν τὴν τέχνημ ὑπολαμβάνω μὴ ἀγνοεῖν σε· πολλοὶ γοῦν ἐνστησάμενοι κατασκευὴν ὀργάνων ἰσομεγεθῶν καὶ χρησάμενοι τῇ τε αὐτῇ συντάξει καὶ ξύλοις ὁμοίοις καὶ σιδήῳ τῷ ἴσῳ οὐδὲ τὸν σταθμὸν αὐτὸν μεταβάλλοντες, τὰ μὲν μακροβαλοῦντα καὶ εὔτονα ταῖς πληγαῖς ἐποίησαν, τὰ δὲ καθυστεροῦντα τῶν εἰρημένων· καὶ ἐρωτητέντες, διὰ τί τοῦτο συνέβη, τὴν αἰτίαν οὐκ εἶχον εἰπεῖν·*

161 2-3 (50).

von Verhältnisgleichungen[162]. Der Fachmann öffnet mechanischen Laien ein ihnen zunächst verschlossenes Wissensgebiet mit literarischen Mitteln: Außer der Einführung künftiger Techniker in Gegenstände und Methoden des Gerätebaus geht es Philon um die Befriedigung der Wissenns- und Orientierungsbedürfnisse von Laien. Literarisierung macht die Kenntnisse des Gerätebaus transportabel und mobil. De Orientierungsbedürfisse der neuen Führungsschichten des Hellenismus erfordern diese Transportabilität kriegstechnischer Lehren. Die Literarisierung der Kriegstechnik durch Philon ist zugleich ihre Popularisierung für diese Führungsschichten.

Neben literarischer Kenntnis zeichnet den Spezialisten vor dem Laien seine persönliche Anschauung und Erfahrung aus: Philon will Kontakt zu den Mechanikern in Rhodos und Alexandria gehabt haben. Mit Literaturkenntnis, Kontakten und persönlicher Erfahrung begründet er den Anspruch auf Kenntnis und Verständnis der Konstrutionen[163] und macht Erfahrungen als Konstrukteur und Entwickler geltend. Für die mitgeteilten Konstruktionen beansprucht er deren Erprobtheit[164]: Philon beansprucht, als Praktiker, nicht allein als Theoretiker zu schreiben, macht aber als technischer Literat gegenüber verbreiteten Formen des Vorgehens auch kritische Einwendungen, distanziert sich also auch von der technischen Praxis. Die Kriegführung der hellenistischen Zeit war angewiesen auf das Funktionieren der Kriegsmechanik, Kenntnisse darin daher essentiell zum Bewältigen der militärischer Lagen. Die Leistung des literarisch tätigen technischen Spezialisten liegt nicht allein in einer der kritischen Sichtung der Überlieferung und der Vermittlung von Urteilsfähigkeit, sondern zugleich auch in der Bereicherung dieser Überlieferung durch neue Konstruktionen, die als Verbesserungen der Muster für maßstäblichen Nachbau selbst Eingang in die literarische Tradition finden sollen. Über ein von ihm erfundenes Geschütz mit durch Keile anstelle von Drehvorrichtungen gespannten Federbündeln schreibt Philon, seine Bauweise sei besser als die ältere[165]. Philon beansprucht, ein mit der grundsätzlichen Erfindung der Prinzipien der Torsionsartillerie gleichartiges Erneuern des Geschützbaus geleistet zu haben. Dabei setzt er voraus, daß ein Prozeß der Innovation die Geschützbautechnik so grundsätzlich bestimme, daß allein die Tatsache, daß bestimmte Methoden über längere Zeit konstant verwendet werden, ihm Anlaß zur Kritik gibt: Die bisherigen Artilleriekonstrukteure hätten lange Zeit

162 1 (49); 3 (50). Die Auffindung der Verhältnisgleichungen selbst durch kontinuierlichen Versuch und Irrtum, die erst die Elementargröße (den Durchmesser des Federkerns) und die daraus abgeleiteten Größen etablierte, ist für Philon nicht das Resultat der Anwendung der mechanischen Methode.

163 5 (51). Philon behauptet, Beobachter der Arbeiten des Ktesibios hätten ihm mitgeteilt, daß Ktesibios auch mit mehreren hintereinander geschalteten Metallfederpaaren experimentiert habe 49 (73). Wie im Falle der Schrift über Belagerungstechnik werden verschiedene Methoden beschrieben, so für die geometrische Konstruktion der die Torsionsfeder aufnehmenden Bauteile, 8-9 (52-53). Serienfertigung und Methoden der maßstäblichen Übertragung: 13-14 (55-56). Philon beansprucht mehrfach, Fachmann zu sein; er entlarvt literarische Vorgänger als scheinkompetent. *Lib. de ing. spir.* 124f. (V) polemisiert gegen Autoren, die behaupteten, Wasser ließe sich nur mittels Schöpfeimern oder Tierkraft, und nicht auch mittels des Hebers, heben; viele, die von Wasserhebung nichts verstanden, hätten Bücher über das Thema geschrieben und die Leser getäuscht.

164 Über eine wahrscheinlich nur experimentelle Konstruktion des Ktesibios, ein Geschütz mit Metallfedern, schreibt Philon: *οὐ μόνον ξένην ἔχον διάθεσιν, ἀλλὰ καὶ ἐν τοῖς κατὰ τὴν χρείαν δυνάμενον εὐδοκιμεῖν*, 14 (56). Unvollkommenheiten und Fehler der üblichen Praxis ein, vgl. 16-18 (56-58).

165 *καὶ διὰ τοῦ σφηνὸς ἐντεινόμενον ὀξυβελὲς ὄργανον ... τὸ εὑρημένον μὲν ὑφ' ἡμῶν, κρεῖσσον δὲ δοκοῦν τῶν ὑπαρχόντων πρότερον*, 14 (56).

die Konstruktion der Spannbuchsen beibehalten[166], obwohl sie mit Nachteilen verbunden gewesen sei. Die eigene Konstruktion, die durch Keile die Federbündel spannt, soll die Nachteile (geringere Haltbarkeit und kompliziertes Nachspannen) vermeiden. Philon behauptet Erprobtheit und Überlegenheit seiner Konstruktion, obwohl sie, wenn überhaupt, dann nur in geringen Stückzahlen gebaut worden sein dürfte: Funde antiker Katapulte belegen, daß diese die von Philon kritisierte Bauweise mit Spannbuchsen besaßen[167]; die Spannbuchsen machten in hellenistischer und römischer Zeit eine gut belegte Entwicklung durch, die zeigt, daß das Spannbuchsengeschütz, nicht der Keilspanner, das produktive und erprobte Baumuster war. Bei Philons Konstruktion handelt es sich also um eine nur als Möglichkeit vorgeschlagene. Dennoch setzt er voraus, daß die Anregung von Innovationen in der Praxis die Autorität des technischer Schriftstellers erhöht. Der innovativen Anspruch, den Philon erhebt, steht im Zusammenhang mit seiner Vorstellung von der Funktion des technischer Schriftstellers: Er habe mit seinem Keilspanngeschütz als erster die gewohnte *μέθοδος* verlassen, eine ingeniöse Leistung vollbracht, und er habe das, was er erdachte, weiter überliefert. Sein Werk ist der Ort, wo seine Entwicklungen anwesend sind; ihr Nutzen entfaltet sich dadurch, daß sie Teil der technischen Tradition werden. Den höheren Wert der eigenen gegenüber älteren Konstruktionen sieht der Autor durch seine theoretischen Überlegungen über die Vorteile der eigenen Konstruktion gerechtfertigt (*πεποιημένος οὖν τὸν ἀπολογισμόν*, ebda.). Der mechanische Spezialist im Sinne Philons vermittelt reproduzierbare Baumuster an einen Kreis von Interessierten und vermehrt sie um neue, wirklich oder angeblich bessere Konstruktionen.

Philon vermittelt ein System der Architektur und Mechanik, in das er die einzelnen mechanischen Gegenstandsbereiche einordnet[168], an Anfänger und Laien; aufgrund der Wichtigkeit der Militärtechnologie darf er mit dem Interesse der Laien für die Disziplin rechnen. Das Auseinandertreten von Fachleuten und Laien kennzeichnet Philons Schrift über die Pneumatik deutlich: Diese Technik unternimmt sowohl die Klärung der grundsätzlichen Frage der Existenz des leeren Raumes, sondern auch den Bau von Wunderapparaten zur Überraschung Uneingeweihter[169]. Sie entfaltet ihre Wirkung daher nur, sofern ihre Wir-

166 18ff. (58ff.), bes. 19: *πλὴν πολλῶν σφόδρα ἐτῶν διεληλυθότων, ἀφ' οὗ τὴν σύνταξιν εὑρῆσθαι τήνδε συμβαίνει, καὶ πολλῶν γεγονότων, ὥσπερ εἰκός, καὶ μηχανικῶν καὶ βελοποιῶν, μηθένα τετολμηκέναι παρεκβῆναι τὴν ὑποκειμένην μέθοδον.*

167 BAATZ (1994) 148-164; 173-176; 179-182; 186-191; 199-201; 207-265; 269-283.

168 Die Abgrenzung der Mechanik von der Physik behandelt Philon bei der Besprechung von Ktesibios' Luftdruckgeschütz; dieses sei mechanischen wie physikalischen Charakters (*μηχανικὴν ... πάνυ καὶ φυσικὴν εἶχε διάθεσιν*). Philon geht von einer Trennung der theoretischen bzw. praktischen Disziplinen aus, schreibt Ktesibios jedoch die Fähigkeit zu, die mechanische Nutzbarkeit der pneumatisch-physikalischen Experimente und Erkenntnisse über den leeren Raum zu realisieren 60 (77f.). Abgrenzung und Beziehungen zwischen Automatenbau und Pneumatik: Philon, *De ingeniis spiritualibus*, 122-124 (II-IV).

169 Philon, *De ing. spir.* Als Wundergeräte bezeichnet werden die Geräte 16, 30 (wunderbare Gefäße); 62 (Wasserrad). Die als "wunderbare" Gefäße bezeichneten thaumatopoietischen Geräte finden sich nicht alle in der *Pneumatik* Herons wieder. Für Gerät 18 folgt Philon einer *leichteren Beschreibung für Anfänger*: Wundertechnik will Laien überraschen; ihre Prinzipien einführend zu erklären ist Aufgabe der Lehrschrift. Die Apparate sind so konstruiert, daß sie ihre Wirkung bei Festlichkeiten etc. entfalten (Flüssigkeitenspender etc.); Tierautomaten spielen eine größere Rolle als bei Heron. Bei diesen Konstruktionen verbirgt die Pneumatik ihr Funktionsprinzip hinter einer Fassade; der Spezialist der pneumatischen Technik konstruiert eine überraschende Schein-Natur, um die natürliche Erwartung des betrachtenden Laien zu schockieren. Der Anfang der Schrift geht von dem Interesse des Adressaten Ariston als Laie an den

kungsprinzipien nur einem begrenzten Kreis von Eingeweihten mitgeteilt werden; andererseits bedarf sie einer gewissen Einsicht der sie in privatem wie öffentlichem Rahmen anwendenden Laien, denn neben den stets gleichbleibenden Wirkungsprinzipien dieser Überraschungstechnik, Heber und Luftdruck neben den Gewichten der Automatentechnik, waren die äußeren Arrangements und Szenerien variabel und angewiesen darauf, zum jeweiligen Anlaß der Darbietung zu passen. So dürfte das überraschende Spiel mit dem schönen Schein gerade dann seine Wirkung entfaltet haben, wenn es bei den Zuschauern einen gewissen Wiedererkennungswert gehabt hatte, wenn diese also nicht gänzlich ohne Einsicht in die Funktionsweise der Apparate waren. Literatur über Pneumatik vermittelte daher nicht nur künftigen Konstrukteuren der Automaten Wissen und Ideen, sondern auch den Betrachtern den kulturellen Hintergrund, um den Spaß zu verstehen. Diese Technik spielt darum mit der Unterscheidung zwischen Fachmann und Laien, zwischen Eingeweihtem und teilweise Ahnungslosem, um diesen Unterschied durch die überraschende Darbietung zu forcieren und durch Nachdenken und Lektüre dann auch einzuebnen. An der Schrift Philons zur Pneumatik zeigt sich: Die Tätigkeit des technischen Literaten ist zugleich bewahrender und wiederherstellender Natur; in dem Maße, in dem das verfügbare Wissen anschwillt, wird die Möglichkeit, daß sich ein Teil davon verliert, zunehmend als Gefahr empfunden. Philon formuliert in diesem Sinne am Anfang seiner Schrift über die Pneumatik, er werde alle Konstruktionen beschreiben, die den früheren Sachverständigen bekannt waren, 122 (I). Die Tradierung des Wissens der kleinen Gruppe von Experten an die nächste Generation ist gefährdet, es kann untergehen und daher ist es notwendig, sich um seine Bewahrung zu bemühen.

2.2.2.3. Medizin

In der klassischen Zeit hatte sich die Medizin zu einem Fach selbstbewußter Spezialisten entwickelt, die sich literarischer Kommunikation zur Formulierung und Entwicklung ihrer Rolle bedienten. Die dadurch bedingte Publizität der Disziplin bedrohte Fachmannprinzip und Kunstgeheimnis und blieb daher in der Medizin wie in der Philosophie nicht ohne kritische Begleitung; andererseits entwickelte die Medizin auch durch ihre Literarisierung neue Formen des Wissenstransfers. Galen deutet die Herausbildung einer anatomischen Fachliteratur als Versuch der Kompensation von Degenerationsgefahren, die mit der Öffnung der Medizinerausbildung über die Grenzen der Meditzinerfamilien hinaus verbunden gewesen seien. Der erste, der Galen zufolge anatomische Lehrschriften verfaßte, sei Diokles von Karystos (4. Jhdt. v.Chr.) gewesen. Diese älteren Schriften hätten, so Galen, Wissen nicht praxisorientiert und geordnet nach der Brauchbarkeit vermittelt, sondern Nützliches und Nutzloses gleichermaßen ausgebreitet[170]. Galen sieht darin also eine Literatur, die nicht der Befriedigung praktischer oder didaktischer Bedürfnisse diente, sondern

pneumatischen Apparaten aus. Von den Debatten der Philosophen um die Existenz eines leeren Raumes, die zu keinem Konsens geführt hätten, grenzt sich der Autor ab (1).

170 S.o. Anm. 25. Galen, *De anatom. admin.* II 281-282. Galen macht nicht deutlich, ob sich Diokles seiner Innovation bewußt war und ausdrücklich beanspruchte, erstmals eine *Anatomie* geschrieben zu haben, vgl. Diokles von Karystos, fr. 30; JAEGER (1938).

eine Bewahrungsbemühung[171], die begrenzteren Zwecken genügte als Galens systematische Fachliteratur. Er ordnete anscheinend auch die anatomischen Schriften der alexandrinischen Ärzte Herophilos und Erasistratos dieser bewahrenden, nicht praxisorientierten Entwicklungsstufe der Anatomieliteratur zu, die er beanspruchte, überwunden zu haben[172]: Galen will eine bereits unübersichtliche literarische Überlieferung im Hinblick auf ihre praktische Nutzbarmachung geordnet haben. Sofern sein Bild der hellenistischen Anatomie zutrifft, empfanden deren Vertreter dagegen zunächst das Bewahrungsbedürfnis, weniger einen Ordnungs- und Aktualisierungsbedarf. Beschleunigtes Wachsen des Spezialwissens provozierte die Sorge um seine schriftliche Dokumentation und erzeugte so das Bedürfnis nach Übersicht über und Distanz zu den praktischen Kenntnissen. Situation und Lehren eines Mediziners hellenistischer Zeit illustriert das Wirken des Herophilos (ca. 330-250 v.Chr.) und seiner Schüler[173]: Wohl Lehrling des Praxagoras von Kos, lebte er anscheinend eine Zeit lang in Athen, wo er einen weiblichen Lehrling gehabt haben soll. In Ägypten besaß er keine Position bei Hofe bzw. am Museion; er mag von staatlichen Zahlungen profitiert haben, doch die einzige belegte Unterstützung durch den monarchischen Staat des ersten oder zweiten Ptolemäers bestand in der Förderung seiner anatomischen Studien: Herophilos erhielt offenbar Leichen und noch lebende Verbrecher für Untersuchungszwecke. Herophilos wird durch die medizinische Dogmengeschichte widersprüchlich dargestellt, als rationalistischer Dogmatiker einerseits, als empiristischer Skeptiker andererseits. Verantwortlich dafür dürfte seine Methode des Lehrens gewesen sein, die Demonstration bzw. Widerlegung medizinischen Wissen durch die anatomische Anschauung, ähnlich wie später Galen anatomische Demonstrationen vor Freunden durchführte. Den Schluß von beobachtbaren Gegenständen auf nicht Beobachtbares, also Phänomene der inneren Medizin, akzeptierte Herophilos offenbar; er galt insofern als Dogmatiker, doch suchte er, weitgehend das Innere des Körpers mit anatomischen Methoden dem anschaulichen Zugriff zu eröffnen[174]. Seiner Innovativität gegenüber der hippokratischen Dogmatik war sich Herophilos bewußt; er suchte, für Galen nicht überzeugend, zwischen unsicherer *Prognose* im Sinne des Hippokrates und sicherer Voraussage zu unterscheiden, kritisierte also den Inhalt der hippokratischen Tradition und kommentierte diese. Einer seiner Schüler, Bakchios, stellte in der zweiten Hälfte des 3. Jhdt. v.Chr. ein Lexikon zu Hippokrates zusammen, dessen Entstehung wohl nur möglich war, da die alexandrinische Bibliothek inzwischen wesentliche Schriften des Korpus erworben hatte. Herophilos ist unseres Wissens der erste ausdrückliche Kritiker des Hippokrates und gleichzeitig einer der ersten Exegeten hippokratischer Texte. Das Erlebnis gestiegener Entfernung von den literarischen Autoritäten, ihrer nicht mehr selbstverständlichen Gültigkeit, eher: ihrer selbstverständlichen Ungültigkeit, provozierte Kritik und Exegese als Reaktionen. Reste der herophileischen Exegese sind als Worterklärungen erhalten: Für ihn und seine Schüler waren die hippokratischen Texte schon sprachlich nicht mehr unmittelbar verständlich. Sie bestimmte ein Gefühl der Distanz, das jedoch die

171 Diokles verfaßte Schriften auch mit therapeutischer Zielsetzung: *πάθος αἰτία θεραπεῖα* (fr. 37ff.) ordnete Krankheitsbildern Ursachen und Therapieanweisungen zu.

172 Galen, *De anatom. admin.* II 283-289. Vgl. GAROFALO (1988).

173 VON STADEN (1989) 22-66.

174 Sein Insistieren auf *φαινόμενα* prägt noch Galens Wortwahl bei ihrer Darstellung, vgl. VON STADEN (1989) 115-124; Herophil. frr. 50a-59b. Gegenüber Vorstellungen von Wirkursachen war Herophilos wohl Skeptiker. Vivisektion und Anatomie: V.STADEN (1989) 138-181; Herophil. frr. 60aff.

Aneignung der literarischen Autoritäten, so falsch und unverständlich sie erschienen, als verpflichtend betrachtete, weil die die Philologisierung der Medizin Argumente für medizinische Schulauseinandersetzungen liefern konnte[175].

Alexandria war ein Zentrum auch der Mechanik, und die Mediziner, auf raffinierte Instrumente angewiesen, befaßten sich in Ausbildung, Praxis und Lektüre wohl auch mit den Entwicklungen mechanischer Techniken. Herophilos' Schüler Andreas gehört zu den Ärzten, die Oreibasios als Verbesserer des chirurgischen, d.h. orthopädischen, zur Gelenkeinrenkung und Behandlung von Knochenbrüchen verwendeten Instrumentariums erwähnt. Gegenüber dem ältesten literarisch erwähnten derartigen Gerät, der sog. *hippokratischen Bank*, entwickelte sich die orthopädische Mechanik in zwei Richtungen weiter: Mobilität des Gerätes (Verwendung eines transportablen Getriebes anstelle einer festen Tischkonstruktion) und Reduktion von Kraftaufwand und Personaleinsatz (Auslegung des Übersetzungsverhältnisses, Einbau von Hemmungen). Solcher Aufschwung der orthopädischen Mechanik verdankt sich wahrscheinlich dem Studium mechanischer Konstruktionen, insbesondere der Getriebe; Fachliteratur der Einzeldisziplinen wurde, weil die Übertragbarkeit der Probleme und Lösungen nahelag, durch Fachfremde gelesen und ihre Lehren umgesetzt[176].

2.2.2.4. Zusammenfassung

Von der technologischen Literatur der hellenistischen Zeit hat sich wenig Zusammenhängendes erhalten; die Verteilung auf die Disziplinen ist unausgewogen; auch die Medizin ist im wesentlichen aus späteren Erwähnungen indirekt bekannt. Es wird jedoch deutlich, daß die technische Literatur des Hellenismus ein Verhältnis zu ihrem Publikum voraussetzte, das diese Literatur mehrheitlich weder als Fachliteratur im engeren Sinne (Mitteilungen von Spezialisten an Spezialisten über neue oder wenig bekannte Lösungen) charakterisiert, noch als Mittel zu breiter Popularisierung; vielmehr blieb das Publikum dieser Literatur eine Elite, die sich nicht auf einen Kreis berufsmäßiger technischer Spezialisten beschränkte. Andererseits beginnt sich eine Literatur berufsmäßiger Spezialisten herauszubilden. Der Prozeß der Literarisierung, Spezialisierung und Professionalisierung erfaßt ansatzweise auch das Kriegswesen. Der häufige Kriegszustand der hellenistischen Monarchien sorgte für einen Bedarf nach literarischer Vermittlung von Handlungsmöglichkeiten, Sammlung, Systemati-

175 v.STADEN (1989) 427-432; Herophil. frr. 261-274. Das Interesse der Schule des Herophilos (Bakchios) an der Hippokratesphilologie erklärt v.STADEN mit dem Erfolg der Philologen bei Hofe; ihnen hätten es die Mediziner gleich tun wollen; weiteres Motiv seien die literarisch ausgetragenen Auseinandersetzungen zwischen Medizinerschulen gewesen (aaO. 452-458, Apollonios von Kition, Kommentar über Hippokrates' *Über Gelenke*, auf Aufforderung des Königs geschrieben und an diesen adressiert). Empirische Mediziner bestritten den Wert der Anatomie für die therapeutische Praxis und befaßten sich mit Pharmakologie.

176 Konstruktion des Andreas: Galen., *In Hippocr. libr. de artic. et Galeni in eum comment.* XVIII A 338-339; Cels., *De med.* VIII 20,4-5; Oribas., *Collect. medic.* XLIX 4,8 13; 19-20; 45-51; 5,1-5; DRACHMANN (1963) 171-185; v.STADEN (1989) 452f.; 474; 476. *Baroulkos*, von Archimedes berechnetes Getriebe: Olympiod., *In Plat. Alc. comment.* 191,15; Papp. p. 1060,6; GILLE (1980) 126-128. Andreas: Leibarzt Ptolemaios' IV. Philopator (244-205 v.Chr.), gestorben während des IV. Syrischen Krieges 217 v.Chr., als ein Mordanschlag auf den König den Arzt traf; schrieb über Pharmakologie, Instrumentenbau, Dogmengeschichte und -kritik der Medizin, Lehrbrief an Sosigenes, v.STADEN aaO. 472-477.

sierung und Mitteilung. Der Experte adressiert sein Spezialwisssen schriftlich an den König. Zwischen literarisch verittelter Planung und manueller Herstellung besteht ein Hiat: Der technische Spezialist tritt in dem Moment auf, in dem selbstverständlich geübte Praktiken als unzulänglich erlebt und der Bedarf nach neuen Möglichkeiten empfunden wird. Diesen befriedigt der Techniker durch Sammlung funktional vergleichbarer Möglichkeiten. Nicht der ausführende Handwerker, auch nicht der Auftraggeber, sondern der literarisch tätige Techniker umgrenzt damit die zur Verfügung stehenden, von den anderen nicht überblickten Möglichkeiten. Zwar untersteht die Entscheidung über die Alternativen dem Auftraggeber, doch wird dieser gebunden an die durch die Einsicht des Technikers begründeten Normen über Größenverhältnisse, Materialien und Anfertigung. Zwischen Auftraggeber und Handwerker tritt als dritte Größe also der technische Spezialist mit seinem von rein praktischen Herstellung ablösbaren Wissen; der Handwerker übernimmt von ihm für ihn zunächst unbekannte Baumuster. Die Kriegstechnik der hellenistischen Zeit wird stärker als die der klassischen als fortschrittlich erlebt: Der Fachmann ist sich des Veraltens von Vorgehensweisen bewußt, die als Orientierungswissen weiter gültig bleiben, doch den militärischen Eliten nicht als unmittelbar vorbildlich vermittelt werden. Es gibt eine kriegstechnische Fachtradition erheblichen Umfanges, die Entwicklung und Veränderung der Praxis ablesbar macht. Mit dem Anstieg des verfügbaren technischen Wissens tritt die Gefahr des Unterganges des nur literarisch und nur einer Minderheit zugänglichen Wissens ins Bewußtsein: Technisches Wissen zeichnet diese es gefährdende Distanz von der handwerklichen Praxis aus. Der Techniker-Literat sucht gegenüber der sich entwickelnden Praxis Distanz zu wahren und aus dieser Distanz die Praxis selbst zu erneuern: Technisches Wissen bildet nicht allein das Handungswissen der Praxis ab und sucht es zu bewahren, sondern bildet dieses fort und sucht es auch zu verändern. Auch die Medizin sieht sich Problemen gegenüber, die der gestiegene Literarisierungsgrad der Disziplin heraufbeschworen hat: Zeitliche und sachliche Entfernung vom Traditionsbestand führt zu neuem Deutungs- und Aneignungsbedarf. Angeregt durch Forschungsmöglichkeiten und Erkenntnisse anderer Disziplinen entwickeln sich Anatomie und Chirurgie weiter, bedürfen aber besonderer Anstrengung zu Bewahrung und Erschließung des Wissens. Die Entwicklung in spätklassischer und frühhellenistischer Zeit kennzeichnet weniger die Aneignung fremden als die Bewahrung eigenen Kulturgutes.

2.2.3. Landwirtschaftsliteratur der römischen Republik

Die römische Republik erlebte seit dem zweiten Jahrhundert eine Phase raschen gesellschaftlichen Wandels, deren Ursachen u.a. in der politisch-militärischen Expansion und deren wirtschaftlichen Folgen zu sehen sind: Sich verbreitende Sklavenwirtschaft auf großen Besitztümern, die Einführung effizienterer Formen der Bewirtschaftung, der Zufluß von Kapital und Reichtümern, aber auch die Aneignung griechischen Sachwissens durch die römischen Eliten verschärften innergesellschaftliche Gegensätze in Rom und setzten die Oberschichten neuen Ligitimationszwängen aus, da mit dem neuem *know how* neue Weltanschauungen und Lebensformen nach Rom strömten, denen die Integrationskraft des römischen Systems schwer gewachsen war. In der ausgehenden Republik erhöhte sich die Geschwindigkeit, mit der gesellschaftlicher Aufstieg und der Erwerb von Vermögen ablaufen konnten. Während die Ordnung der Republik zerfällt, ***homines novi*** wirtschaftliche und politische Führungspositionen erobern, wird es für Intellektuelle und Lehrer zunehmend attraktiv, in Rom zu leben und zu arbeiten. Die hochmobile römische Gesellschaft der frühen Prinizipatsszeit bemüht sich dann intensiv um die Aneignung griechischer Kultur und Lebensart und lockt die Vermittler griechischen Wissens mit umfänglichen Privilegien[177].

Die römische Zivilisation erweist sich in dieser Situation als lernfähig, und stärker als die griechische übernimmt sie fremdes technisches Wissen und eignet es sich, v.a. auf literarischem Wege, an. Dabei kommt der Literatur zugleich eine popularisierende Wirkung bezüglich des griechischen technischen Wissens zu. Diese technisches Wissen der Griechen und z.T. Punier vermittelnde Literatur der Zeit der römischen Republik ist keine Literatur von Fachleuten, also professionellen technischen Spezialisten, sondern die Literatur agrarischer Grundbesitzer. Catos und Varros Schriften über die Landwirtschaft verdeutlichen das Bedürfnis, das diese Literatur zu befriedigen suchte: die Aneignung nützlichen Wissens, auch von Karthagern und Griechen. Plinius beschreibt diesen nach der Mitte des 2. Jhdt.s stattfindenden Aneignungsprozeß: Er zählt griechische Ackerbauschriftsteller auf und erwähnt das Werk des Puniers Mago, das nach der Einnahme Karthagos 146 v.Chr. auf Beschluß des römischen Senates ins Lateinische übersetzt worden sei, obwohl zuvor bereits M. Porcius Cato landwirtschaftliche ***praecepta*** verfaßt hätte[178]. Es gab in der römischen Oberschicht ein verbreitetes, sich politisch artikulierendes Interesse an der Aneignung des landwirtschaftlichen Wissens der Besiegten, und die vorliegende Form, in der Cato römische Landbaupraktiken und griechisches Wissen über den Landbau bereits dargestellt hatte, wurde als unzureichend empfunden. Die Schrift des Puniers Mago war ihrerseits eine Sammelschrift; der Prozeß ihrer Übersetzung nahm den Weg über das Griechische, in das Cassius Dionysius von Utica die 28 Bücher des Puniers übertrug, wobei er Ergebnisse griechischer Landwirtschaftsschriftsteller hinzufügte und den Gehalt kondensierte[179]: Mago war aus der Perspektive späterer römischer Landwirtschaftsschriftsteller ***parens*** der ***rusticatio***[180].

Die griechische Landwirtschaftslehre faßte Regeln für eine bestimmte Lebensform zusammen; Xenophons *Oeconomicus* sucht mit den Mitteln des platonischen Dialoges, dessen Form auch Varros Werk über die Landwirtschaft wählt, die Frage der Lehrbarkeit der

177 ALFÖLDY (³1984) 57-61 verweist auf Cato, der von der Effektivität landwirtschaftlicher Lehren profitieren, griechische Philosophie als Rahmen dieser Lehren aber von sich fernhalten möchte. Vgl. ebda. 79-100; MILLAR (²1992) 491ff.

178 Plin., *NH* XVIII 22-23 = SPERANZA (²1974) T 1.

179 Varr., ***RR*** I 1,10 = T 2 Speranza: ***res dispersas conprenderit***; die 20 übersetzten Bücher wurden von Diophanes für König Deiotaros I. nochmals epitomiert; diese Epitome kürzte Asinius Pollio von Tralleis im 1. Jhdt. v.Chr. auf 2 Bücher (Suda Π 2165 s.v. Πωλίων). Da Plin., *NH* XVIII 22f. griechische Landwirtschaftsschriftsteller vor Mago nennt und Varr., aaO. formuliert, Mago habe die griechischen Schriftsteller an ***nobilitas*** übertroffen, hat Mago wohl bereits griechische Landwirtschaftsschriften ausgewertet.

180 Colum., *R.R.* I 1,13. Mago formulierte angeblich als erster die Norm, der Landwirt solle selbst auf dem Landgut leben, Colum., *R.R.* I 1,18 = F 1 Speranza. Begründungen und Erklärungen spielten in Magos Schrift eine ebenso wichtige Rolle (vgl. Colum., *R.R.* III 15,5 = F 15 Speranza) wie Gesichtspunkte der Prognose (*προγινώσκειν*, Cass. Bass., *Geopon*. V 7 = F 19 Speranza): Methodisch traktierte Mago die Landwirtschaft als *τέχνη* ähnlich der Medizin. Die *mulomedicina* schloß Mago in sein Werk ein, doch in knapper Form, sodaß Varro sie der auf ihm gründenden Tradition nur als *exscripta* entnehmen konnte (Varr., ***RR*** II 5,18). Mago beschrieb wohl auch kultische Reinheitsgebote bei der Speisenzubereitung, die Colum., *R.R.* XII 4,2-6,1 = F 58 Speranza wiedergegeben werden.

Landwirtschaft zu klären, mit dem Ergebnis, daß diese Disziplin, wie andere auch, Urteilskraft, Erfahrung und Übung braucht. Ihre Präskripte werden nur ausnahmsweise hergeleitet und begründet, und diese Begründungsarmut kennzeichnete bereits die *Opera et dies* Hesiods und wohl einen großen Teil griechischer Landwirtschaftsschriftstellerei[181]. Mit dem Prozeß literarischen Kulturtransfers war im Falle der Landwirtschaftslehre eine Systematisierung der Lehre verbunden, die ähnlich der Medizin den Stoff neu nach kausalen Gesichtspunkten ordnete: Die Aneignung landwirtschaftlicher Lehre durch Punier und Römer gestaltete sich als Prozeß der Komplexitätsreduktion; Wesentliches dafür leistete die Magorezeption.

Cato strebte nach umfassender Aneignung des vorhandenen (auch griechischen) Praxiswissens und systematischer Behandlung der *disciplinae*; sein Adressatenkreis ist im Falle der Landwirtschaftsschrift zu erkennen: Cato schreibt der Landwirtschaft im Vergleich zu Handel und Bankwesen höhere Dignität zu, bringt also die aristokratische Selbsteinschätzung von Großgrundbesitzern zum Ausdruck; in der bäuerlichen Landwirtschaft sieht er die gesellschaftliche Grundlage militärischer und politischer Leistungsfähigkeit. Cato richtet seine Schrift an die landbesitzende Nobilität. Deren Rolle im Staat, auf der Grundlage ertragreicher Landwirtschaft, soll gesichert werden: Dafür, setzt Cato voraus, bedarf es ökonomischer Rationalität der Betriebsführung; Catos Schrift umfaßt daher Regeln für das Ethos des guten Landwirts wie solche, die sein ökonomisches Kalkül[182] betreffen; er schreibt für einen nicht notwendigerweise selbst auf dem Lande lebenden Agrarier, sondern für den städtisch lebenden Investor[183]. Zwar schreiben auch nachfolgende lateinischen Landwirtschaftsschriftsteller für den *investment farmer*, doch äußern sie zumeist die wohl aus der Mago-Tradition entnommene Regel, der Landbesitzer habe zugleich ein Landbewohner zu sein und sich auf dem Lande aufzuhalten. Cato dagegen möchte, ähnlich Hesiod, durch seine Schrift die landwirtschaftliche Lebensführung und -planung als ganze befördern[184]: Die Propagierung der Landwirtschaft als Lebensform richtet sich an einen Investor, der andere Erwerbsformen wählen könnte, um ihn davon abzuhalten. Investitionsvorschläge werden daher als Handlungskomplexe in die Anleitung zur Landwirtschaft integriert: Cato gibt Bauteilelisten, Musterverträge und Standard-Hoftypen komplett wieder, nicht um Problemlösung im einzelnen, sondern Nachahmung im ganzen zu ermöglichen[185].

Catos Regeln werden als absolute Imperative formuliert, auf literarische Vorgänger geht Cato nicht ausdrücklich ein. Das Verhältnis seiner Lehrschriften zu den literarischen Leistungen der Griechen ist widersprüchlicher Art: Er bemerkte gegenüber seinem gleichnamigen ältesten Sohn anspielend auf seine Schrift *De medicina*, er werde ihm anderenorts das, was in Athen Erfahrene mitteilen; es sei zwar gut, die Bücher der Griechen zur Kenntnis zu nehmen, nicht jedoch, sie genau zu studieren. Die lateinische Fachliteratur Catos will ein Mittel zur Vermeidung kultureller Hellenisierung sein, dabei jedoch ausgewählte Ergebnisse der griechischen Fachliteratur aufgreifen und ihre moralischen Gefahren

181 Plinius lagen Exzerpte solcher Schriften vor, die unter dem Namen des *Democritus* standen; diese formulierten in Maximenform Regeln einer Ackerbaumoral, die religiöse und sachliche Pflichten ungeschieden umfaßte, vgl. Plin., *NH* XVIII 36; 176; 298; 315.

182 Aufwand an Arbeit und Kapital: Cato, *agr.* I pr. 1-4.

183 Vgl. Cato, *agr.* II 1,1.

184 III 1ff.

185 X-XXIII.

aus Sicht des Römers vermeiden[186]: Cato schreibt nicht nur *Hausvater-Literatur*, sondern bemüht sich um die Rationalisierung einer Lebensform unter den Bedingungen des Eindruckes ihrer Bedrohteit. Cato fördert die Rezeption der von ihm als Bedrohung empfundenen griechischen Literatur und Kultur, doch als Voraussetzung seiner Kompetenz beansprucht er nicht seine Kenntnis dieser Literatur, sondern persönliche Erfahrung: Er präsentiert sich selbst auch moralisch als Exempel einer agrarisch orientierten Lebensform, um deren Stabilisierung durch Technisierung und Literarisierung er sich bemüht[187]. Cato sucht durch die Rezeption griechischer Lehre für die Praxis als Technik die agrarische Lebensform der römischen Oberschicht zu behaupten, das für das Leben des Landbesitzers wichtige Wissen als Einheit darzustellen und zu wahren und seinen Zerfall durch berufliche Spezialisierung zu verhindern; diese wurde als eine Gefahr empfunden wurde, die von der griechischen Technik ausgeht.

Varros etwa hundert Jahre jüngere *Res rusticae* suchen schon durch die literarische Form (wie das ökonomische Werk Xenophons besitzt das Varros die Form eines Dialoges) eine auch formal größere Nähe zur griechischen Literatur[188]. Das Widmungsschreiben an seine Frau Fundania, der Varro das Alterswerk widmete, nachdem sie ein Landgut gekauft hatte, macht den Unterschied der kommunikativen Situation deutlich, in der es im Unterschied zu dem Catos entstanden ist. Geht es diesem darum, durch technische Literatur eine Lebensordnung zu bewahren, so gibt sich Varros Werk als Teil einer beratenden Bemühung, in der die Literatur die Stelle des persönlichen Ratgebers einnimmt: Varros Schrift richtet sich an ein Publikum, das die bei Cato als bedroht dargestellte landwirtschaftliche Erwerbsform ganz neu zu gewinnen sucht. Während Cato diese Lebensweise propagiert, setzt Varro ein Beratungsbedürfnis voraus: Seine Frau wolle ihr neues Landgut ertragreich machen, und Varro Rat nicht nur zu eigenen Lebzeiten geben können. Orakelgleich wolle er die Frage beantworten, was zu tun sei *(quid faciendum sit)*[189]: Varro schreibt für neu in die Landwirtschaft Investierende, während Cato Landwirten, die prinzipiell zu anderen Erwerbsformen tendieren könnten, von einem derartigen *disinvestment* abrät. Anders als Cato gibt Varro griechische Schriftsteller zur Landwirtschaft namentlich an, und er setzt hinzu, diese könne seine Frau ggf. zu bestimmten Fragen konsultieren[190]; Varros Werk will die bereits vorliegende, unüberschaubare Literatur handhabbar machen, indem er eine Summe dieses Pra-

186 Plin. *NH* XXIX 14 (*litteras inspicere, non perdiscere … quandoque ista gens suas litteras dabit, omnia conrumpet*). Cato besaß ein Hausbuch, das Rezepte für die medizinische Behandlung der Familienmitglieder durch den *pater familias* enthielt. Plinius: Cato habe nicht die Medizin verurteilt, sondern ihr Praktizieren durch berufliche Spezialisten (ebda.; XXX 16: *non rem antiqui damnabant, sed artem, maxime vero quaestum esse manipretio vitae recusabant*). Cato weigerte sich demnach, diese berufliche Spezialisierung zu akzeptieren; Medizin gehörte seiner Auffassung nach zum allgemeinen Können des Hausvaters; als *ars* erkannte er sie nicht an. Seine Schriften behandeln daher die Disziplinen, um deren Auseinanderfallen in spezialistische Berufe zu verhindern.

187 Cato bei Festus p. 350,32 = ORF^3 I p. 51,128: *ego iam a principio in parsimonia atque in duritia atque industria omnem adulescentiam meam abstinui agro colendo, saxais Sabiniis, silicibus repastinandis atque conserendis*.

188 Unterstrichen wird diese Nähe durch die Teilnahme des Gaius Agrius, eines Ritters und *Socraticus*, an dem fiktiven Gespräch (Varro, *RR* I 2,1).

189 Varro, *RR* I 1,1-3. Lektüre soll diese Frage beantworten (I 1,4): *quocirca scribam tibi tres libros indices, ad quos revertare, siqua in re quaeres, quem ad modum quidque te in colendo oporteat facere.*

190 I 121,7-9. Varro beansprucht besondere Kürze (I 1,11) und stellt sein Werk in die Tradition Magos.

xiswissens vorlegt. Deren Durchdringung als *ars* in der Form des Dialoges zielt auf einen Kulturtransfer, die Aneignung technischen Wissens *en bloc*[191]. Diese Aneignung beruft sich nicht wie Catos auf eigene Erfahrung, sondern Literaturkenntnis; der Spezialist ist Vermittler bereits literarisierter Erfahrungen, die er systematisiert; Varro kündigt an, er werde zuerst angeben, was aus der *agri cultura* auszuschalten sei, diese also umgrenzen und definieren, und dann über die Gegenstände seiner drei Bücher (Ackerbau, Viehzucht, Haustierkunde) sprechen *sequens naturales divisiones*[192]: Die Ordnung der Sache bestimmt die Ordnung der literarischen Darstellung.

Varro setzt die Gültigkeitskriterien historischer Literatur für die landwirtschaftliche Lehre voraus, die er also in erster Linie als Vermittlung von Erfahrungen, weniger von systematischer Einsicht versteht: Eigene, literarisch tradierte und mündlich vermittelte Erfahrungen seien die Quellen seines Wissens[193]. Tatsächlich handelt es sich bei Varros Werk, im Gegensatz zu dem Catos, nicht um die Schrift eines erfahrenen Landwirtes, sondern eines Literaturkundigen. Varro gibt auch lateinische Quellen an, zählt in der Autorenliste aber, mit Ausnahme Magos, nur griechische Autoren auf. Bei dieser Liste handelt es sich wahrscheinlich um eine Liste griechischer landwirtschaftlicher Schriften, wie sie Mago, Cassius Dionysius von Utica oder Diophanes von Bithynien gaben, jedoch in lateinischer Umordnung. Es ist die Liste der bereits in die systematische Lehrtradition der Fachliteratur eingegangenen Autoren. Varro betont, die Griechen hätten monographisch[194] geschrieben und keinen Gesamtentwurf der Landwirtschaft gegeben, den enzyklopädische Zusammenfassung griechischer Werke durch Mago dargestellt habe[195]: Varro spielt an auf einen Struktur- und Gestaltwandel der landwirtschaftlichen Lehre durch den Traditions- und Kulturtransfer von Griechen zu Karthagern und Römern, der einen Bedarf nach kompakter, umfassender und systematischer Darstellung geweckt hat. Damit stellt sich die Frage nach der eigentümlichen Leistung desjenigen, der die Disziplin in systematischer Manier darstellt und vermittelt; Cato zufolge war diese Leistung durch die eigene Erfahrung des Fachliteraten bestimmt. Varro dagegen gibt ausschließlich literarisch vermittelte Erfahrung wieder; er formuliert daher für seine Lehre einen größeren Anspruch auf Systematisierung des Stoffes als Cato. Die *agricultura* wird abgegrenzt als *ars*, die angebe, was im einzelnen zu unternehmen sei, damit die Erde auf lange Sicht möglichst hohen Ertrag abwerfe; die Disziplin wird also vom Begriff ihres Zweckes her systematisch aufgebaut. Charakteristisch für Varros landwirtschaftliche Lehre ist des Bezug auf das Gewinnerzielungsziel als leitender Gesichtspunkt, auf die Anleitung des Handelns sowie auf naturwissenschaftliche Prinzipienlehren[196].

191 Varro nennt mehr als 50 Schriftsteller. Deren Liste besteht aus sechs Abschnitten und beginnt mit Herrschern, setzt fort mit Philosophen, Schriftstellern mit bekannter Herkunftsbezeichnung und unidentifizierbaren ohne bekannte Herkunft; auf die Prosaschriftsteller folgen landwirtschaftliche Dichter (Hesiod, Menekrates von Ephesos) und abschließend der Punier Mago, Varro, *RR* I 1,9-11. Innerhalb der Autorengruppen mit und ohne Demotikon sind die Namen nach dem lateinischen Alphabet sortiert. Daher hat wahrscheinlich bereits Varro eine lateinische Zusammenfassung der griechischen Landwirtschaftsschriftstellerei verwendet, die diese Autoren nicht chronologisch, sondern alphabetisch ordnete.

192 I 1,11.

193 (1) *quae ipse in meis fundis colendo animadverti*, (2) *quae legi*, (3) *quae a peritis audii*: I 1,11.

194 *dispersim alius de alia re*, I 1,8.

195 I 1,10.

196 I 3,1; 4,1-2.

Varro bewertet, ähnlich Cato, die städtische Lebensform als junges Phänomen und kritisiert deren Luxus[197], ohne sie jedoch abzulehnen: Er empfiehlt, sich auf die Bedürfnisse der Stadt in seiner Produktion einzustellen[198]. Varros Adressaten gehören nicht zu den Reichsten, den *divites*[199], sondern zum bäuerlichen Mittelstand, der sich in seiner Produktion auf die Bedürfnisse von Städten und großen Höfen einstellen muß und nicht unbedingt Handwerker für differenzierte Tätigkeiten auf Dauer auf seinen betrieben unterhalten kann. Varro formuliert, ähnlich Cato, einen antigriechischen Affekt: Griechische Lebensart ist städtisch, widernatürlich, luxuriös[200]. Andererseits präsentiert sich das im zweiten Buch wiedergegebene Wissen von der Großviehzucht als ganz und gar griechisches: Das Vorwissen der Gesprächspartner ist das von Halbgriechen, die Disziplin eine griechische[201]. Bei aller topischer Kritik an griechischer Raffinesse und griechischem Luxus wird die griechische Form praxisleitenden Wissens als methodisches Vorbild angesehen: Kennzeichnend dafür sei die Möglichkeit, Praxis durch Bücher anzuleiten. Vom Viehzüchter wird gefordert, daß er für Laien verfaßte Bücher zur Human- und Tiermedizin zur Hand nehme[202]; ohne solche literarische Anleitung erscheint die Tätigkeit als Züchter nicht möglich. Die Literarisierung der Disziplin ist also notwendig, und sie soll Konsequenzen der von der römischen Landwirtschaftsliteratur wiederholt kritisierten Entwicklung kompensieren, die den Landbesitzer abwesend vom Landgut sein ließ: Zunehmende Besitzkonzentration und Neuinvestition in Land, die zu dessen größerer Mobilisierung und einem neuen Beurteilungsbedarf[203] führten, bildeten neben der Aneignung griechischen Wissens die Motive dieser Literarisierung[204]. Mit dem Wissenstransfer verbunden war eine neue Bemühung um die Form der Verwissenschaftlichung und Systematisierung der Landwirtschaft. Varro unterscheidet bei einer *ars* zwischen der Darstellung als System theoretischen Wissens und als Handlungslehre[205], die Herstellungs- und Tätigkeitsprinzipien mitteilt. Die Unterscheidung zwischen

197 I 13,6-7; II pr. 1-3. Höheres Alter der ländlichen Lebensform; Teilung von Ackerbau und Viehzucht. Differenzierung von *pastio villatica* und *pastio agrestis*; erstmalige literarische Behandlung der als *humilis* angesehenen *pastio villatica*: III 1,1-10. Für diese wird so zugleich der Anspruch auf kulturelle Dignität erhoben.

198 I 16,3. Varro über zivilisatorischen Fortschritt auch auf dem Lande: III 2,3; vgl. Cic., *Ad Att.* IV 15,5.

199 Varro, *RR* I 16,3: Wenn oppida, *vici* oder die Äcker von *divites* in der Nähe seien, könne man günstiger kaufen und verkaufen als über große Entfernung; so sei es für viele *coloni* vorteilhafter, auf jährlicher Kontraktbasis *artifices*, nämlich *medici*, *fullones* und *fabri* zur Hand zu haben.

200 II pr. 1-4.

201 II 1,2-4.

202 Varro, *RR* II 10,10: *Quae ad valitudinem pertinent hominum ac pecoris et sine medico curari possunt, magistrum scripta habere oportet. is enim sine litteris idoneus non est, quod rationes dominicas pecuarias conficere nequiquam recte potest.*

203 Die drei Bücher zur Landwirtschaft haben verschiedene Adressaten, SCIVOLETTO (1992); dadurch wird die Tendenz zu systematischer Differenzierung der Teildisziplinen und zur Popularisierung unterstrichen. Varros Bücher als Einführung und Popularisierung: ders., ebda.; SKYDSGAARD (1968) 90; GAROFALO (1988) 6.

204 SKYDSGAARD (1968) 44; 78-88.

205 Victorinus 170,24: *Omnis ars duplex est, id est, duplicem faciem habet secundum praeceptum sententiamque Varronis, qui ait esse artem extrinsecus unam, aliam intrinsecus. Ars extrinsecus talis est, quae nobis scientiam solam tradit, intrinsecus, quae ita dat scientiam, ut illud ipsum, quod scientia dat, quibus rationibus faciamus ostendat*; SKYDSGAARD (1968) 89f.

beiden Formen der Belehrung gewann in dem Maße Bedeutung, in dem die Abhängigkeit von literarisch vermitteltem landwirtschaftlichem Wissen stieg. Dieser durch Varros Schrift belegte Prozeß der Mobilisierung von Kapital und Wissen für die Landwirtschaft hatte bereits das landwirtschaftliche Lehrwerk der beiden Sasernae bestimmt. Deren Innovation, eine detaillierte Ökonomie landwirtschaftlicher Arbeitskraft, ist durch jenen Prozeß motiviert, denn die Sasernae schrieben für Investoren, die ihr Land nach dem Erwerb verpachten. Im Gegensatz zu den Eigentümern müßten die Pächter selbst auf dem Landgut leben, nicht in der Stadt, damit höherer Gewinn erwirtschaftet werde; ein strenges Reglement sollte auch den Aufenthalt der Arbeitskräfte auf dem Landgut kontrollieren[206]. Die Sasernae rechneten also damit, daß Investor und Pächter eine städtische Lebensform vorziehen, und sich den Arbeitskräften in der Stadt lukrativere Alternativen bieten könnten.

Die Entwicklung der römischen Landwirtschaftsliteratur im ersten und zweiten vorchristlichen Jahrhundert ist nicht allein aus der Rezeption der griechischen Literatur zu erklären; sie geschah vielmehr zur Formulierung und Befriedigung akuter Bedürfnisse, wie das Beispiel des Cn. Tremelius Scrofa zeigt. Dieser war politisch und militärisch tätig: Er bekämpfte mit Crassus den Spartacus, war beteiligt an Verres' Prozeß und sollte 59 v.Chr. Land des *ager Campanus* verteilen[207]. Seine Rolle als Landwirtschaftsexperte gründete, wenn Varro sie zutreffend zeichnet, nicht allein auf Kenntnis griechischer Literatur: Tremelius sei mit einem Heer in die *Gallia transalpina* vorgestoßen, bis zum Rhein gekommen, habe daher *aliquot regiones* gekannt, und er behauptete Varro zufolge, *ab initio* die *agri cultura* studiert und Landgüter betrieben zu haben[208]. Sein Sachverstand verdanke sich persönlicher Erfahrung. Tremelius vertrat die von Columella abgelehnte Auffassung von der abnehmenden Fruchtbarkeit des Bodens, zu der seine Theorie des landwirtschaftlichen Tuns aber im Kontrast steht: Dieser Theorie zufolge sind außer Wissen allein Betriebsmittel und Willen Voraussetzungen landwirtschaftlichen Erfolges[209]. Columella merkte später an, Tremelius' Scrofas Konzeption der Landwirtschaftslehre sehe Ursachenfragen nicht vor, kritisierte also deren mangelnde Wissenschaftlichkeit[210]; Tremelius Scrofa seinerseits kritisierte die einfache Übertragung landwirtschaftlicher Erkenntnisse der karthagischen Tradition auf die Verhältnisse in Rom[211], verlangte also eine nicht rein rezeptive Aneignung der landwirtschaftlichen Lehren fremder Völker. Dabei betrachtete er die Lehre selbst als einen wesentlichen landwirtschaftlichen Produktionsfaktor. Auch im Falle des C.Licinius Stolo wird deutlich, daß die Mobilisierung und Konzentration von Landbesitz die Herausbildung einer literarischen Anleitung für Landwirte provozierte. Ein Vorfahr des Stolo brachte ein Gesetz über Landbesitzhöchstgrenzen durch; ein anderer, C.Licinius Crassus, erließ erstmals per Plebiszit ein Landverteilungsgesetz: Die Familie befaßte sich mit Fragen der Versorgung der Bevölkerung mit Land; Stolos Landwirtschaftsliteratur dementsprechend derjenigen Ca-

206 Varro, *RR* I 16,5 = Sasernae fr. 1; 18,2 = fr. 3; Colum., *R.R.* I 7,4 = fr. 2.

207 Varro, *RR* I 2,10; II 4,1-3.

208 Varro, *RR* I 2,10; 7,8; II 4,3. Cato: Sasernae und Scrofa als älteste und erfahrenste Landwirtschaftsschriftsteller, Plin., *NH* XVII 199.

209 Colum., *R.R.* I 1,1 = Tremelius Scrofa fr. 1: *Qui studium agricolationi dederit, antiquissima sciat haec sibi aduocanda: prudentiam rei, facultatem inpendendi, uoluntatem agendi. nam is demum cultissimum rus habebit, ut ait Tremelius, qui et colere sciet et poterit et uolet*; II 1,2 = fr. 2.

210 Colum., *R.R.* II 15 = Tremelius Scrofa fr. 3

211 Colum., *R.R.* I 1,6 = Tremelius Scrofa fr. 4.

tos darin, daß sie nicht allein das kognitive Ziel der Vermittlung von Information verfolgt, sondern das einer Entwicklung der bäuerlichen Lebensform[212]. Die durch gesellschaftliche Mobilisierungsprozesse hervorgerufenen Orientierungs- und Belehrungsbedürfnisse fanden in der griechischen Wissenschaft ein reichhaltiges Reservoir, und der Zugriff auf hellenistische Informationsressourcen wurde nicht nur für die von den Karthagern rezipierte griechischen Landwirtschaftsliteratur offiziell organisiert. Im Dienst des Gnaeus Pompeius stand sein Freigelassener, der *grammaticus* Pompeius Lenaeus. Nach Pompeius' Sieg über das Heer des Mithridates 66 v.Chr. erhielt Pompeius Lenaeus den Auftrag, Bücher aus der Kriegsbeute ins Lateinische zu übersetzen und damit griechische Wissenschaft den Römern zugänglich zu machen, insbesondere Mithridates' Kenntnisse von Giften und Gegengiften, die Lenaeus' Kräuterbuch übernahm[213]. Diese Übernahme griechischer Technik durch die Römer geschah also teilweise bewußt und produktiv, nicht rein rezeptiv: Griechisches Wissen wurde nutzbar gemacht, indem es umstrukturiert wurde. Den römischen Experten qualifizierte Verschiedenes zu seiner literarischen Aktivität: eigene Erfahrungen oder die Kenntnis griechischer Sprache und Literatur. Der unmittelbar praktische Wissensbedarf führte zu Knappheits- und Vollständigkeitserwartungen an die technische Literatur. Zugleich suchen die Techniken, insbesondere die Landwirtschaft, einen Rang als legitimer Gegenstand der allgemeinen Bildung zu erwerben oder zu behaupten. Der Technologietransfer geschah nicht allein durch literarische Aneignung, sondern auch durch direkten Zugriff auf griechische Techniker, wie ihn Caesar für die Reform des Kalenders praktizierte, und wie ihn augenfällig die in Rom arbeitenden griechischen Ärzte repräsentierten. Ein sehr frühes Beispiel nicht für die Aneignung, sondern Nutzung griechischen Wissens bietet wahrscheinlich Archimedes. Er erfand das von Vitruv beschriebene System eines intermittierend funktionierenden Zahnradmechanimus zur Konstruktion präziser Wegstreckenmeßgeräte: Der praktische Wert des von Archimedes konstruierten Zahnradmechanismus jenes Wegstreckenzählers zeigt sich darin, daß er die präzise Funktion des Gerätes auf eine Strecke von 400 Meilen garantiert, wenig mehr als die Länge der 241 v.Chr. vermessenen Via Appia. Sleeswyk, der den Mechanismus rekonstruiert hat, vermutet, daß Archimedes ihn für die Römer, Syrakus' Alliierte, überhaupt entwickelt hat[214].

2.2.3.1. Zusammenfassung

Im Vergleich zu Kultur und Zivilisation der Griechen erweisen sich die Römer der ausgehenden Republik gegenüber dem technischen Wissen nichtrömischer Völker als ausgesprochen lernfähig. Was für wichtige Elemente römischen Lebens gilt (*scutum*/Kurzschwert, schriftliche Fixierung von Gesetzesnormen, Kriegsschiffbau), daß sie angeregt oder übernommen worden sind von Völkern, mit denen Rom in Kontakt bzw. Auseinandersetzung

212 Varro, *RR* I 2,9; Colum., *R.R.* I pr. 32. Ein C.Stolo in ILS 5050,150 (37 v.Chr.). Vergleichbar: Landwirtschaftsschrift des Turranius Niger; dieser formulierte Maximen einer Erwerbsmoral, fr. 1. Ähnlich Cato, *agr.* II 7; Sen., *Epist. Mor.* 94,27; Plut., *Cato* 4,6; Plin., *NH* XVIII 30.

213 Plin., *NH* XXV 5; XXIV 67; XV 127; XXV 63.

214 SLEESWYK (1990): Ein Detail des von Vitruv beschriebenen Apparates, die akustische Anzeige des Weges durch periodisch fallende Kugeln, gleicht einem Mechanismus zur Stundenanzeige an Wasseruhren; arabische Manuskripte schreiben Archimedes die wesentlichen Erfindungen auch dabei zu.

stand, gilt für das komplexe Phänomen schriftlich als Wissen tradierter praktischer Lehre in ganz besonderem Maße: Die römische Kultur zeichnet eine erhebliche Lernfähigkeit aus. Ihre landwirtschaftliche Literatur bildet sich in Auseinandersetzung mit griechischen Vorläufern; diese findet nicht rein rezeptiv statt, sondern als produktive Aneignung des griechischen und karthagischen Lehrgutes. Dabei wurde der erfolglose Versuch gemacht, das technische Wissen ohne griechische Wertmaßstäbe und Leitbilder zu rezipieren. Rascher Wandel der landwirtschaftlichen Betriebs- und Kulturformen (Strukturwandel) ließ den Bedarf an Orientierungswissen steigen, das über Handlungsalternativen, technische Details und die zu ihrer Implementation notwendigen Kalkulationen unterrichtet.

2.2.4. Prinzipat, frühe Kaiserzeit

2.2.4.1. Mechanik, Architektur und Kriegswissenschaften

In der Prinzipatszeit verstärkt sich die Rezeption griechischer Wissenschaft; der technische Experte beansprucht auch für andere praktische Disziplin als die Landwirtschaft eine besondere Dignität, abhängig vom Grad ihrer Literarisierung. Der Versuch, als technischer Experte ein neues Verhältnis zum literarischen Publikum zu gewinnen, ist augenfällig im Falle Vitruvs, der sein Kompendium der Architektur an Augustus richtet, aber beansprucht, allgemeine Urteilsfähigkeit über architektonische Leistungen und eine umfassende Konzeption der Bildung des Architekten zu vermitteln, also didaktische Grundsätze und ästhetische Beurteilungskriterien mitzuteilen[215]. Damit teilt er dem Adressaten Dinge mit, die sich an ihn persönlich gar nicht richten. Mittelbarer Adressat ist daher die Menschheit als Kollektiv- und Gattungssubjekt[216], die durch die literarische Erinnerung erst konstituiert wird. Vitruvs systematische Darstellung der Architektur und Mechanik richtet sich also als Gesamtdarstellung des Faches an künftige Architekten und Laien, denen sie nicht nur als Einführung, sondern auch zum Gewinn von Übersicht und Urteilsfähigkeit geboten wird.

Das Verhältnis zwischen dem Autor und seinem direkten Adressaten, dem Herrscher, wird deutlich in den Prologen zu den ersten und zweiten Büchern. Vitruv, der Caesar als Kriegstechniker gedient hatte, gehörte unter Augustus zunächst zu einer Gruppe von Militäringenieuren, die die Aufgabe hatten, kriegstechnische Geräte zu konstruieren und zu reparieren. In der Folge genoß er Augustus' Patronage, war dadurch frei von existentiellen Sorgen und daher Augustus verpflichtet. Als aus dieser Verpflichtung erwachsende Aufgabe betrachtet er die erstmalige literarischen Gesamtdarstellung seines Faches. Als Paradigma des Verhältnisses zwischen Architekt und Herrscher gilt Vitruv Alexanders Architekt

215 Vitr., *Arch.* I 1-2. Zu Vitruv GROS (1982). Vitruvs Einschätzung wird bestimmt durch die Einschätzung des Verhältnisses von Theorie und Praxis: *"De Oder à Ferri court une ligne dépréсative, où Vitruve, ce «prolétaire à demi inculte», est volontiers chargé de toutes les tares, de toutes les ignorances et de toutes les vanités. Inversement, un courant 'positif', representé, à des degrés divers, par Choisy et Pellati, veut en faire un maître à bâtir de premier rang, codificateur souverain de l'héritage grec, et créateur de grandes formules de l'urbanisme impérial"*, ders., ebda. 669.

216 Vitr., *Arch.* IX pr. 2: *Pythagorae vero praecepta, Democriti, Platonis, Aristotelis ceterorumque sapientium cotidiana perpetuis industriis culta non solum suis civibus, sed etiam omnibus gentibus recentes et floridos edunt fructus.* Vgl. 3; 13; 17-18.

Deinokrates: Dieser habe sich zu Alexander begeben, versehen mit Empfehlungsschreiben von Verwandten und Freunden an hochgestellte Angehörige des Hofes und *cupidus commendationis*, habe als Odysseus verkleidet die Aufmerksamkeit des Herrschers auf sich gezogen und Alexander das phantastische Projekt einer Umwandlung des Berges Athos in eine Alexanderstatue nebst einer Idealstadt für 10.000 Bürger vortragen können. Der König habe das Projekt nicht etwa seiner technischen Unmöglichkeit wegen niedergeschlagen, sondern weil am Athos die Lebensgrundlagen für eine Stadt fehlten. Deinokrates sei jedoch auf Wunsch Alexanders in dessen Gefolge eingetreten, habe bei der Gründung Alexandrias mitgewirkt und sich durch seine auffällige Erscheinung *nobilitas* erworben. Vitruv möchte sich analog des literarischen Werkes bedienen, um beim Herrscher Anerkennung zu erlangen[217]. Das literarische Werk soll also dieselbe Funktion wie das Aufmerksamkeit heischende Auftreten des Deinokrates erfüllen. Der Vergleich hat aber darin seine Grenze, daß Deinokrates erst in den Dienst des Herrschers treten wollte, während Vitruv während des Ruhestandes nach dem Dienst die systematische Darstellung seines Metiers unternimmt. Dem *exemplum* des Deinokrates und Vitruv gemeinsam ist der Wunsch nach *commendatio*: Vittruv erwartet als Ergebnis seiner Bemühungen Beweise kaiserlicher Anerkennung, die einer Aufnahme des Deinokrates in das Gefolge Alexanders gleichkommen. Das literarische Werk ist Mittel zum Gewinn kaiserlicher Aufmerksamkeit und Gunst, Vitruvs Ziel ist der Gewinn kultureller Anerkennung und Geltung durch literarische Aktivität, nachdem er als Techniker bereits tätig war und eine auskömmliche Position errungen hatte. Der Anspruch auf literarische Geltung folgt einer tatsächlich durch Bürgerkrieg und Baupolitik gestiegenen Bedeutung des Militäringenieurs und Architekten[218].

Die fehlende Objektivität des Urteils über die Fähigkeiten technischer Spezialisten bildet den Gegenstand des Prooemiums zum dritten Buch: Diese Fähigkeiten sind den Sinnen des Betrachters verborgen und müssen indirekt und daher unsicher erschlossen werden. Zwischen gewohnheitsmäßiger Anerkennung aufgrund des Rufes der Werkstatt, des Reichtums und rhetorischer Wirkung einerseits und *auctoritates* andererseits, der Anerkennung sachlicher Kompetenz aufgrund der Einsicht in Fähigkeiten, bestehe eine Differenz, die in der Praxis selten zur Geltung komme. Das entscheidende Gut, um dessen Zumessung es geht, ist der persönliche Nachruhm, Unsterblichkeit als Künstler und Techniker. Dieser solle mehr von *sensus et sententiae scientiaeque disciplinis* als von *gratia* und *ambitio* abhängen: Wer durch wirkliche und bewußte Anstrengungen den Gipfel technischer Meisterschaft erreicht habe, dem würden bei Vorliegen der meist fehlenden Urteilsfähigkeit weiterhin technisch-künstlerische *opera* übertragen. Da aufgrund allgemeinen Urteilsmangels zu erwarten sei, daß Fähigkeit und Unfähigkeit falsch eingeschätzt würden, beabsichtigt Vitruv nicht, mit unfähigen Exponenten des Faches in aussichtslosen Wettstreit zu treten, sondern

217 Vitr., *De arch.* II pr. 4: *ita Dinocrates a facie dignitateque corporis commendatus ad eam nobilitatem pervenit. mihi autem, imperator, staturam non tribuit natura, faciem deformavit aetas, valetudo detraxit vires. itaque quoniam ab his praesidiis sum desertus, per auxilia scientiae scriptaque, ut spero, perveniam ad commendationem.*

218 Vitruvs Werk dürfte zwischen 27 und 23 v.Chr. verfaßt sein, die Prologe der zehn Bücher gegen Ende dieser Periode (23-22 v.Chr.), vgl. ANDRÉ (1992) 863f. GROS (1994) 75-90 meint, Vitruv sei als aktiver Architekt bereits gehalten gewesen, regelmäßige Projektbeschreibungen bei zuständigen Magistraten einzureichen; die vereinfachende Darstellung der Details der Baukunst in seinem Werk sei das Ergebnis solcher Beschreibungen architektonischer Gegenstände für Nichtfachleute.

wolle *nostrae scientiae virtutem* durch die Literarisierung der Regeln der Disziplin belegen[219]: Das literarische Werk tritt hier an die Stelle einer Konkurrenz um Bauaufträge, durch deren Ausführung Nachruhm und Anerkennung zu erringen wären. Literatur kompensiert einen Mangel, der darin begründet liegt, daß der Techniker allein aufgrund der Anwendung seiner Kenntnisse objektiv nicht den Nachruhm und die Geltung erwarten darf, die er subjektiv erwarten kann, weil Nachruhm von den literarisch interessierten kulturellen und gesellschaftlichen Eliten vergeben wird, zu denen der Militärtechniker und Architekt zunächst nicht gehört. Diese Literatur ist daher nicht die Fortsetzung der technischen Tätigkeit mit anderen, literarischen Mitteln, sondern die Konsequenz einer Veränderung der Hierarchie der Ziele des Technikers: Nach der Sicherung seiner Existenz und der Verwirklichung seiner Projekte will er darüber hinaus seinen Nachruhm sichern. Die Maßstäbe für die Zumessung gesellschaftlicher Anerkennung sind nicht identisch mit technischen Kompetenzmaßstäben. Gesellschaftliche Anerkennung folgt v.a. nichttechnischer Arbeit: Die Literarisierung der Architektur dient somit weniger der Architektur als dem Architekten, der in der frühen Prinzipatszeit ein neues Maß an Anerkennung erwarten kann, indem er sich literarisch an den neuen Machthaber richtet. Diesem präsentiert er nicht, wie Biton, ein Werk, dessen Nutzen sich unmittelbar in Projekten des Herrschers entfaltet, auch wenn Vitruv im Eingang des Werkes auf die Bauprojekte des Herrschers anspielt, sondern eine systematische Gesamtdarstellung der Disziplin[220]. Die Tradierung technischen Wissens wird also in erster Linie nicht motiviert durch den Wunsch nach Wissenstransfer, sondern durch den nach einem persönlichen Nachleben.

Was das technische Spezialwissen gegenüber dem Alltagswissen auszeichnet, ist seine Invarianz gegenüber den kontingenten Wendungen des Daseins; technische Kompetenz ist wie mathematische durch den körperlichen Alterungsprozeß unverlierbar. Das Wissen des Technikers dient zunächst der Befriedigung materieller Bedürfnisse; literarische Bildung läßt ihn sich von diesen Bedürfnissen emanzipieren und sich um den erstrebten Nachruhm bemühen. Paradigma gelingender Bildung ist dabei nicht die vollständige Publizität der Disziplin und ihres Wissens, sondern die innerfamiliäre Sukzession und Bildungstradition[221].

Vitruv beansprucht nicht für seine Einzeldarstellungen zur Architektur die Priorität, sondern für seine Systematisierungsleistung[222]. Erweitert wird dieser Gedanke im Prolog des fünften Buches: Autoren diverser Monographien hätten Anerkennung erworben. Dies beabsichtigt auch Vitruv. Er vergleicht sein Werk mit anderen Formen der Literatur: Während der Gegenstand eines Geschichtswerkes ein je anderer sei und die gebundene Sprache der Dichtung dieser an sich schon Aufmerksamkeit und Verständlichkeit sichere, fehlten dem Werk über Architektur an sich Verständlichkeit und Attraktivität. Den besonderen Wert seines Werkes rechtfertigt Vitruv mit der Fähigkeit, Information in geordneter und komprimierter Form in kurzer Zeit zu vermitteln. Die Leistung seines Werkes besteht also in einer Komplexitätsreduktion für die Leser, die des Autors in einer neuen Ökonomisierung

219 Vitr., *De arch.* III pr. 1-3.

220 Vgl. III pr. 4. Bezeichnenderweise präsentiert Vitruv sein Werk nicht als Hilfe, sondern in erster Linie als Störung der Bauprojekte des Herrschers (I pr. 1).

221 Vitr., *De arch.* VI pr. 1-7: Zu den Fundamenten einer gelungenen Ausbildung als Architekt und Bauleiter gehört nach Auffassung Vitruvs Kenntnis des Maurerhandwerks.

222 IV pr. 1.

des technischen Wissens[223]. Ein Zweck des Werkes über Architektur soll sein, das Urteil zu ermöglichen, wer als Architekt gelten können soll. Es hat also der Begrenzung der Urteilskraft der Laien abzuhelfen, sie zur Entscheidung zu befähigen, wem sie Bauprojekte anvertrauen[224]. Das Bedürfnis nach einer Orientierung über technische Kompetenz besteht aufgrund von Defekten der Selbstregulierung der Praxis: Vitruv zitiert das Beispiel des ephesischen Baukostengesetzes, das Bauleiter mit ihrem Vermögen für exzessive Überschreitungen des projektierten Kostenrahmens haften ließ. Im Fehlen solcher disziplinierender Regelungen in Rom sieht er eine Ursache für angebliche Fehlentwicklungen des römischen Bauwesens wie bei der Veranstaltung öffentlicher Spiele und Vorführungen, beides Aufgaben von Magistraten, zu deren Organisation, Planung bzw. Konstruktion sie sich eines Architekten bedienten[225]. Der Architekt ist so in seiner praktischen Arbeit wie in der literarischen zugeordnet zu und abhängig von politisch Verantwortlichen. Über seinen literarischen Adressaten und politisch führende Auftraggeber erreicht er Publikum und Öffentlichkeit: Der Techniker steht unter politisch-gesellschaftlicher Kontrolle, doch verfügt er über eine Kompetenz, von der der Erfolg der ihn kontrollierenden Angehörigen der Führungsschicht wiederum abhängig ist. Eine erste Funktion technischer Literatur liegt also in der Publikation von Urteilsgrundlagen, um der Schicht mittelbarer Adressaten, mit der den Architekten ein wechselseitiges Abhängigkeitsverhältnis verbindet, zu Entscheidungskompetenz zu verhelfen.

Eine zweite Aufgabe der technischen Fachliteratur liegt in der Kompensation der Gefahr eines Verlustes technischen Wissens; sie übernimmt eine akkumulative Funktion und stellt der Gegenwartsgeneration das Wissen auch vergangener Generationen zur Verfügung. Dadurch bildet sie neben der primären, auf persönlichem Kontakt beruhenden unmittelbaren Lehrtradition eine sekundäre. Diese bedarf zu ihrer Entwicklung des regelmäßigen Zuwachses an neuer, originärer, Erfahrung[226]: Erst Literatur konstituiert eigentlich die technische Tradition. Das aber setzt voraus: Von demjenigen Vermögen, das Gegenstand technischer Tradition ist, wird vorausgesetzt, daß es ohne Literatur, d.h. allein aufgrund persönlicher Ausbildung, nicht oder nicht mehr weitergegeben und entwickelt werden könne. Aktivitäten, die aufgrund ihrer Komplexität oder aus anderen Gründen nicht rein handwerklich weitergegeben werden können, und die deshalb auf literarische Mittel zur Wahrung ihres Niveaus angewiesen sind, beanspruchen darum besondere Anerkennung. Da aber die Anerkennung, die der Techniker bei seiner Mitwelt findet, ihm nicht genügt, sucht er die Geltung auch vor der Nachwelt. Die Erwartung des Erfolges dieser Bemühung stärkt dabei das

223 Vitr., *De arch.* V pr. 1-5.

224 Vitr., *De arch.* VI pr. 6-7.

225 Vitr., *De arch.* X pr. Tatsächlich bilden den Inhalt des 10. Buches Kriegsmaschinen und Hebewerkzeuge; im engeren Sinne der Unterhaltung bei Spielen dient die Orgel.

226 Vitr., *De arch.* VII pr. 1-3. Vitruv kritisiert daher sowohl die Plagiierung fremder literarischer Werke wie auch bloße Kritik anderer aus Mangel an eigener Originalität. Mit dem Hinweis auf den Gemeinnutzen der Literatur bringt Vitruv Xenophanes' Argument vor, Literaten müßten dieselben Ehren erwarten wie Sportler (IX pr. 1ff.): Die Ergebnisse der Mathematiker und Techniker seien *non solum ad mores corrigendos, set etiam ad omnium utilitatem perpetuo ... praeparata*, während die Leistungen der gefeierten Sportler mit denen ihres Körpers sich verlören (IX pr. 15). Literatur konstitutiert demnach erst Technik und Wissenschaft als Bewahrungsrealität mit über die Sphäre des Alltages hinausweisender Dignität. Vgl. ANDRÉ (1992) 913f. Zum Versuch Vitruvs, durch Darstellung der die handwerkliche Tätigkeit des Architekten leitenden Theorie die soziale Anerkennung seines Handwerks zu erhöhen, GEERTMANN (1994).

Faktum der Autorität einzelner literarischer Vorgänger. Als Voraussetzung des Gelingens der praktischen wie der literarischen Ambitionen des Technikers sieht Vitruv seine *freie*, enzyklopädische Erziehung, die wünschenswert, aber nicht selbstverständlich sei[227]. Der Architekt orientiert sich am Leitbild der *liberalis ars*, ohne daß die Architektur ohne weiteres zu den freien Künsten zählte.

An Laien wie Fachleute gleichermaßen richten sich auch die meisten der Schriften Herons (wohl Ende 1. Jhdt. n.Chr.)[228]. Seine Gesamtdarstellung des Geschützbaus, im Gegensatz zu der Spezialdarstellung über die *Cheiroballistra*[229], gibt Einführung und Überblick zugleich. Den Unterschied zwischen der Arbeit für Experten und der Schrift für Laien und Anfänger markiert ein unterschiedliches Verhältnis zur Innovation: Während die Fachschrift über die *Cheiroballistra* eine substantiell fortschrittliche Konstruktionsweise beschreibt und zur Nachahmung empfiehlt - der Rahmen ist weitgehend aus Metall, die Federträger haben eine besonders günstige Bewegungsgeometrie, die Herstellung ist leichter und billiger als bei den üblichen Palintonon-Geschützen[230] -, handelt es sich bei der Einführungsschrift um die Bearbeitung von Philons älterer systematischer Einführung in die Geschützbaukunst: Für Zwecke der Einführung und Übersicht werden aus didaktischen Gründen nicht die neuesten, sondern typische, ggf. auch alte, Geschützbauformen beschrieben. Gesichtspunkte der Verständlichkeit und Folgerichtigkeit verlangen nicht neueste, sondern in den Prinzipien deutliche Darstellung. Literatur zur Einführung und Gesamtdarstellung entwickelt ihre eigene Tradition, die nicht synchron mit der technologischen Entwicklung verläuft. Für Einführungszwecke genügten die Sachangaben der Alten. Die Leistung des Autors einer solchen Einführung ist eine andere als die des Spezialisten, der für Spezialisten schreibt: Heron beansprucht nicht, sachlich Neues mitzuteilen, sondern, ähnlich Vitruv, seiner Einführung eine neue, erstmals Verständlichkeit auch für Nichteingeweihte sichernde Form zu geben[231]. Wie Vitruv setzt Heron bei seinen Lesern eine minimale philosophisch-literarische Bildung voraus; er beansprucht sogar nicht nur, wie Vitruv, eine gewisse Zugehörigkeit der praktischen Mechanik zur philosophischen Bildung, sondern spricht der Mechanik Bildungsleistungen zu, um die sich normalerweise die Philosophie bemühe, die sie jedoch nicht erbringen könne[232].

Gegenstand der einführenden Schrift sind nicht allein die Details, sondern auch praktische Gesichtspunkte der Herstellung und des Gebrauchs der Maschinen, ihrer Maßverhältnisse, der Terminologie und geschichtlichen Entwicklung[233]: Wie für Vitruv gehören für Heron zur systematischen Einführung historische Gesichtspunkte. Herons Werk zur Pneumatik stellt ebenfalls eine Einführung dar, für die ähnliche Grundsätze gelten: Pneumatik sei von

227 Vgl. ANDRÉ (1992) 886-889. Medium der Verständigung zwischen literarisch tätigem Handwerker und Publikum ist die beiden gemeinsame rhetorische Bildung, vgl. CALLEBAT (1994).

228 Vgl. SAKALIS (1972).

229 Dabei handelt es sich um eine Bauanleitung für Experten, die mathematisch-konstruktiv vorgeht (vgl. Heron., *Cheirob.* I 1: *Γεγονέτωσαν κανόνες δύο πελεκινωτοὶ*, οἱ AB ΓΔ, *ἐν τετραγώνοις πελεκίνοις, ὧν θῆλυς μὲν ἔστω ὁ* AB, *ἄῤῥην δὲ ὁ* ΓΔ).

230 Vgl. MARSDEN (1971) 227-232.

231 Heron, *Belop.* 2.

232 Ebda. 1.

233 Heron, *Belop.* 2 (W 74). Systematischer Gesichtspunkt der Definition des Zieles der Geschützbaukunst 3 (W 74): *῞Ορος δὲ τῆς βελοποιικῆς ἐστι τὸ μακρὰν ἀποστέλλειν τὸ βέλος ἐπὶ τὸν δοθέντα σκοπόν, εὔτονον τὴν πληγὴν ἔχον, περὶ οὗ δεῖ πᾶσαν τὴν φροντίδα ποιῆσαι* <*ἐπὶ*> *τοῖς εἰρημένοις ὀργάνοις.*

älteren Philosophen und Mechanikern behandelt worden einerseits als rationale (λογικῶς), andererseits als empirische Wissenschaft (*δι' αὐτῆς τῆς τῶν αἰσθητῶν ἐνεργείας*, I pr. p. 2,4-7); es sei daher notwendig, das von den Vorgängern Überlieferte zu ordnen und selbst neu Herausgefundenes in die Tradition einzubringen (I pr. p. 2,7-10): Als eigene Arbeit gegenüber der Tradition bestimmt Heron primär die Ordnungsleistung. Die Überlieferung bedarf eines Zuwachses an Systematik und der Anreicherung um Neues. Diese Doppelarbeit werde künftigen Bemühungen um die *μαθήματα* nützen und stelle eine folgerichtige Fortsetzung des Werkes über Wasseruhren dar (I pr. p.2,10-20): Heron konzipiert die traditionellen Gegenstände mechanischer Schriftstellerei als Teildisziplinen eines Lehrzusammenhanges, der auf die fortschrittliche Organisation der Disziplin hin angelegt ist. Wesentliche Momente des Fortschrittes der mechanischen Disziplinen sind nach Herons Verständnis also die im Verlauf wiederholter Umarbeitung der Tradition immer bessere Systematisierung (*εἰς τάξιν ἀγαγεῖν*) des Lehrstoffes, also die zunehmende Einsicht in Prinzipien und Zusammenhänge, und außerdem das empirische Hinzufinden und -erfinden (*προσευρίσκειν*), das jenen Lehrstoff vermehrt und weiterer Systematisierungsbemühungen bedürftig macht. Systematisierung und Vervollständigung erlauben auch künftig eine Entwicklung der Disziplin als Teil der *μαθήματα* und machen aus ihr ein auf Zuwachs und Fortschritt angelegtes Bemühen.

Die Zwecke der Pneumatik sind gleichermaßen Nutzen wie Überraschung und Bewunderung (*θαυμασμός*, ebda.): Für die nur teilweise eingeweihte Öffentlichkeit bleibt Technik Wunder-Werk. Von den Adressaten der Schriften aber wird erwartet, daß sie durch die Kenntnis der Wirkprinzipien der Technik den Anlaß für Staunen verlieren. Dafür müssen mechanische Gegenstände Teil ihrer Bildung werden. Die dabei nötige strenge Scheidung zwischen den Adressaten technischer Konstruktionen und den Adressaten technischer Schriften liegt auch dem Werk über Spiegeltheorie zugrunde. Diese Scheidung führt letztlich zur Differenzierung zwischen Technikern, an die sich technische Erkenntnisse richten, und die die Konstruktionen durchschauen, und nicht Eingeweihten, die die Konstruktionen bewundern. In der Bewahrung dieses Unterschiedes zwischen einer kleineren Gruppe, die über technisches *know-how* verfügt und einer Öffentlichkeit ohne dieses liegt eine Wirkungsvoraussetzung der unterhaltenden Zweige der Mechanik[234]. Neben der literarischen Elite, zu deren Urteilsvermögen Herons mechanische Schriften ebenso einen Beitrag leisten wollen

234 Spiegeltheorie: Heron., *Catoptr.* I 1 bestimmt als Ziel der Spiegellehre die Absicht, das Natürliche anders als mit normalen (planen) Spiegeln zu zeigen und überraschende Verzerrungseffekte zu erzielen; es gehe um das *mirabile*. Konstruktion und Produktion überraschender optischer Effekte gilt als aus einer Fachtradition geschöpft, d.h. einer Tradition von Spezialisten; ihre literarische Bearbeitung führt nicht oder nur eingeschränkt zu ihrer Veröffentlichung. Die Wahrung der prinzipiellen Differenz zwischen einer kleinen literarisch-technischen und größeren betrachtenden "Öffentlichkeit" ist eine Bedingung für die Wirkung der wunderwirkenden Technik. Die meisten Konstrukte der heronischen Schrift über Spiegel provozieren eine natürliche Erwartung, um diese dann theatralisch ad absurdum zu führen (XIIff.). Jene Unterscheidung zwischen verschiedenen Öffentlichkeitsbereichen stellt ein Charakteristikum nicht nur der antiken technischen Mechanik, sondern auch der Medizin dar, deren Vertreter auf Wahrung und Zurschaustellung eines minimalen, ihre Autorität vor Patienten und Öffentlichkeit sichernden Wissensvorsprunges achteten. Dieser Unterschied spielt eine geringere Rolle in den Literaturgattungen, die zu unmittelbar praktischem Gebrauch, vor allem durch Landwirte und Baumeister gedacht waren, nämlich Rechenbüchern und -anweisungen. Zu dieser Gattung gehören das mit Herons Werken überlieferte späte, fortlaufend erweiterte Rechenbuch (*Geometrica*), das ganz praktische Korrelationstabellen (SaatgutFläche IV 15) und steuerrechtliche Verfahren der Wert- und Ertragsschätzung (XXIII 68) mitteilt. Vgl. für Architekten die ps.-heronischen *Stereom.*, bes. I 43-45.

wie sie den Anspruch auf Geltung der Mechanik im Kontext legitimer Lehrdisziplinen artikulieren, richten sich die Werke auch an künftige Fachleute. Wir beobachten dieselbe Doppelfunktion der mechanischen Fachliteratur wie bei Vitruv; auch Herons Schrift über die Mechanik einfacher Maschinen ist eine Einführungsschrift[235]; auf Seiten des Lesers setzt sie mathematische Bildung voraus und sucht die Mechanik als mathematische Disziplin zu etablieren. Sie durchdringt nicht nur übliche technische Problemlösungen wissenschaftlich, sondern betrachtet diese am Maßstab von Effizienzüberlegungen zugleich kritisch[236]. Allerdings fehlt den *Mechanica* das populäre Moment: Diese Arbeit ist ein mathematisch-technisches Lehrbuch, das nicht einen Überblick für Entscheidungen treffende Laien, sondern systematische Einführung für mathematisch-technisch Interessierte bietet[237]. Heron orientiert sich also stärker als Vitruv auf Fachleute.

Ein wichtiges Motiv für einen besonderen technischen Informationsbedarf der literarisch gebildeten Führungsschichten der frühen Kaiserzeit belegen Schriften über Techniken, die von Angehörigen jener Führungsschichten selbst verfaßt wurden, also von technischen Laien. Diese bedurften für die Ausfüllung politisch-militärischer Ämter der Urteilsfähigkeit in fachlichen Dingen, die ihnen die übliche rhetorisch-literarische Ausbildung aber nicht vermittelte. Sie befürchteten daher eine Abhängigkeit von den über technisches Wissen verfügenden Spezialisten und sahen ihre Kontrolle über die Techniker gefährdet, denen sie eine nur subalterne Rolle zumaßen. Diese Haltung wird besonders deutlich in der Schrift Frontins über die Wasserversorgung Roms. Für die *cura aquarum*, die Frontin 97 n.Chr. im kaiserlichen Auftrag ausübte, fehlte ihm genaues Wissen über die Wasserver- und -entsorgung Roms. Die mangelnde Beherrschung technischer Details durch die administrative Führung gefährdete deren politische Kontrolle über das Wasserversorgungssystems. Frontin begründet die literarische Auseinandersetzung mit dem fehlenden Wissen: Es gebe nichts Schimpflicheres, als aus Unerfahrenheit ein Amt nach Maßgabe der *adiutores* zu führen; von diesen wird erwartet, daß sie, anders als der auf Zeit amtierende Administrator, mit der Sache durch *usus* vertraut seien, aber nichts anderes seien, als ein Instrument in der Hand des Administrators, d.h. der einzig handelnden Führung. Die durch Erfahrung mit der Sache vertrauten, aber untergeordneten Fachleute brauchen aufgrund ihrer Erfahrung keine Fachliteratur und produzieren keine solche. Das heißt: Als politisch-administrativ Führender erkennt Frontin die Abhängigkeit vom Wissen technischer Spezialisten, betrachtet einen dadurch bedingten Einfluß dieser Spezialisten auf die Entscheidung über die Frage, *quae*

235 Vgl. Heron, *Mech.* I 1; 25. Die Disziplin wird mittels Aufgabe, Lösung und Beweis dargestellt, erfordert also vom Studierenden Geübtheit in der Denk- und Arbeitsweise der euklidischen Geometrie. Die Funktion eines Umschlages der Tradition übernimmt auch Herons Schrift über das Vermessungsgerät (*Dioptra*); in seinem Vorwort betont Heron den Nutzenaspekt; Heron beansprucht auch in diesem Werk, das von den Vorgängern Hinterlassene literarisch zu behandeln und dabei nicht nur Gesichtspunkte sachlicher Richtigkeit, sondern auch solche der Verständlichkeit zu berücksichtigen (Heron, *Dioptr.* 1: *τὰ δὲ δυσχερῶς εἰρημένα εἰς εὐχέρειαν μεταγαγεῖν, τὰ δὲ ψευδῶς εἰρημένα εἰς διόρθωσιν προάξαι*).

236 Vgl. Heron über verbreitete, jedoch ineffektive Pressen, III 20.

237 Das Werk setzt mit Aufgabenstellungen ein und baut die Mechanik schulmäßig auf, Heron., *Mech.* I 1: *Τῇ δοθείσῃ δυνάμει τὸ δοθὲν βάρος κινῆσαι διὰ τυμπάνων ὀδοντωτῶν παραθέσεως. Κατεσκευάσθω πῆγμα καθάπερ γλωσσόκομον· κτλ.* Der Aufbau mit Aufgabenstellung und Lösung entspricht dem eines mathematischen Lehrbuches, vgl. Euclid., *Elem.* I 2 (*Πρὸς τῷ δοθέντι σημείῳ τῇ δοθείσῃ εὐθείᾳ ἴσην εὐθεῖαν θέσθαι*); I 3 (*Δύο δοθεισῶν εὐθειῶν ἀνίσων ἀπὸ τῆς μείζονος τῇ ἐλάσσονι ἴσην εὐθεῖαν ἀφελεῖν*).

facienda quaeque vitanda sint[238], als Gefahr. Dieser Gefahr einer Entscheidung untergeordneter Funktionäre über Grundsätze und Ziele sei unter allen Umständen entgegenzutreten. Die technische Komplexität der Zivilisation gefährdet ihre politische, administrative und gesellschaftliche Kontrolle; durch die systematische Zusammenstellung bisher verstreuten Wissens sucht sich der Administrator vom Praxiswissen der Mitarbeiter unabhängig zu halten.

Der Aneignung von Urteils- und Entscheidungskompetenz dient nach Frontin auch seine literarische Bemühung um andere praktische Disziplinen; von den literarischen Ergebnissen seiner Erfahrung und Arbeit in militärischen Dingen und bei der Verwaltung des Bodens erwartet er, daß sie die Amtsnachfolger zur Kontrolle über ihre Mitarbeiter befähige. Durch die Schrift zur Wasserversorgung will er sich selbst allererst Sachkenntnis und Entscheidungsfähigkeit erarbeiten[239]. Diese Entscheidungsfähigkeit setzt die Verfügung über eine *formula administrationis*, eine Norm oder Regel für die Führung der Amtsgeschäfte[240], voraus: Der Administrator bedarf eines besonderen Wissens, das mit dem der Techniker nicht identisch ist. Es ist auch normativer Art, bietet also eine Richtschnur zu verwirklichender Ziele und Absichten. Die Sammlung praktischer Einsichten soll zu einer solchen Richtschnur verhelfen, indem sie eine geordnete Sammlung von Präzedenzfäälen und Erfahrungen bietet. Wenn statt der Kontrolle durch die politische Führung Entscheidungen der Techniker und Praktiker die Entwicklung bestimmen, wird dies als Fehler betrachtet, als Verfallsphänomen oder bewußter Betrug (*fraus*)[241].

Im allgemeinen ließ sich der besondere technische Wissensbedarf römischer Führungskräfte im ersten nachchristlichen Jahrhundert am ehesten aus griechischen Ressourcen befriedigen. Anders als im Falle der Wasserversorgung[242] konnte Frontin für die Behandlung des Kriegswesens griechisches Material auswerten. Er beansprucht, als erster militärischer Praktiker systematisch in lateinischer Sprache die *militaris scientia* zu lehren[243]. Die *Strategemata* fügt Frontin der nicht erhaltenen systematischen Lehrschrift über das Thema an als Werk, das griechisches Wissen transportabel macht (*expeditis ... commentariis*), also seine Komplexität reduziert und seine Zugänglichkeit verbessert. Auch dieses Werk richtet sich an das eigentlich handelnde Subjekt, den Feldherrn, dessen kreative Imagination bei der

238 Front., *De Aqu.* I 2; vgl.: ... *quorum etsi necessariae partes sunt ad ministerium, tamen ut manus quaedam et instrumentum agentis <esse debent>*. Vgl. Eck (1989a); (1998b).

239 Front., *De Aqu.* I 2-3: *quapropter ea quae ad universam rem pertinentia contrahere potui, more iam per multa mihi officia servato, in ordinem et ultra hoc in corpus deducta in hunc commentarium contuli, quem pro formula administrationis respicere possem. in aliis autem libris, quos post experimenta et usum conposui, succedentium res acta est; huius commentarii pertinebit fortassis et ad successorem utilitas, sed cum inter initia administrationis meae scriptus sit, in primis ad meam institutionem regulamque proficiet.*

240 Vgl. *TLL* VI p. 1114f. s.v. *formula* u. 1085f. s.v. *forma*.

241 Front., *De Aqu.* I 34; II 72; 75 (*fraus aquariorum*); 103; 105 (*neglegentiam aut fraudem*); 114 (*illa aquariorum intolerabilis fraus*).

242 Diese hielt Frontin für eine eigentümliche zivilisatorische Leistung der Römer, *De Aqu.* I 16.

243 Bereits Cato hatte *De re militari* geschrieben, um in Ansätzen Führungsfähigkeit zu vermitteln. Das Werk enthielt auch direkte Handlungsanweisungen für den Kommandeur, vgl. Cato, *De re mil.* fr. 4 Jord. = Festus 214 M (*Magistratus nihil audent imperare, ne quid consul auspici peremat*); fr. 9 Jord. = Philarg., *Verg. G.* II 417 (*Pedites quattuor agminibus, equites duobus antibus ducas*); fr. 13 = Prisc., *G.L.* II 334 K. (*Satis celeris sis in tempore*).

Lösung militärischer Einzellagen durch *exempla* zu Analogien angeregt werden soll[244]. Der Wert einer Zusammenstellung von στρατηγήματα liegt daher in der Auswahlleistung des Autors: Dieser beansprucht, dem Leser die Suche in einer Vielzahl von Büchern zu ersparen[245], also Vergleichsmaterial für alle möglichen Lagen in konzentrierter Form zu bieten. Der Orientierungsbedarf, den das Werk befriedigte, war hoch. Von den intendierten Lesern wird vorausgesetzt, daß sie erwarten, fehlende Führungskompetenz aus Büchern erwerben zu können[246]. Diese Kompetenz betrifft paradoxerweise nicht nur Grundsätze der Tätigkeit des Feldherrn, die Frontin in dem im ursprünglichen Plan nicht vorgesehenen vierten Buch exemplifiziert[247], sondern auch die feldherrliche Erfindungs- und Problemlösungsfähigkeit in Einzelsituationen. Es wird also erwartet, daß die Mitteilung fremder Erfahrungen in geordneter Form eigene Erfahrung in der Sache ersetzen oder ergänzen kann[248]. Diese Erwartung der Gültigkeit und Praktikabilität des *exemplum* ist Voraussetzung für die Annahme, Praxiswissen ließe sich literarisch vermitteln[249]: Frontin setzt voraus, die literarische Mitteilung militärischer Erfahrungen vermittle zugleich die Fertigkeit militärisch zu

244 Daß mit den *exempla* inventiv umgegangen werden soll, zeigt eine Bemerkung des Vorwortes zum dritten Buch, mit der Frontin die Notwendigkeit für den Feldherrn, auf jeweils andere Lagen zu reagieren, in einen Gegensatz bringt zu der prinzipiell immer gleichen Konstruktion der Maschinen, mit denen Belagerungen bewerkstelligt werden. Gegenüber dem kontingenten Wechsel jeweiliger Lagen erscheint die Belagerungstechnik als statisches Phänomen (III pr. 2): *Depositis autem operibus et machinamentis, quorum expleta iam pridem inventione nullam video ultra artium materiam...* Frontin will nicht sagen, Innovationen im allgemeinen seien in der Belagerungstechnik nicht zu erwarten; vielmehr sucht er die *inventio* im jeweiligen Einzelfall als Gegenstand einer durch Vorbilder angeleiteten *ars* anzuregen. Die je einzelnen Situationen, zu deren Bewältigung Maschinen gebaut werden, sind seiner Auffassung nach jedoch von endlicherer Zahl und voraussehbarer als die Menge aller militärischen Lagen überhaupt. Seine Bemerkung bringt nicht eine grundsätzliche Skepsis gegenüber der Möglichkeit kriegstechnischen Fortschrittes zum Ausdruck, sondern die Irrelevanz der Kriegstechnik für eine Form der Belehrung, die sich ohne Eingehen auf Details besonderer fachlicher Erfahrung der Vermittlung von Entscheidungsfähigkeit in je neuen Situationen durch Vergleich mit verschiedenen vergangene Verhaltensweisen verschrieben hat.

245 Front., *Strateg.* I pr. 1-4. Frontin nennt als Vermittler von *Strategemata* die *rerum gestarum scriptores* und die Verfasser allgemeiner *exempla*-Sammlungen (I pr. 2). Ein Abschnitt über *Strategemata* eines solchen Sammelwerkes liegt in Val. Max., *Fact. et dict. mem.* VII 4 vor; im Eingang bestimmt Valerius das Charakteristikum exemplarischer militärischer Belehrung durch Beispiele (ebda. pr.): *Illa uero pars calliditatis egregia et ab omni reprehensione procul remota, cuius opera, quia appellatione * uix apte exprimi possunt, Graeca pronuntiatione strategemata dicantur.* Schulung militärischer Klugheit mittels *exempla* war geübte griechische Praxis, für die eine lateinische Bezeichnung fehlte. Zugleich empfand man das aus *Strategemata* zu Lernende als entscheidende Fertigkeit. Auch Valerius Maximus empfiehlt seine Auswahlsammlung durch die Zeit, die sie sparen hilft. Ihr unmittelbarer Adressat ist Tiberius, mittelbar richtet sie sich an die Bedürfnisse aller rhetorisch Tätigen, vgl. I pr.; BLOOMER (1992) 14ff.

246 CAMPBELL (1987).

247 Front., *Strateg.* IV pr. Zur Echtheit BENDZ (1938).

248 Front., *Strateg.* I pr. 1: *ita enim consilii quoque et providentiae exemplis succincti duces erunt, unde illis excogitandi generandique similia facultas nutriatur; praeterea continget, ne de eventu trepidet inventionis suae, qui probatis eam experimentis comparabit.*

249 Der intime Zusammenhang zwischen vergangener und je gegenwärtiger Erfahrung bedeutet, daß eine Problemlösung umso wahrscheinlicher erfolgreich ist, je weniger innovativ sie ist. Je mehr sich das Handeln in bekannten Problemkontexten abspielt, desto sicherer kann es sich des Vergleiches sein: *praeterea continget, ne de eventu trepidet inventionis suae, qui probatis eam experimentis comparabit* (I pr. 1).

entscheiden. Anleitung und Instruktion leistet die Militärwissenschaft durch einen Prozeß der Tradition und systematischen Transformation von Erfahrungen. Frontin legt seiner Bearbeitung der *Strategemata* eine Konsequenz der Verbreitungsbedingungen für Erfahrung in der Antike - kein Buchdruck - wie auch des *exemplum*-Prinzips zugrunde: Der Zwang zur Transformation einzelner Erfahrungen in tradierbares Wissen droht, Übersicht und Sachzusammenhang zu sprengen. Man überliefert alles Mögliche und muß den Zusammenhang zu eigenen Lagen erst durch einen Akt bewußter Selektion sichtbar machen. Nicht alles ist jederzeit von praktischem Interesse. Die Kultur droht an vorbildlichem Überlieferungsgut zu ersticken, weil nicht Polymathie Aufgabe der Wissenschaft - auch der militärischen - ist, sondern Problemlösung im Einzelfall. Tradierte Erfahrung aus Geschichtswerken und *exempla*-Sammlungen selbst zu extrahieren ist den Praktikern nicht zuzumuten. Das Interesse der Praxis richtet sich auf schnelle Antworten auf Anfragen[250]. Unter Bedingungen exemplarischer Handlungsanleitung ist daher die Epitome die Form der Literatur, die Originalität im Einzelfall der Praxis sichert und Praxisanleitung durch Erfahrung vorstellbar macht. Die Auswahl der *exempla* ist Ausdruck der persönlichen Urteilsfähigkeit des Autors; Frontin erwartet, daß sein Werk bei gleicher Systematik zum Kern künftiger Ergänzungen werde[251].

Die Vermittlung von Führungskompetenz auf literarischem Wege mußte ihrerseits Erfahrungen bereits voraussetzen, die, im Unterschied zu literarisch vermittelter Fachkompetenz, nicht einer bestimmten Spezialdisziplin zuzuordnen waren. Der Adressat Frontins besitzt, im Unterschied zu den mittelbaren Adressaten Vitruvs und Herons, nicht eine handwerkliche Ausbildung, sondern Erfahrung in politisch-militärischen Entscheidungsprozessen als Voraussetzung seiner Urteilsfähigkeit: neben literarischer Bildung eine Bedingung der Übertragbarkeit des literarisch vermittelten Wissens in politische Praxis. Während Vitruv und Heron danach fragen, mit welchen Gegenständen der Praktiker vertraut sein muß, um ein guter Praktiker zu sein, und so sachlich geordnete Gegenstandskataloge und Urteilsmaßstäbe vorlegen, vermittelt Frontin Einsicht in geübte griechische und römische Praktiken[252].

Eine der Vermittlung von *exempla*-Wissen ähnliche Form technischer Anleitung für Nichttechniker beruht auf ihrer begrifflich strengen Systematisierung, abstrakt von vorausgehender Erfahrung, und auf ihrer Eingliederung in eine philosophische Bildungskonzeption. Während Heron technischer gegenüber philosophischer Bildung einen überlegenen Wert zuschrieb, hatte fast zwei Jahrhunderte zuvor Poseidonios die Taktik als eine philosophische

250 *Nostra sedulitas impendet operam, ut, quemadmodum res poscet, ipsum quod exigitur quasi ad interrogatum exhibeat* (I pr. 2).

251 Warum Frontin nicht ohne Grund vieles weggelassen habe, sei einzusehen, wenn man vergleichbare Bücher lese (I pr. 3).

252 Frontins Schriften über juristische und meßtechnische Aspekte der Administration des Bodens setzen dagegen ein Interesse an begrifflicher Systematik voraus (vgl. Front., *De agr. qualit.*; *De controv.*). Die Erarbeitung historisch gewordener Praktiken steht aber auch in *De limit.* im Vordergrund, während *De arte mens.* grundsätzlich die technischen Probleme der Landesvermessung darlegt. In allen diesen Schriften geht es jedoch, wie im Falle der Schrift über die Wasserversorgung, nicht um die Vermittlung detaillierten technischen Praxiswissens, sondern um die Vermittlung eines Überblickes über grundsätzliche Probleme, die sich an Führungskräfte richtet, die Entscheidungs- und Kontrollfunktionen ausüben, nicht aber selbst als Vermesser etc. tätig werden sollen.

Disziplin systematisch behandelt[253]. Auch sein Schüler bzw. literarischer Nachfolger Asklepiodotos traktierte die Disziplin mit den Mitteln begrifflicher Distinktion, verband damit aber den Anspruch auf vollständige Erfassung aller praxisleitenden Regeln[254]. Taktik wurde im Rahmen der Philosophie als systematische Disziplin a priori betrieben[255]. Beide an Nichtfachleute gerichtete Formen der Belehrung kennzeichnet trotz ihres konträren Verhältnisses zur Erfahrung eine ähnliche Voraussetzung: Theoretisch-systematische Lehre praktischer Metiers wie ihre Vermittlung durch *exempla* als Schulung der Entscheidungsfähigkeit setzen voraus, daß Urteilsfähigkeit, die üblicherweise durch persönliche Erfahrung erworben wird, auch durch literarische Mitteilung fremder Erfahrung erworben werden könne. Literatur soll Erfahrungsdefizite kompensieren. Beide Formen rechnen also mit Adressaten, die einer Orientierung bedürfen, in deren Lebensvollzug aber nicht oder nicht mehr selbstverständlich die Kompetenzen erworben werden, die sie für ihre Aufgaben als Administratoren und Militärführer brauchen. Veränderungen in der Zusammensetzung der Führungsschicht beim Übergang von der Republik zum Prinzipat und Veränderungen der militärisch-administrativen Praktiken erzeugten ein Orientierungsdefizit, auf das die Literarisierung, Technisierung und Verwissenschaftlichung weiterer Lebensbereiche antwortete.

Die Konzeption der Taktik als philosophische Disziplin ist eine zwar radikale, aber nicht einzigartige Variante der griechischen Literatur zum Thema. Außer der Systematik des Asklepiodotos besitzen wir die Handbücher Arrians (136/137 n.Chr.)[256] und Aelians (1./2. Jhdt.). Aelian widmete sein Werk Trajan; er hatte noch zu Nervas Zeit den alten Frontin besucht und dessen Interesse an taktischem Handbuchwissen kennengelernt: Die Übernahme griechischer Wissens- und Literaturformen befriedigte Orientierungsbedürfnisse[257]. Allerdings entwickelte die taktische Lehrbuchliteratur vor dem Hintergrund ihrer Hochkonjunktur in Rom ihre eigene Scholastik: Aelian beschreibt nur griechische Taktik, im Bewußtsein bereits auch rein antiquarischer Interessen an dem Stoff. Diese paaren sich mit einer ausgebildeten literarischen Praxis, nach der jeweils das letzte Werk zum Thema die Vorgänger aus dem Gebrauch verdrängt. Aelian beansprucht, *ἐν μαθήμασιν* geübter zu sein als seine griechischen literarischen Vorgänger, und er erwartet, sie mit seiner *θεωρία* zu verdrängen.

Ein originär römisches Interesse an der griechischen systematischen Taktik setzt er voraus und sieht es durch Frontins belegt. Die Eigenschaften, durch die sein Werk die der Vorgänger übertreffe, seien Klarheit der Terminologie (*σαφήνεια*) im einzelnen und überlegene Ordnung im ganzen (*τάξις*). Diese Eigenschaften betreffen die sprachliche Verständlichkeit, nicht die praktische Gültigkeit des Mitgeteilten. Diese scheine durch militärische Reformen des Adressaten in jüngster Zeit relativiert, das Wissen also nicht *χρήσιμον ἐν τῷ βίῳ* zu sein; dennoch postuliert Aelian einen Nutzen seiner Schrift für den kaiserlichen Adressaten

253 Vgl. fr. 468a Th. = 80 E.-K.; fr. 468b Th. = 81 E.-K.; fr. 469 Th.

254 Asklepiodotos als *auditor* des Poseidonius: Sen., *Nat. quaest.* II 26,6; VI 17,3. Die überlieferte Taktik des Asklepiodotos stellt wahrscheinlich nur den sich auf die Landtruppen beziehenden Teil einer ursprünglich umfassenderen Arbeit dar, denn der Autor beginnt mit der Anschlußformel: Τῆς *τελείας παρασκευῆς πρὸς πόλεμον διττῆς οὔσης, χερσαίας τε καὶ ναυτικῆς, περὶ τῆς χερσαίας τὰ νῦν λεκτέον* (Askl., *Tact.* I 1). Anspruch auf Vollständigkeit: XII 11.

255 Bereits die Sophisten betrieben Taktik als theoretische Wissenschaft; darüber läßt Xenophon sich Sokrates in den *Memorabilia* (III 1,5-7) lustig machen.

256 TONNET (1988) 99ff.; STADTER (1980) 41ff.

257 Aelian., *Tact.* pr. 3. Zur Herausbildung der systematischen Militärwissenschaft LORETO (1995).

als verständliche Darstellung der Taktik Alexanders des Großen[258]. Das Interesse, dem sich die Schrift verpflichtet, ist demnach im doppelten Sinne ein hermeneutisches: Sie will ein höheres Maß an Verständlichkeit besitzen als Vorgängerwerke, und sie will ein historisches Interesse an einem Gegenstand befriedigen, der für die Praxis der Gegenwart teilweise obsolet geworden ist oder zu werden droht. Aelian widmet den literarischen Vorgängern im Anschluß an das Vorwort eine ausführliche Kritik, die in einer Bewertung gipfelt, die Arrian später fast wörtlich übernahm, und die auch die Beurteilung der kriegstechnischen Literaturtradition durch Heron bestimmt: Die Vorgänger hätten ihre Werke für Wissende verfaßt[259], die das zu Vermittelnde bereits kennen. Der Vorwurf ist: Diese Literatur ist zu voraussetzungsreich. Von einer Einführung wird erwartet, daß sie weniger durch Erfahrung oder anderweitig erworbenes Wissen voraussetze, als nötig ist, um ältere Werke zu verstehen. Diese Äußerungen deuten eine Veränderung an: Während der frühere Leser älterer Taktikschriften ein größeres Sachwissen bereits mitbrachte, sieht sich die technische Literatur der frühen Prinzipatszeit einer Leserschicht gegenüber, bei der sie nur geringere Voraussetzungen meint machen zu dürfen als diejenige in hellenistischer und klassischer Zeit. Die kaiserzeitliche Taktikliteratur ist sich dieser Veränderung als eines Anpassungsdruckes bewußt und reagiert darauf durch zusätzliche Systematisierung und durch die Bemühung um die Überwindung des auch sprachlich größer gewordenen Abstandes zu ihrem Gegenstand. Die intendierten Leser dieser Literatur finden sich in einer Schicht, die mit Militärwesen, -technik und Wasserversorgung nicht selbstverständlich vertraut wurde, doch Führungsaufgaben zu übernehmen hatte.

Der Strategikos des Onasander an Quintus Veranius ist ein weiteres Beispiel für den skizzierten Strukturwandel der technischen Öffentlichkeit. Im Prooemium dieses wohl etwas früher als die soeben betrachteten geschrieben Werkes versucht der Autor zu bestimmen, inwiefern er als selbst nicht militärisch erfahrener Literat beanspruchen kann, militärische Lehren zu vermitteln. Bei seinem unmittelbaren Widmungsadressaten setzt er ein persönliches Interesse an der Ausübung der Tätigkeit voraus, die die Schrift lehrt: Es sei Charakteristikum praxisorientierter Literatur, denen gewidmet zu werden, *οἶς πόθος ἔχεσθαι τοιῶνδε ἔργων*. Strategische Lehrschriften seien insbesondere Angehörigen der römischen Senatsaristokratie (*τοῖς τὴν συγκλητικὴν ἀριστοκρατίαν λελογχόσι*) zuzueignen, wobei vorausgesetzt wird, daß v.a. diese einen Bedarf an der durch die Lektüre zu erwerbende Kompetenz entwickeln, da die intendierten Adressaten durch den Kaiser die Ämter eines Konsuls oder Imperators erhalten. Kriterium ihrer Auswahl zu diesen Ämtern seien ihre Erziehung, durch die sie Erfahrung bereits mitbringen und das Ansehen der Vorfahren (pr. 1). Onasander setzt also prinzipiell noch voraus, markanter als noch Frontin und Aelian, daß seine Adressaten durch Erziehung und Familie für militärische Führungsaufgaben prinzipiell durch Erfahrung qualifiziert seien. Doch belegt seine *captatio benevolentiae* nicht eine wirkliche Erfahrenheit sondern die Wünschbarkeit solcher Erfahrung: Daß Onasander seinen Adressaten kollektiv Erfahrung attestiert, ist ein Indiz dafür, daß ihre Erfahrung tatsächlich für praktische Zwecke nicht ausreichte. Die folgenden Wendungen des Werkes machen deutlich, daß Erfahrenheit tatsächlich bereits nur noch als Ideal, nicht als Normalfall gilt: Onasander habe sein Werk nicht an die römische Senatsaristokratie als Gruppe strategisch Unerfahrener gerichtet (*ὡς ἀπείροις στρατηγίας*), erwarte aber, daß die Lektüre eine

258 Aelian., *Tact.* pr. 1-6.

259 Aelian., *Tact.* 1,3 (ὡς εἰδόσι). Vgl. Arrian., *Tact.* 1,2; Heron, *Belop.* 2 (ὥσπερ γινώσκουσι).

Übung (*ἄσκησις*) für künftige Feldherren und angemessene Unterhaltung ehemaliger Militärs sei: Die Lektüre soll also an die Stelle praktischer Übung treten und dieselbe Funktion wie Erfahrungen erfüllen. Auch hier also beansprucht die technische Literatur, ein Erfahrungsdefizit zu kompensieren (pr. 2).

Onasander beansprucht keine Originalität in den Details für seine Schrift, deren Disposition der der späteren Strategemsammlung Frontins entspricht: Es kommt Onasander mehr darauf an, die spezifisch militärische Urteilsfähigkeit darzustellen und anzuleiten[260]. Während Asklepiodotos durch begriffliche Distinktionen die Terminologie taktischer Einheiten und Manöver in eine systematische Ordnung bringt, beansprucht Onasander die Vermittlung persönlicher Führungs- und Entscheidungsfähigkeit an ein Publikum, das alle Voraussetzungen durch Lektüre erwerben muß[261], auch das normalerweise aus der Erfahrung geschöpfte Urteilsvermögen. Als eigene Leistung betrachtet Onasander die Ordnung des Stoffes und die treffende Erfassung militärischen Vernunftgebrauches[262]. Auch Onasanders Konzeption einer fachpraktischen Anleitung setzt also voraus, daß, was ansonsten durch tätige Übung ausgebildet wird, unter Umständen durch Lektüre erworben werden kann. Im ersten Jahrhundert häufen sich derartige Versuche, mittels einer neu konzipierten technischen Literatur nicht mehr selbstverständliche Erfahrung und Führungskompetenz zu vermitteln, weil die zu besetzenden Führungspositionen sich sachlich diversifizierten, und weil bei der Rekrutierung des Führungspersonals nicht davon ausgegangen werden konnte, daß es durch Bildung und Erfahrung zur sachgerechten Ausübung seiner Funktionen befähigt war[263].

Das Wissen, zu welchem die Lektüre führen soll, wird näher bestimmt: Es gehe darum, die Ursachen für Erfolg und Mißerfolg und für die Weltherrschaft Roms zu erkennen. Onasander negiert die These von der Zufälligkeit der Herrschaft Roms und begrenzt die Rolle der *τύχη* im technischen Kontext: Es sei notwendig, die Tyche um Beistand anzuflehen, verrückt jedoch, ihr die entscheidende Kontrolle über Handeln und Mißerfolge zuzuschreiben. Als Beleg führt er das Faktum praktischer Beurteilung an, das für einen radikalen

260 Onasand., *Strateg.* pr. 3: *ὅθεν, εἰ καὶ παρὰ πολλοῖς φανείη νενοημένα τὰ παρ' ἐμοῦ συντεταγμένα, καὶ κατὰ τοῦτο ἂν ἡσθείην, ὅτι μὴ μόνον στρατηγικὰς συνεταξάμην ὑφηγήσεις, ἀλλὰ καὶ στρατηγικῆς ἐστοχασάμην καὶ τῆς ἐν αὐτοῖς φρονήσεως, εὐτυχοίην τ' ἄν. φρόνησις* bezeichnet bei Platon und Aristoteles das praktische Urteilsvermögen (Plat., *Symp.* 209a; Arist. *EN* 1140a24ff.; 1141b23ff.). Diese Bedeutung liegt auch hier vor: Onasander will nicht nur praktische Regeln (*ὑφηγήσεις*) geordnet darstellen, sondern zugleich in diesen (*ἐν αὐτοῖς*) liegende Vernunftprinzipien transparent machen, also nicht allein Regelwissen vermitteln, sondern zum Gebrauch der Vernunft als Feldherr anleiten. Datierung: Man identifiziert Quintus Veranius mit dem gleichnamigen Konsul von 49 n.Chr., der 59 n.Chr. als Militärkommandeur in Britannien starb (PIR III 399f.). Den Autor nennt die Suda (O 386 s.v. *'Ονόσανδρος*) *φιλόσοφος Πλατωνικός*, der *Τακτικά*, *Περὶ στρατηγημάτων* und *'Υπομνήματα εἰς τὰς Πλάτωνος Πολιτείας* geschrieben habe.

261 Es ist daher kein Zufall, daß Onasander sich vor allem solcher Quellen spätklassischer und hellenistischer Zeit bedient, die die persönlichen Voraussetzungen militärischer Führungsfähigkeit zum Thema machen, besonders Xenophon und Polybios, vgl. AMBAGLIO (1981).

262 Die Voraussetzung seiner Konzeption bringt Onasander im unmittelbaren Anschluß zum Ausdruck: seine Fähigkeit, die Leistungen der früheren Römer begrifflich zu durchdringen (*λόγῳ περιλαβεῖν*), pr. 3.

263 Sueton berichtet einen Habitus des Augustus, der belegt, daß dieser sich sowohl der Orientierungsbedürfnisse der Führungsschichten der Prinzipatszeit bewußt war, wie auch der Möglichkeiten der lateinischen und vor allem griechischen Literatur, diese zu befriedigen (Suet., *Aug.* 89,2). Vgl. CAMPBELL (1987).

Fatalismus unverständlich wäre (pr. 4-6); er erhebt also das praktische Postulat der Verantwortlichkeit, um eine praktische Militärwissenschaft zu entwerfen[264].

Daß das Unternehmen, praktische Tätigkeit rein literarisch anzuleiten, ein lehrbuchartiges Werk zu verfassen, ohne selbst über praktische Erfahrung zu verfügen, in der Mitte des ersten Jahrhunderts noch eine der Rechtfertigung bedürftige Neuerung war, sagt der Autor selbst: Von Natur aus (*φύσει*) trauten alle Menschen denjenigen Literaten die Fähigkeit zur Vermittlung wahren Wissens zu, die, wenn auch stilistisch unvollkommen, aus praktischer Erfahrung schreiben; praktisch nicht Erfahrenen mißtrauten sie aufgrund ihres Mangels an durch Erfahrung erworbene Autorität, auch wenn sie Dinge schrieben, deren Praktizierung möglich ist. Daher betont Onasander eigens den Anspruch seines Werkes auf Erfahrungshaltigkeit[265]: Der natürliche Verdacht gegen den bloßen Theoretiker ist, daß er bloß Mögliches, aber praktisch Unverbindliches schreibe, während der Praktiker auch dann Kredit für die Praktikabilität des von ihm Mitgeteilten beanspruchen kann, wenn er seinen Gegenstand schlecht darstellt. Für diese natürliche, also verbreitete, Erwartungshaltung ist der Anspruch des Theoretikers Onasander auf praktische Autorität einerseits ein Paradox, andererseits begründet unter diesen Umständen der Verzicht auf eigene Originalität gerade die praktische Geltung der vermittelten Lehre: Onasander schreibt, sein Werk enthalte nicht die spontanen Einfälle eines jugendlichen, in Praxis und Militärtätigkeit ungebildeten Geistes, sondern leite seinen Inhalt ab von wirklichen Kriegshandlungen v.a. der Römer[266]. Wenn der theoretisch arbeitende Literat Geschehenes statt eigener Einfälle mitteilt, stellt sich nicht das Problem der Praktikabilität. Es geht Onasander also um eine Sammlung in der Praxis tatsächlich angewendeter Mittel und Regeln und deren Durchdringung auf die Prinzipien militärischen Vorgehens hin; Erprobtheit und Erfahrungshaltigkeit zeigen sich daran, daß Lehrsätze und Methoden im einzelnen gerade nicht originell sind. Darin liegt eine Absage an eine übliche Erwartung an die Originalität des Literaten, die jedoch an den praktischen Bedürfnissen, wie Onasander sie versteht, vorbei gehe[267]. Das Werk will also Zeugnis und Derivat vergangener Erfahrung und erst dadurch Lehrwerk sein; Onasander behauptet, im Gegensatz zur Vorstellung des Polybios, daß für die Mitteilung fremder Erfahrungen zu didaktischen Zwecken persönliche Erfahrenheit des Autors nichts austrage. Deutlich ist, daß die frühkaiserzeitliche technologische, militärische Literatur, ein Bedürfnis nach neuen Formen praktischer Belehrung zum Ausdruck bringt. Möglicherweise erhielt Quintus Veranius das Werk in Hinsicht auf das Militärkommando, bei dem er in Britannien starb.

264 Auch Polybios hatte die Auffassung von der Zufälligkeit der Herrschaft Roms bestritten und das Postulat der Veranwortlichkeit erhoben, um die historische Lehre als praktische auffassen zu können, MEISSNER (1986).

265 *'Επειδὴ δὲ φύσει πάντες ἄνθρωποι τοῖς μὲν δι' ἐμπειρίας συντετάχθαι δοκοῦσι, κἂν ἀσθενῶς ἀπαγγέλληται, τὸ πιστὸν εἰς ἀλήθειαν ἀπονέμουσιν, τοῖς δὲ ἀπείροις, κἂν ᾖ δυνατὰ πραχθῆναι, διὰ τὸ ἀδοκίμαστον ἀπιστοῦσιν, ἀναγκαῖον ἡγοῦμαι περὶ τῶν ἐν τῷδε τῷ λόγῳ στρατηγημάτων ἠθροισμένων τοσοῦτο προειπεῖν, ὅτι πάντα διὰ πείρας ἔργων ἐλήλυθεν κτλ.* (pr. 7).

266 *οὐθὲν γὰρ ἐσχεδιασμένον ἀπολέμῳ καὶ νεωτέρᾳ γνώμῃ τόδε περιέχει τὸ σύνταγμα, ἀλλὰ πάντα διὰ πράξεων καὶ ἀληθινῶν ἀγώνων κεχωρηκότα μάλιστα μὲν 'Ρωμαίοις* (pr. 8). *οὕτως οὐδ' ἐμαυτὸν οἴομαι τοὔλαττον ἐπαίνων οἴσεσθαι παρὰ τοῦθ', ὅτι μὴ πάντα τῆς ἐμῆς ὁμολογῶ συνέσεως εἶναι, τοὐναντίον δὲ προείληφα τόν τ' ἔπαινον ἀνεπίφθονον ἕξειν καὶ τὴν πίστιν ἀσυκοφάντητον* (pr. 10).

267 *καίτοι οὐκ ἠγνόηκα, ὅτι μᾶλλον ἄν τις εἵλετο πάνθ' ἑαυτοῦ καὶ τῆς ἰδίας ἀγχινοίας τὰ στρατηγήματα δοκεῖν εἶναι, πλείονα θηρώμενος ἔπαινον τῶν πιστευσάντων, ἢ ἀπὸ τῆς ἀλλοτρίας ἐπινοίας*, pr. 9.

Ein frühes Beispiel dieser Literatur stellt die Schrift über Kriegsmaschinen des Athenaeus Mechanicus dar. Das Werk, das sich an einen Marcellus[268] richtet, ist offenbar in großer Eile aus literarischen Vorlagen, v.a. einer Schrift des Agesistratos, zusammengestellt. Die Situation, für die es geschrieben wurde, hat CICHORIUS bestimmt[269]: Der Adressat ist M.Claudius Marcellus, Schwiegersohn des Augustus, Sohn des C.Claudius Marcellus und der Octavia, Augustus' Schwester. Dieser zog Ende 27 v.Chr., 15jährig und wie Tiberius *tribunus militum*, in den kantabrischen Krieg und blieb bis 25 v.Chr. auf dem Kriegsschauplatz, der vor allem Festungskämpfe erlebte[270]. Als literarische Vorbereitung auf diesen Krieg verfaßte Athenaeus das Werk; Athenaeus dürfte identisch sein mit einem Peripatetiker aus Kilikien, der zu einem Kreis kilikischer Intellektueller im Haus der Octavia gehörte; Marcellus, möglicherweise auch Tiberius, war Schüler eines dieser Intellektuellen, des Akademikers Nestor von Tarsos[271]. Athenaeus schrieb sein Werk für Marcellus zur Vorbereitung auf den bevorstehenden Belagerungskrieg, in den er als Unerfahrener zog. Das Bedürfnis nach einem Ersatz persönlicher durch literarisch vermittelte Erfahrung ist hier das Resultat der augusteischen Politik, die an der militärisch-politischen Führungsrolle der kaiserlichen Familie festhielt auch um den Preis jugendlicher Unerfahrenheit ihrer Mitglieder. Athenaeus verfaßt, wie der zeitlich spätere Onasander, ein praxisleitendes Werk als Literat: Ob eine Belehrungsform praktisch sei, entscheide sich durch die Wahl der Vorlagen und der Literaturform. Nicht theoretische Naturwissenschaft - Athenaeus nennt Straton, Hestiaios, Archytas und Aristoteles -, sondern spezifisch praktische Informationsquellen, die *πραγματικὴ θεωρία*, sei zu konsultieren: Der Autor betont die besondere praxisanleitende Form seiner Darstellung wie der Auswahl seiner Quellenvorlagen und beansprucht Klarheit (*σαφήνεια*) als didaktischen Vorzug seines Werkes (3,9-7,8). Den größeren Teil dieses Werkes macht ein Exzerpt aus der Fachschrift des Mechanikschriftstellers Agesistratos (*τοῦ μηχανικοῦ 'Αγεσιστράτου*) aus, der für die Belagerungstechnik eine Bildungs- und Ausbildungskonzeption literarisch niedergelegt und Prinzipien und Entwicklung der poliorketischen Konstruktionen systematisch beschrieben hatte (7,7-31,5); diese Schrift dürfte mehr für die Ausbildung von Spezialisten gedacht gewesen sein als Athenaeus stärker für Führungspersönlichkeiten das Wissen popularisierendes Werk. Einige seiner Eigentümlichkeiten illustrieren den Wert theoretischer Literatur zur Vorbereitung auf praktische Aufgaben: Diese Vorbereitung bestand einerseits im Erwerb von Entscheidungs- und Urteilsfähigkeit; andererseits besitzt das Werk einen zweiten Teil, für den der Autor, im Unterschied zum ersten, ein Originalitätspostulat erhebt[272]. Athenaeus bereichert seine Darstellung in stärke-

268 Athen. Mech. 3,2: *ὦ σεμνότατε Μαρκέλλε*.

269 CICHORIUS (1922a).

270 Athenaeus rechtfertigt seine Behandlung der Belagerungskunst gegenüber der Kritik, die Behandlung allein der Städtebelagerung sei ein Akt grausamer Schreibtischtäterschaft, mit der Bemerkung, die Kenntnis der Belagerungstechnik vermittle zugleich die Kenntnis der geeigneten Verteidigungsmittel (39,1-6), kündigt jedoch dann eine spätere literarische Behandlung der Verteidigung gegen Belagerungen an (39,10-12), straft also die eigene Rechtfertigung Lügen. Diese Inkonsistenz macht deutlich, daß Athenaeus' primäres Belehrungsziel die Anleitung zuu offensiver Belagerungskriegführung ist.

271 CICHORIUS (1922a) 277-279. Vgl. GAHEIS, RE III 2 2764-2770 s.v. *M.Claudius Marcellus (230)*; Strab. XIV 4 (670); Cass. Dio LIII 25; Oros. VI 21. Strabo berichtet, daß er selbst Schüler eines kilikischen Peripatetikers, des mit Athenaeus zusammen genannten Xenarchos, gewesen sei; möglicherweise kannte er auch Athenaeus.

272 Es sei alles gut überlegt, und er habe über Nutzen und Verwendung jeder Maschine gehandelt. *Οὐ*

rem Maße als Onasander um originelle Partien, angeblich eigene Neukonstruktionen. Es sind vier poliorketische Konstrukte, die er vorschlägt, und zu denen er seinem Werk ursprünglich zwei Zeichnungen beigefügt hatte: (1) Belagerungstürme, die zur See auf Schiffen an die feindliche Stadt herangeführt werden und zur Sicherung ihrer senkrechten Lage auf den Schiffen kardanisch aufgehängt und mit einem Gegengewicht ("Äffchen") stabilisiert werden; (2) kleine Belagerungsmaschinen, die in niedergelegtem Zustand an die feindliche Stadtmauer herangeführt und mittels Flaschenzügen aufgerichtet werden; (3) lenkbare Einzelräder in Schildkröten und (4) ein am Mauer-Widder befestigter Korb, der erlaubt, während der Zerstörungsarbeit zusätzliche Abwehr- oder Zerstörungsleistungen zu erbringen (33,3-37,4[273]). Der Autor versucht also, über die Vermittlung eines Erfahrungsschatzes hinaus originäre Problemlösungen vorzuschlagen. Über die zwei mitgelieferten Detailzeichnungen hinaus werde er erläuternde Zeichnungen für alle Maschinen liefern, wenn sich der Adressat der Schrift dazu entscheide[274]: Der Autor wirbt offenbar um einen Auftrag zur Beteiligung an Beratung und Planung. Wohl nicht oder nicht ausschließlich Techniker, schlägt Athenaeus im zweiten Teil seines Werkes Geräte vor, deren Einsatz für einen bevorstehenden Krieg nützlich sein könnte. Über deren Realisierung entscheidet der Adressat, ein technischer Laie; das Verhältnis zwischen dem Autor und seinem Adressaten ähnelt dem zwischen dem anonymen spätantiken Autoren *De rebus bellicis* und seinen kaiserlichen Adressaten. Die abschließenden Bemerkungen des Athenaeus machen deutlich, daß seine Schrift Teil einer Belehrungsliteratur über technische Spezialfragen sein will, die, auch ohne von erfahrenen Autoren geschrieben zu sein, Erfahrungsgehalte vermittelt und praktisch belehrt. Athenaeus tritt der Skepsis gegenüber der Möglichkeit, aus Fehlern anderer zu lernen, entgegen und stellt die *μαθήματα* als bewahrte Erfahrung und aktivierbare Geistesaktivität heraus (39,12-40,2): Das Werk entstand in einer historischen Situation, in der das Interesse an technischem Wissen zu politischen Zwecken sich literarischer Vermittler dieses Wissens in systematischer Form bedienen konnte, die ihrerseits bereits auf eine fachliterarische Tradition zu ihren besonderen didaktischen Zwecken zurückgreifen konnten.

Die Vorlage war im Falle des Athenaeus das poliorketische Werk des Agesistratos, das, anders als des Werk des wahrscheinlichen Nichttechnikers Athenaeus für den Laien Marcellus, wohl von einem technischen Spezialisten geschrieben wurde. Agesistratos schrieb es wohl, um ältere kriegsmechanische Werke, darunter möglicherweise das seines Lehrers Apollonios, dem er *folgte* (*ἠκολούθησεν*), zu verbessern und um seine besonderen, ihrer Raffinesse wegen als unmöglich angesehenen Konstruktionen, zu bereichern. Apollonios' größte Leistung lag in der Befestigung des Hafens von Rhodos mit Hilfe gewaltiger, zuvor als intransportabel angesehener Steinquader. Agesistratos dürfte in der Abfolge Apollonios-Agesistratos-Athenaeus derjenige gewesen sein, der ähnlich Vitruv und Heron eine systematische Darstellung seiner Technik gegeben hat; Apollonios hinterließ möglicherweise Beschreibungen seiner Konstrukte, während Athenaeus das Material dann für die Vermitt-

γὰρ μόνον δεῖ τὰ καλῶς εὑρεθέντα ὑφ' ἑτέρων εἰδέναι, ἀλλ' ἐπείπερ ἐστὶν εὐκινησία περὶ τὴν ψυχὴν, καὶ αὐτόν τι εὑρίσκειν δεῖ (31,11-33,4).

273 33,3 (*ἐνταῦθα τὸ πλοῖον*) verweist auf eine ursprüngliche Zeichnung. Offenbar waren das Schiff mit Belagerungsturm (33,4) und der am Widder befestigte Korb (37,4) als einzige gezeichnet.

274 39,7-40,1: *Διόπερ, ἐὰν κρίνῃς, ἐσχηματογραφημένα πάντα ἔσται τὰ μηχανήματα· καὶ τβο ἐν τῇ λέξει δύσφραστον ἐπ' αὐτῶν εὔδηλον ἔσται.*

lung poliorketischen Grundwissens für politische-militärische Führungskräfte bearbeitete[275]. Die literarische Form, die Agesistratos, Heron ähnlich, seiner Disziplin wohl zu Ausbildungszwecken gab, wurde durch Athenaeus verwendet für die Vermittlung politisch-militärisch benötigten griechischen Wissens an zweisprachige Römer der Prinzipatszeit. Wir beobachten einen Strukturwandel der technischen Öffentlichkeit über etwa ein halbes Jahrhundert: von gleichzeitigen und späteren technischen Spezialisten über Schüler während ihrer Ausbildung zu Funktionsträgern mit Entscheidungskompetenz.

2.2.4.2. Landwirtschaftslehre

Die römischen Landwirtschaftsschriftsteller richteten sich seit Cato - und mehr noch seit Varro - an einen Leser, der landwirtschaftlichen Orientierungsbedarf empfand, weil er Kapital zur Investition in landwirtschaftliche Betriebe besaß, jedoch keine Vertrautheit mit dem Gegenstand. Er orientierte sich als *investment farmer* über Grundsätze landwirtschaftlicher Betriebsführung, weil er einen Betrieb aufzubauen oder zu sanieren hatte. Insofern informierte er sich durch die Literatur über lohnende Formen der Betriebsführung als Alternative zu seiner gegenwärtigen Betätigung. So schrieb Varro für seine Frau, nachdem diese ein Landgut gekauft hatte, um es profitabel zu machen; Cato begann sein Werk über Landwirtschaft, wie Columella, mit Betrachtungen über das hohe Ansehen der Landwirtschaft als Lebens- und Erwerbsform und mit Grundsätzen für den Kauf eines Landgutes: Landwirtschaft ist eine Lebensform, die man kaufen kann. Damit sich dieser Kauf rentiert, muß er wohlüberlegt und das Gut rentabel bewirtschaftet sein; landwirtschaftliche Literatur vermittelt dafür die Sachkenntnis. Diese stammt in geringerem Maße als im Fall des Militärwesens von beruflichen Spezialisten, sondern von Angehörigen der Schicht, die diese Literatur liest und verfaßt[276].

Dies gilt prinzipiell auch für Columellas Werk, doch zeigt auch in diesem das Verhältnis, in welches sich sein Autor zum Leser setzt, deutliche Zeichen des Orientierungsbedürfnisses, das für die Fachschriftsteller der Prinzipatszeit charakteristisch ist. Columella stammte aus Gades; er diente als Militärtribun der *legio VI Ferrata* in Syrien und wurde wahr-

275 CICHORIUS (1922a) 273; CICHORIUS zufolge erfolgte die Hafenbefestigung anläßlich der Belagerung von Rhodos durch Mithridates 88/87 v.Chr. Das Werk des Schülers und Nachfolgers Agesistratos, der auch Vitruv vorlag, rekonstruierte THIEL (1896). Agesistratos erklärte, wie Vitruv, die Fähigkeit zu zeichnerischer Darstellung zur wichtigen Voraussetzung der Tätigkeit als Poliorketiker. Übung, Lernen und Lektüre der Schriften der Vorgänger seien notwendig, es gehe nicht um Originalität um jeden Preis. Das Werk gab historische Abrisse der Entwicklung der Disziplin, die epochisiert wurden durch besonders aufwendige Belagerungen (Gades durch Karthago, Byzanz durch Philipp II., Rhodos durch Demetrios Poliorketes). Besonderen Wert legt der Autor auf das Konzept der Maßstäblichkeit, da aufgrund maßstäblicher Modelle über die Realisierung von Projekten entschieden wurde, diese jedoch Funktion und Statik des Originals nur unvollkommen wiedergeben konnten (Athen. Mech. 7,8ff.; Vitr., *Arch.* X 13-16). Agesistratos meinte mit *τά τε ὑπὸ τῶν πρότερων ἀνδρῶν γεγραμμένα ἢ γεγονότα πρὸς τὴν τοιαύτην χρείαν* (Athen. Mech. 7,8ff.) nicht in erster Linie systematische Darstellungen der Disziplin zu Ausbildungszwecken, wie er sie selbst verfaßte, sondern Beschreibungen einzelner Konstruktionen, die wie die Bauten selbst mit gegenwärtigen technischen Problemen verglichen werden sollten, um zu einer - nicht notwendigerweise originellen, aber erfolgreichen - Problemlösung zu verhelfen.

276 S.o. Kap. 2.2.3.

scheinlich 36 n.Chr. mit einer Abteilung der in Syrien stationierten Truppen zu einem Feldzug nach Cilicia Trachea entsandt. Dort konnte er wie in Syrien Beobachtungen über den Sesamanbau machen und mit den Verhältnissen seiner spanischen Heimat vergleichen. Er lernte wahrscheinlich während dieser militärischen Tätigkeit als *legatus* M.Trebellius kennen, den Columella als denjenigen erwähnt, der ihn zur Behandlung von Vermessungsfragen motiviert habe. 41 n.Chr. hielt sich Columella wohl wieder in Rom auf[277]; in Latium und bei Caere besaß er Landgüter[278]. Der Austausch mit seinem wahrscheinlichen Militärkameraden Trebellius und die Widmung des landwirtschaftlichen Gesamtwerkes an Publius Silivinus, der wie Columella selbst erfolgreich Weinbau bei Caere betrieb[279], unterstreichen, daß diese Literatur für Angehörige einer Schicht geschrieben wurde. Publius Silvinus las das ihm gewidmete Werk *conpluribus agricolationis studiosis*, einigen Sachkennern der Landwirtschaft vor, die Details der Weinpflanzungsvorschriften Columellas als zu aufwendig kritisierten[280]. Während bei Cato und Varro ein unmittelbarer Beratungsbedarf des Investors vorausgesetzt wird, versucht Columella eine systematisch alle Formen rentablen Landbaus umfassende Lehre zu geben: Ähnlich der etwas früheren systematischen Darstellung der Architektur durch Vitruv geht er von der Situation eines ganz und gar zu belehrenden Lesers aus, der sein unmittelbarer Adressat Publius Silvinus gar nicht mehr war. Bei den mittelbaren Adressaten rechnete Columella also mit einem neuen, fundamentalen Informationsbedarf, den er im Anfang des ersten Buches andeutet[281].

Das grundsätzliche Postulat der Verantwortlichkeit, von dem Columella ausgeht, ist charakteristisch für Schriften mit praktischer Belehrungsabsicht: Anders als eine verbreitete Meinung voraussetze, sei nicht eine Erschöpfung natürlicher Ressourcen die Ursache für mangelnde landwirtschaftliche Erträge, sondern allein menschliche Fehler (I pr. 1-3), also Umstände, die durch Belehrung korrigierbar sind[282]. Vom Faktum insuffizienter Erträge der italischen Landwirtschaft geht Columella aus. Früher hätten die Besten (*optimius quisque*) Landwirtschaft betrieben, in der Gegenwart lasse man jeden ungeeigneten Sklaven den Boden bebauen (I pr. 3). Technische Raffinesse und persönliches Engagement in der Landwirtschaft hätten nachgelassen. Columella zeichnet ein Bild des Verfalls, dem zunächst das Bewußtsein sozialer und konjunktureller Veränderungen zugrundeliegt: Nahrungsmittel werden offenbar weithin nicht mehr in Italien selbst produziert, weil das Verhältnis von Aufwand und Ertrag dies nicht lohnend erscheinen läßt; Getreide und Wein werden vielmehr nach Mittelitalien importiert (I pr. 19-20). Verstädterung und zivilisatorische Differenzierungsprozesse, die die Ursache dafür sind, daß mit Wein und Getreide nicht mehr in früherer Weise ein ausreichendes Einkommen erzielt werden kann, werden von Columella

277 CICHORIUS (1922b). Vgl. CIL IX 235 = ILS I 2923; Colum., *R.R.* II 10,18; III 8,2; V 1,2; XI 2,56.

278 WHITE (1970b) 26.

279 Colum., *R.R.* I pr. 2; III 1,1; 3,3-4; 9,6. Publius Silvinus war möglicherweise Gläubiger und wahrscheinlich literarischer Förderer Columellas, der ihm sein zehntes Buch metaphorisch als Rate zur Rückzahlung eines Kredits präsentiert (X pr. 1). Ein Claudius Augustalis erbat neben dem in Versen geschriebenen noch ein Prosabuch über Gartenbau (XI 1,1).

280 Colum., *R.R.* IV 1,1-2,3.

281 S.u. S. 197.

282 Das zugrundeliegende Prinzip, daß technisches Verhalten darin besteht, natürlich vorfindliche Begrenzungen zu kompensieren und zu überschreiten, spricht Columella deutlicher aus in I 4,3-4: *in exili terra cultoris prudentia ac diligentia maciem soli uincere potest ... nec contenti tamen auctoritate uel priorum uel praesentium colonorum nostra promiserimus exempla nouaque temptauerimus experimenta.*

zwar in ihren Konsequenzen ironisiert (I pr. 15-20), doch als Veränderung einer Lebensform akzeptiert: Columella schreibt für städtisch lebende, landwirtschaftlicher Tätigkeit zunächst fern stehende Leser[283]. Dies sind allerdings Leser, die wie die Leser Frontins eine für ihre Kontrollfunktion als Eigentümer nicht hinreichende Urteilsfähigkeit besitzen. Columella zitiert einen Ausspruch Catos, der wie die entsprechende Bemerkung Frontins die Furcht zum Ausdruck bringt, mit dem Wissen von der Sache könnte auch die Herrschaft über sie entgleiten und subalternen Spezialisten zufallen: *agrum pessime mulcari, cuius dominus quid in eo faciendum sit non docet, sed audit vilicum* (I 2,2[284]). So wie die landbesitzende Oberschicht militärische und administrative Kontrolle nur vermittels literarischer Aneignung differenzierter und raffinierter gewordener Technologien bewahren zu können meint, so verhält es sich auch mit der Kontrolle über ihr Land, und wie dort so ist auch im Falle der Landwirtschaft ein Spezialisierungsprozeß die Ursache, der als Verlust von Selbstverständlichkeit erlebt und literarisch kompensiert wird: Weil der Landbesitzer sein Gut nicht dauerhaft selbst bewirtschaftet, versteht er wenig von der Landwirtschaft. Es entsteht daher das Bedürfnis nach einer orientierenden systematischen landwirtschaftlichen Lehre[285]. Columellas Werk etabliert eine technisch-literarische Lehre, die als Bildungsliteratur die landbesitzende Oberschicht zur Ausübung persönlicher Kontrolle befähigen soll.

Fähigkeiten in der Landwirtschaft als regelgeleiteter Praxis werden durch persönliche Erfahrung, ergänzend auch durch Mitteilung fremder Erfahrung, erlernt und entwickelt; wer als Landwirt tätig ist, wird aus eigenem Interesse danach trachten, die Wirtschaftlichkeit seines Tuns stetig zu verbessern (I pr. 11). *in artibus* werde man zum praktischen Könner durch das Tun selbst, durch *usus et experientia*, letztlich also durch einen Prozeß von *trial and error* (I 1,15): Die primäre Form der Belehrung ist die durch Erfahrung, und literarische Anleitung zu praktischer Tätigkeit kann nur eine Beihilfe sein, die diese Erfahrung begleitet, ergänzt und anleitet. Mit selbstverständlicher Erfahrenheit des Lesers in diesem Metier rechnet Columella jedoch nicht mehr. Dieser Leser steht vor der Frage, ob er überhaupt Landwirtschaft zu betreiben beginnen solle (ebda.); er wendet sich ihr also als einer neuen Betätigung zu. Als Information erhält er in dieser Situation eine Übersicht über idealerweise alle überhaupt praktizierten und praktizierbaren agrarischen Wirtschaftsformen und Formen der Betriebsführung. Die berufliche Mobilisierung zusammen mit dem Zwang

283 Er zitiert die Regel von *Mago*, daß der Landbesitzer am besten auf dem Landgut leben und seinen städtischen Besitz aufgeben solle. Deren Beachtung sei jedoch in der Gegenwart nicht mehr möglich: Die *civilis ambitio* erzwinge häufige und lange Anwesenheit in der Stadt. Unter diesen Umständen sei es zweckmäßig, ein stadtnahes Gut zu besitzen. Je weiter entfernt ein Gut vom eigenen gewöhnlichen Aufenthaltsort sei, umso mehr mache man sich wirtschaftlich abhängig von den dieses bewirtschaftenden Sklaven (I 1,18-20). Columella vermerkt, daß man seit etwa zwei Generationen als besondere Delikatesse Salzwasserfische den Süßwasserfischen bevorzugt und jene daher in künstlichen Salzwasserbecken züchtet. Obwohl er dies als Luxuserscheinung ansieht, möchte er nicht als Kritiker seiner Zeit erscheinen, sondern auch diese Erwerbsform beschreiben (VIII 16,1-6). Der Gartenbau, der nach Columellas Ansicht im wesentlichen luxuriöse Bedürfnisse einer raffinierter gewordenen Eßkultur befriedigt, wird als lohnendes Investment dennoch genau beschrieben (vgl. X pr. 1-5), und zwar aufgrund dieser neuen Entwicklung ausführlicher als durch die literarischen Vorgänger und in Versen (weil Vergil den Gartenbau nicht behandelt hatte): Ökonomische und soziale Veränderungen nimmt Columella wahr und setzt sie als Gründe für einen technischen Orientierungsbedarf voraus.

284 S.o. Anm. 238. Der Ausspruch Catos (fr. 6 Speranza) ist nicht in den überlieferten Werken Catos erhalten.

285 Vgl. MARTIN (1971) 311ff.

zur Anpassung an sich wandelnde ökonomische Lagen schafft neue Informationsbedürfnisse; an die Stelle selbstverständlich erworbener und tradierter Erfahrung (I pr. 11: *praecepta ... ab indoctis ... possessoribus*) tritt Literatur, obwohl Columella die Insuffizienz einer rein literarischen Belehrung und deren Abhängigkeit vom erfahrungsgeleiteten persönlichen Urteil bewußt ist. Es gibt aber einen Bedarf an landwirtschaftlicher Lehre, und dieser entsteht und wächst mit der Differenzung der Zivilisation. Diese führt in verschiedenen Metiers zur Herausbildung technischer Spezialisten, die als Lehrer, Berater, Auftragnehmer konsultiert werden, bislang aber nicht in der Landwirtschaft[286]. Dort fehle es den Investoren oft an Urteilsvermögen und den von ihnen eingesetzten Gutsveraltern an Sachkunde (I pr. 12) aufgrund mangelnder Sorgfalt und einer abgerissenen Tradition des praktischen Könnens. Was eine Lebensform durch Mitteilung persönlicher Erfahrung tradierte, muß nach dem Verlust dieser Lebensform literarisch neu gewonnen werden. Weil dies als Lehre der verschiedenen Möglichkeiten der Landwirtschaft unter je anderen und wechselnden Umständen dienen soll, muß diese Literatur die Landwirtschaft gänzlich umfassen: Columella betrachtet es als literarische Aufgabe, das Wissen der Landwirtschaft vollständig und systematisch wiederzugeben, weil es weder von Investoren noch von Wirtschaftern selbstverständlich beherrscht oder allgemein praktiziert werde[287], - Columella verwendet die Metapher organischer Körperlichkeit für seine Vorstellung der Systematik, Einheit und Abgeschlossenheit dieses Wissens (I pr. 21-28).

Was diese Literatur vermittelt, soll paradoxerweise also denselben Wert haben wie praktische Erfahrungen. Zur Orientierung konsultiere der Bauer erfahrene Kollegen wie ältere *commentarii*. Horizont dieser Beratung bleibt also die jeweilige Lage: Kollegen wie ältere Schriften seien danach zu beurteilen, ob ihre praktischen Rezepte auf die Probleme der je gegenwärtigen Situation und Wirtschaftsform (*huius temporis cultura*) oder geographischen Lage antworten (I 1,3-6). Aufgabe dieser Literatur ist es daher, die Gesamtheit akkumulierter Erfahrung zur Verfügung zu stellen. Das Paradigma für diese Form der Belehrung ist die exemplarische Handlungsanleitung: Eigene Lagen werden mit Erfahrungswissen verglichen, weil die Varianz der Lagen die Reichweite der eigenen Erfahrung immer übersteigt[288]; daher gelingt die Transformation der praktischen Lehre in eine Buchwissenschaft

286 Colum., *RR* I pr. 3-6: Die *dicendi cupidi* wählten sich einen *orator*, dessen *eloquentia* sie nachahmten; für Geometrie und Arithmetik gebe es Lehrer, Singen und Tanzen lerne man bei Gesangs- und Tanzlehrern, wer ein Haus bauen wolle, bediene sich der Architekten und Baumeister, wer Seefracht zu versenden habe, erfahrener Kapitäne, es gebe für die Kriegführung Spezialisten und für die allgemeine ethische Bildung Lehrer. Columella schließt: Für jede praktische Tätigkeit bediene man sich urteilsfähiger Spezialisten, nicht aber in der Landwirtschaft. Insbesondere gebe es einen organisierten Fachunterricht in diversen Disziplinen (Rhetorik, Geometrie, Musik, Koch- und Frisierkunst), doch keine *doctores* und *discipuli* der Landwirtschaft. Ähnlich dem platonischen Sokrates wundert sich Columella darüber, daß eine fundamentale und existentielle Betätigung nicht als Fachlehre etabliert ist, obwohl dies beim Stand der Arbeitsteiligkeit der Gesellschaft zu erwarten wäre. Die von ihm wiedergegebene Ansicht, Landarbeit sei verachtenswert und nicht bedürftig technischer Anleitung (I pr. 20) lehnt Columella ab: Der der Landwirtschaft entfremdete Städter bedarf dieser Lehre, wenn er sie als Erwerbsform neu ergreifen will. Columellas Argument sucht also ein Belehrungsbedürfnis für landwirtschaftliche Aktivität, das sein Werk zu befriedigen sucht, nachzuweisen.

287 Colum., *RR* III 3,1 bemerkt, daß in der Praxis der Gegenwart vielfach technisch weniger aufwendige Formen der Landwirtschaft betrieben würden (Weide- und Forstwirschaft).

288 *neque enim est ulla disciplina, non ars, quae singulari consummata sit ingenio*, V 1,2. Vgl. I pr. 28-32. Die Fülle zur Orientierung heranziehbarer Erfahrung übersteigt das individuelle Vergleichsvermögen

grundsätzlich nur unvollkommen. Man gewinnt verbindliche Maßstäbe aus der Lektüre fremder Erfahrung, ohne dennoch Paradoxierfahrungen sicher vermeiden zu können. Man wird daher nicht aus Büchern zum Landwirt, sondern durch die Kontinuität der Bemühung um die Meisterung einzelner Lagen[289]. Columella postuliert daher das Ideal eines umfassend gebildeten Landwirtes (*perfectus ... agricola*), der in Naturwissenschaft, Astronomie, Meteorologie, Tierzucht und Bodenbearbeitung mit allen literarisch vermittelten Kenntnissen vertraut und zugleich praktisch erfahren ist (I pr. 32-33). Landwirtschaft wird als Bildungsideal literarisch zu erfassen versucht, weil sie als Lebensform unter den Bedingungen einer rasch sich ausdifferenzierenden Gesellschaft nurmehr eine unter zahlreichen, teilweise lohnenderen Alternativen darstellt, sich dabei rapide verändert und deshalb nicht mehr ohne die Unterstützung durch Literatur vermittelt und entwickelt werden kann.

2.2.4.3. Medizin

Die neuen Orientierungsbedürfnisse der römischen Oberschicht in der frühen Prinzipatszeit erhöhten den Wert des Wissens, das berufliche Spezialisten in literarischer Form zur Verfügung stellen konnten. Die Literarisierung der Disziplinen führte zur Diffusion speziellen Wissens in die literarische Oberschicht, beispielsweise durch das Werk Vitruvs, oder zur Erarbeitung dieses Wissens durch Angehörige der Oberschicht selbst. Diese Oberschicht war zugleich in ihrer Zusammensetzung rapidem Wechsel unterworfen, der Aufstieg von Rittern und Freigelassenen im kaiserlichen Dienst brachte Spezialisten und Personen, die zu technischen Experten in nahem Verhältnis standen, in kurzer Zeit in Positionen von zuvor undenkbarem Einfluß. Dies wird den alten Eliten den Eindruck vermittelt haben, es bestehe die Gefahr abnehmender Sozialkontrolle über die technischen Spezialisten: Dieser Eindruck, den Frontin beispielhaft zum Ausdruck bringt, provozierte besondere Anstrengungen der senatorischen Oberschicht um die Erarbeitung des für die Ausübung öffentlicher Ämter und Kontrollfunktionen notwendigen Wissens. Die Verfügung über technisches Wissen gewann daher im frühen Prinzipat in kurzer Zeit einen höheren Wert als ein positives Selektionsmerkmal in der Konkurrenz um Sozialchancen. Darin liegt eine Ursache für die gestiegenen Bemühungen um Einführungen in und Popularisierungen von Spezialdisziplinen in dieser Zeit einer erhöhten Mobilität von Personen und Informationen. Dabei wird zwischen den Formen des Wissens, das Laien mitgeteilt wird, und der Literatur für Spezialisten nicht so deutlich unterschieden wie später.

Ein charakteristisches Beispiel für diese Entwicklung sind die *Compositiones* des Mediziners Scribonius Largus. Scribonius lernte zur Zeit des Tiberius unter anderem zusammen mit Vettius Valens bei Apuleius Celsus; Vettius Valens war Ritter und Arzt der Messalina und wurde nach deren Sturz hingerichtet. Über seinen Mitschüler und Kollegen besaß Scribonius also Beziehungen zu einflußreichen Spezialisten und Hoffunktionären unter Caligula und Claudius, mit dem Scribonius 43 n.Chr. als Militärarzt den Feldzug nach

unendlich; dieser Gedanke begründet die Literaturbedürftigkeit der *ars*.

289 Colum., *RR* I 1,7-17. Einzelerfahrungen stellt Columella z.B. zusammen, um die Rentabilität des Weinbaus nachzuweisen (III 3,8-15). Seine Berechnung ist im Interesse des Beweiszieles - Weinanbau rentiert sich gegenüber anderen Investitionen besonders - verzerrt, FLACH (1990) 168f.

Britannien unternahm. Er war nicht Leibarzt des Claudius: Dies war C.Stertinius Xenophon mit einem Jahresgehalt von 500.000 Sesterzen[290]. Scribonius aber stand in persönlichen Beziehungen zu einem Freigelassenen des Caligula, der unter Caligula und Claudius eine außerordentliche Machtstellung erwarb: C.Iulius Callistus. Dieser gelangte aus privatem in kaiserlichen Besitz, übte auf Caligula großen persönlichen Einfluß aus und wurde reich. Er beteiligte sich schließlich an Verschwörungen zur Ermordung des Kaisers, und es gelang ihm, sich bei Claudius zusammen mit zwei anderen Freigelassenen eine wichtige Stellung zu sichern: Callistus wurde *a libellis* des Kaisers; er stand der Kanzlei vor, die Eingaben an den Kaiser entgegenzunehmen und mit einem Erledigungsvermerk zu beantworten hatte[291]. An diesen Callistus richtet Scribonius Largus sein im wesentlichen pharmakologisches Werk. Nach längeren Ausführungen zur medizinischen Ethik bemerkt er, eine Rechtfertigung der Nützlichkeit der Pharmakologie sei gegenüber dem Adressaten nicht notwendig, da er diesen Nutzen einsehe und früher bereits *compositiones quasdam* vom Autor erbeten habe[292]: Der Autor ist dem Empfänger verpflichtet wegen seiner *humanitas* im allgemeinen und seiner *benevolentia* im besonderen; Callistus habe Scribonius immer geholfen, und diese Hilfe manifestiere sich besonders in der Gegenwart. Es sind genau eingrenzbare Akte innerhalb einer kontinuierlichen Beziehung zwischen Callistus und Scribonius, die diesen zur Widmung des medizinischen Werkes an seinen Adressaten (seinen *patronus*?) auf dessen Aufforderung hin motivieren. Dazu gehört, daß Callistus lateinische medizinische Werke, die Scribonius ihm früher übergeben hatte, wie gewünscht dem Kaiser vorgelegt und persönlich empfohlen hatte. Anders als diese Schriften, aufgrund derer der Autor kaiserliche Gunst erhofft und erhalten hatte, stellt das Werk für Callistus eine populäre Auswahl von Medizinrezepten nach Art der *εὐπόριστα*, gegliedert von Kopf bis Fuß, dar[293]: Der Adressat empfand das Bedürfnis nach einer Schrift zur Selbstmedikation mit Rezepten des Autors, und dieser reichert seine Rezepte mit Lesefrüchten an, jedoch nur für eine begrenzte Zahl von Krankheiten, denn er befindet sich unterwegs und hat daher nicht alle, sondern nur die

290 JOURDAN (1919) 6-11; SCHONACK (1912) 13-19; KIND, RE II A 1 (1921) 876-880 s.v. *Scribonius (15)*; HANSLIK, RE VIII A 2 (1958) 1869 s.v. *Vettius Valens (51)*. Professionalität des Scribonius: SCONOCCHIA (1994) 863ff. Scribonius hält den Unterschied zwischen magischen populären Praktiken und schulmäßiger Medizin aufrecht; Gaben der Leber eines Toten Gladiators seien nicht Medizin (Scrib. Larg. ep. 17), doch schließt er - ausdrücklich als fremden Bericht gekenneichnet - ähnliche Rezepte in sein Werk ein (13), vgl. SCARBOROUGH (1969) 23. Früher hielt man Scribonius für einen Militärarzt; wegen des niedrigen Ansehens und Standes der Militärärzte ist dies unsicher. Der vergleichbare Dioskurides Pedanius (s.u.) diente wohl nur kurz als Militärarzt, weil nicht zu erwarten ist, daß ein solcher als Schriftsteller hervortritt, und weil Diokurides Ortskenntnisse zeigt, die er als Militär nicht gewonnen haben kann: RIDDLE (1985) 2 m. Anm.; SCARBOROUGH (1968); NUTTON (1969) 260-270. Auch Scribonius könnte (nach dem Feldzug in Bitannien?) eine neue Position erhalten haben.

291 STEIN, RE X 2 (1918) 657-6658 s.v. *C.Iulius Kallistos (306)* meint, die Natur dieses Amtes habe Scribonius Largus motiviert, sein Werk an Callistus zu senden, damit er es dem Kaiser weiterleite. Dies wäre verständlich, wenn Scribonius von sich aus an die kaiserliche Kanzlei herangetreten wäre. In seinem Widmungsschreiben (s.u.) erwähnt er jedoch bereits bestehende Beziehungen zu Callistus, dem er durch Wohltaten verbunden war, und der seinerseits um die Abfassung des Werkes gebeten hatte, um es dann dem Herrscher vorzulegen, wie es offenbar im Sinne des Autors ist. Vgl. auch V.PREMERSTEIN, RE XIII 1 (1926) 26-61 s.v. *Libellus*.

292 Vgl. Scrib. Larg. ep. 12-14.

293 ep. 15; SCHONACK (1912) 42.

für einen Arzt auf Reisen notwendigsten Bücher dabei[294]. Der Adressat des Scribonius besitzt ein persönliches Interesse an Anleitungen zur Selbstmedikation, und der Arzt Scribonius verfaßt daraufhin eines der ersten populärmedizinischen Werke überhaupt und das erste auf Latein. Der Kaiser war zuvor offenbar Empfänger systematischer, umfänglicherer Schriften gewesen: Der Medizin wie den übrigen praktischen Disziplinen bringt die herrschende Schicht ein eigenes praktisches Interesse entgegen; dazu trug im Falle der kleinen Schrift des Scribonius bei, daß sie in einem zweiten Teil, der im Gegensatz zur Ankündigung des Scribonius nicht nach Erkrankungsorten, sondern nach Krankheitsklassen gegliedert ist, ausführlich Gifte und Gegengifte behandelt (163-271)[295].

Dazu kommt ein weiterer von Scribonius angesprochener Aspekt, der das Werk in eine Reihe mit den anderen praktischen Schriften der Prinzipatszeit stellt: Wer sich einem Arzt anvertraut, begibt sich, wie der, der einen Gutsverwalter einstellt, in eine Abhängigkeit, die im Falle des Arztes besonders groß ist. Er braucht Urteilsfähigkeit, um den richtigen Arzt zu wählen. Scribonius setzt voraus, daß in dieser Beziehung Defizite bestehen: Die geringe Einschätzung der Pharmakologie sei das Resultat eines innermedizinischen Verfalls- und Verkehrungsprozesses[296], der durch die Urteilsunfähigkeit der Patienten verursacht sei. Niemand wähle Ärzte aufgrund sorgfältigen Urteils aus. Zum Vergleich führt Scribonius die Beauftragung von Kunsthandwerkern an, ein für die luxuriösen Bedürfnisse der Hofgesellschaft typisches Geschäft: Niemand beauftrage Maler, ohne diese zuvor aufgrund von Proben des Könnens zu beurteilen; es sei üblich, die Arbeiten von Kunsthandwerkern nachzumessen und zu wiegen. Scribonius denkt hier an die im antiken Handwerk nicht unübliche Situation, daß der Handwerker mit der Bearbeitung von Material beauftragt wird, das dem Auftraggeber gehört, und an diesem seine Arbeit zu verrichten hat. Der Auftraggeber muß sich dagegen sichern, daß mit seinem Material kein Betrug unternommen wird (man denke an Archimedes' Überprüfung des Goldgehaltes einer Legierung durch Messung von Gewicht und Volumen[297]). Scribonius kritisiert, die Menschen seien bei der

294 ep. 12; 14. Die abschließenden Bemerkungen des Scribonius bringen zum Ausdruck, daß sein Werk persönliche bzw. glaubwürdig bezeugte Erfahrung wiedergeben will, sich also dem methodischen Modell der Erfahrungslehre für jeweilige Einzelfälle verpflichtet weiß, 271: *Harum compositionum, si qua fides est, ipse composui plurimas et ad ea, quae scripta sunt, facientis scio; paucas, sed valde paucas ab amicis... illud autem te meminisse oportet, mi Calliste ... eadem medicamenta in iisdem vitiis interim melius deteriusve respondere propter corporum varietatem differentiamque aetatum temporumve aut locorum. eaedem enim res in dissimiliter dispositis corporibus non possunt eosdem effectus exhibere...*

295 Daß das Ethos der Hippokrateer es nicht erlaubt, Menschen mit Hilfe medizinischen Wissens zu töten, sondern verlangt, ihnen zu helfen, betont Scribonius zweimal in der Widmungsepistel (ep. 4; 5: *scientia enim sanandi, non nocendi est medicina*). Die die vor letalen politischen Mitteln nicht zurückschreckenden Hofkreise um den Adressaten werden Scribonius' Kenntnisse über Gifte und Gegengifte jedoch begehrt haben. In dieser Hinsicht ist das Interesse, dem sich das Werk verpflichtet weiß, vergleichbar dem Interesse, das man einem Werk des Andromachos, Neros Leibarzt, entgegenbrachte. Andromachos widmete Nero eine Beschreibung eines von ihm entwickelten universalen Gegengiftes (Γαλήνη) in Versen [HEITSCH (1964) 7-15]. Dieses Gegengift wurde erfolgreicher als ein von Mithridates erfundenes; Antoninus Pius nahm es regelmäßig und erlaubte seine Herstellung auch reichen Privatpersonen (Galen., *De antidot.* XIV 2-3; 23-24; 32; 270). Andromachos' Sohn war ebenfalls Arzt und Pharmakologe, vgl. WELLMANN, RE I 2 (1894) 2153f. s.v. *Andromachos (17-18)*. Das Mittel des Andromachos enthielt u.a. getrocknete Vipern, basierte also zum Teil auf Abwehrzauber.

296 ep. 9-10.

297 Für solche Fälle gab es Haftungsregeln, vgl. Cod. Iustin. (Dig.) IX 2,27,29.

Auswahl von Kunsthandwerkern sorgfältiger als bei der ihrer Ärzte; so hätten auch schlechte Ärzte Erfolg, und weil über diesen nicht persönliches Können entscheide, sinke das Niveau der Disziplin: Scribonius appelliert an ein bestehendes Urteilsbedürfnis und erhebt den Anspruch, besser zu sein als andere Vertreter seiner Kunst. Deren Defizite macht er vor allem in ihrer Nichtkenntnis der Fachliteratur aus. Er will also v.a. als literarisch gebildeter Arzt besser sein als andere und dennoch der Hofgesellschaft ein Wissen vermitteln, an dem diese ein praktisches Interesse hat. Möglicherweise verbindet er damit die Hoffnung auf eine Stellung, entscheidend ist, daß sein Werk sich einordnet in gleichzeitige Tendenzen zur Mobilisierung, Literarisierung und Verbreitung des technischen Wissens in der Oberschicht.

So schrieb bereits zu Tiberius' Zeit A.Cornelius Celsus eine Enzyklopädie der für den römischen Aristokraten essentiellen praktischen Wissenschaften, um das Wissen der Griechen in systematischer Form zusammenzustellen. Abgesehen von Catos markantem und zuweilen humorvoll prätentiös zur Schau gestellten Griechenhaß haben die Werke von Cato und Celsus manches gemeinsam. Außer der Philosophie, die Cato nicht behandelte, enthielt Celsus Werk im wesentlichen jene Sachgebiete, die auch Cato beschrieben hatte: Agrikultur, Militärwesen, Rhetorik, möglicherweise Jurisprudenz und Medizin. Allein die Schrift über die Medizin ist zusammenhängend erhalten[298]. Celsus ist wohl kein Berufsmediziner gewesen, sondern ein der Schule der *Sextii* angehörender Philosoph; über diese Schule ist wenig bekannt. Er argumentiert im großen Vorwort zum ersten Buch seines Werkes ganz philosophisch, und so dürfte dieses versucht haben, den Traditionsstoff griechischen Praxiswissens systematisch zu durchdringen und als Teil der philosophischen Bildung der römischen Aristokratie der frühen Prinzipatszeit zur Verfügung zu stellen[299]. Ob Celsus zugleich als Heilkundiger tätig war, ist unklar; ein besonderes Interesse der *Sextii* an Medizin und Lebensführung wird jedoch durch die pharmakologische Schrift des Schulgründers und durch dessen pythagoreisch geprägte Vorschriften zur Regelung der Ernährungsgewohnheiten nahegelegt[300]. Celsus' Vorwort zu seinem Werk geht es von Anfang an um die Einbindung der Medizin in eine philosophische Lehrkonzeption als Hauptthema: Medizin sei typisch für die griechische Kultur. Celsus erschließt aus den homerischen Epen eine Zivilisation, die außer göttlichen Beistand keine Hilfe gegen Krankheiten suchte, weil eine gute Lebensweise (*mores*) ohne *luxuria* körperliche Gesundheit habe bewahren helfen; erst die Herausbildung einer differenzierten Zivilisation habe die Entwicklung auch einer differenzierten (*multiplex*) Medizin notwendig gemacht. Diese aber könne nur unvollkommen den zivilisationsbedingten Verlust ursprünglicher Gesundheit kompensieren und das Leben verlängern (I pr. 1-5). Als *disciplina* sieht Celsus die Medizin mit der Entstehung einer literarischen Tradition ver-

298 Cels., *De med.* ed. MARX. Vgl. MUDRY (1982); (1994a); (1994b); DEUSE (1994).

299 Dieses Werk sollte wahrscheinlich nicht als Nachschlagewerk, sondern zu fortlaufender Lektüre gebraucht werden, denn der Anfang von *De medicina* schließt sachlich an das vorhergehende Werk über Landwirtschaft an, nicht nur durch den Einleitungssatz (Cels., *De med.* I pr. 1: *Vt alimenta sanis corporibus agricultura, sic sanitatem aegris MEDICINA promittit*), sondern mit dem ganzen anschließenden Gedanken, dem zufolge die Medizin erst im Laufe der Zivilisationsentwicklung zur Kompensation von deren Nebenfolgen nötig geworden ist. Celsus ordnete die Disziplinen also wohl am Leitfaden einer zivilisationstheoretischen Konzeption (Ackerbau-Medizin etc.). Über Celsus als philosophischen Vertreter der *Sextii*: MUDRY (1994a) 801; 817f. Die *Sextii* stellten im ersten Jahrhundert eine kurzlebige Modephilosophie dar (Sen., *Nat. Quaest.* VII 32,2: *Sextiorum noua et Romani roboris secta inter initia sua, cum magno impetu coepisset, extincta est*).

300 V.ARNIM, RE II A 2,2040-2041 s.v. *Sextius (10)*.

bunden; anfänglich sei sie Teil der Philosophie (*sapientia*) gewesen, weil Heilen und die Erforschen der *rerum natura* von denselben Personen unternommen worden sei[301]. Im ersten Hauptteil des Vorwortes gibt Celsus seine Konzeption der Medizingeschichte als Teil der Kultur-, Zivilisations- und Literaturgeschichte wieder: Medizin schreitet fort durch Separation von der Philosophie, durch Literarisierung und durch innere Ausdifferenzierung[302]. Der folgende, zweite größere Abschnitt stellt Positionen dogmatischer und empirischer Medizin einander gegenüber. Celsus referiert diese Positionen bewußt so, daß er nicht wirkliche Meinung, sondern extreme Möglichkeiten wiedergibt, um dadurch als Kompromiß eine eigene Position andeuten zu können[303]; es geht um die Bestimmung des Wertes und der Funktion von Vernunft und Erfahrung in einer praktischen Disziplin. Dies schließt das epistemologische und methodologische Problem, ob der Schluß von beobachtbaren Tatsachen auf verborgene Ursachen zu rechtfertigen sei und ob ohne diesen Schluß Erklärung, Prognose und Therapie überhaupt möglich seien, ebenso ein wie die forschungsethische Frage, ob Leichensektionen und Vivisektionen, die in Alexandria praktiziert wurden, erlaubt sind (I pr. 13-44). Die sich unmittelbar an das Referat der Prinzipien der Positionen des Dogmatikers und des Methodikers anschließende Passage scheint zunächst jenen persönlichen Kompromiß des Celsus, vor allem in medizinethischen Fragen, darzustellen[304]. Celsus bringt in seiner Passage nachdrücklich eine methodologische Position, eine philosophische Deutung medizinischer Methode, zum Ausdruck, die durch die Referate der Positionen des dogmatischen Rationalisten und des Empiristen umschrieben wird: Medizin ist eine konjekturale Wissenschaft, sie basiert auf Hypothesen; Ursachen natürlicher Phänomene sind auch durch die Philosophie nicht anders als konjektural zu klären[305]. Seine Komposition

301 I pr. 5-7, selbstironisch bemerkt Celsus, daß das Leben eines Philosophen ungesund sei. Das Thema kehrt wieder in I 2: Celsus behandelt die durch die Zivilisation Schwachen (*imbecilli*), zu denen der größte Teil der Städter gehöre wie die *cupidi litterarum*; diese hätten eine besondere, die Einseitigkeit ihrer Lebensweise kompensierende Diät zu halten.

302 Cels., *De med.* I pr. 8-9: ... *Isdemque temporibus in tres partes medicina diducta est, ut una esset quae uictu, altera quae medicamentis, tertia quae manu mederetur. Primam* ΔΙΑΙΤΗΤΙΚΗΝ *secundam* ΦΑRΜΑΚΕUΤΙΚΗΝ *tertiam* XEIROURGIAN *Graeci nominarunt*. Vgl. I pr. 5.

303 Cels., *De med.* I pr. 12: ... *quo facilius nostra quoque opinio interponi possit.*

304 Cels., *De med.* I pr. 45: ... *subiciendum est, quae proxima uero uideri possint. Ea neque addicta alterutri opinioni sunt, neque ab utraque nimium abhorrentia, <sed> media quodammodo inter diuersas sententias...* Angesichts der unentschiedenen Debatte zwischen Empiristen und Rationalisten könne nur eine Kompromißposition formuliert werden. Die folgende (I pr. 46-53) Skizze einer solchen Position und die abschließende (I pr. 74-75) Wiederaufnahme der persönlichen Stellungnahme stellen nach DEUSE (1994) 839ff. ebenso eine originäre Leistung des Celsus dar wie die Anlage seines Referates der Schulpositionen; der Zweck liege in der Rechtfertigung der systematisch nicht ohne Widerspruch zu begründenenden Kompromißposition in der Frage der Vivisektion: Wie die medizinischen Dogmatiker, akzeptiert Celsus die Leichensektion; anders als diese, lehnt er die Vivisektion ab.

305 Cels., *De med.* I pr. 46: ... *ne sapientiae quidem professores scientia conprehendunt, sed coniectura persecuntur. Cuius autem rei non est certa notitia, eius opinio certum reperire remedium non potest.* 48: *est enim haec ars coniecturalis.* Die von Celsus eingenommene Position ist die einer Existenzhypothesen über ursächliche Phänomene formulierenden Wissenschaft, wie sie Hippocr., *De prisc. med.* ablehnte. Methodologisch akzeptiert Celsus damit bewußt eine der Prämissen der Dogmatiker, denn er räumt ein, daß sowohl *coniectura* als auch *experientia* fehlgehen können. Andererseits nimmt er mit den Empiristen an, daß es das Phänomen neuer Krankheiten gebe, für die er ein zeitgenössisches Fallbeispiel zitiert, um zu zeigen, daß dabei eine rein empirische, sich auf beobachtbare Ähnlichkeiten beschränkende Beschreibung, keine Therapie begünden könne, sondern nur das Wagnis einer kausalen Erklärung und therapeutischen

basiert auf einer bestimmten Doktrin über die Methodologie der Medizin als praktischer Kunst. Diese Doktrin wird nicht dogmatisch, sondern dialektisch hergeleitet: Im unmittelbaren Anschluß an seine Intervention läßt Celsus den Gedanken der der die Wirkungen von Ursachen modifizierenden Umstände - wie von Erasistratos betont - und die Position des medizinischen Methodikers, der den handwerklichen Charakter des Faches in den Vordergrund stellt, seine eigenen Aussagen zunächst relativieren[306]. Der gesamte Abschnitt sucht also in zwei Schritten die These vom konjekturalen Charakter medizinischen Vorgehens zu erläutern und zu begründen: Die Debatte zwischen Dogmatiker und Empiriker dreht sich um die Frage der Erkennbarkeit von Ursachen. Der Dogmatiker setzt die Erkennbarkeit von Ursachen voraus, hält jedoch trotz des Phänomens des Irrtums an der Möglichkeit sicheren ursächlichen Wissens fest; dieses kann sich jedoch als falsch herausstellen und daher nicht sicher sein. Der Empiriker schließt aus der Möglichkeit des Irrtums auf die Unmöglichkeit sicheren ursächlichen Wissens und vertritt die These, Wissenschaft argumentiere auf der Ebene bloßer Meinung; Meinung kann jedoch die Verbindlichkeit und Vertrauenswürdigkeit von Therapien nicht begründen. Zwischen *scientia* und *opinio* soll so das Konzept der *coniectura* verdeutlicht werden (46). Im zweiten Schritt werden Erasistratos' These, daß das übliche humoralpathologische Ursachengerüst der Medizin nicht ausreiche, weil es mitspielende Umstände vernachlässige, und die These der Methodiker, daß aus einer begrenzten Zahl von Symptomcharakteristiken die Therapie direkt abgeleitet werden könne, einander entgegengesetzt, um das Kausalitätskonzept als Leitfaden einer konjekturalen Medizin zu rehabilitieren: Die Methodiker behaupten, daß ursächliches Wissen für die Begründung von Therapien nichts austrage und beschränken sich auf eine begrenzte Zahl den Krankheiten gemeinsamer Merkmale, mit denen sie die Krankheiten aber nicht zureichend erfassen (51-55; 66-67); Erasistratos behauptet, daß es Ursachen nicht gebe, sondern nur eine Vielzahl je wechselnder Umstände (54), doch zeige sich, daß die übliche Ursachenkonzeption, zusammen mit den jeweiligen Umständen, Krankheiten erklären und Therapien begründen könne. In diesem zweiten Schritt geht es also, nachdem die Frage der Existenz von Ursachen im Zusammenhang ihrer Erkennbarkeit diskutiert wurde, um die Frage, inwieweit das Ursachenkonzept zu einer Reduktion der Komplexität der Wirklichkeit führt, wobei die Extrempositionen der Reduktionismus der atheoretischen und handwerklichen Konzeption der Methodiker[307] und der mit der Vielzahl verschiedenster Umstände argumentierende Skeptizismus des Erasistratos sind. Ziel ist der Nachweis, daß Hippokrates' Unterscheidung zwischen allgemeinen natürlichen Ursachen und Umständen des Einzelfalles samt der Humo-

Handelns (49-53).

306 Cels., *De med.* I pr. 54. Gegenüber Erasistratos Bestehen auf einer Vielzahl von Ursachen argumentiert Celsus zunächst: Man müsse unterscheiden zwischen den Ursachen für Krankheiten und den Ursachen und Umständen des Erfolges oder Mißerfolges bestimmter Therapien; er gibt Erasistratos Recht bezüglich der Kontingenz des Therapieerfolges, sieht Krankheitsprozesse aber grundsätzlich als durch einheitliche Ursachen bestimmt an (58). Gegenüber den Methodikern argumentiert er, daß diese, wenn sie eine unter allen Umständen zu verfolgende Methode vertreten, als Dogmatiker argumentieren; als solche sei ihnen wie strengen Empiristen entgegenzuhalten, daß die Medizin als praktische Kunst es mit je wechselnden Einzelfällen und kontingenten Umständen zu tun habe (62-63). In den Einzelfällen aber seien die Symptome der Krankheiten das Augenfälligste und Uninteressanteste (63), aber ein strenger Methodiker wäre gezwungen, um seines Systems einfacher Ableitung der Therapie aus elementaren Symptomen willen offenbar diverse Symptome als identische zu deklarieren, weil ihr System der Krankheitsbeschreibung offensichtlich verschiedene Krankheiten als identische zu behandeln erfordert (66-67).

307 *ita apud eum morbi cognitio extra artem, medicina intra usum est* (I pr. 64).

ralpathologie moderneren Konzeptionen überlegen sei[308], und daß hippokratische Medizin und Diätetik ein sicheres Ursachenkonzept für die Medizin böten (68-73). Celsus entscheidet sich gegen die Vivisektion nicht aufgrund einer unbegründeten Kompromißhaltung und nicht nur aufgrund ihrer Grausamkeit, sondern weil er den Skeptizismus des Erasistratos in bezug auf in der Vielzahl der Fälle sich zeigende allgemein wirkende Ursachen nicht teilt; auch ohne Vivisektion würden diese Ursachen an tatsächlichen Krankheitsfällen im Laufe der Zeit evident. Die Leichenöffnung rechtfertigt er als propädeutische Maßnahme, nicht als Forschungsmethode, denn er scheint die Kritik der Empiriker an einer Forschung, die ihren Gegenstand notwendigerweise verändert, zu teilen[309].

Celsus' Vorwort ist also ein philosophischer Text zur Begründung einer wissenschaftstheoretischen Position und stellt eine eigene kompositorische und argumentative Leistung dar: das Werk eines Philosophen, der die Medizin als Teil einer umfassenden philosophischen Bildung der Griechen durchdringt, um sie der Oberschicht[310] der Prinzipatszeit zu vermitteln. Sachlich ordnet das Werk den Inhalt griechischer medizingeschichtlicher Literatur in eine lateinische ἐγκύκλιος παιδεία[311] ein.

Celsus' Literatur ist geschrieben aus der Perspektive reicher Leute, die Aufenthaltsort und Betätigung relativ frei wählen können; diese lesen und benutzen, wie möglicherweise auch ihre Ärzte, das Werk[312]. Das erste Buch gibt Anweisungen zur Lebensführung für gesunde

308 I pr. 66. MUDRY (1982) 66: Celsus nimmt wahrscheinlich Bezug auf Hippocr., *Epid.* I 3,10. Die These: Medizin ziehe ihre Schlüsse aus dem Wissen über die gemeinsamen Charakteristika bestimmter Säfteflüsse und dem Wissen um die Umstände des Einzelfalles (68). Celsus bezeichnet in diesem Zusammenhang den gemäßigten Empiriker Cassius als *medicus* und persönlichen Bekannten (MUDRY, aaO. 192; 115f.) und führt einen Fall, den dieser behandelt hatte, als Beispiel für das konjekturale Vorgehen der Medizin an (I pr. 69-70).

309 I pr. 74-75. Die Bemerkungen über die Diätetik in der hippokratischen Tradition als Lebensregelung für Gesunde und daher umso mehr auch für Kranke (71-73) gibt zugleich die Gliederung des eigenen Werkes wieder: Dieses beginnt im ersten Buch mit Regeln für die Lebensführung des Gesunden. DEUSE (1994) 839 deutet Celsus' Interpretation als Versuch der Manipulation des Lesers durch Verheimlichung der Konsequenzen der dargelegten Positionen. Dies trifft nicht zu: Celsus ordnet die von ihm dargestellten vier Positionen einander korrespondierend so an, daß sich dialektisch die zwei Grundprobleme - das Verhältnis zwischen *ratio* und *experientia*, das Verhältnis von Einzelnem und Allgemeinem in der Erklärung - und ihre Lösung - Medizin als konjekturale Wissenschaft - ergibt. Das von DEUSE ins Zentrum seiner Deutung gestellte ethische und methodische Problem der Legitimität und des Nutzens von Vivisektion und Leichenöffnung bleibt jener Grundproblematik gegenüber von untergeordneter Bedeutung.

310 I pr. 49-50 berichtet Celsus von einer weiblichen *splendida persona*, welcher aufgrund mangelnden konjekturalen Mutes der behandelnden Ärzte nicht geholfen werden konnte; I pr. 69 spricht er von Cassius (Arzt am Hof des Tiberius) in so vertrauten Wendungen, daß man persönliche Beziehungen annimmt, MUDRY (1982) 192.

311 STOK (1994) zur Stellung der Medizin zwischen literarischer Bildung und Handwerk. Cels., *De med.* III 1 befaßt sich mit der mangelnden Präzision der Unterscheidung zwischen akuten und chronischen Krankheiten. Dabei wird der griechische Sprachgebrauch lateinisch erläutert und kategorial kritisiert: Diese Begriffe würden vieldeutig gebraucht und bildeten daher nicht die einzigen Klassifikationskriterien. Auch hier zeigt sich ein philosophisches Interesse. Medizin als systematischer Zusammenhang: V pr. 2. Anders als die sokratische Kritik beließ Celsus die Rhetorik im Rahmen bloßen Meinens als Kunst des Redens mit nicht belegtem Wahrheitsanspruch und dem Ziel der Durchsetzung: Quint., *Inst. orat.* II 15,31 = fr. 2 Marx; II 15,21 = fr. 1 Marx.

312 Die der Oberschicht angehörigen Patienten, mit denen Celsus rechnet, konsultieren, wie die in I pr. 49-50 erwähnte *splendida persona*, im Falle einer Erkrankung eine Vielzahl von *nobilissimi medici*, die ggf.

Menschen; diese Anweisungen setzen Personen voraus, die Landgüter besitzen, aber auch in der Stadt Geschäfte zu erledigen haben, also dieselben Angehörigen der Führungsschicht, die auch ein systematisches Werk über Landwirtschaft in die Hand nähmen[313]; die Lebensregeln beziehen sich auf alle Formen körperlicher Betätigung, Nahrungsaufnahme, etc. und orientieren sich am Maßstab genereller körperliche Stärke und Schwäche. Vom wohlhabenden Adressaten erwartet die Schrift, daß er sich einer epidemischen *pestilentia* durch Flucht und Verreisen oder durch Kontaktvermeidung im Bad und im Freien entziehen könne[314]. An Laien und an Berufsmediziner richtete sich die das griechische Wissen beruflicher Spezialisten systematisch auf seine Grundsätze hin durchdringende Literatur; diese machte das Wissen unter Bedingungen anwendbar, die die Entscheidung über zu ergreifende Maßnahmen letztlich dem Laien ließ, der sich des fremden Spezialisten nur als eines Beraters bediente. Beide bedurften daher im Falle komplizierter Techniken, zu denen die Medizin gehörte, einer gemeinsamen Wissensbasis für die Kommunikation, die durch enzyklopädische Darstellung gesichert wurde.

Eine kulturelle Situation wie die skizzierte hatte Rückwirkungen auf die Fachliteratur im engeren Sinne, die Werke, die nicht in erster Linie Laien zugedacht waren, sondern gegenwärtigen oder künftigen Fachleuten. Dazu gehören solche zur systematischen Einführung wie auch Sammelschriften. Neue Informationsbedürfnisse entstanden, und so wie dies im Falle der Architektur zur Systematisierung der Disziplin und zur Entwicklung eines literarischen Lehrkanons führte, prägte die Tendenz zu einer neuen Systematisierung auch die Speziallisteratur anderer Disziplinen, weil aufgrund des gestiegenen Bedarfes an technischer Kompetenz ein Transfer des verstreuten (griechischen) Wissens nötig wurde. Zugleich entstand erhöhter Ausbildungsbedarf: Die Erweiterung des Einsatzgebietes technischer Spezialisten auf den gesamten Mittelmeerraum und die zunehmende geographische und soziale Mobilität machte die Transportabilität technischen Wissens (in literarischer Form) zur notwendigen Bedingung der Arbeitsfähigkeit in bestimmten Berufen, zu denen der des Mediziners gehörte. So verweist Scribonius Largus entschuldigend auf die Restriktionen, die seine kleine Reisebibliothek seinen Recherchemöglichkeiten auferlegt[315].

Unter Nero war Dioskurides Pedanius von Anazarba zeitweise Militärarzt. Er war Schüler des Areios, hatte durch diesen eine Einführung in die Pharmakologie erhalten und dann lange einen *στρατιωτικὸς* ... *βίος* geführt. Sein Werk dedizierte er in Dankbarkeit dem Lehrer, richtete es jedoch als systematisches Lehrwerk zugleich an zeitgenössische und künftige Fachkollegen (*ὁμότεχνοι*)[316]. Dioskurides' Lehrer Areios hatte neben einer *Vita* des Hippokrates selbst ein pharmakologisches Werk verfaßt und besaß in dem *consul ordinarius* von 64 n.Chr. und reichen Amphorenfabrikanten C.Laecanius Bassus einen einflußreichen Gönner, dessen Namen er annahm, wohl weil jener ihm das Bürgerrecht ver-

keine Maßnahmen ergreifen können, weil ihnen, wie in diesem Falle, eine *coniectura* zu unsicher erscheint, oder weil sie keinen Konsens finden können. Diese Patienten bedürfen daher selbst medizinischen Wissens, um in solchen Situationen Entscheidungen in eigener Sache herbeiführen zu können. Celsus Werk dürfte sich daher an berufsmäßige Ärzte ebenso richten, wie an Arztlehrlinge und der literarischen Elite angehörige Laien.

313 Cels., *De med.* I 1,1.

314 I 10.

315 S.o. Anm. ?.

316 Diosc., *De mat. med.* I pr. 4.

schafft hatte[317]. Dioskurides unternimmt in seinem Werk bewußt den Versuch, einen neuen Typus des pharmakologischen Handbuches zu begründen. Er kritisiert seine literarischen Vorgänger, u.a. Krateuas, Leibarzt Mithridates Eupators, und den Arzt Andreas, und unterscheidet zu polemischen Zwecken zwei Phasen der Entwicklung der Fachliteratur: Jene Alten (*ἀρχαῖοι*) hätten zwar methodische Exaktheit (*ἀκρίβεια*) walten lassen, doch dies mit sachlicher Begrenzung verbunden. Die jüngeren Asklepiadeer, zu denen auch Areios zeitweise gehörte, hätten dagegen im einzelnen nur oberflächlich die *δύναμις* der Heilpflanzen geprüft, also bloß bereits Bekanntes tradiert und eigene *πεῖρα* vermissen lassen[318]. Auch sei die Ordnung des Stoffes falsch: Eine alphabetische Präsentation, die einen Bedarf der Mediziner nach Nachschlagewerken belegt, trenne, was nach Art und Wirkung zusammengehöre, ordne Disparates zusammen und sei schlecht im Gedächtnis zu behalten (I pr. 3). Über das Nachschlagen hinaus erwartet Dioskurides also, daß das Werk als Einführung dazu beitrage, die Struktur der Sache selbst zu erkennen und zu memorieren. Eine schematische Ordnung in der Literatur mache die Ordnung der Dinge nicht deutlich. Das pharmakologische Werk soll also nicht nur als Nachschlagewerk dienen, sondern sich zugleich als systematische Einführung, deren Lektüre zumindest teilweise späteres Nachschlagen[319] erübrigt, an der Ordnung der Sache selbst orientieren: Unter Bedingungen gestiegener Anforderungen an die Mobilität des Wissens bedarf es um seiner Transportabilität willen neuer Struktur und Ordnung.

Dioskurides will das Wissen also nicht nur auf der Basis neuer, es inhaltlich bereichernder persönlicher Erfahrungen beschreiben, sondern zugleich in neuer, Lernen und Anwendung erlcihternder Form. Sowohl die Anreicherung als auch die Umstrukturierung der pharmakologischen Tradition war vom Adressaten des Werkes, dem Asklepiadeer Areios, selbst angeregt worden[320]. Dieser wird von Dioskurides als gebildeter Mann angesprochen, dessen *καλοκἀγαθία* sich an der Protektion durch den mächtigen und reichen Laecanius Bassus wie in seinem Umgang mit Ärztekollegen zeige; dem Autor und allen Gebildeten gegenüber zeige er besondere Freundlichkeit: Die Ärzte, für die Dioskurides schreibt, verkehren in den Kreisen der reichen Oberschicht, haben wie diese einen geographisch weit

317 WELLMANN, RE II 1 (1895) 626 s.v. *Λεκάνιος* *Ἄρειος*; MILTNER, RE XII 1 (1924) 396-397 s.v. *Laecanius (4)*. Dioskurides schrieb wohl zwischen 60 und 78 n.Chr., RIDDLE (1985) 6ff.; 14.

318 Diosc., *De mat. med.* I pr. 1-3. Dioskurides bemängelt beispielsweise, daß der Wissensstoff *παρὰ τὴν ἐνάργειαν* (unklar) dargeboten werde; dies sei Zeichen mangelnder persönlicher Autopsie und bloßer Arbeit *ἐκ παρακουσμάτων ἱστορίας*. Er kritisiert hier als nur literarische Kenntnisse tradierenden Pharmakologen unter anderem den Sextius Niger, wahrscheinlich identisch mit dem Begründer der philosophischen Schule der *Sextii* [vgl., V.ARNIM, RE II A 2,2040-2041 s.v. *Sextius (10)*]. Dies ist ein weiteres Indiz für die Tendenz dieser Eklektikerschule zur lateinischen Zusammenfassung des Wissens der literarisierten Disziplinen; damit konnte die Schule für kurze Zeit das Interesse an der Vermittlung griechischen Wissens in der römischen Oberschicht befriedigen. Dioskurides bringt durch seine Kritik ein Kriterium für die Gültigkeit praxisleitenden Wissens zum Ausdruck: Anspruch auf praktische Geltung kann nur das Wissen erheben, das sich auf persönliche Erfahrung stützt, vgl. MEIßNER (1986) 313-351 (zu Polybios).

319 Das Interesse am praktischen medizinischen Nachschlagewerk dokumentiert auch die Tatsache, daß in einem Drittel der Codices eine übersichtliche Inhaltsangabe den Kapiteln des Werkes hinzugesetzt ist (*Πεδανίου Διοσκουρίδου 'Αναζαρβέως πίναξ τῆς περὶ ὕλης ἰατρικῆς πραγματείας*, ed. WELLMANN III 109-135).

320 I pr. 4. Asklepiades von Bithynien hatte im zweiten vorchristlichen Jahrhundert ein unteleologisches, auf der Annahme kleinster korpuskularer Einheiten des Körpers aufgebautes medizinisches System formuliert. Dazu VALLANCE (1994).

gespannten Lebensraum und betrachten ihre ärztliche Ausbildung als Teil derselben παιδεία, die diese Oberschicht, also auch ihre Patienten, auszeichnet. Das literarische Werk richtet sich darum an die Angehörigen dieser Schicht, nicht nur an Ärzte[321]: Dioskurides beansprucht vor diesen Lesern eine gegenüber der literarische Tradition zur Pharmakologie reichere Erfahrung und sachangemessenere Ordnung nach Pflanzenarten[322] bei Bewahrung der Inhalte dieser Tradition. Als deren Modifikation richtet es sich daher nicht nur an die Mit-, sondern auch die Nachwelt.

Von solchen literarischen Unternehmungen, die das Wissen der griechischen Kultur den Römern vermitteln und in Bereichen des Spezialwissens die Entscheidungsfähigkeit der Laien erhalten bzw. herstellen sowie für die Spezialisten ihr Wissen für die Ausbildung und die Sicherung ihrer Kommunikationsfähigkeit mit der gebildeten Oberschicht darstellen, unterscheidet sich die Gebrauchs-[323] und Fachliteratur im engeren Sinne, die Literatur von Spezialisten für Spezialisten, durch Besonderheiten. In dieser Literatur spielt der Anspruch auf literarische und sachliche Originalität eine größere Rolle als in der Literatur auch für Nichttechniker. Andererseits erscheinen auch in der innerfachlichen Literatur zunehmend Werke einer technischen Hermeneutik, die vergangene Sachverhalte und Terminologien vermitteln, und die umso notwendiger und hilfreicher werden, je deutlicher die literarische Speicherung technischen Wissens zunimmt. Natürlich besitzt auch die sich an Laien wie Fachleute gleichermaßen richtende systematische Literatur eine hermeneutische Funktion: Sie sichert die Kommunikationsfähigkeit der Laien, indem sie sie mit Terminologie, Argumentation und Vorgehen der Spezialisten vertraut macht, und sie sichert die Kommunika-

321 I pr. 5. Als seine besondere Leistung stellt Dioskurides die Beobachtung und Berücksichtigung der Heilpflanzen innerhalb ihres gesamten Wachstumszyklus und an verschiedenen Orten hin, pr. 8. Unter den Werken des Dioskurides ist ein Werk der Gattung εὐπόριστα, eine Beschreibung auf Reisen überall leicht herstellbarer Heilmittel, überliefert. Dieses Werk ist nicht nach dem Gliederungsschema von *De mat. med.* angelegt, sondern nach Symptomkategorien: Gegen (πρός) bestimmte Krankheitssymptome wirksame Rezepte werden unter dem entsprechenden Lemma subsumiert. Die Authentizität des Werkes ist nicht sicher [WELLMANN (1914); RIDDLE (1985) XXVI-XXVII]. Allein aufgrund der Tatsache, daß diese Schrift eine gegenüber der großen primitivere und antiquiertere Systematik (von Kopf bis Fuß) verfolgt, erweist sie sich jedoch nicht früher oder weniger authentisch, denn das traditionelle Gliederungsschema von Handbüchern zur Selbstmedikation blieb auch später in Gebrauch, unabhängig von der systematischen Leistung von *De mat. med.* Das kleinere Werk widmete Dioskurides (?) aus Verpflichtungsgefühl dem Leibarzt Neros, Andromachos; bzw. sein Autor meinte, die Authentizität durch eine Widmung an Andromachos unterstreichen zu können (pr.). Es war also zu erwarten, daß ein literarisch tätiger Arzt wie Dioskurides mit höchsten Hofkreisen verkehrte, und daß in diesen literarisch medizinische Informationen, insbesondere zur Befriedigung eines Selbstheilungsinteresses, ausgetauscht wurden.

322 Im Vorwort zum zweiten Buch spricht Dioskurides die Besonderheit seiner Disposition deutlich aus: Es gelte darzustellen, welche Heilmittel eine ähnliche Heilkraft (δύναμις) haben aufgrund von Ähnlichkeit und Verwandtschaft (συγγένεια), II pr., also um eine angemessene Repräsentation der Ordnung der Dinge selbst. Nach RIDDLE (1985) XIV; 23-26 handelt es sich um ein System der Wirkungsähnlichkeit von Drogen, nicht der morphologischen Ähnlichkeit der Pflanzen. Vgl. RIDDLE (1994).

323 Beispiele für zu praktischen Zwecken des Nachschlagens geschriebene Schriften sind die zwei Werke des Aretaios von Kapadokien, *De caus. et sign. acut. morb.* und *De curat. acut. morb.*. Das erstere beschreibt knapp die einzelnen Krankheiten nach Arten, deren Gefährlichkeit, Ausprägungen, Symptomen und Ursachen; das zweite beschreibt nach Krankheiten gegliedert die Therapien mit kurzen Erklärungen und Entscheidungsalternativen. Diese Literatur will so vollständig und knapp wie möglich sein (Aret., *De curat acut. morb.* I pr.), um das Wissen transportabel zu machen. Die Datierung des Aretaios ist nicht gesichert, dazu OBERHELMAN (1994).

tionsfähigkeit der Spezialisten, indem sie diese lehrt, ihr Fach reflektiert und systematisch von seinen Voraussetzungen her zu verstehen und aufzubauen. Diese Literatur sichert den essentiellen Kommunikationszusammenhang der Oberschicht der Prinzipatszeit, zu der teilweise auch berufsmäßige Spezialisten, vor allem Ärzte, gehörten.

Über die Zwecke der Vermittlung zwischen Fachleuten und Laien hinausgehend wurden hermeneutische Absichten mit der Hilfe technischer Literatur verfolgt, sobald die Geschichtlichkeit der Spezialdisziplinen selbst im Prozeß der literarischen Akkumulation des Wissens bewußt und als ein Fortschritt begriffen wurde, der neben neuen Einsichten zugleich einen Entfremdungsprozeß bewirkte. Grundsätzlich ist der Gedanke der Entfremdung von der Natur durch Technik und im Laufe der technischen Entwicklung von älteren Techniken kein neuer Gedanke: Die griechische Zivilisationstheorie formulierte ihn bereits früh (Dikaiarchos, Βίος Ἑλλάδος). Der Prozeß der Aneignung fremden und neuen Wissens über lange Zeit ließ in der frühen Prinzipatszeit ein Defizit im Verständnis (auch in sprachlicher Hinsicht) älterer Sachliteratur entstehen. Dieses Verständnisdefizit bewältigten die Techniken nicht allein; vielmehr verfaßten auch Nichttechniker zur Kompensation solcher hermeneutischen Defizite Formen technischer Literatur. Ein Beispiel ist der Grammatiker Erotianos, der Neros Leibarzt Andromachos ein Werk widmete, das fortlaufend am Text der als authentisch angesehenen hippokratischen Schriften deren Terminologie erläuterte, sofern diese nicht mehr verstanden wurde; das Werk war als Verständnishilfsmittel zur fortlaufender Begleitung der Lektüre konzipiert und wurde erst viel später zu einem alphabetisch gegliederten Hippokrateswörterbuch umgearbeitet[324]. Erotian wird daher, ähnlich wie möglicherweise Dioskurides[325], persönliche Beziehungen zu Neros Arzt besessen und zu den Hofkreisen in Kontakt gestanden haben. Er konnte sich bei seiner hermeneutischen Arbeit auf eine bereits etablierte, von Ärzten wie Grammatikern getragene erklärende Literatur zu Hippokrates stützen und erwähnt solche Arbeiten zu Hippokrates[326]. Technische Hermeneutik, notwendig wegen der literarischen Geschichtlichkeit der Medizin, gehört zu den Feldern der Kunst, in denen Spezialisten und Fachfremde sich über die Gültigkeit des Wissens der Spezialisten austauschen[327]: Der Arzt, für den Erotian schreibt, ist ein literarisch gebildeter Arzt; sein Gegenteil ist ein rein handwerklich, ohne Beachtung der *ἱστορία* der Disziplin, praktizierender Arzt, der an der literarischen Bildung nicht teilnimmt. Die geschichtlichen, vergangenen Leistungen des Faches werden zwar als vergangen und darum unverständlich erkannt, aber dennoch als Lehrstoff angesehen, an dem das gegenwärtig angewendete und als gültig angesehene Wissen geprüft und transparent gemacht werden kann. Daß das literarisch vermittelte alte Wissen obsolet sein könnte, wird nicht angenommen: Bei aller Fortschrittlichkeit der Medizin wird jenes Wissen offenbar nicht so sehr entwertet, daß es die gegenwärtige Praxis und Theorie nicht belehren könnte. Zwischen gegenwärtiger und ver-

324 Erotian., *Voc. Hippocr. coll.*, pass.; NACHMANSON (1917) 260ff.; 476ff.; 490f.; 544f.; COHN, RE VI 1,544-548 s.v. *Erotianos*.

325 Unter den Werken des Dioskurides ist eine Anleitung zur Selbstmedikation überliefert, die Andromachos gewidmet ist, deren Authentizität jedoch umstritten ist, vgl. OBERHELMAN (1994) 943-950.

326 Erotian., *Voc. Hippocr. coll.* 31-32.

327 Erotian bestimmt den Zweck der einem Arzt dedizierten Arbeit: Die hippokratische Literatur nütze allen Menschen, vornehmlich jenen, die sich um literarische Bildung bemühten. Zu diesen gehören auch die Ärzte, die seine Geschichte nicht aus dem Fach selbst ausschließen und sich darum bemühen, zu lernen, was sie nicht wissen, und zu beurteilen, was sie gelernt haben, denn sie sähen unvollkommen Gelerntes als defektiv und Ungeprüftes als unsicher an (29).

gangener Medizin steht zunächst also nur eine sprachliche Schranke, nicht die Schranke eines grundsätzlich unterschiedlichen Anspruches des Wissens auf Geltung für die Praxis: Entwertet wird altes Wissens durch neues Wissen allenfalls im Einzelnen, während die Grundsätze des Wissens im ganzen in Geltung bleiben. Das tradierte Wissen besitzt also kanonische Funktion, hat Geltung als Vergleichsmaßstab, vor dem verschiedene Versuche seiner widersprüchlichen und unvollkommenen Aneignung mehr oder weniger abfallen[328]. Hier zeigt sich eine Literaturzentrierung[329] der Technik, die einer, wenn auch nicht unbestrittenen, Praxis der Medizinerausbildung des ersten nachchristlichen Jahrhunderts entspricht. Ein Papyrus zitiert die Meinung des Chirurgen (Orthopäden) Archibios, der die Ärzteausbildung seiner Zeit kritisiert: Zu viel Zeit werde darauf verwendet, Begriffsdefinitionen mitzuteilen, sich mit der Geschichte der Chirurgie zu befassen und deren Eigenschaften theoretisch zu bewerten, anstatt das Wissen von Anfang an nach Krankheiten sortiert, also pathologisch und auf Therapie hin orientiert, beizubringen und die chirurgischen Tätigkeiten einzuüben[330]. Verbreitet bei jener theoretisch-literarischen Ausbildung waren *'Ερωτήματα ἰατρικά*, Frage-Antwort-Texte, anhand derer Medizinlehrlinge einzelne Gegenstände erlernten, ähnlich wie bei der Arbeit mit modernen Gegenstandskatalogen[331]. Einige dieser Werke reproduzieren die Situation des Arztes bei der Anamnese: Er befragt den Patienten, um aus wahrnehmbaren Symptomen und der Erinnerung des Patienten die Art der Erkrankung und ihre unsichtbaren Ursachen zu bestimmen. Jene erwähnte Polemik des Archibios belegt, in welchem Maße die Medizin des ersten nachchristlichen Jahrhunderts durch ihren Grad der Literarisierung die rein handwerkliche Weitergabe ihres Könnens ergänzt hatte und Teil der literarisierten Disziplinen geworden war. Einen wesentlichen Anteil an diesem Prozeß hatte der literarische Wissens- und Technologietransfer der Kaiserzeit.

2.2.4.4. Plinius' *Naturgeschichte*

Plinius' des Älteren *Naturgeschichte* ist dem späteren Kaiser Titus gewidmet: Der Widmungsbrief bezieht sich auf gemeinsame Freundschaft aus Militärzeiten, wohl in Germanien 57-58 n.Chr., und dürfte aus den Jahren 77 oder 78 n.Chr. datieren[332]. Es scheint zunächst ein Werk zu sein, das, kompilatorisch und Naturgegenstände nur summierend, sich nicht an einen Leser mit Interesse an technisch-praktischem Regelwissen, sondern naturgeschichtlich-theoretischem Interesse richtet, das auf Einzelnes und Abgesondertes zielt. Für das von ihm vermittelte Wissen erhebt der Autor einen Geltungsanspruch, den er durch seine Widmung an Titus unterstreicht, und der von Kritikern seiner *curiositas* (Sene-

328 In 30-32 behandelt Erotian die literarischen Vorgänger, die untereinander in vielen Fällen im Verhältnis des *ἀντειπεῖν* stehen.

329 Den intensiven subliterarischen und literarischen Schriftgebrauch der Mediziner belegen Rezepte, die sich auf Papyri erhalten haben, vgl. GAZZA (1955-1956).

330 KÖRTE (1913) 262; vgl. SCHÖNE u. KALBFLEISCH (1905) 22-25.

331 KÖRTE (1939) 126f.

332 Zu Plinius' *Naturgeschichte*: ISAGER (1991) 18ff.; SERBAT (1986) 2108ff.; KÁDÁR U. BERÉNYI-RÉVÉSZ (1986); JEX-BLAKE U. SELLERS, (1896); MÜNZER (1897).

ca, Tacitus, Quintilian) anscheinend bestritten wurde[333]. Andererseits setzt Plinius paradoxerweise voraus, daß von Handwerkern und Technikern zu erwarten wäre, daß gerade sie sich für das von ihm Mitgeteilte interessieren; Zweck seines Werkes kann also nicht nur gewesen sein, der Untergangsgefahr des unübersichtlich gewordenen Wissens entgegenzuwirken, indem unter Verzicht auf Systematik die Bewahrung des Einzelnen zum Zweck rein literarischer Forschung wird[334]. Er gibt einer Materie subliterarischen Schriftgebrauches die Weihe der Literaturfähigkeit.

Tatsächlich hält es Plinius nicht für ein Kennzeichen seiner Arbeit, ohne Rücksicht auf ihre Signifikanz Einzelheiten mitzuteilen, anders als die Historiographie[335]; vielmehr kritisiert er, daß es eine Fülle von Monographien gebe, die mit *inmensa subtilitas* dunkelste Dinge traktieren[336], während niemand vor ihm sich mit seinem Gegenstand im Zusammenhang befaßt habe: Plinius behauptet nicht, daß einzig zusammenhanglose Details noch literarisches Interesse reklamieren könnten, sondern beansprucht, einen Zusammenhang verstreuter Dinge selbst erst herzustellen. Er kritisiert die Entwicklung der zeitgenössischen Prosaliteratur im ganzen: Zumeist werde immer dasselbe behandelt und errege daher nur noch Langeweile; die Gegenstände der ἐγκύκλιος παιδεία dagegen seien unbekannt oder in ihrem Wert durch Anwendung von *ingenium* relativiert. Plinius' Gegenstand ist *rerum natura, hoc est vita*: Die Natur der Dinge soll dargestellt werden; ihre Darstellung soll einen Bezug zum Leben haben und einen Zusammenhang bilden; dies erfordert offenbar, daß den Erwartungen der literarischen Elite teilweise gerade nicht entsprochen werde[337]. Plinius setzt voraus, daß zu einer recht verstandenen ἐγκύκλιος παιδεία Wissensgebiete mit praktischem Bezug gehören, auch die Medizin. In klassischer Zeit v.a. die musische Bildung des freien Bürgers umfassend, verschob sich dieser Begriff zunehmend auf theoretische Disziplinen; Plinius' Vorstellung literarischer Bildung setzt die Erweiterung dieses Bildungsbegriffes um praktische Metiers voraus. Eine ähnliche Bildungsvorstellung hatten Cato, Varro und Celsus verfolgt, die ihre Systematik jedoch nicht von den Sachen selbst her, vom Material, sondern von den ver-

333 KÖVES-ZULAUF (1973) 166ff.; (1972) 326-336. Nach FRENCH (1994) 254f. wollte Plinius den Römern den Umfang ihrer Natur, des in ihrem Besitz Befindlichen, aus griechischen Quellen mitteilen.

334 Plinius unterstreicht den Abstand zwischen dem Werk und seinem unmittelbaren Adressaten und nennt dessen mittelbare Adressaten: Plin. *NH* I pr. 6. Um die Paradoxie der Zueignung des Werkes an den *imperator* zu unterstreichen, setzt Plinius voraus, daß nicht herausragende Einzelne, sondern die Mehrheit derartige Literatur lesen müßte: *agricolae* und *opifices*, landwirtschaftlich oder gewerblich Tätige. Auch derjenige, der zu zweckfreien literarischen Studien Zeit hat (*studiorum otiosis*), kommt als Leser außerdem in Frage. Das Werk trägt demnach für übliche Zwecke zielgerichteten Literaturstudiums: stilistische Schulung und Erwerb juristisch-moralischen Praxiswissens, nichts aus. Es beschäftigt sich nicht mit einem üblichen literarischen Gegenstand, daher erscheint seine Lektüre für Literaten als Zeitverschwendung; es behandelt einen Gegenstand technisch-praktischen Interesses, der üblicherweise außerhalb literarischen Interesses bleibt. Der Verweis auf die Literatur von *opifices* und *agricolae* (vgl. auch I pr. 11: *rustici multaeque gentes*) verweist zunächst auf Nicht-Literatur: Plinius traktiert einen Gegenstand, der noch nie literarisch zusammengefaßt wurde; daher erscheint er als mögliche Lektüre von Handwerkern und Bauern, von denen subliterarischer Schriftgebrauch erwartet wird, die Verwendung sachlicher Nachschlagewerke, nicht Lektüre im eminenten Sinne. Zur Interpretation von *studiorum otiosis* vgl. Isager (1991) 23f. Genitiv der Beziehung: HOFMANN u. SZANTYR (1965) 77-81. Die dritte Gruppe neben Landwirten und Gewerbetreibenden sollen die sein, die für ihre und von ihren Studien freie Zeit haben.

335 Vgl. KÖVES-ZULAUF (1973).

336 Plin., *NH* I pr. 12-15.

337 I pr. 13; 15.

schiedenen Typen der Tätigkeiten her aufbauten. Die Herausbildung eines Bildungskanons steht im engen Zusammenhang mit dem römischen Gefühl, vorliegenden griechischen Bildungsstoff sich aneignen zu müssen, wobei neben einem Kernbestand von *artes liberales* auch Medizin, Gymnastik, Malerei, Rechtskunde und Architektur, also praktische Disziplinen mit nicht nur subliterarischem Schriftgebrauch, Berücksichtigung fanden[338]. Plinius' Gegenstand bilden also reale Voraussetzungen praktisch-technischen Handelns[339]: Der Bildungsanspruch, den er erhebt, ergibt sich daraus, daß sein Gegenstand vollständig das Material des praktisch-technischen Lebens in der Antike darstellt[340]. Zur ἐγκύκλιος παιδεία gehören Stoffe, mit denen eine literarische Beschäftigung lohnt: Für den Inhalt seines Werkes reklamiert Plinius einen besonderen Nutzen für die Allgemeinheit[341]. Dem künftigen Kaiser gegenüber präsentiert er sein Werk als Abtragung einer Schuld den literarischen Quellen gegenüber und darum als Dienst an der Allgemeinheit[342]. Er schildert die *Naturalis Historia* nicht als abgeschlossenes Werk, sondern als Projekt: Das Wissens über die natürlichen Voraussetzungen menschlicher Tätigkeit soll kontinuierlich gesammelt und zunehmend vervollständigt werden. Paradigma dieser Vorstellung ist die der fortschrittlichen, nicht zu einem Ende gelangenden *ars:* Plinius erwartet, durch sein Werk eine Disziplin der Naturbetrachtung zu begründen, die fortschreitet wie die Arbeit eines Künstlers an einem allerdings nie fertig werdenden Werk[343]. Die Struktur seines literarischen Werkes soll das Wissen in neuer Form präsentieren; seine Materie soll das Ergebnis aller bisheriger Forschungstraditon sein; beides soll Vorausetzung dafür sein, mit der Hoffnung auf künftige Fortschritte weiterzuarbeiten. Plinius erwartet, daß gegen ein solches Projekt zunehmender Aufklärung der empirischen Grundlagen praktischer Betätigungen als Teil einer erneuerten Allgemeinbildung sich der Widerstand der Vertreter philosophischer und literarischer Bildung artikulieren werde[344].

Man hat Plinius gelegentlich eine statische Wissenschaftsauffassung zugeschrieben; Plinius arbeite allein literarisch aus zweiter Hand, und er sehe sich selbst als Exponenten einer Zeit

338 Vgl. KOLLER (1955); METTE (1960); KÜHNERT (1961); MARROU (1955) 244ff. Die Medizin betrachtet Plinius als typisch griechische *ars*, die kaum von Römern betrieben worden sei, und die das Griechische für die Kommunikation ihres Wissens beibehalte (XXIX 16-17). Umso deutlicher hebt sich sein eigener Versuch ihrer lateinischen Literarisierung davon ab.

339 Vgl. Inhaltsübersicht bei ISAGER (1991) 49 (nach DELLA CORTE).

340 Ein wichtiger Gegenstand sind praktische Erfindungen; Plinius' Darstellung besteht stellenweise aus Erfinderlisten, VII 191ff.; vgl. ISAGER (1991) 36ff. Die *inventiones* bestimmen das Inhaltsverzeichnis (Plin., *NH* I 14: *de inventione mulsi*; 17: *de insitione quo modo inventa sit*; 25: *herbae mirabiliter inventae ... nobilium herbarum inventores*; 33: *de minio ... de inventione eius et origine*; *plastices primi inventores quis primus ex facie imaginem expresserit*. Zur Frühgeschichte des Erfinderthemas: KLEINGÜNTHER (1933). FRENCH (1994) 254f.: Plinius vermittle der römischen Oberschicht die Kenntnis des Gesamtumfanges der von ihnen kontrollierten Welt unterhalb der Sphäre der Götter.

341 Plin., *NH* I pr. 16.

342 Plin., *NH* I pr. 20-23, bes. 23: *mutuum reddere*.

343 Plin., *NH* I pr. 26-28: *tamquam inchoata semper arte et inperfecta... ego plane meis adici posse multa confiteor*. Plinius setzt voraus, daß der Prozeß der Entdeckung von Neuem immer weiter gehen wird: Plin., *NH* XXII 1: *sed quanto plura restant quantoque mirabiliora inventu!*

344 Plin., *NH* I 28-32. Fortschritt und Vernachlässigung der Pflicht zur Erforschung und Mitteilung von Neuem in der Gegenwart: XXV 1-2; vgl. ISAGER (1991) 41.

wissenschaftlichen Stillstands[345]. Tatsächlich kontrastiert Plinius das wachsende Erfahrungswissen vergangener Zeiten und deren Bereitschaft, es der Nachwelt mitzuteilen, mit einer Vernachlässigung der Bemühung um eine Weitergabe des Wissens in seiner Gegenwart: Das Wissen droht, verloren zu gehen[346]. Er schreibt dies jedoch um des Kontrastes willen zur Rechtfertigung des eigenen Unternehmens: Dieses soll ein Mittel sein zur Vermeidung drohenden Wissensverlustes und Stillstandes. Plinius ist kein Skeptiker des wissenschaftlich-technischen Fortschrittes, sondern sieht in der Tradierung des Wissens eine wichtige moralische Aufgabe. Auch ein scheinbares Zeugnis für seine Skepsis gegenüber dem wissenschaftlich-technischen Fortschritt erweist sich bei näherer Betrachtung nicht als Beleg einer konservativen Vorliebe für den Stillstand aller Erkenntnisprozesse[347]: Plinius erhöht den Kontrast zwischen einer Vergangenheit, die trotz unsicherer Lebensverhältnisse Wissen erwarb und weitergab, und der Gegenwart, die sich um den Erwerb neuen Wissens und um eine Weitergabe weniger kümmert trotz ihrer besseren Möglichkeiten. Er verkündet dadurch nicht ein persönliches Programm und bezeugt nicht eine verbreitete Mentalität, sondern betont eine Bewertung verschiedener Lebensziele: Plinius bemerkt, daß man die Gunst der Verhältnisse zum Reisen nutze, jedoch nicht, um zu forschen, sondern um Handel zu treiben und Geld zu verdienen. Er kritisiert, daß man sich dabei die Kurzlebigkeit monetären Profits gegenüber allgemeinem Wissenszuwachs nicht klarmache. Plinius setzt also voraus, daß in seiner Gegenwart besonders günstige Voraussetzungen für Forscherexistenzen bestünden, die aber nicht ausreichend genützt würden. Er betont also die angebliche Forschungsfremdheit seiner Gegenwart, um diese zur Wahrnehmung bestehender Forschungschancen und zur Mitteilung der Ergebnisse aufzurufen. Dadurch rechtfertigt er sein eigenes Unternehmen, das Naturwissen seiner Zeit zu erfassen und weiterzugeben. Seine Äußerungen belegen also das Gegenteil eines Stillstandes in Forschung und Technik.

Als kennzeichnend für sein Unternehmen sieht Plinius an, daß dieses die Komplexität der Gegenstände reduziere; die Mitteilung von *mirabilia* sei nicht sein Ziel, sondern eine kurze Bestimmung des Variantenreichtums der Wirklichkeit[348]: Plinius will jedoch ausdrücklich

345 So ISAGER (1991) 43.

346 Plin., *NH* XXV 1-4.

347 Plin., *NH* II 117-118: *quo magis miror orbe discordi et in regna, hoc est in membra, diviso tot viris curae fuisse tam ardua inventu, inter bella praesertim et infida hospitia, piratis etiam, omnium mortalium hostibus, transitu< ro > s fam< a > terrentibus, ut hodie quaedam in suo quisque tractu ex eorum commentariis, qui numquam eo accessere, verius noscat quam indigenarum scientia, nunc vero pace tam festa, tam gaudente proventu rerum artiumque principe, omnino nihil addisci nova inquisitione, immo ne veterum quidem inventa perdisci. non erant maiora praemia, in multos dispersa fortunae magnitudine, et ista plures sine praemio alio quam posteros iuvandi eruerunt. namque mores hominum senuere, non fructus, et inmensa multitudo aperto, quo<d>cumque est, mari hospitalique litorum omnium adpulsu navigat, sed lucri, non scientiae, gratia. nec reputat caeca mens et tantum avaritiae intenta id ipsum scientia posse tutius fieri. quapropter scrupulosius, quam instituto fortassis conveniat operi, tractabo ventos, tot milia navigantium cernens.*

348 ISAGER (1991) 44-47 meint, Plinius schreibe ein Werk über Absonderliches und Ausnahmephänomene, nicht über normale natürliche Verhältnisse. Er stützt sich auf VII 6-7 und XVII 9. VII 6-7 kündigt an, im Bereich menschlicher Verhaltensweisen auch fremdartige Sitten und Gebräuche zu behandeln, insbesondere von weit entfernt von der See lebenden Menschen. Er beschreibt diese folglich nur, weil sie nicht allgemein zugänglich und daher nicht im allgemeinen Bewußtsein verankert sind. Fremdartigkeiten, die jeder kennt, beschreibt er nicht. Die Beschreibung besonders fremder Sitten soll Ausnahme sein: Plinius betont, daß *ritus moresque* aufgrund ihrer Komplexität und Vielzahl eigentlich nicht zu seinem Gegenstand

von den Details des Vorgehens das nicht mitteilen, was ohnehin jeder weiß, sondern nur zu umstrittenen oder inkorrekt unternommenen Maßnahmen und unverstandenen Sachverhalten Stellung nehmen, also nicht das mitteilen, was er als Praxiswissen auf seiten des Lesers voraussetzen kann. Er nimmt vielmehr das aus der technischen Fachtradition auf, was diesem Leser neu erscheinen dürfte oder was er bisher anders meint oder zu wissen glaubt. Die Schrift bewahrt folglich nicht unterschiedslos alles Mögliche, auch nicht Wunderbares um der Verwunderung willen, sondern will praxisorientierendes Wissen vermitteln. Plinius' Rechtfertigung für die Behandlung der Magie ist charakteristisch für seinen Umgang mit seinem Stoff: Er hält Magie für *vanitas*, sieht jedoch magische Pratiken als historisch einflußreiches Phänomen und für das Verständnis der Wirklichkeit wichtig an; daher beschreibt er sie[349].

Wesentliche Funktion des Werkes ist die Reduktion der Komplexität und des Zeitaufwandes bei der Informationsbeschaffung. So stellt Plinius das Maß heraus, um das er den Umfang des Überlieferten komprimiert habe, und betont den Effekt der Zeiteinsparung beim Konsultieren des Werkes durch Vorschaltung eines Inhaltsverzeichnisses: Die Leser sollen das Werk nicht durchlesen, sondern zur Beantwortung bestimmter Fragen konsultieren[350]. Technisch-künstlerische Tätigkeit geschieht demnach zu praktischen Zwecken (Überleben, materieller Erwerb, Ruhm)[351]. Die Natur liefert dafür die Materialgrundlage und begrenzt die Möglichkeiten technischer Betätigung[352]; der Mensch ist abhängig davon, die Fähigkeiten erst zu erlernen, die ihm das Überleben garantieren[353], und die seinen Wert, auch in materiellem Sinne, bestimmen[354]: Nicht nur die kulturelle, sondern auch die natürliche Existenz des Menschen erfordert daher die Sammlung neuer Erkenntnisse über seine Lebensumstände und deren Mitteilung an die Mit- und Nachwelt, und Plinius fordert, daß

gehören. Es handelt sich also nur um eine Konzession an den Zweck, das Wissen nicht in Vergessenheit geraten zu lassen. Ansonsten bilden normale natürliche Verhältnisse den Gegenstand von Plinius' Schrift. XVII 9 handelt von Baumschulen und der Veredelung durch Pfropfung, also einem technischen Gegenstand. Plinius bemerkt hier (Plin., *NH* XVII 8-9), er werde weder allgemein Bekanntes und Übliches (*volgata*) behandeln, noch allgemein bewußte Sachverhalte nur bestätigen, sondern Unsicheres und Zweifelhaftes klären, an dem die Lebenspraxis am ehesten zu scheitern droht (*incerta atque dubia, in quibus maxime fallitur vita*). Skurrile Details (*diligentiam supervacuis adfectare*) wie redundante Trivia will Plinius also nicht mitteilen, sondern praktisch relevante Fragen klären.

349 Plin., *NH* XXX 1-2. Sympathie- und Antipathiemedizin: XXXII 1-19. Technizität der Magie, Geheimnischarakter: KEE (1986) ND (1987) 101ff.

350 Plin., *NH* I pr. 17-18; 33 (*tu per hoc et aliis praestabis ne perlegant, sed, ut quisque desiderabit aliquid, id tantum quaerat et sciat quo loco inveniat*). Plinius' Formulierungen verdeutlichen, daß die Widmung an den Kaiser größtmögliche Publizität sicherte (I pr. 6). Vgl. ISAGER (1991) 27-30.

351 ISAGER (1991), 37f.; Plin., *NH* VII 125-127.

352 Plin., *NH* VII 1 (*principium iure tribuetur homini, cuius causa videtur cuncta alia genuisse natura, magna, saeva mercede contra tanta sua munera, non ut sit satis aestimare, parens melior homini an tristior noverca fuerit*); ISAGER (1991) 38. Vgl. XXXV 1: Plinius resümiert die Behandlung der Metalle: Diese seien der Inbegriff des Reichtums; er habe damit zusammenhängende Stoffe behandelt und die Gegenstände so verbunden, daß zugleich Medizin und Handwerk, die Subtilitäten abbauender und aufbauender Bearbeitung sowie des Färbens und Eintunkens behandelt würden. Plinius beschreibt die Gegenstände demnach als Stoffe menschlicher Be- und Verarbeitung. Sein Werk endet mit einem hymnischen Lob der Natur: Plin., *NH* XXXVII 205.

353 VII 1-5; ISAGER (1991) 38f.

354 Vgl. KÁDÁR u. BERÉNYI-RÉVÉSZ (1986) 2212-2214.

diese Bemühung sich intensiviere. Es ist daher verständlich, daß er erwartet, daß sein Werk nicht nur von in Gesellschaft und Staat führenden Lesern mit freier Zeit gelesen werde, sondern auch von Praktikern ohne Freizeit, aber mit drängenden Interessen[355]: Damit wird nicht der intendierte Leserkreis genau umgrenzt, sondern zum Ausdruck gebracht, daß die Gegenstände des Werkes grundlegende Bedeutung für alle Menschen beanspruchen. Plinius schreibt für produktiv Tätige; Landwirte und Handwerker als mögliche Interessenten seines Stoffes deuten an, daß Plinius beabsichtigt, eine neue literarische Gattung für einen weiteren Leserkreis zu begründen. Er beansprucht nicht, seinen Gegenstand abschließend darzustellen, sondern erwartet in dem von ihm entworfenen systematischen Rahmen Fortschritte[356] und Zusätze. Er rechnet damit, daß das von ihm vermittelte Wissen unter Zeitdruck aufgenommen und der Praxis zugeführt wird, daher gibt er eine Inhaltsübersicht. Das wichtigste Paradigma für Plinius' technisch geprägtes Wissenschaftsverständnis bildet die Medizin: Sie unterliegt ständigem Wandel, ist aber in der Gefahr dogmatischer Erstarrung aufgrund ihrer theoretischen, den Erwerb von Erfahrungen nicht einübenden Lehrverfahren (Vorlesung).

Das Phänomen technischen Wandels und technischen Lernens behandelt Plinius ausführlich, und in diesem Zusammenhang widmet er sich einer Problematik, die für die Entwicklung der Techniken konstitutiv ist: dem Obsoletwerden bestimmter Praktiken und ganzer Wissenszweige aufgrund des Wandels. Damit assoziiert er als Beispiel die Vorstellung einer Medizin des mythischen Zeitalters, die nicht weiter verfolgbar war, sich also verlor[357]. Die überschaubare Geschichte der Medizin erzählt Plinius als Abfolge von Gruppen, die sich auf bestimmte Glaubenssätze berufen und die Ansichten der Vorgänger für ungültig erklären[358]. Skepsis gegenüber den Vertretern dieser Kunst, nicht gegen die

355 Vgl. MARCHETTI (1992).

356 Er erwartet nicht nur literarische Fortschritte im Sinne größerer Vollständigkeit und der Ergänzung des Fehlenden, sondern auch grundsätzliche Neuentwicklungen. Ein Beispiel dafür ist die Figur des Intellektuellen und Mediziners Asklepiades von Bithynien (1. Jhdt. v.Chr.), eines der Begründer der Methodikerschule (XXVI 10-20). Plinius setzt dessen Arbeit den von ihm berichteten Medikamentenrezepten der *prisci* entgegen, der hippokratischen Tradition bis Herophilos. Plinius hält diese Tradition für eine durch rein theoretische Lehrverfahren zur Orthodoxie erstarrte, die die produktive Suche nach neuen Heilmitteln habe außer Gebrauch kommen lassen (Plin., *NH* XXVI 11-12). Plinius erwartet also Fortschritt, und er erwartet ihn von einer Bereicherung der literarischen Tradition durch neue Erfahrungen. Um diese habe sich die alte Medizin nicht mehr bemüht, während Asklepiades ein neues System gesunder Lebensführung entworfen habe. Zu Asklepiades vgl. RAWSON (1985) 170ff. Eine der Leistungen seines Werkes ist das *iudicium ... rerum omnium novarum* (XXIX 1), die Beurteilung neuer Erkenntnisse, und ihre Einschließung in die Tradition als gültige oder ihre Rejektion als ungültige.

357 Plin., *NH* XXIX 1-3, bes. § 2: *sed qu<aest>ion<e>m occurrere verisimile est omnium, qui haec noscant, cogitationi, quonam modo exoleverint in medicinae usu quae iam parata atque pertinentia erant, mirumque et indignum protinus subit, nullam artium inconstantiorem fuisse aut etiamnunc saepius mutari, cum sit fructuosior nulla.*

358 Plin., *NH* XXIX 9: *eadem aetas Neronis principatu ad Thessalum transilivit, delentem cuncta placita et rabie quadam in omnis aevi medicos perorantem, quali prudentia ingenioque, aestimari vel uno argumento abunde potest, cum monumento suo, quod est Appia via, iatronicen se inscripserit.* Wirken des Krinias von Massilia gedeutet als technische Transferleistung: Krinias habe die Medizin mit einer anderen Technik verbunden, indem er die Lebensführung der Patienten astrologisch geregelt habe (XXIX 9). Die von Plinius beschriebenen Modeärzte errangen ihre Erfolge durch die Regelung der Lebensführung ihrer Patienten. Astrologische Vorstellungen waren auch der hippokratischen Umweltmedizin nicht fremd. Daß jene Modeärzte zwischen dem 1. Jhdt. v.Chr. und 1. Jhdt. n.Chr. sich wandelbaren Lebensregeln widmeten,

Kunst selbst, leitet Plinius daraus ab: Die Qualifikation von Ärzten wird nicht öffentlich geprüft; Ärzte erwerben im einzelnen wie im allgemeinen ihre Erfahrungen an wirklichen Fällen, die Patienten stellen daher Versuchsobjekte dar[359]. Plinius beschreibt die Unsicherheiten einer auf Erfahrung basierenden Handlungslehre unter Bedingungen marktlicher Selbstregulierung[360], aber auch ihre Raffinesse und ihre Tendenz, zur Befriedigung luxuriöser Lebensbedürfnisse[361] beizutragen. Medizin bietet erfahrungsabhängiges Wissen, aber sie ist zugleich auch Modephänomen, und Plinius' Kritik richtet sich gegen eine Luxusmedizin im Dienste des Gesundheitskultes der Oberschichten, gegen die Beliebigkeit ihrer Vorschriften, nicht gegen ihren prinzipiellen Nutzen und ihre Fähigkeit, durch medizinische Erfahrungen neues Wissen zu akkumulieren.

Für die Entwicklung der Medizin kennt Plinius zwei Formen, eine notwendige und eine kontingente. Als notwendig gilt der Untergang der natürlichen bzw. göttlichen Medizin mythischer Zeit, und notwendig sind medizinische Reaktionen auf das Auftreten neuer Krankheitstypen[362]. Kontingent dagegen ist Plinius zufolge der Wechsel medizinischer Moden in der *neuen* Medizin[363]. Dazwischen liegt der normale Fortgang der Schulmedizin, die jedoch schließlich in theoretischer Dogmatik erstarrt. Tatsächlich schreibt Plinius wenig über technischen Veränderungen, die notwendig und irreversibel erscheinen; ihre Ergebnisse trägt er als Erfahrungswissen zusammen. Die wechselnden Moden dagegen sind Objekt ausdrücklicher Polemik: Plinius vermittelt also den Eindruck eines sich intensivierenden Wandels in seiner Gegenwart. Diesen erklärt er weniger als Fortschritt bei der Lösung wissenschaftlicher Probleme denn als Wechsel von Moden und praktischen Zwecken. Daß Plinius diesen als gegenwärtig empfundenen beschleunigten Modewechsel ähnlich wie auch die Ergebnisse hippokratischer Normalwissenschaft beschreibt, zeigt, daß er der durch beschleunigten Wandel von Lebensstilen geprägten Praxis Bedeutung zumißt als technikleitendem Gesichtspunkt und daß er die Techniken einschließlich ihrer externen Zwecke als

motiviert Plinius zu skeptischen Bemerkungen über die Gültigkeit medizinischen Wissens: Plin., *NH* XXIX 11: *nec dubium est omnes istos famam novitate aliqua aucupantes anima statim nostra negotiari. hinc illae circa aegros miserae sententiarum concertationes, nullo idem censente, ne videatur accessio alterius. hinc illa infelicis monumenti inscriptio: "turba se medicorum perisse." mutatur ars cottidie totiens interpolis, et ingeniorum Graeciae flatu inpellimur, palamque est, ut quisque inter istos loquendo polleat, imperatorem ilico vitae nostrae necisque fieri, ceu vero non milia gentium sine medicis degant nec tamen sine medicina, sicut populus Romanus ultra sexcentesimum annum, neque ipse in accipiendis artibus lentus, medicinae vero etiam avidus, donec expertam damnavit.* Der Wandel der Medizin wird also einmal als Fortschritt gewertet, in diesem Fall aber als bloße Veränderung und Anlaß zu Skepsis gegenüber einer Verbesserung der Technik betrachtet. Als Phänomen von Mode und Luxus beschreibt Plinius die Ablösung der Malerei als gefragter Kunst durch Marmorbildhauerei und Goldschmiedekunst (XXXV 1-4). Nicht nur Plinius teilt auch durch die Praxis entwertetes Wissen mit, auch Galen tut die: *De alim. facult.* II 59, CMG V 4,2,321,21-322,12 (VI 654f.).

359 Plin., *NH* XXIX 17-18: *in hac artium sola evenit, ut cuicumque medicum se professo statim credatur, cum sit periculum in nullo mendacio maius. non tamen illud intuemur; adeo blanda est sperandi pro se cuique dulcedo. nulla praeterea lex, quae puniat inscitiam capitalem, nullum exemplum vindictae. discunt periculis nostris et experimenta per mortes agunt, medicoque tantum hominem occidisse inpunitas summa est.*

360 *neque enim pudor, sed aemuli pretia summittunt* (XXIX 21).

361 XXIX 19-25.

362 Plin., *NH* XXVI 1; 10; 3-8 (*lues*, Karbunkel, *Elephantiasis*).

363 XXVI 12ff.

Gegenstände praktischer-moralischer Wahlentscheidungen behandelt. Was durch die mit einander konkurrierenden und einander abwechselnden Medizinerschulen erarbeitet wird, kann, sofern gewüncht, immer wieder aktualisiert werden. Überwundene Medizinmoden sind revitalisierbar, ihr Wissen wird nicht prinzipiell entwertet durch das Aufkommen einer neuen Schule. Grundsätzlich stehen daher alle technischen Veränderungen zunächst unter dem Verdacht bloßen Modewechsels. Andererseits hat die Überwindung der zur theoretischen Wissens-Tradierung erstarrten hippokratischen Orthodoxie die Geltung neuer Erfahrung für sich und wird von Plinius als erfahrungshaltiges Wissen behandelt. Aufgabe der Literatur ist es, praktischer Entscheidung Kenntnisse als Alternativen zur Verfügung zu stellen. Das Wissen, das die Naturgeschichte vermittelt, hat so ähnlich exemplarischen Charakter wie vermittelte militärische Erfahrungen. Plinius' Naturgeschichte ordnet sich gut in gleichzeitige Versuche umfassender Summierung des Wissens ein. Sie belegt nicht das Ende des Erfahrungszuwachses, sondern die Bemühung um dessen künftige Systematisierung und um weiteren technisch-wissenschaftlichen Fortschritt; sie bringt die Erwartung zum Ausdruck, daß die Vermittlung technischer Fertigkeiten wie die Sammlung von Erkenntnissen nicht allein theoretisch-literarisch erfolge, sondern ebensosehr an praktische Erfahrung gebunden bleibt. Daß Plinius nicht so sehr die praktischen Verrichtungen selbst, sondern deren materiell-natürliche Voraussetzungen zum Gegenstand und Gliederungsprinzip seines Werkes macht, belegt seine Skepsis gegenüber allein theoretisch-literarischer Belehrung für die technische Praxis[364]; die Beschäftigung mit der *rerum natura* stellt eine Beschränkung auf naturale Voraussetzungen praktischen Handelns dar, die, im Gegensatz zu den Grundsätzen des Handelns und Entscheidens selbst, nicht unbedingt eingeübt werden müssen, sondern auch literarisch zur Kenntnis genommen werden können.

Die Naturgeschichte des Plinius soll also einen gemeinsamen Wissensrahmen für Fachleute (Landwirte, Gewerbetreibende) wie für Nichtspezialisten (Kaiser, *otiosi*) darstellen und das Voraussetzungswissen (Weltweisheit) für alles praktische Handeln umfassen. Allgemein- und Spezialwissen sollen im Wissen von der Natur eine gemeinsame Grundlage erhalten. Jeweils im Anschluß an die Darlegung der einzelnen Sachgebiete zieht Plinius die *summa* der Erkenntnisse, die entsprechend einer Tendenz der Sachliteratur der frühen Prinzipatszeit die Fülle des Wissens erfassen will, um sie erweitern zu können. Sowohl die Bewahrung technischer Praktiken wie ihre Weiterentwicklung wollen durch die Naturgeschichte gefördert werden: Plinius sucht den Abriß von Praktiken aufgrund von Kontinuitätsbrüchen in Ausbildung, Tradition und Bemühung zu verhindern wie die Erstarrung geübter Praktiken aufgrund theoretischer Lehrverfahren zu bloßer Orthodoxie. Fortschritt soll sein und könnte sein, genau so wie die Bewahrung geübter Praktiken. Der Abbruch technischer Traditionen wird als so schicksalhaft angesehen wie Entstehen oder Vergehen bestimmter Krankheitsformen[365]; ein positives Verhältnis zur Veraltung technischer Praktiken liegt darin allerdings nicht. Prinzipiell ist jede Praxis - und die durch sie bearbeitete Materie - erfahrungshaltig und daher traditionswürdig als mögliches Vorbild künftigen Handelns, einschließlich diätetischer Lehren (und Moden).

364 Catos enzyklopädische Darstellung praktischer Disziplinen dagegen formuliert praktische Maximen als Elementarsätze.

365 XXVI 1ff.; XXIX 1ff.

2.2.4.5. Zusammenfassung

Die produktive Rezeption der griechischen Technologietradition erreicht in der Prinzipatszeit einen Höhepunkt. Die Systematisierung der mechanischen und architektonischen Disziplinen durch Vitruv richtet sich nicht allein als Fachliteratur an technische Spezialisten, sondern verfolgt in erster Linie das Ziel, den persönlichen Nachruhm des Autors zu sichern und eine gegenüber dem Herrscher empfundene Loyalitätspflicht abzutragen. Die sachlich primären Zwecke - Verfassung einer systematischen Übersicht zur Einführung künftiger Fachkollegen und Unterrichtung von Laien über Maßstäbe zur Beurteilung und Planung von Bauaufträgen - fungieren in der Begründung und Rechtfertigung des Unternehmens als Sekundärmotive. Tatsächlich geht es dem Autor um eine Systematisierung des Stoffes, die alle weitere Tradition der Architektur bestimmen und umformen soll. In dieser zeitlichen Fernwirkung vereinen sich das persönliche Nachruhmmotiv und der Wunsch nach Transfer und Sicherung technischen Wissens.

Für den frühkaiserzeitlichen Techniker gab es ganz verschiedene Adressaten und Gruppen der Öffentlichkeit. Die eingeschränkteste Gruppe war die der primären Adressaten seiner Werke, in der Regel politisch-militärisch bestimmende Persönlichkeiten, die Einfluß auf die Realisierung technischer und literarischer Vorhaben besaßen. Die literarische Elite, zu der die Widmungsträger gehörten, erhielt oft eine zu Urteilskompetenz befähigende Übersicht über die Disziplin, die auf diese Weise sich zugleich ihrem literarischen Interesse empfahl. Die Wirkung der technischen Konstrukte auf die weitere Laienöffentlichkeit blieb zunächst eine wunderbare, und dies lag unter Umständen im Interesse sowohl der literarisch gebildeten Führungsschicht, deren Munifizenz sich die Realisierung technischer Konstruktionen oft verdankte, wie der Techniker selbst. Einen besonderen Bedarf nach Mitteilung und Systematisierung technischen Wissens beobachten wir in der frühen römischen Kaiserzeit: Sowohl die gleichzeitige Übersetzung ins Lateinische wie auch besondere Bemühungen um eine systematische Darstellung der mechanischen Disziplinen belegen einen besonderen technischen Informationsbedarf. Zugleich verstärkt sich die Trennung zwischen der Literatur für den gebildeten Amateur und der für die Ausbildung künftiger Spezialisten. Dennoch bildet sich nicht in demselben Maße wie in der Moderne eine spezialisierte technische Intelligenz heraus: Der Laie kann sich der Grundlinien des für seine Lebensführung notwendigen technischen Wissens vollständig versichern, und dieses Wissen ist ihm prinzipiell verständlich. Besonderer literarischer Anstrengungen bedarf es jedoch, die Übersicht über die offenbar wachsende Summe praktischer Kenntnisse zu erwerben.

Eine besondere Rolle kommt daher in der frühen Kaiserzeit technischer Fachliteratur zu, die nicht der Ausbildung von Spezialisten, sondern der Orientierung politisch führender Laien dient: Die zunehmende Komplexität der Verwaltungs- und Infrastruktur verlangte von den Führungsschichten für die Erfüllung ihrer Aufgaben und zur Bewahrung der Kontrolle über jene Strukturen besonderes Sachwissen, das sie nicht mitbringen. Mit literarischen Mitteln suchen die Eliten sich dieses Wissen zu bewahren bzw. zu erwerben: Technische Literatur sichert nicht einer Spezialistengruppe anders nicht oder nicht mehr tradierbares Wissen, sondern versucht im Gegenteil die Herausbildung von Spezialistengruppen mit besonderer Macht zu verhindern. Technische Literatur wird so zu einem Mittel zur Bewahrung und zum Erwerb der Führungsfähigkeit.

Mit der Funktion, praktisches Entscheiden in je verschiedenen Sitationen anzuleiten, übernimmt diese Form der Vermittlung technisch-praktischer Kenntnisse von rhetorisch vorgeprägten Literaturformen das Schema des *exemplum* als Vermittlungsinstanz zwischen vergangener Erfahrung und künftig möglicher Praxis. An die Stelle handhafter Tätigkeit zur Ausbildung praktischer Fertigkeiten tritt die Bildhaftigkeit einer Erzählung, deren Wirkung allerdings nur eintreten kann, wenn bestimmte Formen persönlicher Erfahrung, die auf künftige Lagen und Handlungsfelder transferiert werden können, vorausgesetzt werden können. Auch die nicht am Leitfaden des *exemplum*, sondern dem systematischer Lehre orientierten technischen Schriften richteten sich nicht notwendigerweise an Spezialisten. Philosophisch betriebene Taktik als Systematik militärischer Ordnung und Bewegung transformiert militärisches Praxiswissen in eine für Zwecke der Vorbereitung auf Führungsaufgaben theoretisch aufnehmbare Lehre. Die Führungsschichten der Prinzipiatszeit entwikkelten einen besonderen Bedarf an solcher Lehre, und wie im Falle der ersten Sophistik, deren theoretische Lehren erfolgreicher Lebensführung einen durch erhöhte soziale, geographische und mentale Mobilität gewachsenen Bedarf zu befriedigen suchten[366], so war es auch in der Prinzipatszeit ein Zuwachs an Mobilität, der die Literarisierung und Technisierung praktischer Tätigkeiten provozierte und förderte. Der Prozeß der Technisierung war dadurch nicht allein, wie in der Moderne, durch berufliche Spezialisierung und Differenzierung gekennzeichnet, sondern auch durch Tendenzen, einen solchen Prozeß zu kontrollieren und zu begrenzen. Technische Literatur und das durch sie vermittelte Wissen zeichneten nicht allein den Fachmann vor dem Laien aus, sondern waren zugleich Mittel in der Hand des gebildeten Laien zum Erhalt der Souveränität über eine sich differenzierende Zivilisation. In der Prinzipatszeit tritt dieser Aspekt eines Versuches der Kontrolle und Begrenzung des fachlichen Diferenzierungsprozesses besonders deutlich hervor, weil dieser Prozeß sich beschleunigt. Ein Indiz für derartig beschleunigten Wandel ist, daß man der Zivilisation im allgemeinen und den Techniken im besonderen weitgehenden, die Lebensverhältnisse prägenden Fortschritt zutraut, diesen erwartet und die Bemühung um ihn ggf. anmahnt. Die technische Literatur übernimmt mit der Aufgabe der Bewahrung und Verbreitung - jedenfalls innerhalb der literarisch gebildeten Kreise - praktischer Kenntnisse auch die Funktion einer kritischen Beurteilung, Veränderung und Erweiterung von Handlungsmöglichkeiten.

Mit dem beschleunigten wirtschaftlich-sozialen Wandlungs- und Differenzierungsprozeß verbunden sind die Möglichkeit des Abbruches und Verlustes des Wissens über Praktiken und Erwerbsformen und das wache Bewußtsein dieser Möglichkeit. Unter diesen Umständen genügt nicht, wie in klassischer und hellenistischer Zeit, die literarische Bewahrung des durch Praxis nicht mehr selbstverständlich tradierbaren Wissens. Vielmehr muß mit der Möglichkeit gerechnet werden, daß es notwendig werde, verlorene oder vom Verlust bedrohte Praktiken wiederzugewinnen oder deren Niveauverlust wettzumachen und Praktiken zu erlernen, zu denen kein selbstverständlicher erfahrungsmäßiger Zugang besteht. Auch wenn das Subjekt durch die Ergebnisse sozialen Wandels und technischen Fortschritts einen Zuwachs an Autonomie durch ein Anwachsen von Handlungsmöglichkeiten erleben kann, mangelt ihm andererseits gegenüber beschleunigt erfahrenem Wandel die Autonomie, sofern die in seinem Verlauf eintretenden Differenzierungsprozesse zu Übersichtsverlust und in der Folge zum Fehlen der Möglichkeit zur Wahrnehmung von Handlungsmöglichkeiten führen. Wesentliches wird verkannt oder verfällt. Gegenüber schicksalhaft erlebten Wandlungsprozesssen der Praxis selbst garantiert die Bewahrung im Verlaufe dieser Wandlungsprozesse scheinbar veraltenden Wissens also eine Mehrzahl von Optionen und dadurch einen Gewinn an Souveränität und Autonomie. Columellas Landwirtschaftsschrift belegt die größe-

366 Vgl. Reble ([18]1995) 27-30; Kerferd (1981).

re Intensität, mit der sich durch beschleunigten Wandel verlierende Praktiken literarisch zu sichern versucht werden, um nicht Handlungsmöglichkeiten zu verlieren. Auch die medizinische und praktisch-enzyklopädische Literatur der Prinzipatszeit zeigt diesen Zug zu einer Eröffnung von Fachwissen für ein literarisches Publikum, zugleich jedoch zu umfassender Bewahrung eines sich fortlaufend vermehrenden Wissens, über das die Übersicht verloren zu gehen droht.

2.2.5. Kaiserzeit, 2.-3. Jahrhundert

2.2.5.1. Medizin

Technisch war die Zeit des zweiten und dritten nachchristlichen Jahrhunderts eine Epoche rascher Entwicklung und grundlegenden Wandels: Die Wassermühle fand weite Verbreitung als Methode der Energiebereitstellung, Glas- und Keramikproduktion blühten und verbreiteten sich in den Norden des Imperium[367]. Im Hinblick auf die technische Literatur beurteilt man diese Zeit aber als Epoche der Stagnation, die sich nicht mehr um originäre Erfahrung, Erforschung und Erfindung von Neuem bemüht, wie noch die hellenistische Literatur[368]. Vielmehr sieht man in verstärkten Bemühungen um systematische Erfassung von Sachgebieten, um enzyklopädische Darstellung und scheinbar abschließende Summierung eine Tendenz zur Verfestigung und Zementierung des Wissensstandes am Werk, die die weitere technische Entwicklung in der hohen Kaiserzeit zum Ende gebracht habe. Im Gegensatz zur krisenhaften Einschätzung von Staat, Politik und Gesellschaft gilt Stabilität, nicht Dynamik, als Kennzeichen der wissenschaftlich-echnischen Verhältnisse.

Äußerlich betrachtet, scheint die damalige Literatur einer solchen Vorstellung zu entsprechen. Umfassende Darstellungen prägen noch stärker das Bild als in den durch Rezeption und Vermittlung griechischer Wissenschaft enzyklopädisch geprägten früheren Epochen. Paradoxerweise bestünde demnach ein Widerspruch zwischen tatsächlichem technischem Fortschritt und krisenhaft beschleunigten Veränderungen in Stat, Wirtschaft und Gesellschaft und einer grundsätzlich konservativen Haltung der Technologie und der technischen Fachliteratur der literarischen Elite. Nähere Betrachtung dieser Literatur zeigt jedoch, daß sie in der Mehrheit die tatsächliche Fortschrittlichkeit technischer Praktiken zum Ausdruck bringt oder voraussetzt. Andererseits zeigt sich, daß zunehmend neue Sachgebiete eine Komplexität erreichten, die es erforderlich macht, sie mit literarischen Mitteln zu stabilisieren und zu entwickeln. Ohne literarische Dokumentation war die Entfaltung des Wissens in immer weiteren Feldern praktischen Tuns nur unvollkommen möglich.

Beispiele für diese Tendenz zur Literarisierung und fachlichen Ausdifferenzierung bieten Anfang des zweiten nachchristlichen Jahrhunderts zwei ephesische Ärzte, Rufus und Soranos. Der Mediziner Soranos[369] begründete die Gynäkologie als literarisierte medizini-

367 WIKANDER (1984); (1990); SCHNEIDER (1991); (1992).

368 Charakteristisch DIHLE (1989) 295.

369 Soran stammte wahrscheinlich aus einer Medizinerfamilie: Er war Sohn des Menander und der Phoebe von Ephesos und gehörte damit möglicherweise derselben Ärztefamilie des Archiatros Menandros von Ephesos an, der mit seinen Verwandten später, unter Antoninus Pius, wiederholt im Ärztewettkampf

sche Spezialdisziplin, und er war sich der Neuheit der literarischen Komposition, die er vorlegte, bewußt. Eine der Ursachen für die durch sein Werk dokumentierten Fortschritte der Gynäkologie liegt wohl in der Verbreitung des Vaginalspekulums in der Kaiserzeit. Soranos beginnt sein Werk mit einer Einordnung der Gynäkologie in die Medizin, indem er verschiedene traditionelle Einteilungen der Medizin durchspielt; Zweck sei eine größere Verständlichkeit des Dargelegten. Die Einteilung seines Werkes durch Soran: Beschreibung der Tätigkeit einer Geburtshelferin und Gynäkologin und desjenigen Wissens, über das sie verfügen muß, umreißt eine umfassende Handlungslehre für Hebammen. Die zwei großen Hauptabschnitte *περὶ τῆς μαίας* und *περὶ τῶν ὑποπιπτόντων τῇ μαίᾳ* werden jeweils weiter untergliedert.

Voraussetzungen einer Tätigkeit als Hebamme und Kriterien für die vollendete Ausübung dieser Tätigkeit bilden die Gesichtspunkte der Untergliederung des Themas *περὶ τῆς μαίας*. Den Stoff gliedert wie in der unter Aristoteles' Schriften überlieferten *Mechanik* der Gesichtspunkt der Naturgemäßheit der Vorgänge (*κατὰ φύσιν - παρὰ φύσιν*); zu ersterem rechnen Physiologie und Hygiene als Wissen von "natürlichen" Verhältnissen, zu letzterem die Lehre von Krankheiten, die durch Diät bzw. chirurgische oder pharmazeutische Therapie geheilt werden[370]. Die Betonung liegt auf pathologischem Wissen, das der Therapie, also der Praxis, dient; Physiologie sei mehr literarischer Schmuck[371]. Das heißt: Die Tätigkeit der Hebamme und Gynäkologin wird gerade in denjenigen Teilen als literaturfähig und literaturbedürftig angesehen, die nicht das Wissen von natürlichen Verhältnissen betreffen, sondern in der praktischen Tätigkeit selbst; es handelt sich nicht um ein Lehrbuch der theoretischen Aspekte der Frauenheilkunde und nicht um eine rein philologisch-theoretische Behandlung medizinischer Gegenstände[372], sondern um den Versuch, Praxis literarisch anzuleiten. Sorans Literatur sucht nach berufsdidaktischer Wirksamkeit und zieht die literarische Konsequenz aus einer Situation, in der die zunehmende Komplexität und Spezialisierung von Wissen und Disziplinen eine höhere Literaturabhängigkeit der medizinischen Ausbildung mit sich brachten. Literaturkenntnis soll nicht nützliche Begleiterscheinung der Ausbildung zur Hebamme sein, sondern sie sei dafür notwendig; die Hebamme solle *γραμμάτων ... ἐντός* sein, *ἵνα καὶ διὰ θεωρίας τὴν τέχνην ἰσχύσῃ παραλαβεῖν*. Literatur ist Theorie, doch ihre Kenntnisnahme ein wesentlicher Teil der Erlernung einer *τέχνη*, und zwar ein solcher, der die Festigkeit des Lernens betrifft. Dieses Lernen soll selbstverständlich neben Theorie und Literatur praktische Ausbildung umfassen: Die Hebamme solle, so schreibt Soran, *ἀγχίνους* sein, damit sie leicht den *λεγόμενα*, dem Ausgesagten, und den *γινόμενα*, dem, was ihr praktisch während der Ausbildung gezeigt wird, folgen kann. Sorans Lehrbücher, die diese praktische und theoretische Ausbildung anleiten wollten, enthielten als Besonderheit zahlreiche Illustrationen[373]. Soran legt seiner Schrift eine berufspraktische Didaktik zugrunde; es handelt sich um ein Lehrbuch, an dem sich die

von Ephesos gewann, KEIL (1905); (1926).

370 Soran., *Gyn.* I 1-2. Vgl. [Arist.], *Mechan.* pass.

371 I 2: *τὸν μὲν οὖν φυσικὸν ἄχρηστον ὄντα πρὸς τὸ τέλος, φερέκοσμον δὲ πρὸς χρηστομάθειαν, κεχωρίκαμεν ἐντεῦθεν, μόνον πρὸς τὸ παρὸν ἐχόμενοι τῶν ἀναγκαίων.*

372 Als reinen Medizinphilologen interpretierte den Autor ROBERT (1965) 46-52.

373 Soran., *Gyn.* I 3. Der Text setzt fort: *μνήμων δέ, ἵνα καὶ τῶν παραδιδομένων ἀποκρατῇ μαθημάτων (μάθησις γὰρ ἐκ μνήμης γίνεται [καὶ] καταλήψεως)*. Lehrbücher sind auch Soran., *De sign. fract.* und *De fasc.*, das auch Illustrationen der Verbandformen enthielt. Vgl. KIND, RE III A 1 (1927) 1113-1130 s.v. *Soranos*, bes. 1124.

Ausbildung von Hebammen orientieren soll. Gegenstand eines solchen Lehrbuches ist ein Bild des ganzen Tuns und Verhaltens dessen, worauf hin ausgebildet werden soll, also das Ethos der Hebamme[374]. Es handelt sich um Berufsliteratur, die die Tätigkeit erfaßt, mit der sich eine Gruppe von zu den Medizinern rechnenden Berufstätigen, die Hebammen, identifiziert[375], nicht um Literatur, die unbeteiligten Dritten gegenüber diese Tätigkeit theoretisch nahebringt oder solchen, die sich dazu möglicherweise erst entscheiden. Alle Lehrwerke Sorans systematisieren vorhandene medizinische Literatur und geben die Quellen an; die Verwendung von Illustrationen, die genaue Systematik, kritische Sichtung und oft auch Ablehnung tradierter Lehren zeichnen sie aus; nur ein begrenzter Teil hat sich in stark überarbeiteter Form erhalten. Soran gehört damit als bestimmende Gestalt der die Medizin enzyklopädisch behandelnden Epoche an[376], doch steht seine enzyklopädische Literatur im Dienste praktischer Ausbildung. Als Methodiker kam es Soranos auf die Schulung der Beobachtungsfähigkeit an, also der Deutung der Beobachtungsdaten: Die die Hebamme müsse im Laufe ihrer Ausbildung literarisch-theoretisches Wissen erwerben und praktischen Demonstrationen folgen. Ausbildung ist also einerseits theorie- und erklärungsbedürftig, andererseits Angelegenheit praktischer Übung und Anleitung. Die Weitergabe ärztlichen Wissens kann nicht allein praktisch, sondern muß auch literarisch-theoretisch erfolgen. Die Umschaffung, der Umschlag und die Systematisierung der fachliterarischen Tradition richtet sich zur Ausbildung künftiger Mediziner an berufliche Spezialisten.

Deutlicher innovativ ist eine Schrift, die Rufus von Ephesos zugeschrieben wird: Sie arbeitet die überlieferten Lehren über den Puls um und beginnt mit der Bemerkung, man müsse die Schrift genauestens durcharbeiten, weil literarisches Studium Therapie nicht möglich sei[377]. Die Schrift macht deutlich, daß daß systematische Absicht, Lehrzweck und Fortschrittsbewußtsein keine Widersprüche darstellten. Sie Werk faßt zur Ausbildung künftiger Praktiker die Lehre systematisch zusammen und stellt sie in den Zusammenhang der Problem- und Dogmengeschichte, um die Insuffizienz der älteren Lehre zu betonen: Die zusammenfassend-enzyklopädische Medizinliteratur belegt weniger eine mangelnde Innovativität der kaiserzeitlichen Medizin als vielmehr ein massives, erheblich gestiegenes Bedürfnis nach Übersicht zu Ausbildungszwecken angesichts eines immer größer werdenden Abstandes des gegenwärtigen zum vergangenen Wissen. Die Überzeugung von der Überlegenheit gegenwärtigen Wissens gegenüber dem überwundener Wissenschaftsstufen bestimmt das Lehrbuch über den Puls[378]; in dieser Medizinliteratur der Kaiserzeit manifestiert sich das erfolgreiche Individuu, das sich seiner technisch-handwerklichen Exzellenz bewußt ist und diese stolz herausstreicht. Die Ärzte konkurrieren darum, den Verlauf der

374 Vgl. Soran., *Gyn.* I 4.

375 Die Bemühung um logische und semantische Klarheit gehört zu den Eigenschaften dieser Literatur, vgl. die kategoriale Differenzierung nach Art des Aristoteles im Anschluß an die Beobachtung, ἴδιον werde πολλαχῶς ausgesagt (III 1). In der Folge rechtfertigt Soranos die Selbständigkeit der Gynäkologie und der durch sie behandelten Erkrankungen nicht nur mit einem wesentlichen Unterschied zwischen Mann und Frau, sondern auch mit dem Faktum besonderer gynäkologischer Berufe (Frauenärzte, Hebammen), III 3.

376 Vgl. GOUREVITCH (1988) in Soran, *Gyn.*, BURGUIÈRE u. GOUREVITCH u. MALINAS, Soran, *Maladies des femmes*, Paris I (1988) VII-XLVI.

377 Ruf., *Syn. de puls.* pr. 1. Die Schrift nicht von Rufus: DAREMBERG u. RUELLE (1879) ND (1963) (Ruf., *Syn. de puls.*).

378 Systematisch wird der Puls von anderen Formen körperlicher Bewegung abgegrenzt; dabei wird auf Praxagoras und Herophilos verwiesen (2).

Krankheiten reicher Patienten korrekt vorauszusagen und die richtige Therapie vorzuschlagen. Die Patienten, über die sie schreiben, können es sich leisten, mehrere Ärzte zu konsultieren, die sich trotz des hippokratischen Kollegialitätsgebotes gegenseitig zu übertreffen suchen. So setzt sich der kaiserzeitliche Erfolgsarzt sowohl gegenüber der Tradition des Faches wie gegenüber gegenwärtigen Konkurrenten als Individuum ab: Rufus' Krankenjournale, Grundlage einer arabischen Sammlung von Krankengeschichten, war voller Darstellungen eigener Erfolge in Auseinandersetzung mit konkurrierenden Ärzten[379]. Rufus' Äußerungen belegen ein hohes Maß an Konkurrenz der griechischen Ärzte um Angehörige der römischen Oberschicht; es lag im Interesse dieser Ärzte, Geltung und Autoriät als technische Spezialisten nicht nur gegenüber Laien, sondern auch in Konkurrenz mit Kollegen zu sichern. Der ärztliche Spezialist ist zur Ausübung seiner Tätigkeit auf Kommunikation mit den Patienten für den Zugang zu ihnen und ihren Leiden angewiesen. Rufus' *Quaestiones medicinales* stellen eine Anamneselehre dar, die den Arzt das richtige Befragen seiner Patienten lehrt, und für die Kommunikationsstörungen (Delirium, mangelndes folgerichtiges Denken, Gedächtnisschwund, Charaktermängel, Schwerhörigkeit) die ersten vom Arzt auszuschließenden Sachverhalte bilden, die grundlegend sind für die Beurteilung der Patientenäußerungen. Grundsätzliche Skepsis gegenüber verbaler Anamnese, wie sie Kallimachos als Herophileer im 2. Jhdt. v.Chr. hegte, der allein aufgrund physischer Beobachtungen das Krankheitsgeschehen für beurteilbar hielt, verwirft Rufus: Rufus setzt voraus, daß Krankheiten je persönliche seien, die abhängig von der jeweiligen Konstitution sind und sich im Laufe der Lebensgeschichte je besonders ausprägen. Vertrautheit mit Krankengeschichte und Persönlichkeit des Patienten gilt ihm daher als notwendige Voraussetzung richtiger Interpretation des Krankheitsverlaufes. Der Arzt wird von Rufus als persönlicher Vertrauter des Patienten gesehen; je länger er den Patienten kennt, desto erfolgreicher heilt er[380]. Wie das Heilen auch, vollzieht sich die Anamnese in nur begrenzt durchschaubaren Situationen:

379 Vgl. ULLMANN in Ruf. Eph., *Krankenjournale* (1978) nach Cod. Huntingt. p. 461; der Text kennzeichnet die Sammlung als *von Rufus und anderen antiken und modernen Ärzten* (p. 15). Nicht immer setzt Rufus andere Ärzte herab: Er schreibt der Behandlung durch zwei andere Ärzte die Genesung eines Ertrinkenden zu (IV p. 74). Charakteristisch ist aber die Erzählung, Rufus sei zu einem Patienten gerufen worden, den ein behandelnder Arzt nicht zur Ader gelassen habe; seinem Rat zum Aderlaß seien Konkurrenten entgegengetreten, die ihn von dem Patienten fern gehalten hätten; als Rufus den baldigen Tod des Patienten prophezeit habe, hätten die Angehörigen zugunsten seiner Maßnahme entschieden (VI p. 76-79). Von Kollegen abweichende Entscheidungen motiviert Rufus mit besserer Einsicht in kausale Zusammenhänge (X p. 90: *Als ich dann hinzugezogen wurde, untersagte ich ihm, dies zu tun, weil seine Krankheit von einer heißen Dyskrasie herrührte*; XII p. 96: *Da wußte ich, daß die Ursache seiner Krankheit gelbe Galle und Phlegma war* ...; vgl. XVI p.102-105; XVIII p.108-110; XIX p. 112; XX p. 112-115: ... *Da gab ein Arzt den Rat, daß ..., ein anderer, daß ... Da verhinderte ich die Kompresse, weil eine treibende Kompresse an dieser Stelle eine Krankheitsmaterie nicht treiben kann angesichts des tiefen Eingedrungenseins und weil eine auflösende Kompresse sie nicht auflösen kann... Da nahm ein Arzt einen Aderlaß vor. Ich aber gab Anweisung, daß er das Blut nicht bis zur Grenze der Ohnmacht herauslassen dürfe... Aber der Arzt folgte mir darin nicht. Nachdem er nun drei Unzen herausgelassen hatte, fing bei dem Patienten die Ohnmacht an. Er wurde in der Folge mehrmals ohnmächtig und starb. Deshalb muß man wissen, daß noch nie jemand von einer Geschwulst im Innern der Kehle genesen ist, von der weder am Gaumen noch am Hals irgendein Symptom zu sehen ist, weder von Natur, noch durch die Kunst. Und keiner von den alten Ärzten erwähnt dies außer Erasistratos...* Auch hier sehen wir Rufus als selbstbewußtes medizinisches Individuum in Auseinandersetzung mit Fachtradition wie -kollegen sich behaupten.

380 Ruf., *Quast. med.* I (1) - IV (26). Beim ersten Aufsuchen eines Kranken solle der Arzt seine Therapie nicht ohne Befragung der Vertrauten des Patienten planen (VII (40)).

Rufus setzt voraus, daß die Medizin die Bedingungen der therapeutischen Situation nicht vollständig unter Regeln subsumieren könne. Der Arzt verfüge zwar über Ursachenwissen mit gewisser Allgemeingültigkeit, doch die Spezifika der jeweiligen Situation blieben unter Praxisdruck immer unvollständig bestimmt. Der Arzt handelt als Wagender[381].

Rufus zeigt dabei das Bewußtsein der methodischen Überlegenheit seiner Zeit gegenüber der des Hippokrates, denn er meint sein Werk mit einer ausführlichen Widerlegung des Vorwurfes beschließen zu müssen, er widerspreche dem großen Arzt. Während manches herausgefunden werden könne, indem man Hippokrates *De aere aqu. et loc.* folge, sei darüber hinaus die anamnetische Befragung (*ἱστορία*) für die Diagnose nützlich, vornehmlich betreffs derjenigen Aspekte des Leidens, die verallgemeinerbarten Regeln gerade zuwiderliefen (*ἄτοπα καὶ ξένα*)[382]. Über die hippokratische Umweltmedizin hinaus empfiehlt Rufus also die Erforschung der Spezifika des Einzelfalles durch verbale Anamnese und ist sich dabei des Fortschrittes gegenüber Hippokrates bewußt; sein Akzent liegt ganz auf den Umständen des Falles[383]. Rufus' Bild der Medizinentwicklung wird deutlich: Die Prinzipien medizinischer Arbeit hat Hippokates zum Ausdruck gebracht; diese gilt es zu bewahren. Darauf aufbauend, stellt die fachliche Entwicklung einen kontinuierlichen Fortschrittsprozeß dar, in dessen Verlauf neue Detailkenntnisse gewonnen werden. Diese betreffen die Abstimmung ärztlicher Kenntnisse und therapeutischer Praktiken auf einzelne Fälle. Rufus kennt also medizinischen Fortschritt als kontinuierliche Erfahrungsakkumulation, also als handwerklichen Fortschritt, der in seiner Zeit andauert und den Technikern seiner Zeit besondere Aufgaben zuweist. Die Äußerung dieses Fortschrittsbewußtseins richten sich nicht primär an eine außermedizinische literarische Öffentlichkeit, sondern sind Teil des medizinischen Literaturbetriebes.

Die Funktion literarischer Ausbildung im Rahmen der beruflichen Schulung des Mediziners wird deutlich in Rufus' Schrift über die Benennung der Teile des menschlichen Körpers. Die Schrift verdeutlicht die Tendenz der griechischen Didaktik, komplexe Handlungs- und Wissenszusammenhänge aus elementaren Einheiten aufzubauen: Beim Zitherspiel erlerne man zunächst die Elementartätigkeit des Saitenschlagens und die Benennung der Instrumente und ihrer Teile (*ὀνομάζειν*), beim Schreiben zunächst die Formung der Buchstaben und ihre Benennung. Rufus schließt: Alle *τέχναι* würden von den einzelnen Benennungen ausgehend gelernt, also von elementaren Darstellungstätigkeiten und Gegenständen her sowie von der Terminologie[384]. Auch die Heilkunde solle man von *ὀνόματα* aus, den Be-

381 IV (26): Ärztliches Fragen gerichtet auf Erkenntnis der *αἰτίαι*. XII (70-71): Vieles sei zu *ἱστορεῖν*, um *βοηθήματα* zu finden; Erkenntnisfähigkeit des *λόγος* und Zeit reichten zu vollständiger Erfassung der Situation nicht hin.

382 Ruf., *Quaest. med.* XIII (72-73).

383 Vgl. GÄRTNER (1962) 106. Rufus verlangt gegen Hippokrates die Beschränkung auf weniger gefährliche Behandlungsmethoden: Ruf. Eph., *De ren. et ves. morb.* II 36-37. Fragmente des Rufus bei Oreibasios belegen dieselbe Position: Prinzipiell habe Hippokrates zwar alles gesagt, doch gebe es Dinge, die erst nach seiner Zeit gefunden wurden, sowie Dinge, die noch der literarischen Darstellung harrten (Oribas., *Collect. med.* XLV 30,1-3; vgl. GÄRTNER (1962) 103f.). Oreibasios verwendete teilweise eine Zwischenquelle, behielt aber Rufus' Wortlaut bei, vgl. SIDERAS (1977) 59f. Die Schrift über Nieren- und Blasenleiden zählt die Krankheiten und Therapien systematisch auf. Es handelt sich um eine innerfachliche Schrift mit rein deskriptiver Darstellungsabsicht.

384 Weitere Handwerke als Beipiele: *χαλκεύς, σκυτοτόμος, τέκτων*; Gleiches gelte von den angeseheneren (*σεμνότεραι*) Techniken, wie Geometrie. Rufus denkt also an eine systematische Lehre von elementaren

zeichnungen der Elementarteile des Körpers, erlernen; darauf solle gelernt werden, was sich durch Kombination folgerichtig ergebe[385]. Die Schrift gibt einen vor künftigen Medizinern gehaltenen Einführungskurs wieder, bei dem zunächst ein Sklave als Anschauungsmaterial diente; im weiteren Fortgang wurde dann am Tiermodell die Anatomie geübt. Früher dagegen habe man am Menschen auch die Anatomie praktiziert[386]: Rufus setzt voraus, daß ein Humanisierungs- und Zivilisationsprozeß, anders als in hellenistischer Zeit, bereits den Gewinn neuer Erkenntnisse durch Vivisektion oder Anatomie an menschlichen Leichen mit einem gewissen Tabu belegt. Seine Schriften richten sich an Ärzte, nicht an eine außermedizinische Öffentlichkeit als Schriften aus dem medizinischen Ausbildungsbetrieb, die darum den Auffassungen der Mediziner über ihr Handwerk und seine Entwicklung direkten Ausdruck verleihen. Sie belegen die Asymmetrie der Kommunikation zwischen Laien und Spezialisten.

Auf der anderen Seite prägte das Bedürfnis der politisch-gesellschaftlichen Führungsschichten nach Dauerhaftigkeit derjenigen Formen technischen Wissens, denen sie Gesundheit und Wohlbefinden verdankten, den populäreren Charakter der sich an diese Schichten richtenden technologischen Literatur. Jenes Bedürfnis führte zu extremen Ausprägungen einer monumentalen Technologie: Hadrian und Antoninus Pius ließen Werke des Mediziners Markellos von Side inschriftlich verewigen: Diese Technik richtet sich weniger an die Mit- als an die Nachwelt. Sie verfolgt literarische Ziele, die über die Befriedigung des Informationsbedarfes medizinischer Spezialisten hinausgehen: Markellos schrieb ein Werk über aus Fischen gewonnene Heilmittel in Hexameter-Form. Nur indirekt verfolgt es belehrende Zwecke: Es setzt voraus, daß die Bewahrung der Fachtradition für folgende Generationen bereits eine Belehrung darstelle; das medizinisch-literarische Kunstwerk bringt so eine konservative Bewahrungshaltung zum Ausdruck, die man gemeinhein Wissenschaft und Technik der Kaiserzeit generell zuschreiben möchte[387]. Das Motiv, einen Lebensstil zu erhalten und mit ihm das Bewußtsein seiner Abhängigkeit von technischem Wissen, bedingt im Fall des Markellos die rein bewahrende literarische Absicht. Nur in dem Maße aber, als es

Operationen, Sätzen und Einsichten, wie sie der axiomatische Aufbau der Geometrie in den *Elementen* Euklids vorführt.

385 Ruf. Eph., *De corp. hum. appell.* 1-10 (ὅσα ἂν ἕπηται τῷ λόγῳ).

386 Ruf. Eph., *De corp. hum. appell.* 10: Πάλαι δὲ γενναιότερον ἐπὶ ἀνθρώπων ἐδίδασκον τὰ τοιαῦτα. Rufus zugeschrieben wird die Schrift *De part. corp. hum.*, die inhaltlich an *De corp. hum. appell.* anschließt: Nach der Behandlung der äußeren Körperteile geht sie zu den inneren Organen über, wie es Rufus' Lehrplan vorsah. Diese Schrift übernimmt ausdrücklich die Auffassung vom menschlichen Körper als Mikrokosmos und Abbild der makrokosmischen Ordnung. Der anatomische Traktat geht vom Elementaren und Terminologischen zum Allgemeinen vor: Ruf. Eph., *De part. corp. hum.* 2: παιδευτέον οὖν καθάπερ τὰ ἄλλα τὰ κατὰ τὴν ἰατρικὴν, οὑτωσὶ δὴ καὶ τὰ κατὰ ἀνατομὴν θεωρήματα. Τῆς οὖν τέχνης ἀρχὰς διδασκαλίας οἱονεὶ ὑποβάθραν ποιούμενοι, ἐκθησόμεθα ἣν παρέσχε τοῖς μέρεσιν ἡ φύσις θέσιν τε καὶ ὀνομασίαν. Auch Rufus' Schrift über Knochen ist didaktisch entsprechend geordnet: Ruf. Eph. *De ossib.* 1: 'Επειδὴ τὴν τῶν ἐντοσθίων θεωρίαν κατὰ τὸ ἐνδεχόμενον παραδεδώκαμεν, ἑξῆς περὶ τῆς ὀστεολογίας λεκτέον ἡμῖν; 42: 'Αποδέδοται ἡμῖν κατὰ τὸ ἐνδεχόμενον καὶ ἡ τῶν ὀστῶν θέσις. Alle Arbeiten sind also Teil einer einführenden Vorlesungsreihe.

387 Vgl. Markellos von Side, 'Ιατρικὰ περὶ ἰχθυῶν, pass. Das Gedicht gibt seine Traditionsabsicht im Eingang zum Ausdruck, v.a. ll. 3f.: ὡς αὐτός τ' ἐνόησα καὶ ἄλλων μῦθον ἄκουσα. | ὧν τοι ἐγὼ πληθὺν ἠδ' οὔνομα πᾶν ἀγορεύσω. Vgl. *Anthol. Gr.* VII 156-158, bes. 158: Μαρκέλλου τόδε σῆμα περικλυτοῦ ἰητῆρος ... οὗ βίβλους ἀνέθηκεν ἐυκτιμένῃ ἐνὶ 'Ρώμῃ 'Αδριανός, ... ἡρῴῳ μέλψαντι μέτρῳ θεραπήια νούσων βίβλοις ἐν πινυταῖς Χειρωνίσι τεσσαράκοντα.

Voraussetzung für das Leben der literarischen Führungsschicht ist, wird technisches Wissen überhaupt Gegenstand literarischer Raffinierung und der monumentalen Technologie, die darum nicht eine generelle Konservativität der kaiserzeitlichen Medizin belegt.

Die Literatur über intern oder extern angewendete Heilmittel zur Behebung oder Linderung eines Krankheitszustandes war naturgemäß offen nicht nur für popularisierende Tendenzen, sondern auch für Vorstellungen eines Heilens, das sich nicht medizinischer Schulung, sondern speziellen Überzeugungen oder einem geheimen Wissen verdankt. Magische Rezepte durchziehen v.a. diejenige pharmakologische Literatur, die Bedürfnisse der Selbstmedikation befriedigt. Diese Tendenz zu einer magischen Pharmakologie nimmt in der Kaiserzeit zu; das Bedürfnis nach einer Befreiung von der Abhängigkeit von medizinischen Spezialisten war ausgeprägt. Im zweiten Jahrhundert bereits pries Philumenus wundersame und unerklärliche medizinische Effekte, charakteristischerweise in einem Zusammenhang, der für die politisch-gesellschaftlichen Führungsschichten von besonderer Brisanz war: giftige Tiere und Behandlung von Vergiftungen[388]. Wundermedizin zur Verringerung der Abhängigkeit von schulmäßigen Ärzten bildete einen wichtigen Gegenstand vor allem in solchen Werken, die fälschlich der Autorität bekannter Mediziner zugeschrieben wurden[389]. Die Beobachtung der großen Distanz zwischen technischen Spezialisten und Laien, an denen und für die die Disziplin ausgeübt wird, sowie das Empfinden einer Abhängigkeit von den nicht oder nicht mehr kontrollierbaren Spezialisten führten in der Kaiserzeit in der Medizin zur Intensivierung der Bemühungen um die Popularmedizin; die Unübersichtlichkeit

388 In überlieferter Form ist Philumenus' Werk ein später Auszug aus der Sammelschrift, Philumen., *De venen. anim. eorumque remed.* pr. p. 3: *κεφάλαια περὶ ἰοβόλων ζῴων καὶ τῶν ἐν αὐτοῖς βοηθημάτων. ἐκ τῶν Φιλομένου* - also ein Exzerpt aus dem Werk des Philumenus mit Kapitelüberschriften vom Exzerptor. Vor die eigentliche Darstellung ist eine Behandlung der Tollwut gesetzt; deren Beurteilung *γνήσιον καὶ ὠφέλιμον* (p. 4) gehört dem Exzerptor (WELLMANN, in Philumen., aaO.). Mit Kapitel 5 (p. 9) ist der *λόγος* über die Tollwut vorbei; die Struktur des Textes ändert sich, nun werden auch Quellenangaben für die Exzerpte gegeben. Betonungen von Wunderwirkungen: Philum., *De venen. anim. eorumque remed.* IV 13: *ἐκ τοῦ οδ' Θεοδώρου· τοῖς δεδηγμένοις ὑπὸ κυνὸς λελυσσηκότος περίαπτε χαμελαίας ῥίζαν· ὡς θαυμαστῷ χρῶ*; X 2: *ποιεῖ καὶ πρὸς ἡπατικοὺς θαυμαστῶς μεθ' ὑδρομέλιτος, ἐν δὲ τοῖς παροξυσμοῖς μετὰ γλυκέος*. Lat. Version: I 106: *mirabiliter enim iuvant*...; II 130: ... *mirabiliter reprimunt reuma et constringunt ventrem et sanguinem reicientibus vel ptisicis prosunt*; 133: *multum enim sunt mirabiles*. Die Wunderrezepte sind nicht erst durch den späteren Exzerptor in die Sammlung gelangt.

389 Antonius Musa war Arzt des Augustus. Unter seinem Namen wird ein pseudepigraphes Werk *De herba Vettonica* überliefert, [Anton. Musa], *De herba Vetton.*, das die besondere Heilkraft von *Stachys officinalis* empfiehlt. Das Werk gibt sich als *commentarius artis meae*, das an die Stelle persönlicher Präsenz des Autors beim Leser trete; eigener *usus*, *experimentum* und die *disciplinae* aller *medici summi* werden für seinen Gehalt geltend gemacht, das Wissen als hermetisches Wissen von *pauci* ... *medici* präsentiert. Der [Apul.], *Herbarius* popularisiert die unüberschaubare Überlieferung der Fachliteratur, wählt aus und bewahrt. Dieses populäre Werk zeigt eine Dialektik der alles tradierenden Fachliteratur: Wenn alles überliefert wird, erstickt die Tradition in Wortmaterial; die Pharmakologen und Pharmazieverkäufer stehen unter dem Verdacht gegenüber dem unkontrollierbaren Spezialisten, inkorrekt zu arbeiten und sich ungerechtfertigt zu bereichern. Das Werk stellt als Werk der anti-Pharmakologie einen wesentlichen Aspekt technischer Literatur der Antike verzerrend heraus: Es setzt voraus, daß technische Literatur nicht so sehr die Aufgabe habe, Erfindung und Bereicherung des Wissens, als dessen Bewahrung und Erhaltung zu sichern. Dann aber ist Selektivität nötig; es geht dem Autor aber auch darum, gegen die wortreiche und besonderer Anstrengungen bedürftige Spezialistenpharmazie die Kräuterkunde als Laienmedizin zu popularisieren (ll. 12-15). Ähnlich: Anon., *De Taxone*, ein Werk der Zaubermedizin, das auch Amulette für Schlachtenglück behandelt.

des tradierten Wissensstoffes für Nichtfachleute schuf das Bedürfnis nach laiengerechter Selektion. Die Praktikabilität des Wissens wurde als gefährdet und für Nichtspezialisten unzureichend empfunden, nicht nur aufgrund seiner Fülle und Unübersichtlichkeit, sondern auch deswegen, weil die Spezialisten den Laien fremd waren, also aufgrund des hermetischen Charakters, den ihr Wissen annahm, auch wenn Gegenstände der Medizin in Vorträgen und Lehrschriften für Nichtmediziner behandelt wurden, nicht nur zum Zweck praktischer Popularisierung, sondern auch, um die Disziplin für das Bewußtsein der literarisch Gebildeten zu öffnen: Die Öffentlichkeit vertritt die Stelle des kollektiven Gedächtnisses[390] auch für die technischen Disziplinen mit ausgebildeter Fachliteratur.

2.2.5.2. Galen

Im 2. und 3. Jahrhundert beobachten wir besonders intensive Reflexionen zum Problem des Verhältnisses zwischen theoretisch-literarischer und praktischer Ausbildung in Handwerk und technischen Disziplinen. Das klassische griechische Handwerk kannte nur vergleichsweise geringe funktionale vertikale Differenzierungen und ein vergleichsweise geringes Maß an Literarisierung der Ausbildung. Einer zunehmenden Literarisierung entsprachen dann zunehmende Hierarchisierung und Differenzierung, und der kaiserliche Dienst bot schließlich Ärzten und Architekten im 2. und 3. Jahrhundert Posten erstaunlichen Einflusses und hoher Einkünfte. Innerhalb der handwerklichen Disziplinen, zu denen im weiten Sinne auch die Medizin rechnete, vollzog sich also nicht nur eine Spezialisierung, sondern zugleich eine vertikale Differenzierung mit einer deutlichen Scheidelinie an der Grenze der Literarisierung: Theorie und Literatur bestimmten das Ansehen eines Gewerbes; die bereits durch die Sophistik aufgeworfene und durch die Sokratik reflektierte Frage nach dem angemessenen Verhältnis theoretischer und praktischer Anteile in der Lehre eines Handwerks spielten darum eine besondere Rolle in den berufsdidaktischen Diskussionen des 2. und 3. Jahrhunderts n.Chr. Für diese Diskussionen sind Galens Schriften eine wichtige Quelle; sie belegen, daß nicht etwa eine konservative Mentalität die Entwicklung von Wissenschaft und Technik behinderte. Galens Beispiel deutet zugleich die gesellschaftliche Differenzierung innerhalb des Ärztestandes und den enormen Erfolg an, den einzelne Ärzte erringen konnten. Daß sich diese medizinische Literatur nicht allein an Fachkollegen und Medizinlehrlinge richtet, zeigt

390 Ein Beispiel ist die fälschlich unter dem Namen des Alexander von Aphrodisias überlieferte Schrift *Περὶ πυρετῶν*; die Schrift will ein Lehrbrief an einen Asklepiadeer Apollonios sein, der Sprach- und Schreiblehrer ist und gebeten hatte, *περὶ πυρετῶν σοι τοιαῦτα διὰ γραφῆς παραδοῦναι*, worüber der Autor bereits mündlich vorgetragen habe. Die Schrift ist *ὑπόμνημα* der *διδασκαλία*, das der Autor besonders deswegen hinterlasse, weil er im Begriff sei zu *ἀποδημεῖν*. Er schreibt sich Kompetenz zu betreffs aller medizinischen *θεωρήματα*. Die Fieberlehre sei schwer zu verstehen und bedürfe zur Erlernung wie zur Darstellung viel Zeit. Das literarische Unternehmen erscheint als Erfüllung einer Freundschaftspflicht (I 4 p. 81,22-82,1), sein Zweck ist die Einführung in den Gegenstand, für die gerade nicht neue literarische Darstellungen die geeignetsten sind (vgl. I 5 p. 82,1-5). Das Werk stellt verschiedene Definitionen und Ursachen des Fiebers nebst Quellenangaben zusammen *nach den Ärzten*, also der medizinischen Literatur folgend. Den Abschluß bildet die Bemerkung, der Autor habe alle verschiedenen Formen der Fieber dargestellt, die vor ihm irgendwer *ἀκριβῶς* und *σαφῶς* dargestellt habe (XXXI 4 p. 106,11-13): Es faßt den Inhalt einer schriftlichen problemgeschichtlichen Tradition zusammen für Zwecke von theoretischer Einführung und Lehre; dafür wird Medizin zu einem Zweig literarischer Bildung.

sich am hohen Anteil, den philosophische Reflexion an ihrem Inhalt hat. Dieser belegt zugleich die Erwartung an den Arzt, über die philosophisch-literarische Bildung der politisch-gesellschaftlichen Führungsschichten zu verfügen.

Darin liegt die Pointe von Galens Schrift *Quod optimus medicus sit quoque philosophus*: Philosophische Bildung müsse vom Arzt erwartet werden, und medizinische Literatur richte sich nicht nur an Fachleute, sondern auch an literarisch gebildete Nichtmediziner[391]. Philosophische Bildung bezeichnet hier sowohl Wissen und Kenntnisse als auch ein berufliches Ethos. Der Arzt solle seinen Beruf nicht um des Gelderwerbs willen verrichten, sondern diesen einer persönlichen Hilfsverpflichtung unterordnen; außergewöhnlich reiche Ärzte seien Betrüger: Galen meint offenbar, die Möglichkeiten zur gesellschaftlichen Differenzierung innerhalb des Ärztestandes seien begrenzt oder sollten begrenzt und jedenfalls gemäßigt sein. Materiell erfolgreichen Ärzten gegenüber hegt er den Verdacht illegitimen Verhaltens. Von der Ärzteschaft hat Galen ein homogenes Bild: Der Arzt gehört zwar zu einer gesellschaftlichen Elite, doch nicht zur Gruppe der Allerreichsten, es sei denn, er verrät das berufliche Ethos der Ärzte.

Der größte Teil der medizinischen Literatur richtet sich aber an Lehrlinge[392], die in der Medizin Elementarkenntnisse literarisch erwerben sowie Kenntnisse der Fach- und Dogmengeschichte und Kriterien für die Gültigkeit wissenschaftlicher Erkenntnisse[393]: Die literarische Systematisierung der Medizin ist so wenig wie die Beschäftigung mit der Fachgeschichte ein Zeichen gestiegenen wissenschaftlich-technischen Konservatismus', sondern für eine Intensivierung der Bemühungen um den Gewinn von Kriterien und Maßstäben für die

391 Galen., *Quod opt. med.*, pass. Galen kritisiert, daß geometrische und astronomische Bildung als Voraussetzungen der Ärzteausbildung vernachlässigt würden: Theoretische Schulung wird vom Mediziner verlangt. Anatomie und Logik sollten betrieben werden; die Ärzte vernachlässigten die Physiologie aus Skepsis gegenüber der Möglichkeit der Prognose. In der Form einer Verfallsdarstellung urteilt Galen über Ausbildungsfragen: Medizinische Ausbildung bedürfe intensiverer theoretischer Vorschulung; Verfall der Hippokrateskenntnis und der *ἀρετή* hätten die Medizinerausbildung ruiniert. Das Ethos der Ärzte sei im Niedergang, noch Hippokrates habe Reichtum gering geachtet. Hippokratisches Ethos und umfassende Ausbildung verlangt er vom wahren Arzt; beides mache, daß er Philosoph sei, gebildet, kenntnisreich und von seinen Trieben unabhängig.

392 Galen., *De sect. ad eos qui introd.*: für Anfänger gedachte Übersicht über medizinische Schulen der Zeit Galens. Kap. 3 gibt hippokratische Gesichtspunkte für Krankheit und Gesundheit wieder (Wasser, Orte, Lebensweise, *αἰτίαι*, I 65-69 K.). Kap. 4: Was für die Dogmatiker die *ἔνδειξις τοῦ συμφέροντος*, das ist für die Empiriker die *τήρησις* (aus akkumulierter Erfahrung, I 72 K.). Kap. 5: Die Dogmatiker verurteilen die *ἐμπειρία* als (1) *ἀσυστάτου* bzw. (2) *ἀτελοῦς* bzw. (3) *ἀτέχνου* (I 75 K.). Kap. 6: *Οἱ δὲ μεθοδικοὶ καλούμενοι, οὕτω γὰρ ἑαυτοὺς ὠνόμασαν, ὥσπερ οὐχὶ καὶ τῶν ἔμπροσθεν δογματικῶν μεθόδῳ τὴν τέχνην μεταχειρίσασθαι φασκόντων, οὐ μέχρι λόγου μοι δοκοῦσι ταῖς παλαιαῖς ἀμφισβητεῖν αἱρέσεσιν, ἀλλ' ἤδη καὶ τῶν ἔργων τῆς τέχνης πολλὰ μετακοσμεῖν* ...

393 Galen, *De constit. art. medic. ad Patroph.*: Bestimmng der Medizin als *τέχνη* (*theoretische*, *praktische*, *herstellende* oder *erwerbende*), ähnlich den Differenzierungen in Platons *Sophistes*. Nach der Klärung des herstellenden Charakters der Medizin (vgl. Kap. 20) und der Vierzahl der *γένη*, *αἰτίαι* und *οὐσίαι* werden die Voraussetzungen der Ausbildung eines Forscher-*μέθοδος* geklärt: (1) *ὀξεῖα φύσις*, (2) *ἐκ τῆς παιδικῆς ἡλικίας ἀγωγή τε καὶ ἄσκησις* v.a. in Arithmetik und Geometrie, (3) gute Lehrer, (4) Hingabe an die *μαθήματα*, (5) Streben nach Wahrheit unter Hintansetzung aller Ziele der *πολλοί*, (6) Erlernung eines *μέθοδος*, nach dem Wahrheit und Unwahrheit unterschieden würden, (7) *ἄσκησις* des *μέθοδος* (I 244f. K.). Die Theorie, die der Arzt erlernen müsse, sei analog zu der der übrigen herstellenden Techniken (I 303 K.), der Arzt müsse die Funktion aller Körperteile kennen, Krankheiten und deren Symptome, Diagnose, Gefährlichkeit und Verlauf jeder Krankheit (I 279 K.).

Gültigkeit technischer Lehren in der rasch fortschreitenden Medizin[394]. Die medizinische Ausbildung bedient sich literarischer Leitfäden, um Ärzte heranzubilden, die neue Einsichten gewinnen und begründen.

Galens sich in dieses Bild einfügende Theorie der wissenschaftlichen Fachliteratur ist bereits skizziert worden: Fachliteratur ist zunächst Ausbildungsliteratur. Es besteht kein Bedarf nach ihr, solange Ausbildung ohne Literatur gelingt: Dies ist der Fall, solange sie handwerklich innerhalb von Familienstrukturen geschieht. In dem Maße aber, in dem medizinischer Ausbildung der familiäre Rahmen nicht mehr genügt, bedarf sie zusätzlicher Techniken für die Wissensvermittlung: Medizinische Literatur gibt es, weil medizinisches Wissen allein durch die Weitergabe vom Vater auf den Sohn nicht bewahrt werden kann[395]. Aufgabe belehrender Fachliteratur ist die Bewahrung eines prinzipell gefährdeten technischen Wissensstandes, weniger dessen Verbreitung, auch wenn Galen den Anspruch erhebt, durch seine Anatomieschrift nicht nur der Nach-, sondern auch der Mitwelt genützt zu haben. Diese Schrift ist eine für persönliche Freunde gedachte Neufassung einer älteren Schrift, die verbrannt war. Er richtet sie an einen seiner *patroni*, den Peripatetiker und Konsul Flavius Boethus auf dessen Bitte hin: Der inzwischen gestorbene Boethus liebte als Amateur die Anatomie und hatte von Galen auch andere Traktate zugeeignet erhalten[396]. Neben der Kleinräumigkeit der literarischen Fachkommunikation und der Tatsache, daß literarisch gebildete Laien aus der politisch tätigen Oberschicht an ihr teilnahmen, belegt die erneute Behandlung der Anatomie durch Galen das Bewußtsein für einen rapiden Fortschritt der Medizin: Als zweites Motiv für die Abfassung der Schrift neben persönlichen Motiven und dem Verlust aller Kopien der ersten Bearbeitung nennt er die Tatsache, daß er seit der ersten Schrift neue anatomische Entdeckungen gemacht habe[397]. Die Anatomie steht im

394 Daß es Galen darum geht, die Methodik der Erkenntnissicherung in einer sich entwickelnden Wissenschaft darzulegen, verdeutlicht Kap. 10 (I 257 K.): *'Οπότ' οὖν ἐν τῷδε τῷ λόγῳ γεγόναμεν, ἐπιστήσαντες αὐτὸν ἀναλάβωμεν ἐν κεφαλαίοις τὰ εἰρημένα. γνωσόμεθα γὰρ οὕτως, ὁπόσον τε τοῦ ζητουμένου τὸ εὑρημένον ἤδη, καὶ ὁπόσον ἔτι τὸ ὑπολειπόμενόν ἐστι.* Galen ist sich der Fortschrittlichkeit und Fortschrittsbedürftigkeit der Medizin bewußt, auch wenn er sich wiederholt auf die Autorität des Hippokrates beruft, vgl. LLOYD (1988a).

395 Galen., *De anat. admin.* II 280-291 K. Galen erwähnt, daß er noch, als in Kleinasien Mitte der 40er Jahre des zweiten Jahrhunderts eine Epidemie wütete, in Pergamon bei Satyros lernte, der seit drei Jahren bei *Cuspius* (?) *Pactumeius Rufinus* lebte, (II 224 K.): Galen ist selbst ein Beispiel für einen nicht vom Vater ausgebildeten Arzt. Satyros war wahrscheinlich persönlicher Arzt im Gefolge jenes Politikers (cos. 142, vgl. PIR II 396): Tätigkeit und Ausbildung des Arztes konnten in der Umgebung der führenden Schichten des *Imperium Romanum* stattfinden.

396 Galen., *De anat. admin.* II 216 K. Zur Vernichtung der Bücher Galens vgl. auch den arab. Abschn. lib. XI 12 (135, übers. v. Hunain ibn Ishaq). Aus ihm geht hervor, daß noch nicht *herausgegebene*, zur Kopie freigegebene Schriften, unwiederbringlich zerstört waren. Bereits kopierte Schriften zirkulierten außerhalb der zerstörten Bibliothek, sodaß Kopien wiedergewonnen werden konnten. Die Fachschriften wurden also zunächst im kleinen Kreis bekannt gemacht; es folgte der Schritt vom Unikat zu weiterer Verbreitung. Zu Lebzeiten erreichten die Schriften nur einen kleineren Kreis, sodaß sie schwer wiederzugewinnen waren.

397 Galen., *De anat. admin.* II 216 K.: *δευτέραν δ' αἰτίαν, διὰ τὸ βελτίω μακρῷ τῆς τότε τὴν νῦν μοι γενησομένην ἀποδειχθήσεσθαι πραγματείαν, ἅμα μὲν εἰς διέξοδον ὑπομνημάτων πλειόνων ἐκταθεῖσαν ἕνεκα σαφηνείας, ἅμα δ' ἀκριβεστέραν ἐκείνης ἐσομένην, ὡς ἂν πολλῶν ἐν τῷ μεταξὺ προσεξευρημένων μοι θεωρημάτων ἀνατομικῶν.* Erste anatomische Schriften verfaßte Galen kurz nach der eigenen Lehrzeit, noch bevor er eigenen anatomische Entdeckungen machte (II 217 K.); medizinische Literatur, die einen Wissensstand zusammenfaßt, ist also legitim, wenn auch gegenüber Innovationen mitteilender Literatur

Zentrum des anthropologischen Interesses auch literarisch-philosophisch gebildeter Laien, und sie wird im Bewußtsein ihrer permanenten Fortschrittlichkeit praktiziert. In erster Linie jedoch steht Anatomie im Dienst einer demonstrativen bzw. deiktischen Berufsdidaktik: Das Wesentliche wird dem künftigen Arzt gezeigt; dieser hat sich darum zu bemühen, es genauestens zu betrachten. Gegenüber persönlicher Autopsie hat die literarische Belehrung eine Hilfsfunktion[398]; sie unterstützt die zweckmäßige Planung von Sektionen[399] und das

weniger wertvoll. Im Anschluß skizziert Galen seine verschiedenen Bearbeitungen anatomischer Gegenstände. Für Boethus habe er einen Kommentar zur hippokratischen Anatomie geschrieben und Schriften zur Anatomie des Erasistratos; dazu Schriften über die Anatomie von Lebenden und Toten und über die Ursachen der Atmung und die Stimme. Als Boethus aufbrach, schrieb ihm Galen einen Traktat über die Funktion der Organe. Eine andere Schrift über Thorax- und Lungenbewegung schrieb er als junger Arzt für einen Freund, der öffentliche Sektionen durchführen wollte: Das Interesse der Laien wurde durch solche öffentlichen Demonstrationen geweckt. Als dieser Freund starb, zirkulierten Galens Schriften ohne Autorisierung. Die anatomischen Schriften waren also teilweise Demonstrationsprogramme: Galen erwähnt öffentliche Sektionen, die er *für Boethus* in Rom, andere Peripatetiker und politisch Tätige durchgeführt habe (II 216-218). Galen übersah zunächst auf älterem Wissensstand acht Muskeln; dies erklärt er mit Autopsiemangel des älteren tradierten Wissens: Der methodische Fehler der Vorgänger habe darin gelegen, Sektionen nicht eigenhändig durchgeführt, sondern teilweise delegiert zu haben; diesen Fehler habe Galen dann überwunden (II 231-234 K.). Vgl. II 234-236 K.: Galen korrigiert die herrschende Lehrtradition. Chirurgische Kunstfehler als Resultat anatomischer Ignoranz meint er er aufgrund neuer Entdeckungen vermeiden zu können (II 341-342). Vor allem Nervenschäden kämen aufgrund mangelnder Anatomiekenntnisse häufig vor (II 342-346 K.). Kritik an Auslassungen der Vorgänger: (II 531 K.). Trotz der Kritik an Fehlern der Vorgänger markieren deren Leistungen ein Niveau, das nicht unterboten werden soll: XIII 1 (169, arab.) setzt den durch die anatomische Tradition etablierten Sprachgebrauch voraus und ein bestimmtes sprachliches und sachliches Mindestverständnis.

398 Galen., *De anat. admin.* II 220-221. Galen will nicht die ältere Anatomie widerlegen, sondern ein gutes Anatomiebuch vorlegen; Marinos' Werk hält er für insuffizient (II 470 K.). Wenn die Betrachtung menschlicher Leichen nicht möglich sein sollte, solle der Adressat versuchen, Anatomie am Affenmodell zu treiben (II 221-223 K.). Die Gemeinsamkeiten der zu anatomischen Demonstrationen verwendeten Affen wie deren Unterschiede zum menschlichen Körperbau beschreibt Galen (II 222-223 K., vgl. II 532-537 K.). Bezeichnend für die Konzentration der Lehre auf das persönliche Sehen des Lernenden ist die protreptische Formulierung (II 416 K.): *ἐν δὲ τῇδε τῇ νῦν προκειμένῃ πραγματείᾳ σκοπός ἐστί μοι διττὸς, εἷς μὲν, ὅπως ἂν τις ἀκριβῶς θεάσαιτο τῶν μορίων ἕκαστον, ὧν τὰς χρείας ἐν ἐκείνῃ διῆλθον, ἕτερος δ' εἰς τὸ τῆς ἰατρικῆς τέχνης ἀνῆκον τέλος. ἐπειδὴ γὰρ ὁρῶ τοὺς νῦν ἰατροὺς, ὅσοι γε δοκοῦσι περὶ τὴν ἀνατομὴν ἐσπουδακέναι, τοῦ χρησιμωτέρου μὲν αὐτῆς ὀλιγωροῦντας, ἀσκοῦντας δὲ τὸ σοφιστικώτερον, ἐπειράθην αὐτό τε τοῦτο πρῶτον ἐπιδεῖξαι τοῖς νέοις, καὶ προτρέψαι πρὸς τὸ χρησιμώτερον αὐτῆς.* Anatomie als Teil der medizinischen und der philosophischen Bildung: II 280. Sophistische Überlegungen über die Finalität der Natur gingen im Einzelnen weiter als die bloße Feststellung des Nutzens theoretischer Erkenntnisse für die Therapie und die *σοφία τῆς φύσεως* (II 284-285). Verschiedenen Zwecke des Anatomietreibens: Studium der Anatomie durch Naturwissenschaftler (Wissenschaft um ihrer selbst willen), Anatomie zum Beweis der Zweckhaftigkeit der Natur, zum Verständnis körperlicher und seelischer Funktionen oder als Präparation für die Chirurgie (II 286-287). Galen betont aber den Nutzen der neueren (im Gegensatz zur älteren) Anatomie für die therapeutische Praxis (II 287). Galen vertritt ein funktionales Kriterium der Wichtigkeit anatomischer Lehrgehalte (II 289) und fordert für die unmittelbare Zukunft eine Konzentration des anatomischen Studiums auf den Muskel- und Nervenapparat (II 290-291 K.; Betonung des *ἐνεργεῖν*, der Bewegungsmechanik, als Indiz für die Einheit des *νοῦς*, der den Körperbau der Tiere funktional gestaltet, II 537 K.). Galen erwähnt seinen Traktat über den Nutzen der Körperteile, der Medizinern und Philosophen gemeinsame anthropologische Voraussetzungen behandelt, II 415 K. Galen folgt in der Anatomie einer ähnlichen Gliederung des Stoffes, II 532 K.; vgl. Galen., *De usu partium.* Prinzip natürlicher Zweckmäßigkeit: *De anat. admin.* II 590-591 K.

Selbststudium. Wiederholte eigene Anschauung bleibt die Basis dieser Bemühung[400]. Medizinische Berufsdidaktik wie Anatomie als Teil der Allgemeinbildung bedürfen also einer Schulung des Sehens: Während die Empirikerschule die Anatomieausbildung für überflüssig erachtete und meinte, die an gelegentlichen Verletzungen mögliche Beobachtung von Knochen und Innereien genüge zu praktischen Zwecken, verlangt Galen eine über die bloße auch literarisch mögliche Informationsvermittlung hinausgehende kontinuierliche Schulung und Übung[401]: *Nachdem Du Dich zuvor am Affen geübt hast, kannst Du auch Anatomie an den genannten Tieren treiben*[402]. Es muß eine folgerichtige Schule des Sehens durchlaufen werden. Die Begründung für deren Notwendigkeit wird durch eine Theorie über den Zusammenhang von Beobachtung, Erfahrung und Erinnerung gegeben: Die Natur einer Sache wird deutlich durch Vergleich[403]; Erkennen bedarf daher wiederholter Demonstration. Beobachtung des Einzelnen ist keine Erkenntnis; die Psychologie der Erinnerung bestätigt die Erkenntnislehre: Beiläufig Beobachtetes werde vergessen. Systematische Anatomie als medizinische Grunddisziplin bedarf daher einer geplanten Abfolge und Wiederholung demonstrativer Sektionen. Der Zweck der Übung liegt im Erwerb anschaulicher Erkenntnis, nicht nur begrifflichen Wissens: *In der Erkenntnis der Natur der Körperteile liegt der Nutzen für diejenigen, die anatomische Sektionen durchführen, nicht im Erwerb terminologischer Kompetenz*[404]. Anschauung bleibt das Primäre; Literatur und Theorie

399 Galen., *De anat. admin.* II 223: *εὐθὺς γὰρ ὑπάρξει σοι καὶ τοῖς ὀνόμασιν αὐτῶν ἐθίζεσθαι, χρησίμοις ἔσεσθαι μέλλουσι καὶ εἰς τὴν τῶν ἄλλων μορίων διδασκαλίαν τῆς ἀνατομῆς.*

400 Galen., *De anat. admin.* II 223-224 K.: *Wenn Du dagegen allein auf das Literaturstudium vertraust, ohne Dich zuvor in der Betrachtung des Knochenbaus von Äffchen geübt zu haben, wirst Du kaum in der Lage sein, das menschliche Skelett korrekt wiederzuerkennen, wenn Du es unvorhergesehen zu Gesicht bekommst. Gelingende Wiedererkennung beobachtbarer Gegenstände nämlich bedarf kontinuierlicher Übung; und daher lernen wir auch von den Menschen als solchen am schnellsten diejenigen kennen, mit denen wir häufig verkehren, wen wir dagegen nach langer Zeit wiedertreffen, wenn wir ihn nur ein oder zwei Mal gesehen haben, den erkennen wir weder, noch erinnern wir uns des früheren Anblicks seiner Person. So ist auch die vieldiskutierte Gelegenheitsanatomie, der einige Mediziner den Vorzug geben, nicht geeignet, die Natur des Beobachteten zu lehren. Man muß vielmehr jeden Teil über lange Zeit betrachten, damit man ihn erkennt, wenn er plötzlich auftaucht, und zwar am besten am Menschen selbst, oder, wenn das nicht möglich ist, an Lebewesen, die dem Menschen möglichst ähnlich sind.*

401 Empiristische Kritik der Anatomie und Propagierung der Gelegenheitsanatomie an Verletzten: II 289-290 K. Galen kritisiert, eine derartige Konzeption lasse sich allenfalls aus der Perspektive einer der Praxis enthobenen Lehre vertreten.

402 II 536 K. Anatomie am toten Tier zeige Lage und Beschaffenheit der Organe und müsse der Vivisektion am lebenden Tier vorausgehen, die die Funktion der Organe demonstriere (II 707 K.).

403 Galen beschreibt als fundamentalen Erkenntnisvorgang den Vergleich mit dem Ziel der Feststellung des Identität oder Differenz bedingenden Prinzips im Sinne eines gemäßigten erkenntnistheoretischen Platonismus (II 539 K.): *ὅστις μὲν οὖν ἐγυμνάσατο λογικῶς ἅμα τῷ καὶ πεφυκέναι καλῶς, εὑρίσκει ῥᾳδίως τό τε ταὐτὸν ἐν ἑκάστοις τῶν ὄντων καὶ τὸ μὴ ταὐτόν. ὁ δὲ μήτε εὖ πεφυκὼς μήτε γεγυμνασμένος τάχ' ἂν καὶ οὗτος ὑπὸ τοῦ πλήθους τῶν ἀνατεμνομένων ζώων ἐπαχθείη ποτὲ πρὸς τὸ κἂν ἀμυδρῶς γοῦν ἐννοῆσαι, τὸ μὲν ταὐτὸν, οὐ κατὰ συμβεβηκὸς, οὐδὲ ὡς ἔτυχεν, ἀλλὰ κατὰ τὴν οἰκείαν οὐσίαν ὑπάρχειν ἑκάστῳ τῶν εἰδῶν, τὸ δ' οὐ ταὐτὸν ἀπό τινων συμβεβηκότων τοῖς κατὰ μέρος, ἅπερ ἀτόμους οὐσίας ὀνομάζομεν.* Die Begrifflichkeit (*οὐσία, κατὰ συμβεβηκός*) belegt Vertrautheit mit aristotelischen und platonischen Positionen, vgl. z.B. Arist., *metaph.* 1002b29. Das hier angesprochene Ähnlichkeitsprinzip auch Galen., *De plac. Hippocr. et Plat.* IX 2,1-31.

404 II 708 K.

haben eine unterstützende, Funktion[405]. Sachsystematisch und didaktisch anspruchsvolle Planung leistet Literatur, sie gliedert und organisiert zu Lehrzwecken angestellte Beobachtungen und Erfahrungen[406]. *Ich hoffe also, daß diejenigen, die dem Traktat gefolgt sind, sich bereits an seinen Gegenständen geübt haben*[407].

Die Empirikerschule beschränkte dagegen nicht nur den Wert kausaler Erklärung für die therapeutische Praxis, indem sie behauptete, Erkenntnis verdanke sich allein einer sich in wiederholter Konfrontation mit dem Gegenstand von allein zur Erfahrung verdichtenden Ähnlichkeitsfeststellung; sondern sie hat nach Galens hier nur anzudeutender Kritik außerdem eine unzureichende Vorstellung von der Erfahrung selbst: Diese geschieht nicht, wie die Empiriker voraussetzen, mechanisch, sondern bedarf einer lang dauernden Schulung, des Hinweises auf Wesentliches, also einer Prägung durch gelenkte Gewöhnung und theoretische Einsicht[408]. Galen betrachtet es als Kriterium der Erkenntnis, daß sie sich im unvorhersehbaren und plötzlich eintretenden Einzelfall bewähre. Medizinische Lehre und Erkenntnis werden nicht als Muster verstanden, unter die je verschiedene Situationen zu subsumieren wären, sondern als Ausrüstung für das Bestehen je neuer Situationen. Diese Bindung von Literatur und Theorie an die praktische Einzelsituation unterstreicht den handwerklichen Charakter der Medizindidaktik Galens[409]; eine weitere Aufgabe der medizinischen Litera-

405 Galen., *De anat. admin.* lib. XI 11 (131, arab. überl.) schreibt, er verfasse sein Werk auch für jene, die seinen anatomischen Demonstrationen nicht persönlich beiwohnen konnten. Didaktische Literatur vertritt teilweise unmittelbare persönliche Anschauung. Die Anatomieschrift beschreibt Praktiken, Vorgehen und Beobachtungen bei der Sektion von Tieren, vgl. XIII 1 (169, arab.).

406 Die Ordnung des Stoffes folge sachlicher Logik, eines baue auf dem anderen auf. Die Ordnung soll dem eigenen Studium des Adressaten wie der Durchführung anatomischer Sektionen als Demonstrationen für Dritte dienen, II 226 K., vgl. ἃ πάλιν αὐτὰ καθ' ἑαυτὰ λεπτομερέστερον ἐπισκέπτεσθαι προσήκει. γυμνάζεσθαι μὲν οὖν σε τῇδε τῇ τάξει βέλτιον. ἄλλως δ' ἐπιδεικνύντα παρασκευάσαι χρὴ τὸ προβληθὲν ὑπ' αὐτοῦ μόριον ὅτι τάχιστα γυμνῶσαί τε καὶ δεῖξαι πολυειδέστερον, ἄλλοτε κατ' ἄλλην ἐπιβολὴν, ὡς διδάξω. II 243 K.: Ὅπως δ' ἐγχειρεῖν χρὴ γυμνάζεσθαί τε βουλόμενον αὐτὸν, ἑτέρῳ τε δεικνύντα, καιρὸς ἤδη λέγειν, ἐπιδείξαντας πρότερον ἀπάτην κοινὴν παμπόλλων ἀνατομικῶν εἶναι προσποιουμένων, κτλ. Galen erwartet, daß der Leser bereits vertraut sei mit der Spezialschrift über Knochen und ihrer Terminologie, außerdem mit der Schrift über Anatomie der Muskeln: II 227 K. Galen wolle das Vorgehen bei der Durchführung von Sektionen darlegen: XII 10 (167-168, arab.).

407 II 538 K.

408 Galen verweist auf anatomische Beobachtungen, die Satyros an Kranken anstellte: Beobachtung der Körperteile sei für anwesende Dritte ohne vorhergehende Schulung von geringem Wert gewesen (II 225-226 K.). Urteilsfähigkeit erfordere Erfahrung und Schulung (II 278 K.).

409 Galen lehnt eine medizinische Sophistik ab, die sich nicht den ἔργα, sondern nur den λόγοι widme; rein theoretisch erschließe sich die Natur des Körpers und seiner Glieder nicht (II 340 K.); von Jugend auf solle Anatomie geübt werden. Tatsächlich bestimme eine praxisferne theoretische Anatomie die Ausbildung (II 417 K.; 420 K.). Die Logik der Anwendung des praktischen Lehrsatzes auf die therapeutische Einzelsituation verdeutlicht Galen durch den Vergleich mit anderen τέχναι (*In Hippocr. de victu acut. comment.* XV 446-450): Geheilt werde in spezifischen Umständen und Situationen; nicht immer führe Diät allein zum Ziel (XV 447 K.). Kriterium der Gültigkeit technischer Erkenntnisse sei die Erfahrung im Einzelfall; technische Erklärung aber bestehe in der Ableitung des Einzelnen aus Allgemeinem. Technische Meinungverschiedenheiten entschieden sich daher danach, ob eine Erfahrung einer bestimmten Regel untergeordnet werden könne; technische Urteilsfähigkeit liege im Vermögen der Abgrenzung des Allgemeinen vom Besonderen (XV 448-449 K.). Wer die Umstände der Situation ignoriere oder wesentliche nicht von unwesentlichen Aspekten der Situation unterscheide, begehe im technischen Sinne methodische Fehler (XV 449-450 K.). Mit diesem Argument erklärt Galen die Abhängigkeit der Tätigkeit des medizinischen

tur liegt in der Mobilisierung des Wissens, damit dieses transportabel und an verschiedenen Orten aktualisierbar und anwendbar werde[410]. Ausbildungsanleitung wie Nachschlagewerk soll diese Literatur sein[411]; sie unterstützt eine an sich handwerkliche medizinische Ausbildung[412].

Galens gelegentliche Bemerkung über den niedrigen Stand bzw. Verfall der seinerzeitigen Medizin und sein kritischer Umgang mit der anatomischen Lehrtradition[413] seiner Zeit beweisen weniger einen tatsächlichen Niedergang oder Stagnation, sondern setzen einen Fortschrittswunsch voraus und Galens Absicht, seine Verdienste um den Fortschritt der Medizin in strahlendem Licht erscheinen zu lassen. Als positiver Held der Medizin gilt dabei, wer ihr neue Erkenntnisse hinzufügt: eine positive Bewertung, keine Abwertung technisch-wissenschaftlichen Fortschritts.

Die Beförderung am wissenschaftlichen Fortschrittes wird als Arbeit zur Überwindung eines Charakteristikums handwerklichen Tuns, des Berufsgeheimnisses gesehen: Das Prinzip der Publizität unterscheidet die handwerklich gelehrte, doch philosophisch reflektierte Medizin, die Galen anstrebt, vom Handwerk im engeren Sinne. Im Anfang des arabisch überlieferten 14. Buches der *Anatomie* geht Galen auf die medizinische Publikationspflicht ein[414]:

> *Betreffs derer, die keine Bücher geschrieben haben, kann ich nicht als Wahrsager auftreten und geheime Einsicht und Kenntnis davon besitzen, ob sie dieses Wissen tatsächlich nicht hatten, oder es besaßen, aber bewußt verbargen und aus Mißgunst nicht mitteilten und nicht lehrten, wie es Quintus tat, der zur Zeit Hadrians in Rom lebte und Ruhm und großes Ansehen als Anatom erworben hatte; er schrieb jedoch tatsächlich kein einziges Buch über Anatomie, wie sie Marinos und Numisianos verfaßten, der zur Zeit des Marinos in Alexandria lebte und ein Mann großen Wissens war, vorzügliche anatomische Beobachtungen anstellte und viele Bücher schrieb; seine Bücher aber er-*

Spezialisten von den Wünschen und Bedürfnissen des Patienten bzw. Kunden: Es sei ein wesentlicher Unterschied, ob Gesundheit wiederhergestellt, bewahrt, oder gestärkt werden solle.

410 Galen habe seine Schrift über die Anatomie der Muskeln verfaßt auf Veranlassung seiner Freunde, die sie als ὑπομνήματα während ihrer Reisen benötigten. Vorzug des Buches sei es, daß es, anders als ein etwa 5000-zeiliges Werk des Lykos, das zahlreiche Muskeln auslasse, alle Muskeln bei nur einem Drittel des Umfanges behandle. Das Werk ist zur persönlichen Schulung gedacht, für chirurgische Operationen wie für das Verständnis der Körperbewegungen (Galen., *De anat. admin.* II 227-228 K.). Um der Transportabilität des Wissens willen wird Kompaktheit als günstige Eigenschaft medizinischer Literatur betrachtet; darin liegt ein Moment der Wissensökonomie. Zugleich sichert sich der Arzt mit Hilfe des transportablen, zum Nachschlagen geeigneten Werkes persönlich ab: Die unbeabsichtigte Durchtrennung von Muskeln oder Nerven bei Operationen (Aderlaß) kann zu Beeinträchtigungen der Mobilität von Patienten führen, die den Arzt auf Schadenersatz verklagen können. Wenn der Arzt bereits vor der Operation auf Basis der Literatur auf die Gefahr hingewiesen hat, ist Schadensersatzanspruch ausgeschlossen, II 228-229.

411 Vgl. II 651-652 K.: *Da es meine Intention ist, nicht nur Euch, denen diese Schrift als Erinnerungshilfe dient, Interessantes zu bieten, sondern, wie ich bereits früher sagte, auch allen anderen, die sich für Anatomie interessieren, ist es notwendig, so zu schreiben, daß die Sache auch denen, die noch nie anatomische Demonstrationen miterlebt haben, so deutlich wie möglich werde.*

412 Galen setzt voraus, jeder werde so wie sein erster Lehrer: Die Abhängigkeit der persönlichen Kompetenz von der des Lehrers markiert ein weiteres Moment des Handwerklichen in Galens Ausbildungskonzeption, *De natural. facult.* I 14 (II 53 K.).

413 Vgl. Anmm. 397 u. ?.

414 Galen., *De anatom. admin.* XIV 1 (230-233, arab.; dt. Übers. nach der ital. von I. GAROFALO).

reichten zu seinen Lebzeiten nicht viele Leser; als daher nach seinem Tode Herakleianos allein alles erben sollte, was sein Vater hinterlassen hatte, ließ dieser niemanden an seine Bücher heran, und als auch ihm der Tod nahte, soll er sie alle verbrannt haben... Herakleianos gab an niemanden irgendetwas von dieser Lehre weiter, weil er wollte, daß das Wissen, das noch nicht allgemein bekannt war, ihm persönlich zugeschrieben werde. Auch Pelops hatte eigene Bücher, solange er lebte, und nach seinem Tode wurden sie zerstört, noch bevor man sie abschreiben konnte, weil er sie bei sich in seinem Haus aufbewahrte und wegen seines Ehrgeizes ihre Veröffentlichung ständig hinausgeschoben hatte; bei den zahlreichen Schriften, die man gemeinhin als Werke des Pelops über Anatomie zur Hand nimmt, handelt es sich tatsächlich um Bücher, die Pelops von seinen Schülern erhalten hat, und denen er nur ein Buch "Einführung in Hippokrates" hinzufügte; dieser Austausch fand jeweils statt, wenn seine Schüler in ihre Heimat zurückkehrten, weil er ein Mittel darstellte, mit dessen Hilfe sie jederzeit das Wissen belegen konnten, das sie bei ihm erworben hatten; die wirkliche Anatomieschrift des Pelops besaß einen Detailreichtum, der weit über den jenes Büchleins mit seinen Kapitelchen hinausging, abgesehen davon, daß es natürlich auch nicht vollständig und abgeschlossen ist, so wenig auch das Buch des Satyros vollständig und abgeschlossen ist. Da es mit diesen Schriften also so steht, brauche ich die anderen Schüler des Quintus gar nicht zu erwähnen, die ich begierig war zu treffen, und die ich alle als schlechter erlebte als Satyros und Pelops, und besonders schlecht im Vergleich zu diesen beiden Lykos von Makedonien, Verfasser eines Buches zur Anatomie, das sich heutzutage in den Händen vieler Leser findet... Was die Bücher des Lykos angeht, die in unserer Zeit von vielen gelesen werden, so ist es nur zu deutlich, daß sie unter Verwendung der Aufzeichnungen des Marinos geschrieben wurden; außerdem sind sie voller sachlicher Fehler und daher noch ungenügender als die Bücher des Marinos... Dieser hat in seinem Hauptwerk eine höchst präzise Beschreibung der Knochen geliefert, und er hoffte, alle Öffnungen des Schädels und der Wirbelkörper zu finden; die Verbindung zwischen Schädel und Wirbelsäule hat er sehr genau beschrieben. Dennoch habe ich bemerkt, daß er in einigen Punkten irrt, wie ich es öffentlich mehrfach in Rom im Beisein aller großen Mediziner demonstriert habe. Ich beginne im folgenden mit der Beschreibung dieser Dinge, die Ihr mich häufig im privaten Rahmen und einige Male auch öffentlich demonstrieren gesehen habt, nachdem ich die Bedeutung der von mir bei der Beschreibung verwendeten Termini präzisiert habe.

Die Bemerkungen illustrieren den Gebrauchszusammenhang medizinischer Schriften: Mediziner erarbeiten sich während der Lehre persönliche systematische Schriften; zusammen mit Abschriften von Arbeiten der Lehrer können beglaubigen diese die Lehre und die Kompetenz des Arztes[415]. Sofern die Aufzeichnungen Neues enthalten, besitzen sie besonderen Wert, weil die neue Erkenntnis zunächst Berufsgeheimnis ist. Der Arzt kann persönlich von der Nutzung der Erkenntnis profitieren, sie also für sich reservieren. Er kann sie aber auch für sich reklamieren und publizieren, d.h. freigeben zur Abschrift. Durch diese Publikation realisiert er einen indirekten Wert: den Ruhm, der mit ihr verbunden ist. Das Verhalten von Herakleianos und Pelops, die aus verschiedenen Gründen Publikationen verzögern[416], wird

415 Vgl. XI 12 (135, arab.) über die Ausarbeitung der Schriften Galens.. Protokolle über Sektionen wurden angefertigt, auch Krankengeschichten; beides wurde für systematische Arbeiten ausgewertet.

416 Pelops habe die Publikation aus Ehrgeiz hinausgeschoben, wohl um sie in besonderer Form mit

als Fehlkalkulation gedeutet: Sie starben zu früh. Galen hält es aber für eine Pflicht des Mediziners, Schriften mit neuen Erkenntnissen zu veröffentlichen, ohne dabei den eigenen Ruhm durch Plagiate zu erstreben[417]. Neben der Aufgabe der Innovation betont Galen die der Lehre: Die medizinische Wissenschaft hat, ohne Druckerpresse und mit nur geringen institutionalisierten Wissensspeichern, ebensosehr die Gefahr der Stagnation wie die des Wissensverlustes vor Augen; sie erklärt darum ebensosehr die Bemühung um Erneuerung wie die um Bewahrung und Weitergabe des Wissens zur Pflicht. Sie muß um der Bewahrung des Wissens willen dieses sichten und ordnen: Handbücher, Systematik und Bemühung um Bewahrung beweisen daher nicht einen fundamentalen Konservatismus der kaiserzeitlichen Medizin, sondern belegen das Bewußtsein für Gefährdungen der Weitergabe und Verbreitung des Wissens. Kritik an mangelnder Bemühung um Innovation belegt gerade nicht eine Ablehnung von Innovationen oder auch nur deren tatsächliches Fehlen. Innovation war gewollt, und sie wurde in einem Umfang für möglich erachtet, der nicht immer ausgeschöpft wurde.

Der Mediziner ist dem Laien gegenüber Fachmann und beansprucht Kompetenz für die Regelung seiner Lebensführung. Gesunderhaltung ergibt sich aus der Befolgung von Maximen der Hygiene, und sie ist eine asketische Leistung[418], deren Erbringung eines Wissens von gesunder Lebensführung bedarf. Dabei bestimmt ärztliches Spezialwissen das allgemeine Bewußtsein[419]. Den Fachmann zeichnet vor dem Laien dabei weniger sein literarisch erworbenes Wissen als das besondere Urteilsvermögen[420] aus, das sich prakti-

anderen Entdeckungen zusammen publizieren zu können; Herakleianos habe sich Entdeckungen seines Vaters zunächst reserviert, um sie zur Steigerung seiner beruflichen Stellung und möglicherweise später seines wissenschaftlichen Ruhmes einzusetzen. Beide hätten sich bezüglich ihrer Lebenszeit verkalkuliert.

417 Galen., *De anat. admin.* II 280 K.: *Ich tadle die alten Mediziner nicht dafür, daß sie keine Anatomiebücher geschrieben haben, doch ich lobe Marinos dafür, daß er es tat.* II 282-283 K.: Pflicht zur Tradierung des Wissens mittels anatomischer Literatur.

418 Galen., *De sanit. tuend.* VI 415-416 K.: Ἡ δ' ὑγιεινὴ τέχνη τοὺς πειθομένους αὐτῇ διαφυλάττειν ὑγιαίνοντας ἐπαγγέλλεται, τοῖς δ' ἀπειθοῦσιν ἐν ἴσῳ καθέστηκεν, ὡς εἰ καὶ μηδ' ὅλως ἦν. ἀπειθοῦσι δ' ἔνιοι μὲν ὑπὸ τῆς ἐν τῷ παραχρῆμα νικηθέντες ἡδονῆς, οὓς ἀκρατεῖς τε καὶ ἀκολάστους ὀνομάζομεν, ἔνιοι δὲ ὑπὸ φιλοτιμίας, ἣν ὀνομάζουσιν οἱ νῦν Ἕλληνες κενοδοξίαν, ὁποῖος ἦν καὶ ὁ πάντα μᾶλλον ὑπομείνας παθεῖν ἢ πιττοῦσθαι συνεχῶς ὅλον τὸ σῶμα συμβουλευόντων αὐτῷ τῶν ἰατρῶν τὸ βοήθημα τοῦτο διὰ τὴν ἰσχνότητα.

419 Zwei Teile der Medizin: Therapie (Wiederherstellung) und Hygiene (Bewahrung der Gesundheit, VI 1 K.). Wissensabhängigkeit gesunder Lebensführung (VI 77): Νυνὶ μὲν γὰρ εἰς σύνοψιν ἀγαγεῖν ἠβουλήθην ἅπασαν τὴν πραγματείαν, ὡς μηδεμίαν ὕλην ὑγιεινὴν λαθεῖν, ἧς ἔμπειρον εἶναι χρὴ τὸν ὑγιεινόν. οὐδὲν γὰρ χεῖρον ὑγιεινὸν ὀνομάζειν τὸν ἐπιστήμονα καὶ ὑγιεινῆς ἁπάσης τέχνης, ὥσπερ τὸν μόνης τῆς περὶ τὰ γυμνάσια γυμναστήν· Spezialistenwissen wird Teil des Alltagswissens über gesunde Lebensführung und wird als solches vollständig erfaßt, systematisch gegliedert und übersichtlich dargestellt; Kategorien für seine Anwendung werden mitgeteilt (VI 78 K.); gerichtet it all' dies an ein philosophisch gebildetes allgemeines Bewußtsein.

420 Galen., *De meth. med.* X 1,1-4 K.; Galen richtet diese Schrift an einen Freund und mehrere ἑταῖροι, die ihn gebeten hatten, einen θεραπευτικὴ μέθοδος zu schreiben. Er lehnt den Skeptizismus gegenüber den τέχναι (Medizin, Geometrie, Rhetorik, Arithmetik, Musik) ab, der bestreitet, daß diese ihre Ziele erreichen. Die Mehrheit aber sei über Fragen der Medizin nicht urteilsfähig und beriefe nicht die besten Ärzte; ihr bestreitet Galen die Fähigkeit zum Urteil auch in eigener Sache. Statt Sachverständiger bevorzuge man die κολακεύοντες (Schmeichler). Da Galen skeptisch gegenüber der Urteilsfähigkeit von Patienten und Allgemeinheit ist, kann er nicht voraussetzen, die Ärzte böten eine Dienstleistung oder Beratung auf einem Markt an; vielmehr beschwört er eine alte Praxis der Asklepiadeer, die Führungsautorität gegenüber den

scher Schulung verdankt. Galen lehnt daher des Methodikers Thessalos' praxisferne und rein theoretische Lehre der Medizin als Schmeichelei ab: Thessalos bot einen halbjährigen medizinischen Schnellkurs an, und Galens Kritik gegen sein Ausbildungskonzept lehnt nicht nur die mangelhafte literarisch-theoretische Ausbildung in diesem Kurs ab, sondern vor allem das Defizit an praktischer Schulung durch Erfahrung. Er polemisiert gegen Thessalos' Kurs, der sich nach der Art sophistischer Ausbildung an die Begüterten der Hauptstadt richte, und in dem sich Handwerker gegen Bezahlung zu Medizinern umschulen ließen[421]. Solcher Ersatz dauernder praktischer Übung und umfassender theoretischer Lehre durch die Mitteilung praktischen Regelwissens sei eine Illusion, die scheinbare berufliche Mobilität nicht wirklich möglich: Die Teilnehmer hätten zwar ihre *τέχναι* verlassen, doch keine wirklich neue Ausbildung erhalten, obwohl die Methodiker beansprucht hatten, Umfang und Komplexität der medizinischen Lehrgegenstände reduzieren und dadurch der Diagnose und Therapie höhere Methodizität verleihen zu können. Durch diese Verfehlte Bemühung um eine vermeintliche Straffung der Ausbildung sei Galen zur Abfassung seiner *θεραπευτική μέθοδος* motiviert worden: zur Korrektur und Präzisierung des Begriffes der Methode und des Methodischen gegen das Anliegen sich *methodisch* nennenden Schule. Kern seiner Kritik ist: Die methodische Schule versteht das Prinzip technischer Methode falsch, indem sie technisches Handeln auf ein System praktischer Maximen[422] reduziert, das Moment praktischer Erfahrenheit ignoriert, Erfahrung falsch interpretiert und den Rahmen des notwendigen theoretischen Wissens zu eng spannt[423].

Die Medizin unterscheidet sich Galen zufolge darin nicht von anderen Techniken, daß sie praktisch wirksam wird in Einzelsituationen. Das Heilungsgeschehen vergleicht er mit einem Krieg, den Arzt also mit einem Militär, der in nicht vollkommen determinierten Lagen handelt. Krankheit und Arzt erscheinen als Antagonisten in einem Kampfgeschehen, der Kranke

Patienten beanspruchten.

421 Vgl. Galen., *De meth. med.* X 1,4-5 K. Dieser Kurs befriedigte die Bedürfnisse sozialer Aufsteiger nach einer anerkannten, nicht rein manuellen Ausbildung und Tätigkeit, aber wohl auch Hoffnungen auf steuerliche Privilegien für Ärzte.

422 Die Differenz liegt im Unterschied der Erfahrungsbegriffe, den Galen X 126-127 K. verdeutlicht. Es geht um den Grund der Geltung empirischer Sukzessionsgesetze. Die Empiriker seien skeptisch gegenüber der Gesetzmäßigkeit der Folge; sie sprächen nur von wiederholten Folgen verschiedener Ereignisse in der Zeit. Die medizinische *τέχνη* bestehe demnach in der Aufstellung, Sammlung und Bewahrung von Aussagen über das zeitliche Nach- und Miteinander von Ereignissen. Galen kritisiert, daß beim Schluß aufgrund solcher Sukzession, bei der Anwendung, wenn der Schluß notwendig sein soll, der Ableitung doch begriffliche Notwendigkeit zugesprochen werden muß; mit Wahrscheinlichkeitsgrößen rechnet diese Auseinandersetzung nicht. Der Erfolg der methodischen Schule der Medizin hatte darin eine Ursache, daß der Rhetor und Atomist Asklepiades (1. Jhdt. v.Chr.) Anteil an der Vermittlung griechischer Medizin in Rom besaß und zugleich Themison, den Begründer der Methodikerschule, beeinflußte. Den Römern wurde griechische Medizin also sehr im Sinne der Methodikerschule vermittelt.

423 Galen wirft der zeitgenössischen Medizin vor, mit der Kontinuität der fachlichen Entwicklung gebrochen zu haben; früher sei die Konkurrenz medizinischer Schulen darum gegangen, einander an Erkenntnisen zu übertreffen und die als eine aufgefaßte Disziplin zu vollenden; diese Konkurrenz im Rahmen gemeinsam geteilter Geltungsmaßstäbe sei zerbrochen (X 5-7 K.), die Einheit des Faches zerstört. Da er eine skeptische Position gegenüber der eingetretenen Entwicklung vertritt, illustriert er sie durch eine problemgeschichtliche Darstellung der Medizinentwicklung, vor allem der Bestimmung der Grundbegriffe (X 63-67 K.). Er vertritt die These, medizinische Erkenntnis bedürfe eines Zusammenwirkens von Vernunft und Anschauung, vgl. Galen., *De comp. medic. per gen.* XIII 886-890 K.; *In Hippocr. lib. prim. epid. comment.* XVII A 5-14. Dogmengeschichte als Dogmenkritik: *De natural. facult.* II 61-69 K.

sei ein Beteiligter, der zum nur zum Verbündeten des Arztes werde, wenn er sich dessen Anordnungen unterwerfe[424]. Ein Gefecht ist nicht berechenbar, weil das Verhalten der beteiligten Antagonisten aufeinander antwortet, interdependent ist. Mit der Wahl der Gefechtsmetapher für den Heilungsprozeß ist die Rolle von Gesetzeswissen für die Medizin beschränkt auf eine nur hilfsweise. Jedes Gefecht ist anders und stellt nicht einen Fall einer Klasse gleicher Fälle dar: So wie die zunächst manufakurmäßige, dann industrielle Serien- und schließlich Fließbandproduktion einer nomologischen Interpretation des Wissens entspricht, so entspricht Galens Betonung der Unterschiede der jeweiligen Einzelsituation einem Wissen, das immer Wagnis bleibt, und das im jeweiligen Fall hilfreich sein, aber auch erfolglos bleiben kann[425]. Mit der Vorstellung der Perfektion und Technizität der Natur vertritt Galen eine Voraussetzung dieser Auffassung: Die Natur selbst ist zweckmäßig geordnet und besitzt die Fähigkeit zur Selbstorganisation und -heilung[426]. Nur eine Medizin aus dieser Voraussetzung erforsche lohnende Fragen und nicht Sophistereien. Fortschrittliche Entwicklung der Wissenschaft sei dagegen nur auf der Grundlage seines Hippokratismus

424 Galen., *In Hippocr. libr. prim. epid. comment.* XVII A 149-151.

425 *De constit. art. medic. ad Patroph.* I 298-304 K. ≅ *De praenot. lib.* XIX 497-511 K. Vorausgesetzt wird, daß jede Krankheit ihre natürliche Dauer besitzen, ein der Dauer nach determiniertes Geschehen sei. Dann ergäbe sich die Möglichkeit der Prognose, wenn die Zeitdauer des Geschehens feststünde und keine Kontingenz bestünde. Die Abwesenheit der *contingentia futura* gelte aber nicht für alle Gegenstände; Unfälle beispielsweise. Die Frage sei, ob der Verlauf von Krankheiten der *contingentia futura* unterliege. Galen beantwortet die Frage damit, daß die Humoralpathologie durch die Erklärung innerer Körpervorgänge aus den Fließeigenschaften von vier Körpersäften fundamentale kontingente Voraussetzungen mache: Die Konstellationen der Säfte seien nicht *ἀκριβῶς* herauszufinden; der Ort eines Saftflusses nicht exakt vorherzusagen, sodaß Aussagen über die Gefährlichkeit einer Konstellation abhängig von Annahmen über die Umstände seien. Wenn man andererseits die *φύσις* jedes Saftflusses herausfände, könnte man *τεχνικῶς* den Gegenstand treffen (*στοχάζεσθαι*) und *ὀρθῶς* handeln, postuliert Galen. Es gelte: Der Arzt stelle Prognosen nur unter *ceteris paribus*-Bedingungen, er betreibe keine Wahrsagerei (I 292 K.: *ὁ δὲ ἰατρὸς οὐχ οὕτως προερεῖ τὸ μέλλον, ἀλλ' οἶδεν, εἰ πάντα γίγνοιτο δεόντως*). Krankheit wird als Kampfgeschehen von *νόσημα* und *φύσις* zeitlich, antagonistisch und situativ betrachtet: nach dem Beispiel eines Sportwettkampfes, dessen Ausgang man nach den ersten Aktionen vorhersagen könne. Prognose wird hier wie eine historische Voraussage behandelt; Kategorien des Kampfes (Stärke) bestimmen die Beschreibung: Wer ist stärker, Patient oder Krankheit. Wissenschaftlicher Fortschtritt habe die Methodizität der Voraussage erhöht. Abschließend: Die Medizin sei eine wiederherstellende Technik, die ihren Maßstab der Korrektheit aus der Beobachtung des normalen Falles gewinne.

426 Vgl. Galen., *De natural. facult.* II 31-38 K. Galen kritisiert die Lehre des Asklepiades, der er vorwirft, unfähig zu sein zum *θαυμάσαι τὴν τέχνην τῆς φύσεως*. Hippokrates habe die *ἔργα* der *φύσις* korrekt eingeschätzt: Hippokratisch sei die Annahme der Perfektion der Natur, die staunend und bewundernd erkannt wird. Einer solchen Haltung zufolge gibt es offene Fragen und Nichterklärtes, das der Sophist nur hinwegerkläre. Galen vertritt das Axiom der Selbst-Genügsamkeit der Natur (II 38 K.: *αὐτὴν ἐξ αὑτῆς ἀδιδάκτως πράττουσαν ἅπαντα τὰ δέοντα*). Obwohl die Arbeiten von Erasistratos (3. Jhdt. v.Chr.) und Asklepiades (1. Jhdt. v.Chr.) über die Körperflüssigkeiten auf der gleichen Voraussetzung beruhten (vgl. II 81-85 K.), kritisiert Galen diese, weil sie anhand der Fließbewegung atomistisch die Existenz des leeren Raumes demonstrieren wollten. Dessen Annahme sei, selbst wenn sie wahr wäre, überflüssig (II 76 K.): *εἰ καὶ ἀληθὴς εἴη*. Vgl. auch II 175 K.: *οὐ γὰρ δὴ μάτην γ' ἂν ἡ φύσις ἐκ δυοῖν χιτώνων ἐναντίως ἀλλήλοις ἐχόντων ἀπειργάσατο τὸν οἰσοφάγον, εἰ μὴ καὶ διαφόρως ἑκάτερος αὐτῶν ἐνεργεῖν ἔμελλεν*.

möglich[427]: Galen argumentiert für seine Medizinkonzeption also mit ihrem hohen Entwicklungspotential und setzt dabei voraus, daß ihr Fortschritt ein Positivum sei[428].

Nicht allein die fortschreitende Verschriftlichung des Faches läßt Galen es unter die Disziplinen literarisch-philosophischer Bildung rechnen, sondern auch Galens Begriffsrealismus führt ihn dazu, in der Bemühung um die sprachliche Fixierung medizinischen Wissens zugleich eine Bemühung um die Sache selbst zu sehen. Er begründet sein Postulat, zuerst die Bedeutungen aller verwendeten Termini zu klären: Mit dieser Belehrung - durch eine Tabelle von Opposita - werde zugleich eine Darlegung der Sache selbst gegeben (II 2 K.)[429]. Galens Bild der Rolle des medizinischen Wissenschaftlers ist bei aller Betonung kollegialer Kooperation das literarischer Konkurrenz: Der Forscher sucht sich durchzusetzen gegen eine Übermacht falscher Meinung, die im Laufe der Zeit u.U. eher zu- als abnimmt; nicht jede neue Meinung ist wissenschaftlich besser. Galens literarische Vorgänger - Hippokrates, Platon, Aristoteles, Diokles und Praxagoras - hätten prinzipiell das Richtige über die Problematik des Werdens geschrieben, doch keine Argumente zur Widerlegung verbreiteter, aber offenbar falscher jüngerer Meinungen geliefert. Daher hätten sich in jüngster Vergangenheit falsche Ansichten aufgrund scheinbar stichhaltiger *σοφίσματα* oder Einsichtsmängeln verbreitet. Galen will dagegen die Autorität der Alten in Grundsatzfragen rechtfertigen gegenüber einer gefährlichen Fehlentwicklung der Medizin.

Diese Rechtfertigung der Autorität der Alten beruht nicht auf einer Skepsis gegenüber der Tatsache, Möglichkeit oder Wünschbarkeit technischen Fortschritts, sondern dient der eigenen Autorität und der Abwertung wissenschaftlicher Konkurrenten. Die Vorstellung des Verfalls soll eigene Geltungsansprüche begründen, die Autorität klassischer Autoren Galen als denjenigen erscheinen lassen, der eher als alle anderen Entwicklung fördert. Galen gibt vor, von der Wirkung seiner Argumentation nichts zu erwarten. Sehr viel sei von den Alten festgestellt und bewiesen worden; Unbildung (*ἀμαθία*), Faulheit oder Ungerechtigkeit lasse die Mehrheit in der Gegenwart diese Leistungen nicht [430] anerkennen. Galen vertritt das Fachmannprinzip wissenschaftlichen Urteilens: Urteilsfähig über medizinische Leistungen sind nicht Patienten oder eine Mehrheit[431], sondern nur eine Elite der Fachleute: Galen überzeichnet die Vereinzelung des Spezialisten gegenüber der Mehrheit wie auch gegenüber

427 Galen., *De natural. facult.* II 44-47 K.

428 Neben der Entdeckungsgeschichte des Faches kennt Galen seine Dogmengeschichte, die nicht durch Zuwachs an Kenntnissen, sondern die Abfolge beliebiger Lehrmeinungen strukturiert wird (Galen, *De natural. facult.* II 61-69 K.).

429 Thema der Schrift ist die Frage, was Leben im allgemeinen und die spontane Bewegtheit tierisch-menschlichen Lebens im besonderen ausmache; sodann geht es um die Interpretation der Naturvorgänge überhaupt, also Bewegung und Veränderung. Zwei gegensätzliche Positionen werden diskutiert: (1) Substanz besteht kontinuierlich und kann sich ändern; (2) Substanz ist im Sinne des Atomismus unveränderlich; es gibt keine spezifische "seelenhafte" Substanz. Galen lehnt die Position des Atomismus ab und meint, Hippokrates habe erstere Position vertreten (II 2-30 K.). Galen bezeichnet Asklepiades seiner entgegengesetzten Thesen wegen als verrückt oder unfähig (II 41-42).

430 Galen., *De natural. facult.* II 178-179 K.

431 Galen., *De natural. facult.* II 179-189 K.: Es sei nötig, daß derjenige, der etwas besser verstehen wolle als *οἱ πολλοί*, die anderen in Begabung (*φύσις*) und Ausbildung (*διδασκαλία*) übertreffe. Er müsse schon als Kind eine besondere Beziehung (*ἐρωτικὴ μανία*) zur Wahrheit entwickeln und lernen, was die *ἐνδοξότατοι ... τῶν παλαιῶν* geschrieben haben. Dieses erlernte Wissen müsse über lange Zeit in der Anwendung geprüft werden. Galen beansprucht, sein Werk sei für einen derartig ausgebildeten Wissenschaftler von Nutzen. Solche seien jedoch immer nur wenige, für die *Vielen* sei das Werk nutzlos.

mit ihm konkurrierenden Spezialisten. Von einer Minderheit erwartet er Tradierung wie Weiterentwicklung des medizinischen Wissens, und nur dieser Elite erkennt er Urteilsvermögen und das Recht auf Geltung in medizinischen Fragen zu. Die wissenschaftliche Literatur hat neben ihrer Funktion als Wissensspeicher und Ausbildungsmedium die Funktion, diesen Anspruch des Mediziners zur Geltung zu bringen und einen Ort für Konkurrenz und Auseinandersetzung zu sein.

Das nach dieser Auffassung handwerkliche Vorgehen des Technikers, das sich kontinuierlich einer Tradition anfügt, bedarf, da diese Tradition sich zunehmend selbst entfremdet, einer technischen Hermeneutik. In dem Maße nämlich, in dem Veränderungen von Theorie und Praxis eintreten, stellt der Rückbezug auf die literarische Tradition eine Anstrengung und Leistung dar, die erbracht werden muß, bevor die Kontinuität der Tradition hergestellt werden kann. Die konservierende Literatur kompensiert die Tatsache, daß durch die Entwicklung der Technik selbst Konservierung und Tradierung des Wissens nur mittels zusätzlicher sprachlich-literarischer Anstrengung möglich ist[432]. Galens Kommentar zur hippokratischen Schrift *De officina medici* bringt die fundamentale Bedeutung der Hermeneutik für die literarisierte Medizin und ihr Bewußtsein von der eigenen Kontinuität zum Ausdruck. Der Kommentar ist für Studierende: Man solle beim Lernen das von Hippokrates Gemeinte richtig üben, um in der technischen Praxis keinen Fehler zu machen[433]: Ziel der Arbeit ist die Erlernung einer Praxis, die aus sich selbst heraus nicht verständlich ist, darum als Praxis verständlich gemacht werden soll, weil sie immer noch als grundlegend für das Handwerk angesehen wird. Mangelnder Konsens früherer Kommentatoren wird eigens vermerkt und zum Anlaß eingehender Betrachtung, wenn verschiedene Schulen und Kommentatoren in der sachlichen Bedeutung des Kommentierten differierten, d.h. in ihrer Bedeutung für die gemeinte Praxis[434]. Dem medizinischen Praxiswissen kommt also eine hermeneutische und sogar textkritische (s.u.) Funktion zu; Aneignung und Kritik der Überlieferung bleiben gebunden an das Verständnis der gemeinten Praxis und verselbständigen sich nicht von ihr. Der bessere medizinische Sinn entscheidet[435]. Wenn die analytische Erklärung des Textes zu einer Deutung wider den Gesamtkontext führt, entscheidet letzterer: der Schluß vom praktischen Kontext auf das Einzelne[436].

Die Gefahr des Verlustes der Lehrtradition und ihrer Verständlichkeit ist nicht nur durch den Wandel von Praxis und Sprache bedingt, sondern ist auch physisch: Unter den Bedingungen rein manueller Textreproduktion ist der Wortlaut abgeschriebener Texte unsicher;

432 Hermeneutik als literarische Bemühung um technisches Wissen: Galen., *Thrasyb. sive utr. medicin. sit an gymn. hyg.* V 868-869; *Instit. logica* XVII 8-9; *In Hippocr. libr. de artic. et Galeni in eum comment.* XVIII A 686.

433 Galen., *In Hippocr. De offic. med.* 10 (arab.); XVIII B 738-739 K. (griech.). Galen polemisiert gegen Lykos von Makedonien als Kommentator, *In Lycum*, pass., der 'Εξηγητικὰ τῶν 'Ιπποκράτους ἀφορισμῶν ὑπομνήματα schrieb, ohne die στοιχεῖα τῆς 'Ιπποκράτους τέχνης verstanden zu haben, nämlich die vier Grundqualitäten der vier *humores*. Galen sei von einem Freund zu einer Erwiderung veranlaßt worden [1 (XVIII A 196-198K.)]. Die Deutung der Grundsätze der eigenen Disziplin war strittig; die Auseinandersetzung wurde auch in der Hippokrates kommentierenden Literatur geführt.

434 Galen, *In Hippocr. De offic. med. Comment.* 10 (arab.); XVIII B 740 K. (griech.). Sofern die Kommentartradition zu einem Verständniskonsens geführt hat, übernimmt Galen die Deutung der Vorgänger, 52 (arab.); XVIII B 876 (griech.).

435 XVIII B 898-899 K.

436 Vgl. XVIII B 900-901 K.

divergierende Aussagen der Kommentatoren können ihre Ursache in einem divergierenden bzw. falschen Wortlaut des ihnen vorliegenden Textes selbst haben[437]. Die Arbeit des Kommentators dient neben der Stabilisierung einer Deutungs- und Lehrtradition auch der Sicherung der Textüberlieferung, die in permanenter Korruptionsgefahr steht[438]. Für die technische Praxis und Lehre ist eine korrupte Überlieferung wertlos, aber von dieser Praxis her kann die sie anleitende Tradition ggf. restitutiert werden. Galens kommentierende Arbeit hat neben dem medizinphilologischen einen mittelbar praktischen Zweck[439].

Zahlreiche Schriften Galens diskutieren das Problem des Verhältnisses von Vernunft, Verstand und Sinnlichkeit für den Gewinn von Erfahrung und wissenschaftlicher Erkenntnis; er widmet dem Problem eine eigene kleine Abhandlung. In diesem Werk setzt sich Galen mit zwei denkbaren Extrempositionen, Rationalismus und Empirismus, auseinander. Dabei setzt Galen voraus, daß er mit diesen beiden Kontrahenten eine Voraussetzung teilt: Das medizinische Handwerk schreitet fort und hat die Aufgabe, forschend neue Einsichten zu gewinnen. Die wissenschaftstheoretische Kritik Galens an beiden dialektisch einander gegenübergestellten gedachten Gegnern ist, daß ihre Medizintheorie und -didaktik keinen zureichenden Begriff von Erkenntnis und medizinischem Fortschritt vermittele und daher den Erkenntnisfortschritt des Faches nicht anleiten könne[440]. Galen schreibt das Werk für junge Leser: Grundsatzfragen der medizinischen Dogmatik wurden im Rahmen der Ausbildung zum Thema. Paradigma der Konfrontation von Dogmatiker und Empiriker ist ein Parteiverfahren vor Gericht, die Lektüre soll eine Vorschulung zum Verständnis der *ἀρίστη αἵρεσις* bieten[441]. Die Empiriker meinen, aus wiederholt gleicher Beobachtung leite sich Erfahrung direkt ab ohne Interpretation durch Vernunft und Verstand; da die Beobachtung des je Einzelnen ein *ἄτεχνον* sei, also keiner Regel unterliege, fehlen Begründung und Kriterien für den Übergang von Beobachtungstatsachen zu Erfahrungseinsichten. Daher müßten die Empiriker gegen ihre eigenen Voraussetzungen auch der Einzelbeobachtung einen Erfahrungswert zusprechen[442]. Ein extremer Empirismus würde kritisieren, daß vernunft- und verstandesgeleitete Erkenntnis Regeln bzw. Obersätze voraussetzen müsse, die als bekannte

437 Z.B. 19 (arab.); XVIII B 746-748: Welchen Vorgang des Verbindens beschrieb der hippokratische Text? Die Kommentatoren divergieren in ihren Meinungen über die Lesart. Eines der Entscheidungskriterien, das im vorliegenden Fall aber nicht greife, sei, ob der Lesart eine sinnvolle medizinische Praxis entspricht (s.o. Anm. ?).

438 Die Verderbung vor allem der Zahlzeichen aufgrund der Tatsache, daß die Fachliteratur eine Tradition immer wieder neu umschlägt und umordnet (s.u.), führt Galen dazu, Zahlen teilweise wie Menekrates auszuschreiben, um sie gegen Verschreibungen zu immunisieren (*De antidot.* XIV 31,10-32,10 K.).

439 So arbeitet seine Kritik an konkurrierenden Interpretationen nicht mit rein innerliterarischen Argumenten, sondern fragt, ob eine Deutung zu einem praktizierten bzw. praktizierbaren Sinn führt, vgl. 76 (XVIII B 905 K.). Die arabischen Exzerptoren lasen den Kommentar dementsprechend sowohl als Ausbildungswerk für Studierende, als auch als Handbuch für Ärzte, vgl. z.B. ʿAlī ibn Riḍwān, bei Lyons, aaO. 100.

440 Galen, *De exp. medic.*, pass. Galen kritisiert den Skeptizismus des Asklepiades in Bezug auf verständige Erfahrungserkenntnis sowie eine dogmatisch-rationalistische Kritik der Empirie.

441 I 2 - III 1. Vgl. WALZER (1944) 450-453: Der Empiriker behält die Oberhand in dem Streitgespräch; erleichtert werden soll das Verständnis der nicht erhaltenen Schrift *Περὶ τῆς ἀρίστης αἱρέσεως*, der Dialog will ein Streitgespräch wiedergeben, das in Smyrna zwischen Galens dogmatischem Lehrer Pelops und dem Empiriker Philippos im Beisein Galens stattgefunden haben soll.

442 VII 3-9. Galen referiert ein Argument der empirischen Schule gegen die rein vernünftige Deduktion: Wenn der *λόγος* alles erkenne, bedürfe es keiner zusätzlichen Erfahrungserkenntnis (X 4).

Voraussetzungen jeder neuen Erfahrungseinsicht vorausgehen. Die Kritik des Empiristen richtet sich gegen ein konservatives Moment darin: Die Regel selbst steht nicht zur Debatte. Galen stimmt den Empiristen darin zu, daß es neue Erfahrungseinsicht geben müsse, doch krisiert er, daß der Empirist ohne Rekurs auf vernünftig aus der Lehrtradition abgeleitete Obersätze eine neue Erfahrungserkenntnis als solche weder identifizieren noch aussprechen könnte. Der gegenteilige Einwand trifft den dogmatischen Rationalisten. Auch dieser würde voraussetzen, daß es noch nicht Erkanntes gibt, das erforscht werden soll. Er würde aber annehmen, daß jede Erkenntnis Ableitung durch den λόγος sei, mithin Deduktion aus bekannten Prämissen; als Konsequenz dieser Voraussetzung würde der Rationalist die Forschungsgeschichte für irrelevant halten, weil sie nur eine Nacherzählung logischer Ableitungsoperationen wäre, also in ihr nichts Neues geschähe: Der Rationalist hat demnach ebensowenig einen angemessenen Begriff der Erkenntnis. Galens Kritik beider Positionen macht es zum Kriterium gültiger Wissenschafts- und Erkenntnistheorie, ob sie einen zureichenden Begriff neuer Einsicht formuliert. Daß neue Erkenntnis notwendig und wünschbar ist, und daß die Medizin sich fortentwickelt, ist die Voraussetzung, von der Galen annimmt, daß er sie mit seinen Gegnern teilt[443]. Den Empiriker präsentiert Galen als Skeptiker gegenüber dem Schluß von beobachtbaren Tatsachen auf allgemeine Regeln; dieser interpretiert Erkenntnis als Sammlung und Speicherung partikularer Erfahrungen[444]. Der Rationalist bzw. Dogmatiker teilt diese Skepsis nicht und hält die Sammlung einzelner Erfahrungstatsachen für nicht erkenntnisfördernd, weil zu keinem Zeitpunkt davon ausgegangen werden kann, alle eine Regel bestimmenden Einzelerfahrungen bereits gemacht zu haben[445]. Für den Rationalisten ist Erkenntnis ein spontaner geistiger Akt; an dieser Vor-

443 X 4.

444 Argument zu seinen Gunsten (XIV): Der Empiriker verweist darauf, daß die Mehrzahl pharmakologischer Kenntnisse rein erfahrungsmäßig Medikamente mit Wirkungen verknüpfe, ohne einen Mechanismus dafür angeben zu können; die Pharmakologie war das Paradigma einer Erfahrungskunde. Der Empiriker schließt, daß Erfahrung ohne Ursache und Wirkung verbindendes Prinzip (λόγος), möglich und wirksam sei.

445 Ein längerer Abschnitt widerlegt das Argument des Sorites gegen den Empirismus der Erkenntnis: Da ein Einzelfall keine wiederholte Erfahrung ist und den empiristischen Voraussetzungen zufolge nicht Grund technischer Zuversicht sein kann, interpretiert der Empirist die Regel im Sinne der Häufigkeit, also statistisch. Es gibt aber Fälle, in denen augenscheinlich gleiche Umstände und Ursachen verschiedene Ergebnisse haben. Für diese hatte die antike Empirikerschule eine die Grenzfälle der Häufigkeitsverteilungen klassifizierende Begrifflichkeit entwickelt mit 4 Klassen: immer geschehend (100%), meistens geschehend (>50%), unentschieden (50%), selten geschehend (<50%). Galens Empirist berücksichtigt, daß die beobachtete Häufigkeitsverteilung nur eine Stichprobe aller beobachtbaren Fälle ist und mit deren Häufigkeitsverteilung möglicherweise nicht übereinstimmt - Paradigma für rein statistische Koinzidenz ist auch in diesem Zusammenhang wiederum die Pharmakologie. Man müsse bis zur Beobachtung einer größeren Zahl von Fällen warten (Forschung und Lernen benötigen Zeit). Ein exaktes Signifikanzkriterium im Sinne einer Mindestzahl zu beobachtender Fälle gibt der Empirist nicht an, um den möglichen Einwand des Sorites zu entkräften. Dieser Einwand lautet: Wenn es eine Zahl n gibt, sodaß gilt: n Fälle begründen keine, n+1 Fälle jedoch eine Erkenntnis, dann gilt, daß ein einzelner Fall die Gültigkeit einer Erkenntnis entscheidet; dies aber widerspricht den empiristischen Erkenntnisvoraussetzungen, XV-XVIII. Vgl. WALZER (1944 ND 1947) 450-455. Die Empiriker erklären ärztlichen Mißerfolg damit, daß das jeweils gegenwärtige Wissen kein *volles* Wissen sei, das auf der Forschung der gesamten Menschheit beruhte, sondern nur zufälliges Teil-Wissen, das die Wahrheit nicht treffe (XXX). Der Empiriker betrachtet als Wahrheit also die Gesamtheit aller möglichen Erfahrungen. Der jeweilige Stand der Wissenschaftsentwicklung ist unvollkommen; ein vollkommener ergibt sich, wenn alle Erfahrungen gemacht sein werden. Der Empiriker hält dem rationali-

stellung vermißt der Empiriker die Dimension der Zeit und die Geschichte der Medizin. Für den Dogmatiker hat der Blick auf die Geschichtlichkeit der Disziplin nur den Zweck, zu erkennen, welche in der vorliegenden Medizin beschlossenen Erkenntnisse noch zu gewinnen seien, mithin den Wert einer problemgeschichtlichen Anleitung zum Fragen und zum Lösen von Fragen, während der Empiriker voraussetzt, daß im Laufe der Zeit durch Erfahrungszuwachs auch die Einsicht in die Regelhaftigkeit des Erfahrbaren mit gewachsen sei. Der gedachte Empiriker bestreitet schließlich grundsätzlich die Möglichkeit einer forschungsleitenden Problemgeschichte im Rahmen des dogmatischen Rationalismus, weil nicht einsichtig sei, warum der λόγος kraft der Spontaneität seiner Ableitungstätigkeit überhaupt Fragen offen lassen sollte. Er kritisiert, daß unter diesen Voraussetzungen nicht ein Erlernen der Wissenschaftsgeschichte die Forschung anleiten könne, sondern nur das Studium der Logik. Der Dogmatiker wiederum bestreitet, daß die Anhäufung von Erfahrung im Laufe der Wissenschaftsentwicklung mehr sei als die Anhäufung von Ballast[446]. Andererseits erweist sich in dieser Dialogpartie der von den Dogmatikern konzipierte Zusammenhang der Disziplingeschichte im Sinne eines Problemkontinuums als Illusion: Der Gedanke der Spontaneität des λόγος straft den eines vernünftigen Frage-Antwort-Zusammenhanges Lügen. Die dogmatische Konzeption muß alle Erkenntnis als immer schon im λόγος beschlossene denken, als mit der *τέχνη* gegebene und in ihrer literarischen Tradition bereits angelegte[447]. Während der radikale Empirismus als Forschungskonzept dargestellt wird, das in der Gefahr steht, technische Entwicklung durch Aufhäufen von Detailwissen und Überlieferung von Details zu ertränken, besteht die Gefahr des dogmatischen Rationalismus nach Galen darin, den Erkenntnisfortschritt allein von der exegetischen Arbeit an der Überlieferung zu erwarten, die als Leistung der *ratio* die Grundprinzipien der Verknüpfung der Phänomene immer schon erschlossen haben müßte. Beide Gefahren einer einseitigen Orientierung in Ausbildung und Forschung für die wissenschaftlich-technische Entwicklung sah Galen deutlich und verdichtete sie in den Positionen des "Dogmatikers" und des "Empirikers"[448].

Mit abgeschwächten Varianten dieser unhaltbaren Positionen spielt Galen die Überlegungen nochmals durch; sie gehen grundsätzlich von der Fortschrittlichkeit und Fortschrittsbedürftigkeit der Medizin aus, wie auch davon, daß diese die Kontinuität einer Lehrtradition zu wahren hat[449]. Der Empiriker behauptet nicht mehr, es gebe keine Infe-

stischen Dogmatiker vor, das Phänomen des Mißerfolges nicht erklären zu können: Wenn alle Erkenntnis durch den λόγος gewirkt und überzeitlich ist, müßte sie jederzeit ohne Versagen verfügbar sein (XXX).

446 X 4.

447 Gegen diese Konzeption des Dogmatikers richtet sich der in XI skizzierte Einwand des Empirikers: Tatsächlich bestehen Meinungsverschiedenheiten zwischen den Medizinern; unter den Voraussetzungen des Dogmatikers müßte dann der λόγος selbst Ursache der Meinungsverschiedenheiten sein, müßten also vernünftige Schlüsse absurderweise zu konträren oder kontradiktorischen Ergebnissen führen. Der Empiriker seinerseits ist skeptisch gegenüber den Leistungen des λόγος, betont also, daß man Schlußfehler begehen könne; das konsensstiftende Kriterium sei das Faktum der allen gemeinsamen sinnlichen Erfahrung.

448 Die metaphysischen Konsequenzen behandelt XIX.

449 WALZER (1944 ND 1947) 455; 462-465: Der Empiriker kritisiert drei verschieden strenge Formen des Empirismus, (a) Asklepiades, der in häufig wiederholter Beobachtung keine Erkenntnis sieht, (b) Praxagoras, Philotimos und Erasistratos, die die Empirie auf die Erkenntnis des Einzelnen beschränken und (c) eine Gruppe, die bestreitet, daß Empirie allein Erkenntnis begründe. Das Methodenvorbild der *τέχναι* verwendet der Empiriker, um zu zeigen, daß Erfahrung notwendig sei, nicht aber der λόγος. Die empirischen Positionen, die gegen Asklepiades geltend gemacht werden, entsprechen denen des Herakleides von Tarent (1. Jhdt. v.Chr.). Man nahm an, Demokrit habe erstmals zwei Phasen der Technik-Entwicklung unter-

renz vom Sichtbaren auf das Unsichtbare als Leistung des λόγος; er bestreitet aber, daß jede Erkenntnis von dieser Art sei und setzt voraus, daß es Erkenntnis gebe, die sich nicht allein dem λόγος verdanke. Sein neues Argument operiert mit dem Beispiel der technischen Didaktik: Wenn jede Erkenntnis allein Leistung des λόγος wäre, dann gäbe es keinen Unterschied zwischen rein theoretischer und auf Erfahrung gegründeter Kenntnis der Natur; theoretische Kenntnis aus Diskussion, Argument, Vortrag und Lektüre sei jedoch nicht ausreichend zu praktischer Ausübung der Medizin. Der Empiriker setzt also voraus: Ratio ohne Erfahrung vermittle keine praxisleitende Kenntnis, während Erfahrenheit bei geringer theoretischer Einsicht zuweilen zu medizinischen Leistungen befähige. Der Empirist stützt seine These also durch die der Medizinerausbildung zugrundeliegende Maxime, Arzt werde man nicht durch theoretisches Studium, sondern praktische Ausbildung. Methodisches Paradigma des Forschungsprozesses ist der individuelle Lern- und Ausbildungsprozeß; vorausgesetzt wird eine Strukturgleichhheit des Prozesses der Tradierung des Wissens und seiner Erweiterung und Erneuerung[450].

Galen sucht durch die dialektische Darstellung der Extrempositionen eine vermittelnde Auffassung zu begründen, die der Erfahrung selbst rationale Qualität zuschreibt; dazu betont er das Faktum eines in seiner Zeit eingetretenen methodischen Fortschrittes, der in Lehre und Forschung die Opposition von Erfahrung und *ratio* überwunden habe[451]. Galen beansprucht für die Pharmakologie die Entwicklung von einer Erfahrungskunde zu einer ursächliche Erklärungen bietenden Technik wie es Philon für die Geschützbaukunst reklamiert hatte[452]: ein grundsätzlicher methodischer Fortschritt der Heilmittelkunde. Dieser methodische Schritt der Pharmakologie zu ursächlichem Regelwissen vermittelt Nutzen durch Reduktion von Komplexität: Das Wissen kann in einer auf Prinzipielles reduzierten Form erworben und weitergegeben werden und wird so transportabler. Es kann als allgemeine, auf Einzelfälle anzuwendende Regeln dargestellt werden, und man kann sich gegen dieses Wissen in literarischer Form kritisch verhalten. Dieses Ursachenwissen leitet die praktische Ausbildung und Anwendung in anderer Weise an als bloße Erfahrung; man kann es mitnehmen, auch ohne literarische Aufzeichnungen (γραφαί). Begründete Anweisungen zur

schieden, Techniken die aus unmittelbarem Lebensbedürfnis entstanden und Techniken des Überflusses (F.d.V. 68 B 154; 144; Lucr., *De rer. nat.* V 1360ff.; 1379ff.; Plato., *Rep.* 373a-b; vgl. Arist., *Metaph.* 981b13-982a3); die in Galens Schrift ausgesprochene Theorie, niedere Techniken basierten auf Erfahrung (IX 5) paßt sich in diese Überlegung ein. Heute ist man gegenüber der auf Reinhardt zurückgehenden Unterscheidung *niederer* und *höherer* Techniken als Ergebnissen eines zivilisatorischen Entwicklungsprozesses skeptischer, SCHNEIDER (1989) 100 mit Anm. 223; Schneider behandelt Galens Zeugnis nicht.

450 XVIII. Der rationalistische Dogmatiker interpretiert den Lernprozeß als spontanen Verstehensakt des λόγος, der Empiriker als Gewöhnungsprozeß.

451 XX: Wie in den dem Lebensunterhalt dienenden τέχναι und ἐπιτηδεύματα stehe in der Medizin das durch Erfahrung allein Erkannte außerhalb des λόγος. Galen meint, daß auch in der Pharmakologie λόγος und ἐμπειρία zusammenwirken, weil Heilmittel teils durch λόγος, teils durch πεῖρα, teils im Zusammenwirken beider gefunden würden. Er interpretiert die Pharmakologie als bereits kausal erklärende und theoriebildende Wissenschaft, die einer Suchmethode (στοχαστικὴ ὁδός) bedürfe, um aus der Erfahrung abgeleitete Hypothesen zu bekräftigen oder zu widerlegen, FABRICIUS (1972) 36-38; vgl. Galen, *De comp med. sec. loc.* XIII 116-117; *De comp. medic. per gen.* XIII 886-887. Galen ist also der Meinung, die Pharmakologie habe sich in seiner Zeit methodisch über das Niveau einer Erfahrungslehre hinaus entwickelt und den λόγος in ihre Forschung einbezogen. Weder Empiriker noch Dogmatiker hätten diese Entwicklung hinreichend wahrgenommen, XIII 463,8-14; FABRICIUS (1972) 37.

452 Philon, *Belop.* 1-4 (49-50 W).

Herstellung von Heilmitteln im allgemeinen (καθόλου) und Übung im einzelnen (κατὰ μέρος) sichern seine Anwendbarkeit[453].

Die Lehrpraxis der empirischen und dogmatischen Schulen sei, so Galen, trotz allem weitgehend gleich: Zur Einführung in die Kategorien der Wissenschaft würden Erklärungen gegeben und Kommentare sowie Zusammenfassungen konsultiert. Der Dogmatiker vermittle dann jedoch zunächst die Kenntnis der φύσις im gesunden Zustand und der Krankheitsursachen, damit sich Therapievorschriften daraus als Anweisungen zur Elimination der Ursachen ergeben[454]; der literarische Charakter der Vermittlung und Erweiterung dieses Wissens wird selbstverständlich vorausgesetzt[455]. Der Empiriker kritisiert, daß auch der Dogmatiker den Rekurs auf Erfahrung nehmen müsse, wenn er ohne Papiere auskommen müsse. Er fragt: Was ist das Transportable am technischen Wissen? Galen beschreibt Unterschiede in der Art seiner Aquisition und Akkumulation: Die Empiriker beobachten Heilversuche und deren Erfolge und überantworten Protokolle dieser Erfolge der *Erinnerung*. Dabei vermerken sie das zeitlich dem Ausbruch der Krankheit unmittelbar vorausgehende Geschehen mit dieser zusammen, weil beides samt den Symptomen einen Sachzusammenhang bilde. Die Dogmatiker dagegen strukturieren ihre Protokolle nach Ursache und Wirkung; sie beschreiben gegenwärtige Körperzustände und schließen aus diesen auf künftige Entwicklungen[456]. Galen beläßt den Extrempositionen ihr Recht, doch setzt sich der erkenntnistheoretische Empirist durch[457] mit der Betonung handwerklicher Ausbildung und praktischer Erfahrung, deren Wert auch antike Skeptiker[458] anerkannten. Galen aber sieht den Schritt von erfahrungsmäßiger Übung zur Theorie nicht nur als heuristischen Gewinn, sondern als methodischen Fortschritt: Diesen meint er in der Pharmakologie durch eigene Bemühungen gefördert zu haben. Die Bedingungen der Anwendung, Tradierung wie auch Entwicklung des Wissens verbessern sich durch diesen Entwicklungsschritt: Neben der Anstrengung der Techniktradierung kennt und erwartet Galen Fortschritt durch kontinuier-

453 Galen., *De comp. medic. per gen.* XIII 886,17-887,6 K.; 463,8ff.; 365,15ff.; 458f.; *De comp. medic. sec. loc.* XIII 116,3-117,2; vgl. FABRICIUS (1972) 36-38.

454 Galen., *De exp. med.* XXIV. Gegen die Gültigkeit ursächlicher Erklärungen wendet sich die Kritik des Empirikers.

455 Der Empiriker bemerkt, daß der λόγος in erster Linie in den Papieren der literarischen Überlieferung bestehe, die auch der Dogmatiker bei Reisen nicht mitnehmen könne (XXVI).

456 XXIX.

457 Der Empiriker: Empirie reiche zum Gewinn medizinischer Erkenntnis; allein aufgrund ihrer kann ohne λόγος erfolgreich geheilt werden. Der λόγος addiert keine neue Erkenntnis zur Erfahrung hinzu. Der Empiriker räumt ein, daß der λόγος durch Analogieschlüsse vom Sichtbaren auf das Unsichtbare (ἀναλογισμός) Entdeckungen machen könne. Er bestreitet jedoch, daß diese Leistung des λόγος in der medizinischen Technik einen nützlichen Gebrauch habe. Der Empiriker bestreitet also nicht den heuristischen Wert der theoretischen Vernunft, aber ihre technische Verwendbarkeit: Es geht um technische Erkenntnis, nicht Erkenntnis überhaupt. Seine technische Kritik an den Ansprüchen der *ratio* besagt: Wer die Ursache des Gelingens einer Therapie kennt, erreicht darum sein technisches Ziel nicht besser; in die Technik führe das Konzept ursächlicher Erklärung nur ein zusätzliches Moment des Dissenses ein: zusätzlich zum Streit über die Wirksamkeit von Therapien den Streit über waltende Ursachen (XXXI).

458 Sextus Empiricus referiert eine skeptische Technik-Theorie, der zufolge Wissen sich nicht durch apodeiktische Beweisbarkeit als technisches ausweise, WALZER (1932) 465; Sext. Empir., *Pyrrh. hyp.* II 229-235; 249-259; der Skeptizismus hielt also an der Gültigkeit praktischer Lehre fest. Die empirischen Ärzte übernahmen einen ähnlichen skeptisch interpretierten Demokritismus, WALZER (1932) 467, dem zufolge das Wesen medizinischer Lehre erfahrungsmäßige Nachahmung sei DEICHGRÄBER (1930) 44,16.

lich akkumulierte Erfahrung und Entwicklung von Theorie und Literatur. Die Lehre einer in diesem Sinne entwickelten Technik besteht aus zwei Teilen, die in der Ausbildung in, fachgeschichtlich gesehen, umgekehrter Reihenfolge vermittelt werden sollen: Allgemeine methodisch-theoretische Prinzipien (Anfertigung von Heilmitteln, Indikationen) werden erlernt und memoriert; darauf wird das überlieferte Erfahrungswissen (*πεῖρα*: Rezepte im einzelnen) vermittelt. Diese Anordnung bestimmt Galens pharmakologische Bücher als Lehr- und Nachschlagewerke[459].

Dem methodischen Fortschritt und seinem didaktischen Nutzen steht das Bewußtsein gegenüber, daß die Vertrauenswürdigkeit technischen Wissens wegen seiner Erfahrungsabhängigkeit umso höher ist, je länger es sich in Praxis und Überlieferung bewährt hat. Galen schreibt, er werde jüngere pharmakologische Literatur eher auswerten als ältere: Er betrachtet die literarische Fachtradition also als Selektionsvorgang, in dem jeder technische Schriftsteller das von ihm jeweils für das Beste Gehaltene von seinen Vorgängern übernimmt und seinerseits weiter tradiert; je länger das Wissen sich unbestritten in der Tradition halten kann (*συμφωνία* der Tradition), umso höher ist also die Wahrscheinlichkeit seiner Brauchbarkeit. Die Proportionalität von Tradition, Erprobtheit und Gültigkeit erfordert, daß die Rezepte der Literatur praktischer Prüfung ausgesetzt, der Inhalt der Bücher also jeweils Lehre und Praxis bestimme[460]. Die Literaturgeschichte einer Technik ist nicht nur Abbild ihres Fortschrittes und ihrer Kontinuität, sondern ein entscheidendes Medium dieses Fortschrittes. In ihm werden Teile alter Wissensbestände entwertet und eliminiert, das sich Erhaltende aber bekräftigt. Sich nicht Bewährendes wird nicht tradiert und könnte prinzipiell vergessen werden: Wie die Praxis modifiziert sich die ihr zugeordnete Fachtradition[461].

Nachgalenischer, nicht sicher bestimmbarer, Zeit gehört ein medizinisches Werk an, das unter dem Namen des in augusteischer Zeit als Augenarzt literarisch hervorgetretenen Seve-

459 Vgl. Galen., *De comp. med. sec. loc.* XIII 75,13-16 K. (*οὗτοι μὲν οἱ σκοποὶ τῆς συνθέσεως, ἡ δὲ εὐπορία τῆς ὕλης τῶν ἤδη πεῖραν ἱκανὴν δεδωκότων φαρμάκων τοῖς ἔμπροσθεν ἡμῶν περὶ τὸ φαρμακευτικὸν μέρος τῆς τέχνης σπουδάσασιν ἐφεξῆς εἰρήσεται*); *De comp. med. per gen.* XIII 502,3-503,1 K.; FABRICIUS (1972) 42-45. Weil Galen die eigene Leistung in der methodischen Durchdringung von den Vorgängern überlieferter Rezepte sieht, ist seine *"Wiedergabe des Heilmittelbestandes hauptsächlich ein Zitieren aus Literatur"*, FABRICIUS (1972) 46; ders., ebda. 48-50: Galens Verhältnis zur Tradition der Erfahrungen des Faches ist durch die Empiriker beeinflußt; die Betonung des Erlernens allgemeiner Regeln trägt dogmatisch-rationalistischen Charakter; eigene Erfahrungen oder solche von Nahestehenden werden kaum gegen die Tradition ausgespielt.

460 Vgl. Galen., *De comp. med. per gen.* XIII 502,10-503,7 K.; XII 988,15-989,1 K. [Galen verwendet eher die jüngeren als die älteren Werke; er wählt aufgrund seiner praktischen Erfahrung (*πεῖρα*) aus]; XIII 14,2-10, vgl. Fabricius, aaO. 46-48. Galen betont den didaktischen Nutzen (Einprägsamkeit) von im Versmetrum formulierten Rezepten (*De comp. med. per gen.* XIII 820,15ff. K.) und formuliert oft Rezepte mit kleinen Varianten, falls Ingredienzien einmal fehlen sollten (*De comp. med. sec. loc.* XII 483,7ff. K., vgl. Fabricius, aaO. 54f.). Dies zeigt, daß sowohl die spontane Verfügung über das Wissen wie sein Nachlesen in der konkreten Situation Ziel des Umganges mit der pharmakologischen Literatur sein sollten. Galen über die Autorität der literarischen Fachtradition (De comp. med. per gen. XIII 523,6ff. K.): *οἱ μὲν οὖν πολλοὶ τῶν ἰατρῶν ἀφίστανται τῶν ἐκ παλαιοῦ χρόνου πεῖραν ἱκανὴν δεδωκότων φαρμάκων ἅπασι τοῖς ἀρίστοις ἰατροῖς καὶ διὰ τοῦτο ἐνδόξων γεγονότων, ὅπως δοκῶσιν αὐτοὶ βέλτιόν τι παρὰ τοὺς ἔμπροσθεν ἔχειν. εἰδέναι δὲ χρὴ τῶν ἐνδόξων φαρμάκων ἃ παρὰ πᾶσιν ἐπήνηται κτλ.*

461 In der Pharmakologietradition gibt es wörtliche Abschriften von Vorgängern nur als Ausnahmen; die Regel ist der freie und schöpferische Umgang mit überlieferten Rezepten, FABRICIUS (1972) 101-119.

rus umlief[462] und eine Theorie technischer Innovation voraussetzt: Zwar ist die Einführung neuer Gegenstände in die medizinische Lehre und Literatur innovativ, doch hat die Medizin in der Natur ihre Lehrmeisterin, diese ist das primär innovative Prinzip[463]. Technik fügt zur Natur nichts hinzu; die Kompetenzen der technischen Spezialisten unterscheiden sich graduell, nicht der Sache nach, vom Wissen der Laien. Die Medizin der Fachleute nimmt ihren Ausgang vom auch Laien Bekannten[464]. Medizin als Technik setzt an gemeiner Lebenserfahrung an; Technisierung heißt, diese einem Prozeß der Raffinierung zu unterwerfen. Zivilisationstheoretisch: Heilung gibt es natürlicherweise, die griechische Zivilisation addiert als Medizin ein professionelles Niveau und die sakrale Kultivierung der Heilkunst; dabei wird lebensweltlicher Erfahrung der Wert des λόγος hinzugefügt[465].

2.2.5.3. Techniktheorien bei Spezialisten und Laien

Mit derartigen Theorien und Selbsteinschätzungen der Techniken war die literarisch gebildete Oberschicht der Kaiserzeit offenbar weitgehend vertraut; debattiert wurden diese Fragen nicht nur fachintern[466], sondern auch als Frage nach dem Wert der Techniken für

462 Sev. Iatros., *De instr. infus*. Galen wird darin zitiert (8,10-13) Γαληνὸς ... *λέγων οὕτως·* Zur Datierung KIND, RE II A 2 2010f. s.v. *Severus (48)*: Dietz datierte um 600 n.Chr. Rezepte aus dem Werk wurden von späteren Medizinern zitiert (Iustus, Philumenos, Oreibasios); KIND, aaO. schreibt den Kern der Schrift Severus selbst zu. Der Form nach ist es ein systematischer Lehrbrief an Timotheos und erwartet zusammenhängend gelesen zu werden. Vgl. 5: *ὧν τὴν σύνθεσιν μικρὸν ὕστερον ὁρίσει ὁ λόγος. καὶ πρῶτον μὲν τοῦ κοινοῦ μεμνῆσθαι χρή, ὃς καὶ τοῖς ἰδιώταις ἐστὶ δῆλος*...; 16: *τὸ γοῦν κενταύριον, περὶ οὗ καὶ τὸν λόγον ποιούμεθα*. 10: *μικρὸν ὕστερον προϊὼν ὁ λόγος διδάξει·* Das Knappe praktisch-technische Belehrung, nicht rhetorischer Schmuck: 43.

463 1: Der Autor reklamiert für sich das Verdienst, das vordem unter anderen Gesichtspunkten behandelte Thema der Klistiere erstmals systematisch zu behandeln. Medizinische Forschung bestimmt er ähnlich Galen als Zusammenwirken von *ratio* und Erfahrung; die Funktion der Vernunft sieht er nicht allein in der Darstellung von Kausalität, sondern in der Formulierung der Fragen, auf die die Forschung Antworten aus der Erfahrung sucht. 3: *αὐτὰ δὴ ταῦτα ἡ πεῖρα δείκνυσι, τοῦ λόγου ποδηγοῦντος πρὸς τὴν ἀληθῆ ἐξέτασιν τῶν ζητουμένων, εἰ μὴ τυφλώττοντες πρὸς τὸ καθ' ἕκαστον πενίᾳ συνδήσομεν τὴν τέχνην*; das Zusammenspiel von Erfahrung und *ratio* fordere die didaktische Absicht der Schrift (2). Technik als Nachahmung der Physis: (6) *ἡ οὖν τέχνη πανταχόσε μιμουμένη τὴν φύσιν καὶ ἐκ τῶν αὐτῆς ἐνεργειῶν διδασκομένη, τὸ οἰκεῖον ἀσμένως δωρεῖται·* (18) *τὸν αὐτὸν τρόπον καὶ ἡ τέχνη μιμουμένη τὴν φύσιν*. Krankheit als Ungleichgewicht, Heilung als kampfartiges Kompensationsgeschehen (2): *αὐτὰ γὰρ τὰ μαχόμενα ἐκ τῶν ἐναντίων δέχεται τὴν μετάστασιν. καὶ ταῦτά τις τῶν παλαιῶν εὐθυβόλως ἔφασκεν, ὡς τὰ ἐναντία τῶν ἐναντίων ἰάματα ὑπάρχει, κολάζοντα μὲν τὸ ὑπερβάλλον, ἀντεισάγοντα δὲ τὸ λεῖπον*. Betonung des Erfahrungsmomentes läßt bei sog. *einfachen Heilmitteln* der Erfahrung von Laien gegenüber medizinischen Fachleuten ihr Recht: 39-40.

464 4-5: *καὶ πρῶτον μὲν τοῦ κοινοῦ μεμνῆσθαι χρή, ὃς καὶ τοῖς ἰδιώταις ἐστὶ δῆλος.*

465 6: *πρώτην γὰρ παθέων διδάσκαλον οἱ πάλαι τὴν φύσιν ὠνόμασαν· αὐτὴ γὰρ καθ' ἑαυτὴν τὴν ἀσφάλειαν ἐνεδύσατο· ἔστι γὰρ καὶ ἐπὶ τῶν πολλῶν ἰδέσθαι αὐτὴν ἰατρὸν οὖσαν. μόνοι δὲ Ἕλληνες ἐπιπόνῳ σπουδῇ ἐπίκουρον αὐτῇ καὶ θείαν σύμμαχον τὴν τέχνην ὑπεστήσαντο, τῆς φύσεως τὸ πᾶν κυρίως ἡνιοχούσης τῷ ζώῳ·* 41-42: *τὴν μὲν οὖν τῶν ἁπλῶν φαρμάκων χρῆσιν τὸ πλεῖστον ἐκ τῆς πείρας εὕρομεν, δέον δὲ προσπλέκειν αὐτοῖς καὶ τὸν λόγον. τὴν μὲν οὖν πρώτην αὐτῶν ἐνέργειαν παραχωρεῖν τῇ φύσει δέον, κτλ.*

466 Das allgemeine Interesse auch von Laien an der philosophischen Durchdringung medizinischer

die Zivilisierung und Moralisierung[467] des Lebens. Trotz der verbreiteten Abneigung gegenüber manueller Tätigkeit und der Ablehnung des Bildungswertes ihrer Lehre zeigen diese Debatten, daß man sich allgemein des Bedarfes an technischem Wissen und seines Wertes bewußt wurde[468]. Die Durchdringung der Praxis auf Regeln der Zweckmäßigkeit hin, deren systematische und kompakte Darstellung und die dadurch mögliche Öffnung und Verbreitung technischen Praxiswissens konnten auf ein Bedürfnis der monarchischen Regierung nach Politikberatung antworten. Es diente nicht allein der Ausbildung, sondern auch der Orientierung einer literarischen Öffentlichkeit und der Politikberatung, wenn ein technisches Werk im einzelnen verfaßt wurde, um Verpflichtungen gegenüber *patroni* oder Freunden abtragen.

2.2.5.4. Architektur, Mechanik und Kriegswissenschaften

Apollodoros, Konstrukteur von Trajans Donaubrücke, erhielt einen Auftrag zur Beratung der Politik: Er hatte für bevorstehende Militäroperationen Muster durch Handwerker reproduzierbarer poliorketischer Maschinen zusammenzustellen[469]. Wahrscheinlich hatte er den Auftrag[470], für den bevorstehenden ersten oder zweiten Dakerfeldzug mobile Maschinen zu entwerfen, um die zu erwartenden Kämpfe um befestigte Stellungen zu führen, wie sie die Trajanssäule darstellt[471]. Apollodoros sandte dem Kaiser[472] in Briefform Beschrei-

Methodendebatten in der Antoninenzeit zwischen Methodikern, Dogmatikern und Empirikern belegt auch die pseudo-galenische Schrift *De opt. secta ad Thras.*, in der die Ansprüche der *ἱστορία* der Empiriker kritisch gewertet werden und die Technik als axiomatisches System nützlicher und wahrer Sätze behandelt wird, vgl. FICHTNER (1989) 12; V.MÜLLER (1898) 53-162. Galen hielt an dem Unterschied zwischen Laien und Fachmann fest: Der medizinische Fachmann besitzt eine besondere praktische Schulung, die seine Urteils- und Diagnosefähigkeit begründet (Galen., *De loc. affect.* VIII 17,17-18,8 K.; *De cris.* IX 678,1-10 K.; *De simplic. medicament. temp. ac facult.* XI 709,13-710,4 K.; *De constit. art. medic. ad Patroph.* I 227,2-9). Ähnlich auch Ps.-Galen., *Introd. sive medic.* pass.: Die Griechen hätten die Erfindung der *τέχναι* Heroen und Göttern zugeschrieben; Asklepios habe danach den Schritt von der Erfahrungskunde zur Technik gemacht; die Schrift versucht eine zureichende Bestimmung des Spezifischen einer *τέχνη* in der Medizin: *τέχνη γάρ ἐστι σύστημα ἐγκαταλήψεων καὶ διανοιῶν, ποιόν τε καὶ ποσὸν συγγεγυμνασμένον, πρός τι τέλος νευουσῶν χρήσιμον τῷ βίῳ*, XIV 685 K. Das Interesse an der medizinischen Methodologie dient auch einer Einschätzung der Geltungsansprüche von Fachleuten durch Laien; Spezialisten mißtraute man, vgl. die populärmedizinischen Rezepte bei Ps.-Galen., *De remed. parabil.* pass. Methodologische Reflexion gehörte aber auch zur ärztlichen Ausbildung. Unter Galens Namen überliefert sind [Galen.], *Def. med.*, XIX 346-462 K., die sich an eine Ärztin (*ἰατρῶν ἄριστε Θεῦθρα*, 346,4) richten und für Unterrichtszwecke geschrieben sind, vgl. KOLLESCH (1966).

467 Für solche Auseinandersetzungen bereitet ein Florilegium vor: Ps.-Galen., *De hist. philosoph.* XIX 222-345 K. = 597-648 D. u. 233-258 (Komment.). Vgl. GIUSTA (1967) II 70-80.

468 Vgl. SCHNEIDER (1989) pass.

469 Apollodoros wurde unter Hadrian hingerichtet, Prokop., *De aedif.* IV 6,13; Cass. Dio LXIX 4,1; Hist. Aug. Ael. Spart., *Hadr.* 19,13. Apollodoros' Donaubrücke: SCHNEIDER (1991) 276f. Leben: SCHNEIDER (1908) 5-7.

470 Der Kaiser habe den Autor für würdig erachtet, seine Sorge um die behandelten Gegenstände zu teilen (Apollod. 137,1).

471 Gezeigt wird ein wohl neues Torsionsgeschütz mit metallener Verkleidung der Federbündel und metallenem Verbindungsbügel zwischen den Federkörpern, das Apollodoros aber nicht beschreibt. Das

bungen verschiedener Geschützkonstruktionen, Belagerungsmaschinen und militärtechnischer Geräte, durch Zeichnungen illustriert. Seine Sendung begleitete ein sachverständiger Mitarbeiter, der den Nachbau der Geräte anleiten konnte[473]. Allein aufgrund schriftlicher und zeichnerischer Mitteilung ist die Reproduzierbarkeit der Konstruktionen nicht gewährleistet. Erfahrung, manuelle Übung und Urteilsfähigkeit müssen persönlich vermittelt werden; dem dient der Mitarbeiter des Apollodoros. Sofern die kaiserliche Verwaltung so entscheidet, sollen die Pläne durch Militärhandwerker umgesetzt werden, denen Apollodoros' Mitarbeiter Anleitung, Kurzausbildung und Beratung zukommen lassen soll; wahrscheinlich gehörte zu seinen Aufgaben auch die Erläuterung der Pläne vor einer Entscheidung. Vitruv hatte in einer Situation architektonischen Beratungsbedarfes eine systematische Lehrschrift verfaßt, um den Anspruch des Architekten auf politisch-gesellschaftliche Geltung plausibel zu machen; dieser Anspruch war im beginnenden zweiten Jahrhundert nicht strittig[474], und ähnliche Politikberatung hatte bereits Biton Attalos II. oder III. zukommen lassen. Anders als Heron, der neben der vergleichbaren Schrift über den Bau der *Cheiroballistra* auch ein Lehrbuch verfaßte, erspart sich Apollodoros eine historische Betrachtung der Kriegstechnik: Er verwende gerade nicht die Schriften der *προγεγενημένοι* aufgrund der Neuigkeit des von ihm Dargestellten (*διὰ τὴν καινότητα*) und aufgrund des Zeitdruckes, unter dem sein Werk geschrieben sei[475]. Zur technischen Beratung der politisch-militärischen Führung ist die Darstellung der technischen Entwicklung, die zu didaktischen Zwecken die Prinzipien der Technik verdeutlicht, überflüssig. Der Adressat des Werkes hatte über die Verwirklichung der vorgeschlagenen Konstruktionen zu entscheiden. Er konnte sich eines sachverständigen Mitarbeiters des Apollodoros bedienen und für die Ausführung der Arbeiten auf lokale Handwerker mit Erfahrungen in der Anfertigung der Belagerungsmaschinen zurückgreifen[476]. Apollodoros wird als Berater konsultiert[477], um Prinzippläne artilleristischer Baumuster für bevorstehende militärische Unternehmungen mitzuteilen (zu entwerfen oder zu vermitteln); die politisch-militärische Führung bestimmt ihren Einsatz; Militärs, Handwerker

dargestellte Geschütz ist mobil, dient nicht allein der Verteidigung befestigter Siedlungen, sondern wird auf Pferdewagen mitgeführt (vgl. Nachzeichnungen nach Reinach bei COARELLI ([4]1975) Abb. 45-47; Bauten wie Apollodoros sie beschrieb bzw. ausführte: Abb. 13 (Brücken und Festungsbau), 40 u. 100 (Flußbrücke), 68 u. 87 (Angriff auf Sarmizegetusa).

472 Der anonyme byzantinische Schriftsteller über Belagerungskunst, SCHNEIDER, (1908) 198,1ff. meint, Apollodoros habe sein Werk für Hadrian verfaßt. Apollodoros (138,10ff.) erwähnt, er habe unter dem Herrscher Krieg geführt und Soldaten kommandiert. Hadrian nahm an den Kriegen gegen Decebal teil: Es ist nicht deutlich, welchen Herrscher Apollodoros meint. Er ist wahrscheinlich, ähnlich Vitruv, Militärarchitekt, der nach Ende der Dienstzeit als Architekt und Konstrukteur arbeitet.

473 Apollod. 137,1ff.: *ἵνα πρὸς τὰ ὑποδείγματα, εἰ τίς χρεία γένοιτο, ἐργάσηται.*

474 Apollodoros schreibt (138,10ff.), im Kriege seien Leute, die brauchbare *μηχανήματα* herstellen können, notwendig.

475 138,1ff.

476 *τέκτονας ἐγχωρίους καὶ τοὺς ἄλλως ἐργάσασθαι καὶ ποιῆσαι δυναμένους*, 138,1ff.; 10ff. Die Möglichkeit, nach seinen Musterplänen durch beliebige, nicht egens geschulte Handwerker die Geräte nachbauen zu können, soll die Konstruktionen des Apollodoros auszeichnen, 137,1ff.; 139,1ff.

477 Er leiste dem Kaiser einen Dienst nicht nur durch Hilfe bei der Konstruktion der Geräte (*ἐπινοεῖν τὰ ἔργα*), sondern auch durch Beschreibung ihres Gebrauches (*χρῆσθαι αὐτοῖς δύνασθαι*) und der Planung des Einsatzes (138,1ff.).

und Apollodoros' Mitarbeiter entscheiden über eventuelle Modifikationen im einzelnen[478], und Apollodoros schult und vermittelt Mitarbeiter für die Reproduktion der Konstruktionen[479].

Mangelnde Verständlichkeit seiner Darstellung entschuldigt Apollodoros vor den Nichtfachleuten mit den Besonderheiten der Spezialterminologie; auch betont er den Abstand seines Fachgebietes von den Inhalten der rhetorischen Bildung, indem er mit einem vermeintlichen Unvermögen als Rhetor kokettiert; trotz der vorausgesetzten Fremdheit zwischen den Normen der Bildungsliteratur und denen der Fachliteratur kommuniziert der Spezialist schriftlich mit der politischen Führung, die von seinem Wissen abhängig ist und seinem Werk daher Interesse entgegenbringt[480]. Apollodoros unterwirft sich in seinen Konstruktionen dem Sparsamkeitspostulat. Er begreift seine Disziplin als hochgradig innovativ und begründet damit den Anspruch auf Besonderheit und Geltung seines Wissens und auf praktische Überlegenheit seiner Konstruktionen gegenüber älteren Mustern. Gegenüber der kaiserlichen Militäradministration verhält sich Apollodoros wie ein Konstruktions-, Entwicklungs- und Beratungsbüro.

Die hier dargestellte Form der Politikberatung durch technische Spezialisten setzt voraus, daß das Feld spezieller technischer Erfahrung nicht gänzlich als der Zwecksetzung durch die politische Führung unterworfen gedacht wird, sondern die Realisierungschancen der Politik auch abhängig gesehen werden von den Leistungen des Technikers, der nicht nur als Subalterngestalt, sondern auch als entscheidende Größe betrachtet wird. Die technische Beschreibung der Konstruktionen nach ihren Zwecken und den Lagen für ihre Anwendung verzahnt das technische Spezialwissen mit Erwartungen und Erfahrungen von Politik und Kriegführung. Der Techniker beansprucht nicht, wie Vitruv, besonderen Bildungswert des von ihm Vermittelten, sondern betont die Neuheit des Mitgeteilten und dessen Fremdheit für nicht mit der Kriegsmechanik Vertraute. Ähnlich verhält es sich mit Strategie und Taktik: Während Frontin einen Bildungswert seiner Strategemsammlung für die Schulung militärischer Führungsfähigkeit reklamiert hatte, behauptet in der zweiten Hälfte des zweiten Jahrhunderts Polyaen, seine *Strategemata* seien unmittelbar praktisch nützlich für Vorbereitungen zur Kriegführung. Wie der Kriegstechniker beansprucht er also, Politik beraten zu kön-

478 Apollodoros kenne den Kriegsschauplatz (*τόποι*) nicht, 137,1ff.; 138,10ff.

479 Apollodoros gibt nicht nur Konstruktionsanweisungen, sondern auch den Gebrauch der Geräte. Die Zeichnungen sollen mit dem Gebrauch der Geräte zugleich dessen Effekt andeuten (z.B. Mauereinsturz): *Καὶ ἔσται ὄψις τοῦ σχήματος ἡ ἐπὶ τοῦ τρίτου διαγράμματος* (146,1); *Καὶ ἔστι τὸ σχῆμα ... τῆς κλίσεως* (150,1). Gegliedert ist das Werk nach Lagen und Zwecken: Mittel zum Schutz gegen Wurfgeschosse von der Befestigungsmauer her (140,1ff.); Wege zur Zerstörung von Ziegel- und Steinmauern, z.B. Säuren zusammen mit belüftetem Holzkohlenfeuer (153,5 ff.); Bauanweisungen und Größenangaben für Gerätschaften (z.B. Widderschildkröten, 154,10ff.; Belagerungstürme 164,5ff.); zur Beobachtung über die Mauer hinweg gedachte Wiege-Leiter (163,1ff.: *Καὶ τὰ σχήματα πρόκειται, τό τε κείμενον καὶ τὸ ὠρθωμένον*; diese war in Ruhelage und aufgerichtet gezeichnet). Entscheidend für die Handlungsanweisungen ist die Lage (Belagerungstürme, 164,4ff.: *Πύργους ἐὰν δέῃ παροικοδομεῖν*). Praktischer Begriff des Geschoßimpulses: Tierhäute zum Schutz der Belagerungstürme sollten auf Abstand aufgehängt werden, um den Geschossen die Wucht zu nehmen. Ein Spezialgebiet des Autors sind Flußübergänge (Flußbrücken, zugleich Angriffswege, *διαβάθρα*): Ein flexibles Floß wird parallel zum Flußufer zusammengebaut, nach Fertigstellung seine stromaufwärts liegende Seite freigegeben, die sich in die Strömung dreht und das Floß als künstliche Brücke im Fluß verkeilt; durch wechselseitiges Freigeben der Uferbefestigung bildet sich ein Pendelschiff.

480 138,10ff.: *τὰ ὀνόματα τῆς ἐπιστήμης ἀσυνήθη ἔσται τοῖς κοινοῖς λόγοις, καὶ ποικιλην θεωρίαν ἔχει τὸ ἔργον.*

nen, obwohl seine Sammlung, anders als Apollodoros' Beschreibungen, nicht nach Lagen und Zwecken gegliedert ist, sondern nach der Provenienz der Strategeme, und daher für eine praktisch orientierte Lektüre keinen Anhaltspunkt bietet: Polyaens Anspruch kann schwerlich eingelöst werden. Nicht so sehr die Mitteilung der Ergebnisse technischen Fortschritts macht den Nutzen dieser Lektüre aus, sondern die Bildung persönlicher Urteilsfähigkeit durch Aquisition fremder Erfahrungen. Während in augusteischer Zeit der Architekt den Bildungswert seines Werkes begründet und beansprucht, zu Urteils- und Entscheidungsfähigkeit beizutragen, und während Frontin dies seiner Strategemsammlung zuspricht, erwarten die Militärtechniker des zweiten Jahrhunderts von dem von ihnen vermittelten Wissen nicht nur auf dem Umweg über seinen Bildungswert, sondern unmittelbar praktischen Wert für die Angehörigen der gesellschaftlich-politischen Führungsschichten. Der Verfasser von militärtechnischer und strategischer Literatur beansprucht nun, Techniker zu sein, nicht allein Lehrer[481].

Deutlicher wird der Anspruch des Literaten, technische Anleitung durch Erfahrungsvermittlung zu leisten, im Vorwort zum fünften Buch von Polyaens Sammlung. Außer mit der Wahrung des inneren Friedens seien die Kaiser nach außen mit Kriegsvorbereitungen befaßt. Die Lektüre kriegerischer *exempla*, das Erlernen der Mittel früherer Feldherren zum Siegen, ist dafür selbst eine zweckmäßige Kriegslist. Es sei daher üblich, daß Souveräne zur Kriegsvorbereitung sich literarischen Studien über vergngene Kriege widmen. Theoretische Wissenschaften studiere, wer Muße habe; Heerführer und Praktiker jedoch studierten Taten; ihre Belehrung erfolge durch, Nachahmung positiver Vorbilder. Die exempla drängen die Lehre, die aus ihrer Nachahmung zu ziehen sei, selbst auf[482]. Der Literat macht als Zweck der Beratung die Lösung drängender praktischer Probleme geltend, obwohl sein Werk weniger zum Nachlesen von Problemlösungsstrategien, sondern zu nachahmender Ausbildung von Tugenden[483] und Urteilsfähigkeit[484] nutzbar sein soll[485]. Dieser Anspruch

481 Quelle von Polyaen, *Strategemata* ist die griechische Historiographie (VI 18 ≅ Herod. VIII 27; VI 19 ≅ Thuc. II 5 u. II 94; VI 20 ≅ Thuc. IV 46 u. VI 8; VI 22 ≅ Polyb. XII 4). Polyaen widmet das erste Buch Mark Aurel und Verus aus Anlaß bevorstehender Auseinandersetzungen mit Parthern und Persern (I pr. 1); makedonische Herkunft und Alexandernachfolge begründen den Anspruch besonderer Sachkompetenz und die nicht aktive, sondern rhetorische Teilnahme am Kampf. Polyaen schreibt seinem Werk einen pädagogisch-didaktischen Zweck zu, der sich in der Lehre einer *τέχνη* erfülle (I pr. 2: *τῆς στρατηγικῆς ἐπιστήμης ἐφόδια ταυτὶ προσφέρω, ὅσα τῶν πάλαι γέγονε στρατηγήματα, ὑμῖν τε αὐτοῖς πολλὴν ἐμπειρίαν παλαιῶν ἔργων, τοῖς τε ὑπὸ ὑμῶν πεμπομένοις … διδασκομένοις ἀρχαίων κατορθωμάτων ἀρετὰς καὶ τέχνας*). Polyaen folgt dem *exemplum*-Muster: Die Lehre der vorbildlichen alten Tugenden und Tricks besteht unmittelbar in der Erzählung von Beispielen alter Tugenden und Tricks; dadurch werde Gefahr durch Planung ersetzt (I pr. 3-4). Der Autor bezieht sich wahrscheinlich auf die Partherkriege unter Mark Aurel (161-166 n.Chr.). Anders als Aristoteles, *Poetik* IX, behandelt Polyaen I pr. den Unterschied zwischen Tragödie und Geschichte nicht als Unterschied von Fiktion und Historizität, sondern als formalen Unterschied; Dionysos ist für ihn historische Figur, I pr. 12-13.

482 Polyaen., *Strateg.* V pr. 1: … *ὅπως οὖν ζηλώσετε τὰς τῶν ἀρχαίων ἀρετὰς καὶ νίκας, αὐτὰ δείξει τὰ στρατηγήματα.*

483 IV pr.: Das Buch verdeutliche die *ἀρεταί* der Makedonenherrscher. Das, was das *exemplum* zeigt, ist eine Handlungsdisposition, Fähigkeit und Tugend, die es nachzuahmen gilt. Belehrung in der praktischen Wissenschaft des Feldherrn geschieht über *exempla* dadurch, daß am einzelnen Handeln die es auszeichnende *ἀρετή* gezeigt und dadurch nachahmbar wird.

484 VII behandelt Kriegslisten der Barbaren. Nicht deren Nachahmung ist intendiert, sondern die Einsicht, daß auch die Barbaren *μηχανή*, *δόλος* und *ἀπάτη* beherrschten, und daß sie als Gegner nicht zu unter-

auf Hilfe bei der Lösung akuter Lagen wird erhoben und wiederholt, obwohl der Autor nicht militärischer Spezialist, sondern als Anwalt und Redner, wohl im kaiserlichen Dienst, ein Exponent der rhetorisch-literarischen Kultur der politisch-gesellschaftlichen Führungsschicht ist[486]. Diese pflegt die Vermittlung von Führungskompetenz durch literarische Vorbilder; nicht besondere Erfahrung, sondern die literarische Bildung des Generalisten vermittelt Führungskompetenz[487]. Andererseits wird die politikberatende Funktion des Spezialisten nicht allein durch seine literarische Bildung und den Bildungswert des von ihm Mitgeteilten begründet: Stellung und Geltung des technischen Spezialisten waren mit größerer Selbstverständlichkeit akzeptiert als noch eineinhalb Jahrhunderte zuvor. Schriftliche Politikberatung durch Spezialisten etabliert sich neben der technischen, doch nicht spezialistischen Belehrung aus der literarischen Tradition zur Vermittlung fehlender Erfahrung und generellen Überblicks.

Arrians Kritik an dieser Tradition nimmt ein Motiv auf, das bei Heron und Galen bereits beobachtet werden konnte: Die Vorgängerschriften seien nicht nützlich (*οὐκ ὠφέλιμα*), weil sie wie für schon Wissende (*ὡς πρὸς εἰδότας*) geschrieben seien; sie setzten die Bezeichnungen der Waffengattungen und ihrer Aufstellungen als bekannt voraus und seien ohne nähere Erläuterung unverständlich. Die Tradition, so wird vorausegesetzt, bedarf grundsätzlich einer hermeneutischen Anstrengung, um verständlich zu sein, weil sie alt ist, und weil sie als Literatur von und für Spezialisten keine Einführung bietet[488]. Arrians Taktik zerfällt in zwei Teile; der erste behandelt die Ausbildung des Heeres, der zweite die römische Rei-

schätzen seien, VII pr.

485 Das Vorwort zum sechsten Buch erklärt das Werk zur literarischen Bewahrungsinstanz für den persönlichen Nachruhm. Polyaen übersende es mit dem Wunsch, einst auch die *στρατηγήματα* der Dedikanten als Wirkungen ihrer *ἀρετή* aufzeichnen zu können (VI pr.); die Maurusier seien besiegt, die Britannier würden gerade besiegt, die Geten seien unterlegen. Für den bevorstehenden Krieg gegen Perser und Parther wird der Kaiser ermahnt, seine *τέχνη* zu zeigen. Vgl. VIII pr.: *ἐν μὲν γὰρ πολέμῳ ταῦτά ἐστι νίκης γυμνάσματα, ἐν δὲ εἰρήνῃ γνώμης παιδεύματα, τὴν δόξαν ἀθάνατον παρὰ τῆς ὑμετέρας βασιλείας λαβόντα.*

486 VIII pr. *μετὰ τῆς στρατηγικῆς ἀρετῆς τέλος ἀγαθὸν ἐν τοῖς πολέμοις γενέσθαι*: Die Kriege sind noch nicht abgeschlossen, von der durch Lektüre zu erwerbenden kriegerischen Tüchtigkeit wird erwartet, daß sie zu ihrer siegreichen Beendigung verhilft. Polyaen als Anwalt (VIII pr.): *ἐμαυτῷ δὲ ψῆφον παρ' ὑμῶν δικαίαν, ὅτι προαιρέσει βίου καὶ λόγου δικανικοῦ χρώμενος οὐκ ἀμελῶ συγγράφειν*. Vgl. II pr.

487 Polyaen., *Strateg.* III pr.: Aufgabe der Strategietechnik sei politische Führungstätigkeit. Es geht darum, das politische Gemeinwesen dazu zu bringen, zu tun, was nötig ist. Erkenntnis und Durchsetzung des Richtigen bilden die Aufgaben dieser Wissenschaft. Polyaen bringt zum Ausdruck, daß frühere *exempla*-Literatur nicht unmittelbarer Praxisberatung in konkreten Lagen, sondern der Vorübung außerhalb jeden Praxiszwanges diente.

488 Arrian., *Tact.* 1,1: Erwähnt werden, wie bei Aelian: Pyrrhos, Klearchos, Pausanias von Rhodos, Polybios, Eupolemos, Iphikrates; *ἔστι δὲ ξύμπαντα ταῦτα τὰ συγγράμματα ἐκείνῃ μάλιστα οὐκ ὠφέλιμα, ὅτι ὡς πρὸς εἰδότας συγγέγραπται.* Arrian beginnt seine Darstellung, damit *πράγματα* und *ὀνόματα* den Lernenden leicht faßlich (*εὐγνώστατα*) seien, mit dihaeretischen Begriffsbestimmungen (1,2). Die Behandlung der verschiedenen in der Literatur anzutreffenden Bewaffnungen ist präsentisch, mit Ausnahme der homerischen Wagenkämpfer (1,2) und der makedonischen Phalanx (1,12). Die militärische Vergangenheit wird weitgehend als gegenwärtige Möglichkeit behandelt. Die hierarchische Gliederung des Heeres erklärt Arrian mit der Notwendigkeit zu schneller und eindeutiger Kommunikation, die Aufgabe des Feldherren als Ordnungsaufgabe, (1,5; Sicherung und Übung der Beweglichkeit des Heeres, 1,9). Betonung der Nützlichkeit und Brauchbarkeit von Bogenschützen und Schleuderern (1,15,1-3), weil diese nicht selbstverständlich anerkannte Fernkampfwaffen darstellten. Vgl. KIECHLE (1965b); Heron., *Belop.* 2.

tertaktik: Nur dieser Teil ist originell; doch bot der erste Anregung für spätere Taktikschriftsteller[489]. Seine literarischen Vorbilder disqualifiziert Arrian als ungeeignet zu einführender Lektüre wegen ihres Voraussetzungsreichtums[490]: Die taktische Terminologie erklärten diese Schriften nicht, sondern setzten sie voraus; damit aber *πράγματα* und *ὀνόματα* für die Lernenden leicht faßlich (*εὐγνωστότατα*) würden, führt sie der Autor über begriffliche Dihaeresen ein[491]. Das Werk bietet eine Einführung für Nichtspezialisten, die wie Epiktets[492] Schüler selbst des Fachwissens für den Verwaltungsdienst bedurften, die im Dienst Anordnungen zu geben hatten und dafür aus der Perspektive eines Kommandeurs belehrt werden[493]. Der Form nach konzentriert sich das Werk auf Begriffserklärungen: Die Taktik wird philosophisch behandelt, um sie philosophisch Gebildeten zu vermitteln[494]. Diese Lehre ist praxisorientiert, aber erfolgt ganz aus der Literatur: Selbst der Abschnitt über die Reiterei teilt auch antiquarische Nachrichten ohne praktische Anwendungsregeln mit[495]. Der Zweck des ersten Teils der Schrift ist nämlich nur indirekt ein praktischer; zunächst geht es um die Vermittlung literarischer Kenntnisse und hermeneutischer Fähigkeiten. Dem Leser soll das Verständnis historischer Darstellungen aus der kriegerischen Praxis ermöglicht werden durch eine systematische Behandlung der Terminologie und Technologie des Metiers[496]; aus solcher Lektüre dann ist ggf. exemplarische Handlungsanleitung zu ziehen.

489 Der erste Teil paraphrasiert im wesentlichen Ailians Werk, von dem Arrian auch die Literaturliste am Anfang übernimmt; Köchly sprach daher Arrians Taktik Ailian zu, deren erster Teil eine Bearbeitung des unter Ailians Namen Überlieferten sei; diese Ansicht lehnt man heute ab. Ailian verwendete das Werk des Asklepiodotos, des Schülers des Poseidonios. Ailian lebte wohl zur Zeit Trajans. Verwendet haben sein Werk Ubicius im 6. Jahrhundert, Kaiser Leo (886 - 911) und Michael Psellos. Im Zusammenhang mit Arrians *Acies contra Alanos* zu sehen sind Fragmente einer *'Αλανικὴ ἱστορία*; zu vergleichen ist die Beschreibung des Persischen Heeres in Arrian., *Anab.* III 11, 3. Vgl. LAMMERT (1931).

490 Arrian., *Tact.* 1,2: *ἔστι δὲ ξύμπαντα ταῦτα τὰ συγγράμματα ἐκείνῃ μάλιστα οὐκ ὠφέλιμα, ὅτι ὡς πρὸς εἰδότας συγγέγραπται.*

491 Rüstungen für den Krieg sind für den Land- oder Seekrieg; am Kriege Beteiligte sind Kampftruppen oder Kampfunterstützungstruppen. Die Klassifikation behandelt die in der Literatur anzutreffenden Bewaffnungen als gegenwärtige mit Ausnahme der Wagenkämpfer. Verschiedene Bewaffnungsformen und Tätigkeiten der Truppengattungen werden beschrieben (c. 2; 4).

492 Arrian Anhänger und Schüler Epiktets: Arrian., *Epist. ad Luc. Gell.* 1-2; 4-5; Suda α 3868 s.v. 'Αρριανός· Νικομηδεύς·; Phot., *Bibl.* LVIII p. 17a25 = FGrHist. 156 T 2; Lucian., *Alex.* 2 = FGrHist. 156 F 52; Simplic., *In Epict. Ench. praef.* = FGrHist. 156 F 53; Epict., *Diss. Epict. sive ab Arr. sive ab al. dig. frr.* fr. 1; 2; 11; 12;

493 Die hierarchische Gliederung des Heeres im Kampfe rechtfertigt Arrian mit Kommunikationsbedürfnissen: Die Teilung des Heeres unter Unterführern geschehe zur Verbreitung der Befehle (5,1-2), d.h. zur Unterordnung unter einen Willen. Dadurch leitet der Autor über zur Bestimmung der ersten Aufgabe des Feldherren: Ordnung des Heeres (5,2). Sicherung der Beweglichkeit des Heeres als Aufgabe: 9.

494 Nutzen und Wichtigkeit der Infanterie werden selbstverständlich vorausgesetzt; einzig Fernwaffenkämpfer (Wurfwaffen, Geschütze) werden in ihrer Brauchbarkeit ausdrücklich gerechtfertigt, weil sie nicht unumstritten waren und eine besondere Schulung erforderten (15).

495 Rautenstellung der Thessaler, keilförmige Stellung ehemals bei Skythen, Thrakern und Makedonen (literarische Information: *ἀκούομεν*), viereckige Stellungen bei Persern, Griechen und Nichtgriechen auf Sizilien (16,6). Die Nichtbehandlung der Streitwagen wird damit begründet, daß das Werk den Rahmen tatsächlich praktizierter oder literarisch erwähnter Taktiken nicht verlassen will, 19,1-2; 19,6.

496 Arrian., *Tact.* 20,1-3: *νυνὶ δὲ τὰ ὀνόματα ἐπέξιμεν τῶν κινήσεων κατ' ἰδέαν ἄλλου καὶ ἄλλου στρατοπέδου, καὶ τὸν νοῦν ἑκάστου τοῦ ὀνόματος. καλεῖται δὲ τὸ μέν τι κλίσις, καὶ ταύτης ἰδέαι διτταί, ἡ μὲν ἐπὶ δόρυ, ἡ δ' ἐπ' ἀσπίδα· κτλ.* Die Orientierung ist rhetorisch-literarisch: Contremärsche werden

Mit Kapitel 32, der Aufstellung der üblichen Befehle an den geordneten Truppenkörper, endet der erste Teil des Werkes über die Taktik der Infanterie. Ihn beschließt ein kurzes Resümee, mit dem der Autor sein technisch-hermeneutisches Motiv zum Ausdruck bringt[497]. Das Dargelegte sei technisch, wie in einem rhetorischen Lehrbuch, behandelt worden; Gegenstand sei die alte Taktik der Griechen und Makedonen, nicht die Praxis der Gegenwart. Adressat der Schrift ist zunächst der Kaiser selbst. Der Gewinn der Lektüre für den gutwilligen Leser liege, so Arrian, im Gewinn bzw. Ersatz von Erfahrung: Lektüre soll an die Stelle persönlicher Erfahrung treten. Die Behandlung der aus Büchern geschöpften Infanterietaktik dient zunächst dem Verständnis von Büchern[498]. Zwischen der aus der Tradition geschöpften Behandlung der Infanterietaktik (vornehmlich aus Asklepiodotos' Werk) und der originelleren Beschreibung der römischen Kavallerie[499] gibt es keine besondere Zäsur: Die der Vermittlung von Führungskompetenz dienende Literatur akkumuliert und bewahrt Erfahrung. Momente von Konservation und Innovation werden zu diesem Zweck aufs engste miteinander verschränkt. Innovation besteht in diesem Zusammenhang (Kavallerietaktik) in der Übernahme von Sache und Bezeichnung von anderen Völkern, also einem Prozeß des Transfers, dessen sich Arrian bewußt ist. Im Unterschied zu der durch die literarische Tradition über Infanterietaktik etablierten Terminologie fehlt eine einheitliche kavalleristische Terminologie, und Arrian weiß, daß er mit der neuen Reitertaktik, die viel von Nachbarvölkern lernte, einen neuen Stoff neu behandelt: Die Römer, so Arrian, verwendeten keltische und iberische Wörter, wenn sie eine Einrichtung der Kelten für gut befanden und übernahmen[500]. Der Autor lobt die Fähigkeit der Römer, Einrichtungen zu übernehmen, die sich als überlegen erwiesen haben. Damit sind nicht allein technische Errungenschaften gemeint, sondern auch Institutionen[501].

Auch die Darstellung des zweiten Teils richtet sich an einen Leser, dem Erfahrung abgeht, der den Krieg mit einem Reiterheer nicht kennt, aber Bedarf an militärischem Wissen hat, weil er Aufstellung, Ausbildung und Einsatz eines solchen Heeres zu leiten hat[502]. Übungsformen und Kriterien für das Gelingen der Übungen werden dargestellt,

nach ihrer verschiedenen Gestalt voneinander abgegrenzt; der kretische Contremarsch heiße auch persischer oder *χόριον* (23,2). Regelmäßig fungiert als Lemma ein Fachwort, das in seinem Gehalt erläutert wird (XY *δὲ λέγεται*). Die verschiedenen Signalmittel in der Schlacht (optische, akustische) werden nach ihrem Nutzen in bestimmten Lagen dargestellt (27).

497 Arrian., *Tact.* 32,2-3.

498 Arrian schreibt, er habe versprochen, in dem Werk die Fußsoldaten-Taktik zu beschreiben; sein Werk habe er für den König (den Kaiser) geschrieben, 32,2-3.

499 Die Darstellung des zweiten Teils geschieht im Indikativ Präsens: Nicht Präskripte oder vergangene Praktiken wie im ersten Teil, sondern gegenwärtige Usancen werden geschildert: Nicht ebene Anlage des Exerzierplatzes (34,1); Bewaffnung beim Training; Reiterhelme mit Gesichtsmaske (34,3-4). Unterschied von Kampf- und Exerzierwaffen (Schilde, 34,5); Schilderung der Exerzierbewaffnung durch Vergleiche (kimmerische Gewänder statt Panzer; von armenischen und parthischen verschiedene Reithosen; der Autor setzt voraus, daß dem Leser ein exerzierendes römisches Reiterheer unbekannter sei als die aus der Literatur bekannten Reiterheere). Die Institutionen des Übens werden aus ihrem Zweck heraus erklärt: Übungslanzen sind ohne eiserne Spitzen, um nicht die Pferde zu verletzen (34,8). Darstellungshorizont sind öffentliche Reiterspiele.

500 Arrian., *Tact.* 33,1-6.

501 Götterwelt; phrygische Institutionen (33,4); 12-Tafel-Gesetze (33,5).

502 Die Darstellung der Ausbildung folgt dem Ablauf einer Schauübung: Hinritt im Galopp zur Übungsebene, zu achten sei auf die ästhetische Wirkung (35,1). Kommandozeichen: mittels römischer Feldzeichen

nicht *in abstracto* Lehrziele oder Fähigkeitsmerkmale[503]. Militärische Ausbildung geschieht so, daß bestimmten Vorschriften entsprechende Übungen durchgeführt und ihre Beherrschung demonstriert wird. Das Muster ist die wiederholte Durchführung einer Praxis, nicht der Erwerb einer abstrakt gedachten Fertigkeit. Darin folgt die kavalleristische Didaktik Grundsätzen handwerklicher Ausbildung. Ausbildung und praktischen Einsatz der Truppen kann leiten, wer die Übungen und Manöver entsprechend einem schriftlichen Reglement beschreiben und bewerten kann: Für diese Tätigkeit des Truppenkommandeurs soll das Werk Arrians eine literarische Vorschule bieten. Nicht die in der Darstellung der Kavallerietaktik beschriebene Praxis ist neu, sondern ihre Einfügung in eine umfassende literarische Darstellung der Taktik[504].

Arrian setzt voraus, daß sich die Reitertaktik wie andere technische Praktiken auch, kontinuierlich fortentwickelt, auch indem sie fremde Vorgehensweisen nachahmt. Aufgabe des Kaisers ist es, diesen Prozeß der Innovation und Aneignung zu initiieren und steuern durch Ausbildungsrichtlinien, Visitationen und äußere Anreize[505]. Die Integration fremder Techniken und Taktiken mit ihren typischen Kampfrufen gehört Arrians zufolge zu den originellsten militärischen Leistungen des Herrschers, der auch die Aufgabe der Bewahrung des technisch-taktischen Vermögens erfüllt. Es gebe keine alte Institution, die, wenn auch vorübergehend außer Gebrauch geraten, nicht revitalisiert und zu üben befohlen worden wäre. Der Wiedergewinn aus der Tradition bekanntern aber verlorener Praktiken durch Hadrian gilt als Tat zusätzlichen Erfindens, des Ausdenkens (*προσεξευρεῖν*), so wie auch die Übernahme fremder Praktiken[506]. Erfindung ist demnach Finden einer Lösung für eine gegenwärtige Situation oder Lage, und diese kann in der Übernahme einer zu anderen Zeiten oder an anderen Orten geübten Praxis liegen. Die dafür geforderte Originalität ist relativ: Wenn

und skythischer Drachen; dies mache den Angriff schrecklicher (35,2-3; vgl. 35,5-7). Aufstellung der Reiter vor der Tribüne als Schildkröte (Schild an Schild); zwei Reiter warten im Abstand zum Auffangen der Wurfspeere. Auf Signal hin Schleudern der Speere, die die Schilde der wartenden Reiter treffen sollen. Bewertung anhand der ästhetischen Wirkung auf den Beobachter (37,1).

503 Geschlossene Reiterkampfreihe (*χελώνη*, 36,1); deren Angriff, 36,2-3; Wurfübungen mit Reiterspießen, 37,2-5. Angriff nach Art der Cantabri, von den Römern übernommen (wiederum aus geschlossener Stellung auf zwei mit Schilden die Speere auffangende Reiter; Prüfung der Standfestigkeit gegen Attacken, 40,6; 40,10-11. Abschluß der elementaren Ausbildung: Speerwurf aus dem Ritt, 40,12. Die Ausbildung des Reiterheeres wird also schrittweise vorgeführt. Anschließend: schlachtmäßiger Kampf mit Panzer, 41; Einzelvorführung mit drei Lanzen, die im Lauf auf 2 versch. Ziele nach Anordnung des Kaisers zu werfen sind. Arrian beschreibt die Reiterprüfungen aufgrund kaiserlichen Reglements: Für den spontanen Zielwechsel beim Werfen mit mehreren Lanzen gab es eine kaiserliche Anordnung, 42,2-4. Sanktion ist die individuelle Zumessung von Lob und Tadel, 42,5; 38,4-5. Weiterhin: Übungen im Schleudern von Wurfspießen, Artilleriegeschossen, Steinen, Stoßlanzen, Gebrauch der Schilde, Schwertkämpfe, Aufspringen auf Pferde 43,1-3. Übungen der Artillerie bei Schaukämpfen der Reitertruppen sollen die Ziele zertrümmern.

504 44,1-3: *ταῦτα μὲν τοῖς ʼΡωμαίων ἱππεῦσι τὰ ξυνήθη τε καὶ ἐκ παλαιοῦ ἀσκούμενα· βασιλεὺς δὲ προσεξεῦρεν καὶ τὰ βαρβαρικὰ ἐκμελετᾶν αὐτούς, ὅσα... καὶ ἑνὶ λόγῳ, οὐκ ἔστιν ὅ τι ʼΡωμαίοις τῶν τε παλαιῶν ἐπιτηδευμάτων, ὅ τι περ ἐκλελειμμένον, οὐκ ἐξ ὑπαρχῆς ἐπασκεῖται, καὶ ὅσα ἤδη προσεξεύρηται ἐκ βασιλέως, τὰ μὲν ἐς κάλλος τὰ δὲ ἐς ὀξύτητα, τὰ δὲ ἐς ἔκπληξιν τὰ δὲ ἐς χρείαν τὴν ἐπὶ τῷ ἔργῳ.*

505 Kaiserliche Ausbildungsrichtlinien: Hadrians Inschrift über Gefechtsübungen aus Lambaesis vom 1. Juli 128 n.Chr. an *Coh. VI Commagenorum* (Vorschrift über Truppenübungen der Reiter, einschl. Schleuderer), ILS I 2487; dazu KIECHLE (1965b) 123. Kaiserliche Inspektionen: ILS III 2,9133-9135a. *constitutiones* über militärische Ausbildung von Augustus, Trajan und Hadrian: Veget., *Epit. rei milit.* I 8; I 27.

506 Arrian., *Tact.* 44,1-3.

die gesuchte Lösung momentan nicht allgemein bewußt ist, sondern als Ergebnis geistiger und praktischer Anstrengung gefunden wird, ist sie verhältnismäßig neu. Der Charakter der geistigen Tätigkeit, die eine neue Praxis entwickelt, eine fremde übernimmt, oder eine alte bewahrt bzw. wiederbelebt, ist derselbe. Kriterium für Erfindungsgabe ist die Fähigkeit zur Problemlösung im jeweiligen Fall; eine größtmögliche Fülle möglicher Verfahrensweisen zur Verfügung zu stellen verbessert die Fähigkeit zur Erfindung, und so wertvoll wie die Entwicklung einer neuen Vorgehensweise ist es, den Verlust einer Institution aus dem praktischen Gedächtnis zu verhindern. Die Bewahrung überkommener Möglichkeiten ist daher ein innovatives Unterfangen, weil Neuheit und Originalität auf begrenztere Räume und Zeiten bezogen wurden als auf einen globalen Markt bezogen gesehen wurden. Von der militärischen Praxis wurde erwartet, daß sie sich entwickle, und daß es besonderer Anstrengungen um die Kontinuität wie um die Flexibilität dieser Entwicklung bedürfe. Technische Lösungen der Vergangenheit blieben daher nicht nur didaktische, sondern auch praktische Muster, und bewahrende historische Literatur konnte technischem Handeln Anleitungen bieten[507]. Seit dem Ende des 1. Jhdt. n.Chr. führten zunehmende Bedrohungen durch Reitervölker zu taktischen Neuplanungen, in deren Verlauf man sich der griechischen Phalanx als Modell für die kämpfende Truppe zuwandte. Dieses praktische und gegenwärtige Interesse militärischer Literatur[508] an vergangenen und fremden Praktiken kennzeichnet die Taktik trajanischer und hadrianischer Zeit[509]. Arrians Taktik will der seit Domitian spürbaren Reitergefahr begegnen; für die Fußtruppen hieß dies, nach dem Vorbild Alexanders, dessen Geschichte Arrian schrieb, eine Phalanx zu bilden; für die Reitertruppen wurde versucht, die Kampfweise der Gegner nachzuahmen. Literatur diente also dem diachronen und synchronen Techniktransfer[510]. Arrian beschreibt in seiner *Taktik* den Handlungshorizont der

507 Arrians Militärschriftstellerei ist nicht nur antiquarisch zu verstehen. Der Statthalter von Kappadokien schrieb die *Taktik* um 134 n.Chr. (KIECHLE (1965b) 108f.; vgl. Arrian., *Tact.* 44,3). Wiederbelebung des Phalanxmodells: *Ac. contr. Alan.* 15; 26. Arrian weicht produktiv von literarischen Vorlagen ab und aktualisiert diese für gegenwärtige Zwecke: Empfehlung der Massierung von Truppen gegen Skythen und Sarmathen (*Tact.* 11,1). Alexander Severus stellte 232 n.Chr. eine Phalanx gegen Parther auf, KIECHLE, aaO. 110f. Arrian stellte Katapulte hinter der Phalanx auf, die Spartaner in der Schlacht von Mantinea 207 v.Chr. davor, KIECHLE, aaO. 112; vgl. Polyb. XI 12,4.

508 Technische Schrift: Arrian., *Tact.* 1,1; 32,2; vgl. den wohl späteren Titel.

509 KIECHLE (1965b) 112. Die mit Arrians Infanterietaktik parallele Taktik Aelians rechtfertigt eigens sein zunächst nur literarisches Interesse vor Forderungen der Praxis: Der Autor richte sein Werk an Trajan; er besitze von *δύναμις* und *ἐμπειρία* der Römer in praktischen Details der Kriegführung (*περὶ τὸ μέρος*) keine Kenntnis; sein Werk könne daher veraltet (*ἀπημαυρόμενον*) wirken und nicht *χρήσιμον τῷ βίῳ* wegen der von Trajan eingeführten Veränderungen der Ausbildungsgrundsätze (*διδασκαλία*). Bei einem Aufenthalt bei Frontin in Formiae während Nervas Regierungszeit habe er jedoch bemerkt, daß auch dieser sich für griechische Kriegswissenschaft, also die Theorie der Phalanx, interessierte, 1-3: Aelian rechtfertigt aus praktischen Gründen eine literarisch-hermeneutische Bearbeitung der Taktik. KIECHLE verweist auf das Beispiel des Kaisers Heraklios, der vor der Offensive gegen die Perser im Palast von Hiereia alte Militärliteratur studierte; die Renaissance hellenistischer Kriegshandbücher unter Trajan und Hadrian sei verstehbar als Versuch, bei der Abwehr äußerer Gefahren auf alte Erfahrungen zurückzugreifen (KIECHLE, aaO. 113f.). Fremde Elemente im römischen Reiterheer: Plin., *NH* VIII 154ff.

510 *ἐπέλασις* als Form der Attacke (Arrian., *Tact.* 4,3; 16,10; 34,4; 35,1 u.ö.) bei Onasander noch nicht erwähnt; sie verdankt sich dem Kontakt Roms mit den Reitervölkern. Die Neuerung Hadrians besteht darin, nicht nur fremde Soldaten mit ihrer Ausrüstung in Dienst zunehmen, sondern auch deren Reitpraktiken auch nichtfremden Reitern in der Ausbildung zu vermitteln, KIECHLE (1965b) 125f. Einige Manöver und Taktiken stellten Spezialitäten fremder Reitertruppen dar, vgl. Arrian., *Tact.* 44,1-2. KIECHLE, aaO. 115 sieht

eigenen Gesellschaftsschicht, wenn er die Integration fremder Reitertruppen in das römische Heer lobt: Seine eigene *Acies contra Alanos* sah eine solche Integration vor[511]. Die traditionsgebundene Militärtechnik und -taktik integriert fremde und neue Praktiken: Arrian selbst verwendete die in der Kaiserzeit neuen mobilen Torsionsgeschütze zur Sicherung der Flanken und als Distanzwaffen gegen die Alanen[512].

2.2.5.5. Vermessungswesen

Später als in der Militärtechnik entwickelte sich eine Literatur im Vermessungswesen. Die literarische Beschäftigung mit diesem Gegenstand verdankte sich zunächst nicht den Erfordernissen vermessungstechnischer Ausbildung: Diese geschah rein praktisch durch Mitarbeit bei der Vermessung ohne Lehrbücher. Frontin schrieb über Vermessungsprobleme, um die Erfordernisse juristischer Streitschlichtung über Grundbesitzfragen zu klären und die Voraussetzungen einer Grenzziehung zu erläutern[513]. Dabei wird die eigentliche Technik der Vermessung gar nicht behandelt. Die *ars mensoria* wird nur knapp skizziert, nicht, um Anleitung und Einführung in ihre Ausübung zu bieten, sondern um ihren Charakter allgemein zu bestimmen. Frontin bemerkt, daß die Basis der Vermessungskunst Erfahrung sei, sie also als mathematischem Kalkül entsprechende Operation durch Erfahrung erlernt werde[514]. Der praktische Nutzen dieser Literatur entfaltet sich nicht in praktischer Anwendung, sondern in der korrekten Einschätzung ihrer Resultate vor Gericht, in Verwaltung und Kriegswesen[515], und auch des Gromatikers Hyginus Schrift *De limitibus* nimmt die Per-

in der Betonung des ästhetischen Momentes ein bei den Galliern verbreitetes Motiv, doch ist die Beachtung der Wirkungsästhetik des Tuns wie des Resultates ein Charakteristikum des griechischen und römischen Militärwesens und Handwerks (s.o. Kap. 1.3).

511 Die Spitze bilden sollen Rekogniszionsreiter σὺν τῷ οἰκείῳ ἡγεμόνι; darauf folgen berittene Bogenschützen von Petra (1). Vgl. Cass. Dio LXIX 15,1.

512 Arrian., *Acies contr. Alan.* 19.

513 Front., *De Agr. qualit.* 1-3. Die Schrift erklärt rechtliche Qualitätsattribute für Boden, wobei die rechtstechnischen Unterschiede durch Distinktionen dargestellt werden (z.B.: *Agrorum qualitates sunt tres: una agri diuisi et adsignati, altera mensura per extremitatem conprehensi, tertia arcifini, qui nulla mensura continetur. Ager est mensura conprehensus, cuius modus uniuersus ciuitati est adsignatus*). Front., *De controv.* erläutert die Prozeßformen um Grundbesitz (4: *Materiae controuersiarum sunt duae, finis et locus...*). Front., *De Limit.* klärt die allgemeinsten historischen und kultischen Grundlagen der Grundvermessung (10-11: *Limitum prima origo, sicut Varro descripsit, a[d] disciplina[m] <Et>rusca[m]; quod aruspices orbem terrarum in duas partes diuiserunt...*

514 Front., *De arte mens.* 15: *Principium artis mens<o>riae in agendi[s] positum est experimento...*

515 Dies gilt auch für den wohl aus trajanischer Zeit stammenden Balbus. Balbus wird in den Vorlagen der *libri coloniarum* in augusteische Zeit versetzt. Details dieser *libri* verweisen diese in trajanische oder hadrianische Zeit, GRELLE (1992) 81, und Balbus erwähnt seine Teilnahme an einem Dakerfeldzug (Balb., *Expos. et ratio omn. form.* p. 93). Das Werk ist ausführlicher und will den Inhalt einer praktischen Lehre literarisch dem Adressaten Celsus weitergeben, p. 91. Sein Autor ist Soldat, der seine Spezialaufgabe, die Vermessung, da er sie literarisch in seiner freien Zeit behandelt, als *freie Kunst* gewertet wissen will (p. 92). Es ist die Kriegführung auf fremdem Territorium, die dabei das Vermessungsbedürfnis erzeugt, p. 92. Vermessen hilft Erobern; das Werk will mit den Grundsätzen militärischer Vermessung die Erinnerung an den Dakersieg bewahren. Es ist als Lehrbuch aufgebaut, das von allgemeinsten elementaren Begriffe aus

spektive des rechtlich verantwortlichen Landverteilers ein, nicht die des praktischen Vermessungsingenieurs[516]. Auch seine Werke *De condic. agr.* und *De gener. controv.*[517] befassen sich nicht aus technisch-handwerklicher, sondern juristisch-administrativer Sicht mit der Landvermessung: Nachbarsschaftsstreit gilt es zu begrenzen und dafür geeignete Institutionen zu finden. Erst ein spätes, wohl fälschlich unter dem Namen des Hyginus überliefertes Werk verbindet diese Beschreibung dauerhafter Institutionen zur Streitvermeidung um Immobilien mit der Darstellung der geometrischen Konstruktion der Grenzen[518]: Die Literatur zur Landvermessung bemüht sich um administrative Rationalisierung

(Vermessung als Vergleich mit Größenstandards, p. 94: *Mensura est conplurium et inter se aequalium interuallorum longitudo finita...*; Maßeinheiten; Erklärung der Dimensionen) zum Komplexen fortschreitet. Griechische geometrische Terminologie wird zum Vergleich angeführt; Ziel ist die Vermessung eines Flächenstückes (*forma*, p. 104). Die Darstellung ist allgemein gehalten und gibt Definitionen, Begriffserläuterungen und Klassifikationen, nicht aber Rechenanweisungen. Die Kompetenz zur literarischen Darstellung der Vermessung wird abhängig gesehen von praktischer Erfahrung, p. 93. Siculus Flaccus, *De condicionibus agrorum* beschreibt den unterschiedlichen rechtlichen Status des italischen Landes, die unterschiedliche rechtliche Valenz von als Grenzmarkierungen verwendeten Landmarken (Steine, Bäume, Wege etc.) und die Schwierigkeiten, die mit ihrer Verwendung verbunden sind. Die Systematik ist nicht die eines vermessungstechnischen Werkes, sondern die einer Erklärung der Begrifflichkeit für den unterschiedlichen rechtlichen Status des Landes und seiner je nach Region und Zeit verschiedenen Aufteilung.

516 Hygin. Grom., *De limit.* 71-73: *Limites lege late patere debent secundum constitutionem, qui agros diuidi iusserint. non quia modus ullus ex mensura limitibus adscribitur: solum lex obseruari debet...* Es geht nicht um Vermessung, sondern streitfreie Organisation der Landverteilung.

517 Hygin. Grom., *De condic. agr.* behandelt (p. 74) die Arten gerichtlichen Streites um Grund und Boden; die Arbeit des Landvermessers wird als Mittel zur Vermeidung und Beilegung von Streit verstanden. Es wird beschrieben, welche Möglichkeiten zur Entscheidung von Auseinandersetzungen um Land anhand der Grenzen unumstrittener benachbarter Stücke oder Grenzmarken es gibt, p. 75; vgl. p. 77. Ähnlich wie in *De limitibus* werden Begriffsklärungen geboten (p. 78: *agri occupat<o>ri<i>*; *quaestorii agri*). Hyginus erwähnt einen unter Trajan aktiven *euocatus Augusti*, einen *uir militaris disciplinae, professionis quoque nostrae capacissimus*, der bei der Landzuteilung in Pannonien, anders als üblich, die Stücke mit Länge und Breite nebst Umrißlinie in die *formae* eintrug, um Streit unter den Veteranen zu vermeiden (p. 84): Streitvermeidung ist der beherrschende Gesichtspunkt. Abschließend (p. 85f.) werden regional besondere Formen und Bezeichnungen der Landstücke erläutert. Hyginus ist also wohl unter Trajan aktiv gewesen, vgl.: Erwähnung Vespasians (p. 94f.); Vespasian, Titus, Domitian, Nerva (p. 96f.). Hygin. Grom., *De gener. controv.* p. 86: *Nunc de generibus controuersiarum perscribam, quae solent in quaestione<m> deduci. sunt autem haec de alluuione atque <a>bl<u>uione, de fine, de loco, de modo, de iure subsiciuorum, de iure territorii.* Auch hier geht es um die Valenz verschiedener Grenzmarkierungen, vgl. p. 93.

518 Auch die unter Hyginus' Namen überlieferte *Constitutio Limitum* befaßt sich nicht mit den geometrischen Details der Vermessung, sondern mit der Landvermessung als Rechtsinstitut; nicht mehr verständliche Details und Termini werden erläutert, nicht die Geometrie der Vermessung. Die *limitatio* wird auf Auguralbräuche zurückgeführt, p. 134. Ausführlicher als in den übrigen unter Hyginus' Namen stehenden Schriften werden die regionalen und zeitlichen Unterschiede der *coloniae* erläutert. Die Schrift bezweckt, die Leitlinien einer Praxis darzustellen, die hinter allen heterogenen Erscheinungsformen die künftige Rechtspraxis leiten können (p. 144: *Hanc constituendorum limitum rationem seruare debebimus, si huic postulationi uel locorum natura suffragabit*; p. 145: *Itaque si loci natura permittit, rationem seruare debemus*). Da *cardo* und *decumanus* nach dem Lauf der Sonne konstruiert werden, dieser aber nach Jahreszeit und geogr. Lage variiert, macht der Autor Bemerkungen zur Himmelsmechanik (p. 146ff.). Für die Projektion dieser Mechanik auf die Erde werden hier detaillierte praktische Konstruktionsanweisungen gegeben (p. 152-154). Anderen Charakters ist das pseudepigraphe Werk *De Munit. Castr.* mit Konstruktionsanweisungen und Größen für militärische Lageranlagen.

und Rechtssicherheit und sekundär um die Erarbeitung der vermessungstechnischen Details, die zunächst nicht aus Lehrbüchern, sondern praktisch durch Mitarbeit erlernt wurden. Die Schriften entstanden, ähnlich der Frontins über die Wasserversorgung, im Zuge eines Prozesses der Rationalisierung und Verrechtlichung der Verwaltung, der seinen größten Schub zwischen Vespasian (69-70 n.Chr.) und Trajan (98-117 n.Chr.) bzw. Hadrian (117-138 n.Chr.) erlebte, dabei jedoch Tendenzen zur Zentralisierung und Verschriftlichung verwirklichte, die bereits unter Augustus wirksam zu werden begannen[519]. Diese Literatur diente nicht der elementaren Ausbildung berufsmäßiger Vermesser und Wasserbauer, die vielmehr durch praktische Mitarbeit ihren Beruf erlernten, sondern den Orientierungsbedürfnissen übergeordneter Entscheidungsträger. Sie ist Literatur für Verwaltungsbeauftragte und ehemalige Militärs. Theoretische Ansprüche und ein besonderer Bildungswert werden erst im 4./5. Jhdt. n.Chr. von Agennius Urbicus für die Vermessungstechnik erhoben. Die gromatische Literatur der hohen Kaiserzeit dient wie die praktischen Schriften Frontins und Arrians der Vorbereitung auf Verwaltungsaufgaben und der Fortbildung *on the job*[520]. Sie sammelt das jederzeit gefährdete Praxiswissen ihrer handwerklichen Disziplin und treiben dadurch zugleich deren Entwicklung voran: durch Innovationen im Einzelnen ebenso wie durch Verschriftlichung und Rationalisierung im allgemeinen. Innovationen werden als Leistungen nicht ohne Stolz erwähnt.

2.2.5.6. Technisch-praktische Sammelschriften

Das Bedürfnis nach einer Erhaltung und gewissen Popularisierung praktischen Wissens brachte in der hohen Kaiserzeit konservierende Literaturen hervor: Bücher, die ausführlich ihre Quellen angaben und zitierten. Dazu gehörte die landwirtschaftliche und pflanzenkundliche Schrift des Gargilius Martialis, Ende des 3. Jhdt. n.Chr.[521], die das vorhandene Wis-

519 MOATTI (1993).

520 SCHINDEL (1992): In flavischer Zeit sind Förderung und Reglementierung der Bildung in den freien Künsten erkennbar; die gromatischen Schriften belegen ebensowenig einen organisierten Unterricht des Vermessungswesens wie eine Zugehörigkeit der Gromatik zu den *artes liberales*. Frontins Zusammenstellung für die Wasserversorgung geltender Normen als *formula administrationis* für die Nachfolger (Front., *De Aqu.* II 2) gibt das Paradigma ab: Die Literatur dient der Fixierung einer Verwaltungspraxis. Hygin., *De Gener. Controv.* 97f. unterscheidet zwischen dem eigenen Tun und der Tätigkeit vor Gericht; hier erbringt ein Praktiker diese Leistung. [Ps.]-Hygin., *De Munit. Castr.* 47 erwähnt eine eigene neue Vermessungsmethode, ohne sie zu beschreiben; er bezieht sich auf die tägliche Arbeit im Vermessungswesen; Balb., *Expos. et ratio omn. form.* 92 erwähnt eine Erfindung seines Adressaten Celsus; Siculus Flaccus, *De condic. agr.* 119 schreibt, daß man sich beim Streit um die Korrektheit einer *forma* (Karte) an das kaiserliche Archiv bzw. Kataster wenden könne, setzt also die doppelte Grundkatasterführung bereits voraus: Die gromatische Literatur begleitet die Herausbildung des Grundkatasters als Dokumentations-, Verwaltungs- und Streitvermeidungsinstitution.

521 STADLER, RE VII 1,759-762 s.v. *Gargilius (1)*. Die medizinischen Exzerpte aus Gargilius Martialis wohl erst im 6. Jhdt. erstellt und mit Übersetzungen aus griechischen Medizinern zusammengefügt worden. Zur Datierung auf die zweite Hälfte des 3. Jhdt. n.Chr.: HA, *Alex. Sev.* 37,9; CIL VIII 20751 = T 4 Condorelli; ILS 2767 = T 5 Condorelli. Die Systematik des Werkes des Gargilius war nach Pflanzenarten (vgl. F 5 Condorelli). Wörtl. Zitate und Quellenangabe bei Gargilius Martialis: F 10 Condorelli; F 12 Condorelli. Gargilius interessierten v.a. Aussaatzeiten, vgl. Pallad., *Agr.* IV 9,7-9 = fr. 1 Condorelli. *Cucuma*

sen mit Quellenangaben zusammenfaßte, also einer Bewältigung des umfänglichen literarischen Stoffes diente. Sie verband dies mit dem Bewußtsein eines Fortschrittes der Disziplin und wahrte kritische Distanz zu vergangenen Praktiken und literarischen Autoritäten[522]. Ein deutliches Bewußtsein für die Bedeutung technisch-praktischen Wissens für die Erhaltung und Entwicklung der Zivilisation hatte technischen Gegenständen die Literaturfähigkeit verliehen, weil die immer differenziertere Zivilisation für deren Erhaltung der Literatur bedurfte. Der Titel der Bunt- bzw. Sammelschrift des Julius Africanus, Κεστοί (Stickereien), dessen Inhalt wirklich oder nur scheinbar erprobte praktische Rezepte darstellen, markiert diese Veränderung: Praktisches Wissen gilt nicht nur, wie für Plinius, als notwendiges Alltagswissen, sondern auch als schmückendes Detail.

Der technische Buntschriftsteller war christianisierter Jude aus der Kolonie Aelia Capitolina in Palästina und erster christlicher Chronograph[523]. Als Architekt leitete er Bauten an der Thermenbibliothek unter Severus Alexander in Rom, besaß also eine Position als kaiserlicher Architekt, die der des Apollodoros unter Trajan ähnelte[524]. Technische Gegenstände werden in dieser Buntschriftstellerei enzyklopädiefähig, als Lernstoffe anerkannt und zur persönlichen Fortbildung mitgeteilt. Julius Africanus war ein literarisch vielseitig interessierter Praktiker mit Beziehungen zum Hofe, für den alles Wissen, das im instrumentellen Sinne handlungsleitend sein konnte, der Überlieferung wert schien[525]. Aberglauben und magische Praktiken bestimmen die Κεστοί, die man daher auch als Satire auf literarische Polymathie gelesen hat[526], doch fehlen dem Text deutliche Hinweise auf eine satirische In-

im März; vgl. V 3,4 = fr. 2 Cond.; VI 6 = fr. 3a Cond. Bedeutung des Aussaatzeitpunktes für Gargilius: 'Ibn'Al-'Awwâm, *Agr.* V 1 = fr. 17 Cond. gibt eine Diskussion über die Frühjahrspflanzung aus *Marsial*.

522 Die Schrift des Gargilius über Obstbäume beginnt, üblich in landwirtschaftlichen Schriften, mit Kriterien für die Beurteilung des Anbauortes, MAI (1828) 391. Gargilius zitiert Lehrmeinungen literarischer Vorgänger, die er miteinander konfrontiert und korrigiert (p. 392 Mai: *Quintilli ... promittunt ... Diligentioribus rectissime visum est praemonere ...*, vgl. 394; 396; 404-406; 408). Die Geltung des Ökonomieprinzips charakterisiert die Schrift (vgl. *De Amygdalis*, p. 406, *Levissima et minime sumtuosa cultura est ...*). Fortschritt der landwirtschaftlichen Literatur erkennt der Autor an (p. 409 Mai: *Cornelium tamen Celsum italicae disciplinae peritissimum decuit aliquatenus edocere, quidquid Magonis ignorantiam fugerat*).

523 Die Suda nennt Julius Africanus einen *libyschen Philosophen*, Suda α 4647 s.v. 'Αφρικανός. Zu Julius Africanus VIEILLEFOND (1970).

524 P.Oxy. I 412 stellt den letzten Teil des Buches XVIII der Κεστοί dar. Wie in dem gesamten Werk, versucht der Autor hier, die technische Effizienz von Zauberpraktiken mit einem besonderen Wissen zu rechtfertigen. Er behauptet, ursprünglich zur homerischen Überlieferung gehörige Zaubersprüche seien durch die Überarbeitungen der Peisistratidenzeit aus ihrem Zusammenhang herausgelöst worden. Julius Africanus beansprucht, diese Verse gefunden zu haben in der *Colonia Aelia Capitolina* in Palästina, in Nysa in Karien und bis zum Vers 13 in Rom, V 50-54. VIEILLEFOND (1970) 22 betrachtet Julius Africanus als Architekten mit lit. Interessen und vergleicht ihn mit Anthemius von Tralleis (6. Jhdt. n.Chr.).

525 Julius Africanus hatte wohl als Teilnehmer der Expedition des Septimius Severus von 195 n.Chr. eine Zeit am Hof Abgars IX. von Edessa verbracht, und um 240 n.Chr. schrieb er einen Brief an Origenes über die Unechtheit der Susanna-Perikope im Buch Daniel, Migne, PG XI 48-85. Außerdem schrieb er an einen Aristeides einen Brief über die Unterschiede der Genealogien Jesu bei Lukas und Matthäus (vgl. Euseb., *HE* I 7,1-17). Julius' Africanus' chronographisches Werk: vgl. Euseb., *HE* VI 31,2. Wie Clem. Alex. schrieb auch Origenes Στρωματεῖς, die, wie Julius' Africanus' Κεστοί, teilweise numeriert waren, VIEILLEFOND, aaO. 30-33. Aufenthalt bei Abgar von Edessa: *Cest.* I 20.

526 BJÖRCK (1944) 22; vgl. VIEILLEFOND (1970) 53. Als Replik auf literarische Formen praktischer Belehrung können Nemesianus' *Cynegetica* gelten, SANTINI u. SCIVOLETTO (1992) 821; KÜPPERS (1987).

tention. Das Werk ist Severus Alexander gewidmet und enthält Hinweise auf eine ganz unmittelbar politikberatende Wirkung, die sich sein beim Kaiser bekannter Autor von ihm erhoffte.

Im Partherreich stürzte um 224 n.Chr. Ardašir die Arsakiden und begründete das Rom gegenüber feindliche Reich der Sassaniden[527]. Alexander Severus unternahm 231-232 einen erfolglosen Feldzug zur Entsetzung Mesopotamiens: Wahrscheinlich dient die Schrift des Julius Africanus literarischer Beratung vor diesem Unternehmen, denn sie ist dem Kaiser gewidmet, und ihr Autor fragt nach der Erklärung, warum es noch nicht zu einem römischen Sieg über die Perser gekommen sei[528]. Im 7. *Kestos* finden sich militärische Rezepte, die dem Leser den Nutzen magischer Praktiken verdeutlichen sollen[529]. Vorausgesetzt wird, daß der Ausgang kriegerischer Ereignisse teilweise paradox sei: Man müsse verborgene Schliche anwenden (Magie, Gift). Schließlich empfiehlt Julius die Planung einer Vernichtungskriegführung gegen wenig organisiert lebende Völkerschaften (I 2). Talismane werden beschrieben und die Amputation verletzter Glieder unter Gefechtsbedingungen[530]. Der Autor rät dem Kaiser nicht zu technisch erprobtem und zweckmäßigem, zugleich aber auch zu magischem Vorgehen und asketischen Idealen[531] gegen den neuen Gegner[532]. Zwischen diesen wird zwar begrifflich unterschieden, beide gelten aber als potentiell handlungsleitend[533]. Prinzipiell gilt: Auch was nicht mechanisch verstanden ist, kann technisch gelernt werden.

Das Werk des Julius ist grob nach Stichworten gegliedert: Ihm liegt keine didaktische Ordnung oder sachliche Systematik zugrunde[534], sondern eine topische Ordnung, in die auch Fragen der praktischen Kriegsmathematik eingeordnet sind[535]: Die Schrift will Wis-

Nemesianus schrieb außer *Cynegetika* auch *Halieutica* und *Nautica*. Die *Cynegetica* waren Carinus und Numerianus gewidmet und wurden 282 n.Chr. oder kurz später verfaßt. Überwiegen des ästhetischen INteresses über das sachlich belehrende bei Nemesianus: EFFE (1977) 165-173.

527 BENGTSON (^{3}1984) 399.

528 Jul. Afric., *Cest.* I 1,1-4. VIEILLEFOND (1970) 64 datiert aufgrund dieser Bemerkung das Werk auf 228-231 n.Chr.

529 I pr. 1-6. I 1 handelt Περὶ ὁπλίσεως. Kriegerisches Wissen wird als Wert an sich bezeichnet. Die Ursache für den Sieg der Griechen über die Perser, der Römer über die Griechen, bislang aber nicht der Römer über die Perser liege in der Art (εἶδος) der Bewaffnung. Schwere und Schutzwirkung der Ausrüstungen von Griechen, Makedonen und Römern werden beschrieben. Euphemistisch: Die, die die Griechen besiegten (die Römer) besiegten selten die von den Griechen Besiegten (die Perser). Das αἴτιον πρῶτον liege im Verzicht auf den Angriff im beschleunigten Marsch (Herod. VI 112, Marathon). Des Autors Vorschläge bestehen darin, historische *exempla* nachzuahmen, so die Übernahme griechischer Brustpanzer und makedonischer Sarissen (I 1).

530 I 3-5: Handwerklich-technische und magische Praktiken werden unterschiedslos behandelt. Für eine Operation und gegen postoperative Schmerzen seien scharfe Skalpelle, Assistenten und Talismane die Voraussetzung.

531 I 10: Wie Sportler müssen sich Pferde für Höchstleistungen des Geschlechtsverkehrs enthalten.

532 Techniken zur Pferdeberuhigung der Πάρθοι, I 7.

533 I 8. Bei magische Techniken könne es sich um ein ψυχῆς ἔργον, um das Werk einer seelischen Kraft, handeln, oder um die φύσις ὀμμάτων; beides sei zu erkunden, das eine durch technische Belehrung, das andere durch Spekulation.

534 Im Anschluß an die Behandlung des Reitwesens wird eine Löwenjagd als Gefechtsübung aller Truppen empfohlen (I 13-15).

535 Diese werden als Beispielaufgaben, wie in mathematischen Lehrbüchern üblich, infinitivisch formu-

sen für den Krieg gegen die Sassaniden bieten. Bezeichnend für diese Absicht ist die Beschreibung taktischer Mittel gegen die Elephantenwaffe[536]: Die *παλαιοί* hätten der Elephantenwaffe großen Nutzen beigemessen; Elephanten wirkten erschreckend und bildeten mit ihren Kampftürmen eine Mauer vor der Phalanx. Man dürfe nicht mehr Kavallerie gegen die Elephanten einsetzen, sondern solle leichte Bogenschützen zur Abwehr und Trompetenstöße als Schreckwaffe gegen sie einsetzen; gegen die Türme seien Brandpfeile zu verschießen; außerdem empfiehlt der Autor eine Art spanischer Reiter gegen die Fußsohlen der Elephanten. Diese Maßnahmen gegen die Elephantenwaffe richten sich auf den Krieg gegen die Sassaniden[537]: Eine Beschreibung von Abwehrmitteln gegen Elephanten konnte zweckmäßig sein, obwohl Elephanten scheinbar ungebräuchlich geworden waren. Technik mußte nicht allein innovativ sein, sondern zugleich vergangene Vorgehensweisen als potentiell auch zukünftige bewahren und so einen prinzipiell wachsenden Schatz von Praktiken konservieren und als zukünftig mögliche zur Verfügung stellen.

Zu den technischen Problemen eines Feldzuges gegen die Sassaniden, zu deren Lösung der Autor Vorschläge macht, gehört die Kriegführung auf Territorium außerhalb des Raumes der Wein- und Olivenkultur. Ersatzstoffe für die Versorgung der Truppen mit Alkohol und Öl zu beschaffen stellt daher eine Schwierigkeit dar[538]. Julius' Interesse für magische und rituelle Praktiken hängt mit den psychologischen Problemen zusammen, die die bevorstehende Kriegführung[539] gegen den fremden Gegner mit sich brachten, denn psychologische und ästhetische Wirkungen der Maßnahmen (Abschreckung) werden wiederholt beschrieben und die psychologisch beruhigende Wirkung von Amuletten betont. Die Furcht vor parthischen Bogenschützen muß enorm gewesen sein[540]; Julius teilt ein Experi-

liert (I 15: *ποταμοῦ πλάτος εὑρεῖν καὶ τείχους* <*ὕψος*>). Dabei wird die Kenntnis der euklidischen Geometrie als Teil der Allgemeinbildung vorausgesetzt (*Οἱ τῆς ἐγκυκλίου μετρίως ἐπήβολοι παιδείας τῶν Εὐκλείδου «Στοιχείων» ἐπὶ πόσον, ὡς εἰκὸς, ἐφήψαντο*). Es sei auf dieser Grundlage nicht schwer, das gegebene Problem zu lösen: Bestimmung der Zahl der Boote zum Bau einer Bootsbrücke und Berechnung der Höhe einer Mauer aus der Entfernung. Das Ganze wird mit Zeichnungen dargestellt. Für die Fernerkundung (I 16) empfiehlt der Autor die geschärften Sinne der Mauretanier und einen Trick zur Lenkung des Gehörs, den diese, wie auch die *Γάλατοι* anwendeten.

536 I 18.

537 Während Arrian noch schreibt, Elephanten würden nicht mehr eingesetzt (Arrian, *Tact.* 19,5-6.), berichtet die *Historia Augusta* [Ael. Lampr.], *Alex. Sev.* 56, die *Perser* hätten bei dem Kampf 700 Elephanten verwendet.

538 I 19: *Γεωργίας παράδοξα*; *γεωργικά* seien nicht zu übergehen und *χρήσιμα* für die *πολεμοῦντες*. Weinversorgung bzw. -ersatz: ägyptischer *ζῦθος*, pannonischer *κάμος*, keltische *κερβήσια* und babylonische *σικέρα*. Weinherstellung aus Feigen; Essig aus Tannenzapfen und Honig. Rezepte für Öl-Ersatzstoffe: Öl aus wilden Oliven; spanisches Rezept mit Absinth; istrisches Rezept, *σχίνινον* aus *σχίνινον καρπός*, Pistazienöl etc.

539 Aus Julius Africanus wurden, dem militärischen Gehalt entsprechend, Exzerpte *De re militari* angefertigt, vgl. Dain (1939). Tips zur Vernichtungskriegführung und Ruhigstellung von Pferden; skythische Pfeilgiftrezepte; Gegengifte (II 5; II 7); hippiatrische Anweisungen (III 1) und metrologische Details.

540 I 20. Über Geschosse gibt es Belehrung in anekdotischer Form. Der Inhalt geht auf ein Experiment zurück, das der Autor am Hofe Abgars von Edessa beobachtet haben will, und das durch den Skythen Syrmos und den Parther Bardesanes durchgeführt worden sein soll, um die Geschwindigkeit eines Pfeilschusses zu bestimmen: 10 Schützen schießen Pfeile ab, jeweils bei Ankunft eines Pfeils. Die Distanz der Schüsse betrug 1 Plethron = 1/6 Stadion. Die Pfeile legten 1000 Stadien pro Stunde zurück. Der Autor

ment mit, das am Hof von Edessa durchgeführt wurde, und das den römischen Lesern einen Begriff von der Geschwindigkeit parthischer Bogenschüsse vermittelt: Anekdotische und technische Details werden ungeschieden behandelt[541]. Das Werk antwortet auf ein Bedürfnis nach Umorientierung der Kriegführung aufgrund des Wandels der äußeren Situation. Bezeichnend für das große Zutrauen in Technik und Handwerk ist, daß dabei nicht Technik und Kalkül als Zauberei präsentiert, sondern nicht ohne weiteres akzeptierte Zauberpraktiken als Techniken gerechtfertigt werden.

2.2.5.7. Zusammenfassung

Die hohe Kaiserzeit brachte ein neues Maß der Mobilisierung praktisch-technischen Wissens und seiner Literarisierung hervor; abgesehen von der medizinischen Literatur sind erst die Lehrbücher der hohen und späten Kaiserzeit Fachliteratur im engeren Sinne und belegen einen literarisierten fortschrittlichen Ausbildungsbetrieb. Zugleich vermittelte Literatur praktisches Wissen jenseits praktischer Ausbildung: Die Orientierung über Gebiete praktischen Wissens emanziperte sich dadurch teilweise von der Notwendigkeit zum Erwerb praktischer Erfahrung; diese wurde ersetz- und ergänzbar durch Literatur. Die Technik der hohen Kaiserzeit ist also nicht von der alleinigen Konservativität, die man ihr häufig zuschreibt. Durchgängig kennzeichnet vielmehr das Bemühen sowohl um eine Erweiterung und Erneuerung des praktischen Wissens als auch um dessen Bewahrung die technische Fachliteratur dieser Zeit; die scheinbare Konservativität ist bedingt durch die tatsächlichen Schwierigkeiten, mit den begrenzten Mitteln einer allein durch Abschreiben reproduzierten Literatur das Wissen zu verbreiten und zu erhalten. Enzyklopädische technische und naturkundliche Werke sind die Frucht des Bemühens, rasch wachsendes Wissen zu bewahren, und belegen so nicht mangelnde, sondern sich rasch beschleunigende Wissens- und Könnensfortschritte. In der hohen Kaiserzeit kommen zunehmend neue Disziplinen aufgrund dieser Entwicklung in den Sog des Literarisierungsprozesses: Gynäkologie, Vermessungswesen, Wasserversorgung etc. Die Literatur übernimmt für diese sich entwickelnden Disziplinen nicht nur eine bewahrende, sondern die Erweiterung ihres Wissens anzeigende und ermöglichende und das Wissen verbreitende Funktionen. Die literarische Tätigkeit des Technikers festigte darüber hinaus sein Ansehen und seine soziale Stellung, durch die Literarisierung seines Faches unterstrich er den Anspruch, zu den kulturell führenden literarisch aktiven Schichten zu gehören. Deren Bildungsidealen mußte sich der Techniker unterwerfen. Außerdem konnte er durch seine Literatur seinen Anspruch auf Geltung auch gegenüber der Konkurrenz eigener Kollegen erheben: Besonders die durch besonders hohe Kompetitivität ihres Faches gekennzeichneten Mediziner nutzen wiederholt literarische Gelegenheiten zu

rechnet daher 24000 Stadien pro Tag plus 1000 Stadien zur Kompensation der Reaktionszeit. Rechnet man das Stadion zu 185 m, ergibt sich von 192,7 km/h.

541 Michael Psellos, *Περὶ παραδόξων ἀναγνωσμάτων* setzt sich mit der eigentümlichen Technisierung des Magischen bei Julius auseinander; Michael behauptet, die Empfängnis werde durch ein Zusammen wirken von Natur und Gott bewirkt; Julius aber habe angenommen, es gebe eine Art technisch bewirkten Werdens und Wachsens. Zauberpraktiken zur Bewirkung der Konzeption behandelt Julius daher als technische Methoden und integrierte über die Vorstellung natürlicher Sympathie und Antipathie den Fruchtbarkeitszauber in den Kosmos der Techniken (vgl. P.Oxy. I 412 IX 34f.).

Kritik und Ablehung konkurrierende fachlicher Geltungsansprüche. Solche kritischen Auseinandersetzungen innerhalb medizinischer Werke häufen sich: Es scheint, als sei die Konkurrenz um Ansehen und lukrative Stellungen in dieser Zeit besonders groß gewesen. In fast allen Disziplinen führt Literarisierung jedoch dazu, daß Wissen und Können der jeweiligen Gegenwart mit denen der Vergangenheit verglichen werden können. Außer in deutlich polemischem Kontext führt dieser Vergleich in der Regel zur Einsicht in die Überlegenheit der Gegenwart über die Vergangenheit: Das literarische Gedächtnis der Technik ist zugleich der Ort, an dem sie sich ihrer eigenen Fortschrittlichkeit bewußt wird.

Die enge Verzahnung der Kultur der Laien mit der Literatur der Fachleute bringt es mit sich, daß Laien, vor allem im Bereich der Medizin, Anteil hatten nicht nur an Gegenständen der elementaren Berufsdidaktisch, sondern auch an Erkenntnissen, die diese Disziplinen bereichern und weiterbringen (z.B. anatomische Sektionen vor Publikum): Publizität im weiten Sinne unterscheidet technische von handwerklichen Disziplinen. Insofern beweist die immens gestiegene Bedeutung von Kommentaren in der Wissenschaftsprosa, vor allem der der Medizin, in der Kaiserzeit quantitativ wie qualitativ nicht den konservativen Charakter dieser Wissenschaft, sondern im Gegenteil deren großen Fortschritt, der die Akteure von den klassischen Wurzeln ihrer Disziplinen zunehmend entfremdete. Zahl und Bedeutung zusammenfassender Fachschriften belegen darüber hinaus einen erheblich gestiegenen Umfang des Wissens, von dem man erwartete, daß er ohne Übersicht vermittelnde Literatur nicht wirksam tradiert werden könne. Um Konservierung und Tradierung des Wissens bemühte Literatur ist so ein Beleg nicht für seine Gefährdung durch Erstarrung, sondern durch Wandel und beschleunigte Erweiterung. Die hermeneutische Bemühung um Wissen und Aussagen der Alten beweist den Versuch der Überwindung einer Distanz von der Tradition, die zwar als noch maßgebend, aber als zunehmend fremd empfunden wird, und belegt damit das Bewußtsein eines nicht ohne weiteres beherrschbaren Fortschrittes: Da sich technisches Wissen durch Erfahrung, also durch lange Dauer seiner wiederholt erprobten Gültigkeit, ausweist, bedarf in einer Situation rasch fortschrittlich sich wandelnder Praxis das Wissen, das diese schafft und auf dem sie beruht, umso mehr der Rechtfertigung aus der Kontinuität seiner tätigen Bestätigung. Für eine besonders rasch und intensiv sich wandelnde Technik übernimmt die Literatur daher nicht nur eine Bewahrungs-, sondern auch eine Selektionsfunktion.

Für die Administration übernahm die Literatur der Techniken darüber hinaus eine Funktion bei der Vorbereitung von Entscheidungen, bei Beratung und Anleitung. Einer solchen Beratung durch technischen Sachverstand gegenüber empfand offenbar die monarchische Führung in der Kaiserzeit insbesondere in militärischen Dingen ein besonderes Bedürfnis. Die technischen Schriften, welche der direkten Vorbereitung politisch-militärischer Entscheidungen dienen, sind in der Regel im Auftrag von Monarchen verfaßt oder Monarchen gewidmet; während dieses Phänomen jedoch in hellenistischer Zeit nur in einzelnen Fällen und Techniken (Militärtechnik, Mechanik, Architektur etc.) auftritt (Biton; der Kleruche Philotas) sind Zahl, Umfang und Bedeutung derartiger Arbeiten in der römischen Kaiserzeit seit ihrem Anfang (Vitruv) gestiegen. Politik beratende technische Fachschriften der hohen Kaiserzeit verzichten zunehmend auf die Geltendmachung über diese Beratungsfunktion hinausgehender Zwecke (Bildung): Der primäre Zweck dieser Literatur reicht nunmehr zur Rechtfertigung des Vorhabens aus. Sich technisch beraten zu lassen, muß legitimerweise von einem Monarchen erwartet werden (vgl. Apollodoros).

Die Verschriftlichung der Vermessungstechnik geschah im Verlaufe eines Prozesses, der die Erhöhung von Rechtssicherheit zum Ziel hatte und die Kontrolle über beabsichtigte

Eroberungen, und der begleitet war von einem Prozeß zunehmender Verschriftlichung der Verwaltung überhaupt. Um Organisation und Praxis zu verstetigen, wurde das Wissen zusammengetragen, dessen die häufig wechselnden Amtsträger bedurften. Kriterien für die Beurteilung der Arbeit nachgeordneter Praktiker wie Landvermesser wie Wasserbauer wurden formuliert, damit eine Kontrolle ihrer Arbeit möglich war. Über lange Zeit geübte Praktiken wurden zusammengestellt, definiert und in geordneter Form publiziert. Für die Tätigkeit kaiserlicher Beauftragter, etwa der *curatores* wie im Falle der *cura aquarum*, wurden so Standards verbindlich, zu denen auch Elemente der zuvor rein praktisch erworbenen Sachkenntnis gehörte. Dadurch gelangten über die rechtlichen und administrativen Grundsätze hinaus auch die technischen Details der Ausführung in den Sog des Literarisierungs- und Rationalisierungsprozesses, der in der Kaiserzeit immer mehr Bereiche der Zivilisation erfaßt und verdeutlicht, in welchem Maße diese Zivilisation sich ihrer Abhängigkeit von dem durch sie erarbeiteten technischen Wissens- und Erfahrungsschatz bewußt wurde und sich um dessen Sicherung und Erweiterung mühte. Diesem Ziel dienten auch heterogene Wissensformen vermengende Schriften, die Technisches, Moralisches und Magisches behandeln, und die bezeichnenderweise (Julius Africanus) von Technikern verfaßt sein konnten. Bezeichnend ist, daß diese sowohl die Politik beratende Vorschläge machen wie in der Tradition als gebildete Philosophen firmieren konnten.

2.2.6. Spätantike

2.2.6.1. Mechanik und Architektur

Pappos, im beginnenden 4. Jahrhundert nach Christus Verfasser eines systematischen geometrischen[542] Lehrwerkes, ordnete den mathematischen Wissenschaften die Mechanik selbstverständlich ein; ein Abschnitt seiner *Collectio*, eingeleitet durch ein problemgeschichtliches Vorwort und gerichtet an seinen Sohn Hermodoros, behandelt diese[543]: Nützlich für die Lebenspraxis, besitze sie als Bildungsgegenstand philosophischen Wert und gehöre zu den Studienfeldern der Mathematiker als Disziplin, die die materiellen Elemente der Natur erforsche[544]: Die Mechanik ist für Pappos legitimer Teil philosophischer und mathematischer Bildung. Anders als die pseudoaristotelischen *Mechanica*, umfaßt dabei die Mechanik neben der Lehre von durch Menschenwillen erzwungenen Bewegungen auch die der physikalischen Voraussetzungen, der naturgemäßen Bewegungen[545]. Sein Ausbildungskonzept als Teil einer anwendungsorientierten mathematisch-theoretischen Weiterbildung leitet Pappos von Vorstellungen Herons ab: Mechanik wird gelernt auf dem Hintergrund einer praktischen Ausbildung als Weiterbildung in den theoretischen Fächern Geometrie, Arithmetik, Astronomie und Physik und einer praktischen Unterweisung in Metallbearbeitung, Mau-

542 Vgl. HEATH (1921) II 355-439; HEIBERG (1925) 42f.; ZIEGLER, RE XVIII 2,1084-1106 s.v. *Pappos*.

543 Papp., *Coll.* VIII pr. 1-3 p. 1022,3-1028,3.

544 Papp., *Coll.* VIII 1 p. 1022 Hultsch.

545 Ebda.: *στάσεων γὰρ καὶ φορᾶς σωμάτων καὶ τῆς κατὰ τόπον κινήσεως ἐν τοῖς ὅλοις θεωρηματικὴ τυγχάνουσα τὰ δ' ἀναγκάζουσα παρὰ φύσιν ἔξω τῶν οἰκείων τόπων εἰς ἐναντίας κινήσεις μεθίστησιν ἐπιμηχανωμένη διὰ τῶν ἐξ αὐτῆς τῆς ὕλης ὑποπιπτόντων αὐτῇ θεωρημάτων.*

rerhandwerk, Zimmermannsarbeit und Zeichnen. Die vorherige praktische Ausbildung determiniert die je unterschiedliche Spezialisierung, die durch verschiedene praktischen Zwecke bedingt ist. Pappos bietet eine Liste der wichtigsten Disziplinen der Mechanik und ihrer Zwecke. Sie umfaßt (1) die Herstellung von Kränen und Flaschenzügen, also von Geräten zum Heben schwerer Lasten, ursprünglich Inbegriff für Mechanik überhaupt[546]; (2) den Kriegsmaschinenbau, ursprünglich ebenfalls Teil der als Einheit gedachten *Mechanik*; (3) den Maschinenbau, insbesondere den von Wasserhebewerken; (4) den von den Alten als *Mechanik* bezeichnete Bau staunenerregender Unterhaltungsmaschinen und -automaten[547] und (5) den Bau von Tellurien und Modellen der Himmelsbewegungen. Pappos entnimmt diese Systematik der Literatur als ausgebildete mechanische Lehrsystematik, die sich nach Geminos' *De mathem. ord.* auf Archimedes als Archegeten der Mechanik beruft[548]. Die Mechanik beschmutze nicht die Geometrie, derer sie sich bediene, durch die Anwendungsorientierung; Darstellungs- und Beweismethode der Mechanik sei die geometrische[549]. Pappos' Liste mechanischer Disziplinen bezeugt eine weitgehende Differenzierung innerhalb des prinzipiell noch als Einheit aufgefaßten Faches: Früher mit einheitlicher Bezeichnung belegte Tätigkeiten haben sich zu verschiedenen Disziplinen entwickelt. Bereits Herons Prinzip, daß der Mechaniker idealerweise eine umfassende Fülle praktischer Betätigungen aus eigener Erfahrung kennen sollte, sich tatsächlich jedoch spezialisiere, antwortete auf diesen Spezialisierungprozeß; seine Mechanikausbildung wahrte aber noch die theoretische Einheit der Ausbildungsinhalte trotz dieser Spezialisierung.

Zu den Fundamentalaufgaben der Mechanik gehört es, eine gegebene Last mit einer gegebenen (begrenzten) Kraft zu bewegen[550]. Auch die Aufsuchung von zwei Mittelproportionalen gehört wegen ihrer Bedeutung für den maßstabgerechten Bau (Torsionsartillerie) zur Mechanik: Im Prinzip stellt Pappos' Abschnitt über die Mechanik nur eine Ausführung dieser Fundamentalaufgaben der Mechanik dar; er sucht den Ebenenwinkel, unter dem eine gegebene Last mittels gegebener Kraft auf eine gegebene Höhe transportiert werden kann, er bestimmt die mittleren Proportionalen zweier Größen und er berechnet den Durchmesser eines Zahnrades, das zu einem gegebenen Zahnrad ein gegebenes Übersetzungsverhältnis besitzt. Pappos reduziert die Mechanik auf den Anteil beweisender angewandter Geometrie, beschreibt aber keine konkreten Konstruktionen. Seine Konstruktionsaufgaben beschränken

546 Papp., *Coll.* VIII 2 p. 1024: *ἡ … τῶν μαγγαναρίων* (scil:: *τέχνη*), *μηχανικῶν καὶ αὐτῶν κατὰ τοὺς ἀρχαίους λεγομένων* (*μεγάλα γὰρ οὗτοι βάρη διὰ μηχανῶν παρὰ φύσιν εἰς ὕψους ἀνάγουσιν ἐλάττονι δυνάμει κινοῦντες*). Pappos' Deutung setzt Aristoteles' Lehre von den natürlichen Örtern voraus: Mechanik Technik dient der Überwindung der Tendenz der Körper zur Einnahme ihrer natürlichen Örter und übt daher Zwang *παρὰ φύσιν* aus.

547 Ebda. p. 1026: Pappos nennt Herons *Pneumatik* als Beispiel für den Bau mit Luftdruck operierender Geräte, Herons *Automatenbau* für die Konstruktion von Unterhaltungsautomaten mit Seilzugantrieb; auch Archim., *De corpor. fluit.* rechnet er zu den Schriften, die eine Anleitung zum Bau von Unterhaltungsgerätschaften bieten. Pappos ordnet auch den Bau von Wasseruhren diesem Gebiet zu (vgl. Heron, *De hydr. horosc.* ap. Procl., *Hypot.* 4,73; Heron., *Pneum.* pr.).

548 Papp., *Coll.* VIII 3 p. 1026.

549 Ebda. VIII 3-4 p. 1026-1028. (λόγῳ γεωμετρικῷ).

550 Ebda. VIII 4 p. 1028: schiefe Ebene, Flaschenzug, Bestimmung des geeigneten Übersetzungsverhältnisses zwischen Zahnrädern. Der Zweck, eine Last zu bewegen, wird hier nicht genannt, leitet jedoch die Beschreibung des *Barulkos*, eines Hebegetriebes, VIII 19-25 p. 1060-1070. Beweise und Durchführung: VIII 17-18 p. 1054-1058 u. 47 p. 1106-1108.

sich auf den mathematischen Gehalt, von dem vorausgesetzt wird, daß er den verschiedenen Sparten des Faches gemeinsam sei; Pappos' Interesse ist weniger didaktischer als systematischer Art. Er will den inneren Zusammenhang der Mechanik wiedergeben und deren Zugehörigkeit zur Geometrie nachweisen. Die konkrete Konstruktion der fünf einfachen Maschinen und deren Kombinierbarkeit wird als bekannt vorausgesetzt. Nicht das Verständnis konkreter Mechanismen ist das Ziel, sondern der Beweis, daß die Mechanik ein legitimer Sproß der Mathematik sei. Pappos bezeugt die besondere Dignität der Mechanik in der Spätantike in theoretischer Hinsicht; die praktische Nützlichkeit behauptet er, belegt sie jedoch nicht; wesentlich ist, daß die Mechanik Wissen bereitstellt, das orientierende weltkundliche Funktion besitzt und das fundamentale Einsichten in das Wesen der Natur formuliert: Pappos denkt dabei an die mechanischen Versuche zur Lösung des Problems der Existenz des leeren Raumes (Vakuumversuche). Sein Werk befriedigte zunächst ein Interesse an der Reduktion der Komplexität der Mechanik; es wollte diese knapp als geometrische Wissenschaft darstellen. Dem Studium der Mechanik kam dies nicht entgegen.

Die unter technikdidaktischen Gesichtspunkten fehlende Konkretion ergänzte daher ein unbekannter Redaktor, indem er Beschreibungen des Funktionierens der fünf einfachen Maschinen aus Philon und Heron exzerpierte und nebst bildlichen Darstellungen Pappos' Text hinzusetzte. Der Exzerptor schreibt, er habe aus Heron Bemerkungen über die fünf einfachen Maschinen (Welle; Hebel; Flaschenzug; Keil; Schraube) hinzugesetzt, sowie Darstellungen über Kräne mit 1 bis 4 Beinen. Zweck dieses Zusatzes ist die Gewähr eindrücklicher Erinnerung und das Schließen einer Lücke[551]. Daß Pappos und der Redaktor nicht ausdrücklich von Fortschritt oder Stillstand der Disziplin sprechen, überrascht nicht; der literarische Zweck der Textstücke läßt nicht erwarten, daß sie davon handelten. Immerhin belegt Pappos' Text, daß ein geregelter Ausbildungsbetrieb von der Mechanik erwartet wurde, daß die konsitutive Rolle des mechanischen Wissens für das Funktionieren der antiken Zivilisation bewußt war und seine kontinuierliche Tradierung gewünscht wurde angesichts seiner Gefährdung als von unmittelbarer Praxis abgelöster, aber praxisleitender mathematischer Theorie[552].

551 Ebda. VIII 52 p. 1114-1116: Der Exzerptor habe in beschädigten Büchern nach den Gegenständen gesucht. Er habe bemerkt, daß die überlieferten Lehrbücher Philons und Herons über die fünf einfachen Maschinen sich in den bildlichen Darstellungen unterschieden und eine Harmonisierung unternommen.

552 Als eine mathematische Theorie baut Damianos die Optik auf. Eine Inhaltsübersicht faßt die Aussagen der Einzelabschnitte in ὅτι-Sätzen thesenartig zusammen. Die Optik rechnet um der Einfachheit willen mit zwei Formen von Strahlen: vom Auge ausgehende Sehstrahlen und Sonnenstrahlen; auch moderne *raytracing-software* rechnet der einfacheren Methodik wegen mit Sehstrahlen. Damianos nimmt kegelförmig sich um einen Schärfebereich ausbreitende Sehstrahlen an; Paradigma des Sehens ist die Spiegelung eines Objektes im Subjekt, Paradigma der Beleuchtung sind Lichtstrahlen. Damianos' Modell abstrahiert von den Oberflächeneigenschaften der Objekte. Die Optik wird als axiomatisches System aufgebaut (pr.: ὑποθέσεις der Optik), dessen Voraussetzungen durch Erfahrung plausibilisiert werden: Da der Mensch im Dunkeln, ohne Sonnenlicht, sehen könne, gebe es Sehstrahlen; auch das nächtliche Leuchten von Katzenaugen gilt als Beleg (1-2). Damianos beruft sich für seine Optik neben Euclid., *Opt.* I p. 2,21; 156,2 auf die *Optik* des Ptolemaios, der durch experimentell-anschaulichen Beweis die geradlinige Ausbreitung des Lichtes bewiesen habe, die auch der theoretische λόγος nahelege (θεωρεῖν). Da die Natur alles nützlich für die Lebewesen einrichte (3), müßten nach einem natürlichen Ökonomieprinzip Sehstrahlen sich gerade ausbreiten und ihre Objekte auf einer Kreisfläche bestreichen. Die Voraussetzungen der Optik werden also auch anthropologisch begründet. Mit der Kegelform der Sehstrahlen erklärt Damianos, daß Gegenstände verschiedener scheinbarer Größe mit demselben Auge gesehen werden (3): Er formuliert eine Theorie der Perspektive. Mit all-

Marcus Cetius Faventinus steht als Architekturschriftsteller zwischen Vitruv und Palladius: Wie letzterer behandelt er die Privatarchitektur, nicht öffentliche Bauten, und folgt einer Tendenz zur Theorie des Privatbaus[553]; während aber Palladius den Betonbau, der bis etwa 320 n.Chr. gepflegt wurde, nicht mehr als produktive Technik beschreibt, sieht ihn Faventinus für Zisternen noch vor, wenn auch mit anderem Mischungsverhältnis zwischen Mörtel und Sand als bei Vitruv. Faventinus schreibt um 300 n.Chr. und behandelt vornehmlich Probleme des privaten kleinräumigen Bauens. Er entnimmt Wesentliches Vitruv und fügt neue Details hinzu: zu den Blei- und Keramikwasserleitungen solche aus Holz. Anders als Vitruv behandelt er nur breit anwendbare Gegenstände, seine Architektur ist nicht die Technik für eine kleine Elite, sondern für die architektonischen Bedürfnisse eines breiteren Kreises privater Bauherren[554]. Das bautechnische Wissen, das seine Architektur vermittelt, soll

täglicher Erfahrung wird begründet, daß der Ausbreitungskegel der Sehstrahlen rechtwinklig sei: Vorzug des *ὡρισμένον* vor dem *ἀόριστον* in der Natur; Sichtbarkeit von ¼ der Himmelskugel und des Horizontkreises (5). Refraktion an Grenzflächen (Beispiel eines ins Wasser gelegten sichtbaren Gegenstandes, der ohne Wasser hinter der Gefäßwand bleibe): Die *παλαιοί* unterschieden Geradsicht (*ἰθυφανές*), Reflexion (*κατὰ ἀντιφάνειαν*) und Refraktion (*κατὰ διαφάνειαν*). Begründung der Isomorphie von Licht- und Sonnenstrahlen (13, vgl. Plat., *Rep*. 508a). Reflexionsgesetz nach Heron, *Catoptr*. ökonomisch begründet: Wenn der Sehstrahl nicht überflüssigen Weg zurücklegt, muß er dem Reflexionsgesetz genügen (14). Nachträge aus Geminos (Damianos, *Opt*. ed. SCHÖNE 22ff.) präzisieren den mathematischen Status der Optik: Diese frage nicht physiologisch, weil sie nicht Veränderungen des Mediums oder der Objekte beschreibe, sondern unter der Voraussetzung der Geradlinigkeit der Strahlfortpflanzung mathematisch konstruiere. Nach den Materien ließen sich allgemeine Optik, Reflexionstheorie (Katoptrik) und Theorie der Perspektive (Skenographie) scheiden. Zur Reflexionslehre gehöre die Theorie des Regenbogens (26). Beispiele für Refraktion: Gläser und Glaskörper vor: Sammellinsen bzw. Brenngläser wurden optisch-theoretisch betrachtet (26-28), vgl. Procl., *In Eucl. Comment*. 40,9; Heron., *Catoptr*. Optik als Theorie der Erscheinung: scheinbare Gestalt- und Lageänderungen bei Betrachtung durch Grenzfläche (28); Unterschied wirklicher und tatsächlicher Gestalt von Bauten (28-30, *σκηνογραφία*, Lehre der Konstruktion der Ansichtszeichnung für Bauten). Aufgabe des Architekten sei die Produktion einer wohlproportionierten Erscheinung und einer die Sinne korrigierenden Ansicht (Kurvatur).

553 Fav., *De div. fabr. arch*. XXIX p. 84: Faventinus habe alles zur Privatarchitektur Gehörige behandelt unter Auslassung des öffentlichen Bauens.

554 PLOMMER (1973) 1-34: Fensterbusch hatte Faventinus ins 3. Jhdt. datiert. Faventinus' Abschnitt über Hölzer geht auf Vitruv zurück; Zusätze: Eignung von Buchenholz für trockene Plätze (keine Rißbildung); Zedernöl als Konservierungsmittel für Schränke, Kästen und Bücher (Codizes mit Holzbindung). Im Gegensatz zu Vitruv gibt Faventinus keine kausalen Erklärungen. Vitruv: 2:5-Beton für Zisternen; Faventinus: 1:2-Beton für Quellfassungen, bei höheren Baukosten haltbarer (entwickeltste Stufe des antiken Zementbaus, PLOMMER, aaO.), IV p. 48-50; vgl. Vitr., *Arch*. II 4; Pallad., *Agr*. I 10. Holzwasserrohre: für private, nicht öffentliche Wasserversorgung, möglicherweise Zuleitungen für Wasserräder. Einfluß Vitruvs: PLOMMER, aaO. gegen KOCH (1951). Vitruv über Gesundheitsschädlichkeit von Bleiwasserrohren und Giftigkeit des Bleis: Vitr., *Arch*. VIII 3,18-19; 6,8-11. Faventinus (VI p. 50-52) ähnlich: Mit kleinerem *sumptus* und *utilius* würden Wasserleitungen aus Keramik statt Blei hergestellt; *salubrior etiam multo tubulorum materia invenitur*; aus Blei entstehe *cerussa* (Bleiweiß), das löslich und giftig sei (Anämie der Bleiarbeiter als Beweis bei Faventinus und Vitruv); Verweis auf wertvolle, nicht geschmacksneutrale Metallgefäße, im Vergleich zur Gebrauchskeramik; Bleiwasserrohre erscheinen so als Phänomen des materiellen Luxus. Die *norma*, der rechte Winkel, nach Vitruv beschrieben, XXVIII p. 80 ≅ Vitr., *Arch*. IX pr.). Abschluß: *de horologii institutione* aus anderer Quelle als Vitruv (Konstruktion von ebenen und halbkugelförmigen Sonnenuhren). Zeitmessung durch Sonnenuhr führte nach antiker Praxis zu nach Tageslänge unterschiedlich langen Stunden; Zeitmessung in gleichen Einheiten (z.B. durch Wasseruhren) wolle Faventinus ihrer *prolixitas* wegen auslassen; nur wenige *prudentes* besäßen die entsprechende *diligentia*; fast alle wollten die Tageszeit nach dem Sonnenstand wissen (XXIX p. 80-84): Faventinus

nicht die Entscheidungen der politischen Führung bestimmen, sondern angewandt werden durch private Bauherren.

Faventinus beginnt sein Werk mit einer in der technischen Schriftstellerei nicht unüblichen Kritik der Literaturtradition: Länge und rhetorischer Schmuck von Vitruvs Architekturschriftstellerei befremdeten Leser ohne besonderen Fachverstand; er wolle daher nur weniges mit mittelmäßigem rhetorischem Aufwand vortragen. Der Skopus soll praktisch sein, der systematischen Lehrtradition wirft Faventinus vor, durch als rhetorischen Schmuck denunzierten Ballast befrachtet zu sein[555]. Dadurch soll nicht der systematische Aufbau des Werkes als Lehrschrift zugunsten eines unmittelbar praktischen Zwecken dienenden Leitfadens aufgegeben werden: Auch Faventinus baut seine Lehre vom Elementaren aus folgerichtig zu komplexeren Details fortschreitend auf[556]. Sie orientiert sich daran, daß das Planen des Architekten sich graphisch, in Zeichnungen, manifestiert: in *ichnographia*, *orthographia* und *scenographia*, Grundriß, Aufriß und teilperspektivischer Gesamtansicht[557]. Deutlicher als bei Vitruv liegt der Akzent auf der zeichnerischen Bewältigung der Planungsaufgabe. Planung durch maßstäbliche Zeichnung war für die griechische Poliorketik des Hellenismus (Biton) bereits konstitutiv, fand im durch kanonisierte Ordnungen geprägten griechischen Hochbau aber in in geringerem Umfange statt als in römischer Zeit, und auch diese erlebt einen deutlichen Fortschritt in Bedeutung, Umfang und Leistung der zeichnerischen Planungsmethoden, für die Faventinus' Traktat ein Zeugnis ist: Die primäre Tätigkeit des Architekten nach Faventinus ist das Zeichnen[558].

konzentriert sich auf Konstruktionen für ein breites Publikum; Maßstab der Wichtigkeit ist breite Anwendbarkeit. Betonbau: LAMPRECHT ([5]1996).

555 Fragen, die sein Traktat beantwortet: Zum Bauen gesunde Richtungen (Windrichtungen); *subtilitas* zur Abwendung gefährlicher Luftzüge (*flatus*) und zur Sicherung des leichten Zuganges für Mensch und Tier; Symmetrieverhältnisse für das Haus; Wassersuche. Faventinus verspricht: *brevi succinctaque narratione cognosces* (pr. p. 40). Wie bei Vitruv soll der Bau in eine entsprechend hippokratischen Vorstellungen bestimmte gesunde Umgebung gesetzt werden. Faventinus denkt aber deutlicher an privates Bauen, auch entfernt von Zivilisationszentren.

556 Als erstes sollten die *principia* der Architektur erlernt werden; alles werde mit *pulcher decor* und *venusta utilitas* gemacht, wenn vorher *huius artis peritus ordo discatur* (I p. 40): Die *ars* bildet ein System, das von seinen Voraussetzungen her schrittweise erlernt wird. Dies setzt praktische Erfahrung voraus: Die literarische Lehre ergänzt und komplettiert praktische Lehre; sie erlaubt Bauherren wie Baumeistern ein Urteil über die Bauplanung. Die Prinzipien (Urteilskriterien) sind im wesentlichen die Vitruvs: *ordinatio*, *dispositio*, *venustas*, *mensura*, *distributio*, *aedificatio*, *conlocatio*, *machinatio*. 5 Teile der Architektur benennt Faventinus lateinisch: *ordinatio* (τάξις), *dispositio* (διάθεσις), *venustas* + *decor* (εὐρυθμία), *modulorum mensurae* (συμμετρία), *distributio* (οἰκονομία). Die Prinzipien bestehen nach Art der rhetorischen Lehre in elementaren Produktionsschritten (*aedificatio* ≅ *actio* etc.) und Qualitätskriterien (*venustas*). Elementarbegriffe werden definiert nach dem Vorbild Vitruvs. *ordinatio est ergo membrorum dispositio*, also *quantitas* (ποιότης); Quantität definiert: *quantitas est modus singulorum membrorum universo respondens operi* (IV p. 49). *dispositio* als *apta rebus conclavium institutio*.

557 *Ichnographia* als *areae vel soli et fundamentorum descriptio*, *orthographia* als *laterum et altitudinis extructio* und *scenographia* als *frontis et totius operis per picturam ostensio* (I p. 40).

558 Für Hochbauten kennnt man aus griechischer Zeit nur wenige kleinmaßstäbliche Zeichnungen: sog. Pytheosskizze eines Giebels am Athenatempel von Priene, HEISEL Darmstadt (1993) 158f.; zu Pytheos vgl. MEISSNER (1992) 152. Aus römischer Zeit sind mehr epigraphisch erhaltene Gebäude-, Lage- und Stadtpläne bekannnt, HEISEL, aaO. 185ff. Für griechische Architekten hat COULTON den extremen Schluß gezogen, daß sie nicht zeichnerisch, sondern verbal Projekte konzipierten und präsentierten, COULTON (1977); (1983) 453-468.

Faventinus' Werk konzentriert sich auf Gegenstände, die die Planung und das Urteil über Bauprojekte ermöglichen[559]; Details der Baudurchführung werden ebenfalls behandelt, auch Sicherheitsüberlegungen beim Faventinus wichtigen Brunnen- und Wasserbau[560]: Die Sicherung der Wasserversorgung nicht in städtischen Agglomerationen, sondern auf ländlichen Besitzungen, stellte an den Baumeister an der Schwelle vom 3. zum 4. Jahrhundert eine Aufgaben. Die potentiellen Auftraggeber der Architekten, für die Faventinus schreibt, errichten Häuser außerhalb der Reichweite städtischer Wasserversorgungssysteme[561]. Faventinus konzentriert sich auf private Baubedürfniss; er tut dies nicht ohne originellen Quellengebrauch; das Werk orientiert sich an der unmittelbaren Bedeutung für praktische Urteile und für die Umsetzung der Handreichungen, und dafür wählt Faventinus aus der Überlieferung das Passende aus, fügt Mitteilungen über Neuentwicklungen hinzu und ist sich des größeren praktischen Wertes seines Werkes und der Fortschritte, die manche der von ihm beschriebenen Regeln des Bauens gegenüber dem maßstabsetzenden Vitruv darstellen, bewußt: Die Architekturtheorie war auch an der Schwelle vom 3. zum 4. Jahrhundert n.Chr. eine den Fortschritt und die Entwicklung suchende und verwirklichende Disziplin.

2.2.6.2. Medizin und Pharmakologie

Die Zeit von Julian Apostata empfand in besonderem Maße die Gefahr eines Verlustes technischen Wissens und verhielt sich daher ihm gegenüber bewußt stärker bewahrend und wiederherstellend als erneuernd und verändernd. Die medizinische Überlieferung suchte Oreibasios, Leibarzt Julians, zusammenzufassen und dem umfassenden kulturellen und politischen Restaurationsprojekt des Kaisers zur Verfügung zu stellen: Oreibasios ist der erste kompilatorisch und restaurativ arbeitende Medizinliterat und nimmt als solcher eine Ausnahmestellung in der antiken Medizinliteratur ein. Seinen Auftrag erhielt er vom Kaiser

559 Behandlung der Winde: Darstellung der Berechnung des Erdumfanges durch Eratosthenes anhand von Schattenlängenbeobachtungen; Unterscheidung von 8- und 12-Windrichtungsmodellen. Fenster und Türen seien nicht in Richtung von *nocivi flatus* anzulegen, starken oder kalten Winden: In kalten Regionen seien Fenster und Türen nach Süden oder Westen zu richten, in warmen Regionen nach Norden (II p. 42). Ähnlich Vitruv: Darstellung des Auffindens von Wasser und der Qualitätsunterschiede des Wassers aus Kalk-, Sand- und Schwarzerdeboden; Zurückweisen unspezifischer Wasserindikatoren (z.B. Verhalten des Wildes), III p. 44-46: Faventinus lehnt nicht durch einen verstandenen Mechanismus begründete Methoden ab. Beurteilung der *utilitas* bestehender Quellen aufgrund der Gesundheit der Bevölkerung; bei neuen Quellen: Kriterium rückstandsarmer Verdampfung des Wassers (V p. 50), also Kalkarmut.

560 Giftige Dämpfe von Schwefel und Bitumen auf dem Brunnenboden, Gefahr für die Bauarbeiter; Prüfung der Atemluft im Schacht mittels einer Lampe (V p. 50). Auf das *Explicit* folgt noch ein Abschnitt über *maltae* (Dichtungsmassen aus Teer, Pech oder Asphalt): vgl. Vitruv. ed. Rose 312f.

561 Behandlung städtischer Hochbauten im Zusammenhang der Ziegelarten: Luftgetrocknete Ziegel seien billiger als gebrannte, doch weniger haltbar; *in urbe* würden wegen der *multitudo hominum* Häuserwände höher gebaut, um weniger Baugrund zu brauchen, daher nehme man dafür teure gebrannte Ziegel (IX p. 56). Qualitäten des Baustoffes Holz elementar erklärt (XII p. 58-60); Aufbau der meist in Holz aufgeführten Wirtschaftsgebäude. Das urbane *opus*, das um seiner *gratia* willen *luminosa* sein soll, erscheint als Sonderfall (*disponenda ... ante*: hoher Planungsaufwand, (XIII-XIV p. 60-62). Bögen: Höhere Haltbarkeit von Natursteinbögen gegenüber Ziegelmauerbögen; normale Bauweise: abgeflachte Bögen mit Eisenverstärkung; doppelte Böden über Baderäumen zum Schutz des Holzdaches vor Feuchtigkeit. (XVII p. 64-65).

selbst: Zunächst ging es darum, das Wissen der galenischen Schriften, dessen Verlust man befürchtete, wiederzugewinnen. Mit einer allgemeinen Verfügbarkeit der Schriften Galens rechnete man nicht: Oreibasios las sie in Galatien[562]. Der darauf folgende umfangreichere Auftrag des Kaisers umfaßte neben der Sicherung des Wissens auch dessen selektive und kritische Sichtung: Die gesamte verfügbare Medizinliteratur sollte Oreibasios durchforsten. Kriterien der Auswahl waren sowohl die Persönlichkeiten der Literaten als auch die Eignung des mitgeteilten Wissens für die medizinische Praxis[563]: Nicht alle Autoren werden nicht herangezogen, sondern nur die besten; nur das Wissen wird gesammelt, das für das Bestehen praktischer Situationen geeignet ist. Es wird alles Wissen gesammelt, das dem Ziel der *ιατρική* dient. Gegenüber der technischen Tradition, die man sich neu aneignet, verhält man sich selektiv: Es gibt unter den Autoren der Tradition gute und schlechte, es gibt nützliche und überflüssige Erkenntnisse. Ziel des Unternehmens ist es, schnellen Zugang zum Wissen zu ermöglichen; die *συναγωγή* des Oreibasios ist ein sachlich geordneter Auszug: Unmittelbare Anleitung der Praxis, der sich der Leser gegenübersieht, soll das Werk als Nachschlagewerk ermöglichen. Oreibasios beansprucht für sich die für die kritische Selektion der Tradition notwendige Urteilsfähigkeit und reklamiert besonderen Wert für die Ordnung (*τάξις*), die er dem Stoff gibt: Dem Stoff wird eine objektive Ordnung zugesprochen, die durch die hippokratische Orientierung gegeben ist[564]. Tatsächlich gliedert sich das Werk nicht wie zum Nachschlagen nach Krankheitsbildern, sondern systematisch nach Therapiemethoden[565], wenn auch Bedürfnisse des Nachschlagens berücksichtigt werden[566]. Dennoch befolgt das Werk grundsätzlich eine enzyklopädische Systematik und will nicht allein Praxiswissen verfügbar machen, sondern der systematischen Aneignung des Gebietes dienen. Eine solche Systematik soll nicht nur die Applikation, sondern Verständnis und Memorieren des Stoffes ermöglichen[567].

562 Oribas., *Collect. medic.* I pr. 1-4: Oreibasios arbeitete im kaiserlichen Auftrag eine erste Spezialepitome aus Galen aus (Τὰς *προσταχθείσας ἐπιτομὰς παρὰ τῆς σῆς θειότητος, αὐτοκράτωρ* Ἰουλιανέ, 1); nach der zur Zufriedenheit des Kaisers erfolgten Epitomierung Galens folgt ein neuer kaiserlicher Auftrag.

563 I pr. 2.

564 I pr. 3-4. Die Ordnung der Schrift soll zugleich eine Ordnung der Sache sein: Zuerst das *ὑλικὸν μέρος*, das Substanzhafte des Gegenstandes; darauf *φύσις* und *κατασκευή* des Menschen und schließlich *τὰ τῆς ὑγιεινῆς καὶ ἀναληπτικῆς πραγματείας*, die Lehre vom gesunden Körper. Endlich die Lehre vom Tun des Mediziners (*διαγνωστικὴ καὶ προγνωστικὴ θεωρία*) und die Lehre der Therapie als der Korrektur eines fehlerhaften Zustandes (*τῆς τῶν παρὰ φύσιν ἐπανορθώσεως*). Oreibasios übernimmt aus der Tradition die Vorstellung, Heil- und Nahrungsmitteln eigneten besondere Kräfte (vgl.: *περὶ τῶν ἐν ταῖς τροφαῖς δυνάμεων*). Beginn: Betrachtungen über ungewohnte Nahrung im hippokratischen Sinne (I 1).

565 Buch VII behandelt Formen der Entleerung (*κένωσις*), einschl. des Aderlasses (*φλεβοτομία*) und deren Indikationen, während Buch VIII *ἐλλέβορος* behandelt und die Hervorrufung von Brechreiz. Die Anordnung ist topisch: Bemerkungen zur Luft sammelt Buch IX, incl. Wind und geographische Verhältnisse, im wesentlichen aus Galen und Hippokrates. XLIX 1-36 behandelt medizinische (orthopädische) Gerätelehre. *Eclog. medicam.* ist nach Krankheitsbildern und -effekten gegliedert und enthält Rezepte zur einfachen Medikation und dem tageweisen Krankheitsverlauf im hippokratischen Sinne folgende Beschreibungen von Therapieverfahren. Oreibasios will nicht nur praktische Handbücher schreiben, sondern das medizinische Wissen einer als gefährdet angesehen Tradition systematisch wiedergewinnen und bewahren.

566 Bücher XI und XII (aus Dioskurides): *περὶ τῆς τῶν ἁπλῶν φαρμάκων δυνάμεως κατὰ στοιχεῖον*, über die Kräfte einfacher Heilmittel, alphabetisch geordnet.

567 Buch XIV: Methodologie und Grundsätze der Pharmakologie (XIV 1-4); nicht die *ἰδέαι* der einfachen Medikamente nach Dioskurides sollen gelehrt werden, nicht die *ἐνεργείαι* im einzelnen, der Gegenstand der

Oreibasios' medizinische Schriftstellerei versucht, als gefährdet bzw. verloren angesehenes technisches Wissen zu rekonstruieren und für den Ausbildungsbetrieb zu aktivieren: Oreibasios fertigt aus seiner Summe der Medizin auch einen für Ausbildungszwecke gedachten Auszug, den er dem eigenen Sohn widmet[568]. Darin erwähnt er, daß seine Bemühung um Wiedergewinn und Konservierung des Wissens der heidnischen Antike von Julian Apostata veranlaßt worden sei. Die Komprimierung dieser Enzyklopädie des medizinischen Wissens im Werk an den Sohn soll Ärzten nach Abschluß der Lehre zur Festigung ihres Wissens dienen und auf der Wanderschaft das Wissen transportabel zur Verfügung halten. Oreibasios kann nicht voraussetze, daß diese Ärzte Schriften im Umfang seiner großen Kompilation besitzen oder mitführen können; daher bedürfen sie der übersichtlichen Kurzfassung[569]. Da den Ärzten in der ersten Phase ihrer Berufstätigkeit nach Abschluß der Lehre, auf der Wanderschaft, nicht die Geräte für Chirurgie (Orthopädie) zur Verfügung stünden, beschränke sich die Lehrschrift auf die für Wanderärzte praktikablen diätetischen und pharmazeutischen Verfahren[570]. Aufgrund der Fülle des Wißbaren bedurfte man der Übersicht, weil die Fülle sich zu verlieren drohte, und weil sie die Transportabilität des Wissens bedrohte.

Oreibasios bemühte sich nicht allein um Sicherung und didaktische Aktivierung des Wissens, sondern auch um einen dritten Aspekt der antiken Medizinliteratur, die Befähigung der Laien zum Urteil über ärztliche Leistungen und ggf. zur Selbstmedikation[571]. Oreiba-

Abhandlungen über zusammengesetzte (durch Mischung veränderte) Heilmittel und über Therapie. Gegenstand sind die Kräfte der Grundstoffe, beginnend mit einem Exzerpt aus Galen, *De simplic. med.* III 2 = XI 542-544 K.) über *διαιρέσεις* der Termini: Lehre von vier Grundqualitäten als Kategorien der Erfahrung. Die Frage: Sind Eigenschaften der Stoffe für alle Lebewesen, alle Menschen oder nur einige erfahrbar, also Gattungsbegriffe erfahrungsmäßig zu gewinnen. Oreibasios stützt sich auf galenische Passagen, um die These zu untermauern, die Eigenschaften einfacher Heilmittel seien wesensmäßig je verschiedene (XIV 2 aus Galen, *De temp*. III 2 = I 656f. K.; XIV 3; XIV 4 aus Galen., *De simplic. med.* V 2 = XI 706f. K.). Buch XV erweitert dieses Thema in einer Einleitung, einer alphabetisch geordneten Darstellung der Leistungen der Medikamentenstoffe sowie zwei den Gebrauch betreffenden Abschnitten. Einleitung: Wichtigkeit des Themas für die Therapie und als Kriterium für das technische Niveau der Medizin (XV 1 pr. 1-2 aus Galen): *ἔτι δ' εἰς τὰς εὑρέσεις αὐτῶν καθόλου τὸ τεχνικὸν ἐπιφαίνει παρὰ πᾶσιν ἡ τούτων εἴδησις*. Nicht zusammengesetzte Heilmittel als Elementarstoffe (*στοιχεῖα*): Die Struktur des Werkes bietet eine sachliche wie didaktische Ordnung. Vgl. zur Systematik: XXV 1 (Terminologie der Körperteile), *'Αναγκαιότατόν ἐστι προδιδαχθῆναι τοῖς τὴν ἰατρικὴν τέχνην μανθάνουσιν ὡς χρὴ καλεῖν ἕκαστον μόριον τοῦ σώματος*. Die Schrift soll Lehrbuch und Nachschlagewerk zugleich sein.

568 Oribas., *Synops. ad Eustath.* pass.

569 I 1-5.

570 Chirurgie (Orthopädie) bedürfe besonderer manueller Fertigkeiten (I 3-5). Das Gebiet wird hier nach Zweckbestimmung und subjektiven Voraussetzungen (Apodemien, Reisetätigkeit der Ärzte, Verfügbarkeit der Geräte, Übung) abgegrenzt, nicht grundsätzlich, denn in *Collect. medic.* beschreibt Oreibasios orthopädische Geräte.

571 Oribas., *Libr. ad Eunap.* I 1-2: Der Adressat, Eunapios, habe um die Mitteilung einfacher und auf Reisen selbst zu bewerkstelligender Heilverfahren gebeten. Gesichtspunkte der Gültigkeit: Nützlichkeit und Leichtigkeit der Herstellung. Wie in *Ad Eustath.* setzen die Heilverfahren keine besonderen Geräte oder Vorbereitungen voraus. Eunapios verhält sich zu Oreibasios als Auftraggeber (pr. 10): *ἐπεὶ δ' ἐκέλευσας μνημονεῦσαί με καὶ τοῦ ὑγιεινοῦ μέρους, ἐνταῦθα τὴν ἀρχὴν ποιήσομαι*. Sein Verhalten belegt das Interesse der literarischen Führungsschicht an der literarischen Fachtradition über einfache Heilmittel. Der Adressat ist Eunapios von Sardeis, antichristlicher Verherrlicher von Julian Apostata, vgl. Eunap. 205: *καὶ τῶν ἄλλων πλέον 'Ιουλιανὸν τὸν παραβάτην, καὶ σχεδόν τι τὸ τῆς ἱστορίας αὐτῷ εἰς τὸ ἐκείνου ἐγκώμιον*

sios gehörte zum Keis des Kaisers Julian, dessen Leibarzt er war, und unternahm den Versuch, die Medizin als Teil einer heidnisch geprägten Lebensführung zu erhalten[572].

Ein Motiv für die Bemühung um die Laienmedizin liegt in den Vorbehalten gegenüber den Medizinern als Spezialisten, ein weiteres im Anspruch des gesellschaftlich exponierten Laien, über das seine Unabhängigkeit begründende Wissen selbst zu verfügen. Den unbekannten Arzt als Spezialisten verdächtigt man der Kompetenzanmaßung[573] und rechnet mit verbreiteter Inkompetenz. Oreibasios appelliert an die Skepsis der Laien gegenüber der Fachkunde der Ärzte, um sein Werk der *Euporista*-Gattung zu rechtfertigen. Die praktische Übung des Arztes betrifft, so setzt er voraus, handwerkliche Aspekte seines Tuns, die der Autor für untergeordnet hält. Als entscheidende medizinische Kompetenz betrachtet er nicht die Übung selbst, sondern die, möglicherweise daraus erwachsende, Urteilsfähigkeit. Die *προαίρεσις* des systematisch sich um Wissen bemühenden *educated amateur* schätzt Oreibasios höher ein als die Übung des schlechten Fachmannes; und zur *παιδεία* des Literaten gehöre es, sich um das die eigene Unabhängigkeit von Fachleuten garantierende Wissen zu bemühen[574]. Medizinische Elementarkenntnisse sollen die Angehörigen der heidnischen Führungsschicht also besitzen, deren Kultur der Mediziner zu konservieren unternimmt. Oreibasios möchte aber die Funktion des medizinischen Fachmannes, dessen spezielle *θεωρία* und besondere *ἄσκησις* ihn vor dem Laien auszeichnen, nicht entwerten[575]. Oreibasios' Schrift versucht, eine Kultur wiederzugewinnen, deren Untergang man durch die Christianisierung befürchtet. Nicht die universale Hilfsverpflichtung des spätantiken Christentums motiviert das Interesse heidnischer Laien an der Medizin und der Fähigkeit zur Selbstmedikation, sondern das Bedürfnis nach Autonomie und persönlicher Unabhängigkeit, teilweise auch von Fachleuten.

Ein weiteres Motiv für die besonderen Bemühungen um Konservierung und Restitution technischen Wissens liegt in den Erhaltungsbedingungen der Literatur selbst: Oreibasios schreibt, daß, wenn sich die Schriften Galens *Περὶ τῶν εὐπορίστων φαρμάκων* erhalten hätten, der Wissensdurst des Adressaten aus ihnen zu stillen wäre; sie seien aber nicht erhalten, auch ein Werk für Laien von Rufus von Ephesos sei nicht vollständig überliefert, und die Schriften von Dioskurides und Apollonios seien unzureichend. Daher suche der Autor durch

συντεθὲν ἐξεπονήθη (Photios).

572 Oreibasios schrieb als persönlicher Vertrauter Julians einen historischen Abriß seiner Taten (Eunap., *Ex. de sentent.*, FGrHist. 221 T 1): *ὁ δὲ ἐς τὰ μάλιστα γεγονὼς αὐτῶι* (sc. *Ἰουλιανῶι*) *γνώριμος, ὁ Περγαμηνὸς ἀνὴρ Ὀριβάσιος, ἐκ φυσικῆς φιλοσοφίας ἰατρικὴν ἐπιτάττειν ἄριστος καὶ δρᾶν ἔτι θειότερος καὶ ἀσεβήσειν ἐβόα περιφανῶς, εἰ μὴ συγγράφοιμι· καὶ τῶν γε πράξεων - πάσας δὲ ἠπίστατο παρὼν ἁπάσαις - μάλα ἀκριβῶς ὑπόμνημα συνετέλει πρὸς τὴν γραφήν, ὥστε οὐκ ἦν ἀναβολὴ καὶ βουλομένωι ῥαθυμεῖν.*

573 Es gebe wenige wahre Ärzte, aber viele, die die *τέχνη* gering schätzten, indem sie nur das *ὄνομα* eines Arztes besäßen und ihr Fach nicht beherrschten, dennoch aber die Lenkungs- und Leitungsfunktionen eines Arztes ausüben wollten (Oribas., *Libr. ad Eunap.* I pr. 2).

574 I pr. 3.

575 Dem Adressaten Eunapios spricht Oreibasios theoretische Kenntnisse zu, die seine Urteilsfähigkeit begründen (I pr. 4): Unter Umständen ist auch der Laie medizinisch urteilsfähig. I pr. 3: Es gibt in der Medizin aber Gegenstände, die dem geübten Fachmann vorbehalten bleiben müssen; davon unterscheidet Oreibasios die dem medizininteressierten Laien zugänglichen einfacheren Dinge. Die Klasse der von Laien selbst heilbaren Erkrankungen bildet nur eine Teilklasse der Erkrankungen überhaupt: III pr.

seine Schrift die Bitte des Adressaten zu erfüllen[576]: Oreibasios sieht sich in einer Situation, in der die literarische Tradition des technischen Wissens abzubrechen droht; das Wissen ist verstreut, unvollständig und aufgrund seiner Reproduktion auf dem Wege des Abschreibens von Traditionsabbruch bedroht; Oreibasios versucht, verlorenes Wissen wiederherzustellen. Seine kompilatorischen Arbeiten beabsichtigen Restitution technischen Wissens in praktischer Absicht; er selektiert daher nach dem Kriterium praktischer Brauchbarkeit, für dessen Anwendung er persönliche Erfahrung beansprucht[577].

Oreibasios' kompilatorische Technikschriftstellerei steht also im Zusammenhang der restaurativen Bemühungen der Kreise um Julian Apostata um die Kultur der heidnischen Antike. Der Kaiser als Auftraggeber und lobender Rezipient vertritt die Stelle der literarischen Nachwelt, für die es das Wissen zu sichern gilt. Endzweck der Arbeit ist die Stabilisierung einer medizinisch angeleiteten Lebensweise, also einer Praxis, von der erwartet wird, daß ihre Bewahrung literarischer Anstrengung bedarf. So wie das 4. Jahrhundert das juristische Wissen in Codices umschreibt (sog. Kodifikationsbewegung[578]), kodifiziert Oreibasios das medizinische Wissen, damit es konsultierbar wird. Mit dem zum Blättern geeigneten Codex wird die Form der Gesamtübersicht über das Wissen möglich, von der Oreibasios und der Kreis um Julian annehmen, daß sie notwendig sei, um es nicht zu verlieren. Oreibasios' medizinische Schriftstellerei belegt also nicht einen genuin konservativen Zug der spätantiken Medizinliteratur, sondern machte Restauration und Konservierung unter den außergewöhnlichen Umständen der heidnischen Restauration Julians zum literarischen Programm. Gegenüber der von ihm neu gewonnenen Überlieferung macht Oreibasios auch Momente der Kritik aus eigener Erfahrung geltend: Er modifiziert und selektiert. Von einem grundsätzlich nur bewahrenden Umgang mit dem technischen Wissen kann daher nicht die Rede sein.

Vielmehr ist in Medizin der der christlichen Spätantike das Bewußtsein einer Weiterentwicklung der Disziplin besonders ausgeprägt, wie die Schriften des Mediziners Avianus Vindicianus Afer zeigen; dieser war *vir clarissimus*, Arzt[579], *proconsul Africae* 380

576 I pr. 5-6. Die literarische Tradition ist gefährdet, weil sie reproduzierbar nur durch manuelles Abschreiben ist und dadurch die Verbreitungsgeschwindigkeit und -rate gering sind. Galen mußte es bereits erleben, daß durch die Zerstörung einzelner Abschriften seiner Werke diese für ihn selbst verloren waren und neu geschrieben werden mußten (Galen., *De libr. propr.* XIX 8-48 K.; *De anat. admin.* II 216 K.). Oreibasios' Werk als Schrift für Laien, die diesen auch komplexere, aber praktikable Therapien empfiehlt: Oribas., *Libr. ad Eunap.* I pr. 7.

577 Vgl. I pr. 8: *ἔκ τε τῶν ʼΡούφου τοῦ ʼΕφεσίου καὶ τῶν τοῖς ἄλλοις γεγραμμένων, ἐκλέγων τὰ χρήσιμα πρὸς τὰ παρόντα καὶ ὧν μάλιστα καὶ αὐτὸς ἐν πείρᾳ γέγονα*. Gliederung dieses Werkes als praktischer Kompromiß zwischen drei denkbaren Gliederungen eines laienmedizinischen Werkes: Fortgang von einfachen Heilmittteln zu kompliziert gemischten (nach Heilmittelgattungen); Zuordnung von Heilverfahren zu einer Krankheitenliste und Zuordnen von Krankheiten und Heilverfahren zu Körperteilen (*a capite ad calcem)* (I pr. 9). Buch II: elementare Heilmittel, alphabetisch. Buch III: zweite Disposition des Stoffes (Beschreibung von Krankheiten als widernatürlichen Zuständen, *παρὰ φύσιν διαθέσεις*, nebst Mitteln zu ihrer Korrektur (III pr.). Buch IV: beginnend mit der Darlegung von Kopf bis Fuß (IV pr.).

578 NÖRR (1963); WIEACKER (1964); WENGER (1953).

579 Empfänger eines Reskriptes von Valens, Gratian und Valentinian II. vom 14. September 379, durch das den Oberärzten (*archiatri*), die als Leibärzte in der Umgebung des Kaisers Dienst getan haben, die Befreiung von Frondiensten gewährt wird, *Cod. Theod.* XIII 3,12. Empfänger des Privilegs, das Angehörigen der Oberschichten, gedienten Soldaten, Mitarbeitern in Staatsbetrieben und Spezialisten gewährt wurde, DEMANDT (1989) 248f., war Vindicianus wohl, weil er selbst Begünstigter war. Am Ende der Me-

n.Chr.[580], Freund Augustins und Vertrauter Valentinians II. Sein Lehrbrief an den Enkel Pentadius über die Teile des menschlichen Körpers belegt die noch wirksame Kontinuität des Wissens der literarisierten technischen Disziplinen in einzelnen Familien: Dem Enkel, der das Griechische als Voraussetzung zum Studium der medizinischen Lehrschriften erlernt hat, soll in lateinischer Sprache ein Überblick über die Lehren des Hippokrates gegeben werden. Das Werk ist ein Begleitbrief für den Enkel zu seines Urgroßvaters kosmologischen Lehrschriften, die der Großvater ihm schickt. Das Griechische ist im 4. Jhdt. noch wesentliche Voraussetzung für die des Studiums griechischer Literatur bedürftige medizinische Ausbildung, obwohl diese Voraussetzung nur unter Schwierigkeiten noch erfüllbar ist: Pentadius hat erst als Jugendlicher Griechisch gelernt; Wesentliches der medizinischen Theorietradition vermittelt ihm sein Großvater daher in lateinischer Übersetzung[581]. Die Weitergabe des Medizinerberufes in einer Familie und Gesellschaftsschicht[582] geschieht nicht allein in der Form persönlicher Belehrung, sondern auch durch Weitergabe der Bücher von Generation zu Generation; diese führte weniger zur Verbreitung, sondern half bei der Konservierung und Aktivierung des Wissens. Mit Anschauung, früher Erfahrung, Instrumenten und ggf. einer Praxis werden auch die hilfreichen Bücher in der Familie tradiert.

Vindicianus widmete dem Kaiser auch eine Schrift über Medikamente, von der nur das Vorwort überliefert ist[583]. Neben den engen Beziehungen des Mediziners zum Herrscher

dizinerbriefsammlung bei Marcellus Empiricus findet sich Vindic., *De medic. praef.*, die *praefatio* zum verlorenen Werk Vindicians über Medikamente, das er Valentinian II. widmete; darin bezeichnet er sich als *comes archiatrorum*, war also einer der *archiatri*, die durch o.a. Privileg von *munera sordida* befreit wurden.

580 JONES (1964) III 381ff. Empfänger auch von *Cod. Theod.* X 19,9 (15. August 378 n.Chr.); die Vorschrift der Kaiser Valens, Gratian und Valentinien II. richtet sich an die Praefekten Galliens und Italiens und betrifft den Seehandel mit Sardinien.

581 Vindicianus schreibt dem Enkel, ihm stehe es nach der Ausbildung im Griechischen frei, *ad hanc disciplinam posse pervenire*; Vindicianus habe für ihn und seine *memoria* im vorliegenden Werk *ex libris medicinalibus Hippocratis intima* übersetzt (*latinavi*) und übergebe ihm die Bücher seines Urgroßvaters, *ex quibus totius mundi rationem cognoscas*, Vindic., *Ep. ad Pentad.* pp. 485-486. Die Sorge des Großvaters für Wissen und Ausbildung des Enkels geschieht auf dessen Bitte hin (*tibi poscenti*). Zu Vindicianus vgl. ZURLI (1992b); Vindicianus rühmend erwähnt bei Augustin., *Conf.* IV 3,5; VII 6,8; *Epist.* 138,3: Dies belegt den Erfolg, den Vertreter der Medizin als einer nicht zum engsten Kreis freier Künste gehörigen Disziplin in der Spätantike genießen konnten.

582 Vgl. Rose, aaO. 486: Der Enkel solle erkennen, *quanta fuerit generis nostri sapientia*. Weitergabe und Übernahme des Wissens der Vorgängergeneration gilt an sich als Leistung und Wert. Der vorliegende Lehrbrief an den Enkel erklärt *natura* und *ordinatio* jedes Körpers, vermittelt also fundamentale Kenntnisse der Anatomie und Physiologie, beginnend mit der Lehre von den vier Humores. Auf hippokratischer Grundlage werden daraus die Grundlagen der Pathologie abgeleitet (489-490).

583 Vindic., *De medicam. praef.* § 1: Vindicanus verzichtet nicht auf Forschung und kausale Erklärung in der Medizin zugunsten bloßer Konsverierung des Wissens; er habe *causae* und *remedia* aufgezeigt; *causae* sind zunächst Gründe für die Applikation bestimmter *remedia*, indirekt damit aber auch komplexe Krankheitsbilder und -ursachen. Vindicianus will Rezepte begründet geben, damit diese spezifisch angewendet werden. Wie der *gubernator*, der *incertus periculorum* ist und an seiner Rettung zweifle, dann ber seine Lage forschend bewältige, brauche der Mensch für jeden einzelnen Fall *placita*; nur so ändere man seine Lage. Vindicianus erwartet von medizinischer Forschung also, daß sie ursächliche Erklärungen formuliert und so Problemlagen bewältigt, ähnlich einer politischen Handlungslehre. Auch der *Ep. ad Pentad.* liegt eine kausale Vorstellung (hippokratische Humoralpathologie) zugrunde, pp. 489-491: Aufgrund der Physiologie der Humores sei eine kausale Interpretation der Krankheiten möglich. Der unerfahrene,

zeigt das Vorwort, daß Vindicianus von seinem Fach Fortschritt in der ursächlichen Erkenntnis und, darauf gründend, zunehmend bessere Therapien erwartet. Für ihn besteht nicht allein in der Konservierung des Wissens eine Leistung des technischen Autors; er zählt vielmehr zu dieser Arbeit an der Tradition auch deren kritische Selektion und bewertet die Bereicherung der technischen Tradition höher als die kritische Sichtung[584]. Besonderen Stolz zeigt er auf Heilungen, die er gegen den Konsens konkurrierender Schulmediziner bewirkt habe: Hier geht es Vindicianus um das Geltendmachen neuer, durch das Christentum geprägter Schamvorstellungen und v.a. der Norm geringstmöglicher gewaltsamer Nebenwirkungen[585]. Dieses Bewußtsein der Möglichkeit und Notwendigkeit einer neuen, gewaltlosen, die physische, psychische und moralische Integrität der Person schützenden Medizin, begegnet auch anderenorts in den unter Vindicians Namen laufenden Fragmenten[586]; es begrenzt die Möglichkeiten anatomischer Forschung und konzentriert die Tätigkeit des Arztes auf Therapie und Krankenpflege. Vindicianus ist sich der Differenz seiner neuen Maßstäbe humaner Behandlung gegenüber denen der Tradition bewußt; zugleich liegt für ihn in der Bewahrung des sich fortwährend modifizierenden technischen Wissens ein Wert an sich. Diese Bewahrung technischen Wissens erwartet er in besonderer Weise vom Kaiser: Der

nachlässige oder die *causa* nicht einsehende Arzt verhindere nicht die lange Dauer der Krankheiten, der *diligens* und *doctus* könne helfen. Heilung geschehe durch Gegenteile: *nam si causa sanguinis, qui est dulcis umidus et calidus, occurendum est sic ut adhibeatur e contrario quod sit frigidum amarum et siccum* (491). Der schlechte Doktor leistet seine Kompensationsaufgabe nicht und liefert die Krankheit ihrem natürlichen Zeitlauf aus, der gute verkürzt diesen. Vindicianus setzt zwischen dem Arzt und dem Patienten auf der einen und der Krankheit auf der anderen Seite einen Antagonismus voraus, den zu bestehen der Arzt, ähnlich einem Politiker, Überschüsse und Defizite kompensierende Vorgehensweisen entwickelt.

584 *magna laus est veterum instituta scrutari, maior vero gloria inventa servare*, § 2-6.

585 Ein Fieberkranker sei von *multi et magni medici* mit Einläufen behandelt worden, sei aber dem Tode nahe gewesen; Vindicianus habe *pudor* und *reverentia* bewahrt, auf Zeit und Lage geschaut und eine schimpfliche Behandlung unterbunden. Neben den Schamvorstellungen unterscheidet Vindicianus von den konkurrierenden Ärzten die Fiebertheorie: Vindicianus zufolge können Verdauungsprobleme fiebrige Erkrankungen zur Folge haben (§ 2-6). 2. Fallbeispiel: Vindicians Konkurrenz Opposition zu drastisch vorgehenden Kollegen; ein Augenleidender hatte Lidschnitte erdulden müssen, Vindician verhindert den überflüssigen Aderlaß (§ 9-10). An den Kaiser ergeht die Aufforderung: Man solle nicht jedem Rezept vertrauen und nicht glauben, den Kranken müßten Wunden zugefügt werden, sondern mit möglichst wenig Unannehmlichkeiten helfen, wenn man *nostris auctoribus* die *fides* gebe (§ 10). Zum Zutrauen in die Lehren der medizinischen Tradition gehört also, der Traditon gegenüber ein neues Niveau gewaltarmen Therapierens geltend zu machen.

586 Vindic., *Gynaec.* ed. ROSE, vier Versionen *Gynaecia*, einer Schrift über anatomische und physiologische Gegenstände: Cod. San. Gall. 751 saec. X 311-317 (I G); Cod. Flor. Laur. 73,1 saec. XI f. 188 (II C); Cod. Par. 11218 saec. VIII/IX f. 16 (III D); Cod. Casin. 97 saec. X f. $4^{b}1$ (V C). Der Autor motiviert die lateinische Behandlung der griechischen (alexandrinischen) Anatomie als Übertragungsleistung: Die *maiores nostri* hätten *olim* Tote seziert; *nobis* sei dies nicht gestattet, *quia prohibitum est* (V C) und weil die *humanitas* es verbiete (alle Versionen). I G (ed. ROSE 428-432) will eine Übertragung griechischer Frage-Antwort-Lehrformen ins Lateinische sein; der Stil ist abkürzend; der Text gibt Stichworte statt ganzer Sätze (vgl. I G, ed. ROSE 432). Selbständiger gegenüber der Tradition sind die Exzerpte P: Cod. Vat. Pal. 1088 saec. IX f. 116; G: Cod. San. Gall. 44 saec. X^2 p. 201ff.; U: Cod. Uppsal. med. aevi medic. 6 saec. X p. 14ff. Sie vertreten neben stichwortartigen Merksätzen eigene Positionen (e.d. p. 473 Rose: *illud etiam frequenter vidimus, quibus stomachus in causa fuerit, barbe eius celerius crescere solent, sed non puto ego...*

Kaiser bietet Garantie der Kontinuität, der Wahrung der *memoria*[587]. Über die Kontinuität der medizinischen Ausbildung hinaus ist vor allem die Sukzession der Kaiser das wesentliche Moment der Kontinuität des medizinischen, also des technischen Wissens. Daher ist der Kaiser der Adressat von Vindicianus' Versuch, der Tradition des technischen Wissens, Könnens und Tuns neue Maßstäbe der Humanität und Gewaltvermeidung zu eröffnen. Der Kaiser fungiert mit seinen Mitteln der Bewahrung und Vermittlung als Instanz des technischen Gedächtnisses, auf die Einfluß nehmen will, wer dessen Inhalt bewahren und verändern will. Vindicianus nimmt dabei Partei in einem medizinischen Streit um die Therapiepraxis; um seine Lehre zu etablieren, richtet er sie an den Kaiser: Dieser kann sie autorisieren, bewahren und dadurch zu praktischer Geltung bringen. Die spätkaiserzeitliche Medizin begreift sich also als fortschreiend, sieht sich in ihrer Entwicklung[588] aber nicht als autark an, sondern abhängig von kaiserlicher Förderung, ja Lenkung, gerade weil die primäre Form medizinischer Lehre ihre Weitergabe in der Familie ist: Eine Überwindung der Grenzen persönlicher Interaktionsmöglichkeiten erwartet die Antike in erster Linie von staatlichen Interventionen.

Vindicianus' Schüler Theodorus Priscianus, ebenfalls Oberarzt und aktiv in Nordafrika um 400 n.Chr.[589], führt die lateinische Bestandsaufnahme der Gegenwartsmedizin mit dem Ziel ihrer Fortentwicklung weiter. Von ihm hat sich ein Werk der Popularmedizin erhalten, der Gattung *Euporista*: eine Zusammenstellung von auf Reisen und in der Fremde leicht herstellbaren Heilmitteln, das Theodorus zunächst griechisch und dann in verkürzter Form lateinisch verfaßte. Er war zweisprachig[590]. Theodorus erwähnt, daß ein *collega* ihn gebeten hätte[591], Bücher über die *praesentanea ... medicina* zu schreiben, also einen Überblick über das medizinische Wissen der Gegenwart zu geben, damit die *mediocris fama* sie behalte. Bislang liege sein populärmedizinisches Werk im Griechischen vor, doch es bestehe ein Bedarf an lateinischen Werken dieser Gattung. Schwerpunkt seines Inhaltes sind Naturheilmittel[592]. Die rhetorisch und philosophisch geprägte Bildungskultur lehnt der Autor ab; die Alltagsmedizin stellt er nicht in einen literarisch-philosophischen Bildungszusammenhang, sondern will sie ihm entreißen[593]. Erfahrung, nicht die Kultur von Disputation

587 Vindic., *De medicam praef.* § 10: Von dem, was die *homines docti de expertis remediis prodiderunt*, übergebe der Autor *plura ... de observatione medicinae ... digna memoriae* der *pietas* des Kaisers und seiner Nachkommen, damit die *divina serenitas* des Kaisers sie aufnehme *et ad memoriam ceteris relinquat*. Für Stetigkeit des Wissens zu sorgen gehört zu den Aufgaben des Herrschers.

588 Vindic., *Ep. ad Pentad.* bringt die Bewahrungsaufgabe zum Ausdruck wie die Erwartung, daß sich die Medizin fortschrittlich entwickle: Auch der Enkel werde in Zukunft noch Weiteres wissen, *haec tibi pro nostri memoria religiose, nepos, dedi, maiora postea noscituro*, p. 492.

589 Zurli (1992c).

590 Theod. Prisc., *Eupor.*, vgl. Zurli (1992c) 465.

591 Olympios, vgl. Meyer (1909).

592 *naturae remedia*, I pr.; vgl. *graeco stylo quoniam medendi industriam sermone claro haec natio publicavit*. Buch III (Gynäkologie) ist gerichtet an eine Mitarbeiterin namens *Victoria*, die für die Gynäkologie zuständig war. Vgl. Zurli (1992c) 481-483: Frauen wurden vornehmlich von Frauen behandelt; bereits in Griechenland gab es heilkundige Frauen, von denen Plinius, *NH* literarische Werke anführt. In Rom praktizierten *obstetrices*, Frauen mit Praxiserfahrung; Theodorus richtet sein Kapitel aber an eine medizinisch ausgebildete Gynäkologin.

593 Theod. Prisc., *Eupor.* I 1-2.

und Eloquenz, soll das Wissen[594] bestimmen. Theodorus verzichtet nicht auf das Konzept des medizinischen Wissens als Ursachenwissen; im hippokratischen Sinne sei die Natur selbst das Subjekt der Darstellung[595]. Jener wird im Sinne des Pythagoreismus eine urgründige Harmonie und eine funktionale Kohärenz zugeschrieben[596].

Die systematische Anlage der Schrift hat ihen Zweck in korrekter Diagnose und Therapie[597]: Theodorus beschränkt die Reichweite der Kausalität auf ihre praktische Nützlichkeit[598], und wie Vindicianus bringt er das Bewußtsein zum Ausdruck, die Medizin der eigenen Zeit sei gegenüber der Vergangenheit durch Fortschritte der Humanität ausgezeichnet[599]. Wie für die Mediziner der klassischen Zeit bleibt für Theodorus medizinische Kompetenz an praktische Erfahrung gebunden[600]: Nur ein Teil der medizinischen Lehre kann literarisch-theoretisch geschehen; elementare Tätigkeiten des Arztes, Urteilsfähigkeit und Geschicklichkeit sind durch die Praxis auszubilden; bei dieser Ausbildung spielt die

594 I 6 (15); 3 (8); 9 (25). Buch II, den nicht direkt wahrnehmbaren inneren Erkrankungen gewidmet, formuliert die Absage an Gegenstände, die der Kontroverse unterliegen und konstituiert innere Medizin als Sache der angewandten Urteilskraft [II pr. (1)]. ZURLI (1992c) 472 vergleicht die Polemik des Theodorus gegen spekulativ vorgehende und literarisch-rhetorisch interesssierte Kollegen mit Celsus, *De med.* I pr. 8; Celsus zeiht die dogmatische Schule der Spekulation. Topisch schildert Theodorus Diskussionen mit Kollegen, die Kranke nicht heilen, sondern quälen, ZURLI, aaO. 473ff.

595 Theodorus beginnt mit den Erkrankungen, die Muster hippokratischen Krankheitsdenkens sind, den Fiebern; es gehe um die Diagnose ihrer *causae* lernen [II 1 (2-6)]. Natur: II 2 (9). Hippokrates als *Hippocrates noster, huius professionis auctor* [II 7 (25)].

596 S.u. Anm. 601.

597 II 1 (8). Aufbau der Kapitel: Krankheitsdefinition, Krankheitsbild, Kur, evtl. Abschlußbemerkung, vgl. II 3 (15). Therapieempfehlungen oft als Mahnung, z.B. II 2 (11): *moneo attamen primis temporibus caput oleo roseo infundendum*; II 2 (12): *haec est, amice, simplex freniticorum medicina, quae naturae beneficiis et adiutoriis ita ordinatis competenti tempore adhibitis continetur. his enim rite custoditis facilius potest aegritudo victa succumbere*. Theod. Prisc., *Phys.* pr. 3 paraphrasiert eine Lehre Demokrits zur Begründung: Für Fieber sei *pollutio* wie *caedis culpae*, Monatsblutungen oder Besonderheiten der heiligen Vögel die Ursache (Befleckungstheorie); Demokrit habe gegen die Epilepsie Naturmittel der Ursachenforschung vorgezogen. Theodorus folgt deutlicher noch als Vindicianus einer Tendenz der christlichen spätantiken Medizin zur Integration von Aberglauben und Magie in die Schulmedizin.

598 ZURLI (1992c) 466: Theodorus macht Anleihen bei den Methodikern; Geringachtung der Theorie gegenüber therapeutischer Praxis. Vgl. II 8 (26): Hydrophobie nach Biß eines tollwütigen Hundes oder einer Schlange, ohne daß die Ursache deutlich sei. Theodorus relativiert den Wert des Ursachenwissens: *sed has origines sollicite nos scrutari superfluum est. occupatos etenim hoc morbo molesto nil iuvat originem didicisse*. Wie Hippocr., *De morbo sacro* lehnt Theodorus religiöse Erklärungen der Epilepsie ab, II 15 (47). Bestimmtheitsprinzip, Theod. Prisc., *Phys.* II (5): *Remediorum recte adhibitorum efficacia semper causarum bonos exitus confirmavit*. Therapeutische Erprobtheit als Geltungsgrund medizinischer Lehrsätze, II (7): *haec epilempticorum praecepta ex probata remedii cura disposita, deinde reliqua ut potero vaga et disseminata remedia designabo collecta*: Der Text ging hier wohl in eine Sammelschrift über.

599 Abtreibungsproblem (Buch über Gynäkologie): Abtreibung zwar prinzipiell nicht statthaft, doch in einer Art ökonomischen Kalküls gegen die gesundheitlichen Nachteile einer Schwangerschaft aufzurechnen, *salutem mercari* III 6 (23). Chronische Erkrankungen und Mißbildungen hätten in früherer Zeit nach anderem *mos* drastischere Konsequenzen gehabt, III 8 (31): *si humanius res profecerint, ut veluti in chronicis mos erat, aliquando commoveantur aliquando sub blanda dimissione releventur...*

600 III 10 (32), gerichtet an die Adressatin Victoria: *cetera vero quae artis officio pasturientibus aut disponenda sunt aut facienda, usu magis quam lectione debes advetere*.

Familie des Mediziners die entscheidende Rolle[601]. Christliche Mediziner an der Schwelle vom 4. zum 5. Jhdt. waren sich der Neuheit der von ihnen geltend gemachten Wertmaßstäbe und ihrer innovativen Rolle für die Herausbildung einer neuen Humanitätsidealen gehorchenden Medizin bewußt. Wie die Alten, so werde auch er selbst erst von den Späteren anerkannt werden, schreibt Theodorus: Eine wesentliche Wirkung des Mediziners ist als Innovation auf die Zukunft gerichtet und erweist ihren Wert erst in der Zukunft. Die Geschichte der Medizin erscheint Theodorus als Kntinuum erst im nachhinein als anerkannter Verbesserungen[602].

2.2.6.3. Mechanik und Militärwissenschaften

Zu einer für technische Schriftsteller nicht unüblichen antirhetorischen Rhetorik greift auch der anonyme Verfasser einer Schrift über Vorschläge zur Reform des Steuerrechts, Münz- und und Militärwesens aus dem 4. Jhdt., um zu begründen, inwiefern er vom Kaiser, seinem Adressaten, erwartet, daß dieser neue finanzielle und militärische Verhältnisse schaffe. Der Autor zeichnet sich als Erneuerer, der von einer *ars* praktische Problemlösung, nicht rhetorische Einfälle wünscht[603], und der eine Lösung der von ihm angesprochenen

601 Theodorus Prisc., *Physica*, gewidmet dem Sohn Eusebius, für dessen literarische und naturwissenschaftliche Ausbildung der Vater Sorge trug, pr. 1: Behandlung naturphilosophischer Prinzipien in der fragmentarisch erhaltenen Schrift. Erfahrbarkeit einer Macht der Natur in allen Elementen, Samen und beseelten Wesen, *cuius virtutes non frustra inter se dissentiunt aut secum copulentur*, pr. 2. Die Natur sorge sich um die *animantia* und verweigere ihnen nicht die *substantia vivendi* und *valendi*. Die Funktion der Natur sei ein großes Geheimnis: Sie bringe scheinbar Gegensätzliches und Nachteiliges zu geheimer Harmonie und liefere Mittel zur Überwindung eigener Störzustände (*est enim in omni mundo natura quae operetur grande secretum. sed illud mirari non desino cur irrationabilia et vagae aves et aegrestes ferae ad beneficia natura propius accederent*, pr. 2). Pythagoreismus: pr. 3; vgl. ZURLI (1992c) 467f. Widmung der *Physica* an den Sohn folgt römischer Praxis, Lehrschriften für die Söhne zu verfassen (Cato, Cicero). Die Pädagogik war nicht nur in praktischen, auf persönlicher Belehrung beruhenden handwerklichen Disziplinen familial organisiert, sondern auch in den literarisierten Feldern, ZURLI, aaO. 487. Zur unter Demokrits Namen umlaufenden Vorstellung natürlicher Sympathie und Antipathie ders., ebda. 488-494.

602 Theod. Prisc., *Phys.* pr. 3: *mea quae scripsero, aeque in his dumtaxat et nos magis posteris placebimus. nec mirum si nulla circa vivos fama est. sua tempora lector non amat*. Theodorus verweist auf den Lehrer Vindicianus, der erst nach seinem Tode Anerkennung gefunden habe: *nam et magister meus quo me usum esse praemiseram, dum viveret bellus habebatur, qui nunc orbis totius Vindicianus celebratur, et profecto nullius umquam virtus digne suo saeculo honorata est, vel quod invidiae fortunaeque locus inter vivos maneat vel quod a miseria orto desiderio celebretur post fata probatio*.

603 Anon., *De reb. bellic.* pr. 2-5: Kriterium der Verbindlichkeit für das Beschriebene sei dessen *utilitas*; beansprucht wird *veritas* für Diagnose und Therapie, die als *desiderata* an den Kaiser gerichtet sind; Befragung von Beratern durch den Souverän gilt als gute Praxis. pr. 6-7: *in qua re est considerare semper quid unusquisque magis sentiat quam loquatur; constat enim apud omnes quod nec summa nobilitas nec opum affluentia aut subnixae tribunalibus potestates aut eloquentia litteris acquisita consecuta est utilitates artium, in quibus etiam armorum continetur inuentio, sed ingenii tantummodo magnitudo quae uirtutum omnium mater est, naturae felicitate subnixa. quod quidem sine personarum electione uidemus accidere; nam cum barbarae nationes neque facundia polleant aut dignitatibus illustrentur, minime tamen a rerum inuentione, natura opitulante, habentur alienae*. Vgl. pr. 11-14; 8,1; 18,4: *uidelicet ne, si hominum turba huius ministerio inseruiret, minueretur artis inuentio*; 18,7-8. THOMPSON (1952) 44ff. betrachtet den Autor

Probleme von bisher nicht praktizierten Methoden[604] erhofft. Der Anonymus postuliert eine mit den üblichen Kriterien der Elitenauswahl nicht übereinstimmende Verteilung technischer Fertigkeiten[605] und verspricht dem Adressaten besonderen Nutzen aus dem kreativen technischen *ingenium*, das in dem von ihm Berichteten vorliege. Diese Fähigkeit, die Inventionsfähigkeit, reklamiert der Anonymus nicht allein für die mediterrane Zivilisation und ihre Techniken. Technische Problemlösungsfähigkeit resultiert für ihn vielmehr aus einer Spontaneität des Geistes, die auch "Barbaren" unter günstigen Umständen besitzen können, und die Sache der Begabung ist. Er trennt zwischen Sachverstand und Kreativität, beansprucht diese für sich und mit ihr eine Rolle als kaiserlicher Ratgeber[606]: Nicht umfassende Kenntnis, sondern das Finden von Lösungen für vorliegende Probleme schreibt er sich zu.

Die *commoda*, die seine Ratschläge vermitteln, erschlössen sich allen Menschen der Gesellschaft[607]: kaiserlichen Dienstleuten, Bauern und Geschäftsleuten. Auch wenn der Autor tatsächlich selbst vielleicht weder Finanzfachmann noch Mechaniker war, sondern ehemaliger Verwaltungsangestellter[608], der fremde Einsichten und Einfälle zusammenstell-

als Ausnahmegestalt; üblich sei Abneigung gegen wissenschaftliche Forschung in der Spätantike.

604 Einschätzung nicht unabhängig von Datierung. Üblich: 4. Jhdt. n.Chr., THOMPSON (1952) 2: 366-375 n.Chr.; CAMERON (1979) 1-10: 368-369 n.Chr., Zeit Valentinians. Zur Datierung mit Lit. GIARDINA (1989) XXXVII-XLI: Sicher nachkonstantinisch, da Konstantin als vergangene Ursache finanzieller Übel erscheint (Anon, *De reb. bellic.* 2,1); wahrscheinlich vor der Schlacht von Adrianopel 378 n.Chr., weil deren Resultat im Werk nicht erwähnt und die Donaugrenze als intakt vorausgesetzt ist (18,16-20); aufgrund der Mehrzahl kaiserlicher Adressaten datierte SEECK in die Zeit von Valentinian I. und Valens 366-375 n.Chr., MAZZARINO in die Regierungszeit Konstans' II. (353-354 n.Chr. oder 355-360 n.Chr.); GIARDINA vermutet 366-368/369. These und Argument von KOLB (1980) 497-527 reproduzierend, datiert BRANDT (1988) 135-164 in die erste Hälfte des 5. Jhdt. n.Chr.: Der Anonymus wird als naiver Moralist mit personalisiertem Geschichtsbild, geringer Originalität und unzureichender Einsicht in Geld und Finanzen bewertet, dessen Vorschläge formuliert wurden, als sie schon obsolet gewesen seien. Die Spätdatierung des Autors und die Abwertung seiner technischen Kompetenz begründen einander wechselseitig, entsprechen aber nicht guter hermeneutischer Praxis, vgl. KLEIN (1989); WHITBY (1990); PORTMANN (1991); GIARDINA (1989) XXXIX Anm. 2.

605 pr. 4. Technische Problemlösung als *inventio*; nicht Geburt, Reichtum, Amtsgewalt oder *eloquentia litteris acquisita* haben *utilitates artium* (incl. *armorum inventio*) zur Folge, sondern die begabungsabhängige Größe des *ingenium*, der Mutter aller *virtutes*. Inventivität, gerichtet auf technische *utilitas*, unabhängig von der *electio personarum*: von der durch soziale und politische Institutionen vermittelten Rangordnung. Antirhetorische Rhetorik der *praefatio* vgl. SANTINI (1992). Beispiel der *barbarae nationes*: Diese besäßen weder (rhetorische) *facundia* noch (sozio-politische) *dignitas*, also keine gelehrten Disziplinien und Institutionen kultivierter Lebensführung; dennoch schreibt der Anonymus ihnen naturgegebene *inventio rerum*, pr. 4. *inventio*: schöpferische Vermittlung von *utilitas* im Einzelfall; Behebung von Mängeln der Daseinsvorsorge.

606 Anon., *De reb. bell.* pr. 4-5: *sed fas erit reipublicae praesulem a priuato desiderata cognoscere, cum rerum utilitas interdum eum lateat inquirentem. ergo nonnumquam inuitandi sunt qui recte quicquam sentire fuerint approbati: nam ut ait optimus orator, ad illum maior pars hominum decurrit quem ingenio natura donauerit.* pr. 8: *quamobrem, clementissimi principes, qui gloriam bonae opinionis perpetua felicitate diligitis, qui romano nomini debitos affectus propagatis in filios, respicere dignemini quae nostris sensibus commoda prouidentia diuinitatis intulerit.*

607 pr. 9; deutlich werden für jede Gruppe passende *commoda*; die Einzelheiten bestimmen die *tituli*, unter denen die Details der vorgeschlagenen Maßnahmen erscheinen.

608 BRANDT (1988) pass.

te: Die Rolle des beratenden Agenten eines Technologietransfers, der an den Hof zu berufen, jedoch den üblichen Loyalitätspflichten eines Höflings nicht zu unterwerfen sei, übernahm der Anonymus als Vermittler eines Wissens, das für die Adressaten in seiner Konkretion neu war, nicht notwendig aber auch auf neuen Prinzipien beruhte[609]. Der als Techniker (vgl. *ars*) auftretende Autor übernimmt die Rolle des unabhängigen Beraters, vergleichbar einem Planungsbüro, gegenüber dem über die Realisierungschancen der Vorschläge entscheidenden Kaiser. Er beansprucht eine technische Spezialbegabung, die ihn vor den Laien auszeichnet, und kraft derer er mit Geltungsanspruch die Politik berät. Technische Kompetenz ist anders gestreut als politische und militärische Führungskompetenz; erfolgreiche politische Führung bedarf daher des technischen Rats. Von dessen Befolgung erwartet der Anonymus eine Verbesserung der Lage[610]. Der Maßstab seines Gelingens ist ein ökonomischer: Verringerung des Einsatzes an Geld, Material und Personal[611].

Im finanzieller Hinsicht kritisiert der Autor gewachsene Besitz- und Einkommensunterschiede als Ergebnis falschen Verhaltens; der Reichtum der höheren Chargen von Militär und Verwaltung habe Luxus und inflationäre Prozesse zur Folge gehabt, die die ärmeren Schichten hätten verarmen lassen[612]. Der anonyme Autor bewertet langfristige Veränderungen der spätantiken Währungs- und Finanzpolitik, die wohl tatsächlich einige der Proble-

609 Vgl. pr. 5-6; 8; 15; 17 (Anspruch auf die *philosophiae libertas*); 16: Betriebsblindheit der Dienstleute des Kaisers aufgrund ihrer Routinen; in der Ferne von Routinen liege die besondere Nützlichkeit des Werkes eines *privatus*. Der Anonymus beansprucht keine prinzipielle Originalität für die einzelnen Vorschläge: Er habe diese nur zusammengestellt. Sie sollen nicht absolut neu sein, sondern neu nur für die Adressaten.

610 Die Maßnahmenvorschläge betreffen in erster Linie die öffentlichen Finanzen; die erste Anspielung auf die von ihm behandelte Problemlage betrifft die hohen Aufwendungen für kaiserliche Sonderausgaben (*largitiones*, pr. 1-2). Abriß der Vorteile für Staatsdienst, Bauern und Händler bzw. Gewerbetreibende (pr.): Halbierung des *tributum*, wirtschaftliches Wiedererstarken des Bauernstandes; Abgabenerleichterungen für Grenzsiedler und Bau von Grenzfestungen, sicheres Leben; Erhöhung des Edelmetallaufkommens der kaiserlichen Kasse ohne zusätzliche Steuerbelastungen, Vergrößerbarkeit der *largitiones* an die Soldaten. Problemstellung (Sanierung der Staatsfinanzen) und Niveau der Lösungen ähneln Xenoph., *De vectig.* Militärische Maschinen, nach denen das Werk traditionell benannt ist, als Appendix eingeführt: Referiert würden *pauca machinarum inventa*, um das Interesse des Lesers wach zu halten. Primäres Motiv für deren Beschreibung wäre demnach ein literarisches Unterhaltungsbedürfnis, das Interesse am Skurrilen. Für die Maschinen wird nicht Originalität beansprucht; sie würden aus zweiter Hand dargestellt. Zweck der Maschinen ist die Einsparung menschlicher Arbeitskraft im Kriege, die Überwindung einer größeren Zahl durch eine kleinere: ausdrücklich geltend gemacht für eine von einem Pferdegöpel angetriebene *liburna*, die Verwendung von Pferden als sichelwagenähnliche Angriffsautomaten gegen Schlachtreihen und eine transportable Brücke (pr. 6-9); vgl. pr. 10-13. Grenzbefestigungen: 20.

611 Vgl. GIARDINA (1989) XIX.

612 Zunehmendes Eindringen von Goldmünzen in den allgemeinen Geldkreislauf nach Konstantin als Ausdruck übermäßiger Freigebigkeit (1-4) und Ursache zunehmender Habsucht. Der Autor behauptet eine Verstärkung sozialer Unterschiede zwischen Empfängern staatlicher Zahlungen und Personen mit großem Besitz und Einkommen einerseits und ärmeren Schichten andererseits; Aufblähung der Kaufkraft der Reichen hätte Preissteigerungen verursacht, mit denen die Ärmeren nicht mithalten konnten; ihre Verelendung habe zu Kriminalität geführt. Der Anonymus schlägt vor, die Großzügigkeit (*largitas*) staatlicher Ausgaben zu verringern (2); er setzt voraus, diese erfolgten v.a. in Goldmünzen. Fälschungen der *solidi* hätten deren Tauschwert verringert und zu weiterer Inflation geführt. Forderung des Anonymus: strengere Aufsicht über die Münzen zum Wiedergewinn des Vertrauens in die Währung (3). Provinz-*iudices* überforderten die Finanzkraft der Steuerzahler zum eigenen Vorteil und verringerten die Vermögenssubstanz der Steuerzahler (4).

me heraufbeschworen, die er beschreibt: Diokletian hatte versucht, das System aus Gold-, Silber- und Bronzemünzen für staatliche Einnahmen und Ausgaben zu stabilisieren. Er hatte am 1. September 301 n.Chr. die Wertrelation von Silber- und Goldmünzen gegenüber der Kupferwährung verdoppelt; damit stieg die Kaufkraft des Staates und seiner Mitarbeiter in den großen Garnisonsorten und führte dort zu inflationären Entwicklungen; zugleich wurden neue Truppen aufgestellt, und in der Folgezeit bildete sich durch deren Umorganisation das Bewegungsheer der Spätantike mit Reserven in rückwärtigen Räumen, wodurch der inflationäre Prozeß nicht nur in unmittelbaren Grenzregionen wirksam wurde. Vielmehr bildete sich eine erhöhte Nachfrage in neuen Standorten aufgrund des Aufbaues einer entsprechenden Infrastruktur, zur Beschaffung von Versorgungsgütern und für Dienstleistungen. Diokletians Preisedikt versuchte, diese Gefahr einer durch staatliche Maßnahmen selbst verursachten Preissteigerung in den Heeresstandorten zu begrenzen. Dadurch wurden Einkommen und Kaufkraft der Lieferanten, die zugleich Steuerzahler waren, gegenüber denen von Staat und Staatsdienern begrenzt. Konstantin stützte das Finanzsystem auf den *solidus*: In Gold wurden Ausgaben an die Soldaten und zahlreiche neue Steuern gezahlt. Sozialen Spannungen dürften sich aus den Verschiebungen der Kauf- und Wirtschaftskraft ergeben haben[613]. Konsequenterweise meint der Anonymus, die Militärausgaben seien zu hoch und müßten reduziert werden. Daher bemüht sich seine Schrift auch um den Ersatz von Sach- und Personalaufwendungen durch Maschinerie[614].

Die strategische Zweckrichtung der vorgeschlagenen Mechanisierung des Kriegswesens ist offensiv; der anonyme Autor denkt an die Führung von Angriffskriegen gegen äußere Feinde, die ihrerseits die Gunst des Terrains auszunutzen wissen. Mehr als die Verteidigung befestigter Plätze belasten offensive Operationen die öffentlichen Kassen. Die Geräte, die der anonyme Autor vorstellt, dienen daher nicht nur dem Kampf, sondern auch der kampfvorbereitenden und -unterstützenden Überwindung natürlicher und künstlicher Hindernisse[615]. Der Autor stellt sich eine Verfolgung der äußeren Feinde über die sie schützenden Grenzen hinaus vor, eine Umkehrung bislang üblicher Kampfformen, die Durchführung von Überraschungs-*raids* der Römer in angrenzende Gebiete, wie sie bislang in das römische Reich hinein vorgetragen wurden. Für solche nachsetzende Bewegungskriegführung sind die Geräte des Anonymus gedacht. Neu sind sie insofern, als die Taktik nicht gebräuchlich ist. Daß der Autor seinen Akzent auf eine Steigerung der Effizienz, Mechanisierung und Mobilisierung nicht für defensive, sondern für begrenzte offensive Operationen legt, zeigen seine

613 Vgl.: GIACCHERO (1974); CRAWFORD u. ERIM u. REYNOLDS (1971); JAHN (1975); RUSCHENBUSCH (1977); DEMANDT (1989) 55-57; 77; 236-240; GIARDINA (1989) XXVIII-XXX; MEISSNER (1999).

614 5,1: *relatis ut uisum est reipublicae incommodis augustis prouisionibus merito repellendis, ad enormia militum alimenta ratione non incongrua ueniamus, quorum causa totius tributariae functionis laborat illatio.* Vorschläge zur Reduktion der Personalausgaben des Militärs: Reduzierung der Dienstzeit, also Erhöhung des Personalumsatzes; dies werde zu einer Beschleunigung der Beförderungen und besserer Motivation führen; Ansiedlung entlassener Soldaten an den Grenzen als steuerzahlende Wehrsiedler; Bildung von Reserveinheiten zum Ersatz von Kriegsverlusten. Voraussetzung: Verfügung über ausreichend bebaubares Land. Die Maßnahmen würden zu einer Verjüngung des Heeres führen und dadurch zur Erhöhung seiner Schlagkraft.

615 6,1-5: *in primis sciendum est quod imperium romanum circumlatrantium ubique nationum perstringat insania et omne latus limitum tecta naturalibus locis appetat dolosa barbaries. nam plerumque memoratae gentes aut siluis teguntur aut extolluntur montibus aut uindicantur pruinis… ergo huiusmodi nationes, quae aut talibus subsidiis aut ciuitatum castellorum que moenibus defenduntur, diuersis et nouis armorum sunt machinis prosequendae…*

die Beweglichkeit des Heeres betonenden abschließenden taktischen Bemerkungen[616] und der geringe Umfang, den er der mechanischen Unterstützung von Verteidigungsoperationen zumißt. Seine Militärtechnik setzt die Kenntnis der Maschinen der Belagerungstechnik (Poliorketik) voraus und behandelt nur ein schweres Geschütz zur Verteidigung befestigter Stellungen[617]; zu den zahlreicheren Geräten zur Bewegungskriegführung gehören ein auf vierrädrigem Karren transportiertes Pfeilgeschütz (*ballista quadrirotis*)[618], der *tichodifrus*,

616 19,1: Um der Ordnung des Truppenkörpers im Kampf willen sei jener aus max. 3 Reihen à 2000 Mann, also 6000 Mann, zu bilden. Vorausgesetzt wird ein besonderer Bedarf an Beweglichkeit.

617 Traditioneller Zweck schwerer Torsionsartillerie ist die Verteidigung von Befestigungen. Die *ballista fulminalis* (18) gehört zu diesem Typus: Durch *usus* sei belegt, daß Durchschlagskraft und Reichweite dieses Geschützes die aller anderen *ballistae* überträfen. Der Anonymus erkennt also als Entscheidungskriterium in technischen Fragen die Erfahrung der Praxis an; daß es Erfahrungen mit dem beschriebenen Geschütz gibt, zeigt, daß der Autor nicht eigene Erfindungen vorstellen, sondern vorhandene Lösungen zu neuem Zwecken zusammenstellen will. Rückzug des Geschützes: mittels Flaschenzügen und Speichenrädern, Höhenverstellung durch Schraube. Bedienung: 2 Spanner und ein Schütze. Vorteil (18,4): *hoc tamen mirae uirtutis argumentum; tot rerum diuersitate connexum unius tantum otiosi ut ita dicam hominis ad offerendam tantummodo impulsioni sagittam opera gubernat: uidelicet ne, si hominum turba huius ministerio inseruiret, minueretur artis inuentio*. Ein Kriterium für die Güte der *inventio* der *ars* ist der Personalbedarf; um dessen Reduktion (hier: Verkleinerung der Bedienungsmannschaft) geht es dem Autor.

618 Montiert auf einem Fahrgestell und gezogen von 2 Pferden. Vier *foramina*: technischer Ausdruck für die Löcher des Federträgers (Vitr., *Arch.* X 10,1) zur Aufnahme der Torsionsfederbündel. Schraube zur Einstellung der Erhöhung beim Abschuß (7,4: *quae quidem a fronte cochleae machina et deponitur celerius et erigitur subleuata*). Der Karren ist ohne lenkbare Achse gezeichnet [vgl. GIARDINA (1989) tav. 3], doch das Geschütz ließ sich drehen, (7,5): *sed huius temo in quamuis partem necessitas uocet cita et facili conuersione deflexus erigitur*, vgl. GIARDINA (1989) 76f.; wahrscheinlich ist die Zeichnung ungenau, denn es gab in der römischen Antike Drehschemellenkungen und Schwenkachsen, vgl. WEBER (1986) 105ff.; HOOF (1986) 349ff. Der anonyme Autor hat wahrscheinlich die verschiedenen Bewegungen des Geschützes (auf/ab, Drehung, Eindrehung der Arme gegen den Widerstand der Federbündel, Ausdrehung beim Abschuß) und ihrer Prinzipien (Schraube, Gelenk, Torsionsfeder) in seiner Quelle nicht auseinandergehalten und die verschiedenen Drehbewegungen verwechselt, so wie auch die bildlichen Darstellungen nicht die Funktion des Gerätes wiedergeben und daher zum Nachbau, anders als der Text es ankündigt (6,5), ungeeignet sind. Als besondere Vorteile der *ballista quadrirotis* vermerkt der Autor ihre Mobilität und Möglichkeit, in alle Richtungen zu schießen. Betonung der Arbeitskräfteersparnis (7,6) *genus duorum opera uirorum sagittas ex se non ut aliae funibus sed radiis intorta iaculatur* (vgl.: 11 Mann Bedienung einer *carroballista* bei Vegt., *Epit.* II 25; GIARDINA, aaO. 77). Der Zusatz *non ut aliae funibus* hat vermuten lassen, daß es sich bei dem Geschütz nicht um ein Torsionsgeschütz handelte, THOMPSON (1952) 62-65f.; in der Verwendung von *ligamentum nuchae* sieht HASSALL (1979) das Prinzip der Energiespeicherung. Hier dürfte eine Äquivokation durch den Autor die Ursache der Verständnisprobleme sein: Er bezeichnet mit *funis* die Sehne der *ballista fulminalis* (18,1-2), im Falle der *ballista quadrirotis* verwendet er den Ausdruck jedoch anders: Diese werde nicht *funibus*, nicht durch Seile, sondern *radiis*, mittels Speichenwinden, gespannt (7,6); bei der *ballista fulminalis* betont er (18,2) dagegen den übergroßen Kraftaufwand, der es nicht erlaube, diese durch direkte manuelle Betätigung zu spannen; die Abbildungen (vgl. GIARDINA, aaO. tav. 12) zeigen, daß das große Geschütz mittels zweier Winden und zweier Flaschenzüge gespannt wird. In der *ballista quadrirotis* wirken die Winden dagegen direkt ohne Flaschenzüge, und der anonyme Autor betont nur diesen Sachverhalt. Das mobile Feldgeschütz bedarf, im Gegensatz zur großen, auf Durchschlagskraft und Reichweite optimierten *ballista fulminalis*, nicht der schweren und die Mobilität behindernden Flaschenzüge zum Spannen; dies vereinfacht beim mobilen Geschütz auch den Mechanismus zum erneuten Vorschub des Schlittens, der mit einem Flaschenzug schwieriger zu bewerkstelligen ist, weil dieser auseinandergezogen werden muß. Der Anonymus beschreibt die Geräte wohl nicht als technischer Spezialist, sondern als Laie. Seit etwa 100 n.Chr. wurden von den Römern mobile Pfeilgeschütze auch im Feld verwendet, nicht

ein mit Spießen bewehrter zweirädriger Karren zur beweglichen Deckung gegen überlegene Feinde[619], der *clipeocentrus*[620], die *plumbata* und *tribulata*[621]; verschiedene Formen des Sichelwagens (*currodrepanus*) sind für den Kampf mit Parthern vorgesehen[622]; Vormarsch und Transport sollen ermöglichen und erleichtern der *ascogefyrus*[623] und ein von Ochsen mittels Wasserrädern angetriebenes Schiff (*liburna*)[624]. Neben der griechischen Namengebung für viele Geräte verdeutlicht die Darstellung des *thoracomachus*, eines Untergewandes zum Schutz vor Traumata, die der Panzer verursacht, daß der Autor nicht beansprucht, nur eigene Erfindungen zu präsentieren, sondern auch älteren Stoff aus der literarischen Überlieferung zusammenstellt[625]. Er versucht einen Technologietransfer aus anderen Sachbereichen, Regionen und Zeiten, dessen Resultate in der militärischen, ökonomischen und politischen Situation auch dann innovativ wirken konnten, wenn sie alte Praktiken als Neuerungsvorschläge darstellten. Zu den Vorschlägen gehören auch utopisch anmutende Neuerungen, Geräte, deren Realisierbarkeit der Autor postuliert, die er jedoch ausdrücklich als neue Konstruktionen präsentiert, (Sichelwagen mit rotierender Peitsche,

nur zur Verteidigung von Festungen; als relativ neues Phänomen sind diese auf der Trajanssäule dargestellt; Arrian bezeugt die taktische Bedeutung dieser Pfeil-Feldgeschütze. In der Folgezeit gewinnen sie gegenüber Steinschleudern noch an Bedeutung, während für den Festungskampf zunehmend widerstandsfähigere *onagri* verwendet werden. In der Kaiserzeit wurden aus hellenistischen Steinschleudern verschiedene effiziente Pfeilgeschütze entwickelt, MARSDEN (1969) 186-191; (1971) 234ff.

619 Der *tichodifrus* erleichtere die Besteigung einer Stadtmauer (8,1). Dazu ist er nicht geeignet. Die Bemerkung macht es wahrscheinlich, daß der Anonymus die Beschreibung einiger Geräte aus einer literarischen Zusammenstellung militärischer Maschinen entnahm; er fügt fälschlich die Bemerkung über den poliorketischen Zweck eines Gerätes aus der Quelle ein, bevor er als Überleitung von der vorhergehenden *ballista quadrirotis* mitteilt, daß der *tichodifrus* das Vorgehen der *ballista* decken kann. Zu Verbindung der Teile kehrt er die Etymologie von *tichodifrus* (τεῖχος, Mauer + δίφρος, Wagen: fahrbare Mauer) um (Wagen zur Mauerbekämpfung). Bei Beschreibung des Gerätes wird die okkasionell-konkrete Bedeutung von "Erfindung" deutlich. Der Autor schreibt, daß der *tichodifrus* für seinen Zweck sorgfältig konstruiert werden muß (8,2): *erit ergo huius quoque composito uel fabrica utili et commoda inuentione praeparanda.* "inventio" ist damit der Entwurf eines Baumusters, einer Musterkonstruktion, für die Lösung konkreter taktischer Probleme.

620 Eine bewehrte Faschine, ähnlich der aber fahrbaren Version (*tichodifrus*) (9).

621 Hand-Speere für den Nahkampf, um den Gegner zu verletzen oder zu behindern (10). *plumbata mamillata*, Varianten zum Durchschlagen gegnerischer Schilde (11).

622 *currodrepanus*: gezogen von zwei armierten Reitern; seitlich in Achshöhe zwei mittels Seilen bewegliche Sicheln. Zweck: Einsatz gegen aufgelöste Schlachtreihen (12). *currodrepanus singularis*: von einem Pferd gezogene kleinere Variante (13). *currodrepanus clipeatus*: ausdrücklich als Innovation bezeichnet (14: ... *habet nouitatis aliquid* ...); zum Antreiben der Pferde automatische Schleuderriemen, Schilde zur Sicherung. Kleinere Bedienungsmannschaft (1 Reiter) als beim großen *currodrepanus*: Gesichtspunkt der Personaleinsaprung und Gewichtsersparnis aufgrund der Panzerung der Pferde (14,3).

623 *ingeniosa necessitas* habe dieses Gerät zum Überqueren von fließenden Gewässern als *remedium* gefunden; es handelt sich um lederne Schwimmkörper zum Bau einer Pontonbrücke. 16,3: *transeundi per fluuium nouo quodam et peregrino itineris apparatu intra breue temporis spatium praebebit liberam facultatem.* Innovativität wird dem Gerät zugesprochen, weil es noch nicht praktisch eingesetzt wird; der Herstellungsprozeß sei der arabischer Wasserschläuche (16).

624 Menschliche Kraft könne das Schiff nicht bewegen, aber menschliches *ingenium* mittels der Ochsen (17).

625 15,1: *inter omnia quae ad usum bellicum prouida posteritatis cogitauit antiquitas, thoracomachum quoque mira utilitas ad leuamen corporis armorum ponderi et asperitati subiecit.*

Schaufelradboot). Die Betonung des Gesichtspunktes der Personaleinsparung unterstreicht die Bedeutung, die das ökonomische Motiv für den anonymen Autor besitzt[626].

Die strategischen Zwecke, an denen sich der Autor orientiert, sind bedingt durch die Front gegenüber den Sassaniden (*Perser*, *Parther*) und an der Donau, den beiden Grenzregionen, die der Anonymus erwähnt[627]. Der Anonymus beschreibt für den Einsatz der Sichelwagen eine neue Taktik: Statt zur Auflösung der feindlichen Schlachtreihe sollen sie zur Verfolgung fliehender Gegner verwendet werden; er empfiehlt also auch hier das verfolgende Nachsetzen. Die Sassaniden als intendierter Gegner bestimmen sein Denken in solchem Maße, daß er diesen Gegner von seiner allgemeinen Regel, das Heer sei in drei Reihen beweglich zu staffeln, ausnimmt, und eine quadratische, dichte Schlachtordnung gegen die Perser bevorzugt: Der Anonymus bezieht sich zwar damit und mit den Sichelwagen auf klassische und hellenistische Vorbilder. Seine Vorschläge sind phantastisch, aber nicht geradezu abwegig, weil er sie in die kohärente Konzeption einer Nachsetztaktik für die Kriegführung im Osten einordnet[628].

Der Autor kann in stärkerem Maße als die technischen Schriftsteller der frühen Kaiserzeit mit der Anerkennung technischen Wissens als politisches Orientierungswissen rechnen. Der Anonymus setzt politischen Beratungsbedarf voraus, den er im durch Konsultation technischer Schriften und Mitteilung des Inhaltes in der Form einer Expertise befriedigt. Sein Verhältnis als Eingeber und Berater zum Herrscher, seine Denkschrift, die Erwartung weiterer Beauftragung mit Beratung oder Implementation und die Mitteilung origineller Konstruktionen für akute Bedarfslagen sind in keiner Weise singulär. Das Vorgehen des Anonymus ähnelt dem technischer Politikberater seit hellenistischer Zeit: des Kleruchen Philotas, Bitons, von Athenaeus Mechanicus und Apollodoros. Selbstbewußt behauptet der Anonymus die besondere Funktion und Begabung des Vermittlers von Spezialwissen sowie dessen Nutzen für den Herrscher und beansprucht für seine Kritik an den Verhältnissen das Recht freier Rede[629]. Der anonyme Autor erwartet, daß Reformen und Fortschritte in Staat und Militär nützlich seien, und daß diese auf technischem Wege angeleitet werden sollen.

Auch Vegetius gehört in die Reihe politisch-militärisch beratender Schriftsteller, doch erhielt er für die Abfassung seiner *Epitoma rei militaris*, anders als der Anonymus, einen kai-

626 Anon., *De reb. bell.* 14,1-5: Bewunderung (*admiratio*), die dem *currodrepanus clipeatus* entgegengebracht wird, d.a.h der Abbildung der Maschine, sowie ihre Neuheit (*novitas*). Auch die Bewegung der *liburna* durch zwei Ochsen *miro quodam artis effectu* (17,2) erscheint wunderbar und bewundernswert.

627 Passend sind beide üblichen Datierungen des Autors: Auseinandersetzungen mit Šapur um Armenien unter Valentinian und Valens in den sechziger Jahren des 4. Jhdt.s; gleichzeitig Konflikte von Valens an der Donau mit Athanarich und den Goten; unter Constantius II.: an der Donau Kampf gegen Quaden und Sarmaten, an der Ostfront gegen Sapur II. um Mesopotamien und Armenien, vgl. DEMANDT (1989) 86f.; 116-119.

628 Sichelwagen für die Kriegführung gegen die Parther: 12,1. Perser mittels großen Aufwandes und quadratischer Schlachtordnung zu bekämpfen, nicht durch kleine, bewegliche Truppen: 19,4. Schußweite der *ballista fulminalis* durch die Breite der Donau veranschaulicht: 18,5. Zu den Sichelwagen und der vom Anonymus vorgeschlagenen neuen Taktik: GIARDINA (1989) 83-89.

629 Lösungsvorschläge behandelt er als *promissio*, als Versprechen (pr. 3); damit formuliert er den Anspruch auf öffentliche Geltung seines Könnens. Er verwendet dafür den Terminus des Versprechens, mit dem Heron die Geltungsansprüche der Disziplin des Automatenbaus bezeichnete (Heron, *De autom.* I 2): ἔστι δὲ αὐτῆς ἡ ἐπαγγελία τοιάδε·

serlichen Auftrag[630]. Auch Vegetius arbeitet aus der Literatur, und er erarbeitet Grundlagen für eine Umorganisation der militärischen Ausbildung. Vorlagen dafür sind teilweise ältere Exerzierreglements. Seine vier Bücher behandeln die gesamte Kriegskunst unter verschiedenen Gesichtspunkten: Die Ausbildung einer Milizarmee von Legionären wird in praktischer Absicht im ersten Buch beschrieben; die Struktur einer Infanteriearmee beschreibt Buch II; Buch III stellt die Kriegskunst systematisch dar; Belagerungstechnik und Seekriegführung[631] bilden die Gegenstände von Buch IV. Nicht so sehr wie im Falle des Anonymus das kreative *ingenium*, die originäre Erfindungsgabe, steht im Mittelpunkt, sondern der Übungsaspekt der Technik[632]: kontinuierliche Praxis und militärisches Training[633]. Wie der Anonymus, so beansprucht auch Vegetius trotz seines Auftrages vom Herrscher Freiheit seiner Rede; Ziel sei nicht *verborum concinnitas*, nicht *acumen ingenii*, sondern die *utilitas Romana*[634], um derentwillen die Literatur durchforstet worden sei. Es geht nicht um die Darstellung eines neuen Systems, um einen Vorschlag o.ä., sondern um Verfahren, die in alter Zeit zur Auswahl und Ausbildung der Rekruten üblich waren. Wie der Anonymus betont Vegetius, daß die Verhältnisse, die er beschreibt, dem Kaiser bekannt seien, weil er mit ihnen ständig konfrontiert sei. Institutionen, die der Herrscher selbst geschaffen oder erneuert habe, seien bereits von den *conditores* des Römischen Reiches eingerichtet worden. Beweisziel ist die Geltung institutioneller Ansprüche (Institutionen, Gebräuche, Verhaltensnormen, pädagogischer Absichten), Ziel ist die Grundlegung einer Ausbildungsordnung für den

630 Vegetius' *Epit. rei mil.* Buch II ist separat, wie das erste Buch *De dilectu atque exercitaione tironum*, dem Kaiser gewidmet; dieser hatte befohlen, zu eigenen Anordnungen über die Heeresstruktur aus der Literatur Entsprechendes zusammenzufassen (II pr.). Während das erste Buch auf Initiative des Autors selbst an den Herrscher gerichtet war, hatte Vegetius zur Abfassung des zweiten einen Auftrag (ebda.). Vegetius wandte sich also zunächst, wie der Anonymus, spontan an den Kaiser, erhielt dann jedoch einen Auftrag zu weiterer literarischer Beratungstätigkeit.

631 Das besondere Vorwort über den Seekrieg (IV 31) betont nochmals den kaiserlichen Auftrag. Da Barbaren keine Seekriege führen, könne dieser Abschnitt kurz gehalten werden: Der intendierte Gegner besteht nicht aus hochorganisierten Seefahrerstaaten. Das Bewußtsein für die Differenz der beschriebenen zur eigenen Zeit ist wach: Formuliert wird im Imperfekt. Vorausgesetzt wird, daß die in früherer Zeit in Misenum gelegene Flotte "in der Nähe" von Gallia, Hispania, Mauretania, Africa, Aegyptus, Sardinia und Sicilia gewesen sei, und die ravennatische nahe Epirus, Macedonia, Achaia, Propontis, Pontus, Oriens Creata, Cyprus (*petere directa navigatione consueverat, quia in rebus bellicis celeritas amplius solet prodesse quam virtus*): Die Fahrtzeiten der Flotten reichten für schnelle Eingreifoperationen.

632 Vegetius' Werk als *ars*-Schrift: Veget., *Epit. rei mil.* I pr.; I 1; 4; 7; 10; 11; 13; III pr.; II pr. Abfassungszeit zwischen 383 und 450 n.Chr. verfaßt: BARNES (1979). Üblicherweise setzt man die Abfassung in die Regierungszeit Theodosius' I. (379/388-395), vgl. MAZZARINO (1951) pass.

633 *Signatis itaque tironibus per cotidiana exercitia armorum est demonstranda doctrina* (I 8).

634 Veget., *Epit. rei mil.* I pr.: *antiquis temporibus mos fuit bonarum artium studia mandare litteris atque in libros redacta offerre principibus, quia neque recte aliquid inchoatur, nisi post Deum faverit imperator, neque quemquam magis decet vel meliora scire vel plura quam principem, cuius doctrina omnibus potest prodesse subiectis. ... sic regnantium testimoniis crebuit eloquentia, dum non culpatur audacia. hac ego imitatione conpulsus dum considero clementiam vestram ausibus litterarum magis ignoscere posse quam ceteros, tanto inferiorem me antiquis scriptoribus esse vix sensi licet in hoc opusculo nec verborum concinnitas sit necessaria nec acumen ingenii, sed labor diligens ac fidelis, ut, quae apud diversos historicos vel armorum disciplinam docentes dispersa et involuta celantur, pro utilitate Romana proferantur in medium...*

einzelnen Infanteristen wie für die Gesamtheit der Infanterieeinheit in Kampf, Marsch und Schanzen[635].

Das Prinzip regelmäßiger gefechtsnaher Übung sei seit langem mißachtet worden, weil äußere Bedrohungen fehlten[636]; das Kontinuum militärischen Übens sei zerbrochen: Die dynamische Weitergabe der Praxis durch die Praxis selbst ist in der Gefahr, sich zu verlieren. Lange Friedensperioden hätten die Menschen sich *ad delectationem otii* und *ad civilia* wenden und das Militärische für Berufsmilitärs reservieren lassen. Die *cura exercitii* sei vernachlässigt worden, wie dies auch in der luxuriösen Epoche nach dem ersten Punischen Krieg geschehen sei (I 28). Die Vorstellung, zwischen Tarruntenus Paternus, dem letzten der von Vegetius zitierten Autoren vom Ende des 2. Jhdt. n.Chr., und Vegetius' Gegenwart unter Theodosius habe es eine Epoche dauernden Friedens gegeben, ist paradox und bedarf der Interpretation. Sie wird erklärt durch Vegetius' Verweis auf das Desinteresse der Öffentlichkeit: Für den Autor siend dies der Kaiser und seine Verwaltung. Zum Ausdruck kommt eine Irritation über die Geringbewertung der literarischen Beschäftigung mit dem Militärischen, die ja nicht Sache der professionellen Militärs ist: Vegetius war *vir illustris*, möglicherweise *comes sacrarum largitionum*[637], also Verwaltungsbeamter und wohl Finanzrichter, kein Militär. Während sich die für militärische Karrieren oder literarische Aktivität in Frage kommenden zivilen Ämtern zuwandten, so stellt es Vegetius dar, habe das Militärische sein Ansehen verloren und sei verkommen. Nicht der allgemeine Friede erscheint als Ursache militärischen Niederganges, sondern das mangelnde Engagement literarisch gebildeter Nichtmilitärs für Regelung, Kontrolle und Reform der militärischen Praxis. Von den Eliten vernachlässigt, sei diese degeneriert. Vegetius' eigenes literarisches Unternehmen strahlt vor dem Hintergrund dieses Niedergangsszenarios[638] umso heller.

Paradoxerweise untergräbt die Erkenntnis, daß die Gegenwart durch schwerwiegende Probleme gekennzeichnet sei, die Anerkennung der Autonomie traditionsgeleiteter Praxis (wie militärischer Entwicklungen) und bindet die Praxis an die stabilisierende Regelung durch externe Kontrolle und Literatur[639]; das Insistieren auf dem Prinzip von Übung und

635 Grundprinzip: Wesentliches Moment militärischen Erfolges seien Ausbildung und Übung; diese allein hätten Roms vergangene Größe bewirkt, d.h. gute Auswahl der Rekruten und die Pflicht zu regelmäßiger Übung als *ius*: I 1. Wie der Anonymus setzt Vegetius die Geltung des ökonomischen Prinzips für den militärischen Einsatz voraus. Entscheidend sei das Niveau der Ausbildung; die Römer hätten weder nach Körperkonstitution, noch zahlenmäßig, noch nach dem Niveau ihrer Militärtechnik über andere Völker die Oberhand behalten müssen, seien jedoch durch ihre Disziplin erfolgreich gewesen (I 1). *In omni enim conflictu non tam prodest multitudo quam virtus* (I 8). Die Urerfahrung, der sich das Ausbildungskonzept der Schrift verdankt, ist der Erwerb von Kraft und Fähigkeit durch Übung. Zunächst befaßt sich der Autor mit den psychophysischen Voraussetzungen des Ausbildungsprozesses, also mit Auslesekriterien für leistungsfähige Rekruten (I 2-7).

636 *Sed huius rei usum dissimulatio longae securitatis abolevit* (I 8). Einst sei das militärische Ausbildungsniveau durch *usus* und *libri* bewahrt worden, dann aber habe niemand mehr danach gefragt, weil die der Administration des Friedens dienenden Ämter höheres Ansehen genossen und die Notwendigkeit zu Kriegführung gefehlt habe (I 10).

637 Vgl. DEMANDT (1989) 32f.

638 Allerdings weiß Vegetius die Einführung neuer Bewaffnung als Übernahme der Waffen barbarischer Gegner zu motivieren (I 20): Die römische Lernfähigkeit in militärischen Dingen hat nicht aufgehört, und ihr verdanken sich inzwischen eingeführte neue Vorgehensweisen.

639 Auch früher sei die *ars militaris* gelegentlich in Verfall geraten, aber dann zuerst aus *libri* wiedergewonnen worden und schließlich *ducum auctoritate firmata* (III 10).

kontinuierlicher Betätigung als Voraussetzungen praktischen erforderte nämlich andererseits die Anerkennung des Eigenrechtes üblicher Praxis. Die Vorstellung einer aus der Literatur begründeten Reform der Praxis steht in einem eigentümlichen Spannungsverhältnis zu den Voraussetzungen militärischen Trainings und routinierten Vorgehens. Vegetius beschreibt die Funktion seiner eigenen Reformbemühungen: Literatur restituiert eine Ordnung, die sich nicht mehr aus sich selbst stabilisieren kann. Militärwissenschaftliche Literatur wird befragt, um eine verlorengegangene Praxis wiederzugewinnen. Allein aus der Literatur können die nicht mehr gewußten Regeln des nicht mehr geübten Handelns rekonstruiert werden. Vorausgesetzt wird die prinzipielle Dekadenzgefahr militärischer Praxis und Institutionen; Literatur kompensiert die Instabilität der Praxis, indem sie die Regeln rekonstruiert, nach denen diese sich einst richtete: Ziel des Vegetius wie des Kaisers ist die Wiedergewinnung von Einrichtungen, die, da nicht mehr gepflegt, aus der Literatur rekonstruiert werden müssen: *De historiis ergo vel libris nobis antiqua consuetudo repetenda est* (I 8). Nichtmechanisierte Infanterie ist effizient nur durch gemeinsame Übung; Übung ist ein dynamischer Zustand, der sich verlieren kann. Vorbildlich an den Alten ist ihr kontinuierlicher Übung sich verdankender Erfolg. Die Rückwendung auf eine vergangene Praxis erfolgt zur Verwirklichung eines Reformvorhabens; der praktischen Restitution der *antiqua consuetudo* vorausgehen soll deren literarischer Wiedergewinn[640].

Vegetius' überlegt, welche Teile der literarischen Überlieferung die Einrichtung eines Exerzierreglements tragen könnten; diese Überlegunen zeigen uns, welche Formen literarischer Darstellung zur Anleitung militärischer Praxis überhaupt in Betracht gezogen wurden. Die Geschichtsschreibung, praktische Bildungsliteratur par excellence, verwirft er: *historiae* beschrieben kriegerische Unternehmungen und deren Ausgang, schweigen aber über tägliche Routinen, als seien diese allgemein bekannt (I 8); der Normalfall kommt in ihnen nicht vor. Die griechischen Kriegsschriftsteller seien ebenfalls nicht brauchbar, weil sie nicht die römische *disciplina* darstellten und statt der Legion die *φάλαγξ* beschrieben (I 8). Also bevorzugt er um die literarische Tradition zur römischen militärischen Ausbildung: Marcus

640 I pr.; I 13; II pr.; II 2; II 18. Wird bezüglich des ersten Buches über Auswahl und Ausbildung der Schwerbewaffneten kein Auftrag des Kaisers zur Abfassung genannt, so spricht Vegetius ausdrücklich im Vorwort zu seinem zweiten Buch, das sich dem Wiedergewinn der Legionsorganisation widmet, davon: Der Kaiser hatte befohlen, im Zusammenhang mit Reformen der Heeresstruktur aus der Literatur Entsprechendes zu *abbreviare* (III pr.). Man darf annehmen, daß ein Auftrag für die literarische Arbeit an Vegetius erwartet werden durfte (s.o. Anm. 630), denn sachlich bilden die Bücher eine Einheit. Zweck: Beschreibung von Einzelheiten des Exerzierreglements. Die literarische Einheit besteht im traditionellen chronologischen Gliederungsschema einer Schrift zur Strategie, orientiert am Verlauf eines gedachten Feldzuges. Vegetius motiviert die Gliederung damit, daß die Sache selbst schneller in der der Lehrdisziplin eigenen Ordnung verstanden werde und so von größerem Nutzen sei. Er argumentiert also damit, daß diese sachliche Ordnung etabliert sei, III 1. Der ordo fordere, daß Fragen der Gesundheit der Soldaten und ihrer Ernährung behandelt würden (III 3): Es gibt eine durch die Sache selbst vorgegebene Ordnung, die mit der traditionellen Anlage eines strategischen Lehrwerkes (Onasander, Aelian) zusammenfällt. Das sich immer ähnliche Üben konstituiert ein Kontinuum militärischer Praxis. Lehren könne man nur, was man selbst gelernt habe (I 8). Vegetius setzt voraus, daß der Kaiser die Wiederbelebung des Schwerbewaffnetenprinzips angeordnet habe (I pr.): Er schreibe das Buch, *ut, quae sponte pro reipublicae salute disponis, agnoscas olim custodisse Romani imperii conditores*. Es übernimmt demnach auch eine Rechtfertigungsaufgabe. Der Charakter des Werkes als aus der Literatur geschöpfte Arbeit zeigt sich an Bemerkungen wie derjenigen, man lese in Geschichtswerken, eine Stadt sei von einer Umwallung umgeben worden (IV 28). *exemplum* als Beweisgrund für die Verallgemeinerungen des Autors (IV 25): *innumerabilibus declaratur exemplis saepe caesos ad internicionem hostes, qui pervaserant civitatem...*

Porcius Cato Censorinus' *De disciplina militari*, dazu die Schriften von A.Cornelius Celsus aus tiberianischer Zeit und Frontin; außerdem Rechtstexte, die Ausbildungsvorschriften enthielten: Tarruntenus Paternus' *ius militare*, eine Juristenschrift, die in den iustinianischen Digesten als mindestens zweibändiges Werk *De re militari* zitiert wird[641], sowie *Constitutiones* von Augustus, Hadrian und Trajan[642].

Mit der Betonung des Aspektes der Übung/*disciplina*/ἄσκησις ist der Gegenstandsbereich der zu beschreibenden Regelungen bezeichnet: Eingeübt werden stereotype Verrichtungen, antrainiert werden Gewohnheiten, Haltungen und Tugenden. Vegetius' Vorhaben rechnet damit, daß ein wesentlicher Teil des Erfolges geplant-zweckmäßigen Vorgehens der Tatsache zu verdanken ist, daß der Mensch sein Handeln durch Habitualisierung, Übung, Konditionierung steuern kann[643]. Der Kampf mit Schwerbewaffneten sei teilweise noch üblich[644] und die römischen Heere in dieser Kampfweise erfolgreicher als in anderen, es hätten sich jedoch Veränderungen ergeben: So hätten die römischen Reitertruppen ihre Bewaffnung nach dem Vorbild der Gegner (Hunnen, Goten, Alanen) verändert; bis zur Zeit Gratians seien Helm und Schuppenpanzer üblich gewesen, dann aber zu schwer erschienen und außer Gebrauch geraten, wodurch die Soldaten nunmehr bedroht seien durch gotische Bogenschützen; statt des schweren Helms verwende man leichte Fellkappen[645]. Die Kohärenz der militärischen Praxis als Kontinuum von Lernen und Lehren bestimmt die Regeln, nach denen kriegerisches Handeln geschieht, als *consuetudo*, als Gewohnheit oder Konvention. Eine Praxis, die in dieser Weise ihre Regeln aus dem Herkommen bezieht, muß immer

641 *Cod. Iust. (Dig.)* XLIX 16,7 pr. 1-3; L 6,7 pr. 1-10; vgl. KUNKEL (^{2}1967) 219ff.

642 Veget., *Epit. rei milit.* I 28; I 27: *praeterea et vetus consuetudo permansit et divi Augusti atque Hadriani constitutionibus praecavetur, ut ter in mense tam equites quam pedites educantur ambulatum; hoc enim verbo hoc exercitii genus nominant.* Rechtsquellen, die Festlegungen für die jeweilige Übepraxis der Truppen enthalten, sowie lateinische Kriegsschriftsteller sollen also Hauptquellen sein. Die zitierte Arbeit Frontins sind wahrscheinlich nicht seine Strategemata, sondern eine verlorene systematische Schrift, die sich an Trajan richtete. Vegetius Quellen sind präskriptiv zu verstehen. Heeresdienstordnungen werden dennoch selbstverständlich zusammengeordnet mit systematischen Lehrwerken über das Militärwesen: Nur aus der Perspektive des Befehlshabers, der Reglements erlassen kann, ist der Unterschied beider Gattungen unerheblich. Beide Literaturen werden konsultiert, um eine gegenwärtige Organisations- und Ausbildungsaufgabe zu lösen. Vegetius ist sich der interpretatorischen Probleme eines auf die militärische Übung gerichteten Auszuges aus der Literatur bewußt: Die *historiae* beschreiben nicht Alltägliches, sondern Ereignisse und Ergebnisse der Kriege. *quae nunc quaerimus, tamquam nota linquentes* (I 8). Vegetius beansprucht nicht Originalität, sondern reproduziert und systematisiert, was bei lateinischen Autoren steht (I 8). Das Schlußkapitel des ersten Buches betont den kompilatorischen Charakter dieser Arbeit.
besonders, daß dessen Inhalt aus den Werken der Alten zusammengeschrieben sei: *Haec ... de universis auctoribus ... in hunc libellum enucleata congessi, ut in dilectu atque exercitatione tironum si quis diligens velit existere, ad antiquae virtutis imitationem facile conroborare possit exercitum* (I 28).

643 Prinzip der Übung am Beispiel des Gepäckmarsches: Es gebe nichts, was nicht durch Übung einfach würde; soldatische *ars* sei, wie andere *artes* auch, zu üben. I 19: *nec hoc credatur esse difficile, si usus accesserit; nihil enim est, quod non adsidua meditatio facillimum reddat.* II 24: regelmäßiges Üben in Künsten mit geringem Ansehen (Schauspieler, Ringkämpfer, Tierhetzer, Wagenlenker); umso mehr müsse der Soldat trainieren, *omnes artes in meditationes consistere.* III 10: *Omnes artes omniaque opera cotidiano usu iugi exercitatione proficiunt.* II 12: *Nam quae ex usu sunt non timentur.* Gleiche Position: Polyb. X 49. Die *res militaris* bestehe aus Männern und Bewaffnung gleichermaßen; Vegetius beschreibt, wie die Mannschaften zu organisieren seien (II 1).

644 *qui usus vel ex parte servatur*, I 13.

645 I 20.

mit Anpassungs- wie Veränderungskrisen rechnen. Mit einer Konsequenz, die sich aus dem Vorhaben ergibt, traditionsgeleitete technische Praxis literarisch zu reformieren, setzt sich Vegetius auseinander: Eingriffe zur Wiederherstellung veränderter oder Veränderung etablierter Gepflogenheiten sind zunächst zerstörerisch. Das einzige, was das Werk zum Ausdruck zu bringen versuche, sei: Niemand solle zweifeln, daß wieder möglich sei, was einmal Wirklichkeit war. Vergangene Wirklichkeit erscheint als jederzeit gegenwärtige Möglichkeit. Daran, daß sich die Verhältnisse nicht so sehr geändert hätten, daß eine Nachahmung der Vergangenheit zwecklos wäre, hält Vegetius fest[646]. Zuversicht vermittelt die Literatur nicht durch die Hoffnung auf eine künftige Besserung auf dem Weg radikaler Veränderung, sondern durch Wiederherstellung von Gewesenem. Vegetius sieht die Fachpraxis der militärischen Spezialisten bei autonomer Entwicklung in der Gefahr des Verkommens. Externe Eingriffe durch politisch und literarisch kontrollierte Reformen sollen verhindern, daß die Entwicklung der Fachpraxis als Niedergang verläuft. Militärtechnik im engeren Sinne und Militärorganisation werden als sachliche Einheiten behandelt, die sich prinzipiell autonom entwickeln könnten, aber dem staatlichen Ordnungssystem unterstellt werden sollen, um mit ihrer Funktion als Spezialtechnik innerhalb des übergeordneten Funktionsgefüges militärisches Niveau und Erfolg zu halten bzw. wiederherzustellen. Der regelnde Eingriff erfolgt rückbezüglich, denn als mögliche Zukunft antizipierbar erscheint nur eine vergangene Gegenwart, weil militärisches und technisches Verhalten als konventionsgeleitet aufgefaßt wird. Schwerlich hätte Vegetius von grundsätzlich neuen Einrichtungen die Lösung praktischer Probleme erwartet.

Leitbild für die militärische Organisation ist die Legion, Muster einer autarken, befestigten *civitas* im Kleinen, während die Hilfstruppenkontingente nach Größe, Herkunft, Bewaffnung und Verhalten heterogen zusammengesetzt seien[647]. Aufgrund schnellerer Beförderung in den Hilfstruppeneinheiten und wegen fehlenden Ersatzes ausscheidender Mannschaften habe die Legion ihre Funktion als Muster verloren (II 3). Der literarische Versuch ihrer Restauration behandelt militärtechnische, moralische und -rechtliche Aspekte[648] und sucht eine vergangene Technik als Teil einer mit ihr vergangenen Lebensform wiederherzustellen. Vegetius rechtfertigt eigens Wert und Bedeutung des Lehrgebietes vor der politischen Führung[649]: Die Kriegskunst sei die Technik, ohne die alle anderen Techniken

646 Es seien zwar viele Jahre verflossen, seitdem die Römer regelgerecht ein Lager gebaut und einen Graben ausgehoben hätten, doch hätten inzwischen sogar die Perser die Lagerbauweise der Römer übernommen: Wer wollte bestreiten, daß man lernen könne, was andere von einem gelernt hätten. *sed ne impossibile videatur reparari disciplinam, cuius usus intercidit, doceamur exemplis* (III 10; vgl. I 21).

647 II 1-2; 18, mit Werkstätten zur Anfertigung und Reparatur von Ausrüstung, Waffen und Gerät und Bauhandwerkern für die Herstellung von Belagerungsmaschinen. Diese Geräte werden teilweise während eines Feldzuges erst angefertigt (II 11, *praefectus fabrum* als *iudex* der Handwerkereinheiten). Bedeutung von Artillerie und Belagerungsmaschinen für den militärischen Erfolg (II 25): *Legio autem non tantum militum numero sed etiam genere ferramentorum vincere consuevit*. Bild der Legion als autarker *civitas* wiederholt anläßlich der Beschreibung ihrer *artifices* für die Anfertigung von Schutzdächern, Sturmböcken und Belagerungsgeräten: Je Zenturie eine *carroballista* mitgeführt (mobiles Geschütz), von Maultieren gezogen (ca. 50 Geschütze pro Legion). Die Geschütze dienen der Verteidigung des Lagers, in der Feldschlacht hinter der Schlachtreihe der Schwerbewaffneten zu ihrer Verteidigung. Weterhin: 10 Onager (Schleudern), Boote zum Brückenbau, Enterhaken, an Stangen befestigte Sicheln, Grabwerkzeuge, Werkzeug zur Holzbearbeitung (II 25).

648 II 4: *quapropter ordinationem legionis antiquae secundum normam militaris iuris exponam.*

649 Kriegskunst behandle Dinge, durch die *libertas*, *dignitas* und *imperium* erhalten und *provinciae*

nicht existieren könnten; zur *disciplina* sei sie geworden, weil sie bei den Spartanern als Teil der Allgemeinbildung gelehrt wurde, sowie durch systematische Akkumulation (*colligere*) von Kriegserfahrungen (*experimenta pugnarum*) von ihrem Ausgang (*eventus*) her, also so, daß diese Erfahrungen es erlauben, Handlungen als Erfolg oder Mißerfolg zu beurteilen.

Akkumuliert wird die Erfahrung in einer besonderen Weise: Weil Vegetius an einer Reform des militärischen Ausbildungsbetriebes mitwirkt, besitzen die die verlorene Übung be- bzw. vorschreibenden Texte kanonische Geltung. Er sammelt übersichtlich in einer Epitoma zusammen, was sich verstreut und unübersichtlich in Werken anderer findet. Das Neue, das Vegetius zur Tradition beiträgt, liegt nur der Ordnung des unvollkommen Geordneten. Die auf das Handelns selbst siech beziehenden Elemente dieser Ordnung jedoch will er ohne Zutat und persönlichen Geltungsanspruch referieren[650]; neben seiner Ordnungsleistung unternimmt Vegetius im einzelnen die Beurteilung des Vorgehens hinsichtlich seines Erfolges und danach, ob es zum erwünschten Ergebnis führte, sowie die ursächliche Erklärung des Erfolges oder Mißerfolges[651]. Mit diesen Leistungen erfüllt Vegetius die von ihm vorausgesetzten Kriterien der Wissenschaftlichkeit einer praktischen Lehre. Institutionalisierung als Lehrfach, Sammlung und Auswertung ihrer Erfahrungen machen eine Technik zur Technik; die Bemächtigung des kriegerischen Zufalls bedarf dazu kontinuierlicher Übung[652]. Der Versuch einer Reform militärischer Organisation und Praxis wird vollzogen mit minimalem Kreativitätsbewußtsein: Verdichtete vergangene Erfahrung, nicht neue Ideen, bilden die Leitlinie.

Vegetius' Schrift sollte der Verwaltung eine Anleitung für Reformmaßnahmen und dem Feldherren eine Schulung seiner militärischen Urteilsfähigkeit bieten: Der Leser erwarte von *commentarii* zur Kriegskunst Vorschriften für die Fällung der Entscheidung zur Schlacht. Methodenmodell bei dieser Entscheidung im Kriegsrat ist die urteilende Vernunft eines Gerichtes, das der Feldherr zwischen den verschiedenen Positionen halten soll[653]. Entscheidender strategischer Gesichtspunkt sei die Beurteilung des Kräfteverhältnisses; dem Schwächeren biete sich immer die Möglichkeit, ohne offene Feldschlacht durch Kleinkrieg den Gegner zu zermürben.

vergrößert würden (III 10).

650 I 8: *nihil enim auctoritatis adsumo sed horum, quos supra rettuli, quae dispersa sunt, velut in ordinem epitoma conscribo*; vgl. I 28. Zu den Erfahrungserkenntnissen der Technik gehören zu Maximen verdichtete Erfahrungen: Sprichwörter für den Feldherrn, die den Wert bestimmter Maßnahmen betonen (z.B.: Gefahr offener Feldschlacht) und den Wert der *virtus* gegenüber der *multitudo*; epitomierender Charakter des Werkes, III 26.

651 In diesem Sinne bietet Vegetius Kriegstechnik als Summe kriegerischer Erfahrung, vgl. III 6: Diejenigen, die die Militärwissenschaft besonders eifrig gelehrt hätten, versicherten, daß auf dem Marsch mehr gefährliche Ereignisse als im Kampf selbst zufällig einzutreten pflegten.

652 III pr.: *Igitur qui desiderat pacem, praeparet bellum; qui victoriam cupit, milites inbuat diligenter; qui secundos optat eventus, dimicet arte, non casu.* Zum Lehrfach hätten die Kriegskunst die *tactici* gemacht, sophistische Lehrer und Veranstalter taktischer Vorlesungskurse (III pr.). Diese *ars* hätten Römer und Spartaner unter Zurückstellung aller anderen betrieben; es sei die einzige *ars*, die die Barbaren wirklich beherrschten (III 10).

653 III 9: *rationem proelii depugandique ... praecepta.* Ort solcher Entscheidung sei der Kriegsrat der *scientes belli et sapientes viri*, die ohne *adulatio* aufgrund stereotyper Fragen abschätzen sollen, ob eine offene Feldschlacht zu wagen sei. *Dux itaque vigilans sobrius prudens, tamquam de civili causa inter partes iudicaturus* (III 9).

Zunächst zeigt sich am Beispiel des Vegetius, wie ein Weltbild, das Normativität mit Konvention identifiziert, institutionelle Veränderungen als Niedergang schicksalhaft erlebt, diesen nicht kontrollieren zu können meint, und eine bessere Zukunft als Wiedergewinn einer verlorenen Vergangenheit denkt. Das Tun der militärischen Fachleute ist bei Vegetius in stärkerem Maße als beim Anonymus der politischen Führung unter- und nachgeordnet: Die Welt der Institutionen, der Politik und der Tradition wies dem Spezialisten den Platz an, und nicht, wie ansatzweise bei dem Anonymus, umgekehrt. Zu dieser traditionalistischen[654] Seite des Vegetius bildet sein deutlich geäußertes Bewußtsein eines unendlichen zivilisatorisch-technischen Fortschrittes einen Widerspruch, das Vegetius in Poliorketik und Seekriegführung (Buch IV) beobachtet. In den technischen Fortschritt greift keine externe Kontrolle durch Politik und Tradition ein; er findet autonom statt und setzt Maßstäbe des Nützlichen und Richtigen. Der Fortschritt der Urbanität läßt Vegetius seine eigene Gegenwart über alle vergangenen Zeiten stellen: Man habe verwirklicht, was frühere, in anderer Hinsicht überlegene Zeiten sich nur wünschen und erdenken (*anticipare*) konnten[655]. Fortgeschritten sei vor allem der Befestigungsbau. In diesem Zusammenhang selektiert Vegetius das von ihm Wiedergegebene ausdrücklich auf die neue Lage hin, betont aber, daß eine effizientere Artillerie als die auf dem Prinzip der Torsion beruhende noch nicht erfunden worden sei. Die Art der Kriegführung hat sich geändert, also ist nicht alles Vergangene mehr gültig; immerhin denkbar und wünschbar ist sogar eine prinzipiell andere und bessere Artillerie als die gebräuchliche. Skorpione hießen in der Gegenwart anders als früher: *manuballistae*. Kompositbogengeschütze, Riemenschleuderer und Stockschleuderer würden,

654 Den traditionalistischen Eindruck verstärkt die defensiv-bewahrende Aufgabe der Kriegskunst selbst: Die ersten Kapitel von Buch IV bestimmen die grundsätzlichen Eigenschaften sicher gelegener und angelegter Städte und handeln von der zweckmäßigen Anlage der Mauern und Gräben (IV 1-5). Es gebe *antiquissimae civitates*, die in der Ebene, aber doch geschützt angelegt seien: Dauerhaftigkeit ist ein Kriterium militärischer Effizienz. Der Zweck der Kriegstechnik ist wesentlich konservativ (IV 1; vgl. *veteres* IV 2). Im Zusammenhang der Belagerungskriegführung und -vorbereitung beschreibt Vegetius Gerätebeschaffung und -anfertigung für den defensiven Belagerungsfall; er gibt Regeln für die Bereithaltung von Baumaterialien und Nahrungsmitteln für den Kriegsfall (IV 2-9). Der folgende Abschnitt beschreibt die Geräte für die Belagerung (IV 13ff.), also offensive Kriegführung gegen Städte.

655 IV pr.: *tenemus quae anticipare et superior optavit aetas et extendi in perpetuum ventura desiderat. Quibus rebus tantum universo orbi praestitum gratulamur, quantum vel humana mens petere vel gratia potuit divina conferre*. Vegetius meint also im Grundsatz, daß einer moralischen Überlegenheit der Vergangenheit eine zivilisatorisch-technische Überlegenheit seiner Gegenwart entspricht. Ähnlich Vitruv: Stadtbildung und Zusammensiedlung machten die Menschwerdung des Menschen aus; in der *res publica* konnte den Menschen die *communis utilitas* erst bewußt werden. Beziehung des Autors zum Kaiser charakterisiert durch dessen Lob als Städteförderer; sein *amor studiorum* lasse den Autor die *bona* des *regnum* und des Geistes der Zeit empfinden. Deutlich auch das Fortschrittsbewußtsein des Festungsbaus: Vergrößerung von Roms Herrschaft und Schutzwirkung durch das Tun des Herrschers. Zusammentragen poliorketischer Regeln aus der Literatur (*ex diversis in ordinem digeram*); Notwendigkeit mechanischer Technik zur Anfertigung von Belagerungstürmen mit besonderem Bewegungsmechanismus (*his plures rotae mechanica arte subduntur, quarum lapsu volubili magnitudo tam ampla moveatur*). Ordnung der Darlegung: nicht nach Zwecken (Verteidigung/Angriff), sondern nach Lagen (Poliorketik: Bau von Belagerungstürmen/-Bekämpfen von Belagerungstürmen, IV 17-19). Belagerung von Rhodos 88 v.Chr. durch Mithridates als Beispiel: Abwehrversuch eines erfindungsreichen Technikers, der unter der Mauer und der für den Turm vorgesehenen Stelle den Boden unterminierte, IV 20. Sturmleitern: IV 21. Gut gestimmte *ballistae* und *onagri* schlechterdings unwiderstehlich und durchschlagend: IV 29. Vgl. IV 22.

da außer Gebrauch geraten, nicht beschrieben[656]: Die Entwicklung von Militärtechnik und -organisation wird nicht dem Diktat der Tradition unterworfen, sondern als Faktum anerkannt. Diese Entwicklung verläuft als Vektor, unumkehrbar, und sie führt von unvollkommeneren zu besseren oder ganz neuen Zuständen. Nicht die Vergangenheit als solche setzt der Gegenwart Maßstäbe, sondern nur, insofern sie die Lösung gegenwärtiger Probleme ermöglicht. Vegetius ist daher nicht wirklich Traditionalist; er erkennt Fortschritte der militärtechnischen Entwicklung und in der Architektur an. Autoritäten für Wissen und Geltung sind nicht nur die *auctores bellicarum artium*, sondern auch *quae recentium necessitatum usus invenit* (IV 30). Die Militärtechnologie ist in ständigem Fortschritt begriffen, der sich daraus ergibt, daß in bestimmten Lagen Methoden erfunden werden, die dann zum Üblichen (*usus*) werden. Die Autorität der innovativen Praxis der Gegenwart (z.B. Poliorketik, Seekriegführung) ist den literarischen Autoritäten der Vergangenheit überlegen. So kennt Vegetius auch die Entwicklung des Holzfällens für den Schiffbau als Fortschrittsgeschichte; in der Praxis seiner Gegenwart falle die Lehre der *ars ipsa* mit dem *omnium architectorum cotidianus usus* und der Einsicht des Theoretikers zusammen[657]: Die *ars* bezeichnet eine Prinzipienlehre, eine Wissenschaft der Technik, deren Inhalt im günstigen gegenwärtigen Fall mit dem identisch ist, was die Praktiker tatsächlich tun.

Daß er die Flußschiffe auf der Donau nicht behandelt, begründet Vegetius damit, daß die Praxis des Faches für die betreffenden Zwecke bereits mehr Lösungsmöglichkeiten gefunden hätte als aus der literarischen Tradition geschöpft werden könnten[658]: Die Literatur kann hier nichts bieten, weil sie für die neuen Formen des Krieges keine Anleitungstradition enthält. Die Methoden der eigenen Zeit sind so unendlich fortgeschritten gegenüber denen der Vergangenheit, daß diese ihre praktische Relevanz verloren haben. So gehört für Vegetius auch die militärische Seefahrt nicht zu den Gebieten, die aus der Literatur noch viel lernen können; die *naturalis philosophia* vermittle zwar die Theorie der Winde (IV 38), aber die Kapitäne besitzen das notwendige Wissen bereits aus ihrer Praxis und müssen sich nicht von Literaten belehren lassen[659]. Im Gegensatz zu den Normen für Taktik und Orga-

656 IV 22. Anerkennung auch der Veränderungen des Sprachgebrauches. *Vineas dixerunt veteres quas nunc militari barbaricoque usu causias vocant*, IV 15. Die summarische Beschreibung der Geschütze (IV 22) zeigt die Tiefe des Verständnisses des Autors für ihre Wirkungsweise. Vegetius drückt die Lehre aus, daß sich die Effizienz der Geschütze proportional zu ihrer Größe verhalte: Je größer die Arme, umso größere Pfeile schießt sie umso weiter; je dicker und länger die Sehnenbündel des Onagers, desto größer das Gewicht der von ihm verschossenen Steine. Bedeutung des Stimmens der Ballisten: *Ballistae vero et onagri, si a peritis diligentissime temperentur, universa precedunt, a quibus nec virtus nec ulla munimina possunt defendere bellatores*, IV 29.

657 IV 35: *quod ars ipsa et omnium architectorum cotidianus usus edocuit et contemplatione ipsius religionis agnoscimus, quam pro aeternitate his tantum diebus placuit celebrari*.

658 *quia artis amplius in his frequentior usus invenit, quam vetus doctrina monstraverat*, IV 46.

659 Vegetius als Literat; Zusammenhang von kontemplativer Naturbetrachtung und praktischer Kriegskunst (Beispiel der Winde, IV 38): *in qua parte naturalis philosophiae tota est adhibenda sollertia, quia ventorum tempestatum que caelesti ratione natura colligitur*. Gefahren militärischer Seefahrt (v.a. Truppentransport): Gefahr großer Menschenverluste, IV 38-39. Vermengung von Spekulation und Aberglauben mit praktischer Erfahrung; Vegetius kenne die Seefahrt nicht selbst, IV 40-41: *interluniorum autem dies tempestatibus plenos et navigantibus quam maxime metuendos non solum peritiae ratio sed etiam vulgi usus intellegit... haec gubernatores si se scire profitentur, sciunt eatenus, quatenus eos imperitiae usus instituit, non altior doctrina formavit*. Zusammenhang von Mond- und Gezeitengang: IV 42. Mechanische Geräte zum Schiffskampf, incl. Geschütze: IV 44. Nichtbehandlung der Flußschiffe auf der: Erfahrung belehre

nisation der Legion, für die die literarische Tradition hinreichenden, aber neu zu erschließenden Stoff bot, behandelt Vegetius mit Poliorketik und Seekriegführung Gegenstände, deren Entwicklung sie von literarischen Vorbildern zu sehr entfernten, bzw. die in der militärliterarischen Tradition zu geringe Behandlung fanden, als daß er seine Gegenwart durch Literatur hätte belehren können. Zwischen Vergangenheit und Gegenwart ist, anders als in den militärorganistorischen Fragen, bezüglich See- und Belagerungskrieg ein unüberbrückbarer Hiat eingetreten, der sich der technischen Entwicklung verdankt und den Veränderungen der Gegenstände (Schiffe, Festungen, Maschinen). Dem Wissen der Praktiker wird in diesem rein technischen Zusammenhang (im Gegensatz zur v.a. rechtichen Ordnung des Heeres) daher ein Eigenrecht zugestanden, das soweit geht, die Autorität von Lehre und Literatur für irrelevant zu erklären und eine autonome Entwicklung der Technik anzuerkennen. Das höchste, zu dem sich in diesem Zusammenhang der Theoretiker und im Fach der Spezialisten Unerfahrene aufschwingen kann, ist es, einzusehen, daß die Praxis der Fachdisziplin die richtige Entwicklung genommen hat. Mit dieser Einsicht verbunden ist die teilweise Absage an die Wichtigkeit der Bildungsliteratur der führenden Eliten (Vegetius' Werk richtet sich an den Kaiser als Entscheidungsinstanz) für das Tun der Praktiker. Die Verhältnisse, die Formen der Kriegführung, haben sich geändert, und zu ihren Details hat der Literat wenig mehr zu sagen.

Hier erkennen wir, in welchen Bereichen der Zivilisation eine eigengeregelte Entwicklung gesehen und zugelassen wurde, und wo andererseits die Vergangenheit Maß und Ziel der Zukunft bleiben sollte: Während Hierarchie und Organisation sowie die infanteristische Elementarorganisation der Regelung durch das Vorbild vergangener Praxis unterstellt werden, wird die Entwicklung der Technik im einzelnen anerkannt[660]. Hinsichtlich der politisch-rechtlichen Verhältnisse ist die Perspektive relativ undynamisch, die Entwicklung der Fachdisziplinen wird dagegen in ihrer Dynamik anerkannt. Die literarisch-wissenschaftliche Behandlung der Technik ist für diese und ihre Entwicklung aber kein notwendiges Moment, denn eine erfahrungsgesteuerte Entwicklung scheint auch ohne Literatur und Reflexion möglich. Im Idealfall aber fallen die Ergebnisse erfahrungsgeleiteter Entwicklung und reflektierter, literarisch-wissenschaftlich angeleiteter Technik zusammen. Diese Auffassung kennzeichnet einen technischen Literaten, der selbst nicht militärisch-technischer Fachmann ist: Der Technikkonzeption bedient er sich als Form, Praxiswissen zum Zweck der Politikberatung zu vermitteln und beherrschbar zu machen.

2.2.6.4. Tiermedizin und Landwirtschaft

Durch die Technikkonzeption bestimmt ist in ähnlicher Weise ein zweites etwa gleichzeitiges unter dem Namen des Publius Vegetius Renatus überliefertes Werk, wahrscheinlich vom selben Verfasser. Dieses belegt die Zunahme des Grades der Aneignung und Anerkennung

hinreichend über deren Einsatz (IV 46): *de lusoriis, quae in Danubuio agrarias cotidianis tutantur excubiis, reticendum puto, quia artis amplius in his frequentior usus invenit, quam vetus doctrina monstraverat.*

660 Flottenorganisation und Liburnenbau (IV 32-38): *diversae autem provinciae quibusdam temporibus mari plurimum potuerunt, et ideo diversa genera navium fuerunt* (IV 33 über Liburnen). Beschreibung der Erfahrungen von von Aktium; Erklärung der überraschenden Größe der Liburnen mit dem Hinweis, noch größere Liburnen seien früher üblich gewesen.

der praktischen Disziplinen bei den literarischen Eliten der Spätantike. Vegetius' Vorwort zum ersten Buch der *Mulomedicina* reflektiert diesen Prozeß des Erwerbs literarischer Dignität durch praktische Disziplinen, der seit Vitruv ein Grundtopos der Rechtfertigung für die Literarisierung einer technischen Disziplin ist, und der im Zusammenhang steht mit der Tatsache, daß die römische Zivilisation und Kultur sich zunächst in besonders umfangreicher und intensiver Weise sich durch Literarisierung Ergebnisse und Errungenschaften anderer Zivilisationen aneignete und dann gerade durch die Herausbildung einer landwirtschaftlichen Fachliteratur den Charakter der Landwirtschaft und Tierheilkunde als technischer Disziplin ausbaute.

Vegetius schreibt, zunächst sei die *mulomedicina*, die Heilkunde für das Nutzvieh, gegenüber der Humanmedizin als nur zweitrangig geachtet, von Leuten geringeren Ansehens (*a minus splendidis*) ausgeübt und von Autoren geringer rhetorischer Kompetenz traktiert worden[661]: Dem geringen Wert der Kunst entsprechen geringes Ansehen ihrer Vertreter und geringer Aufwand ihrer literarischen Darstellung. Einen Fortschritt sieht Vegetius in der zunehmenden Aneignung des Praktischen durch die literarische Kultur. Pelagonius und Columella hätten die *dicendi facultas* besessen, praktische Maximen der Tierheilkunde zusammenzustellen (*conscribere rusticae rei praecepta*): Die literarische Aneigung einer Disziplin geschieht als Sammlung des Materials; dieses wird systematisch geordnet nach kausalen Gesichtspunkten, die Handeln und Entscheiden anleiten[662]. Literarische Anerkennung habe als Ziel im Vordergrund dieser Literatur gestanden; Vegetius grenzt davon Autoren und Werke ab, die sich ohne Sorge um effektvolle Darstellung der Sache selbst widmen: Sammelschriften, wie sie schließlich das *Corpus Hippiatricorum Graecorum* bildeten. Er hält sie für jünger, ihm liegt davon also wohl eine zeitnahe Kompilation vor, und er meint, daß jene älteren tiermedizinischer Werke einen insuffizienten Gehalt anspruchsvoll darstellten, während die jüngeren Sammelschriften literarisch schlechter, aber sachlich gehaltvoller seien[663]: Er meint also, daß die Fachiteratur zu Tierzucht und Tiermedizin einen Fortschritt im Sinne zunehmender Sachlichkeit und abnehmender Bemühung um literarische Effekte durchgemacht habe.

Maßstab des sachlichen Gehaltes ist die Ökonomie des Handelns[664]. Vegetius lehnt die

661 *minusque eloquentibus collata docetur in libros*, Veget., *mulom.* I pr. 1-2. ADAMS (1995) 88-99: Die *mulomedici* sind vom Tierhalter abhängige Dienstleister niederen Sozialstatus.

662 I pr. 2-4. Über Pelagonius: *curas animalium levi admonitione perstrinxit*, Columella habe *causas* und *signa* der Krankheiten nicht behandelt und *quasi ad doctissimos* geschrieben, also ein Werk vorgelegt, das praktische Urteilsfähigkeit nicht vermittle, sondern bereits voraussetzt. Dieser Vorwurf ist ein Standardvorwurf gegen den Technikliteraten der Antike: für fachliterarische Spezialinteressen statt das allgemeine Bewußtsein zu schreiben, vgl. S. 189. Der topische Charakter des Vorwurfes unterstreicht, in welchem Maße die sog. Fachliteratur nicht allein Literatur von Fachleuten war und sein sollte, sondern v.a. der ganzen Bildungselite die Spezialmetiers zu erschließen hatte.

663 Über "Chiron" und Apsyrtus: *diligentius cuncta rimasti eloquentiae inopia ac sermonis ipsius vilitate sordescunt*, I pr. 4. Über Apsyrtus BJÖRCK (1932) 65ff.; 87ff. (Apsyrtus ordnete das Sammelmaterial als erster systematisch, er ist nach ca. 200-60 v.Chr. anzusetzen). Nach *Corp. Hipp. Graec.* I 1-8 war Apsyrtus Militärveterinär; möglicherweise war er Landsmann des Dedikanten seines Werkes, Asklepiades von Klazomenae, ODER (1926) 122.

664 Vegetius betrachtet als Kriterium der Anwendbarkeit tiermedizinischer Rezepte das ökonomische: Heilmittel, deren Preis den Zeitwert des Tieres übersteigen, lohnen nicht; Bücher, die solche Heilmittel empfehlen, sind von geringem Wert (I pr. 5). Vgl. auch I pr. 9-11. Sparsamkeitspostulat in der Einführung zum Abschnitt über Heilmittel (III 7,3-5): *de cursis omnibus, quae huius artis doctrina poscebat, ad*

Werke Dritter ab, die das Material unverarbeitet und ungeordnet (*indigesta et confusa*) darböten[665]: Er setzt voraus, daß diese Schriften als Nachschlagewerke zur unmittelbaren Praxisanleitung konsultiert werden und vermißt ihre Eignung für diesen Zweck. Aufbau und Kapiteleinteilung seien falsch, die Häufung von Alternativrezepten unbrauchbar. Tatsächlich geht Vegetius von der häufenden Gliederung dieser Sammelschriften ab und bietet statt dessen Rezepte als eindeutige wenn-dann-Regeln unter jeweils eigener Überschrift. Methodisch orientiert sich diese Tiermedizin zum Nachschlagen an der Humanmedizin: Tiermedizin unterscheide sich wenig von der Humanmedizin; es komme darauf an, Krankheitsursachen und Symptome knapp und klar darzulegen[666]. Das erste Erfordernis der *medici* sei es, das *genus aegritudinis in homine reperire*: Ohne *genus*-Bestimmung der Krankheit, ohne ihre Identifikation und klassifikatorische Einordnung, sei jede Therapie unsicher[667]. Auch diese methodische Orientierung der Tiermedizin an der Humanmedizin untersteht einem ökonomischen Kalkül: Es gebe Krankheiten, die einzelne Tierindividuen befallen, andere erfassen durch Infektion aufgrund ungeregelten Kontaktes ganze Herden. Korrekte Identifikation der Krankheit und Vorhersage ihres Verlaufes seien ökonomische Erfordernis[668]; das Voraussageproblem bezieht sich v.a. auf die Gefahr von Infektionskrankheiten, die zum Verlust von Herden führen könnten. Das Werk des Vegetius soll Laien eine katalogartige Zuordnung von Krankheitssymptomen zu Krankheitsbildern und damit auch zu Therapiemethoden erlauben[669]. Er will der Tiermedizin die methodische Strenge verleihen, die die Humanmedizin bereits besitze. Vor allem geht es darum, ein Wirtschaftsethos als unwirtschaftlich zu kennzeichnen und zu überwinden, das vom Tierzüchter keine tiermedizinischen Kenntnisse verlangte: Vegetius zeigt demgegenüber, daß die Sorge um die Gesundheit der Tiere ein wirtschaftlich lohnendes Verhalten sei. Zugleich rechtfertigt er die Disziplin als würdigen Lektüregegenstand der Eliten, als Bildungsgut der Land- und Tierbesitzer. Mit dem materiellen Wert tiermedizinischen Wissens und mit seinem literarischen Wert steigt der Wert des Wissens und der Tätigkeit tiermedizinischer Spezialisten: In Vegetius Werk selbst geht es nur darum, daß der Landbesitzer urteilsfähig werde; er soll nicht selbst zum Tiermediziner werden, sondern fähig dazu, Weisungen zu geben[670]. Der Tierzüchter (*dominus*) kann und soll nach Einschätzung des Vegetius mehr als zu früheren

compositiones necessarium potionum medicamentorumque descendemus ex quibus et explorata congessimus et ea, quae non tam ad utilitatem curandi quam ob caritatem emendi mulomedicorum cupiditatis inflaverat, submovimus. Die Ingredienzen seien nur wenige, für die *causae* angepaßte, erprobt durch lange Erfahrung und mit sicherer Wirkung. II 80,1: *cuius necessitatis de experimento principale remedium...*; II 132,9: *expertum dicitur...*; II 129,12: ... *sunt expertaque remedia* ...

665 Indiz eines falschen Aufbaus ist, daß der Leser, der eine *pars* einer *curatio* suche, sich *per titulos* irre, weil zu denselben Leiden am Anfang eines Abschnittes andere *remedia* gegeben würden als im Ende (I pr. 4). Vegetius kritisiert also, daß der Wert dieser Werke als Nachschlagewerke gering sei, weil sie nicht nach Krankheitsbildern, sondern nach Körperteilen sortiert und daher für den Zweck unübersichtlichen sind.

666 I pr. 6.

667 I pr. 7-8.

668 I pr. 14-15.

669 Kapitelüberschriften von Buch I betreffen *signa morbi XY* (I 3-9); darauf folgen Überschriften der Art *cura morbi XY* in gleicher Reihenfolge (I 10-16).

670 I pr. 11-14.

Zeiten sich tiermedizinischen Fachwissens bedienen: Vegetius setzt also voraus, daß Tierheilkunde und Tierzucht ein neues technisches Niveau erreicht hätten.

Von dem *dominus* wird allerdings als Voraussetzung seines Erfolges eine intensive affektive Hinwendung auf die landwirtschaftliche Tätigkeit verlangt[671]: Täglich solle man Auffälligkeiten des Verhaltens der Tiere beobachten, um Krankheitssymptome zu erkennen. Vegetius schreibt also für einen *dominus*, der selbst nicht weit entfernt von seiner Tierzucht lebt oder für dessen Beauftragte: nicht wie Cato für einen trotz Geltung einer Anwesenheitsnorm entfernt in der Stadt lebenden Landbesitzer. Es ist bezeichnend für das neue Interesse und die neue Bereitschaft zur Aneignung fachtechnischer Kenntnisse durch die landbesitzenden Führungsschichten, daß Vegetius vom Leser erwartet, daß dieser sich mit mehr als nur praktischen Rezepten, sondern einer ausgebildeten tiermedizinischen Kausallehre auseinandersetze. Auch für diese Forderung ist das Methodenmodell der Humanmedizin das Vorbild, doch stärker noch, als in den humanmedizinischen Schriften zur Populärmedizin, also über *Euporista*, wird in der Arbeit des Vegetius physiologische und pathologische Theorie vermittelt. Die Medizin aller Lebewesen, also Tier und Mensch, irre oft, wenn sie nicht vor dem Schritt zur Therapie deren *ratio* kenne und die Gefahr der Krankheit wie der Versuche ihrer Bekämpfung[672] vorhergesagt habe: Prognosefähigkeit ist Kriterium der Einsicht in die Natur der Sache. Das praktische Ziel liegt in der begründeten Ableitung einer Therapie aus der Erkenntnis der Art der Krankheit[673]. Das Moment kontinuierlicher Bemühung und Übung, das in der militärischen Schrift des Vegetius hervorstach, bestimmt auch die Landwirtschaftslehre[674].

In der Motivation des literarischen Unternehmens gibt es einen scheinbaren Widerspruch: Einerseits setzt Vegetius einen methodischen und sachlichen Fortschritt der Tierheilkunde voraus, die ein Niveau erreicht habe, das früher ungeahnte wirtschaftliche Möglichkeiten eröffne. Andererseits motiviert er seine literarische Bearbeitung der Tierheilkunde mit einem angeblichen Niedergang der Tiermedizin und einer Barbarisierung der römischen Zivilisation. Muster seien die Hunnen geworden: Die Menschen scheuten Aufwand und Kosten und

671 I pr. 16: *comes enim semper est affectionis industria*. Wesentlicher Faktor für das Gedeihen der Tiere (*utilitas*) bestehe in *amor* und *industria* des *dominus*, seines *procurator* oder *pastor*.

672 Prophylaxe und Vorsorge: I 56-60.

673 Wenn die *curandi ratio* zum *genus passionis* passe (*congruens*), sei das *auxilium* unzweifelhaft, I 21,1. Die Therapietheorie ist bestimmt durch Kompensationsvorstellungen: Aderlaß wird gerechtfertigt mit einem Reinigungsbedarf des Blutes und mit seiner Funktion als Schwächung übergroßer Vitalität. Kastrierte Tiere und sexuell aktive sollten, da natürlich geschwächt, nicht zur Ader gelasen werden, I 21,2-3. Ausbrennen als Kompensation: I 28,1-2.

674 Systematischer Aufbau des ersten Buches, beginnend mit *signa* (Symptome und Indizien) zum Erkennen einer Tierkrankheit: Beobachtungen, die von den üblichen abweichen; auch physiognomische Merkmale (Augenausdruck, Ohren- oder Schwanzhaltung) als Teil einer Tierpsychologie in diagnostischer Absicht, I 1,1-2. Ansteckende Krankheiten spielen bei anderen Tiermedizinern eine untergeordnetere Rolle; Vegetius fordert, daß, sobald man Krankheitszeichen an einem oder mehreren Tieren beobachte, die betreffenden Individuen von den übrigen Tieren zu separieren, damit der Kontakt der Tiere nicht zur Ansteckung führe (*ut contagionem non inferat proximis*), I 1,3. Psychologisch-physiognomische Fundierung der Diagnostik: Wenn nach 1-3 Tagen das ungewöhnliche Verhalten des Tieres endet und keine körperlichen Veränderungen vorhanden sind, habe es sich um eine *tristitia* des Tieres aus kleineren Ursachen gehandelt, I 1,4-5. Darstellung der Krankheiten, mit vier hippokratischen Grundqualitäten als Beschreibungskategorien, zusammen mit ihren *signa* (vgl. I 2-4). Systematische Sammlung von Rezepten, um die Tiere gesund bleiben und werden zu lassen, III 8ff.

ahmten die *barbarorum consuetudo* nach, indem sie ihre Herden ohne medizinische Betreuung ließen. Ein Motiv seiner Kritik entnimmt Vegetius der humanmedizinischen Tradition: Celsus hatte argumentiert, daß der zivilisatorische Fortschritt von Griechen und Römern den Bedarf nach medizinischer Lebensregelung, Diätetik, erst geschaffen habe, und dieser Gedanke der Zugehörigkeit von Medizin und Technik zur mittelmeerischen Lebensform prägt die Medizin bis in die Spätantike[675]. Die Tiere der Barbaren seien härter im Ertragen körperlicher Belastungen und daher nicht so sehr medizinischer Betreuung bedürftig; die eigenen Tiere dagegen seien an überdachte Ställe und ständige Pflege gewöhnt und davon abhängig. Der *pater familias* müsse daher, anders als die Nichtrömer, Gesundheitszustand, Therapie und Pflege seiner Tiere in die allgemeine Kosten-Nutzen-Bilanz mit einbeziehen. Vegetius betrachtet also eine medizinisch angeleitete Tierzucht als notwendigen Teil des durch das Zivilisationsniveau des Mittelmeerraumes geprägten Lebensform, durch den sie sich vom Leben der Barbaren abgrenzt. Diese Lebensform wird einerseits als gefährdet geschildert, andererseits behauptet Vegetius, daß die tiermedizinischen Möglichkeiten seiner Gegenwart viel besser seien als die vergangener Zeiten. Der Widerspruch zwischen beiden Positionen ist ein nur scheinbarer: Für Vegetius tendiert das tiermedizinische Niveau zu stetiger Steigerung; er erwartet eine dementsprechende Praxis der Tierhaltung und wertet bereits das Nichtausnützen der bestehenden technischen Möglichkeiten als Dekadenzphänomen und Barbarisierung. Die Bewahrung der antiken Zivilisation erfordert nach Vegetius' Auffassung nicht nur die Konservierung, sondern den Ausbau ihres technischen Niveaus: Dessen Fortschritt ist möglich und wünschenswert, fehlende Bemühung um ein fortschrittliches Niveau der Tierproduktion bereits Zeichen der Barbarei. Charakteristikum der mediterranen Lebensweise ist eine geplante, rationale, intensive und nachhaltige Wirtschaftsweise, die Ressourcen schont, um sie langfristig optimal auszunutzen. Diese Wirtschaftsweise ist als *consuetudo* abhängig von kontinuierlicher Ausprägung und Übung und unterliegt daher der Verfallsgefahr: Vegetius meint, daß ein solcher Verfallsprozeß der nachhaltig-intensiven Tierzucht in seiner Zeit eingetreten sei. Literatur stabilisiert bzw. restituiert dagegen eine verfallene Praxis[676]; ihr kommt die Aufgabe einer Kompensation des Wandlungsüberschusses zu[677]: Daß es für möglich gehalten wurde, daß die römische Landwirt-

675 Celsus, *De med.* I pr. 4-5; so argumentiert noch Anthimus, *Epist.* 3,14.

676 Veget., *mulom.* II pr. 1-3. Vegetius beschreibt das Verhalten der Tiere auf der Basis einer Psychologie: Die an überdachte Ställe gewöhnten Tiere des Mittelmeeres würden bei Vernachlässigung *indignatio* (Entrüstung, Unwillen) verspüren und sterben. Der *pater familias* müsse mit Sorgfalt die *ratio* aufstellen aus Verlusten durch Todesfälle der Tiere, medizinischem Aufwand und Ertrag, um einzusehen, daß der Preis eines Tieres die Gesundheit vieler, die sterben, wenn sie nicht behandelt werden, aufwiege.

677 Durch Nichtpraktizieren der Tiermedizin unterwirft sich die Praxis der Heteronomie des Zufalles. Einerseits: raffinierte römische Zivilisation mit pflegebedürftigem Vieh, die sich mit der Tiermedizin ihrer Lebensgrundlagen beraubt; andererseits: halbnomadische Herdenhalter. Buch II weniger systematisch: *De apioso* (II 2; II 10), *De rabioso* (II 5; II 11) und Kopferkrankungen (II 1; II 7-8) wiederholt. Vorstellung des *virus*, das das Tier durch Infektion des Gehirns frenetisch macht (II 3). Chirurgie wie in der Humanmedizin als Behandlung mechanischer Beschädigungen des Skeletts (II 13). Behandlung auch psychologischer Probleme: Hydrophobie durch Trank aus Eigenblut und Wasser (II 95), Lethargie (II 112). Tränke (II 134), Tränke *contra omnes morbos* (II 139) erscheinen. III 7,3-5: Übergang von der Anatomie zur Darstellung heilender Tränke und Medikamente; Orientierung an Anleitung kontinuierlicher Arbeit; die ersten Bücher hätten den *studiosi equorum* Mitteilungen über die *cura stabuli*, den *alimentorum cultus* und die *observatiionis sollicitudo* gemacht.

schaft barbarisiert, zeigt, daß sich die Zivilisation in ständiger und hier durch die Hunnen aktualisierter Niedergangsfurcht befand.

Vegetius übernimmt aus der Tradition die Vorstellung der Technik als Garant der Verantwortung des Menschen gegenüber Kontingenz und Heteronomie: Falsch ist es, eigene Verantwortung auf das Glück oder Gott abzuwälzen[678]. Er radikalisiert den Gedanken des Autonomiegewinns durch Technik gegen ein Prinzip der hippokratischen Medizin: Dieses besagte, daß es zwecklos sei, Menschen mit einer tödlichen Krankheit zu behandeln. Dem Menschen, dem Vegetius anthropologisch eine Teilhabe am Göttlichen zuspricht, gesteht er zu, daß seine Krankheiten zuweilen spontan heilen; Haustiere dagegen gingen zugrunde, wenn sie nicht vom Menschen *studio impensisque* behandelt würden. Stärker noch als die Humanmedizin sei die Tiermedizin ein Feld rationalen Vorgehens, weil das Wohlergehen der Tiere ausschließlich vom Verhalten des Menschen abhängig sei[679]. Wissenschaftlich angeleitete Tiermedizin sei anderen Formen tierhalterischen Praxiswissens überlegen[680], sofern es systematisch, orientiert an der Anatomie des Tieres, gelehrt werde. Tiermedizin als Technik ist nicht allein ein System praktischer Regeln, sondern fußt auf einer systematischen Kenntnis der Natur der Sache[681]. Ein Grund dafür, sich abzusetzen vom hippokratischen Prinzip der Unterscheidung heilbarer von unheilbaren Krankheiten ist die tierdiätetische Grundtendenz des Werkes: Es geht nicht nur um Mittel zur Krisenbewältigung, sondern vor allem zu deren Vermeidung. Auch unheilbare Krankheiten würden durch *medendi ars* besiegt, wenn man ihren Ausbruch durch gute Pflege überhaupt vermeidet[682]. In der Intensität der prophylaktischen Bemühung liegt bei Vegetius wie in der spätantiken Humanmedizin ein neues, über die hippokratische Tradition hinausweisendes Moment.

Das vierte Buch widmet sich speziell der Rinderpflege; Vegetius sei, so schreibt er, von Freunden und Mitbürgern zur Zusammenstellung von Hinweisen dazu aus der Literatur aufgefordert worden. Ziele der Zusammenstellung sind Knappheit und praktische Nützlichkeit; der *scholasticus* solle nicht gelangweilt werden, der Tierhalter (*bubulcus*) den Gehalt verstehen können[683]: Vegetius setzt voraus, daß ein Gebildeter mit den literarischen Konventionen vertraut sei und ihn literarische Ausschmückung der Sache daher langweile, und daß einen Praktiker Schmuck des Textes behindere. An Laien wie Fachleute gleichermaßen richtet sich aber das Werk. Verständnisprobleme erwartet der Autor nicht: Prinzipiell bedarf die literarische Darstellung einer praktischen Disziplin zum Verständnis keiner besonderen praktischen Erfahrung, die nicht allgemein vorausgesetzt werden könnte. Der Wert des

678 III pr. 1.

679 III pr. 2-4; Ablehnung der Annahme einer Eigengesetzlichkeit der Natur; zuweilen erscheine etwas durch *divina providentia* oder *dispositio fatorum* gesteuert. Tiere hätten nichts gemeinsam mit Gott und gehen ohne menschliche Pflege zugrunde. III pr. 5: Oft würden vernachlässigte Herden durch ansteckende *pestilentia* vernichtet.

680 III pr. 7. So wie in der Humanmedizin die *prima doctrina* verlange, Körperteile und Organe zu kennen, so müsse die *mulomedicina* von Knochen, Nerven und Blutgefäßen des Tieres her aufgebaut werden, also von der Anatomie aus. *neque enim curare rationabiliter potest, qui qualitatem rei, quam curat, ignorat* (III pr. 8).

681 Die anatomische Grundlegung wird gegeben: *numerus* und *positio* der Knochen (III 1) und Gliedmaßen (III 2), *numerus* und *qualitas* der Nerven (III 3) und Blutgefäße (III 4), sowie abschließend Altersmerkmale (III 5) und Kennzeichen der Herkunft (III 6).

682 III 27,8-9.

683 IV pr. 1-2.

Gegenstandes wird mit der fundamentalen Rolle der Rinderzucht für die Zivilisation[684] begründet: Vegetius beschreibt die Technik als Mittel zur Bewahrung einer Lebensform[685].

Eine der etwa gleichzeitigen Quellen, die Vegetius anführt, "Chiron", die unter dem Namen des mythischen *Chiron* von Claudius Hermerus um 400 n.Chr. angelegte Zusammenstellung veterinärmedizinischen Materials[686], machte bereits wesentliche der methodischen Grundsätze zur Basis der Darstellung der Veterinärmedizin, die auch Vegetius vertrat[687]: so das Postulat des methodischen Charakters technischen Vorgehens und seiner Exaktheit (Akribie)[688], sowie die Fundierung der Tiermedizin in einer kausalen Theorie[689]. Der Kompendiencharakter des Werkes[690] verbindet sich mit einem systematischen, auf Ordnung und kausale Durchdringung des Stoffes[691] gerichteten Wissenschaftsverständnis[692]. Die Epitome ist nicht nur Zusammenfassung, sondern zugleich kritische Auswahl

684 IV pr. 3-5: *nulla potest natio esse sine bobus.*

685 Beginn: Hinweise zur Gesunderhaltung durch regelmäßige gute Pflege, IV 1. Paradigma des Wohlergehens des Tieres ist Wohlgenährtheit: *omnis enim aegritudo exordium sumit a macie* (IV 1,11). Wie die Mitteilungen über Pferde ist das Material der Literatur entnommen. Soe beschreibt Vegetius eine Ruhigstellungsbox, die Columella erläutert hatte (IV 25, vgl. Colum., *R.R.* VI 19).

686 Das Material ist dasselbe wie bei Pelagonius. Zu Quellen und Entwicklung der Veterinärmedizin vgl. Hoppe,RE XVI 1 (1933) 503-513 s.v. *Mulomedicina.* Claudius Hermerus übersetzte aus griechischen Quellen oder stellte aus lateinischen Quellen das Material Material zusammen.

687 Claud., Herm. *Mulomed. Chir.* pass. Dazu: FRIK (1979); GUGGENBICHLER (1978); LAMPRECHT (1976); SCHWARZER (1976); WOHLMUTH (1978); KRÜGER (1981); ENDERLE (1975); HOPPE, aaO. Der Anfang ist weggebrochen. Die *Mulomedicina Chironis* besitzt ein Inhaltsverzeichnis und wollte daher Nachschlagebedürfnisse befriedigen; vor der eigentlichen Darstellung folgt keine Einleitungsformel. Der erste Satz beginnt mit einer Begründung; das Begründete fehlt, wahrscheinlich ging es um die Methode der Veterinärmedizin grundsätzlich, denn diese Frage bestimmt das Folgende. Claudius Hermerus legt die Vorstellung vom Krankheitsgeschehen als Krieg zwischen Arzt und Patient zugrunde: *si quid enim per ignorantiam male factum vel contrarium circa animalium corpora fuerit, emendari non potest, vincitur enim corpus anima cedente per periculum*, 2. Zur Textgestaltung FISCHER (1988): *<ac> cedente periculo* oder *nimio accidente periculo* (SKUTSCH). Krieg findet hier zwischen Leib und Seele statt. Wie Vegetius, behandelt auch Caudius Hermerus lange therapeutische Erfahrung als Geltungsgrund für therapeutische Maximen und medizinische Theorien, 522.

688 2: Veterinärmedizin methodisch Teil der allgemeinen Medizin, die wie diese therapeutische Vorschriften aus ursächlichem Wissen ableitet; *prima ergo pars est medicinae causarum rationem reddere, deinde ipsa adiutoria medicinae docere oportet, quomodo possint auxilium salubre corpori praestare propter diuturnam vitam et integritatem membrorum.* Tiermedizin als Wissenschaft, die eine begründende Lehre vertritt: *quibus itaque rebus, ex quibus adiutoriis atque ... corpora iumentorum malam valetudinem et causa liberari possint, et omnem curam rationabiliter docere oportet. primum dico de sanguinis tractione* ... (2).

689 Beispiel: Im Anschluß an 2 (s.o. Anm. 688) wird übergeleitet zur Behandlung des Aderlasses (3ff.); dabei wird eine genaue Methodologie und Technologie dieser Behandlungsmethode gegeben und begründet.

690 16: *plenius hanc rationem docere oportet: propter compendium legentis demonstrare, quaeque valitudo vel morbi, et ex quibus locis sanguinis emitti debeant.*

691 Auch die kritische Durchmusterung der literarischen Tradition wird unternommen: Ablehnung einer verbreiteten Theorie über eine Krankheitsursache, 191. Beschreibung der Wirkungen der Heilmittel im Sinne der hippokratischen Grundqualitäten, 32f.

692 38: *qua ratione singula vitia inuri debent, primum demonstro.* Verhaltensauffälligkeiten wie bei Vegetius als Krankheitszeichen gedeutet (46; 55). Buch II behandelt Chirurgie (56: *qui continet chirurgiam totius corporis*). Anordnung des Stoffes: nicht rein additive Kompilation, sondern systematisches Lehrbuch;

und Systematisierung der Veterinärtradition[693]. Sie will die Ordnung der Dinge dem gemeinen Menschenverstand zugänglich machen und das Erfahrungswissen der Züchter und Tierärzte verbreiten[694]. Von dieser Sammlung, Verdichtung und Systematisierung der Tradition wird erwartet, daß sie nicht eine Bewahrung oder Verkürzung des Stoffes darstellt, sondern unter praktischen Gesichtspunkten gegenüber dem verstreuten Traditionsgut ein höheres Maß an Rationalität verwirklicht[695]. Wie bei Vegetius beobachten wir also auch bei *Chiron*, daß nicht allein ein konservatives Interesse an der Bewahrung des Praxiswissens die technische Literatur bestimmt, sondern zugleich mit diesem ein Bedürfnis nach Erschließung eines neuen Niveaus für die tierzüchterische Praxis. Wiederum erweist es sich als Kennzeichen antiker Technik, sich eingebunden zu sehen in ein Kontinuum gefährdeter, doch zu stetiger Verbesserung aufgerufener Praxis, die nur in Ausnahmefällen den revolutionären Bruch mit der Tradition als Fortschritt anerkannte, normalerweise jedoch die Tradierung des Wissens zugleich als seine Umschöpfung und Verbesserung praktizierte.

Ein weiteres vergleichbares Werk sind die Lehrbriefe des Pelagonius[696]. Der Text verdeutlicht das gesellschaftliche Umfeld der spätantiken Veterinärliteratur: Pelagonius widmet das Werk in Teilen Menschen aus seiner persönlichen Umgebung[697]. Das Vorwort zum

Beginn: Definition der Chirurgie (62; 64). Buch III wirkt stärker kompilatorisch, bedingt durch das Thema der fiebrigen Erkrankungen (114ff.). Ausdrückliches Eingehen auf literarische Vorlagen: *Farnax*, *Policletus* und *Sotion* als Quellenautoren genannt (122-142); das Buch wird zur Sammel- und Nachschlageschrift. Quellen bereits nach gegliedertem Sammelwerk zitiert (164: *Chironis Centauri capitulum III*[um] *de morbo, qui appellatur maleos*). Rezeptsammlungen folgen jeweils einem systematischen Teil: Diese einleitenden Partien jedes Buches sind wohl eigenständige Kompositionen. Wie in der Humanmedizin gibt es besondere Medikamente für stadtferne Regionen, 588 *medicina rustica*, vgl. Veget., *mulom.* V 17,4.

693 In überlieferter Form ist die *Mulomedicina Chironis* ein umgearbeitetes und ergänztes Kompilat. Nach 976 (Buch X) war ein Explicit eingerückt, aber die Rezeptsammlung wurde fortgesetzt. 946 (Buch IX) ebenfalls Bruch: Überschrift *De bobus, ovibus et suibus medicina* leitet zu neuem Thema über, das bis zu einer erneuten Behandlung der Pferde in Buch X beibehalten wird. Buch X ist ohne Vergleichsstellen bei Vegetius und im *Corp. Hipp. Graec.*, dürfte später angefügt worden sein, ENDERLE (1975) 8.

694 Für Bücher VI ff. werden keine Quellenangaben gegeben: Hier liegt ein höherer Verdichtungsgrad der Tradition vor, die Claud. Hermerus zusammenstellte (wie er behauptet) oder als Komplex einer Sammelschrift entnahm, 522ff. Vgl. 743 (VIII 1): *labore et diligentia tam equarum quam equorum et omnium iumentorum nationes et genus magis quadrigariorum ostendere volui. propter quod multis auctoribus inspectis et quae ad equorum genus pertinet secretis singulorum sensus et motus animae in unum contuli et ex his epitoma feci et omnia, quae dispersa fuerant, in eis, naturali ingenio plenius per hunc librum docui, ne quo errore pastor generis equini decipi possit. nunc genera partus et vices mensium et genus, ne facile inpones aut ne tricare velis, rationem dicere oportet. nihil enim vacuum esse ... scias*. ADAMS (1995) 82f.; 145ff. schließt aus der hohen Spezialisierung von Gehalt und Terminologie der *Mulomedicina Chironis*, daß diese nur teilweise für Tierhalter, zum Teil aber auch für professionelle *veterinarii*, also militärische Tierärzte geschrieben sei.

695 Die eigene Leistung präsentiert der Autor nicht allein als Rationalisierung der Tradition, sondern auch als gründend in persönlicher Erfahrung, vgl. *experimentatum expertus sum optimum esse ad ossilagines et duritias* (893). Dazu ZAFFAGNO (1990).

696 Pelagon., *Ars vet.*, pass.

697 *Pelagonius Festiano* I; *Pelagonius Falerio suo* IV; V; *Pelagonius Arzygio ait* VI; pass. Ein Vorspruch zum Werk ist gesondert als Brief an *Falerius* abgefaßt. Der Dedikant ist möglicherweise Betitius Perpetuus Arzygius (3) = PLRE I 686f.; 689 mit den anderen Freunden des Pelagonius, wie L.Turciuis Apronianus Asterius, praet. urb. 363 n.Chr., vgl. FISCHER (1980) 93. Die Hss. nennen *Pelagoniorum Saloniniorum*, KROLL, RE XIX 1 (1937) 245 s.v. *Pelagonius*, meint, das Werk sei durch zwei Brüder verfaßt.

Gesamtwerk geht dem Inhaltsverzeichnis, das das Werk als zum Nachschlagen gedachtes ausweist, unmittelbar voraus; der Widmungsempfänger ist Pferdezüchter und -liebhaber und zugleich wohl *patronus* des Autors[698]. Literarische Wert und literarisches Ingenium sollen gegenüber den Praxisbedürfnissen des Adressaten zweitrangig sein, die technisch-praktische Literatur zur Befriedigung praktischer Bedürfnisse verwendet werden. Praktische Erfahrung als Voraussetzung der Urteilsfähigkeit hat einen gegenüber der Literatur unendlich großen Wert. Dieses Argument entfaltet das Vorwort an *Falerius*[699]. Pferde würden im Rennsport bis zum 20. Lebensjahr, als Nutztier bis zum 30., eingesetzt; Pferde altern, und ihr Alter ließe sich am Zustand der Zähne ablesen. Das Urteil über Alter und Gesundheitszustand der Pferde anhand äußerlicher Merkmale bedürfe jedoch einer Schulung des Sehens, die nicht durch die Literatur geleistet werden könne[700], sondern nur durch die Praxis. Diese Literatur will die Praxis nicht reformieren, sondern erhalten und weitergeben, doch nicht in endgültig fixierter Form, sondern in einer durch jeweilige Erfahrungen bestimmten Art. Des Autors Beziehung zu den Adressaten ist möglicherweise die des Veterinärs zu seinen Klienten, Tierzüchtern[701]. Der Veterinärliterat und Praktiker steht als Experte zwischen Tradition, eigener Erfahrung und literarischen Adressaten. Teil der Traditionsorientierung der Veterinärliteratur war es für Pelagonius, deren Inhalt an eigener Erfahrung zu erproben und zu bewähren und diese gegenüber der Tradition selektiv und modifizierend wirken zu lassen. Deutlich wird, daß die spätantike Veterinärmedizin weit davon entfernt ist, ihre Aufgabe nur in der Konservierung eines erreichten Wissensstandes zu sehen; die Rückbindung ihrer literarischen Darstellung und Weitergabe an je eigene praktische Erfahrung läßt sie vielmehr den Traditionsumschlag (Übernahme, Speicherung, Weitergabe) als innovativen, nicht nur bewahrenden, sondern zugleich verändernden Akt betrachten.

698 Pelagon, *Ars. vet.* Epist. ded. 1-2: *Pelagonius Arzygio suo salutem.* Der Autor begründet den Wert seines Gegenstandes mit dem Mythos vom durch Pferde gezogenen Sonnenwagen und kritisiert, daß sich mit Zucht und Heilkunde der Pferde gegenwärtig allein die *paupera lingua* beschäftige. Der Autor ist dem Adressaten persönlich verpflichtet: *mihi sufficit sanare quod amo contentusque sum me ex tua claritate florere.*

699 *Pelagonius Falerio suo*, §§ 1-3.

700 *quaedam enim signa aetatis propri corporis natura permisit, quae nos magis oculis comprehendimus quam legendo addiscimus* (§ 1,3). Im folgenden werden, ähnlich wie Xenoph., *De re equ.*, Urteilsgrundsätze für die Beurteilung von Physis und Verhalten der Pferde aufgestellt (§ 2,1; 3,1).

701 Vgl.: *equos tuos sanos quidem, sed stis macillentos frequenter inspexi, quibus ut adhibeas talem diligentiam diligentissimum dominum monemus, quod etiam Cappadoces facientes corporea equorum et nutriunt*... (II § 24). Neben Anweisungen der Tradition werden Ergebnisse eigener Erfahrung mitgeteilt: Pelagonius zitiert *Celsus* und *Florus* und setzt hinzu: *nos experiundo scimus profuisse*... (§ 185). Pelagonius zitiert Apsyrtus (als Quelle für den Lehrbrief an *Papianus suus* erwähnt, § 267ff.) und schreibt über die Behandlung der literarischen Tradition: *haec multi et magni viri prodesse dixerunt, nos et consuetudine et usu potius haec profuisse et prodesse memoramus*... (§ 269). Pelagonius beansprucht eigene Erfahrenheit über die Kenntnis der literarischen Tradition hinaus; er sieht in der Erfahrung eine größere Autorität für die Geltung der praktischen Rezepte als in der Tradition. Diese Haltung bereits im Lehrbrief *ad morbem emnem* an *Festianus* (§ 4ff.): *quibus remedia haec a maioribus profuisse accepimus et facientes nosmetipsi experti sumus.* Wörtlich wird diese Zeile im Lehrbrief 8 an Festianus über Dysurie (§§ 139ff.) wiederholt, möglicherweise als Zitat aus Apsyrtus: *cuius haec remedia et accipimus et facientes nosmetipsi experti sumus* (§ 139).

Zum Ausdruck bringt dies auch Palladius in der techniktheoretischen Einleitung zu seinem *Opus agriculturae*[702]. Palladius betrachtet die landwirtschafliche Literatur als Bemühung um praktische Belehrung: Sofern diese mit praktischer Klugheit (*prudentia*) vorgehen wolle, müsse sie sich zunächst um eine Einschätzung der Person des zu Belehrenden bemühen[703]. Der Aufbau des Werkes ist systematisch vom Allgemeinen zum Besonderen. Sein didaktischer Zweck führt zu einer Betonung des voluntaristischen Elementes und der Formulierung praktischer Maximen[704] als handfeste Lebensregeln. Belehrbarkeit und Sorgfalt des Adressaten werden als grundlegende Produktionsfaktoren der Landwirtschaft betrachtet. Natürliche Produktionsfaktoren können als Voraussetzungen menschlichen Tuns beurteilt, nicht aber verändert werden. Der Veränderung durch Belehrung unterliegt demnach einzig das menschliche Vorgehen, die *industria*[705]. Die Maximen, die Palladius formuliert, sind der Tradition der römischen Ackerbauliteratur entnommene Grundsätze[706], so die Regel, persönliche Präsenz des Besitzers steigere die Effektivität. Gegenüber tradierten Grundsätzen verhält er sich allerdings kritisch: Der jeweiligen Praxis wird gelegentlich ein höheres Recht

702 Pallad., *Agr.*; *De vet. med.*; *De ins.* Techniktheoretischer Abschnitt: *Agr.* I 1 (*de praeceptis rei rusticae*). Vgl.: White (1967); (1970); Harris (1882); Plommer (1973); Sirch (1904); Svennung (1935); Wellmann (1908); Widstrand (1926); Rodgers (1969); Rodgers (1975).

703 Außerdem bringt Palladius die übliche Form der Absetzung von der rhetorischen Bildung: Es sei falsch, der *ars* und Eloquenz der Rhetoren nachzueifern: Dadurch würden Werke über die Landwirtschaft auch für *disertissimi*, für besonders Beredte, unverständlich.

704 Palladius setzt voraus, daß die Landwirtschaftslehre praktische Imperative formuliere, und daß sie notwendige und hinreichende Bedingungen des Erfolges angebe, denn er formuliert als Grundsatz an seinen Leser: Das, was der Autor *ex omni genere rustico* an *sententiae* anführe, sei vollständig einzuhalten (*tenere*, I 6,1).

705 Anlage und Thematik des Werkes: systematische Übersicht, vom Allgemeinen zum Besonderen fortschreitend: *de omni agricultura*; *et pascuis*; *et aedificiis rusticis secundi fabricandi magistros*; *et aquae inventionis*; *et omni genere*, was der Landwirt um der *voluptas* oder des *fructus* willen wissen und tun müsse. Baumzucht: Versprechen eines Bauernkalenders, der angibt, wann gepflanzt und was getan werden muß (I 1,1-2). Für die *agricultura* vier elementare Gegenstandsbereiche angegeben, drei Elemente (Luft, Wasser, Erde), *industria*, Anstrengung und Sorgfalt (I 2), also 3 *naturalia*, *unum facultatis et voluntatis*. Beginn: Urteilskriterien für natürliche Produktionsfaktoren [I 3: Luft; I 4: Wasser (*aquae vero salubritas sic agnoscitur*...); I 5: *de qualitate terrarum*]. Wie Columella, achtet Palladius dic Erdfarbe als Indiz der Bodengütc gering (I 6,1). Die *naturalia* könnten nicht *humana spe curari*, sondern allenfalls genau eingeschätzt werden (*aestimari*), I 5-6. Abschluß des ersten Buches: *De instrumentis agrestium* (I 42) über landwirtschaftliche Geräte, deren Zwecke und Kriterien zur Beurteilung ihrer Güte.

706 *praesentia* des *dominus* fördere den Ackerbau (I 6,1); Farbe der Erde zweitrangig, da nur *incertus auctor* der Bodengüte (I 6,1); Beschränkung auf *praeclara*, bekannte Produkte, dem Boden aus Erfahrung (*experta*) angepaßte Kulturen, *in novo enim genere seminum ante experimentum non est spes tota ponenda* (I 6,2). Wichtigkeit der Auswahl des Saatgutes für feuchte Böden, weil Saatkulturen dort am schnelisten degenerierten (I 6,2); Anwesenheit von Handwerkern (*ferrarii*, Metallhandwerker; *lignarii*, Holzverarbeiter; *doliorum cuparumque factores*, Böttcher, Küfer) auf dem Landgut, damit Arbeitskräfte nicht den Bedarf in der Stadt decken und das Gut verlassen (I 6,2). Skepsis gegenüber generalisierten Berechnungen des Arbeitskräftebedarfes; dieser werde wesentlich bestimmt durch lokale Verhältnisse (I 6,3). Lokale Üblichkeiten erhalten ein hohes Gewicht: Was floriere, solle man nicht ändern; entscheidend sei die Erfahrung der Älteren (I 6,3). Für das Verhalten des Landwirtes am Markt formuliert Palladius eine Maxime der Kompensation: *post bonam vindemiam strictius, post exiguam largius puta* (I 6,4). Solch praktische Maximen folgen zahlreich (I 6,5-12). Der Maxime, örtliche Gewohnheiten gelten zu lassen, folgt die Ablehnung einer ins Einzelne gehenden Behandlung landwirtschaftlicher Terminologie, weil diese sich nach Ort und Zeit unterscheide (I 6,14).

eingeräumt als dem Inhalt der literarischen Lehre. Mehr als je zuvor einem Landwirtschaftsliteraten erweisen sich dem spätantiken Schriftsteller die landwirtschaftlichen Praktiken innerhalb des riesigen Kultur- und Wirtschaftsraumes als zu heterogen für eine mehr als nur grobe Systematik[707]. Nicht nur wird der Inhalt von Theorie und Literatur aus der Praxis, sondern auch diese aus der Theorie kritisiert: Palladius erhebt Einwände gegen übliche ländliche Baupraktiken[708]. Literatur und Praxis stehen gegenseitig in einem Verhältnis kritischer Korrektur. Adressat der in dieser Spannung aus Erfahrung und erinnernder Reflexion erwachsenden Beratung ist der landwirtschaftliche Betriebsführer[709]; was er erhält, will Zusammenfassung literarischer Tradition wie praktischer Erfahrung sein.

Für die Finanzierung der Wohn- und Wirtschaftsgebäude gibt Palladius Wirtschaftlichkeitskriterien an: Die Größe der Bauten solle so bemessen sein, daß bei einer Zerstörung ein Wiederaufbau aus den Erträgen eines oder höchstens zweier Jahre möglich sei[710]. Er rechnet also mit hoher Zerstörungswahrscheinlichkeit und -frequenz. Wie Faventinus behandelt Palladius das private, nicht das öffentliche Bauwesen, allerdings nicht allein die Errichtung landwirtschaftlicher Wirtschaftsbauten, sondern auch den allgemeinen Wohnbau[711]. Magische Praktiken werden von Palladius als Gegenstände technischer Anweisungen behandelt und v.a. zur Schädlingsbekämpfung empfohlen[712]. Ab Buch II geht Palladius monatsweise vor: Das Werk wird zum Bauernkalender. Während Buch I systematisch Regeln und Maßstäbe bäuerlichen Lebens sowie die Einrichtung eines Betriebes beschreibt,

707 Die Ablehnung von Arbeitszeitberechnungen geht so weit, daß Palladius den Wert von Bauernkalendern relativiert: *omne opus rusticum, cum fieri praecipitur, neque cito est si ante quindecim dies, neque tarde si post quindecim fiat* (I 6,15). Nach Abschluß der Maximenliste (ohne Pendant bei Columella) Fortgang nach üblichem Ordnungsschema: Beurteilung von Bodenqualität und -lage (I 7). Voraussetzung: großes Landgut mit verstreut gelegenem umfangreichen Besitz. Nahe der abgezäunten Felder: Feldbauten, Wirtschaftsgebäude, Plätze, Kräutergarten und Bad, vgl. *De area*, I 36: *area longe a villa esse non debet, et propter exportandi facilitatem et ut fraus minor timeatur, domini vel procuratoris vicinitate suspecta*; I 37; I 39,1: *non alienum est, si aquae copia patiatur, patrem familias de structura balnei cogitare, quae res et voluptati plurimum conferat et saluti*. Die Größe des Betriebes läßt demnach Führungsprobleme erwarten, incl. Betrugsgefahr. Zum Bauernkalender vgl. unten S. 302. Praktische Erfahrung als Geltungsgrund (II 13,8): *Illud experimentis adsiduis conprehendi*.

708 Viele *villae* seien mit Mauern umgeben, um Austrocknung durch Windzug zu vermeiden. Dies sei eine ungesunde Bauweise; beim Fehlen einer Quelle oder eines Brunnens zur Versorgung mit Wasser solle man lieber in eine Zisterne investieren (I 16). Anweisungen für deren Bau und Reparatur: I 17.

709 Palladius setzt voraus, die Bauleitung bei der Errichtung eines Bades auf dem Hof liege beim Bauherren selbst, I 40; er schreibt also für selbst auf dem Land arbeitende Bauern.

710 *De aedificio* (I 8). Grundsätze für die Größe des Baus: I 8,1. Palladius rechnet mit der Möglichkeit und Notwendigkeit, einen Neubau aus zwei wegen Zerstörung der Gebäude ausfallenden Ernten zu finanzieren, neben anfallender Lebenshaltung. Es werden Vorschriften für die Gründung des Baues gegeben und für die Ausrichtung zur Sonne um des Wärmeschutzes willen (I 8,2-3). Palladius befaßt sich, anders als Vitruv, mit dem Privatbau; bezeichnend ist die Einfügung eines Kapitels *De hibernis et aestivis mansionibus et pavimentis* (I 9).

711 Baumaterialien: I 10. Allgemeine, nicht allein ländlichem Bauen gewidmete Grundsätze: I 11-12. Ländliches Bauen besonders behandelt (I 13): *cameras in agrestibus aedificiis ex ea materia utilius erit formare quae facile invenietur in villa*; gut verfügbare Materialien seien für den Innenausbau zu verwenden. Wirtschaftsbauten: Weinkeller (I 18), *horreum* (I 19), *olei factorium* (I 20), Ställe, Höfe, Vogelbauer (I 21; 22; 23ff.; 31ff.).

712 I 35: *De remediis horti vel agri* (Einschub mit Quellenangaben, §1 *dicuntur*, §2 *aliqui*, §7 *Democritus*, §9 *Apuleius*, §10 *Graeci*); magische Verfahren gegen (*contra*, pass.) best. Erscheinungen.

stellen die folgenden monatsweise den bäuerlichen Jahreslauf dar[713]. Dieses Schema durchbrechend werden auch systematische Fragen behandelt (z.B.: Ermittlung von Flächengröße und Bodenqualität)[714]. Die Einträge sind knapp und geben merkblattartig an, was jeweils Monat getan werden soll und worauf es für den Erfolg der Arbeit ankommt, machen jedoch keine detaillierten Angaben über einzelne Schritte zur Durchführung der Arbeit[715]. Vielmehr erscheinen im Text monatsweise immer wiederkehrende Großthematiken nach den immer wiederkehrenden Tätigkeitsfeldern des Landwirtes (z.B. über Gartenbau und Apfelanbau). Palladius' landwirtschaftliche Literatur will also nicht die Kenntnis elementarer Tätigkeiten des Landwirtes vermitteln, sondern setzt diese voraus. Vielmehr zielt sie auf eine zeitliche Ordnung landwirtschaftlicher Betätigung. Sie ist für den Zweck unmittelbar handlungsbegleitender Anleitung gedacht, und ihre Gliederung folgt dem zeitlichen Verlauf der Tätigkeit selbst. Angeleitet werden dabei v.a. Entscheidungen und Ordnungsmaßnahmen des Geschäftsführers und nur ausnahmsweise die Ausführung der Tätigkeiten.

Auch Palladius' zunächst selbständiges Werk *De veterinaria medicina* ist zu unmittelbar die Tätigkeit begleitender Lektüre, als Handbuch und Nachschlagewerk, gedacht[716]. Es ist kein systematisches Lehrbuch und will nicht zur Beherrschung des Stoffes führen, sondern im akuten Fall einer *necessitas* konsultiert werden: Verfügbarmachung des Wissens in konkreten Situationen ist beabsichtigt. Als Vorbereitung auf Notsituationen wird dem Leser daher die Anlage einer tiermedizinischen Hausapotheke empfohlen[717]. Die Gliederung erfolgt nach Tierarten; das Werk enthält nicht nur Rezepte zu ihrer Gesundung und Gesunderhaltung, sondern auch zur täglichen Pflege[718]. Palladius' landwirtschaftlich-technische

713 II pr.: *expletis his quae pertinent ad generale praeceptum, nunc operas suas singulis mensibus explicabo*. Abschluß des Buches über den Januar: Aufstellung *de horis* über die im Jahresverlauf wechselnden Tages- und Stundenlängen (II 23); vgl. *De horis* im Februar (III 33). Regelmäßig: Beschreibung der in Garten und Apfelanbau durchzuführenden Tätigkeiten, vgl. III 25; IV 9; IV 10; V 3-4; VII 4-6.

714 II 12-13. Vgl. II 14 (*De hortis*), das die Monatsteilung durchbrechende systematische Kapitel über den Apfelanbau (II 15) und *De insitionibus* (III 17).

715 Z.B. (II 2): *De pratis abstinendis in locis macris: Apricis aut macris aut aridis locis prata iam purganda sunt et a pecore vindicanda*. Genauer wird das Vorgehen nur dargestellt, wenn seine *disciplina*, also seine prinzipielle Erlernung, mit erwähnt wird, so im Falle des Pflügens (II 3). Besonders zahlreich: Angabe von Aussaatterminen (z.B. II 6: *De vicia serenda cum disciplina sua*).

716 Vor der *Praefatio medicinae* gibt Palladius *Rusticis cura secundum Graecos*: Das Werk ist eine Exzerptsammlung (1). Die *praefatio medicinae* (2) stand möglicherweise bereits in der Quelle des Palladius: Danach will das Werk ein Nachschlagewerk sein, das aus Columella und den von ihm zitierten Autoren Rezepte und Medizin unter Rubriken knapp darlegt, um sie bei Bedarf nachschlagen zu können. Das Werk ist also ein Hausbuch der Tierheilkunde, so wie die Landwirtschaftsschrift einen Bauernkalender enthält. *Ne quid deesset huic operi, armentorum medicinas omnium pecorumque collegi et sub uno libro, titulis unamquamque causam designantibus, explicare curavi, ipsis verbis Columellae et auctorum suorum, ut, cum necessitas vocaverit, facile remedia causae cogentis occurrant* (2,1).

717 Beginn: Aufstellung von Rohmaterialien für die Herstellung der Medikamente, damit der *pater familias* die *pigmenta ante necessitatem* bereitstelle und ihm diese nicht *in tempore* fehlten (2,2; 3,1-5).

718 *De boum medicina* (4ff.): 5,1. Medikationen an Indikationen geknüpft (8,3; 9,1). Ähnlicher Aufbau: *De equini generis medicina* (22ff.); *De mulini generis medicina* (28); *De ovium cura* (29ff.); *Caprarum medicina* (33ff.); *Porcorum medicina* (36ff.). Abschluß: *Ex aliis auctoribus graecis*; ohne sonst übliche systematische Formulierung werden in diesem Abschnitt Rezepte des *ad/contra/si*-Typus gegeben, zunächst für Rinder in teilweise durchbrochener *a capite ad calcem*-Ordnung. Wahrscheinlich wurde dieses Material wie das erste Kapitel (*Rusticis cura secundum graecos*) hinzugesetzt, als der Autor das Medizinwerk dem

Schriften sind für Adressaten aus seiner eigenen Umgebung der Führungsschicht des IV. Jahrhunderts, es handelt sich um Technikliteratur für interessierte und betroffene Laien, deren wirtschaftliche Betätigung als Landwirte angeleitet, geordnet, kritisiert und auch dokumentiert wird[719].

2.2.6.5. Laienmedizin und wissenschaftliche Medizin im 5. Jahrhundert

Auch das medizinische Wissen wurde durch Laien bearbeitet, um es Laien zu erschließen und zu bewahren: Marcellus Empiricus, wahrscheinlich ehemaliger *magister officiorum* des Theodosius und Angehöriger der obersten Führungsschicht des Reiches[720], bearbeitet literarisch die medizinische Fachtradition nicht um der Zwecke professioneller Ausübung der Medizin willen, sondern damit Laien in die Lage versetzt werden, die Konsultation eines Arztes zu vermeiden: Der medizinische Fachmann steht zuweilen unter Korruptionsverdacht[721], und die Vermittlung medizinisch-technischen Wissens soll auch dazu dienen, Lai-

Ackerbauwerk als 14. Buch anfügte. *De ins.* ist in Versen geschrieben, wohl als Replik auf Columellas Buch X über den Gartenbau; ihm geht eine prosaische Einleitung voraus: Der Adressat solle es als Zeichen persönlicher Zuneigung ansehen zur Umsetzung in die Praxis bei Bedarf. Palladius schreibt also auch hier zu unmittelbarer literarischer Handlungsbegleitung. Palladius über seine Landwirtschaftsschriften insgesamt: Diese seien *serius quam iusseras scripta*, die *manus* des *librarius* habe sie *segnior* gemacht (*De ins.* 1-2). Der Autor kokettiert darin mit seiner subalternen Rolle dem Adressaten gegenüber; wahrscheinlich handelt es sich bei der Widmungsepistel aber um einen vor das Werk gesetzten Brief des späteren Besitzers einer Abschrift, der sich beim Empfänger einer von ihm veranlaßten Abschrift für deren verspätete Übersendung mit der Langsamkeit des *librarius* entschuldigt, MAGGIULLI (1992) 854. Authentizität der Werke des Palladius umstritten zwischen WIDSTRAND (bestreitet Echtheit der Bücher XIV und XV) und SVENNUNG (begründet Echtheit mit sprachlichen Gründen und der auf die Gesamtheit der landwirtschaftlichen Bücher bezüglichen Formulierung *De ins.* 3f.: *bis septem parvos, opus agricolare, libellos quos manus haec scripsit*); dazu MAGGIULLI (1992) 843.

719 Zu Versuchen der Identifizierung des Autors MAGGIULLI (1992) 827-830.

720 KIND, RE XIV 2 (1930) 1498-1503 s.v. *Marcellus (58)*: Selbstbezeichnung des Marcellus in der Widmungsepistel (*ex magno officio* ≅ *EX MAG O* ≅ *ex magistro officiorum*): Der Autor ist wahrscheinlich identisch mit dem Adressaten von *Cod. Theod.* VI 29,8 (=*Cod. Iust.* XII 22,4) u. XVI 5,29 von 395 n.Chr. Vgl. CLAUSS (1980) 169f. Suda (s.v. Μάρκελλος) bezeichnet ihn als Lehrer (*μάγιστρος*) des Arkadius. Möglich: Kontakt mit Symmachus und dem Vater des Ausonius, KIND, aaO.; Marcellus sage nicht ausdrücklich, daß er kein Arzt sei, doch lasse sich pr. 1 (*qui licet alieni fuerint ab institutione medicinae*) so verstehen. Wenn die Erlasse des Theodosios sich an ihn richteten, war er möglicherweise Christ (KIND, aaO., 1499) und übernahm die Aufgabe, gegen Häretiker vorzugehen. Vgl. SEGOLONI (1992b) 369.

721 Dieser Verdacht äußert sich bereits in der sog. *Medicina Plinii*. Dazu ROSE (1874); SEGOLONI (1992a). Der anonyme Autor wirkte vor Marcellus Empiricus, da dieser auf sein Werk anspielt; jener klagt die *fraudes medicorum* an, die unwirksame Medikamente zu hohem Preis verkauften und Fälle übernähmen, die sie nicht heilen könnten, und Patienten an sich bänden (pr.). Der Autor habe daher verstreut überlieferte Heilmittelrezepte gesammelt *et velut breviario colligerem*, also in der Form einer knappen Übersicht zusammengestellt. Zweck sei es, Reisen mit der Zuversicht anzutreten, daß fremde Ärzte sich nicht an einem bereichern könnten. Das Werk ist gegliedert von Kopf bis Fuß (*a capite ad calcem*). Es gibt sich als literarische Anti-Technik von und für Laien, die die Berechtigung der Ansprüche medizinischer Fachleute und ihrer eigenen Abhängigkeit von diesen nicht anerkennen. SEGOLONI (1992a) 364 betrachtet die Bezeichnung der Heilmittel durch Marcellus Empiricus als *auxilia* (Hilfsmittel) als Indiz für einen Einfluß klassischer, möglicherweise stoischer Definitionen der *τέχνη/ars*. Die Technik wurde als System dem Leben

en von ihrer Abhängigkeit von den technischen Spezialisten zu emanzipieren. Der Autor richtet sich gegen die schulmäßige Medizin und ihre technischen Spezialisten; Technizität beansprucht sein Werk darum nicht. Marcellus' Adressaten sind die eigenen Söhne: Gesundheit und Unabhängigkeit der Familie fördert der Vater, indem er medizinisches Wissen beschafft. Die Medizin, die er betreibt, will aber nicht schlechthin die medizinische Schullehre negieren: Marcellus folge mit seinem Buch über Erfahrungsmedizin (*de empiricis*) gelehrten Vorgängern, die der *institutio medicinae* fern standen, doch zu ihr *curas nobiles* beitrugen[722]. Was sie von der Schulmedizin unterscheidet, soll nicht begrenztere Stoffkenntnis, sondern der Verzicht auf eine physiologische und pathologische Theorie und die Konzentration auf therapeutisches Erfahrungswissen sein. Dieses wird auch nicht allein rezeptiv zusammengestellt, sondern der Autor hält es für möglich und wünschenswert, daß er als Laie die medizinischen Rezepte erweitert bzw. erneuert. Sein Verhältnis zur medizinischen Tradition ist grundsätzlich ein historisches: Zwischen den Methoden der Aneignung literarischer Traditionen und der Aneignung medizinischen Wissens besteht kein solcher Hiat, daß nicht derselbe Umgang mit der medizinischen wie mit anderen Literaturen einen produktiven Umgang des Laien und Nichtmediziners mit der medizinischen Überlieferung erlaubte.

Marcellus bestimmt den Inhalt seines Werkes detaillierter: *remedia physica*, der Erfahrungskunde entstammende Rezepte, sowie solche, für die auch eine kausale Theorie ihrer Wirkung gegeben werden kann (*rationabilia*). Der Aufbau gliedert sich in *confectiones* und *adnotationes*, Rezeptmitteilungen und Kommentare. Als Quellen seines Wissens gibt Marcellus Quellen an, die auch die Geltung des historischen Wissens für den antiken Geschichtsschreiber begründen: Er teile nur mit, was er entweder *ab aliis comperi* oder *ipse usu adprobavi* oder *legendo cognovi*, von Vertrauenswürdigen Dritten erfahren, selbst erprobt oder lesend nachvollzogen habe. Die Leistung des Laien für die Medizin liegt also in einer Aneignung der Tradition nach historischen Maßstäben und ihrer literarischen Systematisierung in praktischer Absicht. Das *sparsum* und *inconditum* Vorliegende, schreibt Marcellus, *collegi et in unum corpus ... composui* (pr. 1). Der Autor verhält sich einer verstreut vorliegenden Tradition gegenüber als Sammler und Ordner, seine Tätigkeit ist die des Findens und Neu-Strukturierens. Neben der Literatur beansprucht der Autor, auch das praktische Wissen heilkundiger Laien ausgewertet zu haben. Vom Leser, wiewohl nicht Fachmann, wird erwartet, daß er eine mindeste Urteilsfähigkeit in medizinischen Dingen bereits besitze[723].

Das Wissen aus der Literatur soll die Adressaten, die eigenen Söhne, aber nicht nur zur Selbstmedikation befähigen, sondern soll ihnen Dritten gegenüber Kompetenzen eines Arztes verleihen. Christliche Verhaltensnormen (*caritas*, *misericordia*) verpflichten auch Laien zu tätiger medizinischer Hilfe, die vor Gott und den Mitmenschen als persönliche Leistung

nützlicher Erfahrungssätze begriffen, vgl. diese Arbeit, Einleitung, Anmm. 41ff. Die Überlegungen zum Einfluß klassischer Technikdefinitionen auf Marcellus sind nicht wohlbegründet: Aus der Klassifikation technischen Wissens als Hilfsmittel folgt nicht, daß jedes Hilfsmittel ein technisches sei.

722 Marc. Emp., *De medic.* pr. 1. Marcellus Therapieverfahren *absque medici intercessione*, ohne Eingriff eines Arztes, aufzeigen (pr. 3)

723 pr. 2: *ab agrestibus et plebeiis remedia fortuita atque simplicia, quae experimentis probaverant, didici*. XXXVI 68-69: *Haec quicumque leges, poteris discernere tecum agnoscenda magis seu exercenda rearis*. Der Leser, so wird erwartet, könne selbst entscheiden, ob er die Rezepte anerkennen oder Varianten erproben solle. Der Leser wird als autonomes Subjekt behandelt. Der Leser soll geradezu ein Urteil über das Mitgeteilte abgeben (71): *Praestes iudicium purum mentemque benignam*.

geltend gemacht werden kann; daher sollen die Söhne des Autors den Inhalt des Werkes mit Armen und mit Freunden teilen[724], ihre neue Kompetenz also in tätiger Hilfe anwenden und sich durch medizinisches Wissen als Christen auszeichnen. Die technische Schrift ist so Teil der Arbeit des Autors vor Gott und den Mitmenschen und tätigen Teilens. Dem Arzt bleibt die primäre Fachkompetenz in Fragen der medizinischen Technik[725]; als Fachmann gibt er den Maßstab technischer Korrektheit[726]. Der christliche Laie aber empfindet das Bedürfnis, ebenfalls zu medizinischer Hilfe fähig zu sein; diese ist ein knappes Gut, das er nicht berufsmäßig gegen Honorar, sondern frei austeilt[727] und sich dazu Wissen und Fachkenntnis aneignet[728]. Seine Hoffnung auf den Erwerb einer umfassenden Heilkompetenz richtet der Laie auch auf Zauberpraktiken[729], und das Werk des Marcellus erfüllt neben seiner Funktion einer Popularisierung und Zurverfügungstellung solchen Wissens zugleich die Funktion, den Nachruhm seines Autors zu garantieren[730]. Entscheidender Zweck ist

724 pr. 3-4.

725 Marcellus ermahnt die Söhne, bei Abwesenheit eines Arztes die Heilmittel weder *incuriosius* zusammenzustellen, noch *indiligenter* anzuwenden, pr. 5. Die Heilmittel sollten in Gegenwart von Erfahrenen (*peritiores*) angerührt und die Hausapotheke regelmäßig erneuert und unter Verschluß gehalten werden.

726 Dieser Gesichtspunkt in den Schlußversen wiederholt (XXXVI 12-18): Man solle je nach *tempus, labor, aetas* solche *medici* hinzuziehen, die *summa ratio* haben: Der Laie sieht sich von der Urteilsfähigkeit des Arztes abhängig, betrachtet jedoch die Verfügbarkeit eines urteilsfähigen Arztes als von den kontingenten Umständen der Situation abhängig. Der Bedarf an medizinischem Wissen ist größer als daß er durch medizinische Fachleute allein unter allen Umständen gedeckt werden könnte.

727 Dazu beitragen, die *opinio*, Ansehen und Ruhm des Autors in der Nachwelt, zu bewahren, will das Werk dadurch, daß seine Adressaten das Mitgeteilte in der Praxis anwenden: Laien zu praktizierter Nächstenliebe zu befähigen ist sein Zweck, pr. 6. Das Werk endet mit medizinischen Versen; diese seien im letzten Buch (*in infina parte huius codicis*), damit einerseits die *opera* mit eigenen Worten enden und andererseits eine Vielzahl von *folia* die Spielereien bedecke (pr. 7): Der Autor rechnet nicht nur mit der Attraktivität origineller Verse, sondern er schreibt bereits in Kodex-, nicht Buchrollenform. Das Werk ist so verfaßt, daß es nachgeschlagen werden kann.

728 Ein Thema der Verse am Ende: Das literarische Werk muß die Struktur einer Praxis widerspiegeln, um Kenntnis davon zu vermitteln (XXXVI 1-11); medizinische Lehre zunächst als überkommene Heroentradtion, sodann als Darlegung von *logos*, *methodos* und *empirica simplex* (Wissenschaft). Deren heterogener Gehalt ist Inhalt des Werkes (... *diverso e dogmata sumptum*...). Therapeutische Praxis direkt in der Ordnung des Stoffes wiedergegeben (§ 8): *Namque salutiferas disponit pagina curas*. Literatur will Rezept für die Praxis sein, ihre Gliederung ist die Gliederung des Vorgehens, die nachgeschlagen werden soll (vgl. *repperies*). Krankheitsbezeichnungen (*nomina*), Heilmittel (*medellae*), genaue Maßangaben (*species* und *pondera mensurarum congrua*). Einnahme der Heilmittel geschehe vernünftigerweise unter Leitung (*moderamen*) eines Dritten. Voraussetzung: grundsätzliche Orientierungsbedürftigkeit des Menschen, insbesondere des medizinischen Laien, in Fragen der Wiederherstellung seiner Gesundheit. Wiederholte Betonung der Erfahrung als Quelle medizinischen Wissens: Medizin *de experimento et physica* (VIII 20); *physica et rationabilia* (X tit.); *de experimentis* (XIII p. 226). Marcellus gibt nicht den Inhalt der Tradition wieder, sondern will diese praktizierbar machen. Dafür bietet er Vergleiche der Verhältnisse verschiedener Regionen und Kulturen: Z.B. Unfruchtbarkeit des Mannes bewirkende Kräuter-Packungen unter Verwendung von griech. *nymphaea*, lat. *clava Herculis*, gallisch *baditis* (XXXIII 63).

729 XXXVI 12-18 (mögliches Mittel zur Heilung: Zaubersprüche). Deren Wirkung erklärt: *Aboccultis tribuens miracula verbis*. XXXIII über den Geschlechtsverkehr enthält Zauberrezepte zum Schaden Dritter (Mittel, das eine Frau von Untreue abhalten soll, XXXIII 64; Mittel zur Minderung der sexuellen Potenz anderer, XXXIII 65; 68-70). Amulettgebrauch gegen Kopfschmerz (II 7).

730 pr. 6.

jedoch, Teile des Wissens der Fachleute zu vermitteln, um Laien von den Ärzten zu emanzipieren[731] bzw. sie in die Lage zu versetzen, unabhängig von und neben den knappen und teuren Fachleuten als Helfer auftreten zu können. Der Laie, Mitglied der literarisch gebildeten Führungsschicht des Reiches, beansprucht also, über Wissen medizinischer Spezialisten selbst produktiv verfügen zu können. Er ist sich seiner prinzipiellen Abhängigkeit von den Ärzten bewußt, doch ist diese nicht so groß, daß nicht grundsätzlich jeder Leser für seine Nächsten Funktionen eines Arztes übernehmen könnte. Diese übernehmen zu können gehört zu den mit Stellung und Lebensstil verbundenen Pflichten; die Leistungsfähigkeit einer allein literarisch rezipierten medizinischen Kunst wird für Zwecke der Nächstenliebe nicht als wesentlich geringer eingeschätzt als die der fachgerecht in der Praxis erlernten[732]. Marcellus setzt voraus, daß der Laie die Medizin sogar bereichern und erweitern, in ihr also kreativ tätig sein könne. Er sieht also sowohl ein Bedürfnis nach wie die Möglichkeit zu wissenschaftlich-technischem Fortschritt. Sein Ziel ist nicht so sehr die Bewahrung des Wissens, sondern die Sicherung seiner Applikabilität unter Bedingungen einer universal empfundenen Verpflichtung zu tätiger therapeutischer Hilfe: Unter diesen Bedingungen sucht man weiterhin die Abhängigkeit von den Fachleuten zu verringern; das medizinische Fachmannprinzip wird relativiert.

Andererseits gibt es ein Moment der Gefährdung des medizinischen Wissens, dem sich die professionellen Mediziner, insbesondere die Schüler Vindicians, entgegenstellen: der Zerfall der sprachlichen und kulturellen Einheit der Mittelmeerwelt. Wenn Cassius Felix für seinen Sohn Lehren der Methodikerschule aus dem Griechischen ins Lateinische übersetzt, belegt dies einerseits, daß in der ersten Hälfte des 5. Jahrhunderts n.Chr. noch immer das medizinische Wissen in erster Linie in der Familie weitergegeben wurde[733], andererseits

731 Wunsch des Autors für den Leser: Gesundheit, Lebenskraft, langes Leben ohne Aufbegehren gegen die *placida senectus* und ohne Notwendigkeit, einen Arzt zu konsultieren, d.h. ohne Unfall oder Krankheit (XXXVI 72-76). Gliederung, mit Inhaltsübersicht beginnend: vom Kopf bis zu den Füßen (I pr. 6-9). Momente einer Ärztekritik aus dem UMkreis des Werkes: Vgl. den in die Sammlung gelangten angeblichen Brief des Plinius an seine *amici* über die Medizin (§ 1 p. 34-36): Manche Ärzte verkaufen billige *remedia* zu hohen Preisen, übernehmen aus Geldgier unheilbare Fälle oder binden die Kranken lange Zeit an sich.

732 Vgl. SEGOLONI (1992b) 374f.: Marcellus äußert sich skeptisch über die Fachmediziner; der Autor als Christ. Göttlicher Ursprung der Kunst, SEGOLONI, aaO. 376. Doppelte Funktion des Werkes als Instrument der Praxisanleitung und Dokumentation der Bildung seines Autors, SEGOLONI, aaO. 379.

733 Weiteres Beispiel: eine fälschlich unter Soranos' Namen überlieferte Schrift: [Soran.], *Quaest.*; ihre Form: Lehrbrief an den Sohn (*Soranus filio karissimo salutem*, 243). Entwicklung der Medizin: als anfänglicher Fortschritt mit einem Abschluß durch ihre Literarisierung betrachtet. *Medicinam quidam invenit Apollo, amplificavit Aesculapius, perfecti Hippocrates* (243). Die Herausbildung einer literarischen Fachtradition schließt nach Meinung des pseudonymen Autors also einen gewissen Perfektionsprozeß ab, die Kanonisierung als Lehrstoff legt Maßstäbe und Geltungsgründe für den Nutzen, den die Disziplin entfalten kann, fest. Rezeption dieses Kanons als didaktisches Erfordernis: *quam nihilominus et iudicem omnium causarum oportet in primis excipere tanquam parentem et inventorem omnium bonorum, per quem per logicam nobis pro ratione facta traditio est et tanquam visibilis facta est doctrina, ut per eam utiliores fiant et astutiores qui introducuntur ad medicinam quos Graeci* εἰσαγομένους *appellant* (243). Der Autor reklamiert Erfahrenheit und Lehrbefugnis (244) und will, daß sein Werk zur Einführung und Rekapitulation der Medizin als Darstellung ihres ganzen Systems verwendet werde (vgl. *de eo qui sumit artem - de eo qui iam sumpsit*, 244). Beginn: didaktische Überlegungen zum Adressaten; bei diesem sei zunächst kein Vorwissen vorauszusetzen; es handelt sich um eine männliche Person beim Übergang vom *puer* zum *iuvenis*, also *in annis XV* (244). Im Alter um 15 Jahre sei die Rezeptionsfähigkeit für die *sancta ars medicinae* besonders hoch (244). Anforderungen an das Verhalten des Medizinschülers: *mores* ohne *doctrina* seien

aber, daß die literarischen Eliten des Westmittelmeerraumes vom Verlust der Griechischkenntnisse den Verlust auch wichtigen, literarisch vermittelten Praxiswissens erwarteten[734]. Pseudo-Soranos' *Medizinische Fragen* belegen dazu ein waches Bewußtsein der Möglichkeit und Wünschbarkeit medizinischen Fortschrittes: In dem Lehrwerk werden medizintheoretischer Empirismus und Dogmatismus einander gegenübergestellt und ihre Erklärung medizinischer Fortschritte beurteilt. Empirische Mediziner subsumierten die Medizin nicht unter die Disziplinen gelehrter Betätigungen, weil sie, wie methodische und dogmatische Mediziner auch, die diese Subsumption jedoch vollziehen, das an einer Technik Lehrbare im Wißbaren sehen und Wissen als außer der Zeit stehend ansehen. Der Autor behauptet, daß die Medizin nicht aufgrund des unvollkommenen Charakters ihres Wissens, sondern aufgrund

wichtiger als kognitive Fähigkeiten ohne angemessenes Verhalten (244). Kognitive Voraussetzungen der Medizinlehre: Vertrautheit mit elementaren *artes*; *grammatica ars* sei so weit zu lernen, *ut possit intellegere vel exponere quae apud veteres dicta sunt praeteriens artificiosam loquacitatem* (244f.); die *rhetorica* so weit, *ut possit suo patrocinari sermone tractantibus medicinales disciplinas;* elementare Astronomie und Geometrie sei zu lernen (245), um Flächenberechnungen (*agrorum mensuras*, Roses *aegrorum mensuras* paßt nicht) und Himmelsphänomene zu beherrschen. Die Bildung des angehenden Arztes ist an seine Beziehung zur literarischen Tradition gebunden, Verstehen und Erklären der Überlieferung, also Rezeptionsfähigkeit, ist Ziel der grammatischen Bildung; Rhetorik liefert Instrumente zu produktiver Teilhabe an der Fachkommunikation. Entwicklung der *mores* vorausgesetzt: *ergo moribus clemens et modestus*, er bedürfe gewisser *sanctitas* (245); wesentlich sei, daß der Arzt bereit sei, Arme und Reiche, Sklaven und Freie in gleicher Weise zu kurieren, weil die Medizin für alle ein und dieselbe sei (245). Allgemein- und Fachbildung: KÜHNERT (1967) 92f. Hippokratische Regeln für Auftreten und Geschäftsgebaren des Arztes: *mercedes autem si quidem dentur accipiantur et non recusentur. si autem non dentur non exigantur, quia quantum quisque dederit non potest exaequari merces beneficiis medicinae* (245). Der Autor geht hart mit der empirischen Schule ins Gericht und spricht der *ratio* eine besondere Funktion für die medizinische Erkenntnis gegenüber *empirica* bzw. *experientia* zu (246f.). Form des Traktates: Frage-Antwort-Katechismus; dieser *interrogationum et responsionum modus* sei nützlich, weil er *format quodammodo sensus iuvenum* (247). Vorgehen: vom Allgemeinen zum Besonderen (vgl. *horus* = ὅρος, *definitio*, *ars*: *ars est coetus comprehensionum cum exercitatione ad quiandam utilitatem vitae aptissimus*, 247). Antiempirische Bestimmung des Verhältnisses zwischen regelhaftem Lehrgehalt und je verschiedenen Umständen, unter denen das Wissen angewandt wird: *Ars medicinae disciplinis subiacet an non? logicis seu dogmaticis hae ars subiacere videtur disciplinis, methodicis bvero disciplinis non videtur subiacere, sed custodire disciplinas. Quid est disciplina? disciplina est scientia immutabilis cum ratione. sed apud quosdam partim disciplina est partim coniectura. efficitur vero coniecturalis non propter naturam artis sed propter subiectam materiam, quae inconstans est et multis operata negotiis et quae ab omnibus laedi possit* (247). Auch die pseudo-galenische Schrift *De pulsibus* ist in der Form einer Lehrschrift an den Sohn gehalten.

734 Vgl. Cass. Felix, *De medic.*, an den eigenen Sohn, 447 n.Chr. Cassius Felix hat etwa zur gleichen Zeit gewirkt wie Theodorus Priscianus (s.o.), ebenfalls Schüler Vindicians. pr.: ... *placuit mihi ut ex graecis logicae sectae auctoribus omnium causarum dogmata in breviloquio latino sermone conscriberem.* Cassius beansprucht, die Medizin vollständig und so knapp wie möglich darzustellen; die Ordnung des Stoffes ist von Kopf bis Fuß. Das Werk bemüht sich, systematisches Lehrbuch zu sein und nachschlagbare Sammlung von Rezepten. Häufig in der Übersetzungsschrift sind Sach- und Worterklärungen griechischer Termini (z.B.: *chirurgia uteris* als einfacher Schnitt, *aplen dieresis*, bzw. *artificium manus*, 18): Bei der Vermittlung der medizinischen Wissenschaft durch Übersetzung gibt sich diese zu didaktischen Zwecken als abgeschlosssen, als Kanon. Vgl. ORTH (1960). Cassius Felix wie Caelius Aurelianus: Übersetzer, aus Cirta stammend, WELLMANN, RE III 2,1723 s.v. *Cassius (44)*. CORSINI (1992): Cassius Felix war wohl wie sein Lehrer Christ; CORSINI sieht in dem Anspruch, die Schrift sei weder zu erweitern, noch zu verkürzen, den Ausdruck einer forschungsfeindlichen Einstellung, ebda. 404), obwohl dies eher der didaktischen Ermahnung an den Sohn zuzuschreiben ist, die vom Vater formulierten Lehrgegenstände vollständig aufzunehmen.

der sich wandelnden Umstände, auf die es sich bezieht, ihren teilweise hypothetischen Charakter besitze. Unter diesen Voraussetzungen stellt das Verständnis der Entwicklung der Medizin ein Problem dar: Die Medizin kenne neben *doctrina* (feststehender Lehre) auch *inventiones* (neue Erkenntnisse). Für die Empiriker sei deren Prinzip in der *pira* (*πεῖρα*) bzw. *experientia* zu suchen, also in neuen Erfahrungen, nach Ansicht der Dogmatiker in theoretischer Einsicht, ggf. gepaart mit Erfahrung (*experientia cum ratione*). Der Autor betrachtet als Feld der Erfahrung den Einzelfall und deutet Regeln als Prinzip der Verallgemeinerbarkeit. *quod enim lectio invenit in aphorismis, experimentum confirmavit*[735]. Der Autor besteht darauf, daß als Erfahrung nur gelten könne, was zugleich eine allgemeine Regel erfülle; die Akkumulation von nicht unter Regeln subsumierbarer Einzelerfahrung gilt für ihn nicht als regelhafte Erfahrung. Er bestreitet demnach nicht Möglichkeit, Wirklichkeit und Wünschbarkeit medizinischen Fortschrittes, doch erwartet er diesen nur von einer Regeln formulierenden Forschung, die einen prinzipiellen Zusammenhang mit der traditionellen Lehrsystematik wahrt und theoriegeleitet erfolgt. Dies kommt in seiner Bestimmung der Grundbegriffe technischer Lehre zum Ausdruck: *theorema* wird definiert als *generalis cuiusque rei in arte traditio*[736]. Auch die Arbeiten von Caelius Aurelianus, der die Schriften des Methodikers Soranos in die lateinische Sprache brachte, gehören in diesen Zusammenhang einer Sicherung und Neuaneignung medizinischen Wissens durch Latinisierung[737]; auch diese Schriften sind zu didaktischem Gebrauch gedacht. Die Übersetzung und Bearbeitung der soranischen Schrift über akute Krankheiten widmete Caelius Aurelianus einem Schüler[738]. Von diesem setzt er voraus, daß er Latein besser könne als Griechisch; er werde daher die lateinische Bearbeitung nützlich finden, doch nicht von ihr abhängig sein, da Caelius' eigene *Responsiones*, eine zu didaktischen Zwecken in Frage-Antwort-Form aufgebaute Summe der Medizin, dem Schüler bekannt sei. Dieses Werk sei einem Freund gewidmet, der allerdings des Griechischen mächtig sei[739]. Die technische Übersetzungsliteratur blüht also in einer Situation, in der das Griechische nurmehr passiv beherrscht wird, und in der das Bedürfnis nach einer didaktischen Gesamtüberschau des Faches zu

735 [Soran.], *Quaest. med.* 248.

736 252. Das jeweils andere Verhältnis elementarer Potenzen im Körper bestimme dessen Gesundheitszustand, 250. Unterscheidung zwischen subjektivem Gesundheitsgefühl und objektivem Körperzustand (gesund = naturgemäß).

737 Vgl. Cael. Aurel., *Gynaec.*; *Akut.*; *Chron.*; *Med. resp.* Auch Caelius Aurelianus will einen Zugang zu griechisch verfügbarem Praxiswissen eröffnen. Im Falle der Gynäkologie haftet diesem teilweise der Charakter eines Geheimwissens an, das die Übersetzung veröffentlicht (1): *Quoniam specialia quedam nature officina feminarum corporis videntur esse concessa, virorum communitate carentia, etc.* Die Literatur dient, wie das soranische Vorbild, der Ausbildung weiblicher Gynäkologinnen, um die Beachtung geltender Schamvorstellungen sicherzustellen: ... *hinc denique consultum est ut medicas instituere antiquitas providisset, ne femine pudendorum vitia virilibus offerrentur oculis perscrutanda.* Scham, die ihn von einer Untersuchung abhielt, empfand offenbar der männliche Arzt; daraus wird das Bedürfnis nach der Ausbildung weiblicher Gynäkologinnen und nach Literatur für diesen Zweck erklärt. Die überlieferte Übersetzung der Gynäkologie durch Caelius Aurelianus ist kontaminiert mit einer im 6. Jhdt. entstandenen Übersetzung durch Mustio/Muscio, vgl. ROSE (1882) VIII. Zu Caelius Aurelianus ZURLI (1992) 407-424: Caelius Aurelianus stammte aus Sikka in Numidien; seine Übersetzungen Sorans sind im wesentlichen wortgetreu.

738 pr. 1: *placet itaque, Bellice, discipulorum summe, Celerum passionum libros scribere, quos tibi utiles magis quam necessarios fore confido.*

739 Cael. Aur., *Akut.* pr. 1-2. Caelius setzt voraus, daß die Schüler das Frage-Antwort-Buch durchgearbeitet haben.

Lehrzwecken empfunden wird. Caelius' Übersetzungen und Bearbeitungen sind systematische Lehrbücher, die ihren Stoff (aus Soran geschöpft) mit eigenen Bemerkungen ergänzen, also nicht nur unkritisch rezipieren und übersetzen[740]. Die Schrift über chronische Krankheiten behandelt nach Meinung des Caelius ein originäres Feld des professionellen Mediziners, weil akute Erkarnkungen auch spontan heilen können; jene Schrift über chronische Krankheiten erklärtermaßen einer entsprechenden verlorenen des Soran, doch fügt auch sie wertende Bemerkungen zum tradierten Stoff hinzu[741]. Motiv dafür, den Stoff Sorans getreulich zu reproduzieren, ist der didaktische Zweck, der auch seine Bearbeitung in Frage-Antwort-Form bestimmt: Die medizinische Übersetzungsliteratur belegt das Interesse des lateinischen Westens, insbesondere der afrikanischen Mediziner, an der Nutzung griechischen Wissens für didaktische Zwecke, nicht aber eine forschungsfeindliche oder besonders konservative Haltung gegenüber technischem Wissen. Besondere Ansprüche stellt die Lage der Medizin beim Zerfall der mittelmeerischen Einheit an die Hermeneutik: Da die Medizinlehre ohne literarische Hilfsmittel nicht auskommt, muß sie den Zugang zum sprachlich fremden Wissen gewinnen bzw. wahren, indem sie eine hermeneutische Technologie schafft, eine Fachliteratur, die das Wissen überträgt.

2.2.6.6. Die mechanischen Disziplinen im 5. und 6. Jahrhundert

Ein Gefühl sich verlierender Selbstverständlichkeit des Wissens und Könnens bestimmte auch die mathematischen Disziplinen an der Wende vom 5. zum 6. nachchristlichen Jahrhundert. Eutokios von Askalon kommentierte Schriften des Archimedes; er war sich der Originalität seiner Unternehmung bewußt: Niemand habe vor ihm einen solchen Kommentar verfaßt. Das Bedürfnis nach einer hermeneutischen Rückwendung auf Archimedes hatte offenbar nicht bestanden[742], obwohl nach Eutokios' Worten die Schwierigkeiten, die der archimedische Text über den Rauminhalt kugelförmiger Körper bereitet, eine Kommentierung geboten hätten. Zweck der Kommentierung ist die Herstellung von Verständlichkeit[743],

740 Vgl. *Akut.* I 21: *Nos igitur manifeste atque breviter, quantum res patiuntur, intelligentiam siue diffinitionem passionis tradenus dicentes phrenitim esse alienationem mentis celerem cum febri acuta atque manuum uano errore, ut aliquid suis digitis attrectare uideantur, quod Graeci crocidismon siue carphologiam uocant, et paruo pulsu et denso.* I 30: Diskussion von Lehrmeinungen über die Zeichen der Phrenitis, Bemerkungen zur griechischen Terminologie. Caelius' Aurelianus' Krankheitsdefinitionen: ZURLI (1992) 420.

741 Meist am Ende der Abschnitte, Cael. Aurel., *Chron.* I 50: *denique peccatis indulgendum Methodicorum princeps Soranus dignissime iudicauit. adhuc enim, inquit, Themison Asclepiadis erroribus et rudimento temporis Methodici fallebantur*; II 62: *haec sunt, quae etiam Thessalo Sorani diligentia uidentur esse responsa.* Vgl. Cael. Aurel., *Chron.* pr. Beide Schriften beginnen ihre Darstellung mit Erkrankungen am Kopf.

742 Eutoc., *Comment. in Archimed. De sphaer. et cyl.*; *Comment. in Archimed. De cycl. metr.*; *Comment. in Archimed. Isorr.* Bes.: *Comment. in Archimed. De sphaer. et cyl.* 2,1-5: *Εἰς τὰ περὶ σφαίρας καὶ κυλίνδρου 'Αρχιμήδους οὐδένα τῶν πρὸ ἡμῶν ἀξίαν εὑρῶν σύνταξιν καταβεβλημένον καὶ κατανοήσας μὴ δι' εὐμάρειαν τῶν θεωρημάτων παραοραθῆναι·*

743 Eutoc., *Comment. in Archimed. De cycl. metr.*: Die klareren Teile (*σαφέστεροι*) brauchten nur kurze Erläuterungen. Eutokios will sich, seinen früheren Kommentar zu *Über Kugel und Zylinder* fortsetzend, mit den wichtigsten Gegenständen bei Archimedes befassen (p. 228,1-8). Der Kommentator wählt nach

und zwar nicht nur wegen des mathematischen Gehaltes, sondern auch aufgrund der technischen Nützlichkeit des von Archimedes Mitgeteilten. Archimedes' Näherungslösung für π sei für praktische Zwecke brauchbar (*διὰ τὰς ἐν τῷ βίῳ χρείας*) und werde darum vorgetragen[744]: Der Kommentator erschließt wie ein Übersetzer den nicht verständlichen Text[745]; sein Kommentar ist Instrument des Lehrbetriebes und wird bei didaktischer Eignung selbst Teil der Lehrtradition[746]. Er dient nicht allein der Verständlichmachung des kanonischen Textes, sondern vor allem dem Verständnis des behandelten Gegenstandes. Lücken und Unzulänglichkeiten des Textes und seiner Erläuterungsgeschichte werden geschlossen, sofern es das Verständnis der Sache erfordert[747]: Nicht das Verständnis des Wortlautes, sondern das der gemeinten Sache ist Ziel des Studiums, zu dem man den Kommentar konsultiert[748]. Der Umgang des Kommentators mit der Tradition ist darum produktiv, kritisch

didaktichen Gesichtspunkten aus.

744 Fragestellung der Kreismessung: Welchem quadratischen Flächenstück ist ein gegebener Kreis gleich? Jene wird, zurückgehend auf die Mathematikgeschichte des Eudemos, aus dem Titel des Werkes abgeleitet. Ähnliche mathematikhistorische Schriften zitiert Eutokios und nennt Archimedes' Näherungsangabe für π nach einer Archimedesbiographie des Herakleides *πρὸς τὰς τοῦ βίου χρείας ἀναγκαῖον* (p. 228,19-21): Kreismessung ist Grundlage wichtiger technischer Problemlösungen. Eutokios setzt sich mit Kritiken dieser Näherungslösung auseinander; Apollonios' von Perge gebe eine genauere Lösung, die nicht *χρήσιμον* (nützlich) sei für die Absicht (*σκοπός*) des Archimedes. Diese Absicht wird als eine der praktischen (angewandten) Mathematik gedeutet (vgl. *τὸ σύνεγγυς εὑρεῖν διὰ τὰς ἐν τῷ βίῳ χρείας*, p. 258,15-29). Auch gegenüber der Kritik des Sporos von Nikaia verteidigt Eutokios Archimedes' Näherung: Sie sei für den Praktiker am besten anwendbar (ebda.). Archimedes' Näherung für π wird also um ihrer technisch-praktischen Nützlichkeit willen studiert und kommentiert, nicht aufgrund ihrer theoretischen Exaktheit. *Comment. in Archimed. Isorr.*: Nachdem genau und klar der Inhalt des ersten Buches dargelegt worden sei, solle auch das im zweiten Buch schwer Verständliche angemessen erläutert werden, (p. 278,1-4).

745 Eutokios richtet *Comment. in Archimed. De sphaer. et cyl.* an den Lehrer Ammonius; Zweck: sachliches Verständnis der schwer zu verstehenden Mathematik zu ermöglichen; er wolle auch andere Werke des Archimedes *ἑρμενεῦσαι* (2,12-22).

746 *Comment. in Archimed. De sphaer. et cyl.* 2,16-22: Wenn dem Adressaten der Kommentar sinnlos erscheine, solle dieser nicht weitergegeben werden (*αὐτόθεν μηδὲ εἰς ἄλλον ἐλθεῖν συγχωρήσῃς*). Die Scheidung gültigen und ungültigen Wissens geschieht anhand seiner Behauptung im Traditionsprozeß. Eutokios erklärt die Intention des archimedischen Aufbaus: Indem Archimedes die Theoreme zunächst nenne, verhalte er sich wie ein Geometer, der Grundbegriffe und Definitionen klar mache (2,24ff.). Eutokios' Kommentar reproduziert diese Struktur: Die Kommentare zu den einzelnen Sätzen wiederholen diese zunächst und erklären dann, mit ggf. weiteren wörtl. Zitaten, die Beweisführung.

747 Zu Archimed. II 1 und II 4 (Konstruktion der Mittelproportionalen), p. 54,26-106,24; 116,12-180,5 werden Beweise und Konstruktionen anderer Mathematiker hinzugezogen. Dionysodoros habe den von Archimedes versprochenen Beweisgang nicht finden können und einen eigenen entworfen. Dieser Beweisgang werde wiedergegeben, allerdings korrigiert, denn er sei aufgrund der *ἀμελετησία* der Menschen zum größten Teil verdunkelt worden, 152,15-26. Innerhalb der Tradition kann das mathematische Wissen gestört werden durch unklare, falsche und fehlerhafte Wiedergabe.

748 Archimedes' Text wird vom Standpunkt der Sache selbst kritisiert. Der Kommentar zur Proposition II 1 beklagt die Lückenhaftigkeit der Darstellung des Archimedes für das Verstehen der archimedischen Lösung. Archimedes schreite analytisch fort (*δι' ἀναλύσεως*); für seine Lösung des Problems müsse er zwei Mittelproportionale finden. Er setze voraus, daß diese gegeben seien, beschreibe ihre *εὕρεσις* jedoch nicht. Eutokios kritisiert also eine grundsätzliche gedankliche Lücke. Er sucht sie zu schließen durch eine kritische Betrachtung der Problemgeschichte, deren Ertrag er für das Verständnis des Zusammenhanges nutzbar machen will. Eudoxos' Betrachtungen stünden ebenfalls nicht im Einklang zu seinen Ankündigungen. Um des klaren Eindruckes willen (*ἔννοια … ἐμφανής*) wolle Eutokios die Methode (*τρόπος*) des Auffindens der

und an praktischen Bedürfnissen orientiert, nicht sklavisch reproduzierend. Im Falle der Kommentierung der Kreismessung zeigt sich besonders deutlich, daß es das praktische Interesse am Gegenstand ist, der seine Relevanz bestimmt: Genauere Näherungslösungen waren nach Archimedes verfügbar, doch bleibt dessen grobe Lösung praktisch wichtig und zugleich von methodischem Interesse, weil sie den Lösungsweg auch für genauere Näherungen zeigte.

Die Renaissance des technischen Wissens und seiner Kreativität in Iustinians Zeit bestimmt auch das Wirken des mit Eutokios in Kontakt stehenden Anthemius von Tralleis[749]: Der Physiker, Geometer und Architekt, Sproß einer Familie von Wissenschaftlern und Technikern, erbaute zusammen mit Isidor von Milet die Hagia Sophia neu, nachdem sie 532 n.Chr. durch einen Brand beschädigt worden war[750]. Das Interesse der Mathematiker und Techniker im Kreis um Anthemius für die Kegelschnitte des Apollonius von Perge war wohl auch durch deren Anwendungsmöglichkeiten motiviert[751], und gerade bei der Konstruktion und mathematischen Durchdringung technischer Anwendungsfälle wollten diese Mathematiker über die Lehrtradition hinauskommen. Die zweite der in den *Paradoxen Mechanismen* beschriebenen Konstruktionsaufgaben scheine, bemerkt Anthemius, traditionell unlösbar. Indem er sie löst, geht Anthemius bewußt innovativ vor und sorgt für die Verbreitung seiner Innovation durch Beschreibung. Es geht ihm um die militärisch interessante Entfaltung einer Brennwirkung mittels Spiegeln in mindestens Bogenschuß-, d.h. Kampfentfernung[752]: Be-

Mittelproportionalen mit Zeichnung darstellen. Die Darlegung der platonischen Lösung des Problems der Mittelproportionalen erfolgt in der Form einer Euklid-Aufgabe (*Δύο δοθεισῶν εὐθειῶν δύο μέσας ἀνάλογον εὑρεῖν ἐν συνεχεῖ ἀναλογίᾳ*, 56,14ff.). Heron bedurfte einer Lösung des Problems für die Einführung des Konzeptes maßstäblicher verhältnisgleicher Reproduktion; er gab eine Darstellung in der *Einführung in die Grundlagen der Mechanik*, eine in den *Belop.*; letzterer folgt Eutokios, allerdings mit starken Modifikationen des Wortlautes, 58,15ff. Philons Lösung wird nach dem verlorenen 1. Buch seines *Systems der Mechanik* gegeben, wobei Eutokios bemerkt, daß sie im wesentlichen identisch mit der Herons sei, 60,28ff. Beider Lösung wird wie die des Apollonios von Perge (64,15ff.) ohne Aufgabenstellung, nur mit Konstruktionsanweisung dargestellt (*ἔστωσαν*...), ähnlich der des Diokles (66,8ff.): Die Problemstellung ist mit dem Platonreferat bereits gegeben. Auch Pappos' Lösung aus den *Μηχανικαὶ εἰσαγωγαί* wird nicht wörtlich zitiert, sondern sinngemäß paraphrasiert (70,6ff.): Es geht dem Kommentator nicht um das Verständnis des Wortlautes, sondern des mathematischen Gehaltes. Weitere dargestellte Lösungen: Sporos (76,1ff); Menaichmos (78,13ff.); *ἄλλως* (82,1ff.); Archytas von Tarent in der Darstellung des Eudemos (84,12ff.); Nikomedes (98,1ff.). Die Lösung des Eratosthenes (88,3ff.) durch Konstruktion eines die Proportionalen ablesbar machenden Rechenschiebers wird zusammen mit einem falschen Brief an einen Ptolemäer wiedergegeben; dieser Brief setzt die Entwicklung der Methoden zu maßstäblicher Reproduktion von Torsionsgeschützen voraus. Problemgeschichte: GERICKE ([2]1993) 93f.

749 Eutokios' Kommentar zu Apollonios' von Perge *Kegelschnitte* ist Anthemius gewidmet, pp. 168,5 (*ὦ φίλε ἑταῖρε Ἀνθέμιε*); 290; 314; 354.

750 Agath. V 6-9; Paul. Sil., *Descr. S. Soph.* (Anthemius als *πολυμήχανος*). Anthemius starb 534 n.Chr. Tzetzes behandelt ihn aufgrund der von ihm beschriebenen paradoxen Spiegel und Apparate (*Περὶ παραδόξων μηχανημάτων*) als Paradoxographen, HUXLEY (1959) 1-3.

751 Erste Aufgabe des erhaltenen Teiles: Konstruktion eines Spiegels, der einen Sonnenstrahl unabhängig von Tages- und Jahreszeit auf einen bestimmten Punkt lenkt; dafür bedient sich Anthemius einer Erkenntnis des Apollonius von Perge: Elliptische Spiegel reflektieren Strahlen von einem seiner beiden Brennpunkte in den anderen. Approximative Konstruktion der elliptischen Oberfläche durch wiederholte Winkelteilung. Praktische Konstruktion der Ellipse mittels einer in beiden Brennpunkten befestigten Schnur, p. 44,3-4; p. 46,24-27.

752 2. Aufgabe p. 48 Hux.: *Πῶς ἂν εἰς τὸν δοθέντα τόπον ἀφεστῶτα οὐκ ἔλαττον ἢ τόξου βολὴν*

schrieben werden praktisch interessante und militärisch nutzbare Methoden zur Konstruktion von Abstandswaffen aus Spiegeln, um eine Archimedes zugeschriebene Konstruktion zu erklären[753]. Mit einer theoretischen Betrachtung über die Oberfläche von Brennspiegeln versucht Anthemius, über die Lehrtradition hinauszukommen. Während die Alten rein mechanische Darlegungen über die Oberfläche von Brennspiegeln gegeben hätten, die sie als Kegelschnitte konstruierten (Apollonius von Perge), werde er Beweise und Ableitungen liefern[754]: Anthemius beansprucht, überhaupt erst eine Geometrie der Reflexion an kurvenförmigen Oberflächen zu formulieren. Die griechische Brennspiegeltheorie war zunächst als geometrische Theorie entwickelt worden, die Herstellbarkeit eines Brennspiegels nur postulierend[755]. Anthemius dagegen behauptet, zu einer nicht nur prinzipiell möglichen, sondern von Archimedes ausgeübten Praxis eine überlegene Theorie zu formulieren: Brennspiegel haben demnach nicht kreisförmige, sondern parabolische Oberflächen. Er will praktischer Erklärer sein und theoretisch nicht nur konservativ, sondern kritisch, produktiv und innovativ[756]; über die Bewahrung des Wissens hinaus erwartet er vom wissenschaftlichen

κατασκευάσομεν ἔξαψιν γίνεσθαι διὰ τὴν ἡλιακῶν ἀκτίνων. ... δοκεῖ πῶς ἀδύνατον εἶναι τὸ προτεθέν. Probleme: Reflexion an einer glatten Oberfläche geschieht zunächst nur in Einstrahlrichtung, nicht auf jeden beliebigen Ort hin; Größe und Zahl der notwendigen Spiegel sei unpraktisch (*σχεδὸν ἀδυνατόν*). Voraussetzung: Archimedes habe eine solche militärische Aktion durchgeführt, die von allen Überlieferungen übereinstimmend berichtet werde, also wahr sei. Die herrschende optische Lehre habe den Vorgang nicht erklären können und daher revidiert werden müssen (vgl. ... *καὶ ἡμεῖς θεωρήσαντες, καθ' ὅσον οἷόν τε ἦν ἐπισκήψαντες*). Anthemius betont den persönlichen Anteil an der Formulierung einer Theorie des Brennspiegeleinsatzes. Lösung: Verwendung einer Vielzahl ebener Spiegel zur Approximation eines gewölbten. Aufgabe 3 soll die Koordination vieler (24) solcher ebener Spiegel zeigen (p. 49 Huxley). Lösung: System um einen zentralen hexagonalen Spiegel angeordneter, immer kleiner werdender hexagonaler Spiegel, die an den Kanten mit diesem beweglich verbunden sind und ihre Strahlen auf einen ebenen Hauptspiegel lenken. Vierte Aufgabe: Verwendung mehrerer Spiegelsysteme zur Entfaltung einer um die Achse gestreuten großflächigeren Brennwirkung (p. 50f. Huxl.). Die Zwecke sind durch militärische Bedürfnisse, nicht die Brillianz der Theorie gegeben, denn eine theoretisch saubere Reflexionstheorie wäre daran interessiert, die Abbildung in einem Punkt zu konstruieren. Anthemius konstruiert die Gerätschaften im Hinblick auf zerstörerische bzw. störende Wirkung. Diese steigt nicht nur mit der Brenntemperatur, sondern auch der Ausdehnung des Brennbereiches. Er denkt auch an auf Schilden befestigte und durch koordinierte Positionierung der Schilde wirkende Blendwirkung durch Spiegel und meint, daß eine Kombination vieler ebener Spiegel Archimedes' Vorgehen erkläre.

753 Es gebe keinen anderen *τρόπος*, um Brennwirkung über große Entfernung zu erzielen als durch Spiegelwirkung; tatsächlich werde eine Mehrzahl durch Archimedes miteinander kombinierter Spiegel überliefert (p. 51,5-11 Huxl.).

754 p. 51,11-18 Huxl.: *ἐπειδὴ δὲ καὶ τῶν συνήθων πυρίων ἐμνημόνευσαν οἱ παλαιοί, πῶς δεῖ τὰς τῶν ἐμβολέων ποιεῖσθαι καταγραφάς, ὀργανικώτερον μόνον οὐδεμίαν ἀπόδειξιν γεωμετρικὴν εἰς τοῦτο ἐκθέμενοι, <ἀλλὰ> φήσαντες εἶναι τὰς τοιαύτας κωνικὰς τομάς, οὐ μέντοι γε ποίας καὶ πῶς γινομένας, διὸ πειρασώμεθα ἡμεῖς καί τινας ἐκθέσθαι τῶν τοιούτων ἐμβολέων καταγραφὰς καὶ ταύτας οὐκ ἀναποδείκτους ἀλλὰ διὰ τῶν γεωμετρικῶν ἐφόδων πιστουμένας.*

755 Zu Polybios' Zeit (2. Jhdt. v.Chr.) lebte in Arkadien Diokles, der über Brennspiegel schrieb; die Schrift verfaßte er auf Bitten des Pythion von Thasos für Konon. Der Adressat war mit dem Thema durch den Mathematiker und Astronomen Zenodoros konfrontiert worden, vgl. TOOMER (1976) 2-7. Mathematisch konstruiert waren Brennspiegel bereits von Dositheos (ebda.), doch wird auch bei Diokles die praktische Durchführbarkeit des Hohlschliffes einer Spiegeloberfläche nur postuliert, nicht vorausgesetzt; als Zweck denkt er an den Einsatz von Brennspiegeln zur Opferverbrennung (ebda. 36f.).

756 Beweis durch Parabelkonstruktion aus Tangenten mittels wiederholter Winkelhalbierung. Originalität des Anthemius: HUXLEY (1959) 19. Selbstbewußte methodische Fortschrittlichkeit auch im *Fragmentum*

Literaten Innovation und Originalität. Der überlieferte Titel seiner Schrift (*Paradoxe Mechanismen*) stellt diese in eine Reihe mit paradoxographischen Werken. Dies bezeugt, daß zumindest noch für die Rezipienten von Anthemius' Arbeit Mechanik zunächst Trick war, Überraschung, die unerwartet einen Gegner bzw. Beobachter übertölpelt, also eine illusionistische Kunst. Erwartet durch den Betrachter wird herrschender Lehre Entsprechendes: Die Paradoxie von Anthemius' Konstruktionen besteht in ihrer Neuheit und darin, daß seine Beweisführungen und Erklärungen die herrschende Dogmatik widerlegen bzw. korrigieren. Das Paradoxe einer neuen Lösung macht diese zum interessanten Gegenstand.

Anthemius behandelte nicht nur die Reflexion, sondern auch einfache Maschinen. Darlegungen über den Hebel und das Heben schwerer Lasten haben sich erhalten, und Anthemius schreibt, diese bildeten einen notwendigen Teil des Bildungsgutes[757]. Er setzt voraus, daß mindestens jeder Mathematiker mechanisch-technische Bildung besitzen müsse, behandelt die Mechanik also als integralen Bestandteil der Mathematik und eröffnet einen unmittelbar praktischen Zugang zu ihren Gegenständen. Ein Motiv für diese Durchlässigkeit der theoretischen Mathematik für Anwendungszwecke ist in der beruflichen Stellung des Anthemius zu suchen: Anthemius war mathematisch gebildeter Mechaniker und Architekt. Prokop beschreibt seine Rolle im Dienste Justinians beim Wiederaufbau der im Nikaaufstand niedergebrannten Hagia Sophia. Der Kaiser beruft auswärtige Techniker zum Wiederaufbau der Kirche, unter denen Anthemius als besonders berühmter Mechaniker herausragt[758], und zwar nicht nur gegenüber den Zeitgenossen, sondern auch allen früheren Baumeistern. Prokop bezeugt, daß die Leistungen, an denen Anthemius mitarbeitete, nicht nur bei diesem, sondern auch bei weiteren Kreisen der Auftraggeber und Rezipienten das Gefühl weckten, allen früheren Epochen überlegen zu sein. Technische Leistungen, Fortschritt und politische

mathematicum Bobiense, nach Diokles' Schrift zu datieren, HUXLEY (1959) 27-30 gegen HEATH (1921) 203. Das Fragment identifiziert die Form idealer Brennspiegeloberflächen wie Apollonius von Perge als Kegelschnitte, aber, wie Anthemius, als Parabeln, vermengt also neue und alte Deutung. Die Kritik an Apollonius' Beweisführung ist dieselbe wie bei Anthemius. HUXLEY sieht daher in Anthemius den Autor des Materials. Beweis der Behauptung, daß Parabolspiegel parallele Strahlen in einem Punkt reflektieren. Apollonius schrieb nicht nur über Brennspiegel, sondern auch eine problemgeschichtliche Schrift zum Thema, die wohl seine Kritik an der traditionellen Brennspiegeltheorie zusammenfaßte. Für Anthemius sind alle Theoretiker der Reflexion vor Apollonius *παλαιοί*, p. 54,4-12 Huxl.; vgl. THOMAS (1941 ND 1957) II 356. Anthemius Kritik: Apollonius habe seine Theorie des Parabolspiegels nicht deutlich von der älteren Theorie abgegrenzt (p. 54,12-18 Huxl.). Obwohl Anthemius' Theorie weitergeht, stellt er die eigene Leistung bescheiden als Kleinigkeit dar. Die Entwicklung der Parabolspiegeltheorie durch Apollonius und Anthemius ist ein Fortschritt der Katoptrik, dessen sich beide bewußt waren. Anthemius meint, daß seine Formulierung neuer und nützlicher Propositionen deren Studium bereits rechtfertigt: Er akzeptiert das Prinzip wissenschaftlich-technischer Innovation; zugleich weiß er, daß die *ἱστορία* des Faches bestimmte Beweise etabliert habe und diese aus der Tradition geschöpft werden müssen (p. 54,18-21 Huxl.).

757 p. 56,21-23 Huxley: *τῶν γὰρ τοιούτων ζήτησις οἰκεία καὶ παντελῶς, ὡς ἔφην, τῷ δικαίως ἂν κληθέντι Μουσῶν υἱῷ προσήκουσα*. Der Autor des Fragmentes reproduziert die Hebeltheorie neben Archimedes' Theorie des Schwerpunktes. Schwere Lasten würden leichter in die Höhe gehoben *διὰ τῆς μηχανικῆς*, sofern der Hebel im Schwerpunkt angreift; anderenfalls sei das Heben der Last schwieriger (p. 56,24-57,17 Huxl.). Der Wert der Betrachtung über den Schwerpunkt ist auch hier ein rein praktischer. Angesetzt wird nicht am abstrakten Konzept von Gewicht oder Masse, sondern an der Erfahrungstatsache, daß das Anheben einer Last (Speer, Waage) im Schwerpunkt als leichter (vgl. *εὐχέρως - δυσχερῶς*) empfunden wird als an den Enden. Die Kategorien von Schwierigkeit und Leichtigkeit werden also aus der praktischen Erfahrung des Widerstandes hergeleitet, nicht mit dem Drehmoment erklärt.

758 Prokop., *De aedif.* I 1,23-24.

Rennaissance begründeten älteren Meisterleistungen gegenüber den Anspruch auf einen höheren Wert: Von der Fortschrittlichkeit ihrer Gegenwart ist die literarische und technische Intelligenz der justinianischen Zeit überzeugt. Zu dieser Überlegenheit prädestiniert göttlicher Wille diese Epoche, der mit dem Bedürfnis auch die Mittel in Gestalt besonders leistungsfähiger Techniker bereitstellt[759]. Technische Exzellenz fungiert dabei als selbstverständlicher Maßstab für den Wert einer Zeit und ihres Herrschers verwendet. Prokops Beschreibung bezeugt den noch ganz thaumatopoietischen Kontext dieser Bautechnik: Zum entscheidenden Gesichtspunkt für die Beurteilung des Kirchenbaues macht Prokop seine Wirkung auf den Betrachter, die Abwechslung des Blickes durch die Fülle Interesse erregender Details. Daß der Betrachter durch den Bau überrascht und überwältigt werde und ihn im Bewußtsein der Präsenz Gottes verlasse ist der Zweck der Planung[760]. Wie militärische Arbeiten der Architekten, bedurfte diese Technik zu ihrer Entfaltung der Approbation durch

759 Prokop., *De aedif.* I 1,24 über Anthemius' Tätigkeit: Leitender Architekt, der die Arbeits- und Bauplanung durchführt (*τοῖς τεκταινομένοις τὰ ἔργα ῥυθμίζων*). Er fertigt Pläne und Modelle des für die zuarbeitenden Handwerker nicht zu übersehenden Bauwerkes (*τῶν τε γενησομένων προδιασκευάζων ἰνδάλματα*). Existenz des ähnlich befähigten Kollegen (Isidor von Milet) als Beleg der Prädestination der eigenen Epoche zu solchen Bauwerken: *καὶ μηχανοποιὸς σὺν αὐτῷ ἕτερος, 'Ισίδωρος ὄνομα, Μιλήσιος γένος, ἔμφορων τε ἄλλως καὶ πρέπων 'Ιουστινιανῷ ὑπουργεῖν βασιλεῖ. ἦν δὲ ἄρα καὶ τοῦτο τῆς τοῦ θεοῦ περὶ τὸν βασιλέα τιμῆς, προκαταστησαμένου τοὺς ἐς τὰ πραχθησόμενα χρησιμωτάτους αὐτῷ ἐσομένους. καὶ αὐτοῦ δὲ τοῦ βασιλέως τὸν νοῦν εἰκότως ἄν τις ἀγασθείη τούτου δὴ ἕνεκα, ὅτι δὴ ἐκ πάντων ἀνθρώπων ἐς τῶν πραγμάτων τὰ σπουδαιότατα τοὺς καιριωτάτους ἀπολέξασθαι ἔσχε.* Kennzeichen der *Hagia Sophia*: *ἁρμονία τοῦ μέτρου* und zuvor ungeahnte Lichtfülle (I 1,29-32) aufgrund neuer Formen der Nutzung von Fensterglas und kalkulierter Reflexion an vergoldeten Oberflächen (I 1,54). Bauwerk als Ergebnis der Zusammenarbeit einer großen Zahl unter der Leitung von Anthemius und Isidoros stehender meisterlicher Handwerker (Steinmetzen, I 1,38).

760 I 1,49: *...οὐχ οἷοί τε εἰσι ξυνεῖναι τῆς τέχνης, ἀλλ' ἀοπαλλάσσονται ἀεὶ ἐνθένδε καταπεπληγμένοι τῇ ἐς τὴν ὄψιν ἀμηχανίᾳ*. Der technische Laie kann die Methoden nicht nachvollziehen kann, mit denen der scheinbar unmögliche Bau errichtet und stabilisiert ist; daher nimmt er ihn als Wunderwerk auf (I 1,50: *Μηχαναῖς δὲ πολλαῖς βασιλεύς τε 'Ιουστινιανὸς καὶ 'Ανθέμιος ὁ μηχανοποιὸς σὺν τῷ 'Ισιδώρῳ οὕτω δὴ μετεωριζομένην τὴν ἐκκλησίαν ἐν τῷ ἀσφαλεῖ διεπράξαντο εἶναι·*). Vgl. I 1,61. Hierarchisch gesehen sind die beiden Architekten und Planer die Bauleiter, funktional befriedigt ihre Technik thaumatopoietische Bedürfnisse. Isidor und Anthemius heißen bei Prokop nicht *Architekten*, sondern *Mechaniker* (e.d. I 1,68: *μηχανοποιοί*). Den Wundercharakter des Werkes unterstreicht die Legende, die beiden Architekten hätten sich, als ein Bogen unter der Last des Eigengewichtes der Bogenstreben zu brechen drohte, an den Kaiser gewandt, der persönlich den gelingenden Weiterbau angeordnet habe (I 1,70-72). Dabei betont Prokop den Laiencharakter des Kaisers (*οὐ γάρ ἐστι μηχανικός*), der darum von den Mechanikern eigentlich abhängig ist. Auch Agathias (V 9) nennt Anthemius und Isidoros *μηχανοποιοί*; der jüngere Isidoros stellte den Bau fertig, nachdem Anthemius gestorben war. Agathias beschreibt wie Prokop die Sophienkirche als Wunderwerk der Baukunst.

den Herrscher, also die politische Führung[761], verwirklicht also Zwecke des Herrschers bzw. die einer Elite.

Daß die spätantike technische Mechanik sich Überraschung und Staunen zum Zweck nahm und damit den Charakter einer die Erwartung des Normalen paradox provozierenden Technik wahrte, auch wenn sie nicht, wie in dem geschilderten Fall, den Zwecken des Herrschers, sondern den persönlichen Absichten des Technikers selbst zugute kam, zeigen Anekdoten über das persönliche Auftreten des Anthemius: Anthemius soll einen nachbarschaftlichen Streit unter Hofangehörigen mit einem Rhetor gehabt und diesen mit den Mitteln seiner mechanischen Technik durch Erschrecken für sich entschieden haben[762]. Während die antike Medizin immer interpretiert wurde als Versuch der Wiederherstellung eines gestörten natürlichen Zustandes, blieb die mechanische Technik ein Mittel zur Verwirklichung des scheinbar Widernatürlichen.

Ein gemeinsames Kennzeichen der in ihren Zwecken so heterogenen antiken Techniken zeigt sich in diesen Rennaissancebestrebungen des 6. Jahrhunderts: Immer oszillierte die antike Technik zwischen dem Zwang zur Bewahrung, den die Bedingungen der Weitergabe des Wissens verursachten, und der Bewunderung für neue Erfindungen und Innovation. Man bestimmte den Wert der Techniken für die eigene Lebensform und Zivilisation nicht nur dadurch, daß sie durch Regelkenntnis und Übung eine Lehre vermittelten, sondern auch durch das Moment der schöpferischen Erneuerung und Verbesserung. Bei allen Restaurationsbestrebungen war Justinians Zeit sich ihrer technischen Überlegenheit über frühere

761 Justinian ließ den Fluß Dara regulieren und befestigen, um die gleichnamige Grenzfestung vor Überflutung zu sichern. Die Entscheidung über dieses Projekt illustriert Stellung und Funktion des Mechanikers: In Dara wirkte im Auftrag des Kaisers der *μηχανοποιός* Chryses von Alexandria. Er hatte für den Kaiser dort und in der Umgebung bereits Bauten errichtet, als er auf die Idee kam, für künftige Zerstörungen der Stadt durch den Fluß zu unterbinden. Chryses behauptete, er habe den Plan, den er zeichnete, als Traum erhalten. Der Kaiser soll als Gutachter die Architekten Anthemius und Isidoros befragt haben und noch bevor er von diesen einen praktikablen Plan hätte erhalten können selbst einen Vorschlag zur Flußregulierung gemacht haben, der weitgehend dem des Chryses glich, der seinen Plan brieflich dem Kaiser mitteilen ließ. Anthemius und Isidoros bezeugen die Identität beider Planungen. Chryses erhält darauf vom Kaiser den Auftrag zur Durchführung seiner Planung und kehrt nach Dara zurück (Prokop, *De aedif.* II 3,1-15). Chryses erhielt also vom Herrscher mehrere Werkverträge. Um einen Auftrag zu erhalten, wendet er sich an den Kaiser, der seinerseits einen Stab von Mechanikern konsultiert. Für Aufträge an entfernt liegenden Orten bedient sich der Kaiser freier Architekten wie Chryses. Für Chryses und seinesgleichen ist es entscheidend, daß sie Pläne präsentieren, die ein unmittelbar drängendes Bedürfnis befriedigen, deren Praktikabilität sie zeigen können, und daß sie für diese den Kaiser, der über die Verwirklichung entscheidet, interessieren können und Zugang zu ihm gewinnen.

762 Agath. V 6-9. Agathias berichtet über Anthemius im Zusammenhang der Erdbebentheorie; in Debatten sei die Richtigkeit der aristotelischen Theorie der Erdbeben als oberirdischer Wirkung unterirdischer Strömungs- und Druckveränderungen (Arist., *Meteor.* 365a14-370a33) mit der von Anthemius in seinem Nachbarschaftsstreit verwendeten Konstruktion begründet worden. Anthemius wohnte neben dem Rhetor Zeno; zwischen beiden entstand ein Rechtsstreit wohl um baurechtliche Fragen, in dem Zeno zunächst obsiegte: nach Agathias Darstellung wegen seiner Eloquenz, die der Mechaniker dann aber durch geheime Verfahren überwand, die den Gegner überraschten. Anthemius soll ein Röhrensystem im Untergeschoß des Nachbarhauses gebaut haben, in das er Dampf leitete und so Effekte wie bei einem Erdbeben erzeugte. Zeno habe sich wegen des vermeintlichen Erdbebens an kaiserliche Berater gewandt und sich dadurch lächerlich gemacht. Anthemius' Vorgehen sei in Diskussionen um die Erdbebentheorie als Modell der Natur und Beweis für die Richtigkeit der aristotelischen These gewertet worden. Gegen diese Konklusion verhält sich Agathias kritisch: Die spielerischen Effekte seien bewundernswert; nichts zwinge jedoch zur Annahme, die Natur gleiche dem Modell (V 8).

Epochen bewußt; dieses Bewußtsein bestimmte das Handeln des Herrschers wie seiner Baumeister, das Belisars und seines Vertrauten Prokop. Letzterer vergleicht die Bogenschützen der eigenen Zeit, die gerüstet und beritten seien und in geordneter Formation als reguläre Truppen kämpften, mit den schlecht ausgerüsteten und gering geachteten Bogenschützen als Kleinkriegern im homerischen Epos: Der große Abstand zu der jedem Leser präsenten literarischen Orientierung wird deutlich[763]. Prokops Vorstellung technischen Fortschritts geht noch weiter: Er beschreibt, wie Römer und Perser mit ihrer raffinierten technischen Zivilisation eine für den Kampf in schwierigem Gelände angepaßte Form des Rammbockes nicht erfanden, die dann die sabirischen Hunnen konstruierten; Römer und Perser hätten lange Belagerungskriege geführt, ohne auf das ἐνθύμημα der Barbaren, ihre Erfindung (vgl. ἐπετεχνήσαντο), zu kommen. Prokop behauptet, dieses Ereignis exemplifiziere, daß die Natur selbst im Laufe der Zeit kontinuierlich nützliche Innovationen bewirkt, denn er sieht bei den Hunnen, anders als bei Römern und Persern, keine in der politischen Ordnung und im Niveau bzw. in der Differenziertheit[764] der Zivilisation liegenden Ursachen, die eine solche Erfindung hätten erwarten lassen[765]. Der Fortschritt ist zwangsläufig; normalerweise tritt er dort ein, wo Institutionen und materielle Kultur ihn erwarten lassen, doch ist er gebunden an nicht berechenbare Ein- und Zufälle, und insofern ist sein Eintreten ein natürliches, dem Menschen nicht verfügbares Ereignis.

2.2.6.7. Medizin und Landwirtschaftslehre im 6. und 7. Jahrhundert

Anthemius' Bruder Alexander von Tralleis, jüngster der fünf Söhne und wie der Vater Arzt, gehörte ebenfalls zu den Hofkreisen um Justinian. Ein medizinisches Sammelwerk widmete er Kosmas Indikopleustes wegen der persönlichen Bekanntschaft, die dieser mit dem Vater Stephanus pflegte[766]. Daß der Bruder des Anthemius die Hochschätzung der seinerzeitigen technischen Fortschritte teilte, die den Kreis der Techniker und Wissen-

763 Prokop., *De bell.* I 1,6-17. Prokop äußert keine moralischen Bedenken gegenüber einer Technisierung des Krieges und der Verwendung der Fernwaffen; eine Höherbewertung des Nahkampfes gegenüber dem Fernkampf fehlt. Solche Höherbewertung des Kampfes Mann gegen Mann äußert noch Polybios, Polyb. XIII 3.

764 Indiz für den Grad der Differenzierung der Zivilisation: Defizite technischer Kenntnisse, die der Historiker bei den Lesern voraussetzt. So erwähnt Prokop, daß Belisar zu Verteidigungszwecken sich auf Befestigungstürmen stationierter Geschütze bedient. Er hält es für nötig, zu erläutern, daß man diese Geschütze *ballistra* nennt, daß sie Pfeile verschießen, wie sie bedient werden und wie sie funktionieren (*De bell.* V 21,13-222).

765 Prokop., *De bell.* VIII 11,22-33: Prokop beschreibt die Anwesenheit einer Gruppe Hunnen, denen Justinian Subsidien zahlt, beim römischen Heer.

766 Alex. Trall., *Therap.*; *De ocul.* Brüder des Anthemius: Metrodoros (Grammatiker und Lehrer, wie Anthemius am Hof Justinians wirkend), Olympius (Jurist), Dioskoros (Arzt), Agath. V 6; PUSCHMANN (1878-1879 ND 1963) I 75-86. Alexander in seiner Widmung (*Therap.* p. 288-289): Kosmas habe ihn aufgefordert, durch Erfahrung bekräftigte Therapieformen zu beschreiben, also ein Werk der Erfahrungsmedizin zu verfassen. Er erfülle diesen Wunsch, weil er ihm und dem Vater aufgrund gegenseitiger εὔνοια verpflichtet sei: Das Werk ist an persönliche Bekannte aufgrund persönlicher Verpflichtung adressiert. Der Vater sei nicht nur ἐν τοῖς ἔργοις τῆς τέχνης, sondern auch τῶν κατὰ βίον πραγμάτων ἁπάντων ein Gönner gewesen, und Kosmas habe immer treu zu Alexander gestanden.

schaftler um Justinian bestimmte, ist anzunehmen. Daß er ein medizinisches Werk schrieb, das das Wissen bewahren soll, zeigt, daß konservierende Werke nicht unbedingt eine grundsätzliche Skepsis gegenüber dem technischen Fortschritt anzeigen. Alexander drückt die Interessen deutlich aus, die sein Werk befriedigen will: Es soll in der Erfahrung erprobte therapeutische Methoden zusammenstellen. Seine literarischen Eigenschaften bestimmen den praktischen Wert: Der neidlose Leser werde den methodischen Vorteil der Darstellung und ihre Knappheit und Klarheit begrüßen. Alexander habe sich um der Verständlichkeit des Buches willen bemüht, übliche Termini und eine normale Sprache zu verwenden[767]. Es geht nicht um eine Darstellung der Laienmedizin, sondern um die systematische Darstellung in Lehrbuchform, die zwar die Lehren der unbefragten Autorität Galens reproduzieren, sich zugleich aber nicht unkritisch gegenüber dem medizinischen Traditionsbestand verhalten will[768]; insbesondere die mangelnde Spezifität einiger der Therapien Galens kritisiert Alex-

767 *Therap*. p. 288-289. Alexander stelle zusammen *τὰς μετὰ πολλῆς τριβῆς ἐν ταῖς τῶν ἀνθρώπων νόσοις καταληφθείσας πείρας*. *Therap*. II Bd. 2 p. 2ff. bezieht sich für die Beschreibung der Augenheilkunde auf ein dreibändiges Werk über das Thema, dessen Inhalt Alexander *κεφαλαιωδῶς* und *συντόμως* nochmals bespreche, damit der Leser nicht extra zum anderen Werk greifen müsse. Leichte Zugänglichkeit des Stoffes und Übersichtlichkeit sind Ziele von Alexanders medizinischer Schriftstellerei. *Therap*. V 4 Bd. 2 p. 154f.: Alexander wolle die Heilmittel darstellen, *ὥστε μὴ παρ' ἑτέρου δεῖσθαι μανθάνειν, ἀλλ' ἐντεῦθεν ἀναλέγεσθαι τὸ ζητούμενον*. Das Werk will ein kompaktes Kompendium zum Nachschlagen sein, das andere Literatur überflüssig macht. Das Nachschlagewerk ist zugleich Ort wissenschaftlicher Diskussion: Einführung, Nachschlagen, Kritik der herrschenden Praxis und Lehre finden in einer Literaturform statt. Alexander setzt voraus, daß dem praktisch tätigen Arzt die Zeit für ausgedehnte Studien in der älteren Literatur fehle. Die nötige Sammlungs- und Selektionsaufgabe übernimmt er daher, XII Bd. 2 p. 536f. Wahrscheinlich Teil des Werkes über Augenheilkunde: Alex. Trall., *De ocul.*

768 *Über Fieber* (p. 290-446) stellt Teil I des Gesamtwerkes dar. Es soll die *διδασκαλία* des *θειότατος Γαληνός* nachahmen. Dieser habe wie Hippokrates Fieber als Erhitzung des Herzens interpretiert; diese Deutung soll gegenüber der abweichenden von Erasistratos und Asklepiades zur Geltung gebracht werden. Darstellung in stereotypem kategorialem Schema: Jedes Fieber werde hinsichtlich der Art (*τί ἐστι*) behandelt, Diagnose, Krankheitsbild und Terapie (p. 290-293). Primäre diagnostische Verfahren: Berührung zum Erspüren von Hitze, Betrachtung von Urin und Puls (qualitativ, nicht quantitativ, 292f.). Gliederung: nach Ursachen (Überanstrengung, Verdauungsstörungen etc., 294-299). Alexander erklärt humoralpathologisch (304f.). Gegenüber Therapieempfehlungen anderer Ärzte verhält er sich ablehnend, wenn diese dem Patienten mehr Schaden als Nutzen zufügen, also aufgrund eines ökonomischen Kalküls von Lasten und Gewinn der Therapie. Alexander kritisiert auch Therapieratschläge, die aufgrund mangelhafter Ursachenkenntnis ausgesprochen werden (306-309). Dritter Abschnitt: mit Fieber einhergehende Ohnmacht, interpretiert als Resultat eines Säfteüberschusses (328ff.). Alexander beschreibt verschiedene Fieberformen und Therapien (315ff.; 323ff.; 329ff.; 331ff.): Das Hauptinteresse liegt in ihrer klassifikatorischen Abgrenzung (347-353). Das Die Bemühung um eine differenzierte Sicht der Krankheiten wird von Alexander begründet: Differenzierung unterscheide Laienmedizin von professioneller Heilkunde. So seien Quartanfieber verschiedener Art, nicht nur von einer *ἰδέα*. Daher müßten auch gegen die Meinung der *πολλοί* die Therapien verschiedene sein (407). Auch Galen wird wegen einer unzureichend differenzierten Pathologie kritisiert (vgl. Galen., *De comp. medic. per gen.* XIII 564-568; Diosc. Ped., *De mat. med.* III 84). Alexander deutet den Mechanismus der Körperflüssigkeiten als Kompensation und Ausgleich und das Gegengewicht als therapeutisches Konzept. Wärme und Feuchtigkeit seien Prinzip des Lebens und der Verdauung. Den fähigen Arzt zeichne aus, Heißes zu kühlen, Trockenes anzufeuchten, Kaltes zu erwärmen und Feuchtes zu trocknen: Heilung durch Gegensätze (409: *τὰ ὄντα πάθη νικῆσαι τοῖς ἐναντίοις χρώμενον καὶ πάντα τὰ δέοντα περιποιῆσαι καὶ πάσῃ τέχνῃ καὶ παντὶ λόγῳ σῶσαι τὸν κάμνοντα, καθάπερ ἐν πολέμῳ πολιορκούμενον*). Der Arzt ist so Handelnder in einem als Krieg interpretierten Krankheitsgeschehen. Der Arzt greift kompensierend in ein antagonistischen Geschehen ein, das er als Aktivität der Körpersäfte interpretieren muß (vgl. 415-419). Kritik an der traditionellen Deutung der *Phrenitis* (I 13). Alexander differenziert drei

ander[769]. Der große Umfang des medizinischen Wissens der Spätantike zeigt sich an der Bemühung um Differenzierung der Krankheitsbilder und der Umstände des Einzelfalles[770]. Alexander gibt nicht nur die Tradition wieder, sondern zeigt gegen diese auch kritisches Bewußtsein[771]. Die Mittel zum Bekämpfen der Krankheiten folgen generell einem Mechanismus der Kompensation. Der Mediziner, der einen gestörten Körperzustand wiederherzustellen versucht, sucht nach mechanischen Hilfsmitteln, um einen forcierten Eingriff durchzuführen und Kräfteverhältnisse zu beeinflussen. Ihn leitet eine Mechanik der Kompensation und die Vorstellung der Krankheit als Krieg, in dem er die schwächere Seite zu stärken und für ein Gleichgewicht zu sorgen hat.

Die die christlichen Ärzte der Spätantike bestimmende radikale Verpflichtung zu tätiger Nächstenliebe, die auch den Laien zur Hilfe motiviert, und die den Ökonomismus der älteren Medizin begrenzt, der immer kalkulierte, ob die Heilbarkeit einer Krankheit einen Therapieversuch lohnend macht, führt Alexander dazu, die grundsätzliche Hilfspflicht des Arztes auch bei unheilbaren Fällen zur Geltung zu bringen; andererseits erkennt Alexander das hippokratische Verbot, unheilbare Fälle therapieren zu wollen, an. Er schränkt seine Geltung ein, um vom Arzt unter allen Umständen die äußerste Bemühung um Hilfe zu verlan-

ursächlich verschiedene Formen der Krankheit. Quälende Therapieformen seien zu vermeiden. Alex. Trall., *Therap.* V 4 Bd. 2 p. 152-155 kritisiert die undifferenzierte Behandlung von Lungenerkrankungen nach Galen. Verwunderung, daß die von Galen erwähnten Patienten alle starben. Galen gegen Galen wendend (vgl. Galen., *De comp. medic. sec. loc.* XII 535) betont Alexander menschliche Irrtumsfähigkeit und das Gebot der Kritik: Ein Arzt tue Unrecht (ἀδικεῖ, ἀσεβεῖ), wenn er eine eigene Lehrmeinung (vgl. καταλαμβάνων γὰρ ἰατρὸς τὸ δοκοῦν αὐτῷ) nicht äußert. Vorbild: Kritik des Aristoteles an der Ideenlehre seines Lehrers Platon. Alexander folgt also einem Wissenschaftsprogramm wie dem der platonischen Akademie: Wissenschaft besteht darin, wahre Aussagen zu treffen; wer das Wahre gegen das Falsche nicht aussagt, begeht einen Fehler; Fortschritt besteht im Zur-Geltung-Bringen der wahren gegen die falsche Meinung. Der Geltungsanspruch eigener Aussagen gründet auf therapeutischer Erfahrung, Beobachtung und Schlüssen (V 4 Bd. 2 p. 152f.).

769 Alex. Trall. *Therap.* 421f.: Galen habe Gegenmittel gegen Quartanfieber mitgeteilt, doch unspezifisch. Aufgrund mangelnder Differenziertheit hätten Patienten durch die Mittel Schaden genommen. Galens Lob des Silphion als Universalheilmittel (Galen., *Ad Glauc. de method. med.* XI 39f.) kritisiert Alexander: Er vermisse genaue Indikationen für die Heilmittel und bestreitet die Möglichkeit universal wirkender Heilmittel.

770 Auch der zweite große Teil des Werkes Alexanders ist dadurch charakterisiert, Alex. Trall., *Therapeut.* I 440 - II 585. Die Anordnung des Stoffes in dem Sammelwerk ist *a capite ad calcem*, die Einteilung im einzelnen nach Krankheiten. Jeder Artikel skizziert das Krankheitsbild und gibt knappe Therapierezepte. Z.B. Kap. I 1: Für *Alopekie* sei nicht eine αἰτία, sondern verschiedene Ursachen verantwortlich. Kriterien für die Differenzierung versch. Ursachen (u.a. Haarfarbe). Kompensation als Therapiekonzept; Differenzierung ursächlich verschiedener, aber gleicher Symptomatik beschriebener Krankheiten: Kap. I 10 (Kopfschmerz).

771 Vgl. I 13 p. 522f.: ὅσα μεμαθήκαμεν ἐκ τῶν παλαιῶν, ἅμα δὲ καὶ εἴ τι πράττειν ἡμᾶς ὀρθῶς ὑπαγορεύει ὁ λόγος, ἤδη λέγομεν. Kritik gegen tradiertes Wissen muß sich ausweisen durch Bezug auf den λόγος: Es muß wohlbegründet sein, und einen Bezug zu therapeutischer Erfahrung besitzen (vgl.: πράττειν). Die Autorität der Alten wird geltend gemacht für Grundsätze ordentlicher medizinischer Praxis, vgl. I 14 p. 529. Betonung sachlicher, vor allem praktischer Bedeutung des Geschriebenen: I 15 behandelt die Epilepsie und erwähnt die Ansicht, es handle sich um eine heilige Krankheit (vgl. Hippocr., *De morb. sacr.*; Galen., *In Hippocr. Epid. VI Comm.* XVII B 341,4ff.K.; Cael. Aurel., *Chron.* I 4); er schließt, man müsse aus dem Überlieferten das Passende auswählen (I 15 p. 534-537), sich also selektiv verhalten.

gen[772], doch soll der Mediziner auch seiner Ansicht nach grundsätzlich kalkulieren, inwiefern ein therapeutischer Einsatz sich überhaupt lohnt[773]. Die Renaissance der Medizin[774] in der Zeit Justinians belebte auch den grundsätzlichen Ökonomismus technischen Handelns neu, wenn auch beschränkt durch die Betonung der Verpflichtung zur Hilfe. Alexander integriert in die Medizin, wie andere christliche Ärzte vor ihm, Elemente der Zauber- und Wundermedizin[775]. Er begründet diese Integration: Es gebe Patienten, die Naturheilmittel

772 Wie zahlreiche andere medizinische Schriften der christlichen Spätantike enthält die Schrift Alexanders auch Haarfärberezepte (I 3: Mittel zum Schwärzen der Haare). Dies setzt voraus, daß die üblichen Erscheinungen des menschlichen Alterungsprozesses wie das Ergrauen der Haare als Krankheitssymptome gedeutet wurden, Jugendlichkeit also als Gesundheitsideal galt und Alter als korrekturbedürftiger Krankheitstatbestand.

773 Alexander beschreibt das Krankheitsbild des *Marasmus* als unheilbare körperliche Austrocknung; auch der natürliche Alterungsprozeß sei ein *Marasmus* und daher so wenig wie dieser zu heilen. Dennoch gelte (369) eine Pflicht zum medizinischen Beistand, die begrenzt wird durch das hippokratische Prinzip, unheilbare Fälle nicht zu therapieren: *ὅμως δεῖ φιλονεικεῖν διὰ φιλάνθρωπον τῆς τέχνης βοήθειαν καὶ μὴ ἐγκαταλιμπάνειν. ἔσθ' ὅτε γὰρ φύσεως εὐφόρου εὐπορῶν τις καὶ ἀρχομένου τοῦ μαρασμοῦ καὶ μηδέπω καταφρύξαντος τὰ στερεὰ ἐπιτύχοι ἂν τοῦ σκοποῦ· εἰ δὲ μή, ὅπερ μᾶλλον μὲν πάσχει ὁ νοσῶν, τοῦτο μὴ ποιεῖν. 'τοῖσι γὰρ κεκρατημένοισιν οὐ δεῖ ἐγχειρεῖν'.* Wenn der Kranke eine gute *φύσις* habe und der *Marasmus* noch nicht fortgeschritten sei, werde man das Ziel der Behandlung (*σκοπός*) erreichen; je weiter die Krankheit fortgeschritten sei, desto weniger solle man tun. Vgl. Bemerkungen über das wegen falscher Behandlung unheilbar werdende 3-Tage-Fieber (371ff.). Die Hippokrates-Formulierung ähnelt Sentenzen in *De arte* (3; 8).

774 Alexander reproduziert nicht nur tradierte Lehren, sondern macht eigene Erfahrungen geltend, vgl. 419: *ἐγὼ γοῦν οἶδά τινα...*

775 *θαυμαστῶς* wirke das Sezieren junger Schwalben; in diesen könne ein weißes und ein schwarzes Steinchen gefunden werden, die einem Anfallskranken zu geben seien. Wundermittel gegen Epilepsie: Chamäleon-Amulett. Asketische Behandlung des Archigenes (Wasser als Getränk, kein Fleischverzehr, geschlechtliche Enthaltsamkeit) und Wundertherapien: Tränke aus der Leber des Wiesels und aus verbranntem Bläßhuhn (I 15 p. 560-563). Weitere Wunderrezepte: Hundeexkremente nach Straton (Dreckmedizin, I 15 p. 562f.); ein Rezept, das Alexander von einem Bauern erfahren haben will, demzufolge ein Epileptiker *κατὰ τύχην* geheilt worden sei, ein Wunderrezept, das der Leser nicht weitergeben solle (I 15 p. 562f.). Theodorus Moschion: Kräutermittel auf Urinbasis (ebda.); von einem Bauern aus Korkyra: Schweineurin (I 15 p. 564f.), aus Gallien eines aus Hahnhoden (ebda.); nach Marsinus dem Thraker: Blut eines toten Gladiators oder Hingerichteten (ebda.; dasselbe: Cels., *De med.* III 23). Nach Pseudo-Orpheus, Anhang zu Straton: Wurzel des Nachtschattens (*στρύχνον*): *μυστηριῶδες ... καὶ ὑπὸ πολλῶν θαυμάζεται* (I 15 p. 564f.) und Amulette aus dem Werk des Archigenes von Apamea (1./2. Jhdt. n.Chr.). Zu Archigenes: BRESCIA (1955); CALABRÒ (1961). Archigenes berief sich für die Heilwirkung des Körpers eines Hingerichteten auf Asklepiades *ὁ φαρμακευτικός* (1./2. Jhdt. n.Chr.); Amulette gegen Krankheiten. Abwehrmittel nach Asklepiades: Nagel von einem Hinrichtungskreuz, Alex. Trall., *Therap.* I 15 p. 566f. Die christliche Heilerwartung aus Reliquien eines Hingerichteten nimmt Aberglauben auf, der bereits in Celsus' (*De med.* III 23) und Asklepiades' Zeit (vor Galen, vgl. Galen., *De comp. med. sec. loc.* XIII 178; 441; 463) belegt ist. Autorisierung von Wundermitteln durch den persischen Magier Otanes: Alex. Trall., *Therap.* I 15 p. 566f. Pointe der Wundermittel: Unerklärlichkeit ihrer Wirkung (vgl. *καὶ θαυμάσεις*, I 15 p. 570f.). Alexander betont die Erprobtheit schulmedizinischer Rezepte (p. 550-557) und ist sich der Differenz zwischen kausal verstandenen Therapien und Wundermedizin bewußt (vgl. p. 558f.). Abschluß des Abschnittes über Rezepte: Beschreibung eines Amuletts; Heilung des Quartansfiebers erfahrungsgemäß durch Mistkäfer, in rotem Tuch um den Hals getragen. Erprobtheit eines Amuletts aus grüner Eidechse mit Finger- und Fußnägelabschnitten (p. 437). Quartansfieber *θαυμαστῶς* geheilt durch Kinnhaare eines Bockes. *ὑπὸ πάντων δὲ τῶν φυσικῶν ἰατρῶν* bezeugt: Monatsblut von Frauen als Heilmittel (*φυσικῶς*) gegen Quartansfieber, p. 437. Liste wunderbarer Heilungen durch Antipathie und verborgene Prinzipien. Wundermedizin gegen als

verlangen. Damit der Arzt diesen helfen könne, teile er sie mit. Es gibt eine Nachfrage nach wunderbarer Therapie, und schon dies rechtfertigt ihre literarische Behandlung[776]. Wundermedizin gehört zu vollständiger Medizin, weil Alexander voraussetzt, Wunder seien technisch machbar, geplant herbeizuführen und daher möglicher Inhalt einer Lehre[777]. Sie gelten aber nur als Ergänzung zu einer in ihrer Reichweite als beschränkt eingeschätzten humoralpathologisch begründeten Therapie. Alexander erwartet unbegriffene Wirkungszusammenhänge; nicht so sehr zwischen Wundermedizin und pathologisch begründeter Medizin unterscheidet er, als vielmehr zwischen einer Volks- und einer Spezialistenmedizin. Die Mittel der Volksmedizin schließt er als zweitrangigen Lehrinhalt in die Medizin ein,

unheilbar geltende Krankheit eingesetzt: Plin., *NH* XXX 30. Gegen Epilepsie (Alex. Trall., *Therap.* I 15 p. 538-557) als Kinderkrankheit auch *φυσικά* (Naturheilmittel).

776 Alex. Trall., *Therap.* I 15 p. 556-559 (nicht technisch wirkende Heilmittel, also Naturheilmittel bzw. Zaubermedizin gegen Epilepsie): Da einige Patienten sie nachfragten und sie bei ihnen Wirkung zeigten, halte es Alexander für passend, *τοῖς φιλομαθέσι καὶ περὶ τούτων ἐκθέσθαι τινά*, damit der Arzt auf jede Weise den Kranken helfen könne. Unterschied einer durch kausale Theorie begründeten schulmedizinischen und wundermedizinischer Medizin: Humoralpathologisch begründete Therapiekonzepte als Standard, Amulette und Wundermittel als Abweichung. Abweichung vom schulmedizinischen Standard auch ohne kausale Begründung gegebene Therapierezepte (z.B.: Archigenes' gewaltsame Fixierung eines Anfallskranken, seine Liebkosung und Aderlaß, I 15 p. 558f.). *Gottesurteil*-ähnliche Praktiken zu diagnostischen Zwecken: I 15 p. 558f. Wunderrezepte und Eigenbluttherapien: I 15 p. 558-561. Nach Xenokrates von Aphrodisias: Askeserezept (Enthaltsamkeit gegenüber Wein beruht, ebda.). Alex. Trall., *Therap.* XII Bd. 2 p. 578f.: Wundermedizin für Patienten, die keine Diät einhalten oder Heilmittel vertragen, Einsatz von *φυσικά* und Amuletten. Der gute Arzt solle auf jede mögliche Weise allen Kranken helfen können; Alexander teile nur in der Erfahrung erprobte Mittel mit (ebda.).

777 *φυσικὴ ἀντιπάθεια* von Katzenkot gegen *πάθος* des Haarausfalls (I 1 p. 444f). Rechtfertigung der Technizität der Wundermedizin (Heilwirkung eines Halbedelsteinpulvers): Behauptung einer Wirkung *φυσικῶς* durch ältere Autoren (I 15 p. 570f.), also als unspezifische Wirkkraft befremdlicher Objekte, die in deren normalem Gebrauchszusammenhang nicht begegnet. Vollständiges Wissen umfasse die Kenntnis auch verborgener Möglichkeiten. Daß dies nach Regeln einer Methode geschehe, setzt Alexander voraus (I 15 p. 571). Alexander wende, weil das Vertrauen in Wunder- und Naturheilmittel begrenzt sei, v.a. schulmedizinische, technische Verfahren an (*ἔφυγον συνεχῶς χρῆσθαι τοῖς φύσει δρᾶν δυναμένοις καὶ ἔσπευσα τεχνικῇ μεθόδῳ περιγενέσθαι τῶν νοσημάτων*): Technische Methode und Wundermedizin treten in einen Gegensatz. Einen bei abnehmendem Mond einzunehmenden Trank empfiehlt er als schulmedizinisches Rezept (p. 572f.). Alexander fordert die Ausnutzung pathologischer Theorie, so weit diese reicht. Zu fragen sei, woher die Krankheit Ausgangspunkt und *αἰτία* nehme. Es sei technisch nicht machbar (*ἀμήχανον*), ohne Ursachenkenntnis den fehlerhaften Zustand (*διάθεσις*) des Körpers zu heilen (I 16 p. 574f.). Diagnose als Problem der inneren Lokalisation nicht beobachtbarer Vorgänge; nicht Symptome seien zu bekämpfen, sondern aufgrund anatomischer Theorie zu diagnostizieren (I 16 p. 574-577). II Bd. 2 p. 2ff. über Augenerkrankungen folgt dem Schema: schulmäßig pathologisch begründete und danach wundermedizinische Mittel werden mitgeteilt. Kritik der Behandlung mit Narkotika wie Opium; die verschiedenen Wirkursachen seien zu ermitteln. Der Komplexität der Diagnosen angepaßte schulmäßige Rezepte (vgl. *ἐμμεθόδως* Bd 2 p. 59): p. 6-69 und Wundermittel (Schilfrohrstück mit Honig, *θαυμάσεις* II Bd. 2 p. 69). Gehörschäden (III 1 Bd. 2 p. 70ff.): Körper humoralpathologisch als Säfte-*input-output*-System betrachtet, dessen Gleichgewichtsstörungen Krankheiten verursachen. Technisches Vorgehen (vgl. *τεχνικῶς*) bestehe darin, daß der Arzt die Verbindung zwischen subjektivem Unannehmlichkeitsgefühl und Störungen der Grundqualitäten der Flüssigkeiten ziehe, Stockung, Kälte, Hitze etc., III 1 pp. 72f.; 76f. Schmerzmittel: Opium, XI Bd. 2 p. 468ff. Wundermittel vor allem gegen Krank- und Eigenheiten, die als unheilbar gelten (Schluckauf V 9 Bd. 2 p. 318f.); ein als *Naturheilmittel* gegen Schluckauf wiedergegebenes Verfahren, Schlucken bei zugehaltenem Mund und zugehaltenen Ohren, funktioniert, wird aber nicht schulmedizinischen Methoden gerechnet, weil sich sein Mechanismus humoralpathologischer Interpretation verschließt.

und die Medizin der Spezialisten umfaßt auch Wundermittel. Vom Spezialisten wird Hilfe auch jenseits der Grenzen seiner pathologischen Einsicht erwartet, und er glaubt, sie leisten zu können. Daher wird seine Lehre teilweise zur Wunderwissenschaft. Zunächst greift er zu normalen Mitteln und als *ultima ratio* zu Wundermitteln. Das Bewußtsein für die Grenzen der Medizin und eine Nachfrage nach Hilfe jenseits dieser Grenzen motivierten die Ausweitung der schulmäßigen Lehrinhalte auf die Wundermedizin. Operieren mit unerklärlichen Naturwirkungen liegt in der Konsequenz einer im Prinzip einfachen Säftelehre, die in der Anwendung auf den konkreten Fall zu hoher Komplexität neigt[778]. Das medizinische Wissen der Spätantike immunisiert sich durch raffinierte Differenzierung gegen Einwände gegenüber wirkungslosen Therapien. Die teilweise in die Schulmedizin integrierte Paramedizin, eine Geheimlehre[779], läßt die Medizin ein Charakteristikum mit den thaumatopoietischen Zweigen der Mechanik teilen: Die Verborgenheit bzw. bewußte Verbergung des den Effekt hervorrufenden Mechanismus läßt die Anwendung der Technik neben besonderen Hoffnungen auch Bedürfnisse der Überraschung und Unterhaltung befriedigen.

In zunehmender Komplexität und Differenziertheit erblickt Alexander das Muster wissenschaftlichen Fortschrittes: Die ältesten Ärzte hätten im allgemeinen jede Art der Halsentzündung als *συνάγχη* bezeichnet; spätere Ärzte hätten stärker differenziert und 4 unterschiedliche Typen herausgearbeitet[780]. Die Medizin schreitet fort, wird im Verlaufe dieses Fortschrittsprozesses raffinierter und zur Bewältigung komplexer Krankheiten geeigneter. Podagra entstehe aus verschiedenen Ursachen; wegen ihrer Vielgestaltigkeit habe man sie früher weder richtig diagnostizieren noch therapieren können, sodaß sie als unheilbar *ὑπὸ τέχνης ἰατρικῆς* galt[781]: Alexander betreibt Wissenschaft als Ausdifferenzierung der tradierten Lehre[782]. Fortschritt ist gewünscht und findet statt durch feinere Unterscheidung und Korrektur im Einzelnen: nicht revolutionär, sondern als Prozeß der Evolution. Die

778 Entsprechend ruft Alexander zu feinster Differenzierung auf: Melancholie habe nicht immer dieselbe *αἰτία* und denselben Saft als Ausgangspunkt, sondern verschiedene; sie sei mit verschiedenen Symptomen und Bewegungen des Vorstellungsvermögens (*κινήματα τῆς φαντασίας*) gepaart. Daher seien ihre verschiedenen Formen voneinander zu scheiden (I 16 p. 590f.). Arzt als Beistand in jeder belastenden Lebenslage: Bericht über melancholische Frau, die während langer Abwesenheit ihres Mannes schroff und zornig gewesen, nach Rückkehr des Mannes aber spontan geheilt worden sei, I 16 p. 606f. Deutung des Unbehagens als behandlungsbedürftige Krankheit (Melancholie) und des Wegfalls des Anlasses als Spontanheilung: Alexander rechnet damit, daß wegen Trennungsschmerzes ein Mediziner konsultiert werde. Betonung des hohen Grades an Komplexität der spätantiken Medizin auch im Lehrbrief über Augenheilkunde (s.o. Anm. ?). Der Adressat hatte gegen Rezepte Alexanders eingewandt, diese seien trotz der hinter ihnen stehenden Erfahrung wirkungslos geblieben. Alexander erklärt dies: Therapien seien aufgrund einer differenzierten Diagnose anzuwenden und die passende Therapie nur zu finden aufgrund einer exakten Diagnose der Krankheitsursache (*De ocul.* 136).

779 Alex. Trall., *Therap.* VIII 2 Bd. 2 p. 376f.: Wirkung eines Ringes mit einem Zauberspruch interpretiert als Phänomen der Sympathie und Antipathie; das Mittel sei nicht jedem mitzuteilen, sondern nur gefestigten Personen, die es geheim halten. Hippokratisches Gebot, medizinisches Wissen nur Medizinern mitzuteilen: Alexander betrachtet Antipathie- und Sympathielehre als Geheimwissenschaft und Teil der Medizin.

780 IV Bd. 2 p. 124f. Alexander betont das Prinzip, daß jede Therapie auf der Erkenntnis spezifischer Krankheitsursachen beruhen müsse.

781 Alex. Trall., *Therap.* XII Bd. 2 p. 500ff.

782 Kritik an Galens Behandlung von Lungenerkrankungen: Eigene Fälle hinsichtlich spezifischer Umstände anders gedeutet als bei Galen, V 4 Bd. 2 p. 152-155

Literatur wahrt die Kontinuität zur tradierten Lehre, ohne diese nur sklavisch zu bewahren. Im Aufbau will die Schrift Alexanders eine traditionelle Lehrsystematik reproduzieren, die die Systematik der Sache selbst abbildet[783]. Die Humoralpathologie bildet den Deutungsrahmen für das Krankheitsgeschehen, dessen Anwendung im Einzelnen modifiziert und produktiv verändert wird. Alexanders und seines Bruders Anthemius' Wirken belegt die Vitalität und Produktivität der antiken Erfahrungswissenschaften und Techniken im 6. Jhdt. n.Chr. Diese Techniker betrachten Fortschrittlichkeit so sehr als Kennzeichen der Techniken, daß Alexander die Zeit selbst als Veranlasser medizinischer Erkenntnisse bezeichnet: Die Zeit akkumuliere wie selbstverständlich immer mehr Wissen. Die Zeit selbst erfindet hinzu; die Vorgänger haben Richtiges formuliert, das bewahrt und tradiert werden soll, vermehrt um Neues; der einzelne Forscher hat ein zu kurzes Leben, um technisch-wissenschaftliche Vollendung erreichen zu können und sieht sich daher als Teil eines kontinuierlichen Prozesses, der erst in der Zukunft zu Perfektion gelangt[784].

Charakteristisch für die christliche Medizin der Spätantike ist Alexanders Insistieren auf möglichst gewaltarmen und wenig verunstaltenden Therapien. Er richtet sich gegen schmerzvolle und gewaltsame Behandlungen und fordert das Prinzip geringstmöglicher Unannehmlichkeit der Therapie. Stärker als frühere Ärzte lehnt er gewaltsame Therapien überhaupt ab (Arterienschnitte, Trepanation, Zufügung von Verbrennungen) zugunsten sanfterer diätetischer Methoden[785]. Von der literarischen Bildung, die von einem Arzt des 6. Jhdts. erwartet wurde, gibt das Vorwort zum Buch über Augenkrankheiten einen Eindruck, aber auch davon, daß es im 6. Jahrhundert noch, wie in der gesamten Antike, normal war, daß wesentliche Teile dieser Bildung und des medizinischen Wissens im engeren sozialen Rahmen der Familie und der Freunde weitergegeben wurden[786]. Der Wert der Augen sei ein besonderer, weil ohne sie Erkenntnis der *φύσις* und Praktizieren der *τέχνη* nicht möglich

783 Auf Bluthusten folge zumeist (*ἐπὶ τὸ πολύ*) nach Hippokrates' Lehre eitriger Auswurf mit Entzündung; es sei daher notwendig, dem Gang des Systems folgend (*τῇ συνεχείᾳ τοῦ λόγου*), Lungenvereiterungen zu besprechen (V 6 Bd. 2 p. 210f.). Der Zusammenhang der Sache selbst diktiert den Fortgang der Abhandlung; in dieser Struktur wird gewußt, gelehrt und tradiert. Rechtfertigung der Differenzierungen der medizinischen Lehrtradition: Alexander empfiehlt hitzig-scharfes *Euphorbium* als Schmerzmittel, während generell süßes Wasser eingesetzt werde. Das Gegenteil der üblichen Therapie zu empfehlen und überlegt das Vorgehen der Kunst und deren Fragwürdigkeit zu beurteilen störe nicht den *λόγος* (XII Bd. 2 p. 535: *λογίζεται ... καὶ διακρίνει καλῶς καὶ θαυμάζει τὴν μέθοδον*). Gegen die Lehrtradition: Empfehlung zusammengesetzter Heilmittel geringer Nebenwirkungen (XII Bd. 2 p. 534-537). Alex. Trall., *Epist. de lumbric.* beruft ich auf die Doktrin der *παλαιοί*.

784 Alex. Trall., *De ocul.* p. 138. Entsprechend der Auffassung, daß der Krankheitszustand (*τὸ παρὰ φύσιν*) nur eine *ἐκτροπή* des Zustandes *κατὰ φύσιν* sei, wird zunächst der Bau des gesunden Auges erklärt; dabei wird die Anatomie des Auges mit Begriffen einer natürlichen Handwerklichkeit erklärt (*ὑπὸ τῆς φύσεως δημιουργηθείς*).

785 Alex. Trall., *Therap.* I 15 p. 574f.

786 *De ocul.* ist als Lehrbrief an eine zweite Person gerichtet: Diese hatte darum gebeten, um Unvollkommenheiten früher ihm übersandter Rezepte zu kompensieren (p. 140). In der Arbeit ist ein Bruch: Alexander kündigt eine Abhandlung an, die nach Symptomen gegliedert ist, setzt jedoch fort mit einem Fragenkatalog zum Lernen, der nicht Symptome, sondern Terminologie und Pathologie behandelt (p. 140ff.). Der Adressat ist, wie das Vorwort zum zweiten Buch zeigt, selbst Mediziner in der Ausbildung, möglicherweise Familienangehöriger (p. 158). Knappe Darlegung der Grundanschauungen der Humoralpathologie: Nach Vernichtung der *αἴτια* und ohne ZUfluß eines Krankheitsstoffes genüge die *φύσις* selbst zur Heilung; es gehe darum, den im Übermaß vorhandenen Krankheitsstoff zu erkennen (ebda.).

seien; ohne Augen wäre Astronomie nicht denkbar, würden die Ärzte nichts von Philosophie oder ihrer menschenfreundlichen Wissenschaft verstehen, nicht diagnostizieren können, ob ein normaler (*κατὰ φύσιν*) oder krankhafter (*παρὰ φύσιν*) Zustand vorliegt, und folglich keine Therapie durchführen können. Vom Mediziner wurde philosophische Bildung erwartet, die auch Astronomie umfaßte[787].

Die Sicherung dieser umfassenden Bildung bedurfte aufgrund des Anwachsens des Wissens besonderer Anstrengungen, und die übersichtliche Sammelschrift ist daher ein literarisches Standardphänomen der Spätantike. Oreibasios' Werke, selbst Sammelschriften, werden von Aëtius Amidenus im 6. Jhdt. erneut überarbeitet. Dieses Bemühen um eine umfassende Kondensation des unübersichtlich werdenden Wissens in einem Werk bezeugt ein Rezeptionszeugnis des Photios[788]: Aëtius' Werk verfolgt einen synoptischen Zweck, es komprimiert Wissen. Es führt zusätzliches galenisches Material ein, und Photios schreibt ihm ein höheres Maß an Klarheit und Übersichtlichkeit zu, also einen höheren Lehrwert, als der Vorlage des Oreibasios[789], obwohl der Skopus der Schrift weniger systematisches Eindringen in den Sachverhalt fördere als eine praktizistische Anleitung zu ärztlichem Tun[790]. Die Formen der Verfügung über das technische Wissen spezialisieren sich unter dem Druck zum Übersichtsgewinn; in Aëtius' Schrift nimmt die theoretische Fundierung ab zugunsten reiner Handlungsanweisung[791]; sein Werk richtet sich nicht allein an medizini-

787 Anthropologische und ästhetische Gründe für den Wert des Augenlichtes: Menschen ohne Augen seien weniger ansehnlich. Nur durch Sehvermögen sei Technik möglich, diese ist Charakteristikum des Menschen. Nur durch Sehen sei ein Bewußtsein von Gott (*θεὸν εἰδέναι*) möglich, allein aufgrund des Sehens Prädetermination (*τῶν ὅλων πρόνοια*) einsehbar, indem die Ordnung der Welt theoretisch reproduziert werde (*θεωρία ἐν τῷ παντὶ τάξεως*, pp. 134-136). Der Arzt ist christlicher Monotheist, vgl. p. 136: *τοῦτο οὖν ποιοῦμεν τοῦ πάντα δυναμένου καὶ συνεργοῦντος θεοῦ ἡμῶν καὶ ἀρχῆς γενομένου τοῦ λόγου.*

788 Phot., *Bibl.* cod. 221 ed. Bekk. 177a7ff. = Aët. Amid., *Lib. med.* pp. 1-7: Das Werk zusammengestellt aus Schriften des Oreibasios und Galens, des Archigenes, Rufus, Dioskurides, Herodotos, Soranos, Philagrios, Philumenos, Poseidonios und anderer *τῶν ἐπὶ τῇ τέχνῃ τῆς ἰατρικῆς ὄνομα λιπόντων* (p. 1,1-8). Es beginne mit den einfachen *φάρμακα* und den (Heil)kräften der Nahrungsmittel nach Galen, *ἐν συνόψει ταῦτα διεξών* (p. 1,9-10). Neben Oreibasios bezieht sich Aëtius direkt auf Galen, vgl. Aët. Amid., *Iatric.* II p. 152,12-14. Überleitungsformeln (Buch I -II: *Ὅσα μὲν φυτῶν ἐστι μόρια … εἴρηται· νυνὶ δὲ περὶ τῶν ὑπολοίπων φαρμάκων … πρόκειται διελθεῖν*) belegt, daß das Werk nicht nur zum Nachschlagen, sondern zu kontinuierlicher Lektüre gedacht ist.

789 ebda. p. 7,20-28; Photios behauptet, seine Gegenwart sei an fundierter medizinischer Lehre nicht interessiert; unmittelbar therapeutische Zwecke herrschten vor und daher rein praktische Schriften (29-36). Darin sieht Photios die Aktualität des Aëtius: Der Zweck seiner aitiologische Begründungen und Erklärungen bietenden Schrift sei ein praktischer (36-40). Photios kritisiert, daß die Gegenwart zu wenig interessiert an einer Verbesserung der Therapie sei, sodaß sie sich auf die Sammlung und Sicherung des Wissens beschränke. Er meint also, die eigene Zeit sei aufgrund einer Geringachtung der Pharmazie zur Erweiterung ihres Wissens nicht in der Lage.

790 Phot., *Bibl.* cod. 178 ed. Bekk. 123b24ff = Aët. Amid., *Iatric.* ed. Oliv. p. 8: Pharmakologie nach Dioskorides habe an Genauigkeit verloren. Insbesondere habe man sich nicht mehr um Klassifikation und Beschreibung der einfachen Heilstoffe bemüht und ihre Zwecke genau angegeben. Photios beschreibt den Prozeß des Verfalls einer Disziplin in ihrer Traditionsgeschichte. Aëtius habe schließlich gar nicht mehr die Form der systematischen Literatur eines Dioskorides gewählt, sondern allein den Gebrauch (*μόνην δὲ τὴν χρείαν*) beschrieben.

791 Dazu paßt die Auszeichnung einiger Rezepte als durch Erfahrung erprobte, vgl. VIII p. 509,22. Aëtius übernimmt die hippokratische und galenische Konzeption der Medizin als Technik des Körpers, die dessen gesunden Zustand kennen muß, IV p. 356,1-3; vgl. Galen., *De sanit. tuend.* I 1 (VI 1 K.).

sche Spezialisten; der Autor rechnet auch mit dem Interesse von Laien an diätetischer Information[792]. Neben der Ausbildung ist die Entwicklung des allgemeinen Gesundheitsbewußtseins Zweck der Schrift[793]. Palladius konzentrierte sich auf die Tradierung des theoretischen Wissens, nicht der praktischen Regeln. *σκόπος* seiner systematischen Schrift über Fieber sei die knappe Weitergabe des tradierten Wissens über die Klassifikation, Ursachen und Symptome der Erkrankungen. Palladius bietet Nosologie, keine Therapie[794]. Diese Ausdifferenzierung der Lehrformen geschieht vor dem Hintergrund eines Grundbestandes auch in christlicher Zeit unveränderter Einschätzungen der Rolle und Funktion technischer Disziplinen. Diese Einschätzung läßt sich dort deutlich erkennen, wo der Traditionsbestand antik-mittelmeerischer Technik durch nord- bzw. mitteleuropäische Völker rezipiert wurde: ähnlich, wie die Römer Teile griechischer Technik *en bloc* rezipiert hatten. Diesen Prozeß der Rezeption v.a. der griechischen Medizin begleitet eine Welle lateinischer Übersetzungen medizinischer Texte, da die gotischen und fränkischen Adressaten im 6. Jahrhundert des Lateinischen, nicht aber des Griechischen mächtig waren. Eine solche Arbeit, die das Selbstverständnis des spätantiken Arztes als Techniker zum Ausdruck bringt, ist die diätetische Schrift des Anthimus, eines Byzantiners, der wahrscheinlich Konstantinopel verlassen mußte, weil er die Gothen während der Verhandlungen zwischen Theoderich und Zenon über Vorgänge in der Hauptstadt unterrichtet hatte. Anthimus lebte darauf wohl als Arzt bei Theoderich dem Großen, wurde von diesem auch auf Gesandtschaftsreisen geschickt und stand brieflich mit dem Frankenkönig Theuderich I. (511-534) in Kontakt. An diesen richtete Anthimus einen lateinischen Lehrbrief über Diätetik[795]. Der Inhalt besteht in der der griechischen Diätetik vorausgesetzten Überzeugung, die Nahrungsaufnahme des Menschen müsse kultiviert und geregelt geschehen, wenn nicht Krankheitserscheinungen in Kauf genommen werden sollen. Kultivierte Menschen, zu denen die Adressaten rechnen, lebten nicht im Naturzustand. Anders als Naturvölker, hätten sie Nahrungsmittel im Überfluß, und dieser Überfluß bedingt, daß sie zwischen verschiedenen Speisen und Getränken wählen müßten. Daher bestehe diätetischer Beratungsbedarf: Anthimus begrndet die Notwendigkeit medizinischer Diätetik nicht durch den Zweck der Wiederherstellung eines naturgemäßen Zustandes, sondern mit dem zivilisatorischen Fortschritt, der mit materiellem Überfluß Kultivierungsmöglichkeiten- und -bedürfnisse geschaffen hat, die der Arzt durch Ernährungsberatung befriedigt. Anthimus will das Bewußtsein für die Bedeutung dieser

792 Aët. Amid., *Iatric.* V 2 p. 6,2-14: Diätetik als würdiger Gegenstand des Interesses; Ziel der Gesunderhaltung.

793 Es ist nicht deutlich, ob Aëtius Amidenus Fachmann oder Laie war. Titel der Schrift in den besten Kodizes: *Σύνοψις τῶν δεκαέξ βιβλίων 'Αέτιου*; Paris. Suppl. gr. 1240: *'Αέτιου 'Αμιδηνοῦ κόμητος τοῦ ὀψικοῦ λόγων ἰατρικῶν ιϛ βιβλίον*. Demnach wäre Aëtius *dux* gewesen.

794 Pallad., *Synops. de febr.* 107,2-8 beginnt mit Definition des Fieber nach Ps.-Alexander von Aphrodisias (107,9-12, vgl. [Alex. Aphr.], *De febr.* 2,3). Palladius: Fieber als Erhitzung *παρὰ φύσιν*; diese wird quantitativ, nicht allein qualitativ verstanden; Fieber kenne ein Mehr und Weniger (107,13-17). Der Text ist in Frage- und Antwortform aufgebaut. Weitere Werke zur Erschließung der Theorie: Pallad., *Comment. in Hippocr. libr. sext. de morb. popul.*; Περὶ βρώσεως καὶ πόσεως; *Schol. in Hippocr. de fract.*

795 Anthimus, *Epist.* Verhandlungen zwischen Zenon und Theoderich: Malchos p. 400. Exulant am Hof Theoderichs: LICHTENHAN (1963) IX-X. Anthimus, *Epist.* 14,4: *probavi in provincia mea*; möglicherweise war er Gouverneur. Das Werk ist betitelt *Epistula Anthimi viri inlustris comitis et legatarii ad gloriosissimum Theudoricum regem Francorum* (1).

Kulturleistung wecken und griechisches, literarisch tradiertes diätetisches Wissen mitteilen[796]. Der Bedarf nach Aneignung der Medizin als Teil der mittelmeerischen Zivilisation führte im gothischen Ravenna zu einer Blüte medizinischer Übersetzungsliteratur aus dem Griechischen ins Lateinische[797], die nicht dem Wortlaut, sondern einer in die Lebenspraxis umsetzbaren Form des Wissens verpflichtet war. Im 6. Jhdt. wurden in Ravenna zwei lateinische Oreibasiosübersetzungen angefertigt[798]. Bei diesen sind die Übersetzer, ähnlich der Vorgehensweise des Anthimus, auf lokale Besonderheiten der Adressaten eingegangen, haben also das Material zweck- und erfahrungsabhängig modifiziert[799].

Die dieser Übersetzungsaktivität zugrundegelegte Auffassung von der Technik[800] behandelt die Medizin, ähnlich wie bereits Galen, als Agglomerat rational einsehbarer, aber auch durch praktische Erfahrung erlernbarer Gehalte. Diese Literatur gibt selbst Hinweise für ihre Rezeption: Sie richtet sich an Anfänger wie Fortgeschrittene gleichermaßen und ordnet

796 1: Zusammenhang von Verdauung und Gesundheit: *ratio observationis vestrae pietatis secundum praecepta auctorum medicinalium ut potui vobis exponere profutura generaliter procuravi, quoniam prima sanitas hominum in cibis congruis constat.* Typische Lebenssituationen der Adressaten als Ausgangspunkt der Betrachtung, z.B. der Mann auf einer militärischen *expeditio* oder *iter agens* (2,16). Mäßigung (2,20-3,1: *sed quid plus quam quod ab antiquis dictum est: omnia nimia nocent.* Aufbau nach einzelnen Nahrungsmitteln und bekömmlicher Zubereitung. 3,14: Anders als die von Jahreszeit oder Gelegenheit abhängigen Jägervölker lebten die Adressaten in der Situation des Nahrungsmittelüberschusses und hätten daher beim Essen ein *gubernare* nötig. Anthimus will den fränkischen Adressaten eine ihnen bislang verschlossene literarische Tradition eröffnen (vgl. 4,4-5: *secundum praecepta diversorum auctorum, ut potest intellectus noster habere*). Wichtig: Weißbrot, 4,7. Anthimus empfiehlt Speisen, von denen er nicht weiß, ob es sie dort, wo seine Adressate leben, überhaupt gibt: Trapp (Vogel, 15,12). *sed puto hic non habere.*

797 MØRLAND (1932). Lat. Übers. aus Rufus von Ephesus: MØRLAND (1933). Diese Schrift enthält eine Reihe von Vorschriften für die Interaktion des Arztes mit dem Kranken, Anweisungen für an den Kranken zu stellende Fragen, Verordnungsanregungen etc. Den zweiten Teil bilden Gesichtspunkte der Lebensführung und Betätigung (*exercitatio*, *frictiones*, *balneum*, Grundnahrungsmittel). Urteilsgrundsatz ist immer die Vermeidung von *dolor*. Ein dritter Teil (ab c. 18 p. 28f.) diskutiert nicht zu verwendende Kathartika, Mittel zur Blutreinigung, Vomitive, Einläufe, Tränke und Antidota; ein vierter Abschnitt (ab c. 29 p. 32ff.) bietet einen Katalog von *curationes*. Übersetzung zwischen 500 und 550 in Ravenna entstanden, MØRLAND (1933) 3-4; sie enthält ein Vorwort zum Thema der *artriticae passiones*. Wissen nicht unbedingt für den Mediziner als Fachmann, sondern für jeden. Voraussetzung auf Seiten der Adressaten: Interesse an gesunder Lebensführung, v.a. Vermeidung von bei den Germanen verbreiteten schmerzhaften Gelenkerkrankungen. *sic utique quisque bene potuerit curare* (ebda.): Auch wenn der Text Anregungen für den Arzt enthält, richtet er sich auch an Laien. Die Übersetzung vermittelt medizinisches Wissen als Teil einer Lebensform.

798 MØRLAND (1932) 194.

799 So erwähnt die ältere der beiden Übersetzungen Ravenna (*Transl. Rav.* p. 191f., p. 895,14; 903,16; 609,15) und die Alpen als Transitweg und Raum der Milchwirtschaft (120,10; 276,23). Die jüngere erwähnt Ravenna (924,20). Außerdem wird die Pflanze *isatis* erläutert durch ihre bei den Goten übliche Benennung, vgl. MØRLAND (1932) 192.

800 Auch die *Aphorismen* des Hippokrates wurden wohl im selben Ravennakreis übersetzt, FLAMMINI (1992) 590. Vorwort: deduktive Systematik medizinischen Wissens mit seinen Unterteilungen (theoretisch-praktisch, Einteilung des theoretischen Teiles in Physiologie, Aitiologie und Semiotik etc.). Wirksamwerden des Methodenmodells der Rhetorik in dieser Systematik, ders. ebda. 593ff. Zweites Vorwort (FLAMMINI, aaO. 605f.): Absicht systematischer Gesamtdarstellung der Disziplin. These anfänglicher Perfektion der Medizin in Hippokrates; Verfall nach Hippokrates. Methodologisch Medizin als Mischdisziplin betrachtet: Der Gehalt theoretisch-rationaler Wissenschaften sei einzusehen ohne originären Zeitbedarf, während praktische Disziplinen lang dauernder Übung bedürften; die Medizin benötige beides.

deren Lektüre in didaktischer Absicht[801]. Diese Literatur ist wie die gleichzeitige griechische technische Kommentarliteratur[802] sowohl Teil eines Ausbildungskonzeptes als auch Mittel zu Rekapitulation und Nachschulung. Sie vermittelt mit dem medizinischen Wissen die mittelmeerische Form medizinischer Ausbildung. Dieses Wissen wird durch Praxis erworben, aber auch als von der Praxis ablösbare Theorie (*speculatio*) literarisch transportiert und tradiert. Die technische Didaktik, durch die diese Medizin vermittelt werden will, ist von großer Systematik: Sie kennt drei Formen (*modi*) der Ordnung des Wissens zu seiner Vermittlung: *resolutivus* (Fortschreiten vom Komplexen zum Einfachen), *complexivus* (Fortschreiten vom Einfachen zum Komplexen) und *difinitivus* (Erlernen von Definitionen nach Art der in Frage und Antwort vermittelten medizinischen Lehre). Außerdem rechnet der Autor mit zwei Formen der Vermittlung ohne eine fortschreitende Ordnung (*intellectualis* und *divisivus*), der rein theoretischen Vergegenwärtigung einzelner Krankheitsbilder und der nach Körperregionen geordneten Vergegenwärtigung der Krankheiten. Die Kommentarform der Wissensvermittlung zeigt sowohl den didaktisch-ausbilderischen Zweck wie ein Bewußtsein der Fremde gegenüber den klassischen Texten, zu denen großer zeitlicher und sachlicher Abstand empfunden wurde[803]. Italische und fränkische bzw. gothische Ärzte rezipierten so in latinisierter kompakter Form das medizinische Wissen der Spätantike und mit diesem eine Theorie der Technik, die diese in einem Spannungsverhältnis zwischen theoretischer Spekulation, Erfahrungsakkumulation und praktischer Tätigkeit betrieb. Sammelschriften, auch in Überarbeitung, vermittelten mit dem Wissen diese Auffassung der Technik der Schule von Salerno wie den Mönchen des *Vivariums* Cassiodors[804]: Übersetzungen bildeten eine Lektüre zur medizinischen und pharmakologischen Ausbildung. Das Maß ihrer Ablösung und Entfremdung von der unmittelbaren Praxis nahm zu, und dagegen war die literarische Kompression des Wissens in Exzerptenliteratur nützlich; sie vermittelte

801 Ebda.: *Ordo legendi...* Wiederkehrender Topos von Kommentaren, vgl. FLAMMINI (1992) 607f. Weitere Themen der Einleitung: Absicht der Schrift; Nutzen; Echtheit; Ordnung der Lektüre; Erklärung des Titels; Gliederung; philosophische Disziplin; didaktisches Vorgehen.

802 Beispiele: Stephan. Athen., *Schol. in Hippocr. progn.* (1,1): Normen für den Aufbau der Einführung, die streng befolgt werden: Definition des Gegenstandes; Nutzwert des Wissens; Echtheit der Schrift; Reihenfolge der Lektüre; Einteilung des Stoffes; Systematik der Lehrformen: Es gibt ein Schema für die didaktisch sinnvolle Kommentierung zu Lektürebegleitung und -lenkung, dem auch Pallad., *Schol. in Hippocr. de fract.* folgen. Dasselbe Schema in Theophil. Protosp., Damasc. et Stephan. Athen., *Comment. in Hippocr. aphor.*, ed. F.R.Dietz, *Scholia in Hippocratem et Galenum* II, Königsberg (1834) ND Amsterdam (1966): 236; 238-240; 244-544. *σκοπός* zur Sicherung von Verständlichkeit herausgearbeitet: Theophil. Protosp. et Stephan. Athen., *De febrium differentia* 5. Schema der Kommentierung technischer Literatur auch: Johann. Alex., *Comment. in Hippocr. libr. de nat. pueri.*

803 FLAMMINI (1992) 613-616.

804 Wahrscheinlich erst im 6. Jhdt. wurden die Schriften des Gargilius Martialis mit Übersetzungen aus Dioskorides und Oreibasios zusammengestellt, um dann Verwendung zu finden bei fränkischen und gothischen Ärzten und in der salernitanischen Schule, ROSE II (1870) 115-118. Cassiodor empfiehlt den Mönchen lateinische Übersetzungen und Sammelschriften aus griechischen Medizinern (*Inst.* XXXI): Wenn sie keine Kenntnis des Griechischen hätten, sollten sie pharmakologische Schriften des Dioskorides mit Abbildungen lesen, also in lateinischer Übersetzung; darauf lateinische Übersetzungen von Galens *Ad Glauconem De methodo medendi*, eine div. med. Schriften zusammenfassende Kollektion und Caelius Aurelianus, Hippokrates und andere medizinische Autoren, die in der Bibliothek vorhanden seien.

nicht nur theoretisches Wissen, sondern begriff dieses als Teil einer Lebensweise, die praktische Grundsätze, auch die Moral, medizinisch fundierte[805].

Auch die Landwirtschaft wurde im 6. Jhdt. summenartig in Gesamtdarstellungen zusammengefaßt, die die Technik als Gesamtheit aller natürlichen wie übernatürlichen Mittel zu Eingriffen in die Realität darstellen. Cassianus Bassus schrieb zwei ältere Sammelschriften des 4./5. Jhdts. zusammen, die magische Mittel mit behandelnde *Συναγωγή γεωργικῶν ἐπιτηδευμάτων* des Vindanios Anatolios aus Berytos und die rationalen *Γεωργικά* des Didymos von Alexandria, und setzte eigene Bemerkungen hinzu[806]. An dieser Sammelschrift[807], in der vorliegenden Form das Ergebnis byzantinischer Bearbeitung unter Konstantin VI. Porphyrogenetos, wird deutlich, in welchem Maße technisches Vorgehen in der Antike als Methode zur Verwirklichung des Besonderen, Überraschenden und Unterhaltsamen aufgefaßt wurde. Scheinbar widernatürliche Wuchsformen der Pflanzen bilden einen Gegenstand der antiken Landwirtschaftsliteratur, den auch diese Sammelschrift behandelt; sie bietet dem Leser Mittel zu Verwirklichung barocker Überraschungsumwelten: Früchte mit Inschriften, Bäume mit merkwürdigem Wuchs, durch Kombination scheinbar unvereinbarer Pflanzen durch Pfropfung[808]. Der Lehre wird eine sachliche Systematik zugrundegelegt, die Epitome ist nicht nur Sammlung der Tradition als vielmehr auch Systematisierung und Verringerung ihrer Komplexität. Übersicht über die Struktur der Arbeit und ihres Gegenstandes und Vermittlung von prognostischem Wissen nennt der Autor als Ziele der Arbeit; landwirtschaftliches Tun der Menschen wird wie die Gesundheit eingebunden gesehen in einen die Naturphänomene verbindenden meteorologisch-astronomischen Zusammenhang, den diese Sammelschrift[809] deutlicher betont als ihre literarischen Vorgänger zur

805 Vgl. Exzerptensammlung im Sankt Galler Kodex 762, ROSE (1870) II 131-150 und Auszüge aus diätetischen Darlegungen ebda. 151-156 über Eigenschaften der Nahrungsmittel. Im Sinne der Humoralpathologie werden Formen der Lebensführung und Verhaltensweisen hinsichtlich ihrer Wirkungen auf die *humores* beurteilt. *Luxuria extenuat siccat umectat & calefaciat* (155); Behandlung von Erbrechen, Schlaf und Müßiggang (155-156). Immer wird eine humoralpathologische Ursachenerklärung für die Wirkungen dieser Tätigkeiten, Haltungen und Verhaltensweisen auf das Wohlbefinden gegeben (156: *otium humectat & debilitat corpus*). Moralische Bewertungen erfolgen hier also auf medizinischer Grundlage. Das Material aus Gargilius Martialis *De virt. herb.* auch in vatik. Kodd. des 10. u. 12. Jhdts., MAI VII (1835) 399-458.

806 Vgl. ODER, RE VII 1,1221-1225 s.v. *Geoponika*; Cass. Bass., *Geopon.*; WELLMANN, RE III 2 (1899) 1667-1668 s.v. Cassianus Bassus; KRAUS (1986); SOMMER (1985); WAPPMANN (1985); JUNG (1986). Das Werk des Vindanios Anatolios wird von Photios charakterisiert als Schrift, die unglaubliche, erschreckende und abergläubische Rezepte enthalte, Phot., *Bibl.* cod. 163; ODER, aaO. 1223. Sammelschrift des Cassianus Bassus an den eigenen Sohn gerichtet, vgl. pr. VII-IX; WELLMANN, aaO. Vgl. GEORGOUDI (1990): Datierung ins 6. Jhdt.; Quellen. Cassianus Bassus besaß eigene Landgüter und stammte wohl aus Bithynien, ebda. 33.

807 Vorwort zum Gesamtwerk: aus der Zeit Konstantins VII. Porphyrogenetos; Vorwort des ersten Buches: vom Exzerptor (p. 3,5ff.). Dieses verdeutlich den systematischen Anspruch, der mit der Sammlung verbunden wird: Der Autor habe das mit sachlichen Unterschieden von den Alten über die Landwirtschaft, über Pflanzenzucht und Saatpflege und anderes nützliche Dinge Ausgesagte in eines (*εἰς ἕν*) zusammengeführt. Der Epitomierung ging der Versuch der Systematisierung, also der Reduktion von Komplexität voraus.

808 *Geoponic.* X 9; 14; 27; 47; 60. Die Bedeutung dieser Abschnitte über Baumzucht war so deutlich, daß aus dem Buch X Anweisungen in anon. Buch über Baumzucht einflossen, vgl. THOMSON (1955) 50-63.

809 Bemühung um Übersicht und Nachschlagbarkeit zeigt sich am immer gleichen Aufbau der Abschnitte über Nutztiere (Zuchtwahlgesichtspunkte, Haltung, Paarung, Voraussage des Geschlechts, Heilung), vgl. XVIII über Schafe und Ziegen. Selbständige Wertungen: V 6,3 (*ἐγὼ ... συμβουλεύω*); X 2,4.

Landwirtschaft[810]. Wie diese, betont das Werk die Norm der *δεσπότου συνεχῆς παρουσία* (II 1), obwohl diese in einer Investitionslandwirtschaft, die den Bedarf nach landwirtschaftlicher Beratungsliteratur erzeugte, nicht die Regel war. Der Nutzen ist maßgeblicher Beurteilungsgesichtspunkt, aber dieser wird gleichermaßen von magischen wie von naturalen Eingriffen in die Verhältnisse erwartet: Die Landwirtschaftslehre ist Teil einer umfassenden Lehre von der Unterwerfung der Umwelt unter den Willen des Menschen[811]. Diese Literatur eröffnet, wie die mit exzerpierte des Julius Africanus, den scheinbar technischen Zugriff auf Realitäten, die technischer Einwirkung gegenüber zunächst verschlossen sind. Der Verzicht des Werkes auf einen einheitlichen Begründungszusammenhang und eine kausale Systematik, sein Charakter als Agglomerat und Kondensat praktischer Erfahrung, macht den Weg für Erfahrungsmagie[812] frei. Wie die durch Vorstellungen geheimer Kraftbeziehungen motivierte Alchemie[813] gelangen auch landwirtschaftliche Lehren, die auf der Vorausset-

810 I pr. Angabe des Buchinhaltes zur Herstellung von Übersichtlichkeit. Als notwendig wird der Inhalt des ersten Buches (astrologische Wetterkunde) gerechtfertigt, der nicht zum Traditionsbestand landwirtschaftlicher Literatur gehört. Systematischer Primat kommt dem Gegenstand zu, weil mit dem Wetter für die Landwirtschaft wesentliche Umstände vorausgesagt werden sollen. Bedürfnis nach magischer Prognose (II 15: *Προγνωστικόν, ὥστε εἰδέναι, ποῖα τῶν στειρομένων γενήσονται εὐθαλῆ· Ζωροάστρου*). Dabei wird von *προμανθάνουσι* geschrieben, wenn es um ein magisch auf das Aufgehen des Sternbildes des Hundes bezogenes probeweises Einsäen geht: Magie befriedigt ein elementares Bedürfnis nach Vorauswissen; das Prognoseinteresse läßt die Grenzen zwischen Wissenschaft und Parawissenschaft verfließen.

811 Vgl. IV pr.: ... *καὶ ἕτερα πολλὰ χρήσιμα*; V 50: *Φυσικὸν Δημοκρίτειον παράδοξον διὰ πείρας πολλάκις*...

812 Beschreibung der mythischen *ἱστορία* einer Baumart (*δάφνη*): XI 2-7. Magischen Rezepten zugrundeliegende Anschauung: natürliche Sympathie und Antipathie (XV 1); dazu WELLMANN (1928); STEMPLINGER (1919); (1948); RÖHR (1924). Verfasser und oft zitierte Quelle sympathietheoretischer Vorstellungen: Neupythagoreer Bolos Demokritos von Mende; Grundparadigma der Sympathievorstellung ist der Magnetismus, vgl. *Geopon.* XV 1,28; KRAUS (1986) 113-15. Idee der einheitlich durchseelten Natur erlaubt es der christlichen Spätantike, Alchemie und Astrologie neben der Medizin als Teile einer universalen, alles umfassenden und einheitlichen Technik zu behandeln. Paratechnik wird zum Teil der Technik, weil antiker Technik die Tendenz eignet, sich um den Schein, das Zur-Erscheinung-Bringen von Unerwartetem zu bemühen, und weil die Neigung der spätantiken Kaisergesetzgebung, legitime und illegitime Formen der Forschung und Wissenskommunikation zu unterscheiden dem Paratechniker nahelegte, illegitime Antitechnik als Teil legitimer Technik zu präsentieren. Vgl FÖGEN (1993). Die Voraussetzung einer von einheitlichem göttlichem Willen durchseelten Natur legte den Glauben an die Einheitlichkeit aller Eingriffe in die Natur eher als das fraktionierte Weltbild klassischer Zeit. FORBES I (1955) 121-144 unterscheidet drei Phasen der Entwicklung der antiken Alchemie: Inkubationsperiode, Kodifikationsperiode, Epigonenzeit; die Zeit der Verschriftlichung alchemistischer Ideen beginne mit Bolos Demokritos von Mende und schließe ab mit Zosimos' Enzyklopädie der Alchemie; Stephanos rechne zur Periode der Epigonen; Alchimisten organisierten und präsentierten sich im 5. Jahrhundert wie Handwerker.

813 Im 7. Jhdt unter Kaiser Heraklios wirkte der Alchemist Stephan von Alexandria, *οἰκονομικὸς φιλόσοφος καὶ διδάσκαλος τῆς μεγάλης καὶ ἱερὰς τέχνης*, der *Περὶ χρυσοποιΐας* schrieb; vgl. HUNGER (1978) II 280. Dem Lehrbrief und der Lehrschrift an Kaiser Heraklios liegt die Vorstellung einer einheitlichen, sich selbst überwindenden *φύσις* zugrunde, in der der *θεός* das generelle *αἴτιον* ist; nichts sei der *σοφία* unmöglich. Dieser Technik der Beschwörung einer göttlichen Welt geht es um *ἐνεργείαι*, die auf besondere Weise innerweltlich freisetzbar sind. Jenseits der beobachteten Wirklichkeit wird die Geltung von Regeln vorausgesetzt, die als hermetisches Wissen weitergegeben werden, als *μυστήριον* und Inhalt einer *ἀληθὴς φυσικὴ θεωρία*, als Erweiterung des *θεολογεῖν* in den Raum der Physis hinein, Steph. Alex. p. 204. Dialektik des Geheimwissens: Als Geheimwissen wird es erst durch die Veröffentlichung ausgezeichnet, die seinen geheimen Charakter gefährdet. Dieses Wissen wird in spätantiker und frühbyzanti-

zung untergründiger Phänomenbeziehungen beruhen, in den Traditionsbestand einer sich wissenschaftlich verstehenden Technik. Die Unterscheidung zwischen Technik und Paratechnik wird aber nur teilweise ausgehöhlt, weil magische Methoden zwar Bestandteile technischer Vorgehensweisen werden, der technische Literat aber persönlich an der Wirkamkeit dieser magischen Methoden zweifelt[814]. Aufgrund dieser Distanz zu Zauberpraktiken werden diese nur um der Vollständigkeit der Lehre willen mitgeteilt: Der Autor folgt einer Norm sachlicher Vollständigkeit und der Vollständigkeit der Überlieferung, der zufolge weitertradiert werden soll, was bereits tradiert wurde, unabhängig vom Grad seiner Lächerlichkeit. Er weiß zwar zwischen Rezepten lächerlicher und ernsthafter Art zu unterscheiden[815], seine Lehre hat aber nicht in ihrer Praktizierbarkeit allein ihren Zweck, sondern ebenso in ihrer literarischen Tradierbarkeit selbst. Magische Rituale gehören zur antiken Landwirtschaft und zum Inhalt ihrer literarischen Lehre und werden darum als Regeln der Kunst weitertradiert, auch wenn sie lächerlich erscheinen[816]. Als literarisierte Disziplin unterwirft sich die Landwirtschaft nicht allein Forderungen landwirtschaftlicher Praxis, sondern auch den Regeln eines raffinierten Literaturbetriebes[817]. Vorausgesetzt wird eine ganz handfeste Vorstellung wirkender Kausalität; Tiere, Pflanzen und Umwelt werden in Analogie zur Intentionalität des Menschen interpretiert und auf sie durch im zwischenmenschlichen Verkehr übliche Mittel Einfluß genommen[818]. Neben anthropomorphen

nischer Zeit nicht nur, wie im Falle des Stephanos, als Sonderwissen dem Kaiser gegenüber ausgezeichnet, sondern auch, wie im Falle der *Geoponica*, in den Kosmos normalen Praxiswissens eingeordnet.

814 Momente der Kritik an den paranaturalen Methoden: *Geoponica* Buch XIII im Anschluß an Darstellung eines quasi-politischen Vorgehens zum Schutz der Äcker vor Mäusen (den Mäusen wird ein Landstück schriftlich überschrieben mit der Drohung des Vernichtungskrieges bei Ausbreitung über dieses Landstück hinaus). Zur Rechtfertigung macht der Autor den Vollständigkeitsgesichtspunkt geltend: Er habe dies geschrieben, damit es nicht scheine, als lasse er etwas aus. Er selbst mache jedoch nicht alles zu seinem eigenen Standpunkt und rate allen zu gleichem Verhalten, nämlich nichts Lächerliches als gültig zu erachten, XIII 5,6.

815 XIII 5,4-6; I 14,11. Dazu GEORGOUDI (1990) 45f.

816 Buch XIV: Geflügelzucht unter zunächst ökonomischen Gesichtspunkten; für den Landwirt sei es nützlich, Tauben zu halten, wegen ihres Mistes und weil man ihre Küken als Heilmittel gegen Krankheiten verwendet (XIV 1,1). Einnahmequelle (*πρόσοδον*): nur zwei Monate im Winter zu füttern, die übrige Zeit sich selbst ihr Futter suchend (XIV 1,2). Zur Verhinderung ihrer Flucht, zum Erreichen des Brütens und der Vermehrung werden magische Mittel vorgeschlagen: Balsamöl, XIV 2,1; Aufhängen des Kopfes einer Fledermaus, 2,5; best. Futterkompositionen, 2 pass.; magische Mittel aus Julius Africanus, 3; Beschreibung der Ecken des Taubenhauses mit dem Namen *Adam*s gegen Schlangen, 5,1. Brütende Hennen sollten einen Eisennagel untergelegt bekommen, denn dieser sei ein Abwehrmittel gegen jedes Übel, XIV 7,11; einer Henne sollte eine ungerade Anzahl auszubrütender Eier bei zunehmendem Mond zwischen Februar und September untergelegt werden, XIV 7,13-14.

817 Rechtfertigung der Behandlung von Zauberpraktiken: Nicht Liebhaber der Landwirtschaft sollten aus dem Werk Nutzen ziehen, sondern auch die *φιλόλογοι*, XV 2.

818 So rechnet der Autor mit der Wirkung des Gewöhnungsprinzips: Hühnern, die ihre Eier selbst fressen, solle dies abgewöhnt werden, indem man ihnen regelmäßig unbekömmliche Gipseier vorsetzt (XIV 7,5). Massenwirkungsgesetz für die Größe von Hühnereiern: Um große Eier zu erhalten, gebe man den Hühnern Futter mit Eischalen, also Kalk (XIV 11). Gegenteil einer darwinistischen Einstellung, die dem Züchter die Sorge für die Moral der Pflanzen zur Aufgabe macht, in XIV 18,2. Starke seien von Schwachen abzusondern, weil sie diese oft plagen. Menschliche Vorstellungen auf Tiere übertragende Jagdmethode für Vögel: diese durch Alkohol trunken machen (XIV 21; 23,5). Anthropomorphismus der Natur fundiert Schreckrezepte: Abschreckung von Dohlen durch aufgehängte tote Dohlen; die übrien

Kausalvorstellungen gibt es Rezepte, die ein *post hoc* im Sinne der Paradoxographie als unbekanntes *propter hoc* interpretieren[819]. Der Wert der Zaubermedizin in den *Geoponica* liegt mehr in ihrer literarischen als in ihrer praktischen Bedeutung. Der Sammler unterscheidet, und er wertet den magischen Zugriff auf eine unverstandene Wirklichkeit weniger als nützliche denn als unterhaltsame Vorstellung. Im Horizont literarischer Unterhaltung eignet sich die wissenschaftliche Literatur eine Paratechnik an, deren nur eingeschränkte praktische Vertrauenswürdigkeit ihr jedoch bewußt ist. Eine gewisse Distanz zur Vorstellung einer durchseelten Natur, wie sie Julius Africanus noch vorschwebte, ist vorhanden, doch ganz aufgeben möchte man die Hoffnung, die ihr zugrundeliegt, nicht. Zugleich zeigt die Rolle der magischen Praktiken innerhalb der praxisanleitenden Literatur die Übergröße der Erfolgserwartungen gegenüber den Regelangeboten wissenschaftlicher Landwirtschaft; man hofft auf Okkultes, weil die meisten Krankheiten der Tiere mechanisch unverstanden sind und als innere Erkrankungen unbeobachtbar verlaufen[820]. Im übrigen gilt für das technische Wissen und Können das Ökonomieprinzip[821]: Der Ertrag des Wissens mag hoch sein, wird jedoch durch den Aufwand für Erforschung und Erlernung relativiert.

Im 7. Jahrhundert wirkte der Arzt Paulus von Ägina in Alexandria. Paulus, der außer einem überlieferten siebenbändigen Kompendium der Medizin auch gynäkologische Werke verfaßt haben soll[822], rechtfertigt seine Arbeit mit dem methodischen Vorbild des hochsystematisierten und kodifizierten juristischen Wissens. Er erkennt die Leistungen älterer literarischer Vorgänger an, doch er schreibt ein eigenes Kompendium, weil für Lehrzwecke deren Schriften nicht mehr präzise und knapp genug seien[823]. Paulus orientiert sich am Vorbild juristischer und rhetorischer Nachschlagewerke, in denen Gesetzestexte unter sachlichen Gesichtspunkten geordnet vorliegen, um jederzeit bei der Hand zu sein[824]. Sachliche Gliederung und Nachschlagbarkeit nach Art der Kodizes: Darin sieht Paulus seinen Beitrag zur

Dohlen würden aus Angst fliehen (XIV 25,1).

819 Nach Pamphylos: Pferde, die in eine Wolfsspur treten, lahmen (XV 1,6). Hyäne, die auf den Mondschatten trete, ziehe den Mond wie an einem Seil *φυσικῷ τινι λόγῳ* zu sich herab (XV 1,10). Vgl. XV 12-13. Mit der antiken Zoologie setzt das Werk voraus, es gebe spontane nichtgeschlechtliche tierische Fortpflanzung (XV 1,20-23); so formuliert der Autor die Theorie der Bugonie, der Entstehung von Bienen aus Rinderkadavern (XV 2,23-36); diese Theorie verdankt sich wahrscheinlich einer Verwechslung der Bienen mit den ihre Eier in Kadavern ablegenden Schlammfliegen, KRAUS (1986) 92f. Eine Mechanik der Analogie liegt einem Rezept zugrunde, um die Geschlechtskraft der Stiere zu steigern: zerstoßene Asche aus dem Penis des Hirsches, XVII 5,3-4.

820 XVII 14,1: *Σχεδὸν πάντα ἄδηλα τὰ πάθη τῶν ζώων· πῶς γὰρ ἄν τις μάθοι; ἢ παρὰ τίνος ἂν πύθοιτο τὸ ἐνὸν τῷ ζώῳ πάθος*; zerstoßener Silphion heile alle verborgenen Krankheiten, nach Demokrit täten dies auch Meerzwiebel und Weißdornwurzel (XVII 14,2-3); beobachtbare Erkrankungen: XVII 14,4-6.

821 Einfache Sauermilchspeise viel *schöner* als *πολλῇ τέχνῃ* hergestellte, XVIII 21,1.

822 DILLER, RE XXXVI 2,2386-2397 s.v. *Paulus (22)*: Er erlebte nach einem Zeugnis von Abul Faradsch die Eroberung Ägyptens 643 n.Chr. DILLER, aaO. 2387f.: Die gynäkologischen Schriften begründeten Paulus' Berühmtheit in der arabischen Tradition.

823 Paul. Aegin., *Epit. medic.* I pr. 1ff.

824 Ebda.: Es sei bemerkenswert, daß Juristen sog. *Reisebücher* verwenden, in denen das Recht in transportabler Form zu praktischen Zwecken zusammengestellt sei, um nachgeschlagen werden zu können, während den Medizinern solche Werke fehlten. Insbesondere für den Einsatz in stadtfernen Gebieten bedürften Mediziner vergleichbarer Werke, weil es nicht möglich sei, den gesamten Stoff des Faches allein mit dem Gedächtnis zu beherrschen.

Medizinliteratur. Geeignete Nachschlagewerke habe es nicht in dem Maße und in der Art gegeben wie bei den Rechtskundigen. Auch wenn er seine Leistung übertreibend herausstreicht, ist die Berufung auf das Vorbild der Juristen kennzeichnend. Diese Kodifizierung der Medizin ist kein Indiz eines inhaltlichen oder methodischen Stillstandes, obwohl Paulus betont, nur wenige eigene Entdeckungen zu behandeln, sondern auf Oreibasios zu fußen[825]. Sie bezeugt die eingetretene Unübersichtlichkeit und Fülle der Medizin als Lernstoff und Technik in der Spätantike, die das Fach zu besonderen Anstrengungen zwang, um seine Lehrbarkeit und Anwendbarkeit sicherzustellen. Paulus setzt eine Inhaltsübersicht hinzu, um zu verdeutlichen, daß seine Einteilung des Stoffes in 7 Bücher einen didaktischen und einen in der Natur der Sache liegenden systematischen Grund habe[826]. Die Inhaltsübersichten erlauben dem Leser, sich nach Art eines Entscheidungsbaumes zum Stoff vorzutasten[827].

825 Ebda.: *διόπερ τήνδε τὴν ἐπίτομον ἐκ τῶν ἀρχαίων ἐνεστησάμην συναγωγήν*... Oreibasios' großes Sammelwerk sei nicht transportabel (*οὐκ εὐπόριστος*), während seine eigene Kurzfassung für den Sohn methodische Defizite aufweise; Paulus' Werk dagegen erfasse alle Diagnoseverfahren, ursächlichen Erklärungen und Therapiemethoden aller bekannten Krankheiten und vollständig die Pharmakologie einfacher und komplexer Heilmittel.

826 Ebda. : *Τίνες οἱ σκοποὶ τῶν ἑπτὰ τῆς ὅλης πραγματείας βιβλίων τῆς συμπάσης πραγματείας εἰς ἑπτὰ διῃρημένης βιβλία. 'Εν τῷ πρώτῳ τὴν ὑγιεινὴν ἅπασαν εὑρήσεις ὑπόθεσιν καὶ τὴν τῶν οἰκείων ταῖς ἡλικίαις τε καὶ ὥραις καὶ κράσεσι καὶ ἑτέροις τισὶ παθημάτων προφυλακήν τε καὶ διόρθωσιν καὶ τὰς ἐν ταῖς τροφαῖς ἁπάσαις δυνάμεις τε καὶ χρήσεις, ὡς ἐν τοῖς κεφαλαίοις ἐξεθέμεθα. 'Εν τῷ δευτέρῳ τῶν πυρετῶν ἁπάντων ἐστὶν ἡ διδασκαλία... 'Εν τῷ ἑβδόμῳ πάντων τῶν φαρμάκων αἱ δυνάμεις περιέχονται, πρῶτον μὲν τῶν ἁπλῶν, ἐπ' αὐτοῖς δὲ καὶ τῶν συνθέτων*... Die Pharmakologie im siebten Buch enthält, nochmals übersichtlich zusammengestellt, bereits in den anderen Büchern verstreut Vermerktes: Deutlich ist der Vorrang des Bemühens um Übersicht und Nachschlagbarkeit. Jedem einzelnen Buch geht eine Inhaltsangabe und eine Tafel der Überschriften voraus. Alles dies dient schneller Orientierung für den Nachschlagenden. Der Neuling erhält eine Lesehilfe (z.B.: II pr. 1 *Πόσα καὶ τίνα κεφάλαια χρὴ ζητεῖν ἐπὶ τῶν πυρεκτικῶν μάλιστα νοσημάτων*).

827 In byzantinischer Zeit wurde auch die Haustierkunde kodifiziert und übersichtlich zusammengefaßt; das Material erhielt Überschriften zum Nachschlagen, die in den tiermedizinischen Quellenschriften (Apsyrtus, Theomnestos) nicht vorhanden waren: Bei diesen handelte es sich um Lehrbriefe bzw. systematische Schriften mit Übergangsformeln, die für eine kontinuierliche Lektüre, nicht das praktische Nachschlagen gedacht waren, vgl. BJÖRCK (1932) 23-26; BJÖRCK meint, die Entwicklung der Veterinärmedizin nach der dogmatischen Systematisierung des Wissens im hippokratisch-galenischen Sinn durch Theomnestos habe zur Erstarrung geführt (ebda. 54-87). Vgl. *Corp. Hippiatric. Graec.* Teilübers. und -komment.: SCHÄFFER (1981); AMANN (1983); KÄMPF (1984); GÖBEL (1984); REITER (1981); RUPP (1984); ZELLWECKER (1981); APPEL (1983). Bei der Kompilation tiermedizinischen Wissens wurden heterogene Texte zusammengeführt: Das erste Buch über Fieber beginnt mit der Wiedergabe einer Einleitung des Apsyrtos (I 1-8); das Folgende aus Hierokles richtete sich an einen reichen Pferdezüchter mit Kenntnissen der Tierzuchtliteratur (I 9-14), ebenso Apsyrtos' Lehrbrief über Rotz (II 1ff.): Tiermedizinische Fachleute und investierende Entscheider bedienten sich in der Landwirtschaft derselben Literatur. Erst spätantike Spezialisten bedurften der Nachschlagewerke. Hierokles bezieht sich auf Gepflogenheiten der Humanmediziner, als Lehrlinge das Wissen literarisch zusammenzustellen (I 12). Apsyrtos war Soldat, möglicherweise Veterinär, der seine Erfahrungen nicht zum Gegenstand, sondern zum Anlaß schriftstellerischer Betätigung machte: *Στρατευσάμενος ἐν τοῖς τάγμασι τοῖς ἐπὶ τοῦ Ἴστρου ποταμοῦ ἔγνων τὰ συμβαίνοντα τοῖς ἵπποις*... (I 1).

2.2.6.8. Frühbyzantinische Militärwissenschaft und Medizin

Ein anonymer byzantinischer Autor über Belagerungskunst bringt das Bewußtsein zunehmender Entfernung seinerzeitiger Technik von ihren Vorläufern zum Ausdruck und macht zugleich deutlich, daß eine kontinuierlich fortschreitende Technik in hohem Maße das Bewußtsein einer durchgängigen Identität der Disziplinen und der Funktionen des Technikers wahrt. Der Kriegs- und Belagerungstechniker ist Spezialist; sein Wissen ist nicht jedermann zugänglich. Es bedarf besonderer Schulung, um die Beschreibungen der poliorketischen Maschinen und deren Terminologie zu verstehen. Die Beschreibungen der Maschinen seien von Ansichtszeichnungen begleitet, deren Darstellungsweise dem allgemeinen Bewußtsein fremd sei: Dargestellt werden mehrere Dimensionen gleichzeitig, also Ansicht, Auf- und Grundriß. Die Bilder können nicht ohne weiteres zu *κατασκευή* und *τέκνευσις* dienen. Zur Erklärung und Erläuterung auch bebilderter Darstellungen bedürfe es der *μηχανικοί*, die die Maschinen erfunden und beschrieben hätten[828]. Der anonyme Autor erwartet wie die meisten antiken Kriegsmechaniker, daß die Beschreibung poliorketischer Konstruktionen ihren Zweck darin hat, daß sie nachgebaut werden. Dieser Nachbau aber ist Laien ohne Einsicht in den Funktionszusammenhang der Geräte und ohne Kenntnis der Kommunikationsverhältnisse der Techniker nicht möglich; ihn müssen Mechaniker leiten und leisten, die sich aus der Literatur Pläne und Anregungen beschaffen. Die Praxis muß in einer solcherart aus Bauplänen und Beschreibungen arbeitenden Technologie immer aufs Neue die zeitliche Kluft überwinden, die zwischen der jeweiligen Lage und den literarisch verfügbaren Mitteln zu ihrer Lösung besteht. Verkleinert wird diese durch das Angebot neuer Literatur über technische Muster. Dieser kommt daher eine wesentliche Funktion für die diachronische Kohärenz der Praxis zu: je neue Sicherung auch sprachlicher Verständlichkeit und Berücksichtigung eingetretener Veränderungen. Der anonyme byzantinische Autor knüpft insofern ohne Bruch an die antike Tradition technischer Musterliteratur an und schreibt sie modifizierend fort. Er habe das Vorgehen nach der alten *τεχνολογία* nicht für zweckmäßig gehalten, da sie den meisten in der Gegenwart unverständlich sei; die *Technologie* der Alten, die technische Sprache und die mit ihr bezeichnete Praxis, sei aus dem Gedächtnis geraten, die *τῶν ἐπιστημῶν ὀνόματα* unverständlich. Durchgesprochen und kommentiert worden sei nur Apollodoros' Schrift; die Aussagen anderer Schriftsteller seien leicht verständlich gewesen, nach einem Diktum des Anthemios von Tralleis *κοινῆς ἐννοίας ἀξιώματα*[829]. Die Kluft zwischen Spezialisten und Laien kann also kein grundsätzlicher sein, sondern nur aufgrund besonderer Bedingungen der Erarbeitung und Verbreitung technischen Wissens bestehen und aufgrund der Umstände der Veraltung und Reaktivierung technischen Wissens: Diese Kluft ist nicht so groß, als daß sie nicht durch jeden Verstand überwunden werden könnte, doch bedarf es besonderer hermeneutischer Leistungen, neben praktischer Erfahrung beim Bau der Geräte. Daher meint der Autor, daß auf der Grundlage seiner Beschreibung die dargestellten Geräte ohne weitere *διδασκαλία* oder *ἑρμηνεία* von jedem beliebigen nachgebaut werden könnten. Durch Verwendung der Alltagssprache habe er die Verständnishürde niedrig gelegt, seine Zeichnungen sollen, anders als frühere, die Konstruktionen klar genug darstellen. Der praktische Zweck der Neu-Aneignung der technischen Tradition besteht also darin, diese dem Verstand des

828 Anon. Byzant., *Poliork.*, bes. 197,1ff. Quellenschriften sind teilweise erkennbar: Apollodoros, Athenaios' Marcellus gewidmete Schrift, Bitons Schrift an Attalos, 198,1ff.

829 Ebda. 198,8ff.

normalen Praktikers zu eröffnen: Vorausgesetzt wird prinzipiell, daß eine Anleitung gegenwärtiger Praxis durch eine vergangene Technologie zweckmäßig und möglich sei[830]. Praktische Gesichtspunkte bestimmen die Beurteilung der Geräte[831]; der Autor betreibt die Technik nicht als Teil der literarischen, sondern einer praktischen Bildung, und differenziert streng zwischen philosophisch-rhetorischer Lektüre und solcher, die die Fähigkeit zu praktischer Betätigung vermittelt[832]. Der anonyme Autor ist für die antike Technologie, insbesondere diejenige der Spätantike vor allem darum interessant, weil in seinem Weltbild kein grundsätzlicher Bruch mit den auch für ihn entfernten Verhältnissen der Antike eingetreten ist, sondern ein Traditionskontinuum ihn bei allem Wandel mit der antiken Technikauffassung verbindet. Danach ist Technik ein System literarisch akkumulierten und systematisierten Praxiswissens, das bewahrt, erneuert und ergänzt wird. Der Technikliterat hat die Tradition des Wissens zu bewahren und zu bereichern: Er soll Innovator sein. Mit einer Skizze dieser Anschauung motiviert der Anonymus die Beschreibung einer Erfindung, die

830 Die potentielle Gegenwärtigkeit in der technischen Literatur beschriebener Handlungsoptionen kennzeichnet, daß der Autor eine Schildkrötenkonstruktion Philons von Byzanz als gegenwärtige im Präsens einführt (260,1ff.), doch weiß, daß in seiner Zeit bereits Feuer-Büchsen gebräuchlich sind (*πυρόβολοι*, 262,1ff.).

831 Aufgeführt v.a. Geräte zur Belagerung; Bewertung anhand von Gesichtspunkten *κατὰ τοὺς πάλαι ἀρχιτεκτόνας*, 200,2ff.: Feldverwendungsfähigkeit (Materialbeschaffung, Änderbarkeit der *σχήματα*, kleine Maße, geringes Gewicht, Anfertigung durch beliebige Handwerker, Ausbesserbarkeit, Schutz gegen Zerstörung, Transportabilität, Standfestigkeit, Bruchfestigkeit, Zusammensetz- und Zerlegbarkeit. Die Schrift will sie zunächst hinsichtlich der Anfertigung, dann des Gebrauches beschreiben: Einbettung der Beschreibung in ihren Gebrauchszusammenhang; Poliorketik ist, wie schon bei Aineias Taktikos, eine Handlungslehre. Diese umfaßt bei dem Anonymus Angriff und Verteidigung und die Organisation und Institutionen. Mechanik und Konserven (Vorräte) als Garanten des Erfolges. Aufbau der Schrift folgt Schema des Apollodoros mit illustrierenden Bildern. Besonderheit: lederne Luftmatratzen-Leitern, die durch Aufblasen Steifigkeit erhalten, 213,1ff. Behandlung des Stoffes unter Verwendung des Schemas vom *πρῶτος εὑρετής*: Hegetor von Byzanz [Athen. mech. p. 21,2; Vitr. X 16] hätten den größten Widder gebaut (Anon. Byzant. 230,1ff.); Charias und Diades, Schüler des Thessalers Polyeides, *οἱ συστρατευθέντες 'Αλεξάνδρῳ τῷ Μακεδόνι μηχανικοί*, hätten Mauerbohrer, Fallbrücken und hölzerne Türme auf Rädern erfunden [vgl. Athen. mech. p. 10,8; Vitr. II 14; X 18]. Beweis: Größenverhältnisse der Belagerungstürme von Diades/Charias und Apollodoros entsprechen einander, 243,1-246,8. Geradzahlige Verhältnisse und Symmetrie sollen beweisen, daß die alten Mechaniker sachgerechte Lösungen fanden und sachverständig vorgingen, 246,5. Die Kluft zwischen gegenwärtiger und alter Technik ist nicht so groß, daß der Autor nicht zur Erklärung der Funktion eines Gerätes zur Steigerung der Verheerungswirkung der Widder zur Torsionsartillerie als Anschauungsbeispiel greifen könnte, 253,1ff.: Er kann bei den Lesern Kenntnis der Torsionsartillerie voraussetzen.

832 Philolaos, Aristoteles, Isokrates, Aristophanes, Apollonios, also Schulautoren, seien für Jugendliche als Bildungslektüre geeignet, nicht aber für kreative Geister mit praktischen Absichten. Der Autor postuliert also einen Unterschied der Bildungsideale: philosophisch-rhetorische vs. praktische Bildung; auch der literarisch gebildete Praktiker erfahre eine literarische Bildung, doch literarische Bildung und Kultur sind nicht für alle dieselben. Poliorketik als Disziplin, die Überschneidungen mit der theoretischen Mechanik zeigt: Einen Exkurs in die *καταπαλτικὴ θεωρία* beschließt die Ankündigung eines Buches zur *βελοποιική*; darin sollen mathematische Theoreme zur Konstruktion der Größenverhältnisse von Geschütze behandelt werden, 256,1ff. Praktische Interessen sind für die Konstruktionen nicht unmittelbar maßgeblich: Beschreibung eines zur Erstürmung feindlicher Mauern gedachten gedeckten Wipp-Ganges, den Athenaios beschrieben hatte, und dessen Berechnung Ktesibios erstmals als Übungsaufgabe für angehende Mechaniker ohne direkten Praxisbezug gestellt hatte, 264,8-14. Es geht um die Einübung maßstäblichen Rechnens, symmetrischer Konstruktion (*σύμφονος*, *κατὰ ἀναλογίαν*, 266,1ff.).

er für sich reklamiert, des "Äffchens", einer kardanischen Aufhängung mit Gegengewicht zur Stabilisierung von Sturmleitern, die auf zwei miteinander verbundenen Wasserfahrzeugen montiert sind[833]. Teil der Anthropologie des Autors ist, daß der Mensch ein nicht nur rezeptives, sondern auch praktisches, innovatives Wesen sei; damit begründet er die Geltung der Originalitätsnorm[834]. Seiner Auffassung nach besteht der Zweck der Technologie in der Bereicherung der Praxis durch die Literatur, weniger der Literatur durch die Praxis; Innovation wird der Praxis selbst eher als literarisch vermittelter Planung zugetraut.

Dies charakterisiert auch die übrigen byzantinischen kriegswissenschaftlichen Schriften: Diese Literatur ist Literatur für die Anleitung einer Praxis, von der vorausgesetzt wird, daß sie der Stabilisierung durch Literatur zur Verhinderung ihres Zer- und Verfalls bedürfe. Sie ist sich der sachlichen Distanz zu den alten Vorbildern bewußt, erwartet jedoch einen Vorteil von der Orientierung an ihnen[835]. Das militärische Handbuch des Maurikios gibt einen Hinweis auf den Gebrauch kriegswissenschaftlicher Literatur zu praktischer Orientierung: Sie war weniger Wissenschaft als Sammlung von Rezepten, Mustern und Exerziervorschriften, und sie diente unmittelbarer Nachahmung eher als reflektierender Betrachtung. Die Literatur tritt der Praxis an die Seite, weil diese vor der Aufgabe der Bewahrung ihres Niveaus versagt. Auf elementarer Ebene besteht die Gefahr des Traditionsabbruches und des Vergessens, und die militärische Literatur wird ganz oder in Teilen den Akteuren an die Hand gegeben, um diese das zu lehren, was Praxis und Übung allein nicht vermögen[836].

833 269,1ff.

834 Abbruch des Werkes mit der Beschreibung des von Apollodoros bekannten Pendelfloßes. Die Lage, der es sich verdankt, wird im Nachspruch deutlich: Die Feldherren sollten die Gebote Gottes beachten, die beschriebenen Maschinen bauen, sich mühen und die Förderung des Kaisers erfahren, dann würden sie die πόλεις der Hagar einnehmen und keinen Schaden leiden. Die Schrift ist demnach als Memorandum für einen bevorstehenden Feldzug gedacht.

835 Urbikios, Takt. an Kaiser Flavios Anastasios I. Widmungsepigramm: unmittelbare Bedarfslage; ein Heer aus Rekruten sei zum Feldzug ausmarschiert. Der Autor will durch seine Ratschläge die Fußtruppen gegen Reiterangriffe (von Persern, Sarazenen, Isaurern) schützen, pp. 450-454. Er epitomiert die Taktik Arrians, pp. 463f. in mathematischer und terminologischer Systematik, pp. 467. Abschließend: Befolgung der Regeln der Taktik habe Bewahrung des Lebens, Mißachtung Niederlage zur Folge, pp. 471; vgl. HUNGER (1978) 326f.; KOLLIAS (1988) 30-33. Die Theorie konstatiert eine Differenz zwischen gegenwärtiger Praxis und alten Mustern, die literarische Praxis konzentriert sich auf die Vermittlung antiker Vorbilder. Ihre Bewahrung und Entwicklung werden der Praxis ohne literarische Beihilfe zugetraut; erst das Bewußtsein iner Differenz motiviert zu literarischen Anstrengungen. Anfertigung einer militärwissenschaftlichen Kompilation im 10. Jhdt., die unter Leons VI. Namen umlief, vgl. DAIN (1938). Pr. 1: Kenntnis von Bewaffnung und Bewegungen der Alten wie auch der neuen Verhältnisse sei nötig. Inhalt: Paraphrase zweier Kompilationen des Inhaltes von Onasander, Aelian, Julius Africanus, Maurikios und eines anonymen byzantinischen Taktikers, HUNGER (1978) 333. Leo verfaßte ein Musterbuch für Feldherren, das für sein Auftreten antike Muster bemüht: Änderungen in den Details waren gegenüber weitgehender Konstanz der Erwartungen an das Verhalten des Heerführers sekundär, HUNGER (1978) 331-333. Konstitutionen Leos zur Seekriegführung: DAIN (1943). Ch. 1: Differenz zwischen Gegenwart und alten Mustern; Wunsch, Erfahrungen der unmittelbaren Vergangenheit aus militärischen Denkschriften und Erfahrungsberichten in die literarische Lehre einfließen zu lassen: Der schwindenden Relevanz der alten Muster in technischen Details steht eine prinzipielle Kontinuität, insbesondere die Konstanz der Unterordnung der militärischen Praxis unter literarisch vermittelte Zwecksetzungen, entgegen.

836 Maurik., *Strateg.* Die *praefatio* bringt den Sachverhalt zum Ausdruck: Die στρατηγικὴ κατάστασις sei vernachlässigt worden und in Vergessenheit geraten; Kommandeure kennen nicht einmal mehr das naheliegende (τὰ πρόχειρα) wegen des Übungsdefizites der Soldaten (ἀγυμνασία) und Erfahrungsmangel

Der zur Erhaltung von Wissen und Können nicht genügenden Praxis habe daher vergangene Erfahrung in literarischer Form an die Seite zu treten. Aus diesem Zweck erklärt sich die Norm eingeschränkter Originalität: Wenn die Praxis in der grundsätzlichen Gefahr eines Niveauverlustes ist, liegt in der Geltendmachung des bereits erreichten, von Verlust bedrohten Niveaus ein sinnvoller Zweck. Maurikios schreibt, er wolle weder *καινουργεῖν*, noch *πλέον τι τῶν παλαιῶν ἐπινοῆσαι*. Er schreibt nicht als Experte zur Bereicherung des Wissens der Experten, sondern sieht im literarisch manifestierten Schatz militärischer Erfahrung eine Wissensquelle, deren Reichtum jedes mögliche Gegenwartswissen unendlich übersteigt und daher bereichern kann: Es gebe Schriftsteller, die sich an *εἰδότες* und *ἔμπειροι* wandten und unklar für die *πολλοί* schrieben[837], das in der Gegenwart Nötige jedoch übergingen. Nötig in der Gegenwart ist offenbar die Konfrontation mit vergangenen Elementen einer für die Gegenwart maßstabsetzenden Praxis. Diese didaktische Konfrontation mit Elementarphänomenen (*στοιχείωσις/εἰσαγωγή*) soll Heerführer in die Lage versetzen, den Zugang zur literarischen Tradition der Taktik allererst zu gewinnen: Zur Veränderung der Praxis selbst, die teilweise als Verfall erlebt wird, tritt der Bedarf nach technischer Hermeneutik. Auch der Kaiser verwendete literarische Muster für sein Auftreten im Krieg[838].

Innovation und Veränderung werden nicht geleugnet, doch gelten sie, anders als in der Moderne, nicht als Aufgabe literarischer Intellektualität, sondern als Problem der Praxis selbst: Maurikios rechnet damit, daß der Feldherr in der Praxis über den Inhalt seines Buches hinaus durch Erfharung Größeres herausfinde. Die Leistung der Literatur für die Praxis ist zunächst konservativ; dies setzt voraus, daß Konservation ohne Literatur schwer möglich sei. Eine Eigentümlichkeit, die die byzantinische Militärwissenschaft mit den antiken Techniktheoretikern teilt, besteht darin, daß für sie Innovation und Konservation bzw. Tradierung des Wissens nicht auseinandertraten und immer zusammengedacht wurden[839]. Innovation ist Leistung der Praxis, die sich bei aller Innovativität wegen ihrer grundsätzlichen Verfallstendenz literarisch disziplinieren lassen muß. Maurikios: *τῶν γὰρ πραγμάτων ἰατροὶ οἱ καιροί*. Dieser Sachverhalt wird in Leseanweisungen des Buches vorausgesetzt: Es enthält Gebrauchsanweisungen und Vorschriften darüber, welche Partien welchen Truppenteilen als Dienstvorschriften auszuhändigen seien (VII B 16-17), und es

(*ἀπειρία*) der Feldherren: Übungen sind demnach nicht oder nicht mehr geeignet sind, das militärische Wissen und Können zu bewahren.

837 Ähnlich argumentiert Heron., *Belop.* 2.

838 Konstantin VII. vermerkt im Zeremonienbuch militärische Handbücher, u.a. Polyaen, als auf Reisen mitzuführende Literatur, HUNGER (1978) 327.

839 Vgl. Anon. Byzant., *Περὶ παραδρομῆς* (10. Jhdt., im Auftrag des Nikephoros Phokas). Der unbekannte Autor beansprucht Autopsie; Bewegungskriegführung, die die Byzantiner in Auseinandersetzung mit den Arabern entwickeln mußten und durch mobile Reitertruppen verwirklichten, vgl. Hunger (1978) 336. Obwohl der Autor ein neues Sujet traktiert, beansprucht er, vor allem den Wissensbestand zu bewahren. Vorwort: Historizität des Gegenstandes; der Autor wolle die Methode (*μέθοδος*) der *παραδρομή* tradieren (*παραδοῦναι*), obwohl in der Gegenwart wegen der Machtlosigkeit des Staates dafür kein Bedarf bestehe. Damit die Sache jedoch nicht vergessen werde und ihr Nutzen vernichtet, übergebe er das Wissen schriftlicher Bewahrung: Die Literatur bewahrt also auch gegenwärtig nutzloses als künftig potentiell nützliches Wissen; die Mitteilung einer Innovation wird als Bewahrungshandlung interpretiert. Als Quellen gibt der Autor Lektüre (*ἀκοή*) und Erfahrung (*πεῖρα*) an, für die Methode (*μέθοδος*) de Bewegungskriegführung ihre Erfinder (vgl. *ἐφεύροντας*). Durch diese Methode könnten mit wenigen Truppen große Effekte erzielt werden: Ökonomie des Personaleinsatzes. Der Autor ist sich der Innovativität des Berichteten bewußt, er faßt seinen Bericht jedoch nicht als Innovations-, sndern Traditionsakt auf.

schreibt vor, sich flexibel, also innovativ der Kampfweise des Gegners anzupassen (X 2; XI 1-4): Aus der Schrift sollen Dienst- und Ausbildungsanweisungen extrahiert werden.

Charakteristisch für als Techniken konzipierte Lehren, die Grundsätze des Verhaltens formulieren, ist ein aus dem 6. Jhdt. stammendes Werk eines anonymen Autors über Strategie, das diese als Verhaltenslehre des Feldherrn und Teil einer universalen Technik politisch-administrativen Handelns konzipiert[840]: Das Werk fundiert die Strategie als militärische Technik[841] und Teil einer politischen System- und Verhaltenslehre[842].

Der Zweck einer Anleitung militärischer Praxis bleibt zunächst hinter begrifflicher Systematik zurück: Vollständige, systematische und übersichtliche Erfassung des Sachgebietes geht praktischer Didaktik vor[843]. Diese bleibt in dem Werk nicht unberücksichtigt:

840 Anon. Byzant., *Strateg.* Einleitung (Anfang nicht erhalten): Wissenschaftsstatus der Strategie und ihrer Nachbardisziplinen; Einordnung in eine Hierarchie der Funktionen in Staat und Gesellschaft. Grammatik, Rhetorik, Landwirtschaft gelten nur beschränkt als wissenschaftliche Disziplinen; Theologie sei keine Wissenschaft, obwohl sie allgemein als *τέχνη* gelte; sie sei keine *ἐπιστήμη*, da ihre Erkenntnis dem normalen Verstand nicht auf methodischem Wege zugänglich sei. Jurisprudenz sei keine Wissenschaft, weil sie mit dem Wirken der Kontingenz rechnen müsse. Funktionen in Stat und Gesellschaft: *ἐμπορικόν* (Händler, Handwerker und Handlanger bei öffentlichen Bauten, I 1-3); Nutzlosen (Greise, Kranke und Kinder, I 4, in einer *πολιτεία ἀρίστη* nicht zuzulassen, I 5). Ordnung nach Wissenschaftsstatus und Bedeutung für den Erhalt des Staates: *ἱερατικόν*, oberste Position, darüber richtet allein Gott; *νομικόν* sorgt für Gerechtigkeit und verhindert Aufstände; *συμβουλευτικόν* bestimmt das gemeinsame *συμφέρον*; *χρηματικόν*, Finanzverwaltung, bezahlt Schiffbau, Mauerbau und Heerwesen; *τεχνικόν*, wie bei Plato als Funktion des Staates aufgefaßt, Durchführung öffentlicher Aufgaben und Sorge für Dauerhaftigkeit öffentlicher Bauten; *ἐμπορικόν*, Austausch zur Befriedigung des Bedarfes in arbeitsteiliger Gesellschaft; *ὑλικόν* (Gewerbe), Verarbeitung von Rohmaterial; *ὑπηρετικόν*, Arbeiterschaft, Handlanger und Befehlsausführer; "Nutzlose" durch Menschenfreundlichkeit von Staat und Gesellschaft erhalten (II 1-9). Der Autor konstruiert damit in der Tradition Platons ein Gesamtsystem (*πολιτεία* mit ihren *μέρη*, III 1). Er subsumiert die Landwirtschaft unter die Techniken. Regeln mit Ausdrücken praktischen Geltens formuliert: *δεῖ, λυσιτελές, ἀναγκαῖον, χρήσιμον* (XXVIII 5 - XXIX 3): Militärtheorie als Handlungslehre, Befehle des Feldherrn an seine Truppe beträfen Tun oder Unterlassen (vgl. *τὴν προτροπὴν ἢ ἀποτροπήν*, XXX 3).

841 Aufgabe der *στρατηγική*: *κρατεῖν τῶν ἐχθρῶν* (IV 2). Kriegswissenschaft in strenger Form als technisches Regelsystem für das Handeln des Feldherrn entworfen: *στρατηγική* ist die Methode (*μέθοδος*), die der *στρατηγός* anwendet, um das Vaterland zu schützen und die Feinde zu besiegen; *στρατηγός* ist, wer *κατὰ στρατηγικὴν τέχνην* vorgeht (IV 3). Funktionale Eigenschaften des Feldherrn: IV 4. Deduktiver Aufbau des Systems der Kriegswissenschaft: Sie zerfalle in Lehren für Aggression und Defension; Angriff und Verteidigung definiert, etc. (V 1-2). Der systematische Aufbau wird zusammengehalten durch Begriffsdihairesen (Differenzierung korrelierender Opposita) und Definitionen (vgl VI 1-6).

842 Aufgaben der Leitenden (*ἄρχοντες*) und Untergebenen (*ὑπηρετούμενοι*) in den einzelnen Bereichen, Bstmmung der erwarteten Eigenschaften (III 1-15; staatliche Steuerpachtverwaltung, III 6-8). Erwartung an die *περὶ τὰς ἐπιστήμας καὶ τέχνας ἀπησχολημένοι*: *φύσεως εὖ ἔχειν πρὸς τὸ σπουδαζόμενον* (III 10). Handwerk als selbständiges, nicht auf fremde Rechnung und mit fremdem Material arbeitend: Handwerker müßten, um nicht gezwungen zur Verarbeitung schlechter Rohstoffe zu sein, Vermögen besitzen; der Autor rechnet mit den Verhältnissen einer Garantiewirtschaft. In der Systematik zunächst vergessen: Unterhaltungskünstler (III 15). Abschließend: Abriß der *πολιτική* und ihrer Haupt-*μέρη*; kategorial eingeteilt wurden die Zivilbürger und die Aufgaben ihrer *ἄρχοντες* und Untergebenen, also der Nichtmilitärs (IV 1). Damit hat der Autor das Komplement seines folgenden militärischen Themas behandelt, um dessen systematischen politischen Ort zu bestimmen: Neben der Wissenschaft vom *ἄοπλον μέρος* ist die *στρατηγική* das *κράτιστον μέρος τῆς ὅλης πολιτικῆς* (IV 1). Ein Teil der Handschriften enthält zusätzlich eine Schrift mit Korrektheitskriterien für die Ausbildung im Bogenschießen; auch hier steht neben Gesichtspunkten geübten Handelns (*εὐστόχως, ἰσχυρῶς, ταχέως*) die Systematik im Vordergrund.

843 Für Erfindungen sind deren Zwecke angegeben, nicht die historischen Umstände: *Τὰ δὲ φρούρια*

Das *exemplum*-Modell sichert die Praxisrelevanz des systematisch Mitgeteilten. Dies garantiert, daß der Autor bei aller von zeitlichen Veränderungen absehenden Systematisierung Fortschritte und Änderungen der militärischen Praxis erkennt und anerkennt[844]; dieses Vorgehen führt aber dazu, daß weniger die übliche Technologie als das Außergewöhnliche, Besondere und Einzelne der Praxis als Muster dient[845], einschließlich bisher nicht praktizierter Vorschläge und Pläne. Das Kriterium der Erprobtheit ist daher nicht mehr von herausragender Bedeutung für die Praxisanleitung. Die Literatur gewinnt eine gegenüber der Praxis antizipatorische Funktion durch Darstellung von Handlungsalternativen, auch bloß gedachter; die theoretische Systematisierung ihrer Regeln[846] ist ein Moment der Befreiung

ἐξηύρηται πρῶτον μὲν κατασκοπῆς ἔνεκατῆς τῶν ἐχθρῶν παρτουσίας ... (IX 1). Gründung einer Stadt ist Teil der Militärwissenschaft (X 1 - XIII 28), da sie als Befestigung verstanden wird. Nicht Schönheit, sondern *ἀσφάλεια* ist Bewertungsgesichtspunkt unter Bedingungen der Kontingenz (vgl. XI 4-5). Taktik systematisch durch Definitionen von Aufgabe und Grundbegriffen eingeführt (*Τακτική ἐστιν ἐπιστήμη, καθ' ἣν τις πλῆθος ἀνθρώπων μεθ' ὅπλων καὶ κινῆσαι κατὰ καιρὸν δύναται*, XIV 1). Taktik als Lehrsystem eingeteilt in Behandlung der Mannschaften, Verteilung der Waffengattungen, Bewegungslehre, taktische Mittel und Verhaltenslehre (*οἰκονομία πολέμου προσωπῶν τε καὶ πραγμάτων*, XIV 2). Der Autor entwickelt die Systematik nicht für den unmittelbar Anregung suchenden Praktiker, sondern verfaßt ein Lehrbuch, das auf begrifflicher Durchdringung der Lehrsätze des Gegenstandes beruht. Zweck: Herstellung von Übersichtlichkeit (XIV 4: *ἵνα δὲ μὴ συγκεχυμένος ἡμῖν ὁ λόγος ᾖ*). Der Zweck einer praktischen Anleitung durch die Systematik des Lehrsystems an den Rand gedrängt; Kategorie des Handelns als Sammlung von Lösungsbeispielen von der Systematik der Regeln getrennt und als sekundär abgehandelt. Systematik: Einteilung der Heere in Kämpfer (*τὸ μαχιμόν*), Handwerker (*τὸ τεχνικόν*) und Versorger (*τὸ χορηγὸν τῶν ἀναγκαίων*, XIV 6); Einführung von *στροφή* als *μετάθεσις τοῦ μετώπου*, XXI 1. Systematik wesentlich der Tradition entnommen: *Τὴν δὲ ἐπιστροφὴν ὁρίζονται οἱ παλαιοὶ οὕτως*, XXIII 1

844 Frühere Autoren über Strategie als ältere: *ὥσπερ καὶ παρά τισι τῶν ἀρχαιοτέρων εἴρηται*, VIII 6; vgl. XV 5. Unterscheidung der Kampfweise: zu Fuß, zu Pferd, auf dem Wagen, mit Elefanten; diese Systematik aus historischer Erfahrung geschöpft; bisher sei auf diese vier Arten gekämpft worden, XIV 5. Elefanten und Wagen historisch überholt: Zwischen tradierter Lehrsystematik und gelebter Praxis besteht nach Ansicht des Autors ein Unterschied; außer Gebrauch gekommene Praktiken würden nicht behandelt XIV 5. Überlieferte Vogehensweisen, die nicht für passend gehalten werden, als historisch gegebene, aber unzweckmäßige bezeichnet und kritisiert, z.B. XV 8. Der Autor spricht für ein breiteres Publikum mit eingeschränktem Interesse an überholten Praktiken: Außerordentliche Stellungen der Phalanx wie Keil und Hohlkeil nicht behandelt, *διὰ τὸ τῶν πολλῶν ἄρτι πρὸς τακτικὴν ἀγύμναστον*, XV 1. Flußübergänge: Fortschrittsgeschichte, die dem bei Polybios berichteten Fortschrittsgeschehen in der Nachrichtentechnik ähnelt, X 43-47. Möglichkeit, Uferböschungen durch Abflachung gangbar zu machen, XIX 22. Ein solcher Weg auf den Uferböschungen werde durch Begehung schließlich ungangbar, die Methode sei noch schwierig einzusetzen. Lösung: Pflasterung mit Reisig und Zweigen, XIX 23. Möglichkeit zu weiterer Verbesserung: Balkenlagen, XIX 24. Literatur will also mit dem Innovationsprozeß Schritt halten und diesen in Einzelfällen fördern.

845 Technik im Sinne der Mechanik als Inbegriff für unübliche Vorgehensweisen: Langsam fließende Gewässer mit großer Tiefe lassen sich zu Schiff überqueren; flache reißende Flüsse bedürften besonderer Bemühungen, XIX 2 (kistenförmige Flöße). Floß des Apollodoros durch Überlänge und Befestigungsturm geeignet zum Flußübergang bei Feindeinwirkung; es handelt sich um theoretische Überlegungen ohne Anspruch auf Erprobtheit (*Ἀπολλόδωρος ... βούλεται*); Betonung des Unterschiedes zwischen theoretischer Plausibilität und praktischer Brauchbarkeit, XIX 7-10. Schiffe als zweckmäßigste Lösung, XIX 15. Vorgehensweisen beschrieben als bloße Möglichkeiten oder bereits praktizierte Methoden: *Τίνες δὲ καὶ γυμνοὶ μόνα ... παρῆλθον τὸν πόταμον*, XIX 19; *Δυνατὸν δὲ καὶ...*, XIX 20; vgl. 21. Die projektierten Möglichkeiten sind von Fachleuten vorgeschlagene.

846 Systematische Einführung taktischer Mittel (Bewegungen des Heeres etc.) als Hauptteil der Strategie, XXXI 1. Begriffserklärung taktischer Formationen als *οἰκονομία* der feldherrlichen Tätigkeit; das der Haus-

von den Selbstverständlichkeiten der Praxis. Eine Voraussetzung dafür liegt in der großen Entfernung der gegenwärtigen Praxis von vergangenen Praktiken als Gegenständen der Schrift[847]. Zweck der Schrift sind Schulung und Ansprache eines allgemeinen Vorstellungsvermögens; der Stoff wird selektiert nach den Möglichkeiten der durch gegenwärtige Praktiken und einen großen zeitlichen Abstand bestimmten allgemeinen Phantasie. Sie richtet sich nicht an militärische Spezialisten[848], sondern ordnet das Spezialwissen einer Sytematik der politischen Philosophie zu, die zeigt, daß sich das technische Wissen des Spezialisten nicht emanzipiert hat von unmittelbarer Kontrolle durch die Politik. Noch im 11. Jhdt. betrachtet Michael Psellos die Taktik als philosophische Disziplin[849]: Zur Philosophie als Wissenschaft aller Wissenschaften gehört die Kriegswissenschaft. Der Philosoph betreibt sie nicht in den Details, sondern bemüht sich um die Beurteilung ihrer Grundsätze. Militärische Ausbildung und militärische Praxis vollziehen sich daher nicht autonom, sondern unter der Kontrolle von und in Kontakt mit der philosophischer Bildung sich verschreibenden politischer Führung. Dieser Bildung unterwirft sich die militärische Technik, weil dise in der Lage ist, die prekäre Traditierbarkeit der Grundsätze des Wissens sicherzustellen. Anders als das hochspezialisierte, nicht oder kaum literarisierte Handwerk werden die zur literarischen Kultur gehörenden Techniken nicht in einer derartiger Spezialisierung praktiziert, daß ihr Wissen nicht auch literarisch gebildeten Laien vermittelt werden könnte. Ein einheitlicher literarischer Bildungskosmos überwölbt das Spezialwissen, sofern es die nicht praktischer Schulung bedürftigen Gehalte betrifft[850]. Literarisierte technische Disziplinen und ihre

und Staatswirtschaft entstammende *οἰκονομία* bezeichnet die regelsetzende Funktion des Feldherren als des Leiters einer Institution. Die Behandlung ist definitorisch (*ἔτι διοριστέον*..., XXXI 2).

847 Differenz von Gegenwart und Vergangenheit (XL 1: *Τὰς ἐνέδρας ποιοῦσι μὲν καὶ οἱ σήμερον Ῥωμαῖοί τε καὶ Ἄραβες καὶ πολλὰ τῶν ἔθνων, οὐ μὴν, ὥς γε μοι δοκεῖ, συμφερόντως αὐτοῖς*). Ausführung zeitgenössischer Kriegslisten (Anschein eigener Schwäche) kritisiert: Ältere Lehrsätze und Praktiken als Korrektive der Gegenwart.

848 *Ἃ δὲ τούτων μάλιστα τοῖς πολλοῖς ἐστι γνώριμα καὶ*... XV 2. Verständlichkeitskriterium knüpft an Erfahrungen der intendierten Adressaten an: *Γνώριμα δὲ ταῦτα τοῖς πολλοῖς λέγω*..., XV 3.

849 Michael Psellos, *Περὶ πολεμικῆς τάξεως*. Vorbild des Poseidonios: Taktik als Teil einer alles umgreifenden philosophischen Wissenschaft, c. 1. Heer in seine Abteilungen zergliedert; Idealstärken aus der Geometrie möglicher Umgliederungsbewegungen abgeleitet (2^n, z.B. $16384=2^{14}$). Aussagen als Gebote an den Philosophen (*συντακτέον, τακτέον, ἐπισκεπτέον, ἰστέον δὲ τῷ φιλοσόφῳ*; abschließend: *Ταῦτα τῷ φιλοσόφῳ καὶ ἰστέον καὶ ποιητέον· τέχνη τις γάρ ἐστι κατὰ τὴν ἰδίαν ἐπιστήμην τεχνῶν καὶ ἐπιστημῶν*): Taktik behandelt vom Philosophen als demjenigen, der die Wissenschaft aller Wissenschaften betreibt. Taktik als Technik und Wissenschaft bildet daher einen Teil seines Bildungs- und Wissenskanons (17).

850 Charakteristisch die Werke des Philosophen und Mediziners Leo aus dem 9. Jhdt.: Leo, *Nat. hom.*; *Consp. med. Consp. med.* richtet sich an einen Bekannten (I 1: *γνησιώτατε Γεώργιε*), der darum gebeten hatte, ihm die Medizin in kompakter Weise mitzuteilen. Er bedarf eines Nachschlagewerkes zu mnemotechnischen Zwecken. Den Bitten des *φιλος* folgend, geht Leo die *πᾶσα* ... *ἰατρική* durch, wobei er sich um *συντομία* und *σαφήνεια* bemüht. Er folgt einer Norm der Vollständigkeit und übersichtlichen Systematik. Leo verlangt eine klare und die Praxis hermeneutisch durchdringende Darstellung (*διὰ πολλῶν ἑρμενεύειν τὰ πράγματα*, ebda., vgl. auch VII 26). Beschrieben werden: fiebrige Erkrankungen als Ganzkörperkrankheiten (I), lokale Erkrankungen *de capite ad calcem* (II), jeweils beginnend mit einer Verbaldefinition, vgl. II 1-10. Verwendung galenischen und hippokratischen Materials. Charakter: Lern- und Nachschlagewerk, das auch Differenzen der Autoritäten vermerkt, z.B. I 11. Beschränkung auf das literarisch Mitteilbare unter Ausschluß des praktischer Übung Bedürftigen: Buch III über Augenkrankheiten behandelt die Anatomie des Auges, III 1; praktische Therapie nur knapp angesprochen (III 40: *θεραπεύεται δὲ διὰ χειρουργίας*). Das Werk ist also knappes Merkbuch für Kundige und einführende Lektüre mit

Exponenten gehören daher zur literarischen Führungsschicht, die Aktiven stehen untereinander in engem Kontakt und bilden eine nicht nur abstrakt als Gruppe abgrenzbare Öffentlichkeit; die Disziplinen, die ihr Wissen in der Antike in literarische Form gossen, erlangten die Anerkennung durch gesellschaftlich-politische Führungseliten. Technische Literatur ist zwar konservativ; dies belegt aber nicht eine Konservativität auch der technischen Praxis und der Mentalität. Deren Innovationen wirken auf die Literatur zurück, seltener umgekehrt[851].

2.2.6.9. Zusammenfassung

Die Unterscheidung zwischen technischen (Mechanik, Medizin) und theoretischen Wissenschaften, die die Wissenschaftsgeschichte der klassischen und hellenistischen Zeit prägte, relativiert sich in der Spätantike. Die Aussagen mechanischer Disziplinen werden als Aussagen über die Natur akzeptiert, technische Disziplinen stärker als in früheren Epochen als Bildungsgüter anerkannt. Einer zunehmenden Spezialisierung der Disziplinen steht ein geschärftes Bewußtsein für die prinzipielle Einheit der Wissenschaften und der Natur gegenüber. Mathematik und Philosophie formulieren den Zusammenhang, in den sich die mechanischen Disziplinen einordnen, um als Teil philosophisch begründeter Weltkunde zu gelten. Zugleich mit einer Differenzierung der Disziplinen differenzieren sich die Bedürfnisse, deren Befriedigung sie verfolgen: Die Anliegen privater Bauherren treten gegenüber dem öffentlichen Bauen hervor. In der Spätantike öffnet sich die Literatur über technische Gegenstände breiteren Kreisen als zuvor: Dies gilt sowohl für die Architektur, als auch für die Medizin, die in popularisierenden Darstellungen behandelt werden.

Besondere Anstrengungen unternimmt die Zeit Julian Apostatas, das gefährdete Wissen der heidnischen Epoche zu sichten und sichern, indem sie die es bewahrende Literatur wiederbeschafft, sie neu erschließt und systematisch zusammenfaßt. Diese Systematisierung sichert und komprimiert nicht nur das technische Wissen, sondern macht es dadurch geeignet, gelehrt, von den Ärzten transportiert und an Laien und Dritte transferiert zu werden. Gerade in der Medizin erschien derartiger Technologietransfer, auch zur Popularisierung des Wissens, angezeigt. Transfer technischen Wissens über Zunftgrenzen hinaus konnte ein geeignetes Mittel zum Gewinn relativer Unabhängigkeit von Experten sein. Die Bemühungen um eine Restaurierung des technischen Wissens in der Zeit heidnischer Restauration hatten nicht nur konservierende Absichten: Den Protagonisten war bewußt, daß

Anführung der *ὀνόματα*: Erlernung der Fachterminologie zugleich mit der Struktur des Gemeinten ist Ziel des Werkes. *Nat. hom.* hat Form eines anthropologischen Katechismus (1): Τί *ἐστι ψυχή; οὐσία ἀσώματος, λογική, νοερὰ καὶ ἀθάνατος. τί ἐστιν ἄνθρωπος; ζῷον λογικόν,* <*θνητόν*>, *νοῦ καὶ ἐπιστήμης δεκτικόν. τί ἐστι ζῷον; οὐσία ἔμψυχος αἰσθητική.*

851 Vgl. Theophil. Protosp., *De puls.* Theophilus, Kommentator der Medizintradition, gibt dem Bewußtsein der Überlegenheit der Pulslehre seiner Zeit über die früheren Ausdruck (6f.): Περὶ *μὲν οὖν σφυγμῶν οὐδεὶς τῶν ἀρχαίων σοφῶν ἰατρῶν ἀριδήλως συνέγραψεν, ἀλλ' οὐδ' αὐτὸς ὁ* 'Ιπποκράτης. Beweis durch knappe Problemgeschichte und Darstellung eigener Typologie des Pulses (10ff.). Gesichtspunkte für diagnostischen Einsatz des Pulses (14f.). Überwiegen des typologischen Momentes (18-59). Theophil. Protosp., *De urinis*: Theophilos sieht sich an der Spitze eines Fortschrittsprozesses; Hippokrates, Galen und der Iatrosophist Magnus hätten das Thema nur unvollkommen behandelt (pr. 2): *οὐδεὶς μέντοι γε τῶν ἀνδρῶν τελείαν καὶ ἀνελλιπῆ τὴν διδασκαλίαν ἐποιήσατο.*

ihre Systematisierungsleistung die früherer Epochen übersteigt, und daß Umfang und Niveau des ihnen zur Verfügung stehenden Wissens größer sind, sie sich also am Ende einer sie über alle früheren Epochen erhebenden Fortschrittskette befinden.

Dennoch waren einem literarischen Technologietransfer Grenzen gesetzt, und zu einer tatsächlichen Popularisierung technischen Wissens mit literarischen Mitteln kam es nur ansatzweise und innerhalb einer begrenzten Schicht. Es blieb die Regel, daß technisches Tun durch persönliche Anleitung im Familienverband vermittelt wurde; auch Bücher und Abschriften wurden in Familien von Generation zu Generation weitergegeben, ergänzt und revidiert. Dieser Wissensschatz bildete das Rückgrat der familialen Tradition antiker Technik und Technologie; die beschränkten Reproduktionsmöglichkeiten für Wissensinhalte beschränkte, trotz der von Galen beobachteten Ausweitung der Medizinerausbildung die Weitergabe medizinischen Wissens auf eine bestimmte Gesellschaftsschicht. Daher blieb der Kaiser, die politische Macht, herausragendes Moment für die Vermittlung technischen Wissens und den Transfer technischer Kenntnisse, sofern diese über den familialen Rahmen hinausgingen. In der christlichen Spätantike verstärken sich die Bemühungen des Staates um eine gesellschaftliche Verbreiterung der technischen Wissenbasis und um die Sicherung der immer bedrohten praktischen Familientraditionen. Auch diese Traditionen modifizierende Innovationen werden in der Regel an den Kaiser gerichtet, um als Teil einer erneuerten Tradition autorisiert zu werden. Technisches Wissen wandelt und erweitert sich daher zwar gerade in der Spätantike rasch und nachhaltig, doch es wandelt sich auf dieselbe Weise wie praktische Normen: kontinuierlich, gruppengebunden und unter politischer Kontrolle.

Die Latinisierung eines Teils der technischen Tradition im Zeitalter des Auseinanderbrechens der griechisch-römischen Einheit der Mittelmeerwelt geht mit Modifikationen ihrer Zweckrichtung einher. Die Techniker sind sich der prinzipiellen Neuheit ihres Vorgehens bewußt: Sie bewahren und vermitteln, wie die technischen Literaten immer schon, als gefährdet angesehenes Wissen, doch sie modifizieren es im Blick auf eine als andere erhoffte und erwartete Zukunft. Genau betrachtet, bestimmt die Dimension der Zeitlichkeit die Perspektive der Techniker der Spätantike auf ihr eigenes Tun in besonderem Maße. Die Gegenwart wird als geprägt durch Unzulänglichkeiten betrachtet, die durch Veränderungen von Vorgehensweisen behebbar sind; von der monarchischen Führung erwartet man solche Veränderungen, von der Zukunft die erhofften Verbesserungen. Technische Vernunft beansprucht in der Spätantike erstmals eine besondere und mehr als nur subalterne Rolle bei dieser Verbesserung der künftigen Lebensverhältnise, nicht nur einen pädagogischen Wert und eine soziale Funktion, vergleichbar rhetorischen und philosophischen Disziplinen. Dies gilt auch für Architektur, Mechanik und Kriegstechnik. Der Medizin gibt die christliche Ethik einen neuen humanitären Rahmen: Sie entfernt sich von gewaltsamen traditionellen Therapieformen. Motiv für diese Humanisierung der Therapie sind andere Werthaltungen, nicht bessere kausale Einsichten. Die neue Humanität begrenzt vielmehr sogar die Forschung, wo sie als pietätlos empfunden wird (Anatomie). Mit der Christianisierung der medizinischen Tradition verbunden ist ihre systematische Latinisierung.

Die Voraussetzung des Vegetius, daß die Praxis sich selbst durch die Ausbildung von Gewohnheiten und durch den Zusammenhang von Ausgebildetwerden und Ausbilden regelt, verweist auf ein Problem traditionaler Ordnung, dem spätantike Technik und Technologie nicht entrinnen. Vegetius' Einlassung ist nicht Ausdruck einer momentanen Krise, sondern der permamenten Krisengeschütteltheit solcher Ordnung: Wenn alle Handlungsregelung in Gepflogenheiten wurzelt, wird die Erfahrung technischen Wandels und Fortschitts zur Erfahrung von Verlust und Niedergang; die Zeit wird als Schicksal erlebt, weil man ohnmächtig sich müht, sie zurückzudrehen. Wer annimmt, daß jeder Zustand in einen neuen reformiert werden kann, wird Wandel der *mores* weniger als Heteronomie erleben als der, für den das Herkommen die Quelle aller Legitimität ist.

Eine Konstante der technischen Fachschriftstellerei der Antike ist, daß sie dann blühte, wenn ein besonderes Bedürfnis nach Erwerb oder Sicherung fremden oder sich verlierenden Wissens empfunden wurde. Obwohl wesentliche Bereiche der Entwicklung, des Erwerbs und des Transfers technischer Kenntnisse und handwerklichen Könnens der Selbstregulierung der Praxis überlassen blieben, mißtraute man den Selbstregelungsfähigkeiten autonomer Praxis. Wissen wiederzugewinnen oder zu bewahren, von dem man sich abhängig wußte, erschien daher als politische Aufgabe. Diese Aufgabe unternimmt die Politik nicht, weil ihr ein Bewußtsein für die Entwicklung von Technik und Praxis fehlte, sondern weil sie ein Defizit an Möglichkeiten zur Kontrolle dieser Entwicklung voraussetzt. Vegetius' Behandlung der Organisation, Taktik und Ausbildung der Legion geschieht nicht vor dem Hintergrund einer statischen, Entwicklung ausschließenden oder nur als Niedergang deutenden Auffassung vom Militärischen, sondern auf der Grundlage einer Fortschrittsvorstellung; praktische Aporien, denen sich Vegetius' Gegenwart gegenübersieht, motivieren sie dazu, zu untersuchen, welche Methoden der Vergangenheit als Muster gegenwärtiger Problemlösung infrage kommen. Nicht technologischer Konservatismus, sondern das Bestehen von Problemlagen motiviert zur Rückwendung; grundsätzlich wird militärisch-technische Entwicklung als Fortschritt erkannt und anerkannt.

Ein gewisses konservatives Moment dem technischen Wissen gegenüber speist sich aus dem Kontrast mit nichtmittelmeerischen Zivilisationen und nomadischen Völkern: Die mittelmeerische Zivilisation ist von Technik abhängig; daher muß sie sich zu ihrem Erhalt um den Erhalt auch des technischen Wissens bemühen. Dies nicht zu tun führt zu Barbarisierung: Wandel kann daher als Barbarisierungstendenz gedeutet werden. Medizinisch-technische Tierhaltung ist für Vegetius Paradigma einer erfolgreichen Beherrschung der Natur durch den ihr qua *ratio* und Teilhabe am Göttlichen überlegenen Menschen; das technische Niveau zu bewahren hilft, auch ein bestimmtes Niveau menschlichen Lebens und Daseins zu bewahren. Daß tatsächlich die medizinisch, also wissenschaftlich-technisch angeleitete Landwirtschaft einen Einfluß auf das Leben der Menschen in der Spätantike behauptete, zeigt sich an Palladius' landwirtschaftlichem Lehrwerk, das teilweise den Charakter eines Bauernkalenders hat, der direkt zur Beratung der Handelnden konsultiert wird. Eine Popularisierung der Techniken, die Überwindung der Grenzen zwischen Technik der Spezialisten und Praktiken der Laien, zeigt sich daran, daß die Technik auch populäre magische Praktiken übernimmt. Zur Information der Laien wird auch die Medizin bearbeitet, im Interesse größerer Unabhängigkeit von Fachleuten und um sie in die Lage zu versetzen, selbst tätig zu helfen.

Die literarische Präsentation technischen Wissens in Form der Epitome beweist nicht einen Stillstand der Entwicklung an der Schwelle von der Spätantike zum Mittelalter, sondern das gestiegene Bedürfnis nach Übersicht. Dieses führte zur Veränderung der Gebrauchsform des Wissens: Umschreibung des Rechts in Kodexform und sachliche Systematisierung bis zum 5. Jahrhundert waren aufs engste verknüpft. Das Paradigma des Nachschlagens veränderte die Bedingungen, unter denen auch Medizin gelehrt und betrieben wurde. Schon immer hatten Ärzte auf ihren Reisen knapp das Wissen in nachlesbarer Form bereit haltende Schriften zur Verfügung gehabt, und die Medizinliteratur der Kaiserzeit produzierte zahlreiche Kompendienwerke. Dennoch stieg das Bedürfnis nach Übersicht, und die systematische, zu Referenzzwecken geeignete Form, in die das juristische Wissen durch die sog. Kodifikationsbewegung gegossen wurde, blieb das Modell, das auch im medizinischen Handwerk zum Standard wurde. Eine Ursache für jene formale Fortschrittlichkeit des Juristenwissens gegenüber dem der Medizin liegt darin, daß technisch-handwerkliches Wissen im Vergleich zu juristischem Sachverstand geringerer staatlicher Förderung, Autorisierung und Kontrolle unterworfen war und die Durchsetzung einer neuen Form seiner Dokumentation und Kommunikation daher langsamer geschah. Der traumatische Anlaß der Re- und Neukonstitution des Wissens (Plünderung Roms durch die Westgoten) entfällt im Falle der Medizin. Dennoch übte wegen der Übersichtsbedürfnisse reisender Ärzte das Vorbild des kodifizierten Rechtes große Anziehungskraft auf die technischen Disziplinen aus: auch, weil im 6. und 7. Jahrhundert die griechische Wissenschaft erhöhter Kommunikationsnachfrage und Gefährdung ausgesetzt war. Mit der Einheit der Mittelmeerwelt verlor sich der Zugang zum Griechischen der medizinischen Tradition, verlor sich die Selbstverständlichkeit des Zuganges zur technischen Tradition, die man sich durch Übersetzung, summenartige Zusammenfassung und Kommentierung neu anzueignen versucht.

Die Intensität des literarischen Rückbezuges der antiken Techniken ist daher kein Indiz ihres Mangels an Innovativität; sie belegt nicht das Fehlen des Bewußtseins für die Veränderlichkeit und Fortschrittlichkeit technischer Praxis und technischer Lehre; vielmehr zeigt sich darin eine der Erhaltungsbedingungen des Spezialistenwissens bei hohen Kosten seiner Reproduktion. Die byzantinische Militärwissenschaft zeigt deutlicher als die Literaturen des Westens die Charakteristika einer als literarisches Traditions- und Innovationskontinuum aufgefaßten Technik. Sie versucht, dem Handeln direkte literarische Anleitung zu geben. Muster (*exempla*) erhalten dadurch technische Qualität: Zwischen technischem und nichttechnischem Handeln besteht darin kein grundsätzlicher Unterschied, daß beides aus der Orientierung an Vorbildern und vergangener Erfahrung Vorbilder gewinnen kann. Technisches Vorgehen wird, wie jedes Handeln, als Lösung je gegenwärtiger, nie gänzlich identischer, Problemlagen betrachtet. Daher besteht zwischen technischer und rhetorisch-politischer Didaktik, was ihre literarische Form angeht, kein inhaltlicher Unterschied, abgesehen von stilistischen Erwartungen. Verschiedenen Funktionen des Handelns werden als hierarchisches System verstanden, die dem monarchischen Staat untergeordnet werden. Dadurch erscheinen die Techniken als Sonder- bzw. Unterfunktionen jeder möglichen Praxis und in ein funktional gegliedertes Staatssystem integriert, wie bereits in Aristoteles' *Nikomachischer Ethik* oder Platons *Staat*. Die Techniklitertur bringt diese monarchische Techniktheorie zum Ausdruck, weil sie nur ganz selten, ausnahmsweise und in kleinem Rahmen die Literatur einer von der politischen Macht unabhängigen Schicht von Technikern sein konnte.

Zusammenfassung der Ergebnisse

Die vorliegende Arbeit hat es unternommen, zwei Fragen zu beantworten: Ihr erster Teil hat systematisch die auf technische Weise in der Antike verfolgten Ziele und Zwecke studiert, um zu beurteilen, welche Möglichkeiten und Grenzen technischem Vorgehen in der Antike gesetzt waren. Der zweite Teil untersuchte chronologisch die Entwicklung des technischen Wissens und seiner Weitergabe, v.a. durch Literatur, um die Entwicklungsbedingungen dieses Wissens zu beurteilen. Ging es im ersten Teil darum, zu beantworten, inwiefern Begrenzungen der mit Techniken verbundenen Absichten Hemmnisse des technischen und ökonomischen Vorgehens in der Antike dargestellt hätten, so suchte der zweite Teil die Frage zu klären, ob eine grundsätzlich konservative Einstellung dem Wissen gegenüber in der Antike bestanden habe, durch die vermeintliche Defizite der antiken technischen Entwicklung zu erklären wären.

Das Ergebnis auf die erste Frage ist im wesentlichen negativ: Die These eingeschränkter Zwecksetzungen antiker Techniken, insbesondere des Fehlens ökonomischer Motive der Einsparung oder der Erwirtschaftung zusätzlicher Gewinne, trifft nicht zu; antike Techniken verpflichteten sich auf verschiedene Ziele, zu denen auch ökonomische gehörten. In beiden Formen, als Postulat der Sparsamkeit und als Postulat der Ertragsmaximierung, begegnet das ökonomische Prinzip als Maßstab zur Beurteilung technischer Leistungen und Lösungen in vielen Einzeldisziplinen. Die Diversität technisch verfolgter Ziele war hoch, grundsätzlich sah man in einer Reihe wesentlicher Techniken notwendige Mittel zur Sicherung und zum Erhalt des Zivilisationsniveaus und der Lebensform v.a. der Oberschicht. Mit dem Erlernen und Praktizieren von Techniken verband sich die Hoffnung auf eine Befreiung von Grenzen, die der Menschheit als Gattung gesetzt sind. Dabei war nicht nur an die Befriedigung individueller Bedürfnisse und die Durchsetzung partikularer Interessen gedacht, sondern auch an gemeinschaftliche Bedürfnisse (Wohnen, Wasserversorgung, Unterhaltung, Gesundheit). Ein Moment des Paradoxen blieb mit den Leistungen technisch angeleiteten Vorgehens verbunden und seine Methoden teilweise verborgen.

Weil die am intensivsten literarisch traktierten Techniken der Antike diejenigen sind, die die am weitesten gemeinschaftlich geteilten Bedürfnisse befriedigten, tendierten diese Techniken dazu, einen Anspruch auf Zugehörigkeit zu den Gegenständen einer allgemeinen Bildung zu erheben (z.B.: Architektur). Für technisches Wissen bildete und verbreiterte sich in der römischen Kaiserzeit eine Öffentlichkeit von Interessierten, zu der nicht nur berufliche Spezialisten gehörten. Technisches Wissen gehörte, neben entsprechendem Verhalten und literarischer Bildung, zu dem, was bis zu einem gewissen Grade von einem Angehörigen der Führungsschichten erwartet werden konnte, und das er sich durch Erfahrung und Lektüre erwerben mußte (Strategie, Taktik, Versorgungstechnik). Technisches Wissen blieb darum in den literaturfähig werdenden Disziplinen nicht alleiniger Besitz beruflicher Spezialisten, und die Entscheidungen über die durch den Einsatz von Techniken verfolgten Ziele nicht ein für allemal begrenzt und festgelegt. Die römische Landwirtschaftsliteratur, Mittel des Transfers technischen Wissens in den römischen Kulturkreis, machte das Bemühen um stetige Verbesserung und permanente Erhöhung betriebswirtschaftlicher Rationalität zum Prinzip und die Anpassung an verändernte Konsumbedürfnisse zur Maxime. Daß das ökonomische Prinzip in der antiken technologischen Literatur eine geringere Rolle zu spielen scheint als in der Moderne, liegt darin begründet, daß mit Ausnahme der Landwirtschaft viele literaturfähig werdenden Techniken der Antike Grundbedürfnisse befriedigten die in geringerem Maße dem ökonomischem Kalkül unterworfen werden (Gesundheit, militärische Sicherheit).

Auch das Ergebnis der Untersuchung der zweiten Frage ist ein formal negatives. Die technische Entwicklung der Antike kam nicht nach einer Phase beschleunigter Innovation zum Stillstand; unsere Untersuchung zeigt, daß auch die *Fachliteratur* keinen Anlaß bietet, diesen Stillstand und eine ihn begleitende konserative Mentalität vorauszusetzen. Im Gegenteil: Es ist die stetige Entwicklung des technischen Wissens selbst, das die das Wissen sammelnden und sichernden Literaturen mit ihrer konservativen Funktion erforderlich macht. Im allgemeinen beschrieben die antiken Fachliteraturen die Entwicklung ihrer Disziplinen als Prozeß eines Wissenszuwachses; nach einer initialen revolutionären Erfindung verläuft dieser als Akkumulationskontinuum. Paradigma dafür ist die generationsweise Sammlung und Korrektur von Erfahrungen[852]. In dieser angestrengt bewahrten Kontinuität der Wissenstradition besteht ein Unterschied zur modernen technischen Entwicklung, die stärker durch revolutionäre Brüche bestimmt ist, durch Entwertung des Wissens und seinen Ersatz durch neue Wissenserfordernisse[853]. In dieser Arbeit wurde versucht, die Techniken der ersten Kultur im Sinne des von Platon erzählten Mythos des Protagoras[854], also die Techniken der Lebenserhaltung und die Zivilisationstechniken, von denen der Geltungsansprüche zumessenden Kultur, also rhetorischen Techniken, zu unterscheiden. Diese Unterscheidung erwies sich als problematisch, weil alle Techniken auch Geltungsansprüche erhoben. Nicht allein physisches Überleben, sondern die Existenz in einer bestimmten Zivilisationsform bestimmt die Zwecke, denen sich die Techniker verpflichtet fühlten. Allen Techniken, aber auch nichttechnischen Formen der Vermittlung einer Lehre (Geschichtsschreibung) gemeinsam ist der Anspruch auf die Vermittlung vitalen Nutzens. Fundamentaler noch wurde in den Techniken ein Vehikel gesehen zur Überwindung der Heteronomie des Lebensschicksals, also eine Voraussetzung dafür, Selbständigkeit als Mensch zu erleben. Die spätantike Mechanik scheint dagegen stärker den Determinismus zu betonen, weniger das Autonomieideal. Die Techniken, so zeigte sich, betrachtete die Antike als regelgeleitetes Herstellen von Produkten bzw. als Erzielen bestimmter Effekte, ohne in diesen Produkten oder Effekten die Technik vergegenständlicht zu sehen. Selbstverständlich setzte man voraus, daß die Techniken einen Nutzen für das Leben abwerfen: Dieser gehörte zur Definition der Technik. Doch war damit nicht nur die physische Existenz gemeint. Techniken ordneten sich vielmehr ein in die Bemühung um die Wahrung und Entwicklung eines kultivierten Lebens. Als ihren Grundzweck betrachtete man, dem Menschen seinem Schicksal gegenüber zu größerer Autonomie zu verhelfen; gelingende Technik verändert darum sein Verhältnis zur Zeit, insbesondere zur als partiell vorhersehbar und beeinflußbar erlebten Zukunft. Sie erzeugt damit eine Erwartung an die Machbarkeit des Schicksals, der sie in extremer Form nur gerecht werden kann, wenn sie die Grenzen zwischen Technik und Paratechnik einebnet. Eine solche Tendenz läßt sich bereits in der frühen römischen Landwirtschaftsschriftstellerei beobachten, bestimmte in der christlichen Spätantike jedoch auch die Medizin: Das gestiegene Bedürfnis

852 Ktesias von Knidos erwhnt, daß zur Zeit seines Vaters und Großvaters Nieswurzkuren unüblich gewesen seien, beobachtet also einen Fortschritt der Therapie, Oribas., *Collect. medic.* VIII 8 = FGrHist. 688 F 68.

853 Vor 20 Jahren waren Rechenschieber Schulstoff, heute sind sie kaum beschaffbar.

854 Plat., *Protag.* 321d-323c.

nach technischer Bewältigung des Daseins und Hilfe ließ sich befriedigen, indem die Technik die Grenze zur Magie durchlässig machte. Wir beobachten hier eine Umkehr des Differenzierungsprozesses, der zur Trennung der Technik von Paratechnik und Magie geführt hatte, und der in antiken Gesellschaften nie vollständig war: Zu denken ist an die mantische *Technik*. Andererseits radikalisiert die Spätantike dieses Autonomieideal und glaubt an die Möglichkeit technischer Eingriffe in die Wirklichkeit auch jenseits der erfahrbaren Realität in stärkerem Maße als die heidnische Antike.

Zur Unterhaltung wurden Konstruktionen eingesetzt, die die Erwartungen des natürlichen Bewußtseins überraschten; an diesen zeigt sich zugleich ein anderer charakteristischer Zug vor allem der hellenistischen Technik: Sie wurde aufgebaut vor allem durch Rekombination immer gleicher Grundprinzipien. Die immer kompliziertere Konstruktion aus immer gleichen Wirkungsprinzipien, nicht so sehr das grundsätzlich neue Prinzip, machten das jeweils Neue dieser Technik aus.

Die Einsicht in die stabilisierende Funktion zentraler Techniken für das Funktionieren von Wirtschaft, Gesellschaft und Staat legte es nahe, daß die Techniken (Landwirtschaft, Medizin, Kriegstechnik) einen mehr als nur spezialistischen Bildungsanspruch erhoben. Andererseits machte die enorme Differenzierung der Berufe und Metiers in der Antike auch ursprüngliche Inhalte einer Allgemeinbildung zu Aufgaben von Spezialisten. Die Grenzen, die einer rein praktischen Weitergabe berufsfachlichen Könnens und Wissens durch eine ohne staatliche Regelungen sich vollziehende berufliche Ausbildung gesetzt sind, wurden empfunden. Constantins Zeit suchte die berufliche Ausbildung stärker als zuvor zu fördern, weil eine allein der Selbstregelung überlassene berufliche Ausbildung nicht in der Lage war, die Tradierung des handwerklich-technischen Wissens in ausreichender Weise sicherzustellen.

Eine Kompensation zunehmender praktischer Spezialisierung bestand darin, daß für Nichtspezialisten Formen einer literarischen, theoretischen Beschäftigung mit praktischen Gegenständen entstanden, deren Zweck in der Vermittlung sachlichen Verständnisses und Urteilsvermögens, nicht persönlicher Fertigkeiten, lag. Dem Verständnis historischer Überlieferung dienten literarische Behandlungen von Strategie und Taktik. Praktische Metiers wurden in einen Literaturbetrieb integriert, der weniger Rückständigkeit und Statik der Praxis als die Anstrengungen der Gesellschaft um eine Bewahrung ihres Wissens und um ein allgemeines Verständnis ihrer Grundlagen illustriert.

Das Altertum charakterisiert eine kontinuierliche Ausdifferenzierung der Felder speziellen Wissens. Ist kriegerische Tätigkeit in Griechenland zunächst Sache des Bürgers, der kriegerisches Wissen erwirbt und weitergibt, entsteht im vierten Jahrhundert, nach der Herausbildung einer medizinischen Spezialistenliteratur, eine militärische Literatur, die Fachleuten wie Laien Wissen vermittelt und den beginnenden Zerfall der selbstverständlichen Einheit bürgerlicher und militärischer Betätigung markiert, gegen den sie sich jedoch wendet. Mathematik und Medizin, erstere nicht als Literatur eines Berufsstandes, letztere als Literatur beruflicher Spezialisten, entfernen sich vom Alltagsbewußtsein: Die Berufsliteratur behandelt darum das Problem des beruflichen Ethos, die Regeln für den Umgang zwischen Laien und Spezialisten. Die Frage, ob eine theoretische Wissenschaft der Medizinpraxis für diese einen Wert habe, wird in dieser Literatur kontrovers behandelt.

Der Hellenismus führte im Bereich der Militärtechnik zu enormer Spezialisierung und Professionalisierung; Adressat des Wissens des Militärtechnikers war der König als Instanz, die über die Anwendung dieses Wissens zu entscheiden hatte, doch blieben weite Bereiche militärtechnischen Planens unter der Kontrolle bürgerlicher Öffentlichkeiten, die darum militärtechnisches Wissen erwerben. Technikliteratur vermittelte nicht nur Spezialisten Kenntnisse, sondern auch Laien Urteilsfähigkeit.

Das Fachmannprinzip, die Unterscheidung von technischem Spezialisten und unwissendem Laien, wird deutlich in einem Zweig der Unterhaltungskunst, dessen Wirkung auf der Wahrung dieser Unterscheidung beruht: in der Technik des Automatenbaus. Generell blieben die Adressaten technischer Schriften über den Automatenbau die Angehörigen einer zahlenmäßig beschränkten Elite.

Dies war zwar prinzipiell auch so im Falle der römischen Landwirtschaftsliteratur, doch ist ihre Intention der einer Fachmanntechnik entgegengesetzt: In einer Situation erhöhter Mobilität des Kapitals, das für eine Investition in die Landwirtschaft zur Verfügung steht, übernimmt die technische Literatur eine Beratungsfunktion. Diese Form technischer Literatur bemüht sich um Kontinuität und Sicherung des Wissens. Literatur wurde im Bereich der Landwirtschaft nicht nur zum Medium eines Technologietransfers von den Griechen zu den Römern, sondern auch zum Medium gestiegener Geltungsansprüche der Techniker. Literarisierung ist ein Mittel zur Sicherung der Kontinuität des technischen Wissens wie der Kontinuität der Anerkennung und Weiterexistenz des Technikers im Nachruhm. Generell war die Literarisierung der praktischen Disziplinen so ein Moment der Kontinuitätsstiftung, der Verstetigung der Wissenstradition, zugleich aber auch, und zwar in geringerem Maße als in der durch effiziente Reproduktionstechniken gekennzeichneten Moderne, ein Moment der Popularisierung und Verbreitung des Wissens und seiner Etablierung als möglicher Gegenstand einer allgemeinen Bildung. In einer Welt, die zunehmend vom Wissen um komplexer werdende technische Konstrukte und Systeme (Wasserversorgung) abhängig wurde, die jedoch an der politischen Fhrung der Institutionen durch Nichttechniker festhielt, benötigten die Angehörigen der politisch-gesellschaftlichen Eliten technisches Wissen, wenn sie nicht die Kontrolle über die Systeme einer Schicht von Spezialisten überantworten wollten.

Andererseits entwickelten sich die Techniken nicht unter vollständiger Kontrolle der politischen Führungsschicht: Eine teilweise Autonomie der Techniken von politischer Kontrolle wurde als Voraussetzung dafür betrachtet, daß sie sich fortentwickeln konnten, und ein bestimmtes technisches Ethos gehörte zur literarisch vermittelten Lehre der Techniken, das garantierte, daß Verhalten und Handeln der Techniker berechenbar blieben, sich an den Leitbildern der gesellschaftlichen Führungsschichten orientierten und in die Gesellschaft einordneten. Technische Literatur richtete sich in nicht unerheblichem Maße an eine Öffentlichkeit von Laien und verhinderte, daß Expertengruppen Sondermacht erwarben. Grundsätzlich erfüllten antike Techniken in besonderem Maße Bedürfnisse des Staates (Vermessungswesen, Militärtechnik, Bauwesen der frühen Kaiserzeit). Man darf jedoch nicht die Kontrollansprüche des modernen Staates gegenüber der Technik zum Maßstab für das Verhältnis des antiken Staates zur Technik machen: Diese Kontrollansprüche unterschieden sich nicht prinzipiell von denen anderen Lebensbereichen gegenüber (Wirtschaft, Waffenträger, Kunst); staats- und gemeingefährliche Unglücke von Techniken, die es besonders zu kontrollieren gegolten hätte, sind neuzeitliche Phänomene: explodierende Dampfkessel, Unglücke der Land-, Luft und Seeverkehrsmittel, explodierende Atomkraftwerke, für kriminelle Zwecke verwendete Kryptologieverfahren. Wichtiger als Kontrollansprüche des Staates gegenüber den Techniken ist darum das Bestreben der gesellschaftlichen Führungsschichten der Antike, vor allem in der römischen Kaiserzeit, Techniken und Techniker unter Kontrolle zu behalten.

Diese Führungsschichten übernehmen Teile der sie betreffenden technischen Belehrung in unterhaltsamer bzw. literarisch stilisierter Form in ihre Lektüre. Technische Literatur war nur ausnahmsweise Literatur allein von und für Praktiker. Am deutlichsten wird die Einbeziehung gebildeter Amateure in die literarische Kommunikation technischen Wissens im Falle dichterisch aufbereiteter Technik. Technisches Wissen vermittelte in weiten Bereichen Führungskompetenz (Militär, Wasserversorgung) und konnte daher den Anspruch auf einen Platz im Bildungskanon der Oberschichten beanspruchen. Daß man sich von der Literarisierung technischen Wissens, also seiner Ablösung aus unmittelbarem Gebrauchszusammenhang, den Nutzen eines Transfers erwartete, zeigt sich an einigen Denkschriften, die in Hellenismus und römischer Kaiserzeit an den Herrscher gerichtet wurden, um ihn in technischen Fragen zu beraten; auch künftige Investoren, an die sich Landwirtschaftsschriften richteten, erhielten von dieser systematisch geordnetes Sachwissen und Anregungen für Entscheidungen. Das Bedürfnis nach literarischem Wissenstransfer war hoch, und entsprechende Schriften entstanden dann, wenn besondere Neuinvestitionen anstanden. Mit dem Land erwirbt Rom das Wissen um seine Bebauung, Verteidigung und Verwaltung. Es zeichnet die antiken technischen Disziplinen aus, daß sie transferierbar waren und transferiert wurden, umso stärker, je mehr sie literarisiert waren. Die Bemühung um Kontinuitätssicherung für das technische Wissen der Gesellschaft wurde eine eminent literarische Aufgabe. Zunehmend fielen Techniken aus der Selbstverständlichkeit familialer Tradition heraus und bedurften für Tradierung und Transfer geigneter Wege. In der Spätantike bemühte sich der Staat durch steuerrechtliche Privilegierung um eine Förderung der beruflichen Ausbildung, weil das System familien- und marktgesteuerter Ausbildung dem Bedarf nicht mehr genügte. Gesellschaftliche Anerkennung und steuerrechtliche Privilegierung hingen vom Ausmaß der Literarisierung der Techniken ab.

Die Leistung der Techniken maß sich nicht allein an ihrem Nutzen für die Gesellschaft: Mit Transfer, Bewahrung und Mitteilung technischen Wissens waren Anerkennung und Nachruhm verbunden: überpersönliche Fortexistenz. Technischem Wissen konnte in beschränktem Maße ein Wert an sich zukommen, der über seine Utilität für Kunden, Auftraggeber, Gesellschaft hinausging. In ihrer Utilitität liegt auch nicht der einzige Gesichtspunkt technischer Konstrukte oder Verfahren; sie werden vielmehr auch hinsichtlich ihrer innertechnischen Brillianz beurteilt. Die Sicherung dieser Brillianz technischer Leistungen, also des technischen Niveaus, mit den Mitteln der Ausbildung und der Wettbewerbs- und Auswahlmodalitäten der Techniken erschien die gesamte Antike hindurch, besonders in der Kaiserzeit, als technikintern schwer lösbares Problem: Technisches Niveau bedurfte externer Anreize zu Stabilisierung und Entwicklung.

Daher besaß der Techniker, obwohl die antiken Gesellschaften auf Techniker zur Sicherung von Existenz, Wohlstand und Lebensweise angewiesen waren, nicht automatisch eine angesehene Funktion bzw. einen angesehenen Stand, sondern mußte sich sein Ansehen durch Exposition seines Expertentums und Unterwerfung unter das Ethos der herrschenden Schichten immer wieder neu erwerben. Zu den Kennzeichen einer gelungenen Arbeit gehört es, daß sie nach außen hin gerade nicht den Funktionszusammenhang, sondern die ästhetischen Normen der Adressatenschicht bekundete. Eine ansprechende, den technischen Gehalt verbergende, Gestaltung gehörte zu den Regeln der Arbeit.

Ein in antiken Techniken wirksames Paradigma für die Bestimmung ihrer Zielfunktionen war das des Kampfes. Aber auch die Paradigmen ökonomischer Vernünftigkeit (Einsparung und Ertragsmaximierung) bestimmten die Techniken, nicht nur die Landwirtschaft, sondern auch die Militärtechnik. Im Geschützbau verschoben sich die Gewichte der ökonomischen Ziele vom Hellenismus bis zur Spätantike von einem sparsamen Umgang mit Material zu einer Einsparung von Personal, während die Knappheit der Maschinen und Geschosse wohl abnahm. Die Landwirtschaftslehre entwickelte sich bereits in klassischer Zeit zu einer Handlungslehre der wirtschaftlichen Ziele bäuerlicher Betriebsführung. Die römischen Landwirtschaftsschriftsteller erweiterten diese um die Lehre genauer Kalkulation von Material- und Arbeitsbedarf zu einer betriebswirtschaftlichen, Rechnungswesen und den eigentlichen Landbau umfassenden Lehre. Ökonomische Motive der Ertragssteigerung bzw. der Aufwandsminimierung spielen in den Begründungen der Sätze dieser Lehre eine wichtige Rolle. Kalkulation und Maximierung des zu erwartenden Ertrages sowie Einsparung der Aufwendungen, vor allem für Arbeitskräfte, sind gleichrangige ökonomische Motive antiken bäuerlichen Wirtschaftens. Allerdings erwartete man Einsparungseffekte vor allem durch Maßnahmen der Arbeitsorganisation oder durch Investition in Tiere, Geräte und Gebäude, in Einzelfällen auch durch Mechanisierung, den Ersatz tierischer oder menschlicher Arbeitskraft. Ökonomische Motive spielen selbst in der Beurteilung ärztlicher Leistungen eine Rolle: Eine Abwesenheit ökonomischer Rationalität unterscheidet nicht antike von moderner Technik und Technologie, auch wenn aristokratische Unabhängigkeitsideale die technischen wie die gesellschaftlichen Eliten der Antike bestimmten. Das ökonomische Motiv, sowohl als Maximalprinzip wie auch als Sparsamkeitspostulat, wurde in den antiken Techniken geltend gemacht, und durchzieht als Ziel technischer Bemühung technische Literatur.

Eine Schlüsselstellung für die technische Kommunikation kam dem Staat zu: Der Architekt richtete an die Behörden der Stadt Pläne und Projekte, der Mechaniker übermittelte König oder Kaiser Baupläne und Denkschriften. In der Moderne, deren technische Entwicklung durch staatlich sanktionierte Patente und Monopole ökonomisch gesichert und durch das damit verbundene Publizitätsprinzip angeregt wird, sind es Finanz- und Absatzmärkte, die über technische Entwicklungen entscheiden. Indirekt aber bestimmt der Staat durch seine Rechtsordnung entscheidend die Realisierbarkeit technischer Projekte, und seine Rolle als Nachfrager (Militärtechnik) und Produzent ist entscheidend für die Realisierung innovativer und riskanter Infrastrukturen. In dieser Hinsicht verlief die technische Entwicklung der Antike vergleichsweise staatsfern. Dort, wo der Staat intervenierte (Torsionsartillerie), wurden stürmische Fortschritte erreicht. Das Ungenügen ungeregelt sich selbst und den Märkten überlassener technischer Bildung und Ausbildung gehört zu den wiederkehrenden Klagen in der antiken Fachliteratur. Wenn die kontinuierlich fortschrittliche Entwicklung der antiken Techniken also Schwächen aufwies, die der Antike selbst bewußt wurden, so lagen sie in der relativen Abstinenz antiker Staaten von einer Regelung der technischen Produktion, Vermarktung und Ausbildung. Weil die technische Entwicklung nicht unter allen Umständen autonom fortschrittlich verläuft, hätten möglicherweise zusätzliche Chancen technischer Expansion und der Schaffung neuer Märkte durch stärkere staatliche Aktivitäten bestanden.

Versuche der Wiederaneignung verlorenen oder gefährdeten Wissens, des Transfers von Kenntnissen und der Sicherung des Wissens durch seine literarische Systematisierung begleiteten die technische Entwicklung der Antike so weitgehend, daß als Technik im engeren Sinne hier nur gelten konnte, was unter Verwendung literarischer Hilfsmittel gelehrt und tradiert wurde. Daß die technische Entwicklung trotz aller Gefährdungen und Unsicherheiten, die die Weitergabe seines Wissens kennzeichneten, dennoch als Zuwachs und Fortschritt erlebt wurde, verdankt sich der Ablesbarkeit dieses Fortschrittes an der ihn begleitenden Literatur. Ein Bewußtsein technischen Fortschrittes stiftet daher in erster Linie die technische Literatur.

Indizes

Abkürzungen

ActConcOec	Schwartz,E. (1927-40 ND 1965): Acta concilium oeconomicorum, Berlin
AnnEpig.	Année Épigraphique
ANRW	Aufstieg und Niedergang der Römischen Welt. Geschichte und Kultur Roms im Spiegel der neueren Forschung. Berlin, New York.
CIL	Mommsen,T. et al. (Hsgg.): Corpus Inscriptionum Latinarum
IEph	Merkelbach,R. u. Engelmann,H. u. Knibbe,D. u. Vetters,H. (Hsgg.) (1979-81): Die Inschriften von Ephesos I-IV, Bonn
IG	Inscriptiones Graecae
IKSestos	Krauss,J. (1980), Die Inschriften von Sestos und des thrakischen Chersones, Inschriften Griechischer Städte aus Kleinasien XIX, Bonn
IThrace	Dumont,A. (1892): Inscriptions et monuments figurés de la Thrace, verm. T.Homolle, in Dumont, Mélanges d'archéologie et d'épigraphie, Paris
F.d.V.	Diels,H. u. Kranz,W., Fragmente der Vorsokratiker, Dublin, Zürich (12.-16. Aufl. = 8. Aufl. = 6. Aufl. 1966-71)
FGrHist.	Jacoby,F., Die Fragmente der griechischen Historiker, Berlin, Leiden (1923-58 ND 1957-86)
FHG	Mueller,C., Fragmenta Historicorum Graecorum, Paris (1848-85)
FIRA	Riccobono,S. (1941): Fontes Iuris Romani antejustiniani I, Firenze
OGIS	Dittenberger,W., Orientis Graeci Inscriptiones Selectae, Leipzig (1903-05)
ORF³	E.Malcovati, Oratorum Romanorum Fragmenta Liberae Rei Publicae (1953)
PIR	Prosopographia Imperii Romani
POxy.	The Oxyrhynchus Papyri, published by the Egypt Exploration Society, Graeco-Roman Memoirs, London (1898ff.)
RE	Wissowa,G. u. Kroll,W. u. Mittelhaus,K. u. Ziegler,K. (Hsgg.): Real-Enzyklopaedie der classischen Altertumswissenschaft, Stuttgart (1894ff.)
S.d.A.	Wehrli,F., Die Schule des Aristoteles, Texte und Kommentar, Basel, Stuttgart (2. Aufl. 1967-74)
SEG	Supplementum Epigraphicum Graecum, Amsterdam
SVF	Arnim,H.v., Stoicorum Veterum Fragmenta (1905-1924)
Syll.³	Dittenberger,W., Sylloge Inscriptionum Graecarum, Leipzig (3. Aufl. 1915-1921)
TLL	Thesaurus Linguae Latinae
Le Bas - Waddington	Le Bas,P. u. Waddington,W.H., Inscriptions grecques et latines recueilles en Grèce et en Asie mineure II 2, Paris (1870)

Literatur

Ackerknecht,E.H. u. Murken,A.H. (1992): Geschichte der Medizin, Stuttgart

Adam,J.P. (1982): L'architecture militaire grecque, Paris

Adam,J.P. (1985): La construction romaine - Matériaux et techniques, Paris

Adam,J.P. u. Vorène,P. (1985): La scie hydraulique, invention antique et perfectionnement médiéval, Caesarodunum XXI, 211-229

Adams,J.N. (1995): Pelagonius and Latin Veterinary Terminology in the Roman Empire, Leiden, New York, Köln

Adcock,F. (1957): Greek and Macedonian Art of War, Berkeley

Africa,T. (1968): Science and the State in Greece and Rome, New York, London, Sydney

Agazzi,E. (1976): (a cura di), Il concetto di progresso nella scienza, Milano

Al-Hassan,A.Y. u. Hill,D.R. (1986): Islamic Technology, Cambridge, London, New York, New Rochelle, Melbourne, Sydney, Paris

Alami Sounni,A. (1981-82): Étude mécanique d'un pressoir de Volubilis, Bulletin d'Archéologie marocaine XIV, 121-131

Alembert,J.B.L.d' (1743): Traité de dynamique, dans lequel les loix de l'equilibre & du Mouvement des Corps sont réduites au plus petit nombre possible, & démontrées d'une maniére nouvelle, & où l'on donne un Principe général pour trouver le Mouvement de plusieurs Corps qui agissent les un sur les autres, d'une maniére quelconque, Paris

Amann,L. (1983): Ausgewählte Kapitel über Chirurgie und Pferdezucht im Corpus Hippiatricorum Graecorum. Übersetzung und Besprechung, Diss. vet. München

Ambaglio,D. (1981): Il trattato "Sul comandante" di Onasandro, Athenaeum 59, 353-377

Ambrus,V.G. (1975): Horses in Battle, New York

Amedick,R. (1998): Ein Vergnügen für Augen und Ohren I, Antike Welt XXIX, 497-507

Amouretti,M.C. (1986): Le pain et l'huile dans la Grèce antique, Paris

Amouretti,M.C. u. Comet,G. u. Ney,C. u. Paillet,L.J. (1984): A propos du pressoir à huile - De l'archéologie industrielle à l'histoire, MEFR XCVI, 379-421

Amundsen,D.W. (1995): Tatian's 'rejection' of medicine in the second century, in: van der Eijk,P.J. u. Horstmannshoff,H.F.J. u. Schrijvers,P.H. (Hsgg.): Ancient Medicine in its Socio-Cultural Context II, Amsterdam, Atlanta, 377-392

Amundsen,D.W. u. Ferngren,G.B. (1996): Disease and Disease Causality in the New Testament, ANRW II 37,3,2934-2956

Anderson,G. (1986): Philostratus, London, Sydney, Dover N.H.

Anderson,J.K. (1965): Homeric, British and Cyrenaic Chariots, AJA 69, 349-352

Anderson,J.K. (1970): Military Theory and Practice in the Age of Xenophon, Berkeley, Los Angeles

Anderson,J.K. (1975): Greek Chariot-Borne and Mounted Infantry, AJA 79, 175-187

André,J. (1961): L'alimentation et la cuisine à Rome, Paris

André,J. (1987): Être médecin à Rome, Paris

André,J.-M. (1992): La retorica nelle prefazioni di Vitruvio - Lo stato culturale della scienza, in: Santini,C. u. Scivoletto,N. (Hsgg.): Prefazioni, prologhi, proemi di opere tecnico-scientifiche latine II, Roma, 861-916

Antoniades,E.M. (1907-1909): Ἔκφρασις τῆς ἁγίας Σοφίας, Leipzig

Appel,J. (1983): Die Kapitel über Haut, die Haare und das Urogenitalsystem im Corpus Hippiatricorum Graecorum. Übersetzung und Besprechung, Diss. vet. München

Arduini,S. (1992): Un modello retorico per una immagine della scienza, Quaderni Urbinati di Cultura classica XL, 161-165

Argoud,G. u. Marangou,L. u. Panayotopoulos,V. u. Villain-Gandossi,C. (Hsgg.) (1992): L'eau et les hommes en Méditerranée et en Mer Noire dans l'antiquité de l'époque mycénienne au règne de Justinien, Athènes, Wien, 473-497

Argyle,A.W. (1974): The Ancient University of Alexandria, The Classical Journal LXIX, 348-350

Arias,P.E. (1964): Policleto, Firenze

Arnim,M. (1912): De Philonis Byzantini dicendi genere, Diss. Greifswald

Arnim,M. (1927): Index Verborum zu Philon, Leipzig

Artmann,B. (1991): Euclid's Elements and its prehistory, Apeiron XXIV, 1-47

Assmann,J. (1997, 2. Aufl.): Das kulturelle Gedächtnis: Schrift, Erinnerung und politische Identität in frühen Hochkulturen, München

Astin,A.E. (1978): Cato the Censor, Oxford

Aubert,J.-J. (1994): Business Managers in Ancient Rome. A Social and Economic Study of Institores, 200 B.C.- A.D. 250, Leiden, New York, Köln
Ausbüttel,F.M. (1982): Untersuchungen zu den Vereinen im Westen des römischen Reiches, Kallmünz
Austin,M.M. u. Vidal-Naquet,P. (1977): Economic and Social History of Ancient Greece, Berkeley, Los Angeles
Avitsur,S. (1971): Watermills in Eretz Israel and their Contribution to Water Power Technology, in: Transactions of the 2nd International Symposium on Molinology, Lyngby, 389-408
Aymard,A. (1948): L'idée de travail dans la Grèce archaïque, Journal de Psychologie XLI, 29-50
Aymard,A. (1959): Remarques sur la poliorcétique grecque, Étud. d'Arch. Class. II, 3-15
Baatz,D. (1982): Hellenistische Katapulte aus Ephyra (Epirus), MDAI(A) XCVII, 211-299
Baatz,D. (1991): Fensterglas, Glasfenster und Architektur, in: Hoffmann,A. u. Schwandner,E.L. u. Hoepfner, W. u. Brands,G. (Hsgg.): Bautechnik in der Antike, Mainz, 4-13
Baatz,D. (1994a): Bauten und Katapulte des römischen Heeres, Stuttgart
Baatz,D. (1994b): Die Handmühlen, in: Hellenkemper-Salies,G. u. Prittwitz und Gaffron, H.H. v. u. Bauchhenß,G., Das Wrack. Der antike Schiffsfund von Mahdia, Köln, 97-103
Baatz,D. (1994b): Die Katapultteile, in: Hellenkemper-Salies,G. u. Prittwitz und Gaffron, H.H. v. u. Bauchhenß,G., Das Wrack. Der antike Schiffsfund von Mahdia, Köln, 701-707
Baatz,D. (1994c): Die Ziegel, in: Hellenkemper-Salies,G. u. Prittwitz und Gaffron, H.H. v. u. Bauchhenß,G., Das Wrack. Der antike Schiffsfund von Mahdia, Köln, 109-110
Baatz,D. (1994d): Gewichte aus Stein, in: Hellenkemper-Salies,G. u. Prittwitz und Gaffron, H.H. v. u. Bauchhenß,G., Das Wrack. Der antike Schiffsfund von Mahdia, Köln, 105-107
Bachmann,P. (1965): Galens Abhandlung darüber, daß der vorzügliche Arzt Philosoph sein muß, Nachricht. Akad. Wiss. Göttingen, Phil.-hist. Kl. 1-67
Baker,R. (1976): New and Improved... Inventors and Inventions that have changed the Modern World, London
Baldassari,M. (1986): Dalla «Introduzione alla dialettica», Como
Baldassari,M. (1985): L'introduzione alla dialettica di Galeno, in: Sapienza antica. Studi in onore di Domenico Pesce, pres. di A.Scivoletto, Milano, 29-48
Baldwin,B. (1963): Columella's Sources and how he used them, Latomus XXII, 785-791
Baldwin,B. (1990): The Date, Identity and Career of Vitruvius, Latomus XLIX, 425-434
Bardon,H. (1956): La littérature latine inconnue II, L'époque impériale, Paris
Barigazzi,A. (1956): Sul 'De optimo genere docendi' di Galeno, Stud. Ital. Filol. Class. 27, 23-38
Barigazzi,A. (Hsg.) (1966): Favorino di Arelate, Opere, Firenze
Barker,A.D. (1978): Music and Perception: A Study in Aristoxenus, JHS XCVIII, 9-16
Barker,A.D. (1981): Methods and aims in the Euclidean Sectio Canonis, JHS CI, 1-16
Barker,A.D. (1982a): Aristides Quintilianus and Constructions in Early Music Theory, Class. Quart. XXXII, 184-197
Barker,A.D. (1982b): The Innovations of Lysander the Kitharist, Class. Quart. XXXII, 266-269
Barker,A.D. (1984): Greek Musical Writings I - The Musician and his Art, Cambridge
Barker,A.D. (1990): Greek Musical Writings II - Harmonic and Acoustic Theory, Cambridge
Barker,A.D. (1994): An Oxyrhynchus Fragment on Harmonic Theory, Class. Quart. XLIV 1, 75-84
Barnes,J. u. Brunschwig,J. u. Burnyeat,M. u. Schofield,M. (Hsgg.) (1982): Science and Speculation - Studies in hellenistic theory and practice, Cambridge
Barnes,J. u. Schofield,M. u. Sorabij,R. (Hsgg.) (1975): Articles on Aristotle I, London
Barnes,J. (1993): Aristotle's Philosophy of the Sciences, Oxford Studies in Ancient Philosophy XI, 225-241
Barnes,T. (1979): The Date of Vegetius, Phoenix 33, 254-257
Bartels,K. (1965): Der Begriff techne bei Aristoteles, in: Synusia, FS Schadewaldt,W., Pfullingen, 275-287
Barthel,W. (1909): Eine neue Geschützdarstellung, MDAI(R) XXIV, 100-108
Beagon,M. (1992): Roman Nature - The Thought of Pliny the Elder, Oxford
Beard,M. (Hsg.) (1991): Literacy in the Roman World, Ann Arbor
Beaujeu,J. (1948): La littérature technique des Grecs et des Romains, in: Actes du Congrès Guillaume Budé 21-88
Beck,T. (1910): Philon von Byzanz, Beiträge zur Geschichte der Technik und Industrie II, 64-77

Becker,O. (1957): Das mathematische Denken der Antike, Göttingen

Becker,O. (1964, 2. Aufl. ND 1975): Grundlagen der Mathematik in geschichtlicher Entwicklung, Freiburg/Br., München, ND Frankfurt/M.

Beckmann,J. (1823, 7. Aufl.; 1780, 2. Aufl.; 1777, 1. Aufl.), Anleitung zur Technologie oder zur Kenntniß der Handwerke, Fabriken und Manufacturen, vornehmlich derer, die mit der Landwirthschaft, Polizey und Cameralwissenschaft in nächster Verbindung stehn. Nebst Beiträgen zur Kunstgeschichte, Göttingen

Behrends,O. u. Capogrossi Colognesi,L. (Hsgg.) (1992): Die römische Feldmeßkunst, Göttingen

Bélidor, Bernard Forest de (1729): La science des ingenieurs

Bélidor, Bernard Forest de (1740): Architectura Hydraulica, dt. Augsburg

Bell,H.J. (1966, 3. Aufl.): Egypt from Alexander the Great to the Arab Conquest, Oxford

Bendz,G. (1938): Die Echtheitsfrage des vierten Buches der frontinischen Strategemata, Diss. Lund, Lund u. Leipzig

Bendz,G. (1943): Textkritische und interpretatorische Bemerkungen zu den frontinischen Strategemata, Lund

Bengtson,H. (1984, 3. Aufl.): Römische Geschichte, München

Berendes,J. (1902): Des Pedanios Dioskurides aus Anazarbos Arzneimittellehre, Stuttgart

Berger,A. (1911): Die Strafklauseln in den Papyrusurkunden, Leipzig, Berlin

Berger,E. (1990): Zum Kanon des Polyklet, in: H.Beck u. P.C.Bol u. M.Bückling (Hsgg.): Polyklet, Frankfurt/M., 156-184

Berthold,R.M. (1984): Rhodes in the Hellenistic Age, Ithaca N.Y.

Bertier,J. (1972): Mnésithée et Dieuches, Leiden

Bettalli,M. (1986): Enea Tattico e l'insegnamento dell'arte militare, AFLS 7, 73-89

Biffino,G.G. (1981): Rassegna di studi varroniani dal 1974 al 1980, Rieti

Bishop,M.C., (Hsg.) (1985): The Production and Distribution of Roman Military Equipment, Proceedings of the Second Roman Military Equipment Research Seminar, BAR International Series 275, Oxford

Björck,G. (1932): Zum Corpus Hippiatricorum Graecorum - Beiträge zur antiken Tierheilkunde, Uppsala

Björck,G. (1944): Apsyrtus, Julius Africanus et l'hippiatrique grecque, Uppsala, Universitets Årsskrift

Blaikblock,E.M. (1942): Schoolboys of the Ancient World, Greece and Rome XI 33,97-102

Bliquez,L.J. (1995): Gynecology in Pompeii, in: van der Eijk,P.J. u. Horstmannshoff,H.F.J. u. Schrijvers,P.H. (Hsgg.): Ancient Medicine in its Socio-Cultural Context I, Amsterdam, Atlanta, 209-223

Blaine,B.B. (1976): The Enigmatic Water-Mill, in: Hall,B.S. u. West,D.C. (Hsgg.): On Pre-modern Technology and Science, FS White jr,L., Los Angeles, 163-176

Bloch,M. (1935): Avènement et conquêtes du moulin à eau, Annales d'histoire économique et sociale VII (1935) 538-563 = ders., Mélanges historiques II, Paris (1963) 800-821

Bloomer,W.M. (1992): Valerius Maximus and the Rhetoric of the New Nobility, London

Blüh,O. (1949): Did the Greeks perform Experiments?, American Journal of Physics XVII, 384-388

Blümlein,C. (1941): Römisches Kriegswesen, in: Bursians Jahresberichte über die Fortschritte der Altertumswissenschaft CCLXXIV, 115-151

Blümner,H. (1874-1887) (Bd. I 2. Aufl. 1912, ND 1969): Technologie und Terminologie der Gewerbe und Künste bei Griechen und Römern I-IV, Leipzig ND Hildesheim

Blum,R. (1977): Kallimachos und die Literaturverzeichnung bei den Griechen, Frankfurt/M.

Blundell,S. (1986): The Origins of Civilization in Greek and Roman Thought, London

BMBF (1996) [Bundesministerium für Bildung, Wissenschaft, Forschung und Technologie]: Patente schützen Ideen, Ideen schaffen Arbeit, Bonn

Boardman,J. (1978): Greek Sculpture - The Archaic Period, London

Bodson,L. (1991): Alexander the Great and the Scientific Exploration of the Oriental Part of his Empire, An Overview of the Background, Trends and Results, Ancient Society XXII, 127-138

Boehmer,K.F.v. (1791): Über die Grubenfoerderung: Ein Beitrag zu Technik und Haushalt, Freiberg

Börker,C. (1983): Festbankett und griechische Architektur, Konstanz

Boethius,A. (1960): The Golden House of Nero, Ann Arbor Mich.

Bol,P.C. (1985): Antike Bronzetechnik, München

Boll,F. (1911): Griechische Kalender, SB Heidelberg Akad. Wiss. II, 1-34

Borchardt,K. (1967): Technikgeschichte im Lichte der Wirtschaftsgeschichte, Technikgeschichte XXXIV, 1-13
Bowen,A.C. (1991): Science and Philosophy in Classical Greece, New York
Bowersock,G.W. (1969): Greek Sophists in the Roman Empire, Oxford
Boyaval,B. (1971): Le P.IFAO 88: Problèmes de conversion monetaire, ZPE 7, 165-168
Boyaval,B. (1974): Une tablette métrologique, ZPE 15, 173-178
Boyaval,B. (1977): P.Michael 62, ZPE 26, 253-261
Boyaval,B. (1978): Notes metrologiques, ZPE 28, 203-215
Boyaval,B. (1979): Encore P.Michael 62, ZPE 34, 36
Boylan,M. (1986): Galen's Conception Theory, J.Hist.Biol. 19, 47-77
Brückle,R. (1939): Die Pulsschrift des Rufus von Ephesus, Diss. med. München
Brahms,A. (1767-1773, 2. Aufl.): Anfangs-Gründe der Deich- und Wasserbaukunst. Oder: Gründliche Anweisung, wie man tüchtige, haltbare Dämme wider die Gewalt der grössesten See-Fluten bauen, auch dieselbe jederzeit in unverringertem Zustande erhalten könne; und was mehr bey Anlegung der Schleusen, Schlengen, Holzungen, Canäle und andern Wasser-Werken zu wissen nöthig und nützlich ist. Nebst dazu gehörigen Berechnungen und Kupfern erläutert, und dem gemeinen Wesen zu Dienste, und weiterer Verbesserung dieser so nöthigen und nutzbaren Wissenschaft entworfen und ans Licht gestellt, Aurich
Brammer,A. (1983): Architecture et société en Asie Mineure au IVe siècle, in: P.Gros (Hsg.): Architecture et société, Paris, Rome, 271-301
Brandt,E. (1927): Untersuchungen zum römischen Kochbuche, Philologus Suppl. XIX 3
Brandt,H. (1988): Zeitkritik in der Spätantike. Untersuchungen zu den Reformvorschlägen des Anonymus De rebus bellicis, München
Brashear,W. (1994): Vier neue Texte zum antiken Bildungswesen, Archiv für Papyrusforschung 40, 29-35
Braun,H.J. u. Kaiser,W. (1992): Energiewirtschaft, Automatisierung, Information, Propyläen Technikgeschichte, Berlin
Braun,I. u. Joerges,B. (1994): Technik ohne Grenzen, Frankfurt/M.
Braunert,H. (1967): Das Mittelmeer in Politik und Wirtschaft der hellenistischen Zeit, Kiel
Brentjes,B. u. Richter,S. u. Sonnemann,R. (1987, 2. Aufl.): Geschichte der Technik, Köln (1978, 1. Aufl.) Leipzig
Brice,M. (1990): Forts and Fortresses: From the Hillforts of Prehistory to Modern Times - The Definitive Visual Account of the Science of Fortification, Oxford
Brodersen, K. (1995): Terra Cognita. Studien zur römischen Raumerfassung, Hildesheim, Zürich, New York
Brödner,E. (1983): Die römischen Thermen und das antike Badewesen, Darmstadt
Bromley,A.G. (1986): Notes on the Antikythera Mechanism, Centaurus XXIX, 5-27
Brumbaugh,R.S. (1966, 2. Aufl.): Ancient Greek Gadgets and Machines, New York
Brunt,P.A. (1972): Cn. Tremelius Scrofa the Agronomist, Class. Rev. 22, 304-308
Buchheim,G. u. Sonnemann,R. (Hsgg.) (1990): Geschichte der Technikwissenschaften, Leipzig
Buck,R.J. (1983): Agriculture and Agricultural Practice in Roman Law, Wiesbaden
Büchsenschütz,B. (1869): Die Hauptstätten des Gewerbefleißes im Klassischen Alterthume, Leipzig
Bulle,H. (1927): Antike Techniker und Architekten, in: Ilberg,J. (Hsg.): Neue Jahrbücher für Wissenschaft und Jugendbildung III 2, 136-140
Buren,A.W. u. Kennedy,R.M. (1919): Varro's Aviary at Casiunum, JRS IX, 59-66
Burford,A. (1985): Künstler und Handwerker in Griechenland und Rom, Mainz
Burian,J. (1968): Die römische Landwirtschaft in Nordafrika und ihre historischen Wurzeln, Jb. Wirtsch. Gesch. 2, 237-258
Burkert,W. (1962): Weisheit und Wissenschaft, Nürnberg
Bury,J.B. (1932): The Idea of Progress, New York
Busch,S. (1996): Versus Balnearum - Die antike Dichtung über Bäder und Baden im römischen Reich, Leipzig
Busing,H.H. (1982): Römische Militärarchitektur in Mainz, Mainz

Byl,S. (1995): L'aire géographique des médecins hippocratiques, in: van der Eijk,P.J. u. Horstmannshoff,H.F.J. u. Schrijvers,P.H. (Hsgg.): Ancient Medicine in its Socio-Cultural Context I, Amsterdam, Atlanta, 225-235

Callebat,L. (1994), Rhétorique et architecture dans le «De Architectura» de Vitruve, in: AAVV, Le projet de Vitruve, aaO. 31-46

Cambiano,G. (1971): Platone e le techniche, Torino

Cameron,A. (1979): The Date of the Anonymus, in: M.Hassall (Hsg.): De Rebus Bellicis, Oxford, 1-10

Camp,L. Sprague du (1968): Die Ingenieure der Antike, Düsseldorf

Campbell,B. (1987): Teach Yourself How to be a General, JRS 77, 13-29

Cancik,H. (1987): Rationalität und Militär - Caesars Kriege gegen Mensch und Natur, in: Glücklich,H.-J. (Hsg.): Lateinische Literatur, heute wirkend II, Göttingen, 7-29

Cartledge,P. (1977): Hopliten und Helden - Spartas Beitrag zur Technik der antiken Kriegskunst, in: Christ,K. (Hsg.): Sparta, Darmstadt, 387-425

Cassirer,E. (1932): Die Antike und die Entstehung der exakten Wissenschaft, Die Antike VIII, 276-300

Casson,L. (1977): Ships and Seamanship in the Ancient World, Princeton

Casson,L. (1978, 2. Aufl.): Reisen in der Alten Welt, München

Casson,L. (1984): Ancient Trade and Society, Detroit

Cauderlier,P. (1978): Sciences pures et sciences appliquées dans l'Egypte romaine, in: Recherches sur les "Artes" à Rome, Publ. de l'Univ. de Dijon LVIII, 47-76

Cavallo,G. (1988): Cultura scritta e conservazione del sapere, in: Rossi,P. (Hsg.): La memoria del sapere, forme di conservazione e strutture organizzative dall'antichità a oggi, Roma, Bari, 29-67

Chaniotis,A. (1995): Illness and cures in the Greek proprietary inscriptions and dedications of Lydia and Phrygia, in: van der Eijk,P.J. u. Horstmannshoff,H.F.J. u. Schrijvers,P.H. (Hsgg.): Ancient Medicine in its Socio-Cultural Context II, Amsterdam, Atlanta, 323-344

Chattopadhyaya,D. (1986): History of Science and Technology in Ancient India, Calcutta

Cichorius,C. (1896-1900): Die Reliefs der Traianssäule, Berlin

Cichorius,C. (1922a): Das Werk des Athenaeus über Kriegsmaschinen, in: ders., Römische Studien, Leipzig, Berlin, 271-279

Cichorius,C. (1922b), Zur Biographie Columellas, in: ders., Römische Studien, Leipzig, Berlin, 417-422

Cichorius,C. (1988): Trajan's Column: A New Edition of the Cichorius Plates, hsg. v. Lepper,F. u. Frere,S., Gloucester

Classen,C.J. (Hsg.) (1976): Sophistik, Darmstadt

Clauss,M. (1980): Der magister officiorum in der Spätantike. Das Amt und sein Einfluß auf die kaiserliche Politik, München

Coarelli,F. (1975, 4. Aufl.): Rom, ein archäologischer Führer, Freiburg, Basel, Wien

Coarelli,F. (1980): Artisti e artigiani in Grecia, Bari

Cohen,M.R. u. Drabkin,I.E. (1958): A Source Book in Greek Science, New York

Cohn-Haft,L. (1942): The Public Physicians of Ancient Greece, Smith College Studies in History 42, Northampton Mass.

Condorcet, M.-J.-A.-N.Caritat, Marquis de (1976): Esquisse d'un tableau historique des progrès de l'esprit humain, dt. v. W.Alff, Entwurf einer historischen Darstellung der Fortschritte des menschlichen Geistes, Frankfurt/M. [verf. 1793, veröff. 1795]

Connolly,P. (1981): Greece and Rome at War, London

Cooper,D.R. (1988): The Art and Craft of Coinmaking, A History of Minting Technology, London

Cooper,F. u. Morris,S. (1990): Dining in Round Buildings, in: Murray,O. (Hsg.): Sympotica - A Symposium on the Symposion, Oxford, 66-85

Corsini,A. (1992): Il prologo de De medicina di Cassio Felice, in: Santini,C. u. Scivoletto,N. (Hsgg.): Prefazioni, prologhi, proemi di opere tecnico-scientifiche latine I, Roma, 399-405

Corte,F.della (1969, 2. Aufl.): Catone Censore, Firenze

Corte,F.della (1970, 2. Aufl.): Varrone, Firenze

Cotterell u. J.Kamminga,B. (1990): Mechanics of Pre-industrial Technology, Cambridge, New York, Port Chester, Melbourne, Sydney

Coulton,J. (1977): Greek Architects at Work, London

Coulton,J. (1983): Greek Architects and the Transmission of Design, in: P.Gros (Hsg.): Architecture et Societé, Paris, Rome, 453-468
Coulton,J. (1974): Lifting in Early Greek Architecture, JHS XCIV, 1-19
Cracco Ruggini,L. (1971): Le associazioni professionali nel mondo romano-bizantino, in: AAVV, Artigianato e tecnica nella società dell'alto medioevo, XVIII Sett. di Stud. del Centro Ital. di Stud. sull'Alto Medioevo, Spoleto, 59-227
Cracco Ruggini,L. (1980): Progresso tecnico e manodopera in età imperiale romana, in: AAVV, Tecnologia, economia e società nel mondo romano, Como, 45-66
Cracco Ruggini,L. (1994): Hellenism and Science in the Roman Empire, in: K.Buraselis (Hsg.): Unity and Units of Antiquity, Athen, 35-59
Crawford,M. u. Erim,K. u. Reynolds,J. (1971): Diocletian's Currency Reform. A New Inscription, JRS 61, 171-177
Crombie,A.C. (1961, 2. Aufl., 1977): From Augustine to Galileo, London [dt.: Von Augustinus bis Galilei, München (1977)]
Crouch,D.P. (1993): Water Management in Ancient Greek Cities, Oxford
Cuomo di Caprio,N. (1992): Fornaci e officine da Vasaio tardo-ellenistiche, Morgantina studies III, Princeton N.J.
Dagognet,F. (1997): L'essor technologique et l'idée de progrès, Paris
Düring,I. (1966): Aristoteles, Darstellung und Interpretation seines Denkens, Heidelberg
Döring,K. (1981): Griechische Kulturentstehungs- und -entwicklungstheorien, AU XXIV 3, 4-24
Döring,K. u. Wöhrle,G. (Hsgg.) (1992-1993): Antike Naturwissenschaft und ihre Rezeption I, II, III, Bamberg
Döring,K. u. Wöhrle,G. (Hsgg.) (1990): Vorträge des ersten Symposions des Bamberger Arbeitskreises «Antike Naturwissenschaft und ihre Rezeption», Wiesbaden
Dain,A. (1937): La «Tactique» de Nicéphore Ouranos, Paris
Dain,A. (1938): Sylloge Tacticorum, Paris
Dain,A. (1939): Le Corpus Perditum, Paris
Dain,A. (1943): Naumachica, Paris
Daumas,M. (Hsg.) (1969): A History of Technology and Invention - Progress through the Ages I, New York (1969) [orig.: Histoire générale des Techniques (1962)]
Debru,A. (1994): L'expérimentation chez Galien, ANRW II 37,1718-1756
Debru,A. (1995): Les démonstrations médicales à Rome au temps de Galien, in: van der Eijk,P.J. u. Horstmannshoff,H.F.J. u. Schrijvers,P.H. (Hsgg.): Ancient Medicine in its Socio-Cultural Context I, Amsterdam, Atlanta, 69-81
Deinlein,B. (1975): Das römische Sachbuch, Diss. Erlangen-Nürnberg
Descartes,R. (1637 ND 1996): Discours de la méthode pour bien conduire sa raison, et chercher la verité dans les sciences, Hamburg
Degering,H. (1905): Die Orgel, ihre Erfindung und Geschichte bis zur Karolingerzeit, Münster
Deichgräber,K. (1930): Die griechische Empirikerschule, Berlin
Deichgräber,K. (1973): Pseudohippokrates Über die Nahrung, Text, Kommentar und Würdigung einer stoisch-heraklitischen Schrift aus der Zeit um Christi Geburt, Abh. Akad. Mainz., Phil.-hist. Kl. 3
Delbrück,H. (1921): Geschichte der Kriegskunst im Rahmen der allgemeinen Geschichte, Berlin
Delvaille,J. (1910): Essai sur l'histoire de l'idée de progrès jusqu'à la fin du XVIIIe siècle, Paris
Demand,N. (1995): Monuments, midwives and gynecology, in: van der Eijk,P.J. u. Horstmannshoff,H.F.J. u. Schrijvers,P.H. (Hsgg.): Ancient Medicine in its Socio-Cultural Context I, Amsterdam, Atlanta, 275-290
Demandt,A. (1989): Die Spätantike, München
DenBoer,W. (1977): Progress in the Greece of Thucydides, Amsterdam
Deuse,W. (1994), Celsus im Prooemium von 'De medicina': Römische Aneignung griechischer Wissenschaft, ANRW II 37,1,819-841
Dictionnaire archéologique des techniques, Paris (1963-1964)
Diderot,M. u. Alembert,M.d' (Hsgg.) (1751-1772): Encyclopédie ou dictionnaire raisonné des sciences, des arts et des métiers etc., Paris

Diels,H. (1893a): Über das physikalische System des Straton, SB Preuß. Akad. Wiss., Phil.-hist. Kl., Berlin, I 101-127
Diels,H. (1893b): Anonymi Londinensis eclogae, Suppl. Aristotelicum 3,1, Berlin
Diels,H. (1904): Laterculi Alexandrini aus einem Papyrus ptolemäischer Zeit, Abh. Preuß. Akad. Wiss., Phil.-hist. Kl. II
Diels,H. (1905-07 ND 1965): Die Handschriften der antiken Ärzte, Leipzig
Diels,H. (1914): Wissenschaft und Technik bei den Hellenen, in: Ilberg,J. (Hsg.): Neue Jahrbücher für das klassische Altertum, Geschichte und deutsche Litteratur XVII, 1-17
Diels,H. (1920, 2. Aufl., ND 1965): Antike Technik, Leipzig, ND Osnabrück
Dierauer,U. (1977): Tier und Mensch im Denken der Antike, Amsterdam
Diesner,H.J. (1990, 5. Aufl.): Kriege des Altertums, Berlin
Dietz,F.R. (1834 ND 1966): Scholia in Hippocratem et Galenum, Königsberg, ND Amsterdam
Dihle,A. (1974): Der Seeweg nach Indien, Innsbruck
Dihle,A. (1980): Plinius und die geographische Wissenschaft in der römischen Kaiserzeit, in: AAVV, Tecnologia, economia e società nel mondo romano, Como, 121-137
Dihle,A. (1986): Philosophie - Fachwissenschaft - Allgemeinbildung, in: Flashar,H. u. Gigon,O. (Hsgg.): Aspects de la philosophie hellénistique, Entretiens Fondation Hardt XXXII, Vandœvres-Genève, 185-231
Dihle,A. (1988): Fortschritt und goldene Urzeit, in: Assmann,J. u. Hölscher,T. (Hsgg.): Kultur und Gedächtnis, Frankfurt/M., 150-169.
Dihle,A. (1989): Die griechische und lateinische Literatur der Kaiserzeit, München
Dijksterhuis,E.J. (1956): Archimedes, Kopenhagen
Dilke,O.A.W. (1971): The Roman Land Surveyors, New York
Dilke,O.A.W. (1987): Mathematics and Measurement, London
Dilke,O.A.W. (1991): Maße und Gewichte in der Antike, Stuttgart
Diller,H. (1933): Zur Hippokratesauffassung des Galen, Hermes 68, 167-181
Diller,H. (1952): Hippokratische Medizin und attische Philosophie, Hermes 80, 385-409
Diller,H. (1964): Ausdrucksformen des methodischen Bewußtseins in den hippokratischen Epidemien, Arch. f. Begr.gesch. IX, 133-150
Dodds,E.R. (1973): The Ancient Concept of Progress and other Essays on Greek Literature and Belief, Oxford [dt.: Der Fortschrittsgedanke in der Antike und andere Aufsätze zu Literatur und Glauben der Griechen, München (1977)]
Dohr,H. (1965): Die italischen Gutshöfe nach den Schriften Catos und Varros, Köln
Domaszewski,A.v. u. Dobson,B. (1967, 2. Aufl.): Die Rangordnung des römischen Heeres, Graz
Donini,P. (1984): Problemi del pensiero scientifico a Roma: il primo e il secondo secolo d.C., in: Giannantoni,G. u. Vegetti,M. (Hsgg.): La scienza ellenistica, IX), Napoli, 353-374
Doppelmayr,J.G. (1719): Neue und gründliche Anweisung Wie nach einer universalen Methode Grosse Sonnen-Uhren auf jeden ebenen Flächen ... Zur weitern Erklärung der neuvermehrten Welperschen GNOMONIQUE, Nürnberg
Dorner,J. (1985): Tagesuhr - Nachtuhr, ein Beitrag zur altägyptischen Zeitmessung, JÖAI LVI, 27-37
Dow,S. (1941): A Family of Sculptors from Tyre, Hesperia 351-360
Drabkin,I.E. u. Drabkin,M.F. (1951): Caelius Aurelianus, Gynaecia, Baltimore
Drabkin,I.E. (1944): On Medical Education in Greece and Rome, Bull. Hist. Medic. XV, 333-351
Drabkin,I.E. (1950): On Acute Diseases, On Chronic Diseases, Chicago
Drabkin,I.E. (1957): Medical Education in Ancient Greece and Rome, Journ. Medic. Educ. XXXII, 286-295
Drachmann,A.G. (1932a): Ancient Oil Mills and Presses, København
Drachmann,A.G. (1932b): Hero's and Pseudo-Hero's Adjustable Siphons, JHS LV, 116-118
Drachmann,A.G. (1949): Ktesibios, Philon and Heron, A Study in Ancient Pneumatics, København
Drachmann,A.G. (1951): On the Alleged second Ktesibios, Centaurus II, 1-10
Drachmann,A.G. (1963a): Fragments from Archimedes in Heron's Mechanics, Centaurus VIII, 91-146
Drachmann,A.G. (1963b): The Mechanical Technology of Greek and Roman Antiquity, Copenhagen, Madison, London
Drachmann,A.G. (1967): Große griechische Erfinder, Zürich

Drachmann,A.G. (1968): Archimedes and the Science of Physics, Centaurus XII, 1-11
Drachmann,A.G. (1969): A Detail of Heron's Dioptra, Centaurus XIII, 241-247
Drosdowski,G. u. Müller,W. u. Scholze-Stubenrecht,W. u. Wernke,M. (Hsgg.) (1991, 20. Aufl.): Duden I, Mannheim, Leipzig, Wien, Zürich
Ducrey,P. (1986): Warfare in Ancient Greece, New York
Duffy,J.M. (1975): Commentary on Hippocrates' Prognosticon, Diss. SUNY Buffalo
Duncan-Jones,R. (1974): The Economy of the Roman Empire - Quantitative Studies, Cambridge
Duncan-Jones,R. (1977): Giant Cargo-Ships in Antiquity, Classical Quarterly XVII 331-332
Duncan-Jones,R. (1990): Structure and Scale in the Roman Economy, Cambridge
Duncan-Jones,R. (1994): Money and Government in the Roman Empire, Cambridge
Dušek,S. (1988): Römischer Technologietransfer in das germanische Thüringen, Das Altertum XXXIV 1, 31-38
Dušek,S. (1991): Römische Töpferei im germanischen Thüringen, Archäologie in Deutschland I, 6-11
Dušek,S. (1992): Römische Handwerker im germanischen Thüringen, Stuttgart
Ebert,J. (Hsg.) (1983): Die Arbeitswelt in der Antike, Leipzig
Eck,W. (1989a, 4. Aufl.): Die Gestalt Frontins in ihrer politischen und sozialen Umwelt, in: Frontinus-Gesellschaft (Hsg.): Wasserversorgung im antiken Rom, München, 47-62
Eck,W. (1989b, 4. Aufl.): Organisation und Administration der Wasserversorgung Roms, in: Frontinus-Gesellschaft (Hsg.): Wasserversorgung im antiken Rom, München, 63-77
Edelstein,E. (1943): The Hippocratic Oath, Baltimore
Edelstein,L. (1963), Motives and Incentives for Science in Antiquity, in: Crombie,A.C. (Hsg.): Scientific Change, Historical Studies in the Intellectual, Social and Technical Conditions for Scientific Discovery and Technical Invention, from Antiquity to the Present, New York (1963) 15-41, ern. in: L.Tarán (Hsg.) (1987): Selected Philosophical Papers by Ludwig Edelstein, New York, London (3).
Edelstein,L. (1965): The Greco-Roman Concept of Scientific Progress, ITHACA, Actes du Xeme Congrès International d'Histoire des Sciences, Paris, (1965) 47-59, ern. in: L.Tarán (Hsg.) (1987): Selected Philosophical Papers by Ludwig Edelstein, New York, London (2).
Edelstein,L. (1967a): Recent Trends in the Interpretation of Ancient Science, in: ders., Ancient Medicine, Baltimore, 401-439
Edelstein,L. (1967b): The Idea of Progress in Classical Antiquity, Baltimore
Edelstein,L. (1967c): Hippocratic Prognosis (1931), in: ders., Ancient Medicine, Baltimore, 65-85
Edelstein,L. u. Kidd,I.G. (1972): Poseidonius, The Fragments, Cambridge
Effe,B. (1972): Arat - Ein medizinischer Lehrdichter?, Hermes C 500-503
Effe,B. (1974a): Der Aufbau von Nikanders Theriaka und Alexipharmaka, Rheinisches Museum CXVII 53-66
Effe,B. (1974b): Zum Eingang von Nikanders Theriaka, Hermes CII 119-121
Effe,B. (1977): Dichtung und Lehre. Untersuchungen zur Typologie des antiken Lehrgedichts, München
Eijk,P.J.van der (1995): Aristotle on 'distinguished physicians' and on the medical significance of dreams, in: van der Eijk,P.J. u. Horstmannshoff,H.F.J. u. Schrijvers,P.H. (Hsgg.): Ancient Medicine in its Socio-Cultural Context II, Amsterdam, Atlanta, 447-459
Enderle,C. (1975): Buch X der Mulomedicina Chironis - Übersetzung und Besprechung, Diss. vet. München
Englert,L. (1929): Untersuchungen zu Galens Schrift Thrasybulos, Diss. phil. München 1926, Leipzig
Ensslin,W. (1943): Der Einfluß Karthagos auf Staatsverwaltung und Wirtschaft der Römer, in: J.Vogt (Hsg.): Rom und Karthago. Ein Gemeinschaftswerk, Leipzig, 264-296
Erler,M. (Hsg.) (1994): Ueberweg, Grundriß der Geschichte der Philosophie IV: Die hellenistische Philosophie, Basel
Eyre,J.J. (1963): Rman Education in the Late Republic and Early Empire, Greece and Rome, 2. ser., X 1,47-59
Fabricius,C. (1972): Galens Exzerpte aus älteren Pharmakologen, Berlin, New York
Fahlbusch,H. (1982): Vergleich antiker und römischer Wasserversorgungsanlagen, Diss. Braunschweig
Farrington,B. (1939): Science and Politics in the Ancient World, London
Farrington,B. (1947): Head and Hand in Ancient Greece, London

Farrington,B. (1949 ND 1963): Greek Science - Its Meaning for us, Harmondsworth
Farrington,B. (1962, 2. Aufl.): Science in Antiquity, London
Feldhaus,F.M. (1914): Die Technik der Vorzeit, der geschichtlichen Zeit und der Naturvölker, Leipzig, Berlin
Feldhaus,F.M. (1930 ND 1971): Die Technik der Antike und des Mittelalters, Potsdam, ND Hildesheim, New York
Ferguson,E.S. (1968): Bibliography of the History of Technology, Cambridge, Mass., London
Ferrari,G.A. (1984): Mecchanica "allargata", in: Giannantoni,G. u. Vegetti,M. (Hsg.): La scienza ellenistica, Napoli, 225-296
Fichtner,G. (1989): Corpus Galenicum, Verzeichnis der galenischen und pseudogalenischen Schriften, Tübingen
Fichtner,G. (1989): Corpus Hippocraticum, Tübingen
Finley,M.I. (1965), (1981): Technical Innovation and Economic Progress in the Ancient World, Economic History Review 2nd ser. XVIII (1965) 29-45 [dt.: Technische Innovation und wirtschaftlicher Fortschritt im Altertum, in: Schneider,H. (Hsg.): Sozial- und Wirtschaftsgeschichte der römischen Kaiserzeit, Darmstadt, (1981) 168-195]
Finley,M.I. (1974): Aristotle and Economic Analysis, in: ders., Studies in Ancient Society, London, 26-52
Finley,M.I. (1979): The Ancient Economy, London, [dt.: Die antike Wirtschaft, München (1980, 2. Aufl.)
Finley,M.I. (Hsg.) (1979): The Bücher-Meyer Controversy, New York
Fischer,K.-D. (1988), Die Einleitung zum 1. Buch der Mulomedicina Chironis (Chiron 2), Philologus CXXXII 227-229
Fittschen,K. (1976): Zur Herkunft und Entstehung des 2.Stils, in: Zanker,P. (Hsg.): Hellenismus in Mittelitalien, Göttingen, 539-563
Flach,D. (1990): Römische Agrargeschichte, München
Flammini,G. (1992): Le strutture prefatorie del commento all'antica traduzione latina degli "aforismi", in: Santini,C. u. Scivoletto,N. (Hsgg.): Prefazioni, prologhi, proemi di opere tecnico-scientifiche latine II, Roma, 579-616
Flashar,H. (1971): Antike Medizin, Darmstadt
Flashar,H. (Hsg.) (1983): Ueberweg, Grundriß der Geschichte der Philosophie III: Ältere Akademie, Aristoteles, Peripatos, Basel
Fleury,P. (1981): Vitruve et la nomenclature des machines de jet romaines, Revue des Études Latines LIX, 216-234
Fleury,P. (1990): Les textes techniques de l'Antiquité, Euphrosyne XVIII, 359-394
Fleury,P. (1993): La Mécanique de Vitruve, Caen
Fleury,P. (1994): Le De architectura et les traités de mécanique ancienne, in: Le projet de Vitruve. Objet, destinataires et réception du De architectura. Actes du colloque international organisé par l'École française de Rome, l'Institut de recherche sur l'architecture antique du CNRS et la Scuola normale superiore de Pise (Rome, 26-27 mars 1993), Collection de l'école française de Rome 192, Paris, Roma, 187-212
Fögen,M.T. (1993): Die Enteignung der Wahrsager, Frankfurt/M.
Förster,R. (1877): Studien zu den griechischen Taktikern, Hermes 12, 426-471
Foley,V. u. Soedel,W. u. Turner,J. u. Wilhoite,B. (1982): The Origin of Gearing, History of Technology VII, 101-129
Forbes,R.J. (1964-1971, 2. Aufl.): Studies in Ancient Technology I-IX, Leiden
Foxhall,L. (1993): Farming and Fighting in ancient Greece, in: Rich,J. u. Shipley,G. War and Society in the Greek World, London, New York, 134-145
Frasca,R. (1994): Mestieri e professioni a Roma - Una storia dell'educazione, Firenze
Fraser,P.M. (1972): Ptolemaic Alexandria, Oxford
Frayn,J.M. (1979): Subsistence Farming in Roman Italy, London
Frederiksen,M.W. (1966): Caesar, Cicero and the Problem of Debt, JRS 56, 128-141
Frederiksen,M.W. (1980): Plinio il vecchio e l'agricoltura in età imperiale romana: Gli aspetti tecnici ed economici, in: AAVV, Tecnologia, economia e società nel mondo romano, Como, 81-97
French,R. (1994), Ancient Natural History - Histories of Nature, London

French,R. u. Greenaway,G. (Hsgg.) (1986): Science in the Early Roman Empire: Pliny the Elder, his Sources and Influence, London

Frik,R. (1979): Buch II und Buch IV Kapitel 38-57 der Mulomedicina Chironis - Übersetzung und Besprechung, Diss. vet. München

Fritsch,H. (1990, 2. Aufl.): Geschichte der Baumechanik, hrsg. v. Informationszentrum Raum und Bau d. Fraunhofer-Gesellschaft, Stuttgart

Fritz,K.v. (1971): Grundprobleme der Geschichte der antiken Wissenschaft, Berlin, New York

Frontinus-Gesellschaft (Hsg.) (1989, 4. Aufl.): Sextus Iulius Frontinus. Curator Aquarum, Wasserversorgung im antiken Rom, München, Wien

Frontinus-Gesellschaft (Hsg.) (1991-1994, 2. Aufl.): Die Wasserversorgung antiker Städte, Geschichte der Wasserversorgung II-III, Mainz

Frontisi-Ducroux,F. (1975): Dédale, mythologie de l'artisan en Grèce ancienne, Paris

Frontisi-Ducroux,F. (1992/93): Die technische Intelligenz des griechischen Handwerkers, Hephaistos XI/XII, 93-105

Fuchs,G. (1962): Varros Vogelhaus in Casinum, MDAI(R) LXIX, 96-105

Fuchs,R. (1894-1895): Anecdota medica graeca, Rhein. Mus. 49, 532-558 u. 50, 139-148

Fuchs,R. (1900): De anonymo Parisino quem putant esse Soranum, FS J.Vahlen, Berlin, 139-148

Fuchs,R. (1903): Aus Themisons Werk über die acuten und chronischen Krankheiten, Rhein. Mus. 58, 67-114

Fuhrmann,M. (1960): Das systematische Lehrbuch, Göttingen

Fuhrmann,M. (1974): Die römische Fachliteratur, in: Neues Handbuch der Literaturwissenschaft (Röm. Lit.) III, 181-194

Funkenstein,A. (1976): Aristotle, Imaginary Experiments and the Laws of Motion, in: Hall,B.S. u. West,D.C. (Hsg.): On Pre-modern Technology and Science, FS White jr, L., Los Angeles, 223-233

Gabba,E. (1980): Tecnologia militare antica, in: AAVV, Tecnologia, economia e società nel mondo romano, Como, 219-234

Gabba,E. (1984): Scienza e potere nel mondo ellenistico, in: Giannantoni,G. u. Vegetti,M. (Hsg.): La scienza ellenistica, Napoli, 11-37

Gabba,E. (1988): Progetti di riforme economiche e fiscali in uno storico dell'età dei Severi, in: ders., De buon uso della ricchezza, Milano, 189-212

Gähwiler,A. u. Speck,J. (1991): Die römische Wassermühle von Hagendorn bei Cham CH, helvetia archaeologica LXXXVI/22, 34-75

Gaiser,K. (1983): La biografia di Platone in Filodemo: Nuovi dati dal P.Herc. 1021, Cronache Ercolanesi XIII, 53-62

Gaiser,K. (1968, 2. Aufl.): Platons ungeschriebene Lehre, Stuttgart

Gaitzsch,W. (1985): Werkzeuge und Geräte in der römischen Kaiserzeit - Eine Übersicht. ANRW II 12,3,170-204

Gandt,F.de (1982): Force et science de machines, in: Barnes u. Brunschwig u. Burnyeat u. Schofield (Hsgg.) (1982), 96-127

Gara,A. (1994): Tecnica e tecnologia nelle società antiche, Roma

García Novo,E. (1995): Structure and style in the Hippocratic treatise Prorrheticon 2, in: van der Eijk,P.J. u. Horstmannshoff,H.F.J. u. Schrijvers,P.H. (Hsgg.): Ancient Medicine in its Socio-Cultural Context II, Amsterdam, Atlanta, 537-554

Garlan,Y. (1972): La guerre dans l'antiquité, Paris [engl.: War in the Ancient World, London (1975)]

Garlan,Y. (1994, 2. Aufl.): Greek culture and science - Warfare, in: Lewis,D.M. u. Boardman,J. u. Hornblower,S. u. Ostwald,M. (Hsgg.): The Cambridge Ancient History VI, Cambridge, 678-692

Garlan,Y. (1974): Recherches de Poliorcétique grecque, BEFRA 223, Paris

Garnsey,P. u. Saller,R. (1989): Das römische Kaiserreich - Wirtschaft, Gesellschaft, Kultur, Reinbek

Garofalo,I. (1988): Erasistrati Fragmenta, Pisa

Gatz,B. (1967): Weltalter, goldene Zeit und sinnverwandte Vorstellungen, Hildesheim

Gatzemeier,M. (1970): Die Naturphilosophie des Straton von Lampsakos, Meisenheim/Glan

Gazza,V. (1955-1956): Prescrizioni mediche nei papiri dell'Egitto greco-romano, Aegyptus XXXV (1955) 86-110; XXXVI, (1956) 73-114

Geertmann,H. (1994): Teoria e attualità della progettistica architetttonica di Vitruvio, in: AAVV, Le projet de Vitruve, objet, destinataires et réception du De architectura, Roma, 7-30

Gehrig,U. (1979): Frühe griechische Bronzegußtechniken, Arch. Anz., 547-558

Geiger,J. (1992): Julian of Ascalon, JHS CXII, 31-43

Gemoll,W. (1883): Untersuchungen über die Quellen, den Verfasser und die Abfassungszeit der Geoponica, Berlin

Georgoudi,S. (1990): Des chevaux et des bœufs dans le monde grec, Paris, Athènes

Gericke,H. (1993, 2. Aufl.): Mathematik in Antike und Orient, Mathematik im Abendland, Wiesbaden

Geroulanos,S. u. Bridler,R. (1994): Trauma - Wundentstehung und Wundpflege im antiken Griechenland, Mainz

Gerstinger,H. u. Oellacher,H. u. Vogel,K. (1932): Griechische Literarische Papyri I, Wien

Giacchero,M. (1974): Edictum Diocletiani et Collegarum de pretiis rerum venalium, Genova

Giardina,A. (1989): (a cura di), Anonimo, Le cose della guerra, Milano

Giardina,A. u. Schiavone,A. (Hrsg.) (1981): Società romana e produzione schiavistica. I, L'Italia: insediamenti e forme economiche; II, Merci, mercati e scambi nel Mediterraneo; III Modelli etici, diritto e trasformazioni sociali, Roma, Bari

Gibbs,S.L. (1976): Greek and Roman Sundials, New Haven, London

Gichon,M. (1979-80): The Upright Screw-operated Pillar Press in Israel, Scripta Classica Israelica V, 206-244

Gies,F. u. Gies,J. (1995): Cathedral, Forge and Waterwheel. Technology and Invention in the Middle Ages, New York

Gigon,O. (1966): Plinius und der Zerfall der antiken Naturwissenschaft, Arctos IV, 23-45

Gille,B. (1954): Le moulin à eau. Une révolution technique médiévale, Techniques et Civilisations III 1, 1-15

Gille,B. (1978): Histoire des techniques, Paris

Gille,B. (1980): Les mécaniciens grecs - La naissance de la technologie, Paris

Gimpel,J. (1980): Die industrielle Revolution des Mittelalters, Zürich

Giuffre,V. (1974): La letteratura "de re militari", Napoli

Giuliani,C.F. (1990): L'edilizia nell'antichità, Roma

Giusta,M. (1967): I dossografi di etica II, Torino

Gladigow,B. (1995): Anatomia sacra. Religiös motivierte Eingriffe in menschliche oder tierische Körper, in: van der Eijk,P.J. u. Horstmannshoff,H.F.J. u. Schrijvers,P.H. (Hsgg.): Ancient Medicine in its Socio-Cultural Context II, Amsterdam, Atlanta, 345-361

Göbel,D. (1984): Ausgewählte Kapitel aus dem Bereich der inneren Medizin im Corpus Hippiatricorum Graecorum - Übersetzung und Besprechung, Diss. vet. München

Gohlke,P. (1957): Aristoteles: Kleine Schriften zur Physik, Paderborn

Goldstein,B.B. (1980): The Status of Models in Ancient and Medieval Astronomy, Centaurus XXIV, 132-147

Gomperz,T. (1910, 2. Aufl.): Die Apologie der Heilkunst, Leipzig

Gordon,B.J. (1964): Aristotle and the Development of the Value Theory, Quart. Journ. of Econ. 7, 115-128

Gordon,R. (1995): The healing event in Greco-Roman folk-medicine, in: van der Eijk,P.J. u. Horstmannshoff,H.F.J. u. Schrijvers,P.H. (Hsgg.): Ancient Medicine in its Socio-Cultural Context II, Amsterdam, Atlanta, 363-376

Gourevitch,D. (1995): Comment rendre à sa véritable nature le petit monstre humain?, in: van der Eijk,P.J. u. Horstmannshoff,H.F.J. u. Schrijvers,P.H. (Hsgg.): Ancient Medicine in its Socio-Cultural Context I, Amsterdam, Atlanta, 239-260

Gourevitch,D. (1987): Un thérapeute accompli, Rév. Philol. 61, 95-99

Gray,D.H.F. (1954): Metal-Working in Homer, JHS LXXIV, 1-15

Greene,K. (1994): Technology and Innovation in Context: the Roman background to medieval and later developments, Journal of Roman Archaeology VII, 22-34

Greenhalgh,P.A.L. (1973): Early Greek Warfare, Horsemen and Chariots in the Homeric and Archaic Ages, Cambridge

Grelle,F. (1992): Struttura e genesi dei Libri coloniarum, in: Behrends,O. u. Capogrossi Colognesi,L. (Hsgg.): Die römische Feldmeßkunst, Göttingen, 67-85

Grewe,K. (1991): Antike Welt der Technik II: Die römische Eifelwasserleitung nach Köln, Antike Welt XXII, 128-133

Grewe,K. (1993): Augusta Emerita/Mérida - eine Stadt römischer Technikgeschichte, Antike Welt XXIV, 79-95

Grimal,P. (1965): Encyclopédies antiques, Cahiers d'histoire mondiale IX, 459-482

Gros,P. (1982), Vitruve: l'architecture et sa théorie, à la lumière des études récentes, ANRW II 30,1,659-695

Gros,P. (1983): Statut social et rôle culturel des architects (période hellénistique et augustéenne), in: P.Gros (Hsg.): Architecture et société. De l'archaïsme grec à la fin de la république romaine, Paris, Rome, 425-452

Gros,P. (1987): Architettura e società nell'Italia Romana, Roma

Gros,P. (1994), Munus non ingratum. Le traité vitruvien et la notion de service,P., in: AAVV, Le projet de Vitruve. Objet, destinataires et réception du De architectura. Actes du colloque international organisé par l'École française de Rome, l'Institut de recherche sur l'architecture antique du CNRS et la Scuola normale superiore de Pise (Rome, 26-27 mars 1993), Collection de l'école française de Rome 192, Paris, Roma, 75-90

Grotefend,C.N. (1867): Die Truppen in Arrians Marschordnung gegen die Alanen, Philologus 26, 18-28

Gschnitzer,F. (1981): Griechische Sozialgeschichte von der mykenischen bis zum Ausgang der klassischen Zeit, Wiesbaden

Guéraud,O. u. Jouguet,P. (1938): Un livre d'écolier du IIIe siècle avant J.-C., Le Caire

Güthling,O. (1902): Erklärende Anmerkungen zu Arrians Cynegeticus, Prog. Liegnitz

Guggenbichler,C. (1978): Buch IV, Kap. 1-37, der Mulomedicina Chironis - Übersetzung und Besprechung, Diss. vet. München

Gunderson,G.A. u. Ransom,R.L. u. Thuch,R. u. Walton,G.M. (Hsgg.) (1982): Explorations in a New Economic History. Essays in Honour of Douglas C.North, New York, London

Gunther,R.T. (1934): The Greek herbal of Dioscorides, Oxford

Guthrie,W.K.C. (1962-1982): A History of Greek Philosophy, Cambridge

Guthrie,W.K.C. (1971): The Sophists, Cambridge

Haas,J. (1990): The Anthropology of War, Cambridge

Haase,F. (1835): Über die griechischen und lateinischen Kriegsschriftsteller, Jahrb. f. Philol. u. Pädagogik 14, 86-118

Habermas,J. (1968): Technik und Wissenschaft als «Ideologie», Frankfurt/M.

Habermas,J. (1979, 5. Aufl.): Erkenntnis und Interesse, Frankfurt/M.

Hacker,B.C. (1968): Greek Catapults and Catapult Technology, T&C IX, 34-50

Hackett,J. (Hsg.) (1989): Warfare in the Ancient World, London

Hägermann,D. (1991): Technik im frühen Mittelalter, in: W.König (Hsg.): Propyläen Technikgeschichte I, D.Hägermann u. H.Schneider, Landbau und Handwerk, Berlin, 317-523

Hammer-Jensen,I. (1910): Die Druckwerke Herons von Alexandria, Neue Jahrbücher für das klassische Altertum, 1. Abt. XXV, 413-427 u. 480-503

Hankinson,R.J. (1994): Galen's Anatomical Procedures: A Second Century Debate in Medical Epistemology, ANRW II 37,1834-1855

Hankinson,R.J. (1994): Galen's Concept of Scientific Progress, ANRW II 37,1775-1789

Hansen,E.V. (1971, 2. Aufl.): The Attalids of Pergamon, Ithaca, London

Hanson,A.E. (1995): Paidopoiia: Metaphors for conception, abortion, and gestation in the Hippocratic Corpus, in: van der Eijk,P.J. u. Horstmannshoff,H.F.J. u. Schrijvers,P.H. (Hsgg.): Ancient Medicine in its Socio-Cultural Context I, Amsterdam, Atlanta, 291-307

Hardie,W.F.R. (1968): Aristotle's Ethical Theory, Oxford

Harig,G. (1976): Die Diätetik der römischen Enzyklopädisten, Schriftenreihe für Geschichte der Naturwissenschaften, Technik und Medizin, Leipzig, 1-15

Harnack,A. (1892): Medicinisches aus der ältesten Kirchengeschichte, Texte und Untersuchungen VIII 4 [2], 37[1]-152

Harrauer,H. u. Sijpesteijn,P.J. (1985): Neue Texte aus dem antiken Unterricht, Wien
Harrer,G.A. (1916): Was Arrian Governor of Syria, Class. Philol. 11, 338-339
Harris,A.H. (1974): Lubrication in Antiquity, Greece and Rome XXI, 32-36
Harris,J.R. (1882): On the Locality to which the Treatise of Palladius must be assigned, AJPh 3, 411-421
Hartmann,K. (1895): Über die Taktik des Arrian, Progr. Bamberg
Hartmann,K. (1907): Flavius Arrianus und Kaiser Hadrian, Progr. Augsburg
Hasebroek,J. (1928) ND (1966): Staat und Handel im alten Griechenland, Tübingen, ND Hildesheim
Haselberger,L. (1989): Die Zeichnungen in Vitruvs De Architecura, in: Geertman,H. u. deJong,J.J. (Hsgg.): Munus non Ingratum, Proceedings of the International Symposium on Vitruvius' De Architectura and the Hellenistic and Republican Architecture, Leiden, 69-70
Hassall,M. (1979): The Inventions, in: ders. (Hsg.): De Rebus Bellicis I: Aspects of the De Rebus Bellicis. Papers presented to Professor E.A.Thompson, British Archaeological Reports, International Series LXIII, Oxford, 77-91
Hassenpflug,D. (1990): Die Natur der Industrie, Frankfurt, New York
Havelock,E.A. (1982): The Literate Revolution in Greece and its Cultural Consequences, Princeton N.J.
Healey,J.F. (1978): Mining and Metallurgy in the Greek and Roman World, London
Heath,T.L. (1921): A History of Greek Mathematics, Oxford
Heath,T.L. (1949): Mathematics in Aristotle, Oxford
Hegel,G.W.F. (1961 ND 1980): Philosophie der Geschichte, Stuttgart
Hehn,V. (1894, 6. Aufl.): Kulturpflanzen und Haustiere in ihrem Übergange aus Asien, Berlin
Heiberg,I.L. (1925): Geschichte der Mathematik und Naturwissenschaften im Altertum, Handbuch der Altertumswissenschaften V 1,2, München
Heichelheim,F.M. (1938 ND 1969): Wirtschaftsgeschichte des Altertums, Leiden
Heilmeyer,W.-D. (1982): Frühgriechische Kunst - Kunst und Siedlung im geometrischen Griechenland, Berlin
Heilmeyer,W.-D. (1994): Technischer Fortschritt beim klassischen Bronzeguß?, in: Pöhlmann,E. u. Gauer,W. (Hsgg.): Griechische Klassik, Erlanger Beiträge zur Sprache, Literatur und Kunst 75, Nürnberg, 213-227
Heinimann,F. (1976), Eine vorplatonische Theorie der τέχνη (1961), in: Clasen,C.J. (Hsg.): Sophistik, Darmstadt, 127-169
Heinimann,F. (1945): Nomos und Physis, Basel
Heisel,J.P. (1993): Antike Bauzeichnungen, Darmstadt
Heitsch,E. (1963): Überlieferungsgeschichtliche Untersuchungen zu Andromachos, Markellos von Side und zum Carmen de virbus herbarum, Nachr. Akad. Göttingen 2,26-39
Heitsch,E. (Hsg.) (1966): Hesiod, Darmstadt
Hengstl,J. (1972): Private Arbeitsverhältnisse freier Personen in den hellenistischen Papyri bis Diokletian, Bonn
Hengstl,J. (1978): Griechische Papyri, München
Hentz,G. (1979): Les sources grecques dans les écrits des agronomes latins, Ktema IV, 151-160
Herter,H. (1963): Die kulturhistorische Theorie der hippokratischen Schrift von der Alten Medizin, Maia XV, 464-483
Herzog,R. (Hsg.) (1989): Restauration und Erneuerung, Die Lateinische Literatur von 284 bis 374 n.Chr., München
Hesberg,H.v. (1987): Mechanische Kunstwerke und ihre Bedeutung für die höfische Kunst des frühen Hellenismus, in: Marburger Winckelmann-Programm 47-72
Heubeck,A. (1974): Die homerische Frage, Darmstadt
Heurgon,J. (1976): L'agronome carthaginois Magon et ses traducteurs en latin et en grec, CRAI, 441-456
Hieber,L. (1982): Die aristotelische Naturphilosophie und der epistemologische Bruch der neuzeitlichen Wissenschaft, in: Hieber,L. u. Müller,R.W. (Hsg.): Gegenwart der Antike, Zur Kritik bürgerlicher Auffassungen von Natur und Gesellschaft, Frankfurt/M., New York, 170-182
Hill,D.R. (1976): On the Construction of Water-Clocks. Kitab Arshimidas fi amal albinkamat, ed. and transl. by Hill,D.R., Occasional Papers IV, London
Hill,D.R. (1984 ND 1997): A History of Engineering in Classical and Medieval Times, London, Sydney

Hiller,F. (1965): Zum Kanon Polyklets, Marburger Winckelmann-Programm 1-15
Hodge,A.T. (1991): Future Currents in Aqueduct Studies, Melksham
Hodges,H. (1970 ND 1996): Technology in the Ancient World, London, New York
Höckmann,O. (1985): Antike Seefahrt, München
Hörle,J. (1929): Catos Hausbücher, Paderborn
Hofmann,J.B. u. Szantyr,A. (1965), Lateinische Syntax und Stilistik, München
Hohenstein,H. (1935): Der Arzt Mnesitheos aus Athen, mit einer Sammlung der Fragmente, Diss. Berlin
Holloway,R.R. (1969): Architect and Engineer in Archaic Greece, Harvard Studies in Classical Philology LXXIII, 281-290
Hoof,H. (1986): Zur Entwicklung des Fahrwerks im Zeitalter der Technik, in: W.Treue (Hsg.): Achse, Rad und Wagen, Göttingen, 313-359
Horstmannshoff,H.E.J. (1995): Galen and his patients, in: van der Eijk,P.J. u. Horstmannshoff,H.F.J. u. Schrijvers,P.H. (Hsgg.): Ancient Medicine in its Socio-Cultural Context I, Amsterdam, Atlanta, 83-99
Houston,G.W. (1989-1990): The State of the Art: Current Work in the Technology of Ancient Rome, The Classical Journal LXXXV, 63-80
Hoven,B.van den (1996): Work in Ancient and Medieval Thought - Ancient Philosophers, Medieval Monks and and Theologians and their Concept of Work, Occupations and Technology, Amsterdam
Howe,N.P. (1985): In Defense of the Encyclopaedic Mode: On Pliny's Preface to the Natural History, Latomus XLIV, 561-576
Hufeld,D (1990): Kostbarkeiten wissenschaftlich-technischer Literatur aus dem Bestand der Technischen Zentralbibliothek der DDR/Universitätsbibliothek Dresden, Dresden
Hughes,T.P. (1978): Neue Themen und Ergebnisse der Technikgeschichtsschreibung in den USA, Geschichte und Gesellschaft IV, 258-271
Hultsch,F. (1899): Winkelmessung durch die Hipparchische Dioptra, Abhandlungen zur Geschichte der Mathematik IX, 191-209
Humphrey,J.W. u. Oleson,J.P. u. Sherwood,A.N. (1998): Greek and Roman Technology, A Sourcebook, London, New York
Humphreys,S.C. (1978): Anthropology and the Greeks, London
Hunger,H. (1978): Die hochsprachliche profane Literatur der Byzantiner, HdAW XII 5,1-2, München
Huxley,G.L. (1959): Anthemius of Tralles - A Study in Later Greek Geometry, Greek, Roman and Byzantine Monographs 1, Cambridge Mass.
Ierodiakonou,K. (1995): Alexander of Aphrodisias on medicine as a stochastic art, in: van der Eijk,P.J. u. Horstmannshoff,H.F.J. u. Schrijvers,P.H. (Hsgg.): Ancient Medicine in its Socio-Cultural Context II, Amsterdam, Atlanta, 473-485
Ilberg,G. (1930): Rufus von Ephesos, Ein griechischer Arzt in trajanischer Zeit, Abh. Sächs. Akad. Wiss.
Ilzhöfer,V. (1996, 2. Aufl.), Patent-, Marken- und Urheberrecht, München
Irmer,D. (1977): Palladius. Kommentar zu Hippokrates 'De fracturis' und seine Parallelversion unter dem Namen des Stephanus von Alexandria, Hamburger philologische Studien 45, Hamburg, 16-89
Isager,J. (1991): Pliny on Art and Society, Odense
Isnardi Parente,M. (1961): Techne, La parola del passato 16, 257-296
Isnardi Parente,M. (1966): Techne, Momenti del pensiero greco da Platone a Epicuro, Firenze
Isnardi Parente,M. (1991): Filosofia e scienza nel pensiero ellenistico, Napoli
Jackson,R. (1995): The composition of Roman medical instrumentaria as an indicator of medical practice: a provisional assessment, in: van der Eijk,P.J. u. Horstmannshoff,H.F.J. u. Schrijvers,P.H. (Hsgg.): Ancient Medicine in its Socio-Cultural Context I, Amsterdam, Atlanta, 189-207
Jacques,J.-M. (1979): Nicandre de Colophon poète et médecin, Ktema IV, 133-149
Jaeger,W. (1938): Diokles von Karystos, Berlin
Jähns,M. (1889): Geschichte der Kriegswissenschaften, München, Leipzig
Jaggi,O.P. (1981): Technology in Ancient India, Delhi, Lucknow
Jahn,J. (1975): Zur Geld- und Wirtschaftspolitik Diokletians, JNG 25, 91-105
Jaki,S.L. (1983): The Greeks of Old and the Novelty of Science, in: Aretes Mneme. Aphieroma eis mnemen tou Konstantinou I. Bourbere, Athen, 263-277
James,P. u. Thorpe,N. (1995): Ancient Inventions, London

Jeancolas,L. (1986): Les aqueducs antiques de Lyon, Avignon
Jetter,D. (1992): Geschichte der Medizin, Stuttgart
Jex-Blake,K. u. Sellers,E. (1896) ND (1977, 2. Aufl.): The Elder Pliny's Chapters on the History of Art, London, ND Chicago
Jaubert,P. (1766) (ND 1773): Dictionnaire raisonnée universel des arts et metiers, contenant l'histoire, la description, la police des fabriques et manufactures de France [et] des Pays Etrangers..., Paris
Johnson,S. (1983): Late Roman fortifications, London
Joly,R. (Hsg.) (1977): Corpus Hippocraticum, Actes du Colloque Hippocratique de Mons, Mons
Jones, G.M.Longfield (1986): A Graeco-Roman Speculum in the Wellcome Museum, Med. Hist. 30, 81-89
Jones,A.H.M. (1964): The Later Roman Empire 284-602 III, Oxford
Jones,G.D.B. (1980): The Roman Mines at Rio Tinto, JRS LXX, 146-165
Jones,W.H.S. (1947): The Medical Writings of Anonymus Londinensis, Cambridge
Jori,A. (1995), Le pepaideumenos et la médicine, in: van der Eijk,P.J. u. Horstmannshoff,H.F.J. u. Schrijvers,P.H. (Hsgg.): Ancient Medicine in its Socio-Cultural Context II, Amsterdam, Atlanta, 411-424
Jouanna,J. (1979): Une double comparaison tressée chez Hippocrate, Ktema IV, 121-131
Jouanna,J. (1989): Place des Épidémies dans la Collection hippocratique: le critère de la terminologie, in: Baader,G. u. Wienau,R., Hippokratischen Epidemien, Theorie - Praxis - Tradition, Verhandlungen des Ve Colloque international hippocratique, Stuttgart, 60-87
Jouanna,J. (1992a): La naissance de la science de l'homme chez les médecins et les savants à l'époque d'Hippocrate: problèmes de méthode, in: López Férez,J.A. (Hsg.): Tratados hipocráticos (Estudios acerca de su contenido, forma e influenca), Actas del VIIe colloque international hippocratique, Madrid, 91-111
Jouanna,J. (1992b): Hippocrate, Paris
Jouffroy,H. (1986): La Construction Publique en Italie et dans l'Afrique romaine, Strasbourg
Jourdan,P. (1919): Notes de critique verbale sur Scribonius Largus, Paris
Jürss,F. (Hsg.) (1982): Geschichte des wissenschaftlichen Denkens im Altertum, Berlin
Jüthner,J. (1902): Der Gymnastikos des Philostratos. Eine textgeschichtliche und textkritische Untersuchung, SB Kais. Akademie der Wissenschaften zu Wien, Phil.-hist. Kl. CXLV, Wien
Jung,H. (1986): Buch 18 und 19 der Geoponica, Übersetzung und Besprechung, Diss. vet. München
Kádár,Z. u. Berényi-Révész,M. (1986), Die Anthropologie des Plinius Maior, ANRW II 32,4,2201-2224
Kämpf,P. (1984): Die Kapitel über Erkrankungen im Brustraum und Hufrehe im Corpus Hippiatricorum Graecorum - Übersetzung und Besprechung, Diss. vet. München
Kaiser,N. (1990): Schriftquellen zu Polyklet, in: Beck,H. u. Bol,P.C. u. Bückling,M. (Hsgg.): Polyklet, Frankfurt/M., 48-78
Kaltenstadler,W. (1978): Arbeitsorganisation und Führungssystem bei den römischen Agrarschriftstellern, Stuttgart
Kee,H.C. (1986) ND (1987): Medicine, Miracle and Magic in New Testament Times, Cambridge, New York, New Rochelle, Melbourne, Sydney
Keenan,J.G. u. Shelton,J.C. (1971): Four Papyri from Second-Century Tebtunis, ZPE 7, 173-175
Kehoe,D.M. (1988a): Allocation of Risk and Investment on the Estates of Pliny the Younger, Chiron XVIII, 15-42
Kehoe,D.M. (1988b): The Economics of Agriculture on Roman Imperial Estates in North Africa, Göttingen
Kehoe,D.M. (1989): Approaches to Economic Problems in the "Letters" of Pliny the Younger: the question of risk in agriculture, ANRW II 33,1,555-590
Kehoe,D.M. (1993): Investment in Estates by Upper-Class Landowners in Early Imperial Italy: The Case of Pliny the Younger, in: Sancisi-Weerdenburg,H. u. van der Spek,R.J. u. Teitler,H.C. u. Wallinga,H.T. (Hsgg.): De agricultura, FS de Neeve,P.W., Amsterdam, 214-237
Kehoe,D.P. (1994): Approaches to Profit and Management in Roman Agriculture: The Evidence of the Digest, in: Carlsen,J. u. Ørsted,P. u. Skydsgaard,J.E. (Hsgg.): Landuse in the Roman Empire, Analecta Romana Instituti Danici, Roma, 45-58
Keil,J. (1905): Ärzteinschriften aus Ephesos, Jahresh. Oesterr. Arch. Inst. Wien 8, 128-138
Keil,J. (1926): Vorläufiger Bericht, Jahresh. Oesterr. Arch. Inst. Wien 23, 249-299

Kellermann,R. u. Treue,W. (1962, 2. Aufl.): Die Kulturgeschichte der Schraube, München
Keppie,L. (1984): The Making of the Roman Army, London
Kerferd,G.B. (1981): The Sophistic Movement, Cambridge
Kessioglu,A (1993): Die fünfte Vorrede in Vitruvs "De Architectura", Frankfurt/M., Berlin, Bern, New York, Paris, Wien
Keuls,E.C. (1995): The Greek medical texts and the sexual ethos of ancient Athens, in: van der Eijk,P.J. u. Horstmannshoff,H.F.J. u. Schrijvers,P.H. (Hsgg.): Ancient Medicine in its Socio-Cultural Context I, Amsterdam, Atlanta, 261-273
Kidd,I.G. (1978): Philosophy and Science in Posidonius, Antike und Abendland XXIV, 7-15
Kiechle,F. (1965a): Das Problem der Stagnation des technischen Fortschritts in der römischen Kaiserzeit, Geschichte in Wissenschaft und Unterricht XV, 89-99
Kiechle,F. (1965b): Die 'Taktik' des Flavius Arrianus, 45. Bericht der Römisch-Germanischen Kommission, Berlin, 87-129
Kiechle,F. (1967): Zur Verwendung der Schraube in der Antike, Technikgeschichte XXXIV, 14-22
Kiechle,F. (1969): Sklavenarbeit und technischer Fortschritt im Römischen Reich, Wiesbaden
Kiechle,F. (1977): Die Entwicklung der Brandwaffen im Altertum, Historia XXVI, 253-256
Kiefer,J.S. (1964): Galen's Institutio Logica, Baltimore
Kienast,H.J. u. Meissner,Bernd (1995): Die Wasserleitung des Eupalinos auf Samos, Bonn
Kilinski,K. (1986): Boeotian Trick Vases, AJA XC, 153-158
Kinzig,W. (1994): Novitas Christiana. Die Idee des Fortschritts in der Alten Kirche bis Eusebius, Göttingen
Kirk,G.S. u. Raven,J.E. u. Schofield,M. (Hsgg.) (1983, 2. Aufl.): The Presocratic Philosophers, Cambridge
Klein,R. (1989): Rez. Brandt,H. (1988), Zeitkritik in der Spätantike, München, Gymnasium 96, 250-252
Kleingünther,A. (1933): *Πρῶτος εὑρετής* - Untersuchungen zur Geschichte einer Fragestellung, Philologus Suppl. XXVI 1, Leipzig
Kloft,H. (1984): Arbeit und Arbeitsverträge in der griechisch-römischen Welt, Saeculum 35, 200-221
Kloft,H. (1992): Die Wirtschaft der griechisch-römischen Welt, Darmstadt
Knell,H. (1980): Grundzüge der griechischen Architektur, Darmstadt
Knell,H. (1989): Vitruvius Kritik an Bau- und Kunstwerken seiner Zeit, MDAI(I) XXXIX, 281-288
Knell,H. (1991, 2. Aufl.): Vitruvs Architekturtheorie, Darmstadt
Knoedler,G. (1988): Geschichte des Baubetriebes, hrsg. v. Informationszentrum Raum und Bau d. Fraunhofer-Gesellschaft, Stuttgart
Knorr,W.R. (1978): Archimedes and the Spirals - The Heuristic Background, Historia Mathematica V, 43-75
Knorr,W.R. (1986): Ancient Sources of the Medieval Tradition of Mechanics - Greek, Arabic and Latin Studies of the Balance, Annali dell'Istituto e Museo di Storia della Scienza, Supplemento, Monogr. 6,2, Firenze
Knutzen,G.H. (1963): Technologie in den hippokratischen Schriften *Περὶ διαίτης ὀξέων*, *Περὶ ἀγμῶν*, *Περὶ ἄρθρων ἐμβολῆς*, Abh. Akad. Wiss. u. Lit. Mainz, Geistes- u. Soz.wiss. Kl. XIV
Koch,H. (1951): Vom Nachleben des Vitruv, Baden-Baden
Koelbing,H.M. (1977): Arzt und Patient in der antiken Welt, Zürich, München
Körte,A. (1913): Literarische Texte mit Ausschluß der christlichen, Archiv für Papyrusforschung VI, 223-268
Körte,A. (1939): Literarische Texte mit Ausschluß der christlichen, Archiv für Papyrusforschung XIII, 78-132
Köster,A. (1934 ND 1963): Studien zur Geschichte des antiken Seewesens, Wiesbaden, ND Aalen
Köves-Zulauf,T. (1972): Reden und Schweigen - Römische Religion bei Plinius Maior, München
Köves-Zulauf,T. (1973): Die Vorrede der plinianischen "Naturgeschichte", Wiener Studien 86, 133-184
Kołendo,J. (1968): Postep techniczny a problem sily robotniczny w rolnictwie starozytny Italii, Wrocław, Warszawa, Krakow; ital.: Kołendo,J. (1980): L'Agricoltura Romana: Tecniche agrarie e progresso economico dalla tarda Repubblica al Principato, Roma

Kolb,F. (1980): Finanzprobleme und soziale Konflikte aus der Sicht zweier spätantiker Autoren (Scriptores Historiae Augustae und Anonymus de rebus bellicis), in: Eck,W. u. Galsterer,H. u.Wolff,H. (Hsgg.): Studien zur antiken Sozialgeschichte, FS F.Vittinghoff, Köln u. Wien, 497-527

Koller,H. (1955): ΕΓΚΥΚΛΙΟΣ ΠΑΙΔΕΙΑ, in: Johann,H.-T. (1976) (Hsg.): Erziehung und Bildung in der heidnischen und christlichen Antike, Darmstadt, 5-21

Kollesch,J. (1966): Zur Geschichte des medizinischen Lehrbuches in der Antike, in: R.Blaser (Hsg.): Aktuelle Probleme aus der Geschichte der Medizin, Verhandlungen des 19. Internationalen Kongresses für Geschichte der Medizin, Basel, New York, 203-208

Kollesch,J. (1979): Ärztliche Ausbildung in der Antike, Klio LXI, 507-513

Kollesch,J. (1988): Anschauungen von den ἀρχαί in der Ars medica und die Seelenlehre Galens, in: Manuli,P. u. Vegetti,M. (Hsgg.): Le opere psicologiche di Galeno, Napoli, 215-229

Kollesch,J. u. Nickel,D. (Hsgg.) (1994): Antike Heilkunst, Stuttgart

Kollias,T.G. (1988): Byzantinische Waffen - Ein Beitrag zur byzantinischen Waffenkunde von den Anfängen bis zur lateinischen Eroberung, Byzantina Vindobonensia XVII, Wien

Korpela,J. (1995): Aromatari, pharmacopolae, thurarii et ceteri. Zur Sozialgeschichte Roms, in: van der Eijk,P.J. u. Horstmannshoff,H.F.J. u. Schrijvers,P.H. (Hsgg.): Ancient Medicine in its Socio-Cultural Context I, Amsterdam, Atlanta, 101-118

Korpela,J. (1987): Das Medizinpersonal im antiken Rom, Helsinki

Koselleck,R. (1979): Historia Magistra Vitae, in: ders., Vergangene Zukunft, Frankfurt/M., 38-66

Koselleck,R. u. Meier,C. u. Engels,O. u. Günther,H. (1975): Geschichte, Historie, in: Brunner,O. u. Conze,W u. Koselleck,R. (Hsgg.): Geschichtliche Grundbegriffe II, Stuttgart, 593-717

Koyré,A. (1967): Dal mondo del pressapoco all'universo della precisione, Torino

Krämer,H.J. (1959): Arete bei Platon und Aristoteles, Abh. Heidelb. Akad. Wiss., Phil.-hist. Kl. VI, Heidelberg

Krafft,F. (1966): Bemerkungen zur mechanischen Technik und zu ihrer Darstellung in der klassischen Antike, Technikgeschichte XXXIII, 121-159

Krafft,F. (1967): Die Anfänge der theoretischen Mechanik und die Wandlung ihrer Stellung zur Wissenschaft von der Natur, in: Baron,W. (Hsg.): Beiträge zur Methodik der Wissenschaftsgeschichte, Wiesbaden, 12-33

Krafft,F. (1970): Dynamische und statische Betrachtungsweise in der antiken Mechanik, Wiesbaden

Krafft,F. (1973): Kunst und Natur - Die Heronische Frage und die Technik in der Klassischen Antike, Antike u. Abendland XIX, 1-19

Krafft,F. (1979): Alte und Neue Physik, in: Scriba,C.J. (Hsg.): Disciplinae novae, FS Schimank,H., Göttingen, 45-63

Krafft,F. (1980): Der Wandel der Auffassung von der antiken Naturwissenschaft und ihres Bezuges zur modernen Naturforschung, in: Boer, W. den (Hsg.): Les études classiques aux XIXe et XXe siècles: Leur place dans l'histoire des idées, Vandœvres-Genèves, 241-304

Krafft,F. (1994): Die "Copernicanische Revolution", Antike und Abendland XL, 1-30

Kranzberg,M. u. Pursell,C.W. (1967): Technology in Western Civilization, New York

Krapp,H. (1988): Zum naturwissenschaftlichen und technischen Moment bei Thukydides, Technikgeschichte LV, 241-253

Kraus,C. (1986): Buch 13 und 15 der Geoponica, Übersetzung und Besprechung, Diss. vet. München

Krause,J.-U. (1987): Spätantike Patronatsformen im Westen des römischen Reiches, München

Krenkel,W.A. (1994): Technik in der Antike, Göttingen

Kretzschmer,F. (1983, 5. Aufl.): Bilddokumente römischer Technik, Düsseldorf

Krischer,T. (1995): Die Rolle der Magna Graecia in der Geschichte der Mechanik, Antike und Abendland XLI, 60-71

Kromayer,J. u. Veith,G. (1928): Heerwesen und Kriegführung der Griechen und Römer, München

Krüger,J. (1981): Buch IX der Mulomedicina Chironis - Übersetzung und Besprechung, Diss. vet. München

Krug,A. (1985): Heilkunst und Heilkult, München

Kube,J. (1969): Τέχνη und ἀρετή, Berlin

Kudlien,F. (1967): Der Beginn des medizinischen Denkens bei den Griechen, Zürich

Kudlien,F. (1970): Medical Education in Classical Antiquity, in: O'Malley,C.D., (Hsg.): The History of Medical Education, Berkeley, Los Angeles, 3-37
Kudlien,F. (1979): Der griechische Arzt im Zeitalter des Hellenismus, Abh. Akad. Mainz, Geistes- u. Soz.Wiss. Kl. 6, Wiesbaden
Kudlien,F. (1986): Die Stellung des Arztes in der römischen Gesellschaft, Forschungen zur antiken Sklaverei XVIII, Wiesbaden
Kudlien,F. u. Durling,R.J. (Hsgg.) (1991): Galen's Method of Healing, Proceedings of the 1982 Galen Symposium, Leiden, New York, København, Köln
Kühnert,F. (1967): Allgemeinbildung und Fachbildung in der Antike, Berlin
Künzl,E. (1995): Ein archäologisches Problem: Gräber römischer Chirurginnen, in: van der Eijk,P.J. u. Horstmannshoff,H.F.J. u. Schrijvers,P.H. (Hsgg.): Ancient Medicine in its Socio-Cultural Context I, Amsterdam, Atlanta, 309-319
Küppers,J. (1987): Das Proömium der 'Cynegetica' Nemesians. Ein Exemplum spätlateinischer Klassikerrezeption, Hermes 115, 473-498
Kugelhofer,H. (1961): Römische Technik, Zürich, Stuttgart
Kunkel,W. (1967, 2. Aufl.): Herkunft und soziale Stellung der römischen Juristen
Kunze,E. (1956): Ein Rammbock, in: Kunze,E., 5. Bericht über die Ausgrabungen in Olympia, Berlin, 75-78
Lämmli,F. (1968): Homo Faber: Triumph, Schuld, Verhängnis?, Basel
Lammert,F. (1931): Die römische Taktik zu Beginn der Kaiserzeit und die Geschichtsschreibung, Philologus Suppl. 23,2, Leipzig
Lammert,F. (1938): Zu den Poliorketikern Apollodoros und Athenaios und zur Poliorketik des Vitruvius, Rhein. Mus. LXXXVII, 304-333
Lammert,F. (1941): Griechisches Kriegswesen, in: Bursians Jahresberichte über die Fortschritte der Altertumswissenschaft CCLXXIV, 1-114
Lammert,F. (1951): Julius Afrikanus und die byzantinische Taktik, Byzantinische Zeitschrift, 362-369
Lamprecht,H.O. (1991): Rationalisiertes Bauen durch opus caementicium (Zusammenfassung), in: Hoffmann,A. u. Schwandner,E.-L. u. Hoepfner,W. u. Brands,G. (Hsgg.): Bautechnik in der Antike, Mainz, 137-139
Lamprecht,H.O. (1996, 5. Aufl.): Opus Caementitium - Bautechnik der Römer, Düsseldorf
Lamprecht,W. (1976): Die geburtshilflichen und gynäkologischen Probleme in der Mulomedicina Chironis, Diss. vet. München
Lana,I. (1953): Sextiorum nova et Romani roboris secta, Riv. Filol. Class., (1953) 1-26 u. 209-234 = Lana,I., Studi sul pensiero politico classico, Napoli, (1973) 339-384
Lana,I. (1980): Scienza e politica in età imperiale romana, in: AAVV, Tecnologia, economia e società nel mondo romano, Como, 21-43
Landels,J.G. (1989, 4. Aufl.): Die Technik in der antiken Welt, München [Engineering in the Ancient World, London (1978), dt.].
Landels,J.G. (1966): Ship-Shape and Sambuca-Fashion, JHS LXXXVI, 69-77
Lander,J. (1984): Roman Stone Fortifications: Variation and Change from the First Century A.D. to the Fourth, Oxford
Langmann,G. u. Firneis,M. u. Hölbl,G. (1984): Die ägyptische Wasserauslaufuhr aus Ephesos, JÖAI LV, 1-67
Lasserre,F. u. Mudry,P. (Hsgg.) (1983): Formes de pensée dans la collection Hippocratique, Genève
Lawrence,A.W. (1946): Archimedes and the Design of the Euryalus Fort, JHS LXVI, 99-107
Lawrence,A.W. (1979): Greek Aims in Fortification, Oxford
Lee,D. (1973): Science, Philosophy and Technology in the Greco-Roman World, Greece and Rome XX, 65-78 u. 180-193
Lefèvre,E. (1987): Plinius-Studien III: Die Villa als geistiger Lebensraum (1,3; 1,24; 2,8; 6,31; 9,36), Gymnasium XCIV, 247-262
Lejeune,A. (1947): La dioptre d'Archimède, Annales de la Scocieté Scientifique de Bruxelles LXI, 27-47
Lejeune,A. (1957): La science grecque a-t-elle atteint le stade expérimental? Revue des Questions Scientifiques CXXVIII, 321-343

Lendle,O. (1975a): Die Sambyke des Damios, in: Cobet,J. u. Leimbach,R. u. Neschke-Hentschke,A.B. (Hsgg.): Dialogos, FS Patzer,H., Wiesbaden

Lendle,O. (1975b): Schildkröten - Antike Kriegsmaschinen in poliorketischen Texten, Wiesbaden

Lendle,O. (1981): Antike Kriegsmaschinen, Gymnasium LXXXVIII, 330-356

Lendle,O. (1983): Texte und Untersuchungen zum technischen Bereich der antiken Poliorketik, Wiesbaden

Lenk,H. u. Moser,S. (Hsgg.) (1973): Techne, Technik, Technologie, Pullach

Lenk,H. (1982): Zur Sozialphilosophie der Technik, Frankfurt/M.

Leriche,P. u. Tréziny,H. (Hsg.) (1986): La fortification dans l'histoire du monde grec, Paris

Leroi-Gourhan,A. (1980): Hand und Wort - Die Evolution von Technik, Sprache und Kunst, Frankfurt/M.

Leschhorn,I.-E. (1985): Der Gesundheits- und Krankheitsbegriff in der griechischen Antike von Homer bis Demokrit, Diss. phil. Aachen

Letocha,M. u. Hesse,P. (Hsgg.) (1986): Bibliographie zur Geschichte der Technik XXV, Dresden

Leupold,J. (1724): Theatrum Machinarum Generale. Schauplatz des Grundes mechanischer Wissenschaften, das ist: Deutliche Anleitung zur Mechanic oder Bewegungs-Kunst, darinnen nicht nur die fünf einfachen Rüst-Zeuge und die dabey nöthigen Lehr-Sätze deutlich erkläret etc., Leipzig

Leupold,J. (1726): Theatrum Pontificiale, Oder Schau-Platz der Brücken und Brücken-Baues, Das ist: Eine deutliche Anweisung, Wie man nicht nur auf mancherley Arth über Gräben, Bäche und Flüsse gelangen, auch so gar in Wassers-Noth mit gewissen Machinen und besondern Habit sein Leben retten kan etc., Leipzig

Leven,K.H. (1995): Athumia and philanthrôpia. Social reactions to plagues in late antiquity and early Byzantine society, in: van der Eijk,P.J. u. Horstmannshoff,H.F.J. u. Schrijvers,P.H. (Hsgg.): Ancient Medicine in its Socio-Cultural Context II, Amsterdam, Atlanta, 393-407

Lévy,E. (1979): L'artisan dans la Politique d'Aristote, Ktema IV, 31-45

Lichtenthaeler,C. (1984): Der Eid des Hippokrates - Ursprung und Bedeutung, Köln

Lichtenthaeler,C. (1987, 4. Aufl.): Geschichte der Medizin, Köln

Liddell,H.G. u. Scott,R. u. Jones,H.S. u. McKenzie,R. (1940, 9. Aufl. erw. ND 1996): A Greek-English Lexicon, Oxford

Lieber,E. (1972): Galen, Physician as Philosopher, Koroth 6, 52-57

Lieber,E. (1979): Galen, Physician as Philosopher, Maimonides, Philosopher as Physician, Bull. hist. med. 53, 268-285

Lloyd,G.E.R. (1962): Right and Left in Greek Philosophy, JHS LXXXII, 50-66, ern. in: Lloyd (1991) 27-48

Lloyd,G.E.R. (1963): Who is attacked in On Ancient Medicine?, Phronesis VIII, 108-116, ern. in: Lloyd (1991) 49-69

Lloyd,G.E.R. (1964): The Hot and the Cold, The Dry and the Wet in Greek Philosophy, JHS LXXXIV, 92-106

Lloyd,G.E.R. (1966): Polarity and Analogy: Two Types of Argumentation in Early Greek Thought, Cambridge

Lloyd,G.E.R. (1968a): Aristotle: The Growth and Structure of his Thought, Cambridge

Lloyd,G.E.R. (1968b): Plato as a Natural Scientist, JHS LXXXVIII, 78-92

Lloyd,G.E.R. (1984): Aspects of science, folklore and ideology in the ancient world, in: Giannantoni,G. u. Vegetti,M. (Hsgg.): La scienza ellenistica, Napoli, 395-426

Lloyd,G.E.R. (1970): Early Greek Science, London

Lloyd,G.E.R. (1973): Greek Science after Aristotle, London

Lloyd,G.E.R. (1975): The Hippocratic Question, Classical Quarterly XXV, 171-192, ern. in: Lloyd (1991) 194-223

Lloyd,G.E.R. (1979): Magic, Reason and Experience, Studies in the Origin and Development of Greek Science, Cambridge, London, New York, Melbourne

Lloyd,G.E.R. (1981): Science and Mathematics, in: Finley,M. (Hsg.): The Legacy of Greece, Oxford, 256-300

Lloyd,G.E.R. (1982): Observational error in later Greek science, in: Brunschwig,J. u. Burnyeat,M. u. Schofield,M. (Hsgg), Science and Speculation - Studies in Hellenistic Theory and Practice, Cambridge, Paris, 128-164

Lloyd,G.E.R. (1984, 2. Aufl.): Hellenistic Science, in: Walbank,F.W. u. Astin,A.E. u. Frederiksen,M.W. u. Ogilvie ,R.M. (Hsgg.): The Cambridge Ancient History VII 1, Cambridge, 321-352

Lloyd,G.E.R. (1985): Science and Morality in Greco-Roman Antiquity, Cambridge

Lloyd,G.E.R. (1988a): Scholarship, Authority and Argument in Galen's Quod animi mores, in: P.Manuli u. M.Vegetti (Hsgg.): Le opere psicologiche di Galeno, Napoli, 11-42

Lloyd,G.E.R. (1988b): Greek Philosophy, in: Grant,M. u. Kitzinger,R. (Hsgg), Civilization of the Ancient Mediterranean - Greece and Rome II, 1585-1636

Lloyd,G.E.R. (1988c): The Revolutions of Wisdom, Studies in the claims and practice of ancient Greek Science, Berkeley

Lloyd,G.E.R. (1988d): Theories of Progress and Evolution, in: Grant, M. u. Kitzinger,R. (Hsgg.): Civilization of the Ancient Mediterranean - Greece and Rome I, New York, 265-275

Lloyd,G.E.R. (1990): Plato and Archytas in the Seventh Letter, Phronesis XXXV, 159-224

Lloyd,G.E.R. (1991): Methods and Problems in Greek Science, Selected papers, Cambridge

Lloyd,G.E.R. (1992a): Methods and Problems in the History of Ancient Science - The Greek Case, Isis LXXXIII, 564-577

Lloyd,G.E.R. (1992b): The Transformations of Ancient Medicine, Bulletin of the History of Medicine LXVI, 114-132

Lloyd,G.E.R. (1993a): Galen on Hellenistics and Hippocrateans: contemporary battles and past authorities, in: Kollesch,J. u. Nickel,D. (Hsgg.): Galen und das hellenistische Erbe, Sudhoffs Archiv Beihefte XXXII, Stuttgart, 125-143

Lloyd,G.E.R. (1993b): L'idée de nature dans la Politique d'Aristote, in: Aubenque,P. u. Tordesillas,A (Hsgg.): Aristote politique - Études sur la Politique d'Aristote, Paris, 135-159

Lloyd,G.E.R. (1994, 2. Aufl.): Greek Culture and Science - Medicine, in: Lewis,D.M. u. Boardman,J. u. Hornblower,S. u. Ostwald,M. (Hsgg.): The Cambridge Ancient History VI, Cambridge, 634-646

Lloyd,G.E.R. (1996): Aversaries and Authorities - Investigations into ancient Greek and Chinese science, Cambridge

Löbl,R. (1997): TEXNH - Techne: Untersuchungen zur Bedeutung dieses Worts in der Zeit von Homer bis Aristoteles, I: Von Homer bis zu den Sophisten, Würzburg

Loewy,E. (1885): Inschriften griechischer Bildhauer, Leipzig

Lohs,H. (1986): Technischer Fortschritt und die Genese autonomer Lebensgestaltung, Diss. München

Lombroso Ferrero,G. (1920): Pourquoi le machinisme ne fut pas adopté dans l'antiquité, Revue du Mois XXI, 448-469

Longrigg,J. (1995): Medicine and the Lyceum, in: van der Eijk,P.J. u. Horstmannshoff,H.F.J. u. Schrijvers,P.H. (Hsgg.): Ancient Medicine in its Socio-Cultural Context II, Amsterdam, Atlanta, 431-445

Longrigg,J. (1993): Greek Rational Medicine, London, New York

Lonie,I.M. (1983): Literacy and the Development of Hippocratic Medicine, in: F.Lasserre u. P.Mudry (Hsgg.): Formes de pensée dans la Collection Hippocratiques, Actes du IVe Colloque International Hippocratique, Genève, 145-161

Lorenz,G. (1990): Antike Krankenbehandlung in historisch-vergleichender Sicht. Studien zum konkret--anschaulichen Denken, Heidelberg

Loreto,L. (1995): Il Generale e la biblioteca. La trattatistica militare greca da Democrito d Abdera ad Alessio I Comneno, in: Cambiano,G. u. Canfora,L. u. Lanza,D. (Hsgg.): Lo spazio letterario della Grecia antica II, Roma, 563-589

Lovejoy,A.O. u. Boas,G. (1935): Primitivism and Related Ideas in Antiquity, Baltimore

Ludwig,K.H. (1964): Grundfragen der Technikgeschichte, Geschichte in Wissenschaft und Unterricht XV, 75-83

Ludwig,K.H. u. Schmidtchen,V. (1992): Metalle und Macht, Propyläen Technikgeschichte, Berlin

Lundström,V. (1897): Magostudien, Eranos II, 60-67

Lugli,G. (1957): La tecnica edilizia romana, Roma

MacDonald,W.L. (1965): The Architecture of the Roman Empire, New Haven, London

Mackensen,L. (1977), Deutsche Etymologie - Ein Leitfaden durch die Geschichte des deutschen Wortschatzes, Birsfelden, Basel

McNutt,P.M. (1990): The Forging of Israel - Iron Technology, Symbolism and Tradition in Ancient Society, Sheffield

Maehler,H. u. Strocka,V. (Hsgg.) (1978): Das ptolemäische Ägypten, Akten des Internationalen Symposiums 27.-29.9.1976 in Berlin, Mainz

Maggiulli,G. (1992a): Il proemio al «De insitione» attribuito a Palladio e l'epistola prefatoria apocrifa, in: Santini,C. u. Scivoletto,N. (Hsgg), Prefazioni, prologhi, proemi di opere tecnico-scientifiche latine II, Roma, 841-857

Maggiulli,G. (1992b): La prefatio all'Opus agriculturae di Palladio Rutilio Tauro Emiliano, in: Santini,C. u. Scivoletto,N. (Hsgg.): Prefazioni, prologhi, proemi di opere tecnico-scientifiche latine II, Roma, 825-839

Mahaffy,J.P. (1890): The Work of Mago on Agriculture, Hermathena VII, 29-35

Majumdar,G.P. (1951): The History of Botany and Allied Sciences (Agriculture, Medicine, Arbori--Horticulture) in Ancient India (c. 2000 B.C. to 100 A.D.) (1951), ern. in: D.Chattopadhyaya, Studies in the History of Science in India I, New Delhi, (1982) 364-411

Maloney,G. u. Savoie,R. (1982): Cinq cents ans de bibliographie hippocratique (1473-1982), Ste.-Jean--Chrysostome, Québec

Mannsperger,D. (1969): Physis bei Platon, Berlin

Marasco,G. (1995): L'introduction de la médecine grecque à Rome: une dissension politique et idéologique, in: van der Eijk,P.J. u. Horstmannshoff,H.F.J. u. Schrijvers,P.H. (Hsgg.): Ancient Medicine in its Socio-Cultural Context I, Amsterdam, Atlanta, 35-48

Maróti,E. (1975): Über die Verbreitung der Wassermühlen in Europa, Acta Antiqua Academiae Scient. Hung. XXIII 3-4, 255-280

Marchetti,S.C. (1992), Filosofia e ideologia nella 'Naturalis Historia' di Plinio, ANRW II 36,5,3249-3306.

Marchis,V. (1994): Storia delle macchine, Roma, Bari

Marenghi,G. (1965): Aristotele, Problemi di Medicina, Milano

Marquard,O. (1981): Der angeklagte und der entlastete Mensch, in: ders., Abschied vom Prinzipiellen, Stuttgart (1981) 39-66

Marrou,H.-I. (1955) dt. (1957): Histoire de l'éducation dans l'antiquité, Paris; dt.: Geschichte der Erziehung im klassischen Altertum, Freiburg, München

Marsden,E.W. (1969): Greek and Roman Artillery. Historical Development, Oxford

Marsden,E.W. (1971): Greek and Roman Artillery. Technical Treatises, Oxford

Martin,R. (1965): Manuel d'architecture grecque I: Materiaux et techniques, Paris

Martin,R. (1971): Recherches sur les agronomes latins et leurs conceptions économiques et sociales, Paris

Marx,K. (1978): Das Elend der Philosophie, Frankfurt/M.

Marx,K. (1971): Das Kapital, MEW XXIII, Berlin

Mastrocinque,A. (1995): Les médecins des Séleucides, in: van der Eijk,P.J. u. Horstmannshoff,H.F.J. u. Schrijvers,P.H. (Hsgg.): Ancient Medicine in its Socio-Cultural Context I, Amsterdam, Atlanta, 143-151

Mathieu,B. (1987): Archytas de Tarente pythagoricien et ami de Platon, Bull. de l'Association G.Budé, 239-255

Matthäus,H. (1987): Der Arzt in römischer Zeit I, Schriften des Limesmuseums Aalen 39, Winnenden

Mau,J. (1960): Galen, Einführung in die Logik. Kritisch-exegetischer Kommentar mit deutscher Übersetzung, Berlin

Mazza,M. (1970): Lotte sociali e restaurazione autoritaria nel IIIo secolo d.C., Catania

Mazzarino,A. (1962, 2. Aufl.): Introduzione al De agri cultura di Catone, Messina

Mazzarino,S. (1951): Aspetti sociali del quarto secolo, Roma

Mazzini,I. (1997): La medicina dei Greci e dei Romani, Roma

Mehl,A. (1990): Handwerker und Künstler in der Gesellschaft der nordwestlichen Provinzen des römischen Reiches - einige Phänomene und Vorschläge zu ihrer Deutung, Mitt. Arch. Ges. Steiermark, Akt. 1. Koll. über Probleme des provinzialrömischen Kunstschaffens, III, 59-82

Mehl,A. (1991): Vorstellungen vom Erfinden im Athen des 5. Jahrhunderts vor Christus, in: FS A.Nitschke, Köln, Weimar, Wien, 41-46

Meier,C. (1978): Ein antikes Äquivalent des Fortschrittsgedankens: das "Könnensbewußtsein" des 5. Jahrhunderts v.Chr., HZ CCXXVI, (1978) 265-316, ern. in: ders., Die Entstehung des Politischen bei den Griechen, Frankfurt (3. Aufl. 1995) 435-499

Meiggs,R. (1982): Trees and Timber in the Ancient Mediterranean World, Oxford

Meikle,S. (1979): Aristotle and the Political Economy of the Polis, JHS 99, 57-73

Meikle,S. (1991a): Aristotle and Exchange Value, in: Keyt,D. u. Miller jr.,F.D., A Companion to Aristotle's Politics, Oxford, Cambridge Mass., 156-181

Meikle,S. (1991b): Aristotle on equality and market exchange, JHS 111, 193-196

Meissner,B. (1986): ΠΡΑΓΜΑΤΙΚΗ ΙΣΤΟΡΙΑ - Polybios über den Zweck pragmatischer Geschichtsschreibung, Saeculum 37, 313-351

Meissner,B. (1992): Historiker zwischen Polis und Königshof, Göttingen

Meissner,B. (1993a): Rez. A.Schürmann (1991), Griechische Mechanik, Stuttgart, in: Centaurus XXXV, 356-358

Meissner,B. (1993b): Rez. D.Teske (1991), Der Roman des Longos als Werk der Kunst. Untersuchungen zum Verhältnis von Physis und Techne in "Daphnis und Chloe", Münster, in: Gnomon 65 (1993) 598-593

Meissner,B. (1997): Berufsausbildung in der Antike (Rom und Griechenland), in: Liedtke,M. (Hsg.): Berufliche Bildung - Geschichte, Gegenwart, Zukunft, Bad Heilbrunn, 55-99

Meissner,B. (1999): Über Zweck und Anlaß von Diokletians Preisedikt, Historia (im Druck)

Meyenn,K.v. (1990): Lust an der Erkenntnis - Triumph und Krise der Mechanik, München

Merckel,C. (1899) ND (1969): Die Ingenieurtechnik im Alterthum, Berlin, ND Hildesheim

Merkelbach,R. (1978): Ephesische Parerga: Eine Inschrift vom Agon der Ärzte, ZPE 29, 148

Mette,H.-J. (1960): ΕΓΚΥΚΛΙΟΣ ΠΑΙΔΕΙΑ, in: Johann,H.T. (Hsg.) (1976), Erziehung und Bildung in der heidnischen und christlichen Antike, Darmstadt, (1976) 31-41

Meyer,E. (1924, 2. Aufl.): Die wirtschaftliche Entwicklung des Altertums, in: ders., Kleine Schriften I, Halle, 79-168

Meyer,T. (1909 ND 1967): Theodorus Priscianus und die römische Medizin, Jena

Micheli,G. (1993): Le origini del concetto di macchina, Pisa

Michler,M. (1968): Die alexandrinischen Chirurgen, eine Sammlung und Auswertung ihrer Fragmente, Die hellenistische Chirurgie I, Wiesbaden

Michler,M. (1969): Das Spezialisierungsproblem und die antike Chirurgie, Bern

Miglio,G. (1980): Posizione del problema: ciclo storico e innovazione scientifico-tecnologica. Il caso della tarda antichità, in: AAVV, Tecnologia, economia e società nel mondo romano, Como, 9-20

Mihăescu,H. (1938): Dioscoride latino, Materia Medica, Libro primo, Iași

Mihăescu,H. (1934): Il De Podagra di Rufo d'Efeso, Iași

Millar,F. (1977, 1992, 2. Aufl.): The Emperor in the Roman World, London

Miller,G.L. (1990): Literacy and the Hippocratic Art: Reading, Writing and Epistemology in Ancient Greek Medicine, JHM XLV, 11-40

Miller,H.W. (1949): On Ancient Medicine and the Origin of Medicine, TAPhA LXXX, 187-202

Millett,P. (1993): Warfare, economy, and democracy in classical Athens, in: Rich,J. u. Shipley,G. War and Society in the Greek World, London, New York, 177-196

Minnen,P.van (1995): Medical care in late antiquity, in: van der Eijk,P.J. u. Horstmannshoff,H.F.J. u. Schrijvers,P.H. (Hsgg.): Ancient Medicine in its Socio-Cultural Context I, Amsterdam, Atlanta, 153-169

Moatti,C. (1993): Archives et partage de la terre dans le monde romain, Paris, Roma

Mondolfo,R. (1982): Polis, lavoro e tecnica, Milano

Monte,Guidobaldo del (1577): Mechanicorum libri VI, deutsch von D.Mögling (1629): Mechanische Kunst-Kammer, Frankfurt/M.

Moraux,P. (1973-85): Der Aristotelismus bei den Griechen, Berlin, New York

Moraux,P. (1985): Gallien de Pergame - Souvenirs d'un médecin, Paris

Morel,J.P. (1988): Das Handwerk in augusteischer Zeit, in: Antikenmuseum Berlin (Hsg.): Kaiser Augustus und die verlorene Republik, Berlin, 81-92

Morel,J.P. (1991): Der Handwerker, in: Giardina,A. (Hsg.): Der Mensch der römischen Antike, Frankfurt/M, New York, Paris, 243-275

Moritz,L.A. (1956): Vitruvius' Water-Mill, Class. Rev. NN.S. VI, 193-196
Moritz,L.A. (1958 ND 1979): Grain-Mills and Flour in Classical Antiquity, Oxford, ND New York
Moutsoulas,E.D. (1973): "Τὸ 'Περὶ μέτρων καὶ σταθμῶν' ἔργον 'Επιφανίου τοῦ Σαλαμῖνος," Θεολογία 44, 157-198
Mudry,P. (1982): La préface du De medicina de Celse, Lausanne
Mudry,P. (1985): Médecins et spécialistes. Le problème de l'unité de la médecine à Rome au 1er siècle ap. J.-C., Gesnerus 42, 329-336
Mudry,P. (1994a), L'orientation doctrinale du 'De medicina' de Celse, ANRW II 37,1,800-818
Mudry,P. (1994b), Le 'De medicina' de Celse. Rapport bibliographique, ANRW II 37,1,787-799
Müller,D. (1974): Handwerk und Sprache, die sprachlichen Bilder aus dem Bereich des Handwerks in der griechischen Literatur bis 400 v.Chr., Meisenheim/Glan
Müller,I.v. (1898): Über die dem Galen zugeschriebene Abhandlung *Περὶ τῆς ἀρίστης αἱρέσεως*, SB Bayr. Akad. Wiss., Phil.-hist. Kl., 53-162
Müller,R. (1989): Poiesis - Praxis - Theoria. Zur Bewertung der Technik in der Kulturtheorie der griechischen Antike, Berlin
Müller,W. (1989): Architekten in der Welt der Antike, Leipzig, Zürich
Müller-Wiener,W. (1988): Griechisches Bauwesen in der Antike, München
Münzer,F. (1897) ND (1988): Beiträge zur Quellenkritik der Naturgeschichte des Plinius, Berlin, ND Hildesheim
Mugler,C. (1951): Archimède répliquant à Aristote, Revue des Études grecques 54, 67-74
Mugler,C. (1963): Les origines de la science grecque chez Homère, Paris
Mugler,C. (1970-72): Archimède, Paris
Munding,H. (1990): Technische Macht und römische Herrschaft, Mitteilungsblatt des Deutschen Altphilologenverbandes III, 57-60
Musti,D. u. Cassio,A.C. (Hsgg.) (1989): Tra Sicilia e Magna Graecia - Aspetti di interazione culturale nel IV sec.a.C., Roma
Mutz,A. (1972): Die Kunst des Metalldrehens bei den Römern, Basel, Stuttgart
Nachmanson,E. (1917): Erotianstudien, Uppsala, Leipzig
Neesen,L. (1989): Demiourgoi und Artifices: Studien zur Stellung freier Handwerker in antiken Städten, Frankfurt/M.
Nesselrath,H. (1985): Lukians Parasitendialog, Berlin, New York
Neubecker,A.J. (1977): Altgriechische Musik, Darmstadt
Neuburger,A., (1919 ND 1981): Die Technik des Altertums, Leipzig
Neuerburg,N. (1965): L'architettura delle fontane e dei ninfei nell'Italia antica, Napoli
Neugebauer,O. (1935 ND 1973): Mathematische Keilschrift-Texte, Berlin, ND Berlin, Heidelberg, New York
Neugebauer,O. (1957, 2. Aufl.): The Exact Sciences in Antiquity, Providence
Neugebauer,O. (1975): A History of Ancient Mathematical Astronomy, Berlin, Heidelberg
Nickel,R. (1979): Xenophon, Darmstadt
Nijhuis,K. (1995): Greek doctors and Roman patients: a medical anthropological approach, in: van der Eijk,P.J. u. Horstmannshoff,H.F.J. u. Schrijvers,P.H. (Hsgg.): Ancient Medicine in its Socio-Cultural Context I, Amsterdam, Atlanta, 49-67
Nilsson,M.P. (1955): Die hellenistische Schule, München
Noé,E. (1977): I proemi del de re rustica di Varrone, Athenaeum 65, 289-302
Noé,E. (1977): L'agronomo Cneo Tremelio Scrofa, Numismatica e Antichità Classiche, Lugano, 119-133
Nörr,D. (1963): Zu den geistigen und sozialen Grundlagen der spätantiken Kodifikationsbewegung, Zeitschr. f. Rechtsgesch., Roman. Abt. LXXX, 109-140
Nutton,V. (1969): Medicine and the Roman Army, Medical History 13, 260-270
Nutton,V. (1975): Museums and Medical Schools in Antquity, Hist. of Education IV 1, 3-15
Nutton,V. (1995): The medical meeting place, in: van der Eijk,P.J. u. Horstmannshoff,H.F.J. u. Schrijvers,P.H. (Hsgg.): Ancient Medicine in its Socio-Cultural Context I, Amsterdam, Atlanta, 3-25
Oberhelman,S.M. (1994), On the Chronology and Pneumatism of Aretaios of Cappadocia, ANRW II 37,2,941-966

Oder,E., Apsyrtus (1926): Veterinärhistorisches Jahrbuch II, Leipzig, 121-136
Oleson,J.P. (1978): Technical Aspects of Etruscan Rock-Cut Tomb Architecture, MDAI(R) LXXXV, 283-314
Oleson,J.P. (1982): The Sources of Innovation in Later Etruscan Tomb Design (ca. 350-100 B.C.), Roma
Oleson,J.P. (1984): Greek and Roman Mechanical Water-Lifting Devices: The History of a Technology, Dordrecht
Oleson,J.P. (1986): Bronze Age, Greek and Roman Technology, A Select, Annotated Bibliography, New York, London
Oliva,P. u. Marek,V. u. Kalivoda,J. (1977): Ancient Military Art, Anticka Knihova XXXVI, Praha, 231-281
Orth,H. (1960): Der Afrikaner Cassius Felix - ein methodischer Arzt?, Sudhoffs Archiv XLIV, 193-217
Otto,F. (1989) ND (1997), Was könnten die alten Steinbaumeister gewußt haben, um entwerfen und bauen zu können?, in: R.Graefe (Hsg.): Zur Geschichte des Konstruierens, Wiesbaden, 196-210
Owen,G.E.L. (1986): Logic, Science and Dialectic, London
Parias,L.H. (Hsg.) (1959-60): Histoire général du travail I: Nougier,L.R. u. Garelli,P. u. Saunon,G. u. Bourriot,F. u. Rémondon,R., Préhistoire et antiquité; Aymard,A., Nachw.: Stagnation technique et esclavage, 371ff.; II: Wolff,P. u. Mauro,F., L'âge de l'artisanat, Paris
Parsons,A.W. (1936): A Roman Water-Mill in the Athenian Agora, Hesperia V, 70-90
Parsons,E.A. (1952): The Alexandrian Library, London
Pasquali,G. (1910): Doxographica aus Basiliusscholien, Nachr. Kgl. Ges. Wiss. Göttingen, Phil.-hist. Kl., 194-228
Paszthory,E. (1986): Über das "griechische Feuer" - Die Analyse eines spätantiken Waffensystems, Antike Welt II, 27-37
Paszthory,E. (1988): Laboratorien in ptolemäischen Tempelanlagen, Antike Welt XIX 2, 2-20
Pattenden,P. (1979): Sundials in Cetius Faventinus, Classical Quarterly XXIX, 203-212
Paturi,F.R. (1986): Die Geschichte vom Glas, Stuttgart
Paulinyi,A. u. Troitzsch,U. (1991): Mechanisierung und Maschinisierung, Propyläen Technikgeschichte III, Berlin
Peacock,D.P.S. (1986): The Production of Roman Millstones near Orvieto, Umbria, Italy, The Antiquaries Journal LXVI, 45-51
Perot,J. (1965): L'orgue, de ses origines hellénistiques à la fin du XIIIe siècle, Paris
Peters,R. (1979): Galen aus Pergamon "Über die Heilkunst", Diss. med. Hamburg
Petrikovits,H.v. (1981): Die Spezialisierung des römischen Handwerks, in: H.Jankuhn u.a. (Hsgg.): Das Handwerk in vor- und frühgeschichtlicher Zeit, Abh. d. Akad. Wiss. Göttingen, Phil.-hist. Kl. F. 3, 122, 63-132
Pfanner,M. (1989): Über das Herstellen von Porträts - Ein Beitrag zu Rationalisierungsmaßnahmen und Produktionsmechanismen von Massenware im späten Hellenismus und in der römischen Kaiserzeit. JDAI(R) CIV, 157-257
Philipp,H. (1968): Tektonon Daidala, Berlin
Philipp,H. (1990): Zu Polyklets Schrift »Kanon«, in: Beck,H. u. Bol,P.C. u. Bückling,M. (Hsgg.): Polyklet, Frankfurt/M., 135-155
Phillips,E.D. (1973): Greek Medicine, London
Phillips,R.J. (1972): The Sources and Methods of Polyaenus, Harvard Studies in Classical Philology LXXVI, 297-298
Pietsch,M. (1983): Die römischen Eisenwerkzeuge von Saalburg, Feldberg und Zugmantel, Saalburg Jahrbuch XXXIX, 5-132
Pietsch,M. (1988): Römische Eisenwerkzeuge vom Zugmantel - Ein Nachtrag, Saalburg Jahrbuch XLIV, 28-32
Pinkster,H. (1995): Notes on the syntax of Celsus, in: van der Eijk,P.J. u. Horstmannshoff,H.F.J. u. Schrijvers,P.H. (Hsgg.): Ancient Medicine in its Socio-Cultural Context II, Amsterdam, Atlanta, 555-566
Pitollet,C. (1920): La catapulte d'Ampurias, Revue des Études Anciennes XXII, 73-76

Pizzani,U. (1989): L'enciclopedismo tardoantico e le discipline del quadrivio: prospettive metodologiche, in: Antonio Garzya (Hsg.): Metodologie della ricerca sulla tarda antichità. Atti del primo convegno dell'Associazione di studi tardoantichi, Napoli, 49-69

Pleket,H.W. (1967): Technology and Society in the Greco-Roman World, Acta Historiae Neerlandica II, 1-25

Pleket,H.W. (1973-74): Technology in the Greco-Roman World, Talanta V-VI, 6-47

Pleket,H.W. (1995): The social status of physicians in the Greco-Roman world, in: van der Eijk,P.J. u. Horstmannshoff,H.F.J. u. Schrijvers,P.H. (Hsgg.): Ancient Medicine in its Socio-Cultural Context I, Amsterdam, Atlanta, 27-34

Plommer,H. (1973): Vitruvius and later Roman Building Manuals, Cambridge

Polanyi,K. (1957): Aristotle discovers the Economy, in: Polanyi,K. u. Arensberg,C.M. u. Pearson,H.W., Trade and Markets in the Early Empires, Glencoe Ill., 64-94

Polanyi,K. (1977): The Livelyhood of Man, New York

Portmann,W. (1991): Rez. Brandt, Zeitkritik, Anzeiger für die Altertumswissenschaft XLIV, 222-224

Powell,T.G.E. (1963): Some Implications on Chariotry, in: Foster,I.C. u. Alcock,L. (Hsg.): Culture and Environment, Essays in Honour of Sir Cyril Fox, London, 153-169

Poynton,J.B. (1934): Roman Education, Greece and Rome IV 10, 1-12

Prager,F.D. (1974): Philon of Byzance, Pneumatics, Wiesbaden

Preaux,C. (1939): Économie royale des Lagides, Bruxelles

Price,D. de Solla (1969): Portable Sundials in Antiquity, including a new example from Aphrodisias, Centaurus XIV, 242-266

Price,D. de Solla (1974): Gears from the Greeks. The Antikythera Mechanism - a calendar computer from ca. 80 B.C., Trans. Amer. Philol. Soc. LXIV 7, Philadelphia

Pritchett,W.K. (1971-91): The Greek State at War, Berkeley, Los Angeles

Purcell,N. (1985): Wine and Wealth in Ancient Italy, JRS LXXV, 1-19

Prony,M.R.de (1790): Nouvelle Architecture Hydraulique, dt. K.C.Langsdorf (1795): Neue Architektura Hydraulika von Herrn von Prony, Frankfurt/M.

Quaquarelli,A. (1959): La fortuna di Archimede nei retori e negli autori cristiani antichi, Messina

Rahman,A. (1982): Science and Technology in Medieval India, in: Chattopadyaya,D., Studies in the History of Science in India II, New Delhi, 805-815

Rainer,J.M. (1988): Humanität und Arbeit im römischen Recht. Zeitschr. f. Rechtsgesch. (Romanist. Abt.) CV, 745-770

Rainer,J.M. (1990): Bauen und Arbeit im klassischen römischen Recht, Zeitschr. f. Rechtsgesch. (Romanist. Abt.) CVII, 376-381

Rakob,F. (1983): Opus Caementicium - und die Folgen, MDAI(R) XC, 359-372

Ramin,J. (1977): La technique minière et métallurgique des anciens, Bruxelles

Rammert,W. (1982): Technik und Gesellschaft, ein Überblick über die öffentliche und sozialwissenschaftliche Technikdiskussion, Technik und Gesellschaft I, 13-47

Rapp,F. (1978): Analytische Technikphilosophie, Freiburg, München

Rathbone,D. (1991): Economic Rationalism and Rural Society in Third-Century A.D. Egypt. The Heroninos Archive and the Appianus Estate, Cambridge

Rathgen,B. (1909-1911): Die Punischen Geschosse des Arsenals von Karthago und die Geschosse von Lambaesis, Zeitschrift für historische Waffenkunde V, 236-244

Raubitschek,A.E. u. Jeffery,L.H. (1949): Dedications from the Athenian Acropolis, A Catalogue of the Inscriptions of the Sixths and Fifths Centuries B.C., Cambridge, Mass.

Rawson,E. (1985): Intellectual Life in the Late Roman Republic, London

Réaumur et al. (1761-89): Descriptions des arts et métiers, faites ou approuvées par messieurs de l'Académie Royale des Sciences, Paris

Reble,A. (1995, 18. Aufl.): Geschichte der Pädagogik, Stuttgart

Rebnik,B.M. (1987): Geologie und Bergbau in der Antike, Leipzig

Reece,D.W. (1969): The Technological Weakness of the Ancient World, Greece & Rome XVI, 32-47

Regenbogen,O. (1961): Eine Forschungsmethode antiker Naturwissenschaft, in: ders., Kleine Schriften, München, 141-194

Rehm,A. (1937): Antike «Automobile», Philologus XCII, 317-330

Rehm,A. (1938): Zur Rolle der Technik in der griechisch-römischen Antike, Archiv für Kulturgeschichte XXVIII, 135-162

Rehm,A., u. Schramm,E. (1929): Bitons Bau von Belagerungsmaschinen und Geschützen, Abh. Bayr. Akad. Wiss., Phil.-hist. Kl. NF 2, München, 9-28

Reinhardt,K. (1912): Hekataios von Abdera und Demokrit, Hermes XLVII, 492-513

Reischl,B. (1976): Reflexe griechischer Kulturentstehungslehren bei Augusteischen Dichtern, Diss. München

Reiter,G. (1981): Die Kapitel über Erkrankungen an Kopf und Hals im Corpus Hippiatricorum Graecorum - Übersetzung und Besprechung, Diss. vet. München

Reitzenstein,R. (1884): De scriptorum rei rusticae qui intercedunt inter Catonem et Columellam libris deperditis, Diss. Berlin

Rescher,N. (1966): Galen and the Syllogism, Pittsburgh

Rey,A. (1946-1948): L'apogée de la science technique grecque I-II, Paris

Reynolds,T.S. (1983): Stronger than a Hundred Men. A History of the vertical Water Wheel, Baltimore, London

Richter, W. (1978): Gegenständliches Denken - Archaisches Ordnen, Heidelberg

Rickard,T.A. (1928): The Mining of the Romans in Spain, JRS XVIII, 129-143

Riddle,J.M. (1985): Dioscorides on Pharmacy and Medicine, Austin, Texas

Riddle,J.M. (1994), High Medicine and Low Medicine, ANRW II 37,1,102-120

Rieche,A. (1987): Handwerk und Berufe in der römischen Stadt, Bonn

Riegl,A. (1927 ND 1992): Spätrömische Kunstindustrie, Darmstadt

Rihll,T.E. u. Tucker,J.V. (1995): Greek Engineering - The case of Eupalinos' tunnel, in: Powell,A. (Hsg.): The Greek World, London, New York, 403-431

Riposati,B. u. Marastoni,A. (1974): Bibliografia Varroniana, Milano

Ritterling,E. (1907): Zur Erklärung von Arrians ῎Εκταξις κατ' ᾿Αλανῶν, Augsburg

Robert,L. (1965): D'Aphrodisias à la Lycaonie - Compte rendu du vol. VIII des Monumenta Asiae Minoris Antiqua, Hellenica XIII, Paris

Rodewald,C. (1976): Money in the Age of Tiberius, Manchester

Rodgers,R.H. (1969): The Manuscript Tradition of Palladius, Univ. London Inst. Class. Stud. Bull. XVI 55-62

Rodgers,R.H. (1975): An Introduction to Palladius, University of London Bulletin of the Institute of Classical Studies Suppl. XXXV, London

Rodgers,W.L. (1964, 2. Aufl.): Greek and Roman Naval Warfare, Annapolis

Rodriguez Alfageme,I. (1995): La médecine technique dans la comédie attique, in: van der Eijk,P.J. u. Horstmannshoff,H.F.J. u. Schrijvers,P.H. (Hsgg.): Ancient Medicine in its Socio-Cultural Context II, Amsterdam, Atlanta, 569-585

Roebuck,C. (1969): The Muses at Work - Arts, Crafts and Professions in Ancient Greece and Rome, Cambridge Mass.

Röd,W. (1976): Die Philosophie der Antike I, München

Röder,E.v. (1909-11): Die Kaliber der antiken Geschütze, Zeitschrift für historische Waffenkunde V, 311-315

Röhr,J. (1924): Der okkulte Kraftbegriff im Altertum, Philologus Suppl. XVII 1, Leipzig, 1-133

Rome,A. (1932): Note sur les passages de Catoptriques d'Archimede conservés par Theon d'Alexandrie, Annales de la soc. scientif. de Bruxelles, ser. A 70, 30-41

Romilly,J.de (1966): Thucydide et l'idée de progrès, Annali della Scuola Normale Superiore di Pisa XXXV, 143-191

Roochnik,D. (1996): Of Art and Wisdom - Plato's Understanding of techne, University Park Pa.

Ropohl,G. (1979): Eine Systemtheorie der Technik. Zur Grundlegung der allgemeinen Technologie, München

Ropohl,G. (1976): Technische Intelligenz im system-technologischen Zeitalter, Düsseldorf

Ropohl,G. (1988): Zur Technisierung der Gesellschaft, in: W.Bungard u. H.Lenk (Hsgg.): Technikbewertung, Frankfurt/M., 79-97

Rose,V. (1874): Über die Medicina Plinii, Hermes 8, 18-66
Rosenthal,F. (1965): Das Fortleben der Antike im Islam, Zürich, Stuttgart
Ross,D. (1949, 5. Aufl.): Aristotle, Oxford
Rostoker,W. (1986): Ancient Techniques for Making Holes in Sheet Metal, AJA XC, 93-94
Rostovtzeff,M. (1922) ND (1967): A Large Estate in Egypt in the third Century B.C. A Study in Economic History, Madison, ND Roma
Rostovtzeff,M. (1929): Wirtschaft und Gesellschaft im Römischen Kaiserreich, Leipzig
Rostovtzeff,M. (1936): The Hellenistic World and its Economic Development, American Historical Review XLI, 231-252
Rostovtzeff,M. (1972): The Social and Economic History of the Hellenistic World, Oxford
Rostovtzeff,M. (1987): Capitalisme et économie nationale dans l'Antiquité, Pallas XXXIII, 19-40
Rosumek,P. (1982): Technischer Fortschritt und Rationalisierung im antiken Bergbau, Bonn
Rottländer,R.C.A. (1994): Das neue Bild der antiken Metrologie, Jahresh. Oesterr. Arch. Inst. Wien LXIII, 1-16
Rozanskij,J.D. (1984): Geschichte der antiken Wissenschaft, München
Rürup,R. u. Hausen,K., (Hsgg.) (1975): Moderne Technikgeschichte, Köln
Rüsen,J. (1970): Technik und Geschichte in der Tradition der Geisteswissenschaften, Geistesgeschichtliche Anmerkungen zu einem theoretischen Problem, HZ CCXI, 529-555
Rupp,U. (1984): Die Kapitel über Erkrankungen des Gastrointestinaltraktes im Corpus Hippiatricorum Graecorum - Übersetzung und Besprechung, Diss. vet. München
Ruschenbusch,E. (1977): Diokletians Währungsreform vom 1. IX. 301, ZPE 26, 193-201
Sabbattini,A. (1976-1977): Tradizione e innovazione nel De agricultura di Catone, Riv. Storica dell'Antichità, 307-313
Sackur,W. (1925a): Vitruv - Technik und Literatur, Berlin
Sackur,W. (1925b): Vitruv und die Poliorketiker, Berlin
Sakalis,D. (1972): Die Datierung Herons von Alexandrien, Diss. Köln
Sallmann,K. (1976): M.Varro quid ad medicinam contulit, in: AAVV, Atti del Congresso Internazionale di Studi Varroniani II, Rieti, 507-513
Sambursky,S. (1965): Das physikalische Weltbild der Antike, Zürich, Stuttgart
Sander,E. (1959): Zur Rangordnung des römischen Heeres: Der Duplicarius, Historia VIII, 239-247
Santini,C. u. Scivoletto,N. (1992): Nota dei curatori, in: Santini,C. u. Scivoletto,N. (Hsgg.): Prefazioni, prologhi, proemi di opere tecnico-scientifiche latine II, Roma, 821
Santini,C. (1992): Il Praefatio del De rebus bellicis, in: Santini,C. u. Scivoletto,N. (Hsgg.): Prefazioni, prologhi, proemi di opere tecnico-scientifiche latine II, Roma, 991-999
Sarton,G. (1927): Introduction to the History of Science, Baltimore
Sarton,G. (1959): A History of Science - Hellenistic science and culture in the last three centuries B.C., Cambridge Mass., London
Scarborough,J. (1968): Roman Medicine and the Legions, Medical History 12, 254-261
Scarborough,J. (1969): Roman Medicine, London
Scarborough,J. (1993): Response to K.D.White, «The Base Mechanic Arts»?, in: Green,P. (Hsg.): Hellenistic History and Culture (Hellenistic Culture and Society IX), Berkeley, Los Angeles, Oxford, 220-253
Schadewaldt,W. (1970): Die Begriffe "Natur" und "Technik" bei den Griechen, in: ders., Hellas und Hesperien II, Zürich, Stuttgart, 512-524
Schadewaldt,W. (1978): Die Anfänge der Philosophie bei den Griechen, Tübinger Vorlesungen I, Frankfurt/M.
Schäffer,J. (1981): Die Rezeptsammlung im Corpus Hippiatricorum Graecorum Band I (Kapitel 129, 130; Appendices 1-9), Diss. vet. München
Schanz,M. u. Hosius,C. (1935): Geschichte der römischen Literatur, München
Schaumberg,A. (1910): Bogen und Bogenschützen bei den Griechen, Erlangen
Schefold,B. (1994): Wirtschaftsstile I, Frankfurt/M.
Scheibler,I. (1983): Griechische Töpferkunst, München
Schenk,D. (1930): Flavius Vegetius Renatus. Die Quellen der Epitoma rei militaris, Klio Beih. XXII

Schilbach,E. (1970): Byzantinische metrologische Quellen, Düsseldorf
Schilling,R. (197(): La place de Pline l'Ancien dans la littérature technique, Rev. de Philol. LIII, 271-283
Schindel,U. (1992): Nachklassischer Unterricht im Spiegel der gromatischen Schriften, in: O.Behrends u. L.Capogrossi Colognesi (Hsgg.): Die römische Feldmeßkunst, Göttingen, 375-397
Schiøler,T. (1973): Roman and Islamic Water-Lifting Wheels, Odense
Schiøler,T. (1980): Bronze Roman Piston Pumps, History of Technology V, 17-38
Schipper,J. (1921): Ein neuer Text der Gynaecia des Vindicianus aus einer Münchener Handschrift des 12. Jahrhunderts, Diss. med. Leipzig
Schlebeker,J.T. (1977): Farmers and Bureaucrats: Reflections on Technological Innovation in Agriculture, Agric. Hist. LI, 641-655
Schmidt,F. (1935 ND 1988): Geschichte der geodätischen Instrumente und Verfahren in Altertum und Mittelalter, Kaiserslautern (ND Schriften des Förderkreises vermessungstechnisches Museum XIV, Stuttgart)
Schmidt,J. (1985): Die Geschichte des Genie-Gedankens in der deutschen Literatur, Philosophie und Politik 1750-1945 I, Darmstadt
Schmidt,W. (1899): Heron von Alexandria, Neue Jahrbücher für das klassische Altertum, Geschichte und deutsche Litteratur II, 242-252
Schmidt,W. (1903): Zu Herons Automatentheater, Hermes XXXVIII, 274-279
Schmidt,W. (1904): Aus der antiken Mechanik, Neue Jahrbücher für das klassische Altertum, Geschichte und deutsche Litteratur VII, 329-351
Schmidt,W. (1963): Der deus ex machina bei Euripides, Diss. Tübingen
Schmidt,W. u. Stählin,O. (1929-53): Geschichte der griechischen Literatur, München
Schmutzer,M.E.A. (1994): Ingenium und Individuum. Eine sozialwissenschaftliche Theorie von Wissenschaft und Technik, Wien, New York.
Schnebel,M. (1925): Die Landwirtschaft im hellenistischen Ägypten, München
Schneider,H. (1989): Das griechische Technikverständnis - Von den Epen Homers bis zu den Anfängen der technologischen Fachliteratur, Darmstadt
Schneider,H. (1991): Die Gaben des Prometheus - Technik im antiken Mittelmeerraum zwischen 750 v.Chr. und 500 n.Chr., in: König,W: (Hsg.): Propyläen Technikgeschichte I, Hägermann,D. u. Schneider,H., Landbau und Handwerk, Berlin, 17-313
Schneider,H. (1992): Einführung in die antike Technikgeschichte, Darmstadt
Schneider,H. (1993): Natur und technisches Handeln im antiken Griechenland, in: Schäfer,L. u. Ströker,E., Naturauffassungen in Philosophie, Wissenschaft, Technik I, Antike und Mittelalter, Freiburg, München, 107-160
Schneider,H.C. (1982): Altstraßenforschung, Darmstadt
Schneider,I. (1979): Archimedes, Ingenieur, Naturwissenschaftler und Mathematiker, Darmstadt
Schneider,R. (1905): Geschütze auf antiken Reliefs, MDAI(R) XX, 166-184
Schneider,R. (1906): Herons Cheiroballistra, MDAI(R) XXI, 142-168
Schneider,R. (1907): Geschütze auf handschriftlichen Bildern, Metz
Schöne,H. (1901): Eine Streitschrift Galens gegen die empirischen Ärzte, SB Preuß. Akad. Wiss., Phil.-hist. Kl., 1255-1263
Schöne,H. (1907): Marcellinos' Pulslehre. Ein griechisches Anekdoton, Festschr. z. 49. Vers. dt. Philol. u. Schulmänner, Basel, 455-471
Scholz,T. (1989): Grundlagen des Bauens in der Antike, hrsg. v. Informationszentrum Raum und Bau d. Fraunhofer-Gesellschaft, Stuttgart
Schonack,P.W. (1912): Die Rezeptsammlung des Scribonius Largus, Jena
Schramm,E. (1918): Die antiken Geschütze der Saalburg, Berlin
Schuch,C.T. (1857): Curae Boum ex corpore Gargilii Martialis, Donaueschingen
Schürmann,A. (1991): Griechische Mechanik und antike Gesellschaft. Studien zur staatlichen Förderung einer technischen Wissenschaft, Stuttgart
Schuhl,P.M. (1947, 2. Aufl.): Machinisme et philosophie, Paris
Schuhl,P.M. (1953): Remarques sur Platon et la technologie, REG LXVI, 465-472

Schulz-Falkenthal,H. (1965): Zur Frage der Entstehung der römischen Handwerkerkollegien, Wiss. Zeitschr. der Martin-Luther-Universität Halle-Wittenberg, ges.- u. spr. wiss. Reihe XIV, 55-64

Schulz-Falkenthal,H. (1972): Zur Lehrlingsausbildung in der römischen Antike - discipuli und discentes, Klio LIV, 193-312

Schumpeter,J.A. (1954): History of Economic Analysis, Oxford, London

Schwarzer,H. (1976): Buch V der Mulomedicina Chironis - Übersetzung und Besprechung, Diss. vet. München

Scivoletto,N. (1992): Le praelocutiones di Varrone nei Rerum Rusticarum Libri, in: Santini,C. u. Scivoletto,N. (Hsgg.): Prefazioni, prologhi, proemi di opere tecnico-scientifiche latine II, Roma, 733-747

Sconocchia,S. (1994), L'opera di Scribonio Largo e la letteratura medica latina del 1 sec. d.C., ANRW II 37,1,843-922

Seeberg,A. (1972): Musical Drinking-Cups, JHS XCII, 183-184

Seeck,G.A. (1985): Plinius und Aristoteles als Naturwissenschaftler, Gymnasium XCII, 419-434

Segoloni,M.P. (1992a), Il Prologus della Medicina Plinii, in: Satini,C. u. Scivoletto,N. (Hsgg.): Prefazioni, prologhi, proemi di opere tecnico-scientifiche latine I, Roma, 361-366

Segoloni,M.P. (1992b): L'epistola dedicatoria e l'appendice in versi del De medicamentis liber di Marcello, in: Santini,C. u. Scivoletto,N. (Hsgg.): Prefazioni, prologhi, proemi di opere tecnico-scientifiche latine I, Roma, 367-379

Seidler,E. (1993, 6. Aufl.): Geschichte der Medizin und der Krankenpflege, Stuttgart, Berlin, Köln

Serbat,G. (1986), Pline l'Ancien, ANRW II 32,4,2069-2200

Shapiro,S. (1964): The Origin of the Suction Pump, T&C V, 566-574

Shelton,J.C. (1971): Four Papyri from Second-Century Tebtunis, ZPE 7, 173-175

Shelton,J.C. (1981): Mathematical Problems on a Papyrus from the Gent Collection (SB III 6951 verso), ZPE 42, 91-94

Sideras,A. (1971): Textkritische Beiträge zur Schrift des Rufus von Ephesos De renum et vesicae morbis, Abh. Akad. Wiss. Lit. Mainz, Geistes- u. Soz. Wiss. Kl. 3, Wiesbaden

Sideras,A. (1994): Rufus von Ephesos und sein Werk im Rahmen der antiken Medizin, ANRW II 37, Berlin, New York, 1077-1253 u. 2036-2062

Silberschlag,J.E. (1772-1773): Ausführlichere Abhandlung der Hydrotechnik oder des Wasserbaues I-II, Leipzig

Sillescu,D. (1992): WordPerfect für Windows - Das Kompendium zur Einführung und zum Nachschlagen, Haar

Simms,D.L. (1983): Water-Driven Saws, Ausonius and the Authenticity of the Modella, T&C XXIV, 635-643

Simon,G. (1992): Der Blick, das Sein und die Erscheinung in der antiken Optik, München

Singer,C. u. Holmyard,E.J. u. Hall,A.R. u. Wiliams,T.I. (1954-56): A History of Technology, Oxford

Sirch,M. (1904): Die Quellen des Palladius in seinem Werke über die Landwirtschaft, Freising

Skydsgaard,J.E. (1968): Varro the Scholar, København

Skyring,W. (1921-22): Greek and Roman Engineering Instruments, Transactions of the Newcomen Society for the Study of the History of Engineering and Technology II, 45-60

Sleeswyk,A.W. (1979): Vitruvius' Waywiser, AIHS XXIX, 11-22

Sleeswyk,A.W. (1990): Archimedes' Odometer and Waterclock, in: Finnish Institute at Athens (Hsg.): Ancient Technology, Helsinki, 23-37

Sluiter,I. (1995): The embarassment of imperfection: Galen's assessment of Hippocrates' linguistic merits, in: van der Eijk,P.J. u. Horstmannshoff,H.F.J. u. Schrijvers,P.H. (Hsgg.): Ancient Medicine in its Socio-Cultural Context II, Amsterdam, Atlanta, 519-535

Snell,B. (1980, 5. Aufl.): Die Entstehung des Geistes, Göttingen

Snodgrass,A.M. (1965): The Hoplite Reform and History, JHS 85, 110-122

Snodgrass,A.M. (1974): An historical Homeric society?, JHS XCIV, 114-125

Snodgrass,A.M. (1980): Archaic Greece, the Age of Experiment, London

Snodgrass,A.M. (1984): Wehr und Waffen im antiken Griechenland, Mainz

Snodgrass,A.M. (1988): An Archaeology of Greece - The Present State and Future Scope of a Discipline, Berkeley, Los Angeles

Soedel,W. u. Foley,V. (1979): Ancient Catapults, Scientific American CCXL, 120-128
Solin,H. (1995): Die sogenannten Berufsnamen antiker Ärzte, in: van der Eijk,P.J. u. Horstmannshoff,H.F.J. u. Schrijvers,P.H. (Hsgg.): Ancient Medicine in its Socio-Cultural Context I, Amsterdam, Atlanta, 119-142
Solmsen,F. (1960): Aristotle's System of the Physical World, Ithaca N.Y, London
Solmsen,F. (1968): Nature as Craftsman in Greek Thought, in: Solmsen,F., Kleine Schriften I, Hildesheim, 332-355
Sommer,J. (1985): Buch 14 und 20 der Geoponica, Übersetzung und Besprechung, Diss. vet. München
Sonntagbauer,W. (1995): Das Eigentliche ist unaussprechbar. Der Kanon des Polyklet als «mathematische» Form, Frankfurt/M., Berlin, Bern, New York, Paris, Wien
Spahn,P. (1984): Die Anfänge der antiken Ökonomik, Chiron XIV, 301-323
Spain,R.J. (1987): The Roman Watermill in the Athenian Agora, Hesperia LVI, 335-353
Spoerri,W. (1959): Späthellenistische Berichte über Welt, Kultur und Götter, Basel
Spycher,A. (1991): Der Bronzeguß - ein antikes Kunsthandwerk, Altes Handwerk LVIII, Basel, Bonn
Steuben,H.v. (1973): Der Kanon des Polyklet, Tübingen
Stückelberger,A. (1988): Einführung in die antiken Naturwissenschaften, Darmstadt
Stückelberger,A. (1994): Bild und Wort - Das illustrierte Fachbuch in der antiken Naturwissenschaft, Medizin und Technik, Mainz
Staden,H. von (1989): Herophilus - The Art of Medicine in Early Alexandria, Cambridge, New York, New Rochelle, Melbourne, Sydney
Staden,H. von (1995): Science as text, science as history: Galen on metaphor, in: van der Eijk,P.J. u. Horstmannshoff,H.F.J. u. Schrijvers,P.H. (Hsgg.): Ancient Medicine in its Socio-Cultural Context II, Amsterdam, Atlanta, 499-418
Stadter,P.A. (1976): Xenophon in Arrian's Cynegeticus, GRBS 17, 157-167
Stadter,P.A. (1978): The ars tactica of Arrian: Tradition and Originality, Cl.Ph. 73, 117-128
Stadter,P.A. (1980): Arrian of Nicomedia, Chapel Hill
Stakelum,J.W. (1940): Galen and the Logic of Proposition, Rom
Starr,C.G. (1941): The Roman Imperial Navy, 31 B.C.-A.D. 324, Ithaca
Stary,P.F. (1994): Zur eisenzeitlichen Bewaffnung und Kampfesweise auf der iberischen Halbinsel, Berlin, New York
Ste.Croix,G.E.M.de (1981): The Class Struggle in the Ancient Greek World, London
Steckerl,F. (1958): The Fragments of Praxagoras of Cos and his School, Leiden
Steensberg,A. (1978): The Horizontal Water Mill, A Contribution to its Early History, in: Prace i materialy muzeum archeologicznego i etograficznego w Lodzi. Seria Archeologiczna XXV, 345-356
Stemplinger,E. (1948): Antiker Volksglaube, Stuttgart
Stemplinger,E. (1919): Sympathieglaube und Sympathiekuren in Altertum und Neuzeit, München
Stern, S.M. (1956): Some Fragments of Galen's Dispositions in Arabic, Class. Quart. N.S. 6, 91-101
Stewart,A. (1978): The Canon of Polykleitos. A Question of Evidence, JHS XCVIII, 122-131
Stok,F. (1994), La medicina nell'enciclopedia latina, ANRW II 37,1,393-444
Stoll,O. (1992): Technologietransfer in der Antike - Kriegstechnologie. Zu einigen bildlichen Beispielen an der Trajanssäule in Rom. Scripta Mercaturae XXVI 1-2, 1-22
Stoll,O. (1993): Der Transfer von Technologie in der römischen Antike. Einige zusätzliche Bemerkungen zu einem Buch von Sigrid Dušek, Münstersche Beiträge zur antiken Handelsgeschichte XII 2, 93-118
Stork,H. (1977): Einführung in die Philosophie der Technik, Darmstadt
Strauss,L. (1970): Xenophon's Socratic Discourse, Ithaca, N.Y.
Strong,D. u. Brown,D. (1976): Roman Crafts, London
Susemihl,F. (1891-1892): Geschichte der griechischen Literatur in der Alexandrinerzeit I-II, Leipzig
Susong,G. (1995): La référence médicale non-hippocratique dans les dialogues de Platon, in: van der Eijk,P.J. u. Horstmannshoff,H.F.J. u. Schrijvers,P.H. (Hsgg.): Ancient Medicine in its Socio-Cultural Context II, Amsterdam, Atlanta, 425-429
Sutherland,H.V. (1976): The Emperor and the Coinage, London
Svennung,J. (1935): Untersuchungen zu Palladius und zur lateinischen Fach- und Volkssprache, Uppsala
Szabo,A. (1969): Die Anfänge der griechischen Mathematik, München

Szabo,A. (1987, 3. Aufl.): Geschichte der mechanischen Prinzipien und ihrer wichtigsten Anwendungen, Berlin

Taisbak,C.M. (1971): Division and Logos, Odense

Taylor,E.R. (1976): A Checklist of the Robert A. Feer Collection of World Fairs of North America, Boston

Temkin,O. (1953), Griechische Medizin als Wissenschaft und Handwerk, in: Flashar,H. (Hsg.) (1971), Antike Medizin, Darmstadt, 1-28

Terquem,A. (1885): La science romaine à l'époque d'Auguste, Paris

Teske,D. (1991): Der Roman des Longos als Werk der Kunst. Untersuchungen zum Verhältnis von Physis und Techne in "Daphnis und Chloe", Münster

Thiel,M. (1896): Quae ratio intercedat inter Vitruvium et Athenaeum mechanicum, Leipziger Studien zur Classischen Philologie XVII 2, 275-328

Thielscher,P. (1963): Des Marcus Cato Belehrung über die Landwirtschaft, Berlin

Thomas,I. (1941 ND 1957): Selections Illustrating the History of Greek Mathematics II, London, Cambridge Mass.

Thompson,E.A. (1952): A Roman Reformer and Inventor, Oxford

Thomson,M.H. (1955): Textes grecs inédits relatifs aux plantes, Paris

Thraede,K. (1962): Das Lob des Erfinders, Rhein. Mus. CV, 158-186

Tieleman,T. (1995): Dialectic and science: Galen, Herophilus and Aristotle on phenomena, in: van der Eijk,P.J. u. Horstmannshoff,H.F.J. u. Schrijvers,P.H. (Hsgg.): Ancient Medicine in its Socio-Cultural Context II, Amsterdam, Atlanta, 487-495

Tietzel,B. (1988): Geschichte der Webkunst, Köln

Timm,A. (1964): Kleine Geschichte der Technologie, Stuttgart

Timm,A. (1972): Einführung in die Technikgeschichte, Berlin, New York

Tölle-Kastenbein,R. (1980): Pfeil und Bogen im antiken Griechenland, Pfeil und Bogen in der Geschichte I, Bochum

Tölle-Kastenbein,R. (1994): Das archaische Wasserleitungsnetz für Athen, Mainz

Toellner,R. (Hsg.) (1992): Illustrierte Geschichte der Medizin, Erlangen

Tomei,M.A. (1982): La tecnica nel tardo impero romano: le macchine da guerra, Dialoghi di archeologia IV 1, 63-88

Tonnet,H. (1988): Recherches sur Arrien - sa personalité et ses écrits atticistes, Amsterdam

Toomer,G.J. (1976): Diocles On Burning Mirrors, Berlin, Heidelberg, New York

Torelli,M. (1980): Innovazioni nelle tecniche edilizie romane tra il I sec. a.C. e il I sec. d.C., in: AAVV, Tecnologia economia e società nel mondo romano, Como, 139-159

Traglia,A. (Hsg.) (1974): Corpus Varronianum, Torino

Traina,G. (1994): La tecnica in Grecia e a Roma, Roma, Bari

Treloar,A. (1974): Ancient Indo-European Warfare, Prudentia VI 1, 1-16

Treue,W. (Hsg.) (1986): Achse, Rad und Wagen, Göttingen

Troitzsch,U. (1976): Die historische Funktion der Technik aus der Sicht der Geschichtswissenschaften, Technikgeschichte XLIII, 92-101

Troitzsch,U. u. Weber,W. (Hsgg.) (1987): Die Technik, Braunschweig

Troitzsch,U. u. Wohlauf,G. (1980): Technik-Geschichte, Frankfurt/M.

Turnure,J.H. (1981): Again «Dirty Trick» Vases, AJA LXXXV, 175-177

Ucelli,G. (1950): Le navi di Nemi, Roma

Ulf,C. (1988): Die Begründung der Existenz von Außenseitern in der Sicht der homerischen Epen, in: Weiler,I. u. Graßl,H. (Hsgg.): Soziale Randgruppen und Außenseiter im Altertum, Graz, 73-79

Ulf,C. (1990): Die homerische Gesellschaft, München

Ullmann,M. (1983): Die Schrift des Rufus von Ephesus über die Gelbsucht in arabischer und lateinischer Übersetzung, Abh. Akad. Wiss. Göttingen, Phil.-hist. Kl. 3. Folge 138, Götttingen

Unwin,T. (1991): Wine and Vine, an Historical Geography of Viticulture and the Wine Trade, London, New York

Usher,A.P. (1954, 2. Aufl.): A History of Mechanical Inventions, Cambridge Mass.

Uxkull-Gyllenband,W. (1924): Griechische Kultur-Entstehungslehren, Berlin

Vallance,J. (1994), The Medical System of Asclepiades of Bithynia, ANRW II 37,1,692-727

Vaux,Baron Carra de (1908): L'invention de l'hydraulis, REG XXI, 326-340

Vegetti,M. (1995): L'épistémologie d'Érasistrate et la technologie hellénistique, in: van der Eijk,P.J. u. Horstmannshoff,H.F.J. u. Schrijvers,P.H. (Hsgg.): Ancient Medicine in its Socio-Cultural Context II, Amsterdam, Atlanta, 461-472

Vegetti, M. (1984): La scienza ellenistica: problemi di epistemologia storica, in: Giannantoni,G. u. Vegetti,M. (Hsgg.): La scienza ellenistica, Napoli, 427-470

Ventris,M. u. Chadwick,J. (1973, 2. Aufl.): Documents in Mycenaean Greek, Cambridge

Vernant,J.P. (1968): Problèmes de la guerre en Grèce ancienne, Paris, Den Haag

Vernant,J.P. (1975): Les origines de la pensée grecque, Paris

Vernant,J.P. (1978): Mythe et pensée chez le Grecs II, Paris

Vernant,J.P. (1979): Mythe et societé en Grèce ancienne, Paris, [dt.: Mythos und Gesellschaft im alten Griechenland, Frankfurt/M. (1987)]

Vernant,J.P. (1985) ND (1988): Remarques sur les formes et les limites de la pensée technique chez les Grecs, in: J.P.Vernant u. P.Vidal-Naquet, Travail & esclavage en Grèce ancienne, Bruxelles, 35-57

Vickers,M. (1975): A Dirty Trick Vase, AJA LXXIX, 282

Vickers,M. (1980): Another Dirty Trick Vase, AJA LXXXIV, 183-184

Visky,K. (1977): Geistige Arbeit und die "Artes Liberales" in den Quellen des römischen Rechts, Budapest

Vittinghoff,F. (Hsg.) (1990): Handbuch der Europäischen Wirtschafts- und Sozialgeschichte I, Stuttgart

Vleeschauwer,H.J. de (1955): Les bibliothèques ptoleméennes d'Alexandrie, Mousaion I, 1-40

Vogt-Spira,G. (1996): Die Kulturbegegnung Roms mit den Griechen, in: Schuster,M. (Hsg.): Die Begegnung mit dem Fremden, Colloquium Rauricum IV, Stuttgart, Leipzig, 11-33

Volkrodt,W. (1991): Es war ganz anders. Die intelligente Technik der Vorzeit, München

Vollmer,F. (1920): Studien zu dem römischen Kochbuche von Apicius, SB Bayr. Akad. Wiss., München

Waerden,B.L.v.d. (1966): Erwachende Wissenschaft, Basel

Waerden,B.L.v.d. (1979): Die Pythagoreer, Religiöse Bruderschaft und Schule der Wissenschaft, Zürich

Waerden,B.L.v.d. (1988): Die Astronomie der Griechen, Darmstadt

Wahrig,G. (Hsg.) (1985): Deutsches Wörterbuch, Gütersloh

Walcker-Mayer,W. (1970): Die römische Orgel von Aquincum, Stuttgart

Walz,C. (1834 ND 1968): Rhetores graeci, Stuttgart, ND Osnabrück

Walzer,R. (1932): Galens Schrift über die medizinische Erfahrung, SB Preuß. Akad. Wiss., Phil.-hist. Kl., 449-468

Walzer,R. (1949): New Light on Galen's Moral Philosophy, Class. Quart. XLIII, 82-96

Walzer,R. (1954): A Diatribe of Galen, Harvard Theol. Rev. 47, 243-254

Walzer,R. (1962): Greek into Arabic, Oxford

Wappmann,U. (1985): Buch 16 und 17 der Geoponica, Übersetzung und Besprechung, Diss. vet. München

Ward-Perkins,J.B. (1956): Nero's Golden House, Antiquity XXX, 209-219

Wartke,R.B. (Hsg.) (1994): Handwerk und Technologie im Alten Orient, Mainz

Waschkies,J. (1989): Anfänge der Arithmetik im Alten Orient und bei den Griechen, Amsterdam

Weber,M. (1922 ND 1985): Wirtschaft und Gesellschaft, Tübingen

Weber,M. (1923 ND 1976): Das antike Judentum (Gesammelte Aufsätze zur Religionssoziologie III), Tübingen

Weber,W. (1986): Der Wagen in Italien und in den Römischen Provinzen, in: W.Treue (Hsg.): Achse, Rad und Wagen, Göttingen, 85-108

Wegner,M. (1949): Das Musikleben der Griechen, Berlin

Wehrli,F. (1951): Der Arztvergleich bei Platon, Mus. Helv. VIII, 177-184

Wellmann,M. (1901): Zu den *αἰτιολογούμενα* des Soran, Hermes XXXVI, 140-155

Wellmann,M. (1908): Die Quellen des Palladius, Hermes 153, 1-31

Wellmann,M. (1914): Die Schrift des Dioskurides *Περὶ ἁπλῶν φαρμάκων*, Berlin

Wellmann,M. (1921): Die Georgika des Demokritos, Abh. Preuß. Akad. Wiss., Berlin

Wellmann,M. (1922): Der Verfasser des Anonymus Londinensis, Hermes 57, 396-429

Wellmann,M. (1928): Die Physika des Bolos Demokritos und der Magier Anaxilaos aus Larisa I, Abh. Preuß. Akad. Wiss., Berlin, 7,1-80

Wellmann,M. (1934): Markellos von Side als Arzt und die Koiraniden des Hermes Trismegistos, Phil. Suppl. XXVII 2
Welper,E. (1708, 3. Aufl.): Neu-vermehrte Welperische GNOMONICA oder Gründlicher Unterricht und Beschreibung Wie man alle regulare Sonnen-Uhren auf ebenen Orten leicht aufreissen etc., Nürnberg
Wenger,L. (1953): Die Quellen des römischen Rechts, Wien
West,S. (1973): Cultural Interchange over a Water-Clock, Class. Quart. XXIII, 61-64
Whitby,M. (1990): Rez. Brandt, Zeitkritik, The Classical Review. XL, 121-123
White jr.,L. (1962): Medieval Technology and Social Change, Oxford [dt.: Die mittelalterliche Technik und der Wandel der Gesellschaft, München (1968)]
White jr.,L. (1967): The Historical Roots of our Ecological Crisis, Science CLV, 1203-1207
White jr.,L. (1980): Technological Development in the Transition from Antiquity to the Middle Ages, in: AAVV, Tecnologia, economia e società nel mondo romano, Como, 235-251
White,K.D. (1959): Technology and Industry in the Roman Empire, Acta Classica II, 78-89
White,K.D. (1967): Agricultural Implements of the Roman World, Cambridge
White,K.D. (1970a): A Bibliography of Roman Agriculture, Reading
White,K.D. (1970b): Roman Farming, London, Southampton
White,K.D. (1974): Roman Agricultural Writers I, ANRW I 4, 439-497
White,K.D. (1975): Farm Equipment of the Roman World, Cambridge
White,K.D. (1980): Technological Development in the Transition from Antiquity to the Middle Ages, in: AAVV, Tecnologia, economia e società nel mondo romano, Como, 235-251
White,K.D. (1984 ND 1986): Greek and Roman Technology, London
White,K.D. (1993): The «Base Mechanic Arts»? Some Thoughts on the Contribution of Science (Pure and Applied) to the Culture of the Hellenistic Age, in: Green,P. (Hsg.): Hellenistic History and Culture (Hellenistic Culture and Society IX), Berkeley, Los Angeles, Oxford, 211-220
Whitehead,D. (1990): Aineias the Tactician, How to survive under Siege - Translated with Introduction and Commentary, Oxford
Widstrand,H. (1926): Palladius-Studien, Upsala
Wieacker,F. (1964): Recht und Gesellschaft in der Spätantike, Stuttgart
Wieland,W. (1970, 2. Aufl.): Die aristotelische Physik, Göttingen
Wieland,W. (1982): Platon und die Formen des Wissens, Göttingen
Wikander,Ö. (1979): Water-Mills in Ancient Rome, Opuscula Romana XII, 13-36
Wikander,Ö. (1981): The use of waterpower in classical antiquity, Opuscula Romana XIII, 91-104
Wikander,Ö. (1984): Exploitation of Water-Power or Technological Stagnation? A Reappraisal of the Productive Forces in the Roman Empire, Lund
Wikander,Ö. (1985): Archaeological Evidence for Early Water-Mills, an interim report, History of Technology X, 151-179
Wikander,Ö. (1989): Ausonius' Saw-mills - once more, Opuscula Romana XVII, 185-190
Wikander,Ö. (1990): Water Power and Technical Progress in Classical Antiquity, in: Finnish Institute at Athens (Hsg.): Ancient Technology (Tekniikan museon julkaisuja V), Helsinki, 68-84
Wikander,Ö. (1991): Water mills and aqueducts, in: A.Trevor Hodge (Hsg.): Future currents in aqueduct studies (Collected classical papers II), Leeds, 141-148
Wild,J.P. (1970): Textile Manufacture in the Northern Roman Provinces, Cambridge
Wille,G. (1967): Musica Romana, Amsterdam
Wilmanns,J.C. (1995): Der Arzt in der römischen Armee in der frühen und hohen Kaiserzeit, in: van der Eijk,P.J. u. Horstmannshoff,H.F.J. u. Schrijvers,P.H. (Hsgg.): Ancient Medicine in its Socio-Cultural Context I, Amsterdam, Atlanta, 171-187
Wilms,H. (1995): Techne und Paideia bei Xenophon und Isokrates, Stuttgart, Leipzig
Wilsdorf,H. (1986): Technik und technische Kenntnisse in der Antike, in: Wendel,G. (Hsg.): Wissenschaft in der Antike, Berlin, 159-176
Winnacker,E.-L. (1997), Klimawechsel? Innovationskultur am Beispiel der Gentechnik, Forschung & Lehre VII (1997) 338-341
Winter,F.E. (1963): The Chronology of the Euryalus Fortress at Syracuse, AJA LXVII, 363-387
Winter,F.E. (1971): Greek Fortifications, Toronto

Winterling,A. (1991): Polisbegriff und Stasistheorie des Aeneas Tacticus, Historia XL, 193-229
Wölfflin,E. (1875): Frontins Kriegslisten, Hermes IX, 72-92
Wörrle,M. (1988): Stadt und Fest im kaiserzeitlichen Kleinasien, München
Wohlmuth,W. (1978): Teile von Buch VI und Buch VII der Mulomedicina Chironis - Übersetzung und Besprechung, Diss. vet. München
Wright,F.A. (1932): A History of Later Greek Literature, London
Wyatt,N.J. (1992), History of Technology Index 1991, London
Wyatt,N.J. (1993), History of Technology Index 1992, London
Yates,F.A. (1990): Gedächtnis und Erinnern, Berlin
Youtie,H.C. (1975): A Table of Fractions, ZPE XVIII, 283-284
Zahn,R. (1901): Antike Weinschöpfer und Vexiergefäße, Die Umschau, 228-231
Zalateo,G. (1961): Papiri scolastici, Aegyptus XLI, 160-235
Zanker,P. (Hsg.) (1976): Hellenismus in Mittelitalien, Abh. Akad. Wiss. Göttingen 3. Folge 97,1, Göttingen
Zeising,H. (1612-13): Theatri Machinarum Erster Theil, In welchem Vilerley Künstliche Machinæ in unterschidlichen Kupferstücken zu sehen sindt durch welche iegliche schwere last mit vortheil kan bewegt erhoben gezogen und gefüret werden... Allen denen so sich mechanischer Künste fürnehmlich bauens befleissen Zum besten im druck zusamen geordnet, Leipzig
Zellwecker,L. (1981): Die Kapitel über Erkrankungen an den Extremitäten im Corpus Hippiatricorum Graecorum - Übersetzung und Besprechung, Diss. vet. München
Zhmud,L. (1994): Die Beziehungen zwischen Philosophie und Wissenschaft in der Antike, Sudhoffs Archiv LXXVIII, 171-191
Ziebarth,E. (1913, 2. Aufl.): Aus der antiken Schule, Bonn
Zimmer,G. (1982a): Antike Werkstattbilder, Berlin
Zimmer,G. (1982b): Römische Berufsdarstellungen, Berlin
Zimmer,G. (1984): Giessereieinrichtungen im Kerameikos, Arch. Anz., 63-83
Zimmer,G. (1985): Römische Handwerker, in: ANRW II 12,3, 205-228
Zimmer,G. (1990a): Griechische Bronzegußwerkstätten - Zur Technologieentwicklung eines antiken Kunsthandwerkes, Mainz
Zimmer,G. (1990b): Hellenistische Bronzegußwerkstätten, in: Akten des XIII. Internationalen Kongresses für Klassische Archäologie Berlin 1988, Mainz, 353-354
Zimmer,G. (1991): Frühgriechische Spiegel - Aspekte technischer Neuerungen in der Antike, Berlin
Zimmer,G. (1995 ND 1998): Griechische Handwerker - Technischer Fortschritt und demokratische Kunst, in: Borbein,A.H. (Hsg.), Das alte Griechenland, Rheda-Wiedenbrück, 383-407
Zurli,L. (1992a): Le Praefationes ai Passionum libri di Celio Aureliano, in: Santini,C. u. Scivoletto,N. (Hsgg.): Prefazioni, prologhi, proemi di opere tecnico-scientifiche latine I, Roma, 407-424
Zurli,L. (1992b): L'epistola a Pentadio (e altre reliquie di Vindiciano), in: Santini,C. u. Scivoletto,N. (Hsgg.): Prefazioni, prologhi, proemi di opere tecnico-scientifiche latine II, Roma, 453-462
Zurli,L. (1992c): Il pensiero medico di Teodoro Prisciano nelle prefazioni ai suoi libri, in: Santini,C. u. Scivoletto,N. (Hsgg.): Prefazioni, prologhi, proemi di opere tecnico-scientifiche latine II, Roma, 463-497

Quellen

Columella, De Arb.: W.Richter (Hsg.), Lucius Iunius Moderatus Columella, Zwölf Bücher über Landwirtschaft, Buch eines Unbekannten über Baumzüchtung III, München (1983)

15: 57

Corp. Hippiatr. Graec.: E.Oder u. K.Hoppe, Hippiatrica Berolinensia, Corpus hippiatricorum Graecorum I, Leipzig (1924) ND Stuttgart (1971) 1-439; Appendices: ebda. 440-450; Hippiatrica Parisina: ebda. II, Leipzig (1927) ND Stuttgart (1971) 29-114; Fragmenta Anatolii: ebda. 115-121; Fragmenta Timothei Gazaei: ebda. 121-124; Hippiatrica Cantabrigiensia: ebda. 125-252; Additamenta Londinensia: ebda. 253-271; Excerpta Lugdunensia: ebda. 272-313; Fragmenta Anatolii de equis: ebda. 325-330; Fragmenta Anatolii de bubus: ebda. 330-336

I 1-8: 64, 332

I 9-14: 140, 332

II 1ff.: 332

Damianos, Opt.: R.Schöne, Damianos Schrift über Optik mit Auszügen aus Geminos, Berlin (1897)

pass.: 265

p. 28: 93

Demokr. (F.d.V.): Diels,H. u. Kranz,W., Fragmente der Vorsokratiker, Dublin, Zürich (12.-16. Aufl. = 8. Aufl. = 6. Aufl. 1966-71)

68 A 33: 11

68 B 144: 120, 242

68 B 154: 120, 242

Dikaiarch, *Bίος 'Ελλάδος*: F.Wehrli (Hsg.), Die Schule des Aristoteles I, Basel, Stuttgart ([2]1967) 22-28

pass: 38

Diod.

I 8,7: 38

V 64,2-6: 124

Diog. Laert.

VII 129: 72

IX 48,16-24: 11

Diokles v. Karystos: M.Wellmann, Die Fragmente der sizilischen Ärzte Akron, Philistion und des Diokles von Karystos, Berlin (1901)

fr. 30: 167

fr. 37ff.: 168

Diomedes: H.Keil, Grammatici Latini I, Leipzig (1857) 297-529

p. 368: 110

Diosc., De mat. med.: M. Wellmann, Pedanii Dioscuridis Anazarbei de materia medica libri quinque, Berlin, I (1907), II (1906), III (1914 ND 1958)

I pr. 1-3: 37, 206

I pr. 4: 62, 134, 205, 206

I pr. 5: 43, 207

I pr. 8: 207

II pr.: 207

II 47,1: 50

III 84: 318

Diosc., De simpl. med., M.Wellmann, Pedanii Dioscuridis Anazarbei de materia medica libri quinque III, Berlin (1914 ND 1958) 151-326

I pr.: 115

II pr. p. 242: 115

Epict., Diss. Epict. sive ab Arr. sive ab al. dig. frr.: H. Schenkl, Epicteti dissertationes ab Arriano digestae, Leipzig (1916) ND Stuttgart (1965)

fr. 1: 251

fr. 2: 251

fr. 11: 251

fr. 12: 251

Epiphanios v. Kypros, De mensuribus et ponderibus: E.D.Moutsoulas, "Tὸ '*Περὶ μέτρων καὶ σταθμῶν' ἔργον 'Επιφανίου τοῦ Σαλαμῖνος*," *Θεολογία* 44 (1973) 157-198

pass: 139

Erotian., Voc. Hippocr. coll., E.Nachmanson, Erotiani Vocum Hippocraticorum Collectio cum fragmentis, Göteborg (1918)

pass.: 208

p. 29f.: 62, 208

31-32: 208, 209

fr. 60: 62

Euclid., Elem.: I.L.Heiberg u. E.S.Stamatis (Hsgg.), Euclidis Elementa I - V 1, Leipzig (1969-1977)

I 2-3: 184

Euclid., Opt.: J.L.Heiberg, Euclidis opera omnia VII, Leipzig (1895) 2-120; 144-246 (Opt. rec. Theon.)

pass.: 265

Eunap.: L.Dindorf, Historici graeci minores I, Leipig (1870) 205-274

205: 270

FGrHist. 221 T 1: 271

[Galen.], De opt. secta ad Thrasyb. lib.: C.G.Kühn, Claudii Galeni opera omnia I, Leipzig (1821) 106-223
pass.: 246
I 107: 18, 37
[Galen.], De remed. parabil.: ed. C.G.Kühn, Claudii Galeni opera omnia XIV, Leipzig (1827) ND Hildesheim (1965) 311-581
pass.: 246
XIV 311-313: 18, 37
[Galen], De puls.: hsg. v. V.Rose, Anecdota graeca et graecolatina, Mitteilungen aus Handschriften zur Geschichte der griechischen Wissenschaft II, Berlin (1870)
pass.: 308
[Galen.], In Hipp. De sept.: G.Bergsträsser, Pseudogaleni In Hippocratis De Septimanis Commentarium ab Hunaino Q.F. Arabice versum, CMG XI 2,1, Leipzig, Berlin (1914) 4-200

[Galen.], In Hippocr. libr. de alimento comment. IV: ed. C.G.Kühn, Claudii Galeni opera omnia XV, Leipzig (1828) 224-417
XV 270f.: 50
[Galen.], Introd. sive medic.: ed. C.G.Kühn, Claudii Galeni opera omnia XIV, Leipzig (1827) 674-797
pass.: 246
XIV 685: 18, 37
Galens Schriften werden aus Kompatibilitätsgründen unter Angabe der Paginierung der Ausgabe Kühns zitiert
Galen., Ad Glaucon. de med. meth. libri ii: C.G.Kühn, Claudii Galeni opera omnia XI, Leipzig (1826) ND Hildesheim (1965) 1-146
XI 3-4: 156
XI 39f.: 319
Galen., Adhort. ad art. addisc.: A.Barigazzi (Hsg.), Galeno, Esortazione alla medicina, CMG V 1,1, Berlin (1991) 114-151
1-9 (I 2-21K.): 42, 62, 78, 118, 128, 133
14 (I 37-39K.) 49, 118, 128, 128, 140
Galen., Adv. ea quae a Jul. in Hippocr. aphor. enunt. sunt: E.Wenkebach (Hsg.), Galeni, Adversus Lycum et adversus Iulianum libelli, CMG V 10,3, Berlin (1951) 33-70
1,11-14 (XVIII A 250f.K.): 51, 129
Galen., De alim. facult.: K.Koch u. G.Helmreich u. C.Kalbfleisch u. O.Hartlich (Hsgg.), Galeni De alimentorum facultatibus libri III, CMG V 4,2, Leipzig (1923) 201-386
II 59 (321,21-322,12H., VI 654f.K.): 215
Galen., De anat. admin.: I.Garofalo (Hsg.), Galeno, Procedimenti anatomici, Milano (1991)
II 215ff.: 63, 228, 272
II 217-218: 127, 228
II 220-223: 229
II 224: 228
II 225-229: 118, 231, 231
II 231-246: 229, 231
II 278: 231
II 280-283: 33, 128, 142, 167, 228, 229
II 283-289: 63, 168, 229, 230
II 286,16-287,3: 141
II 287-291: 63, 229
II 340: 231
II 415-417: 229, 231
II 420: 231
II 470: 229
II 531-539: 229, 230
II 707-708: 230
XI 11 (131 arab.): 231
XI 12 (135 arab.): 228
XII 10 (167ff. arab.): 231
XIII 1 (169 arab.): 231
Galen., De animi cuiuslibet peccatorum dignotione et curatione: W.deBoer (Hsg.), Galeni de animi cuiuslibet peccatorum dignotione et curatione, CMG V 4,1,1, Leipzig (1937) 41-68
V 58-103K.: 38
Galen., De antid.: C.G.Kühn, Claudii Galeni opera omnia XIV, Leipzig (1827) 1-209
XIV 2-24: 86, 200
XIV 31-32: 239
XIV 32: 200
XIV 270: 200
Galen., De comp. medic. per gen.: C.G.Kühn, Claudii Galeni opera omnia XIII, Leipzig (1827) ND Hildesheim (1965) 362-1058
pass.: 243
XIII 365,15-18: 116
XIII 441: 55
XIII 458ff.: 116, 395
XIII 463: 55, 116, 242
XIII 502: 244
XIII 564: 318
XIII 820,15-17: 86
XIII 886-890: 43, 43, 78, 116, 235, 242

Namen und Sachen

www.ingramcontent.com/pod-product-compliance
Lightning Source LLC
LaVergne TN
LVHW081358011026
849161LV00013BA/2848